KB091715

5th Edition

공학도를 위한 매트랩

MATLAB® *for* ENGINEERING APPLICATIONS

WILLIAM J. PALM III 지음 김우식 · 조수현 옮김

Mc Graw Hill

생능출판

저자 소개

William J. Palm III

Rhode Island 대학의 기계공학과의 명예교수이다. 1966년 볼티모어의 Loyola College에서 학사를 받고, 1971년에는 일리노이주 Evanston에 있는 Northwestern 대학의 기계공학 및 우주과학 분야에서 박사학위를 받았다.

44년 동안 교직에 있으면서 19과목을 가르쳤다. 그 중 하나가 신입생을 위한 MATLAB 과목으로 이 과목의 개발을 도왔다. 그는 모델링 및 시뮬레이션, 시스템 역학, 제어 시스템 및 MATLAB을 다루는 8권의 교재를 집필했다. 이 중에 《System Dynamics, 4th ed.》(McGraw-Hill, 2021)이 있다. 또한 《Mechanical Engineer's Handbook》 3장에 제어 시스템에 대한 하나의 장을 저술했다(M. Kutz, Wiley, 2016). 또한, J. L. Meriam과 L. G. Kraige의 《Statics and Dynamics》 제5판(Wiley, 2002)의 특별 공헌자였다.

Palm 교수의 연구 및 산업 경험은 제어 시스템, 로봇 공학, 진동 및 시스템 모델링 분야에 있다. 그는 1985년부터 1993년까지 Rhode Island 대학교의 로봇공학연구소 소장이었으며, 로봇 핸드에 대한 특허권 공동 소유자이다. 또한, 2002년에서 2003년까지 대리 학과장으로 근무했다. 그의 산업 경험은 제조 공정의 자동화와 수중 차량 및 추적 시스템을 포함한 해군 시스템의 모델링 및 시뮬레이션, 수중 차량 엔진 시험 설비를 위한 제어 시스템 설계 등이 있다.

역자 소개

김우식(세종대학교 전자정보통신공학과 교수)
조수현(홍익대학교 교양과 교수)

공학도를 위한 매트랩

초판인쇄 2023년 2월 7일
초판발행 2023년 2월 17일

지은이 William J. Palm III
옮긴이 김우식, 조수현
펴낸이 김승기
펴낸곳 (주)생능출판사 / **주소** 경기도 파주시 광인사길 143
출판사 등록일 2005년 1월 21일 / **신고번호** 제406-2005-000002호
대표전화 (031)955-0761 / **팩스** (031)955-0768
홈페이지 www.booksr.co.kr

책임편집 이종무 / **편집** 신성민, 김민보, 유제훈 / **디자인** 유준범, 표혜린
마케팅 최복락, 김민수, 심수경, 차종필, 백수정, 송성환, 최태웅, 명하나, 김민정
인쇄 교보피앤비 / **제본** 일진제책사

ISBN 979-11-92932-03-3 93560
정가 39,000원

MATLAB® for Engineers Applications

William J. Palm III
University of Rhode Island

MATLAB for Engineering Applications, 5th Edition

1 2 3 4 5 6 7 8 9 10 LP 20 23

Original: MATLAB for Engineering Applications, 5th Edition © 2023
By William J. Palm III
ISBN 978-1-26-414404-4

This authorized Korean translation edition is published by Life & Power Press in arrangement with McGraw-Hill Education Korea, Ltd. This edition is authorized for sale in the Republic of Korea.

This book is exclusively distributed by Life & Power Press.

When ordering this title, please use ISBN 979-11-92932-03-3
Printed in Korea

역자 서문

현재의 기술은 엄청난 속도로 발전하고 있으며, 특히 과거에 전자공학, 기계공학, 물리, 수학 등 그 자체로서 하나의 독자적인 학문 분야를 형성하던 시대를 벗어나 이제는 학문 간의 교류와 cowork가 없으면 안 되는 시대에 들어왔다. MATLAB은 이렇게 급변하는 시대에 말로 다 설명할 수 없는 다양한 분야에서 짧은 시간에 통합하여 기술을 개발하고 결과를 확인하며, 이를 시각화할 수 있는 도구로서 자리 잡아가고 있다. 이런 각 분야의 응용 및 결과는 많은 데모와 툴박스를 통하여 확인할 수 있고, 계속해서 그 응용 범위를 확장해가고 있으며, 또한 새로운 기능들도 개발되고 있다. 이렇듯 MATLAB은 계속 진화하고 있다.

이미 MATLAB은 학계와 과학계, 공학계에서 연구 개발의 표준 도구로서 자리 잡아가고 있으며, 그 동안의 수학적인 계산에서 벗어나 시뮬링크를 이용하여 시스템의 시뮬레이션도 가능해졌다. 또한, 심볼릭 기능도 확장되었으며, 모뎀과 같은 복잡한 디지털 회로 및 시스템의 구현에도 그 응용을 확장하고 있다. 그리고 그래픽 인터페이스 기능과 애니메이션 기능이 보강되었을 뿐만 아니라 MATLAB 프로그램을 작성하고 수행하여 결과를 봄과 동시에 보고서 작성 및 html 파일로의 변환도 바로 할 수 있게 되었다. 또한, 라이브 편집기 기능이 들어옴으로서 좀 더 크고 복잡한 프로젝트의 관리도 한 파일로 가능하게 되었다. 이제는 연구 개발뿐만 아니라, 수업에서 이론의 증명, 응용의 소개와 멀티미디어 강의 자료의 준비에도 유용하게 사용할 수 있다. 또한, 시뮬링크도 통신 시스템이나 드론 시스템과 같이 전자 정보통신, 기계 항공이 결합된 복잡한 시스템을 시뮬레이션은 물론 그로부터 구현까지 바로 할 수 있게 되었다.

MATLAB은 매년 2번에 걸쳐 a 버전, b 버전을 새로운 버전으로 발표하고 있으며, 이 과정에서 기본적인 내용은 크게 바뀌지는 않고 주로 새로운 기능이 추가되지만, 기존에 사용되는 명령의 명칭이 바뀌거나 의미가 달라지기도 하고 기능이 없어지기도 했다. 또한, MATLAB 프로그램의 현지화도 완성이 되어가는 추세다. 그래서 최근의 버전은 언어 설정이 가능하여 영어 용어를 알지 못해도 프로그램의 사용에 큰 불편이 없을 정도로 메뉴, 도움말 같은 기능들의 한글화가 진행되었으며, 그래서 관련 용어를 MATLAB 프로그램 자체에서 주도하게 되었다. 이 책에는 MATLAB 프로그램에서 사용되는 한글 용어를 반영하여 한글로 설정되어 있는 MATLAB을 이용할 경우 불편함이 없도록 전체적으로 수정하였다.

역자들은 학생 때부터 거의 30년 가까이 MATLAB을 사용해 왔으며, 그 발전을 계속 봐 왔다. 또한, 8, 90년대 Mathematica를 기반으로 하던 심볼릭(기호) 처리를 처음 접하고 수학 문제를 받고 풀기 전에, 해답지를 미리 펴보는 듯한 쾌감을 느낀 바도 있다. MATLAB은 그 자체로 매우 배우기 쉬운 툴이기는 하지만, 그래도 MATLAB의 사용법을 쉽게 체계적으로 배울 수 있고 MATLAB의 다양한 능력을 확인할 수 있으며, 동시에 학문의 다양한 분야에서의 응용을 맛볼 수 있는 교재의 필요성에 대하여 절실히 느끼고 있었다. 이런 의미에서 William Palm의 《Introduction to MATLAB for Engineers》는 필요성에 매우 적합한 교재라고 생각되어, 2판, 3판, 4판에 이어서 5판을 번역하게 되었다. 이 책은 공학의 응용을 위한 MATLAB 교재로서 저자가 밝혔듯이 신입생을 대상으로 한만큼 MATLAB 자체를 쉽게 배울 수 있도록 해주고, 대학에서 전공을 처음 접하는 학생들에게 전공의 흥미를 더해주며, 이해를 쉽게 해주고, 심화된 전공 공부와 연구뿐만 아니라 머신러닝/딥러닝과 같은 새로운 기술과 접목하여 새로운 결과를 도출해야 하는 문제에서 대학원생이나 교원, 공학자 및 과학자들 모두에게 빠른 시간 안에 결과를 내고 확인하는 데 있어서 도움이 될 것이라 확신하며, 또한 그렇게 된다면 매우 감사하고 기쁠 것이다.

2023년 1월
역자 일동

저자 서문

이 전에 신호처리와 수치해석의 전문가들이 주로 사용하였던 MATLAB®이 최근 몇 년 사이에 공학 분야에도 널리 확산되어 사용되고 있다. 많은 공과대학에서 교과과정의 초기에 전체적으로 또는 부분적으로 MATLAB에 기초한 강좌를 필요로 하고 있다. MATLAB은 프로그램이 가능하고, 다른 프로그램 언어들과 같은 논리, 관계, 조건 그리고 루프(loop) 구조를 가진다. 따라서 프로그래밍 원리를 가르치는 데 사용될 수 있다. 대부분의 공과대학에서 MATLAB은 교과과정 전반에 걸쳐 주요한 계산 도구로 사용되고 있다. 신호처리와 제어시스템과 같은 어떤 전공 분야에서는 분석과 설계를 위한 표준 소프트웨어 패키지이다.

MATLAB의 인기는 일부 그 긴 역사에 기인하기 때문에, 훌륭하게 개발되었으며, 잘 검증되었다. 사람들은 그 답을 신뢰한다. MATLAB의 인기는 또한 사용자 인터페이스 때문이기도 하며, 사용자 인터페이스는 광범위한 수치 계산과 시각화 기능을 포함한 사용하기 쉬운 대화형(interactive) 환경을 제공한다. 또한 MATLAB의 큰 장점은 간결함이다. 예를 들어, 단지 세 줄의 코드로 많은 선형대수 연립방정식을 능숙하게 풀 수 있으며, 이것은 전통적인 프로그래밍 언어로는 불가능하다. MATLAB은 또한 확장성을 가지고 있다. 현재 다양한 응용 분야에서 30개 이상의 '툴박스(Toolbox)'로 새로운 명령과 기능을 추가하여 MATLAB과 함께 사용할 수 있다.

MATLAB은 여러 운영 시스템에서도 사용할 수 있다. 이러한 모든 플랫폼 사이에 호환이 가능하므로, 사용자들은 프로그램과 통찰력 그리고 아이디어를 공유할 수 있다. 이 책은 소프트웨어 버전 R2021a의 MATLAB을 기반으로 한다. 이것은 MATLAB 버전 9.10을 포함한다. 9장의 일부 내용에는 버전 10.10의 제어시스템 툴박스를 기반으로 한다. 10장은 버전 10.3의 시뮬링크®[1]를 기반으로 하며, 11장은 버전 8.7의 Symbolic Math 툴박스를 기반으로 한다.

---

1) MATLAB과 Simulink는 MathWorks사의 등록 상표이다.

교재 목표와 선행학습

이 교재의 의도는 이 자체로 MATLAB을 소개하고자 하는 것이다. 입문 과정에서는 자습서나 부교재로 사용할 수 있다. 교재 내용은 저자의 경험에 따라 공과대학 1학년 학생을 대상으로 한 학기 2학점 강좌에 적합하게 되어 있다. 또한 교재는 후에 참고문헌으로 활용할 수 있다. 본문의 많은 표와 부록 및 각 장의 끝에 있는 참조 시스템들은 이러한 목적을 염두에 두고 구상되었다. 이차적인 목표는 일반적으로 공학도들이 문제를 연습할 때, 특히 컴퓨터를 사용하여 문제를 풀 때, 문제 해결 방법론을 소개하고 심화 교육하는 것이다. 이 방법론은 1장에서 소개된다.

독자들은 대수와 삼각함수에 대하여 어느 정도 알고 있다고 가정한다. 처음 8장까지는 미적분에 대한 지식은 필요하지 않다. 몇몇 예제들을 이해하기 위해서는 고등학교 화학, 물리 및 기초적인 간단한 전기회로 그리고 기초적인 정역학과 동역학에 대한 어느 정도의 지식이 요구된다.

교재의 구성

본 교재는 이전 교재를 업데이트하여 새로운 기능들, 새로운 함수들, 구문과 함수에서의 변경 사항들을 포함하였고, 검토자와 다른 독자들로부터의 많은 제안을 반영하였다. 많은 예제와 숙제 문제도 추가하였다.

교재는 12개의 장으로 구성된다. 처음 5개의 장은 MATLAB의 기본적인 주제로 구성되어 있다. 나머지 7개의 장은 각각 서로 독립적이며, MATLAB의 더욱 심화된 응용, 제어 시스템 툴박스, Simulink, Symbolic Math 툴박스를 다룬다.

1장에서는 윈도와 메뉴 구조를 포함한 MATLAB의 특징들에 대해 개략적으로 설명한다. 또한 문제 해결 방법론을 소개한다.

2장에서는 MATLAB에서 기본적인 데이터 요소인 배열의 개념에 대해 소개하고, 기초적인 수학 연산을 위한 수치 배열, 셀 배열, 구조체 배열의 사용법을 소개한다.

3장에서는 함수와 파일의 사용에 대해 다룬다. MATLAB은 광대한 수의 내장된 수학 함수들을 갖고 있으며, 사용자는 자기 자신의 함수들을 정의하고 재사용을 위해 파일로 저장할 수 있다.

4장은 MATLAB 프로그래밍을 다루며, 관계 및 논리 연산자, 조건문, `for`와 `while` 루프,

그리고 `switch` 구조를 포함한다.

5장은 2차원과 3차원 그래프를 다룬다. 먼저 전문적이고 유용한 그래프의 표준을 정립한다. 저자의 경험에 따르면, 처음 경험하는 학생들은 이러한 표준을 잘 모르므로 강조하여 설명한다. 그러고 나서 이 장에서는 다른 형태의 그래프를 그리고 외관을 제어하는 MATLAB 명령을 다룬다. MATLAB의 주요 추가 기능인 라이브 편집기는 5.1절에서 다룬다.

6장은 데이터의 그래프를 이용하여 데이터의 수학적인 식을 구하는 모델링을 구축하는 데 유용한 도구인 함수 찾기를 다룬다. 이것은 그래프의 공통적인 응용으로 이 주제를 위하여 한 절을 할당하였다. 이 장은 또한 모델링 영역의 일부로써 다항식과 다수의 선형 회귀분석에 대해 다룬다.

7장에서는 기초적인 통계와 확률을 복습하고 히스토그램을 생성하며, 정규분포 계산과 랜덤 숫자 시뮬레이션을 생성하기 위하여 MATLAB을 사용하는 방법을 설명한다. 이 장은 선형과 3차 스플라인(cubic-spline) 보간법으로 끝맺는다.

8장은 선형 대수방정식의 해법을 다루며, 이들은 모든 공학 분야의 응용에서 발생한다. 이 범위에는 컴퓨터 방법을 올바르게 사용하는 데 필요한 용어와 몇 가지 중요한 개념을 설정한다. 그 다음으로 이 장에서는 선형 방정식의 과소결정(Underdetermined) 시스템과 과잉결정(Overdetermined) 시스템의 해를 구하기 위하여 MATLAB을 어떻게 사용하는지를 보인다.

9장은 미적분학과 미분방정식에 대한 수치적 방법을 다룬다. 수치 적분과 미분 방법을 다룬다. Control System 툴박스에 있는 선형시스템 해법뿐만 아니라, MATLAB 주 프로그램에 있는 상미분방정식의 해법도 학습한다. 미분 방정식에 익숙하지 않은 독자들에게 이 장은 10장의 기초를 제공한다.

10장에서는 동적 시스템의 시뮬레이션을 구축하기 위한 그래픽 인터페이스인 시뮬링크(Simulink)를 소개한다. 시뮬링크의 선호도는 증가하였으며, 산업계에서도 이용이 증가한 것을 볼 수 있다. MathWorks는 드론 및 로봇 제어용 연구원들과 애호가들에게 인기 있는 LEGO©, MINDSTORMS©, Arduino© 및 Raspberry Pi©와 같은 컴퓨터 하드웨어용 Simulink 지원 패키지를 제공한다. 이 패키지는 지원되는 하드웨어에서 독립적으로 실행되는 알고리즘을 개발하고 시뮬레이션하도록 해준다. 여기에는 하드웨어의 센서, 액추에이터 및 통신 인터페이스를 구성하고 액세스하기 위한 Simulink 블록 라이브러리가 포함된다. 알고리즘이 하드웨어에서 실행되는 동안 Simulink 모델에서 실시간으로 매개변수를 조정할 수도 있다. MathWorks는 응용 프로그램을 보고 파일을 다운로드할 수 있는 온라인 활성 사용자 커뮤니티를 지원한다. 또한, 10장에서는 일부 로봇 차량 응용에 관해 설명한다.

11장은 대수식을 다루고 대수와 초월방정식, 미적분, 미분방정식과 행렬대수 문제들을 풀기 위한 심볼릭 방법을 다룬다. 미적분 응용은 미분과 적분, 최적화, 테일러급수, 급수 계산과 극한을 포함한다. 또한, 미분방정식을 풀기 위한 라플라스 변환이 포함되었다. 이 장은 Symbolic Math 툴박스를 필요로 한다.

12장에서는 스마트폰과 같은 모바일 장치를 MathWorks Computing Cloud나 컴퓨터에서 실행되는 MATLAB 세션에 연결할 수 있는 MathWorks의 응용 프로그램인 MATLAB Mobile을 소개한다. 이 장에서는 현장에서의 데이터를 수집하기 위하여 가속도계와 같은 스마트폰 센서를 이용하는 방법을 보여준다. 이 장에는 또한 신입생에게 MATLAB 과정을 가르친 저자의 경험을 바탕으로 한 교과 프로젝트에 대한 몇 가지 제안 사항이 포함되어 있다. 마지막으로 MATLAB 앱 디자이너에 대하여 간략히 소개한다.

부록 A는 이 책에서 소개되는 명령들과 함수들에 대한 가이드이다. 부록 B는 MATLAB으로 애니메이션과 소리를 만드는 것을 소개한다. MATLAB을 배우는 데 꼭 필요하지는 않지만, 이러한 기능들은 학생들의 흥미를 유발하기에 도움이 된다. 부록 C는 참고문헌 목록이다. 부록 D는 출력 형식을 지정하기 위한 함수들을 요약해 놓았다. 선택된 문제들에 대한 해답과 색인을 교재의 마지막에 두었다.

모든 그림, 표, 방정식과 연습문제는 각 장과 절에 따라 번호를 붙여 놓았다. 예를 들어, [그림 3.4-2]는 3장 4절의 두 번째 그림이다. 이러한 체계는 독자들이 이러한 항목의 위치를 찾는 데 도움이 되도록 고안한 것이다. 각 장의 끝에 있는 문제는 이렇게 번호를 붙이지는 않았다. 각 장의 안에 있는 문제들과 혼동을 피하고자 1, 2, 3과 같이 번호를 붙였다.

5판의 새로운 점

5판에서는 전 분야에 걸쳐 MATLAB 구문 및 MATLAB 화면의 변경 사항을 포함하도록 업데이트하였을 뿐만 아니라 주요 공학의 예제를 20% 더 많이 포함하였다. 또한, 각 장 문제의 30%가 새로운 문제이다. 그리고 새로운 장이 추가되어 12장 MATLAB 프로젝트에는 Mobile 및 MATLAB 앱 디자이너를 소개하며, MATLAB에서 게임 프로젝트를 위한 프로그래밍을 다룬다.

특별한 참조 기능

이 교재는 다음과 같은 특별한 특징들이 있으며, 참고자료로 유용성을 높이기 위해 설계되었다.

■ 각 장에 걸쳐 소개된 명령과 함수를 표에 요약해 놓았다.
■ 부록 A에는 교재에서 기술한 명령과 함수를 완벽하게 요약해 놓았으며, 종류별로 분류했다.
■ 각 장의 끝에는 그 장에서 소개된 주요 용어 목록이 이들이 소개된 곳의 참조와 함께 있다.
■ 색인은 4개의 부분인 MATLAB 기호 목록, MATLAB 명령과 함수의 알파벳순 목록, Simulink 블록 이름의 목록, 주제의 알파벳순 목록으로 구성된다.

교수법 도움말

다음은 교수법에 대한 도움말이다.

■ 각 장은 개요와 함께 시작한다.
■ 모든 장에는 연관된 내용 근처에 이해력 테스트 문제가 있다. 이 비교적 쉬운 문제들은 독자들이 학습하고 나서 내용의 이해 정도를 평가해준다. 대부분의 경우 문제의 답이 문제와 함께 주어진다. 학생들은 이 문제들을 접했을 때 반드시 풀어보아야 한다.
■ 각 장의 끝에는 관련된 절에 따라 분류된 많은 문제들을 수록했다.
■ 각 장에는 많은 실용적인 예제들이 있다. 주요 예제에는 번호를 붙여 놓았다.
■ 각 장에는 그 장의 목적을 개략적으로 설명한 요약 절이 있다.
■ 각 장의 뒤에 있는 많은 문제들에 대한 답을 교재 뒷부분에 수록했다. 답이 있는 문제에는 번호 옆에 별표를 해 놓았다(예를 들어 15*).

이 책은 학생들에게 MATLAB과 공학자의 전문성에 대한 동기를 부여하기 위하여 두 가지 특징을 가지고 있다.

■ 대부분의 예제와 문제는 공학 응용을 다룬다. 이 응용은 다양한 공학 분야에서 도출되었으며, MATLAB의 실제적인 응용을 보인다. 이들 예제에 대한 안내를 앞표지 안쪽에 두었다.
■ 각 장의 전면에는 21세기의 공학도를 기다리는 도전과 흥미로운 기회에 대하여 설명하

는 최근 공학 분야의 업적에 대한 사진을 수록했다. 업적에 대한 설명, 이 업적과 관련된 공학의 분야들 및 MATLAB이 이러한 분야에서 어떻게 적용되는지가 각 사진과 함께 설명되어 있다.

온라인 자료

이 교재를 강의에 채택한 교수들은 교수용 매뉴얼을 온라인으로 이용할 수 있다. 이 매뉴얼은 모든 이해력 테스트 문제와 각 장의 문제에 대한 완전한 답을 포함하고 있다. 또한, 교재 웹 사이트에서 교재의 주요한 프로그램, 본문 내용의 파워포인트 슬라이드를 포함하는 파일을 다운로드할 수 있다.

MATLAB 정보

MATLAB과 시뮬링크 제품에 대한 정보는 다음으로 연락하기 바란다.

The Mathworks, Inc.
3 Apple Hill Drive
Natick, MA, 01760-2098 USA
Tel: 508-647-7000
Fax: 508-647-7001
E-mail: info@mathworks.com
Web: www.mathworks.com
구입 문의: www.mathworks.com/store

차례

CHAPTER 06 모델 구축과 회귀분석

CHAPTER 07 확률, 통계 및 보간

CHAPTER 08 선형 대수 방정식

CHAPTER 09 미적분학과 미분 방정식을 위한 수치 방법

CHAPTER 10 Simulink

CHAPTER 11 MATLAB과 기호(심볼릭) 처리

CHAPTER 12 MATLAB 프로젝트

부록

출처: NASA

21세기의 공학 원격 탐사 (Remote Exploration)

인간이 다른 행성에 여행할 수 있으려면 앞으로도 수년이 걸릴 것이다. 그 동안에 무인 탐색기를 통해 우주에 대한 지식이 빠르게 증가되어 왔다. 미래에는 우리의 기술이 발달하여 무인 탐색기가 보다 신뢰할 수 있고 더욱 다기능화 됨에 따라 이들의 사용이 더욱 증가할 것이다. 영상과 다른 데이터 수집을 위해서는 보다 좋은 센서들이 요구된다. 개선된 로봇 장치들을 사용하여 이러한 탐사기들은 단지 관측뿐만 아니라 보다 자율적으로 환경과 상호작용할 수 있을 것이다.

NASA의 행성 탐사시스템 소저너(Sojourner)가 1997년 7월 4일 화성에 착륙하였는데, 지구에서 지켜보던 사람들은 소저너가 화성의 표면을 성공적으로 탐사하여 바퀴와 땅 사이의 상호작용으로 바위와 토양을 분석하고, 손상 정도에 대한 착륙선이 보낸 영상을 보면서 흥분하였다.

2004년 초기에는 개량된 두 탐사선 시스템 스피리트(Spirit)와 오퍼튜니티(Opportunity)가 화성의 반대편에 착륙하였다. 21세기 최고의 발견 중 하나로 이 탐사선들이 예전에 화성에 상당한 양의 물이 존재했다는 강력한 증거를 확인한 것이다. 스피리트는 원래 화성에서 90일간만 운용하기로 계획되어 있었지만, 7년 이상 활동하였으며, 2009년에 움직일 수 없게 되었고, 2010년에 통신이 두절되었다. 탐사선은 내부 온도가 지나치게 낮으면 전력을 잃기 쉽다. 오퍼튜니티는 2018년에 비활성화되었으며, 이미 계획된 운영 수명으로부터 지구 날짜로 수년을 초과하였다.

탐사선 큐리오시티(Curiosity)는 2012년에 화성에 착륙하기 위하여 창의적인 '스카이크레인'을 사용하였으며, 5억 6천 3백만 km의 여정 후에 예정된 목적지로부터 2.4km 이내에 착륙하였다. 이 탐사선은 화성의 기후와 지형을 탐색하고, 게일(Gale) 협곡이 미생물에 적합한 환경이었던 적이 있는지를 조사하고, 미래에 인간의 탐사를 위한 기지 건설 가능성을 확인하기 위하여 설계되었다. 큐리오시티는 80kg의 장비를 포함하여 질량은 899kg이다. 탐사선은 길이 2.9m, 폭 2.7m, 높이 2.2m이다. 탐사선은 산소와 메탄의 설명하기 어려운 변화를 발견하였으며, 고대 오아시스의 잔해도 발견하였다.

Perseverance는 화성의 분화구 Jezero를 탐험하기 위해 설계된 자동차 크기의 탐사선이다. 2020년 7월에 발사되어 2021년 2월에 성공적으로 착륙했다. Perseverance는 큐리오시티와 유사하게 디자인되었지만, 희박한 화성 대기에서 비행할 수 있도록 실험용 미니 헬리콥터 인제뉴어티(Ingenuity)도 탑재하고 있다. 로버는 과거의 미생물 생명체의 증거를 찾고, 미래 임무에서 회수하기 위해 암석과 토양 샘플을 수집하여 저장하고, 미래의 유인 임무를 지원하기 위해 화성 대기에서 산소 생산을 테스트하기 위한 것이다.

탐사선 프로젝트에는 모든 공학 분야들이 포함되었다. 발사체의 로켓 추진 설계와 행성 간 궤적의 계산으로부터 탐사선 시스템의 설계까지, MATLAB은 많은 응용에서 이용되었으며, 화성 탐사 로버와 같은 미래의 탐사 장치와 자동 주행차의 설계를 지원하는 데 적합하다.

CHAPTER

매트랩(MATLAB®)[1] 개요

01

이 장에서는 MATLAB의 많은 기본 기능들을 다룬다. 이 장을 마치면 여러 종류의 문제를 해결하기 위하여 MATLAB을 사용할 수 있게 된다. 1.1절은 대화형 계산기로서 MATLAB을 소개한다. 1.2절은 주 메뉴와 툴스트립(Tollstrip)을 다룬다. 1.3절은 내장함수(Built-In Function), 배열, 및 그래프 그리는 것을 소개한다. 1.4절은 MATLAB 프로그램을 생성하고, 편집하고, 저장하는 방법을 논한다. 1.5절은 광범위한 MATLAB 도움말 시스템을 소개한다. 1.6절은 컴퓨터의 사용에 중점을 두어 공학 문제의 풀이에 대한 방법론을 소개한다.

이 책의 사용법

이 책의 장 구성은 다양한 사용자들에게 적합하도록 탄력적이다. 그렇지만 적어도 처음 4개의 장은 순서대로 학습하는 것이 중요하다. 2장은 배열(array)을 다루는데, 이것은 MATLAB에서 기본적인 구성요소이다. 3장은 파일 사용법, MATLAB에 내장된 함수들, 그리고 사용자 정의(user-defined) 함수들을 다룬다. 4장은 관계 및 논리 연산자, 조건문과 루프를 사용한 프로그래밍을 다룬다.

1) MATLAB은 MathWorks사의 등록된 상표이다.

5장부터 11장까지는 독립된 장들이다. 이 장들은 몇 개의 일반적인 형태의 공학 문제들을 해결하기 위하여 MATLAB 사용법에 대한 심층 논의를 한다. 5장은 2차원과 3차원 그래프를 좀 더 상세히 다룬다. 6장은 데이터로부터 수학적인 모델을 구축하기 위하여 그래프를 어떻게 이용하는지를 보인다. 7장은 확률, 통계와 보간법 응용에 대해 다룬다. 8장은 과소 결정 및 과잉 결정의 경우를 위한 방법을 다루기 위하여 선형 대수 방정식을 심층적으로 다룬다. 9장은 미적분학과 상미분 방정식을 풀기 위한 수치 해석 방법을 소개한다. 10장의 주제인, Simulink®[2]는 미분방정식 모델을 풀기 위한 그래픽 사용자 인터페이스이다. 11장은 MATLAB에서의 Symbolic Math 툴박스를 이용한 심볼릭 처리를 다루며, 이 툴박스의 응용은 미적분학, 해석학, 미분 방정식, 변환 및 특수 함수이다. 12장은 MATLAB을 이용한 코스 프로젝트들을 생성하는 것에 대하여 논의하며, MATLAB Mobile과 앱디자이너에 대하여 소개한다.

참고와 학습 도움

이 책은 학습도구 뿐만 아니라 참고서로도 사용할 수 있도록 고안되었다. 이러한 목적에 유용한 특별한 특징들은 다음과 같다.

- 각 장마다 여백에 주석을 넣어 새로운 용어가 소개된 곳을 알린다.
- 각 장마다 간단한 이해력 테스트 문제를 담았다. 이해력 테스트 문제의 답을 바로 제공하여 내용의 숙지 정도를 측정할 수 있다.
- 각 장의 끝에는 연습문제가 있다. 이 문제들은 일반적으로 이해력 테스트 문제들보다 더 노력이 필요하다.
- 대부분의 장들에는 그 장에서 소개된 MATLAB 명령들을 요약하는 표가 있다.
- 각 장의 끝에는 다음과 같은 것들이 포함되어 있다:
  - 그 장을 마친 후에 할 수 있어야 하는 것들의 요약
  - 알아야 하는 중요한 용어 목록
- 부록 A에는 MATLAB 명령들을 종류별로 분류하여 표로 나타내었다.
- 색인은 4부분: MATLAB 심볼, MATLAB 명령, Simulink 블록과 주제로 구성된다.

2) Simulink는 MathWorks 사의 등록된 상표이다.

1.1 MATLAB 대화형 세션

1.1절에서는 MATLAB을 시작하는 방법, 몇몇 기본적인 계산을 하는 방법과 MATLAB을 종료하는 방법을 보인다.

형식

이 책의 본문에서는 MATLAB 명령, 컴퓨터에서 입력하는 텍스트(text), 그리고 화면에 나타나는 MATLAB 응답을 나타내기 위하여, 예를 들어 `y = 6*x`와 같은 `typewriter` 서체를 사용한다. 보통의 수학 텍스트에서 변수는 예를 들어 $y=6x$와 같이 이탤릭체(italic)로 나타낸다. **볼드체(boldface)**는 다음 세 가지 목적으로 사용한다. 기본 수학 텍스트에서 벡터나 행렬의 표시(예를 들어, $\mathbf{Ax}=\mathbf{b}$), 키보드 상의 동작이 있는 키의 표시(예를 들어 Enter↵), 어떤 동작의 객체일 때 화면의 메뉴명이나 메뉴에 나타나는 항목의 표시(예를 들어, **File**을 클릭)이다. 명령을 입력한 후에는 Enter↵ 키를 누른다고 가정한다. 이 동작은 별도의 기호로 나타내지 않는다.

MATLAB 시작하기

MS 윈도우즈 시스템에서 MATLAB을 시작하기 위해서는, MATLAB 아이콘을 더블 클릭(double-click)한다. 그러면 MATLAB 데스크탑(Desktop)을 볼 수 있다. 데스크탑은 다른 툴(tool)뿐만 아니라 명령창과 도움말 브라우저(Browser)를 관리한다. 디폴트(default) 데스크탑은 다른 버전의 MATLAB에서는 다르게 나타날 수 있지만, 기본적인 특징들은 여기에서 보인 것과 유사하다. MATLAB R2021a 버전의 디폴트 데스크탑의 형태는 [그

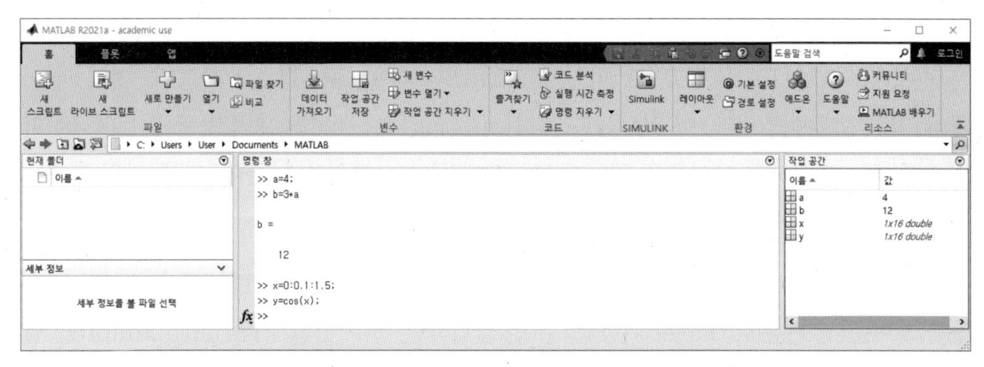

[그림 1.1-1] R2021a 버전의 MATLAB 디폴트 데스크탑(출처: MATLAB)

림 1.1-1]에 보였다. 4개의 창이 나타난다. 이들은 중앙의 명령창(Command window), 오른쪽에 작업공간(Workspace) 창, 왼쪽 아래의 세부정보(Detail) 창, 오른쪽 위에 현재 폴더(Current Folder) 창이 있다. 데스크탑의 위에 걸쳐서 툴스트립(Toolstrip)이라고 부르는 메뉴명들의 행과 아이콘들의 행이 있다. 디폴트 데스크탑은 3개의 탭인 홈(HOME), 플롯(PLOT), 앱(APPS)이 있다. 이 탭들의 사용법은 1.2절에서 논한다. 이 탭들의 오른쪽에는 공통적으로 이용되는 절차들에 쉽게 엑세스할 수 있도록 해주는 단축 버튼(Shortcut) 박스가 있다. 박스에 남아있는 항목들은 좀 더 심화된 특징들을 위하여 사용되며, 초기에는 활성화되어 있지 않다. 다양한 메뉴들에 대해서는 이 장의 뒤에서 설명한다.

명령창을 이용하여 명령(commands), 함수(functions)와 명령문(statements)이라고 하는 다양한 명령어(instructions)들을 입력하여 MATLAB 프로그램과 대화를 할 수 있다. 후에 이러한 유형들의 차이를 설명할 것이지만, 지금은 설명을 간단히 하기 위해, 명령어들을 고유의 명령(command)이라 한다. MATLAB은 프롬프트(>>)를 표시하여 명령을 받아들일 준비가 되어있음을 나타낸다. MATLAB 명령어를 입력하기 전에, 커서가 프롬프트 바로 뒤에 위치하고 있는지를 확인한다. 만일 그렇지 않다면, 마우스를 사용하여 커서를 이동시킨다. 학생판의 프롬프트는 EDU >>와 같이 보인다. 이 책에서는 명령들을 설명하기 위해 일반적인 프롬프트 기호 >>를 사용한다. [그림 1.1-1]의 명령창은 몇 개의 명령과 그 계산 결과를 보여 준다. 이런 명령들은 이 장의 뒤에서 다룰 예정이다.

디폴트 데스크탑에는 3개의 다른 창이 보인다. 현재 폴더(Current Directory) 창은 파일 관리창과 매우 비슷하다. 이 창은 파일을 엑세스하기 위해 사용할 수 있다. 확장자 .m을 가진 파일을 더블 클릭하면 MATLAB 편집기(Editor)에서 그 파일을 열 수 있다. 편집기에 대해서는 1.4절에서 논의한다. [그림 1.1-1]은 문서의 MATLAB 폴더 안의 파일들을 보여준다.

현재 폴더 창 아래에는 세부 정보(Details) 창이 있다. 여기에는(만일 있다면) 파일의 첫 번째 주석이 나타난다. 현재 폴더 창에 4개의 파일 형태가 보인다는 것을 주목한다. 이들은 순서대로 MATLAB 스크립트 파일, JPEG 그림 파일, MATLAB 사용자-정의 파일, Simulink 모델 파일이다. 이 파일들은 각각 .m, .jpg, m, .mdl의 확장자를 갖는다. 각 파일 형태에는 자신만의 아이콘을 갖는다. 이 장에서는 m 파일을 다룬다. 다른 파일 형태는 뒤의 장에서 다루게 될 것이다. 폴더 안에는 다른 형태의 파일들을 가질 수 있다.

작업공간(Workspace) 창은 오른쪽에 나타난다. 작업공간창은 명령창에서 생성된 변수들을 보여준다. 변수(variable) 이름을 두 번 클릭하면 변수 편집기(Variable Editor)를 열 수 있으며, 이것은 2장에서 논의된다.

데스크탑의 모양은 원한다면 변경할 수 있다. 예를 들어, 창을 없애기 위해서는 오른쪽 위의 구석에 있는 창 닫기(close-window) 버튼(×)을 클릭하기만 하면 된다. 창을 데스크탑에서 분리하여 독립된 창으로 만들기 위해서는 휘어진 화살표 버튼을 클릭한다. 분리/독립된 창은 화면의 어디든지 이동시킬 수 있다. 같은 방법으로 다른 창들도 조정할 수 있다. 디폴트 환경설정으로 복원하려면, 툴바에서 **레이아웃(Layout)**을 클릭한 후, **디폴트(Default)**를 선택한다.

이해력 테스트 문제

T1.1-1 데스크탑으로 실험을 한다. 프롬프트에서 ver를 입력하여 어떤 버전의 MATLAB을 사용하는지 컴퓨터의 자세한 사양을 확인한다. R2021a 버전을 사용하고 있지 않다면, 이 절에서 논의한 창들을 찾아본다. 툴바를 검사하여 [그림 1.1-1]에서 보인 것과 유사한 항목들의 위치를 확인한다.

명령과 식의 입력

MATLAB을 사용하는 것이 얼마나 간단한지를 알기 위하여, 컴퓨터에 몇 개의 명령을 입력해 본다. 커서가 명령창의 프롬프트에 위치해 있는지를 확인한다. 8을 10으로 나누려면, 8/10을 입력하고 Enter↵ 키를 누른다(기호 /는 MATLAB에서 나눗셈을 위한 기호이다). 입력을 하면 MATLAB의 응답은 화면에 다음과 같이 나타난다(우리는 이 MATLAB과 사용자의 상호작용을 대화형 세션, 또는 간단히 세션이라고 부른다). 기호 >>는 화면에 자동으로 나타나며, 사용자가 입력하지 않는다는 것을 기억한다.

```
>> 8/10
ans =
   0.8000
```

MATLAB은 수치 결과를 들여 쓴다. MATLAB은 계산은 높은 정밀도로 하지만, 결과가 정수인 경우를 제외하고 디폴트로 보통 4자리 십진수로 디스플레이 한다.

잘못 입력했다면, 당분간은 프롬프트가 나타날 때까지 Enter↵ 키를 누른 다음, 그 줄을 정확히 다시 입력한다. 보이는 에러 메시지는 지금은 무시한다.

변수의 사용 MATLAB은 가장 최근의 답은 ans라고 불리는 변수에 할당하며, 이것은 answer의 약어이다. MATLAB에서 변수(variable)는 값을 가질 수 있는 기호이다. ans는 다음 계산을 위해 변수로 사용할 수 있다. 예를 들어, MATLAB 곱셈 기호(*)를 사용하면

```
>> 5*ans
ans =
    4
```

를 얻는다. 이제 변수 ans는 값 4를 가진다는 것을 주목한다.

수학식을 쓰기 위해 변수를 사용할 수 있다. 디폴트 변수 ans를 사용하는 대신, 결과를 자신만의 임의의 변수, 예를 들면 r에 다음과 같이 할당할 수 있다.

```
>> r = 8/10
r =
    0.8000
```

이런 식은 할당문(assignment statement)이라고 부른다. 변수는, 단 하나의 변수만이, 항상 기호 = 왼쪽에 있다. 이 기호는 할당 연산자 또는 대체 연산자(replacement operator)라고 부르며, 수학에서의 등호와 같은 의미로 사용될 수 없다. 먼저 식은 "값 8/10을 변수 r에 할당한다"라는 의미이다.

이제 프롬프트에서 r을 입력하고 Enter↵를 치면, 다음을 볼 수 있다.

```
>> r
r =
    0.8000
```

이와 같이 변수 r은 값 0.8을 가지고 있음을 확인할 수 있다. 이 변수는 이후의 계산에 이용할 수 있다. 예를 들면,

```
>> s = 20*r
s =
    16
```

흔한 실수가 수학에서 하던 것처럼, 곱셈 기호 *를 잊고 $s=20r$과 같이 식을 입력하는 것이다. MATLAB에서 이렇게 하면 에러 메시지가 나온다.

줄 안에서 빈칸은 가독성을 향상시킨다. 예를 들어, 원한다면 = 기호 전후와 곱셈 기호 * 전후에 빈칸을 삽입할 수 있다. 그러면 다음

```
>> s = 20 * r
```

과 같이 입력할 수 있다. MATLAB은 2장에서 논의하게 될 한 가지 예외를 제외하고, 계산할 때 빈칸들은 무시한다.

우선순위(Order of Precedence)

스칼라(Scalar)는 하나의 수이다. 스칼라 변수는 하나의 수를 가지는 변수이다. MATLAB은 스칼라의 덧셈, 뺄셈, 곱셈, 나눗셈, 그리고 지수 연산으로 기호 `+ - * / ^`를 사용한다. 이것들은 [표1.1-1]에 나열되어 있다. 예를 들어, `x = 8 + 3*5`를 입력하면 답 `x = 23`을 돌려준다. `2^3-10`을 입력하면 답 `ans = -2`를 돌려준다. 전방향 슬래시(/)는 여러분에게 익숙한 일반적인 나눗셈 연산자인 우측 나눗셈(division)을 나타낸다. `15/3`을 입력하면 결과 `ans = 5`를 얻는다.

MATLAB은 좌측 나눗셈이라는 또 다른 나눗셈 연산자가 있는데, 이것은 백슬래쉬(\)로 표시한다. 좌측 나눗셈 연산자는 뒤에서 확인하게 되겠지만, 선형대수 연립방정식을 푸는 데 유용하다. 우측 나눗셈과 좌측 나눗셈 연산자의 차이를 기억하는 좋은 방법은 분모로 향한 슬래시 경사를 주시하는 것이다. 예를 들어 `7/2 = 2\7 = 3.5`와 같다.

기호 –, *, /, \ 및 ^에 의해 표시되는 수학적 연산은 우선순위(precedence)라는 규칙을 따른다. 수식들은 왼쪽으로부터 계산되며, 지수 연산이 가장 높은 우선순위를 갖고, 다음으로 곱셈과 나눗셈이 같은 우선순위를 가지며, 그 다음으로 덧셈과 뺄셈이 같은 우선순위를 갖는다.

이 순위는 괄호를 사용하여 바꿀 수 있다. 괄호 계산은 가장 안쪽의 쌍부터 시작하여 바깥쪽으로 진행한다. [표 1.1-2]는 이 규칙들을 요약한 것이다. 예로서, 다음 세션에서 우선순위의 결과를 주목한다.

[표 1.1-1] 스칼라 산술 연산

기호	연산	MATLAB 형태
^	지수: a^b	a^b
*	곱셈: ab	a*b
/	우측 나눗셈: $a/b = \frac{a}{b}$	a/b
\	좌측 나눗셈: $a\backslash b = \frac{b}{a}$	a\b
+	덧셈: $a + b$	a+b
–	뺄셈: $a - b$	a-b

[표 1.1-2] 우선순위

우선순위	연산
첫 번째	괄호, 가장 안쪽의 짝부터 계산된다.
두 번째	지수, 왼쪽에서 오른쪽으로 계산된다.
세 번째	곱셈과 나눗셈, 같은 우선순위를 가지며, 왼쪽에서 오른쪽으로 계산된다.
네 번째	덧셈과 뺄셈, 같은 우선순위를 가지며, 왼쪽에서 오른쪽으로 계산된다.

```
>>8 + 3*5
ans =
    23
>>(8 + 3)*5
ans =
    55
>>4^2 - 12 - 8/4*2
ans =
    0
>>4^2 - 12 - 8/(4*2)
ans =
    3
>>3*4^2 + 5
ans =
    53
>>(3*4)^2 + 5
ans =
    149
>>27^(1/3) + 32^(0.2)
ans =
    5
>>27^(1/3) + 32^0.2
ans =
    5
>>27^1/3 + 32^0.2
ans =
    11
>>4^(1/2)
ans =
    2
>>4^(-1/2)
```

```
ans =
   0.5
```

오류를 피하기 위해, 계산에서 우선순위를 확신할 수 없는 곳에는 어디든지 편하게 괄호를 삽입해도 좋다. 또한 괄호를 사용하면 MATLAB 식들의 가독성을 높여준다. 예를 들어, 식 `8 + (3*5)`에는 괄호가 필요 없지만, 괄호를 사용하면 8을 더하기 전에 3과 5를 곱한다는 의도가 분명해진다.

괄호는 반드시 짝이 맞아야 하며, 이것은 왼쪽 괄호와 오른쪽 괄호의 수가 같아야 된다는 것을 의미한다. 하지만 짝이 맞는다고 해서 정확하다는 의미는 아니다. 예를 들어, 식

$$y=(x-3)(x-2)^2$$

을 계산하기 위하여, 다음의 코드는 정확한 답을 준다,

```
y = (x - 3) * (x - 2)^2
```

하지만 실수로 다음과 같이 입력하면

```
y = (x - 3 * (x - 2))^2
```

괄호의 짝은 맞지만 MATLAB은 에러 메시지를 내보내지 않으면서 답은 정확하지 않다. 예를 들어, 만일 $x=8$이면 정확한 답은 180이지만, 바로 전의 코드는 100을 출력한다.

이해력 테스트 문제

T1.1–2 MATLAB을 이용하여 다음 식들을 계산하라.

a. $6\left(\frac{10}{13}\right)+\frac{18}{5(7)}+5(9^2)$

b. $6(35^{1/4})+14^{0.35}$

(답: a. 410.1297 b. 17.1123)

T1.1–3 다음의 MATLAB 식은 어떤 답을 주는가?

a. `25^-1`

b. `25^-1/2`

c. `25^(-1/2)`

d. `4^3/2`

(답: a. 0.04 b. 0.02 c. 0.2 d. 32)

할당 연산자의 적절한 사용

MATLAB에서 = 부호는 수학에서 알고 있는 부호로서의 등호와는 다르게 작용한다는 것을 이해하는 것이 중요하다. `x = 3`이라고 입력하면, MATLAB에서 변수 `x`에 값 3을 할당함을 의미한다. 이렇게 사용하는 것은 수학과 다르지 않다. 하지만 MATLAB에서는 또한 다음과 같이 입력할 수 있다. `x = x + 2`. MATLAB에서 이것은 현재 `x`의 값에 2를 더해, `x`의 현재 값을 이 새로운 값으로 대체하라는 것을 의미한다. `x`가 원래 값 3을 갖는다면 새로운 값은 5가 된다. = 연산자를 이렇게 사용하는 것은 수학에서와는 다르다. 예를 들어, 수학 방정식 $x=x+2$는 $0=2$를 의미하기 때문에 타당하지 않다.

MATLAB에서는 연산자 =의 좌변에 있는 변수는 우변에 의해 생성된 값으로 대체된다. 따라서 하나의 변수, 그것도 단지 하나의 변수만이 = 연산자 왼편에 있어야 한다. 그러므로 MATLAB에서는 `6 = x`라 입력할 수 없다. 이러한 또 다른 제약은 다음과 같이 MATLAB 식을 쓸 수 없다는 것이다.

```
>>x + 2 = 20
```

같은 방정식 `x + 2 = 20`은 수학에서는 용인되며, 해 `x = 18`을 갖지만, MATLAB에서 추가 명령들 없이는 이런 방정식을 풀 수 없다(이러한 명령들은 11장에서 기술되는 Symbolic Math 툴박스에서 사용할 수 있다).

다른 제약은 = 연산자 오른편은 계산할 수 있는 값이어야 한다는 것이다. 예를 들어 변수 `y`가 값이 할당되어 있지 않다면, 다음은 MATLAB에서 에러 메시지를 발생시킬 것이다.

```
>>x = 5 + y
```

변수에 이미 알고 있는 값을 할당하는 것 이외에, 할당 연산자는 시간을 거슬러 전에 알지 못했던 값들을 할당하거나 전술한 과정을 사용하여 변수의 값을 변경하는 데 매우 유용하다. 다음 예제에서는 이것이 어떻게 실행되는가를 보여 준다.

예제 1.1-1 원통 실린더의 체적

높이가 h이고 반지름이 r인 원통실린더의 체적은 $V=\pi r^2 h$이다. 어떤 실린더 탱크의 높이는 15미터이고 반지름이 8미터이다. 같은 높이를 가지며 체적이 20% 더 큰 또 하나의 실린더 탱크를 만들고자 한다. 이 탱크의 반지름은 얼마가 되어야 하는가?

풀이

먼저 반지름 r에 대해 실린더 방정식을 풀면,

$$r = \sqrt{\frac{V}{\pi h}} = \left(\frac{V}{\pi h}\right)^{1/2}$$

을 얻는다. 이 세션은 아래에 보였다. 먼저 반지름과 높이를 나타내는 변수 r과 h에 값을 할당한다. 다음에 원래 실린더의 부피를 계산하고, 부피를 20% 증가시킨다. 마지막으로 필요한 반지름을 구한다. 이 문제에 대하여 MATLAB 내장 상수 pi를 사용할 수 있다.

```
>>r = 8;
>>h = 15;
>>V = pi*r^2*h;
>>V = V + 0.2*V;
>>r = (V/(pi*h))^(1/2)
r =
   8.7636
```

따라서 새로운 실린더는 8.7636미터의 반지름을 가져야 한다. 변수 r과 V는 새로운 값으로 대체됨을 주목한다. 이 값은 원래의 값을 다시 사용하지 않는 한 가능하다. 우선순위가 `V = pi*r^2*h;` 문장에 어떻게 적용되는지 주목한다. 이것은 `V = pi*(r^2)*h;`와 동일하다.

식 `r = (V/(pi*h))^(1/2)`은 중첩된 괄호의 한 예로 여기에서는 가장 안쪽의 괄호는 pi 곱하기 h를 V로 나누기 전에 확실하게 곱하려는 의도를 명확히 하려는 것이다. 바깥쪽의 괄호는 제곱근 연산의 목적을 나타내기 위하여 필요하다. 항상 의도를 나타내기 위하여 괄호를 사용할 수 있다. 항상 이들은 짝이 맞아야 한다는 것을 명심한다. 그렇지 않으면 "유효하지 않은 표현식입니다."라는 경고를 얻게 된다.

변수명

작업공간(workspace)이라는 용어는 작업 세션에서 사용 중인 변수들의 이름과 값들을 말한다. 변수명은 반드시 문자로 시작해야 한다. 변수명의 나머지 부분은 문자, 숫자, 밑줄 문자 등을 포함할 수 있지만, 빈칸은 안 된다. MATLAB에서는 대/소문자를 구분한다. 따라서 다음 변수명들은 다섯 가지 다른 변수를 나타낸다. speed, Speed, SPEED, Speed_1, 및 Speed_2. 변수명에서 문자의 수의 한계는 크기는 하지만, 유한한 한계가 있다. 이 값은 MATLAB 버전에 따라 다르다. namelengthmax를 입력하면 이 한계를 정할 수 있다.

MATLAB은 초과하는 문자들은 무시한다.

작업 세션(Work Session)의 관리

[표 1.1-3]에 작업 세션을 관리하기 위한 몇 개의 명령들과 특별한 기호들을 요약해 놓았다. 줄 끝에 세미콜론을 붙이면 결과가 화면으로 출력되지 않는다. 줄 끝에 세미콜론을 붙이지 않으면, MATLAB은 결과를 화면에 디스플레이한다. 세미콜론을 사용하여 결과가 화면에 나타나지 않을지라도, MATLAB은 변수의 값을 여전히 보유하고 있다.

[표 1.1-3] 작업 세션을 관리하기 위한 명령들

명령	설명
`clc`	명령창을 지운다.
`clear`	메모리의 모든 변수들을 제거한다.
`clear var1 var2`	메모리에서 변수 `var1`과 `var2`를 제거한다.
`exist('name')`	`'name'`이라는 이름의 파일이나 변수가 존재하는지를 결정한다.
`quit`	MATLAB을 종료한다.
`who`	현재 메모리에 있는 변수들을 나열한다.
`whos`	현재 변수들과 크기를 열거하고, 허수부가 있는지를 나타낸다.
`:`	콜론 – 일정한 간격의 원소들을 가진 배열을 만든다.
`,`	콤마 – 배열의 원소를 분리한다.
`;`	세미콜론 – 화면으로 출력되지 않게 한다. 또한 배열에서 새로운 행을 나타낸다.
`...`	생략부호 – 줄을 계속한다.

같은 줄에 여러 명령을 넣을 수 있으며, 앞서 명령의 결과를 보기 원하면 콤마로 분리하고, 보기 원하지 않으면 세미콜론으로 분리한다. 예를 들면

```
>>x = 2; y = 6 + x, x = y + 7
y =
   8
x =
   15
```

처음 x의 값은 화면에 표시되지 않았음을 주목한다. 또한 x값이 2에서 15로 변경되었음을 주목한다.

긴 줄을 입력할 필요가 있다면, 세 개의 마침표를 입력함으로서 생략 부호를 사용하여 실행을 미룰 수 있다. 예를 들면

```
>>NumberOfApples = 10; NumberOfOranges = 25;
>>NumberOfPears = 12;
>>FruitPurchased = NumberOfApples + NumberOfOranges ...
  +NumberOfPears
FruitPurchased =
    47
```

탭 완성

MATLAB은 구문 에러에 대한 정정을 제안하며, 구문 에러란 MATLAB 언어에서 정확하지 않은 표현이다. 우리가 실수로 다음

```
>>x = 1 + 2(6 + 5)
```

를 입력했다고 가정한다. 만일 Enter↵를 누르면, MATLAB은 에러 메시지로 응답하고 x = 1 + 2*(6+5)를 입력하는 것을 의미했냐고 물어본다. 하지만 만일 Enter↵를 아직 입력하지 않았다면, 줄 전체를 다시 입력하는 대신에, 왼쪽 화살표 키(←)를 여러 번 눌러 커서를 움직여 빠진 *를 추가하고, Enter↵를 누른다.

왼쪽 화살표 키(←)와 오른쪽 화살표 키(→)는 한 번에 한 줄에서 왼쪽과 오른쪽으로 문자 하나씩 이동한다. 한번에 한 단어씩 이동하려면, Ctrl과 →를 동시에 누르면 오른쪽으로 이동하고, Ctrl과 ←를 동시에 누르면 왼쪽으로 이동한다. Home을 누르면 줄의 처음으로 이동한다. End를 누르면 줄의 끝으로 이동한다.

탭 완성(tab completion) 기능을 사용하면 입력(typing)하는 양을 줄일 수 있다. 이름의 처음 몇 문자를 입력하고 Tab 키를 누르면 MATLAB은 함수, 변수, 또는 파일 이름을 자동으로 채운다. 이름이 유일하다면, 자동으로 완성된다. 예를 들어, 이전에 열거한 세션에서, Fruit를 입력하고 Tab 키를 누르면, MATLAB은 이름을 완성하여 FruitPurchased를 보여준다. Enter↵를 눌러서 변수의 값을 표시하거나, 또는 수정을 계속하여 변수 FruitPurchased를 사용하는 새로운 실행 가능한 줄을 만들 수 있다. 탭 완성 기능은 또한 스펠링 오류를 정정한다. 만일 fruit를 입력하고 Tab을 누르면, MATLAB은 정확하게 FruitPurchased를 디스플레이한다.

입력한 문자로 시작하는 이름이 하나 이상 있다면, MATLAB은 Tab 키를 누르면 이 이

름들을 보여 준다. 마우스를 이용하여 팝업된 목록에서 원하는 이름 위에서 두 번 클릭하여 선택한다.

명령 내역(Command History)

팝업 명령 내역에는 명령 창에서 최근에 사용한 명령들이 표시된다. 디폴트로 명령 창은 위쪽 화살표(↑)에 대한 응답으로 보여준다. 명령 창에서 최근에 사용한 명령을 호출, 보기, 필터링 및 검색하는 데 사용할 수 있다. 목록에서 명령을 추출하려면, 위쪽 화살표 키를 사용하여 원하는 명령을 강조 표시한 다음 [Enter↵] 키를 누르거나 마우스를 사용하여 선택한다. 명령의 일부를 일치시켜 명령을 추출하려면 프롬프트에서 명령의 아무 부분이나 일부를 입력한 다음, 위쪽-화살표 키를 누른다. 오류를 생성하는 명령은 명령 내역의 왼쪽에 오류 메시지가 나타나는 것과 동일한 색상으로 표시를 해준다.

삭제와 소거

[Delete]를 누르면 커서에 있는 문자를 삭제한다. [←Back]을 누르면 커서 앞에 있는 문자를 삭제한다. [ESC]를 누르면 줄 전체를 삭제한다. [Ctrl]과 [K]를 동시에 누르면 그 줄 끝까지 삭제한다.

MATLAB을 종료하거나 변수의 값을 소거할 때까지 MATLAB은 변수의 마지막 값을 가지고 있다. 일반적으로 이 사실을 간과하면 MATLAB에서 오류가 발생한다. 예를 들어 많은 다른 계산에서 변수 x를 사용하는 것을 선호할 수 있다. 만일 x의 올바른 값을 입력하는 것을 잊는다면, MATLAB은 마지막 값을 사용하며, 그래서 잘못된 결과를 얻을 것이다. `clear` 함수를 사용하여 메모리로부터 모든 변수의 값을 소거할 수 있으며, 또는 `clear var1 var2`의 형태를 사용하여 `var1`과 `var2` 이름의 변수를 소거할 수 있다. `clc` 명령의 결과는 다르다. 명령창 화면에 보이는 모든 것을 지우지만, 변수의 값은 남아있다.

변수 명을 입력하고 [Enter↵]를 누르면 변수의 현재 값을 볼 수 있다. 변수가 값을 가지고 있지 않으면(즉, 변수가 존재하지 않으면), 에러 메시지가 나온다. 또한 `exist` 명령을 사용할 수도 있다. `exist('x')`를 입력하면, 변수 x가 사용 중인지를 알 수 있다. 만일 1이 반환되면, 변수는 존재한다. 0은 변수가 존재하지 않음을 나타낸다. `who` 함수는 메모리에 있는 모든 변수들의 이름을 열거하지만 값을 나타내지는 않는다. `who var1 var2`의 형태는 지정된 변수만을 보여 준다. 와일드카드(wildcard) 문자 *은 패턴에 부합되는 변수들을 나타내는 데 사용될 수 있다. 예를 들어, `who A*`는 현재 작업공간에서 A로 시작하는 모든 변수들을 찾는다. whos 함수는 변수명, 변수의 크기를 열거하고, 변수가 0이 아닌 허수부를 갖는지를 나타낸다.

함수와 명령 또는 명령문과의 차이는, 함수는 괄호로 둘러싸인 입력 변수를 가지고 있다는 것이다. clear와 같은 명령들은 입력변수를 가질 필요는 없지만, 만일 갖는다고 해도, 예를 들어 clear x와 같이 괄호를 사용하지는 않는다. 명령문은 입력 변수를 가질 수 없다. 예를 들어 clc와 quit는 명령문이다.

세션을 종료하지 않고 긴 계산을 종료하려면 Ctrl-C를 누른다. MATLAB은 quit을 입력하여 종료할 수 있다. 또한 **File** 메뉴를 클릭한 후에 **Exit MATLAB**을 클릭해도 된다.

미리 정의된 상수

MATLAB은 [예제 1.1-1]에서 사용한 내장 상수 pi와 같이, 몇 개의 미리 정의된 특수한 상수를 가지고 있다. [표 1.1-4]에 그것들을 열거해 놓았다. 기호 Inf는 ∞를 나타내는데, 실질적으로 MATLAB이 나타낼 수 없는 너무 큰 수를 의미한다. 예를 들어, 5/0을 입력하면 답 Inf를 출력한다. 기호 NaN은 부정(not a number)을 나타낸다. 그것은 0/0을 입력하여 얻어지는 결과와 같이 정의되지 않은 수치 결과를 나타낸다. 기호 eps는 컴퓨터에서 1에 더했을 때, 1보다 큰 수 중에서 가장 작은 수를 생성한다. 이것은 계산 정밀도를 나타내는데 사용된다.

기호 i와 j는 허수 단위를 나타내는데, 여기서 $i=j=\sqrt{-1}$ 이다. 이것들은 x = 5 + 8i와 같이 복소수를 생성하고 나타내는 데 사용된다.

특수한 상수명을 변수명으로 사용하지 않도록 한다. 비록 MATLAB에서 이러한 상수에 다른 값을 할당하는 것을 허용하지만, 그렇게 하는 것은 좋지 않은 습관이다.

복소수 연산

MATLAB은 복소수 계산을 자동으로 한다. 예를 들면, 수 $c_1=1-2i$ 는 다음과 같이 입력된다. c1 = 1 - 2i. 또한 c1 = complex(1, -2)라고 입력할 수도 있다.

> 주의: c2 = 5 - i*c1과 같이 변수에는 별표(asterisk)가 필요하지만, i 또는 j와 숫자 사이에는 별표가 필요 없음을 주의한다. 주의하지 않으면 이 관례는 에러를 유발할 수 있다. 예를 들어, 식 y = 7/2*i와 x = 7/2i는 두 개의 다른 결과: $y=(7/2)i=3.5i$ 와 $x=7/(2i)=-3.5i$ 를 만든다.

[표 1.1-4] 특수 변수와 상수

명령	설명
ans	가장 최근의 답을 포함하는 임시 변수
eps	부동소수점의 정확도를 지정한다.
i, j	허수 단위 $\sqrt{-1}$
Inf	무한대
NaN	정의되지 않은 수치 결과를 나타낸다.
pi	숫자 π

복소수의 덧셈, 뺄셈, 곱셈과 나눗셈은 쉽게 수행된다. 예를 들면

```
>>s = 3+7i; w = 5-9i;
>>w+s
ans =
   8.0000 - 2.0000i
>>w*s
ans =
   78.0000 + 8.0000i
>>w/s
ans =
   -0.8276 - 1.0690i
```

이해력 테스트 문제

T1.1-4 $x=-5+9i$ 이고 $y=6-2i$ 일 때, MATLAB을 사용하여 $x+y=1+7i$, $xy=-12+64i$, $x/y=-1.2+1.1i$ 임을 보여라.

format 명령

format 명령은 숫자들이 화면에 어떻게 표시되는지를 제어한다. [표 1.1-5]는 이 명령들의 변형들을 보인다. MATLAB은 계산에서 많은 유효 숫자를 사용하지만, 그것들 모두를 볼 필요는 없다. 디폴트 MATLAB 디스플레이 형식은 short 형식이며, 소수점 아래 4자리를 사용한다. format long을 입력하면 더 많은 자리수를 표시할 수 있는데, 이것은 16자리를 표시한다. 디폴트 형식으로 돌아가려면 format short를 입력한다.

format short e 또는 format long e를 입력하면 출력을 과학적 숫자 표기법으로 표시할 수 있는데, 여기에서 e는 숫자 10을 의미한다. 따라서 출력 6.3792e+03은 숫자 6.3792×10^3을 의미한다. 출력 6.3792e-03은 숫자 6.3792×10^{-3}을 의미한다. 이 본문에서 e는 자연로그의 밑수인 숫자 e를 나타내는 것이 아님을 주의한다. 여기서 e는 '지수(exponent)'를 의미한다. 이것은 적절한 표기법은 아니지만, MATLAB은 오래전에 만들어진 컴퓨터 프로그래밍 표준 관례를 따른다.

화폐 계산만을 위해서는 format bank를 사용한다. 이 형식은 허수부는 인식하지 않는다.

[표 1.1-5] 숫자 표시 형식

명령	설명 및 예제
format short	소수점 아래 4자리(디폴트); 13.6745
format long	소수점 아래 16자리: 17.27484029463547
format short e	5자리 수(소수 아래 4자리)와 지수: 6.3792e+03
format long e	16자리 수(소수 아래 15자리)와 지수 : 6.379243784781294e-04
format bank	소수점 아래 2자리; 126.73
format +	양, 음, 또는 0; +
format rat	유리 근사화; 43/7
format compact	빈 줄을 일부 제거한다.
format loose	덜 간결한 모드로 리셋한다.

라이브 편집기(Live Editor)

R2016a에 추가된 MATLAB 라이브 편집기(Live Editor)를 사용하면, 라이브 스크립트를 작성하고 실행할 수 있다. 라이브 스크립트는 단일 대화형 환경에서 코드, 출력 및 형식화된 콘텐츠를 결합한다. 서식 있는 텍스트에는 서식 있는 텍스트, 그래프, 이미지, 하이퍼링크 및 방정식들이 포함된다. 대화형 설명도 만들어 공유할 수 있다.

라이브 편집기를 사용하면 환경을 떠나지 않고 코드를 작성, 실행 및 테스트할 수 있게 해주며, 코드를 개별적 블록으로 실행하거나 전체 파일을 실행할 수 있기 때문에 보다 효율적으로 작업할 수 있다. 생성된 코드 옆에 결과와 그래프가 표시되며, 파일 위치에서 오류를 볼 수 있다.

더 공부하기 위한 가장 좋은 방법은 데스크탑의 오른쪽 상단에 있는 도움말 검색 상자에 라이브 편집기 또는 Live Editor를 입력하면 된다.

1.2 툴스트립(Toolstrip)

데스크탑(Desktop)은 명령창과 다른 MATLAB 툴들을 관리한다. [그림 1.1-1]에 R2021a의 디폴트 데스크탑을 보였다. 작업 화면의 위쪽에 걸쳐 툴스트립이 있으며, 홈, 플롯, 앱이라고 라벨이 붙은 3개의 탭을 포함한다. 탭의 오른쪽에는 빠른 액세스 툴바가 있으며, 여기에는 오려두기, 복사, 및 붙여넣기와 같은 자주 이용되는 옵션들을 포함한다. 이 툴바는 조정 가능하다. 이 툴바의 오른쪽에는 도움말 검색 박스가 있다.

툴스트립은 홈 탭이 클릭되었을 때, [그림 1.1-1]과 같이 보인다. 탭 아래에는 툴바라고 불리는 여러 개의 메뉴명과 아이콘들이 있다. [그림 1.2-1]을 본다.

다른 탭을 클릭하면, 툴스트립은 바뀌게 된다. 또한, 다른 탭이 나타나기도 한다. 예를 들어, 파일을 열면, 편집기, 퍼블리시, 보기 탭이 나타난다. 플롯 탭은 플로팅 툴바를 열며, 이것은 5장에서 논의할 예정이다. 앱 탭은, 인스톨된 MATLAB 툴박스들과 같은 MATLAB 제품들로부터 응용 프로그램들의 갤러리를 연다.

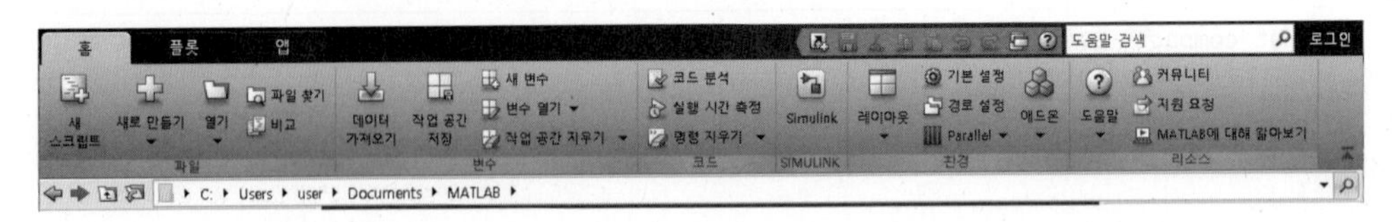

[그림 1.2-1] 홈 탭을 선택했을 때의 MATLAB 툴스트립(출처: MATLAB)

홈 탭 메뉴

컴퓨터와의 대부분의 상호작용은 활성화된 홈 탭의 명령창에서 이루어진다. 이 툴바는 [그림 1.2-1]에 보였다. 이 툴바는 다음의 일반적인 카테고리의 연산을 다룬다.

파일: 파일들을 생성하고, 열고, 찾고, 비교한다. 새로운 스크립트 파일을 생성하려면, **새 스크립트** 아이콘을 클릭한다. 이 아이콘은 편집기를 열며, 편집기, 퍼블리시 및 보기 탭을 디스플레이한다. 편집기는 스크립트 파일이라고 불리는 새로운 프로그램 파일을 생성하게 해준다. 이것은 M-파일이라고 불리는 한 가지 형태의 파일이며, 1.4절에

서 다룬다. 이 **새 라이브 스크립트** 아이콘은 라이브 에디터를 연다. **새로 만들기** 아이콘은, 그림 파일과 같은 다른 형태의 파일을 열며, 이에 대해서는 나중에 논의할 것이다. **비교** 아이콘은 두 파일의 내용을 비교하도록 해준다.

변수: 데이터를 가져 오거나 변수 편집기를 사용하여 변수를 생성할 수 있다. **새 변수** 아이콘을 클릭하면 **변수** 및 **보기** 탭이 열리고, 변수 값을 입력하는 표가 나타난다. 변수를 열거나, 지우고 작업 영역의 내용을 저장할 수도 있다.

코드: 프로그램에서 명령의 분석, 실행, 시간 측정과 삭제를 할 수 있다.

Simulink: Simulink 프로그램을 시작한다. Simulink는 MATLAB에 대한 선택적인 추가 기능으로 10장에서 다룬다. Simulink가 컴퓨터에 설치되어 있지 않으면, 이 아이콘은 표시되지 않는다.

환경: 레이아웃 아이콘은 1.1절에서 설명한 것과 같이 데스크탑의 레이아웃을 구성할 수 있다. 어떻게 MATLAB이 정보를 디스플레이 하는지에 대한 기본 설정을 구성하고, 애드온 프로그램을 관리할 수 있다.

리소스: 도움말 아이콘은 도움말 시스템에 액세스하며, 이것은 1.5절에서 설명한다. 나머지 아이콘들은 MathWorks 사와 MATLAB 커뮤니티의 도움을 요청하고, MATLAB 아카데미에서 자기 학습을 수행할 수 있도록 해준다.

1.3 내장 함수, 배열 및 그래프 그리기

이 절에서는 MATLAB에 내장되어 있는 함수들에 대하여 논의하며, MATLAB의 기본적인 구성 블록인 배열을 소개한다. 이 절에서는 또한 파일을 어떻게 다루고, 그래프를 생성하는지에 대하여 보인다.

내장(Built-In) 함수

MATLAB은 수백 개의 내장 함수를 갖고 있다. 이중의 하나가 제곱근 함수인 `sqrt`이다. 함수명 다음에 함수에 의하여 연산이 되는 - 함수의 입력 변수라고 불리는 - 값들을 둘러싸기 위하여 함수명 다음에 괄호 한 짝이 사용된다. 예를 들어, 9의 제곱근을 계산하고 그 값을 r에 할당하기 위해서는 `r = sqrt(9)`라고 입력한다. 이 식은 `r = (9)^(1/2)`과 같지만,

훨씬 더 간결하다는 것을 주목한다.

[표 1.3-1]에 일반적으로 사용하는 내장 함수들을 일부 나열하였다. 3장에서는 내장 함수들을 광범위하게 다룬다. MATLAB 사용자는 필요에 따라 특별히 그들 자신의 함수들을 생성할 수 있다. 사용자 정의 함수들의 생성에 대해서는 3장에서 다룬다.

예를 들어, $\sin x$(여기에서 x는 라디안 단위의 값을 가짐)를 계산하려면 `sin(x)`를 입력한다. $\cos x$를 계산하려면 `cos(x)`를 입력한다. 지수 함수 e^x는 `exp(x)`로부터 계산된다. 자연로그함수 $\ln x$는 `log(x)`를 입력하여 계산된다(수학책에서의 ln와 MATLAB 구문 `log` 사이의 철자 차이를 주목한다). 밑수 10인 로그 함수는 `log10(x)`를 입력하여 계산한다.

[표 1.3-1] 일반적으로 사용되는 수학 함수들

함수	MATLAB 구문*
e^x	`exp(x)`
$\sqrt{x}$	`sqrt(x)`
$\ln x$	`log(x)`
$\log_{10} x$	`log10(x)`
$\cos x$	`cos(x)`
$\sin x$	`sin(x)`
$\tan x$	`tan(x)`
$\cos^{-1} x$	`acos(x)`
$\sin^{-1} x$	`asin(x)`
$\tan^{-1} x$	`atan(x)`

* 여기에 나열한 MATLAB 삼각 함수들은 라디안 단위를 사용한다. `sind(x)` 및 `cosd(x)`와 같이, d로 끝나는 삼각함수는 입력 변수 x를 도 단위로 취한다. `atand(x)`와 같은 역함수도 도 단위로 답을 준다. MATLAB은 또한 `atan2(y, x)` 및 `atan2d(y, x)`와 같은 4상한의 역탄젠트 함수를 갖고 있다.

역 사인 또는 아크 사인은 `asin(x)`를 입력하여 얻는다. 이 함수는 각도가 아닌 라디안으로 답을 반환한다. 함수 `asind(x)`는 각도로 답해준다.

역 탄젠트 또는 아크탄젠트는 `atan(x)`를 입력하여 얻는다. 이 함수는 각도가 아닌 라디안으로 답을 반환한다. 함수 `atand(x)`는 각도로 반환한다. 역 탄젠트 함수를 사용할 때는 주의해야 한다. 예를 들어, `atand(1)`은 45도를 반환하지만, −135도의 탄젠트 또한 1이다. 따라서 정확한 답을 올바르게 해석하려면 정확한 사분면을 알아야한다.

MATLAB에는 원점(0, 0)으로부터 좌표 (x, y)인 점까지 선의 정확한 사분면에서의 라디안 각을 자동으로 계산하는 4 사분면 역탄젠트 함수 `atan2(y, x)`가 있다. 함수 `atan2d(y, x)`는 도 단위의 답을 준다. 따라서 `atan2d(-1, -1)`을 입력하면 −135도를 준다.

배열

MATLAB의 강점 중의 하나는 배열(array)이라고 하는 수들의 모임을 하나의 변수처럼 다룰 수 있다는 것이다. 배열은 또한 그래프를 만드는 데 사용된다.

숫자 배열은 수들을 순서대로 모아놓은 것이다(지정된 순서로 정렬된 수들의 집합). 배열 변수의 예는 숫자 0, 4, 3과 6을 순서대로 가지고 있는 것이다. 나중에 알게 되는 한 예외를 제외하고, 이 집합을 포함하는 변수 `x`를 정의하기 위해서는 반드시 대괄호([ ])를 사용하여야 한다. 원소들은 콤마나 빈칸 또는 둘 다 사용하여 반드시 분리해야 한다. 예를 들어, `x = [0, 4, 3, 6]`이라고 입력한다. 콤마가 가독성을 높이고 오류를 피할 수 있어 선호한다.

`y = [6, 3, 4, 0]`으로 정의되는 변수 `y`는 순서가 다르기 때문에 `x`와 같지 않음을 주의한다. 대괄호를 사용하는 이유는 다음과 같다. 우리가 `x = 0, 4, 3, 6`을 입력하면, MATLAB은 이것을 4개의 분리된 입력으로 다루며, `0`의 값을 `x`에 할당하고 입력 `4, 3, 6`은 무시한다. 대괄호 대신 소괄호를 이용하면 오류 메시지가 나온다.

배열 `[0, 4, 3, 6]`은 하나의 행과 4개의 열을 갖는 것으로 여기며, 여러 개의 행과 열을 갖는 행렬의 부분 집합으로 생각한다. 다음에 보겠지만, 행렬은 괄호를 사용하는 일부 수학책에서와는 다르게 또한 대괄호로 나타낸다.

한 줄 명령 `z = x + y`를 입력함으로써 두 배열 `x`와 `y`를 더해 또 하나의 배열 `z`를 만들 수 있다. `z`를 계산하기 위해, MATLAB은 `x`와 `y`에 있는 모든 대응하는 숫자들을 더하여 `z`를 만든다. 결과적으로 생기는 배열 `z`는 숫자 6, 7, 7, 6을 갖는다. 배열의 뺄셈은 유사한 방법으로 할 수 있지만, 배열 곱셈과 나눗셈은 좀 더 심오한 처리가 필요하며, 이것은 2장에서 볼 예정이다.

배열에서 모든 수들이 규칙적인 간격을 갖는다면, 배열에 모든 수들을 입력할 필요는 없다. 대신에, 콜론으로 분리하여 첫 번째 수와 마지막 수를 입력하고, 가운데에 간격을 입력한다. 예를 들면, 수 0, 0.1, 0.2, ..., 10은 `u = 0:0.1:10`을 입력함으로써 변수 `u`에 할당할 수 있다. 이 콜론 연산자 응용에서 대괄호는 가독성을 높이기 위하여 사용될 수는 있지만,

꼭 필요한 것은 아니다.

MATLAB의 일부 능력은 많은 값들을 갖는 배열들에 대한 연산을 수행하기 위하여 간단한 코드를 사용할 수 있는 능력에서 나온다. 예를 들어, u = 0, 0.1, 0.2, ..., 10에 대하여 $w = 5\sin u$를 계산하기 위한 세션은 다음과 같다.

```
>>u = 0:0.1:10;
>>w = 5*sin(u);
```

한 줄 명령 `w = 5*sin(u)`은 배열 u에 있는 각 값마다 한 번씩, 식 $w = 5\sin u$를 101번 계산하여 101개의 값을 갖는 배열 w를 만든다.

프롬프트 다음에 u를 입력하여 모든 u값을 볼 수 있으며, 또는 예를 들어, u(7)을 입력하여 7번째 값을 볼 수 있다. 숫자 7은 배열에서 특정한 원소를 가리키므로 배열 인덱스(index)라 부른다. 예제 세션은 다음과 같다

```
>>u(7)
ans =
   0.6000
>>w(7)
ans =
   2.8232
```

지금까지 화면에서 봤던 것과 같은, 수들이 하나 이상의 열과 한 행으로 나타나는 배열을 행 배열(row arrays)이라 한다. 하나 이상의 행을 가진 열 배열(column arrays)도 세미콜론을 사용하여 행들을 분리함으로써 만들 수 있다. 예를 들어, `r = [0; 4; 3; 6]`이라고 입력하여 4개의 행과 하나의 열을 갖는 열배열을 만들 수 있다.

`length` 함수를 사용하여 하나의 배열에 얼마나 많은 값들이 있는지를 결정할 수 있다. 예를 들어, 앞의 세션을 다음과 같이 계속한다.

```
>>m = length(w)
m =
   101
```

배열과 다항식의 근

많은 응용에서 다항식의 근을 구하는 것을 요구한다. 친숙한 근의 공식은 2차 다항식

의 근에 대한 답을 준다. 3차 및 4차 다항식의 근에 대한 공식도 존재하지만 복잡하다. MATLAB은 고차 다항식의 근을 찾기 위한 정교한 알고리즘을 갖고 있다.

MATLAB에서 다항식은 변수의 최고차 계수로 시작하여, 다항식의 계수들을 원소로 갖는 배열로 나타낼 수 있다. 예를 들어, 다항식 $4x^3-8x^2+7x-5$는 행렬 [4, −8, 7, −5]로 나타낼 수 있다. 다항식 $f(x)$의 근들은 $f(x)=0$을 만족하는 x의 값들이다. 다항식 근들은 roots(a) 함수를 사용하여 구할 수 있는데, 여기서 a는 다항식의 계수 배열이다. 결과는 다항식의 근들을 가지는 열 배열이다. 예를 들면, $x^3-7x^2+40x-34=0$의 근을 구하기 위한 세션은 다음과 같다.

```
>>a = [1, -7, 40, -34];
>>roots(a)
ans =
   3.0000 + 5.000i
   3.0000 - 5.000i
   1.0000
```

근들은 $x=1$과 $x=3\pm5i$이다. 두 개의 명령이 하나의 명령 roots([1, -7, 40, -34])로 결합될 수 있다.

이해력 테스트 문제

T1.3-1 MATLAB을 사용하여 배열 [cos(0) : 0.02 : log10(100)]에 얼마나 많은 원소들이 있는지 결정하라. MATLAB을 사용하여 25번째 원소를 구하라.
(답: 51개의 원소와 1.48)

T1.3-2 MATLAB을 사용하여 다항식 $290-11x+6x^2+x^3$의 근을 구하라.
(답: $x=-10,\ 2\pm5i$)

MATLAB에서의 그래프 그리기

MATLAB에서 그래프를 생성하려면 배열을 이용한다. MATLAB은 직선, 대수, 표면과 등고선 그래프와 같은 여러 가지 다른 형태들의 그래프를 쉽게 그릴 수 있는 많은 강력한 함수들을 포함하고 있다. 간단한 예로써 함수 $y=5\cos(2x)$를 $0\leq x\leq7$에 대하여 그려본다. 부드러운 곡선을 그리기 위해 0.01씩 증가시켜 x의 값을 많이 만든다. 함수 plot(x, y)는 수평축(가로 좌표)에 x값과 수직축(세로 좌표)에 y값의 그래프를 그린다. 세션은 다음과 같다.

```
>>x = 0:0.01:7;
>>y = 3*cos(2*x);
>>plot(x, y), xlabel('x'), ylabel('y')
```

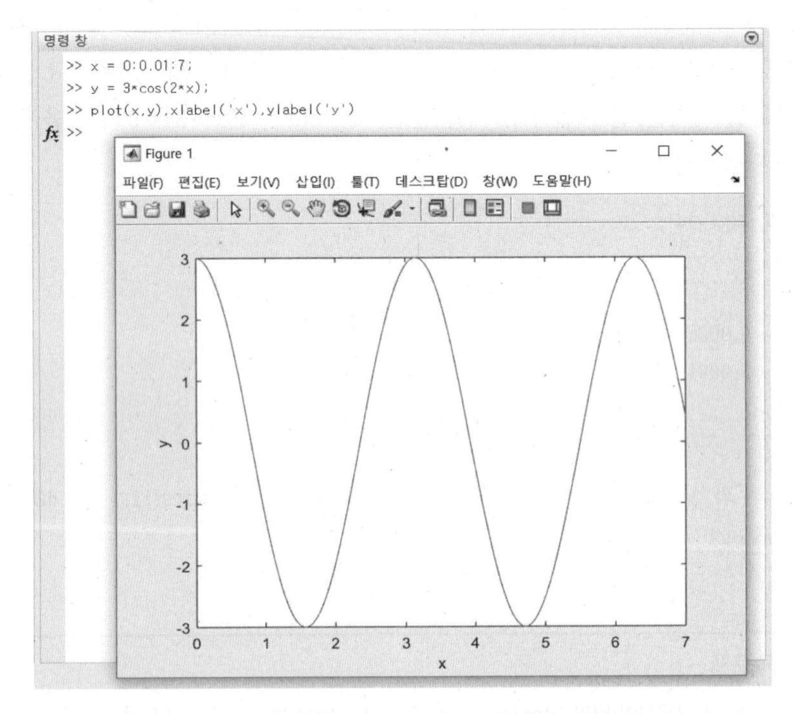

[그림 1.3-1] 그래프를 보여주는 그래프 창(출처: MATLAB)

그래프가 [그림 1.3-1]과 같이 **Figure 1**이라는 이름으로 그림창 안의 화면에 나타난다. xlabel 함수는 아포스트로피 안의 텍스트를 수평축에 라벨로 붙인다. ylabel 함수도 수직축에 대하여 비슷한 기능을 수행한다. plot 명령이 성공적으로 수행되면, 그림창이 자동적으로 나타난다. 그림 창을 인쇄하려면, 그림 창의 **File** 메뉴에서 **Print**를 선택한다. 그림 창의 **File** 메뉴에서 **Close**를 선택하면 창을 종료할 수 있다. 그러면 명령창의 프롬프트로 돌아간다.

다른 유용한 그래픽 함수는 title과 gtext이다. 이 함수들은 그려진 그래프 위에 텍스트를 써 넣는다. 둘 다 xlabel 함수처럼 괄호 안의 아포스트로피 안에 텍스트를 쓴다. title 함수는 그래프의 윗부분에 텍스트를 써 넣는다. gtext 함수는 커서가 위치해 있는 곳에 왼쪽 마우스 버튼을 눌렀을 때 텍스트를 써 넣는다.

plot 함수에 다른 값들을 포함시켜 오버레이(overlay) 플롯이라고 하는 여러 개의 그래프를 그릴 수 있다. 예를 들어, $0 \leq x \leq 5$에 대하여 $y = 2\sqrt{x}$와 $z = 4\sin(3x)$의 그래프를 같이 그리기 위한 세션은 다음과 같다.

```
>>x = 0:0.01:5;
>>y = 2*sqrt(x);
>>z = 4*sin(3*x);
>>plot(x, y, x, z), xlabel('x'), gtext('y'), gtext('z')
```

일단 그래프가 화면에 나타나면, 프로그램은 사용된 gtext 함수마다 커서를 위치시키고 마우스 버튼을 클릭하기를 기다린다. gtext 함수를 사용하여 적당한 곡선 옆에 라벨 y와 z를 배치한다.

또한 각 곡선에 대하여 다른 종류의 선들을 사용하여 곡선들을 구별할 수 있다. 예를 들어, z곡선을 파선으로 그리기 위해서는, 위의 세션에 있는 plot(x, y, x, z) 함수를 plot(x, y, x, z, '--')로 대치한다. 다른 형태의 선들도 사용될 수 있다. 이것들에 대해서는 5장에서 논의한다.

때때로 그려진 곡선 위의 점의 좌표를 구하는 것이 유용하거나 필요하다. 함수 ginput은 이러한 목적으로 사용될 수 있다. 그려진 그래프가 최종 형태로 있도록 이 함수를 모든 플롯 명령와 플롯 형식 명령문 끝에 놓는다. 명령 [x, y] = ginput(n)은 n개의 점들을 구하고 x와 y값을 길이가 n인 x와 y벡터로 가져다준다. 마우스를 사용하여 커서를 위치시키고, 마우스 버튼을 누른다. 가져다주는 좌표는 그래프의 좌표와 같은 축척을 갖는다.

함수와 대비하여, 데이터를 표시하는 경우에는(매우 많은 데이터 점들이 있지 않다면) 각 데이터 점을 보이기 위하여 데이터 마커(marker)를 사용해야 한다. 각 점을 덧셈기호 +로 표시하기 위하여, plot 함수에 필요한 구문은 plot(x, y, '+')이다. 원한다면 데이터 점들을 선으로 연결할 수 있다. 이 경우에는, 한 번은 데이터 마커를 사용하고 또 한 번은 데이터 마커 없이 데이터를 두 번 그려야 한다.

예를 들어, 독립 변수 x = [15 : 2 : 23]에 대한 데이터의 종속변수 값들이 y = [20, 50, 60, 90, 70]이라고 가정한다. 데이터를 덧셈 기호로 그리기 위하여 다음 세션을 사용한다.

```
>> x = 15 : 2 : 23;
>> y = [20, 50, 60, 90, 70];
>> plot(x, y, '+', x, y), xlabel('x'), ylabel('y'), grid
```

`grid` 명령은 그래프에 격자선을 넣는다. 다른 데이터 마커도 사용할 수 있다. 이것들은 5장에서 논의된다.

[표 1.3-2]에 이러한 그래프에 관련된 명령들을 요약해 놓았다. 다른 그래프 함수들과 플롯 편집기(Plot Editor)는 5장에서 논의한다.

[표 1.3-2] MATLAB 플롯 명령

명령	설명
`[x,y] = ginput(n)`	마우스를 이용하여 그려진 그래프로부터 n개의 점들을 구하고, 길이 n인 벡터 x와 y 좌표 값을 길이가 n인 x 및 y 벡터로 내보낸다.
`grid`	그래프에 격자선을 그린다.
`gtext('text')`	마우스로 텍스트를 배치한다.
`plot(x,y)`	직교 좌표계에 배열 x에 대한 배열 y의 그래프를 생성한다.
`title('text')`	그래프의 제일 위에 제목으로 텍스트를 놓는다.
`xlabel('text')`	텍스트 라벨을 수평축(가로 좌표)에 넣는다.
`ylabel('text')`	텍스트 라벨을 수직축(세로 좌표)에 넣는다.

이해력 테스트 문제

T1.3-3 구간 $0 \leqq x \leqq 10$ 에서 함수 $y = 3x^2 + 2$ 의 그래프를 그려라.

T1.3-4 MATLAB을 사용하여 구간 $0 \leqq t \leqq 5$ 에서 함수 $s = 2\sin(3t+2) + \sqrt{5t+1}$ 의 그래프를 그려라. 그려진 그래프에 제목을 쓰고, 축에 적당한 라벨을 붙여라. 변수 s는 초당 피트(feet)의 속도를 나타낸다. 변수 t는 초 단위의 시간을 나타낸다.

T1.3-5 MATLAB을 사용하여 구간 $0 \leqq x \leqq 1.5$ 에서 함수 $y = 4\sqrt{6x+1}$ 와 $z = 5e^{0.3x} - 2x$ 의 그래프를 그려라. 그려진 그래프와 곡선에 적절한 라벨을 붙여라. 변수 y와 z는 뉴톤(newton) 단위의 힘을 나타낸다. 변수 x는 미터 단위의 거리를 나타낸다.

1.4 파일 작업

지금까지 대화형 세션에서 MATLAB을 어떻게 이용하는지를 보였다. 하지만, 좀 더 복잡한 응용들을 위하여, 궁극적으로 재사용을 위하여 우리의 작업을 저장하고 아마도 코드도 저장하기를 원한다. 이것은 파일을 이용하여 할 수 있으며, 파일에는 몇 가지 형태가 있다.

파일 형태

MATLAB에서는 프로그램, 데이터와 세션 결과들을 저장할 수 있는 여러 가지 형태의 파일들을 사용한다. 생성한 프로그램 파일들은 확장자 .m으로 저장되고 따라서 M-파일이라고 부른다. MAT-파일들은 확장자 .mat를 가지며 MATLAB 세션동안 생성되는 변수들의 이름과 값들을 저장하는 데 사용된다.

M-파일은 ASCII 파일이므로 일반적으로 문서 편집기라고 불리는 어떠한 워드 프로세서를 사용해서도 작성할 수 있다. MAT-파일은 이진 파일로, 그것들을 만든 소프트웨어에서만 읽을 수 있다. MAT-파일은 MS 윈도우즈와 매킨토시 사이에 옮길 수 있도록 하기 위하여 기종 표시를 포함하고 있다.

우리가 사용할 3번째 파일 형태는 데이터 파일, 특히 ASCII 형식에 따라 생성되는 ASCII 데이터 파일이다. 스프레드시트(spreadsheet) 프로그램, 워드 프로세서, 실험데이터 수집시스템으로 생성된 파일이나 다른 사람과 공유하는 파일에 저장된 데이터를 분석하기 위해서 MATLAB을 사용할 필요가 있을지 모른다.

작업공간 변수들의 저장과 복원

MATLAB 사용을 중단하고 나중에 그 세션을 계속하려면, 툴스트립에서 작업공간 저장(Save Workspace) 아이콘을 클릭하거나 또는 save 명령을 사용할 수 있다. 만일 아이콘을 이용하면, 파일명을 입력하라고 요구받는다. 디폴트 파일명은 matlab이다. save(myfilfe)을 입력하면 MATLAB은 작업공간 변수들, 즉, 변수명, 변수 크기와 변수 값들을 MATLAB이 읽을 수 있는 myfile.mat이라는 이름의 이진 파일로 저장한다. 작업공간 변수들을 복원하기 위해서는 데이터 가져오기(Import Data) 아이콘을 클릭하거나 또는 load(myfile)을 입력한다. 그러면 세션을 전과 같이 계속할 수 있다. 예를 들어, 저장된 파일이 변수 A, B와 C를 포함하고 있다면, 파일을 로드하면 이 변수들을 작업공간으로 가져오며, 같은 이름의 변수들이 작업공간에 이미 존재하면, 저장된 파일에 있는 변수들 값으로 덮어씌워진다. 변수 일부만 로드하고자 하면, 예를 들어, var1, var2라고 하면, load(myfile, var1, var2)라고 입력하면 된다.

변수들 중 일부만, 예를 들어, 단지 var1과 var2 변수 몇 개만을 저장하기 위해서는 save(myfile, var1, var2)를 입력한다. 변수들을 복원하기 위해서는 변수명을 입력할 필요는 없다. 단지 load(myfile)을 입력한다.

폴더와 경로 MATLAB에서 사용하는 파일들의 위치를 아는 것은 중요하다. 파일들의 위치는 초보자들한테는 종종 문제를 야기한다. 집에 있는 컴퓨터에서 MATLAB을 사용하여, 이동식 디스크에 파일을 저장한다고 가정한다. 저장된 디스크를 가져와 학교 컴퓨터실에 있는 다른 컴퓨터에서 사용한다면, MATLAB에서 파일을 찾는 방법을 알아야 한다. 파일을 저장할 때는 파일들이 어디에 저장되는지 반드시 알아야 하고, 특히 실습실에서는 더욱 그렇다. 이 절차는 특정한 실습실에 따라 다를 수 있으며, 그래서 이 정보를 실습실 관리자로부터 얻어야 한다.

파일들은 컴퓨터 시스템에서 폴더라고 부르는 디렉토리에 저장된다. 폴더는 그 아래 서브 폴더를 가질 수 있다. 예를 들어, 파일을 폴더 `c:\matlab\mywork`에 저장하기를 원할 수 있다. 그러면 `\mywork` 폴더는 `c:\matlab` 폴더 아래의 서브폴더이다. 경로가 MATLAB에서 특정한 파일을 찾는 방법을 알려준다.

경로는 디폴트 데스크탑([그림 1.1-1] 참조)의 현재 폴더 창 위의 창에 표시된다. 경로는 원하는 하위 폴더가 나타날 때까지(이미 있다고 가정한다) 표시된 경로를 클릭하여 변경할 수 있다. 경로를 보려면 `pwd`를 입력하여 볼 수도 있다. 이것은 검색 경로의 최상위 폴더를 보여 준다. 이 폴더는 파일을 찾을 때 MATLAB이 검색하는 폴더의 전체 목록이다.

M-파일 프로그램을 생성하고 저장하는 방법을 보이기 전에, MATLAB은 어떻게 변수, 명령 및 파일을 찾는지를 논의할 필요가 있다. 파일 `problem1.m`을 폴더 `c:\matlab\homework`에 저장했다고 가정한다. `problem1`이라고 입력하면,

1. MATLAB은 먼저 `problem1`이 변수인지를 검사하고, 만일 그렇다면, 그 값을 디스플레이 한다.
2. 그렇지 않다면, MATLAB은 `problem1`이 자신의 명령어인지를 검사하고, 만일 그렇다면 명령을 수행한다.
3. 그렇지 않다면, MATLAB은 현재 폴더에서 `problem1.m`이라는 파일을 찾고, 파일을 발견하면 `problem1`을 수행한다.
4. 그렇지 않다면, MATLAB은 검색 경로에 있는 폴더를 순서대로 검색하여 `problem1.m`을 찾고, 파일을 발견하면 그것을 수행한다. 같은 이름의 파일이 검색 경로상의 여러 폴더에 나타나면, MATLAB은 검색 경로의 최상위의 가장 가까운 폴더에서 발견되는 `problem1`을 사용한다. 그래서 검색 경로에서의 폴더의 순서가 중요하다.

`path`를 입력하여 MATLAB의 검색 경로를 나타낼 수 있다. `problem1.m`은 검색 경로 안

의 한 폴더에 반드시 존재해야 하며, 그렇지 않으면 MATLAB은 파일을 찾지 못하고 에러 메시지를 발생시킨다.

파일을 이동식 매체에 저장하고 공용 컴퓨터 실습실로 가져온 경우, 만일 검색 경로를 변경할 수 없다면, 대안은 파일을 검색 경로 안의 폴더로 복사하는 것이다. 그러나 이 방법에는 몇 가지 함정이 있다. (1) 세션 중에 파일을 변경하면, 수정된 파일을 매체로 복사하는 것을 잊어버릴 수 있으며, (2) 다른 사람이 당신의 파일에 액세스할 수 있다!

what 명령은 현재 폴더에 있는 MATLAB 관련 파일들의 목록을 디스플레이 한다. what dirname 명령은 dirname 폴더에 대하여 똑같은 작업을 한다. which item을 입력하면 함수 item 또는 파일 item(파일 확장자를 포함하여)의 전체 경로명을 보여 준다. 만일 item이 변수이면, MATLAB은 변수라고 식별하여 준다.

addpath 명령을 사용하여 어떤 폴더를 검색경로에 추가할 수 있다. 검색경로에서 어떤 폴더를 삭제하기 위해서는, rmpath 명령을 사용한다. 경로 설정(Set Path) 도구는 파일과 디렉토리 작업을 위한 그래픽 인터페이스이다. 브라우저를 시작하기 위해서는 pathtool을 입력한다. 경로 설정을 저장하기 위해서는, 도구에 있는 **저장(Save)**을 클릭한다. 디폴트 탐색 경로를 복원하기 위해서는, 브라우저에서 **디폴트(Default)**를 클릭한다.

이 명령들은 [표 1.4-1]에 요약되어 있다.

[표 1.4-1] 시스템, 폴더 및 파일 명령

명령	설명
addpath dirname	폴더 dirname을 탐색 경로에 더한다.
cd dirname	현재의 폴더를 dirname으로 변경한다.
dir	현재 폴더의 모든 파일을 나열한다.
dir dirname	폴더 dirname의 모든 파일을 나열한다.
path	MATLAB 검색 경로를 보인다.
pathtool	경로 설정(Set Path) 툴을 시작한다.
pwd	현재의 폴더를 보여준다.
rmpath dirname	탐색 경로에서 폴더 dirname을 삭제한다.
what	현재의 작업 디렉토리에서 발견된 MATLAB 관련 파일을 나열한다. 대부분의 데이터 파일과 다른 비-MATLAB 파일은 열거하지 않는다. 모든 파일의 목록을 얻으려면 dir을 이용한다.
what dirname	폴더 dirname에서 MATLAB 관련 파일을 열거한다.
which item	item이 함수 또는 파일이면, item의 경로명을 보여 준다. item이 변수라면 변수라고 식별해준다.

스크립트 파일의 생성

MATLAB에서는 두 가지 방법으로 연산을 수행할 수 있다:

1. 대화형 모드, 여기서는 모든 명령이 명령창에서 직접 입력된다.
2. 스크립트 파일로 저장된 MATLAB 프로그램의 실행. 이러한 형태의 파일은 MATLAB 명령들을 포함하고 있어, 이 파일을 실행하는 것은 명령창 프롬프트에서 한 번에 하나씩 모든 명령을 입력하는 것과 같다. 명령창 프롬프트에서 파일 이름을 입력하여 파일을 실행할 수 있다.

해결해야 될 문제가 많은 명령들이나 반복된 명령들이 필요하거나 많은 원소들을 가지는 배열들을 포함하는 문제의 경우에는 대화형 모드는 불편하다. 다행스럽게도, MATLAB에서는 이러한 어려움 없이 프로그램을 작성할 수 있다. 예를 들면, program1.m과 같이 확장자 .m을 가지는 M-파일로 MATLAB 프로그램을 작성하고 저장하면 된다.

MATLAB은 2가지 형태의 M-파일: 스크립트(script) 파일과 함수(function) 파일을 사용한다. M-파일의 생성은 MATLAB에 내장되어 있는 편집기를 사용하여 만들 수 있다. 스크립트 파일은 명령을 포함하고 있기 때문에, 때때로 명령 파일이라 부른다. 함수 파일에 대해서는 3장에서 논의한다.

기호 %는 주석(comment)을 나타내는데, 이것은 MATLAB에서 실행되지 않는다. 주석은 스크립트 파일에서 파일을 문서화하기 위한 목적으로 주로 사용된다. 주석 기호는 행 어느 곳에도 놓을 수 있다. MATLAB은 % 기호 오른쪽의 모든 것을 무시한다. 예를 들어, 다음 세션을 보도록 한다.

```
>> % 이 문장은 주석이다.
>> x = 2 + 3 % 이 문장도 같다.
x =
    5
```

% 부호 앞의 행 부분은 x를 계산하기 위해 실행된다는 것을 주목한다.

여기에 MATLAB에 내장된 편집기를 사용하여 스크립트 파일을 만들고, 저장하고 실행하는 방법을 설명하는 간단한 예가 있다. 하지만 파일을 만들기 위해 다른 문자 편집기를 사용할 수도 있다. 샘플 파일은 다음에 보였다. 이 파일은 몇몇 숫자들의 제곱근에 대한 코사인 값을 계산하고 화면에 결과를 나타낸다.

```
% 프로그램 Example_1.m
% 이 프로그램은 제곱근의 코사인을 계산하고 결과를 보인다.
x = sqrt(13: 3: 25);
y = cos(x)
```

명령창에서 이러한 새로운 M-파일을 만들기 위하여, **홈** 탭에서 **새 스크립트**를 선택한다. 그러면 [그림 1.4-1]에 보이는 것과 같이 새로운 편집 창과 편집기 탭들이 나타난다. 키보드와 편집기 메뉴를 사용하여 위에 보이는 것처럼 파일에 입력한다. 작업이 끝나면, 편집기의 메뉴에서 **저장**을 선택한다. 나타나는 대화 상자에서, 제공되는 디폴트 이름을 (보통 Untitled라고 명명됨) Example_1이라는 이름으로 바꾸고, **저장**을 클릭한다. 편집기는 자동으로 확장자 .m을 붙이고 MATLAB의 현재 폴더에 파일을 저장하게 된다.

일단 파일이 저장되면, MATLAB 명령창에서 프로그램을 실행하기 위해서는 스크립트 파일명 Example_1을 입력한다. 명령창에 나타나는 결과를 확인해 보아야 한다. [그림 1.4-1]은 결과로 생기는 명령창과, 스크립트 파일을 나타내기 위해 열려있는 편집기를 나타내는 화면을 보인다.

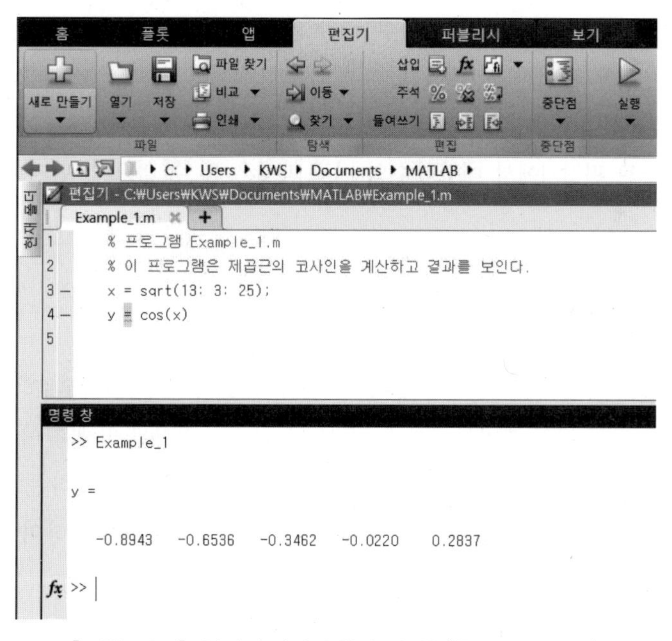

[그림 1.4-1] 열려진 편집기 창과 명령창(출처: MATLAB)

스크립트 파일의 효과적인 사용

스크립트 파일을 만들면 길고 일반적으로 사용되는 절차를 다시 입력하지 않아도 된다. 여기에 스크립트 파일을 사용할 때 기억해야 할 몇 가지 다른 사항들이 있다.

1. 스크립트 파일명은 변수 이름을 붙이는 MATLAB 관례를 반드시 따라야 한다.
2. MATLAB의 명령창 프롬프트에서 변수명을 입력하면 MATLAB이 그 변수의 값을 나타냄을 기억한다. 따라서, 스크립트 파일의 이름을 계산되는 변수와 같은 이름으로 붙이지 않으며, 그 이유는 MATLAB에서는 변수를 지우지 않으면, 스크립트 파일을 한 번 이상 실행할 수 없기 때문이다.
3. 스크립트 파일에 MATLAB 명령어나 함수와 같은 이름을 붙이지 않는다. 명령, 함수 또는 파일명이 이미 존재하는지 알려면, 1.1절에서 논의한 것과 같이 `exist` 명령을 사용하면 된다.

MATLAB에서 제공되는 모든 함수들이 내장(built-in) 함수들은 아님을 주목한다. 일부 함수들은 어떤 버전의 MATLAB에서는 M-파일이다. 예를 들어 함수 `plot`은 M-파일이었지만, 지금은 내장 함수이다. 함수 `mean.m`은 제공되지만 내장함수는 아니다. 명령 `exist('mean')`은 2를 출력한다. `sqrt` 함수는 내장함수이며, 그래서 `exist('sqrt')`를 입력하면 5를 반환한다. 내장함수들을 다른 MATLAB 함수들의 기반이 되는 기본 함수로 생각할 수 있다. 텍스트 편집기에서 내장함수의 전체 파일은 볼 수 없으며, 단지 주석만을 볼 수 있다.

프로그래밍 방식

주석문은 스크립트 파일 어느 곳에나 놓을 수 있다. 그러나 어떤 실행문보다도 먼저 나오는 첫 번째 주석 문은 이 장의 후반부에서 논의되는 `lookfor` 명령에 의해 찾아지는 행이다. 따라서 앞으로 스크립트 파일을 사용하려 한다면, 스크립트 파일을 설명하는 핵심어를 이 첫 번째 행(H1 행이라 부르는)에 놓는 것을 고려한다. 스크립트 파일에 대하여 권장하는 구성은 다음과 같다.

1. **주석부**(comments section) 이 부분은 주석문을 넣는 곳으로 다음을 제공한다.
   a. 첫 번째 줄에 프로그램의 이름과 핵심어들
   b. 두 번째 줄에 만든 날짜와 만든 사람의 이름

c. 모든 입력과 출력 변수들에 대한 변수명의 정의. 이 부분을 적어도 두 개의 서브섹션으로 나누어, 하나는 입력 데이터를, 다른 하나는 출력 데이터를 정의한다. 세 번째, 옵션 부분에는 계산에서 사용되는 변수들의 정의를 포함할 수도 있다. 모든 입력과 출력 변수들에 대하여 반드시 측정 단위를 포함시킨다!

d. 프로그램에서 호출되는 모든 사용자 정의 함수명

2. **입력부(Input section)** 이 부분에서는 입력 데이터 그리고/또는 데이터를 입력할 수 있는 입력 함수들을 놓는다. 문서화하기 위하여 적절한 주석을 포함한다.
3. **계산부(Calculation section)** 이 부분에서는 계산을 한다. 문서화하기 위하여 적절한 주석을 포함한다.
4. **출력부(Output section)** 이 부분에서는 필요한 형태가 어떻게 되던지 출력을 전달하기에 필요한 함수를 놓는다. 예를 들어, 이 부분은 화면에 출력을 나타내기 위한 함수들을 포함할 수 있다. 문서화를 위하여 적당한 주석을 포함시킨다.

이 교재의 프로그램에서는 종종 공간을 절약하기 위해 이런 요소들을 생략한다. 이런 경우에 프로그램과 연관하여 교재 내에서 논의를 하면서 필요한 문서화를 제공한다.

입력과 출력 제어

MATLAB은 사용자로부터 입력을 얻고 출력(MATLAB 명령을 실행하여 얻은 결과)의 형식을 지정하는 몇 가지 유용한 명령들을 제공한다. [표 1.4-2]에 이러한 명령들을 요약해 놓았다.

[표 1.4-2] 입/출력 명령

명령	설명
`disp(A)`	배열 A의 이름 아닌, 내용을 보인다.
`disp('text')`	아포스트로피 안의 문자열을 보인다.
`format`	화면의 출력표시 형식을 제어한다([표 1.1-5] 참조).
`x = input('text')`	아포스트로피 안의 문자를 보이며, 사용자로부터의 키보드 입력을 기다려, x에 값을 저장한다.
`x = input('text', 's')`	아포스트로피 안의 문자를 보이며, 사용자로부터의 키보드 입력을 기다려, x에 문자로서 입력을 저장한다.

disp 함수('display'의 약자)는 변수의 이름이 아닌 값을 나타낼 수 있다. 이 명령의 구문은 disp(A)이며, 여기에서 A는 MATLAB 변수명을 나타낸다. disp 함수는 사용자에게 보내는 메시지와 같은 문자를 나타낼 수도 있다. 문자를 아포스트로피 사이에 넣는다. 예를 들어, 명령 disp('예측된 속도는 :')를 입력하면 이 메시지가 화면에 보인다. 이 명령은 스크립트 파일에서 disp 함수의 첫 번째 형으로 다음과 같이 사용될 수 있다(Speed의 값은 63이라 가정한다).

```
>> disp('예측된 속도는 :')
>> disp(Speed)
```

파일이 실행되면, 이 행들은 화면에 다음을 출력한다.

```
예측된 속도는 :
   63
```

input 함수는 화면에 텍스트를 보여주고, 사용자가 키보드로부터 무엇인가를 입력하기를 기다리며, 입력을 지정된 변수에 저장한다. 예를 들어, 명령 x = input('x의 값을 입력하시오: ')은 화면에 이 메시지를 디스플레이 한다. 만일 5를 입력하고 Enter↵를 누르면, 변수 x는 값 5를 갖는다.

문자열 변수는 텍스트로 구성된다(알파벳 문자와 숫자로 조합된 문자들). 텍스트 입력을 문자열 변수로 저장하려면, 다른 형태의 input 명령을 사용한다. 예를 들면 명령 Calendar = input('주의 요일을 입력하시오: ', 's')는 요일을 입력하도록 프롬프트를 나타낸다. 수요일이라고 입력하면, 이 텍스트는 문자 변수 Calendar에 저장된다.

스크립트 파일의 예

다음은 권장 프로그램 방식을 보이는 스크립트 파일의 간단한 예이다. 초기 속도 없이 낙하하는 물체의 속도 v는 시간 t의 함수 $v=gt$로 주어진다. 여기서 g는 중력 가속도이다. SI단위로, $g=9.81\ \text{m/s}^2$이다. $0 \leq t \leq t_{final}$ 동안 v를 t의 함수로 계산하고 그래프를 그리고자 한다. 여기에서 t_{final}는 사용자가 입력한 최종 시간이다. 스크립트 파일은 다음과 같다.

```
% 프로그램 Falling_Speed.m: 낙하하는 물체의 속력의 그래프를 그린다.
% 2021년 3월 1일 W. Palm III 작성함.
%
% 입력 변수:
```

```
%  tfinal = final time (단위: 초)
%
% 출력 변수:
% t = 속력이 계산될 때의 시간 배열(초)
% v = 속력의 배열 (미터/초)
%
% 파라미터 값:
g = 9.81;  % SI 단위로의 중력가속도
%
%  입력부:
tfinal = input('최종 시간을 초로 입력하여라: ')
%
%  계산부
dt = tfinal/500;
t = 0: dt: tfinal;   % 501개의 시간 값에 대하여 배열을 생성한다.
v = g*t;
%
%  출력부
plot(t, v), xlabel('시간(초)'), ylabel('속력 (미터/초)')
```

이 파일을 생성한 후에, `Falling_Speed.m`이라는 이름으로 저장한다. 이 파일을 실행하기 위해서는, 명령창 프롬프트에서 `Falling_Speed`(.m 없이)를 입력한다. 그러면 t_{final}에 대한 값을 입력하도록 요청받을 것이다. 값을 입력하고 Enter↵를 누르면, 화면에 그려진 그래프를 볼 것이다.

이해력 테스트 문제

T1.4–1 구의 표면적 A는 다음과 같이 반지름 r에 의해 결정된다. $A=4\pi r^2$ 사용자에게 프롬프트 상에서 반지름을 입력하도록 하고, 표면적을 계산하여 결과를 표시하는 스크립트 파일을 작성하라.

T1.4–2 밑변과 높이가 a와 b인 직각 삼각형의 빗변의 길이 c는

$$c^2=a^2+b^2$$

으로 주어진다. 사용자에게 밑변과 높이 a와 b의 길이를 입력하도록 하고, 빗변의 길이를 계산하여 결과를 나타내는 스크립트 파일을 작성하라.

스크립트 파일의 디버깅

프로그램을 디버그(Debugging)하는 것은 프로그램에서 '버그' 또는 오류를 찾아 제거하는 프로세스이다. 이러한 오류는 대개 다음 범주 중 하나에 속한다.

1. 괄호 또는 쉼표를 생략하거나 명령 이름의 철자를 잘못 적는 것과 같은 구문 오류. MATLAB은 일반적으로 보다 분명한 오류를 감지하고 오류 및 위치를 설명하는 메시지를 표시한다.
2. 실행시간 오류(runtime error)라고 하는 잘못된 수학 절차로 인한 오류. 이것은 프로그램이 실행될 때마다 반드시 발생되지는 않는다. 오류의 발생은 종종 특정 입력 데이터에 의존한다. 실행시간 오류의 일반적인 예는 0으로 나누는 것이다.

오류의 위치를 찾기 위해서는 다음을 시도한다.

1. 문제의 해답은 직접 계산하여 확인할 수 있는, 간단한 버전의 문제로 항상 프로그램을 테스트한다.
2. 명령문의 끝에서 세미콜론을 제거하여 중간 계산을 표시한다.
3. 4장에서 소개할 편집기의 디버깅 기능을 이용한다. 그러나 MATLAB의 한 가지 장점은 여러 유형의 작업을 수행하는 데 비교적 간단한 프로그램이 필요하다는 것이다. 따라서 이 교재에서 만나는 문제에 대해서는 편집기의 디버깅 기능을 사용할 필요는 없을 것이다.

파일을 생성하기 위한 워드 프로세서의 사용 파일은 자동 수정 및 자동 서식 기능으로 인해 내장된 편집기에서 가장 잘 생성된다. 그러나 다른 워드 프로세서에서 파일을 생성하기로 선택했거나 이런 워드 프로세서에서 편집기로 파일을 자르기 및 붙여넣기를 하는 경우, 이 파일에 표준 키보드에서 찾을 수 없는 기호가 포함되어 있으면 편집기에서 에러 메시지를 생성할 수 있다. 예를 들어, $y = -2*x$와 같이 빼셈 기호를 사용하는 예를 본 적이 있을 것이다. 여기에 표시된 빼셈 기호는 하이픈 기호로 만들어졌으며, 방정식 편집기에서 만든 '진짜' 빼셈 기호가 아니다. '진짜' 빼셈 기호를 MATLAB 편집기에 붙여 넣으면, 다른 많은 기호와 그리스 문자들에서와 마찬가지로 에러 메시지가 생성된다.

오류의 또 다른 원인은 `xlabel('x')`와 같은 작은따옴표(아포스트로피) 문자 쌍이다. 어떤 워드 프로세서는 이러한 쌍을 `'x'`와 같은 '똑똑한 따옴표'로 자동 변환하며, 이는 또한 편집기에서 에러 메시지를 생성한다. 또한, 세 개의 마침표(...)는 MATLAB 편집기에서는 행 연속을 나타내는데 사용되는데, 어떤 워드 프로세서는 이를 편집기에서 인식하지 못하는 단일 기호로 변환한다. 따라서 이러한 오류를 피하려면 파일을 생성할 때 표준 키보드의 기호만 사용해야 한다.

1.5 MATLAB 도움말 시스템

이 책에서 다루지 않는 좀 더 고급 기능들을 알기 위해서는, MATLAB 도움말 시스템을 효과적으로 사용하는 방법을 알아둘 필요가 있다. MATLAB에서 MathWorks 제품들을 사용하는데, 도움말을 얻기 위해서는 다음과 같은 선택을 할 수 있다.

1. **함수 브라우저 (Function Browser)** 이것은 MATLAB 함수에 대한 문서들을 빨리 접근하도록 해준다.
2. **Help 아이콘** **홈** 탭 밑의 **도움말** 아이콘을 클릭하면 문서들, 예, 및 지원하는 웹사이트를 볼 수 있다.
3. **Help 함수들** 함수 `help`, `lookfor`와 `doc`을 사용하여 지정한 함수에 대한 구문법 정보를 볼 수 있다.
4. **다른 자료들** 추가적인 도움으로, 데모를 실행하고, 기술 지원을 위하여 연락하고, 다른 MathWorks 제품들에 대한 문서를 찾고, 다른 책들의 목록을 보고, 온라인 뉴스 그룹(newsgroup)에 참여할 수 있다.

함수 브라우저

함수 브라우저를 활성화하기 위해서는, 프롬프트 옆의 `fx` 아이콘을 선택한다. [그림 1.5-1]은 **그래픽스** 카테고리 하에서 2단계 아래의 `plot`을 선택했을 때의 결과 메뉴를 보인다. `plot` 함수에 대한 문서 전체를 보기 위해서는 스크롤을 아래로 내린다.

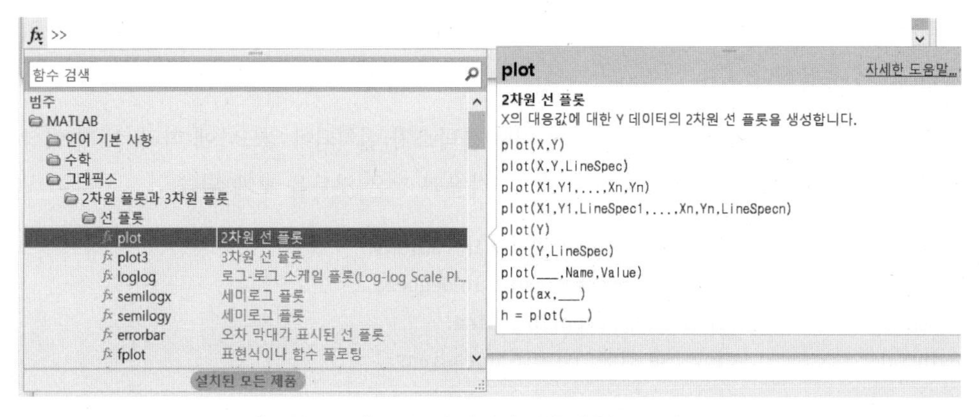

[그림 1.5-1] plot이 선택된 다음의 함수 브라우저

도움말 함수들

MATLAB 함수들에 대한 온라인 정보를 액세스하기 위하여 세 가지 MATLAB 함수들이 사용될 수 있다.

help 함수 help 함수는 특정한 함수의 구문법과 동작을 결정하는 가장 기본적인 방법이다. 예를 들어 명령창에서 help log10을 입력하면 다음과 같이 나타난다.

```
log10 - 상용 로그(밑 10)
   배열 X의 각 요소에 대한 상용 로그를 반환합니다.
   Y = log10(X)
   참고 항목 exp, log, log1p, log2, loglog, logm, reallog, semilogx, semilogy
```

화면은 함수 기능을 설명하고, 표준이 아닌 입력값이 사용되었을 때의 예상치 않았던 결과에 대해 주의를 주고, 다른 관련된 함수들을 가르쳐 준다.

모든 MATLAB 함수들은 MATLAB 폴더 구조에 기반을 두고 있는 논리적 그룹으로 구성된다. 예를 들어, log10과 같은 모든 기본적인 수학 함수들은 elfun 폴더 안에 있으며, 다항식 함수들은 polyfun 폴더에 존재한다. 그 폴더에 있는 모든 함수들의 이름을 간단한 설명과 함께 열거하기 위해서는 help polyfun을 입력한다. 찾고 있는 폴더가 불명확할 때는, help를 입력하여 모든 폴더의 목록과 각각의 폴더가 나타내는 함수 카테고리의 설명을 볼 수 있다.

lookfor 함수 lookfor 함수는 핵심어에 기초하여 함수를 찾게 해준다. 이것은 각 MATLAB 함수에 대하여 H1 행이라고 알려진 도움말 텍스트의 첫 번째 행을 탐색하여, 특정한 핵심어를 포함하는 모든 H1 줄을 보여 준다. 예를 들어, MATLAB은 sine이라는 이름의 함수를 가지고 있지 않다. 따라서 help sine에 대한 응답은 help sin이라고 입력하는 것과 같은 반응을 한다(이전 버전에서는 응답이 'sine.m은 발견되지 않았음'이며, 아마도 이것은 좀 더 유용했다).

하지만 lookfor sine이라고 입력하면 어떤 툴박스가 설치되어 있느냐에 따라, 12개 이상의 일치하는 것들을 만들어 낸다. 예를 들면, 다음과 같은 것들을 보게 된다.

```
acos          - Inverse cosine, result in radians.
acosd         - Inverse cosine, result in degrees.
acosh         - Inverse hyperbolic cosine.
asin          - Inverse sine, result in radians.
```

```
...
sin                 - Sine of argument in radians.
...
```

이 목록들로부터 sine 함수에 대한 올바른 이름을 찾을 수 있다. cosine과 같이 sine을 포함한 모든 단어들을 볼 수 있다는 것을 주목한다. `lookfor` 함수에 `-all`을 추가하면 단지 H1 행뿐만 아니라 전체 도움말 표제어를 탐색한다.

doc 함수 `doc function_name`을 입력하면 MATLAB 함수 `function_name`에 대한 문서를 나타낸다. 예를 들어, `doc sqrt`를 입력하면 함수 `sqrt`에 대한 문서 페이지를 보여 준다.

MathWorks 웹 사이트

컴퓨터가 인터넷에 연결된다면, MATLAB의 홈인 MathWorks, Inc.에 액세스할 수 있다. 전자 메일을 사용하여 질문을 하고, 제안을 하며, 가능한 오류를 알릴 수도 있다. 또한 MathWorks 웹 사이트에서 검색 엔진을 사용하여 최신 데이터베이스의 기술지원 정보를 물어볼 수 있다. 웹 사이트 주소는 http://www.mathworks.com이다.

도움말 시스템은 매우 강력하고 자세해서, 기본적인 것만 기술하였다. 이들의 특징들을 충실하게 사용하는 방법을 배우기 위해서는 도움말 시스템을 사용할 줄 알아야 하고 또 그래야만 한다.

이해력 테스트 문제

T1.5-1 도움말 시스템을 이용하여 내장 함수 `nthroot`에 대하여 공부하라. 이것을 이용하여 64의 3제곱근을 계산하라.

T1.5-2 MATLAB은 얼마나 많은 하이퍼볼릭 함수를 지원하는지 알아보라.

T1.5-3 명령 프롬프트에서 `why`를 입력하라. 이것은 내장 함수인가? 이 함수는 무엇을 하는가?

1.6 문제 해결 방법론

새로운 공학 장치와 시스템을 설계하기 위해서는 다양한 문제들을 푸는 기술이 필요하다(이 다양성이 공학을 흥미롭게 만든다). 문제를 풀 때는, 미리 작업을 계획하는 것이 중요하다. 계획이나 공략법 없이 문제에 뛰어들면 많은 시간을 낭비할 수 있다. 여기에서는 일반적으로 공학문제를 해결하기 위한 공략법 또는 방법론을 제시한다. 공학적 문제들을 풀기 위해서는 때때로 컴퓨터 해법이 필요하고, 이 교재의 예제들과 연습문제들도 (MATLAB을 사용한) 컴퓨터 해법이 필요하기 때문이다. 특히, 컴퓨터 문제들을 풀기 위한 방법론에 대하여 논의한다.

공학문제를 해결하는 단계

[표 1.6-1]에 수년 동안 공학 전문가들에 의해 시도되고 시험되어 온 방법론을 요약해 놓았다. 이 단계들은 일반적인 문제 해결 과정을 나타낸다. 문제를 충분히 간략화하고 적절한 기본 원리를 적용하는 것을 모델링(modeling)이라고 하고, 결과적인 수학적 식을 수학적 모델 또는 모델이라고 한다. 모델링이 끝나면, 수학적 모델을 풀어 필요한 해를 구할 필요가 있다. 모델이 매우 자세하면, 컴퓨터 프로그램으로 풀 필요가 있을지도 모른다. 이 교재에 있는 대부분의 예제들과 연습문제들은 모델이 이미 개발되어 있는 문제들에 대하여 (MATLAB을 사용한) 컴퓨터 해를 구하는 것이다. 따라서 [표 1.6-1]에 보이는 모든 단계들을 이용할 필요는 없다. 공학 문제를 해결하는 더 많은 자료들은 [Eide, 2008][3]에서 찾아볼 수 있다.

[표 1.6-1] 공학 문제를 해결하는 단계

1. 문제의 목적을 이해한다.
2. 알려진 정보를 수집한다. 몇몇 정보는 후에 불필요할 수도 있다.
3. 어떤 정보를 찾아야 하는지 결정한다.
4. 필요한 정보를 얻을 정도로만 문제를 간략화한다. 세운 가정에 대하여 기술한다.
5. 스케치를 하고, 필요한 변수에 라벨을 붙인다.
6. 어떤 기본 원리가 적용될 수 있는지 결정한다.
7. 제안한 해법에 대하여 전체적으로 숙고하고 세부적으로 진행하기 전에 다른 접근방법들에 대하여 고려해본다.
8. 해결 과정의 각 단계에 라벨을 붙인다.
9. 문제를 프로그램으로 해결한다면, 문제의 간단한 버전을 이용하여 결과를 손으로 체크해본다. 차원과 단위를 체크하고 계산 과정에서 중간 단계의 결과를 프린트하면 실수를 발견할 수 있다.
10. 답에 대한 '현실성 체크'를 수행한다. 결과가 용납되는가? 예측되는 결과의 범위를 추정하고 결과와 비교해본다. 답을 다음의 어떤 것으로도 요구되는 것보다 더 높은 정확도로 답하지 않는다.
    (a) 주어진 정보의 정확도
    (b) 가정의 간략화
    (c) 문제의 요구사항
    수학을 해석한다. 수학이 여러 개의 답을 주면, 이들이 무엇을 의미하는지를 고려하지 않고 버리지 않는다. 수학은 무엇인가를 말해주려고 할지 모르며, 문제에 대하여 좀 더 많은 것을 발견할 기회를 놓칠 수 있다.

3) 참고문헌은 부록 C에서 찾아볼 수 있다.

문제 해결의 예

문제를 해결하는 단계에 대한 다음의 간단한 예를 본다. 포장재를 생산하는 회사에서 일한다고 가정한다. 새로운 포장재는 포장한 상품을 떨어뜨렸을 때 25피트/초 속도 이하로 지면에 부딪친다는 전제하에, 상품을 보호할 수 있어야 한다고 한다. 상품의 총무게는 20파운드이고, 12 × 12 × 8인치의 네모 상자이다. 배달원이 상품을 배달할 때 상품 포장재가 상품을 충분히 보호할 수 있는지를 결정해야 한다.

해법의 단계들은 다음과 같다.

1. **문제의 목적을 이해한다.** 여기서 포장재는 배달원이 상품을 운반하는 동안 떨어뜨리는 것으로부터 상품을 보호하는 것을 암시한다. 움직이는 배달 트럭에서 떨어지는 상품을 보호하려는 것은 아니다. 실제로, 이러한 일을 지시하는 사람이 같은 가정을 하는지 확인해야 한다. 정보 교환이 충분하지 않으면 많은 에러를 유발한다!

2. **알려진 정보를 수집한다.** 알려진 정보는 포장된 상품의 무게, 부피와 최대 허용 가능한 충격 속도이다.

3. **어떤 정보를 찾아야 하는지 결정한다.** 명확하게 언급되지는 않았지만, 포장된 상품이 떨어졌을 때 손상을 받지 않을 최대 높이를 결정할 필요가 있다. 포장된 상품이 떨어지는 높이와 충격 속도와의 관계를 구할 필요가 있다.

4. **필요한 정보를 얻기에 충분할 정도로만 문제를 간략화한다. 어떤 가정을 하였는지 명확히 제시한다.** 다음의 가정은 문제를 간략화하고 이해하면 문제에 대한 설명과 일치함을 알 수 있다.

   a. 포장된 상품은 수직 또는 수평방향의 속도 없이 정지 상태에서 떨어진다.
   b. 포장된 상품은 굴러 떨어지지 않는다(움직이는 트럭에서 떨어질 때와 같이). 주어진 치수를 보면 포장된 상품은 얇지 않기 때문에 떨어질 때 흔들리지 않는다.
   c. 공기가 끌어당기는 효과는 무시한다.
   d. 배달원이 포장된 상품을 떨어뜨릴 수 있는 가장 높은 높이는 6피트이다(따라서 키가 8피트인 배달원의 존재는 무시한다).
   e. 중력가속도 g는 일정하다(낙하거리는 단지 6피트이기 때문이다).

5. **스케치를 하고 필요한 변수에 라벨을 붙인다.** [그림 1.6-1]은 이 상황을 스케치한 것으로, 상품의 높이 h, 질량 m, 속도 v 그리고 중력 가속도 g를 보인다.

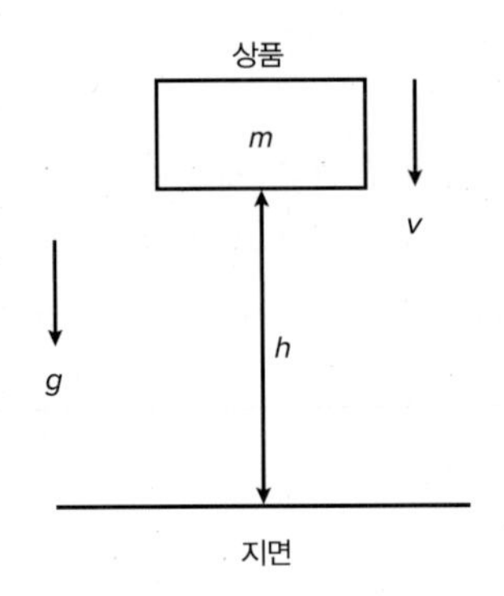

[그림 1.6-1] 낙하하는 상품 문제의 상황도

6. **어떤 기본 원리가 적용될 수 있는지 결정한다.** 이 문제는 운동하는 질량을 포함하고 있으므로, 뉴턴의 법칙을 적용할 수 있다. 물리학에서 뉴턴의 법칙과 공기 저항이나 초기 속도 없이 중력의 영향으로 짧은 거리를 떨어지는 물체의 기본 운동역학으로부터 다음 관계가 유도되는 것을 알 수 있다.

   a. 충격시간 t_i에 대한 높이: $h = \frac{1}{2}gt_i^2$

   b. 충격 시의 충격속도: $v_i = gt_i$

   c. 기계 에너지의 보존: $mgh = \frac{1}{2}mv_i^2$

7. **제안한 해법에 대하여 전체적으로 숙고하고 세부적으로 진행하기 전에 다른 접근방법들에 대하여 고려해본다.** 두 번째 방정식을 t_i에 대하여 풀고 결과를 첫 번째 방정식에 대입하여 h와 v_i 사이의 관계를 구할 수 있다. 이 접근 방법을 사용하면 또한 낙하 시간 t_i를 구할 수 있다. 그러나 여기에서는 t_i값을 구할 필요가 없기 때문에 이 방법은 필요 이상의 작업을 포함한다. 가장 효율적인 방법은 세 번째 방정식을 h에 대해 푸는 것이다.

$$h = \frac{1}{2}\frac{v_i^2}{g} \tag{1.6-1}$$

   방정식에서 질량 m은 소거됨을 주목한다. 수학은 단지 우리에게 뭔가를 알려준다! 질량은 충격속도와 낙하 높이와의 관계에 영향을 끼치지 않는다는 것을 가르쳐준다. 따라서 문제를 풀기 위해 포장 상품의 무게는 필요하지 않다.

8. **해결 과정의 각 단계에 라벨을 붙인다.** 이 문제는 너무 간단해서 라벨을 붙이는 단지 몇 단계만이 있다.

a. 기본 원리 : 기계 에너지의 보존

$$h = \frac{1}{2}\frac{v_i^2}{g}$$

b. 상수 g의 값을 결정한다. $g = 32.2$피트 / $\sec^2$

c. 주어진 정보

$$h = \frac{1}{2}\frac{25^2}{32.2} = 9.7\text{피트}$$

를 사용하여 계산을 수행하고 주어진 정보의 정밀도와 일치하도록 결과를 반올림한다.

이 교재는 MATLAB에 관한 것이므로, 이 간단한 계산을 수행하기 위해서도 MATLAB을 사용할 수 있다. 세션은 다음과 같다.

```
>>g = 32.2;
>>vi = 25;
>>h = vi^2/(2*g)
h =
   9.7050
```

9. **차원과 단위를 체크한다.** 식 (1.6-1)을 사용하여 체크하면 다음

$$[\text{피트}] = \left[\frac{1}{2}\right]\frac{[\text{피트}/\sec]^2}{[\text{피트}/\sec^2]} = \frac{[\text{피트}]^2}{[\sec]^2}\frac{[\sec]^2}{[\text{피트}]} = [\text{피트}]$$

와 같으며, 이것은 맞다.

10. **답에 대한 현실성과 정밀도를 점검한다.** 계산된 높이가 음수라면, 잘못되었다는 것을 알 수 있다. 만일 높이가 너무 높으면 의심해봐야 한다. 그러나 계산된 높이 9.7피트는 불합리해 보이지는 않는다.

g에 대한 좀 더 정확한 값, 즉 $g=32.17$을 사용한다면, 결과를 $h=9.71$로 반올림하여 자리 맞춤할 수 있다. 그러나 여기서 어림잡을 필요가 있다면, 해를 가장 가까운 피트(feet)로 잘라버려야 한다. 따라서 포장된 상품이 9피트보다 낮은 높이에서 떨어진다면 손상되지 않을 것이라고 보고해야 한다.

수학적 결과는 포장된 상품의 무게가 답에 영향을 주지 않는다는 것을 말해준다. 여기에서는 수학적으로 여러 개의 답이 나오지 않는다. 그러나 많은 문제들은 하나 이상의 근을 갖는 다항식의 해를 갖는다. 그러한 경우에는 각각의 의미를 주의 깊게 검토해야 한다.

컴퓨터 해를 구하는 단계

문제를 풀기 위하여 MATLAB과 같은 프로그램을 사용한다면, [표 1.6-2]에 보인 단계들을 따른다. 모델링과 컴퓨터 해에 대해서는 [Starfield, 1990]과 [Jayaraman, 1991]에서 더 많이 논의된다.

MATLAB은 많은 복잡한 계산에 유용하며, 따라서 자동으로 결과를 그래프로 그리는 데도 유용하다. 다음 예제는 이런 프로그램을 개발하고 테스트하는 과정을 보인다.

[표 1.6-2] 컴퓨터 해를 구하기 위한 단계

1. 문제를 간략히 기술한다.
2. 프로그램에서 사용되는 데이터를 지정한다. 이것이 입력이다.
3. 프로그램에서 생성되는 정보를 지정한다. 이것이 출력이다.
4. 손이나 계산기로 해법 단계를 수행한다. 필요하면 더 간단한 데이터 집합을 이용한다.
5. 프로그램을 작성하고 실행한다.
6. 프로그램의 출력을 손으로 계산한 것과 체크해본다.
7. 입력 데이터로 프로그램을 수행해보고 출력의 '현실성 체크'를 해본다. 타당성이 있는가? 예측되는 결과의 범위를 추정하고 답과 비교해 본다.
8. 프로그램을 향후 일반적인 도구로 사용하려 한다면, 적법한 데이터 범위 값에 대하여 테스트하고 결과의 현실성 체크를 수행한다.

예제 1.6-1 피스톤 운동

[그림 1.6-2a]는 내부 연소 엔진에 대한 피스톤, 연결 로드, 크랭크를 보인다. 연소가 일어나면, 피스톤을 아래로 민다. 이 운동으로 연결 로드가 크랭크를 회전시키고, 이것은 크랭크축을 회전시킨다. 주어진 길이 L_1과 L_2의 값에 대하여 피스톤이 이동하는 거리 d를 각도 A의 함수로써 계산하고 그래프를 그리는 MATLAB 프로그램을 개발하고자 한다. 이렇게 그려진 그래프는 공학자가 엔진을 설계하는 데 길이 L_1과 L_2에 대한 적절한 값을 선택하도록 도와준다.

이러한 길이에 대한 전형적인 값은 L_1은 1피트이고 L_2는 0.5피트라고 알려져 있다. 기계적 운동은 $A=0$에 대하여 대칭이므로, $0 \leq A \leq 180^{\circ}$ 각도만을 고려할 필요가 있다. [그림 1.6-2b]는 운동의 기하학적 구조를 보인다. 이 그림으로부터 삼각법을 사용하여 d에 대한 다음의 식을 쓸 수 있다.

$$d = L_1 \cos B + L_2 \cos A \tag{1.6-2}$$

이와 같이 길이 L_1과 L_2 및 각도 A가 주어질 때 d를 계산하기 위해서는, 먼저 각도 B를 결정해야 한다. 각도 B는 다음과 같이 사인법칙을 이용하여 구할 수 있다.

$$\frac{\sin A}{L_1} = \frac{\sin B}{L_2}$$

이것을 B에 대하여 풀면 다음과 같다.

$$\sin B = \frac{L_2 \sin A}{L_1}$$

$$B = \sin^{-1}\left(\frac{L_2 \sin A}{L_1}\right) \tag{1.6-3}$$

식 (1.6-2)와 (1.6-3)은 계산의 기초가 된다. A에 대하여 d의 그래프를 그리는 MATLAB 프로그램을 개발하고 테스트하라.

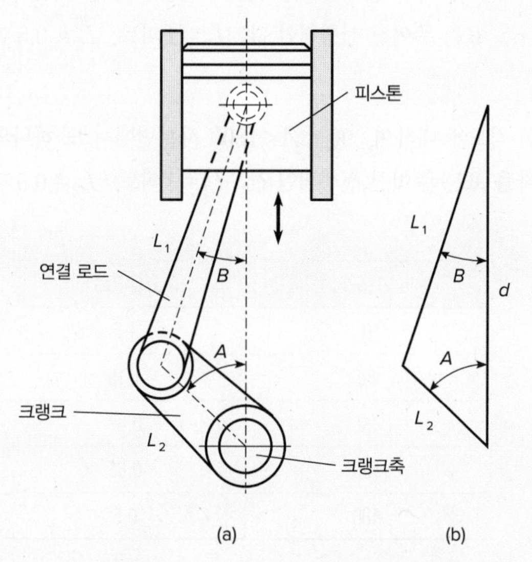

[그림 1.6-2] 내부 연소 엔진에 대한 피스톤, 연결 로드, 크랭크

풀이

다음은 [표 1.6-2]에 열거된 것에 따라서 해를 구하는 단계이다.

1. **간략하게 문제를 제시한다.** 식 (1.6-2)와 (1.6-3)을 사용하여 d를 계산한다. 범위 $0 \leq A \leq 180^\circ$ 에서 충분히 많은 A의 값들을 사용하여 적절한(부드러운) 그래프를 그린다.
2. **프로그램에서 사용될 입력 데이터를 지정한다.** 길이 L_1과 L_2 그리고 각도 A가 주어진다.
3. **프로그램에 의하여 생성되는 출력을 지정한다.** 필요한 출력은 A에 대한 d의 그래프이다.

4. 손이나 계산기로 해를 구하는 단계를 수행한다. 삼각함수 공식을 유도하는데 오류를 범할 수 있으므로, 몇 가지 경우에 대하여 점검해야 한다. 자와 각도기를 사용하여 각도 A의 몇 가지 값에 대하여 축소된 삼각형을 그리고, 길이 d를 측정하고, 그것을 계산된 값과 비교하여 이러한 오류들을 점검할 수 있다. 그리고 이러한 결과들을 이용하여 프로그램의 출력을 점검할 수 있다.

점검을 하기 위해 A의 어떤 값을 사용해야 하는가? $A=0^\circ$ 와 $A=180^\circ$ 일 때 삼각형은 만들어지지 않기 때문에, 이 경우를 점검해야 한다. 그 결과 $A=0^\circ$ 에 대하여 $d=L_1-L_2$ 이고, $A=180^\circ$ 에 대하여 $d=L_1+L_2$ 가 된다. $A=90^\circ$ 인 경우에 대해서도 또한 피타고라스 정리를 이용하여 쉽게 점검할 수 있다. 이 경우에 $d=\sqrt{L_1^2-L_2^2}$ 이다. 또한 $0^\circ<A<90^\circ$ 사분면에서 하나의 각도에 대하여, $90^\circ<A<180^\circ$ 사분면에서 또 하나의 각도에 대해서도 점검을 해야 한다. 다음 표는 주어진 전형적인 값: $L_1=1$ 피트, $L_2=0.5$ 피트를 이용한 계산 결과를 보인다.

사분면에서 하나의 각도에 대하여, $90^\circ<A<180^\circ$ 사분면에서 또 하나의 각도에 대해서도 점검을 해야 한다. 다음 표는 주어진 전형적인 값: $L_1=1$ 피트, $L_2=0.5$ 피트를 이용한 계산 결과를 보인다.

A(도)	d(피트)
0	1.5
60	1.15
90	0.87
120	0.65
180	0.5

5. 프로그램을 작성하고 실행한다. 다음 MATLAB 세션은 $L_1=1$ 피트와 $L_2=0.5$ 피트 값을 사용한다.

```
>> L_1 = 1;
>> L_2 = 0.5;
>> R = L_2/L_1;
>> A_d = 0: 0.5: 180;
>> A_r = A_d*(pi/180);
>> B = asin(R*sin(A_r));
>> d = L_1*cos(B) + L_2*cos(A_r);
p>> lot(A_d, d), xlabel('A (도)'), ...
   ylabel('d (피트)'), grid
```

변수 이름에 밑줄(_)을 사용하여 이름에 더 의미를 부여할 수 있음을 주목한다. 변수 `A_d`는 각도 A를 도(degree)로 나타낸다. 4번째 줄은 숫자 0, 0.5, 1, 1.5, ..., 180의 배열을 만든다. 5번째 줄은 이 각도 값을 라디안으로 변환하고 그 값을 변수 `A_r`에 할당한다. MATLAB 삼각함수는 각도가 아닌 라디안을 사용하기 때문에 이 변환이 필요하다. (일반적으로 각도를 사용하여 오류를 범한다.) MATLAB은 π로 사용하기 위해서 내장된 상수 `pi`를 제공한다. 6번째 줄은 sine 역함수인 `asin`을 사용한다.

`plot` 명령은 같은 줄에 콤마에 의해 분리되는 `label`과 `grid` 명령이 필요하다. 줄임표(ellipsis)라고 불리는 행-연속 연산자는 세 개의 마침표로 구성된다. 이 연산자를 사용하면 Enter↵를 누른 뒤에 그 행의 입력을 계속할 수 있다. 줄임표를 사용하지 않고 입력을 계속한다면, 화면에서 전체 행을 볼 수 없게 된다. 줄임표 뒤에 Enter↵를 누르면 프롬프트가 보이지 않음을 주목한다.

`grid` 명령은 그려진 그래프로부터 값을 보다 쉽게 읽을 수 있도록 격자선을 그린다. 결과 그래프는 [그림 1.6-3]에 보였다.

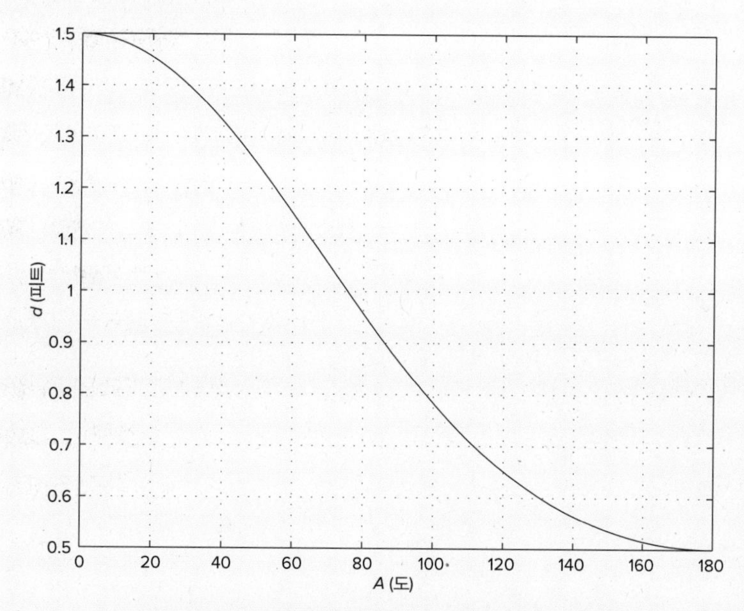

[그림 1.6-3] 크랭크 각에 대한 피스톤 운동의 그래프

6. **손으로 해를 구하여 프로그램의 출력을 검사한다.** 앞의 표에서 주어진 A 값에 대응하는 값을 그림으로부터 읽는다. 그래프로부터 값을 읽기 위해서는 `ginput` 함수를 사용할 수 있다. 값들은 서로 일치해야 하며, 실제로도 그렇다.

7. **프로그램을 실행하고 출력에 대하여 현실성을 점검한다.** 그래프가 갑작스런 변화나 불연속을 보이면 오류를 의심할 필요가 있다. 그러나 그래프는 부드럽고 d는 예상한 것과 같은 동작을 보인다. $A=0^\circ$ 에서의 최대값으로부터 $A=180^\circ$ 에서의 최소값까지 부드럽게 감소한다.

8. **합리적인 입력값의 범위에 대하여 프로그램을 테스트한다.** 결과에 대하여 현실성을 점검한다. 다양한 L_1과 L_2 값을 사용하여 프로그램을 테스트하고 결과 그래프를 검사하여 결과가 타당한지 알아본다. $L_1 \leq L_2$ 이면 무슨 결과가 일어나는지 각자가 시도해 알아볼 수 있다. $L_1 > L_2$ 일 때도 같은 메카니즘으로 동작하는가? 직관적으로 메카니즘으로부터 무엇을 예상할 수 있는가? 프로그램으로 무엇을 예측할 수 있는가?

1.7 요약

이제 MATLAB의 다음과 같은 기본 연산들에 익숙해야 한다.

- MATLAB의 시작과 종료
- 간단한 수식의 계산
- 변수의 조작

또한 MATLAB 메뉴와 툴바 시스템에 익숙해져 있어야 한다.

이 장은 MATLAB이 해결할 수 있는 다음과 같은 다양한 형태의 문제들을 개략적으로 다루었다.

- 배열과 다항식의 사용
- 그래프의 생성
- 스크립트 파일의 생성

[표 1.7-1]은 이 장에서 표에 대한 가이드이다. 다음 장에서는 이런 주제들에 대하여 좀 더 자세히 다룬다.

[표 1.7-1] 이 장에서 소개된 MATLAB 명령과 기능에 대한 안내

스칼라 산술 연산	[표1.1-1]
우선순위	[표1.1-2]
작업세션을 관리하기 위한 명령들	[표1.1-3]
특수 변수와 상수들	[표1.1-4]
숫자 표시 형식	[표1.1-5]
일반적으로 사용되는 수학 함수들	[표1.3-1]
MATLAB 그래프 명령들	[표1.3-2]
시스템, 폴더, 파일 명령들	[표1.4-1]
입력/출력 명령들	[표1.4-2]

주요용어

Argument(입력변수)
Array index(배열 인덱스)
Array(배열)
ASCII 파일
Command window(명령창)
Comment(주석문)
Current Directory(현재 폴더)
Data file(데이터 파일)
Data marker(데이터 마커)
Debugging(디버깅)
Desktop(데스크탑)
Graphics window(그림 창)

MAT-파일
Model(모델)
Overlay plot(오버레이 플롯)
Path(경로)
Precedence(우선순위)
Scalar(스칼라)
Script file(스크립트 파일)
Search path(검색 경로)
Session(세션)
String variable(문자열 변수)
Variable(변수)
Workspace(작업공간)

| 연습문제 |

*가 표시된 문제에 대한 해답은 교재 뒷부분에 첨부하였다.

1.1 절

1. MATLAB 세션을 시작하고 종료하는 방법을 알고 있는지 확인하라. MATLAB을 사용하여 다음을 계산하라. $x=10$, $y=3$의 값을 사용한다. 결과를 계산기를 사용하여 확인하라.

a. $u=x+y$ b. $v=xy$ c. $w=x/y$

d. $z=\sin x$ e. $r=8\sin y$ f. $s=5\sin 2y$

2*. $x=2$ 및 $y=5$라고 가정한다. MATLAB을 사용하여 다음을 계산하라.

a. $\dfrac{yx^3}{x-y}$ b. $\dfrac{3x}{2y}$ c. $\dfrac{3}{2}xy$ d. $\dfrac{x^5}{x^5-1}$

3. $x=5$와 $y=2$라고 가정한다. MATLAB을 사용하여 다음을 계산하고, 결과를 계산기를 사용하여 확인하라.

a. $\left(1-\dfrac{1}{x^5}\right)^{-1}$ b. $3\pi x^2$ c. $\dfrac{3y}{4x-8}$ d. $\dfrac{4(y-5)}{3x-6}$

4. MATLAB에서 주어진 x값에 대하여 다음 식을 계산하라. 답을 손으로 계산하여 확인하라.

a. $y=6x^3+\dfrac{4}{x}$, $x=2$ b. $y=\dfrac{x}{4}3$, $x=9$

c. $y=\dfrac{(4x)^2}{25}$, $x=8$ d. $y=2\dfrac{\sin x}{5}$, $x=3$

e. $y=7(x^{1/3})+4x^{0.58}$, $x=20$

5. 변수 a, b, c, d와 f가 스칼라라고 가정하고, 다음 식들을 계산하고 디스플레이 하는 MATLAB 프로그램을 작성하라. $a=1.12$, $b=2.34$, $c=0.72$, $d=0.81$ 및 $f=19.83$의 값에 대하여 프로그램을 확인하라.

$$x=1+\frac{a}{b}+\frac{c}{f^2} \qquad s=\frac{b-a}{d-c}$$

$$r=\frac{1}{\frac{1}{a}+\frac{1}{b}+\frac{1}{c}+\frac{1}{d}} \qquad y=ab\frac{1}{c}\frac{f^2}{2}$$

6. MATLAB을 사용하여 다음을 계산하라. 계산기로 답을 확인하라.

a. $\frac{3}{4}(6)(7^2)+\frac{4^5}{7^3-145}$

b. $\frac{48.2(55)-9^3}{53+14^2}$

c. $\frac{27^2}{4}+\frac{319^{4/5}}{5}+60(14)^{-3}$

7. MATLAB을 이용하여 다음의 식을 계산하라.

a. 16^{-1} b. $16^{-1/2}$ c. $16^{(-1/2)}$ d. $64^{3/2}$

8. 다음의 MATLAB 식으로 어떤 답이 나오는가?

a. `100^-1` b. `100^-1/2` c. `100^(-1/2)` d. `100^3/2`

9. 함수 `realmax` 및 `realmin`은 MATLAB에서 처리할 수 있는 최대 및 최소수를 제공한다. 너무 크거나 작은 숫자를 생성하는 계산은 오버플로 및 언더플로우를 초래한다. 보통 이것은 계산 순서를 올바르게 정렬하면 문제가 발생하지 않는다. `realmax` 및 `realmin`을 MATLAB에 입력하여 시스템의 상한 및 하한을 결정하라. 예를 들어, 변수가 $a=3\times10^{150}$, $b=5\times10^{200}$ 이라고 가정한다.

a. MATLAB을 사용하여 $c=ab$를 계산하라.

b. $d=5\times10^{-200}$ 이라고 가정하고, MATLAB을 사용하여 $f=d/a$를 계산하라.

c. MATLAB을 사용하여 제품 $x=abd$를 두 가지 방법으로 계산한다. i) `x = a * b * d`로 곱을 직접 계산하고, 다음으로 ii) `y = b * d`와 `x = a * y`로 계산을 나누어 해본다. 결과를 비교하라.

10. 높이 h, 반지름 r인 원통 실린더의 부피는 $V=\pi r^2 h$로 주어진다. 어떤 특별한 탱크가 15미터 높이에 반지름이 5미터이다. 우리는 이것과 같은 반지름을 갖지만 부피가 20% 더 큰 또 다른 실린더형 탱크를 만들기를 원한다. 탱크의 높이는 얼마이어야 하는가?

11. 구의 부피는 $V=4\pi r^3/3$으로 주어지며 여기서 r은 반지름이다. MATLAB을 사용하여 반지름이 3피트인 구의 부피보다 30% 더 큰 부피를 가지는 구의 반지름을 계산하라.

12*. $x=-7-5i$, $y=4+3i$ 이라고 가정한다. MATLAB을 사용하여 다음을 계산하라.

a. $x+y$　　　　b. xy　　　　c. x/y

13. MATLAB을 사용하여 다음을 계산하라. 답을 손으로 확인하라.

a. $(3+6i)(-7-9i)$　b. $\frac{5+4i}{5-4i}$　　　c. $\frac{3}{2}i$　　　d. $\frac{3}{2i}$

14. $x=6+9i$, $y=-5+4i$ 값에 대하여 MATLAB에서 다음 식을 계산하라. 답을 손으로 확인하라.

a. $u=x+y$　　　b. $v=xy$　　　c. $w=x/y$

d. $z=e^x$　　　e. $r=\sqrt{y}$　　　f. $s=xy^2$

15. 이상 가스의 법칙은 용기에 담겨진 기체에 의한 압력을 추정하기 위한 방법을 제공한다. 이 법칙은

$$P=\frac{nRT}{V}$$

이다. 보다 정확한 예측은 다음의 반데르발스(van der Waals) 방정식을 사용하여 할 수 있다.

$$P=\frac{nRT}{V-nb}-\frac{an^2}{V^2}$$

여기에서 항 nb는 분자 체적에 대한 보정이고, 항 an^2/V^2은 분자 인력에 대한 보정이다. a와 b의 값은 가스의 형태에 따라 달라진다. 가스 상수가 R, 절대 온도는 T, 가스 체적은 V, 가스 분자 수는 n으로 나타낸다. 이상적인 가스 $n=1$ 몰(mol)이 0° C(273.2 K)에서 $V=22.41$ L의 부피에 가두어 두면, 1기압(atm)의 압력이 가해진다. 이 단위에서 $R=0.08206$ 이다.

염소(Cl_2)에 대하여, $a=6.49$ 이고 $b=0.0562$ 이다. 273.2K에서 22.41L 안에 있는 Cl_2 1몰에 대하여 이상가스 법칙과 반데르발스(van der Waals) 방정식에 의해 예측된 압력을 비교하라. 두 압력 예측값이 차이가 나는 주된 이유는 무엇인가? 분자 부피 때문인가 또는 분자 인력 때문인가?

16. 이상가스 법칙은 압력 P, 부피 V, 절대온도 T, 그리고 가스의 량 n의 관계이다. 이 법칙은 다음과 같다.

$$P=\frac{nRT}{V}$$

여기에서 R은 가스 상수이다.

어떤 공학자가 2.2기압에서 압력을 일정하게 유지하도록 팽창될 수 있는 큰 자연가스 저장 탱크를 설계하고자 한다. 12월에 기온이 $4^\circ F(-15^\circ C)$일 때, 탱크에 있는 가스 부피는 $28{,}500\ ft^3$이다. 기온이 $88^\circ F(31^\circ C)$인 7월에 같은 양의 가스 부피는 얼마가 되는가? (힌트: 이 문제에서 n, R, 및 P는 상수라는 사실을 이용한다. 또한 $K = {}^\circ C + 273.2$임을 주목한다.)

1.3 절

17. MATLAB을 사용하여 다음을 계산하라.

a. e^2　　b. $\log 2$　　c. $\ln 2$　　d. $\sqrt[4]{600}$

18. MATLAB을 사용하여 다음을 계산하라.

a. $\cos(\pi/2)$　　b. $\cos(80^\circ)$

c. $\cos^{-1}0.7$ 라디안으로 계산　　d. $\cos^{-1}0.6$ 각도(°)로 계산

19. MATLAB을 사용하여 다음을 계산하라.

a. $\tan^{-1}2$

b. $\tan^{-1}100$

c. $x=2,\ y=3$에 대응되는 각도

d. $x=-2,\ y=3$에 대응되는 각도

e. $x=2,\ y=-3$에 대응되는 각도

20. x는 $x=1,\ 1.2,\ 1.4,\ \cdots,\ 5$의 값을 가진다고 가정한다. MATLAB을 사용하여 함수 $y=7\sin(4x)$의 결과인 배열 y를 계산하라. MATLAB을 사용하여 배열 y의 원소 갯수와 세 번째 원소의 값을 구하라.

21. MATLAB을 사용하여 배열 `sin(-pi/2) : 0.05 : cos(0)` 안에 몇 개의 원소가 있는지 구하라. MATLAB을 이용하여 10번째 원소를 구하라.

22. MATLAB을 사용하여 다음을 계산하라.

a. $e^{(-2.1)^3} + 3.47\log(14) + \sqrt[4]{287}$

b. $(3.4)^7 \log(14) + \sqrt[4]{287}$

c. $\cos^2\left(\frac{4.12\pi}{6}\right)$

d. $\cos\left(\frac{4.12\pi}{6}\right)^2$

계산기를 사용하여 답을 검사하라.

23. MATLAB을 사용하여 다음을 계산하라.

a. $6\pi\tan^{-1}(12.5)+4$

b. $5\tan[3\sin^{-1}(13/5)]$

c. $5\ln(7)$

d. $5\log(7)$

계산기를 사용하여 답을 검사하라.

24. 리히터(Richter) 규모는 지진 강도의 측정단위이다. 지진에 의해 방출되는 에너지 E(단위 joule)는 리히터 규모로 강도 M과 다음과 같은 관계식이 있다.

$$E=10^{4.4}10^{1.5M}$$

강도 6.8의 지진은 강도 5.8의 지진에 비해 얼마나 더 많은 에너지를 방출하는가?

25*. MATLAB을 사용하여 $13x^3+182x^2-184x+2503=0$ 의 근을 구하라.

26. MATLAB을 사용하여 다항식 $60x^3+20x^2-15x+30$ 의 근을 구하라.

27. MATLAB을 사용하여 구간 $1\leqq t\leqq 3$ 에서 함수 $T=7\ln t-8e^{0.3t}$ 의 그래프를 그려라. 그려진 그래프에 제목을 쓰고 축에 적당한 라벨을 붙인다. 변수 T는 섭씨온도를 나타낸다. 변수 t는 분으로 나타내어지는 시간이다.

28. MATLAB을 사용하여 구간 $0\leqq x\leqq 2$ 에서 함수 $u=3\log_{10}(70x+1)$ 과 $v=4\cos(7x)$ 의 그래프를 그려라. 그려진 그래프의 각각의 곡선에 적절한 라벨을 붙여라. 변수 u와 v는 속도를 시간당 마일(mile)로 나타낸다. 변수 x는 마일 단위의 거리이다.

29. 푸리에 급수는 주기함수를 사인 함수와 코사인 함수로 나타내는 급수이다. 다음의 함수

$$f(x)=\begin{cases}1 & 0<x<\pi \\ -1 & -\pi<x<0\end{cases}$$

을 푸리에 급수로 나타내면

$$\frac{4}{\pi}\left(\frac{\sin x}{1}+\frac{\sin 3x}{3}+\frac{\sin 5x}{5}+\frac{\sin 7x}{7}+\cdots\right)$$

이 된다. 함수 $f(x)$와 보이는 첫 번째 4개 항을 사용하여 나타낸 급수를 같은 그래프에 그려라.

30. 사이클로이드(cycloid)는 x축을 따라 구르는 반지름 r인 원형 바퀴의 원주 위에 있는 점 P에 의해 나타내지는 곡선이다. 곡선은 다음 방정식에 의해 매개변수 식으로 기술된다.

$$x=r(\phi-\sin\phi)$$
$$y=r(1-\cos\phi)$$

이 방정식을 사용하여 $0\leqq\phi\leqq 4\pi$에서 $r=10$ 인치에 대한 사이클로이드를 그려라.

31. 어떤 보트가 $x=-5$, $y=2$에서 시작하여 $y=24x/17+154/17$로 나타내지는 직선 경로를 따라 30km/hr로 이동한다. 좌표 원점의 관측자로부터 보트까지의 시야각을 (도 단위로) 3시간 동안 시간의 함수로 그려라.

1.4절

32. 컴퓨터에서 MATLAB이 어떤 검색경로를 사용하는지 결정하라. 집에 있는 컴퓨터뿐만 아니라 실험실 컴퓨터를 사용한다면, 두 컴퓨터의 검색경로를 비교해 보라. 각 컴퓨터의 MATLAB에서 사용자가 생성한 M-파일은 어디에서 찾는가?

33. 들판에 있는 울타리가 [그림 P33]과 같은 모양을 하고 있다. 이것은 길이 L과 폭 W의 사각형과 사각형의 중앙 수평축에 대하여 대칭인 직각삼각형으로 이루어진다. 폭 W(미터 단위)와 둘러싸인 면적 A(제곱미터 단위)는 알고 있다고 가정한다. 주어진 변수 A와 W에 대하여 둘러싸인 면적이 A가 되기 위해 필요한 길이 L을 결정하기 위한 MATLAB 스크립트 파일을 작성하라. 또한 필요한 울타리의 전체 길이를 결정하라. $W=8$ 미터와 $A=100\ \text{m}^2$의 값에 대하여 작성한 스크립트 파일을 테스트하라.

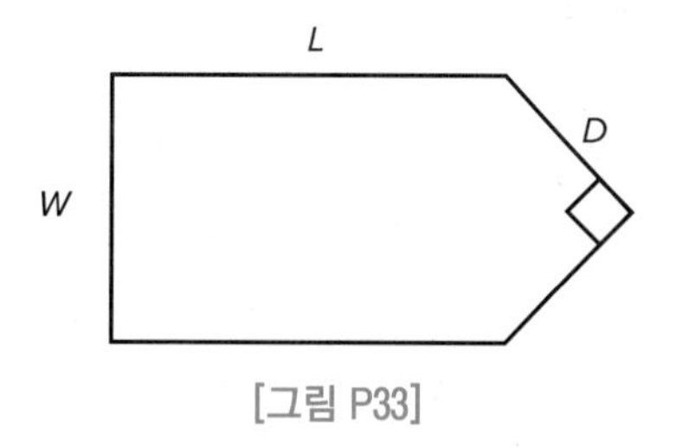

[그림 P33]

34. [그림 P34]에 보인 네 변을 갖는 도형은 a를 공통변으로 가지고 있는 두 개의 삼각형으로 이루어진다. 위쪽 삼각형에 대한 코사인 법칙은 다음

$$a^2 = b_1^2 + c_1^2 - 2b_1 c_1 \cos A_1$$

과 같으며, 유사한 방정식을 아래 삼각형에 대해서도 쓸 수 있다. 각도 A_1, A_2가 각도(°)로 주어지고 변의 길이 b_1, b_2, c_1이 주어질 때, 변 c_2의 길이를 계산하는 과정을 개발하라. 이 과정을 실행하는 스크립트 파일을 작성하라. 다음 값들: $b_1 = 200$ 미터, $b_2 = 180$ 미터, $c_1 = 120$ 미터, $A_1 = 120°$ 및 $A_2 = 100°$를 사용하여, 작성한 스크립트 파일을 테스트하라.

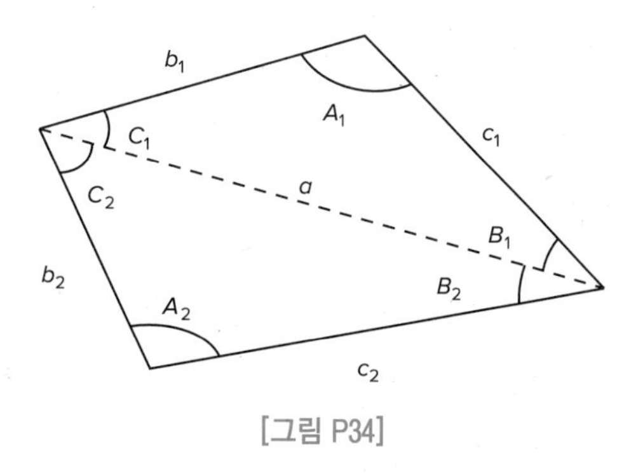

[그림 P34]

35. 3차 방정식

$$x^3 + ax^2 + bx + c = 0$$

의 3개의 근을 계산하는 스크립트 파일을 작성하라. 사용자가 a, b, c 값을 입력할 수 있도록 `input` 함수를 이용하라.

1.5절

36. MATLAB 도움말 기능을 사용하여 다음 주제와 기호들 `plot`, `label`, `cos`, `cosine`, `:`, 및

*에 대한 정보를 구하라.

37. MATLAB 도움말 기능을 사용하여 만일 sqrt 함수에 음의 인수를 사용한다면 어떻게 되는지 결정하라.

38. MATLAB 도움말 기능을 사용하여 exp 함수에 허수 입력 변수를 사용한다면 어떻게 되는지 결정하라.

1.6 절

39. a. 공을 수직으로 던져 20피트의 높이에 도달하기 위해서는 얼마의 초기속도로 던져야 하는가? 공의 무게는 1파운드이다. 만일 공의 무게가 2파운드라면 답은 어떻게 바뀌는가?

b. 강철 막대기를 수직으로 20피트 높이까지 던진다고 가정한다. 막대기의 무게는 2파운드이다. 이 높이에 도달하기 위해서는 막대의 초기속도는 얼마이어야 하는가? 막대의 길이가 답에 어떤 영향을 미치는지 알아보라.

40. [예제 1.6-1]에서 논의된 피스톤의 운동을 고려한다. 피스톤 스트로크(stroke)는 크랭크 각이 0°에서 180°로 변함에 따라 피스톤에 의해 움직인 전체 거리이다.

a. 피스톤 스트로크는 L_1과 L_2와 어떤 관계식이 있는가?

b. $L_2 = 0.5$ 피트라고 가정한다. MATLAB을 사용하여 다음 두 가지 경우에 대하여 피스톤 운동을 크랭크 각에 대한 함수로 그려라. $L_1 = 0.6$ 피트와 $L_1 = 1.4$ 피트. 각각의 그래프를 [그림 1.6-3]의 그래프와 비교하라. 그래프의 모양이 L_1의 값에 어떻게 관련이 있는지 논의하라.

출처: Kiev Victor/Shutterstock

21세기의 공학
혁신적인 건축
(Innovative Construction)

우리는 이집트의 피라미드나 중세 유럽의 대성당처럼 기술적으로 건축하기 어려운 공공 건축물로 과거의 위대한 문명을 기억하려는 경향이 있다. '한계를 극복'하는 것이 인간의 본성이며, 그렇게 한 사람들을 존경한다. 오늘날에도 혁신적인 건축에 관한 도전은 계속된다. 도시에서는 공간 부족 때문에, 여러 도시 계획 설계자들은 수평적인 건물보다 수직적인 건물을 선호한다. 가장 최근의 고층 건물들은, 구조 설계뿐만 아니라 엘리베이터 설계와 운행, 공기역학, 그리고 건축 기술과 같은 생각지 않던 영역에서 능력의 한계를 뛰어 넘으려고 한다. 사진에 보이는 건물은 캐나다 토론토에 있는 1,815피트 높이의 CN 타워이며, 이는 서반구에서 가장 높은 독립 건물이다. 이 타워를 건축하는 데에는 많은 혁신적인 기술이 필요했다.

빌딩이나 다리, 다른 여러 건축물을 설계하는 사람들은 어느 정도 자연적인 디자인에 기초를 두고 새로운 기술과 소재를 사용한다. 같은 무게 비율일 때 거미줄은 강철보다 강하다. 구조 공학자들은 지진에도 견디는 현수교를 세우기 위하여 합성 거미줄 섬유 케이블을 사용하고자 한다. 균열이나 피로에서 발생하는 손상을 감지하는 것이 가능한 스마트 건축물은 동력을 공급하여 바람이나 다른 힘들에 대항하도록 하는 장치를 갖춘 능동적인 구조물의 형태로 거의 실현되고 있다. 이런 프로젝트들에 MATLAB의 여러 툴박스들을 사용할 수 있다. 이들은 다음 그룹의 툴박스들을 포함한다. 구조물 설계에 편미분 방정식(Partial Differential Equations) 툴박스, 스마트 건축에 신호처리(Signal Processing) 툴박스, 능동적인 구조물에 제어 시스템(Control Systems) 툴박스, 큰 구조물 사업의 재정평가에 계산 금융(Computational Finance) 툴박스 등이다.

CHAPTER

수치, 셀과 구조체 배열

02

MATLAB의 장점 중 하나는 항목들의 집합, 즉 배열을 마치 하나의 변수로 처리하여 다룰 수 있다는 것이다. 배열을 다룰 수 있다는 특징은 MATLAB의 프로그램이 매우 짧아질 수 있다는 것을 의미한다.

배열은 MATLAB의 기본 구성 요소이다. 다음의 배열의 클래스는 MATLAB 7에서 이용 가능하다.

배 열						
수치	문자	논리	셀	구조체	함수핸들	자바

지금까지 우리는 단지 숫자 값을 포함하는 수치 배열만 사용하였다. 수치적 클래스에는 서브클래스로 single(단일 정밀도), double(두 배 정밀도), int8, int16, int32(부호 있는 8, 16, 32 비트 정수형) 및 uint8, uint16, uint32(부호 없는 8, 16, 32 비트 정수형) 등이 있다. 문자(character) 배열은 문자열(string)을 포함하는 배열이다. 논리 배열의 원소는 기호 1과 0으로 표현되지만, 수치값이 아니며, '참'과 '거짓'이다. 논리 배열은 4장에서 공부한

다. 셀 배열과 구조체 배열은 2.6절과 2.7절에서 다룬다. 함수 핸들은 3장에서 다룬다. 자바 클래스는 이 교재에서는 다루지 않는다.

이 장의 첫 네 절에서는 MATLAB을 이해하는데 꼭 필요한 개념을 다루며, 그래서 반드시 다루어져야 된다. 2.5절은 다항식의 응용을 다룬다. 2.6과 2.7절에서는 특별한 응용에 유용한 2가지 형태의 배열에 대하여 다룬다.

2.1 1차원 및 2차원 수치 배열

3차원 공간에 존재하는 한 점의 위치는 세 직교 좌표 x, y, z에 의해서 표시할 수 있다. 이 세 좌표로 하나의 벡터 $\boldsymbol{p}$를 지정한다. (수학 교재에서는 굵은 글씨체를 이용해서 벡터를 표시한다.) 길이가 1이고 x, y, z축과 각각 같은 방향에 있는 단위 벡터 $\mathbf{i}$, $\mathbf{j}$, $\mathbf{k}$는 $\boldsymbol{p}=x\mathbf{i}+y\mathbf{i}+z\mathbf{k}$와 같이 벡터를 수학적으로 표현하는 데 이용한다. 단위 벡터는 x, y, z 벡터 성분을 적절한 좌표축에 대응할 수 있도록 한다. 따라서, $\boldsymbol{p}=5\mathbf{i}+7\mathbf{j}+2\mathbf{k}$라고 쓰면, 이 벡터의 x, y, z 좌표는 각각 5, 7, 2가 된다. 또한 [5 7 2]와 같이, 이 벡터의 원소를 빈칸으로 분리하여 특정한 순서로 배열하고, 대괄호로 그룹화할 수 있다. 벡터의 원소를 x, y, z 순서로 쓰기로 동의하기로 하는 한, 이 표기법을 단위 벡터들을 사용하여 나타내는 대신 사용할 수 있다. 사실, MATLAB은 벡터 표기를 이 방식으로 한다. MATLAB에서는 원한다면 읽기 쉽도록 콤마로 성분들을 구분할 수 있도록 하며, 그래서 앞의 벡터와 동등한 표기는 [5, 7, 2]가 된다. 이 표현은 행벡터이고, 행벡터는 원소를 수평으로 정렬하는 것이다.

또한 벡터를 열벡터로 표시할 수 있으며, 열벡터는 수직으로 정렬한 것이다. 벡터는 하나의 열 또는 하나의 행만을 가질 수 있다. 이와 같이 벡터는 일차원 배열이다. 일반적으로, 배열은 하나 이상의 열이나 행을 가질 수 있다.

MATLAB에서 벡터 생성

벡터의 개념은 임의의 수의 원소로 일반화할 수 있다. MATLAB에서 벡터는 단지 스칼라를 나열한 것이지만, xyz 좌표축을 지정할 때와 같이 나열된 순서는 중요할 수 있다. 또 다른 예로써, 어떤 물체의 온도를 1시간마다 한 번씩 측정한다고 가정해 본다. 측정한 값을 벡터로 표시할 수 있으며, 나열된 10번째 원소는 시작해서 10번째 시각에 측정한 온도이다.

MATLAB에서 행벡터를 생성하기 위해서는, 간단하게 대괄호 안에 원소를 입력하고 빈

칸 또는 콤마로 원소를 분리한다. 대괄호는 배열을 생성하기 위하여 콜론 연산자를 사용하지 않는다면 필요로 한다. 콜론 연산자를 사용할 경우, 대괄호는 사용해서는 안 되며, 선택적으로 괄호를 사용할 수도 있다. 빈칸 혹은 콤마 중에서 어떤 것을 사용할 것인가는 콤마를 사용한다면 오류가 날 확률은 낮아지지만, 개인적인 선호의 문제이다. (가장 읽기 쉽게 하기 위해서는 콤마 뒤에 빈칸을 쓸 수도 있다.)

열벡터를 생성하려면, 세미콜론(;)으로 원소를 분리할 수 있으며. 다른 방법으로 행벡터를 생성하고 전치(transpose) 표시(')를 이용해서 행벡터를 열벡터로 바꿀 수 있다. 물론 그 역도 가능하다. 예를 들면

```
>> g = [3; 7; 9]
g =
    3
    7
    9
>> g = [3, 7, 9]'
g =
    3
    7
    9
```

열벡터를 생성하는 세 번째 방법은 왼쪽 대괄호([)를 입력하고 첫 번째 원소를 입력하고 Enter↵를 누른 다음 두 번째 원소를 입력하고 다시 Enter↵를 누른 후 마지막 원소를 입력한 다음 오른쪽 대괄호(])를 입력하고 Enter↵를 입력한다. 화면에는 다음과 같이 나타난다.

```
>> g = [3
7
9]
g =
    3
    7
    9
```

MATLAB은 행벡터는 수평으로, 열벡터는 수직으로 보여준다는 점을 주목한다.

하나의 벡터에 다른 벡터를 '연결하여' 새로운 벡터를 생성할 수 있다. 예를 들어, 처음 세 열은 `r = [2, 4, 20]`을 포함하고 네 번째, 다섯 번째, 여섯 번째 열은 `w = [9, -6, 3]`

을 포함하는 행벡터 u는 u = [r, w]를 입력하면 생성된다. 그 결과는 벡터 u = [2, 4, 20, 9, −6, 3]이다.

콜론(colon)(:) 연산자는 규칙적인 간격으로 원소를 갖는 큰 벡터를 쉽게 만든다.

```
>>x = m:q:n
```

을 입력하면 q만큼씩의 간격을 갖는 벡터 x를 생성한다. 첫 번째 원소의 값은 m이다. 만일 m − n이 q의 정수 배수이면 마지막 값은 n이다. 그렇지 않으면, 마지막 값은 n보다 작은 값이 된다. 예를 들어 x = 0: 2: 8을 입력하면 벡터 x = [0, 2, 4, 6, 8]이 생성된다. 반면에 x = 0: 2: 7을 입력하면 벡터 x = [0, 2, 4, 6]이 생성된다. 5에서 8까지 0.1 간격으로 증가하는 값으로 구성된 벡터 z를 생성하려면 z = 5: 0.1: 8을 입력하면 된다. 증분(increment) q를 생략하면 q가 1인 것으로 간주한다. 따라서 y = −3: 2는 벡터 y = [−3, −2, −1, 0, 1, 2]를 만든다.

증분 q는 음수일 수도 있다. 이 경우 m은 n보다 큰 값이어야 한다. 예를 들어, u = 10: −2: 4는 벡터 u = [10, 8, 6, 4]를 만든다.

linspace 명령 역시 등간격의 행벡터를 생성하지만, 증분 대신 원소의 수를 지정한다. 구문은 linspace(x1, x2, n)이고, 여기에서 x1과 x2는 각각 하한값과 상한값이고 n은 원소의 개수다. 예를 들어, linspace(5, 8, 31)은 [5: 0.1: 8]과 같다. n이 생략되면, 원소의 수의 디폴트값은 100이다.

logspace 명령은 원소가 로그 간격으로 된 배열을 생성한다. 구문은 logspace(a, b, n)이고 n은 10^a와 10^b 사이의 원소 개수이다. 예를 들어 x = logspace(−1, 1, 4)는 벡터 x = [0.1000, 0.4642, 2.1544, 10.000]을 생성한다. n이 생략되면, 원소의 수의 디폴트값은 50이다.

2차원 배열

여러 행과 여러 열을 갖는 2차원 배열로, 때로 행렬(matrix)이라고도 부른다. 수학 교재에서는, 벡터와 행렬을 나타내기 위해서 일반적으로 벡터는 굵은 글씨체의 소문자로 표시하고 행렬은 굵은 글씨체의 대문자로 표시한다. 다음은 세 행과 두 열로 구성된 행렬의 예이다.

$$\boldsymbol{M} = \begin{bmatrix} 2 & 5 \\ -3 & 4 \\ -7 & 1 \end{bmatrix}$$

배열의 크기는 행의 수와 열의 수로써 지정한다. 예를 들어, 3행과 2열을 갖는 배열은 3×2 행렬이라고 부른다. 행의 수가 항상 먼저 나온다! 때때로 행렬의 원소 a_{ij}로 나타내기 위하여, 행렬 **A**를 $[a_{ij}]$로 표시할 수도 있다. 아래 첨자 i와 j는 인덱스(index)라고 부르고 원소 a_{ij}의 행과 열 위치를 나타낸다. 행번호가 항상 먼저 나온다. 예를 들어, 원소 a_{32}는 3행, 2열에 있는 원소이다. 두 행렬 **A**와 **B**가 크기가 같고, 각각 대응하는 원소가 모두 같을 때, 즉, 모든 i와 j에 대해서 $a_{ij}=b_{ij}$일 때, 같은 행렬이다.

행렬의 생성

행렬을 생성하는 가장 직접적인 방법은, 주어진 행의 원소는 빈칸이나 콤마로 분리하고 행들은 세미콜론으로 분리하여, 한 행씩 입력하는 것이다. 대괄호가 필요하다. 예를 들어,

```
>> A = [2, 4, 10; 16, 3, 7];
```

을 입력하면

$$\boldsymbol{A} = \begin{bmatrix} 2 & 4 & 10 \\ 16 & 3 & 7 \end{bmatrix}$$

이 생성된다.

행렬이 많은 원소로 구성된다면, Enter↵를 누르고 다음 줄에 계속 입력할 수 있다. MATLAB은 닫는 대괄호(])를 입력했을 때 행렬의 입력이 끝났음을 안다.

하나의 행벡터를 다른 행벡터에 붙여서 세 번째의 행벡터나, 또는 (두 벡터가 같은 수의 열을 가지면) 행렬을 생성할 수 있다. 다음 세션에 주어진 `[a, b]`와 `[a; b]`의 결과는 다르다는 것을 주의해야 한다.

```
>> a = [1, 3, 5];
>> b = [7, 9, 11];
>> c = [a, b]
c =
    1    3    5    7    9    11
>> D = [a; b]
D =
    1    3    5
    7    9    11
```

행렬과 전치 연산

전치 연산은 행과 열을 교환한다. 수학 교재에서 위첨자 T로 전치 연산을 나타낸다. m행과 n열로 구성된 $m \times n$ 행렬 $\mathbf{A}$에 대하여 $\mathbf{A}^{\mathrm{T}}$('A 전치' 혹은 'A transpose'로 읽는다)는 $n \times m$ 행렬이다.

$$\mathbf{A} = \begin{bmatrix} -2 & 6 \\ -3 & 5 \end{bmatrix} \qquad \mathbf{A}^{\mathrm{T}} = \begin{bmatrix} -2 & -3 \\ 6 & 5 \end{bmatrix}$$

이다. 만약 $\mathbf{A}^{\mathrm{T}} = \mathbf{A}$이면 행렬 $\mathbf{A}$는 대칭(symmetric)이다. 전치 연산은 행벡터는 열벡터로, 열벡터는 행벡터로 변환시킨다.

배열이 복소수 원소를 포함한다면, 전치연산자 (')는 전치된 켤레복소수(complex conjugate)를 만든다. 즉, 결과 원소는 원래 배열의 전치된 원소의 켤레복소수이다. 또는 예를 들어, A.'와 같이 점 전치 연산자(.')를 이용해서 켤레복소수 원소를 만들지 않고 배열을 전치할 수 있다. 모든 원소가 실수이면 ' 연산자와 .' 연산자는 같은 결과를 나타낸다.

배열 주소 지정

배열 인덱스는 배열에 있는 원소의 행과 열 번호로서 배열의 원소의 위치를 지정한다. 예를 들어, v(5)라는 표현은 벡터 v에 있는 다섯 번째 원소를 의미하고, A(2, 3)은 행렬 A의 2행, 3열에 있는 원소를 의미한다. 행 번호가 항상 먼저 나오게 된다! 이 표기법은 전체 배열을 모두 다시 입력하지 않고 배열 안에 있는 구성 원소를 수정할 수 있도록 해준다. 예를 들어, $\mathbf{D}$ 행렬의 1행, 3열에 있는 원소를 6으로 바꾸고자 하면 D(1, 3) = 6이라고 입력하면 된다.

콜론 연산자는 배열의 개별 원소, 행, 열 혹은 "부배열(subarray)"을 선택할 수 있다. 다음에 몇 가지 예가 있다.

- v(:)는 벡터 v의 행 또는 열의 모든 원소를 나타낸다.
- v(2: 5)는 두 번째 원소에서 다섯 번째 원소까지 나타낸다. 즉 v(2), v(3), v(4), v(5)이다.
- A(:, 3)는 행렬 A의 세 번째 열에 있는 모든 원소를 의미한다.
- A(3, :)는 행렬 A의 세 번째 행에 있는 모든 원소를 의미한다.
- A(:, 2: 5)는 행렬 A의 두 번째에서 다섯 번째 열에 있는 모든 원소를 의미한다.
- A(2:3, 1:3)는 첫 번째부터 세 번째 열에 속해 있고 두 번째와 세 번째 행에 있는 모든 원소를 의미한다.
- v = A(:)는 A의 모든 열을 처음부터 끝까지 쌓아서 벡터 v를 생성한다.

■ A(end, :)는 A에서의 마지막 행을 나타내며, A(:, end)는 마지막 열을 나타낸다.
배열 인덱스를 이용하여 배열로부터 작은 배열을 추출하는 데 이용할 수 있다. 예를 들어 배열 **B**

$$\mathbf{B} = \begin{bmatrix} 2 & 4 & 10 & 13 \\ 16 & 3 & 7 & 18 \\ 8 & 4 & 9 & 25 \\ 3 & 12 & 15 & 17 \end{bmatrix} \qquad (2.1\text{–}1)$$

을 생성하기 위하여

```
>> B = [2, 4, 10, 13; 16, 3, 7, 18; 8, 4, 9, 25; 3, 12, 15, 17];
```

을 입력하고, 다음에

```
>> C = B(2: 3, 1: 3);
```

을 입력하면 다음의 배열을 만들 수 있다.

$$\mathbf{C} = \begin{bmatrix} 16 & 3 & 7 \\ 8 & 4 & 9 \end{bmatrix}$$

빈 배열(empty array)은 원소를 포함하지 않으며 [ ]로 표시한다. 선택한 행과 열을 빈 배열로 지정함으로써 행과 열을 지울 수 있다. 이 과정은 원래 행렬보다 크기가 작은 행렬로 바꾼다. 예를 들어, A(3, :) = [ ]은 A에 있는 세 번째 행을 제거한다. 반면에 A(:, 2: 4) = []는 A에 있는 두 번째부터 네 번째 열까지를 지운다. A([1 4], :) = [ ]은 A의 첫 번째와 네 번째 행을 제거한다.

A = [6, 9, 4; 1, 5, 7]을 입력하여 다음과 같은 행렬을 정의했다고 가정한다.

$$\mathbf{A} = \begin{bmatrix} 6 & 9 & 4 \\ 1 & 5 & 7 \end{bmatrix}$$

A(1, 5) = 3을 입력하면 행렬은

$$\mathbf{A} = \begin{bmatrix} 6 & 9 & 4 & 0 & 3 \\ 1 & 5 & 7 & 0 & 0 \end{bmatrix}$$

으로 바뀐다. **A**가 다섯 번째 열이 없기 때문에 5열에 새로운 원소를 받아들이기 위해서 크기는 자동으로 확장된다. MATLAB은 비어 있는 남은 원소들을 0으로 채운다.

MATLAB은 음수와 0 인덱스는 받아들이지 않지만, 콜론 연산자에서 음수 증분을 사용할 수 있다. 예를 들어, `B = A(:, 5:-1:1)`을 입력하면 **A** 안에 있는 열의 순서를 역으로 바꿔

$$\mathbf{B} = \begin{bmatrix} 3 & 0 & 4 & 9 & 6 \\ 0 & 0 & 7 & 5 & 1 \end{bmatrix}$$

을 만들 수 있다. `C = [-4, 12, 3, 5, 8]`이라 가정한다. 그리고 `B(2, :) = C`라고 입력하면 `B`의 2행을 `C`에 대입할 수 있다. 그래서 **B**는

$$\mathbf{B} = \begin{bmatrix} 3 & 0 & 4 & 9 & 6 \\ -4 & 12 & 3 & 5 & 8 \end{bmatrix}$$

이 된다. `D = [3, 8, 5; 4, -6, 9]`라고 가정한다. `E = D([2, 2, 2], :)`를 입력하면 **D**의 2행을 세 번 반복하여

$$\mathbf{E} = \begin{bmatrix} 4 & -6 & 9 \\ 4 & -6 & 9 \\ 4 & -6 & 9 \end{bmatrix}$$

를 얻는다.

오류를 피하기 위한 clear의 활용

`clear` 명령을 활용하면 다른 크기를 갖는 배열을 우연히 다시 사용하는 것을 방지할 수 있다. 배열에 새로운 값을 지정한다고 할지라도, 이미 예전의 값이 여전히 남아 있을 수 있다. 예를 들어 2×2 배열 `A = [2, 5; 6, 9]`를 이미 지정하고, 다음에 5×1 배열 `x = (1: 5)'`와 `y = (2: 6)'`을 생성한다고 가정한다. 여기에서 전치 연산자를 이용하기 위하여 괄호가 필요하다는 것을 주의한다. 그리고 이제 `A`의 열이 `x`와 `y`가 되도록 다시 재정의한다고 가정한다. 첫 번째 열을 생성하기 위해서 `A(:, 1) = x`를 입력하면, MATLAB은 `A`와 `x`의 행수가 같아야 한다는 오류 메시지를 출력할 것이다. MATLAB은 `A`가 이미 두 개의 행을 갖고 있고 그 값이 메모리에 저장되어 있기 때문에, **A**가 2×2 행렬이라고 간주한다. `clear` 명령은 `A`와 메모리에 저장되어 있는 다른 변수 모두를 지워 이런 오류가 발생하지 않도록 한다. `A`만을 지우기 위해서는, `A(:, 1) = x`를 입력하기 전에 `clear A`를 입력한다.

유용한 배열 함수

MATLAB에는 배열을 처리하기 위한 명령이 많이 있다([표 2.1-1] 참고). 여기에서는 일반적으로 많이 사용되는 명령을 요약 정리한다.

A가 모든 원소가 실수인 벡터이면, max(A) 명령은 **A**의 원소 중에서 대수적으로 가장 큰 값을 갖는 원소를 함수값으로 준다. **A**의 모든 원소가 실수인 행렬이면, 각 열에서 가장 큰 값을 갖는 원소들로 구성된 행벡터를 함수값으로 준다. 원소 중에서 복소수가 하나라도 있다면, max(A)는 가장 큰 크기(magnitude)를 갖는 원소를 반환한다. [x, k] = max(A)는 max(A)와 유사하지만, 행벡터 **x**에는 최대값들을 저장하고 행벡터 **k**에는 최대값들의 인덱스들을 저장한다.

A와 B가 같은 크기라면, C = max(A, B)는 A와 B의 대응되는 위치에서 최댓값으로 구성된,

[표 2.1-1] 배열 함수의 기본 구문*

명령	설명
find(x)	배열 **x**에서 0이 아닌 원소의 인덱스를 포함하는 배열을 계산한다.
[u, v, w] = find(A)	행렬 **A**의 0이 아닌 원소의 행과 열의 인덱스를 각각 저장하는 배열 **u**와 **v**를 계산하고, 0이 아닌 원소의 값을 포함하는 **w**를 계산한다. 배열 **w**는 생략될 수 있다.
length(A)	**A**가 벡터이면 원소의 수를 계산하고, **A**가 $m \times n$ 행렬이면 m 혹은 n 중에서 큰 값을 계산한다.
linspace(a, b, n)	a와 b 사이에서 일정한 간격을 갖는 n개의 값들의 행벡터를 생성한다.
logspace(a, b, n)	a와 b 사이에서 로그값의 간격이 일정한 n개의 값들의 행벡터를 생성한다.
max(A)	**A**가 벡터이면 **A**에서 제일 값이 큰 원소를 계산한다. **A**가 행렬이면 각 열에서 가장 값이 큰 원소를 포함하는 행벡터를 계산한다. 원소 중에서 복소수가 있다면 max(A)는 가장 큰 크기를 갖는 원소를 계산한다.
[x, k] = max(A)	max(A)와 같지만, 행벡터 **x**에 최대값을 저장하고 행벡터 **k**에는 그 인덱스를 저장한다.
min(A)	max(A)와 같지만, 최소값을 계산해 준다.
[x, k] = min(A)	[x, k] = max(A)와 같지만, 최소값을 계산해 준다.
norm(x)	벡터의 기하학적 길이인 $\sqrt{x_1^2 + x_2^2 + \cdots + x_n^2}$ 을 계산한다.
numel(A)	배열 **A**의 원소의 총 개수를 계산해 준다.
size(A)	$m \times n$ 배열 **A**의 크기를 원소로 갖는 행벡터 [m n]을 계산해 준다.
sort(A)	배열 **A**의 각 열이 증가하는 순서로 정렬된 **A**와 같은 크기의 배열을 계산해 준다.
sum(A)	배열 **A**의 각 열의 원소를 더하여 각 열의 합을 포함하는 행벡터를 계산해 준다.

*이 함수 중 많은 수는 확장된 구문을 갖는다. 자세한 사항은 교재와 MATLAB 도움말을 본다.

같은 크기의 배열을 생성한다. 예를 들어, 다음의 **A**와 **B** 행렬은 보이는 것과 같은 행렬 **C**를 만든다.

$$\mathbf{A}=\begin{bmatrix} 1 & 6 & 4 \\ 3 & 7 & 2 \end{bmatrix} \quad \mathbf{B}=\begin{bmatrix} 3 & 4 & 7 \\ 1 & 5 & 8 \end{bmatrix} \quad \mathbf{C}=\begin{bmatrix} 3 & 6 & 7 \\ 3 & 7 & 8 \end{bmatrix}$$

함수 `min(A)`와 `[x, k] = min(A)`는 최소값을 주는 것만 제외하면 `max(A)`와 `[x, k] = max(A)`와 같다.

함수 `size(A)`는 $m \times n$ 배열 **A**의 크기를, 행벡터 `[m n]`을 함수값으로 반환한다. `length(A)` 함수는 **A**가 벡터이면 **A**의 원소의 수를 함수값으로 주고, 만일 **A**가 $m \times n$ 행렬이면 m 혹은 n 중에서 큰 값으로 계산한다. 함수 `numel(A)`는 배열 **A**의 전체 원소 수를 함수값으로 반환한다.

예를 들어,

$$\mathbf{A}=\begin{bmatrix} 6 & 2 \\ -10 & -5 \\ 3 & 0 \end{bmatrix}$$

이라면, `max(A)`는 벡터 `[6, 2]`가 되고, `min(A)`는 `[−10,−5]`가 된다. `size(A)`는 `[3, 2]`, `numel(A)`는 6을, 그리고 `length(A)`는 3을 반환한다.

`sum(A)` 함수는 배열 **A**의 각 열에 있는 원소를 더하고 각 열의 합을 포함하는 행벡터를 되돌려 준다. `sort(A)` 함수는 배열 **A**의 각 열이 증가하는 순서(ascending order)로 정렬된, **A**와 같은 크기의 배열을 되돌려 준다.

A가 하나 또는 그 이상의 복소수 원소를 갖는다면, `max`, `min`, `sort` 함수는 각 원소의 절대값에 대해 작용한다.

예를 들어, 만일

$$\mathbf{A}=\begin{bmatrix} 6 & 2 \\ -10 & -5 \\ 3+4i & 0 \end{bmatrix}$$

이라면, `max(A)`는 벡터 `[-10, -5]`를, `min(A)`는 벡터 `[3+4i, 0]`을 반환한다. ($3+4i$의 크기는 5이다.)

sort(A, 'descend')가 사용되면 감소하는 순서로 정렬한다. min, max, sort 함수들은 배열을 전치하여 열이 아닌 행에 대하여 작용되게 할 수 있다.

sort 함수의 완전한 구문은 sort(A, dim, mode)이며, 여기에서 dim은 정렬을 할 차원을 나타내고, mode는 정렬할 방향을 지정하며, 'ascend'는 증가하는 방향을, 'descend'는 감소하는 방향을 나타낸다. 예를 들어, sort(A, 2, 'descend')는 **A**의 각 행에서 원소를 감소하는 순서로 정렬한다.

find(x) 명령은 벡터 x의 0이 아닌 원소의 인덱스를 포함한 배열을 계산한다. 구문 [u, v, w] = find(A)는 행렬 A의 0이 아닌 원소들의 행과 열의 인덱스를 포함하는 벡터 **u**와 **v**와, 0이 아닌 원소들의 값을 저장하는 배열 **w**를 계산한다. 배열 **w**는 생략될 수도 있다.

예를 들어,

$$\mathbf{A} = \begin{bmatrix} 6 & 0 & 3 \\ 0 & 4 & 0 \\ 2 & 7 & 0 \end{bmatrix}$$

이라면, 세션

```
>> A = [6, 0, 3; 0, 4, 0; 2, 7, 0];
>> [u, v, w] = find(A)
```

는 벡터

$$\mathbf{u} = \begin{bmatrix} 1 \\ 3 \\ 2 \\ 3 \\ 1 \end{bmatrix} \qquad \mathbf{v} = \begin{bmatrix} 1 \\ 1 \\ 2 \\ 2 \\ 3 \end{bmatrix} \qquad \mathbf{w} = \begin{bmatrix} 6 \\ 2 \\ 4 \\ 7 \\ 3 \end{bmatrix}$$

을 출력한다.

벡터 **u**와 **v**는 0이 아닌 원소의 (행, 열) 인덱스를 갖게 되고, 그 값들은 **w** 안에 나열된다. 예를 들어, **u**와 **v**의 두 번째 원소는 인덱스 (3, 1)을 가리키며, 이 값은 A의 3행, 1열의 원소인 2이다.

이 함수들은 [표 2.1-1]에 요약하였다.

벡터의 크기, 길이 및 절대값

용어 크기(magnitude), 길이(length) 및 절대값(absolute value)은 종종 일상 용어에서는 막연하게 사용되지만, MATLAB에서 사용할 때는 보다 정확한 의미를 알고 있어야 한다. MATLAB에서의 `length` 명령은 벡터에서 원소의 수를 의미한다. 원소 x_1, x_2, …, x_n을 포함하는 벡터 **x**의 크기는 $\sqrt{x_1^2+x_2^2+\cdots+x_n^2}$ 으로 주어지는 스칼라이고 벡터의 기하학적인 길이와 같다. 벡터 **x**의 절대값은 벡터 **x**의 원소들의 절대값을 원소로 갖는 벡터가 된다. 예를 들어, `x = [2, -4, 5]`라면 길이가 3이 되고, 크기는 $\sqrt{2^2+(-4)^2+5^2}=6.7082$ 이고, 절대값은 `[2, 4, 5]`이다. **x**의 길이, 크기, 절대값은 각각 `length(x)`, `norm(x)` 및 `abs(x)`로 계산된다.

이해력 테스트 문제

T 2.1–1 행렬 **B**에 대해서 연산 `[B; B']`의 결과 배열을 구하라. 앞에서 구한 배열에서 5행, 3열의 원소는 어떤 숫자인지를 MATLAB을 사용해서 결정하라.

$$\mathbf{B}=\begin{bmatrix} 2 & 4 & 10 & 13 \\ 16 & 3 & 7 & 18 \\ 8 & 4 & 9 & 25 \\ 3 & 12 & 15 & 17 \end{bmatrix}$$

T 2.1–2 같은 행렬 **B**에 대하여, MATLAB을 사용하여 (a) **B** 행렬에서 가장 큰 원소와 가장 작은 원소 및 그 인덱스들을 구하고, (b) **B**의 각 열을 증가하는 순서로 정렬하여 새로운 행렬 **C**를 만들어라.

변수 편집기(Variable Editor)

MATLAB 작업공간 브라우저(Workspace Browser)는 작업공간을 다루기 위한 그래픽 인터페이스를 제공한다. 작업 공간 변수들을 보고, 저장하고, 제거하기 위해서 작업공간 브라우저를 사용할 수 있다. 여기에는 배열을 포함하여, 변수들을 갖고 작업하기 위한 그래픽 인터페이스인 변수 편집기를 포함한다. 작업공간 브라우저를 열려면 명령창 프롬프트에 `workspace`를 입력한다.

데스크톱 창의 메뉴들은 문맥 의존적(context-sensitive)이라는 것에 유의한다. 그래서 브라우저 또는 변수 편집기의 지금 어떤 기능을 사용하고 있는가에 따라 메뉴들의 내용이 달라질 수 있다. 작업공간 브라우저에서는 각 변수의 이름, 값, 배열의 크기, 그리고 클래스를 보여준다. 또한 각 변수의 아이콘 모양은 해당 클래스를 표시한다.

작업공간 브라우저에서 2차원 숫자 배열을, 열과 행에 번호를 붙여, 시각화하여 보거나 편집하도록 변수편집기를 열 수 있다. 작업공간 브라우저에서 변수 편집기를 열기 위해서는, 열고자 하는 변수를 더블 클릭하면 된다. 변수 편집기를 열게 되면 선택된 변수의 값이 표시된다. 변수 편집기와 변수 탭이 [그림 2.1-1]에 보여진 것과 같이 나타난다. 이 탭을 통해 추가, 삭제, 전치, 그리고 행과 열에 대한 정렬을 할 수 있다.

변수 편집기로 변수를 더 열기 위하여 같은 단계를 반복하면 된다. 변수 편집기에서 창의 상단에 있는 탭으로 각 변수를 액세스할 수 있다. 또한 명령창에서 open('var')라고 입력하여 변수 편집기를 바로 열 수 있으며, 여기에서 var는 편집하고자 하는 변수의 이름이다. 일단 배열이 변수 편집기 안에 표시되면, 바꾸고자 하는 곳을 클릭하고, 새로운 값을 입력한 다음 Enter↵를 눌러 값을 변경할 수 있다.

작업공간 브라우저에서 변수를 제거할 수 있으며, 해당 변수에 마우스 오른쪽 버튼을 클릭 후, 팝업-메뉴에서 Delete를 선택하면 된다.

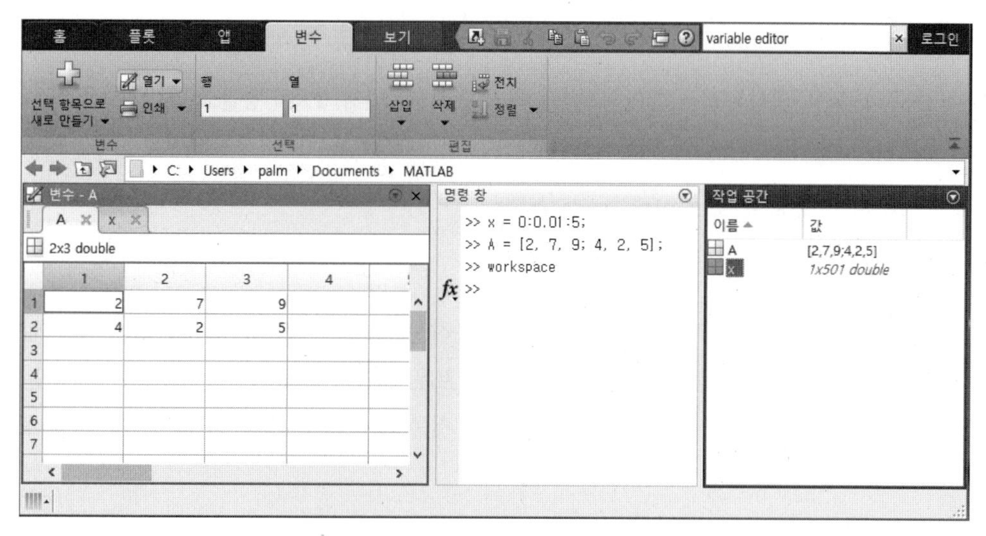

[그림 2.1-1] 변수 편집기(출처: Matlab)

2.2 다차원 배열

MATLAB은 다차원 배열을 지원한다. 상세한 정보를 얻으려면 help datatypes를 입력한다.

3차원 배열은 $m \times n \times q$ 차원을 갖는다. 4차원 배열은 $m \times n \times q \times r$ 차원을 갖는다. 처음의 2차원은 행렬에서와 같이 행과 열이다. 차원이 높아지면 페이지(page)라고 부른다. 3차원 배열은 행렬의 층(layer)으로 생각할 수 있다. 첫 번째 층은 페이지 1이고 두 번째 층은 페이지 2, 등이다. 만약 A가 $3 \times 3 \times 2$ 행렬이라면 A(3, 2, 2)를 입력함으로써 페이지 2의 3행, 2열에 있는 원소를 볼 수 있다. 페이지 1에 있는 모든 원소를 보기 위해서는 A(:, :, 1)를 입력하면 된다. 페이지 2의 모든 원소를 보기 위해서는 A(:, :, 2)라고 입력하면 된다. ndims 명령은 배열의 차원을 알려준다. 예를 들어, 앞에서 기술한 배열 A에 대하여 ndims(A)라고 입력하면 3을 출력한다.

다차원 배열의 생성은 처음 2차원 배열을 만들고 이를 확장해서 만들 수 있다. 예를 들어, 첫 두 페이지가

$$\begin{bmatrix} 4 & 6 & 1 \\ 5 & 8 & 0 \\ 3 & 9 & 2 \end{bmatrix} \quad \begin{bmatrix} 6 & 2 & 9 \\ 0 & 3 & 1 \\ 4 & 7 & 5 \end{bmatrix}$$

인 3차원 배열을 생성하고자 한다. 그렇게 하기 위하여, 먼저 3×3 행렬로 페이지 1을 생성하고 페이지 2는 다음과 같이 더한다.

```
>> A = [4, 6, 1; 5, 8, 0; 3, 9, 2];
>> A (:, :, 2) = [6, 2, 9; 0, 3, 1; 4, 7, 5];
```

배열을 만드는 또 다른 방법은 cat 명령을 이용하는 것이다. cat(n, A, B, C, ...)을 입력하면, 배열 A, B, C, ...를 연결하여 n차원의 새로운 배열이 만들어진다. cat(1, A, B)는 [A; B]와 같고 cat(2, A, B)는 [A, B]와 같다는 것을 주목한다. 예를 들어, 2×2 배열 $\mathbf{A}$와 $\mathbf{B}$가 있다고 가정한다.

$$\mathbf{A} = \begin{bmatrix} 8 & 2 \\ 9 & 5 \end{bmatrix} \quad \mathbf{B} = \begin{bmatrix} 4 & 6 \\ 7 & 3 \end{bmatrix}$$

그러면 C = cat(3, A, B)는 2개의 층을, 첫 번째 층은 행렬 A를, 두 번째 층은 행렬 B를, 포함하는 3차원 배열을 생성한다. C(m, n, p) 원소는 m행, n열, p층에 위치한다. 그래서 원소 C(2, 1, 1)은 9이고 C(2, 2, 2) 원소는 3이 된다.

다차원 배열은 여러 매개변수들이 포함된 문제에 유용하다. 예를 들어, 사각형의 물체 내

의 온도 분포에 대한 데이터를 갖고 있다면 3차원의 배열 T로써 온도를 표현할 수 있다.

2.3 원소-대-원소 연산

벡터의 크기를 증가시키기 위해서는 스칼라를 곱해주면 된다. 예를 들어 벡터 r = [3, 5, 2] 벡터의 크기를 두 배로 만들기 위해서는, 각각의 성분에 2를 곱하여, [6, 10, 4]를 얻는다. MATLAB에서는 v = 2*r를 입력하면 된다.

행렬 $\mathbf{A}$에 스칼라 w를 곱하면 행렬 $\mathbf{A}$의 각 원소에 w가 곱해진 행렬이 만들어진다. 예를 들어

$$3\begin{bmatrix} 2 & 9 \\ 5 & -7 \end{bmatrix} = \begin{bmatrix} 6 & 27 \\ 15 & -21 \end{bmatrix}$$

MATLAB에서 이러한 곱셈은 다음과 같이 수행된다.

```
>> A = [2, 9; 5, -7];
>> 3*A
```

이와 같이 배열에 스칼라를 곱하는 것은 쉽게 정의되고 처리된다. 그러나 두 배열을 곱하는 것은 간단하지 않다. 사실 MATLAB에서는 두 개의 곱셈의 정의를 사용한다. 즉, (1) 배열 곱셈과 (2) 행렬 곱셈이다. 두 배열 간의 연산을 할 때, 나눗셈과 지수승 또한 신중하게 정의되어야 한다. MATLAB에는 배열에 대하여 두 가지 형태의 연산이 있다. 이 절에서는 배열 연산 또는 원소-대-원소 연산(element-by-element operation)이라고 부르는 한 방식을 소개한다. 다음 절에서는 행렬 연산을 소개한다. 각 형태는 각자의 응용이 있으며, 예를 들어가며 보기로 한다.

배열의 덧셈과 뺄셈

배열의 덧셈은 대응되는 원소들을 더하여 수행될 수 있다. MATLAB에서 배열 r = [3, 5, 2]와 v = [2, -3, 1]을 더하여 w를 만들기 위해서는, w = r + v를 입력한다. 결과는 w = [5, 2, 3]이 된다.

두 배열이 같은 크기(size)일 때, 두 배열의 합과 차는 같은 크기이고, 대응하는 원소

끼리 덧셈과 뺄셈을 수행하여 구할 수 있다. 이와 같이, 배열이 행렬이라면 $\mathbf{C}=\mathbf{A}+\mathbf{B}$는 $c_{ij}=a_{ij}+b_{ij}$를 의미한다. 배열 **C**는 **A** 및 **B**와 같은 크기이다. 예를 들어

$$\begin{bmatrix} 6 & -2 \\ 10 & 3 \end{bmatrix} + \begin{bmatrix} 9 & 8 \\ -12 & 14 \end{bmatrix} = \begin{bmatrix} 15 & 6 \\ -2 & 17 \end{bmatrix} \tag{2.3-1}$$

배열의 뺄셈은 같은 방법으로 수행된다.

식 (2.3-1)의 덧셈은 MATLAB에서 다음과 같이 수행된다.

```
>> A = [6, -2; 10, 3];
>> B = [9, 8; -12, 14];
>> A+B
ans =
   15    6
   -2   17
```

배열의 덧셈과 뺄셈에는 결합 법칙과 교환 법칙이 성립한다. 덧셈에 대해서 이들 성질은

$$(\mathbf{A}+\mathbf{B})+\mathbf{C}=\mathbf{A}+(\mathbf{B}+\mathbf{C}) \tag{2.3-2}$$

$$\mathbf{A}+\mathbf{B}+\mathbf{C}=\mathbf{B}+\mathbf{C}+\mathbf{A}=\mathbf{A}+\mathbf{C}+\mathbf{B} \tag{2.3-3}$$

[표 2.3-1] 원소-대-원소 연산

기호	연산	형태	예
+	스칼라 배열 덧셈	A + b	[6, 3] + 2 = [8, 5]
-	스칼라 배열 뺄셈	A – b	[8, 3] - 5 = [3, -2]
+	배열 덧셈	A + B	[6, 5] + [4, 8] = [10, 13]
–	배열 뺄셈	A - B	[6, 5] - [4, 8] = [2, -3]
.*	배열 곱셈	A.*B	[3, 5].*[4, 8] = [12, 40]
./	배열 우측 나눗셈	A./B	[2, 5]./[4, 8] = [2/4, 5/8]
.\	배열 좌측 나눗셈	A.\B	[2, 5].\[4, 8] = [2\4, 5\8]
.^	배열 지수승	A.^B	[3, 5].^2 = [3^2, 5^2]
			2.^[3, 5] = [2^3, 2^5]
			[3, 5].^[2, 4] = [3^2, 5^4]

을 의미한다. 두 배열이 같은 크기일 때 배열의 덧셈과 뺄셈이 가능하다. MATLAB에서 이 규칙에 대해서 유일한 예외가 배열에 스칼라를 더하거나 뺄 때 발생한다. 이 경우에는 스칼라를 배열의 각 원소로부터 더하거나 뺀다. [표 2.3-1]에서 예를 보여준다.

원소-대-원소 곱셈

MATLAB은 같은 크기의 배열에 대해서만 원소-대-원소 곱셈을 정의한다. x와 y가 각각 n개의 원소를 갖고, 만약 x와 y가 행벡터이면, 곱셈 x.*y의 정의는

```
x.*y = [x(1)y(1), x(2)y(2)..., x(n)y(n)]
```

이다. 예를 들어

$$\mathbf{x} = [2,\ 4,\ -5] \qquad \mathbf{y} = [-7,\ 3,\ -8] \tag{2.3-4}$$

이라면 z = x.*y는

$$\mathbf{z} = [2(-7),\ 4(3),\ -5(-8)] = [-14,\ 12,\ 40]$$

이다. 이런 형태의 곱셈을 종종 배열 곱셈이라 불린다.

만약 u와 v가 열벡터이면 u.*v의 결과값은 열벡터이다.

x'가 크기 3×1의 열벡터이므로 크기가 1×3인 y와는 같은 크기가 아니라는 것에 주의한다. 이와 같이 벡터들 x와 y를 위한 연산들 x'.*y와 y.*x'는 MATLAB에서 정의되지 않고 오류 메시지를 발생한다. 원소-대-원소 곱셈에서, 도트(.)와 별표(*)는 하나의 심볼(.*)를 이룬다는 것을 기억하는 것이 중요하다. 이 연산을 위하여 하나의 심볼을 정의하는 것이 바람직했겠지만, MATLAB의 개발자는 키보드의 심볼 중에서 선택해야 하는 제약을 받았을 것이다.

하나 이상의 행 혹은 열을 갖는 배열에 대해서 배열 곱셈을 일반화하는 것은 간단하다. 두 배열의 크기는 반드시 같아야 한다. 배열 연산은 대응하는 위치에 있는 원소끼리 배열 연산이 수행된다. 예를 들어, 배열 곱셈 연산 A.*B는 A, B와 크기가 같고 원소가 $c_{ij} = a_{ij}b_{ij}$인 행렬 C를 출력한다. 예를 들어,

$$\mathbf{A} = \begin{bmatrix} 11 & 5 \\ -9 & 4 \end{bmatrix} \quad \mathbf{B} = \begin{bmatrix} -7 & 8 \\ 6 & 2 \end{bmatrix}$$

라면 `C = A.*B`의 결과는

$$\mathbf{C} = \begin{bmatrix} 11(-7) & 5(8) \\ -9(6) & 4(2) \end{bmatrix} = \begin{bmatrix} -77 & 40 \\ -54 & 8 \end{bmatrix}$$

이다.

이해력 테스트 문제

T2.3-1 주어진 벡터

$$\mathbf{x} = [\,6 \quad 5 \quad 10\,] \qquad \mathbf{y} = [\,3 \quad 9 \quad 8\,]$$

에 대하여, 아래 문제를 손으로 계산한 다음, MATLAB으로 답을 확인하라.

a. $\mathbf{x}$와 $\mathbf{y}$의 합을 구하라.

b. 배열 곱 `w = x.*y`를 구하라.

c. 배열 곱 `z = y.*x`를 구하라. `z`와 `w`는 같은가?

(답: a. `[9, 14, 18]` b. `[18, 45, 80]` c. 같음)

T2.3-2 주어진 행렬

$$\mathbf{A} = \begin{bmatrix} 6 & 4 \\ 5 & 3 \end{bmatrix} \quad \mathbf{B} = \begin{bmatrix} 5 & 2 \\ 7 & 9 \end{bmatrix}$$

에 대하여, 아래 문제를 손으로 계산한 다음, MATLAB으로 답을 확인하라.

a. $\mathbf{A}$와 $\mathbf{B}$의 합을 구하라.

b. 배열 곱 `w = A.*B`를 구하라.

c. 배열 곱 `z = B.*A`를 구하라. `z`와 `w`는 같은가?

(답: a. `[11, 6; 12, 12]` b. `[30, 8; 35, 27]` c. 같음)

예제 2.3-1 벡터와 변위

두 다이버가 수면에서 출발한다고 가정하고 다음과 같은 좌표시스템을 설정한다. x는 서쪽, y는 북쪽, z는 아래쪽이다. 다이버 1은 서쪽으로 55피트, 북쪽으로 36피트를 수영해간 다음, 25피트 잠수를 한다. 다이버 2는 15피트를 잠수한 후에, 동쪽으로 20피트, 북쪽으로 59피트를 수영한다. (a) 출발 위치와 다이버 1 사이의 거리를 구하라. (b) 다이버 2에 도달하기 위해 다이버 1은 각 방향으로 얼마나 수영해야 하는가? 다이버 2에 도달하기 위해 다이버 1은 직선거리로 얼마나 수영해야 하는가?

풀이

(a) 선택된 xyz 좌표계를 사용하면, 다이버 1의 위치는 $\mathbf{r}=55\mathbf{i}+36\mathbf{j}+25\mathbf{k}$, 다이버 2의 위치는 $\mathbf{w}=-20\mathbf{i}+59\mathbf{j}+15\mathbf{k}$ 이다. (다이버 2는 동쪽으로 갔으며 x축의 음의 방향임을 주목한다.) 원점으로부터 xyz까지의 거리는 $\sqrt{x^2+y^2+z^2}$ 으로 주어진다. 이 거리는 다음과 같은 세션으로 계산된다.

```
>> r = [55, 36, 25]; w = [-20, 59, 15];
>> dist1 = sqrt (sum(r.*r))
dist1 =
   70.3278
```

거리는 대략 70피트이다. 이 거리는 또한 norm(r)로부터 계산될 수 있다.

(b) 다이버 1에 상대적인 다이버 2의 위치는 다이버 1로부터 다이버 2로 향하는 벡터 v에 의해 주어진다. 이 벡터는 벡터의 뺄셈 $\mathbf{v} = \mathbf{w}-\mathbf{r}$로 구할 수 있다. 위의 MATLAB 세션을 계속하면

```
>> v = w - r
v =
   -75   23  -10
>> dist2 = sqrt(sum(v.*v))
dist2 =
   79.0822
```

이와 같이 좌표방향을 따라 수영하여 다이버 2에 도달하기 위해서, 다이버 1은 동쪽으로 75피트, 북쪽으로 23피트, 그리고 위로 10피트 수영해야 한다. 그들 사이의 직선거리는 대략 79피트이다.

벡터화 함수

sqrt(x)나 exp(x)와 같은 MATLAB의 내장함수들은 배열 입력변수에 자동적으로 작용하여 배열 입력변수 x와 크기가 같은 배열 결과를 만든다. 그래서, 이런 함수를 벡터화 함수(Vectorized function)라고 한다.

이와 같이, 이런 함수들을 곱하거나 나눌 때 또는 지수승을 할 경우에, 변수가 배열이라

면 원소-대-원소 연산을 사용해야만 한다. 예를 들어, $z=(e^y \sin x)\cos^2 x$를 계산하기 위해서는, z = exp(y). *sin(x).*(cos(x)).^2와 같이 입력해야 한다. 만약 x의 크기와 y의 크기가 다르다면 에러 메시지가 나온다. 결과 z는 x 및 y와 크기가 같을 것이다.

예제 2.3-2 대동맥의 압력 모델

다음 방정식은 심장의 수축기(심장의 대동맥 판막이 닫힌 다음의 기간) 동안 대동맥 관의 혈류 압력을 나타내기 위하여 사용되는 어떤 모델의 특수한 케이스이다. 변수 t는 초단위의 시간(sec)이며, 단위가 없는 변수 y는 일정한 기준 압력으로 정규화된 대동맥 판막에서의 압력차를 나타낸다.

$$y(t)=e^{-8t}\sin\left(9.7t+\frac{\pi}{2}\right)$$

$t \geq 0$에 대하여 이 함수의 그래프를 그려라.

풀이

t가 벡터라면, MATLAB 함수 exp(-8*t)와 sin(9.7*t + pi/2)도 t와 크기가 같은 벡터가 된다. 그래서 $y(t)$를 계산하려면 원소-대-원소 곱셈을 이용한다.

벡터 t를 위하여 사용할 적절한 간격과 상한을 결정해야 한다. 사인함수 $\sin(9.7t+\pi/2)$는 주파수 9.7rad/sec, 이것은 $9.7/(2\pi)=1.5\,\text{Hz}$로 진동한다. 따라서 이것의 주기는 $1/1.5=2/3$ sec이다. 곡선을 그리기에 충분한 점을 생성하기 위하여 t의 간격은 주기보다 작아야 한다. 따라서 0.003이라는 간격을 선택해서 주기당 대략 200개의 점이 되도록 한다.

사인함수의 진폭은 사인함수에 감쇠하는 지수함수 e^{-8t}가 곱해졌으므로, 시간에 따라 감쇠한다. 지수의 초기값은 $e^0=1$이며, $t=0.5$에서 초기값의 2퍼센트가 된다($e^{-8(0.5)}=0.02$이므로). 그러므로 t의 상한선을 0.5로 정하였다. 세션은 다음과 같다.

```
>> t = 0: 0.003: 0.5;
>> y = exp(-8*t).*sin(9.7*t + pi/2);
>> plot(t, y), xlabel('t (sec)'), ...
   ylabel('정규화된 압력 차이 y(t)')
```

[그림 2.3-1]에 그래프를 보였다. 사인파가 있음에도 불구하고 큰 진동을 볼 수 없다는 것을 주목한다. 그 이유는 사인파의 주기가 지수함수 e^{-8t}가 실질적으로 0이 되는 시간보다 더 크기 때문이다.

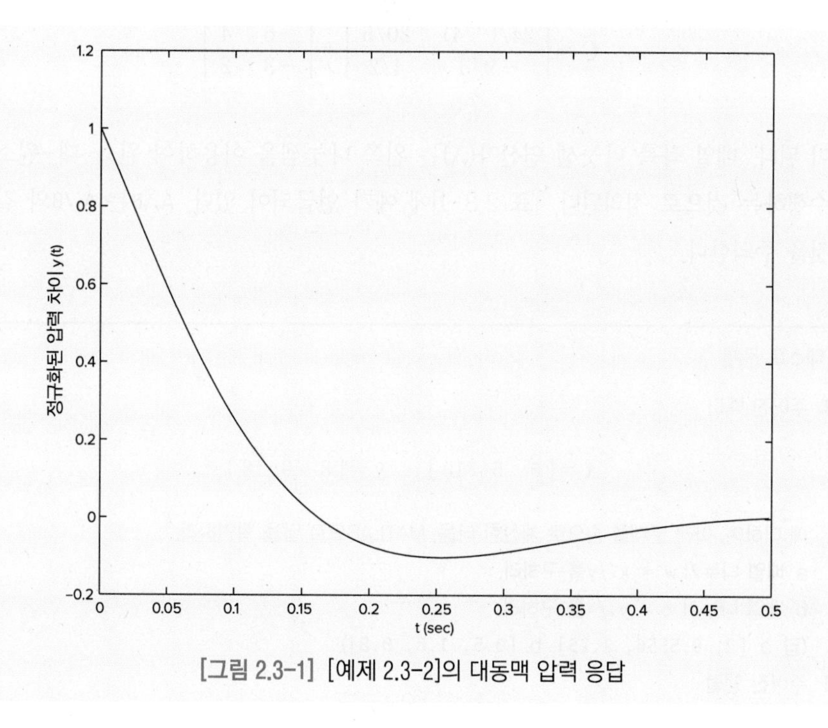

[그림 2.3-1] [예제 2.3-2]의 대동맥 압력 응답

원소-대-원소(배열) 나눗셈

배열 나눗셈이라 불리는, 원소-대-원소 나눗셈의 정의는 물론 한 배열의 원소가 다른 배열의 원소에 의해서 나누어진다는 점을 제외하고는 배열 곱셈의 정의와 유사하다. 두 배열은 모두 크기(size)가 같아야 한다. 배열 우측 나눗셈 기호는 ./이다. 예를 들어

$$\mathbf{x} = [\ 8,\ \ 12,\ \ 15\ ] \qquad \mathbf{y} = [\ -2,\ \ 6,\ \ 5\ ]$$

라면, `z = x./y`는

$$\mathbf{z} = [\ 8/(-2),\ \ 12/6,\ \ 15/5\ ] = [\ -4,\ \ 2,\ \ 3\ ]$$

이다. 또한

$$\mathbf{A} = \begin{bmatrix} 24 & 20 \\ -9 & 4 \end{bmatrix} \qquad \mathbf{B} = \begin{bmatrix} -4 & 5 \\ 3 & 2 \end{bmatrix}$$

라면, `C = A./B`는

$$\mathbf{C} = \begin{bmatrix} 24/(-4) & 20/5 \\ -9/3 & 4/2 \end{bmatrix} = \begin{bmatrix} -6 & 4 \\ -3 & 2 \end{bmatrix}$$

와 같이 된다. 배열 좌측 나눗셈 연산자(.\)는 왼쪽 나눗셈을 이용하여 원소-대-원소 나눗셈을 수행하는 것으로 정의된다. [표 2.3-1]에 예가 언급되어 있다. `A.\B`는 `A./B`와 같지 않다는 것을 주의한다.

이해력 테스트 문제

T2.3-3 주어진 벡터

$$\mathbf{x} = [6 \quad 5 \quad 10] \qquad \mathbf{y} = [3 \quad 9 \quad 8]$$

에 대하여, 아래 문제를 손으로 계산한 다음, MATLAB으로 답을 확인하라.

a. 배열 나누기 `w = x./y`를 구하라.

b. 배열 나누기 `z = y./x`를 구하라.

(답: a. `[2, 0.5556, 1.25]` b. `[0.5, 1.8, 0.8]`)

T2.3-4 주어진 행렬

$$A = \begin{bmatrix} 6 & 4 \\ 5 & 3 \end{bmatrix} \qquad \mathbf{B} = \begin{bmatrix} 5 & 2 \\ 7 & 9 \end{bmatrix}$$

에 대하여, 아래 문제를 손으로 계산한 다음, MATLAB으로 답을 확인하라.

a. 배열 나누기 `C = A./B`를 구하라.

b. 배열 나누기 `D = B./A`를 구하라.

c. 배열 나누기 `E = A.\B`를 구하라.

d. 배열 나누기 `F = B.\A`를 구하라.

e. C, D, E, F 중 서로 같은 것은?

(답: a. `[1.2, 2; 0.7143, 0.3333]` b. `[0.8333, 0.5; 1.4, 3]` c. `[0.8333, 0.5; 1.4, 3]` d. `[1.2, 2; 0.7143, 0.3333]` e. C와 F가 같고, D와 E가 같음)

예제 2.3-3 수송 경로 분석

다음에 나오는 표는 다섯 가지 트럭 운송로를 통해 이동하는 거리와 각 운송로를 지나는 데 필요한 시간을 보여준다. 이 데이터를 이용하여 각 운송로를 운행하는 데 필요한 평균 속도를 계산하라. 가장 높은 평균 속도를 나타내는 경로를 구하라.

	1	2	3	4	5
거리(mi)	560	440	490	530	370
시간(hr)	10.3	8.2	9.1	10.1	7.5

풀이

예를 들어, 첫 번째 경로의 평균 속도는 560/10.3 = 54.4mi/hr이다. 먼저 행벡터 d, t를 각각 거리와 시간 데이터로 정의한다. 그리고 MATLAB을 사용해서 각 운송로에 대한 평균 속도를 구하기 위하여, 배열 나눗셈을 이용한다. 세션은

```
>> d = [560, 440, 490, 530, 370];
>> t = [10.3, 8.2, 9.1, 10.1, 7.5];
>> speed = d./t
speed =
    54.3689  53.6585  53.8462  52.4752  49.3333
```

이다. 결과는 시간당 마일로써 표시된다. MATLAB은 3자리 유효자리로 표시된 주어진 데이터보다 많은 유효자리를 표시하고 있으므로, 계산 결과를 이용하기 전에 3자리 유효자리가 되도록 결과를 반올림해야 한다.

가장 높은 속도와 그에 대응하는 경로를 구하기 위하여, 세션을 계속하면 다음과 같다.

```
>> [highest_speed, route] = max(speed)
highest_speed =
   54.3689
route =
    1
```

첫 번째 운송로에서 최고 속도가 나온다.

만약 모든 경로에 대한 속도를 구할 필요가 없다면, 다음 [highest_speed, route] = max(d./t)와 같이 두 줄을 결합해서 문제를 해결할 수 있다.

원소-대-원소 지수승 계산

MATLAB에서는 배열의 지수승을 구할 수 있을 뿐만 아니라 스칼라와 배열의 배열 지수승도 구할 수 있다. 원소-대-원소로 지수 계산을 하려면 .^ 기호를 사용해야 한다. 예를 들어, 만약 x = [3, 5, 8]일 때, x.^3이라고 입력하면 배열 $[3^3, 5^3, 8^3] = [27, 125, 512]$가

계산된다. `x = 0: 2: 6`일 때, `x.^2`를 입력하면 배열 $[0^2,\ 2^2,\ 4^2,\ 6^2]=[0,\ 4,\ 16,\ 36]$을 얻게 된다. 만약

$$\mathbf{A}=\begin{bmatrix}4 & -5\\ 2 & 3\end{bmatrix}$$

이라면, `B = A.^3`은 다음 결과를 계산한다.

$$\mathbf{B}=\begin{bmatrix}4^3 & (-5)^3\\ 2^3 & 3^3\end{bmatrix}=\begin{bmatrix}64 & -125\\ 8 & 27\end{bmatrix}$$

스칼라 값의 배열 지수승도 구할 수도 있다. 예를 들어 `p = [2, 4, 5]`라면, `3.^p`를 입력하면 배열 $[3^2,\ 3^4,\ 3^5]=[9,\ 81,\ 243]$을 만든다. 이 예는 `.^`가 하나의 기호라는 것을 기억할 수 있도록 도와주는 일반적인 경우를 보인다. 물론 `3.^p`에서 점(.)은 숫자 3과 관련된 소수점이 아니다. 여기에서 주어진 `p`의 값으로, 다음의 연산들은 모두 동일하고 정확한 답을 제시한다.

```
3.^p
3.0.^p
3..^p
(3).^p
3.^[2, 4, 5]
```

배열 지수승에서 밑이 스칼라이거나 지수 배열의 차원과 밑 배열의 차원이 같으면 지수에 배열이 사용될 수 있다. 예를 들어, `x = [1, 2, 3]`이고 `y = [2, 3, 4]`이면 `y.^x`는 [2 9 64]가 된다. 만약 `A = [1, 2; 3, 4]`이면 `2.^A`는 `[2, 4; 8, 16]`이 된다.

이해력 테스트 문제

T2.3–5 주어진 행렬

$$\mathbf{A}=\begin{bmatrix}21 & 27\\ -18 & 8\end{bmatrix}\qquad \mathbf{B}=\begin{bmatrix}-7 & -3\\ 9 & 4\end{bmatrix}$$

에 대해서, (a) 배열 곱셈, (b) 배열 우측 나눗셈(**A**를 **B**로 나누는 것)과 (c) **B**의 각 원소의 세제곱을 구하라.

(답: (a) `[-147, -81; -162, 32]` (b) `[-3, -9; -2, 2]` (c) `[-343, -27; 729, 64]`)

예제 2.3-4 저항에서의 전류와 소비 전력

양단 전압이 v인 전기 저항을 통과하는 전류 i는 옴의 법칙에 따라 $i=v/R$로 주어지며, 여기에서 R은 저항이다. 저항에서의 전력소비는 v^2/R이다. 다음의 표는 다섯 개의 저항에 대해서 저항과 전압 데이터를 제공한다. 이 데이터를 이용하여 (a) 각 저항에 흐르는 전류, (b) 각 저항에서 소비되는 전력을 계산하라.

	1	2	3	4	5
$R(\Omega)$	10^4	2×10^4	3.5×10^4	10^5	2×10^5
$v(V)$	120	80	110	200	350

풀이

(a) 먼저 두 개의 행벡터, 즉 하나는 저항값을 포함하고 다른 하나는 전압값을 갖는, 두 행벡터를 정의한다. MATLAB을 사용해서 전류 $i=v/R$를 구하기 위하여, 배열 나눗셈을 이용한다. 세션은 다음과 같다.

```
>> R = [10000, 20000, 35000, 100000, 200000];
>> v = [120, 80, 110, 200, 350];
>> current = v./R
current =
   0.0120   0.0040   0.0031   0.0020   0.0018
```

결과의 단위는 암페어이고 전압 데이터는 3자리 유효숫자이기 때문에 3자리 유효숫자로 반올림해야 한다.

(b) 전력 $P=v^2/R$을 계산하기 위하여, 배열 지수승 계산과 배열 나눗셈을 사용한다. 세션은 다음과 같이 계속된다.

```
>> power = v.^2./R
power =
   1.4400   0.3200   0.3457   0.4000   0.6125
```

이 수들은 각 저항에서 전력소비를 와트 단위로 표시한 것이다. `v.^2./R`은 `(v.^2)./R`과 같다는 것을 주목한다. 여기에서 계산의 우선순위가 명백할지라도, MATLAB이 명령을 어떻게 해석하는지 확신할 수 없다면 항상 괄호를 두는 것이 좋다.

예제 2.3-5 일괄처리(batch) 증류 공정

순수한 벤젠 증기를 증류하기 위해서 벤젠과 톨루엔 액체 용액을 가열하는 시스템을 고려한다. 어떤 일괄처리 증류공정에는 60% 몰(mol) 벤젠과 40% 몰 톨루엔 혼합물 100몰이 채워져 있다. 여기서, L(몰)은 증류기에 남아 있는 액체의 양이고, x(몰 B/몰)는 남아 있는 액체에서 벤젠 몰 비율이다. 벤젠과 톨루엔에 대한 질량 보존을 적용하면 다음 관계식을 유도할 수 있다[Fielder, 1986].

$$L = 100\left(\frac{x}{0.6}\right)^{0.625}\left(\frac{1-x}{0.4}\right)^{-1.625}$$

$L=70$ 일 때 남아있는 벤젠의 몰 비율을 결정하라. 이 방정식을 x에 관하여 직접 푸는 것은 어렵다는 점을 주목한다. 이 문제를 풀기 위해서 x 대 L의 그래프를 그려라.

풀이

이 방정식은 배열 곱과 배열의 지수 연산을 모두 포함한다. L을 계산하는 데 MATLAB은 소수 지수를 사용할 수 있다는 점을 주목한다. L의 값은 $0 \le L \le 100$ 의 범위에 있어야 한다는 점은 명백하다. 하지만 x의 범위에 관하여는 $x \ge 0$ 이라는 것 이외에는 아는 것이 없다. 따라서 다음과 같은 세션을 이용하여 x의 범위에 대한 몇 가지 추측을 해야 한다. 만일 $x>0.6$ 이라면 $L>100$ 이라는 것을 알 수 있으므로, `x = 0: 0.001: 0.6`으로 선택을 한다. $L=70$ 에 대응되는 x값을 구하기 위하여 `ginput` 함수를 사용한다.

```
>> x = 0: 0.001: 0.6;
>> L = 100*(x/0.6).^(0.625).*((1-x)/0.4).^(-1.625);
>> plot (L, x), grid, xlabel('L (몰)'), ylabel('x (몰 B/몰)'), ...
   [L,x] = ginput(1)
```

그래프는 [그림 2.3-2]에 나타내었다. 답은 $L=70$ 일 때, $x=0.52$ 이다. 이 그래프는 액체의 양이 줄어듦에 따라 남아있는 액체에서 벤젠은 희박해짐을 알 수 있다. 증류기가 비워지기 바로 전 ($L=0$)의 용액은 순수한 톨루엔이다.

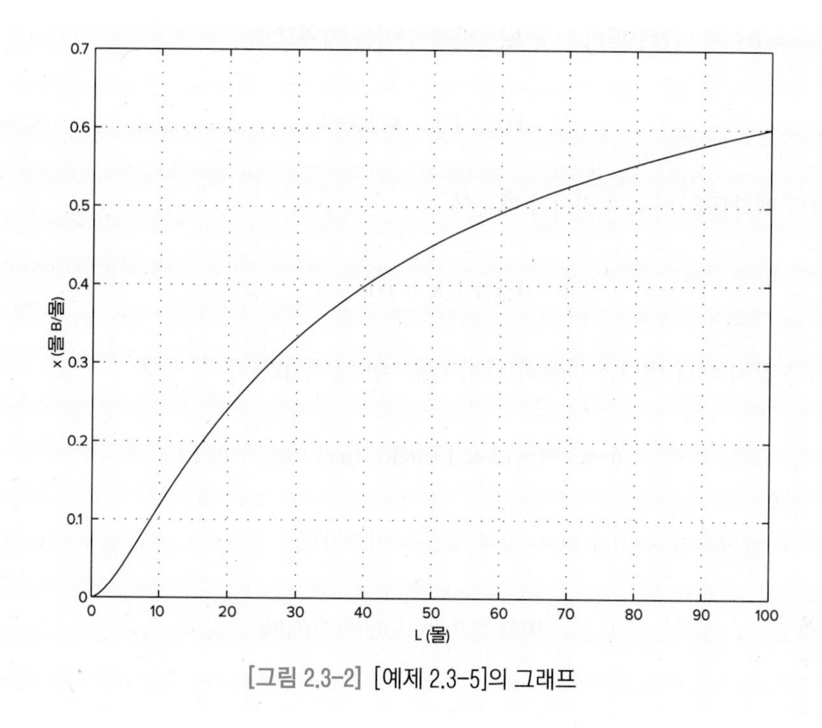

[그림 2.3-2] [예제 2.3-5]의 그래프

2.4 행렬 연산

행렬 덧셈과 뺄셈은 배열의 원소-대-원소 덧셈 및 뺄셈과 동일하다. 대응하는 행렬의 원소를 더하거나 뺀다. 그러나 행렬의 곱셈과 나눗셈은 원소-대-원소 곱셈 및 나눗셈과 같지 않다.

벡터의 곱셈

벡터는 한 행 혹은 한 열로 구성된 단순한 행렬이다. 그래서 행렬 곱셈과 나눗셈의 절차는 벡터에도 당연히 적용되며, 행렬 곱셈을 소개하며 벡터의 경우를 먼저 고려하기로 한다.

벡터 **u**와 **w**의 벡터 내적(vector dot product) $\mathbf{u} \cdot \mathbf{w}$는 스칼라이고 **u**를 **w** 위로 정사영시킨 것(perpendicular projection)으로 생각할 수 있다. 내적은 $|\mathbf{u}||\mathbf{w}|\cos\theta$로 계산할 수 있고, θ는 두 벡터 사이의 각이며, $|\mathbf{u}|$와 $|\mathbf{w}|$는 벡터의 크기이다. 그러므로 만약 벡터가 평행이어서 같은 방향이면 $\theta=0$이고 $\mathbf{u} \cdot \mathbf{w} = |\mathbf{u}||\mathbf{w}|$이다. 만약 두 벡터가 직교하면, $\theta=90^{\circ}$

이고 $\mathbf{u}\cdot\mathbf{w}=0$ 이다. 단위 벡터 **i**, **j**, **k**는 단위 길이를 가지므로

$$\mathbf{i}\cdot\mathbf{i}=\mathbf{j}\cdot\mathbf{j}=\mathbf{k}\cdot\mathbf{k}=1 \qquad (2.4\text{-}1)$$

이다. 단위 벡터들은 서로 수직이기 때문에

$$\mathbf{i}\cdot\mathbf{j}=\mathbf{i}\cdot\mathbf{k}=\mathbf{j}\cdot\mathbf{k}=0 \qquad (2.4\text{-}2)$$

이다. 이와 같이 벡터 내적은 다음과 같이 단위 벡터로써 표현할 수 있다.

$$\mathbf{u}\cdot\mathbf{w}=(u_1\mathbf{i}+u_2\mathbf{j}+u_3\mathbf{k})\cdot(w_1\mathbf{i}+w_2\mathbf{j}+w_3\mathbf{k})$$

대수적으로 곱하고 (2.4-1)과 (2.4-2)의 성질을 이용하면

$$\mathbf{u}\cdot\mathbf{w}=u_1w_1+u_2w_2+u_3w_3$$

를 얻는다.

행벡터 **u**와 열벡터 **w**의 행렬 곱은 벡터의 내적과 같은 방법으로 정의된다. 결과는 대응하는 벡터 원소들의 곱의 합인 스칼라이다. 즉, 각 벡터가 세 개의 원소로 구성된다면

$$[u_1 \;\; u_2 \;\; u_3]\begin{bmatrix} w_1 \\ w_2 \\ w_3 \end{bmatrix}=u_1w_1+u_2w_2+u_3w_3$$

이다. 그래서 1×3 벡터와 3×1 벡터의 곱의 결과는 1×1 배열, 즉 스칼라이다. 이 정의는 두 벡터가 같은 수의 원소를 갖는 한, 원소의 개수에 상관없이 적용된다.

이와 같이 $1\times n$ 벡터와 $n\times1$ 벡터를 곱한 결과는 1×1 배열, 즉 스칼라이다.

예제 2.4-1 여행한 거리

[표 2.4-1]은 어떤 여행에서 각 구간에서의 비행기의 속도와 걸린 시간을 나타낸다. 각 구간에서 여행한 거리와 전체 여행한 거리를 계산하라.

[표 2.4-1] 구간별 항공기의 속도와 시간

	구간			
	1	2	3	4
속도(mi/hr)	200	250	400	300
시간(hr)	2	5	3	4

풀이

각 구간에서의 속도를 포함하는 행벡터 s와 시간을 포함하는 행벡터 t를 정의할 수 있다. 이와 같이 `s = [200, 250, 400, 300]`이 되고 `t = [2, 5, 3, 4]`가 된다.

각 구간에서 이동한 거리를 구하기 위하여, 속도에 시간을 곱한다. 이렇게 하기 위하여, MATLAB 심볼 `.*`를 사용하며, 이것은 원소가 s와 t에서의 대응되는 원소들끼리의 곱

```
s.*t = [200(2), 250(5), 400(3), 300(4)] = [400, 1250, 1200, 1200]
```

이 되는 행벡터를 만드는 곱 `s.*t`를 지정한다. 이 벡터는 여행의 각 구간에서 항공기가 이동한 거리(마일수)를 나타낸다.

전체 이동한 거리를 구하려면, 행렬 곱 `s*t'`를 이용한다. 이 정의에서 곱은 각각의 원소 간 곱의 합이 된다. 즉,

```
s*t' = [200(2) + 250(5) + 400(3) + 300(4)] = 4050
```

이 두 예는 **배열 곱** `s.*t`와 **행렬 곱** `s*t'`의 차이를 보인다.

벡터-행렬 곱셈

모든 행렬곱의 결과가 스칼라인 것은 아니다. 앞서의 곱셈을 행렬이 곱해진 열벡터로 일반화하기 위하여, 행렬을 행벡터로 구성되어 있다고 생각한다. 각 행-열 곱의 스칼라 결과는 다음과 같이 결과 열벡터의 한 원소를 이룬다. 예를 들어,

$$\begin{bmatrix} 2 & 7 \\ 6 & -5 \end{bmatrix}\begin{bmatrix} 3 \\ 9 \end{bmatrix} = \begin{bmatrix} 2(3)+7(9) \\ 6(3)-5(9) \end{bmatrix} = \begin{bmatrix} 69 \\ -27 \end{bmatrix} \tag{2.4-3}$$

이다. 그러므로 2×2 행렬과 2×1 벡터의 곱의 결과는 2×1 배열, 즉 열벡터이다. 곱셈의 정의는 행렬의 열 수와 벡터의 행 수가 같아야 한다는 것을 요구한다는 것을 주목한다. 일

반적으로 벡터 **A**가 p열을 갖는 경우, 곱 **Ax**는 **x**가 p개의 행을 갖는 경우에만 정의될 수 있다. 만약 **A**가 m개의 행을 갖고 **x**가 열벡터이면, **Ax**의 결과는 m개의 행을 갖는 열벡터가 된다.

행렬–행렬 곱셈

이 곱셈의 정의는 두 행렬의 곱 **AB**를 포함하도록 확장할 수 있다. **A**에서의 열의 수는 **B**에서의 행의 수와 반드시 같아야 한다. 행–열 곱은 열벡터를 만들고, 이 열벡터들은 행렬을 만든다. 곱 **AB**는 **A**와 같은 수의 행과 **B**와 같은 수의 열을 갖는다. 예를 들어,

$$\begin{bmatrix} 6 & -2 \\ 10 & 3 \\ 4 & 7 \end{bmatrix}\begin{bmatrix} 9 & 8 \\ -5 & 12 \end{bmatrix}=\begin{bmatrix} (6)(9)+(-2)(-5) & (6)(8)+(-2)(12) \\ (10)(9)+(3)(-5) & (10)(8)+(3)(12) \\ (4)(9)+(7)(-5) & (4)(8)+(7)(12) \end{bmatrix}$$

$$=\begin{bmatrix} 64 & 24 \\ 75 & 116 \\ 1 & 116 \end{bmatrix} \tag{2.4-4}$$

MATLAB에서는 연산자 *를 이용해서 행렬 곱을 계산한다. 다음의 MATLAB 세션에서는 (2.4–4)에서 보인 행렬 곱셈을 어떻게 수행하는지를 보여준다.

```
>> A = [6, -2; 10, 3; 4, 7];
>> B = [9, 8; -5, 12];
>> A*B
```

원소–대–원소 곱셈은 다음과 같은 곱셈을 위해 정의된다.

$$[3\ \ 1\ \ 7][4\ \ 6\ \ 5]=[12\ \ 6\ \ 35]$$

하지만 이 곱셈은 행렬 곱셈에 대해서는 정의되지 않는다. 왜냐하면 첫 번째 행렬은 세 개의 열을 갖고 있지만, 두 번째 행렬은 세 개의 행을 갖고 있지 않기 때문이다. 그러므로 MATLAB에서 `[3, 1, 7]*[4, 6, 5]`라고 입력하면, 오류 메시지를 얻게 된다.

다음의 곱셈은 행렬 곱셈으로 정의할 수 있으며, 결과는 다음과 같다.

$$\begin{bmatrix} x_1 \\ x_2 \\ x_3 \end{bmatrix}\begin{bmatrix} y_1 & y_2 & y_3 \end{bmatrix}=\begin{bmatrix} x_1y_1 & x_1y_2 & x_1y_3 \\ x_2y_1 & x_2y_2 & x_2y_3 \\ x_3y_1 & x_3y_2 & x_3y_3 \end{bmatrix}$$

다음의 곱셈도 또한 정의된다.

$$[10 \quad 6]\begin{bmatrix} 7 & 4 \\ 5 & 2 \end{bmatrix} = [10(7)+6(5) \ \ 10(4)+6(2)] = [100 \quad 52]$$

이해력 테스트 문제

T2.4-1 주어진 벡터

$$\mathbf{x} = \begin{bmatrix} 6 \\ 5 \\ 3 \end{bmatrix} \qquad \mathbf{y} = [2 \quad 8 \quad 7]$$

에 대하여, 아래 문제를 손으로 계산한 다음, MATLAB으로 답을 확인하라.

a. 행렬 곱 `w = x*y`를 구하라.

b. 행렬 곱 `z = y*x`를 구하라. z와 w는 같은가?

(답: a. `[12, 48, 42; 10, 40, 35; 6, 24, 21]` b. 73, 명백하게 다르다)

T2.4-2 MATLAB을 사용하여 다음 벡터들의 내적을 계산하라.

$$\mathbf{u} = 6\mathbf{i} - 8\mathbf{j} + 3\mathbf{k}$$
$$\mathbf{w} = 5\mathbf{i} + 3\mathbf{j} - 4\mathbf{k}$$

손으로 풀어서 결과를 확인하라. (답: –6)

T2.4-3 MATLAB을 사용해서 다음을 확인하라.

$$\begin{bmatrix} 7 & 4 \\ -3 & 2 \\ 5 & 9 \end{bmatrix}\begin{bmatrix} 1 & 8 \\ 7 & 6 \end{bmatrix} = \begin{bmatrix} 35 & 80 \\ 11 & -12 \\ 68 & 94 \end{bmatrix}$$

다변수 함수의 계산

두 변수의 함수, 즉, $z = f(x, y)$를 $\mathbf{x}=x_1, x_2, \cdots, x_m$ 및 $\mathbf{y}=y_1, y_2, \cdots, y_n$에 대하여 계산하기 위하여 $m \times n$ 행렬을 정의한다.

$$\mathbf{x} = \begin{bmatrix} x_1 & x_1 & \cdots & x_1 \\ x_2 & x_2 & \cdots & x_2 \\ \vdots & \vdots & \vdots & \vdots \\ x_m & x_m & \cdots & x_m \end{bmatrix} \qquad \mathbf{y} = \begin{bmatrix} y_1 & y_2 & \cdots & y_n \\ y_1 & y_2 & \cdots & y_n \\ \vdots & \vdots & \vdots & \vdots \\ y_1 & y_2 & \cdots & y_n \end{bmatrix}$$

MATLAB에서 배열 연산을 이용하여 함수 $z = f(x, y)$가 계산될 때, $m \times n$의 결과 행렬 $\mathbf{z}$는 원소로 $z_{ij} = f(x_i, y_j)$를 갖는다. 이 기법을 다차원 배열을 이용하여 2 변수 이상의 함수로 확장할 수 있다.

예제 2.4-2 높이 대 속도

초속도 v, 수평선에 대한 앙각 θ로 던져진 물체가 도달하는 최대 높이 h는 항력을 무시하면,

$$h=\frac{v^2\sin^2\theta}{2g}$$

이다. v와 θ에 대한 다음의 각도

$$v=10,\ 12,\ 14,\ 18,\ 20\text{m/s} \qquad \theta=50^\circ,\ 60^\circ,\ 70^\circ,\ 80^\circ$$

에 대하여 최대 높이를 보이는 표를 만들어라. 표의 행은 속도 값에 대응되며, 열은 각도에 대응되어야 한다.

풀이

프로그램은 다음과 같다.

```
g = 9.8; v = 10: 2: 20;
theta = 50: 10: 80;
h = (v'.^2)*(sind(theta).^2)/(2*g);
table = [0, theta; v', h]
```

배열 v와 theta는 주어진 속도와 각도를 포함한다. 배열 v는 1×6 및 배열 theta는 1×4이다. 이와 같이, 항 v'.^2는 6×1 배열이며, 항 sind(theta).^2는 1×4이다. 두 배열의 곱, h는 행렬의 곱이며, $(6\times1)(1\times4)=(6\times4)$ 행렬이다.

배열 [0, theta]는 1×5, 배열 [v', h]는 6×5이므로, 행렬 table은 7×5가 된다. 다음의 표는 소수 첫째자리로 반올림한 행렬 table을 보인다. 이 표로부터 $v=14\text{ m/s}$, $\theta=70^\circ$일 때, 최대 높이가 8.8미터임을 알 수 있다.

0	50	60	70	80
10	3.0	3.8	4.5	4.9
12	4.3	5.5	6.5	7.1
14	5.9	7.5	8.8	9.7
16	7.7	9.8	11.5	12.7
18	9.7	12.4	14.6	16.0
20	12.0	15.3	18.0	19.8

예제 2.4-3 생산 비용 분석

[표 2.4-2]는 네 종류 생산 공정의 시간당 비용을 나타낸다. 각 공정에서 세 가지 다른 생산물을 생산하는 데 걸리는 시간도 나타나 있다. 행렬과 MATLAB을 사용해서 다음 문제를 풀어라. (a) 각 공정에서 생산품 1의 한 단위를 만드는 데 드는 비용을 계산하라. (b) 각 생산품의 한 단위를 만드는 데 드는 비용을 계산하라. (c) 생산품 1을 10단위, 생산품 2를 5단위, 생산품 3을 7단위를 만든다고 가정한다. 전체 비용을 계산하라.

[표 2.4-2] 각 생산 공정에 대한 비용과 시간

공정	시간당 비용($)	한 단위를 생산하는 데 필요한 시간		
		생산품 1	생산품 2	생산품 3
선반	10	6	5	4
분쇄	12	2	3	1
도정	14	3	2	5
용접	9	4	0	3

풀이

(a) 여기에서 사용할 수 있는 기본적인 원칙은 비용은 단위 시간당 비용과 필요한 시간의 곱이라는 것이다. 예를 들어, 생산품 1에 대해서 선반을 이용하는 비용은 ($10/hr) (6hr) = $60 이고, 나머지 세 공정에 대한 계산도 같은 방법이 적용된다. 만약 단위 시간당 비용을 행벡터 `hourly_costs`로 정의하고 생산품 1을 만드는데 걸리는 시간을 행벡터 `hours_1`로 정의한다면, 원소-대-원소 곱셈을 이용하여 생산품 1의 각 공정에 필요한 비용을 계산할 수 있다. MATLAB 세션은

```
>> hourly_cost = [10, 12, 14, 9];
>> hours_1 = [6, 2, 3, 4];
>> process_cost_1 = hourly_cost.*hours_1
process_cost_1 =
   60   24   42   36
```

이다. 이 값들은 생산품 1의 한 단위를 만들기 위한 네 공정의 비용이다.

(b) 생산품 1의 한 단위에 대한 총비용을 계산하려면, `hourly_costs` 벡터와 `hours_1` 벡터를 이용하면 되지만, 행렬 곱셈은 각각 곱을 더하기 때문에, 원소-대-원소 곱셈 대신 행렬 곱셈을 적용해야 한다. 행렬 곱셈의 결과는

$$[10 \quad 12 \quad 14 \quad 9]\begin{bmatrix}6\\2\\3\\4\end{bmatrix} = 10(6)+12(2)+14(3)+9(4) = 162$$

이다. 표에 있는 데이터를 이용하여, 생산품 2와 3에 대해서 같은 곱셈을 수행할 수 있다. 생산품 2에 대해서는

$$[10 \quad 12 \quad 14 \quad 9]\begin{bmatrix}5\\3\\2\\0\end{bmatrix} = 10(5)+12(3)+14(2)+9(0) = 114$$

이다. 생산품 3에 대해서는

$$[10 \quad 12 \quad 14 \quad 9]\begin{bmatrix}4\\1\\5\\3\end{bmatrix} = 10(4)+12(1)+14(5)+9(3) = 149$$

이다.

이 세 연산은, 표에 있는 마지막 세 열의 데이터로 구성되는 행렬을 정의함으로써 한 번의 연산으로 수행할 수 있다.

$$\begin{aligned}[10 \quad 12 \quad 14 \quad 9]\begin{bmatrix}6 & 5 & 4\\2 & 3 & 1\\3 & 2 & 5\\4 & 0 & 3\end{bmatrix} &= [60+24+42+36 \quad 50+36+28+0 \quad 40+12+70+27]\\ &= [162 \quad 114 \quad 149]\end{aligned}$$

MATLAB 세션에서는 다음과 같이 계산한다. 행벡터를 열벡터로 전환하기 위해서는 전치 연산을 수행해야 한다.

```
>> hours_2 = [5, 3, 2, 0];
>> hours_3 = [4, 1, 5, 3];
>> unit_cost = hourly_cost*[hours_1', hours_2', hours_3']
unit_cost =
   162  114  149
```

그러므로 각 생산품 1, 2, 3을 한 단위씩 생산하는 데 드는 비용은 각각 $162, $114, $149이다.

(c) 생산품 각각을 10단위, 5단위, 7단위를 생산하는 데 드는 총 비용을 계산하기 위하여 행렬 곱셈을 활용할 수 있다.

$$[10 \quad 5 \quad 7]\begin{bmatrix} 162 \\ 114 \\ 149 \end{bmatrix} = 1620+570+1043 = 3233$$

MATLAB에서 세션은 다음과 같이 계속된다. `unit_cost` 벡터에 대해 전치 연산자를 사용하는 것을 주목한다.

```
>> units = [10, 5, 7];
>> total_cost = units*unit_cost'
total_cost =
   3233
```

전체 비용은 $3,233이다.

일반적인 행렬 곱셈

행렬 곱셈에 대한 일반적인 결과는 다음과 같이 말할 수 있다. **A**의 크기가 $m \times p$이고 **B**의 크기가 $p \times q$라고 가정한다. **C**가 곱 **AB**라면, **C**의 크기는 $m \times q$이고 각 원소는 다음과 같이 주어진다.

$$c_{ij} = \sum_{k=1}^{p} a_{ik} b_{kj} \tag{2.4-5}$$

여기에서 $i = 1, 2, \cdots, m$이고 $j = 1, 2, \cdots, q$이다. 곱셈이 정의되기 위해서는 행렬 **A**와 **B**의 크기가 적합해야 한다. 즉, **B**의 행 수와 **A**의 열 수가 반드시 같아야 한다. 곱은 **A**와 같은 수의 행과 **B**와 같은 수의 열을 갖는다.

행렬 곱셈은 교환법칙이 성립하지 않는다. 즉, 일반적으로 $\mathbf{AB} \neq \mathbf{BA}$이다. 행렬의 곱에서 순서를 바꾸는 것은 일반적으로 쉽게 발생하는 실수이다.

결합법칙과 분배법칙은 행렬의 곱에서도 유지된다. 배분법칙은

$$\mathbf{A}(\mathbf{B}+\mathbf{C}) = \mathbf{AB}+\mathbf{AC} \tag{2.4-6}$$

이다. 결합법칙은

$$(\mathbf{AB})\mathbf{C} = \mathbf{A}(\mathbf{BC}) \tag{2.4-7}$$

이다.

비용 분석에의 응용

표에 있는 프로젝트 비용 데이터는 다양한 방법으로 분석되어야 한다. MATLAB 행렬의 원소는 스프레드시트에서의 셀과 같고, MATLAB은 이런 표를 분석하기 위하여 많은 스프레드시트 형식의 계산을 수행할 수 있다.

예제 2.4-4 생산 비용 분석

[표 2.4-3]은 어떤 생산품과 관련된 비용을 나타내고, [표 2.4-4]는 회계연도의 네 분기에 대한 생산량을 표시한다. MATLAB을 사용하여 분기별 재료비, 인건비 및 운송비를 구하라. 그리고 한 해 동안의 총 재료비, 인건비 그리고 운송비를 구하고 분기별 총 비용을 계산하라.

[표 2.4-3] 생산 비용

단위 비용 ($\$ \times 10^3$)			
생산품	재료비	인건비	운송비
1	6	2	1
2	2	5	4
3	4	3	2
4	9	7	3

[표 2.4-4] 분기별 생산량

생산품	1/4분기	2/4분기	3/4분기	4/4분기
1	10	12	13	15
2	8	7	6	4
3	12	10	13	9
4	6	4	11	5

풀이

비용은 단위 소요비용과 생산량을 곱한 것이다. 그러므로 2개의 행렬인, [표 2.4-3]에서 1,000달러 단위로 된 단위 소요비용을 포함하는 행렬 U와 [표 2.4-4]에 분기별 생산 데이터를 포함하는 행렬 P를 정의한다.

```
>>U = [6, 2, 1; 2, 5, 4; 4, 3, 2; 9, 7, 3];
>>P = [10, 12, 13, 15; 8, 7, 6, 4; 12, 10, 13, 9; 6, 4, 11, 5];
```

행렬 U의 첫 번째 열과 P의 첫 번째 열을 곱하면 1사분기의 총 재료비가 계산된다는 점을 주목한다. 같은 방법으로, U의 첫 번째 열과 P의 두 번째 열을 곱하면 2사분기의 총 재료비가 된다. 또한 U의 두 번째 열과 P의 첫 번째 열을 곱하면 1사분기의 총 인건비가 된다. 이 규칙을 확장하기 위해서는, 반드시 U의 전치와 P를 곱해야 한다는 것을 알 수 있다. 이 곱셈은 비용 행렬 C를 만든다.

```
>>C = U'*P
```

결과는

$$\mathbf{C} = \begin{bmatrix} 178 & 162 & 241 & 179 \\ 138 & 117 & 172 & 112 \\ 84 & 72 & 96 & 64 \end{bmatrix}$$

이다. **C**의 각 열은 한 분기를 나타낸다. 1사분기의 총 비용은 첫 번째 열의 합이고, 2사분기의 비용은 두 번째 열의 합이다. sum 명령은 행렬의 열을 더하는 것이기 때문에 분기별 비용은

```
>>Quarterly_Costs = sum(C)
```

를 입력하면 구할 수 있다. 1,000달러 단위의 분기별 비용을 포함하는 결과 벡터는 [400 351 509 355]이다. 그러므로 각 분기별 총 비용은 $400,000, $351,000, $509,000, $355,000이다.

C의 첫 번째 행에 있는 원소는 각 분기별 재료비이고, 두 번째 행은 각 분기별 인건비이고, 세 번째 행은 운송비이다. 따라서 총 재료비를 구하기 위해 **C**의 첫 번째 행을 더한다. 이와 같이, 인건비와 운송비도 각각 **C**의 두 번째와 세 번째 행을 더해서 구한다. sum 명령은 행렬의 열을 더하기 때문에, **C**의 전치를 사용해야 한다. 그러므로 다음과 같이 입력한다.

```
>>Category_Costs = sum(C')
```

1,000달러 단위로 품목별 비용을 포함하는 결과 벡터는 [760, 539, 316]이다. 그러므로 한 해의 총 재료비는 $760,000이고, 인건비는 $539,000, 운송비는 $316,000이다.

행렬 **C**는 구조를 보기 위하여 출력하였다. **C**의 구조를 볼 필요가 없다면, 전체 분석을 단 네 줄의 명령으로 수행할 수 있다.

```
>> U = [6, 2, 1; 2, 5, 4; 4, 3, 2; 9, 7, 3];
>> P = [10, 12, 13, 15; 8, 7, 6, 4; 12, 10, 13, 9; 6, 4, 11, 5];
>> Quarterly_Costs = sum(U'*P)
Quarterly_Costs =
  400  351  509  355
>> Category_Costs = sum((U'*P)')
Category_Costs =
  760  539  316
```

이 예를 통해서 MATLAB 명령의 간략함을 보였다.

특수한 행렬

교환법칙이 성립하지 않는다는 행렬 곱의 성질 중에서 두 개의 예외는 **0**으로 표시되는 영행렬(null matrix)과 **I**로 표시되는 단위행렬(identity 혹은 unity matrix)이다. 영행렬은 모든 원소가 0으로 구성되어 있으며, 원소가 없는 빈 행렬(empty matrix) []와는 다르다. 단위행렬은 대각선에 모두 1을 갖고 나머지 원소는 0인 정방행렬이다. 예를 들어 2×2 단위행렬은

$$\mathbf{I} = \begin{bmatrix} 1 & 0 \\ 0 & 1 \end{bmatrix}$$

이다. 영행렬과 단위행렬은 다음의 성질을 갖고 있다.

$$\mathbf{0A} = \mathbf{A0} = \mathbf{0}$$
$$\mathbf{IA} = \mathbf{AI} = \mathbf{A}$$

MATLAB에는 몇 가지 특별한 행렬을 생성할 수 있는 특별한 명령이 있다. 특별한 행렬 명령 목록은 `help specmat`를 입력하면 볼 수 있고 [표 2.4-5]에서도 확인할 수 있다. 단위행렬 **I**는 `eye(n)`이라는 명령에 의해 생성될 수 있으며, `n`은 만들고자 하는 행렬의 차원이다. 2×2 단위행렬을 생성하기 위해서, `eye(2)`를 입력하면 된다. `eye(size(A))`라고 입력하면 행렬 **A**와 동일한 차원을 갖는 단위행렬을 생성할 수 있다.

행렬의 모든 원소를 0으로 초기화하기를 원할 때가 종종 있다. `zeros` 명령은 행렬의 모

든 원소가 0인 행렬을 생성한다. zeros(n)는 $n \times n$인 영행렬을 생성하고, zeros(m, n)은 A(m, n) = 0을 입력하는 것과 같이 $m \times n$인 영행렬을 생성한다. zeros(size(A))라고 입력하면 행렬 **A**와 같은 차원을 갖는 영행렬을 생성한다. 이와 같은 행렬 생성 방법은 차원에 대한 정보를 미리 알 수 없는 응용 분야에 유용하게 활용할 수 있다. ones 명령의 구문은 모든 원소에 1을 채우는 것을 제외하면 같다.

예를 들어, 아래 함수

$$f(x) = \begin{cases} 10 & 0 \leqq x \leqq 2 \\ 0 & 2 < x < 5 \\ -3 & 5 \leqq x \leqq 7 \end{cases}$$

를 생성하고 출력하기 위한 스크립트 파일은 다음과 같다.

```
x1 = 0: 0.01: 2;
f1 = 10*ones(size(x1));
x2 = 2.01: 0.01: 4.99;
f2 = zeros(size(x2));
x3 = 5: 0.01: 7;
f3 = -3*ones(size(x3));
f = [f1, f2, f3];
x = [x1, x2, x3];
plot(x, f), xlabel('x'), ylabel('y')
```

(명령 plot(x, f)를 대신해 plot(x1, f1, x2, f2, x3, f3)로 바꾸면 그래프는 어떻게 될지 생각해 본다.)

[표 2.4-5] 특수한 행렬

명령	설명
eye(n)	$n \times n$ 단위행렬을 생성한다.
eye(size(A))	행렬 **A**와 같은 크기인 단위행렬을 생성한다.
ones(n)	1로 구성된 $n \times n$ 행렬을 생성한다.
ones(m, n)	1로 구성된 $m \times n$ 행렬을 생성한다.
ones(size(A))	배열 **A**와 같은 크기이고 1로 구성된 행렬을 생성한다.
zeros(n)	$n \times n$ 영행렬을 생성한다.
zeros(m, n)	$m \times n$ 영행렬을 생성한다.
zeros(size(A))	배열 **A**와 같은 크기이고 0으로 구성된 행렬을 생성한다.

행렬 나눗셈과 선형대수 방정식

행렬의 나눗셈은 여러 응용에서 우측 나눗셈과 좌측 나눗셈 연산자, 즉 \과 /을 사용하며, 대표적인 예는 선형 대수 연립 방정식의 해를 구하는 것이다. 8장에서는 관련된 주제와 역행렬에 대해서 다룬다.

MATLAB에서 선형 연립 방정식을 풀기 위하여 좌측 나눗셈 연산자(\)를 이용할 수 있다. 예를 들어,

$$\begin{aligned} 6x + 12u + 4z &= 70 \\ 7x - \ 2y + 3z &= \ 5 \\ 2x + \ 8y - 9z &= 64 \end{aligned}$$

MATLAB에서 이와 같은 연립 방정식을 풀기 위하여 2개의 배열을 생성해야 하며, 이들을 A와 B라고 한다. 배열 A는 방정식의 수만큼의 행을 가지며, 변수만큼의 열을 갖는다. A의 행은 반드시 x, y, z의 순서로 계수들을 가져야 한다. 이 예에서, A의 첫 번째 행은 6, 12, 4, 두 번째 행은 7, −2, 3, 세 번째 행은 2, 8, −9이어야 한다. 배열 B는 방정식의 수만큼의 행을 가져야 한다. 이 예에서, B의 첫 번째 행은 70, 두 번째는 5, 세 번째는 64이다. 해는 A\B를 입력하여 구해진다. 세션은

```
>> A = [6, 12, 4; 7, -2, 3; 2, 8, -9];
>> B = [70; 5; 64];
>> Solution = A\B
Solution =
    3
    5
   -2
```

해는 $x=3$, $y=5$ 및 $z=-2$이다.

좌측 나눗셈 방법은 연립방정식이 유일한 해를 가질 때는 잘 된다. 유일하지 않은 해를 갖거나 전혀 해가 없는 문제를 다루는 방법을 배우기 위해서는 8장을 본다.

트러스 구조체

트러스는 구성 요소들의 양 끝단들을 서로 연결해 튼튼한 구조체를 만들 수 있게 해주는 체계이다. 트러스 구조체는 그 단단함과 우수한 강도로 인해 많은 곳에서 사용된다. 평면

트러스에서는 모든 구성 요소들이 하나의 평면 위에 있다. 또한 트러스의 구성 요소들이 삼각형을 이루는 경우 단순 트러스라고 불린다.

예제 2.4-5 3개의 막대기로 구성된 단순 트러스에서의 힘 분석

[그림 2.4-1a]에 보인 트러스를 이루는 세 개의 강체 각각에 걸리는 힘을 계산하라. 그림에서 보이는 절점(joint) 1에 걸리는 수직 성분 힘은 무게 $W = 5,000\text{N}$ 이다.

풀이

[그림 2.4-1b]는 세 절점의 자유체도를 보이고 있다. 내부 힘은 각각 N_{12}, N_{13}, N_{23} 으로 표기되어 있고 모두 압축력(compressive force)인 것으로 가정한다. 절점 2는 양방향으로의 반력(reaction force)을 제공하는 핀(pin) 절점이다. 절점 3에는 수직 성분 힘만 제공하는 굴림대가 있다. 해당 반력들은 R_{2x}, R_{2y}, R_{3y} 로 표기되어 있다.

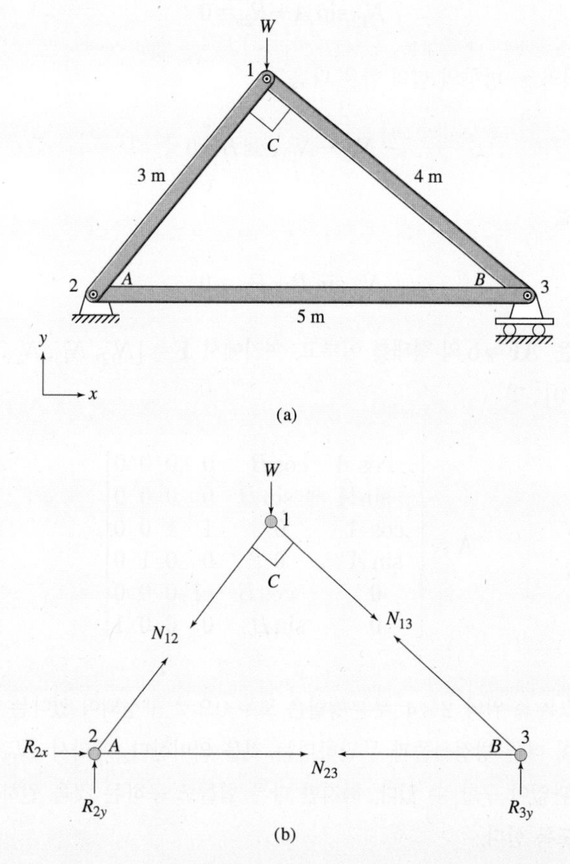

[그림 2.4-1] (a) 단순 트러스 (b) 트러스 절점들에 대한 자유체도

이 트러스에서의 힘 분석을 위한 수학 모델은 절점법(method of joints)으로 구할 수 있다. 이 방법은 각 절점들이 정적 평형 상태일 때 x-방향과 y-방향의 힘의 합이 0이라는 사실에 기반한다. 따라서 절점 1에서 x-방향 힘의 합은 다음

$$-N_{12}\cos A + N_{13}\cos B = 0$$

과 같고, y-방향은 다음

$$-N_{12}\sin A - N_{13}\sin B - W = 0$$

과 같다. 절점 2에서는 x-방향의 힘의 합은 다음

$$N_{12}\cos A + N_{23} + R_{2x} = 0$$

과 같고, y-방향은 다음

$$N_{12}\sin A + R_{2y} = 0$$

과 같다. 절점 3에서의 x-방향의 힘의 합은 다음

$$-N_{23} - N_{13}\cos B = 0$$

과 같으며, y-방향은

$$N_{13}\sin B + R_{3y} = 0$$

과 같다. 이 방정식은 $\mathbf{AF}=\mathbf{b}$의 형태를 이루고, 여기에서 $\mathbf{F}=[N_{12}, N_{13}, N_{23}, R_{2x}, R_{2y}, R_{3y}]^T$, $\mathbf{b}=[0, W, 0, 0, 0, 0]^T$ 및

$$\mathbf{A}=\begin{bmatrix} -\cos A & \cos B & 0 & 0 & 0 & 0 \\ -\sin A & -\sin B & 0 & 0 & 0 & 0 \\ \cos A & 0 & 1 & 1 & 0 & 0 \\ \sin A & 0 & 0 & 0 & 1 & 0 \\ 0 & -\cos B & -1 & 0 & 0 & 0 \\ 0 & \sin B & 0 & 0 & 0 & 1 \end{bmatrix}$$

이다. 행렬 A에서 오른쪽 위의 2×4 부분행렬은 모두 0으로 구성되어 있다는 것에 주목한다. 이것은 첫 두 방정식이 다른 방정식들과 무관하다는 것을 의미한다. 따라서 N_{12}와 N_{13}은 원한다면 다른 변수와 상관없이 구할 수 있다. 하지만 다른 힘들도 구하는 것을 원하므로 MATLAB을 통해 이 문제를 풀도록 한다.

각도 A, B와 C는 다음과 같이 구할 수 있다. 그림에서 C는 90°로 주어졌다. 그래서 이 삼각형의 변의 길이가 3-4-5 관계에 있는 것으로부터 다음의 값들을 알 수 있다.

$$\sin A = \frac{4}{5} \quad \cos A = \frac{3}{5}$$
$$\sin B = \frac{3}{5} \quad \cos B = \frac{4}{5}$$

전체 프로그램은 다음과 같다.

```
sinA = 4/5; cosA = 3/5;
sinB = 3/5; cosB = 4/5;
% 계수 행렬
A = [-cosA, cosB, 0, 0, 0, 0;
   -sinA, -sinB, 0, 0, 0, 0;
   cosA, 0, 1, 1, 0, 0;
   sinA, 0, 0, 0, 1, 0;
   0, -cosB, -1, 0, 0, 0;
   0, sinB, 0, 0, 0, 1];
% 우변 .
b = [0 5000 0 0 0 0]';
% 결과 힘
F = A\b;
% 결과를 보인다.
disp('Forces:')
disp('N_12 N_13 N_23 R_2x R_2y R_3y')
disp(F')
```

계산된 힘들은 $N_{12} = -4,000$, $N_{13} = -3,000$, $N_{23} = 2,400$, $R_{2x} = 0$, $R_{2y} = 3,200$, $R_{3y} = 1,800\text{N}$이다. 두 음수 값은 해당 힘들이 인장력(tensile)임을 나타낸다. 절점 2에 수평 방향의 반력이 없는 것은 구조체에 수평 방향으로 가해진 외력이 없었기 때문이다.

전기 회로 해석

전기 회로는 [그림 2.4-2]에 보인 것과 같이 종종 많은 수의 저항 소자들을 포함하고 있다. 이런 전기 회로의 수학 모델은 주어진 조건에 따라 소자들을 지나가는 전류 또는 소자들에 걸리는 전압을 구하기 위하여 여러 개의 선형 대수 방정식들로 이루어진다. 이 방정식들을 행렬 형태가 되도록 배치하면 MATLAB의 좌측 나눗셈 연산을 통해 문제를 풀 수 있다.

예제 2.4-6 3개의 저항을 가진 전기 회로

[그림 2.4-2]에 보인 회로에서 저항들은 $R_1=40$, $R_2=25$ 및 $R_3=40$ (ohm)으로 주어졌다. 전압 $v_1=30$ 및 $v_2=10$V 가 인가되었다. 각 저항에 흐르는 전류 값을 계산하라.

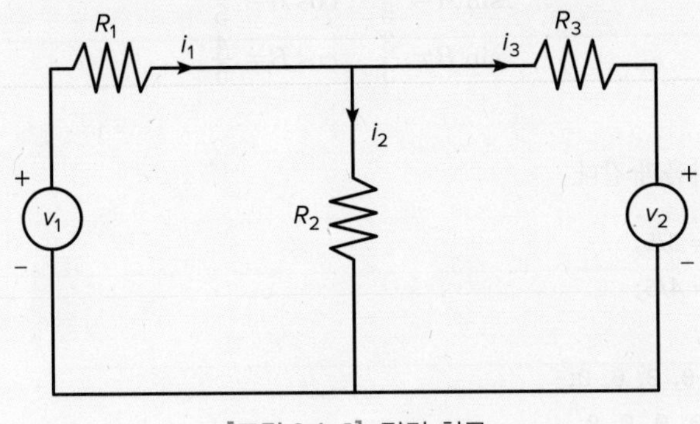

[그림 2.4-2] 전기 회로

풀이

키르히호프의 전압 법칙(Kirchhoff's voltage law)에 따르면 (에너지 보존 법칙에 의하여) 하나의 폐루프(loop) 상에 있는 저항들에 걸리는 전압들은 저항에 걸리는 전압 강하를 음수라고 할 때 그 합이 0이 되어야 한다. 따라서 왼쪽의 폐루프에 대해서 다음 식이 성립한다.

$$v_1 - R_1 i_1 - R_2 i_2 = 0$$

우측 폐루프에 대해서는 다음 식이 성립한다.

$$v_2 - R_2 i_2 + R_3 i_3 = 0$$

키르히호프의 전류 법칙(Kirchhoff's current law)은 전하량 보존 법칙에 기반을 두며, 한 노드에 들어오는 전류의 합은 나가는 전류의 합과 같아야 한다. 따라서 다음 식이 성립한다.

$$i_1 = i_2 + i_3$$

주어진 값들을 대입하고 위 세 방정식을 재배치하면 다음 식

$$\begin{aligned} 40i_1 + 25i_2 &= 30 \\ 25i_2 - 40i_3 &= 10 \\ i_1 - i_2 - i_3 &= 0 \end{aligned}$$

을 얻는다. 이 방정식들을 행렬 형태로 표현하면 다음과 같다.

$$\begin{bmatrix} 40 & 25 & 0 \\ 0 & 25 & -40 \\ 1 & -1 & -1 \end{bmatrix} \begin{bmatrix} i_1 \\ i_2 \\ i_3 \end{bmatrix} = \begin{bmatrix} 30 \\ 10 \\ 0 \end{bmatrix}$$

이 행렬 방정식을 풀기 위한 프로그램은 다음과 같다.

```
A = [40, 25, 0; 0, 25, -40; 1, -1, -1];
b = [30; 10; 0];
current = A\b
```

답은 $i_1 = 0.4722$, $i_2 = 0.4444$, $i_3 = 0.0278$(A)이다.

예제 2.4-7 생산 계획

다음 표는 화학 제품 1, 2, 3을 각각 1톤씩 생산하기 위해 반응기 A, B 그리고 C에서 처리에 필요한 시간들을 보여주고 있다. 반응기 A는 일주일 동안 40시간 운용이 가능하고 반응기 B와 C는 주당 30시간 운용이 가능하다. x, y, z는 각 제품 1, 2, 3이 일주일 동안 생산될 수 있는 톤수라고 한다. 표에 있는 데이터를 이용하여 x, y 및 z에 대한 세 개의 방정식을 세우고 이 방정식들을 풀어 일주일에 각 제품이 몇 톤씩 생산될 수 있는지를 계산하라. 또한 제품 1, 2, 3의 톤당 이익이 각각 $400, $600, $100라고 가정한다. 세 제품의 총이익을 계산하라.

시간	제품 1	제품 2	제품 3
반응기 A	5	3	3
반응기 B	3	3	4
반응기 C	2	5	3

풀이

반응기 A의 데이터를 이용하면 이 반응기의 일주일 간 사용량에 대한 방정식은 다음과 같다.

$$5x + 3y + 3z = 40$$

반응기 B의 데이터로부터

$$3x + 3y + 4z = 30$$

및 반응기 C의 데이터로부터는

$$2x+5y+3z=30$$

이라는 식을 얻는다. 이들을 행렬 방정식 $\mathbf{Ax}=\mathbf{b}$ 형태로 나타낸다면 $\mathbf{A}$와 $\mathbf{b}$는 다음과 같다.

$$\mathbf{A}=\begin{bmatrix} 5 & 3 & 3 \\ 3 & 3 & 4 \\ 2 & 5 & 3 \end{bmatrix} \quad \mathbf{b}=\begin{bmatrix} 40 \\ 30 \\ 30 \end{bmatrix}$$

총이익은 다음 식을 통해 계산될 수 있다.

$$P=400x+600y+100z$$

MATLAB 세션은 매우 간단하며 다음과 같다.

```
>> A = [5, 3, 3; 3, 3, 4; 2, 5, 3];
>> b = [40; 30; 30];
>> x = A\b
x =
   5.4839
   3.2258
   0.9677
>> P = [400, 600, 100]*x
P =
   4.2258e+03
```

따라서 각 제품이 생산될 수 있는 양은 $x=5.4839$, $y=3.2258$ 그리고 $z=0.9677$ 톤이고 총이익은 \$4,225.80이다. 이런 형태의 분석으로 다양한 반응기들의 운용 가능 시간을 늘렸을 때의 영향을 쉽게 예측할 수 있다.

이해력 테스트 문제

T2.4-4 MATLAB을 사용하여 다음의 연립 방정식을 풀어라.

$$4x+3y=23$$
$$8x-2y=6$$

(답: $x=2$, $y=5$)

T2.4-5 MATLAB을 사용하여 다음의 연립 방정식을 풀어라.

$$4x-2y=16$$
$$3x+5y=-1$$

(답: $x=3$, $y=-2$)

T2.4-6 MATLAB을 사용하여 다음의 연립 방정식을 풀어라.

$$6x-4y+8z=112$$
$$-5x-3y+7z=75$$
$$14x+9y-5z=-67$$

(답: $x=2$, $y=-5$, $z=10$)

행렬 지수승 계산

행렬을 거듭제곱하는 것은 행렬 자신을 계속해서 곱하는 것과 같다. 예를 들어 $\mathbf{A}^2=\mathbf{AA}$이다. 이런 거듭제곱에서는 행렬의 행과 열의 수가 같아야 한다. 즉, 정방행렬(square matric)이 되어야 한다. MATLAB은 행렬 지수 계산을 위해서 ^ 기호를 사용한다. `A^2`를 입력하여 $\mathbf{A}^2$을 얻는다.

행렬 **A**가 정방행렬이면, `n^A`를 입력함으로써 스칼라 n의 행렬 **A** 거듭제곱을 구할 수 있다. 그러나 이런 처리 과정에 대한 응용은 고급 과정에서 나온다. 하지만 **A**와 **B**가 정방행렬이라고 할지라도, 행렬에 대한 행렬 거듭제곱, 즉 $\mathbf{A}^{\mathbf{B}}$은 정의되지 않는다.

특별한 곱셈

물리학과 공학의 많은 응용 분야에는 내적(dot product)과 외적(cross product)이 사용된다. 예를 들어, 모멘트와 힘 성분을 계산하기 위해서는 이들 특별한 곱셈을 사용한다. **A**와 **B**가 세 개의 원소를 갖는 벡터라고 하면, 외적 명령 `cross(A, B)`는 세 원소를 갖는 벡터의 외적 $\mathbf{A}\times\mathbf{B}$를 계산해 준다. 만약 **A**와 **B**가 $3\times n$ 행렬이면 `cross(A, B)`는 각 열이 배열 **A**와 **B**에서 서로 대응하는 열끼리 외적을 한 결과로 구성되는 $3\times n$ 배열이 된다. 예를 들어, 기준점 O에 대해서 힘 **F**에 의한 모멘트는 $\mathbf{M}=\mathbf{r}\times\mathbf{F}$로 주어지며, 여기에서 **r**은 점 O에서 힘 **F**가 작용하는 점까지의 위치벡터이다. MATLAB에서 모멘트를 구하기 위해서 `M = cross(r, F)`를 입력한다.

내적 명령 `dot(A, B)`는 $m\times n$ 배열인 **A**와 **B**의 서로 대응한 열 사이의 내적을 원소로 하는 길이가 n인 행벡터를 계산한다. 벡터 **r** 방향으로 작용하는 힘 **F**의 성분을 계산하기 위해서 `dot(F, r)`을 입력하면 된다.

예제 2.4-8 볼트에 걸리는 힘 분석

[그림 2.4-3]에 보인 아이볼트(eye bolt)에 작용하는 세 장력으로부터 나오는 총 힘 벡터 **R**을 구하라. 볼트에 x−방향으로 볼트에 작용하는 힘 **R**의 크기와 **R**이 x축의 양의 방향과 이루는 각도 θ를 계산하라.

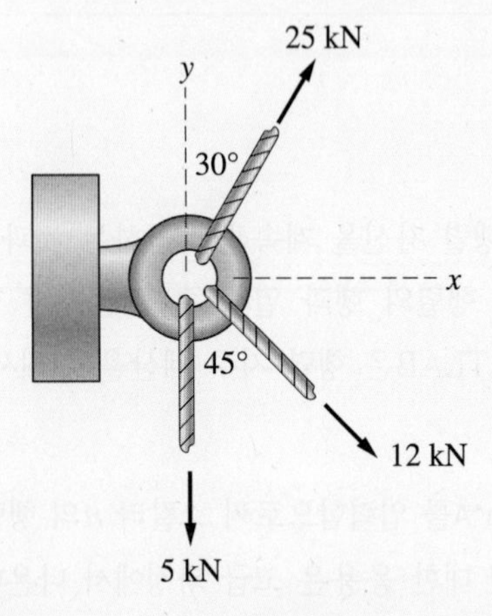

[그림 2.4-3] 아이볼트에 작용하는 장력

풀이

벡터 형태로 나타내진 25kN 힘은

$$\mathbf{F}_1 = 25(\sin 30\mathbf{i} + \cos 30\mathbf{j})$$

이며, 여기에서 **i**와 **j**는 각각 x와 y 방향으로의 단위 벡터이다. 12kN 힘은

$$\mathbf{F}_2 = 12(\sin 45\mathbf{i} - \cos 45\mathbf{j})$$

이며, 5kN 힘은

$$\mathbf{F}_3 = -5\mathbf{j}$$

이다. 최종 힘은

$$\mathbf{R} = \mathbf{F}_1 + \mathbf{F}_2 + \mathbf{F}_3$$

이다. MATLAB 프로그램은 다음과 같다. **R**의 크기는 MATLAB의 norm 함수를 사용해서 구한다. 값은 22.5179kN이다. **R**의 x 방향의 성분은 내적을 사용해서 계산한다. 결과는 20.9853kN이다. **R**이 x축의 양의 방향과 이루는 각도는 $\mathbf{R}_y/\mathbf{R}_x$ 의 역탄젠트나 또는 내적을 통해서 계산될 수 있으며, 그 이유는 다음

$$\mathbf{R} \circ \mathbf{i} = R\cos\theta_x$$

가 성립하기 때문이다. 계산된 각도는 21.2610° 이다.

```
F1 = 25*[sind(30), cosd(30)];
F2 = 12*[sind(45), -cosd(45)];
F3 = [0, -5];
% 최종 힘을 계산한다.
R = F1 + F2 + F3;
% 크기를 계산한다.
R_mag = norm(R)
% 역탄젠트로부터 각도를 계산한다.
thx = atan2d(R(2),R(1))
% 내적으로부터 각도를 계산한다.
x = dot(R,[1,0])
thx_2 = acosd(x/R_mag)
```

예제 2.4-9 타워에 걸리는 힘과 모멘트 계산

[그림 2.4-4]를 본다. 케이블 AB에 걸리는 장력을 장력계로 측정한 값은 10kN으로 나왔다. (a) A 점의 수평 막대에 작용하는 장력 $\mathbf{T}$를 벡터 형태로 표현하라. (b) 점 O에 대하여 이 힘의 벡터 모멘트 $\mathbf{M}$을 계산하라.

풀이

(a) 그림에서 점 A로부터 점 B로의 벡터 $\boldsymbol{v}_{AB}$는 단위 벡터 $\mathbf{i}, \mathbf{j}$ 및 $\mathbf{k}$에 대해서 $\boldsymbol{v}_{AB} = 4\mathbf{i} + 2\mathbf{j} - 10\mathbf{k}$ 인 것을 알 수 있다. 점 A로부터 점 B로의 단위 벡터 $\boldsymbol{n}_{AB}$는 $\boldsymbol{n}_{AB} = (4\mathbf{i} + 2\mathbf{j} - 10\mathbf{k})/|\boldsymbol{v}_{AB}|$이다. 따라서 장력은 $\boldsymbol{T} = 10\boldsymbol{n}_{AB}$로 주어진다.

(b) 점 O로부터 점 B까지의 벡터는 $\boldsymbol{v}_{OB} = 4\mathbf{i} + 6\mathbf{j} + 0\mathbf{k}$이다. 장력 $\boldsymbol{T}$로 인한 점 O에서의 모멘트 $\boldsymbol{M}_O$는 외적 $\boldsymbol{M}_O = \boldsymbol{v}_{OB} \times \boldsymbol{T}$로부터 구한다.

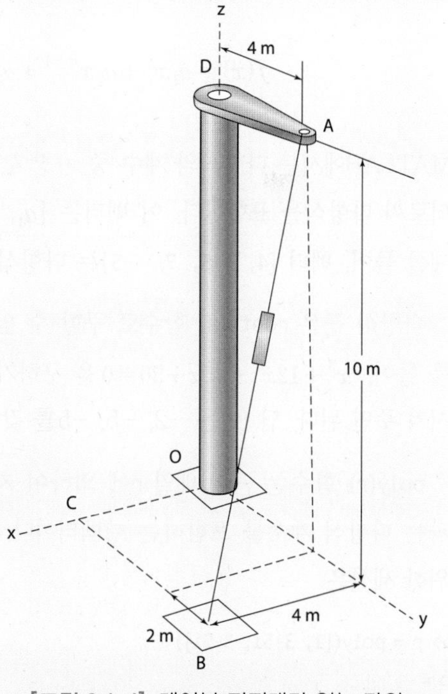

[그림 2.4-4] 케이블 지지대가 있는 타워

위 연산들은 MATLAB에서 norm과 cross 함수를 이용하여 다음과 같이 수행될 수 있다.

```
v_AB = [4, 2, -10];
n_AB = v_AB / norm(v_AB);
T = 10 * n_AB
v_OB = [4, 6, 0];
M_O = cross(v_OB, T)
```

답은 $\boldsymbol{T}=3.6515\mathbf{i}+1.8257\mathbf{j}-9.1287\mathbf{k}$ 그리고 $\boldsymbol{M}_O=-54.7723\mathbf{i}+36.5148\mathbf{j}-14.6059\mathbf{kNm}$ 이다.

2.5 배열을 이용한 다항식의 연산

MATLAB에는 다항식을 다룰 때 편리한 도구들이 있다. 이런 범주의 명령에 대한 보다 상세한 정보는 help polyfun을 입력하면 볼 수 있다. 다항식을 나타내기 위해서 다음의 표기법을 사용하고자 한다.

$$f(x)=a_1x^n+a_2x^{n-1}+a_3x^{n-2}+\cdots+a_{n-1}x^2+a_nx+a_{n+1}$$

MATLAB에서는 다항식의 계수 중 가장 높은 차수를 갖는 x의 계수로부터 시작하는, 행벡터로써 다항식을 표현한다. 이 벡터는 $[a_1,\ a_2,\ a_3,\ \cdots,\ a_{n-1},\ a_n,\ a_{n+1}]$로 나타낼 수 있다. 예를 들어, 벡터 [4, −8, 7, −5]는 다항식 $4x^3-8x^2+7x-5$를 나타낸다.

다항식 근은 roots(a) 함수로 구할 수 있으며, 여기에서 a는 다항식의 계수 배열이다. 예를 들어, $x^3+12x^2+45x+50=0$을 구하기 위해서는 y = roots([1, 12, 45, 50])을 입력시켜 주면 된다. 답 (y)는 $-2,\ -5,\ -5$를 갖는 열벡터가 된다.

poly(r) 함수는 근이 배열 r에 의하여 지정되는 다항식의 계수를 계산하는 명령이다. 결과는 다항식 계수를 포함하는 행벡터이다. 예를 들어, 근이 1과 $3\pm5i$인 다항식을 구하기 위한 세션은

```
>> p = poly([1, 3+5i, 3-5i])
p =
   1   -7   40   -34
```

이다. 다항식은 $x^3-7x^2+40x-34$ 이다.

다항식의 덧셈과 뺄셈

두 다항식을 더하기 위하여, 계수들의 배열들을 더한다. 다항식이 다른 차수를 갖는다면, 더 낮은 차수의 다항식 계수 배열에 0을 첨가한다. 예를 들어, 계수 배열이 `f = [9, −5, 3, 7]`인

$$f(x)=9x^3-5x^2+3x+7$$

과 계수 배열이 `g = [6, −1, 2]`인

$$g(x)=6x^2-x+2$$

를 고려한다. $g(x)$의 차수는 $f(x)$의 차수보다 하나 작다. 그러므로 $f(x)$와 $g(x)$를 더하기 위해서는 MATLAB이 $g(x)$를 3차 방정식으로 인식할 수 있도록 `g`에 0을 하나 붙여야 한다. 즉, `g = [0 g]`를 입력함으로써 `g = [0, 6, -1, 2]`를 얻을 수 있다. 이 벡터는 $g(x)=0x^3+6x^2-x+2$를 의미한다. 다항식을 더하기 위하여, `h = f + g`를 입력하면 된다. 결과는 `h = [9, 1, 2, 9]`이며, 이 값은 $h(x)=9x^3+x^2+2x+9$에 대응된다. 뺄셈도 유사한 방법으로 수행된다.

다항식 곱과 나눗셈

다항식에 스칼라를 곱하려면, 단순히 계수 배열에 그 스칼라를 곱해주면 된다. 예를 들어, $5h(x)$는 `[45, 5, 10, 45]`로 나타낸다.

다항식의 곱셈과 나눗셈은 MATLAB에서는 쉽게 처리된다. `conv` 함수("convolve"를 의미한다)를 이용하여 다항식을 곱하고, `deconv` 함수("deconvolve"를 의미한다)를 이용하여 합성 다항식 나눗셈을 수행한다. [표 2.5−1]은 `poly`, `polyval` 및 `roots`와 같은 이들 함수를 요약하였다.

[표 2.5-1] 다항식 함수

명령	설명
conv(a,b)	계수 배열 a, b로 표현되는 두 다항식의 곱을 계산한다. 두 다항식의 차수가 같을 필요는 없다. 결과는 다항식 곱의 계수 배열이다.
[q, r] = deconv(num, den)	계수 배열 num인 분자 다항식을, 분모 다항식 den으로 나눈 결과를 계산한다. 몫 다항식은 계수 배열 q에 저장되고, 나머지 다항식은 계수 배열 r에 저장된다.
poly(r)	벡터 r에 의해서 지정된 근을 갖는 다항식의 계수를 계산한다. 결과는 내림차순으로 배열된 다항식의 계수로 구성되는 행벡터이다.
polyval(a, x)	행렬 또는 벡터인, 독립 변수 x의 특정한 값에 대한 다항식의 값을 계산한다. 내림차순으로 배열된 다항식의 계수는 배열 a에 저장된다. 결과는 x와 같은 크기이다.
roots(a)	계수 배열 a에 의해 지정된 다항식의 근을 계산한다. 결과는 다항식의 근을 포함하는 열벡터이다.

다항식 $f(x)$와 $g(x)$의 곱은

$$\begin{aligned} f(x)g(x) &= (9x^3 - 5x^2 + 3x + 7)(6x^2 - x + 2) \\ &= 54x^5 - 39x^4 + 41x^3 + 29x^2 - x + 14 \end{aligned}$$

이다. 다항식 나눗셈을 이용해서 $f(x)$를 $g(x)$로 나누면 몫은

$$\frac{f(x)}{g(x)} = \frac{9x^3 - 5x^2 + 3x + 7}{6x^2 - x + 2} = 1.5x - 0.5833$$

이고 나머지는 $-0.5833x + 8.1667$이다. 이 과정을 수행하기 위한 MATLAB 세션은 다음과 같다.

```
>> f = [9, -5, 3, 7];
>> g = [6, -1, 2];
>> product = conv(f, g)
product =
   54  -39   41   29   -1   14
>> [quotient, remainder] = deconv(f, g)
quotient =
   1.5000  -0.5833
```

```
remainder =
      0       0  -0.5833   8.1667
```

conv와 deconv 함수는 다항식이 같은 차수가 될 것을 요구하지 않기 때문에, 다항식 더하기를 할 때처럼 0을 붙여 넣을 필요가 없다.

다항식의 그래프 그리기

polyval(a, x) 함수는 행렬 또는 벡터인 독립변수 x의 지정된 값에 대한 다항식의 값을 계산한다. 다항식의 계수 배열은 a이다. 결과는 x와 같은 크기이다. 예를 들어 $x=0,\ 2,\ 4,\ \cdots,\ 10$에 대해서 다항식 $f(x)=9x^3-5x^2+3x+7$의 값을 계산하기 위하여 다음과 같이 입력한다.

```
>>f = polyval([9, -5, 3, 7], [0: 2: 10]);
```

결과 벡터 f는 $f(0),\ f(2),\ f(4),\ \cdots,\ f(10)$에 대응되는 여섯 개의 값을 포함한다.

polyval 함수는 다항식의 그래프를 그리는 데 매우 유용하다. 이를 위하여, 부드러운 곡선을 얻기 위해서는 독립 변수 x가 많은 값을 포함할 수 있도록 배열을 정의해야 한다. 예를 들면, $-2\leqq x\leqq 5$에 대하여 $f(x)=9x^3-5x^2+3x+7$의 그래프를 그리기 위하여 다음과 같이 입력한다.

```
>> x = -2: 0.01: 5;
>> f = polyval([9, -5, 3, 7], x);
>> plot(x, f), xlabel('x'), ylabel('f(x)'), grid
```

다항식의 미분과 적분은 9장에서 다룬다.

이해력 테스트 문제

T2.5-1 MATLAB을 사용하여

$$x^3+13x^2+52x+6=0$$

의 근을 구하라. poly 함수를 사용하여 답을 확인하라.

T2.5-2 MATLAB을 사용해서 다음을 확인하라.

$$\begin{aligned}&(20x^3-7x^2+5x+10)(4x^2+12x-3)\\&=80x^5+212x^4-124x^3+121x^2+105x-30\end{aligned}$$

T2.5-3 MATLAB을 사용해서 다음을 확인하라.

$$\frac{12x^3+5x^2-2x+3}{3x^2-7x+4}=4x+11$$

나머지는 $59x-41$ 이다.

T2.5-4 $x=2$ 일 때 MATLAB을 사용해서 다음을 확인하라.

$$\frac{6x^3+4x^2-5}{12x^3-7x^2+3x+9}=0.7108$$

T2.5-5 범위 $-7\leq x\leq 1$ 에서 다음 다항식의 그래프를 그려라.

$$y=x^3+13x^2+52x+6$$

예제 2.5-1 내진 빌딩 설계

지진을 견디도록 설계된 빌딩은 지표운동의 진동 주파수에 근접하지 않는 고유진동수를 가져야만 한다. 건물의 고유진동수는 바닥의 질량과 지지하는 기둥(수평 방향의 용수철과 같이 동작)의 측면 강도(lateral stiffness)에 의해서 주로 결정된다. 이 진동수는 구조물의 특성 방정식이라 불리는 다항식의 근을 구함으로써 구할 수 있다. (특성다항식에 대해서는 9장에서 좀 더 다룬다.) [그림 2.5-1]은 3층 건물 바닥의 운동을 과장하여 나타내고 있다. 건물에 대해서 각 바닥의 질량이 m이고 기둥의 강도가 k라면, 다항식은 다음과 같다.

$$(\alpha-f^2)[(2\alpha-f^2)^2-\alpha^2]+\alpha^2f^2-2\alpha^3$$

여기에서 $\alpha=k/4m\pi^2$ 이다. (이와 같은 모델은 [Palm, 2010]에서 좀 더 자세히 논의한다.) 단위가 cycle/sec인 건물의 고유진동수는 이 방정식의 양의 근이다. $m=1{,}000\text{kg}$ 이고 $k=5\times10^6\text{N/m}$ 일 때, 건물의 고유진동수를 구하라.

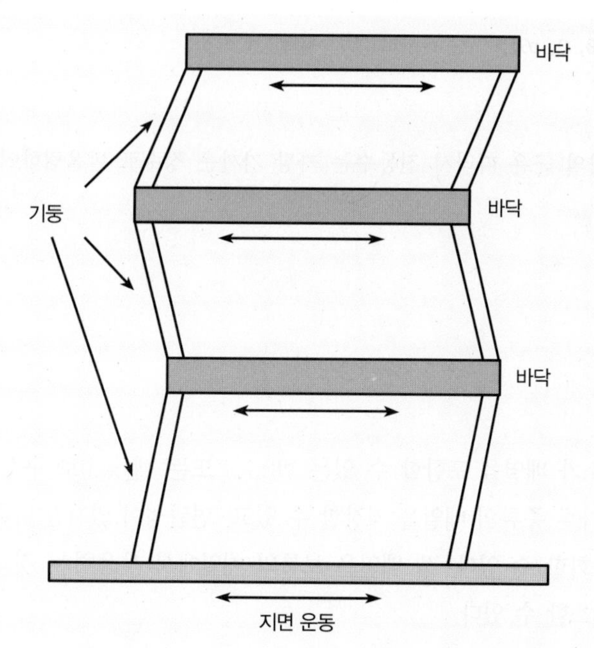

[그림 2.5-1] 지면의 이동으로 인한 건물의 간단한 진동 모델

풀이

특성 다항식은 낮은 차수 다항식의 합과 곱으로 구성된다. 이 사실을 이용하여 MATLAB으로 풀 수 있다. 특성 다항식은

$$p_1(p_2^2 - \alpha^2) + p_3 = 0$$

의 형태이며, 여기에서

$$p_1 = \alpha - f^2 \qquad p_2 = 2\alpha - f^2 \qquad p_3 = \alpha^2 f^2 - 2\alpha^3$$

이다. MATLAB 스크립트 파일은 다음과 같다.

```
k = 5e+6; m = 1000;
alpha = k/(4*m*pi^2);
p1 = [-1, 0, alpha];
p2 = [-1, 0, 2*alpha];
p3 = [alpha^2, 0, -2*alpha^3];
p4 = conv(p2, p2) - [0, 0, 0, 0, alpha^2];
p5 = conv(p1, p4);
```

```
p6 = p5 + [0, 0, 0, 0, p3];
r = roots(p6)
```

결과로 나오는 양의 근은 따라서 진동수는 가장 가까운 정수로 반올림하여 20, 14와 5Hz 이다.

2.6 셀 배열

셀 배열은 각 원소가 배열을 포함할 수 있는 빈(bin) 또는 셀(cell)로 구성되어 있는 배열이다. 셀 배열에는 다른 종류의 배열을 저장할 수 있고, 연관성이 있지만 다른 차원을 갖는 데이터 집합을 그룹화할 수 있다. 셀 배열은 보통의 배열에서 사용하는 것과 같이 인덱스 연산을 통해서 액세스할 수 있다.

이 절은 이 책에서 셀 배열을 다루는 단 하나의 절이다. 이 절을 다루는 것은 선택적이다. 일부 툴박스에서 찾을 수 있는, 좀 더 심화된 MATLAB 응용에서는 셀 배열을 사용한다.

셀 배열의 생성

셀 배열은 셀 배열을 할당 명령문(assignment statement) 혹은 `cell` 함수를 이용함으로써 생성할 수 있다. 셀 인덱싱(cell indexing) 혹은 내용 인덱싱(content indexing)을 이용해서 셀에 데이터를 할당할 수 있다. 셀 인덱싱을 이용하기 위해서는, 할당 명령문의 좌변에는 셀 아래첨자를 괄호 ()로 둘러싸고 표준 배열 표시를 사용한다. 지정 명령문의 우변의 셀 내용은 중괄호 {}로 둘러싼다.

예제 2.6-1 환경 데이터베이스

2×2 셀 배열 A를 생성하고자 한다고 가정하고, 셀은 위치, 날짜, 기온(오전 8시, 12시, 오후 5시에 측정한)과 연못의 다른 세 곳에서 같은 시간에 측정한 물의 온도를 포함한다고 가정한다. 셀 배열은 다음과 같다.

Walden Pond	June 13, 2016
$[60 \quad 72 \quad 65]$	$\begin{bmatrix} 55 & 57 & 56 \\ 54 & 56 & 55 \\ 52 & 55 & 53 \end{bmatrix}$

풀이

다음을 대화형 모드로 입력하거나 또는 스크립트 파일에 입력하고, 실행하여 이 배열을 생성할 수 있다.

```
A(1, 1) = {'Walden Pond'};
A(1, 2) = {'June 13, 2016'};
A(2, 1) = {[60, 72, 65]};
A(2, 2) = {[55, 57, 56; 54, 56, 55; 52, 55, 53]};
```

특정한 셀에 대해서 내용이 아직 없다면, 빈 수치 배열임을 나타내기 위해 빈 대괄호 [ ]을 쓰는 것과 같이, 비어있는 셀(empty cell)임을 나타내기 위해서 빈 중괄호 { }를 입력할 수 있다. 이 표기법은 셀을 생성하지만, 셀 속엔 어떠한 내용도 저장하지 않는다.

내용 인덱싱을 이용하기 위해서, 표준 배열 표기법을 사용하여, 좌변에 셀의 아래첨자를 중괄호로 묶는다. 그 다음 지정 연산자의 우변에 셀의 내용을 기술한다. 예를 들면

```
A{1, 1} = 'Walden Pond';
A{1, 2} = 'June 13, 2016';
A{2, 1} = [60, 72, 65];
A{2, 2} = [55, 57, 56; 54, 56, 55; 52, 55, 53];
```

명령 라인에 A를 입력하면

```
A =
  2×2 cell 배열
   'Walden Pond'    'June 13, 2016'
    [1×3 double]      [3×3 double]
```

을 보게 된다. `celldisp` 함수를 이용하여 모든 내용을 화면으로 볼 수 있게 해준다. 예를 들어, `celldisp(A)`를 입력하면

```
A{1,1} =
   Walden Pond
```

```
A{2,1} =
   60   72   65
  ⋮
```

등을 볼 수 있다.

cellplot 함수는 셀 배열 내용을 격자 형태로 그래픽하게 보여준다. cellplot(A)라고 입력하면 셀 배열 A를 이런 형태로 보게 된다. 셀의 열을 표시하기 위해서 중괄호 {}와 함께 콤마와 빈칸을 이용하며, 셀의 행을 표시하기 위해서 수치 배열에서와 같이 세미콜론을 이용한다. 예를 들어

```
B = {[2, 4], [6, -9; 3, 5]; [7, 2], 10};
```

을 입력하면 다음의 2×2 셀 배열

$[2 \quad 4]$	$\begin{bmatrix} 6 & -9 \\ 3 & 5 \end{bmatrix}$
$[7 \quad 2]$	10

을 생성한다. cell 함수를 이용해서 지정된 크기의 빈 셀 배열을 미리 할당할 수 있다. 예를 들어, C = cell(3, 5)를 입력하면 3×5 셀 배열 C를 생성하고, 빈 행렬로 채운다. 이런 방법으로 배열이 한 번 정의되면, 할당문을 이용하여 셀의 내용을 입력할 수 있다. 예를 들어 C(2, 4) = {[6, −3, 7]}을 입력하면, 이 1×3 배열을 셀 (2, 4)에 넣고, C(1, 5) = {1:10}을 입력하면 셀 (1, 5)에 1부터 10까지 넣는다. C(3, 4) = {'30 mph'}를 입력하면 셀 (3, 4)에 이 문자열을 넣는다.

셀 배열의 액세스

셀 인덱싱과 내용 인덱싱을 이용하면 셀 배열에 데이터를 액세스할 수 있다. 셀 인덱싱을 이용하여 배열 C의 셀 (3, 4)에 저장되어 있는 내용을 Speed라는 새로운 변수에 저장하려면, Speed = C(3, 4)라고 입력한다. 이 셀 배열의 1행에서 3행 그리고 2열부터 5열까지에 내용을 새로운 셀 배열 D로 입력하려면, D = C(1:3, 2:5)라고 입력한다. 새로운 셀 배열 D는 3개의 행, 4개의 열로 12개의 배열을 갖게 된다. 내용 인덱싱을 이용하여 단일 셀에 있는 특정

한 내용 혹은 모든 내용을 액세스하려면, 새로운 변수에 셀 자체를 할당하지 않고, 그 내용물을 할당하는 것이라고 나타내기 위하여 셀 인덱스 식을 중괄호 안으로 넣는다. 예를 들어 `Speed = C{3, 4}`는 셀 (3, 4)에 있는 내용물 `'30 mph'`라는 내용을 변수 `Speed`에 지정한다. 한 번에 두 개 이상의 셀 내용물을 내용 인덱싱을 통해서 읽어낼 수는 없다. 예를 들어, `var`가 어떤 변수일 때, `G = C{1, :}`과 `C{1, :} = var` 명령문 둘 다 허용되지 않는다.

셀 내용의 부분 집합에도 액세스할 수 있다. 예를 들어, 배열 `C`의 (2, 4) 셀에 있는 1×3 행벡터의 두 번째 원소를 구하여 변수 `r`에 저장하고자 한다면, `r = C{2, 4}(1, 2)`라고 입력하면 된다. 결과는 `r = -3`이다.

2.7 구조체 배열

구조체 배열(structure array)은 구조체(structure)로 구성된다. 이 클래스의 배열은 다른 종류의 배열을 같이 저장할 수 있다. 각 구조체에 있는 원소는 이름이 붙여진 필드(named field)를 이용하여 액세스할 수 있다. 이 특징은 표준 배열 인덱스 연산을 이용해서 데이터를 읽고 쓰는 셀 배열과 구별된다.

구조체 배열은 이 책에서 이 절에서만 쓰인다. MATLAB 툴박스 중에는 구조체 배열을 사용하는 것도 있다.

구조체라는 용어를 설명하기 위해 다음의 특정한 예를 드는 것이 가장 좋은 방법이 될 수 있다. 어떤 교과목을 수강하는 학생들의 데이터베이스를 생성하여, 각 학생의 이름, 학생 번호(student number), 전자우편 주소 그리고 시험 점수를 포함시키고자 한다고 가정한다. [그림 2.7-1]은 이 데이터 구조체를 도표로 보여주고 있다. 각 데이터의 형태(이름, 학생 번호 등)는 필드(field)이고, 그 이름은 필드명(field name)이다. 이와 같이 이 데이터베이스는 네 개의 필드로 구성된다. 처음 세 필드는 문자열을 포함하고, 마지막 필드인 시험 점수는 숫자 원소로 구성된 벡터를 포함한다. 하나의 구조체는 한 학생에 대한 모든 정보를 포함한다. 구조체 배열은 다른 학생들에 대한 동일 구조체의 배열이다. [그림 2.7-1]에 있는 배열은 한 행과 두 열로 정렬된 두 개의 구조체를 갖는다.

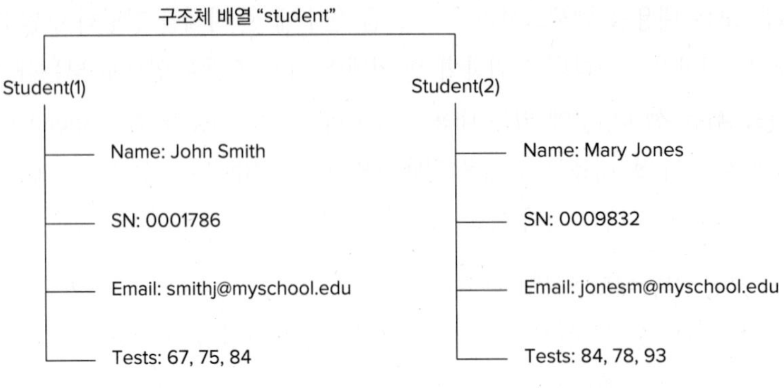

[그림 2.7-1] student 구조체 배열에 있는 데이터 구조

구조체의 생성

할당문 또는 struct 함수를 이용해서 구조체 배열을 생성할 수 있다. 다음의 예에서는 구조체를 만들기 위하여 할당문을 이용한다. 구조체 배열은 필드를 지정하고 액세스하기 위하여 점 표기(.)를 이용한다. 대화형 또는 스크립트 파일 두 방법으로 명령을 입력할 수 있다.

예제 2.7-1 학생 데이터베이스

다음의 학생 데이터 형태를 포함하는 구조체 배열을 생성하라.

- 학생 이름(name)
- 학생 번호(SN)
- E-mail 주소(email)
- 시험 점수(tests)

[그림 2.7-1]에 나타난 데이터 구조를 데이터베이스로 입력하라.

풀이

대화형 방식이나 스크립트 파일로 다음과 같이 입력함으로써 구조체 배열을 생성할 수 있다. 첫 번째 학생에 대한 데이터를 다음과 같이 입력한다.

```
student.name = 'John Smith';
student.SN = '0001786' ;
student.email = 'smithj@myschool.edu';
student.tests = [67, 75, 84];
```

그리고 나서 다음

```
>> student
```

와 같이 명령 라인 상에 입력하면,

```
  name: 'John Smith'
    SN: '0001786'
 email: 'smithj@myschool.edu'
 tests: [67 75 84]
```

와 같이 출력된다. 배열의 크기를 확인하기 위하여 size(student)를 입력한다. 결과는 ans = 1 1이고, 이것은 1×1 구조체 배열임을 나타낸다.

두 번째 학생을 데이터베이스에 추가하기 위해서는 구조체 배열의 이름 뒤에 첨자 2를 괄호로 묶고 새로운 정보를 입력한다. 예를 들어

```
student(2).name = 'Mary Jones';
student(2).SN = '0009832' ;
student(2).email = 'jonesm@myschool.edu';
student(2).tests = [84, 78, 93];
```

을 입력한다. 이 과정으로 배열이 '확장'된다. 두 번째 학생에 대한 데이터를 입력하기 전에, 구조체 배열의 차원은 1×1이었다(하나의 구조체였다). 이제는 한 행과 두 열로 구성된, 두 개의 구조체로 구성된 1×2 배열이다. 이 정보는 size(student)를 입력하여 확인할 수 있으며, 결과는 ans = 1 2를 얻는다. 이제 length(student)를 입력하면 ans = 2라는 결과를 얻고, 이는 배열이 두 원소(두 구조체)를 갖고 있다는 것을 표시한다. 한 구조체 배열이 두 개 이상의 구조체를 가질 때는 구조체 배열의 이름을 입력해도 MATLAB은 각 필드의 내용을 보여주지 않는다. 예를 들어, 이제 student라고 입력하면 MATLAB은

```
>> student
student =
 다음 필드를 포함한 1×2 struct 배열:
   name
   SN
   email
   tests
```

라고 출력한다. fieldnames 함수([표 2.7-1]를 참조)를 이용하면, 필드에 대한 정보를 얻을 수 있

다. 예를 들면

```
>> fieldnames(student)
ans =
   'name'
   'SN'
   'email'
   'tests'
```

학생 정보를 더 입력함에 따라, MATLAB은 각 원소에 같은 수의 필드와 같은 필드 이름을 지정한다. 어떤 정보를 입력하지 않으면(예를 들어, 어떤 사람의 전자우편 주소를 알지 못하면), MATLAB은 그 학생에 대한 전자우편 필드는 빈 행렬을 할당한다.

필드는 다른 크기를 가질 수 있다. 예를 들어, 각 이름 필드는 문자의 수가 다를 수 있고, 어떤 학생이 두 번째 시험을 치루지 않을 경우처럼 점수를 저장하는 배열도 크기가 다를 수 있다.

[표 2.7-1] 구조체 함수

함수	설명
`names = fieldnames(S)`	구조체 배열 S와 연관된 필드명을 문자열의 셀 배열인 names로 반환한다.
`isfield(S, 'field')`	`'field'` 구조체 S에서의 필드명이 맞으면 1을, 아니면 0을 출력한다.
`isstruct(S)`	배열 S가 구조체 배열이면 1을, 아니면 0을 출력한다.
`S = rmfield(S, 'field')`	구조체 배열 S로부터 필드 `'field'`를 제거한다.
`S = struct('f1', 'v1', 'f2', 'v2', ...)`	값 `'v1', 'v2', ...`를 갖는 필드 `'f1', 'f2', ...`를 갖는 구조체 배열을 생성한다.

할당문에 덧붙여, struct 함수를 이용해서 구조체를 만들 수 있으며, 이로써 구조체 배열을 '미리 할당'할 수 있다. sa_1이라는 이름의 구조체 배열을 만들기 위한 구문은

```
sa_1 = struct('field1', 'values1', 'field2', 'values2', ...)
```

이고, 여기에서 각 입력 변수는 필드 이름과 그 값이다. 값 배열 value1, value2, ...는 반드시 모두 같은 크기의 배열 또는 스칼라 셀 또는 하나의 값이 되어야 한다. 값 배열의 원소는 구조체 배열의 대응하는 원소에 삽입된다. 결과 구조체 배열은 값 배열과 같은 크기이거나 또는 값 배열 중 어느 하나도 셀이 아니면 1×1이다. 예를 들어, student 데이터베이스를

위한 1×1 구조체 배열을 미리 할당하기 위하여,

```
student = struct('name', 'John Smith', 'SN', ...
'0001786', 'email', 'smithj@myschool.edu', ...
'tests', [67, 75, 84])
```

를 입력하면 된다.

구조체 배열의 액세스

특정한 필드의 내용을 액세스하기 위하여, 구조체 배열 이름 뒤에 점을 입력하고 필드 이름을 쓴다. 예를 들어, student(2).name은 'Mary Jones'를 보여준다. 물론, 일반적인 방법으로 결과를 변수에 대입할 수도 있다. 예를 들어, name2 = student(2).name이라고 입력하면 'Mary Jones'를 변수 name2에 대입한다. 예를 들어, John smith의 두 번째 시험 점수와 같이, 필드 내에 있는 원소를 액세스하기 위하여 student(1).test(2)를 입력한다. 이 입력 결과로 75라는 값을 출력한다. 일반적으로 필드가 하나의 배열을 포함한다면, 배열의 첨자를 이용하여 각 원소를 액세스한다. 이 예에서는 student가 하나의 행만 갖기 때문에 student(1).tests(2)는 student(1,1).tests(2)와 같다.

Mary Jones에 대한 모든 정보와 같이, 특정한 구조체에 대한 모든 정보를 다른 구조체 배열 M에 저장하기 위하여, M = student(2)를 입력한다. 또한 필드 원소의 값을 지정하고 바꿀 수도 있다. 예를 들어, student(2).tests(2) = 81은 Mary Jones의 두 번째 점수를 78에서 81로 바꾼다.

구조체의 수정

데이터베이스에 전화번호를 추가하고자 한다고 가정한다. 첫 번째 학생의 전화번호를

```
student(1).phone = '555-1653'
```

와 같이 입력함으로써 데이터베이스에 추가할 수 있다. 배열의 다른 모든 구조도 이제부터 모두 phone 필드를 가지지만, 이 필드는 값이 지정되기 전까지 빈 배열로 지정된다.

배열의 모든 구조체에서 임의의 필드를 삭제하기 위하여 rmfield 함수를 이용한다. 기본적인 구문은

```
new_struc = rmfield(array, 'field');
```

이며, 여기에서 array는 수정될 구조체 배열, 'field'는 삭제될 필드, new_struc은 필드를 제거하여 생성된 새로운 구조체 배열의 이름이다. 예를 들어, 학생 번호 필드를 제거한 새로운 구조체 배열 new_student를 생성하기 위해서

```
new_student = rmfield(student, 'SN');
```

을 입력하면 된다.

구조체에서 연산자와 함수의 활용

구조체에도 MATLAB 연산자를 보통 하던 것과 같이 적용할 수 있다. 예를 들어, 두 번째 학생의 최고 점수를 구하기 위하여 max(student(2).tests)라고 입력하면 된다. 답은 93이다.

isfield 함수는 구조체 배열이 특정한 필드를 포함하는지 또는 포함하지 않는지를 판단한다. 구문은 isfield(S, 'field')이다. 'field'라는 이름을 가진 필드가 구조체 배열 S 안에 있으면 1(이는 '참'을 의미한다)을 함수값으로 출력하며, 그렇지 않으면 0을 출력한다. 예를 들어, isfield(student, 'name')이라고 입력하면 결과 ans = 1을 출력한다.

isstruct 함수는 배열이 구조체 배열인지 아닌지를 판단한다. 구문은 isstruct(S)이다. S가 구조체 배열이면 1을, 아니면 0을 출력한다. 예를 들어, isstruct(student)라고 입력하면, 결과는 '참'과 동등한 ans = 1이다.

이해력 테스트 문제

T2.7–1 [그림 2.7–1]에서 보인 student 구조체 배열을 생성하고 세 번째 학생에 대한 다음의 정보를 추가하라.
name: Alfred E. Newman; SN: 0003456;
e–mail: newmana@myschool.edu; tests: 55, 45, 58.

T2.7–2 Newman의 두 번째 점수를 45에서 53으로 변경하도록 구조체 배열을 편집하라.

T2.7–3 SN 필드를 제거하여 구조체 배열을 편집하라.

2.8 요약

MATLAB을 사용하여 기본 연산을 수행하고 배열을 사용할 수 있어야 한다. 예를 들면, 다음과 같다.

- 배열의 생성, 지정 및 편집
- 덧셈, 뺄셈, 곱셈, 나눗셈과 지수승을 포함하는 배열 연산의 수행
- 덧셈, 뺄셈, 곱셈, 나눗셈과 지수승을 포함하는 행렬 연산의 수행
- 다항식 연산의 수행
- 셀과 구조체 배열을 사용하여 데이터베이스 생성

[표 2.8-1]에는 이 장에서 소개된 MATLAB 명령어에 대한 참조 가이드를 보여준다.

[표 2.8-1] 2장에서 소개된 명령에 대한 가이드

특수 문자	사용법	
'	행렬을 전치시키고, 켤레복소수 원소를 생성한다.	
.'	켤레복소수를 만들지 않고 행렬을 전치시킨다.	
;	화면으로 출력하는 것을 막는다. 또한 배열에서 새로운 열을 나타낸다.	
:	배열의 전체 열 또는 행을 나타낸다.	
	표	
	배열 함수	[표 2.1-1]
	원소-대-원소 연산	[표 2.3-1]
	특별한 행렬	[표 2.4-5]
	다항식 함수	[표 2.5-1]
	구조체 함수	[표 2.7-1]

주요용어

구조체 배열(Structure array)
길이(Length)
내용 인덱싱(Content indexing)
단위행렬(Identity matrix)
배열 연산(Array operation)
배열 주소(Array addressing)
배열 크기(Array size)
빈 배열(Empty array)
셀 배열(Cell array)
셀 인덱싱(Cell indexing)
열벡터(Column vector)
영행렬(Null matrix)
전치(Transpose)
절대값(Absolute value)
좌측 나눗셈(Left division method)
크기(Magnitude)
필드(Field)
행렬(Matrix)
행렬 연산(Matrix operation)
행벡터(Row vector)

| 연습문제 |

*로 표시된 문제에 대한 해답은 교재 뒷부분에 첨부하였다.

2.1 절

1. a. 5부터 시작해서 28까지 일정한 간격으로 100개의 값을 갖는 벡터 **x**를 두 가지 방법으로 생성하라.

   b. 2부터 시작해서 14까지 0.2의 일정한 간격을 갖는 벡터 **x**를 두 가지 방법으로 생성하라.

   c. −2로부터 시작해서 5까지 일정한 간격으로 50개의 값을 갖는 벡터 **x**를 두 가지 방법으로 생성하라.

2. a. 10부터 1,000까지 로그(logarithm) 간격으로 50개의 값을 갖는 벡터 **x**를 생성하라.

   b. 10부터 시작해서 1,000까지 로그(logarithm) 간격으로 20개의 값을 갖는 벡터 **x**를 생성하라.

3*. MATLAB을 사용하여(끝점 0과 10을 포함하여) 0과 10 사이에 6개의 값을 갖는 벡터 **x**를 생성하라. 첫 번째 행이 $3x$를 포함하고 두 번째 행이 $5x-20$을 포함하는 배열 **A**를 생성하라.

4. **A**의 첫 번째 열이 $3x$를 포함하고, 두 번째 열이 $5x-20$을 포함하도록 문제 3을 반복하라.

5. MATLAB에서 다음 행렬을 입력하고 MATLAB을 사용하여 다음의 문제들에 대하여 답하라.

$$\mathbf{A} = \begin{bmatrix} 3 & 7 & -4 & 12 \\ -5 & 9 & 10 & 2 \\ 6 & 13 & 8 & 11 \\ 15 & 5 & 4 & 1 \end{bmatrix}$$

   a. **A**의 두 번째 열에 있는 원소들로 구성된 벡터 **v**를 생성하라.

   b. **A**의 두 번째 행에 있는 원소들로 구성된 벡터 **w**를 생성하라.

6. MATLAB에서 다음 행렬을 입력하고 MATLAB을 사용하여 다음의 문제들에 대하여 답하라.

$$\mathbf{A} = \begin{bmatrix} 3 & 7 & -4 & 12 \\ -5 & 9 & 10 & 2 \\ 6 & 13 & 8 & 11 \\ 15 & 5 & 4 & 1 \end{bmatrix}$$

a. **A**의 두 번째부터 네 번째까지의 열에 있는 모든 원소로 구성된 4×3 배열 **B**를 생성하라.

b. **A**의 두 번째부터 네 번째 행까지의 모든 원소로 구성된 3×4 배열 **C**를 생성하라.

c. **A**의 처음 두 행과 마지막 세 열에 있는 모든 원소로 구성된 2×3 배열 **D**를 생성하라.

7*. 다음 벡터의 길이와 절대값을 계산하라.

a. $\mathbf{x} = [2,\ 4,\ 7]$

b. $\mathbf{y} = [2,\ -4,\ 7]$

c. $\mathbf{z} = [5+3i,\ -3+4i,\ 2-7i]$

8. 주어진 행렬

$$\mathbf{A} = \begin{bmatrix} 3 & 7 & -4 & 12 \\ -5 & 9 & 10 & 2 \\ 6 & 13 & 8 & 11 \\ 15 & 5 & 4 & 1 \end{bmatrix}$$

에 대하여

a. 각 열의 최대값과 최소값을 구하라.

b. 각 행의 최대값과 최소값을 구하라.

9. 주어진 행렬

$$\mathbf{A} = \begin{bmatrix} 3 & 7 & -4 & 12 \\ -5 & 9 & 10 & 2 \\ 6 & 13 & 8 & 11 \\ 15 & 5 & 4 & 1 \end{bmatrix}$$

에 대하여

a. 각 열을 크기순으로 정렬하고 결과를 배열 **B**에 저장하라.

b. 각 행을 크기순으로 정렬하고 결과를 배열 **C**에 저장하라.

c. 각 열을 더하고 결과를 배열 **D**에 저장하라.

d. 각 행을 더하고 결과를 배열 **E**에 저장하라.

10. 다음과 같은 배열

$$\mathbf{A} = \begin{bmatrix} 1 & 4 & 2 \\ 2 & 4 & 100 \\ 7 & 9 & 7 \\ 3 & \pi & 42 \end{bmatrix} \qquad \mathbf{B} = \ln(\mathbf{A})$$

에 대하여, 다음을 하기 위한 MATLAB 식을 작성하라.

a. **B**의 두 번째 행을 선택하라.

b. **B**의 두 번째 행의 합을 구하라.

c. **B**의 두 번째 열과 **A**의 첫 번째 열의 원소-대-원소의 곱을 구하라.

d. **B**의 두 번째 열과 **A**의 첫 번째 열의 원소-대-원소 곱셈을 한 결과 벡터의 최대값을 구하라.

e. 원소-대-원소 나눗셈을 사용하여, **A**의 첫 번째 행을 **B**의 세 번째 열의 첫 세 개의 원소로 나누어라. 결과 벡터의 원소 합을 구하라.

2.2 절

11*. a. 3개의 층(layer)이 다음의 세 행렬로 구성된 3차원 배열 **D**를 생성하라.

$$\mathbf{A} = \begin{bmatrix} 3 & -2 & 1 \\ 6 & 8 & -5 \\ 7 & 9 & 10 \end{bmatrix} \quad \mathbf{B} = \begin{bmatrix} 6 & 9 & -4 \\ 7 & 5 & 3 \\ -8 & 2 & 1 \end{bmatrix} \quad \mathbf{C} = \begin{bmatrix} -7 & -5 & 2 \\ 10 & 6 & 1 \\ 3 & -9 & 8 \end{bmatrix}$$

b. MATLAB을 사용하여 **D**의 각 층에서 가장 큰 원소와 **D**에서 가장 큰 원소를 구하라.

2.3 절

12. 주어진 벡터

$$\mathbf{x} = [5 \quad 9 \quad -3] \qquad \mathbf{y} = [7 \quad 4 \quad 2]$$

에 대하여, 다음 문제를 손으로 계산한 다음 MATLAB으로 답을 확인하라.

a. **x**와 **y**의 합을 구하라.

b. 배열 곱 `w = x.*y`를 구하라.

c. 배열 곱 `z = y.*x`를 구하라. **z**와 **w**는 같은가?

13. 주어진 행렬

$$\mathbf{A}=\begin{bmatrix} 9 & 6 \\ 2 & 7 \end{bmatrix} \quad \mathbf{B}=\begin{bmatrix} 8 & 9 \\ 6 & 2 \end{bmatrix}$$

에 대하여, 아래 문제를 손으로 계산한 다음 MATLAB으로 답을 확인하라.

a. **A**와 **B**의 합을 구하라.

b. 배열 곱 `w = A.*B`를 구하라.

c. 배열 곱 `z = B.*A`를 구하라. **z**와 **w**는 같은가?

14. 주어진 벡터

$$\mathbf{x}=[\,10 \quad 8 \quad 3\,] \qquad \mathbf{y}=[\,9 \quad 2 \quad 6\,]$$

에 대하여, 아래 문제를 손으로 계산한 다음 MATLAB으로 답을 확인하라.

a. 배열 나누기 `w = x./y`를 구하라.

b. 배열 나누기 `z = y./x`를 구하라.

15*. 주어진 행렬

$$\mathbf{A}=\begin{bmatrix} -7 & 11 \\ 4 & 9 \end{bmatrix} \quad \mathbf{B}=\begin{bmatrix} 4 & -5 \\ 12 & -2 \end{bmatrix} \quad \mathbf{C}=\begin{bmatrix} -3 & -9 \\ 7 & 8 \end{bmatrix}$$

에 대하여, MATLAB을 사용하여

a. **A**+**B**+**C**를 구하라.

b. **A**−**B**+**C**를 구하라.

c. 결합법칙

$$(\mathbf{A}+\mathbf{B})+\mathbf{C} = \mathbf{A}+(\mathbf{B}+\mathbf{C})$$

를 확인하라.

d. 교환법칙

$$\mathbf{A}+\mathbf{B}+\mathbf{C} = \mathbf{B}+\mathbf{C}+\mathbf{A} = \mathbf{A}+\mathbf{C}+\mathbf{B}$$

를 확인하라.

16. 주어진 행렬

$$\mathbf{A} = \begin{bmatrix} 5 & 9 \\ 6 & 2 \end{bmatrix} \quad \mathbf{B} = \begin{bmatrix} 4 & 7 \\ 2 & 8 \end{bmatrix}$$

에 대하여, 아래 문제를 손으로 계산한 다음, MATLAB으로 답을 확인하라.

a. 배열 나누기 `C = A./B`를 구하라.

b. 배열 나누기 `D = B./A`를 구하라.

c. 배열 나누기 `E = A.\B`를 구하라.

d. 배열 나누기 `F = B.\A`를 구하라.

e. C, D, E, F 중 서로 같은 것이 있는가?

17*. 주어진 행렬

$$\mathbf{A} = \begin{bmatrix} 56 & 32 \\ 24 & -16 \end{bmatrix} \quad \mathbf{B} = \begin{bmatrix} 14 & -4 \\ 6 & -2 \end{bmatrix}$$

에 대하여, MATLAB을 사용하여

a. 배열 곱을 사용하여 **A** 곱하기 **B**의 결과를 구하라.

b. 배열의 우측 나눗셈을 사용하여 **A**를 **B**로 나눈 결과를 구하라.

c. **B**의 각 원소의 3승을 구하라.

18. 초기 속도 v_0, 수평면에 대하여 각도 A로 발사된 발사체의 xy 궤적은 $x(0)=y(0)=0$이고, 아래 방정식들로 기술된다.

$$x = (v_0 \cos A)t \qquad y = (v_0 \sin A)t - \frac{1}{2}gt^2$$

$v_0 = 50\text{m/s}$, $A = 50^\circ$, $g = 9.81\text{m/s}^2$ 값들을 사용한다. 발사체의 충돌 시간 t_{hit}(발사체가 $y=0$인 지표면에 닿는 데 걸리는 시간)은 모른다는 점에 주의한다.

a. t_{hit}과 발사체가 도달하는 최고 높이 $y_{\max}$를 구하는 MATLAB 프로그램을 작성하라. (힌트: 궤적은 대칭적이므로 t_{hit}은 발사체가 $y_{\max}$에 도달하는 데 걸리는 시간의 두 배이다.)

b. a에서 만든 프로그램을 확장하여 $0 \le x \le t_{hit}$ 구간에서 x 대 y의 그래프를 그려라.

19. $-2 \le x \le 16$ 인 범위에서 다음 x의 함수의 그래프를 그려라.

$$f(x) = \frac{4\cos x}{x + e^{-0.75x}}$$

부드러운 곡선을 얻을 수 있도록 충분한 점들을 사용하라.

20. x가 $-2\pi \le x \le 2\pi$ 인 범위에서 아래 함수의 그래프를 그려라.

$$f(x) = 3x\cos^2 x - 2x$$

부드러운 곡선을 얻을 수 있도록 충분한 점들을 사용하라.

21. x가 $-3.5 \le x \le 10$ 인 범위에서 아래 함수의 그래프를 그려라.

$$f(x) = 2.5^{0.5x}\sin 5x$$

부드러운 곡선을 얻을 수 있도록 충분한 점들을 사용하라.

22. 배 한 척이 $y = (200 - 5x)/6$ 으로 기술되는 직선상의 경로에서 이동하고 있고, 거리는 km로 측정된다. 이 배는 $x = -20$ 에서 출발해서 $x = 40$ 에서 멈춘다. 좌표계의 원점 (0, 0)상에 있는 등대에 이 배가 가장 가까이 다가갔을 때 등대까지의 거리를 계산하라. 문제 풀이에 그래프를 사용하여서는 안 된다.

23*. 어떤 블록을 힘 F로 거리 D만큼 미는 동안에 한 역학적인 일 W는 $W = FD$ 이다. 다음 표는 어떤 경로를 다섯 구간으로 나누어, 각 구간에서 블록을 밀기 위해서 사용된 힘의 양을 보여준다. 힘은 표면의 다른 마찰성질 때문에 다르다.

	경로 구간				
	1	2	3	4	5
힘(N)	400	550	700	500	600
거리(m)	3	0.5	0.75	1.5	5

MATLAB을 사용하여 (a) 각 구간에서 한 일을 구하고, (b) 전체 경로에 대한 전체 일의 양을 계산하라.

24. 비행기 A가 300mi/hr로 남서쪽으로 향하고, 반면에 비행기 B는 150mi/hr로 서쪽으로 향하고 있다. 비행기 B에 대한 비행기 A의 속력과 속도는 얼마인가?

25. 다음의 표는 부품을 생산하는 다섯 명의 작업자에 대한 1주 동안의 시간당 임금, 시간당 한 일, 그리고 산출물(생산된 부품 수)을 나타낸다.

	작업자				
	1	2	3	4	5
시간당 임금($)	5	5.50	6.50	6	6.25
시간당 한 일	40	43	37	50	45
산출물(부품 수)	1,000	1,100	1,000	1,200	1,100

MATLAB을 사용하여 다음 질문에 답하라.

a. 각 작업자가 한 주에 얼마를 벌었는가?

b. 지급해야 할 전체 임금은 얼마인가?

c. 만들어진 부품은 몇 개인가?

d. 부품 하나를 생산하기 위한 평균 비용은 얼마인가?

e. 평균적으로 하나의 부품을 생산하는 데 몇 시간이 걸리는가?

f. 각 작업자의 산출물의 품질이 같다고 가정할 때, 어느 작업자가 가장 효율적인가? 그리고 어느 작업자가 가장 비효율적인가?

26. 두 다이버가 수면에서 출발하고 다음과 같은 좌표 시스템을 세운다. x는 서쪽, y는 북쪽, z는 아래쪽이다. 다이버 1은 동쪽으로 100피트 수영하고, 남쪽으로 30피트 수영하고, 그리고 40피트 잠수한다. 동시에 다이버 2는 30피트 잠수하고, 동쪽으로 40피트 수영하고, 남쪽으로 60피트 수영한다.

a. 출발점으로부터 다이버 1까지의 거리를 계산하라.

b. 다이버 1은 다이버 2에 도달하기 위해 각 방향으로 얼마나 수영해야 하는가?

c. 다이버 1은 다이버 2에 도달하기 위해 직선거리로 얼마나 수영해야 하는가?

27. 용수철에 저장된 위치 에너지는 $kx^2/2$이고, 여기에서 k는 용수철 상수이고 x는 압축된 길이이다. 용수철을 압축하는 데 필요한 힘은 kx이다. 다음 표는 다섯 개의 용수철에 대한 데이터를 나타낸다.

	용수철				
	1	2	3	4	5
힘(N)	11	7	8	10	9
용수철 상수 k(N/m)	1,000	600	900	1,300	700

MATLAB을 사용하여 (a) 각 용수철의 압축 길이 x를 구하고 (b) 각 용수철에 저장된 위치 에너지를 계산하라.

28. 어떤 회사가 다섯 가지 재료를 구해야 한다. 다음 표는 5월, 6월, 7월에 구매한 톤 수에 따라 각 재료에 대해서 톤당 회사가 지급하는 가격을 나타낸 것이다.

		구입한 량(톤)		
재료	가격($/톤)	5월	6월	7월
1	300	5	4	6
2	550	3	2	4
3	400	6	5	3
4	250	3	5	4
5	500	2	4	3

MATLAB을 사용하여 다음 질문에 답하라.

a. 매월 각 품목의 소비량을 포함하는 5×3 행렬을 생성하라.

b. 5월, 6월, 7월의 전체 소비량은 얼마인가?

c. 3달의 기간 동안 각 재료에 대하여 총 소비량은 얼마인가?

d. 3달의 기간 동안 모든 재료의 전체 소비량은 얼마인가?

29. [그림 P29]에 보인 것과 같이, 울타리가 쳐진 땅은 길이 L이고 폭이 $2R$인 사각형과 반경이 R인 반원으로 구성된다. 울타리로 둘러싸인 땅의 면적은 2,500ft^{2}이 되어야 한다. 울타리의 가격은 곡선구간에서 $50/피트이고, 직선 구간에서는 $40/피트이다. `min` 함수를 이용하여 전체 울타리 비용의 최소값을 R과 L의 값의 0.01피트 분해능으로 결정하라. 또한 최소비용을 계산하라.

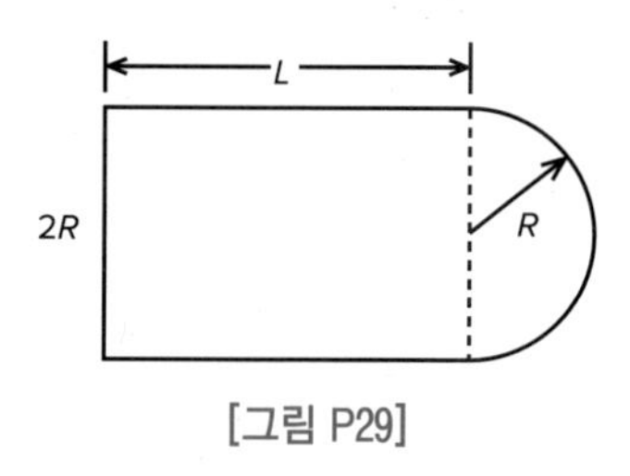

[그림 P29]

30. 어떤 물탱크는 반경 r과 높이 h인 실린더 부분과 반구형의 지붕으로 구성된다. 탱크는 물이 채워졌을 때 $500\,\text{m}^3$ 를 유지하도록 만들어졌다. 실린더 부분의 표면적은 $2\pi rh$ 이고 체적은 $\pi r^2 h$ 이다. 반구 상부의 표면적은 $2\pi r^2$ 이고 체적은 $2\pi r^3/3$ 이다. 탱크의 실린더 부분을 구축하는 비용은 표면적에서 $\$300/\text{m}^2$ 이다. 반구 부분의 비용은 $\$400/\text{m}^2$ 이다. $2 \le r \le 10\,\text{m}$에 대해 r에 대한 비용의 그래프를 그리고, 최소비용이 드는 반경을 구하라. 이때 높이 h를 계산하라.

31. w, x, y, z가 같은 길이의 행벡터이고, c, d가 스칼라라고 가정할 때, 다음 함수의 각각에 대하여 MATLAB 할당문을 작성하라.

$$f = \frac{1}{\sqrt{2\pi c/x}} \qquad E = \frac{x + w/(y+z)}{x + w/(y-z)}$$

$$A = \frac{e^{-c/(2x)}}{(\ln y)\sqrt{dz}} \qquad S = \frac{x(2.15 + 0.35y)^{1.8}}{z(1-x)^y}$$

32. a. 투약 후, 혈중 약물 농도는 신진대사에 의해 감소한다. 약물의 반감기는 초기 투약 후의 혈중 농도가 절반으로 감소하는 시간이다. 이 과정에 대한 공통적인 모델은 다음과 같다.

$$C(t) = C(0)e^{-kt}$$

여기에서 $C(0)$는 초기 혈중 농도이고, t는 시간(hr), k는 제거율 상수(elimination rate constant)로 개인차가 있다. 어떤 기관지 확장제의 경우, k값이 시간당 $0.047 \le k \le 0.107$로 예측된다. 반감기를 k에 대하여 나타내고, 지정된 범위에서 k에 대한 반감기의 그래프를 그려라.

b. 초기 혈중 농도가 0이고 일정한 전달 속도로 투여가 시작되고 유지되는 경우에, 시간에 대한 혈중 농도는

$$C(t) = \frac{a}{k}(1 - e^{-kt})$$

와 같이 정의되며, 여기에서, a는 전달 속도를 결정하는 상수이다. 한 시간이 경과한 후, 혈중 농도를 $C(1)$의 그래프가 $a=1$이고 k가 시간당 $0.047 \le k \le 0.107$ 범위에서 변할 때, k에 대하여 그려라.

33. 길이 L_c인 케이블이 길이가 L_b인 빔을 지지하고 있으며, 빔의 끝부분에 무게 W가 연결되면 수평을 유지한다. 정역학의 원리에 따라 케이블의 인장력은

$$T = \frac{L_b L_c W}{D\sqrt{L_b^2 - D^2}}$$

와 같이 정의되며, 여기에서, D는 빔의 지지 축과 케이블 연결부 사이의 거리이다. [그림 P33]을 참조한다.

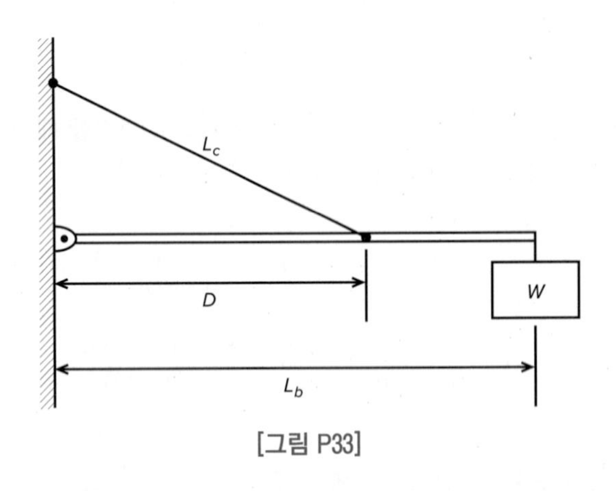

[그림 P33]

a. $W = 100\text{N}$, $L_b = 4\text{m}$, $L_c = 6\text{m}$일 때, 원소-대-원소 연산과 `min` 함수를 사용하여 인장력 T를 최소화하는 D값을 계산하라. 최소 인장 값을 계산하라.

b. D에 대한 T의 그래프를 그려, 해의 민감도(sensitivity)를 체크하라. 인장력 T가 최소값으로부터 10%가 증가하기 전에, D는 최적값으로부터 얼마나 변하는가?

34. 주어진 벡터

$$\mathbf{x} = \begin{bmatrix} 3 \\ 7 \\ 2 \end{bmatrix} \qquad \mathbf{y} = [\,4 \quad 9 \quad 5\,]$$

에 대하여 다음 문제를 손으로 계산한 다음, MATLAB으로 답을 확인하라.

a. 행렬 곱 `w = x*y`를 구하라.

b. 행렬 곱 `z = y*x`를 구하라. `z`와 `w`는 같은가?

35. 주어진

$$\mathbf{x} = \begin{bmatrix} 3 \\ 7 \\ 2 \end{bmatrix} \qquad \mathbf{A} = \begin{bmatrix} 2 & 6 & 5 \\ 3 & 7 & 4 \\ 8 & 10 & 9 \end{bmatrix}$$

에 대하여, 아래 문제를 손으로 계산한 다음 MATLAB으로 답을 확인하라.

a. 곱 **Ax**를 구하라.

b. 곱 **xA**를 구하라. 결과를 설명하라.

2.4 절

36*. MATLAB을 사용하여 다음 행렬

$$\mathbf{A} = \begin{bmatrix} 11 & 5 \\ -9 & -4 \end{bmatrix} \qquad \mathbf{B} = \begin{bmatrix} -7 & -8 \\ 6 & 2 \end{bmatrix}$$

에 대하여 곱 **AB**와 **BA**를 계산하라.

37. 행렬

$$\mathbf{A} = \begin{bmatrix} 4 & -2 & 1 \\ 6 & 8 & -5 \\ 7 & 9 & 10 \end{bmatrix} \qquad \mathbf{B} = \begin{bmatrix} 6 & 9 & -4 \\ 7 & 5 & 3 \\ -8 & 2 & 1 \end{bmatrix} \qquad \mathbf{C} = \begin{bmatrix} -4 & -5 & 2 \\ 10 & 6 & 1 \\ 3 & -9 & 8 \end{bmatrix}$$

이 주어졌을 때, MATLAB을 사용하여

a. 결합법칙을 확인하라.

$$(\mathbf{AB})\mathbf{C} = \mathbf{A}(\mathbf{BC})$$

b. 배분법칙을 확인하라.

$$\mathbf{A}(\mathbf{B}+\mathbf{C}) = \mathbf{AB}+\mathbf{AC}$$

38. 다음 표는 회계연도 네 분기 동안 특정한 생산물과 관련된 비용과 생산량을 나타낸다. MATLAB을 사용하여 (a) 분기별 재료비, 인건비, 그리고 운송비를 구하고 (b) 한 해 동안의 전체 재료비, 인건비, 그리고 운송비를 계산하라. (c) 분기별 전체 비용을 구하라.

생산품	단위생산 비용($\$ \times 10^3$)		
	재료비	인건비	운송비
1	7	3	2
2	3	1	3
3	9	4	5
4	2	5	4
5	6	2	1

생산품	분기별 생산량			
	1사분기	2사분기	3사분기	4사분기
1	16	14	10	12
2	12	15	11	13
3	8	9	7	11
4	14	13	15	17
5	13	16	12	18

39*. 알루미늄 합금은 경도 또는 인장강도와 같은 성질을 개선하기 위해 여러 가지 원소들을 첨가한다. 다음의 표는 합금 번호(2024, 6061 등)로 알려진 합금에 사용되는 다섯 가지 성분을 나타낸 것이다[Kutz 1999]. 각 합금의 주어진 양을 생산하는 데 필요한 원재료의 양을 계산하는 행렬 알고리즘을 구하라. MATLAB을 사용하여 각 합금을 1,000톤씩 생산하기 위하여 필요한 각 종류의 원재료의 양을 결정하라.

	알루미늄 합금의 성분				
합금	% Cu	% Mg	% Mn	% Si	% Zn
2024	4.4	1.5	0.6	0	0
6061	0	1	0	0.6	0
7005	0	1.4	0	0	4.5
7075	1.6	2.5	0	0	5.6
356.0	0	0.3	0	7	0

40. 사용자가 노동 원가의 효율을 검사할 수 있도록 스크립트 파일을 작성하여 [예제 2.4-4]를 다시 풀어라. 아래 표의 네 가지의 인건비를 사용자가 입력할 수 있도록 한다. 이 파일을 실행하면, 분기별 비용과 카테고리별 비용이 출력될 수 있도록 해야 한다. 단위 인건비가 각각 \$3,000, \$7,000, \$4,000 그리고 \$8,000인 경우에 대하여 각각 이 파일을 실행하라.

생산비			
생산품	단위 생산비($\$\times 10^3$)		
	재료비	인건비	운송비
1	6	2	1
2	2	5	4
3	4	3	2
4	9	7	3

분기별 생산량				
생산품	1분기	2분기	3분기	4분기
1	10	12	13	15
2	8	7	6	4
3	12	10	13	9
4	6	4	11	5

41. 다음 문제를 좌측 나눗셈을 이용하여 풀어라.

$$\begin{aligned} 6x - 3y + 4z &= 41 \\ 12x + 5y - 7z &= -26 \\ -5x + 2y + 6z &= 16 \end{aligned}$$

42. 다음의 표는 화학제품 1, 2, 3을 각각 1톤씩 생산하기 위해 반응기 A, B, C에서 처리에 필요한 시간을 보여 준다. 반응기 A는 일주일 동안 35시간 운용이 가능하고 반응기 B와 C는 주당 각 40시간 운용이 가능하다. (a) 일주일 동안 각 제품이 생산될 수 있는 톤 수를 계산하라. 제품 1, 2, 3의 톤당 이익이 각각 \$300, \$500 및 \$200이라면 총이익이 얼마인지 계산하라. (b) 교대조가 투입되어 각 반응기의 운용 가능 시간이 두 배가 된다면 총이익은 얼마로 증가하겠는가?

시간	제품 1	제품 2	제품 3
반응기 A	6	2	10
반응기 B	3	5	2
반응기 C	2	5	3

43. 세 원소로 구성된 벡터로 위치, 속도, 가속도를 나타낼 수 있다. x축으로부터 3미터 떨어진 거리에 질량 5kg의 물체가 $x=2$ m 에서 시작해서 y축과 평행하게 10m/sec의 속도로 이동한다. 속도는 $\mathbf{v}=[0,\ 10,\ 0]$으로 나타낼 수 있고, 위치는 $\mathbf{r}=[2,\ 10t+3,\ 0]$으로 표현할 수 있다. 각운동량 벡터 $\mathbf{L}$은 $\mathbf{L}=m(\mathbf{r}\times\mathbf{v})$로부터 구할 수 있으며, m은 질량이다. MATLAB을 사용하여

a. 11개의 행이 시간 $t=0,\ 0.5,\ 1,\ 1.5,\ \cdots,\ 5$초에서 계산된 위치 벡터 $\mathbf{r}$의 값인 행렬 $\mathbf{P}$를 계산하라.

b. $t=5$초일 때 물체의 위치는 어디인가?

c. 각 운동량 벡터 $\mathbf{L}$을 계산하라. 방향은 어느 방향인가?

44*. 스칼라 삼중곱(Scalar triple product)은 어떤 지정된 선에 작용한 힘 벡터 $\mathbf{F}$의 운동량의 크기 M을 계산한다. $M=(\mathbf{r}\times\mathbf{F})\circ\mathbf{n}$이고, $\mathbf{r}$은 선에서 힘이 작용하는 점까지의 위치 벡터이다. $\mathbf{n}$은 선방향으로의 단위 벡터이다.

MATLAB을 사용하여 $\mathbf{F}=[12,\ -5,\ 4]\,N$, $\mathbf{r}=[-3,\ 5,\ 2]\,\mathrm{m}$, $\mathbf{n}=[6,\ 5,\ -7]$인 경우에 대해서 크기 M을 계산하라.

45. 벡터 $\mathbf{A}=7\mathbf{i}-3\mathbf{j}+7\mathbf{k}$, $\mathbf{B}=-6\mathbf{i}+2\mathbf{j}+3\mathbf{k}$, 및 $\mathbf{C}=2\mathbf{i}+8\mathbf{j}-8\mathbf{k}$에 대하여

$$\mathbf{A}\times(\mathbf{B}\times\mathbf{C})=\mathbf{B}(\mathbf{A}\cdot\mathbf{C})-\mathbf{C}(\mathbf{A}\cdot\mathbf{B})$$

임을 확인하라.

46. 평행사변형의 면적은 $|\mathbf{A}\times\mathbf{B}|$로부터 계산되며, 여기에서 $\mathbf{A}$와 $\mathbf{B}$는 평행사변형의 두 변이다 ([그림 P46] 참조). $\mathbf{A}=5\mathbf{i}$와 $\mathbf{B}=\mathbf{i}+3\mathbf{j}$에 의해서 정의된 평행사변형의 면적을 계산하라.

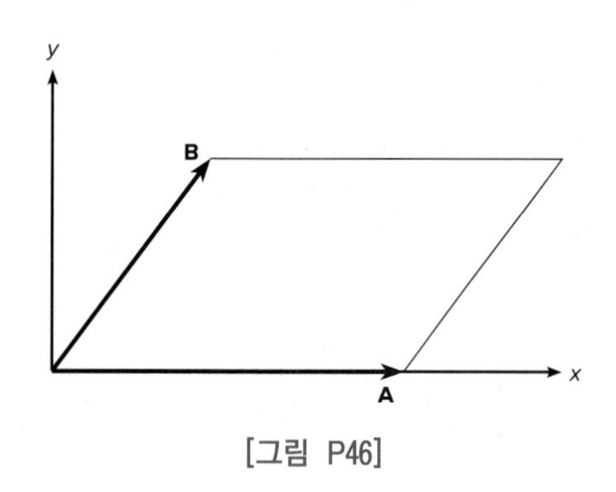

[그림 P46]

47. 평행육면체의 체적은 $|\mathbf{A}\cdot(\mathbf{B}\times\mathbf{C})|$로 계산할 수 있고, 여기에서 **A**, **B**, **C**는 평행 6면체의 3변을 정의한다([그림 P47]을 볼 것). $\mathbf{A}=5\mathbf{i}$, $\mathbf{B}=2\mathbf{i}+4\mathbf{j}$ 및 $\mathbf{C}=3\mathbf{i}-2\mathbf{k}$에 의하여 정의되는 평행육면체의 체적을 계산하라.

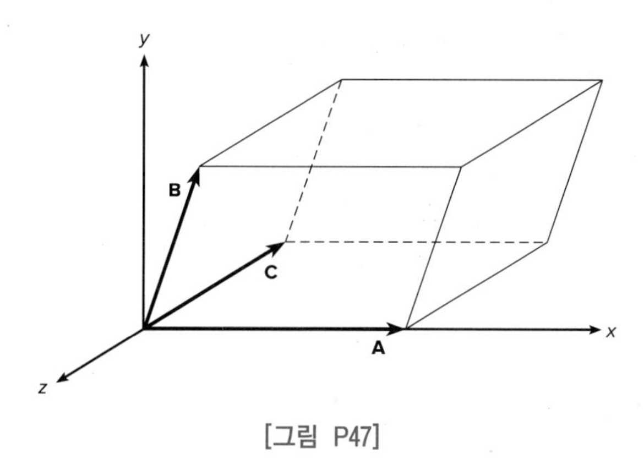

[그림 P47]

48. 두 벡터 **A**와 **B**의 내적은 θ가 두 벡터 사이의 각도일 때, $\mathbf{A}\circ\mathbf{B}=|\mathbf{A}||\mathbf{B}|\cos\theta$로 표현될 수 있다. 이를 이용하여 $\mathbf{A}=[6,\ 9,\ 4]$이고 $\mathbf{B}=[-3,\ 7,\ 9]$일 때 MATLAB을 이용하여 두 벡터 사이의 각도를 계산하라.

49. a. 벡터 **A**와 **B**로 정의되는 삼각형의 면적은 다음과 같이 구할 수 있음을 증명하라.

$$\text{면적}=\frac{1}{2}|\mathbf{A}\times\mathbf{B}|$$

b. 점 P = (1, 0, 0), Q = (0, 1, 0) 및 R = (0, 0, 1)은 3차원 공간에 있는 한 삼각형의 꼭짓점들의 좌표값이다. MATLAB의 외적 함수를 이용하여 이 삼각형의 면적을 계산하라.

2.5 절

50. MATLAB을 사용하여 구간 $-3 \leqq x \leqq 3$ 에서 다항식 $y = 3x^4 - 6x^3 + 8x^2 + 4x + 90$ 및 $z = 3x^3 + 5x^2 - 8x + 70$ 의 그래프를 그려라. 각 곡선과 그래프에 적절히 라벨을 붙여라. 변수 y와 z는 밀리암페어(mA) 단위의 전류를, 변수 x는 볼트 단위의 전압을 나타낸다.

51. MATLAB을 사용하여 구간 $-1 \leqq x \leqq 1$ 에서 다항식 $y = 3x^4 - 5x^3 - 28x^2 - 5x + 200$ 의 그래프를 그려라. 이 그래프에 그리드를 설정하고, `ginput`을 이용하여 곡선의 최고점 좌표를 결정하라.

52. MATLAB을 사용하여 다음 곱을 구하라.

$$(5x^4 - 3x^2 + 7x + 10)(4x^3 - 7x^2 + 9x + 2)$$

53. MATLAB을 사용하여 다음 식의 몫과 나머지를 구하라.

$$\frac{5x^3 - 7x^2 + 2x + 8}{6x^2 + 3x - 2}$$

54. MATLAB을 사용하여 $x = 5$ 에서 다음 식의 값을 계산하라.

$$\frac{36x^3 - 8x^2 + 2}{36x^3 - 5x^2 + 4x - 3}$$

55. MATLAB을 사용하여 다음 곱을 구하라.

$$(10x^3 - 9x^2 - 6x + 12)(5x^3 - 4x^2 - 12x + 8)$$

56*. MATLAB을 사용하여 다음 식의 몫과 나머지를 구하라.

$$\frac{14x^3 - 6x^2 + 3x + 9}{5x^2 + 7x - 4}$$

57*. MATLAB을 사용하여 $x = 5$ 에서 다음 식의 값을 계산하라.

$$\frac{24x^3 - 9x^2 - 7}{24x^3 + 5x^2 - 3x - 7}$$

58. 이상 기체 법칙은 용기 안의 기체의 압력과 체적을 예측하기 위한 한 방법을 제공한다. 그

법칙은 다음과 같다.

$$P=\frac{RT}{\hat{V}}$$

좀 더 정확한 예측은 다음의 반데르발스(Van der Waals) 방정식으로 가능하다.

$$P=\frac{RT}{\hat{V}-b}-\frac{a}{\hat{V}^2}$$

여기에서 항 b는 분자의 체적에 대한 보정이며, $a/\hat{V}^2$은 분자의 인력에 대한 보정이다. a와 b의 값은 가스의 종류에 따라 달라진다. R은 가스 상수이며 T는 절대온도, $\hat{V}$ 는 가스에 따른 비체적(specific volume)이다. 1몰의 이상기체가 0°C(273.2°K)에서 체적이 22.41L로 제한되었다면, 1기압의 압력을 나타낸다. 이 단위로 R은 0.08206이다.

염소 기체(Cl_2)의 경우에는 $a=6.49$, $b=0.0562$이다. 300°K 및 압력 0.95기압에서 Cl_2 1몰에 대하여 이상기체 법칙과 반데르발스 방정식에 의하여 주어지는 측정값 $\hat{V}$ 을 비교하라.

59. 비행기 A가 320mi/hr로 동쪽으로 날고 있고, 반면에 비행기 B는 160mi/hr로 남쪽으로 날고 있다. 오후 1시 정각에 비행기는 [그림 P59]와 같이 위치했다.

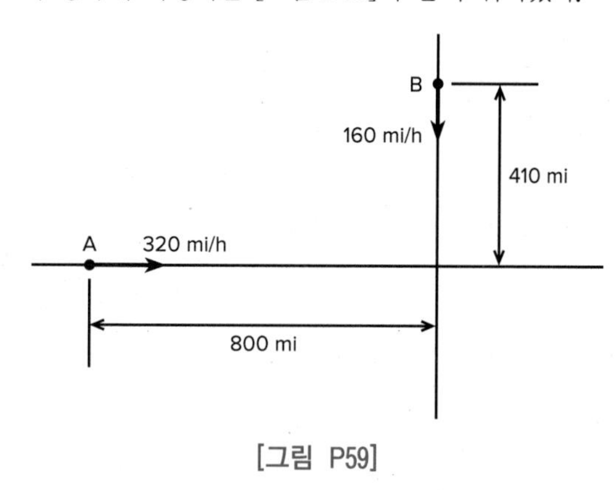

[그림 P59]

a. 시간의 함수로서 비행기 사이의 거리 D에 대한 식을 구하라. D가 최소값을 갖기까지 시간에 따르는 D의 그래프를 그려라.

b. `roots` 함수를 사용하여 비행기가 처음으로 서로 30mi 이내로 들어올 때의 시간을 계산하라.

60. 함수

$$y = \frac{3x^2 - 12x + 20}{x^2 - 7x + 10}$$

은 $x \to 2$와 $x \to 5$일 때 ∞로 접근한다. $0 \le x \le 7$의 범위에서 이 함수의 그래프를 그려라. y축에 대한 적절한 범위를 선택하라.

61. 다음 공식은 공학자들이 비행기 날개(airfoil)의 양력과 항력을 예측하기 위하여 보편적으로 사용하는 식이다.

$$L = \frac{1}{2}\rho C_L S V^2$$
$$D = \frac{1}{2}\rho C_D S V^2$$

여기에서 L과 D는 양력과 항력이고, V는 공기 속도, S는 날개폭, ρ는 공기밀도 그리고 C_L과 C_D는 각각 양력과 항력계수이다. C_L과 C_D는 비행기 날개의 익현과 상대 공기 속도의 사이각인 영각 α의 영향을 받는다.

특정한 비행기 날개에 대한 풍동 실험으로부터 다음 식

$$C_L = 4.47 \times 10^{-5}\alpha^3 + 1.15 \times 10^{-3}\alpha^2 + 6.66 \times 10^{-2}\alpha + 1.02 \times 10^{-1}$$
$$C_D = 5.75 \times 10^{-6}\alpha^3 + 5.09 \times 10^{-4}\alpha^2 + 1.8 \times 10^{-4}\alpha + 1.25 \times 10^{-2}$$

을 유도하였으며, 여기에서 α의 단위는 각도이다.

$0 \leqq V \leqq 150$ mi/hr에서 이 날개의 양력과 항력의 그래프를 V에 관하여 그려라. (V를 ft/sec로 반드시 변환하여야 한다. 5,280ft/mi이 존재한다.) $\rho = 0.002378$ slug/ ft^3, $\alpha = 10^\circ$, $S = 36$ ft의 값을 사용한다. L 및 D의 단위는 파운드이다.

62. 양력과 항력의 비(lift-to-drag ratio)는 날개의 효율을 나타낸다. [문제 61]을 참조하면, 양력과 항력에 대한 방정식은 다음과 같다.

$$L = \frac{1}{2}\rho C_L S V^2$$
$$D = \frac{1}{2}\rho C_D S V^2$$

특정한 날개에서 받음각(angle of attack) α에 대한 양력과 항력 계수는

$$C_L = 4.47\times10^{-5}\alpha^3 + 1.15\times10^{-3}\alpha^2 + 6.66\times10^{-2}\alpha + 1.02\times10^{-1}$$
$$C_D = 5.75\times10^{-6}\alpha^3 + 5.09\times10^{-4}\alpha^2 + 1.8\times10^{-4}\alpha + 1.25\times10^{-2}$$

과 같이 주어진다. 처음 두 식을 이용하여, 양력과 항력의 비는 단순히 계수의 비 C_L/C_D가 된다.

$$\frac{L}{D} = \frac{\frac{1}{2}\rho C_L S V^2}{\frac{1}{2}\rho C_D S V^2} = \frac{C_L}{C_D}$$

$-2^\circ \le \alpha \le 22^\circ$에 대하여 α에 대한 L/D의 그래프를 그려라. L/D이 최대가 되는 받음각(영각)을 결정하라.

63. 초기 속도 v_0, 수평면에 대하여 각도 A로 발사된 발사체의 xy 궤적은 $x(0)=y(0)=0$일 때, 아래 방정식들로 기술된다.

$$x = (v_0 \cos A)t \qquad y = (v_0 \sin A)t - \frac{1}{2}gt^2$$

$v_0=70$ m/s, $A=45^\circ$, $g=9.81$ m/s^2 값을 이용한다. 발사체의 충돌 시간 t_{hit}(발사체가 $y=0$인 지표면에 닿는 데 걸리는 시간)은 모른다는 점에 주의한다.

a. 위의 y 방정식을 $y=0$에 대해 풀어서 t_{hit}을 구하는 MATLAB 프로그램을 작성하라.
b. (a)에서 만든 프로그램을 확장하여 발사체가 특정 높이 y_d에 도달하는지 여부를 결정하고 그 위치에 도달하는 시간을 구하라. y 방정식에서 $y=y_d$로 설정하여 풀어라. 발사체가 100미터에 도달하는가? 200미터에 도달하는가? 각 경우에 걸리는 시간은 얼마인가?

2.6 절

64. a. 셀 인덱싱과 내용 인덱싱을 모두 이용하여 다음의 2×2 셀 배열을 생성하라.

모터 28C	테스트 ID 6
$\begin{bmatrix} 3 & 9 \\ 7 & 2 \end{bmatrix}$	[6 5 1]

b. 이 배열에서 셀 (2, 1)에서 원소 (1, 1)의 내용은 무엇인가?

65. 길이가 L, 반경이 r 및 거리 d만큼 분리되어 있고, 공기로 채워진 두 개의 평행한 도체의 정전 용량은 다음

$$C = \frac{\pi \epsilon L}{\ln[(d-r)/r]}$$

과 같이 주어진다. 여기에서 ϵ는 공기의 유전율 ($\epsilon = 8.854 \times 10^{-12}$ F/m) 이라고 한다. d=0.003, 0.004, 0.005 및 0.01 m, L=1, 2, 3 m, r=0.001, 0.002, 0.003 m일 때, d에 대하여 도체의 정전용량 값의 셀 배열을 생성하라. d=0.005, L=2, r=0.001일 때, MATLAB을 사용하여 정전용량 값을 결정하라.

2.7 절

66. a. SI 단위계와 British 단위계 사이에서의 질량, 힘 및 거리단위를 변환하기 위한 변환 계수(conversion factor)를 포함하는 구조체 배열을 생성하라.

b. 배열을 사용하여 다음을 계산하라.

- 70피트는 몇 미터인가?
- 150미터는 몇 피트인가?
- 48뉴턴(N)는 몇 파운드(lb)인가?
- 17파운드(lb)는 몇 뉴턴(N)인가?
- 15slugs는 몇 kg인가?
- 40kg은 몇 slugs인가?

67. 어떤 마을에 있는 다리에 대한 정보(다리의 위치, 최대 하중(톤), 건설연도, 유지기한)를 포함하고 있는 구조체 배열을 생성하라. 그리고 다음의 데이터를 배열 안으로 입력하라.

위치	최대 하중	건설연도	유지기한(년)
Smith St.	80	1928	2025
Hope Ave.	90	1950	2027
Clark St.	85	1933	2024
North Rd.	100	1960	2023

68. [문제 67]에서 생성한 구조체 배열 요소 중 Clark St. 다리의 유지기간을 2024년에서 2026년으로 수정하라.

69. 다음의 다리 정보를 [문제 67]에서 생성한 구조체 배열에 추가하라.

위치	최대 하중	건설연도	유지기한(년)
Shore Rd.	85	1997	2022

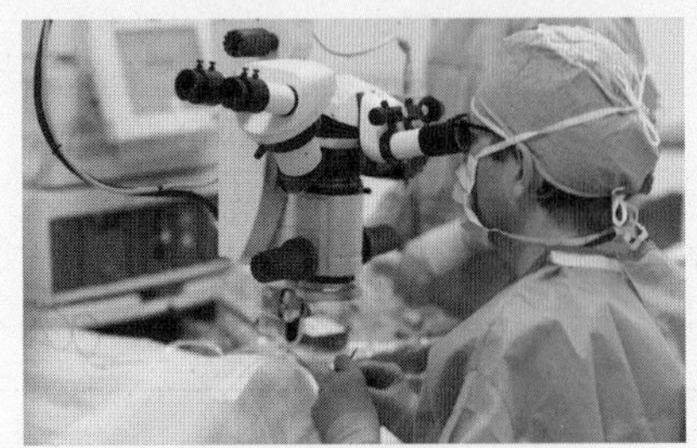
출처: ERproductions Ltd/Blend Images

21세기의 공학
로봇 현미경 수술 (Robot-Assisted Microsurgery)

의학 분야에서의 많은 발전은 실제로 공학 분야의 업적이며, 이 영역에서 많은 공학자들이 필요하게 될 것이다.

로봇 보조 수술은 이제 고관절 및 무릎 대치 수술에 주로 사용된다. 이런 수술의 도전 과제 중 하나는 인공 관절을 적절하게 정렬하는 것이다. 환자의 엉덩이나 무릎에 관한 CAT 스캔은 환자의 해부학적 구조 모델을 생성하는 데 사용된다. 센서들이 수술 중 환자의 자세에 관한 정보를 제공해 주며, 이 정보는 기하학적 모델과 비교할 때, 외과 의사가 관절을 올바르게 정렬할 수 있도록 한다. 또한 로봇 팔의 컨트롤러는 의사가 원하는 영역 밖을 절단하는 것을 방지한다.

로봇 보조 수술은 전립선 수술과 같이 정확하고 안정된 동작을 필요로 하는 일부 어플리케이션에서는 이미 흔하며, 이런 수술에서 로봇은 인간 외과 의사의 손에 흔히 나타나는 떨림을 걸러낸다. 다음 단계는 햅틱 피드백이나 촉감을 개발하는 것으로, 이런 것들은 외과 의사가 간접적으로 수술하는 조직을 느낄 수 있게 한다. 햅틱 피드백은 의사가 원격으로 수술 로봇을 조종하는 원격 수술에 중요하다. 이 기술은 원격 지역에 의료 서비스를 제공할 수 있다.

수술 시뮬레이터는 3D 그래픽 및 모션 센서를 사용하여 환자, 사체 또는 동물의 도움 없이 외과 의사를 교육하는 절차를 시뮬레이션한다. 이것들은 눈과 손의 조화와 2차원 화면을 가이드로 사용하여 3차원 동작을 수행하는 기술의 개발에 가장 적합하다.

이런 장치를 고안하려면 기하 해석, 제어 시스템 설계, 영상처리를 필요로 한다. MATLAB Image Processing 툴박스와 제어 시스템 설계를 다루는 여러 MATLAB 툴박스들은 이런 응용 분야에 유용하다.

CHAPTER

함수

03

MATLAB은 삼각함수, 로그 함수, 지수함수, 및 hyperbolic 함수를 포함하는 많은 내장 함수 뿐만 아니라, 배열을 처리하기 위한 함수를 갖고 있다. 이 함수들은 3.1절에 요약된다. 이외에도, 함수 파일로 자신의 함수를 정의할 수 있으며, 그것들을 내장 함수처럼 편리하게 사용할 수 있다. 3.2절에서 이런 기법을 설명한다. 3.3절은 함수 핸들(handle), 익명(anonymous) 함수, 부함수와 중첩(nested) 함수를 포함하는, 함수 프로그램에서 추가적인 주제를 다룬다. 데이터 파일과 스프레드시트 파일은 MATLAB에서 유용하다. 그런 파일의 입출력에 대해서는 3.4절에서 다룬다.

3.1절과 3.2절은 필수적인 주제를 포함하며, 그래서 반드시 다루어져야 한다. 3.3절의 내용은 큰 프로그램을 생성하는 데 유용하다. 3.4절의 내용은 큰 데이터 집합이나 스프레드시트를 다루어야 하는 독자에게 유용하다.

3.1 수학적 기본 함수

응용에 적절한 함수를 찾기 위해 `lookfor` 명령을 사용할 수 있다. 예를 들어, 허수를 다루는 함수의 목록을 얻기 위하여 `lookfor imaginary`를 입력한다. 결과를 보면

```
imag        - Complex imaginary part.
i           - Imaginary unit.
j           - Imaginary unit.
```

와 같다. imaginary는 MATLAB 함수는 아니지만, 이 단어는 MATLAB 함수 imag와 특수기호 i, j의 도움말 설명에서 발견할 수 있다. lookfor imaginary를 입력하면, 그들의 이름과 간단한 설명이 나온다. 만약 MATLAB 함수의 정확한 철자를 알면, 예를 들어, disp라면, 이 함수의 설명을 얻기 위해 help disp를 입력한다.

sqrt와 sin과 같은 몇 가지 함수는 내장되어 있다. 이런 함수들은 M-파일은 아닌, 이미지 파일로 저장되어 있다. 이들은 MATLAB 코어의 일부분이며, 그래서 매우 효율적이지만, 계산적으로 상세한 정보는 접근할 수 없다. 일부 함수들은 M-파일로 구현되었다. 권장하지는 않지만, 이 함수에 대해서는 코드를 볼 수 있고 원한다면 수정할 수도 있다.

지수와 로그함수

[표 3.1-1]에는 일반적인 수학 함수의 일부를 요약하였다. 한 예가 제곱근을 구하는 sqrt함수이다. $\sqrt{9}$를 계산하기 위해, 명령 라인에서 sqrt(9)를 입력한다. Enter↵을 누르면, 결과 ans = 3을 볼 수 있다. 변수를 가진 함수를 사용할 수도 있다. 예를 들어, 세션

```
>>x = -9; y = sqrt(x)
y =
  0 + 3.0000i
```

를 고려한다. sqrt 함수는 양의 근만 출력하며, 그래서 sqrt(4)는 2를 반환하고 −2는 반환하지 않는다는 것을 주목한다.

MATLAB의 장점 중의 하나가 벡터화된 함수들을 다룰 수 있다는 것이며. 이것은 함수의 입력 변수가 벡터가 될 수 있다는 것이다. 예를 들어, 만일 x = [4, 9, 16]이라면, sqrt(x)는 벡터 [2, 3, 4]를 반환한다. 일부 MATLAB 함수들은 입력 변수가 벡터로만 제한되지 않으며, 일반적인 배열이 될 수 있다. 예를 들어, 만일 A = [4, 9, 16; 25, 36, 49]라면, sqrt(A)라고 입력하면 행렬 [2, 3, 4; 5, 6, 7]을 반환한다. sqrt 함수는 양의 근만을 반환한다는 것을 주의한다.

MATLAB의 장점 중의 하나가 배열을 자동적으로 하나의 변수 취급한다는 것이다. 예를 들어, 5, 7, 15의 제곱근을 계산하기 위하여 다음과 같이 입력한다.

[표 3.1-1] 몇 가지 일반적인 수학 함수들

지수함수	
exp(x)	지수함수: e^x
sqrt(x)	제곱근: $\sqrt{x}$
로그함수	
log(x)	자연로그: $\ln x$
log10(x)	상용(밑수 10) 로그: $\log x = \log_{10} x$
복소수	
abs(x)	절대값: $\|x\|$
angle(x)	복소수의 x의 각도
conj(x)	켤레복소수
imag(x)	복소수 x의 허수부
real(x)	복소수 x의 실수부
반올림, 반내림, 올림, 내림	
ceil(x)	∞ 에 가까운 정수로 올림
fix(x)	0에 가까운 정수로 내림
floor(x)	$-\infty$ 에 가장 가까운 정수로 내림한다.
round(x)	가장 가까운 정수로 반올림한다.
sign(x)	Signum 함수 $x > 0$ 이면 +1; $x = 0$ 이면 0; $x < 0$ 이면 -1

```
>>x = [5, 7, 15]; y = sqrt(x)
y =
  2.2361  2.6358  3.8730
```

제곱근 함수는 배열 x의 모든 원소에 작용한다.

유사하게, exp(2)를 입력하면 $e^2 = 7.3891$을 얻으며, 여기서 e는 자연로그의 밑수이다. exp(1)을 입력하면 e값인 2.7183을 준다. 수학 교재에서는 $\ln x$는 자연로그를 표시하는데, $\ln e = 1$이므로, 여기에서 $x = e^y$는

$$\ln x = \ln(e^y) = y \ln e = y$$

를 의미한다. 하지만 이 표기법은 MATLAB에서는 허용되지 않으며, $\ln x$를 나타내기 위하

여 `log(x)`를 사용한다.

상용로그(밑수 10)는 책에서는 $\log x$ 또는 $\log_{10}x$로 표시된다. 이것은 $\log_{10}10=1$이므로, $x=10^y$의 관계, 즉,

$$\log_{10}x=\log_{10}10^y=y\log_{10}10=y$$

에 의해 정의되었다. MATLAB의 상용 로그함수는 `log10(x)`이다. 흔히 하는 실수는 `log10(x)` 대신에 `log(x)`를 입력하는 것이다.

다른 일반적인 오류는 곱의 배열 연산자 `.*`를 사용하지 않는 것이다. MATLAB 식 `y = exp(x).*log(x)`에서 연산자 `.*`가 필요하며, 그 이유는 `x`가 배열이면 `exp(x)`와 `log(x)` 둘 다 배열이기 때문이다.

복소수 함수

1장에서는 MATLAB이 어떻게 쉽게 복소수 연산을 하는가를 설명하였다. 직교 좌표계에서 $a+bi$는 xy 평면에서 한 점을 나타낸다. 이 수의 실수부 a는 x좌표이고, 허수부 b는 y좌표이다. 극 좌표계에서는 빗변의 길이인, 원점으로부터 거리 M과 빗변이 양의 실수축과 이루는 각도 θ를 사용한다. 쌍 $(M,\ \theta)$는 이 점의 극좌표이다. 피타고라스 정리로부터, 빗변의 길이는 $M=\sqrt{a^2+b^2}$으로 주어지며, 이것은 이 수의 크기(magnitude)라고 불린다. 각도 θ는 직각삼각형의 삼각함수로부터 구할 수 있다. 이 값은 $\theta=\arctan(b/a)$이다.

직교 좌표계에서는 복소수의 덧셈과 뺄셈을 손으로 구하기는 쉽다. 그러나 극좌표계에서는 손으로 복소수의 곱셈과 나눗셈을 계산하는데 쉽게 하도록 해준다. MATLAB에서는 복소수를 직교 좌표계를 이용하여 입력해야 하며, 답도 같은 형태로 주어진다. 극좌표계로부터 직교 좌표계의 식은 다음과 같이 얻을 수 있다.

$$a=M\cos\theta \qquad b=M\sin\theta$$

MATLAB의 `abs(x)`와 `angle(x)` 함수는 복소수 x의 크기 M과 각 θ를 계산한다. 함수 `real(x)`와 `imag(x)`는 x의 실수부와 허수부를 계산한다. 함수 `conj(x)`는 x의 켤레복소수를 계산한다.

두 복소수 x와 y의 곱 z의 크기는 각각의 크기의 곱 $|z|=|x||y|$와 같다. 곱의 각도는 각각의 각도들의 합과 같다. $\angle z=\angle x+\angle y$. 이 사실은 다음과 같이 증명된다.

```
>>x = -3 + 4i; y = 6 - 8i;
>>mag_x = abs(x)
mag_x =
  5.0000
>>mag_y = abs(y)
mag_y =
  10.0000
>>mag_product = abs(x*y)
  50.0000
>>angle_x = angle(x)
angle_x =
  2.2143
>>angle_y = angle(y)
angle_y =
  -0.9273
>>sum_angles = angle_x + angle_y
sum_angles =
  1.2870
>>angle_product = angle(x*y)
angle_product =
  1.2870
```

유사하게, 나눗셈에 대하여 만약 $z = x/y$ 이면 $|z| = |x| / |y|$이고, $\angle z = \angle x - \angle y$ 이다.

x가 실수값들의 벡터이면, abs(x)는 벡터의 기하학적인 길이를 주지 않는다는 것을 주의한다. 이 길이는 norm(x)로 주어진다. x가 2차원의 기하학적 벡터를 나타내는 복소수라면, abs(x)는 기하학적 길이를 준다.

수치 함수

일부 함수들은 표로 정리하기 어려운 확장된 구문들을 갖는다. 이런 함수의 한 예가 round 함수이다. round 함수는 가장 가까운 정수로 반올림한다. x = [2.3, 2.6, 3.9]일 때, round(x)를 입력하면 2, 3, 4의 결과가 나온다. 기본 구문 round(x)에 더하여 몇 개의 옵션이 존재한다. 숫자를 지정한 수의 십자리 수나 또는 유효자리로 반올림할 수 있다. 양의 정수 n에 대하여, 구문 round(x, n)은 소숫점 아래 n개의 자리수로 반올림한다. 만일 n이 0이라면, x는 가장 가까운 정수로 반올림된다. 만일 n이 0보다 작으면, x는 소숫점 왼쪽으로 반올림된다. 숫자 n은 반드시 스칼라 정수이어야 한다.

n개의 유효숫자로 반올림하고자 하면 round(x, n, 'significant')를 입력한다. 예를 들어, round(pi)는 3을 반환한다. round(pi, 3)은 3.1420을, round(pi, 3, 'significant')는 3.1400을, round(13.47, -1)은 10을 반환한다.

fix 함수는 0에 가까운 근접한 정수로 만든다. 만일 x = [2.3, 2.6, 3.9]이고, fix(x)를 입력하면 결과로 2, 2, 3을 반환한다. ceil 함수는('천장(ceil)'을 의미한다) ∞ 방향으로 가장 가까운 정수로 반올림한다. ceil(x)를 입력하면 3, 3, 4를 출력한다.

y = [-2.6, -2.3, 5.7]이라고 가정한다. floor 함수는 $-\infty$쪽으로 가장 가까운 정수로 내림한다. floor(y)를 입력하면 −3, −3, 5라는 결과를 준다. fix(y)를 입력하면 −2, −2, 5라고 답한다. abs 함수는 절대값을 계산한다. 그래서 abs(y)는 2.6, 2.3, 5.7이다.

이해력 테스트 문제

T3.1–1 몇몇 x와 y값에 대해서 $\ln(xy) = \ln x + \ln y$ 임을 확인하라.

T3.1–2 숫자 $\sqrt{2+6i}$ 의 크기, 각도, 실수부와 허수부를 구하라. (답: 크기= 2.5149, 각도 = 0.6245rad, 실수부 = 2.0402, 허수부 = 1.4705이다.)

함수의 입력변수의 정확한 지정

책에서 수학식을 쓸 때, 식을 읽기 쉽게 하기 위하여 소괄호 ( ), 대괄호 [ ]와 중괄호 { }를 사용하며, 이들의 사용에 제약이 없다. 예를 들어, 책에서는 sin 2라고 쓸 수 있다. 그러나 MATLAB에서는 2(이것을 입력 변수 또는 파라미터라고 한다)를 둘러싼 괄호가 필요하다. 그래서 MATLAB에서 sin 2를 계산하기 위하여, sin(2)를 입력한다. MATLAB 함수명 다음에는 입력 변수를 둘러싼 소괄호쌍이 반드시 나와야 한다. 책에서는 배열 x의 두 번째 원소의 사인(sine)이라고 표현하기 위해서 sin[x(2)]라 쓴다. 그러나 MATLAB에서는 이런 식으로 대괄호나 중괄호를 사용할 수 없으며, 반드시 sin(x(2))라고 입력해야 한다.

입력 변수로서 다른 함수와 식 또한 포함할 수 있다. 예를 들어, x가 배열이라고 하면, $\sin(x^2+5)$를 계산하기 위하여 sin(x.^2 + 5)를 입력한다. $\sin(\sqrt{x}+1)$을 계산하기 위하여 sin(sqrt(x) + 1)을 입력한다. 이와 같은 식을 입력할 때는 우선순위와 괄호의 수와 위치를 확인해야 한다. 모든 좌측 괄호는 오른쪽 괄호를 필요로 한다. 하지만 이 조건은 식이 정확하다는 것을 보장하지는 않는다!

다른 보편적인 실수는 $\sin^2 x$와 같은 식이 포함되며, 이 식은 $(\sin x)^2$을 의미한다.

MATLAB에서 만일 x가 스칼라라면, 이 식은 (sin(x))^2으로 쓰며, sin^2(x), sin^2x 또는 sin(x^2)와 같이 쓰지 않는다! 만일 x가 배열이라면 반드시 (sin(x)).^2이라고 적어야 한다.

삼각함수

보편적으로 사용되는 또 다른 함수에는 cos(x), tan(x), sec(x)와 csc(x)가 있으며, 이들은 각각 $\cos x$, $\tan x$, $\sec x$, $\csc x$를 나타낸다. [표 3.1-2]는 라디안 모드에서 동작하는 MATLAB 삼각함수의 목록이다. 이와 같이 sin(5)는 5°의 사인이 아닌, 5rad의 사인 값을 계산한다. 마찬가지로, 삼각함수의 역도 라디안으로 해를 준다. 각도 모드에서 동작하는 함수들은 이름에 d를 붙인다. 예를 들어, sind(x)는 x를 각도 값으로 받는다. 역사인을 라디안으로 계산하기 위해서는 asin(x)라 입력한다. 예를 들어, asin(1)은 답으로 $\pi/2$인 1.5708rad을 주며, 반면에 asind(0.5)는 30도를 돌려준다. MATLAB에서는 sin(x)^(-1)은 $\sin^{-1}(x)$의 값을 주지 않는다. $1/\sin(x)$의 값을 준다는 것을 주의한다.

[표 3.1-2] 삼각함수

삼각함수*	
cos(x)	코사인: $\cos x$
cot(x)	코탄젠트: $\cot x$
csc(x)	코시컨트: $\csc x$
sec(x)	시컨트: $\sec x$
sin(x)	사인: $\sin x$
tan(x)	탄젠트: $\tan x$
역삼각함수†	
acos(x)	역 코사인: $\arccos x = \cos^{-1}$
acot(x)	역 코탄젠트: $\mathrm{arccot}\, x = \cot^{-1} x$
acsc(x)	역 코시컨트: $\mathrm{arccsc}\, x = \csc^{-1} x$
asec(x)	역 시컨트: $\mathrm{arcsec}\, x = \sec^{-1} x$
asin(x)	역 사인: $\arcsin x = \sin^{-1} x$
atan(x)	역 탄젠트: $\arctan x = \tan^{-1} x$
atan2(y, x)	4-사분면 역 탄젠트

*이 함수들은 x를 라디안 값으로 받는다.

†이 함수들은 라디안 값으로 출력한다.

MATLAB은 두 개의 역 탄젠트 함수를 갖는다. atan(x) 함수는 $\arctan(x)$ – 아크 탄젠트 또는 역 탄젠트 – 를 계산하며, $-\pi/2$에서부터 $\pi/2$까지의 값을 준다. 또 다른 맞는 답은 반대 사분면에 존재하는 각도이다. 사용자는 정확한 답을 선택할 수 있어야 한다. 예를 들어, atan(1)은 0.7854rad의 답을 주며, 이것은 $45°$에 대응된다. 이와 같이 $\tan 45° = 1$이다. 하지만 또한 $\tan(45° + 180°) = \tan 225° = 1$이다. 이와 같이, $\arctan(1) = 225°$ 또한 맞다.

MATLAB은 역 탄젠트 값을 명확하게 결정하기 위하여 atan2(y, x)와 atan2d(y, x)를 제공한다. 여기에서 x, y는 점의 좌표이다. 이 함수들에 의하여 계산되는 각도는 양의 실수축과 원점(0, 0)으로부터 점 (x, y)까지의 직선 사이의 각도이다. 예를 들어, 점 $x=1$, $y=-1$은 $-45°$ 또는 -0.7854 rad을 나타내며, 점 $x=-1$, $y=1$은 $135°$ 또는 2.3562rad을 나타낸다. atan2d(-1, 1) 함수를 입력하면 $-45°$를 반환하며, 반면에 atan2d(1, -1)을 입력하면 $135°$를 준다. 이 함수들은 2개의 입력 변수를 갖는 함수의 예이다. 이와 같은 함수에서 입력 변수의 순서는 중요하다.

이해력 테스트 문제

T3.1–3 x의 여러 값에 대하여 $e^{ix} = \cos x + i \sin x$ 임을 확인하라.
T3.1–4 범위 $0 \leqq x \leqq 2\pi$에 있는 여러 x값에 대하여 $\sin^{-1}x + \cos^{-1}x = \pi/2$ 임을 확인하라.
T3.1–5 범위 $0 \leqq x \leqq 2\pi$에 있는 여러 x값에 대하여 $\tan(2x) = 2\tan x/(1 - \tan^2 x)$ 임을 확인하라.

하이퍼볼릭 함수

하이퍼볼릭(hyperbolic) 함수는 공학해석에서 몇 가지 일반적인 문제들의 해이다. 예를 들면, 두 개의 지지점에 매달린 케이블의 모양을 나타내는 현수선(catenary) 곡선은 하이퍼볼릭 코사인, $\cosh x$의 항으로 나타나며, 다음과 같이 정의된다.

$$\cosh x = \frac{e^x + e^{-x}}{2}$$

하이퍼볼릭 사인, $\sinh x$는 다음과 같이 정의된다.

$$\sinh x = \frac{e^x - e^{-x}}{2}$$

역 하이퍼볼릭 사인, $\sinh^{-1}x$는 $\sinh y = x$를 만족하는 y값이다.

몇 가지 다른 하이퍼볼릭 함수가 정의되었다. [표 3.1-3]은 이 하이퍼볼릭 함수와 이들을 계산하기 위한 MATLAB 명령들의 목록이다.

[표 3.1-3] 하이퍼볼릭 함수

하이퍼볼릭 함수	
cosh(x)	하이퍼볼릭 코사인: $\cosh x = (e^x + e^{-x})/2$
coth(x)	하이퍼볼릭 코탄젠트: $\cosh x / \sinh x$
csch(x)	하이퍼볼릭 코시컨트: $1/\sinh x$
sech(x)	하이퍼볼릭 시컨트: $1/\cosh x$
sinh(x)	하이퍼볼릭 사인: $\sinh x = (e^x - e^{-x})/2$
tanh(x)	하이퍼볼릭 탄젠트: $\sinh x / \cosh x$
역 하이퍼볼릭 함수	
acosh(x)	역 하이퍼볼릭 코사인
acoth(x)	역 하이퍼볼릭 코탄젠트
acsch(x)	역 하이퍼볼릭 코시컨트
asech(x)	역 하이퍼볼릭 시컨트
asinh(x)	역 하이퍼볼릭 사인
atanh(x)	역 하이퍼볼릭 탄젠트

이해력 테스트 문제

T3.1-6 $0 \leq x \leq 5$ 범위에 있는 여러 x값에 대하여, $\sin(ix) = i\sinh(x)$임을 확인하라.

T3.1-7 $-10 \leq x \leq 10$ 범위에서 여러 x값에 대하여, $\sinh^{-1}x = \ln(x + \sqrt{x^2 + 1})$임을 확인하라.

3.2 사용자 정의 함수

또 다른 형태의 M 파일은 함수 파일이다. 스크립트 파일과 달리, 함수 파일에 있는 모든 변수는 로컬(local) 변수이고, 함수 내에서만 변수 값을 사용할 수 있다는 것을 의미한다. 일련의 명령을 수차례 반복해야 할 때 함수 파일은 유용하다. 이들은 큰 프로그램의 구성요소이다.

함수 파일을 생성하려면, 1장에서 설명한 것과 같이 툴스트립의 **홈** 탭에서 **새로 만들기**를 선택하여 편집기를 열지만, **스크립트**를 선택하는 대신 **함수**를 선택한다. 함수 파일을 생성하기 위한 디폴트 편집기 화면은 [그림 3.2-1]에 보인 것과 같이 나타난다. 함수 파일의 첫 번째 줄은 입력과 출력의 목록으로 구성된 함수 정의문으로 시작해야 한다. 이 함수 정의문은 함수 M-파일과 스크립트 M-파일을 구분한다. 구문은 다음과 같다.

```
function [출력 변수들] = function_name(입력 변수들)
```

출력 변수는 값들이 입력 변수들의 주어진 값들을 이용하여, 함수에 의하여 계산되는 변수들이다. 출력 변수는 대괄호로 둘러싸여 있는 반면(이것은 변수가 하나일 때는 선택적이다), 입력 변수는 소괄호로 둘러싸여 있어야만 한다는 점을 주목한다. function_name은 반드시 저장한 파일(.m 확장자를 갖는 파일) 이름과 같아야 한다. 즉, 만일 함수 이름을 drop이라고 한다면 drop.m 파일에 저장해야만 한다. 이 함수는 명령 줄에 그 이름을 입력함으로써 호출된다(예를 들면 drop). 함수 정의문에 있는 function이라는 단어는 반드시 소문자를 사용해야 한다. 함수의 이름을 짓기 전에 exist 함수를 이용하여 또 다른 함수가 같은 이름을 갖고 있는지를 확인할 수 있다.

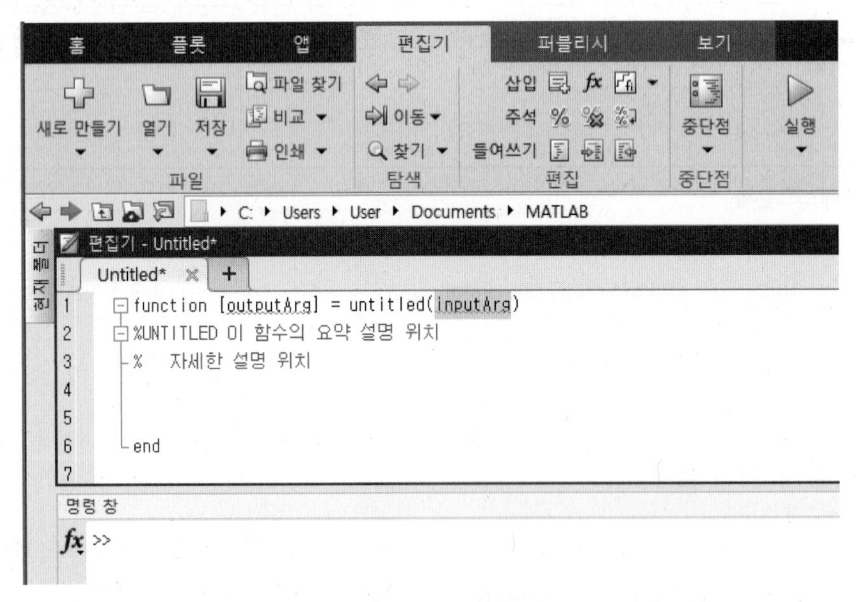

[그림 3.2-1] 새로운 함수를 생성할 때의 디폴트 편집기 창(출처: MATLAB)

함수를 종료하기 위해 end 문을 사용하는 것은 선택적인 경우도 있지만, 경우에 따라(3.3절 참조) 필요하기 때문에, 항상 포함시키는 것이 좋다.

특정한 함수를 위하여 정보를 입력함으로서 디폴트 함수 창을 편집할 수 있으며, 그러면 다른 M-파일처럼 저장한다.

[그림 3.2-2]는 함수가 생성된 후의 편집기를 보여준다. 명령창은 함수를 실행한 결과를 보여주며, 이것은 후에 짧게 설명할 것이다.

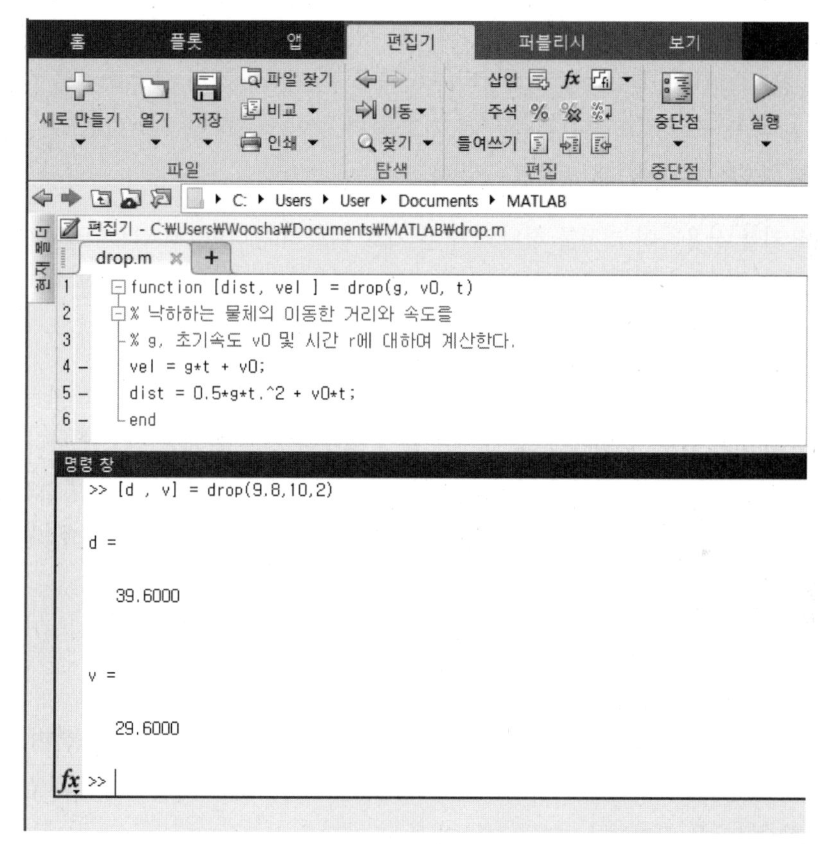

[그림 3.2-2] 함수가 생성된 이후의 편집기. 명령창은 함수를 실행한 결과를 보인다(출처: MATLAB)

편집기의 유용한 기능들

MATLAB을 주로 계산기로 사용하지 않는 한, 명령 창에서 모든 유형의 함수를 작성할 수 없으므로, 편집기를 자주 사용하게 된다. 1장에서 편집기의 기본 기능에 대해 간략하게 논의했고, 이제 유용한 기능에 대해 더 자세히 설명한다.

편집기는 다양한 용도로 색상을 사용하며, 여기에 설명된 디폴트 색상은 홈 탭의 환경 카테고리의 기본 설정에서 변경할 수 있다. 새로운 함수를 만들기 위하여 편집기를 열면, function 키워드는 파란색으로 표시되고 주석은 녹색으로 표시된다. 일반적으로, 스크립트를 생성하거나 함수를 생성하거나 관계없이 키워드는 파란색으로 표시되고 주석은 녹색으로 표시된다. 이 기능을 구문 강조라고 한다.

편집기는 구분 기호(delimiter)의 일치를 이용하여 소괄호, 대괄호 및 중괄호와 같이 일치하지 않는 구분 기호를 나타내어, 구문 오류를 피할 수 있게 도와준다. 좌측 구분 기호를 입력하면 MATLAB은 빨간색으로 해당되는 우측 구분 기호에 잠시 강조 표시를 하고 밑줄을 긋는다. 좌측 구분 기호보다 우측 구분 기호를 더 많이 입력하면, MATLAB은 일치하지 않는 구분 기호에 빨간색으로 밑줄을 긋는다.

화살표 키를 사용하여 커서를 하나의 구분 기호 위로 이동하면, MATLAB은 짝이 되는 구분 기호에 잠시 밑줄을 긋는다. 해당되는 구분 기호가 없으면, MATLAB은 일치하지 않는 구분 기호에 빨간색으로 밑줄을 긋는다.

현재 파일에서 변수 또는 함수를 찾고 바꾸는 가장 쉬운 방법은 자동 강조 표시 기능을 사용하는 것이다. 변수 및 함수 강조 표시는 특정 함수나 변수에 대한 참조만 나타내며, 주석과 같은 다른 항목은 표시하지 않는다. 변수 위로 커서를 이동하면, 해당 변수가 발생된 모든 곳에 청록색으로 강조 표시된다. 보다 상세한 찾기 및 바꾸기 기능은 탐색 카테고리에서 사용할 수 있다. 이 기능들은 이후 장에서 유용할 고급 기능을 갖고 있다.

몇 가지 간단한 함수의 예

함수는 그들 자체의 작업공간 안에서 변수(일명 로컬(local) 변수)로 작용하며, 이것은 MATLAB 명령 프롬프트에서 액세스하는 작업공간과는 분리되어 있다. 다음과 같은 사용자 정의 함수 fun을 고려한다.

```
function z = fun(x,y)
u = 3*x;
z = u + 6*y.^2;
end
```

배열지수 연산자 (.^)를 사용했다는 것을 주목한다. 이것은 함수가 y를 배열로 받을 수 있도록 해준다. 또한 u와 z를 계산하는 문장의 끝에 세미콜론을 붙였다는 것에 주목한다. 이것은 이들 값이 함수가 호출될 때 디스플레이 되는 것을 방지한다. 만일 어떤 이유로 이들이 디스플레이되는 것을 원하면, 세미콜론을 없애면 되지만, 이것은 보통 그렇지 않다. 보통 작업공간에 어떤 변수들이 이용 가능한지를 제어하기를 원한다. 이것에 대한 이유는 이 장의 뒤에서 논의한다.

이제 명령창에서 여러 가지 방법으로 이 함수를 호출할 때 어떤 일이 일어나는가를 보기로 한다. 함수를 출력 변수로서 호출한다.

```
>>x = 3; y = 7;
>>z = fun(x, y)
z =
  303
```

함수는 z를 계산하기 위해 x = 3과 y = 7을 사용한다. 다음과 같이, 변수 값을 직접 함수 호출에 넣을 수도 있다.

```
>>z = fun(3,7)
z =
  303
```

출력 변수 없이 함수를 호출하여 그 값을 액세스해보기로 한다. 그러면 다음의 에러 메시지를 보게 된다.

```
>> clear z, fun(3,7)
ans =
  303
>> z
'z'은(는) 정의되지 않은 함수 또는 변수입니다.
```

다음과 같이, 출력 변수를 다른 변수로 할당해볼 수도 있다.

```
>> q = fun(3, 7)
q =
  303
```

함수 호출 후에 세미콜론을 넣어 출력을 보이지 않게 할 수 있다. 예를 들어, q = fun(3, 7);을 입력하면, 값 q는 계산되지만 화면에 표시되지 않는다.

변수 x와 y는 함수 fun에 대해 로컬 변수이다. 따라서 첫 번째 예에서와 같이 값들을 할당하지 않으면, 이 값들은 함수 밖의 작업공간에서는 사용할 수 없다. 변수 u 또한 함수에 대해 로컬 변수이다. 예를 들어,

```
>> x = 3; y = 7; q = fun(x, y);
>> u
   'u'은(는) 정의되지 않은 함수 또는 변수입니다.
```

이것을

```
>> q = fun(3,7);
>> x
   'x'은(는) 정의되지 않은 함수 또는 변수입니다.
>> y
   'y'은(는) 정의되지 않은 함수 또는 변수입니다.
```

와 비교한다. 입력 변수의 이름이 아니라 순서가 중요하다.

```
>>a = 7; b = 3;
>>z = fun(b,a) % 이 문장은 z = fun(3,7)와 같다.
z =
  303
```

y.^2에서 한 것과 같이, 함수 내에서 배열 연산을 허용하였다면 배열을 입력 변수로 사용할 수도 있다.

```
>>r = fun( [2:4] , [7:9])
r =
  300  393  498
```

함수는 하나 이상의 출력을 가질 수 있다. 이것은 대괄호 안에 둘러싸여 있다. 예를 들어, 반경이 입력 변수로 주어졌을 때, 함수 circle은 원의 면적 A와 원주 C를 계산한다.

```
function [A, C] = circle(r)
  A = pi*r.^2;
  C = 2*pi*r;
end
```

만일 $r=4$ 라면, 함수는 다음과 같이 호출된다.

```
>>[A, C] = circle(4)
A =
  50.2655
C =
  25.1327
```

함수는 입력 변수도 없고, 출력 변수도 없을 수도 있다. 예를 들어, 다음의 사용자 정의 함수 show_date는 날짜를 계산하여 변수 today에 저장하고, today 값을 보인다.

```
function show_date
  today = date
end
```

대괄호도, 소괄호도 또는 등호도 필요하지 않다. 이 함수를 사용하는 세션은 다음과 같다.

```
>>show_date
today =
  13-Nov-2016
```

이해력 테스트 문제

T3.2-1 변의 길이가 L인 정육면체의 표면적 A와 부피 V를 계산하는, cube라는 이름의 함수를 생성하라. (이 이름의 파일이 이미 존재하는지 체크하는 것을 잊지 않는다.) 테스트 케이스: $L=10$, $A=600$, $V=1,000$

T3.2-2 높이가 h이고 반경이 r인 원뿔의 부피 V를 계산하는 cone이라는 이름의 함수를 생성하라. (이 이름으로 다른 파일이 이미 존재하는지 확인하는 것을 잊지 않는다.) 이 부피는

$$V=\pi r^2 \frac{h}{3}$$

으로 주어진다. 테스트 케이스: $h=30$, $r=5$, $V=785.3982$

함수문의 변형들

다음의 예는 함수문의 형식으로 사용할 수 있는 변형을 보여준다. 차이점은 출력이 하나도 없거나, 하나 있거나, 또는 여러 개인가에 따라 달라진다.

함수 정의문	파일명
1. function [area_square] = square(side);	square.m
2. function area_square = square(side);	square.m
3. function volume_box = box(height, width, length);	box.m
4. function [area_circle, circumf] = circle(radius);	circle.m
5. function sqplot(side);	sqplot.m

예문 1은 하나의 입력과 하나의 출력을 갖는 함수이다. 단 하나만의 출력이 있을 때 대괄호는 꼭 필요하지는 않다(예문 2). 예문 3은 하나의 출력과 세 개의 입력을 갖는다. 예문 4는 두 개의 출력과 하나의 입력을 갖는다. 예문 5는 출력 변수가 없다(예를 들어, 함수 show_date나 또는 그래프를 그리는 함수이다). 이러한 경우는 등호를 생략할 수 있다.

% 기호로 시작하는 주석문은 함수 파일에 어디든지 둘 수 있다. 하지만 함수에 대한 정보를 얻기 위해서 help를 사용한다면, MATLAB은 함수 정의문부터 첫 번째 빈 줄 또는 첫 번째 실행 라인까지 모든 주석의 내용을 즉시 보여준다.

예문 1부터 예문 4까지와 같이, 출력 변수를 명확하게 지정하였거나, 또는 어떤 출력 변수도 지정하지 않았거나에 상관없이 내장 함수와 사용자 정의 함수를 호출할 수 있다. 예를 들어, 예문 2에서 출력 변수 area_square에 대해서 관심이 없다면, 함수 square를 square(side)로 호출할 수 있다(이 함수는 그래프를 그리는 것과 같이, 뭔가 원하는 다른 어떤 연산을 수행할 수 있다). 함수 호출 명령의 끝에 세미콜론을 생략하면, 출력 변수 목록의 첫 번째 변수가 출력된다는 점을 주목한다.

함수 호출의 변형

drop이라고 불리는 다음 함수는 낙하하는 물체의 속도와 낙하 거리를 계산한다. 입력 변수는 가속도 g, 초기 속도 v_0, 그리고 경과 시간 t이다. 배열인 함수 입력을 포함하는 연산에 대해서는 반드시 원소-대-원소 연산을 이용해야 한다는 점을 주목한다. 여기서 t는 배열이 될 거라고 기대하며, 그래서 원소-대-원소 연산자(.^)를 사용한다.

```
function [dist, vel] = drop(g, v0, t) ;
% 낙하하는 물체의 낙하거리와 속도를
% g와 초기속도 v0, 시간 t의 함수로 계산한다.
vel = g*t + v0;
```

```
dist = 0.5*g*t.^2 + v0*t;
end
```

다음의 예에서는 함수 drop을 호출하는 여러 가지 방법을 보여준다.

1. 함수 정의에 사용된 변수 이름은 함수가 호출될 때 사용될 수 있지만, 꼭 사용되어야 할 필요는 없다.

   ```
   a = 32.2;
   initial_speed = 10;
   time = 5;
   [feet_dropped, speed] = drop(a, initial_speed, time)
   ```

2. 함수를 호출하기 전에 함수 밖에서 입력 변수에 값을 지정하지 않아도 된다.

   ```
   [feet_dropped, speed] = drop(32.2, 10, 5)
   ```

3. 입력과 출력은 배열이 되어도 된다.

   ```
   [feet_dropped, speed] = drop(32.2, 10, 0:1:5)
   ```

이 함수를 호출하면 배열 feet_dropped와 speed를 만들고, 각각은 배열 0 : 1 : 5에 있는 여섯 개의 시간 값에 대응하는 여섯 개의 값을 갖는다.

거리나 속력 또는 둘 다의 그래프를 그리기 위하여 함수를 이용할 수도 있다. 예를 들어, 물체가 $t=0$에서 속도 4m/s로 수직 위로 던져졌다고 가정한다. 이 경우, g는 9.81, v0는 −4이다. 2초 동안에 수직 강하한 거리의 그래프를 그리기 위하여 다음과 같이 입력한다.

```
t = 0:0.001:2;
[meters_dropped, speed] = drop(9.81, -4, t);
plot(t, meters_dropped)
```

로컬(local) 변수

함수 정의문에 주어진 입력 변수의 이름은 그 함수에서의 로컬(local) 변수이다. 이것은 함수가 호출될 때 다른 변수 이름을 사용해도 된다는 것을 의미한다. 함수 내의 변수는 함수 실행이 종료되면, 함수 호출에 사용된 출력 변수 목록에 이름을 가진 변수는 제외하고, 모두 지워진다.

예를 들어, 프로그램에서 drop 함수를 사용할 때, 함수 호출 전에 dist 변수에 값을 할당할 수 있고, 호출문의 출력 목록에 그 이름이 사용되지 않기 때문에 호출 후에도 이 값은 변하지 않는다(변수 feet_dropped는 dist의 자리에 사용되었다). 이것이 함수에서 함수의 변수가 '로컬'이라는 것을 의미한다. 이런 특성은 호출하는 프로그램이 다른 계산에서 같은 이름의 변수를 사용했는지에 대해서 고민하지 않고, 우리의 선택에 따라 변수를 사용하여 일반적으로 유용한 프로그램을 작성할 수 있도록 해준다. 이것은 함수 파일이 '휴대성'이 있으며, 다른 프로그램에서 사용될 때마다 매번 다시 작성할 필요가 없다는 것을 의미한다.

편집기는 함수 파일에 있는 오류의 위치를 찾는 데 유용할 수 있다. 함수에서의 실행시간 오류는 어느 위치에서 오류가 발생했는지 찾는 것이 어려우며, 그 이유는 오류가 발생하면 MATLAB의 기본 작업 공간으로 되돌아가도록 하여 함수의 로컬 작업공간을 잃어버리기 때문이다. 편집기는 함수의 작업공간에 액세스할 수 있도록 해주고, 값을 변경할 수 있게 해준다. 또한 한 번에 몇 개의 줄을 실행할 수 있게 해주고, 특정한 위치에서 실행이 임시로 멈추도록, 중단점(breakpoint)을 지정할 수도 있게 해준다. 이 교재에서 열거한 응용들은 십중팔구 편집기의 이 기능들을 사용할 필요는 없으며, 이것들은 매우 큰 프로그램에 주로 유용하게 활용된다. 보다 상세한 정보는 이 책의 4장을 참조한다.

전역(Global) 변수

global 명령은 어떤 변수들을 전역으로 선언하고, 따라서 그들의 값은 기본 작업공간과 이 변수들을 전역으로 선언한 다른 함수들에서 사용 가능하다. 변수 A, X와 Q를 선언하기 위한 구문은 global A X Q이다. 변수들을 분리하기 위하여, 콤마가 아닌 빈칸(스페이스)을 사용한다. 어떤 함수 또는 기본 작업공간에서 이런 변수들에 할당을 하면, 이들 변수를 전역으로 선언한 모든 다른 함수에서도 사용할 수 있다. global 문을 처음 선언하였을 때, 만약 전역 변수가 존재하지 않는다면, 이것은 빈 행렬로 초기화된다. 전역변수와 동일한 이름의 변수가 현재의 작업공간에 이미 존재하면, MATLAB은 경고를 나타내고, 전역에 맞게 변수의 값을 바꾼다.

사용자 정의 함수에서는 전역 명령을 첫 번째 실행 가능한 줄에 만든다. 호출하는 프로그램에 같은 선언문을 놓는다. 전역 변수를 쉽게 인식하도록, 변수명을 대문자로 하고 긴 이름을 사용하는 것이 관습적이지만 꼭 필요한 것은 아니다.

전역 변수를 선언하거나 선언하지 않거나 하는 결정은 항상 명확하지는 않다. 전역 변수를 사용하는 것을 피하는 것을 권장한다. 이런 것들은 3.3절에서 논의하는 것과 같이, 익명 함수 또는 중첩(nested) 함수를 이용하여 종종 해결할 수 있다.

영속 변수들(Persistent variables)

함수에서는 로컬 변수로 값은 함수 출력을 통해 전달되지 않지만, 그 변수의 값을 유지하고자 하는 응용(아마도 많지는 않음)이 있을 수 있다. 이런 변수들은 persistent 함수를 사용하여 persistent로 선언할 수 있다. 즉, 해당 값은 해당 함수에 대한 호출 간에 메모리에 유지된다. 구문 persistent x y는 x와 y를 영속 변수로 정의하며 함수 내에 배치한다. persistent 명령에는 함수 형식이 없으므로, 변수 이름을 나타내기 위해 소괄호나 따옴표를 사용할 수 없다. 만일 이 명령문을 변수가 생성되기 전에 넣으면, 빈 행렬로 초기화된다.

영속 변수는 영속 변수가 선언된 함수 안에서만 알 수 있기 때문에 전역 변수와 다르다. 이것은 이 값들은 다른 함수나 MATLAB 명령 줄에서 변경할 수 없음을 의미한다. clear 함수를 사용하면 함수뿐만 아니라 변수를 지울 수 있다. 메모리에 있는 함수를 지우거나 수정할 때마다 해당 함수에 의해 선언된 모든 영속 변수들도 또한 지워진다. 이를 방지하려면 mlock 함수를 사용한다. 변수를 영속으로 선언하고 같은 이름의 변수가 현재 작업 공간에 존재하면, 오류 메시지가 나타난다.

함수 핸들(Function Handle)

함수 핸들은 주어진 함수를 참조하는 한 방법이다. MATLAB 6.0에서 처음 소개되어, 함수 핸들은 널리 이용하게 되었으며, MATLAB의 문서 전반에 걸쳐 예제에서 자주 나온다. 어떤 함수든지 함수 핸들의 생성은 함수 이름 앞에 부호 @을 사용하여 생성할 수 있다. 원한다면 핸들 이름을 명명할 수 있으며, 함수를 참조하기 위하여 핸들을 사용할 수도 있다.

예를 들어, $y=x+2e^{-x}-3$을 계산하는 다음의 사용자 정의 함수를 고려한다.

```
function y = f1(x)
  y = x + 2*exp(-x) - 3;
end
```

이 함수의 핸들을 생성하기 위하여 핸들에 fh1으로 명명하고, fh1 = @f1이라고 입력한다.

함수의 함수

몇 가지 MATLAB 명령은 함수에 작용한다. 이들 명령들은 함수의 함수(function functions)라고 불린다. 작용하고 있는 함수가 단순한 함수가 아니라면, M-파일 안에서 함수를 정의하는 것이 편리하다. 함수 핸들을 이용하여 함수를 호출하는 함수로 전달할 수 있다.

함수의 영점을 구하는 문제 fzero 함수를 이용하여, x로 표시되는 하나의 변수로 된 함수의 영점을 구할 수 있다. 기본 구문은

```
fzero(@function, x0)
```

이며, @function은 함수 핸들, x0는 영점에 대한 사용자의 예측값이다. fzero 함수는 x0에 가까운 x의 값을 준다. 함수는 단지 x 축에 닿는 점이 아니라, 축을 교차하는 점들만을 구한다. 예를 들어, fzero(@cos, 2)는 $x=1.5708$ 값을 준다. 또 다른 예로, $y=x^2$ 은 $x=0$ 에서 x축에 접하는 포물선이다. 하지만 이 함수는 x축을 끊지 않으므로, 영점은 찾지 못한다.

함수 fzero(@function, x0)는 만일 x0가 스칼라이면, x0에 가까운 function의 영점을 찾고자 노력한다. fzero에 의하여 돌려받는 값은 function의 부호가 바뀌는 점 근처의 값이거나 또는 찾지 못했을 때는 NaN이다. 이 경우, Inf, NaN 또는 복소수가 발견될 때까지 (fzero는 복소수 영점을 구할 수 없다) 찾는 구간이 확장되면, 찾는 것은 종료된다. 만약 x0가 2개의 원소를 갖는 벡터라면, fzero는 x0가 function(x0(1))의 부호와 function(x0(2))의 부호가 다른 구간이라고 가정한다. 이것이 만족이 안 되면, 에러가 발생한다. 이런 구간을 갖고 fzero를 호출하면, fzero는 function의 부호가 변화하는 점 근처의 값을 찾아준다는 것을 보장한다. 함수의 그래프를 먼저 그리는 것이 벡터 x0에 대한 값을 얻기 위한 좋은 방법이다. 함수가 불연속이라면, fzero는 영점 대신 불연속점을 찾아줄 수도 있다. 예를 들어, x = fzero(@tan, 1)은 tan(x)의 불연속점인 x = 1.5708을 찾아준다.

함수는 하나 이상의 영점을 가질 수 있으며, 따라서 먼저 함수의 그래프를 그리고 다음에 fzero를 이용하여 그래프에서 읽어서 구한 값보다 정확한 해를 구하는 것이 도움이 된다. [그림 3.2-3]은 함수 $y=x+2e^{-x}-3$ 의 그래프이며, 이 함수는 $x=-0.5$ 근처에 하나, $x=3$ 근처에 하나씩 2개의 영점을 갖는다. $x=-0.5$ 근처의 영점을 구하기 위하여, 이미 생성한 바 있는 함수 파일 f1을 이용하여 x = fzero(@f1, -0.5)를 입력한다. 답은 $x=-0.5831$ 이다. $x=3$ 근처의 영점을 구하기 위해서는 x = fzero(@f1, 3)을 입력한다. 해는 $x=2.8887$ 이다.

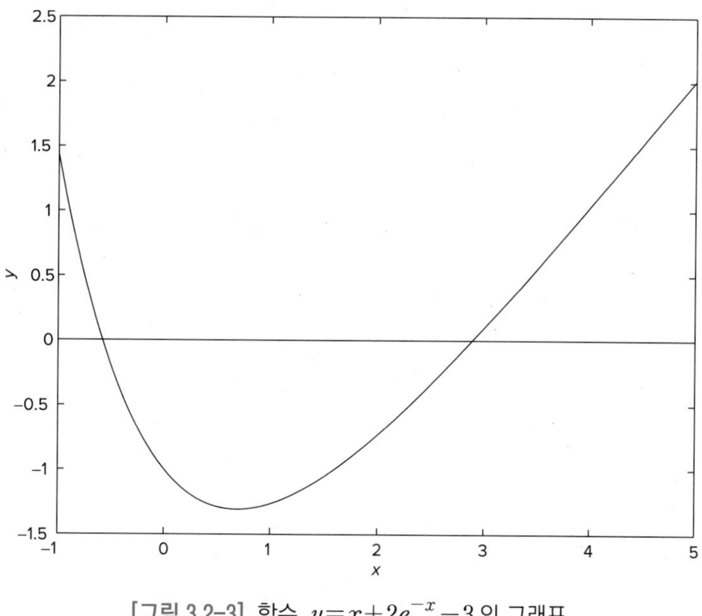

[그림 3.2-3] 함수 $y=x+2e^{-x}-3$ 의 그래프

구문 `fzero(@f1, -0.5)`는 예전의 구문 `fzero('f1', -0.5)`보다 선호된다.

한 변수 함수의 최소화 fminbnd 함수는 x로 나타내지는 하나의 변수를 갖고 있는 함수의 최소값을 찾는다. 기본 구문은

```
fminbnd(@function, x1, x2)
```

이며, 여기에서 @function은 함수 핸들이다. fminbnd 함수는 구간 x1 ≤ x ≤ x2 범위에서 함수를 최소화하는 x 값을 찾아준다. 예를 들어, `fminbnd (@cos, 0, 4)`는 $x=3.1416$을 계산해 준다. 만일 함수 g를 최대화하기를 원하면, 함수 `f = -g`를 최소화하여 해를 구할 수 있다.

하지만 이 함수를 이용하여 보다 복잡한 함수의 최소값을 구하고자 한다면, 함수 파일 안에서 함수를 정의하는 것이 편리하다. 예를 들어 $y=1-xe^{-x}$라면, 다음의 함수 파일을 정의한다.

```
function y = f2(x)
y = 1 - x. * exp(-x);
end
```

$0 \leqq x \leqq 5$에서 y를 최소화하는 x 값을 구하기 위하여, `x = fminbnd (@f2, 0, 5)`를 입력한다. 답은 $x=1$이다. y의 최소값을 구하기 위해서 `y = f2(x)`를 입력한다. 결과는 `y = 0.6321`이다. 이 명령 대신 대체구문 `[x, fval] = fminbnd(@f2, 0, 5)`를 사용할 수 있다. 함수값 0.632가 `fval`에 디스플레이된다.

최소화 기법을 사용할 때마다, 해가 진정한 최소인지를 확인해야 한다. 예를 들어, 다항식 $y=0.025x^5-0.0625x^4-0.333x^3+x^2$을 본다. 이 함수의 그래프는 [그림 3.2-4]에 보였다. 함수는 구간 $-1<x<4$ 사이에서 두 개의 최소점을 갖는다. 이 함수는 계곡형이며 가장 낮은 점은 $x=0$에서 최소값보다 크기 때문에, $x=3$ 근처의 최소값은 상대적인 혹은 로컬 최소값이라고 부른다. $x=0$에서의 최소값은 진정한 최소값이고 이를 전역 최소값이라고 부른다. 먼저 함수 파일을 생성한다.

```
function y = f3(x)
y = polyval([ 0.025, -0.0625, -0.333, 1, 0, 0], x);
end
```

구간 $-1 \leqq x \leqq 4$를 지정하기 위하여, `x = fminbnd(@f3, -1, 4)`를 입력한다. MATLAB은 `x = 2.0438e-006`을 답으로 주는데, 실질적으로 0이고 진정한 최소점이다. 구간을 $0.1 \leqq x \leqq 2.5$로 제한한다면 MATLAB은 `x = 0.1001`이라는 답을 주며, 이 값은 구간 $0.1 \leqq x \leqq 2.5$에서 y의 최소값에 해당되는 것이다. 그래서 지정된 범위에 최소값이 포함되지 않으면, 진짜 최소점을 구하지 못한다.

또한, `fminbnd`는 잘못된 답을 줄 수도 있다. 구간을 $1 \leqq x \leqq 4$로 지정한다면, MATLAB (R2021a)에서는 그래프에서 계곡에 대응하는 `x = 2.8236`을 답으로 계산해 주지만, 구간 $1 \leqq x \leqq 4$에서 최소점은 아니다. 이 범위에서 최소점은 경계인 $x=1$에 있다. `fminbnd`의 계산 절차는 먼저 기울기가 0이 되는 최소점을 찾는다. 실질적으로 `fminbnd` 함수를 가장 잘 사용하는 방법은, 함수의 그래프를 그리는 것과 같이, 다른 방법으로 최소값의 대략의 위치를 구하고, 다음으로 정확한 위치를 구하는 데 이 함수를 이용하는 것이다.

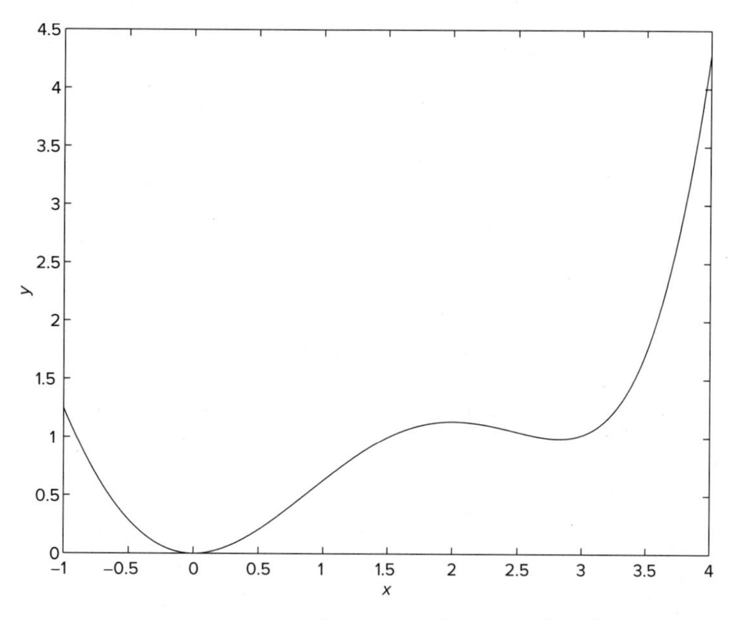

[그림 3.2-4] 함수 $y=0.025x^5-0.0625x^4-0.333x^3+x^2$ 의 그래프

예제 3.2-1 급수탑의 최소비용 설계

어떤 물탱크가 반지름이 r이고 높이가 h인 원통형 부분과 반구형 상단으로 구성된다. 탱크는 채워졌을 때 600m³를 담을 수 있도록 제작되어야 한다. 탱크의 원통형 부분을 구성하는 데 드는 비용은 표면적 1제곱미터당 $450이다. 반구형 부품의 비용은 제곱미터당 $550이다. 비용이 가장 적게 드는 반경을 계산하고 해당 높이 h를 계산하라.

풀이

원통형 부분의 표면적은 $A_1=(2\pi r)h$ 이며, 부피는 $V_1=(\pi r^2)h$ 이다. 반구형의 표면적은 $A_2=2\pi r^2$ 으로 주어지며, 부피는 $V_2=2\pi r^3/3$ 으로 주어진다.

주어진 정보로부터 비용 C는

$$C=900\pi rh+1100\pi r^2$$

이 된다. 전체 부피는 $V=V_1+V_2$ 또는

$$V=\pi r^2 h+\frac{2\pi r^3}{3}$$

이며, $V=600$ 으로 주어졌을 때, 높이 h를 구해야 한다.

$$h = \frac{V - \frac{2\pi r^3}{3}}{\pi r^2}$$

다음으로 높이와 비용을 계산하기 위하여 함수를 생성해야 한다. 이 함수들은

```
function h = height(V, r)
h = (V-2*pi*r.^3/3)./(pi*r.^2);
end

function cost = tower(r)
h = height(600,r);
cost = 900*pi*r.*h+1100*pi*r.^2;
end
```

비용을 최소화하는 반경을 구하기 위하여 fminbnd 함수를 사용한다. 반경은 명백히 양수이어야 하고 100m보다는 적을 것으로 추측할 수 있다. 세션은

```
>>optimum_r = fminbnd(@tower,0,100)
optimum_r =
5.5601
>>min_cost = tower(optimum_r)
min_cost =
1.4568e+005
>>optimum_h = height(600,optimum_r)
optimum_h =
6.5898
```

이다. 이와 같이 최적의 반경은 5.5601m이며, 최적의 높이는 6.5898m이고, 최소 비용은 $145,680이다.

다변수 함수의 최소화 하나 이상의 변수를 갖는 함수의 최소값을 구하기 위하여 fminsearch 함수를 이용한다. 기본 구문은

```
fminsearch(@function, x0)
```

이고, @function은 함수 핸들이다. 벡터 x0는 사용자에 의해서 제공되어야 하는 예측값이다. 예를 들어, 함수 $f = xe^{-x^2-y^2}$를 이용하기 위하여, 먼저 M-파일로 정의하고, 원소가

x(1) = x 및 x(2) = y인 벡터 x를 이용한다.

```
function f = f4(x)
f = x(1).* exp(-x(1).^2 - x(2).^2);
end
```

최소값이 $x=y=0$ 근처에 있다고 가정한다. 세션은

```
>>fminsearch(@f4, [0, 0])
ans =
  -0.7071 0.000
```

이 된다. 그래서 최소는 $x=-0.7071$, $y=0$ 에서 발생한다.

fminsearch 함수는, 특히 불연속점들이 해 근방에서 발생하지 않는다면, 불연속성을 다룰 수 있다. fminsearch 함수는 로컬 해만을 줄 수 있으며, 이것은 단지 실수 값만을 최소화한다. 즉, x는 반드시 실변수로 구성되어야만 하고, function은 실수만을 돌려주어야 한다. x가 복소수값을 가질 때, 이 변수들은 실수부와 허수부로 분리되어야 한다.

함수가 연속적이고 최소값이 하나만 있는 경우가 아니라면 fminbnd 또는 fminsearch로 구한 해는 반드시 전역 최소값이 아니라는 점을 기억한다. 전역 최소값을 검색하려면, fminbnd를 사용하여 여러 구간에서 최소화를 시작하거나 또는 fminsearch를 사용하여 여러 시작점에서 최소화를 시작한다.

[표 3.2-1]은 fminbnd, fminsearch 및 fzero 명령의 기본 구문을 요약한 것이다.

이런 함수들은 여기에 기술하지 않은 확장된 구문을 갖는다. 이런 형식으로 종료하기 전에 사용되어야 할 단계의 수뿐만 아니라, 해에 대하여 요구되는 정확도도 지정할 수 있다. 이 함수에 대하여 좀 더 알고 싶으면, help 기능을 이용한다.

[표 3.2-1] 최소화 및 근을 구하는 함수

함수	설명
fminbnd(@function, x1, x2)	x1≤x≤x2 구간에서 핸들 @function에 의하여 기술되는 단변수 함수의 최소값 x를 계산해 준다.
fminsearch(@function, x0)	시작 벡터 x0을 이용하여, 핸들 @function에 의하여 기술된 다변수 함수의 최소값을 구한다.
fzero(@function, x0)	시작값 x0을 이용하여, 핸들 @function에 의하여 기술된 단변수 함수의 영점을 구한다.

예제 3.2-2 관개 수로의 최적화

[그림 3.2-5]는 관개 수로의 단면도이다. 사전 분석에 의하면 요구되는 물의 흐름을 만족시키기 위하여 수로의 단면적이 $100\ \mathrm{ft}^2$ 가 되어야 한다. 수로를 내기 위해 사용되는 콘크리트의 비용이 최소가 되도록 하기 위하여, 수로 둘레의 길이를 최소로 만들고자 한다. 이 길이를 최소가 되도록 하는 d, b 및 θ의 값을 구하라.

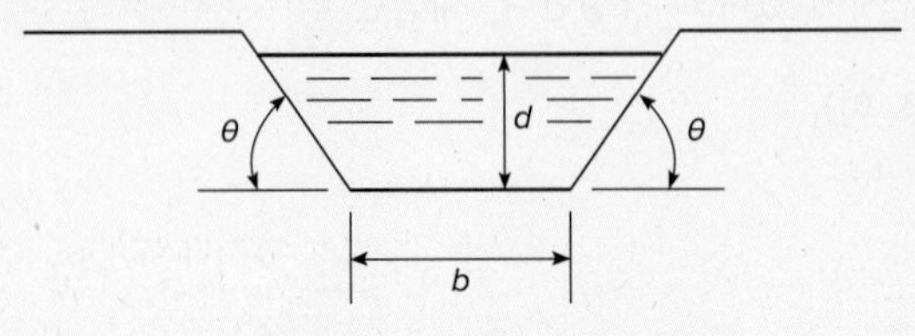

[그림 3.2-5] 관개수로의 단면

풀이

둘레의 길이 L은 바닥 길이 b, 깊이 d, 그리고 각도 θ에 의하여 다음과 같이 쓸 수 있다.

$$L = b + \frac{2d}{\sin\theta}$$

사다리꼴 단면적의 면적은

$$100 = db + \frac{d^2}{\tan\theta}$$

이다. 선택될 변수는 b, d 및 θ이다. 두 번째 방정식을 b에 대하여 풀면 변수의 수를 줄일 수 있다.

$$b = \frac{1}{d}\left(100 - \frac{d^2}{\tan\theta}\right)$$

이 식을 L에 대한 방정식에 대입한다. 결과는

$$L = \frac{100}{d} - \frac{d}{\tan\theta} + \frac{2d}{\sin\theta}$$

이다. 이제 L이 최소가 되도록 하는 d와 θ를 구해야 한다.

먼저 둘레 길이에 대한 함수 파일을 정의한다. 벡터 x는 $[d \;\; \theta]$라고 둔다.

```
function L = channel(x)
  L = 100./x(1) - x(1)./tan(x(2)) + 2*x(1)./sin(x(2));
end
```

다음으로 fminsearch 함수를 이용한다. $d=20$ 및 $\theta=1\text{rad}$이라는 초기 예측값을 이용하면, 세션은 다음과 같다.

```
>>x = fminsearch(@channel, [20, 1])
x =
  7.5984  1.0472
```

따라서 최소 둘레의 길이는 $d=7.5984\text{ft}$와 $\theta=1.0472\,\text{radian}$ 또는 $\theta=60^\circ$이다. 다른 예측값 $d=1$, $\theta=0.1$을 이용해도 같은 답이 나온다. 이들 값에 대응하는 바닥 길이 b는 $b=8.7738$이다.

하지만 초기 예측값 $d=20$, $\theta=0.1$을 이용하면, 물리적으로 의미가 없는 $d=-781$, $\theta=3.1416$이라는 결과를 얻는다. 초기 예측값 $d=1$, $\theta=1.5$도 물리적으로 의미가 없는 $d=3.6058$, $\theta=-3.1416$의 결과를 얻는다.

L에 대한 방정식은 두 변수 d, θ의 함수이고, L을 3차원 좌표계에서 d와 θ에 대해서 그리면 함수값은 면을 형성한다. 이 면은 여러개의 봉우리와 골, 그리고 최소화 기법을 무력하게 하는 안장점(saddle point)이라 불리는 굴곡을 가질 것이다. 해 벡터에 대한 초기 예측값이 달라지면 다른 골짜기에서 최소화 기법을 사용하게 될 수 있고, 따라서 다른 결과가 나올 수도 있다. 여러 개의 골짜기를 찾기 위하여 5장에서 다루는 면 그래프 함수를 이용하거나, 또는 물리적으로 실현 가능한 범위, 말하자면 $0<d<30$과 $0<\theta<\pi/2$에서 많은 초기값을 사용할 수도 있다. 물리적으로 의미가 있는 답이 모두 같다면, 구한 최소값에 대해서 충분히 확신을 할 수 있다.

이해력 테스트 문제

T3.2-3 방정식 $e^{-0.2x}\sin(x+2)=0.1$은 구간 $0<x<10$에서 세 개의 해를 갖는다. 이들 해를 구하라. (답: x = 1.0187, 4.5334, 7.0066)

T3.2-4 함수 $y=1+e^{-0.2x}\sin(x+2)$는 구간 $0<x<10$에서 두 개의 최소점을 갖는다. 각 최소점에서 x와 y의 값을 구하라. (답: $(x,y)=(2.5150,\ 0.4070)$, $(9.0001,\ 0.8347)$)

T3.2-5 [그림 3.2-5]에서 보인 수로에서 면적을 $200\ \text{ft}^2$으로 유지하면서, 수로의 단면 길이를 최소화하기 위한 깊이 d와 각도 θ를 구하라. (답: $d=10.7457\text{ft}$, $\theta=60^\circ$)

3.3 추가적인 함수 형태

함수 핸들 외에, 익명(anonymous) 함수, 부함수, 중첩(nested) 함수, 프라이빗(private) 함수는 MATLAB의 다른 형태의 사용자-생성된 함수들이다. 이 절은 이런 함수들의 기본 특징에 대하여 다룬다. 이것은 보다 진보된 주제이기 때문에 크고 복잡한 프로그램을 만들지 않는 한, 이 함수 유형을 사용할 필요는 없을 것이다. 이 책의 나머지 부분은 이 주제에 대한 지식과는 연관성이 없다.

함수 호출을 위한 방법

함수를 실행하도록 하거나 호출하는 방법에는 4가지가 있다. 이것은

1. 적절한 함수 M-파일을 정의하는 문자열로서
2. 함수 핸들으로서
3. "inline" 함수 객체로서
4. 문자열 식으로서

이 방법들의 예로, $y=x^2-4$를 계산하는 사용자 정의 함수 fun1과 함께 사용된 fzero 함수를 이용한다.

1. 적절한 함수 M-파일을 정의하는 문자열로서, M-파일은

```
function y = fun1(x)
y = x.^2 - 4;
end
```

이다. 범위 $0 \leq x \leq 3$에서 영점을 계산하기 위하여, 다음과 같이 함수를 호출할 수 있다.

```
>> x = fzero('funl', [0, 3])
```

2. 기존의 함수 M-파일에 대한 함수 핸들로서는

```
>> x = fzero(@funl, [0, 3])
```

3. "inline" 함수 객체로서

```
>>fun1 = 'x.^2 - 4';
>>fun_inline = inline(fun1);
>>x = fzero(fun_inline, [0, 3])
```

4. 문자열 식으로서

```
>>fun1 = 'x.^2 - 4';
>>x = fzero(fun1, [0, 3])
또는
>> x = fzero('x.^2 - 4', [0, 3])
```

두 번째 방법은 MATLAB 6.0 이전에는 사용할 수 없었으며, 이제는 첫 번째 방법보다 선호한다. 세 번째 방법은 이 교재에서는 언급되지 않으며, 첫 두 가지 방법보다는 느리기 때문이다. 세 번째와 네 번째 방법은 둘 다 inline 함수를 이용하기 때문에 동등하다. 단지 차이점은 네 번째 방법에서 MATLAB은 fzero의 첫 번째 입력 변수는 문자열 변수이고, 문자열 변수를 inline 함수객체로 변환하기 위하여 inline을 호출한다. 함수 핸들 방법(방법 2)은 가장 빠른 방법이며, 방법 1은 그 다음이다.

속도 향상 이외에 함수 핸들을 사용하는 또 다른 이점은 부함수를 액세스할 수 있다는 것이며, 이것은 보통 정의하는 M-파일 밖에서는 보이지 않는다. 이것에 대해서는 이 절의 뒷부분에서 다시 한 번 다룬다.

함수의 형태

이 시점에서 MATLAB에서 지원하는 함수의 형태를 복습하는 것이 도움이 될 것으로 생각된다. MATLAB은 clear, sin과 plot과 같은 M파일이 아닌 내장 함수를 제공하며, 또한 mean 함수와 같은 M-파일인 함수도 몇몇 제공한다. 여기에 더하여, 다음과 같은 형태의 사용자 정의 함수도 MATLAB에서 생성될 수 있다.

- 주 함수(primary function)는 M-파일에서 첫 번째 함수이며, 전형적으로 주프로그램을 포함한다. 같은 파일 안에서 주함수 다음에는, 주함수에 대해 서브루틴의 역할을 할 수 있는 부함수가 얼마든지 올 수 있다. 보통 주함수는 MATLAB 명령 라인이나 다른 M-파일 함수로부터 부를 수 있는 M-파일에서는 유일한 함수이다. 그것이 정의된 곳에서 M-파일의 이름을 사용하여 이 함수를 부를 수 있다. 정상적으로 함수와 그 파일에 같은 이름을 사용하지만, 만일 함수의 이름이 파일의 이름과 다르면, 함수를 시작하기 위한 파일 이름을 사용해야 한다.
- 익명(Anonymous) 함수는 M-파일을 생성시킬 필요 없이, 단순한 함수를 생성할 수 있게 해준다. MATLAB 명령 라인 또는 다른 함수 안에서 또는 스크립트로부터 익명 함수를 만들 수 있다. 그래서 익명 함수는 파일을 생성하거나, 명명하거나, 저장할 필요 없

이, 임의의 MATLAB 식으로부터 함수를 만드는 빠른 방법을 제공한다.

- 부함수(Subfunction)는 주함수 안에 위치하며, 주함수에 의하여 호출된다. 하나의 주함수 M-파일 안에서 여러 개의 함수를 사용할 수 있다.
- 중첩(Nested) 함수는 다른 함수 안에서 정의된 함수이다. 이들은 프로그램의 가독성을 높여주며 또한 M-파일 안에 있는 변수에 보다 유연하게 액세스할 수 있게 해준다. 중첩(Nested) 함수와 부함수의 차이는, 부함수는 주함수 파일 밖에서는 정상적으로 액세스할 수 없다.
- Overloaded 함수는 다른 형태의 입력 변수에 대해 다르게 응답하는 함수이다. 객체-지향적 언어에서 overloaded 함수와 유사하다. 예를 들어, overloaded 함수는 정수 입력을 실수(double) 클래스 입력과 다르게 처리하도록 생성될 수 있다.
- 프라이빗(private) 함수는 함수에 대하여 액세스를 제한하게 한다. 이 함수들은 부모 디렉토리에 있는 M-파일 함수로부터만 호출될 수 있다.

익명(Anonymous) 함수

익명 함수는 M-파일을 생성할 필요 없이 간단한 함수를 생성할 수 있게 해준다. MATLAB 명령 라인에서 또는 다른 함수나 스크립트 안에서 익명 함수를 만들 수 있다. 식으로부터 익명 함수를 생성하는 구문은 다음과 같다.

```
fhandle = @(arglist) expr
```

여기에서 arglist는 함수로 넘겨지는 콤마로 구분된 입력 변수의 목록이며, expr은 하나의 유효한 MATLAB 식이다. 이 구문은 함수 핸들 fhandle을 생성하는데, 이것은 함수를 실행할 수 있게 해준다. 이 구문은 다른 함수 핸들을 생성하기 위해 사용되는 fhandle = @functionname과 다르다. 핸들은 호출에서 익명 함수를 다른 함수로, 다른 어떤 함수 핸들과 같은 방법으로 넘겨주는 데 유용하다.

예를 들어, 어떤 수의 제곱을 계산하기 위해 sq라고 부르는 간단한 함수를 생성하기 위하여, 다음을 입력한다.

```
sq = @(x) x.^2;
```

가독성을 높이기 위하여 sq = @(x)(x.^2)처럼 식을 괄호로 둘러싸도 좋다. 함수를 실행하기 위해 함수 핸들의 이름을 입력하고, 다음 괄호 안에 입력변수를 넣어 입력한다. 예를 들면,

```
>>sq(5)
ans =
  25
>>sq([5, 7])
ans =
  25  49
```

sq([5, 7])을 입력하는 것은 9번의 키 입력을 해야하는 [5,7].^2를 입력하는 것보다 한 번 더 키를 쳐야 하기 때문에, 이 특별한 익명 함수가 당신의 작업을 덜어주지 않을 것이라고 생각할 수 있다. 그러나 익명 함수는 배열 지수에 필요한 점(.)을 입력하는 것을 잊는 것으로부터 자유롭게 해준다. 또한 익명 함수는 많은 키를 입력해야 하는 더 복잡한 함수에 유용하다.

익명 함수의 핸들은 다른 함수에 전달할 수 있다. 예를 들어, 구간 [−10, 10]에서 다항식 $4x^2-50x+5$의 최소값을 구하기 위하여 다음을 입력한다.

```
>>poly1 = @(x) 4*x.^2 - 50*x + 5;
>>fminbnd(poly1, -10, 10)
ans =
  6.2500
```

다항식을 다시 사용하지 않을 거라면, 핸들 정의문을 생략하고 대신 다음을 입력할 수 있다.

```
>>fminbnd(@(x)  4*x.^2 - 50*x + 5, -10, 10)
```

다수의 입력 변수들 하나 이상의 입력을 가지는 익명 함수를 생성할 수 있다. 예를 들어, 함수 $\sqrt{x^2+y^2}$을 정의하기 위하여 다음을 입력한다.

```
>>sqrtsum = @(x, y) sqrt(x.^2 + y.^2);
```

그러면

```
>>sqrtsum(3, 4)
ans =
  5
```

또 다른 예로서, 평면을 정의하는 함수 $z=Ax+By$를 고려한다. 함수 핸들을 생성하기 전에 스칼라 변수 A와 B의 값이 할당되어야 한다. 예를 들어,

```
>>A = 6; B = 4:
>>plane = @(x,y) A*x + B*y;
>>z = plane(2, 8)
z =
  44
```

입력 변수가 없는 경우 입력 변수를 갖지 않는 익명 함수에 대한 핸들을 만들기 위해서는 다음에 보이는 바와 같이 입력 변수들 목록에 대하여 빈 괄호를 사용한다 : d = @() date;.

함수를 실행할 때 빈 괄호를 사용하며, 다음과 같다.

```
>>d()
ans =
  12-Jul-2016
```

반드시 괄호를 포함해야 한다. 만일 괄호가 없으면, MATLAB은 핸들만을 인식하고, 함수를 실행하지는 않는다.

다른 함수 안에서 한 함수의 호출 익명 함수는 복합 함수를 구현하기 위하여 다른 함수를 호출할 수 있다. 함수 $5\sin(x^3)$을 본다. 이 함수는 함수 $g(y)=5\sin(y)$와 $f(x)=x^3$으로 구성된다. 다음 세션에서 $5\sin(2^3)$을 계산하기 위하여 핸들이 h인 함수는 핸들이 f와 g인 함수들을 호출한다.

```
>>f = @(x) x.^3;
>>g = @(x) 5*sin(x);
>>h = @(x) g(f(x));
>>h(2)
ans =
  4.9468
```

한 MATLAB 세션으로부터 다른 세션으로 익명 함수를 보존하기 위하여, 함수 핸들을 MAT-파일에 저장한다. 예를 들어, 핸들 h와 관계된 함수를 저장하기 위해서는 save anon.mat h를 입력한다. 다음의 세션에서 이것을 복구하기 위해서는 load anon.mat h를 입력한다.

변수와 익명 함수 변수는 익명 함수에서 2가지 방법으로 나타난다.

- `f = @(x) x.^3`과 같이 입력 변수 목록에서 지정된 변수로서,
- `plane = @(x, y) A*x + B*y`에서 변수 A와 B 같이 식에서 지정된 변수로서, 이런 경우에 함수가 만들어질 때, MATLAB은 이 변수 값을 수집하고 함수 핸들이 살아있는 동안 이 값들을 유지한다. 이 예에서 핸들이 생성된 후에 A 또는 B의 값이 변해도, 핸들과 관련된 값들은 변하지 않는다. 이러한 특징은 장점과 단점을 모두 갖고 있으며, 항상 이러한 것을 염두에 두고 있어야 한다. 만일 나중에 A 또는 B의 값을 변경하고자 결정하였다면, 반드시 새로운 값을 갖고 이 익명 함수를 다시 정의해야 한다.

추가된 매개변수 포함하기

fzero 솔버와 fminbnd 최소화 명령은 하나의 변수 x의 함수에 적용된다. 그러나 많은 문제들에는 둘 이상의 매개변수가 포함된다. 예를 들어, 다음 방정식을 고려해본다.

$$f(x)=x^3-3x^2+5x\sin\left(\frac{ax}{4}-\frac{5a}{4}\right)+3=0 \tag{3.3-1}$$

여기서 x는 주요 변수이고 a는 매개변수이다. 우리는 매개변수 a의 여러 값에 대해 근 x와 x를 최소화하는 값을 찾고자 한다. 단일 변수의 한계를 피하기 위해 익명 함수를 사용하여 함수를 x만의 함수로 정의한다. 다음 예제는 이것이 어떻게 수행되는지 보여준다.

예제 3.3-1 fzero와 fminbnd의 추가 매개변수

매개변수 값 $a=\pi$에 대하여 방정식 (3.3-1)의 근을 구하고, x를 최소화하는 값을 구하라. 관심 영역은 $0 \leq x \leq 4$ 이다.

풀이

먼저 기본 함수를 x와 a에 대하여 정의한다. 다음으로 매개변수의 값을 지정하고, 단일 변수를 갖는 함수를 생성한다. 그래프 [그림 3.3-1]을 조사한 후에 $x=1.2$와 3.8 근처에 2개의 근과 하나의 최소는 $x=2.7$ 근처에 존재한다는 것을 안다. $x=1.2$ 근처의 영점과 $x=2.7$ 근처의 최소를 좀 더 정확히 찾도록 선택한다.

```
% 매개변수화된 함수를 생성한다.
parfun = @(x,a) x.^3 - 3*x.^2 + 5*x.*sin(a*x/4 - 5*a/4) + 3;
% 매개변수값을 지정한다.
a = pi;
```

```
% x만의 함수를 생성한다.
fun = @(x) parfun(x, a);
% 함수의 그래프를 그린다.
xp = 0:0.001:4;
plot(xp, fun(xp)), xlabel('x'), ylabel('f(x)')
% 근을 구한다.
x1 = fzero(fun, 1.2)
x2 = fminbnd(fun, 0, 3)
```

답은 $x_1=1.1346$ 및 $x_2=2.7966$이다.

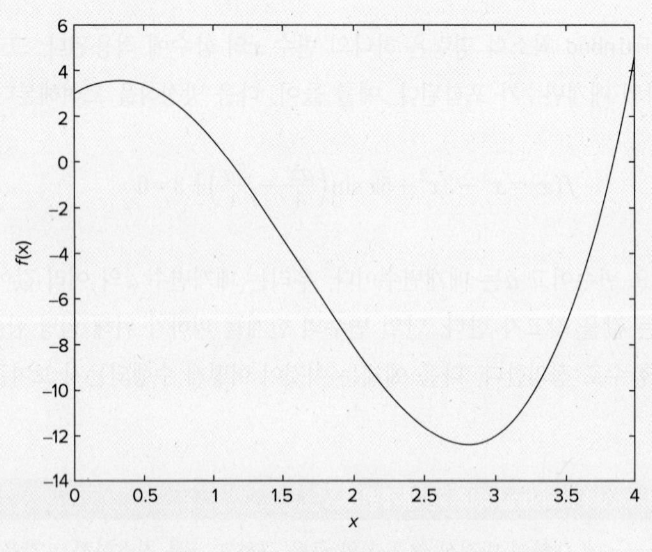

[그림 3.3-1] [예제 3.3-1]에 주어진 함수의 그래프

예제 3.3-2 경로 따라잡기

한 척의 배가 일정한 속력 s로 직선 코스를 따라가고 있다. 두번째 배인 추격자는 일정한 속력 v로 움직이고 있으며, 직선 코스를 따라 첫 번째 배를 따라잡으려 한다. 추격하는 배는 속도 s와 v를 알고 초기 거리 R과 방향 θ를 예측한다([그림 3.3-2] 참조).

(a) 추격하는 배가 취해야 할 경로각 A에 대해 풀어야 할 방정식을 구하라. 이 방정식은 거리 추정값 R과 무관하다는 것을 보여라.

(b) $s=10\text{mph}$, $v=20\text{mph}$, $R=10$마일, $\theta=60^\circ=\pi/3$라디안인 경우 경로각 A와 차단 시간 T에 대하여 풀어라.

풀이

(a) 따라잡았을 때 첫 번째 배는 거리 sT를 움직였을 것이며, 추격하는 배는 거리 vT를 움직였을 것이다. 각도 A와 B에 대하여 코사인 법칙을 적용하면

$$R^2 = (sT)^2 + (vT)^2 - 2(sT)(vT)\cos A \tag{1}$$

$$(sT)^2 = R^2 + (vT)^2 - 2R(vT)\cos B \tag{2}$$

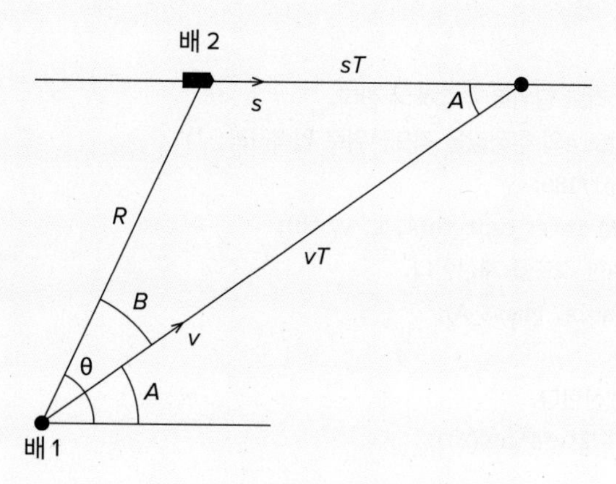

[그림 3.3-2] 따라잡기의 기하학적 구조

방정식 (1)을 T에 대하여 풀면

$$T = \frac{R}{k} \tag{3}$$

여기서

$$k = \sqrt{s^2 + v^2 - 2vs\cos A} \tag{4}$$

이다. $B = \theta - A$라는 것을 인식하고 방정식 (3)으로부터 T를 식 (2)에 대입하면, 방정식에서 R은 소거된다. 그래서

$$f(A) = \frac{s^2 - v^2}{k^2} + \frac{2v\cos(\theta - A)}{k} - 1 = 0 \tag{5}$$

이 남는다. 식 (5)의 해는 A에 대한 값을 준다. 이 해는 거리 추정치 R과는 무관하다는 것을 주목한다. 따라잡는 시간에 대한 해는 식 (3)으로부터 R이 필요하다. 그래서 이 문제는 식 (5)에 대

한 해를 찾는 문제로 귀착된다. 여기에는 하나 이상의 해가 있을 수 있다. 식 (5)를 풀기 위하여 fzero 함수를 이용한다. 이 문제는 하나의 변수(A)와 3개의 매개변수(θ, s, v)를 갖는다는 점을 주목한다. 프로그램은 다음과 같다.

```
inter_cept_fn = @(A, s, v, th) (s^2 - v^2)./(s^2 + v^2 - 2*v*s*cos(A)) + 2*v.*cos(th-A)./...
    sqrt(s^2 + v^2 - 2*v*s*cos(A)) - 1;
% 입력값들.
v = 20; s = 10; % mph
R = 10; % 마일
th = pi/3; % 라디안
% 사용자는 A의 값을 각도 단위로 추정해야 한다.
guess_A = input('각도 A의 추정값을 각도단위로 입력하라; ')
guess_A = guess_A*pi/180;
one_variable = @(A) inter_cept_fn(A, s, v, th);
% 경로 따라잡기를 위한 각도를 계산한다.
A = fzero(one_variable, guess_A);
A_deg = A*180/pi
% 따라잡는 시간을 계산한다.
k = sqrt(s^2 + v^2 - 2*v*s*cos(A));
T = R/k;
% 분으로 변환한다.
T_min = 60*T
```

주어진 값에 대하여, 추정값 $A=60^\circ$는 결과 $A=34.3^\circ$ 및 $T=46.1$분의 결과를 준다.

방정식 (5)에는 하나 이상의 해가 존재할 수 있으므로 한 가지를 확인하는 것이 좋다. 이를 실행하는 한 가지 방법은 각도 A에 대해 여러 값을 추정해보는 것이다. 추정값 $A=80^\circ$는 다른 해인 $A=87.1^\circ$ 및 $T=27.4$분을 제공한다. 식 (5)에서 함수 $f(A)$의 그래프는 A에 대해 34.3°와 87.1°의 두 가지 해가 있다는 것을 보여준다. 가장 큰 A는 맞는 답은 아니지만, 기하학적 구조를 조사하지 않고는 알 수 없다.

다음 코드를 추가하면, 라디안으로 주어진 A 값에 대해 두 선박의 대응되는 경로를 그릴 수 있다.

```
t = 0:0.001:T;
x_ship = s*t + R*cos(th); y_ship = R*sin(th)*ones(size(t));
x_pursuer = v*t*cos(A);
y_pursuer = v*t*sin(A);
plot(x_ship, y_ship, x_pursuer, y_pursuer),...
xlabel('x (miles)'), ylabel('y (miles)')
```

$A=34.3°$ 라는 결과에 대하여 그래프는 경로가 교차함을 보이지만, $A=87.1°$ 결과에 대해서는 그래프는 교차점을 보이지 않는다(각도 A가 더 커지면 추격하는 배의 경로가 음의 방향으로 이동하는 것에 해당하므로 맞는 답이 아니다). 기하학과 삼각함수를 포함하는 문제들은 종종 여러 개의 답을 줄 수 있지만, 반드시 모든 답이 의미 있는 답이 되는 것은 아니다.

예제 3.3-3 Green Monster 넘기기

'그린 몬스터(Green Monster)'는 보스턴 펜웨이(Fenway) 파크(보스톤 레드 삭스의 홈구장) 왼쪽 필드에 있는 37피트 높이의 벽이다. 이 벽은 홈베이스 레프트 필드선을 따라서 310피트 거리에 있다. 타자가 공을 지면으로부터 4피트 높이에서 쳤을 때, 공기 저항을 무시하고 그린 몬스터를 넘기기 위한 최소 속도를 결정하라. 또한 공을 치는 각도를 구하라([그림 3.3-3] 참조).

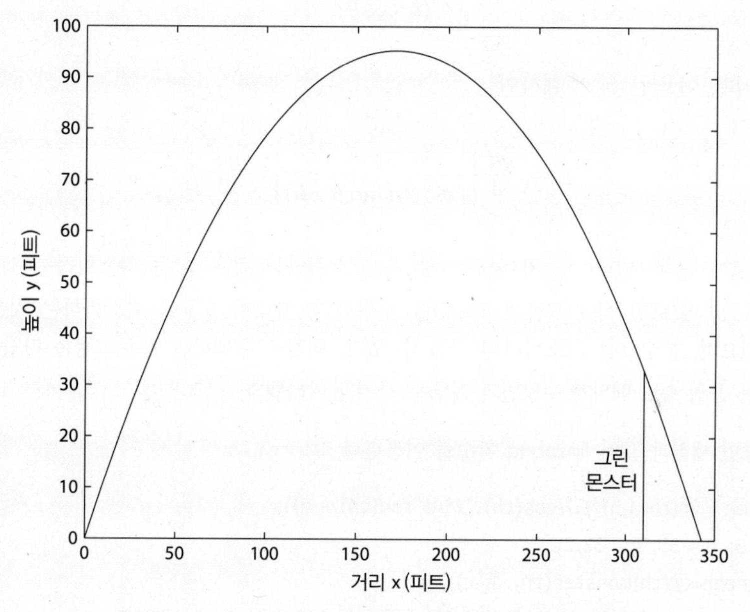

[그림 3.3-3] 그린 몬스터를 넘기기 위한 야구공의 궤적

풀이

수평면에 대하여 각도 θ와 v_0의 속도로 날아가는 포물체에 대한 운동방정식은

$$x(t)=(v_0\cos\theta)t \qquad y(t)=-\frac{gt^2}{2}+(v_0\sin\theta)t$$

와 같으며, 여기에서 $x=0$, $y=0$는 공을 칠 때의 공의 위치이다. 이 문제에서 공의 비행시간은 관심이 없으므로 t를 소거하여 x에 관한 y의 방정식을 구한다. 이를 위해 x의 방정식을 t에 관하여 쉽게 풀고 이것을 y의 방정식에 대입하여 다음을 얻는다.

$$y(t) = -\frac{g}{2}\frac{x^2(t)}{(v_0 \cos\theta)^2} + x(t)\tan\theta$$

공을 지면 위 4피트 높이로 때렸기 때문에, 공이 벽을 넘기 위해서는 $37-4=33$ 피트를 올라가야 한다. h는 벽의 상대적 높이(33피트)를 나타내고, d는 벽까지의 거리(310피트)를 나타낸다. $g=32.2ft/\sec^2$ 을 사용한다. $x=d$ 이면, $y=h$ 이다. 따라서 앞의 방정식은

$$h = -\frac{g}{2}\frac{d^2}{(v_0 \cos\theta)^2} + d\tan\theta$$

와 같이 되며, 이 식은 v_0^2에 대하여

$$v_0^2 = \frac{gd^2}{2}\left[\frac{1}{\cos^2\theta(d\tan\theta - h)}\right] = \frac{gd^2}{2}f$$

와 같이 쉽게 풀 수 있다. $v_0>0$ 이므로, v_0^2을 최소화하는 것은 v_0를 최소화하는 것과 같다. $gd^2/2$은 v_0^2에 대한 식에서 곱셈 인수임을 주목한다. 따라서 θ값을 최소화하는 것은 g와는 상관이 없으며, 함수 f를 최소화하여 구할 수 있다. 이것을 수행하는 프로그램은 다음과 같다. 변수 th는 공의 속도 벡터가 수평면과 이루는 각 θ를 나타낸다.

다음에 보인 세션과 같이 fminbnd 함수를 이용한다.

```
>> monster = @(th,d,h) 1./(cos(th).^2*(d*tan(th) - h));
>> d = 310; h = 33; g = 32.2;
>> fun_green=@(th)monster(th, d, h);
>> theta = fminbnd(fun_green, 0, pi/2)
```

답은 $\theta=0.8384$ 라디안이며, 이 값은 대략 48° 이다. 속도는 다음

```
>> v_0 = sqrt(g*d^2/2*fun_green(theta))
```

으로부터 구할 수 있으며, $v_0=105.3613$ 피트/초의 값을 준다.

데이터에의 모델 맞춤 피팅

데이터세트를 기술하는 방정식의 계수를 계산하는 한 가지 방법은 데이터와 방정식으로부터 계산된 값들 사이의 차이 제곱의 합을 최소화하는 것이다. 예를 들어, 선형 방정식 $y=at+b$의 계수 a와 b를 계산하기 위해 다음 식

$$SSE=\sum_{i=1}^{n}(y_i-at_i-b)^2$$

을 최소화하는 a 및 b의 값을 계산한다. 여기서 n은 데이터세트의 항목 $(t_i,\ y_i)$의 수이다. 이것을 목적 함수(objective function)라고 한다. 매개변수 a와 b를 나타내기 위해 배열 x를 사용하여 이 함수를 생성한다. 즉, $x(1)=a$ 및 $x(2)=b$이다.

```
function sse = sse_linear(x, tdata, ydata)
% 직선 y = at + b에 피팅한다.
a = x(1);
b = x(2);
sse = sum((ydata - a*tdata - b).^2);
end
```

fminsearch 솔버는 하나의 배열 변수 x의 함수에 적용된다. 하지만 여기의 sse_linear 함수는 3개의 배열 변수 $x,\ t_i,\ y_i$를 갖는다. 이 한계를 피해 가기 위하여 fminsearch를 위한 목적함수를 x만의 함수로 다음

```
fun_linear = @(x)sse_linear(x, tdata, ydata);
```

과 같이 정의한다. 그러면 다음과 같이 fminsearch 함수를 호출할 수 있다.

```
coeffs = fminsearch(fun_linear, x0)
```

여기서 x0는 계수 a와 b에 대한 추정값을 포함하는 배열이다. 이런 계수들의 가장 최적의 추정값들은 배열 coeffs에 있게 된다.

예제 3.3-4 소나 측정을 통한 속도 추정

소나를 이용해서 접근해 오는 잠수정의 거리를 측정한 결과가 아래 표와 같이 주어진다. 표에서 거리는 해리(nmi: nautical mile)로 측정된 값이다. 상대 속도 v가 일정하다고 가정하면, 시간의 함수인 거리는 $r=-vt+r_0$로 주어진다. 여기서 r_0는 $t=0$일 때의 초기 거리이다. 속도 v 그리고 거리가 0이 되는 시간을 추정하여라.

시간 t(분)	0	2	4	6	8	10
거리 r(해리)	3.8	3.5	2.7	2.1	1.2	0.7

풀이

먼저 함수 sse_linear를 생성한다. 나머지 프로그램은 아래와 같다.

```
tdata = 0:2:10;
ydata = [3.8, 3.5, 2.7, 2.1, 1.2, 0.7];
fun_linear = @(x)sse_linear(x, tdata, ydata);
% a 및 b의 값을 예측한다.
x0 = [1, 1];
coeffs = fminsearch(fun_linear, x0)
```

결과는 다음과 같다.

```
coeffs =
  -0.3286    3.9762
```

이와 같이 예측된 모델은 $r=-0.3286t+3.7962$이다. [그림 3.3-4]는 그래프를 보여준다. 추정된 상대 속도는 0.3286해리/분, 즉 19.7노트(knot)이다. 이 방정식으로부터 거리가 0이 될 때를 예측할 수 있으며, $t=3.7962/0.3286=12.1$분이 된다.

이 방법의 단점은 계수 값에 대한 시작 추측값을 제공해야 할 필요가 있다는 것이다. 6장에서는 조금 더 복잡하지만, 예측이 필요하지 않는 방법을 개발한다.

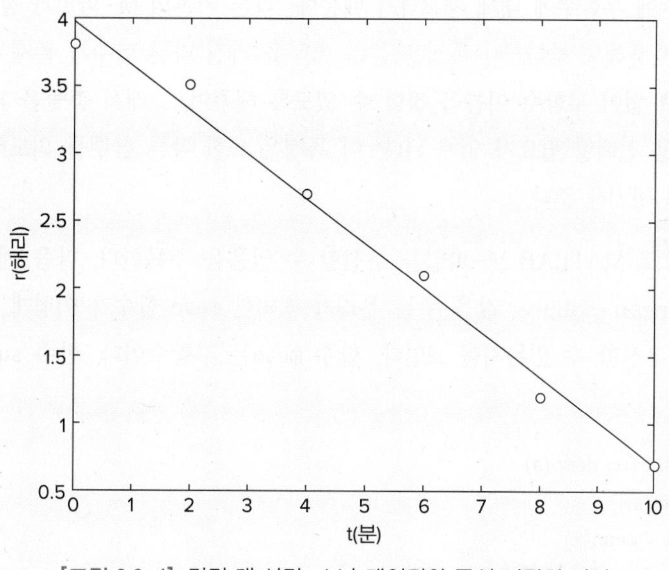

[그림 3.3-4] 거리 대 시간: 소나 데이터와 곡선 피팅된 직선

부함수(Subfunction)

함수 M-파일은 하나 이상의 사용자-정의 함수를 포함할 수 있다. 파일에서 처음 정의된 함수는 주함수(primary function)라고 부르며, 이 함수의 이름은 M-파일 이름과 같다. 파일에서 모든 다른 함수는 부함수 또는 로컬 함수라고 한다. 부함수는 보통 주함수와 같은 파일에 있는 다른 부함수들에게만 보여질 수 있다. 즉, 이들은 파일 밖에 있는 함수 또는 프로그램에 의해 호출될 수 없다. 그러나 이 제약은 이 절의 뒤에서 보듯이, 함수 핸들을 사용하여 없앨 수 있다.

우선 함수 정의문과 정의 코드를 가지고 주함수를 만든 다음, 보통 하듯이 함수명으로 파일 이름을 만든다. 그리고 자체의 함수 정의문과 정의 코드를 가지고 각각의 부함수들을 만든다. 부함수의 순서는 중요하지 않지만, 함수의 이름은 M-파일 내에서 유일해야 한다.

MATLAB이 함수를 체크하는 순서는 매우 중요하다. M-파일 내로부터 함수가 호출될 때, MATLAB은 함수가 `sin`과 같은 내장 함수인지 우선 체크한다. 그렇지 않다면, 파일 내에서 부함수인지 체크한 다음, 프라이빗 함수인지를 체크한다(이 함수는 호출하는 함수의 `private` 서브 폴더 안에 있는 M-파일 함수이다). 다음으로 MATLAB은 검색경로에서 표준 M-파일에 대해 체크한다. 이와 같이 MATLAB은 프라이빗 함수와 표준 M-파일 함수를 체크하기 전에 부함수에 대해 체크하기 때문에, 다른 기존의 M-파일과 같은 이름을 가진 부함수를 사용해도 좋다. 이 특징은 같은 이름을 가진 다른 함수가 존재하는지에 대하여 염려할 필요 없이 부함수 이름을 정할 수 있도록 해주며, 그래서 충돌을 피하기 위하여 긴 함수 이름을 선택할 필요가 없게 된다. 이 특징은 또한 다른 함수를 의도하지 않았는데 사용하는 것을 방지해 준다.

이런 방법으로 MATLAB M-파일을 우선할 수 있음을 주목한다. 다음 예는 제곱 평균의 근(Root-mean-square) 값을 주는 우리가 정의한 mean 함수가 어떻게 MATLAB M 함수 mean을 우선할 수 있는지를 보인다. 함수 mean는 부함수이다. 함수 subfun_demo는 주함수이다.

```
function y = subfun_demo(a)
    y = a - mean(a);
    function w = mean(x)
        w = sqrt( sum( x.^2 )) / length(x);
    end
end
```

샘플 세션은 다음과 같다.

```
>>y = subfun_demo([4, -4])
y =
  1.1716   -6.8284
```

만약 MATLAB M-함수 mean을 사용한다면 다른 답을 얻을 것이다.

```
>>a = [4, -4];
>>b = a - mean(a)
b =
  4 -4
```

이와 같이 부함수를 사용하면 함수를 정의하는 파일의 수를 줄일 수 있다. 예를 들어, 이전의 예가 부함수 mean에 대한 것이 아니라면, 우리가 정의한 mean 함수에 대하여 별도의 M-파일을 정의해야 하고, 같은 이름의 MATLAB 함수와 혼동을 피하기 위하여 다른 이름을 사용해야 한다.

정상적으로, 부함수는 주함수와 같은 파일에 있는 다른 부함수에 대해서만 보일 수 있다. 그러나 다음 예에서 볼 수 있는 것과 같이, M-파일 바깥으로부터 부함수에 액세스하기 위해 함수 핸들을 사용할 수 있다. 주함수 fn_demol(range)와 입력 변수 range에 의하여 지정되는 범위 안에서 함수 $(x^2-4)\cos x$의 영점을 계산하기 위한 부함수 testfun(x)를 갖는 다음의 M-파일을 생성한다. 두 번째 줄의 함수 핸들의 사용에 대해 주목한다.

```
function yzero = fun_demo1(range)
    fun = @testfun;
    [yzero, value] = fzero(fun, range);
%
    function y = testfun(x)
        y = (x.^2 - 4) .* cos(x);
    end
end
```

테스트 세션은 다음과 같은 결과를 준다.

```
>>yzero = fun_demo1([3, 6])
yzero =
    4.7124
```

그래서 $3 \leq x \leq 6$에서 $(x^2-4)\cos x$의 영점은 $x=4.7124$이다.

중첩(Nested) 함수

MATLAB 7부터 시작하여 다른 함수 안에 하나 이상 함수를 정의의 넣을 수 있다. 그렇게 정의된 함수는 메인함수 안에 중첩(nested)되었다고 말한다. 다른 중첩된 함수 안에 중첩된 함수가 포함될 수도 있다. 임의의 M-파일 함수와 같이 중첩된 함수는 M-파일 함수의 보통의 구성 요소를 포함한다. 하지만, 중첩된 함수는 항상 end 문으로 종료하여야 한다. 사실 M-파일이 적어도 하나 이상의 중첩된 함수를 포함한다면, 부함수를 포함하여 모든 함수를 중첩된 함수를 포함하던지에 상관없이 end 문으로 종료해야 한다.

다음 예제는 중첩 함수 p(x)에 대한 함수 핸들을 구성하고, 다음으로 이 핸들을 포물선에서 최소점을 찾기 위한 MATLAB 함수 fminbnd에 넘겨준다. porabola 함수는 포물선 ax^2+bx+c를 계산하는 중첩 함수 p에 대하여 함수 핸들 f를 구성하고 돌려준다. 이 핸들은 fminbnd에 전달된다.

```
function f = parabola(a, b, c)
f = @p;
    % 중첩 함수
    function y = p(x)
        y = polyval([a, b, c], x);
    end
end
```

명령창에서 다음을 입력한다.

```
>>f = parabola(4, -50, 5);
>>fminbnd(f, -10, 10)
ans =
    6.2500
```

함수 p(x)는 호출 함수의 작업 공간에서 변수 a, b와 c를 볼 수 있다는 점을 주목한다.

이 접근 방법과 전역 변수의 사용을 필요로 하는 방법과 대조해본다. 먼저 함수 p(x)를 생성한다.

```
function y = p(x)
    global a b c
    y = polyval([a, b, c], x);
end
```

다음에 명령창에서 다음을 입력한다.

```
>>global a b c
>>a = 4; b = -50; c = 5;
>> fminbnd(@p, -10, 10)
```

중첩 함수는 부함수와 같아 보일 수 있지만, 그렇지는 않다. 중첩 함수는 두 가지의 독특한 특성을 갖는다.

1. 중첩 함수는 중첩 함수 안쪽의 모든 함수의 작업공간을 액세스할 수 있다. 그래서 예를 들어, 주함수에 의해 할당된 값을 갖는 변수는 메인함수 내의 어떠한 레벨에서도 중첩 함수에 의해 읽히거나 위에 겹쳐 쓰일 수 있다. 여기에 더하여, 중첩 함수 안에서 할당된 변수는 그 함수를 포함하는 어떠한 함수에 의해서도 읽히거나 위에 겹쳐 쓰일 수 있다.

2. 중첩 함수의 함수 핸들을 만든다면, 중첩 함수에 액세스하기에 필요한 정보를 저장하고 있을 뿐만 아니라 중첩 함수와 그것을 포함하는 함수들 사이에 공유된 모든 변수의 값을 또한 저장한다. 이것은 이 변수들이 함수 핸들에 의해 만들어진 호출과 호출들 사이에도 메모리 안에 저장되어 있다는 것을 의미한다.

다음과 같이 이름이 A, B, ..., E인 몇 가지 함수의 식을 본다.

```
function A(x, y)            % 주 함수
    B(x, y);
    D(y);
    function B(x, y)        % A 안에 중첩됨
        C(x);
        D(y);
        function C(x)       % B 안에 중첩됨
                D(x);
        end                 % C 종료
    end                     % B 종료
    function D(x)           % A 안에 중첩됨
        E(x);
        function E(x)       % D 안에 중첩됨
            ...
        end         % E  종료
    end         % D 종료
end         % A 종료
```

중첩 함수는 여러 가지 방법으로 호출한다.

1. 중첩 함수는 바로 위의 레벨로부터 호출할 수 있다(이전 코드에서는 함수 A는 B 또는 D를 호출할 수 있지만, C 또는 E를 호출할 수 없다).
2. 동일 부모 함수 내에서 같은 레벨의 중첩 함수를 호출할 수 있다(함수 B는 D를 호출할 수 있고, D도 B를 호출할 수 있다).
3. 더 낮은 레벨의 함수 어떤 곳에서도 호출할 수 있다(함수 C는 B 또는 D를 호출할 수 있지만, E를 호출할 수 없다).
4. 중첩 함수에 대하여 함수 핸들을 구성할 수 있다면, 핸들에 액세스하는 어떤 MATLAB 함수로부터 중첩 함수를 호출할 수 있다.

같은 M-파일 안에서 어떤 중첩 함수로부터도 부함수를 호출할 수 있다.

프라이빗(private) 함수

프라이빗(Private) 함수는 `private`라는 특별한 이름을 갖는 서브폴더 안에 있으며, 부모 폴더에 있는 함수들에게만 보인다. 폴더 `rsmith`가 MATLAB 검색 경로에 있다고 가정한다. `private`라고 불리는 `rsmith`의 서브폴더는 `rsmith`에 있는 함수들만이 호출할 수 있는 함수를 포함할 수 있다. 프라이빗 함수가 부모 폴더 `rsmith` 바깥에서 보이지 않기 때문에, 이들은 다른 폴더에서 함수로서 동일 이름을 사용할 수 있다. 이 특징은 만일 주 폴더가 R. Smith를 포함하여 여러 사람들에 의하여 사용되고 있지만, R. Smith가 주 폴더에 원본을 보유하고 있으면서, 개인 버전의 특별한 함수를 생성하고자 할 때 유용하다. MATLAB은 표준 M-파일 함수에 앞서 프라이빗 함수를 찾기 때문에, 이것은 `cylinder.m`이라는 프라이빗이 아닌 M-파일을 찾기 이전에 `cylinder.m`이라는 이름을 가진 프라이빗 함수를 찾는다.

주함수와 부함수는 프라이빗 함수로서 구현될 수 있다. 컴퓨터에서 디렉토리나 폴더를 생성하기 위한 표준 절차를 이용하여, `private`라는 서브디렉토리를 만들어 개인만의 폴더를 생성하지만, 이 private 폴더를 (검색) 경로에 놓아서는 안된다.

3.4 파일 함수

일반적으로 관심이 있는 컴퓨터 파일에는 2가지가 있다. 이진 파일과 일반적으로 ASCII 파일이라고 하는 텍스트 파일이다. 이진 파일에서 각 문자를 나타내는데 8비트가 사용되므로, 각 위치는 256개의 다른 2진수 중 하나를 저장할 수 있다. 이진 파일은 특별한 처리가 필요하며, 이 책에서는 더 이상 논의하지 않는다. ASCII 파일에서 각 바이트는 ASCII 코드에 따라 하나의 문자를 나타낸다. ASCII 파일은 바이트의 7비트만을 사용하므로 128개의 조합으로 제한된다. ASCII 문자 세트에는 영어 키보드의 문자와 일부 특수 문자가 포함된다. 영어 텍스트 파일의 가장 일반적인 형식이다.

워드 프로세서는 정보를 ASCII 파일로 저장할 수 있다. 스프레드시트 및 데이터베이스 파일에서, 파일 구조를 설명하는 바이너리 코드는 '헤더'에 있으며, 파일 전체에 산재되어 있다. 그러나 파일의 텍스트 정보(이름, 전화 번호, 주소 등)는 ASCII이다. 그래서 이 절에서는 스프레드시트 파일에 특별한 주의를 기울여 ASCII 파일로 제한하고자 한다. ASCII

파일은 대개 .txt 또는 .dat 확장자를 갖지만, 예외적으로 스프레드시트 파일은 자신 만의 확장자를 가지며, Excel의 경우는 .xlsx와 같다

ASCII 데이터 파일은 처음에 헤더(header)라고 불리는, 한 줄 또는 그 이상의 텍스트 행을 갖는다. 이것은 예를 들어, 데이터가 무엇을 나타내는지, 어느 날짜에 생성되었는지, 누가 생성했는지를 기술하는 주석일 수 있다. 헤더 뒤에는 행과 열로 정렬된 하나 또는 그 이상의 데이터 행들이 나온다. 각 행에서 숫자는 빈칸 또는 콤마에 의해 분리된다.

데이터 파일을 수정하는 것이 불편하다면, MATLAB 환경은 다른 응용에서 생성된 데이터를 MATLAB 작업공간으로 가져오는 데이터 가져오기(importing data)라는 과정과, 다른 응용으로 내보낼 수 있는 작업변수들을 묶어 저장하는 많은 방법들을 제공한다.

ASCII 파일의 생성과 가져오기

다음 예제에서 볼 수 있듯이, MATLAB 편집기에서 새로운 스크립트를 열고, 데이터를 입력하고(데이터의 각 줄에 동일한 수의 항목이 있는지 확인), 데이터 파일을 `.dat` 파일로 저장할 수 있다. (주의: 기본 M-파일 형식으로 저장하면 안 된다.) 일단 파일이 생성되면, `load` 명령을 사용하여 선택한 이름으로 변수에 데이터를 로드할 수 있다.

`load file_name`을 입력하면 `file_name`이라는 파일에서 데이터가 로드된다. 1장에서 본 것과 같이, `file_name`이 MAT 파일이면 `load file_name`은 MAT 파일 내의 변수들이 MATLAB 작업공간으로 로드된다. `file_name`이 ASCII 파일이면, `load file_name`은 파일 내의 데이터가 들어있는 행렬을 생성한다. 데이터는 행렬에 저장되므로 데이터는 각 줄에는 같은 수의 항목을 가져야 한다.

스프레드시트 파일 가져오기

명령

```
xlswrite (file_name, array_name, sheet_number, range)
```

은 배열 `array_name`을 `file_name`에 지정된 Excel 파일에 쓴다. 배열은 `sheet_number`로 지정된 Excel 시트에 `'C1 : C2'` 구문으로 지정된 범위의 저장되며, 여기에서 `C1`과 `C2`는 영역의 양쪽 끝이다. 선택 사항으로 왼쪽 위 모서리만 지정할 수 있다. 특별히 지정하지 않는 한, 기본 확장명은 `.xls`이다.

명령 A = xlsread('filename')은 마이크로소프트 엑셀 워크북 파일 filename.xls을 배열 A로 가져온다. 명령 [A, B] = xlsread('filename')은 모든 수치 데이터는 배열 A로 가져오고, 모든 텍스트 데이터는 셀 배열 B로 가져온다.

예제 3.4-1 데이터 파일의 생성과 이 파일을 변수로 불러오기

다음의 데이터를 갖는 파일을 열고, 데이터를 MATLAB으로 불러오고, 그래프를 그려라.

시간(초)	1	2	3	4	5
속도(m/s)	12	14	16	21	27

풀이

MATLAB 편집기에서 새로운 스크립트를 열고, 파일을 생성하고, 항목들을 빈칸으로 분리시킨 다음, speed_data.dat로 저장한다(주의: 디폴트 M-파일 형태로 저장하지 않도록 주의한다).

```
% speed_data.dat
% speed vs. time
1, 2, 3, 4, 5;
12, 14, 16, 21, 27;
```

다음으로 MATLAB 명령창에서 다음을 입력한다.

```
>>load speed_data.dat
>>time = speed_data(1, :)
>>speed = speed_data(2, :)
>>plot(time, speed, 'o'), xlabel('time(s)'), ...
      ylabel('speed(m/s)')
```

파일에서 주석문들은 저장되지 않고 수치 값만 저장된다는 것을 주목한다.

예를 들어, 문자와 숫자가 혼합된 데이터를 엑셀의 3번째 시트에 셀 C1부터 시작하여 .xlsx 파일로 저장하고자 한다면, 세션은 다음과 같다.

```
>>file_name = 'speed_data.xlsx';
>>A = {'Time(s)', 'Speed(m/s)'; 1, 12; 2, 14; 3, 16; 4, 21; 5, 27};
>>sheet = 3;
>>range = 'C1';
>>xlswrite(file_name, A, sheet, range)
```

MATLAB은 데이터를 불러오기 위한 여러 가지 다른 방법을 제공한다. 이들은 도움말 파일에 설명되어 있으며, 매우 이해하기 쉽다. 불러오기 툴을 이용할 수 있으며, 이것은 데이터를 배열로 불러오기 위한 그래픽 사용자 인터페이스를 제공한다. uiimport를 입력하거나 또는 툴스트립에서 **데이터 불러오기**를 선택한다. 명령 importdata는 문자나 데이터 파일 외의 다른 형태의 파일들, 예를 들어 그래픽 파일들도 입력할 수 있다. R2016a에서 새로운 것으로 readtable 명령은 파일로부터 표를 생성한다.

3.5 요약

3.1절에서 보통 사용되는 수학적 함수들 몇 가지를 소개했다. 이제는 필요한 다른 함수를 찾기 위해 MATLAB 도움말을 사용할 수 있다. 필요하다면 3.2절의 방법을 사용하여 자신의 함수를 생성할 수도 있다. 이 절에서는 또한 함수 핸들과 함수의 함수로의 이용에 대하여 다루었다.

익명 함수, 부함수와 중첩 함수는 MATLAB의 능력을 확장한다. 이 주제는 3.3절에서 다루었다. 함수 파일 외에 데이터 파일은 많은 응용에서 유용하다. 3.4절은 MATLAB에서 그런 파일들을 어떻게 불러오고(import하고) 내보내는지(export하는지)를 보였다.

주요용어

로컬 변수(Local variable)
부함수(subfunctions)
익명 함수(Anonymous function)
전역 변수(Global variable)
주함수(Primary function)
중첩(Nested) 함수
프라이빗 함수(Private function)
함수 입력변수(Function argument)
함수 정의문(Function definition line)
함수 파일(Function file)
함수 핸들(Function handle)

| 연습문제 |

*로 표시된 문제에 대한 해답은 교재 뒷부분에 첨부하였다.

3.1 절

1*. $y=-3+ix$ 라고 가정한다. $x=0,\ 1,\ 2$ 에 대하여 MATLAB을 사용하여 다음 식을 계산하라. 답을 손으로 계산하여 확인하라.

a. $|y|$　　b. $\sqrt{y}$　　c. $(-5-7i)y$　　d. $\dfrac{y}{6-3i}$

2*. $x=-5-8i,\ y=10-5i$ 라고 한다. MATLAB을 사용하여 다음 식을 계산하라. 답을 손으로 구하여 확인하라.

a. xy의 크기와 각　　b. $\dfrac{x}{y}$의 크기와 각

3*. MATLAB을 사용하여 다음 좌표에 해당하는 각을 구하라. 손으로 답을 구하여 확인하라.

a. $(x,\ y)=(5,\ 8)$　　b. $(x,\ y)=(-5,\ 8)$

c. $(x,\ y)=(5,\ -8)$　　d. $(x,\ y)=(-5,\ -8)$

4. 몇 개의 x값에 대하여, MATLAB을 사용하여 $\sinh x=(e^{x}-e^{-x})/2$를 확인하라.

5. 몇 개의 x값에 대하여, MATLAB을 사용하여 $\cosh^{-1}x=\ln(x+\sqrt{x^2-1}),\ x\geqq 1$을 확인하라.

6. 공기 중에서 거리 d만큼 분리된, 반경 r과 길이 L의 두 개의 평행한 도체의 커패시턴스는

$$C=\frac{\pi\epsilon L}{\ln[(d-r)/r]}$$

이다. 여기서 ϵ는 공기의 유전율($\epsilon=8.854\times10^{-12}$F/m)이다.

d, L, r에 대한 사용자 입력을 받아들이고, C를 계산하여 화면에 표시하는 스크립트 파일을 작성하라. $L=1$m, $r=0.001$m, $d=0.004$m 값에 대하여 파일을 확인하라.

7*. 벨트가 실린더 주위에 감겨 있을 때, 실린더의 각 면에 가해지는 벨트의 힘들 사이의 관계는

$$F_1 = F_2 e^{\mu\beta}$$

와 같으며, 여기에서 β는 벨트가 감겨있는 각이고, μ는 마찰계수이다. 먼저 사용자가 β, μ, F_2를 지정하도록 요구하고, 다음에 힘 F_1을 계산하는 스크립트 파일을 작성하라. $\beta = 130^\circ$, $\mu = 0.3$과 $F_2 = 100\text{N}$ 값으로 프로그램을 확인하라(힌트: β를 주의한다!).

3.2 절

8. 온도를 화씨 °F로 받아 이에 대응되는 섭씨온도 °C를 계산하는 함수를 작성하라. 둘 사이의 관계는

$$T^\circ C = \frac{5}{9}(T^\circ F - 32)$$

와 같다. 작성한 함수를 확인해 보라.

9. 범위 $0 \leqq x \leqq 4$에 걸쳐서 함수 $f(x)$의 근과 최소값을 구하라.

$$f(x) = 0.3x - \sin(2x)$$

구한 답이 전역에서 최소라는 것을 증명하라.

10*. 속도 v_0로 수직으로 던져진 물체는 시간 t에서 높이 h에 도달하며, 여기에서

$$h = v_0 t - \frac{1}{2} g t^2$$

이다. 주어진 값 v_0에 대하여, 지정된 높이 h에 도달하기까지 필요한 시간 t를 계산하는 함수를 작성하고 확인하여라. 함수의 입력은 h, v_0와 g이다. $h = 100\text{ m}$, $v_0 = 50\text{ m/s}$와 $g = 9.81\text{ m/s}^2$인 경우 함수를 확인해 보라. 두 개의 답을 해석하라.

11. 어떤 물탱크는 반경 r과 높이 h의 실린더 부분과 반구 형태의 지붕으로 되어 있다. 탱크가 채워졌을 때 $1{,}000\text{ m}^3$을 담을 수 있도록 만들어졌다. 실린더 부분의 표면적은 $2\pi rh$이고 부피는 $\pi r^2 h$이다. 반구 지붕의 표면적은 $2\pi r^2$이고 체적은 $2\pi r^3/3$으로 주어진다. 탱크의 실린더 부분을 만들기 위한 비용은 표면적의 제곱미터당 \$500이다. 반구 부분의 비용은

제곱미터당 \$700이다. 가장 적은 비용으로 만들 수 있는 반경을 계산하기 위해 `fminbnd` 함수를 사용한다. 해당되는 높이 h를 계산하라.

12. 어떤 마당 주위의 울타리는 [그림 P12]와 같은 모양이다. 이 마당은 길이 L과 폭 W의 직사각형과 직사각형의 중앙을 지나는 수평선에 대칭인 직각 삼각형으로 구성되었다. 폭 W(단위는 m)는 알고 있으며, 둘러싸인 마당의 면적 A(단위는 m^2)도 알고 있다고 가정한다. W와 A를 입력으로 받는 사용자 정의 함수 파일을 작성하라. 출력은 둘러싸인 면적이 A가 되도록 필요한 길이 L과 필요한 울타리의 총 길이이다. $W = 6\ \mathrm{m}$와 $A = 80\ \mathrm{m}^2$ 값에 대하여 함수를 확인해 보라.

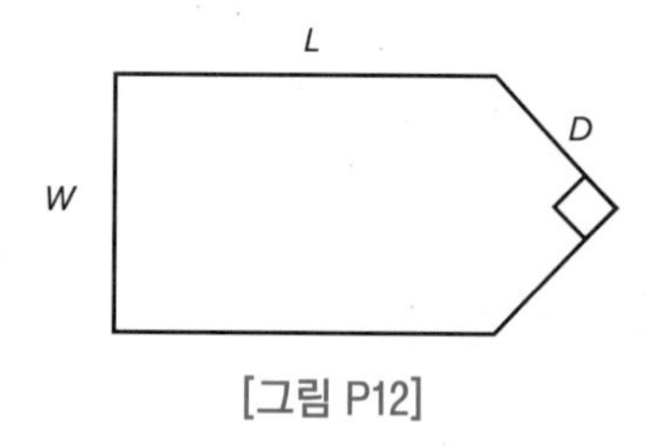

[그림 P12]

13. 어떤 마당 주변의 울타리 모양은 [그림 P12]와 같다. 길이 L과 폭 W의 직사각형과 직사각형의 중심축에 대해 대칭인 직각 삼각형으로 구성된다. 둘러싼 마당의 면적 A가 주어졌다고 가정한다. 길이 L은 A와 W의 함수로 표현될 수 있으므로, 둘레 P는 전적으로 A와 W의 함수로만 표현될 수 있다는 점을 주목한다.

   a. `min` 함수를 사용하여 울타리 둘레 P를 최소화하고 대응되는 L과 P의 값을 계산하는데 필요한 폭 W를 계산하는 MATLAB 함수를 작성하라. 함수는 최소값과 최대값이 $W1$과 $W2$이고, 간격이 d인 예상값 벡터 W를 생성해야 한다. 함수 입력은 원하는 영역 A, 예측값 $W1$과 $W2$ 및 간격 d이어야 한다. 함수 출력은 W에 대한 해와, 이에 대응되는 L과 P 값이어야 한다. 값 $A = 80\ \mathrm{m}^2$에 대해 함수를 확인해 보라.

   b. `fminbnd` 함수를 사용하여 울타리 둘레 P를 최소화하고 해당되는 L과 P의 값을 계산하는데 필요한 폭 W를 계산하기 위한 MATLAB 함수를 작성하라. 함수 입력은 원하는 면적 A이어야 한다. 함수 출력은 W에 대한 해와 이에 해당되는 L과 P 값이다. 결과 함수를 $A = 80\ \mathrm{m}^2$에 대하여 확인해 보라.

14. 울타리로 둘러싸인 땅은, [그림 P14]에 보인 것과 같이, 반경 R인 반원과 길이 L과 폭 $2R$인 직사각형으로 구성된다. 이 땅의 면적 A는 $2{,}000\mathrm{ft}^2$이 되어야 한다. 울타리의 비용은 곡선 구간에서 ft당 \$60이고 직선구간에 대해서는 ft당 \$50이다. `min` 함수를 사용하여 전

체 울타리의 비용을 최소화하기 위해 필요한 R과 L 값을 0.01ft의 해상도로 결정하라. 또한 최소비용을 계산하라.

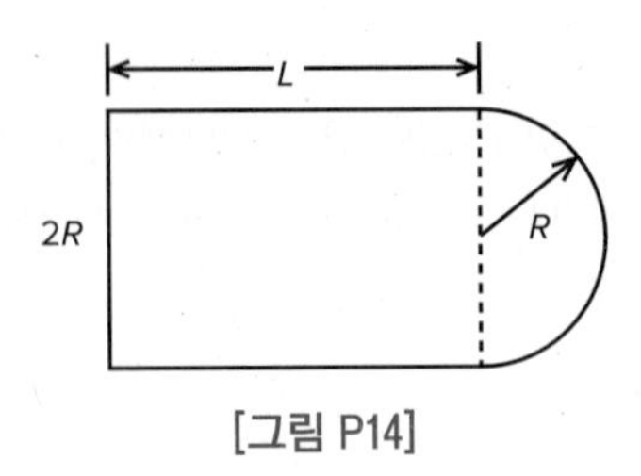

[그림 P14]

15. 울타리로 둘러싸인 땅은 [그림 P14]에 보인 것과 같이, 반경 R인 반원과 길이 L과 폭 $2R$인 직사각형으로 구성된다. 이 땅의 면적 A는 $2,500\text{ft}^2$이 되어야 한다. 울타리의 비용은 곡선구간에서 ft당 \$60이고 직선구간에 대해서는 ft당 \$50이다. `fminbnd` 함수를 사용하여 전체 울타리의 비용을 최소화하기 위해 필요한 R과 L 값을 0.01ft의 해상도로 결정하라. 또한 최소비용을 계산하라.

16. 강우, 증발 및 물의 소비의 예측 값을 사용하여, 도시공학자는 시간의 함수로서 저수지의 물의 양에 대한 모델을 다음과 같이 개발하였다.

$$V(t) = 10^9 + 10^8(1 - e^{-t/100}) - rt$$

여기에서 V는 리터로 나타낸 물의 양이고, t는 일 단위의 시간, r은 리터/일로 나타내지는 도시의 하루 소비율이다. 두 개의 사용자 정의 함수를 작성한다. 첫째 함수는 `fzero` 함수를 사용하여 사용량 함수 $V(t)$를 정의한다. 두 번째 함수에서는 `fzero` 함수를 사용하여, 10^9 L의 초기값을 x 퍼센트 감소하기 위해서 얼마나 오래 걸리는지 계산한다. 두 번째 함수에 대한 입력은 x와 r이다. $x = 50$ 퍼센트와 $r = 10^7$ L/day의 경우에 함수를 확인해 보라.

17. 원뿔 종이컵의 체적 V와 표면적 A는 다음과 같다.

$$V = \frac{1}{3}\pi r^2 h \qquad A = \pi r\sqrt{r^2 + h^2}$$

여기에서 r은 원뿔 바닥의 반경이고 h는 원뿔의 높이이다.

a. h를 소거하여, A에 대한 식을 r과 V의 함수로 구하라.

b. R을 유일한 입력 변수로 받아, 주어진 V 값에 대한 A를 계산하는 사용자 정의 함수를 생성하라. V를 함수 내에서 전역 변수로 선언하라.

c. $V=10\ \text{in}^3$에 대하여, fminbnd 함수를 사용하는 함수를 사용하여 면적 A를 최소화하는 r 값을 계산하라. 상응하는 높이 h의 값은 얼마인가? r에 대한 V의 그래프를 그려서 해의 민감도를 조사하라. 면적이 최소값 위로 10%가 증가하기 전까지 R은 최적값에서 얼마나 변할 수 있나?

18. 원환체(torus)는 도너츠 모양이다. 만약 안쪽 반경이 a, 바깥 반경이 b라면 체적과 표면적은

$$V=\frac{1}{4}\pi^2(a+b)(b-a)^2 \qquad A=\pi^2(b^2-a^2)$$

와 같다.

a. 입력 변수 a와 b로부터 V와 A를 계산하는 사용자 정의 함수를 작성하라.

b. 바깥쪽 반경이 안쪽 반경보다 2인치 커야한다는 제약이 있다고 가정한다. $0.25 \leqq a \leqq 4$ 인치에서 a에 대하여 A와 V의 그래프를 그리는 함수를 사용하는 스크립트 파일을 작성하라.

19. 함수 $y=ax^3+bx^2+cx+d$의 그래프는 4개의 주어진 점 $(x_i,\ y_i)$, $i=1,\ 2,\ 3,\ 4$를 통과하는 것을 알고 있다고 가정한다. 입력으로 이 네 개의 점을 받아 계수 a, b, c, d를 계산하는 사용자 정의 함수를 작성하라. 이 함수는 4개의 미지수 a, b, c, d의 항으로 된 4개의 선형 방정식을 풀어야 한다. $(x_i,\ y_i)=(-2,\ 20)$, $(0,\ 4)$, $(2,\ 68)$, $(4,\ 508)$일 때, 함수를 확인해 보라. 답은 $a=7$, $b=5$, $c=-6$, $d=4$이다.

20. 처음 n번째 연도의 매년 말에 저축 계좌의 잔액을 결정하는 savings_balance라는 함수를 작성하라. 여기에서 n은 입력 값이다. 계좌에는 초기 투자비 A(입력으로 제공된다. 예를 들어, \$10,000는 10000으로 입력)와 r%의 연간 복리 이자율(입력으로 제공될 예정이다. 예를 들어, 3.5%는 3.5로 입력)이 있다. 이 정보를 화면에 첫 번째 열이 연도(Year)이고 두 번째 열이 잔액(Balance ($))인 표로 나타내어라. (테스트 케이스: $n=10$, $A=10,000$, $r=3.5$. 10년 후 잔액은 \$14,105.99이다.)

초기 투자비가 A이고 이자율이 r인 경우, n년 후의 잔액 B는 다음과 같이 주어진다.

$$B=A(1+r/100)^n$$

21. 행성과 행성 위성은 타원형 궤도를 따라 움직인다. 장축과 단축이 x축과 y축을 따라서 있고, 원점에 중심을 둔 타원에 대한 일반적인 방정식은 다음과 같다.

$$\frac{x^2}{a^2}+\frac{y^2}{b^2}=1$$

이 식은 y에 관하여 다음과 같이 풀 수 있다.

$$y=\pm b\sqrt{1-\frac{x^2}{a^2}}$$

a와 b가 입력으로 주어졌을 때, 입력 타원형 전체의 그래프를 그리는 함수를 작성하라. $a=1$, $b=2$ 인 경우에 대하여 그래프를 그려라.

22. 다음의 방정식을 x의 양의 값에 대하여 풀어라.

$$1-7xe^{-2x}=0$$

a. 먼저 얼마나 많은 해가 있는지를 확인하기 위하여 좌변의 그래프를 그려라.

b. 다음으로 `fzero` 함수를 사용하여 모든 근을 구하라.

23. 개체 수 증가에 대한 모델은 지수적 증가 모델

$$p(t)=p(0)e^{rt}$$

와 로지스틱 증가 모델

$$p(t)=\frac{Kp(0)}{p(0)+[K-p(0)]e^{-rt}}$$

의 두 가지가 있으며, 여기에서 $p(t)$는 시간 t의 함수로 개체군의 크기이고, $p(0)$는 $t=0$일 때의 초기 개체수이다. 상수 r은 증가율, 상수 K는 환경의 수용력이라고 불린다. $t\to\infty$에 따라 지수 함수는 $p(t)\to\infty$ 라고 예측하지만, 로지스틱 모델은 $p(t)\to K$ 라고 예측한다. 이 두 모델 모두 박테리아, 동물, 어류 및 인간을 포함한 여러 다른 개체군의 개체수를 모델링하기 위해 광범위하게 사용되어 왔다.

만일 $p(0)$와 r이 두 모델에서 동일하다면, 지수 모델이 모든 $t>0$에 대하여 더 큰 모집단을 예측한다는 것을 쉽게 알 수 있다. 하지만 두 모델에 대하여 $p(0)$는 동일하지만, r 값은 다르다고 가정한다. 특히 지수 모델의 경우 $r=0.1$, 로지스틱 모델의 경우 $r=1$, $K=10$ 그리고 두 모델의 경우 모두 $p(0)=10$이라고 한다. 그러면 만일

$$\frac{50}{10+40e^{-t}}=e^{0.1t}$$

이라면, 두 모델은 시간 t에서 같은 개체수를 예측하게 된다. 이 방정식은 해석적으로는 풀 수 없으며, 그래서 수치 해석적으로 풀어야 한다. fzero 함수를 사용하여 t에 대한 이 방정식을 풀고, 이 때의 개체수를 계산하라.

3.3 절

24. $10e^{-2x}$에 대한 익명 함수를 생성하고, 이것을 사용하여 구간 $0 \leqq x \leqq 2$에서 함수의 그래프를 그려라.

25. $30x^2-300x+4$에 대한 익명 함수를 생성하고, 이를 이용하여

a. 최소값의 대략적인 위치를 결정하기 위해서 함수의 그래프를 그려라.

b. fminbnd 함수를 이용하여 최소값의 위치를 정확하게 결정하라.

26. 함수 $h(z)=6e^z$, $g(y)=3\cos y$와 $f(x)=x^2$으로 구성된 함수 $6e^{3\cos x^2}$을 나타내기 위한 4개의 익명 함수를 생성하라. 이 익명 함수를 사용하여 범위 $0 \leqq x \leqq 4$에서 $6e^{3\cos x^2}$의 그래프를 그려라.

27. 부함수를 갖는 주함수를 사용하여 범위 $-5 \leqq x \leqq +5$에서 함수 $5x^3-14x^2-40x+90$의 영점을 계산하라.

28. 영역 $0 \leqq x \leqq 10$에서 함수 $20x^2-200x+12$의 최소값을 계산하기 위하여 중첩 함수와 함수 핸들을 사용하는 주함수를 생성하라.

29. 다음의 방정식

$$f(x)=x^4-5x^3+4x^2+2x\sin(ax-4a)+7=0$$

을 고려한다. 여기서 x는 주 변수이며, a는 매개변수이다. 우리는 아마도 매개변수 a의 여러 값에 대하여 근 x와 x를 최소화하는 값을 구하는 것을 원한다. a의 값을 입력받는 프로그램을 짜고, 매개변수값 $a=\pi$에 대한 방정식의 근을 구하고, x의 최소값을 구하라. 관심 영역은 $0 \leqq x \leqq 4$이다.

30. [예제 3.3-4]는 선형함수의 계수들을 예측하기 위하여 어떻게 fminsearch 함수를 사용하는지를 보였다. 여기에 포물선 함수

$$y = at^2 + bt + c$$

의 계수를 추정하는 문제가 있다. 이 방정식은 상수 가속도로 진행하는 물체의 변위를 나타낼 수 있다. 다음의 데이터로 계수들을 추정하는 프로그램을 만들어라(힌트: 어떻게 데이터로부터 c의 합리적인 초기 예측값을 얻을 수 있는가?). 이 데이터와 함께 함수의 그래프를 반드시 그려보아라.

t	0	2	4	6	8	10
y	6	13.1	34	75	139	202

31. 개체수에 제약이 있게 되면, 증가율은 감소하고 0이 될 수도 있다. 이런 영향에 대한 일반적인 모델이 로지스틱 성장 모델(logistic growth model)이다,

$$y(t) = \frac{c}{1 + ae^{-bt}}$$

[예제 3.3-4]는 선형 함수의 계수를 추정하기 위하여 어떻게 `fminsearch` 함수를 사용하는지를 보여준다. 여기에 로지스틱 함수의 3개의 계수들을 추정하는 문제가 있다. 계수들을 추정하는 프로그램을 개발하고 다음의 데이터를 이용해 보아라(힌트: 이 데이터에는 변수 y가 최대값이 100이 되는 퍼센트값을 나타낸다. 이 사실을 이용하여 초기 예측치를 유도하여라). 이 데이터와 더불어 함수의 그래프를 반드시 그려보아라.

t	0	1	2	3	4	5	6	7	8	9	10	11	12	13	14	15
y	13	16	20	25	31	39	45	49	55	63	69	77	82	86	89	92

3.4 절

32. 문서 편집기를 사용하여 다음 데이터를 포함하는 파일을 생성하라. 다음으로 `load` 함수를 사용하여 MATLAB으로 파일을 불러오고, `mean` 함수를 이용하여 각 열의 평균값을 계산하라.

```
55  42  98
49  39  95
63  51  92
58  45  90
```

33. 문제 32에서 주어진 데이터를 스프레드시트에서 입력하고 저장하라. 다음에 스프레드시트 파일을 MATLAB 변수 A로 불러들여라. MATLAB을 사용하여 각 열의 합을 계산하라.

34. 문서 편집기를 사용하여 문제 32에서 주어진 데이터로 파일을 생성하고, 각 숫자를 세미콜론으로 분리하라. 그 다음으로 가져오기 마법사(Import Wizard)를 사용하여 데이터를 불러들이고, MATLAB 변수 A에 저장하라.

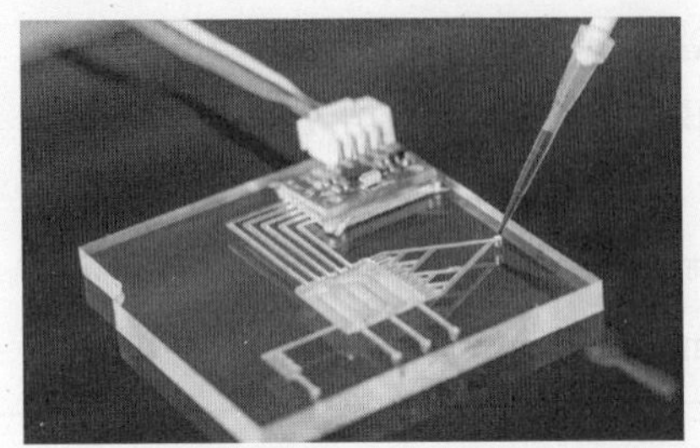
출처: Science Photo Library/Alamy Stock Photo

21세기의 공학 나노기술 (Nanotechnology)

21세기의 여러 기술적 도전과 기회가 초미세 장치의 개발이나 심지어 개별 원자 단위의 조작과 결부될 수 있다. 이 기술은 나노기술이라고 불리는데 그 이유는 1나노미터(10^{-9}m 또는 1/1,000,000mm) 크기의 재료에 대한 공정을 포함하기 때문이다. 단일 결정 규소의 원자 사이의 거리는 0.5nm이다.

비록 몇 개의 작동되는 장치들이 개발되었지만, 나노기술은 아직 걸음마 단계이다. 이러한 장치들 중 한 가지가 사진에 보이는 랩온어칩(lab-on-a-chip)이다. 리소그래피 기법을 활용하여 나노 크기의 채널 구조를 도체나 반도체의 표면에 만들고, 미세유체공정을 이용해 작은 액체방울의 흐름을 조절하는 랩온어칩 기술은, 크기가 몇 밀리미터에서 몇 제곱센티미터에 불과한 칩 위에서 여러 가지 실험실 기능들이 수행될 수 있게 한다. 이를 통해 방울 크기의 혈액이나 침을 이용하여 많은 질병에 대해 신속하고 저렴하게 검사하는 것을 가능하게 하는 것을 목표로 한다.

나노기술의 또 다른 응용으로 미세전자기계시스템(MEMS)의 탄생을 들 수 있다. 미세전자기계시스템은 에어백 센서, 가속도계, 전자적 안정 제어를 위한 편주(yaw) 감지용 자이로스코프 등 차량에 많이 사용되고 있다. 매우 작은 사이즈로 인해 이들의 설계에 단순한 역학이나 열전달 원리들을 그대로 적용하는 것은 적합하지 않을 수 있다. 또한 미세전자기계시스템은 체적 대비 표면적 비가 매우 크기 때문에 정전기, 표면 장력, 침수 등 표면 효과가 관성이나 열용량 등 체적 효과보다 더 크다.

이러한 장치들을 설계하고 적용하기 위해서는, 엔지니어들은 먼저 이들의 기계적, 유체적, 전기적 특성을 적절하게 모델링하여야 한다. MATLAB은 이와 같은 분석을 훌륭히 지원할 수 있는 기능들을 갖고 있다.

CHAPTER

MATLAB 프로그래밍

04

MATLAB의 대화형 모드는 간단한 문제에는 매우 유용하지만, 좀 더 복잡한 문제에서는 스크립트 파일이 필요하게 된다. 이런 파일들은 컴퓨터 프로그램이라고 말하며, 이런 파일을 작성하는 것을 프로그래밍이라고 한다. 4.1절에서는 프로그램을 설계하고 개발하는 일반적이고 효과적인 접근법을 제시한다.

MATLAB의 유용성은 프로그램 안에서 의사 결정(decision-making) 함수를 사용할 수 있다는 점에서 매우 증대된다. 이런 함수들은 프로그램에 의하여 만들어지는 계산의 결과에 따라 연산을 하는 프로그램을 작성할 수 있도록 해준다. 4.2, 4.3 및 4.4절에서는 이런 의사 결정 함수에 대하여 다룬다.

MATLAB은 또한 특별히 지정한 수만큼, 또는 어떤 조건이 만족할 때까지 반복해서 계산할 수 있다. 이런 특징은 공학자들이 매우 복잡하거나 또는 수많은 계산을 필요로 하는 문제를 해결할 수 있도록 해준다. 이런 '루프' 구조는 4.5절과 4.6절에서 다룬다.

`switch` 구조는 MATLAB의 의사 결정 능력을 향상시켜준다. 이 주제는 4.7절에서 다룬다. 4.8절에서는 프로그램을 디버깅하는 데 편집기/디버거를 사용하는 법에 대하여 다룬다.

4.9절에서는 이 장의 상세한 예제와 응용을 제공한다. 또한 이 절에서는 복잡한 시스템, 프로세스 및 구조의 동작에 대하여 연구할 수 있도록 해주며, MATLAB의 주요 응용 중의 하나인 "시뮬레이션"에 대하여 논의한다. 이 장을 통하여 소개된 MATLAB 명령어들을 정리한 표들은 4장 전체에 걸쳐서 나오며, [표 4.10-1]은 필요한 정보의 위치를 찾는 데 도움을 줄 것이다.

4.1 프로그램 설계와 개발

이 장에서는, `>`, `==`와 같은 관계 연산자와 MATLAB에서 사용되는 2가지의 루프, `for` 루프와 `while` 루프에 대하여 소개한다. 이런 특징들은 4.3절에서 소개될 MATLAB 함수와 논리 연산자와 함께, 복잡한 문제를 해결하기 위한 MATLAB 프로그램을 개발하는 데 기초가 된다. 작업의 후반부에서 시간이 지체되고 당황스럽게 되는 곤란한 일을 피하기 위하여, 복잡한 문제를 해결하는 컴퓨터 프로그램은 시작부터 체계적으로 설계할 필요가 있다. 이 절에서는 프로그램 설계 절차를 어떻게 구축하고 관리해야 하는지를 보인다.

알고리즘과 제어 구조

알고리즘이란 한정된 시간동안 특정한 작업을 수행하도록, 정확히 정의된 명령어들을 순서대로 나열한 것이다. 순서대로 나열을 했다는 것은 명령에 번호를 매길 수 있다는 것을 의미하지만, 알고리즘은 종종 제어 구조라 불리는 것에 의하여 명령어들의 실행 순서를 변경할 수 있는 능력을 가져야 한다. 알고리즘의 연산에는 3개의 카테고리가 있다.

순차 연산: 이런 명령어들은 순서대로 수행된다.

조건 연산: 이 제어구조는 먼저 참/거짓으로 대답을 해야 하는 질문을 하고, 다음에 대답에 근거하여 다음의 명령어를 선택한다.

반복 연산(루프): 이 제어 구조는 일련의 명령어들을 반복적으로 수행한다.

모든 문제를 알고리즘으로 풀 수 있는 것은 아니며, 일부 잠재적인 알고리즘의 해법은 해를 찾는 데 시간이 오래 걸릴 수 있기 때문에 실패할 수도 있다.

구조적 프로그래밍

구조적 프로그래밍은 계층적인 모듈을 사용하는 프로그램 설계의 한 기법으로, 각 모듈은 하나의 입력점과 하나의 출력점을 가지며, 여기에서는 제어가 전 구조를 따라서 상위 레벨로 무조건적으로 분기하는 것 없이 아래 방향으로 넘겨간다. MATLAB에서 이런 모듈은 내장 함수나 사용자 정의 함수가 될 수 있다.

프로그램의 흐름의 제어는 알고리즘에서 사용되는 것과 같은 3가지의 형태인 순차, 조건, 반복을 사용한다. 일반적으로 어떤 컴퓨터 프로그램도 이 3가지의 구조로 작성된다. 이렇게 구현하는 것은 프로그래밍을 구조적으로 개발하도록 해준다. 이렇게 MATLAB과 같이, 구조적 프로그램에 적합한 언어는 베이직이나 포트란 언어에서 볼 수 있는 goto 명령에 해당하는 명령은 갖지 않는다. goto 명령으로 인하여 발생하는 바람직하지 못한 결과로는 스파게티 코드라고 불리는 혼란스러운 코드로, 복잡하게 얽힌 분기들로 구성되어 있는 코드이다.

구조적 프로그래밍은 적절하게 사용된다면, 쓰기 쉽고, 이해하기 쉬우며, 수정하기 쉬운 프로그램을 만든다. 구조적 프로그래밍의 장점은 다음과 같다.

1. 구조적 프로그램은 작성하기 쉬우며, 그 이유는 프로그래머들이 문제를 전체적으로 먼저 공부한 다음에 세세한 것은 나중에 다룰 수 있기 때문이다.
2. 한 응용에서 작성된 모듈(함수)은 다른 응용에서도 사용될 수 있다(이를 재사용코드라고 한다).
3. 구조적 프로그램은 디버그하기가 편하며, 각 모듈이 하나의 작업을 수행하도록 설계되어 있어, 다른 모듈과는 별개로 테스트할 수 있기 때문이다.
4. 구조적 프로그램은 팀 단위로 구성되는 환경에서 효과적이며, 그 이유는 여러 사람이 각각 하나 또는 그 이상의 모듈을 개발함으로써 하나의 공통적인 프로그램을 수행할 수 있기 때문이다.
5. 구조적 프로그램은 이해하고 수정하기 쉬우며, 특히 모듈의 이름이 의미 있게 선택되고 모듈의 작업을 명확하게 확인할 수 있도록 문서화한다면 더욱 그렇다.

하향식 설계와 프로그램 문서화

구조적 프로그램을 생성하는 방법 중의 하나가 하향식(top-down) 설계로 초기에는 매우 높은 단계에서 프로그램이 의도하는 목적을 기술하고, 프로그램의 구조에 대하여 코딩을 할 수 있을 만큼 충분히 이해될 때까지 프로그램을 좀 더 상세한 단계로 한 번에 한 단계씩 반복적으로 나누는 방법이다. [표 4.1-1]은 1장에서부터 반복되는 것으로, 하향식 설계의 절차에 대하여 정리했다. 단계 4에서는 답을 얻기 위하여 사용되는 알고리즘을 생성한다. 단계 5인 '프로그램 작성 및 수행'은 하향식 설계 절차의 한 단계에 불과함을 주목한다. 이 단계에서는 필요한 모듈을 생성하고 각각을 테스트한다.

[표 4.1-1] 컴퓨터 해를 개발하는 단계

1. 문제를 간결하게 서술한다.
2. 프로그램에 의하여 사용될 데이터를 지정한다. 이것이 입력이다.
3. 프로그램에 의하여 생성될 데이터를 지정한다. 이것이 출력이다.
4. 답을 얻는 단계를 손이나 계산기로 한번 해본다. 필요하다면 간략화된 데이터를 사용한다.
5. 프로그램을 작성하고 수행한다.
6. 프로그램의 출력을 손으로 계산한 답과 함께 검토한다.
7. 입력 데이터와 함께 프로그램을 수행하고, 출력에 대하여 '현실성 체크'를 수행한다. 타당한가? 예상되는 결과의 범위를 추정하고, 구한 답과 비교해본다.
8. 미래에 이 프로그램을 일반적인 도구로 사용하려면, 적정한 범위의 데이터 값에 대하여 프로그램을 수행하여 테스트를 한다. 결과에 대하여 현실성 체크를 한다.

구조적 프로그램을 개발하고 설명하는 데 2가지 형태의 도표가 도움을 준다. 이들은 구조도(structure chart)와 흐름도(flow chart)이다. 구조도는 프로그램의 다른 부분들이 어떻게 서로 연결되어 있는지를 시각적으로 보여주는 설명이다. 이런 형태의 그림은 특히 하향식 설계의 초기 단계에서 특히 유용하다.

구조도는 계산이나 결정하는 절차에 대하여 자세히 보여주지 않고도 프로그램의 구조를 보여준다. 예를 들어, 제한적이고 바로 알 수 있는 작업을 수행하는 함수 파일을 이용하여 프로그램의 모듈을 만들 수 있다. 큰 프로그램은 보통 필요할 때 특정된 작업을 수행하는 이 모듈들을 호출하는 주프로그램으로 구성되어 있다. 구조도는 주프로그램과 모듈들 간의 연결 관계를 보여준다.

예를 들어, 틱-택-토우 게임을 하는 프로그램을 작성하고 싶다고 가정한다. 게임을 하는 사람이 이동을 입력하도록 하는 모듈, 게임의 경기장을 보이고 갱신하는 모듈과, 이동을 선택하기 위한 컴퓨터의 전략을 포함하는 모듈들이 필요하게 된다. [그림 4.1-1]은 이런 프로그램의 구조도를 보여준다.

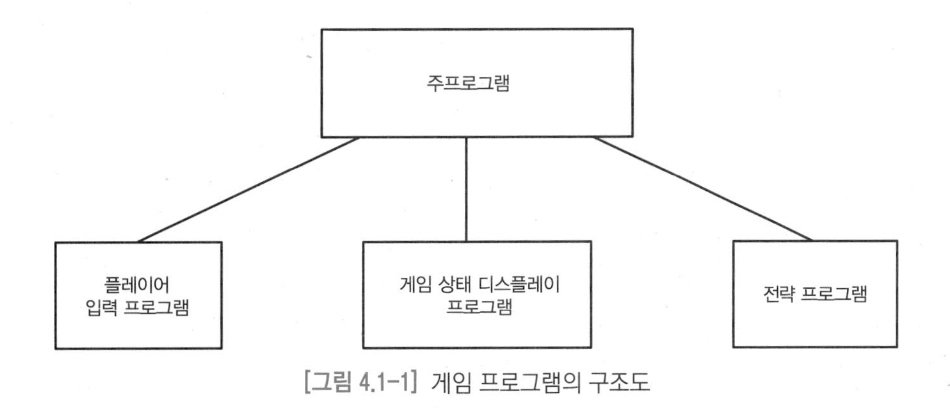

[그림 4.1-1] 게임 프로그램의 구조도

흐름도는 조건문이 어떻게 수행되는지에 따라서 프로그램이 취할 수 있는 여러 가지 경로(가지라고 불림)를 보여줄 수 있기 때문에, 조건문을 포함하는 프로그램을 개발하고 문서화하는 데 유용하다. [그림 4.1-2]에 4.3절에서 소개할 `if` 문에 대한 설명을 흐름도로 표현하였다. 흐름도에서는 결정이 일어나는 위치를 나타내기 위하여 다이아몬드 표시를 사용한다.

구조도와 흐름도는 유용하지만, 규모가 커지면 사용하기 어렵다. 크고 좀 더 복잡한 프로그램의 경우 이런 그림을 그리는 것은 실용적이 아닐 수 있다. 그럼에도 불구하고 작은 프

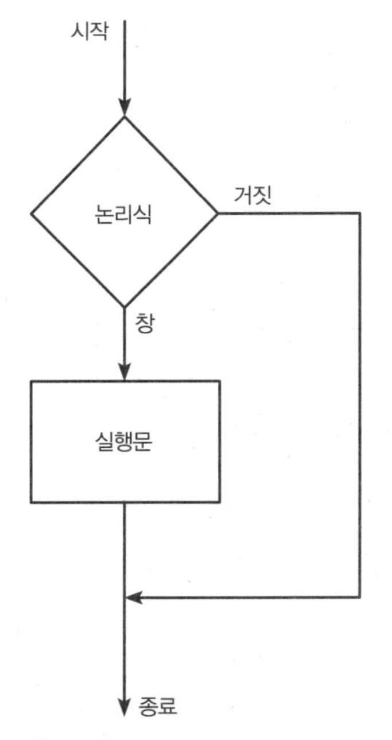

[그림 4.1-2] 논리 테스트의 설명에 대한 흐름도 표현

로젝트의 경우에, 흐름도 또는 구조도를 그리는 것은 특정한 MATLAB 코드를 작성하기 전에 생각을 정리하는 데 도움을 줄 수 있기 때문이다. 이런 그림에는 공간이 필요하므로, 이 교재에서는 사용하지 않기로 한다. 하지만 문제를 풀고자 할 때, 이런 그림을 사용하는 것을 권장한다.

프로그램을 다른 사람에게 줄 의사가 없다고 하더라도, 프로그램을 적절하게 문서화하는 것은 매우 중요하다. 프로그램 중의 일부를 수정할 필요가 있을 때, 한동안 그 프로그램을 사용하지 않았다면 어떻게 동작하는지를 기억하는 것은 보통 매우 어려운 일이다. 효과적인 문서화는 다음을 사용하여 수행할 수 있다.

1. 변수들이 나타내는 양을 반영하도록 변수 이름을 적절하게 선택
2. 프로그램 안에서 적절한 주석문(comment)을 사용
3. 구조도의 사용
4. 흐름도의 사용
5. 주로 의사코드(Pseudocode)를 이용하여 프로그램을 말로 기술

적절한 변수 이름과 주석문을 사용하는 데 따르는 장점은 이들이 프로그램 안에 같이 있다는 것이다. 프로그램을 얻는 사람은 누구든지 이렇게 문서화된 것을 보게 된다. 하지만 이들은 프로그램의 개요에 대하여는 충분히 제공하지 않는다. 뒤쪽의 3가지 요소들은 이런 개요를 제공해준다.

의사코드

알고리즘을 설명하는 데 있어서 영어와 같은 자연어를 사용하면 말이 많아지고 오해가 발생할 수 있다. 프로그래밍 언어의 잠재적으로 복잡한 구문을 직접 다루는 것을 피하기 위하여 대신 의사코드(Pseudocode)를 사용할 수 있다. 의사코드에서는 자연어와 수학적인 표현을 사용하여 자세한 구문 없이, 컴퓨터 명령어들처럼 보이도록 문장을 만든다. 의사코드는 프로그램의 동작을 설명하기 위하여 간단한 MATLAB 구문을 일부 사용할 수도 있다.

이름이 의미하는 것처럼, 의사코드는 실제 컴퓨터 코드의 모방이다. 의사코드는 프로그램 안의 주석문(comment) 작성에 필요한 기반을 제공해준다. 문서화에 기여하는 것 외에도, 의사코드는 실제 코드를 작성하기 전에 프로그램의 골격을 만드는 데 유용하다. 실제 코드는 MATLAB의 엄격한 구문을 따라야 하기 때문에 시간이 오래 걸릴 수 있다.

각 의사코드 명령은 번호가 붙여질 수 있지만, 모호해서는 안 되고 계산 가능해야 한다.

MATLAB은 디버거에서를 제외하고는 줄 번호를 사용하지 않는다는 것을 주의한다. 다음의 각 경우에서는 알고리즘에서 사용되는 각 제어 구조들(순차, 조건, 반복 연산)을 의사코드가 어떻게 문서화할 수 있는지를 보여준다.

경우 1. 순차 연산 각 변의 길이가 각각 a, b, c인 삼각형의 둘레 p와 면적 A를 계산하라. 공식은

$$p=a+b+c \qquad s=\frac{p}{2} \qquad A=\sqrt{s(s-a)(s-b)(s-c)}$$

이다.

1. 변의 길이 a, b, c를 입력한다.
2. 둘레 p를 계산한다.

$$p=a+b+c$$

3. 둘레의 반 s를 계산한다.

$$s=\frac{p}{2}$$

4. 면적 A를 계산한다.

$$A=\sqrt{s(s-a)(s-b)(s-c)}$$

5. p와 A의 결과를 보인다.
6. 종료한다.

프로그램은 다음과 같다.

```
a = input('변 a의 값을 입력한다: ');
b = input('변 b의 값을 입력한다: ');
c = input('변 c의 값을 입력한다: ');
p = a + b + c;
s = p/2;
A = sqrt(s*(s-a)*(s-b)*(s-c));
disp('둘레는 : ')
p
disp(' 면적은 : ')
A
```

경우 2. 조건 연산 어떤 점의 좌표 $(x,\ y)$가 주어졌을 때, 극좌표 $(r,\ \theta)$를 계산하라. 여기에서

$$r = \sqrt{x^2 + y^2} \qquad \theta = \tan^{-1}\left(\frac{y}{x}\right)$$

1. 좌표 x와 y를 입력한다.
2. 삼각형의 빗변의 길이 r을 구한다.

   r = sqrt(x^2+y^2)
3. 각도 θ를 구한다.

   3.1 만일 $x \geq 0$ 이면

   theta = atan(y/x)

   3.2 그렇지 않으면

   theta = atan (y/x) + pi
4. 라디안을 각도로 변환한다.

   theta = theta*(180/pi)
5. 결과인 r과 theta를 보인다.
6. 종료한다.

하위 구조를 나타내기 위하여 3.1과 3.2와 같은 번호 체계를 사용한 점을 주목한다. 명확하게 하기 위하여 필요한 경우 MATLAB 구문을 사용하여도 무방하다. 다음 프로그램은 이 장에서 소개될 MATLAB의 특징을 일부 이용하여 의사코드를 구현한다. 이 프로그램은 '크거나 같은'을 나타내는 관계 연산자 >=를 이용한다(4.2절). 이 프로그램은 4.3절에서 다루는 'if-else-end' 구조를 사용한다.

```
x = input('x의 값을 입력한다: ');
y = input('y의 값을 입력한다: ');
r = sqrt(x^2 + y^2);
if x >= 0
   theta = atan(y/x);
else
   theta = atan(y/x) + pi;
end
disp('빗변은 :')
disp(r)
theta = theta*(180/pi);
```

```
disp('각도는 : ')
disp(theta)
```

경우 3. 반복 연산 수열 $10k^2-4k+2$, $k=1, 2, 3, \cdots$의 합이 20,000을 초과할 때까지 얼마나 많은 항이 필요한지 결정하라. 이 때 합은 얼마인가?

식 $10k^2-4k+2$를 얼마나 많이 계산해야 하는지 알지 못하므로 `while` 루프를 이용하기로 한다. `while` 루프는 4.6절에서 다룬다.

1. 총합(total)을 0으로 초기화한다.
2. 카운터를 0으로 초기화한다.
3. 총합이 20,000보다 작다면 총합을 계산한다.
   3.1 카운터를 1만큼 증가시킨다.
   ```
   k = k + 1
   ```
   3.2 총합을 갱신한다.
   ```
   total = 10*k^2 - 4*k + 2 + total
   ```
4. 카운터의 현재 값을 보인다.
5. 총합의 값을 보인다.
6. 종료한다.

다음 프로그램은 의사코드를 구현한다. `while` 루프 안의 실행문은 변수 `total`이 20,000과 같거나 클 때까지 수행된다.

```
total = 0;
k = 0;
while total < 2e+4
   k = k + 1;
   total = 10*k^2 - 4*k + 2 + total;
end
disp('항의 수는: ')
disp(k)
disp('합은: ')
disp(total)
```

오류 찾기

프로그램의 디버깅은 프로그램 안의 오류(에러)인 '버그'를 찾는 과정이다. 이런 에러는 보통 다음 중의 하나로 분류된다.

1. 괄호나 콤마를 빼먹거나 명령어를 잘못 적는 것과 같은 구문 에러. MATLAB은 보통 명백한 에러는 감지하며, 에러를 설명하고 위치를 알리는 메시지를 보여준다.
2. 부정확한 수학적인 식에 의한 에러. 이들은 실행 중 에러 (runtime error)라고 불린다. 이들은 프로그램이 실행될 때마다 나오는 것은 아니다. 이런 에러는 보통 특정 입력 데이터에 의하여 발생한다. 보편적인 예가 0으로 나누는 것이다.

MATLAB의 에러 메시지는 보통 구문 오류를 찾을 수 있게 해준다. 하지만 실행 중 에러는 위치를 찾기가 어렵다. 이런 에러의 위치를 찾으려면 다음과 같이 해본다.

1. 항상 문제를 손으로 계산하여 답을 체크할 수 있도록 간단한 버전을 만들어 프로그램을 테스트해본다.
2. 문장의 끝에 있는 세미콜론을 없애서 중간 계산 결과가 보이도록 한다.
3. 사용자가 정의한 함수를 테스트하기 위해서 `function` 줄을 주석문으로 변경하고, 파일을 스크립트로 실행한다.
4. 편집기의 디버깅 기능을 이용한다. 이것은 4.8절에서 설명한다.

4.2 관계 연산자와 논리 변수

MATLAB에는 배열들 간의 비교를 수행하기 위하여 여섯 개의 관계 연산자가 있다. 이런 연산자들은 [표 4.2-1]에 보였다. '같다' 연산자는 보통 예측한 것과는 달리 하나의 = 부호가 아닌 = 부호 2개로 되어 있다. MATLAB에서 하나의 = 부호는 할당 또는 대체 연산자를 나타낸다.

[표 4.2-1] 관계 연산자

관계 연산자	의미
<	작다
<=	작거나 같다
>	크다
>=	크거나 같다
==	같다
~=	같지 않다

관계 연산자를 이용한 비교 결과는 (결과가 거짓이면) 0 또는 (결과가 참이면) 1이 되며, 결과는 변수로서 사용될 수 있다. 예를 들어 x = 2, y = 5일 때, z = x < y라고 입력하면, z = 1이라는 값이 나오고, u = x == y를 입력하면 u = 0의 값을 준다. 이 명령을 좀 더 읽기 쉽게 하기 위하여, 예를 들어, z = (x < y)와 u = (x==y)와 같이, 괄호를 이용해서 그룹을 지울 수 있다.

관계 연산자들이 배열을 비교하는 데 사용되면, 기본적으로 배열의 원소끼리 비교하게 된다. 비교가 되는 배열들은 반드시 차원이 같아야 한다. 단 하나의 예외가 배열을 스칼라와 비교할 때 발생한다. 이 경우는 배열의 모든 원소들이 그 스칼라와 비교를 하게 된다. 예를 들어, x = [6, 3, 9]이고 y = [14, 2, 9]라고 가정한다. 다음의 MATLAB 세션은 예를 보인다.

```
>> z = (x < y)
z =
   1  0  0
>> z = (x ~= y)
z =
   1  1  0
>> z = (x > 8)
z =
   0  0  1
```

관계 연산자는 배열의 주소를 지정하는 데 사용될 수 있다. 예를 들어, x = [6, 3, 9]이고 y = [14, 2, 9]라고 할 때, z = x (x < y)라고 쓰면, x에서 각 원소가 대응되는 y의 원소보다 작은 원소를 모두 찾는다. 결과는 z = 6이 된다.

수치 연산자 +, -, *, /, \는 관계연산자보다 우선순위가 높다. 즉 문장 z = 5 > 2 + 7은 z = 5 > (2 + 7)과 같으며, 결과로 z = 0이 나온다. 괄호를 이용하여 우선순위의 순서를 바꿀 수 있다. 예를 들어, z = (5 > 2) + 7의 연산 결과는 z = 8이 된다.

관계연산자들은 그들 사이에서는 우선순위가 같으며, MATLAB은 왼쪽에서 오른쪽의 순서로 계산한다. 그래서 다음 문장

```
z = 5 > 3 ~= 1
```

은

```
z = (5 > 3) ~= 1
```

과 동등하다. 두 문장 모두 결과는 z = 0이다.

== 또는 >=와 같이, 하나 이상의 문자로 구성된 관계 연산자들은 문자들 사이에 빈 칸을 넣지 않도록 주의한다.

logical 클래스

x = (5 > 2)와 같이 관계 연산자를 사용하면, 이 경우 x와 같은 논리 변수를 생성한다. MATLAB 6.5 이전의 버전에서는 **logical**은 임의의 숫자 데이터 형태의 한 속성이었다. 이제 **logical**은 최상위 데이터 형태이자 MATLAB의 클래스이며, 그래서 **logical**은 문자나 셀 배열과 같이, 다른 최상위 데이터 형태와 동등해졌다. 논리 변수들은 1(참)과 0(거짓) 값만을 가질 수 있다.

어떤 배열이 단지 0과 1만을 갖고 있다고 해서 반드시 논리 배열은 아니다. 예를 들어, 다음 세션에서 k와 w는 같아 보이지만, k는 논리 배열이고 w는 숫자 배열이다. 그래서 에러 메시지가 나온다.

```
>> x = -2:2
x =
   -2   -1    0    1    2
>> k = (abs(x)>1)
k =
  1×5 logical 배열
   1  0  0  0  1
```

```
>> z = x(k)
z =
   -2    2
>> w = [1, 0, 0, 0, 1];
>> v = x(w)
첨자 인덱스는 실수형 양의 정수이거나 논리형이어야 합니다.
```

logical 함수

논리 배열은 관계 연산자와 논리 연산자 및 logical 함수로 생성될 수 있다. logical 함수는 논리 인덱스와 논리 테스트에 사용될 수 있는 배열을 만들어 준다. B = logical(A)라고 입력하면, 여기에서 A는 수치 배열이며, 논리 배열 B가 나온다. 그래서 먼저의 세션에서의 오류를 정정하기 위해서는 v = x(w)를 입력하기 전에 대신 w = logical([1, 0, 0, 0, 1])을 입력하면 된다.

1 또는 0이 아닌 유한한 실수 값이 논리 변수에 할당이 되면, 그 값은 논리값 1로 변환된다. 예를 들어 y = logical(9)를 입력하면, y에는 논리값 1이 할당된다. 논리 배열을 실수 배열(double 클래스)로 변환시키기 위해서는 double 함수를 이용할 수 있다. 예를 들어, x = (5 > 3); y = double(x);이다. 어떤 산술 연산자는 논리 배열을 double 배열로 변환시킨다. 예를 들면, B = B + 0을 입력하여 B의 각 원소에 0을 더하면, B는 산술(double) 배열이 된다. 하지만 모든 수학 연산자가 논리 배열에 대해 정의된 것은 아니다. 예를 들어

```
>>x = ([2, 3] > [1, 6]);
>>y = sin(x)
```

라고 입력하면, 에러 메시지가 나온다. 이것은 논리 데이터 또는 논리 변수의 사인 값을 계산하는 것은 거의 상식에 어긋나므로 중요한 이슈는 아니다.

논리 배열을 이용한 배열의 액세스

논리 배열이 다른 배열의 주소를 지정하기 위하여 사용되면, 논리 배열이 1을 갖고 있는 위치의 원소를 배열로부터 추출한다. 그래서 B가 A와 같은 크기의 논리 배열일 경우에 A(B)라고 입력하면, B가 1이 되는 인덱스에서의 A의 값을 반환한다.

A = [5, 6, 7; 8, 9, 10; 11, 12, 13]과 B = logical(eye(3))이라고 주어졌을 때, C = A(B)를 입력하면 A의 대각선 원소인 C = [5; 9; 13]을 얻는다. 배열의 아래첨자(subscript)

를 논리 배열로 지정하면, 논리 배열에서 참(1) 값에 대응하는 원소를 추출해낸다.

C = A(eye(3))에서와 같이 수치 배열 eye(3)를 이용하는 것은, eye(3)의 원소가 A에서의 위치와 상응하지 않기 때문에 에러 메시지를 만든다. 수치 배열 값이 적합한 위치에 대응되면, 원소를 추출하기 위하여 수치 배열을 사용할 수 있다. 예를 들어, 수치 배열로 A의 대각선 원소를 추출하기 위해서는 C = A([1, 5, 9])를 입력한다.

MATLAB 데이터 형태는 인덱스를 사용하여 값을 할당하면 변경되지 않는다. 그래서 logical이 MATLAB의 데이터의 한 형태이므로, A가 예를 들어 A = logical(eye(4))와 같은 논리 배열이면, A(3, 4) = 1이라고 입력을 한다고 해도 A는 double 배열로 바뀌지 않는다. 또한, A(3, 4) = 5는 A(3, 4)를 논리 1로 설정하고 경고를 발생한다.

4.3 논리 연산자와 함수

MATLAB은 5개의 논리 연산자가 있으며, 때때로 부울 연산자([표 4.3-1] 참조)라고 불린다. 이런 연산자는 원소-대-원소 연산을 수행한다. NOT (~) 연산자의 예외를 제외하고는, 수식 연산과 관계 연산([표 4.3-2] 참조)보다 낮은 우선순위를 갖는다. 우선순위에 대해 자세한 내용을 보려면 help precedence를 명령창에 입력한다. NOT 심볼은 틸드(tilde)라고 불린다.

[표 4.3-1] 논리 연산자

연산자	이름	정의
~	NOT	~A는 A와 같은 차원을 갖는 배열을 반환하며, 새로운 배열은 A가 0이면 1의 값을, 0이 아니면 1의 값을 준다.
&	AND	A & B는 A 및 B와 같은 차원을 갖는 배열을 반환하며, 새로운 배열은 A와 B 모두가 0이 아닌 원소를 가지면 1을, A가 0이거나 또는 B가 0이면 0의 값이 나온다.
|	OR	A | B는 A 및 B와 같은 차원을 반환하며, 새로운 배열은 A 또는 B에서 최소 하나의 원소가 0이 아니면 1이, A와 B의 원소가 동시에 0이면 0이 나온다.
&&	단락회로 AND	스칼라 논리식에 대한 연산자. A && B는 A와 B가 동시에 참이면 참의 값이, 그렇지 않으면 거짓의 값이 나온다.
||	단락회로 OR	스칼라 논리식에 대한 연산자. A || B는 A와 B 중 하나라도 참이면 참의 값이, 그렇지 않으면 거짓의 값이 나온다.

[표 4.3-2] 연산자 형태의 우선순위

우선순위	연산자 형태
첫 번째	괄호, 가장 안쪽의 짝부터 계산
2번째	수식 연산자와 논리 연산 NOT (~), 왼쪽부터 오른쪽으로 계산
3번째	관계 연산자, 왼쪽부터 오른쪽으로 연산
4번째	논리 AND
5번째	논리 OR

NOT 연산자

NOT 연산 ~A는 A와 같은 차원을 가진 배열을 반환한다. 새로운 배열은 A가 0인 곳은 1의 값을 갖고, A가 0이 아닌 곳은 0의 값을 갖는다. 만일 A가 논리값을 가지면, ~A는 0은 1로 1은 0으로 교체한다. 예를 들어, x = [0, 3, 9]와 y = [14, -2, 9]라면, z = ~x는 z = [1, 0, 0]이 되고, 실행문 u = ~x > y는 u = [0, 1, 0]의 결과가 나온다. 이 식은 u = (~x) > y와 같고, 반면 v = ~(x > y)은 v = [1, 0, 1]이 나온다. 이 식은 v = (x <= y)와 같다.

AND 연산자

&와 | 연산자는 같은 차원을 갖는 두 개의 배열을 비교한다. 관계 연산자에서와 같이, 단 하나의 예외는 배열과 스칼라는 비교될 수 없다는 것이다. AND 연산 A & B는, A와 B가 모두 0이 아닌 원소를 갖고 있으면 1의 값을, A와 B의 원소 중 어떤 것이라도 0이면 0의 값이 나온다. 식 z = 0 & 3은 z = 0이 나오고, z = 2 & 3은 z = 1이 나온다. z = 0 & 0은 z = 0을, z = [5, -3, 0, 0] & [2, 4, 0, 5]는 z = [1, 1, 0, 0]이 나온다. 연산자의 우선순위로 인하여, z = 1 & 2 + 3은 z = 1 & (2 + 3)과 같으며, 이것은 z = 1을 반환한다. 유사하게, z = 5 < 6 & 1은 z = (5 < 6) & 1과 동등하며, z = 1이 나온다.

x = [6, 3, 9], y = [14, 2, 9]라고 하고, a = [4, 3, 12]라고 한다. 식

```
z = (x > y) & a
```

는 z = [0, 1, 0]이 나오며,

```
z = (x > y) & (x > a)
```

는 결과 z = [0, 0, 0]을 반환한다. 이 식은

```
z = x > y & x > a
```

와 같지만, 훨씬 읽기 힘들다.

부등호와 함께 사용하는 논리 연산자를 사용할 때는 주의해야 한다. 예를 들어 `~(x > y)`는 `x <= y`와 같다. 이것은 `x < y`와는 같지 않다. 다른 예로, 관계식 $5<x<10$은 MATLAB에서는

```
(5 < x) & (x < 10)
```

이라고 써야 한다.

OR 연산자

OR 연산 `A|B`는 `A`와 `B` 중 최소한도 하나의 0이 아닌 원소가 있으면 1이 나오고, `A`와 `B`가 모두 0이면 0이 나온다. 식 `z = 0|3`은 `z = 1`이 나오고, 식 `z = 0|0`은 `z = 0`이 나온다. 그리고

```
z = [5, -3, 0, 0] | [2, 4, 0, 5]
```

는 `z = [1, 1, 0, 1]`이 나온다. 연산자의 우선순위 때문에,

```
z = 3 < 5 | 4 == 7
```

은

```
z = (3 < 5) | (4 == 7)
```

과 동일하며, `z = 1`이 나온다. 유사하게, `z = 1 | 0 & 1`은 `z = (1 | 0) & 1`과 동일하며, `z = 1`이 나오지만, 반면에 `z = 1 | 0 & 0`은 `z = 1`을, `z = 0 & 0 | 1`에는 `z = 1`이 나온다.

NOT 연산자의 우선순위로 인하여, 문장

```
z = ~3 == 7 | 4 == 6
```

은 `z = 0`이라는 결과가 나오며, 이것은

```
z = ((~3) == 7) | (4 == 6)
```

과 동일하다.

배타적 OR 연산자

배타적 OR 함수 xor(A, B)는 A와 B가 모두 0이 아니거나 또는 모두 0일 때 0의 값이 나온다. A 또는 B가 동시에 0이 아니면 1이 나온다. 이 함수는 AND, OR 및 NOT 연산자로 다음과 같이 정의된다.

```
function z = xor(A, B)
z = (A | B) & ~(A & B);
```

식

```
z = xor([3, 0, 6], [5, 0, 0])
```

는 z = [0, 0, 1]이 나오고, 반면에

```
z = [3, 0, 6] | [5, 0, 0]
```

은 z = [1, 0, 1]이 나온다.

[표 4.3-3] 진리표

x	y	~x	x | y	x & y	xor(x, y)
참	참	거짓	참	참	거짓
참	거짓	거짓	참	거짓	참
거짓	참	참	참	거짓	참
거짓	거짓	참	거짓	거짓	거짓

[표 4.3-3]은 논리 연산자 및 함수 xor의 연산들을 정의하는 진리표이다. 논리 연산자에 대하여 익숙해지기 전까지는, 명령문을 확인하기 위하여 표를 이용해야 한다. 참은 논리 1과 동등하며, 거짓은 논리 0과 동등하다는 것을 기억한다. 진리표를 다음과 같이 숫자와 대응시켜 체크할 수 있다. 진리표에서 x와 y는 첫 번째와 두 번째 열에서 1과 0으로 표현된다.

다음의 MATLAB 세션은 1과 0으로 진리표를 생성한다.

```
>> x = [1, 1, 0, 0]';
>> y = [1, 0, 1, 0]';
>> Truth_Table = [x, y, ~x, x | y, x & y, xor(x, y)]
Truth_Table =
```

```
1  1  0  1  1  0
1  0  0  1  0  1
0  1  1  1  0  1
0  0  1  0  0  0
```

버전 변경

AND 연산자(&)에게는 OR 연산자(|)보다 높은 우선순위가 주어졌다. 이것은 그 이전 버전의 MATLAB에서는 그렇지 않았으며, 그래서 이전 버전에서 생성된 코드를 사용한다면, 사용하기 전에 반드시 필요한 수정을 해야 한다. 예를 들어, 지금의 문장 `y = 1|5 & 0`은 `y = 1|(5 & 0)`으로 계산되어 `y = 1`이라는 결과를 만들지만, 전에는 `y = (1|5) & 0`으로 계산하여, `y = 0`이라는 결과를 만들어냈었다. 우선순위에 관련된 잠재적인 문제를 피하기 위해서는, 수식, 관계 연산자 또는 논리 연산자를 포함하는 문장에서 괄호가 꼭 필요하지 않더라도 괄호를 사용하는 것이 중요하다.

단락회로 연산자

다음의 연산자들은 스칼라 값만을 갖는 논리식에 AND와 OR 연산을 수행한다. 이들은 결과가 첫 번째 피연산자에 의하여 완전하게 결정되지 않는 경우에만 두 번째 피연산자를 계산하기 때문에 단락회로(short-circuit) 연산자라고 불린다. 이들은 2개의 논리 변수 `A`와 `B`에 대하여 다음과 같이 정의된다.

`A && B` `A`와 `B` 모두 참으로 계산되면 참(논리 값 1)이 나오고, 그렇지 않으면 거짓(논리 값 0)이 나온다.

`A||B` `A` 또는 `B` 또는 모두가 참으로 계산되면 참(논리 값 1)이 나오고, 그렇지 않으면 거짓(논리 값 0)이 나온다.

이와 같이 `A && B`에서 `A`가 논리 0이면, `B`의 값에 관계없이 전체 식이 거짓으로 계산되고, 그래서 `B`를 계산할 필요가 없다.

`A||B`에 관해서는 만일 `A`가 참이면, `B`의 값에 상관없이 문장은 참으로 계산된다.

[표 4.3-4]는 유용한 논리 함수의 목록이다.

[표 4.3-4] 논리 함수

논리 함수	정의
all(x)	답으로 스칼라를 주며, 벡터 x의 모든 원소가 0이 아니면 1의 값이, 아니면 0의 값이 나온다.
all(A)	행렬 A와 같은 열의 수를 갖는 행벡터가 나오며, A의 대응하는 열이 모두 0 아닌 원소를 갖는가에 따라 1과 0을 갖는다.
any(x)	벡터 x에서 0이 아닌 원소가 하나라도 있으면 1이 되고, 그렇지 않으면 0인 스칼라가 나온다.
any(A)	A와 같은 수의 열을 갖는 행벡터가 나오며, A에 대응하는 열이 0이 아닌 원소를 하나라도 갖고 있는지에 따라 1 또는 0의 값을 갖는다.
find(A)	배열 A의 0이 아닌 원소의 인덱스를 갖는 배열을 계산한다.
[u, v, w] = find(A)	배열 A에서 0이 아닌 원소들의 열 인덱스와 행 인덱스를 갖는 u와 v를 계산하고, 0아닌 원소들의 값들을 포함하는 배열 w를 계산한다. w는 생략될 수 있다.
isfinite(A)	A와 같은 차원을 갖는 배열이 나오며, A의 원소가 유한하면 1의 값이, 그렇지 않은 곳에는 0이 나온다.
ischar(A)	A가 문자 배열이면 1이, 아니면 0이 나온다.
isempty(A)	A가 빈 행렬이면 1이, 아니면 0이 나온다.
isinf(A)	A와 같은 차원을 갖는 배열이 나오며, A가 무한대를 갖는 곳에서는 1이, 아닌 곳에는 0이 나온다.
isnan(A)	A와 같은 차원의 배열이 나오며, A가 'NaN'을 갖는 곳에 1이, 그렇지 않으면, 0이 나온다. ('NaN'은 '숫자가 아니다. not a number'를 나타내는 말로, 정의되지 않은 결과(부정(不定))를 의미한다.)
isnumeric(A)	A가 숫자이면 1이, 아니면 0이 나온다.
isreal(A)	A가 허수부를 가진 원소를 갖지 않으면 1이, 그렇지 않으면 0이 나온다.
logical(A)	배열 A의 원소를 논리값으로 변환한다.
xor(A, B)	A 및 B와 같은 차원을 갖는 배열이 나온다. 새로운 배열은 A 또는 B가 동시에 0이 아니면 1이, A와 B가 모두 0이 아니거나 모두 0이면 0이 나온다.

논리 연산자와 find 함수

find 함수는 의사 결정을 하는 프로그램을 생성하는데, 특히 관계 연산자나 또는 논리 연산자와 결합될 때 유용하다. 함수 find(x)는 배열 x에서 0이 아닌 원소의 인덱스로 된 배열을 만든다. 예를 들어 다음과 같은 세션

```
>> x = [-2, 0, 4]
>> y = find(x)
y =
  1   3
```

을 고려한다. 결과 배열 y = [1, 3]은 x의 첫 번째와 세 번째 원소가 0이 아니라는 것을 나타낸다. find 함수는 값이 아닌 인덱스를 출력한다는 것을 주목한다. 다음의 세션에서, x(x < y)에 의하여 얻어진 결과와 find(x < y)에 의하여 얻어진 결과의 차이를 주목한다.

```
>>x = [6, 3, 9, 11]; y = [14, 2, 9, 13];
>>values = x(x < y)
values =
   6   11
>>how_many = length(values)
how_many =
   2
>>indices = find(x < y)
indices =
   1   4
```

이와 같이 배열 x의 두 값은 배열 y에서의 대응되는 값보다 작다. 이들은 첫 번째와 네 번째 값, 6과 11이다. 해당되는 경우가 얼마나 많은가를 구하려면, length(indices)를 입력하면 된다.

find 함수는 논리 연산자와 결합될 때 또한 유용하다. 예를 들어, 다음의 세션을 고려한다.

```
>> x = [5, -3, 0, 0, 8]; y = [2, 4, 0, 5, 7];
>> z = find(x & y)
z =
   1   2   5
```

결과 배열 z = [1, 2, 5]는 x와 y의 첫 번째, 두 번째 및 5번째 원소가 모두 0이 아니라는 것을 나타낸다. find 함수는 값이 아니라 인덱스가 나온다는 것을 주목한다. 다음의 세션에서는 y(x & y)에 의하여 얻어진 결과와 위의 find(x & y)에 의하여 얻어진 결과와의 차이를 주목한다.

```
>> x = [5, -3, 0, 0, 8]; y = [2, 4, 0, 5, 7];
>> values = y(x & y)
values =
   2   4   7
>> how_many = length(values)
how_many =
   3
```

이렇게 배열 y에는 배열 x의 0이 아닌 값에 대응하는 0이 아닌 값이 3개 있다. 이 값들은 첫 번째, 두 번째 및 다섯 번째 값들로 2, 4, 7이다.

위의 예에서, 배열 x와 y에는 단지 몇 개의 숫자만 있으므로 시각적으로 검사하여 답을 얻을 수도 있다. 하지만, 데이터가 너무 많아서 시각적인 검사로는 매우 많은 시간이 걸리거나 프로그램 안에서 내부적으로 값들이 생성되는 경우에 MATLAB에서 제공하는 이 방법은 매우 유용하다.

이해력 테스트 문제

T4.3-1 `x = [5, -3, 18, 4]` 및 `y = [-9, 13, 7, 4]`라고 하면, 다음 연산의 결과는 무엇이 되는가? MATLAB을 사용하여 답을 확인하라.

a. `z = ~y > x`

b. `z = x & y`

c. `z = x | y`

d. `z = xor(x, y)`

T4.3-2 `x = [-9, -6, 0, 2, 5]` 및 `y = [-10, -6, 2, 4, 6]`이라고 가정한다. 다음 연산의 결과는 무엇인가? 손으로 풀어 답을 구하고, MATLAB을 사용하여 답을 확인하라.

a. `z = (x < y)`

b. `z = (x > y)`

c. `z = (x ~= y)`

d. `z = (x == y)`

e. `z = (x > 2)`

T4.3-3 `x = [-4, -1, 0, 2, 10]`, `y = [-5, -2, 2, 5, 9]`라고 가정한다. MATLAB을 사용하여 대응되는 y의 원소보다 큰 값을 갖는 x의 원소의 값과 인덱스를 구하라.

예제 4.3-1 발사체의 높이와 속도

속도 v_0와 수평에 대하여 각도 A로 발사된 발사체(던져진 공과 같은)의 높이와 속력은

$$h(t) = v_0 t \sin A - 0.5gt^2$$
$$v(t) = \sqrt{v_0^2 - 2v_0 gt \sin A + g^2 t^2}$$

으로 주어진다. 여기서 g는 중력가속도이다. 발사체는 $h(t)=0$일 때 땅과 충돌하며, 이때의 시간은 충돌 시까지의 시간, $t_{hit} = 2(v_0/g)\sin A$로 주어진다. $A=40^\circ$, $v_0 = 20\text{m/s}$, $g = 9.81\text{m/s}^2$이라고 가정한다. MATLAB의 관계 연산자와 논리 연산자를 사용하여 높이가

6m보다 작지 않고, 동시에 속력이 16m/s보다 크지 않았을 때의 시간을 구하라. 여기에 더하여, 해를 구하기 위한 접근 방법에 관하여 논의하라.

풀이

이 문제를 해결하는 열쇠는 관계 연산자와 논리 연산자를 사용하여 논리식 (h >= 6) & (v <= 16)이 참이 될 때의 시간을 결정하기 위하여 find 명령을 이용하는 것이다. 먼저 우리의 목적을 위하여 충분한 정밀도를 얻을 수 있도록 충분히 작은 시간 간격 t를 이용하여, $0 \leq t \leq t_{hit}$ 사이의 시간 t_1과 t_2에 대응하는 벡터 h와 v를 생성해야 한다. 간격은 $t_{hit}/100$을 선택하며, 이것은 101개의 시간 값을 준다. 프로그램은 다음과 같다. 시간 t_1과 t_2를 계산할 때, 배열 t의 첫 번째 원소가 $t=0$ (즉, t(1) = 0)에 해당하기 때문에, u(1)과 length(u)로부터 1만큼씩을 빼주어야 한다.

```
% 초기 속도, 중력, 및 각도의 값을 지정한다.
v0 = 20; g = 9.81; A = 40*pi/180;
% 충돌 시간을 계산한다.
t_hit = 2*v0*sin(A)/g;
% 시간, 높이, 속도를 포함하는 배열을 계산한다.
t = [0:t_hit/100:t_hit];
h = v0*t*sin(A) - 0.5*g*t.^2;
v = sqrt(v0^2 - 2*v0*g*sin(A)*t + g^2*t.^2 );
% 언제 높이가 6보다 적지 않고, 속도가 16보다 크지 않은지 결정한다.
u = find(h >= 6 & v <= 16);
% 해당되는 시간을 계산한다.
t_1 = (u(1) - 1)*(t_hit/100)
t_2 = u(length(u) - 1)*(t_hit/100)
```

결과는 $t_1 = 0.8649$와 $t_2 = 7.7560$이다. 이 두 시간 사이에서는 $h \geq 6\text{m}$이고 $v \leq 16\text{m/s}$이다.

이 문제를 $h(t)$와 $v(t)$를 그려서 구할 수도 있지만, 결과의 정확도는 그래프에서 점을 선택하는 능력에 의하여 제한된다. 이에 더하여, 이런 문제를 많이 풀어야 된다면, 그래프를 이용하는 방법은 더욱 시간이 많이 들게 된다.

이해력 테스트 문제

T4.3–4 [예제 4.3–1]에서 주어진 문제를 고려한다. 관계 연산자와 논리 연산자를 사용하여 발사체의 높이가 4미터보다 낮거나 속력이 17m/s보다 큰 시간을 찾아라. $h(t)$와 $v(t)$의 그래프를 그려서 결과를 확인하라.

4.4 조건문

매일 매일의 언어에서 우리는 '만일 월급이 오르면, 새 차를 사겠다'와 같이 조건문을 사용하여 의사 결정을 기술한다. 조건문 '나의 월급이 오르면'이 참이라면, 지시된 행동(새 차를 산다)을 수행한다. 다른 예로는, '내가 만일 주당 최소 $100을 올려 받으면, 새로운 차를 사겠다. 그렇지 않으면, 인상분을 저축을 하겠다.'가 있다. 약간 더 복잡한 예로는 '만일 주당 최소 $100을 올려 받으면, 나는 새 차를 사고, 주급 인상이 $50보다 많으면, 나는 새로운 오디오를 사겠다. 그렇지 않으면, 나는 인상된 돈을 저축하겠다.'가 있겠다.

첫 번째 예의 논리는 다음과 같이 설명할 수 있다.

```
만일 나의 월급이 인상되면,
    나는 새 차를 사겠다
. (마침표)
```

마침표가 어떻게 문장의 끝을 표시하는지 주목한다.

두 번째 예는 다음과 같이 설명될 수 있다.

```
만일 내가 주당 최소 $100을 더 받게 되면,
    나는 새 차를 살 것이다;
그렇지 않으면,
    나는 인상된 돈을 저축하겠다
. (마침표)
```

세 번째의 예는 다음과 같다.

```
만일 내가 주당 최소 $100을 더 받는다면,
    나는 새 차를 사겠다;
그렇지 않고, 만일 인상분이 $50보다 많으면,
    나는 새로운 오디오를 사겠다;
그렇지 않다면,
    나는 인상분을 저축을 하겠다
. (마침표)
```

MATLAB 조건문은 의사 결정을 하는 프로그램을 작성할 수 있도록 해준다. 조건문은 하나 또는 그 이상의 `if`, `else`, `elseif` 문을 갖고 있다. `end` 문은 앞의 예들에서 마침표를 사용했던 것과 같이, 조건문의 끝을 나타낸다. 이런 조건문은 위의 예들과 비슷한 구조를 가지며, 영어와 상당히 유사하다.

if 문

if 문의 기본적인 형태는

```
if 논리식
    실행문
end
```

이다. 모든 if 문은 반드시 end 문을 동반해야 한다. end 문은 논리식이 참이 되면 수행되어야 할 실행문의 끝을 표시한다. 논리식과 if 사이에는 빈 칸이 있어야 하며, 논리식은 스칼라나 벡터 또는 행렬이 될 수 있다.

예를 들어, x는 스칼라이고 $x \geq 0$ 인 경우에만 $y = \sqrt{x}$ 를 계산하고 싶다고 가정한다. 말로 설명한다면, 이 절차는 다음과 같이 기술할 수 있다. x가 0보다 크거나 같으면, $y = \sqrt{x}$ 로부터 y를 계산한다. 다음의 if 문은, x가 스칼라 값을 갖는다고 가정할 때, 이 절차를 MATLAB으로 구현한다.

```
if x >= 0
    y = sqrt(x)
end
```

x가 음수이면, 이 프로그램은 아무런 작용을 하지 않는다. 여기서 논리식은 x >= 0이고, 실행문은 y = sqrt(x) 한 줄이다.

앞의 if 문은 단 한 줄로도 쓸 수 있다. 예를 들면 다음과 같다.

```
if x >= 0, y = sqrt(x), end
```

하지만 이 형태는 앞의 형태보다 이해하기 어렵다. 보통 어떤 문장이 if와 그에 대응하는 end에 속하는지가 명확하도록 문장 들여쓰기를 하여 가독성을 높인다.

논리식은 복합적인 식이 될 수도 있다. 실행문은 하나의 명령이 될 수도 있고, 아니면 콤마나 세미콜론으로, 또는 다른 줄로 분리되는 일련의 명령일 수도 있다. 예를 들어, x와 y가 스칼라 값이라고 하면 아래와 같다.

```
z = 0; w = 0;
if (x >= 0) & (y >= 0)
    z = sqrt(x) + sqrt(y)
    w = sqrt(x*y)
end
```

z와 w의 새로운 값들은 x와 y가 모두 음수가 아니면 계산된다. 그렇지 않으면, z와 w는 0의 값을 유지한다. [그림 4.4-1]에 흐름도를 보였다.

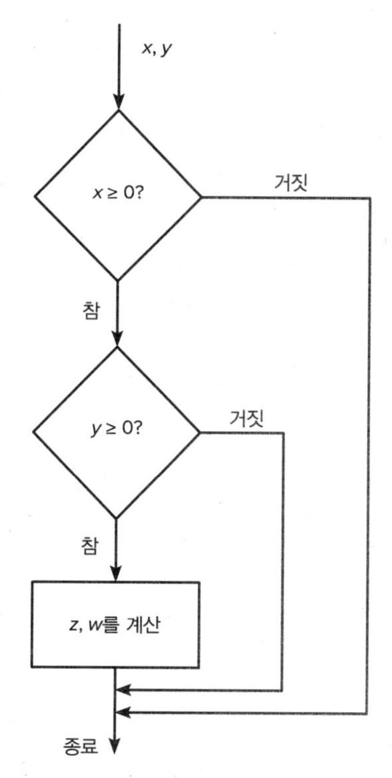

[그림 4.4-1] 2개의 논리 테스트를 설명하는 흐름도

if 문장은 다음의 예에서 보이는 것과 같이 '내포해서' 사용할 수 있다.

```
if 논리식 1
   실행문 그룹 1
   if 논리식 2
      실행문 그룹 2
   end
end
```

각 if 문장은 end 문을 동반한다는 것을 주목한다.

예를 들어, x와 y에 이미 스칼라 값이 할당되었다고 하면, 다음과 같다.

```
if x >= 0
  % 새로운 y를 계산한다.
```

```
    y = 2 - log(x);
    if y >= 0
      z = log(x);
    end
end
```

else 문

어떤 결정의 결과로 하나 이상의 작용이 행해질 때, `if` 문과 함께 `else`와 `elseif` 문을 사용할 수 있다. `else` 문을 사용하기 위한 기본적인 구조는 다음과 같다.

```
if 논리식
    실행문 그룹 1
else
    실행문 그룹 2
end
```

[그림 4.4-2]는 이 구조의 흐름도를 보인다.

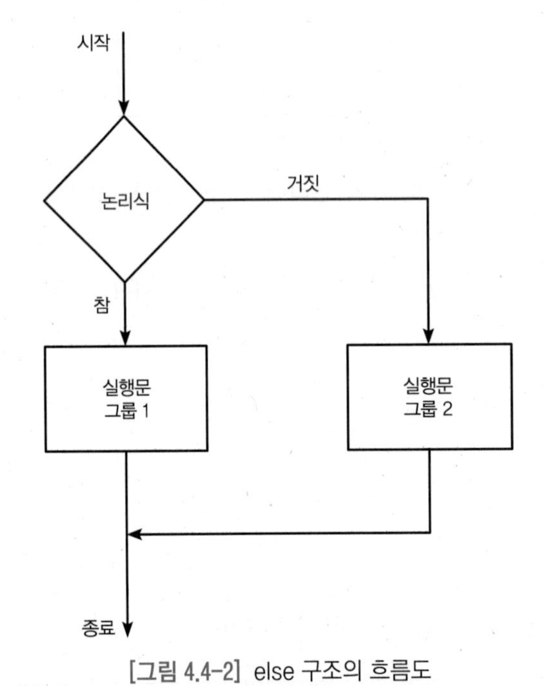

[그림 4.4-2] else 구조의 흐름도

예를 들어, $x \geq 0$일 때 $y = \sqrt{x}$이고, $x < 0$일 때 $y = e^x - 1$이라고 가정한다. 다음의 문

장은 x가 이미 스칼라 값을 갖고 있다고 가정할 때, y를 계산한다.

```
if x >= 0
    y = sqrt(x)
else
    y = exp(x) - 1
end
```

논리식이 배열일 수 있는 곳에서 `if` 논리식의 테스트가 수행되면, 테스트 결과는 논리식의 모든 원소가 참일 경우에만 참의 값이 된다! 예를 들어, 어떻게 테스트가 동작하는지를 인식하지 못하면, 다음의 문장은 예상과 다르게 수행된다.

```
x = [4, -9, 25];
if x < 0
    disp('x의 일부 원소가 음수.')
else
    y = sqrt(x)
end
```

이 프로그램이 수행되면, 결과

```
y =
    2   0 + 3.000i  5
```

를 준다. 이 프로그램은 x의 각 원소를 차례로 검사하지 않는다. 대신 벡터 관계식 `x < 0`이 참인지를 테스트한다. `if x < 0`인 테스트 결과는 거짓인데, 그 이유는 벡터 `[0, 1, 0]`이 생성되기 때문이다. 앞서의 프로그램과 다음의 프로그램을 비교해본다.

```
x = [4, -9, 25];
if x >= 0
    y = sqrt(x)
else
    disp('x의 일부 원소가 음수')
end
```

이 세션이 수행되면, 다음의 결과를 만들어 낸다. x의 일부 원소가 음수. `x >= 0`의 결과는 벡터 `[1, 0, 1]`이 나오기 때문에 `if x < 0` 테스트 결과는 거짓이고, `if x >= 0` 테스트 결과도 역시 거짓이다.

때때로 간결하지만 이해하기 어려운 프로그램과 필요 이상의 실행문을 사용하는 프로그램 중에 선택을 해야 한다. 예를 들어,

```
if 논리식 1
    if 논리식 2
        실행문
    end
end
```

는 좀 더 간결한 프로그램인

```
if 논리식 1 & 논리식 2
    실행문
end
```

로 바꿀 수 있다.

elseif 문

if 문의 일반적인 형태는

```
if 논리식 1
    실행문 그룹 1
elseif 논리식 2
    실행문 그룹 2
else
    실행문 그룹 3
end
```

이다. else와 elseif 문은 필요하지 않으면 생략될 수 있다. 하지만 만일 둘 다 이용되면, else 문은 고려되지 않았을 수 있는 모든 경우를 처리하기 위하여 elseif 문 이후로 나와야 한다. [그림 4.4-3]은 일반적인 if 문에 대한 흐름도이다.

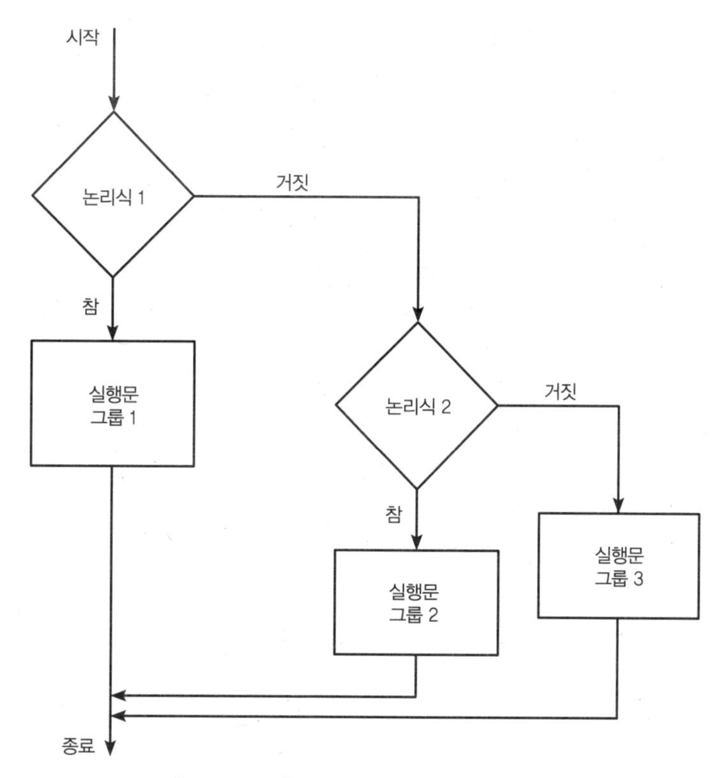

[그림 4.4-3] 일반적인 if 구조의 흐름도

예를 들어, $x \geq 5$이면 $y = \ln x$, $0 \leq x \leq 5$이면 $y = \sqrt{x}$라고 가정한다. 다음 예는 x가 스칼라 값을 가지면 y를 계산한다.

```
if x >= 5
   y = log(x)
else
   if x >= 0
      y = sqrt(x)
   end
end
```

여기에서, 만일 $x = -2$이면 아무런 동작도 일어나지 않는다. 만약 elseif를 사용하면, 더 적은 문장으로 작성 가능하다. 예를 들어,

```
if x >= 5
   y = log(x)
elseif x >= 0
```

```
    y = sqrt(x)
end
```

elseif 문은 end 문을 따로 필요로 하지 않음을 주목한다.

else 문은 elseif 문과 함께, 세세한 의사 결정 프로그램을 만드는 데 사용될 수 있다. 예를 들어, $x>10$ 이면 $y=\ln x$, $0 \le x \le 10$ 이면 $y=\sqrt{x}$, $x<0$ 이면 $y=e^x-1$ 이라고 가정한다. 다음의 문장은 x가 이미 스칼라 값을 갖고 있을 때, y를 계산한다.

```
if x > 10
    y = log(x)
elseif x >= 0
    y = sqrt(x)
else
    y = exp(x) - 1
end
```

결정을 위한 구조들은 중첩될 수 있다. 즉, 하나의 구조는 다른 구조를 포함할 수 있으며, 이 중첩된 구조는 반복해서 다른 구조를 포함할 수 있다. 각 end 문과 연관된 문장 그룹을 강조하기 위해 들여쓰기가 사용되는 것을 주목한다.

이해력 테스트 문제

T4.4–1 숫자 x가 주어지고 4분면 $q(q=1, 2, 3, 4)$가 주어졌을 때, 4분면을 고려해서 $\sin^{-1}(x)$를 각도($\circ$)로 계산하는 프로그램을 작성하라. 프로그램은 $|x|>1$이면 에러 메시지를 보여야 한다.

입력과 출력 변수의 수 체크

때때로, 입력의 수가 몇 개인가에 따라 함수가 다르게 동작하도록 원할 때가 있다. 이 때, "입력 변수의 수"를 나타내는 nargin 함수를 사용할 수 있다. 함수 안에서 입력 변수가 몇 개가 있는가에 따라 계산의 흐름을 바꿀 수 있도록 조건문을 사용할 수 있다. 예를 들어, 입력이 하나 있으면 제곱근을 계산하고, 2개의 입력이 있으면, 평균의 제곱근을 계산한다고 가정한다. 다음의 함수는 그렇게 동작한다.

```
function z = sqrtfun(x, y)
if (nargin == 1)
```

```
    z = sqrt(x);
elseif (nargin == 2)
    z = sqrt((x + y)/2);
end
```

nargout 함수는 출력 변수의 숫자를 결정하는 데 사용될 수 있다.

문자열과 조건문

문자열은 문자를 보유한 변수이다. 문자열은 입력 프롬프트와 메시지를 생성하고, 이름이나 주소와 같은 데이터를 저장하고 운용하는 데 유용하다. 문자열 변수를 생성하기 위하여, 문자들을 아포스트로피 안에 넣는다. 예를 들어, 문자열 변수 name은 다음과 같이 생성된다.

```
>> name = 'Leslie Student'
name =
    Leslie Student
```

다음의 문자열 number

```
>> number = '123'
number =
    123
```

는 number = 123으로 생성하는 변수 number와 같지 않다.

문자열은 각 열이 하나의 문자를 나타내는 행벡터로 저장된다. 예를 들어, 변수 name은 하나의 행과 14개의 열(각 빈칸도 하나의 열을 차지한다)을 갖는다. 임의의 열은 다른 벡터를 액세스하는 방법과 같은 방법으로 액세스할 수 있다. 예를 들어, Leslie Student에서 문자 S는 name 벡터에서 8번째 열을 차지한다. 이것은 name(8)과 같이 액세스된다.

문자열의 가장 중요한 응용 중의 하나는 입력 프롬프트와 출력 메시지를 생성하는 것이다. 다음의 프롬프트 프로그램은 isempty(x) 함수를 사용하는데 이 함수는 배열 x가 비어 있으면 1이, 아니면 0이 나온다. 또한 input 함수가 사용되는데, 이것의 구문은

```
x = input('프롬프트', 'string')
```

이다. 이 함수는 화면에 문자열 프롬프트를 보여주고, 키보드로부터의 입력을 기다리며, 문자열 변수 x에 입력된 값을 돌려준다. 이 함수는 아무 것도 입력하지 않고 Enter↵ 키를 치면 빈 행렬을 돌려준다.

다음의 프롬프트 프로그램은 Y를 입력하거나, y를 입력하거나, 또는 Enter↵ 키를 쳐서 사용자가 Yes라고 답을 할 수 있도록 하는 파일이다. 다른 응답은 No라는 답으로 취급된다.

```
response = input('Do you want to continue? Y/N [Y]: ','s');
if (isempty(response))|(response == 'Y')|(response == 'y')
    response = 'Y'
else
    response = 'N'
end
```

MATLAB에는 많은 문자열 함수들이 있다. 이에 대한 정보를 얻기 위해서는 help strfun을 입력한다.

다음의 함수는 elseif 구조와 문자열 변수 사용에 대한 예를 보인다. 양도성 예금 증서(CD)는 예치 기간에 따라 이자율이 달라지는 투자의 한 종류이다. 은행이 반년에서 5년의 예치 기간을 가질 수 있는 CD를 제공한다고 가정한다. 다음의 함수는 예치 기간에 따라 제공되는 이자율을 표시한다. 이 함수에서 입력되는 예치 기간이 반년에서 5년의 범위 밖에 있는지 여부를 먼저 테스트하는 점을 주목한다.

```
function r = CD(t)
% 예치 기간 t 의 함수로 CD의 이자율 r을 표시한다.
if t >= 0.5 & t <= 5
    if t >= 4, r = '3.5%';
    elseif t >= 3, r = '3%';
    elseif t >= 2, r = '2.5%';
    elseif t >= 1, r = '2%';
    else r = '1.5%';
    end
else
    disp('해당하지 않는 예치 기간이 입력되었음')
end
```

다음은 논리 연산자, 문자열, elseif 문을 사용할 때 흔히 일어나는 실수들이다.

- 위의 코드에서 if t >= 0.5 & t <= 5 대신에 if t >= 0.5 & <= 5를 입력한다.
- 위의 코드에서 & 대신에 and를 입력한다.

- elseif 대신에 else if를 입력한다.
- r = '3%' 대신에 r = 3% 같이, 문자열 주위에 아포스트로피를 생략한다.
- 같음을 표시하기 위해 == 대신에 =를 입력한다.

4.5 for 루프

루프는 계산을 여러 번 반복하기 위한 구조이다. 루프에서 각 반복을 패스(pass)라고 한다. MATLAB은 두 가지 형태의 루프를 사용한다. 패스의 숫자를 미리 알고 있는 경우는 for 루프를, 미리 패스의 숫자를 미리 알지 못하여, 지정된 조건이 만족될 때 루프를 종료해야 할 때는 while 루프를 사용한다.

for 루프의 간단한 예는

```
for k = 5: 10: 35
    x = k^2
end
```

이다. 루프 변수 k는 처음에 5의 값을 할당받고, x는 x = k^2으로부터 계산된다. 루프의 각 연속되는 패스에서 k는 10만큼 증가되며, k가 35를 넘을 때까지 x를 계산한다. 이렇게 k는 5, 15, 25, 35의 값을 가지며, x는 25, 225, 625, 1,225의 값을 갖는다. 이후의 프로그램은 end 문 다음의 문장을 계속해서 수행한다.

for 루프의 전형적인 구조는 다음과 같다.

```
for 루프 변수 = m:s:n
    실행문
end
```

식 m: s: n은 루프 변수에 초기 값을 m에 할당하고, 단계값 또는 증분값이라고 불리는 s 값만큼 증가된다. 실행문은 루프 변수의 현재 값을 이용하여 각 패스마다 한 번씩 수행된다. 루프는 루프 변수가 종료값 n을 초과할 때까지 계속된다. 예를 들어, k = 5: 10: 36에서, k의 최종값은 35이다. k 값을 보이지 않게 하기 위하여 for m: s: n 문장의 끝에 세미콜론을 넣을 필요가 없다는 점을 주목한다. [그림 4.5-1]은 for 루프에 대한 흐름도이다.

for 문은 end 문을 동반한다는 것을 주목한다. end 문은 수행되어야 할 명령문들의 끝을 표시한다. for와 루프 변수 사이에는 빈칸이 필요한데, 루프 변수는 스칼라, 벡터 또는 행렬이 될 수 있으며, 이 중에서 스칼라가 가장 많이 사용된다.

for 루프는 한 줄로 적을 수 있다. 예를 들면,

```
for x = 0: 2: 10, y = sqrt(x), end
```

하지만 이 형태는 먼저의 형태보다 가독성이 떨어진다. 보통은 for와 대응되는 end에 어떤 문장이 속해있는지를 명확히 하기 위하여 들여쓰기를 함으로써 가독성을 높인다.

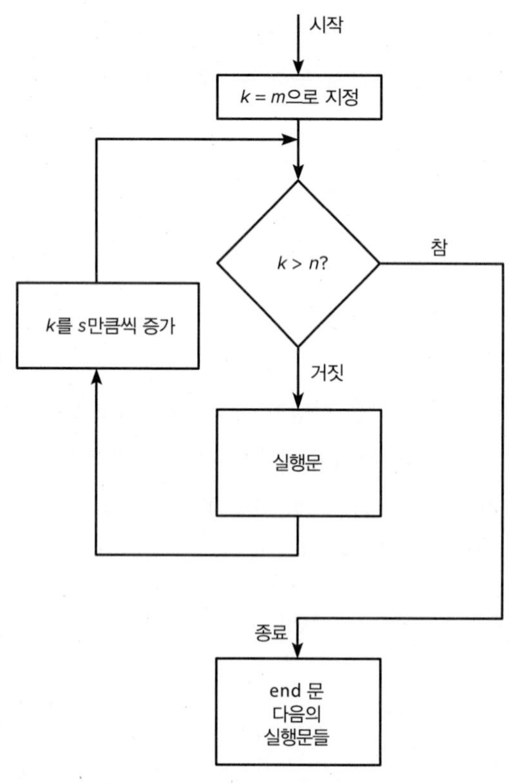

[그림 4.5-1] for 루프의 흐름도

예제 4.5-1 for 루프로 급수 계산

수열 $5k^2 - 2k,\ k = 1, 2, 3, \cdots, 15$에서 처음 15개의 항의 합을 계산하는 스크립트 파일을 작성하라.

풀이

식 $5k^2 - 2k$를 얼마나 많이 계산해야 하는지 알고 있으므로 for 루프를 이용한다. 스크립트 파일은 다음과 같다.

```
total = 0;
for k=1: 15
   total = 5*k^2 - 2*k + total;
end
disp('15개 항의 합은: ')
disp(total)
```

답은 5,960이다.

벡터화

때때로, 루프 기반의 스칼라 중심으로 작성된 코드를 MATLAB의 행렬과 벡터 연산으로 변경할 수 있다. 이 과정은 벡터화라고 불린다. 예를 들어, [예제 4.5-1]의 코드를 다음의 더 간단한 코드로 대체할 수 있다.

```
k=[1: 15];
disp('15개 항의 합은: ')
total = sum(5*k.^2 - 2*k)
```

위에서 변수 total을 0으로 초기화할 필요가 없다는 점과 배열 지수승(k.^2)을 사용하는 점에 주의한다. 고도의 연산이 필요한 프로그램에서 이러한 효율성이 필요할 수 있지만, 또한 실수를 유발할 가능성이 높으므로 프로그래머에게 더 깊은 이해와 확신이 요구되다.

하지만 하나 또는 그 이상의 논리 테스트 결과에 따라 계산을 수행할 때는 for 루프가 선호될 수 있다. 다음 예제가 이를 보여주고 있다.

예제 4.5-2 for 루프를 이용한 그래프 그리기

$-5 \leq x \leq 30$ 에 대하여 함수

$$y = \begin{cases} 15\sqrt{4x} + 10 & x \geq 9 \\ 10x + 10 & 0 \leq x < 9 \\ 10 & x < 0 \end{cases}$$

의 그래프를 그리는 스크립트 파일을 작성하라.

풀이

301개의 점을 포함하게 하기 위하여 간격 $dx = 35/300$ 을 사용한다. 이 간격은 부드러운 그래프를 얻기에 충분하다. 스크립트 파일은 다음과 같다.

```
dx = 35/300;
x = -5: dx: 30;
for k = 1: length(x)
    if x(k) >= 9
        y(k) = 15*sqrt(4*x(k)) + 10;
    elseif x(k) >= 0
        y(k) = 10*x(k) + 10;
    else
        y(k) = 10;
    end
end
plot (x,y), xlabel('x'), ylabel('y')
```

x(k)와 같이, 루프 안에서 x를 참조하기 위하여 반드시 인덱스 k를 사용해야 된다는 것을 주목한다.

우리는 for 루프를 다른 for 루프의 안에 중첩(nest)할 수 있다. 중첩된 루프의 간단한 예가 다음의 프로그램이며, 이 프로그램은 행렬 **M** 안에 5×5의 곱셈표를 생성한다. 변수 r은 행 번호, c는 열 번호이다.

```
for r = 1:5
    for c = 1:5
        M(r, c) = r*c;
    end
end
disp(M)
```

결과는

$$M = \begin{bmatrix} 1 & 2 & 3 & 4 & 5 \\ 2 & 4 & 6 & 8 & 10 \\ 3 & 6 & 9 & 12 & 15 \\ 4 & 8 & 12 & 16 & 20 \\ 5 & 10 & 15 & 20 & 25 \end{bmatrix}$$

와 같다.

r에 대한 루프(소위 바깥쪽의 for 루프)는 r의 각 값당 한 번씩 5번 실행된다. 각 r의 값에 대하여 안쪽의 for 루프(c에 대한 루프)는 행렬 **M**에서 5개의 다른 원소들을 업데이트한다. 따라서 **M**에서 전체 25(=5×5) 개의 원소가 생성된다.

중첩된 루프에서 들여쓰기하는 것은 코드의 실행에는 아무런 영향을 주지는 않지만, 코드를 훨씬 더 읽기 쉽게 해준다. MATLAB 편집기는 스마트 들여쓰기(Smart Indent) 기능이 있어서 자동적으로 이런 구조를 인식해서 들여쓰기를 해준다.

다음의 예에서 보인 것과 같이, 루프와 조건문을 중첩(nested)할 수 있다(for와 if 문은 end 문을 각각 동반하여야 한다는 것에 주목한다).

가령 첫 번째 행과 첫 번째 열에는 1의 값을 갖고, 나머지 원소는 바로 위의 원소와 왼쪽의 원소인 2개의 원소의 합을 구하여, 이 합이 20보다 작은 경우는 이 합을, 그렇지 않으면 2개의 원소 중 최대값을 가지는 특수한 정방 행렬을 생성한다고 가정한다. 다음의 함수는 이 행렬을 생성한다. 행 인덱스는 r이고, 열 인덱스는 c이다. 들여쓰기가 어떻게 가독성을 높이는지 주목한다.

```
function A = specmat(n)
A = ones(n);
for r = 1:n
   for c = 1:n
      if (r > 1) & (c > 1)
         s = A(r-1, c) + A(r, c-1);
         if s < 20
            A(r,c) = s;
         else
            A(r,c) = max(A(r-1, c), A(r, c-1));
         end
      end
   end
end
```

specmat(5)를 입력하면 다음의 행렬을 생성한다.

$$A=\begin{bmatrix} 1 & 1 & 1 & 1 & 1 \\ 1 & 2 & 3 & 4 & 5 \\ 1 & 3 & 6 & 10 & 15 \\ 1 & 4 & 10 & 10 & 15 \\ 1 & 5 & 15 & 15 & 15 \end{bmatrix}$$

이해력 테스트 문제

T4.5–1 스칼라 x가 어떤 값을 갖고 있다고 가정하고, 조건문을 이용하여 다음의 함수 값을 계산하는 스크립트 파일을 작성하라. 이 함수는 $x<0$ 일 때, $y=\sqrt{x^2+1}$, $0\le x<10$ 일 때, $y=3x+1$, $x\ge 10$ 일 때, $y=9\sin(5x-50)+31$ 이다. 작성된 파일을 이용하여 $x=-5,\ 5,\ 15$ 에 대하여 y의 값을 계산하고, 손으로 계산한 것과 확인해 보라.

T4.5–2 for 루프를 이용하여, 급수 $3k^2$, $k=1,2,3,\cdots,20$ 의 첫 20개의 항의 합을 결정하라. (답: 8,610)

T4.5–3 다음의 행렬을 생성하는 프로그램을 작성하라.

$$A=\begin{bmatrix} 4 & 8 & 12 \\ 10 & 14 & 18 \\ 16 & 20 & 24 \\ 22 & 26 & 30 \end{bmatrix}$$

루프 변수 식 `k = m: s: n`으로 for 루프를 사용할 때 다음의 규칙에 주목한다.

- 단계 값 s는 음수가 될 수도 있다. 예를 들어, `k = 10: -2: 4`는 `k = 10, 8, 6, 4`를 생성한다.
- s가 생략되면, 단계값은 디폴트로 1이 된다,
- s가 양수이고, m이 n보다 크면 루프는 실행되지 않는다.
- s가 음수이고, m이 n보다 작으면 루프는 실행되지 않는다.
- m과 n이 같으면, 루프는 한 번 실행된다.
- 단계 값 s가 정수가 아니면, 반올림 에러에 의해 루프가 의도하던 숫자와 다른 수의 패스를 실행할 수 있다.

루프가 완료되었을 때, k는 마지막 값을 보유한다. 루프 변수 k의 값은 실행문 안에서 수정되어서는 안 된다. 이렇게 되면 예측할 수 없는 결과를 초래할 수 있다.

베이직(BASIC)이나 포트란과 같은 전통적인 프로그래밍 언어에서 보통은 루프 변수로

i 또는 j를 사용한다. 하지만 이런 관습은 MATLAB에서는 좋은 방법이 아니며, 이들은 MATLAB에서는 허수 단위인 $\sqrt{-1}$ 을 위한 기호이기 때문이다.

예제 4.5-3 궤적의 분석

어떤 선박의 시간의 함수로서의 $(x,\ y)$ 좌표가 시간 $0 \leq x \leq 4$ 시간에 대하여 킬로미터 단위로

$$x(t) = 5t - 10$$
$$y(t) = 25t^2 - 120t + 144$$

로 주어졌다. 이 물체가 원점 $(0,\ 0)$ 에 위치한 등대에 가장 근접했을 때의 시간을 결정하는 프로그램을 작성하라. 또한, 최단 거리를 결정하라. 이 문제를 2가지 방법으로 풀어라.

a. for 루프를 이용하여

b. for 루프를 이용하지 않고

풀이

(a) 두 풀이 모두를 위하여 0.01시간 간격의 시간 값을 갖는 벡터와 이 이산 시간에서의 x 및 y의 좌표값을 갖는 벡터를 생성한다. 선박으로부터 등대까지의 거리는 $d = \sqrt{x^2 + y^2}$ 이다. d^2 을 최소화하는 것은 d를 최소화하는 것과 같다는 것을 주목한다.

스크립트 파일은

```
t = 0:0.01:4; x = 5*t - 10;
y = 25*t.^2 - 120*t + 144;
d2 = x.^2 + y.^2;
minimum = 1e+14;
for k = 1:length(t)
   if d2(k) < minimum
      minimum = d2(k);
      tmin = t(k);
   end
end
disp('최소 거리는 : ')
disp(sqrt(minimum))
disp('그리고 다음 시간에 발생한다: t = ')
disp(tmin)
```

과 같다.

(b) 스크립트 파일은

```
t = 0:0.01:4; x = 5*t - 10;
y = 25*t.^2 - 120*t + 144;
d2 = x.^2 + y.^2;
[minimum, n] = min(d2);
disp('최소 거리는 : ')
disp(sqrt(minimum))
disp('그리고 다음 시간에 발생한다: t = ')
disp(t(n))
```

두 가지 경우 모두 최소거리는 1.3581km이고 $t=2.2300$ 시간에 발생한다.

연속 시간 프로세스의 이산 시간 근사화

어떤 물체가 시간 t에 대하여 속력 v로 이동한다. 위치 $x(t)$는 만일 속도 v가 상수라면, 익숙한 공식 $x(t)=vt+x(0)$로 주어지고, 여기에서 $x(0)$는 초기 위치이다. 만일 v가 상수가 아니면, 어떤 경우에는 $x(t)$를 구하기 위하여 미적분학의 방법이 이용될 수 있다. 다른 경우에 근사화 해가 반드시 구해져야 하는 경우도 있다. 이것을 하기 위한 한 가지 방법은 시간 Δt만큼 떨어져 있는 작은 시간 간격을 이용하여 시간축에서 선행되는 $x(t)$에 대한 방정식을 계산하는 방법이다. 이 방법은 Δt가 충분히 작아서 v가 시간 간격 $t_{k+1}-t_k=\Delta t$ 동안 값 $v(t_k)$로 거의 상수라고 가정한다. $x(t)$에 대한 방정식은

$$x(t_{k+1})=v(t_k)\Delta t+x(t_k)$$

가 되며, 여기에서 $t_{k+1}=t_k+\Delta t$이다. $v(t)$를 안다면, $k=1,\ 2,\ \cdots$에서 $x(t_k)$를 계산하기 위하여 루프에서 이 두 방정식을 이용할 수 있다.

예제 4.5-4 일차원에서의 운동

어떤 물체가 $x(0)=0$에서 출발하여 $0\leq t\leq \pi/4$ 동안 속도 $v(t)=10\tan t$ 및 $t>\pi/4$에서 $v(t)=10$으로 이동한다고 가정한다. $x(t)$와 $v(t)$의 그래프를 그리고 시간 $t=\pi/2$에서 이 물체는 얼마나 멀리 이동했는지를 결정하라. (미적분학에 익숙한 사람들을 위하여, 이 문제는 $\tan t$가 부정적분을 갖고 있지 않으므로 적분으로 구할 수 없다는 점에 주목하라.)

풀이

이 방법의 트릭은 시간 단계 Δt를 시간 간격 Δt 동안 v가 대략 상수가 되도록 충분히 작게 선택하는 것이다. Δt가 너무 작으면, 너무 많은 단계를 필요로 하고 그래서 반올림 에러를 유발할 수도 있다. 이 문제에서 최종 시간$(t=\pi/2)$을 알고 있으므로 for 루프가 이용하기 편하다. 따라서 필요한 단계의 수는 대략 $\pi/2$를 Δt로 나눈 숫자에 가장 가까운 정수가 될 것이다.

프로그램은 다음과 같다.

```
x = 0; t = 0;
dt = 0.01; kupper = round((pi/2)/dt);
for k = 1:kupper
   t = t + dt;
   if t <= pi/4
      v = 10*tan(t);
   else
      v = 10;
   end
   x = x + v*dt;
   xk(k) = x;
   vk(k) = v;
   tk(k) = t;
end
disp(x)
plot(tk, xk), xlabel('t'), ylabel('x')
```

결과는 $x(\pi/2)=11.3616$이다. 속도의 그래프는 plot(tk, vk) 명령으로 그릴 수 있다.

배열을 루프 인텍스로 사용하기

루프의 패스 숫자를 지정하기 위하여 행렬식을 사용할 수 있다. 이 경우 루프 변수는 벡터이며, 각 패스 동안 행렬식의 열벡터를 차례대로 사용한다. 예를 들어,

```
A = [1, 2, 3; 4, 5, 6];
for v = A
   disp(v)
end
```

는

```
A = [1, 2, 3; 4, 5, 6];
n = 3;
for k = 1:n
    v = A(:, k)
end
```

와 같다. 일반적으로 사용되는 `k = m:s:n`은 행렬식의 특별한 경우로, 식의 열이 벡터가 아닌 스칼라인 경우이다.

예를 들어, 원점으로부터 xy 좌표 (3, 7), (6, 6) 및 (2, 8)로 지정된 3개의 점까지의 거리를 계산하기를 원한다고 가정한다. 이 점들의 좌표를 다음과 같이 배열 coord로 지정할 수 있다.

$$\begin{bmatrix} 3 & 6 & 2 \\ 7 & 6 & 8 \end{bmatrix}$$

그러면 `coord = [3, 6, 2; 7, 6, 8]`이다. 다음의 프로그램은 거리를 계산하고 어떤 점이 원점으로부터 가장 멀리 있는가를 결정한다. 루프 처음의 루프 인덱스 coord는 [3, 7]'이다. 두 번째에는 인덱스가 [6, 6]'이며, 마지막 패스에서는 [2, 8]'이다.

```
k = 0;
for coord = [3, 6, 2; 7, 6, 8]
    k = k + 1;
    distance(k) = sqrt(coord'*coord)
end
[max_distance, farthest] = max(distance)
```

암시적 루프

많은 MATLAB 명령은 암시적(implied) 루프를 포함한다. 예를 들어, 이런 문장들을 고려해본다.

```
x = [0: 5: 100];
y = cos(x);
```

for 루프를 이용하여 같은 결과를 얻기 위해서는,

```
for k = 1: 21
    x = (k - 1)*5;
```

```
    y(k) = cos(x);
end
```

라고 입력해야 한다. find 명령은 암시적 루프의 또 다른 예이다. `y = find(x > 0)` 문장은 다음과 동등하다.

```
m = 0;
for k = 1: length(x)
    if x(k) > 0
        m = m + 1;
        y(m) = k;
    end
end
```

포트란이나 베이직과 같은 전통적인 프로그래밍 언어에 익숙한 사람은, MATLAB에서도 find와 같은 강력한 MATLAB 명령을 사용하는 대신에, 루프를 이용하여 문제를 해결하려는 경향이 있다. 이런 명령들을 사용하고, MATLAB의 능력을 최대한 활용하기 위해서는 문제 해결을 위하여 새로운 접근법을 시도할 필요가 있다. 먼저의 예에서 본 것과 같이, 루프를 이용하는 대신에 MATLAB의 명령을 사용함으로서 프로그램 줄의 수를 많이 줄일 수 있다. 또한, MATLAB은 고속의 벡터 계산을 위하여 설계되었기 때문에 해당 프로그램은 더 빨리 수행된다.

이해력 테스트 문제

T4.5-4 A가 행렬일 때, 명령 sum(A) 명령과 동등한 for 루프를 작성하라.

예제 4.5-5 데이터 분류

벡터 x는 측정으로부터 얻어졌다고 한다. 임의의 데이터 값이 범위 $-0.1<x<0.1$에 들면 오류라고 가정한다. 이런 원소들을 모두 제거하고 배열의 끝에 0으로 대치하고자 한다. 이것을 하는 2가지 방법을 개발하라. 한 예는 다음의 표에 주어졌다.

	이전	이후
x(1)	1.92	1.92
x(2)	0.05	−2.43
x(3)	−2.43	0.85
x(4)	−0.02	0
x(5)	0.09	0
x(6)	0.85	0
x(7)	−0.06	0

풀이

다음의 스크립트 파일은 전통적인 문장으로 된 for 루프를 사용한다. 빈 배열 [ ]가 어떻게 사용되는지에 주목한다.

```
x = [1.92, 0.05, -2.43, -0.02, 0.09, 0.85, -0.06];
y = [ ]; z = [ ];
for k = 1: length(x)
   if abs(x(k)) >= 0.1
      y = [y, x(k)];
   else
      z = [z, x(k)];
   end
end
xnew = [y, zeros(size(z))]
```

다음의 파일은 find 함수를 사용한다.

```
x = [1.92, 0.05, -2.43, -0.02, 0.09, 0.85, -0.06];
y = x(find(abs(x) >= 0.1));
z = zeros(size(find(abs(x) < 0.1)));
xnew = [y, z]
```

논리 배열을 마스크로 사용

다음 배열 A를 고려한다.

$$A = \begin{bmatrix} 0 & -1 & 4 \\ 9 & -14 & 25 \\ -34 & 49 & 64 \end{bmatrix}$$

다음의 프로그램은 원소 값이 0보다 작지 않은 A의 모든 원소는 제곱근을 계산하고, 원소가 음수이면 50을 더하여 배열 B를 계산하는 프로그램이다.

```
A = [0, -1, 4; 9, -14, 25; -34, 49, 64];
for m = 1: size(A, 1)
   for n = 1: size(A, 2)
      if A(m, n) >= 0
         B(m, n) = sqrt(A(m, n));
      else
         B(m, n) = A(m, n) + 50;
      end
   end
end
B
```

결과는

$$B = \begin{bmatrix} 0 & 49 & 2 \\ 3 & 36 & 5 \\ 16 & 7 & 8 \end{bmatrix}$$

이다.

하나의 논리 배열을 이용하여 다른 배열의 주소를 정할 때, 논리 배열이 1의 값을 갖는 곳에서의 원소를 추출한다. 논리 배열을 다른 배열의 원소를 선택하는 마스크로 사용하여, 루프와 분기를 사용하지 않고 훨씬 간단하고 빠른 프로그램을 생성할 수 있다. 선택이 되지 않은 원소는 바뀌지 않고 남아있게 된다.

다음의 세션은 전에 주어진 것과 같이 숫자 배열 A로부터 논리 배열 C를 생성한다.

```
>> A = [0, -1, 4; 9, -14, 25; -34, 49, 64];
>> C = (A >= 0);
```

결과는

$$C = \begin{bmatrix} 1 & 0 & 1 \\ 1 & 0 & 1 \\ 0 & 1 & 1 \end{bmatrix}$$

이다.

이 테크닉은 먼저의 프로그램에서 주어진 A에서 0보다 작지 않은 원소는 제곱근을 계산하고, 음(−)인 원소는 50을 더하기 위한 프로그램에 사용될 수 있다. 프로그램은

```
A = [0, -1, 4; 9, -14, 25; -34, 49, 64];
C = (A >= 0);
A(C ) = sqrt(A(C))
A(~C) = A(~C) + 50
```

3번째 줄을 수행한 후의 결과는

$$A = \begin{bmatrix} 0 & -1 & 2 \\ 3 & -14 & 5 \\ -34 & 7 & 8 \end{bmatrix}$$

이며, 마지막 줄을 수행하고 난 후의 결과는

$$A = \begin{bmatrix} 0 & 49 & 2 \\ 3 & 36 & 5 \\ 16 & 7 & 8 \end{bmatrix}$$

이다.

break와 continue 문

루프 변수가 종료값에 도달하기 전에, 루프 밖으로 나오기 위하여 if 문을 사용하는 것이 가능하다. 이런 목적으로 전체 프로그램을 종료하지 않고 루프를 종료하는 break 명령을 사용할 수 있다. 예를 들어,

```
for k = 1:10
   x = 50 - k^2;
   if x < 0
      break
   end
   y = sqrt(x)
end
% 만약 break 명령이 실행되면,
% 프로그램 수행은 여기로 점프한다.
```

하지만 보통은 break 명령을 사용하지 않고 코드를 작성하는 것이 가능하다. 이것은 다음 절에서 설명된 것과 같이, while 루프를 사용하여 할 수 있다.

break 문은 루프의 실행을 종료한다. 응용에 따라서는 에러가 나오는 경우에는 실행하지 않고, 나머지 패스에 대해서 루프의 실행을 계속하기를 원하는 응용이 있을 수 있다. 이런 경우 continue 문을 사용할 수 있다. continue 문은 루프 안에 남아 있는 문장은 건너뛰고, continue가 속해 있는 for나 while 루프의 다음 패스로 제어를 넘기게 한다. 중첩된(nested) 루프에서 continue 문은 자신을 둘러싸고 있는 for나 while 루프의 다음 실행으로 제어를 넘긴다.

예를 들어, 다음 프로그램은 음수의 로그 값을 계산하는 것을 피하기 위하여 continue 문을 사용한다.

```
x = [10, 1000, -10, 100];
y = NaN*x;
for k = 1: length(x)
   if x(k) < 0
      continue
   end
   kvalue(k) = k;
   y(k) = log10(x(k));
end
kvalue
y
```

결과는 k = 1, 2, 0, 4와 y = 1, 3, NaN, 2이다.

break 명령은 루프로부터 탈출하고자 할 때 사용되는 반면, return 명령은 함수로부터 탈출하고자 할 때 사용된다. 호출 프로그램이란 return 명령을 포함하는 스크립트나 함수를 호출하는 스크립트나 함수이다. return 명령은 MATLAB이 스크립트나 함수의 끝에 도달하기 전에 호출하는 프로그램에 제어권을 반환하도록 강제한다. 이와 같이, 조건 블록이나 루프 안에서 return을 사용할 때는 조심해야 한다.

4.6 while 루프

while 루프는 특정한 조건이 만족되어서 루프를 종료할 때, 그래서 몇 번을 실행해야 할지를 미리 알 수 없을 경우에 사용된다. while 루프의 간단한 예는 다음과 같다.

```
x = 17;
while(x < 20)
    y = 2*x
    x = x + 1
end
```

이 스크립트에서 x는 루프 변수이고, $x<20$ 인 경우에만 $y=2x$ 를 계산하고자 한다. 출력은 $y=34,\ 36,\ 38$ 이 되어야 한다. 이 스크립트는 예상되는 최종 y 값인 38을 주는데, $x=20$ 이 아니라 $x=19$ 에 해당된다. 이는 while 루프가 조건식을 루프의 끝이 아닌 시작 부분에서 계산하기 때문이다. $x=19$ 일 때 $x<20$ 조건은 참이고 그래서 y가 계산된다. 그런 다음 x는 $x=20$ 으로 증가된다.

그러나 명령문 x = x + 1;이 다음 스크립트에서와 같이 y = 2*x 문 바로 위에 위치해 있다고 가정해본다.

```
x = 17;
while x < 20
    x = x + 1;
    y = 2*x
end
```

이 경우 출력은 $y=36,\ 38,\ 40$ 이 될 것이며, 원하지 않는 최종 y 값 $y=40$ 을 얻게 되는데, 이는 $x=20$ 에 해당한다. $x=19$ 일 때 조건 $x<20$ 은 참이지만, 그 다음 x는 $x=20$ 으로 증가하고 y가 계산된다. 따라서 루프 카운터를 업데이트하는 실행문의 위치는 예기치 않은 결과를 만들 수 있다.

while 루프를 사용하려면 논리 테스트가 루프 카운터에서가 아니라 루프 내에서 계산되는 변수에 대해 수행될 때 특별한 주의가 필요하다. x가 아닌 y의 값을 테스트하는 다음 스크립트를 고려해본다.

```
x = 10;
y=0;
```

```
while(y < 40)
   y = 2*x
   x = x + 1;
end
```

이 스크립트는 최종 값 $y=40$을 주며, 정확하지 않은 값이다. 실행문 `x = x + 1;`이 실행문 `y = 2*x` 바로 위에 있지만, 틀린 값 $y=40$을 얻는다.

어떤 문장이 참인 동안 루프를 계속하고 싶어할 때 `while` 루프를 주로 이용한다. 이런 작업을 `for` 루프를 이용하여 하고자 하면 어렵다. `while` 루프의 전형적인 구조는 다음과 같다.

```
while 논리식
   실행문
end
```

MATLAB은 먼저 논리식이 참인지를 테스트한다. 논리식에 루프 변수는 반드시 포함되어 있어야 한다. 예를 들어, `x`는 `while x < 20` 문 안에 있는 루프 변수이다. 만일 논리식이 참이면, 문장이 실행된다. `while` 루프가 제대로 동작하게 하기 위해서는 다음의 두 조건이 발생해야 한다.

1. 루프 변수는 `while` 문이 실행되기 전에 반드시 값을 갖고 있어야 한다.
2. 루프 변수는 실행문에 의하여 어떤 형태로든 변경되어야 한다.

실행문은 각 패스 동안, 루프 변수의 현재 값을 사용하여 한번 실행되어야 한다. 루프는 논리식이 거짓이 될 때까지 계속된다. [그림 4.6-1]은 `while` 루프의 흐름도를 보여준다.

각 `while` 문은 동반하는 `end` 문과 짝을 이루어야 한다. `for` 루프에서와 같이, 실행문은 가독성을 위해 들여쓰기 되어야 한다. `while` 루프는 중첩될 수 있으며, `for` 루프와 `if` 문과도 중첩이 가능하다.

루프를 시작하기 전에 항상 루프 변수에 할당된 값이 있는지를 확인한다. 예를 들어, 다음의 루프에서 `x`의 이전 값을 간과하면 의도하지 않던 결과를 줄 수 있다.

```
while x <10
   x = x + 1;
   y = 2*x;
end
```

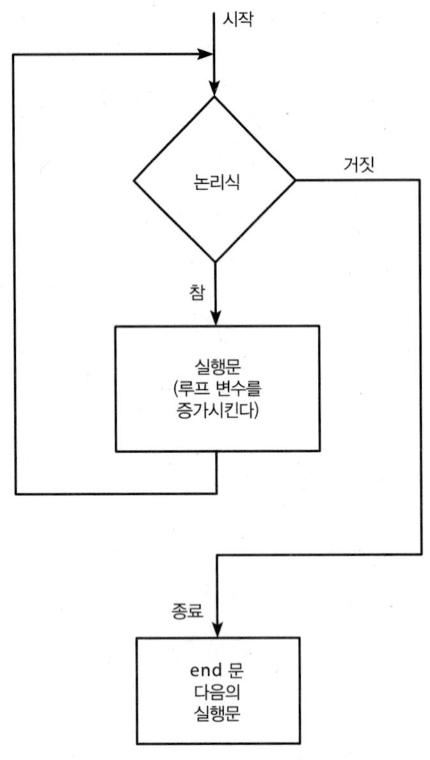

[그림 4.6-1] while 루프의 흐름도

만일 루프를 시작하기 전에 x가 어떤 값도 할당받지 않으면, 에러 메시지가 발생한다. x를 0부터 시작하고자 하면, while 문의 전에 x = 0; 문을 넣어야 한다.

절대로 끝이 나지 않는 무한 루프를 생성하는 것도 가능하다. 예를 들어,

```
x = 8;
while x ~= 0
    x = x - 3;
end
```

루프의 안에서 변수 x는 5, 2, −1, −4, ... 등의 값을 가지며, 조건 x ~= 0은 항상 만족되기 때문에 루프는 절대로 끝나지 않는다. 이런 루프가 발생하면, 정지하기 위하여 **Ctrl-C**를 누른다.

예제 4.6-1 while 루프를 이용한 급수의 계산

수열 $5k^2 - 2k$, $k=1,2,3,\cdots$의 합이 10,000을 초과하는 데 필요한 항의 수를 결정하는 스크립트 파일을 작성하라. 이 경우 합은 얼마인가?

풀이

식 $5k^2 - 2k$를 얼마나 많이 계산해야 하는지를 모르기 때문에, while 루프를 사용한다. 스크립트 파일은 다음과 같다.

```
total = 0;
k = 0;
while total < 1e+4
   k = k+1;
   total = 5*k^2 - 2*k + total;
end
disp('항의 수는: ')
disp(k)
disp('합은 : ')
disp(total)
```

18항이 지난 후에 합은 10,203이다.

예제 4.6-2 은행 잔고의 증가

초기에 \$500을 예금하고 각 연도의 말에 \$500을 예금하며, 구좌의 이자는 연리 5퍼센트라면, 은행 구좌에 최소 \$10,000이 모이기 위하여 얼마나 걸리는지를 결정하라.

풀이

몇 년이 걸릴지 알지 못하므로 while 루프가 사용되어야 한다. 스크립트 파일은 다음과 같다.

```
amount = 500;
k=0;
while amount < 10000
   k = k+1;
   amount = amount*1.05 + 500;
end
amount
k
```

최종 결과는 `amount = 1.0789e+004` 또는 \$10,789이고, `k = 14`, 즉 14년이다.

예제 4.6-3 구조 분석

[그림 4.6-2a]에 보인 구조에서 4개의 케이블이 2개의 빔을 지지한다. 케이블 1과 2는 각각 1,200N 이상은 지지하지 못하며, 케이블 3과 4는 각각 400N까지 지탱할 수 있다. $2W$ 및 W로 무게가 다른 2개의 추가 보여진 점에 붙어 있다. 이 구조가 지탱할 수 있는 무게의 최대값을 구하라. 미터로 된 값인 $a=b=c=1$, $d=2$, $f=1$을 이용하라. $b+c$와 $f+g$는 반드시 같아야 한다는 것을 주목한다. 케이블은 압력은 견디지 못하므로, 그래서 케이블에 걸리는 힘은 반드시 음이 되어서는 안 된다는 것을 기억한다.

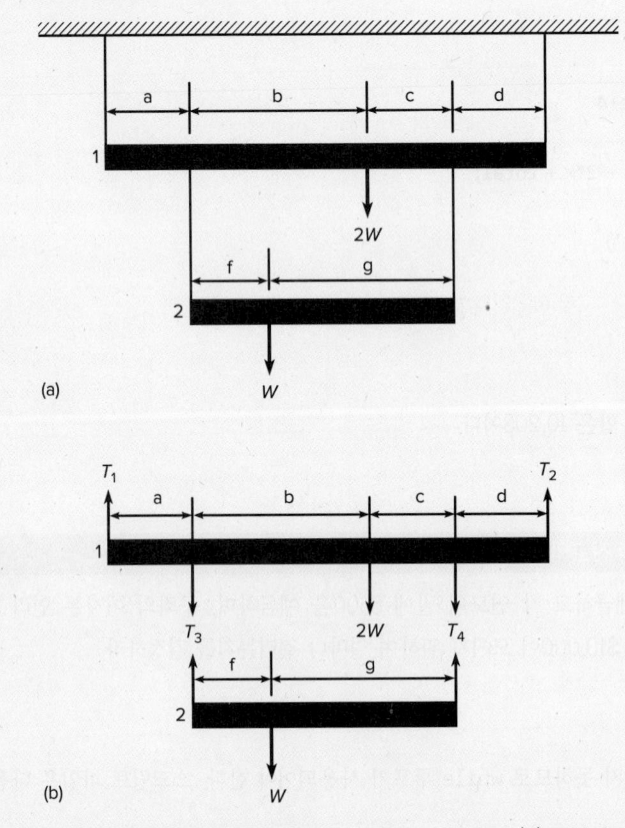

[그림 4.6-2] (a) 4개의 케이블에 의하여 지탱되는 2개의 빔 (b) 2 빔의 자유체도

풀이

구조가 안정화되어 있고 케이블과 빔의 무게가 W에 비하여 매우 작다고 가정하면, 특정한 빔에 적용된 정역학의 원리는 수직 방향 힘들의 합은 0이고 그래서 임의의 점에 대한 모멘트의 합 또한 0이 된다고 말한다. [그림 4.6-2b]에 보인 자유체도를 이용하여 각 빔에 이 원리를 적용하면, 다음의 방정식을 얻는다. 케이블 i의 장력을 T_i라고 한다. 빔 1에 대하여 수직 힘들의 합은 0이 되어야 한다. 그래서

$$T_1 - 2W + T_2 - T_3 - T_4 = 0$$

이 유도된다. 빔 2에 대하여는

$$T_3 - W + T_4 = 0$$

이 되어야 한다. 빔 1의 왼쪽 끝에 대하여 모멘트의 합을 구하면

$$0T_1 + aT_3 + 2W(a+b) + (a+b+c)T_4 - (a+b+c+d)T_2 = 0$$

이 유도된다. 빔 2의 왼쪽 끝에 대하여 모멘트의 합을 구하면

$$0T_3 + fW - (f+g)T_4 = 0$$

이 유도된다. 이 방정식은 T_4에 대하여 풀 수 있으며, 다른 방정식에 결과를 대입하면 3개의 미지수의 3개의 방정식을 준다. 하지만 대수는 피하고 MATLAB이 풀도록 해본다. 4개의 방정식은 다음과 같이 행렬의 형태로 정리할 수 있다.

$$\begin{bmatrix} 1 & 1 & -1 & -1 \\ 0 & 0 & 1 & 1 \\ 0 & -(a+b+c+d) & a & (a+b+c) \\ 0 & 0 & 0 & -(f+g) \end{bmatrix} \begin{bmatrix} T_1 \\ T_2 \\ T_3 \\ T_4 \end{bmatrix} = \begin{bmatrix} 2 \\ 1 \\ -2(a+b) \\ -f \end{bmatrix} W$$

다음 프로그램에서 while 루프는 케이블 중 하나라도 장력이 허용 가능한 최대값에 도달할 때까지 무게 W를 점차적으로 증가시킨다. 결과는 만일 무게 W가 666N이면, 장력은 $T=$ [1199, 799.2, 333.0, 333.0]이 된다는 것을 보여준다. 그래서 한계 인자는 장력 T_1이 된다. 더 작은 증분 값 dw를 사용하면 좀 더 좋은 해상도를 얻을 수 있다.

```
a = 1; b=1; c=1; d=2; f=1;
g = b + c- f;
A = [1, 1, -1, -1; 0, 0, 1, 1; 0, -(a+b+c+d), a, a + b + c; 0, 0, 0, -(f + g)];
dw = 1;
T = [0; 0; 0; 0];
w = 0;
while T <= 4*[300; 300; 100; 100]
   w = w + dw;
   B = [2, 1, -2*(a + b), -f]'*w;
   T = A\B;
end
w_max = w - dw
B_max = [2, 1, -2*(a+b), -f]'*w_max;
T = A\B_max
```

이해력 테스트 문제

T4.6-1 while 루프를 사용하여 수열 $3k^2$, $k=1, 2, 3, \cdots$의 얼마나 많은 항을 더해야 2,000을 초과하는지를 결정하라. 이 수의 항을 더하면 합은 얼마인가? (답: 항 13개, 합은 2,457)

T4.6-2 다음 프로그램을 break 명령을 사용하지 않고 while 루프를 사용하여 다시 작성하라.

```
for k = 1: 10
     x = 50 - k^2;
     if x < 0
          break
     end
     y = sqrt(x)
end
```

T4.6-3 급수 $e^x \approx 1+x+x^2/2+x^3/6$의 근사치의 오차가 1 퍼센트를 초과하기 전의 x의 가장 큰 값을 소숫점 아래 둘째 자리까지 구하라. (답: $x = 0.83$)

4.7 switch 구조

switch 구조는 if, elseif 및 else 명령을 사용하는 것에 대한 대안으로 제공한다. switch를 사용하여 프로그램된 어떤 것도 if 구조를 사용하여 프로그램 될 수 있다. 하지만 어떤 응용에서는 switch 구조는 if 구조를 사용하는 것보다 가독성이 좋다. 구문은

```
switch 입력 식 (스칼라 또는 문자열)
   case 값1
      실행문 그룹 1
   case 값2
      실행문 그룹 2
   .
   .
   .
   otherwise
      실행문 그룹 n
end
```

입력식은 각 case 값과 비교된다. 만일 같은 것이 있으며, 그 case 문의 해당 실행문이 실행이 된 후 end 문 다음의 명령어로 수행 과정이 넘어간다. 입력식이 문자열인 경우는, strcmp 결과가 1(참)의 값이 나온다면 해당 case 값과 일치하는 것이다. 첫 번째 일치하는

case의 실행문만 수행된다. 일치하는 것이 없으면, otherwise의 실행문이 수행된다. 하지만 otherwise는 선택적이다. 만일 이 문장이 없고, 일치하는 값이 없다면, end 문 다음에 나오는 문장을 실행한다. 각 case 값 문장은 반드시 한 줄 안에 있어야 한다.

예를 들어, 변수 angle이 북으로부터 측정된 각도를 나타내는 정수 값이라고 가정한다. 다음 switch 블록은 그 각도에 해당하는 나침반의 위치를 보여준다.

```
switch angle
   case 45
      disp('북동쪽')
   case 135
      disp('남동쪽')
   case 225
      disp('남서쪽')
   case 315
      disp('북서쪽')
   otherwise
      disp('방향 알 수 없음')
end
```

입력식에 문자 변수를 사용하면 매우 읽기 쉬운 프로그램을 작성할 수 있다. 예를 들어, 다음의 코드에서 수치 벡터 x는 숫자 값들을 갖고 있고, 사용자는 문자열 변수 response의 값을 입력한다. 의도하고 있는 값은 min, max 또는 sum이다. 다음 코드는 사용자가 지시한 대로 x의 최소값, 최대값 또는 x의 원소의 합을 구한다.

```
t = [0: 100]; x = exp(-t).*sin(t);
response = input('min, max 또는 sum을 입력하라.', 's')
response = lower(response)
switch response
   case 'min'
      minimum = min(x)
   case 'max'
      maximum = max(x)
   case 'sum'
      total = sum(x)
   otherwise
      disp('적절한 선택을 하지 않았음.')
end
```

switch 문은 하나의 case 문으로 여러 개의 조건을 취급할 수 있으며, 이는 case 값들을 하나의 셀 배열에 넣음으로써 가능하다. 예를 들어, 다음의 switch 블록은 북쪽으로부터 측정된 각도가 주어졌을 때, 나침반 위에 해당되는 점을 보여준다.

```
switch angle
   case {0, 360}
      disp('북쪽')
   case {-180, 180}
      disp('남쪽')
   case {-270, 90}
      disp('동쪽')
   case {-90, 270}
      disp('서쪽')
   otherwise
      disp('방향 알 수 없음')
end
```

이해력 테스트 문제

T4.7-1 switch 구조를 사용하여 45, −45, 135, −135도인 값 중 하나를 입력받고, 그 각도를 포함하는 사분면을 (1, 2, 3, 4)로 나타내는 프로그램을 작성하라.

예제 4.7-1 달력 계산을 위한 switch 구조의 사용

달(1−12)과 날짜 및 윤년인지 아닌지에 대해 정보가 주어졌을 때, switch 구조를 사용하여 한 해에서 지나간 날의 전체 수를 구하라.

풀이

윤년일 경우 2월은 하루가 더 많음을 주목한다. 다음의 함수는 한 해에서, 달과 그 달에서의 날짜 및 윤년일 경우 1, 아닐 경우에는 0의 값을 갖는 extra_day 값이 주어졌을 때, 전체 지난 일수를 계산한다.

```
function total_days = total(month, day, extra_day)
total_days = day;
for k = 1: month - 1
   switch k
```

```
        case {1, 3, 5, 7, 8, 10, 12}
            total_days = total_days + 31;
        case {4, 6, 9, 11}
            total_days = total_days + 30;
        case 2
            total_days = total_days + 28 + extra_day;
    end
end
```

이 함수는 다음의 프로그램에서 보인 것과 같이 사용될 수 있다.

```
month = input('달을 입력하라 (1-12):');
day = input('날짜를 입력하라 (1-31):');
extra_day = input('윤년인 경우 1을, 아니면 0을 입력하라:');
total_day = total(month, day, extra_day)
```

주어진 해가 윤년인지 아닌지를 결정하는 프로그램을 작성하라는 문제가 4.4절의 연습문제 중에 하나 있다([문제 19]).

4.8 MATLAB 프로그램의 디버깅

MATLAB의 편집기를 M-파일 편집을 위해 사용하는 것에 대해서는 앞선 장들에서 논의하였다. 여기에서는 이 편집기의 디버거(Debugger)로서의 사용에 대하여 다룬다. [그림 4.8-1]은 분석할 프로그램을 포함한 편집기를 보여주고 있다. 편집기를 디버깅에 사용하기 전에, 1.4절의 **스크립트 파일 디버깅**에서 제시한 상식적인 가이드라인을 이용하여 프로그램의 오류를 찾도록 시도해본다. MATLAB 프로그램은 MATLAB 명령들이 강력하기 때문에 보통 짧으며, 그래서 큰 프로그램을 작성하는 경우가 아니면 편집기를 디버그로 사용할 필요가 없을 수 있다. 하지만 이 절에서 논의하는 셀 모드는 짧은 프로그램에도 유용하다. 편집기 탭의 좌측에 있는 파일 섹션의 항목들은 이미 1장과 3장에서 설명하였듯이 그 용도들이 매우 분명하다.

[그림 4.8-1] 분석할 프로그램을 포함한 편집기(출처: MATLAB)

중간에 있는 **탐색** 및 **편집** 섹션 탭의 항목들은 대규모 프로그램에 유용하다. 탐색 섹션의 전/후 이동 화살표와 찾기 항목은 프로그램을 탐색할 수 있게 한다. 편집 섹션의 **삽입** 항목에서는 새로운 섹션 또는 리스트에서 선택하는 함수 또는 고정 소수점 데이터를 삽입할 수 있게 한다. 주석 항목에서는 주석을 삽입, 제거 또는 줄바꿈 기능을 제공한다. 입력한 명령문들 중 어느 위치든지 주석 항목을 클릭하면 해당하는 줄 전체를 주석 처리한다. 여러 줄에 대한 주석 처리는 주석 처리할 부분의 첫 라인 앞에 %{를 입력하고, 마지막 라인 다음에 %}를 입력하여 표시한다. 주석 처리한 라인을 실행 가능한 라인으로 전환하기 위해서는 해당 라인의 아무 곳에서 **주석 처리 제거** 항목을 클릭한다. **들여쓰기** 항목을 통해서는 들여쓰기의 양을 늘리거나 줄일 수 있고 또한 자동 들여 쓰기 기능을 활성화시킬 수 있다.

편집기에서 디버깅을 위해 가장 중요한 기능들은 **중단점**과 **실행** 섹션에 있는 다섯 가지 항목들이다.

셀 모드

셀(Cell) 모드는 프로그램의 디버그에 사용될 수 있다. 또한 보고서를 생성하는 데에도 사용될 수 있다. 후자의 응용에 대해서는 5.2절의 끝 부분을 참조한다. 코드 셀(code cell)은 명령들의 그룹이다(이 셀들을 2.6절에서 다룬 셀 배열 데이터 형태와 혼돈해서는 안 된다). 새로운 셀의 시작을 표시하기 위해서는 이중 퍼센트 문자(%%)를(이 문자는 셀 구분자(cell divider)라고 불린다) 입력하거나 또는 **편집** 섹션에 있는 **섹션 삽입** 항목을 클릭한다. [그림

4.8-2]에 셀 툴바를 보였다.

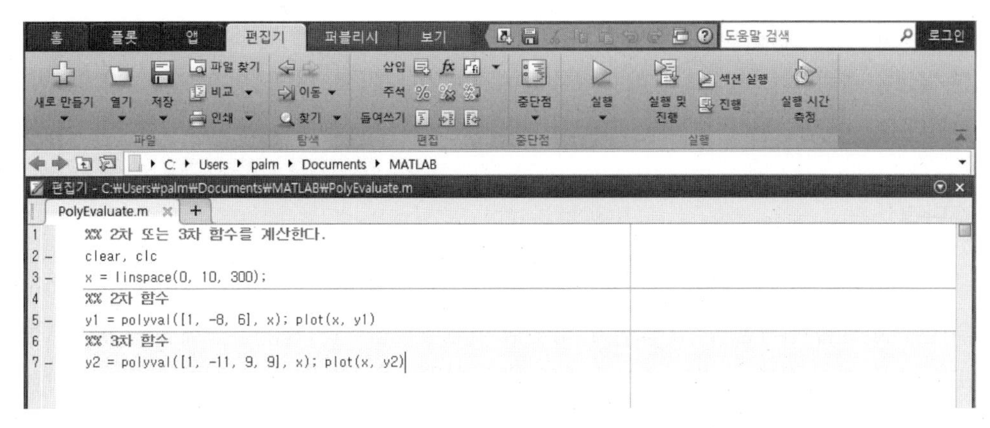

[그림 4.8-2] 편집기의 셀 모드(출처: MATLAB)

2차 함수나 3차 함수의 그래프를 그리는 간단한 프로그램을 고려한다.

```
%% 2차 또는 3차 함수를 계산한다.
clear, clc
x = linspace(0, 10, 300);
%% 2차 함수
y1 = polyval([1, -8, 6], x); plot(x, y1)
%% 3차 함수
y2 = polyval([1, -11, 9, 9], x); plot(x, y2)
```

프로그램을 입력하고 저장한 다음에, 섹션 중 한 곳에 커서를 두고 **섹션 실행** 아이콘을 클릭한다(이 프로그램의 경우에는 x의 값이 설정되어 있어야 하므로 첫 섹션부터 실행해야 한다). 또한, **실행 및 진행** 또는 **진행**을 클릭할 수도 있다. 이 항목들을 통해 현재 커서가 위치하는 셀을 실행하거나 다음 셀로 진행하거나, 또는 전체 프로그램을 실행할 수도 있다. 이런 기능들은 명백히 대규모 프로그램에 더 유용하다.

실행 시간 측정을 클릭하면 profile 함수의 결과를 이용하여 프로파일러의 사용자 인터페이스가 시작된다. 이를 통해 프로그램의 어떤 코드가 가장 많은 수행 시간을 요구하는지를 알 수 있어 프로그램 성능 개선에 활용할 수 있다. 또한, 코드의 어느 줄이 특정 입력 값에 대해 실행되지 않는지를 알 수 있다. 이 경우 그 라인들이 동작하게 하게 테스트 케이스를 만들어 해당 라인들이 문제를 일으키는지 확인할 수도 있다.

셀 모드의 유용한 특징 중의 하나는 프로그램을 저장할 필요 없이 변화된 파라미터 값에 대한 결과를 신속히 알 수 있다는 것이다. 예를 들어, [그림 4.8-2]에서 이미 프로그램을 실행하고 있고 2차식의 그래프 화면이 떠 있다면, 숫자 −8에서 마이너스 부호를 삭제하고 **섹션 실행**을 클릭한다. 그래프가 바뀌는 것을 볼 수 있다. 프로그램을 먼저 저장하지 않아도 변경된 내용이 반영된다.

중단점

중단점(Breakpoint)은 파일 안에서 일시적으로 수행을 정지하는 점으로 그래서 그 때까지의 변수 값들을 검사할 수 있게 한다. 중단점 섹션의 드롭다운 메뉴를 통해 중단점의 설정 또는 삭제, 조건 설정, 그리고 에러에 대한 처리 방법을 지정할 수 있다. 어떤 줄에서 중단점을 설정하려면 그 라인에 커서를 두고 **설정/지우기**를 선택하면 된다. 중단점을 지우고자 하면 이 과정을 반복한다.

프로그램을 디버깅하기 위해 위 메뉴들을 꼭 사용해야 하는 것은 아니며, 명령창을 이용할 수도 있다. help debug 명령을 입력하거나 검색창에서 'debugging'이라고 입력하면 MATLAB의 디버깅용 함수들이 나열된다. 이 함수들 이름은 모두 db(debug에서 왔음)로 시작한다. 많이 사용되는 것들에는 dbstop(중단점 설정), dbclear(중단점 삭제), dbcont(실행 재개), dbstep(하나 또는 그 이상의 라인 실행), dbquit(디버깅 모드 종료)가 있다.

프로그램 실행 중 중단점을 만나면 MATLAB은 디버깅 모드로 전환되며, 디버거 창이 활성화되어 프롬프트가 K>>로 바뀐다. 이 프롬프트에서도 모든 MATLAB 명령을 이용할 수 있다. 프로그램 실행을 계속하려면 dbcont나 dbstep을 사용한다. 디버깅 모드에서 나오기 위해서는 dbquit를 입력한다.

[그림 4.8-1]에 나와 있는 test3(x) 함수를 고려한다. test3(10)을 입력하면 답 없음이라는 메시지를 받게 된다. 이것은 y가 음수라면 맞는 동작이다. 하지만 y가 이 함수의 로컬 변수이기 때문에 이 값을 함수 밖에서 알 수 없다. 디버깅 모드를 사용하는 이점은 이러한 로컬 변수들의 값을 볼 수 있게 해주기 때문이다. 편집기에 줄 번호가 나와 있음을 주목한다. y의 값을 확인하기 위해 명령창에서 dbstop test3 5라고 입력하여 5번 라인에 중단점이 설정된다. 5번 라인의 라인 번호와 코드 사이에 붉은 점이 나타날 것이다. 이 열(strip)은 중단점이 표시되는 칸(alley)이다. (이 점과 열은 [그림 4.8-1]에 보이고 있다.) 이제 명령창에 test3(10)을 입력하면 다음과 같은 결과를 보게 된다.

```
>> test3(10)
5   if y < 0
K>>
```

이 프롬프트는 명령창이 디버깅 모드로 전환되었음을 표시한다(K는 keyboard를 의미한다). 이 프롬프트에서 y를 입력하면 아래와 같은 결과를 보게 된다.

```
y =
  -2.2023e+04
```

따라서 y가 음수임을 확인할 수 있다. 디버깅 모드에서 프로그램 실행을 계속하기 위해서는 dbcont, 한 줄씩 프로그램 실행을 진행하고자 한다면 dbstep을 입력한다. dbclear test3 5라고 입력하면 5번 라인의 중단점이 제거된다. 모든 중단점을 제거하기 위해서는 dbclear test3를 입력한다. 디버깅 모드에서 나오려면 dbquit를 입력한다.

개인적인 경험으로 **중단점** 섹션의 드롭다운 메뉴와 **명령창**을 조합하여 사용하는 것이 디버깅에 좀 더 용이할 것으로 본다. 예를 들어, dbstop 명령을 사용하는 것보다 커서를 사용하는 것이 중단점 설정에 좀 더 용이하고, 중단점을 지우는 데도 드롭다운 메뉴를 사용하는 것이 좀 더 용이하다.

프로그램의 실행을 추적(tracing)하는 또 다른 방법은 echo 함수를 사용하는 것이다. 이 함수는 프로그램이 진행되면서 실행되는 (주석을 포함한) 모든 라인과 결과를 보여준다. 스크립트 파일의 실행을 추적하기 위해서는 **명령창**에 echo on이라고 입력한다. 함수의 실행 상황을 추적하기 위해서는 echo **함수 이름** on을 입력한다. 추적을 중단하기 위해서는 echo off 또는 echo **함수 이름** off를 입력한다.

4.9 추가 예제와 응용

시뮬레이션은 조직, 프로세스 또는 물리적인 시스템의 동작을 나타내는 컴퓨터 프로그램의 출력을 만들고 분석하는 과정이다. 이런 프로그램을 컴퓨터 모델이라고 부른다. 시뮬레이션은 조직의 기능을 향상시키기 위한 방법을 찾기 위하여, 운용 중인 조직을 정량적으로 연구하는 분야인 오퍼레이션 리서치(operations research)에 자주 사용된다. 시뮬레이션은 엔지니어들이 어떤 조직의 과거, 현재 및 미래의 동작을 연구할 수 있도록 해준다. 오퍼레이션 리서치의 기술들은 모든 공학 분야에 유용하다. 적용 예로는 비행기 스케줄, 교통 흐름 연구, 생산 라인 등이 포함된다. MATLAB의 논리 연산자와 루프는 시뮬레이션 프로그램을 작성하기 위한 훌륭한 도구이다.

연속-시간 프로세스의 시뮬레이션

[예제 4.5-5] 1차원에서의 운동에서 이미 논의한 것과 같이, $v(t)$가 주어졌을 때 물체의 변위 $x(t)$에 대하여 푸는 한 방법은 시간에서 Δt만큼 떨어져 있는 작은 시간 단계를 이용하여 다음 방정식

$$x(t_{k+1})=v(t_k)\Delta t+x(t_k)$$

의 시간 선행값을 계산하는 것이다. 이 방법은 Δt가 충분히 작아서 v가 시간 구간 $t_{k+1}-t_k=\Delta t$에 걸쳐서 대략 상수값 $v(t_k)$를 갖는다고 가정한다. 여기에서 이 방법을 2차원의 이동이 포함된 좀 더 복잡한 구조에 대하여 적용해본다.

예제 4.9-1 추적 곡선

당신이 헬리콥터의 파일럿이고 일정한 속력 W로 직선을 운항하고 있는 배 위에 구호품을 보급해야 한다고 가정한다. 만일 등속 V를 유지하고 항상 선박을 직접 겨냥한다면, 결과적인 경로는 추적 곡선(Pursuit curve)이라고 불린다. 두 주체의 기동에 따라 많은 형태의 추적 곡선이 존재한다.

[그림 4.9-1a]는 $t=0$에서의 초기 기하학적 구조를 보여준다. 그림의 b 파트는 $t>0$일 때의 상황을 보인다. 헬리콥터 위치의 2개의 좌표는

$$x_H(t)=(V\cos\theta)t+x_H(0) \quad y_H(t)=(V\sin\theta)t+y_H(0) \tag{1}$$

로 주어진다. 우리는 $\theta(t)$에 대하여 모르기 때문에, 이 방정식을 수치적으로 풀어야 한다. 또한 배의 위치에 대한 방정식을 갖고 있다.

$$x_S(t)=Wt+x_S(0) \quad y_S(t)=B+y_S(0) \tag{2}$$

y_S는 상수라는 것을 주목한다. 각도 θ에 대하여,

$$\theta=\tan^{-1}\frac{y_S-y_H}{x_S-x_H} \tag{3}$$

를 갖는다.

우리의 시나리오에서 곡선에 대한 방정식을 유도할 수 있지만, 수학은 매우 어려울 수 있다. 대신, 곡선의 그래프를 생성하기 위하여 수치 방법을 사용할 것이다. 이것은 우리의 시간을 사용할 것인가에 대한 최선의 방법을 결정해야 하는 일상적인 엔지니어링 상황을 나타낸다. 미리 방정식을 유도할 수 있는지조차 모르지만, 수치 방법을 사용하면 특정한 매개변수 값들로 제한된다.

여기에서 $V=120\text{km/hr}$ 및 $W=20\text{km/hr}$ 라고 주어졌다. 의사코드는 [표 4.9-1]에 보였다. 해당 스크립트 파일은 [표 4.9-2]에 주어졌다. MATLAB 변수 dt를 사용하여 단계 크기 Δt 를 나타낸다.

이 매개변수 값에 대하여 따라잡는 시간은 0.7706hr이다. [그림 4.9-2]는 배의 경로와 헬리콥터 추적 곡선을 보인다.

직관적인 삼각함수 이론으로 어떤 경우에 만일 헬리콥터 파일럿이 각도 θ를 조정하여 헬리콥터의 배와 평행인 속도가 배의 속도와 같으면 더 짧은 포획 시간이 나올 수 있다는 것을 보일 수 있다. 하지만 파일럿이 이렇게 하는 것이 어려우며, 그래서 항상 배를 목표로 하는 것만큼 실용적이지는 않다.

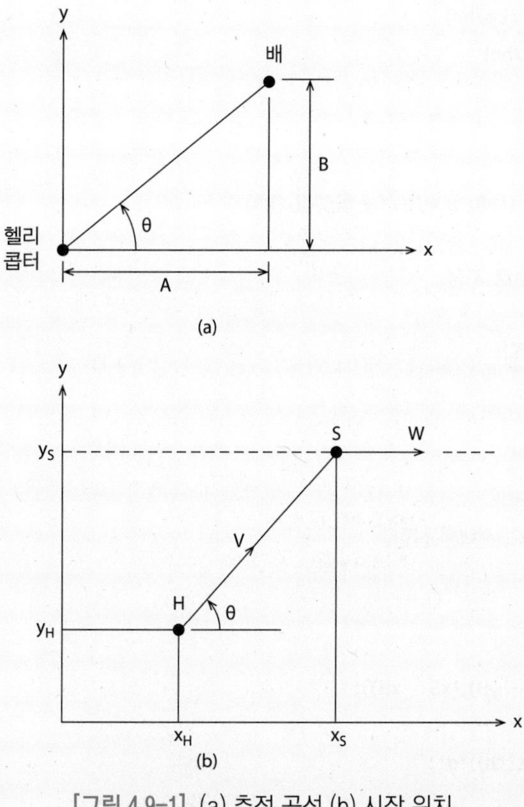

[그림 4.9-1] (a) 추적 곡선 (b) 시작 위치

[표 4.9-1] [예제 4.9-1]의 의사코드

매개변수 값을 설정한다.
변수를 초기화한다.
시간에 따른 루프.
    방정식 (1), (2) 및 (3)에서 위치를 업데이트한다.
    헬리콥터와 배까지의 거리를 계산한다.
    헬리콥터가 포획 반경 내에 있는가?
        그렇다. 포획 시간을 표시하고 루프를 종료한다.
        아니다. 루프 한계에 도달했는가?
            그렇다. "해결 방법을 찾을 수 없음"을 인쇄한다.
            아니다. 루프를 계속 진행한다.
루프 끝.
해를 구했으면 경로의 그래프를 그린다.

[표 4.9-2] [예제 4.9-1]의 MATLAB 프로그램

```
% 매개변수 값을 지정한다.
% V = 헬리콥터 속력 (km/hr)
% W = 배의 속력 (km/hr)
V = 120; W = 20;
% R = 포획 반경 (km)
R = 0.1; % 100 미터
% A = 초기 x 옵셋값 (km); B = 초기 y 옵셋값 (km)
A = 0; B = 90;
% 단계 크기 dt를 1초로 지정.
dt = 1/3600;
% 변수들을 초기화한다.
t = 0;
xS = A; yS = B;
xH = 0; yH = 0;
% 시간 루프를 시작한다.
% 시행착오를 거쳐 k의 선택된 상한.
klimit = 10000;
for k = 1:klimit
   % 방정식 (3)
   th = atan2((yS - yH),(xS - xH));
   % 방정식 (1)
   xH = xH + (V*cos(th))*dt;
```

```
    yH = yH + (V*sin(th))*dt;
    % xS에 대한 방정식 (2)
    xS = W*t + A;
    % 시간 변수를 업데이트 한다.
    t = t + dt;
    % 결과를 배열에 저장한다.
    xHk(k) = xH; yHk(k) = yH;
    thk(k) = th; xSk(k) = xS; ySk(k) = yS;
    tk(k) = t;
    % 배까지의 거리를 계산한다.
    r = sqrt((yS - yH)^2 + (xS - xH)^2);
    % 포획 반경 안에 들어오면 종료한다.
    if r < R
        % 포획 위치를 계산한다.
        xSC = xS; ySC = yS;
        disp('포획 시간은 :')
        disp(t)
        plot(xHk, yHk, xSk, ySk, '--'), xlabel('x (km)'),
        ylabel('y (km)'), ...
            axis([0 xSC 0 1.1*ySC])
        break
    elseif k == klimit
        disp('해가 없다')
    end
end
```

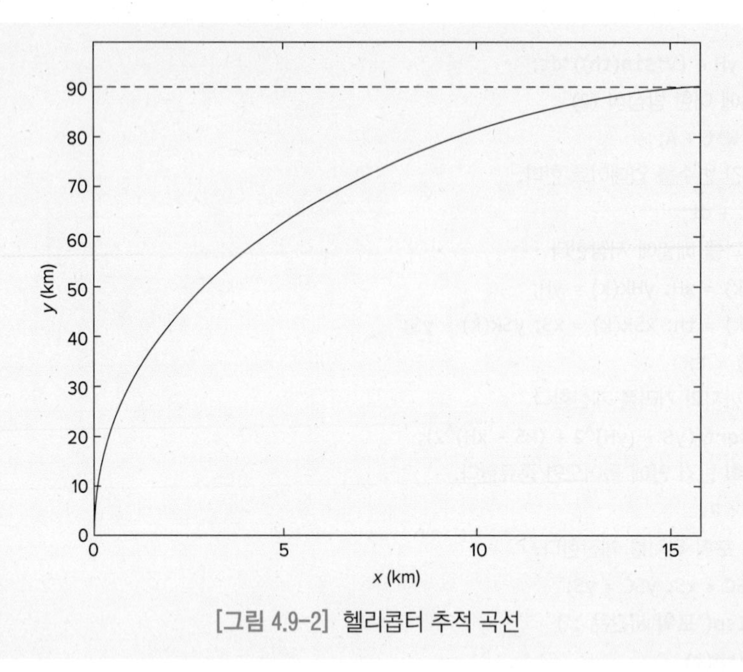

[그림 4.9-2] 헬리콥터 추적 곡선

예제 4.9-2 로켓의 비행

모든 로켓은 연료를 태움에 따라 무게가 줄어들며, 그래서 시스템의 질량은 변한다. 다음 방정식은 공기의 저항을 무시할 때, 수직으로 발사된 로켓의 속도 v와 높이 h를 구하는 식이다. 이 식은 뉴턴의 법칙으로부터 유도되었다.

$$v(t)=u\ln\frac{m_0}{m_0-qt}-gt \tag{1}$$

$$h(t)=\frac{u}{q}(m_0-qt)\ln(m_0-qt)+u(\ln m_0+1)t-\frac{gt^2}{2}-\frac{m_0u}{q}\ln m_0 \tag{2}$$

여기에서 m_0는 로켓의 초기 질량, q는 로켓이 연료 질량을 연소하는 비율, u는 로켓에 대한 연소된 연료의 소모 속도, g는 중력에 의한 가속도이다. b를 연소 시간이라고 하고, 그 이후에는 모든 연료가 소모된다고 한다. 이와 같이 연료가 소진됐을 때의 로켓의 질량은 $m_e=m_0-qb$이다.

$t>b$일 때, 로켓의 엔진은 추진력을 생성하지는 않지만, 속도와 높이는

$$v(t)=v(b)-g(t-b) \tag{3}$$

$$h(t)=h(b)+v(b)(t-b)-\frac{g(t-b)^2}{2} \tag{4}$$

로 주어진다. 최고 높이에 이르는 시간 t_P 는 $v(t)=0$ 이라고 놓아 구할 수 있다. 결과는 $t_p=b+v(b)/g$ 이다. 이 식을 $h(t)$ 에 대한 식 (4)에 대입하면, 최고 높이에 대한 다음의 식을 준다. $h_p=h(b)+v^2(b)/(2g)$ 로켓이 바닥에 부딪힐 때의 시간은 $t_{hit}=t_p+\sqrt{2h_p/g}$ 이다.

로켓이 대기권 상층을 연구할 장치를 운반한다고 가정한다. 그리고 50,000피트보다 위에서 보내는 시간을 연소 시간 b의 함수로(그래서 연료 질량 qb의 함수로) 구한다고 가정한다. 다음의 값인 $m_e=100$ 슬러그(slug), $q=1$ 슬러그/초, $u=8,000$ 피트/초 및 $g=32.2$ 피트/초^{2}으로 주어졌다고 가정한다. 로켓의 최대 저장된 연료가 100슬러그이고 b의 최대값은 $100/q=100$ 이라고 한다. 이 문제를 푸는 MATLAB 프로그램을 작성하라.

풀이

프로그램을 개발하기 위한 의사코드는 [표 4.9-3]에 보였다. 연소 시간 b와 땅에 부딪히는 충돌 시간 t_{hit} 을 알고 있으므로, 이 문제를 해결하기 위하여 `for` 루프를 선택하는 것은 논리적인 선택이다. 이 문제를 해결하기 위한 MATLAB 프로그램은 [표 4.9-4]에 보였다. 이 프로그램은 2개의 중첩된 `for` 루프를 갖는다. 안쪽의 루프는 시간에 대한 것이며, 운동 방정식을 1초의 1/10의 간격으로 계산한다. 이 루프는 특정한 연소 시간 b의 값에 대하여 50,000피트 위에서의 시간을 계산한다. 보다 작은 시간 증가분 dt를 사용하면, 좀 더 정밀한 값을 얻을 수 있다. 바깥쪽의 루프는 연소 시간을 정수값 $b=1$ 부터 100까지 변화시킨다. 최종 결과는 여러 가지 연소 시간에 대한 지속 시간(duration)의 벡터이다. [그림 4.9-3]은 결과 그래프이다.

[표 4.9-3] [예제 4.9-2]를 위한 의사코드

데이터를 입력한다.
연소 시간을 0부터 100까지 증가시킨다. 각 연소 시간 값에 대하여
　m_0, v_b, h_b, h_p 를 계산한다.
　만일 $h_p \geq h_{desired}$ 이면,
　　t_p, t_{hit} 을 계산한다.
　　시간을 0부터 t_{hit} 까지 증가시킨다.
　　　높이를 완전 연소가 발생했는지에 따라, 적절한 방정식을 이용하여
　　　시간의 함수로 계산한다.
　　원하는 높이 이상의 지속 시간을 계산한다.
　　시간 루프 종료.
　만일 $h_p < h_{desired}$ 이면 체공시간은 0.
연소 시간 루프를 끝낸다.
결과 그래프를 그린다.

[표 4.9-4] [예제 4.9-2]를 위한 MATLAB 프로그램

```
% 스크립트 파일 rocket1.m
% 연소 시간의 함수로 비행 지속 시간을 계산한다.
% 기본적인 데이터 값들
m_e = 100; q = 1; u = 8000; g = 32.2;
dt = 0.1; h_desired = 50000;
for b = 1: 100 % 연소 시간동안의 루프
   burn_time(b) = b;
   % 다음은 교재의 공식을 구현한다.
   m_0 = m_e + q*b; v_b = u*log(m_0/m_e) - g*b;
   h_b = ((u*m_e)/q)*log(m_e/(m_e+q*b))+u*b - 0.5*g*b^2;
   h_p = h_b + v_b^2/(2*g);
   if h_p >= h_desired
   % 최고 높이 > 원하는 높이일 경우만 계산
      t_p = b + v_b/g; % 최고 시간을 계산한다.
      t_hit = t_p + sqrt(2*h_p/g);   % 충돌시간
      for p = 0:t_hit/dt
         %높이 벡터를 계산하기 위하여 루프를 이용
         k = p+1; t = p*dt; time(k) = t;
         if t <= b
            % 완전 연소는 아직 일어나지 않았음.
            h(k) = (u/q)*(m_0 - q*t)*log(m_0 - q*t)...
            + u*(log(m_0) +1)*t - 0.5*g*t^2 ...
            - (m_0*u/q)*log(m_0);
         else
            % 완전 연소가 발생
            h(k) = h_b - 0.5*g*(t-b)^2 + v_b*(t-b);
         end
      end
      % 기간을 계산
      duration(b) = length(find(h>= h_desired))*dt;
   else
      % 로켓은 원하는 높이에 도달하지 못했음.
      duration(b) = 0;
   end
end% 결과를 그린다.
plot(burn_time, duration), xlabel('연소 시간 (sec)'),...
ylabel('기간 (sec)'), title('50,000 피트 위의 지속 기간')
```

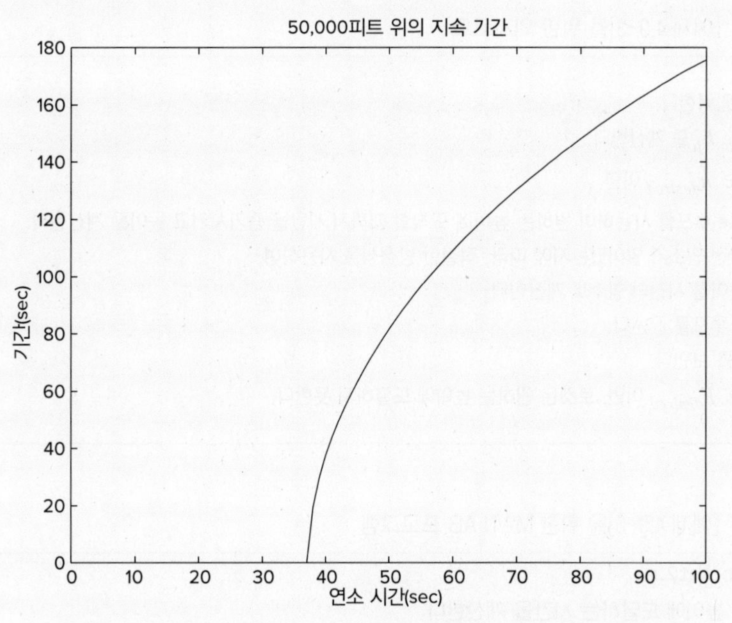

[그림 4.9-3] 연소 시간의 함수로서의 50,000피트 위에서의 지속 기간

예제 4.9-3 특정한 높이에 도달하는 시간

[예제 4.9-2]에서 다룬 가변 질량 로켓을 고려한다. 연소 시간이 50초라면 로켓이 40,000피트에 도달하기 위하여 시간이 얼마나 걸리는지 결정하는 프로그램을 작성하라.

풀이

의사코드는 [표 4.9-5]에 나타내었다. 필요한 시간을 모르기 때문에, `while` 루프가 적합하다. [표 4.9-6]의 프로그램은 이 작업을 수행하도록 [표 4.9-4]의 프로그램을 수정한 것이다. 새로운 프로그램은 로켓이 40,000피트에 도달하지 못할 가능성을 허용하는 점을 주목한다. 프로그램에서 이런 모든 예측 가능한 환경에 대하여 다룰 수 있도록 작성하는 것이 중요하다. 프로그램으로 주어진 답은 53초이다.

[표 4.9-5] [예제 4.9-3]을 위한 의사코드

데이터를 입력한다.

m_0, v_b, h_b, h_p 를 계산한다.

만일 $h_p \geq h_{desired}$ 이면

    while 루프를 사용하여 원하는 높이에 도착할 때까지 시간을 증가시키고 높이를 계산한다.

        완전 연소가 일어났는지에 따라, 적절한 방정식을 사용하여,

        높이를 시간의 함수로 계산한다.

    시간 루프를 끝낸다.

    결과를 보인다.

만일 $h_p < h_{desired}$ 이면, 로켓은 원하는 높이에 도달하지 못한다.

[표 4.9-6] [예제 4.9-3]을 위한 MATLAB 프로그램

```
% 파일 rocket2.m
% 원하는 높이에 도달하는 시간을 계산한다.
% 데이터 값들을 정한다.
h_desired = 40000; m_e = 100; q = 1;
u = 8000; g = 32.2; dt = 0.1; b = 50;
% 완전 연소 시, 최대 시간, 및 높이에서의 값을 계산한다.
m_0 = m_e + q*b; v_b = u*log(m_0/m_e) - g*b;
h_b = ((u*m_e)/q)*log(m_e/(m_e+q*b)) + u*b - 0.5*g*b^2;
t_p = b + v_b/g;
h_p = h_b + v_b^2 / (2*g);
% 만일 h_p > h_desired 이면, h_desired에 도달하기 위한 시간을 계산한다.
if h_p > h_desired
   h = 0; k = 0;
   while h < h_desired % h = h_desired가 될 때까지 h를 계산한다.
      t = k*dt; k = k +1;
      if t <= b
         % 완전 연소가 아직 일어나지 않았음.
         h = (u/q)*(m_0 - q*t)*log(m_0 - q*t)...
           + u*(log(m_0) +1)*t - 0.5*g*t^2 ...
           - (m_0*u/q)*log(m_0);
      else
         % 완전 연소가 발생.
         h = h_b - 0.5*g*(t - b)^2 + v_b *(t - b);
      end
```

```
    end
    % 결과를 보인다.
    disp('원하는 높이에 도달하기 위한 시간은:')
    disp(t)
else
    disp('로켓은 원하는 높이에 도달하지 못한다.')
end
```

예제 4.9-4 대학교 등록생 수 모델: 1부

시뮬레이션이 어떻게 오퍼레이션 리서치에 사용되는가에 대한 예로서, 다음의 대학교의 등록생 수 모델을 고려해 보기로 한다. 어떤 대학에서 입학 허가 건수와 신입생의 유지 비율이 대학교의 등록생 수에 미치는 영향을 분석하여, 강사와 다른 자원들의 미래 수요에 대하여 예측하고자 한다. 대학은 학생이 졸업을 하기 전에 학년을 다시 다니거나 학교를 떠나는 비율에 대한 예측치를 갖고 있다고 가정한다. 이 분석에 도움이 되는 시뮬레이션 모델의 기본 행렬 방정식을 유도하라.

풀이

현재 1학년 등록생이 500명이고 대학은 지금부터 연간 1,000명의 신입생을 받기로 결정했다고 가정한다. 신입생의 10%가 그 학년을 다시 다닌다고 예측한다. 다음 해의 신입생의 수는 0.1(500) + 1,000 = 1,050이며, 그 다음 해에는 0.1(1,050) + 1,000 = 1,105가 된다. $x_1(k)$를 k번째 해의 신입생의 수라고 한다. 여기에서 $k=1,\ 2,\ 3,\ 4,\ 5,\ 6, \cdots$이다. 그러면 $k+1$번째 해에 신입생의 수는

$$\begin{aligned} x_1(k+1) &= \text{1학년을 다시 다니는, 전 해의 신입생의 10퍼센트} \\ &\quad + \text{1,000명의 새로운 신입생} \\ &= 0.1x_1(k) + 1{,}000 \end{aligned} \tag{1}$$

으로 주어진다. 분석을 시작한 첫 해의 신입생 수(500명)를 알고 있기 때문에, 미래의 신입생 수를 예측하기 위하여 단계적으로 이 방정식을 푼다.

$x_2(k)$를 k번째 해의 2학년의 수라고 한다. 신입생의 15%가 학교에 돌아오지 않으며, 10%가 1학년을 다시 다닌다고 가정한다. 따라서 신입생의 75%만이 2학년으로 올라간다. 2학년의 5%만이 2학년을 다시 다니고, 200명의 2학년이 매년 다른 학교로부터 편입해 온다고 가정한다. 그러면 $k+1$번째 해에 2학년 학생의 수는

$$x_2(k+1)=0.75x_1(k)+0.05x_2(k)+200$$

으로 주어진다. 이 방정식을 풀기 위해서는 '신입생에 대한' 식 (1)과 동시에 풀어야 하며, MATLAB을 사용하면 쉽다. 이 방정식을 풀기 전에 이 모델의 나머지 부분을 유도한다.

$x_3(k)$와 $x_4(k)$를 각각 k번째 해의 3학년과 4학년의 학생 수라고 한다. 2학년과 3학년의 5%가 학교를 떠나고, 2학년, 3학년 및 4학년의 5%가 그 학년을 다시 다닌다고 가정한다. 이와 같이 90%의 2학년, 3학년이 학교로 돌아와서 다음 학년으로 진학한다. 3학년과 4학년의 모델은

$$x_3(k+1)=0.9x_2(k)+0.05x_3(k)$$

$$x_4(k+1)=0.9x_3(k)+0.05x_4(k)$$

이다. 이 4개의 방정식은 다음 행렬의 형태로 쓸 수 있다.

$$\begin{bmatrix} x_1(k+1) \\ x_2(k+1) \\ x_3(k+1) \\ x_4(k+1) \end{bmatrix} = \begin{bmatrix} 0.1 & 0 & 0 & 0 \\ 0.75 & 0.05 & 0 & 0 \\ 0 & 0.9 & 0.05 & 0 \\ 0 & 0 & 0.9 & 0.05 \end{bmatrix} \begin{bmatrix} x_1(k) \\ x_2(k) \\ x_3(k) \\ x_4(k) \end{bmatrix} + \begin{bmatrix} 1000 \\ 200 \\ 0 \\ 0 \end{bmatrix}$$

[예제 4.9-5]에서는 이 방정식을 풀기 위하여 MATLAB을 어떻게 사용하는지를 본다.

이해력 테스트 문제

T4.9-1 신입생의 75%가 아닌 70%가 2학년으로 돌아온다고 가정한다. 먼저의 방정식은 어떻게 변하는가?

예제 4.9-5 대학교 등록생 수 모델: 2부

입학 허가와 편입 방침의 영향을 연구하기 위하여, [예제 4.9-4]를 일반화하여, 입학 허가와 편입을 수정할 수 있도록 허용하라.

풀이

$a(k)$를 다음 해인 $k+1$번째 해에 입학하기 위하여 k번째 해의 봄학기에 입학허가를 받은 신입생의 수라고 하고, $d(k)$를 다음 해에 2학년으로 편입해 오는 숫자라고 한다. 그러면 모델은

$$x_1(k+1) = c_{11}x_1(k) + a(k)$$
$$x_2(k+1) = c_{21}x_1(k) + c_{22}x_2(k) + d(k)$$
$$x_3(k+1) = c_{32}x_2(k) + c_{33}x_3(k)$$
$$x_4(k+1) = c_{43}x_3(k) + c_{44}x_4(k)$$

와 같이 되며, 여기에서 계수는 c_{21}, c_{22} 등과 같이 숫자 값이 아닌 문자로 하여 원할 때 값을 바꿀 수 있도록 한다.

이 모델은 [그림 4.9-4]에 보인 것과 같이, 상태 천이도를 이용해서 그림으로 나타낼 수 있다. 이런 그림은 시간 의존적이고 확률적인 과정들을 표현하기 위해 널리 사용된다. 화살표는 각 새로운 연도에 모델의 계산이 어떻게 갱신되는지를 나타낸다. k번째 해에 등록하는 학생 숫자는 $x_1(k)$, $x_2(k)$, $x_3(k)$, $x_4(k)$ 값들에 의하여, 즉 상태 벡터라고 불리는 벡터 $\mathbf{x}(k)$에 의하여 완벽하게 표현될 수 있다. 상태 벡터의 원소는 상태 변수이다. 상태 천이도는 상태 변수의 새로운 값들이 이전의 값과 입력 $a(k)$ 및 $d(k)$와 어떻게 연관되는지를 보여준다.

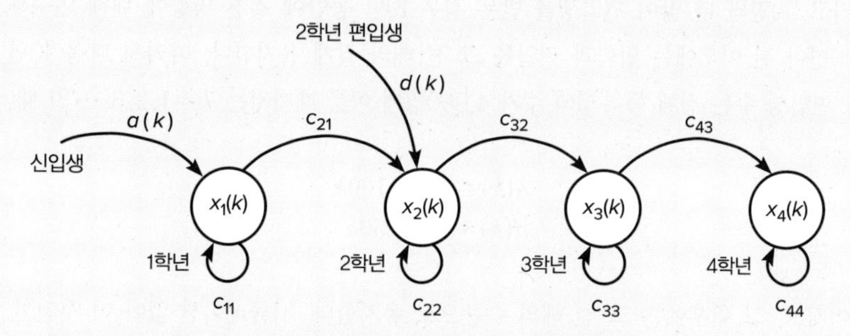

[그림 4.9-4] 대학 등록생 수 모델의 상태 천이 다이어그램

위 4개의 방정식은 다음의 행렬 형태로 쓸 수 있다.

$$\begin{bmatrix} x_1(k+1) \\ x_2(k+1) \\ x_3(k+1) \\ x_4(k+1) \end{bmatrix} = \begin{bmatrix} c_{11} & 0 & 0 & 0 \\ c_{21} & c_{22} & 0 & 0 \\ 0 & c_{32} & c_{33} & 0 \\ 0 & 0 & c_{43} & c_{44} \end{bmatrix} \begin{bmatrix} x_1(k) \\ x_2(k) \\ x_3(k) \\ x_4(k) \end{bmatrix} + \begin{bmatrix} a(k) \\ d(k) \\ 0 \\ 0 \end{bmatrix}$$

또는 좀 더 간결하게

$$\mathbf{x}(k+1) = \mathbf{C}\mathbf{x}(k) + \mathbf{b}(k)$$

로서 나타낼 수 있으며, 여기에서

$$\mathbf{x}(k)=\begin{bmatrix} x_1(k) \\ x_2(k) \\ x_3(k) \\ x_4(k) \end{bmatrix} \qquad \mathbf{b}(k)=\begin{bmatrix} a(k) \\ d(k) \\ 0 \\ 0 \end{bmatrix}$$

및

$$\mathbf{C}=\begin{bmatrix} c_{11} & 0 & 0 & 0 \\ c_{21} & c_{22} & 0 & 0 \\ 0 & c_{32} & c_{33} & 0 \\ 0 & 0 & c_{43} & c_{44} \end{bmatrix}$$

가 된다.

처음에 전체 1,480명이 등록을 했고, 그 중 신입생 500명, 2학년 400명, 3학년 300명 및 4학년이 280명이다. 대학은 전체 등록생의 수가 4,000명이 될 때까지, 각 해에 100명씩 더 많이 입학을 시키고 50명씩 더 많이 편입생을 받는 경우 10년 동안에 걸친 영향에 대해 연구하고자 한다. 4,000명이 된 이후에는 입학과 편입을 그 전 해와 같게 유지한다. 따라서 다음 10년 동안의 입학생과 편입생 수는 전체 등록생의 수가 4,000명에 이를 때까지는 $k=1,2,3,\cdots$ 일 때

$$a(k)=900+100k$$
$$d(k)=150+50k$$

으로 주어지고, 그 이후에는 그 전 해의 수준으로 유지한다. 시뮬레이션 없이 이 사건이 언제 일어날지를 결정할 수 없다. [표 4.9-7]은 이 문제를 풀기 위한 의사코드를 보여 주고 있다. 등록생 수를 위한 행렬 **E**는 4×10 행렬이고, 각 열은 각 연도의 등록생 수를 나타낸다.

분석할 햇수(10년)를 알고 있으므로 `for` 루프는 자연스러운 선택이다. 입학생과 편입생 수를 증가시키다가 언제 유지시키는 계획으로 바꿀지를 결정하기 위하여 `if` 문을 사용한다. 다음 10년 동안의 등록생의 숫자를 예측하기 위한 MATLAB 프로그램 파일은 [표 4.9-8]에 나타내었다. [그림 4.9-5]에는 결과를 그림으로 보였다. 4년 이후에는 신입생보다 2학년의 숫자가 더 많다는 것을 주목한다. 그 이유는 편입생의 증가율이 궁극적으로 입학률의 증가에 따른 효과를 따라잡게 되기 때문이다.

실제의 경우에는 다른 입학생과 편입생 정책의 영향을 분석하고, (다른 낙제율과 재수강률을 나타내는) 행렬 **C**에 다른 값들을 사용했을 때, 어떤 일이 일어날지를 검사하기 위하여 이 프로그램을 여러 번 수행하게 된다.

[표 4.9-7] [예제 4.9-5]의 의사코드

계수행렬 $\mathbf{C}$와 초기 등록생 수 벡터 $\mathbf{x}$를 입력한다.
초기 입학생과 편입생 수 $a(1)$ 및 $d(1)$을 입력한다.
등록생 수 행렬 $\mathbf{E}$의 첫 번째 열은 $\mathbf{x}$와 일치시킨다.
2년째부터 10년째까지 루프
    전체 등록생 수가 4000보다 적거나 같으면, 매 해 입학생 수를 100 및 편입생 수를 50만큼 늘인다.
    전체 등록생 수가 4000보다 크면, 입학생 수와 편입생 수를 유지시킨다.
    벡터 $\mathbf{x}$를 $\mathbf{x}=\mathbf{Cx}+\mathbf{b}$를 이용하여 업데이트한다.
    등록생 수 행렬 $\mathbf{E}$를 $\mathbf{x}$로 구성되는 또 하나의 열벡터를 더하여 업데이트한다.
2년째부터 10년째까지 루프의 끝
결과의 그래프를 그린다.

[표 4.9-8] 대학 등록생 수 모델

```
% 스크립트 파일 enroll1.m. 대학교의 등록생 수를 계산
% 모델의 계수들
C = [0.1, 0, 0, 0; 0.75, 0.05, 0, 0; 0, 0.9, 0.05, 0; 0, 0, 0.9, 0.05];
% 초기 등록생 수 벡터
x = [500; 400; 300; 280];
% 초기 입학생 및 편입생 수
a(1) = 1000; d(1) = 200;
% E는 4 x 10의 등록생 수 행렬
E(:, 1) = x;
% 루프를 2에서 10까지 돌린다.
for k = 2: 10
   % 다음은 입학생과 편입생의 정책을 보인다.
   if sum(x) <= 4000
   % 입학생과 편입생 숫자를 늘인다.
      a(k) = 900 + 100*k;
      d(k) = 150 + 50*k;
   else
      % 입학생과 편입생 숫자를 상수로 유지
      a(k) = a(k-1);
      d(k) = d(k-1);
   end
   % 등록생 수 행렬을 업데이트한다.
   b = [a(k); d(k); 0; 0];
   x = C * x + b;
   E(:, k) = x;
end
```

```
% 결과 그래프를 그린다.
plot(E'), hold, plot(E(1, :),'o'), plot(E(2, :),'+'), plot(E(3, :),'*'),...
plot(E(4,:), 'x'), xlabel('Year'), ylabel('학생 수'), ...
gtext('1학년'), gtext('2학년'), gtext('3학년'), gtext('4학년'),...
title('시간의 함수로서의 등록생 수')
```

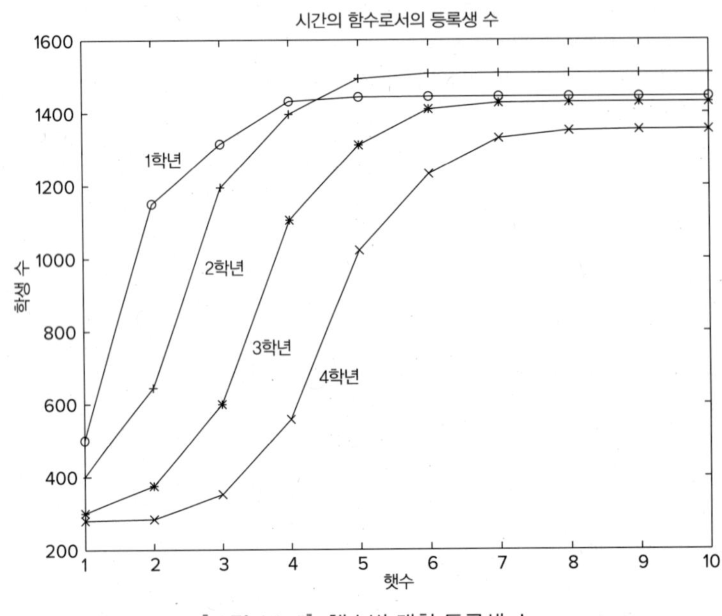

[그림 4.9-5] 햇수별 대학 등록생 수

이해력 테스트 문제

T4.9-2 [표 4.9-8]의 프로그램에서, 15 및 16번째 줄은 a(k)와 d(k)의 값을 계산한다. 이 줄을 여기에 다시 적으면

```
a(k) = 900 + 100 * k
d(k) = 150 + 50 * k;
```

이다. 이 프로그램이 `a(1) = 1000; d(1) = 200;` 문을 포함하고 있는 이유는 무엇인가?

4.10 요약

이 장을 끝냈으므로, 의사 결정 절차를 수행하는 프로그램 즉, 프로그램의 수행이 프로그램의 계산 결과나 또는 사용자로부터의 입력에 따라 달라지는, 프로그램을 작성할 수 있어야 한다. 4.2, 4.3 및 4.4절은 필요한 함수들인 관계 연산자, 논리 연산자와 함수 및 조건문을 다루었다.

또한, 특정한 횟수만큼 또는 어떤 조건이 만족될 때까지 계산을 반복하는 프로그램을 작성하기 위하여 MATLAB의 루프 구조를 사용할 수 있어야 한다. 이런 특징은 공학자들이 매우 복잡한 문제 또는 수많은 계산을 필요로 하는 문제들을 해결할 수 있도록 해준다. `for` 루프와 `while` 루프는 4.5절과 4.6절에서 다루었다. 4.7절은 `switch` 구조를 다루었다.

4.8절은 편집기/디버거를 사용하여 프로그램의 오류를 정정하는 방법에 대한 개요와 예제를 보인다. 4.9절은 이런 방법들에 대한 응용으로, 공학자들이 복잡한 시스템, 절차 및 구조의 동작을 연구할 수 있게 해주는 시뮬레이션을 보여주었다.

이 장에서 소개된 MATLAB의 명령들을 정리하는 표들은 이 장 전체에 걸쳐서 있다. [표 4.10-1]은 이런 표들의 위치를 찾는 데 도움을 준다. 또한, 이 표에서는 다른 표에서 찾을 수 없는 명령들도 정리하였다.

[표 4.10-1] 4장에서 소개된 MATLAB 명령에 대한 가이드

관계 연산자	[표 4.2-1]
논리 연산자	[표 4.3-1]
연산자 형태에 따른 우선순위	[표 4.3-2]
진리표	[표 4.3-3]
논리 함수	[표 4.3-4]

기타 명령어

명 령 어	설명	절
`break`	`for` 또는 `while` 루프의 수행을 종료한다.	4.5, 4.6
`case`	프로그램 수행을 지시하기 위하여 `switch`와 함께 사용한다.	4.7
`continue`	`for` 또는 `while` 루프에서 제어를 다음 번의 수행으로 넘겨준다.	4.5, 4.6
`double`	논리 배열을 (실수) 2중 정밀도로 변환한다.	4.2
`else`	대체 실행문 블록을 설명한다.	4.4
`elseif`	조건에 따라 실행문을 수행한다.	4.4

`end`	`for`, `while`, `if` 문을 종료한다.	4.4, 4.5, 4.6
`for`	문장을 특정한 숫자만큼 반복한다.	4.5
`if`	조건에 맞으면 문장을 수행한다.	4.4
`input('s1', 's')`	문자열 s1을 보이고 사용자 입력을 문자열로 저장한다.	4.4
`logical`	숫자 값을 논리값으로 변환한다.	4.2
`nargin`	함수의 입력 변수의 수를 결정한다.	4.4
`nargout`	함수의 출력 변수의 수를 결정한다.	4.4
`switch`	입력식을 연관되는 case식과 비교하여 프로그램 수행을 지시한다.	4.7
`while`	문장을 불특정한 횟수만큼 반복 수행한다.	4.6
`xor`	배타적 OR 함수	4.3

주요용어

Breakpoint(중단점)
Conditional statement(조건문)
Flow chart(흐름도)
for 루프
Implied loop(암시적 루프)
Logical operation(논리 연산자)
Mask(마스크)
Nested Loop(중첩 루프)
Operations research(오퍼레이션 리서치)
Pseudocode(의사코드)
Relational operator(관계 연산자)
Simulation(시뮬레이션)
State transition diagram(상태 천이도)
Structure chart(구조도)
Structured programing(구조적 프로그래밍)
switch 구조
Top-down design(하향식 설계)
Truth table(진리표)
while 루프

| 연습문제 |

*로 표시된 문제에 대한 해답은 교재 뒷부분에 첨부하였다.

4.1 절

1. 반경 r인 구의 부피를 V, 표면적을 A라고 하면

$$V = \frac{4}{3}\pi r^3 \qquad A = 4\pi r^2$$

으로 주어진다.

a. $0 \le r \le 3$ 일 때, V와 A를 계산하고 A에 대한 V의 그래프를 그리는 프로그램을 위한 의사코드를 작성하라.

b. a에서 기술한 프로그램을 작성하고 실행하라.

2. 2차 방정식 $ax^2+bx+c=0$의 해는 다음과 같이 주어진다.

$$x = \frac{-b \pm \sqrt{b^2-4ac}}{2a}$$

a. a, b, c의 값으로 주어진 2개의 해를 모두 계산하는 프로그램의 의사코드를 개발하라. 실수부와 허수부를 구별해야 한다는 것을 주의한다.

b. a에서 설명된 프로그램을 작성하고 다음의 경우에 대하여 테스트하라.

1. $a=2,\ b=10,\ c=12$
2. $a=3,\ b=24,\ c=48$
3. $a=4,\ b=24,\ c=100$

3. 수열 $14k^3-20k^2+5k,\ k=1,2,3,\cdots$의 처음 10개 항의 합을 구하고자 한다. 필요한 프로그램을 위한 의사코드를 작성하라.

4.2 절

4*. x = 6이라고 가정한다. 다음 연산에 대한 결과를 손으로 풀어 구하고, MATLAB을 사용하여 결과를 체크하라.

a. z = (x < 10)

b. z = (x == 10)

c. z = (x >= 4)

d. z = (x ~= 7)

5*. 다음 연산에 대한 결과를 손으로 풀어 구하고, MATLAB을 사용하여 결과를 체크하라.

a. z = 6 > 3 + 8

b. z = 6 + 3 > 8

c. z = 4 > (2 + 9)

d. z = (4 < 7) + 3

e. z = 4 < 7 + 3

f. z = (4 < 7)*5

g. z = 4 < (7*5)

h. z = 2/5 >= 5

6*. x = [10, -2, 6, 5, -3], y = [9, -3, 2, 5, -1]이라고 가정한다. 다음 연산에 대한 결과를 손으로 풀어 구하고, MATLAB을 사용하여 결과를 체크하라.

a. z = (x < 6)

b. z = (x <= y)

c. z = (x == y)

d. z = (x ~= y)

7. 아래에 주어진 배열 x와 y에 대하여, MATLAB을 사용하여 대응되는 y의 원소보다 큰 x의 원소를 모두 찾아라.

x = [-3, 0, 0, 2, 6, 8]   y = [-5, -2, 0, 3, 4, 10]

8. 아래 주어진 배열 price는 어떤 주식의 10일 동안의 값을 갖고 있다. MATLAB을 사용하여 price가 $20보다 높았던 날이 며칠인지 결정하라.

price = [19, 18, 22, 21, 25, 19, 17, 21, 27, 29]

9. 아래 주어진 배열 price_A, price_B는 2개 주식의 10일 동안의 값을 나타낸 것이다. MATLAB을 사용하여 주식 A의 값이 주식 B의 값보다 높았던 날이 며칠인지를 결정하라.

```
price_A = [19, 18, 22, 21, 25, 19, 17, 21, 27, 29]
price_B = [22, 17, 20, 23, 24, 18, 16, 25, 28, 27]
```

10. 아래 주어진 배열 price_A, price_B, price_C는 3개 주식의 10일 동안의 값을 나타낸 것이다.

a. MATLAB을 사용하여 주식 A의 값이 주식 B와 주식 C의 값보다 모두 높았던 날이 며칠인지를 결정하라.

b. MATLAB을 사용하여 주식 A의 값이 주식 B의 값이나 또는 주식 C의 값보다 높았던 날이 며칠인지를 결정하라.

c. MATLAB을 사용하여 주식 A의 값이 주식 B의 값이나 또는 주식 C의 값보다는 높지만, 둘 다에 높지는 않았던 날이 며칠인지를 결정하라.

```
price_A = [19, 18, 22, 21, 25, 19, 17, 21, 27, 29]
price_B = [22, 17, 20, 19, 24, 18, 16, 25, 28, 27]
price_C = [17, 13, 22, 23, 19, 17, 20, 21, 24, 28]
```

4.3 절

11*. x = [-3, 0, 0, 2, 5, 8], y = [-5, -2, 0, 3, 4, 10]이라고 가정한다. 다음 연산에 대한 결과를 손으로 풀어 구하고, MATLAB을 사용하여 결과를 체크하라.

a. z = y <~ x

b. z = x & y

c. z = x | y

d. z = xor(x, y)

12. 속도 v_0, 수평면에 대하여 각도 A로 발사된(던져진 공과 같은) 발사체의 높이와 속력은

$$h(t) = v_0 t \sin A - 0.5gt^2$$
$$v(t) = \sqrt{v_0^2 - 2v_0 gt \sin A + g^2 t^2}$$

로 주어진다. 여기서 g는 중력에 의한 가속도이다. 발사체는 $h(t) = 0$일 때 지상에 도착하며, 이때의 시간은 $t_{hit} = 2(v_0/g)\sin A$로 주어진다.

$A=40°$, $v_0=35$ m/s, $g=9.81$ m/s^2 이라고 가정한다. MATLAB의 관계 연산자와 논리 연산자를 사용하여 다음의 시간을 구하라.

a. 높이가 18미터보다 낮지 않을 경우

b. 높이는 10미터보다 낮지 않으며, 동시에 속도는 30m/s보다 빠르지 않은 경우

13*. 달러로 표시된 어떤 주식의 10일 기간 동안의 값은 다음의 배열

```
price = [19, 18, 22, 21, 25, 19, 17, 21, 27, 29]
```

로 주어진다. 10일 기간이 시작할 때 1,000주를 갖고 있고, 가격이 $20보다 낮으면 매일 100주를 사고 $25보다 높으면 매일 100주를 판다고 가정한다. MATLAB을 사용하여 (a) 주식을 사는 데 소비한 금액, (b) 주식을 팔아서 얻어진 금액, (c) 10일째가 지난 후에 보유하고 있는 주식의 수, (d) 포트폴리오에서 총 가치의 증가분을 계산하라.

14. e1과 e2를 논리식이라고 한다. 논리식에 대한 드모르간의 법칙은

NOT(e1 AND e2)는 (NOT e1) OR (NOT e2)를 의미하고

또한

NOT(e1 OR e2)는 (NOT e1) AND (NOT e2)를

의미한다고 한다. 이 법칙들을 사용하여 다음의 각 식에 대하여 동등한 식을 찾고, MATLAB을 사용하여 같음을 증명하라.

a. `~((x < 10) & (x >= 6))`

b. `~((x == 2) | (x > 5))`

15. 다음의 식은 같은가? a, b, c, d의 특정한 값에 대하여 MATLAB을 사용하여 답을 체크해 보라.

a. 1. `(a == b) & ((b == c) | (a == c))`

   2. `(a == b) | ((b == c) & (a == c))`

b. 1. `(a < b) & ((a > c) | (a > d))`

   2. `(a < b) & (a > c) | ((a < b) & (a > d))`

16. 스칼라 변수 x가 값을 갖고 있다고 가정할 때, 조건문을 사용하여 다음의 함수를 계산하기 위한 스크립트 파일을 작성하라. 함수는 $x<-1$ 일 때, $y=e^{x+1}$, $-1\le x<5$ 일 때, $y=2+\cos(\pi x)$, $x\ge 5$ 일 때, $y=10(x-5)+1$ 이다. 작성된 파일을 사용하여 $x=-5$, $x=3$, $x=15$ 일 때의 y를 계산하고 결과를 손으로 계산한 결과와 체크해 보라.

4.4 절

17. 하나의 `if` 문만을 사용하여 다음의 문장을 다시 작성하라.

```
if x < y
   if z < 10
      w = x*y*z
   end
end
```

18. x로 숫자값 0에서 100까지를 입력으로 받아서, 다음 표로 주어진 등급에 해당되는 글자를 출력하는 프로그램을 작성하라.

A $x \geqq 90$

B $80 \leqq x \leqq 89$

C $70 \leqq x \leqq 79$

D $60 \leqq x \leqq 69$

F $x < 60$

a. 프로그램에서 중첩된 `if`를 사용하라(`elseif`는 사용하지 말 것).

b. 프로그램에서 `elseif` 구문만을 사용하라.

19. 년도를 입력으로 받아서 이 해가 윤년인지 아닌지를 결정하는 프로그램을 작성하라. `mod` 함수를 사용하라. 출력은 만일 그 해가 윤년이면 1을, 아니면 0이 되는 변수인 `extra_day`이어야 한다. 그레고리안 달력에서 윤년을 결정하는 규칙은

1. 400으로 나누어 떨어지는 모든 연도는 윤년이다.
2. 100으로 나누어 떨어지지만 400으로는 나누어 떨어지지 않는 해는 윤년이 아니다.
3. 4로 나누어 떨어지지만 100으로 나누어 떨어지지 않는 해는 윤년이다.
4. 다른 해는 모두 윤년이 아니다.

예를 들어, 1800, 1900, 2100, 2300 및 2500년은 윤년이 아니고, 2400년은 윤년이다.

20. [그림 P20]은 예를 들어, 포장 시스템과 자동차 쿠션의 설계에 사용되는 질량–용수철 모델이다. 용수철은 압축에 비례하는 힘을 내놓으며, 비례 상수는 용수철 상수 k이다. 가운데의 용수철에 무게 W의 하중이 지나치게 집중될 경우, 양쪽의 용수철은 부가적인 저항을 제공한다. 무게 W가 적절히 놓이면, 정지하기 전에 거리 x를 이동한다. 정지역학으로부터 무게는 이 새로운 위치에서 용수철의 힘과 평형을 이루어야 한다. 그래서

$$W = k_1 x \qquad \text{만일 } x < d \text{ 이면}$$
$$W = k_1 x + 2k_2(x - d) \qquad \text{만일 } x \geq d \text{ 이면}$$

이다. 이 관계식은 x에 따른 W의 그래프를 생성하는 데 사용될 수 있다.

a. 입력 파라미터 W, k_1, k_2, d를 사용하여, 거리 x를 계산하는 함수 파일을 만들어라. $k_1 = 10^4$N/m, $k_2 = 1.5 \times 10^4$N/m, $d = 0.1$m 의 값들을 사용하여 다음의 2가지 경우에 대하여 함수를 테스트하라.

$$W = 500\text{N}$$
$$W = 2{,}000\text{N}$$

b. a에서 주어진 k_1, k_2, d의 값에 대하여 $0 \leq W \leq 3000$N 에 대하여 a에서 생성한 함수를 사용하여 x에 대한 W의 그래프를 그려라.

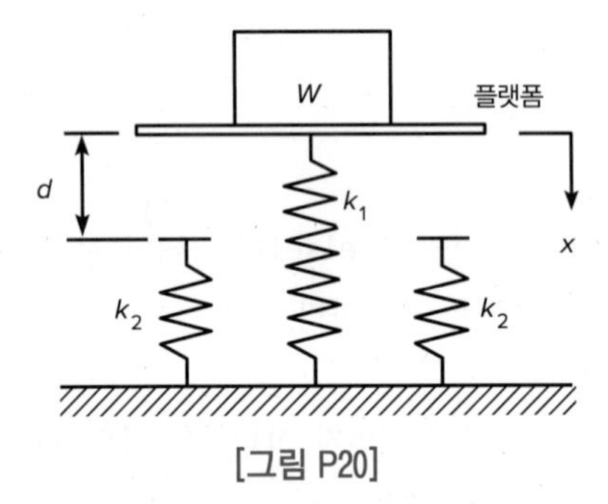

[그림 P20]

21. 아래와 같이 정의된 함수 $f(x, y)$를 계산하기 위해 fxy라는 이름으로 MATLAB 함수를 작성하라.

$$f(x, y) = \begin{cases} x + y & \text{만일 } x \geq 0 \text{ 그리고 } y \geq 0 \\ x - y & \text{만일 } x \geq 0 \text{ 그리고 } y \leq 0 \\ -x^2 y & \text{만일 } x < 0 \text{ 그리고 } y \geq 0 \\ -x^2 y^2 & \text{만일 } x < 0 \text{ 그리고 } y < 0 \end{cases}$$

위 네 가지 경우 모두에 대해 이 함수를 시험하라.

4.5 절

22. for 루프를 사용하여 구간 $-2 \leq x \leq 6$ 에서 문제 16에서 주어진 함수의 그래프를 그려라. 그래프에 적절히 라벨을 붙여라. 변수 y는 킬로미터 단위의 높이, x는 초 단위의 시간을 나타낸다.

23. for 루프를 사용하여 수열 $5k^3$, $k=1,2,3,\cdots,10$ 의 처음 10개의 항의 합을 구하라.

24. 어떤 물체의 좌표 $(x,\ y)$가 시간의 함수로 $0 \le t \le 4$ 에 대하여

$$x(t)=6t-12 \qquad y(t)=35t^2-115t+156$$

로 주어졌다. 물체가 원점 (0, 0)에 가장 근접했을 때의 시간을 결정하는 프로그램을 작성하라. 최소 거리를 결정하라. 이것을 2가지 방법으로 하라.

a. for 루프를 사용하여

b. for 루프를 사용하지 않고

25. 다음의 차분방정식을 $k=1$ 에서 100까지 풀어라. 2개의 시작값은 $y(1)=y(2)=0$ 이다. 해의 그래프를 그려라.

$$5y(k)-4y(k-1)+3y(k-2)=1$$

26. 배 A의 킬로미터 단위로서의 $(x,\ y)$ 좌표는 시간 $0 \leqq t \leqq 3$ 시간 동안 시간의 함수로서 다음

$$x_A(t)=6t-10$$
$$y_A(t)=25t^2-60t+100$$

의 식으로 주어졌다. 배 B의 좌표는

$$x_B(t)=5t-10$$
$$y_B(t)=5t+10$$

으로 주어졌다. 두 배가 서로 가장 가까운 거리에 있을 때의 시간을 결정하는 프로그램을 작성하라. 또한 최단 거리를 정하라. 이 문제를 2가지 방식으로 해본다.

a. for 루프를 사용하고

b. for 루프를 사용하지 않고

27. 어떤 물체가 $x(0)=5$ 및 $y(0)=0$ 에서 출발하여 $0 \leqq t \leqq 1$ 동안 속도 $v(t)=2$ 로 이동한다고 가정한다. 속도 벡터가 x축에 대한 상대 각도로 $\theta=t$ 로 변한다. $x(t)$ 에 대한 $y(t)$ 의 그래프를 그려라.

28. 다음 행렬 **A**에서

$$\mathbf{A} = \begin{bmatrix} 3 & 5 & -4 \\ -8 & -1 & 33 \\ -17 & 6 & -9 \end{bmatrix}$$

원소의 값이 1보다 작지 않은 모든 원소는 자연 로그를 계산하고, 1과 같거나 작은 원소는 20을 더하여 행렬 **B**를 계산하는 프로그램을 작성하라. 이것을 2가지 방법으로 한다.

a. 조건문을 가진 for 루프로

b. 논리 배열을 마스크로 사용하여

29. 문제 20에서 논의했던 질량-용수철 시스템에서 추 W가 중앙 용수철에 부착되어 있는 플랫폼으로 낙하할 경우에 대하여 분석하고자 한다. 추가 플랫폼 위로 높이 h로부터 낙하했다면, 추의 중력에 의한 위치 에너지 $W(h+x)$와 용수철에 저장된 위치에너지와 같다고 하여, 최대 용수철 압축 길이 x를 구할 수 있다. 그래서

$$W(h+x) = \frac{1}{2}k_1x^2 \quad \text{만일 } x<d \text{ 이면}$$

이며, 이 식은 x에 대하여 풀면

$$x = \frac{W \pm \sqrt{W^2 + 2k_1 Wh}}{k_1} \quad \text{만일 } x<d \text{ 이면}$$

와

$$W(h+x) = \frac{1}{2}k_1x^2 + \frac{1}{2}(2k_2)(x-d)^2 \quad \text{만일 } x \geq d \text{ 이면}$$

으로서 풀 수 있으며, 이로부터 x에 대한 다음의 2차 방정식을 얻는다.

$$(k_1+2k_2)x^2 - (4k_2d + 2W)x + 2k_2d^2 - 2Wh = 0 \quad \text{만일 } x \geq d \text{ 이면}$$

a. 추의 낙하에 의한 최대 압축 거리 x를 계산하는 함수를 생성하라. 함수의 입력 파라메터는 k_1, k_2, d, W, h 이다. $k_1 = 10^4$ N/m, $k_2 = 1.5 \times 10^4$ N/m, $d = 0.1$ m 의 값들을 사용하여 다음의 2가지 경우에 대하여 함수를 테스트하라.

$$W = 100\text{N} \quad h = 0.5\text{m}$$
$$W = 2{,}000\text{N} \quad h = 0.5\text{m}$$

b. a의 함수 파일을 사용하여, $0 \leq h \leq 2$ m 에 대하여 h에 대한 x의 그림을 그려라. $W = 100$N 과 k_1, k_2, d 는 먼저의 값을 사용한다.

30. 전기 저항은 같은 전류가 각 저항에 흐르면 직렬연결, 같은 전압이 각 저항에 걸리면 병렬연결이라고 한다. 직렬연결이면, 저항이

$$R = R_1 + R_2 + R_3 + \cdots + R_n$$

인 하나의 저항을 가진 것과 같다. 병렬연결이면, 등가 저항은

$$\frac{1}{R} = \frac{1}{R_1} + \frac{1}{R_2} + \frac{1}{R_3} + \cdots + \frac{1}{R_n}$$

로 주어진다. 사용자에게 연결의 형태(직렬 또는 병렬), 저항의 수 n을 입력하도록 하고, 등가 저항을 계산하는 M-파일을 작성하라.

31. a. 이상적인 다이오드는 다이오드의 화살표 부호와 반대 방향으로 전류가 흐르는 것을 막는다. 이것은 [그림 P31a]에서 보인 것과 같이 반파 정류기를 만드는 데 사용될 수 있다. 이상적인 다이오드에서 부하 R_L에 걸리는 전압 v_L은

$$v_L = \begin{cases} v_S & v_S > 0\text{이면} \\ 0 & v_S \le 0\text{이면} \end{cases}$$

으로 주어진다. 인가전압이

$$v_S(t) = 3e^{-t/3}\sin(\pi t)\,V$$

로 주어졌다고 한다. 여기서 시간 t의 단위는 초이다. $0 \le t \le 10$에 대하여 t에 대한 전압 v_L의 그래프를 그리기 위한 MATLAB 프로그램을 작성하라.

b. 다이오드의 동작에 대한 좀 더 정확한 모델은 옵셋 다이오드 모델로 주어지며, 이것은 반도체 다이오드 내부의 옵셋 전압을 설명해준다. 옵셋 모델은 이상적인 다이오드에 옵셋 전압과 같은 전압(실리콘 다이오드의 경우 대략 0.6volt이다)의 배터리를 포함하는 모델이다[Rizzoni, 2007]. 이 모델을 사용하는 반파 정류기는 [그림 P31b]에 보였다. 이 회로에 대해서

$$v_L = \begin{cases} v_S - 0.6 & v_S > 0.6\text{이면} \\ 0 & v_S \le 0.6\text{이면} \end{cases}$$

이다. a에서 주어진 같은 인가전압을 사용해서, $0 \le t \le 10$에 대하여 t에 대한 v_L의 그래프를 그려라. 그 결과를 a에서 얻어진 그래프와 비교하라.

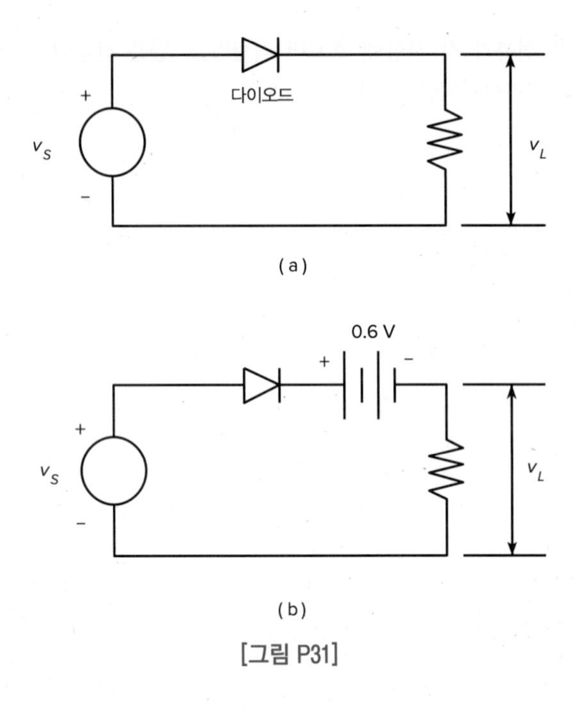

[그림 P31]

32*. 어떤 회사가 30×30마일 영역에서 주 고객 여섯과 거래하기 위하여 분배 센터의 위치를 정하려고 한다. 고객들의 위치는 영역의 남서쪽 끝으로부터 다음 표에 $(x,\ y)$로 주어졌다(x 방향은 동쪽이고, y 방향은 북쪽이다)([그림 P32]를 본다). 또한 분배 센터에서 각 고객들에게 배달되어야 할 양은 주당 몇 톤인지 주어졌다. i번째 고객을 위한 주당 배달 비용 c_i는 거래량 V_i와 분배 센터로부터의 거리 d_i와 관련이 있다. 간단히 하기 위하여 이 거리는 직선거리라고 가정한다(도로망은 밀집되어 있다고 가정한다). 주당 비용은 $c_i = 0.5\, d_i\, V_i$, $i = 1,\ \cdots,\ 6$으로 주어진다. 모든 여섯 고객을 모시기 위한 전체 주당 비용을 최소화하는 (가장 가까운 거리의) 분배 센터의 위치를 찾아라.

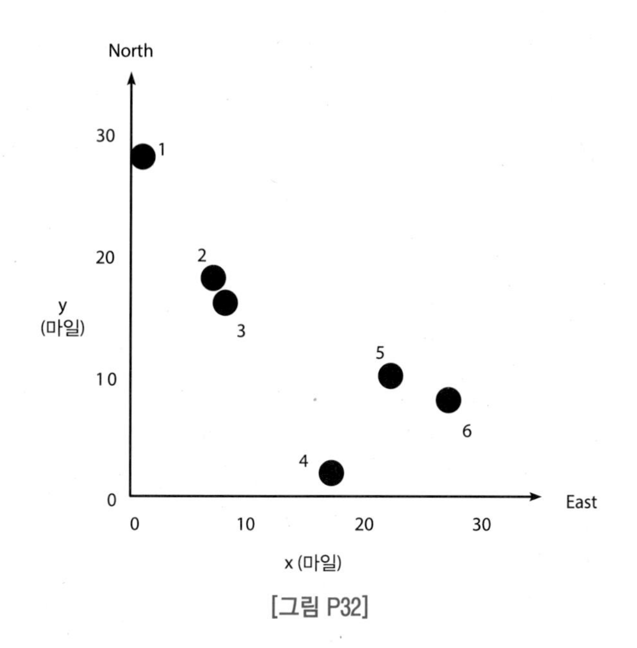

[그림 P32]

고객	x 위치(마일)	y 위치(마일)	거래량(톤/주)
1	1	28	3
2	7	18	7
3	8	16	4
4	17	2	5
5	22	10	2
6	27	8	6

33. 어떤 회사가 선반, 연삭기, 밀링머신으로 구성된 기계로 4개까지의 다른 상품을 만들 수 있다. 각 기계들이 하나의 상품을 만드는 데 필요한 시간은 다음의 표에, 각 기계의 형태에 대하여 주당 사용 가능한 시간과 함께 다음의 표에 주어졌다. 이 회사는 생산하는 모든 것을 판매할 수 있다고 가정한다. 각 상품에 대한 이익은 표의 마지막 줄에 보인다.

a. 전체 이익을 최대화하기 위하여 각 상품은 얼마나 많은 단위를 만들어야 하는지 결정하고, 다음에 이 전체 이익을 계산하라. 회사는 소수점의 단위는 만들 수 없으며, 그래서 답은 정수여야 한다는 것을 잊지 않는다. (힌트: 먼저 사용 가능한 능력을 초과하지 않고 생산할 수 있는 상품의 수의 상한선을 예측한다.)

b. 답의 민감도는 얼마인가? 최적의 숫자에서 하나 많거나 적다면 이익은 얼마나 줄어드는가?

필요한 시간	상품				사용 가능한 시간
	1	2	3	4	
선반	1	2	0.5	3	40
그라인더	0	2	4	1	30
밀링머신	3	1	5	2	45
단위이익($)	100	150	90	120	

34. 어떤 회사는 텔레비젼, 스테레오 오디오 및 스피커를 생산한다. 부품 재고는 샤시, 브라운관, 스피커 콘, 파워서플라이 및 전자부품들을 포함한다. 각 상품에 대한 재고, 필요한 부품 및 이익을 다음 표에 나타내었다. 이익을 최대화하기 위하여 각 상품은 얼마나 많이 필요한지 결정하라.

요구사항	상품			
	텔레비전	스테레오	오디오	재고
샤시	1	1	0	450
브라운관	1	0	0	250
스피커 콘	2	2	1	800
파워서플라이	1	1	0	450
전자 부품	2	2	1	600
단위이익($)	80	50	40	

35. 피보나치(Fibonacci) 숫자는 첫 2항은 1과 1이며, 각 뒤에 오는 항은 바로 앞의 2개 항의 합인 무한 수열 1, 1, 2, 3, 5, 8, 13, ...에서의 한 정수이다. 피보나치 수열의 숫자 f_k는 초기값 $f_1=f_2=1$ 및 $k\geq3$에서 $f_k=f_{k-1}+f_{k-2}$를 갖는 재귀적 관계(recursive relation)를 이용하여 정의된다.

a. `for` 루프를 이용하여 피보나치 수열의 처음 10개 숫자들을 생성하고 2개의 연속된 항들의 비를 계산하라.

b. 피보나치 숫자를 계산하기 위한 MATLAB의 지원을 찾아보고 그것을 이용하여 a를 풀어라.

4.6 절

36. 구간 $0\leq x\leq x_{\max}$에서 함수 $y=20(1-e^{-x/5})$의 그래프를 그리고, `while` 루프를 사용하

여 $y(x_{max})=19.6$을 만족하는 x_{max}를 결정하라. 그래프에 적절히 라벨을 붙인다. 변수 y의 단위는 뉴턴, 변수 x의 단위는 분이다.

37. `while` 루프를 사용하여 수열 3^k, $k=1, 2, 3, \cdots$ 항의 합이 5,000을 초과하기 위하여 얼마나 많은 항을 더해야 하는지를 결정하라. 이 때 합은 얼마인가?

38. 한 은행이 연리 4.5%를 제공하는 반면, 두 번째 은행은 3.5%의 연리를 제공한다. 두 번째 은행에서 초기에 $2,000을 예금하고 연말에 $2,000씩을 예금한다면, 최소 $100,000을 예금하려면 얼마나 오래 걸리는지를 결정하라.

39*. 처음에 $10,000을 예금하고 연말에 $10,000씩을 예금한다면, 은행 계좌에 $1,000,000을 적립하기 위하여 얼마나 걸리는지 MATLAB의 루프를 사용하여 결정하라. 계좌는 매년 이자로 6%를 지불한다.

40. 추 W가 거리 D만큼 떨어진 2개의 케이블로 지탱된다([그림 P40]을 보라). 케이블 길이 L_{AB}는 주어졌지만, 길이 L_{AC}는 정해져야 한다. 각 케이블이 지탱할 수 있는 최대 장력은 W와 같다. 추가 가만히 있기 위해서는 전체 수평 방향의 힘과 전체 수직 방향의 힘은 0이어야 한다. 이 원리로부터 방정식

$$-T_{AB}\cos\theta + T_{AC}\cos\phi = 0$$
$$T_{AB}\sin\theta + T_{AC}\sin\phi = W$$

를 유도할 수 있다. 이 방정식은 각도 θ와 ϕ를 안다면, 장력 T_{AB}와 T_{AC}에 대하여 풀 수 있다. 코사인 법칙으로부터

$$\theta = \cos^{-1}\left(\frac{D^2 + L_{AB}^2 - L_{AC}^2}{2DL_{AB}}\right)$$

사인 법칙으로부터

$$\phi = \sin^{-1}\left(\frac{L_{AB}\sin\theta}{L_{AC}}\right)$$

을 얻는다.

주어진 값 $D=6$ 피트, $L_{AB}=3$ 피트, $W=2,000$ 파운드에 대하여, T_{AB}나 T_{AC}가 2,000 파운드를 초과하지 않도록 하면서, 사용할 수 있는 L_{AC}의 가장 짧은 값인 L_{ACmin}을

MATLAB에서의 `while` 루프를 사용하여 구하라. 가장 긴 L_{AC}는 6.7피트(이것은 $\theta=90^\circ$에 해당)라는 것에 주목한다. 같은 그래프에 $L_{AC_{\min}} \le L_{AC} \le 6.7$일 때, L_{AC}에 대한 장력 T_{AB}와 T_{AC}의 그래프를 그려라.

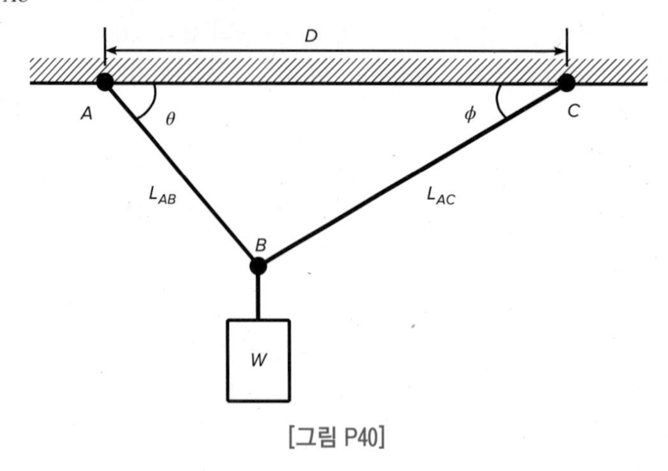

[그림 P40]

41*. [그림 P41a]의 구조에서, 6개의 전선이 3개의 빔(beam)을 지탱한다. 전선 1과 2는 각각 1,200N까지 지탱할 수 있고, 전선 3과 4는 각각 400N 이상은 지탱하지 못하며, 전선 5와 6은 각각 200N까지 지탱할 수 있다. 3개의 같은 추 W가 보이는 것과 같이 부착되어 있다. 구조는 고정되어 있고 전선과 빔의 무게는 W와 비교하여 매우 작다고 가정한다면, 특정한 빔 상태에 적용된 정지역학의 원리에 따르면, 모든 힘의 합은 0이 되고, 어떤 점에서 모멘트의 합 또한 0이 된다고 한다. [그림 P41b]에서 보인 자유체도를 사용하여 이런 원리를 각 빔에 대하여 적용하면, 다음의 방정식을 얻는다. 전선 i에서의 장력을 T_i라고 한다. 빔 1에서

$$T_1 + T_2 = T_3 + T_4 + W + T_6$$
$$-T_3 - 4T_4 - 5W - 6T_6 + 7T_2 = 0$$

빔 2에서

$$T_3 + T_4 = W + T_5$$
$$-W - 2T_5 + 3T_4 = 0$$

빔 3에서

$$T_5 + T_6 = W$$
$$-W + 3T_6 = 0$$

이 구조가 지탱할 수 있는 추 W의 최대값을 구하라. 이 전선은 압축을 지탱할 수 없고, 그

래서 T_i는 음수가 아니어야 된다는 것을 잊지 않는다.

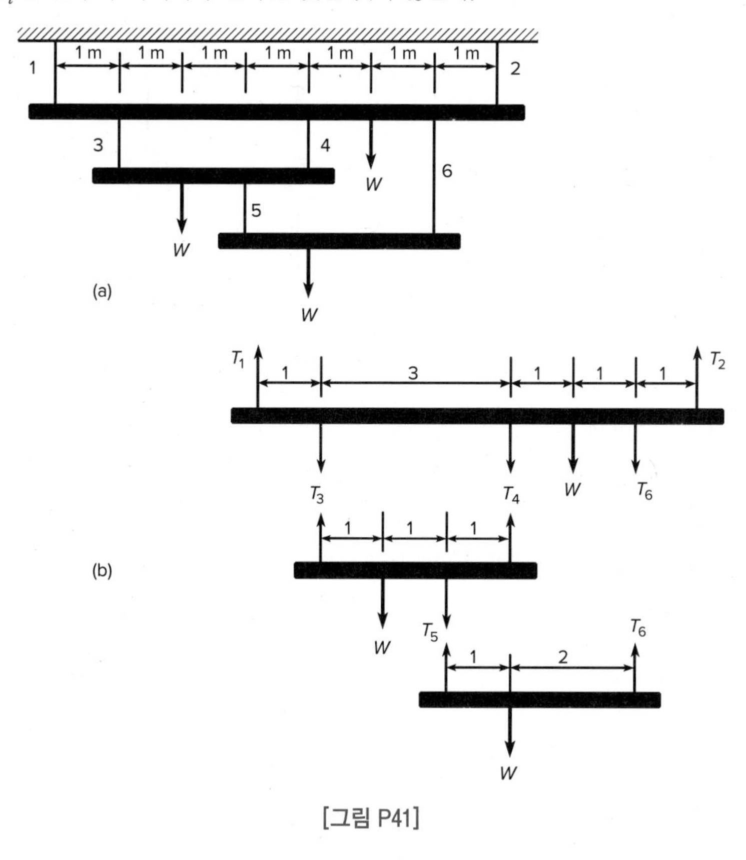

[그림 P41]

42. [그림 P42]에서 보인 회로를 나타내는 방정식은

$$-v_1 + R_1 i_1 + R_4 i_4 = 0$$
$$-R_4 i_4 + R_2 i_2 + R_5 i_5 = 0$$
$$-R_5 i_5 + R_3 i_3 + v_2 = 0$$

$$i_1 = i_2 + i_4$$
$$i_2 = i_3 + i_5$$

이다.

a. 주어진 저항과 전압 v_1의 주어진 값은 $R_1 = 5$, $R_2 = 100$, $R_3 = 200$, $R_4 = 150$, $R_5 = 250\ \text{k}\Omega$, $v_1 = 100\text{V}$이다($1\text{k}\Omega = 1000\Omega$임에 주목한다). 각 저항이 $1\text{mA}(= 0.001\text{A})$ 이상의 전류는 흘리지 못한다고 한다. 양의 전압 v_2의 허용 가능한 범위를 결정하라.

b. 저항 R_3가 v_2의 허용 가능한 범위를 어떻게 제한하는지를 조사하고 싶다고 가정한다.

$150 \le R_3 \le 250$ kΩ에 대하여 v_2의 허용 가능한 한계의 그래프를 R_3의 함수로 구하라.

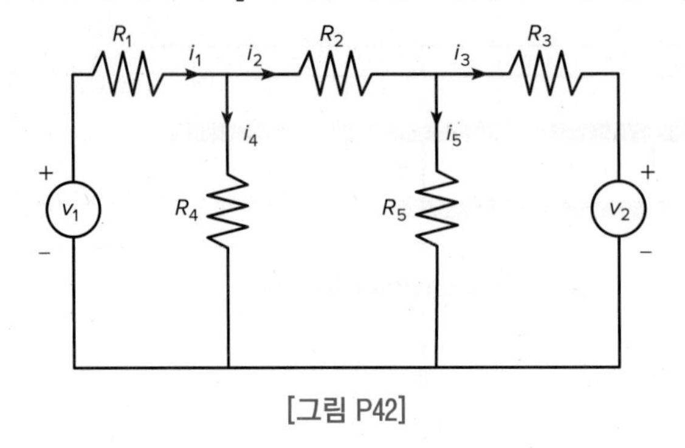

[그림 P42]

43. 많은 응용에서 물체의 온도 분포를 알아야 할 필요가 있다. 예를 들어, 용해된 금속으로부터 형성되는 물체를 냉각시킬 때, 강도(hardness)와 같은 물체의 성질을 제어하는 데 이런 정보는 매우 중요하다. 열전달 과정에서 다음과 같은 평평한 직사각형 금속판의 온도 분포에 대한 현상은 자주 유도된다. 3개의 면에서 온도가 T_1으로 일정하게 유지되고, 4번째 면에서는 T_2로 일정하게 유지된다([그림 P43]을 보라). xy 좌표의 함수로서의 온도 $T(x, y)$는

$$T(x,y) = (T_2 - T_1)w(x,y) + T_1$$

으로 주어진다. 여기에서

$$w(x,y) = \frac{2}{\pi}\sum_{n\,\text{홀수}}^{\infty} \frac{2}{n}\sin\left(\frac{n\pi x}{L}\right)\frac{\sinh(n\pi y/L)}{\sinh(n\pi W/L)}$$

이다. 다음의 데이터 $T_1 = 70^\circ \text{F}$, $T_2 = 200^\circ \text{F}$, $W = L = 2$ ft를 사용하라.

a. 앞의 급수의 항은 n이 증가함에 따라 크기는 줄어든다. $n = 1, \cdots, 19$에 대하여 판의 중심$(x = y = 1)$에 대하여 이 사실을 증명하기 위한 MATLAB 프로그램을 작성하라.

b. $x = y = 1$을 이용하여, 1% 이내에서 정확한 온도를 계산하기 위하여 얼마나 많은 항이 필요한지를 결정하는 프로그램을 작성하라(즉, 급수에서 다음 항을 더했을 때, n의 어떤 값에서 T가 1% 미만으로 변화가 생기는가). 물리적인 통찰력을 이용하여 이 답이 판의 중심에서 정확한 온도를 주는지를 결정하라.

c. 판의 온도를 계산하기 위하여 b의 프로그램을 수정하라. x와 y에 대하여 0.2의 간격을 사용한다.

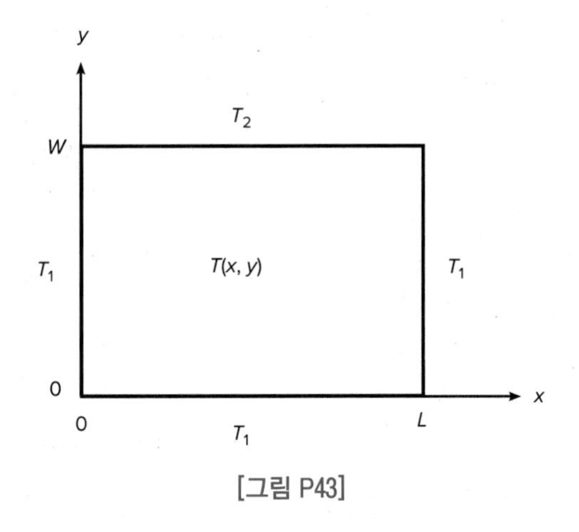

[그림 P43]

44. 다음의 스크립트 파일을 고려한다. 이 파일을 실행한다면, while 문 다음에 바로 나타나는 값들로 다음의 표를 채워라. 각 while 문이 수행될 때마다, 변수들이 갖고 있는 값을 적어라. 표에서 줄을 더 늘이거나 줄일 필요가 생길 수 있다. 그러면 파일에 입력하고 답을 체크하기 위하여 파일을 실행하라.

```
k = 1; b = -2; x = -1; y = -2;
while k <= 3
    k, b, x, y
    y = x^2 - 3;
    if y < b
        b = y;
    end
    x = x + 1;
    k = k + 1;
end
```

패스	k	b	x	y
첫 번째				
두 번째				
세 번째				
네 번째				
다섯 번째				

45. 3×3 그리드를 가진 틱-택-토우 경기에서 인간이 컴퓨터에 대항하여 첫 번째 이동을 한다고 가정한다. 컴퓨터가 이 이동에 대하여 대응하는 MATLAB 프로그램을 작성하라. 함수의 입력 변수는 인간 플레이어가 이동한 셀 위치이어야 한다. 함수의 출력은 컴퓨터가 첫 번째로 이동한 셀의 위치이다. 제일 상단 열의 셀을 1, 2, 3으로, 중간 열은 4, 5, 6으로, 아래 열의 셀은 7, 8, 9라고 번호를 붙인다.

4.7절

46. 다음의 표는 여러 가지 물질의 정지 마찰 계수 μ의 근사값을 나타낸다.

물질	μ
금속 위의 금속	0.2
나무 위의 나무	0.35
나무 위의 금속	0.4
콘크리트 위의 고무	0.7

수평면 위를 이동하는 추 W가 출발하기 위해서는 힘 F로 밀어야 한다. 여기에서 $F=\mu W$이다. 힘 F를 계산하기 위하여 switch 구조를 사용하는 MATLAB 프로그램을 작성하라. 프로그램은 W 값과 물질의 형태를 입력으로 받아야 한다.

47. 속력 v_0와 수평면에 대하여 각도 A로 발사된(던져진 공과 같은) 발사체의 높이와 속력은

$$h(t) = v_0 t \sin A - 0.5gt^2$$
$$v(t) = \sqrt{v_0^2 - 2v_0 gt \sin A + g^2 t^2}$$

로 주어진다. 여기에서 g는 중력에 의한 가속도이다. 발사체는 $h(t)=0$일 때 바닥과 충돌하며, 이때까지의 시간은 $t_{hit}=2(v_0/g)\sin A$이다.

switch 구조를 사용하여 발사체에 의하여 도달하는 최대 높이, 이동한 수평 거리 또는 바닥에 부딪힐 때까지의 시간을 계산하는 MATLAB 프로그램을 작성하라. 프로그램은 입력으로 어떤 양을 계산할 것인가에 대한 사용자의 선택과 v_0, A, g의 값을 입력으로 받아들여야 한다. $v_0=40$ m/s, $A=30^\circ$, $g=9.81$ m/s^{2}인 경우에 대하여 프로그램을 테스트하라.

48. switch 구조를 사용하여 일 년에 계좌에 얼마나 많은 돈이 예금되는지 계산하는 MATLAB 프로그램을 작성하라. 프로그램은 계좌에 최초로 예금된 돈, 이자가 부과되는 주기(매월, 분기별, 일 년에 2번, 또는 일 년 단위로), 이자율을 입력으로 받아야 한다. 각

경우에 대하여 초기 예금은 $1,000로 프로그램을 실행하라. 이자율은 3%를 사용한다. 각 경우에 대하여 축적되는 돈의 액수를 비교하라.

49. 공학자들은 자주 용기에 들어 있는 가스의 압력과 부피를 예측할 필요가 있다. 반 데르 발스 방정식이 이런 목적으로 자주 사용된다. 이 식은

$$P = \frac{RT}{\hat{V}-b} - \frac{a}{\hat{V}^2}$$

이며, 여기서 항 b는 분자 부피의 보정값이고 항 $a/\hat{V}^2$은 분자의 끌림에 의한 보정값이다. 가스 상수는 R, 절대 온도는 T, 가스 부피는 $\hat{V}$ 라고 한다. R의 값은 모든 가스에 대하여 같다. 그 값은 R=0.08206 L-atom/mol-K이다. a와 b의 값은 가스에 따라 다르다. 일부 값들은 다음 표에 주어졌다. 반 데르 발스 방정식에 근거하여 압력 P를 계산하는 사용자 정의 함수를 `switch` 구조를 사용하여 작성하라. 함수의 입력 변수는 T, $\hat{V}$ 및 표에서 나열하는 가스의 이름을 포함하는 문자열이다. T=300 K, $\hat{V}$=20 L/mol 일 때, 염소(Cl_2)에 대하여 함수를 테스트하라.

가스	a(L^2−atm/mol^2)	b(L/mol)
헬륨(He)	0.0341	0.0237
수소(H_2)	0.244	0.0266
산소(O_2)	1.36	0.0318
염소(Cl_2)	6.49	0.0562
탄산가스(CO_2)	3.59	0.0427

50. 문제 19에서 개발된 프로그램을 사용하여, 연도, 달, 그리고 달에서의 날짜가 주어졌을 때, 한 해에서 주어진 날짜까지의 날짜의 수를 계산하기 위하여 `switch` 구조를 사용하는 프로그램을 작성하라.

4.9 절

51. [예제 4.9-1]의 MATLAB 코드를 수정하여 배가 x축과 상대 각도 ϕ인 직선으로 이동할 수 있도록 하라. 코드를 실행하고 $\phi=60^\circ$에 대한 궤적을 그려라.

52. [예제 4.9-5]에서 논의했던 대학교 등록생 수 모델을 고려한다. 대학은 신입생의 입학 비율을 현재 2학년의 120%로 제한하고 2학년의 편입을 현재 신입생의 10 퍼센트로 제한하기를 원한다고 가정한다. 10년 동안 이 방침의 효과를 검사하기 위하여, 그 예에서 주어진 프로

그램을 재작성하고 실행시켜라. 결과의 그래프를 그려라.

53. 5년의 기간 동안 예금 계좌에 다음의 액수를 다달이 입금할 수 있다고 가정한다. 계좌에 처음에는 돈이 들어있지 않았다.

계좌의 저축 액수가 최소 \$5,000이 되는 해의 연말에, 연복리 4퍼센트의 이자를 지불하는 양도성 예금 증서(Certificate of Deposit: CD)를 구입하기 위하여 \$3,000을 인출한다.

5년 후에 계좌나 구입한 양도성 예금 증서에 얼마의 돈이 저축되어 있는지를 계산하는 MATLAB 프로그램을 작성하라. 2퍼센트와 3퍼센트 2가지의 이자율에 대하여 프로그램을 실행하라.

연도	1	2	3	4	5
매월 불입액(\$)	300	350	350	350	400

54*. 어떤 회사는 골프 카트를 제작해서 판매한다. 각 주말에, 회사는 그 주에 생산한 카트를 창고에 (재고로) 보낸다. 판매된 카트는 창고에서 나온다. 이 프로세스의 간단한 모델은

$$I(k+1) = P(k) + I(k) - S(k)$$

이다. 여기에서

$P(k)=k$ 번째 주에 생산된 카트의 수

$I(k)=k$ 번째 주에 창고에 있는 카트의 수

$S(k)=k$ 번째 주에 판매된 카트의 수이다.

10주 동안의 주간 판매량은 다음과 같다.

주	1	2	3	4	5	6	7	8	9	10
판매량	50	55	60	70	70	75	80	80	90	55

주간 생산이 전 주의 판매량에 근거해서 $P(k)=S(k-1)$ 이라고 가정한다. 첫 주의 카트 판매량이 50, 즉, $P(1)=50$ 이라고 가정한다. 10주 동안 또는 창고의 재고가 0으로 떨어질 때까지, 각 주의 창고 안의 카트의 수를 계산하고 그래프를 그리는 MATLAB 프로그램을 작성하라. (a) 초기 카트의 재고가 50이어서 $I(1)=50$ 그리고 (b) 초기 창고 카트의 재고가 30으로, $I(1)=30$ 의 2가지 경우에 대하여 프로그램을 실행하라.

55. 카트 재고가 40을 초과하면 그 다음 주의 생산을 0으로 하는 제약조건으로 [문제 54]를 다시 풀어라.

출처: Piotr_roae/iStock/Getty Images

21세기의 공학
소규모 항공기술
(Small Scale Aeronautics)

현재 대중에게 드론(drone)으로 불리고 있지만, 인간 조종사가 없는 항공기의 적절한 용어는 무인 항공기(UAV: Unmanned Aerial Vehicle)이다. UAV는 사람 조종사와의 원격 제어 또는 온보드 컴퓨터에 의해 연속적으로 또는 간헐적으로 제어될 수 있다. 이러한 항공기는 카메라 및 자이로스코프와 같은 컴퓨터 및 센서의 소형화로 인해 지난 몇 년 동안 가능해졌다.

사진에 보인 것과 같은 드론은 본질적으로 불안정하며, 안정성을 제공하거나 원하는 항공기 방향, 고도 및 코스를 달성하기 위해 모터의 방향과 속도를 지속적으로 제어해야 한다. 이를 수행하는 데 필요한 컴퓨터 코드 및 전기 하드웨어를 피드백 루프 또는 제어 루프라고 한다. 어떤 설계에서는 각 모터가 약 3 축(롤, 피치 및 요)으로 회전할 수 있으므로, 각 모터에는 4개의 루프가 필요하다. 하나는 모터 속도용이고 다른 3개는 각 축에 대한 것이다. MathWorks는 MATLAB 및 Simulink를 사용하여 드론에서 사용되는 여러 가지 인기 있는 마이크로프로세서와 함께 사용할 제어 코드를 설계하고 구현하는 지원 소프트웨어를 제공한다.

그런 모든 항공기가 사진에 보인 드론과 같은 무인 항공기의 표준 구성을 가지고 있는 것은 아니다. 일부는 양력을 제공하기 위해 모터보다는 공기 역학에 의존한다. 이런 마이크로 항공기(MAV: Micro Air Vehicle) 중 하나는 6인치 길이이며, 각설탕 크기로 2그램의 비디오카메라를 탑재하고, 10km 범위에서 약 시속 65km로 비행한다. 다른 MAV는 날갯짓을 사용한다. 이러한 작은 스케일 및 속도에서 공기는 점성 유체와 유사하게 작동하며, 더 나은 MAV를 설계하는데 어려운 문제 중 하나는 저속 항공에 대한 우리의 이해를 향상시키는 것이다.

MATLAB의 고급 그래픽 처리 능력은 유동 패턴의 가시화에 유용하며, Optimization 툴박스와 Control System 툴박스는 이러한 비행체의 설계에 유용하다.

CHAPTER

심화된 그래픽

05

이 장에서는 xy 그래프라고 불리는 2차원 그래프, xyz 그래프 또는 곡면(surface) 그래프라고 불리는 3차원 그래프를 다양하게 생성하기 위하여 사용할 기능들을 배운다. 2차원 그래프는 5.1절부터 5.3절까지 논의하며, 5.4절은 3차원 그래프에 대하여 다룬다. 이러한 그래프를 그리는 명령은 `graph2d`와 `graph3d` 도움말 범주에 설명되어 있으며, `help graph2d` 또는 `help graph3d`를 입력하여 그래프 함수의 목록을 확인할 수 있다.

그래프 그리기의 중요한 응용은 데이터 그래프를 이용하여 수학적인 함수나 또는 데이터를 생성하는 과정을 나타내는 '**수학적인 모델**'을 얻는 기법인 함수 찾기이다. 이 주제는 6장에서 다룬다.

5.1 xy 그래프 함수

[그림 5.1-1]은 전형적인 xy 그래프의 "분석도"와 명칭을 나타내며, 여기에서 데이터 집합과 곡선이 만들어지는 방정식을 보인다. 그래프는 측정된 데이터나 또는 식으로부터 만들어질 수 있다. 데이터의 그래프가 그려질 때, 각 데이터 점은 [그림 5.1-1]에서 보인 작은 원과 같이, 데이터 심볼, 또는 포인터 마커로 그려진다. 이 규칙에 대한 예외는 데이터 점들이 너무

많아서 심볼들이 너무 밀집되는 경우이다. 이러한 경우에는 데이터들은 점으로 나타내야 한다. 하지만 그래프가 어떤 함수에 의해 그려진다면, 데이터 심볼은 절대로 사용되어서는 안 된다. 함수의 그래프를 그리기 위하여 촘촘히 위치한 점들 사이에는 항상 선이 사용된다.

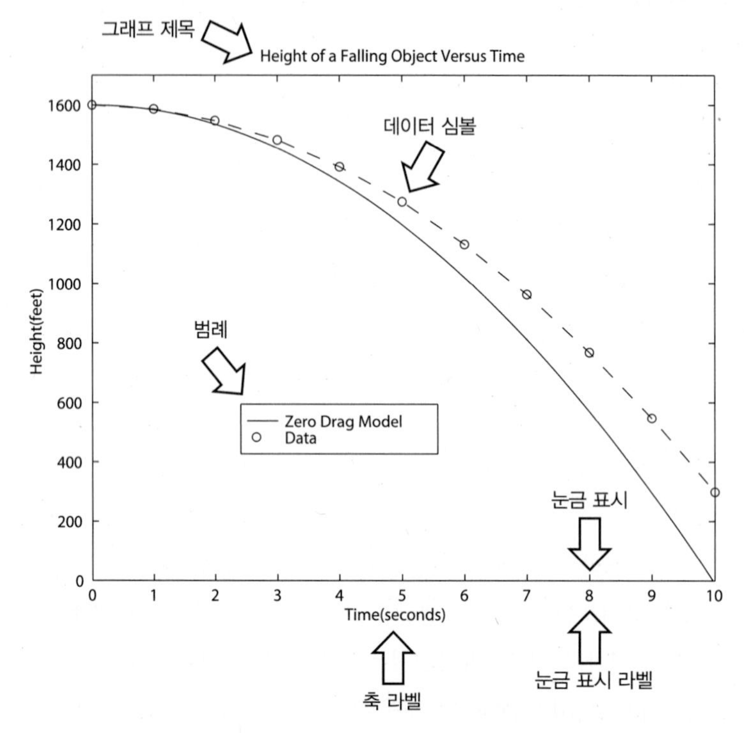

[그림 5.1-1] 전형적인 xy 그래프의 용어

MATLAB의 기본적인 xy 그래프 함수는 1장에서 본 것과 같이 `plot(x, y)`이다. 여기에서 `x`, `y`가 벡터이면, `x` 값은 가로 좌표를, `y`는 세로 좌표를 갖는 곡선 하나가 그려진다. `xlabel`과 `ylabel` 명령으로 각각 가로 좌표와 세로 좌표에 라벨을 넣는다. 구문은 `xlabel('text')`라고 쓰며, 여기서 `text`는 라벨의 문구가 된다. 라벨의 문구는 아포스트로피 안에 넣는다는 것을 주목한다. `ylabel`에 대한 구문도 같다. `title` 명령은 그래프의 맨 위에 제목을 놓는다. 구문은 `title('text')`이며, 여기에서 `text`는 제목이다.

MATLAB에서 `plot(x, y)` 함수는 자동적으로 눈금 표시 간격과 위치를 적절하게 설정한다. 이러한 기능을 오토스케일링(autoscaling)이라고 한다. MATLAB은 또한 x축과 y축의 한계를 선택한다. `xlabel`, `ylabel`, `title` 명령들의 순서는 상관없지만, 반드시 `plot` 명령 다음에, 생략 기호를 이용하여 다른 줄에 쓰거나 또는 콤마로 분리해서 같은 줄에 쓰면 된다.

plot 명령이 수행된 다음에, 그래프는 그림 창에 나타난다. 이 그래프는 다음의 여러 가지 방법으로 인쇄할 수 있다.

1. 메뉴를 이용한다. 그림창의 파일 메뉴에서 **인쇄**를 선택한다. 디폴트 프린터를 선택하기 위한 팝업창이 나타난다.
2. 명령 프롬프트에서 print라고 입력한다. 이 명령은 현재의 그림창을 프린터로 직접 전송한다.
3. 그래프를 나중에 프린트하거나 워드프로세서와 같은 프로그램으로 읽어 들이기 위하여 파일로 저장한다. 이 파일을 적절히 이용하려면 그래픽 파일 형식에 대하여 알아야 한다. 이 절의 뒷부분의 **Figure 내보내기** 부분을 참조한다.
4. 그림창의 **편집** 메뉴에서 **Figure 복사**를 선택한다. 그 다음에 워드프로세서에서 그림을 붙여 넣는다. 이 방법은 보고서에 그림을 포함시키기 위한 쉽고 빠른 방법을 제공한다.

정보가 더 필요하면, help print를 입력한다.

MATLAB에서는 plot 명령의 출력을 1번 그림창으로 할당한다. 다른 plot 명령어가 실행되면, MATLAB은 새로운 그래프를 현재의 그림창을 덮어 그려 새 그래프가 나오도록 한다. 비록 한 개 이상의 창을 활성화할 수 있지만, 이 책에서 그 기능은 활용하지 않기로 한다.

그래프 그리기를 끝내면, 그림창의 파일 메뉴에서 **닫기**를 선택하여 그림창을 닫을 수 있다. 그림창을 닫지 않으면 새로운 plot 명령어를 실행할 때 그림창이 다시 나타나지 않는다. 하지만 그림은 계속 업데이트된다.

[표 5.1-1]은 효과적으로 정보를 교환하는 그래프를 만들기 위하여 반드시 필요로 하는 요구사항에 대하여 나열하였다.

[표 5.1-1] 정확한 그래프의 요구 조건

1. 각 축에는 그려져야 할 양의 이름과 단위를 갖는 라벨이 반드시 있어야 한다! 다른 단위를 갖는 2개 이상의 량이 그려져야 하면(예를 들어, 시간에 따른 속력과 거리를 그려야 할 때), 여유 공간이 있으면 축 라벨에 단위를 표시하거나 아니면, 각 곡선에 대한 범례나 라벨에 단위를 표시한다.
2. 각 축은 눈금 표시 간격이 규칙적이 되도록 하여야 한다. - 너무 드문드문 하거나 너무 조밀하지 않는 곳에 있어서 - 해석이나 보간을 쉽게 할 수 있도록 한다. 예를 들어, 0.13, 0.26, ...이 아닌 0.1, 0.2, ...이어야 한다.
3. 하나 이상의 곡선이나 데이터 집합의 그래프를 그리려면, 구별이 쉽도록 각 그래프에 라벨을 붙이거나, 다른 선의 형태를 이용하거나 또는 범례를 붙인다.
4. 유사한 형태의 그래프를 여러 개 그리거나 또는 축 라벨이 충분한 정보를 전달하기 어려울 경우 제목을 이용한다.
5. 측정된 데이터를 그릴 때에는 각 데이터 점을 원, 네모 또는 십자가와 같은 심볼로 그린다(같은 데이터 집합은 같은 심볼을 사용한다). 데이터가 많으면 점을 이용한다.

6. 가끔 데이터 심볼은, 특히 데이터의 숫자가 적으면 보는 사람이 데이터를 잘 볼 수 있도록 선으로 연결한다. 하지만 데이터 점들을 선으로 연결하는 것은, 특히 실선으로 연결하는 것은 데이터 점들 사이에서 무언가가 발생한다는 인식을 주는 것으로 해석할 수 있다. 이와 같이 이런 오해를 피하도록 주의하여야 한다.
7. (측정 데이터와 대비하여) 함수의 값을 구하여 생성된 점들의 그래프를 그릴 때에는 심볼은 사용하지 않는다. 대신 점들을 많이 생성하고, 실선으로 연결한다.

grid와 axis 명령

grid 명령은 축의 눈금선 라벨에 맞추어 눈금에 격자선을 생성한다. axis 명령을 이용하여 MATLAB이 선택한 축의 범위를 원하는 범위로 설정할 수 있다. 기본 구문은 axis([xmin xmax ymin ymax])이다. 이 명령은 x축과 y축의 범위를 지시된 최소값과 최대값으로 지정하는 명령이다. 주의해야 할 것은 배열과는 달리, 값들을 분리하기 위하여 콤마를 사용하지 않는다는 것이다.

다음 목록은 axis 명령의 변형들 중 일부를 보인다.

axis 명령은 다음과 같은 변형들이 있다.

- axis square: 그래프를 정사각형으로 만들도록 축의 범위를 선택하는 명령이다.
- axis equal: 각 축의 배율과 눈금의 간격을 같게 선택한다. 이 명령은 plot(sin(x), cos(x))를 타원이 아닌 원으로 보이도록 해준다.
- axis auto: 디폴트 모드인 오토스케일링 모드로 복귀하여, 축의 배율을 자동적으로 가장 최선의 범위로 계산한다.
- axis tight: 축의 범위를 데이터의 범위로 지정한다.

변형들의 전체 목록을 보려면 help axis를 입력한다. 때때로 축은 axis([xmin xmax ymin ymax])에서와 같이, 변수를 갖는 함수와 같이 동작하고, 때때로 axis equal과 같이, 명령처럼 동작한다는 것을 주목한다. MATLAB 인터프리터는 이들이 사용되는 문맥에 따라 차이를 인식할 수 있다.

예제 5.1-1 궤적의 그래프 그리기

각도 A, 속력 v로 던져진 공이 이동한 높이 $h(t)$ 및 수평 거리 $x(t)$는

$$h(t)=vt\sin A-\frac{1}{2}gt^2 \tag{1}$$

$$x(t)=vt\cos A \tag{2}$$

로 주어진다. 지표면에서 중력가속도는 $g=9.81\text{m/s}^2$ 이다. $v=10\text{m/s}$ 일 때, A의 3개의 각도 값 30°, 45°, 60° 에 대응되는 궤적의 그래프를 그려라.

풀이

이 문제는 그래프의 범위를 미리 알 수 없을 때 어떻게 함수의 그래프를 그리는지를 보여준다. 이를 위해 max 함수를 사용한다. 먼저 공이 지면으로 돌아오는 데 걸리는 시간(충돌 시간, t_{hit})을 계산하는 공식을 반드시 구해야 한다. 이를 위해, 첫 번째 방정식에서 $h(t)=0$ 으로 설정하고 t에 대하여 푼다. 답은

$$t_{hit}=\frac{2v}{g}\sin A$$

로 주어진다. 다음 스크립트 파일에서 행렬 X는 A의 각 값에 대해 3개의 열을 가지며, 수평 거리 $vt\cos A$를 나타낸다. 행렬 R은 3개의 열을 갖고 $0.5gt^2$ 을 나타낸다. 행렬 Q 또한 3개의 열을 갖고 $0.5gt^2$ 을 나타낸다. 행렬 Q 또한 3개의 열을 가지며, 하나의 열은 A의 각 값에 대응하며, 수직 거리 $vt\sin A$를 나타낸다. 행렬 H는 세 개의 열을 가지며, 각 열은 A의 특정값에 대해 시간의 함수로 높이를 나타낸다.

```
g = 9.81; v = 10;
% 각도를 라디안으로 변환한다.
A = [30,45,60]*(pi/180);
% 충돌 시간을 계산한다.
t_hit = (2/g)*v*sin(A);
% 시간벡터를 생성한다.
t = [0:max(t_hit)/1000:max(t_hit)]';
% 사인과 코사인에 대한 약자를 만든다.
sA = sin(A);cA = cos(A);
% 식(1)로부터 수직 좌표를 계산한다.
r = 0.5*g*t.^2;R = [r,r,r];
Q = v*[t*sA(1),t*sA(2),t*sA(3)];
```

```
H = Q - R;
% 식 (2)로부터 수평 좌표를 계산한다.
X = v*[t*cA(1),t*cA(2),t*cA(3)];
% A = 45도 (두번째 각도)에서 발생하는 최대거리를 구한다.
max_x = v*t_hit(2)*cA(2);
% 3개의 경우에 대하여 최대 높이를 구한다.
max_h = max(max(H));
plot(X,H),axis([0 max_x 0 max_h]),xlabel('거리 (미터)'),...
   ylabel('높이 (미터)'),gtext('30 도'),gtext('45 도'),
gtext('60 도')
```

그래프는 [그림 5.1-2]에 보였다.

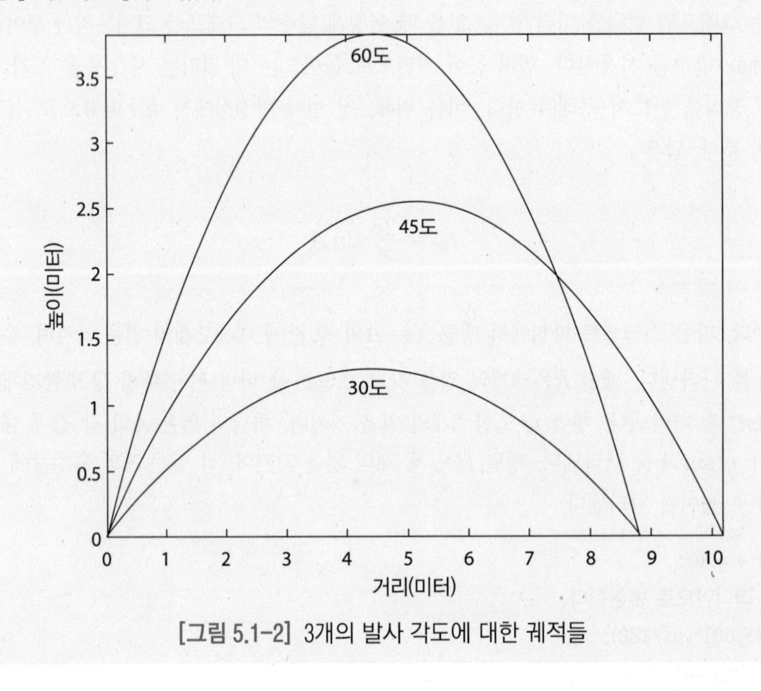

[그림 5.1-2] 3개의 발사 각도에 대한 궤적들

복소수의 그래프

plot(y)와 같이, 하나의 입력 변수를 갖고 있으면, plot 함수는 인덱스 1, 2, 3, ...에 대하여 벡터 y의 값을 그린다. 만일 y가 복소수이면, plot(y)는 실수부에 대한 허수부의 그래프를 그린다. 이 경우 plot(y)는 plot(real(y), imag(y))와 같다. 이런 상황은 plot 함수가 허수부를 다루는 유일한 경우이다. 모든 다른 변형에서는 plot 함수는 허수부는 무시한다.

예를 들어, 다음 스크립트 파일은 나선의 그래프를 생성한다.

```
z = 0.1 + 0.9i;
n = 0:0.01:10;
plot(z.^n), xlabel('Real'), ylabel('Imaginary')
```

함수 그래프 명령 fplot

MATLAB에서는 함수를 그리기 위한 똑똑한 명령이 있다. fplot 명령은 그려져야 될 함수를 자동적으로 분석하여, 함수의 모든 특징을 나타내기 위하여 얼마나 많은 점들을 사용해야 하는가를 결정한다. 이 명령의 기본 구문은 fplot(function)이며, 여기에서 function은 디폴트 구간 [−5, 5]에서 그려질 함수의 핸들이다. 구간을 지정하려면, 구문 fplot(function, [xmin xmax])을 이용한다. 추가적인 구문을 위해서는 MATLAB 도움말을 참고한다.

예를 들어, 다음의 세션

```
>>f = @(x) (cos(tan(x)) - tan(sin(x)));
>>fplot(f, [1 2])
```

은 [그림 5.1-3a]에서 보인 그래프를 그린다. fplot 명령은 자동적으로 충분한 수의 점을 선택하여 함수의 모든 변화를 보여준다. plot 명령을 이용하여 같은 그래프를 만들 수 있지만, 그래프를 그리기 위하여 얼마나 많은 값을 사용해야 하는지를 알고 있어야 한다. 예를 들어, plot을 이용하여, 0.01의 간격을 선택하면, [그림 5.1-3b]의 그래프를 얻는다. 이 간격을 선택하면 함수 특성의 일부를 잃어버린다는 것을 볼 수 있다.

fplot 명령과 함께, 예를 들어, title, xlabel 및 ylabel과 다음 절에서 소개할 선의 형태 명령과 같은 다른 명령과 사용하여, 그래프를 좀 더 보기 좋게 할 수 있다.

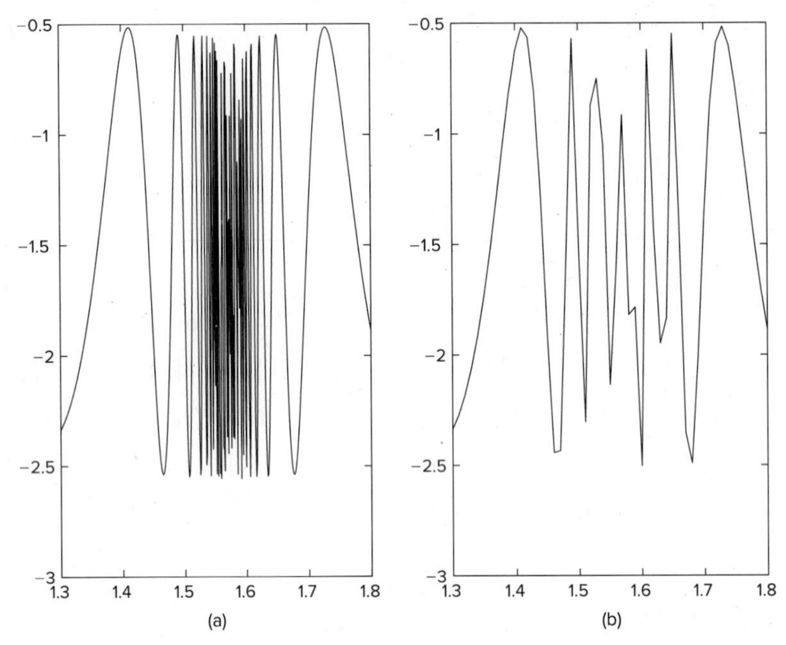

[그림 5.1-3] (a) fplot 명령으로 생성된 그래프 (b) 101개의 점을 이용하여 plot 명령으로 그려졌다

다항식의 그래프 그리기

다항식의 그래프는 polyval 함수를 이용하면 쉽게 그릴 수 있다. 함수 polyval(p, x)는 독립변수 x의 지정된 값에서 다항식 p의 값을 계산한다. 예를 들어, $-6 \leqq x \leqq 6$ 에서 $3x^5 + 2x^4 - 100x^3 + 2x^2 - 7x + 90$ 의 그래프를 0.01의 간격으로 그리려면 다음과 같이 입력한다.

```
>> x = -6: 0.01: 6;
>> p = [3, 2, -100, 2, -7, 90];
>> plot(x, polyval(p, x)), xlabel('x'), ylabel('p')
```

[표 5.1-2]에는 이 절에서 논의한 xy 그래프 명령어를 정리하였다.

[표 5.1-2] 기본적인 xy 그래프 명령

명령	설명
axis([xmin xmax ymin ymax])	x축과 y축의 최소 및 최대 범위를 설정한다.
fplot(function, [xmin xmax])	함수들의 그래프를 현명하게 그리며, 여기에서 function은 그려질 함수의 함수 핸들을, [xmin xmax]는 독립변수의 최소값과 최대값을 나타낸다. 종속 변수의 범위도 또한 지정할 수 있다. 이 경우 구문은 fplot(function, [xmin xmax ymin ymax])이다.
grid	눈금 라벨에 대응되는 눈금 표시에 격자선을 생성한다.
plot(x, y)	직교좌표에 배열 x대 배열 y의 그래프를 생성한다.
plot(y)	y가 벡터이면, 인덱스에 따른 y값의 그래프를 그린다. y가 복소수 값을 갖는 벡터이면, 실수부에 대한 y의 허수부의 그래프를 그린다.
polyval(p, x)	독립변수 x의 지정된 값들에 대한 다항식 p의 값을 계산한다.
print	그림창의 그래프를 인쇄한다.
title('text')	그래프의 맨 위에 제목을 붙인다.
xlabel('text')	x축(수평 좌표)에 문자 라벨을 붙인다.
ylabel('text')	y축(수직 좌표)에 문자 라벨을 붙인다.

이해력 테스트 문제

T5.1-1 $0 \leqq x \leqq 35$, $0 \leqq y \leqq 3.5$ 일 때, 식 $y=0.4\sqrt{1.8x}$ 의 그래프를 그려라.

T5.1-2 fplot 명령을 이용하여 $0 \leqq x \leqq 2\pi$ 일 때, 함수 $\tan(\cos x)-\sin(\tan x)$를 그려라. plot 명령을 이용하여 같은 그래프를 그리려면 얼마나 많은 x값이 필요한가? (답: 292개)

T5.1-3 $0 \leqq n \leqq 20$ 일 때, 함수 $(0.2+0.8i)^n$ 의 실수부에 대하여 허수부의 그래프를 그려라. 부드러운 곡선이 되도록 점을 충분히 선택한다. 각각의 축에 라벨을 붙이고, 그래프의 제목을 붙인다. axis 명령을 사용하여 눈금선의 간격을 바꾸어라.

그림의 저장

그래프를 생성할 때, 그림창이 나타난다. 이 창은 8개의 메뉴로 구성되어 있고, 5.3절에서 자세하게 논의한다. 파일 메뉴는 그림을 저장하거나 프린트하는 데 사용한다. 그래프는 다른 MATLAB 세션 동안 열어볼 수 있는 형식이나 또는 다른 응용에서 사용될 수 있는 형식으로 저장할 수 있다.

이후의 MATLAB 세션에서 열어볼 수 있도록 그림을 저장하기 위해서는 그림 파일을 확장자가 .fig인 파일 형식으로 저장한다. 이를 위하여 그림 창의 파일 메뉴에 있는 **저장**을 선택하거나, 툴바의 **Figure 저장**(디스켓 아이콘) 버튼을 클릭한다. 만약 파일을 처음 저장한다면, 디폴트 파일 형식은 Figure(*.fig)이다. 그림 파일에 원하는 이름을 지정하고 **저장**을 클릭한다.

그림을 JPEG, BMP 또는 PNG와 같은 다른 파일 형식으로 저장하려면, **다른 이름으로 저장**을 선택한다. 나타나는 대화 상자에서 원하는 형식을 선택할 수 있다. 이들은 다른 많은 응용에서 사용되는 일반적인 형식이다. 또한 명령 줄에서 saveas 명령을 사용할 수도 있다.

주의: 만일 그림을 나중에 편집하려면, 먼저 MATLAB Figure(*.fig) 형식으로 저장해야 한다는 점을 확인한다. 만일 다른 형식(JPEG, 등)으로 저장하면, MATLAB plot툴을 이용해서는 더 이상 편집할 수 없게 된다.

그림 파일을 열기 위하여, 파일 메뉴 창에서 **열기**를 선택하거나, 툴바에서 **파일 열기** 버튼(열린 폴더 아이콘)을 클릭한다. 열고자 하는 그림 파일을 선택하여 **확인**을 누른다. 그림 파일은 새로운 그림창에 나타난다.

그림 내보내기(Export)

그림을 내보내는 것은 단순히 저장하는 것과는 다르다. 저장하기 전에 그림을 커스터마이즈하기 위하여 **내보내기 설정(ExportSetup)** 창을 이용할 수 있다. 그림의 크기, 배경색, 폰트 크기, 선의 너비를 바꿀 수 있고, 이들을 저장하기 전에 다른 그림에 적용할 수 있도록 '내보내기 스타일'로 세팅을 저장할 수도 있다.

다른 응용에서 사용될 수 있는 표준 그래픽 파일 포맷으로 그림을 저장하기를 원하면, 다음의 단계를 수행한다.

1. 파일 메뉴에서 **내보내기 설정**을 선택한다. 이 대화상자는 그림의 크기, 폰트, 선의 크기와 스타일 및 출력 포맷과 같은, 출력 파일에 대하여 지정할 수 있는 옵션을 제공한다.
2. 내보내기 설정 대화상자에서 **내보내기**를 선택한다. 표준의 다른 이름으로 저장 대화상자가 나타난다.
3. 다른 이름으로 저장 메뉴의 파일 형식 목록으로부터 형식을 선택한다. 이것은 내보내기(export)가 되는 파일의 형식을 선택하고, 그와 같은 형식의 파일에 주어지는 표준 파일 이름의 확장자를 붙인다.
4. 원하는 파일명을 확장자 없이 입력한다.

5. **저장**을 클릭한다.

그림은 또한 명령 줄에서 `print` 명령을 이용하여 내보내기를 할 수 있다. 다른 형식으로 그림을 내보내기하는 방법에 대한 정보는 MATLAB 도움말에서 볼 수 있다.

또한 그림을 클립보드로 복사하여 다른 응용에서 붙일 수 있다.

1. 그림 창의 **편집** 메뉴에서 **복사 옵션**을 선택한다. 기본 설정(Preferences)의 복사 옵션 페이지의 대화 상자가 나타난다.
2. 복사 옵션 페이지가 완료되면 **확인**을 클릭한다.
3. 편집 메뉴의 **Figure 복사**를 선택한다.

그림은 윈도우 클립보드로 복사되고, 다른 응용에서 붙여넣기를 할 수 있다.

이 절과 5.3절에서 다루는 그래픽 함수들은 스크립트 파일에 넣어서 유사한 그래프를 생성할 때 다시 이용할 수 있다. 이러한 특징은 5.3절에서 다룰 대화형 그래픽 도구보다는 장점을 제공한다.

그래프를 생성할 때, [표 5.1-3]에서 열거한 동작들은 필요하지 않다고 하더라도 그래프의 모양과 유용성을 향상시킬 수 있다는 점을 명심한다.

[표 5.1-3] 그래프를 개선하기 위한 힌트

1. 눈금은 가능하면 0부터 시작한다. 이 방법은 그래프에 보여진 크기의 변화에 잘못된 인상을 주는 것을 막아준다.
2. 합리적인 눈금 표시를 사용한다. 예를 들어, 사용하는 양이 달이면 12의 간격을 선택하며, 한 해의 1/10은 편리하지 않다. 눈금 표시는 가까우면 유용하지만, 너무 가까우면 안 된다.
3. 눈금 라벨에서 0의 수를 최소화한다. 예를 들어, 달러 스케일에서 모든 숫자 뒤에 6개의 0을 붙여야할 때, 적절하다면 백만 달러의 단위를 사용한다.
4. 데이터의 그래프를 그리기 전에 각 축의 최소 및 최대 데이터 값을 정한다. 다음에 전체의 데이터 영역에 편리한 눈금 간격을 선택할 수 있도록 여유를 더하여 축의 범위를 정한다.

라이브 편집기

라이브 스크립트(live script)는 라이브 편집기라고 불리는 단일 대화형 환경에서, 그래픽을 포함하여 출력물과 이들을 생성한 코드와 함께 포함하는 대화형 문서이다. 또한 대화형으로 공유 가능한 설명을 만들기 위하여, 지정된 형식의 텍스트, 이미지, 하이퍼링크 및 방정식을 포함할 수 있다. MATLAB R2016a에서 소개된 라이브 스크립트는 확장자가 `.mlx`인

파일에 저장된다. 출판을 위하여 스크립트를 HTML 또는 PDF 파일로 변환할 수 있다.

라이브 편집기는 테스트를 환경을 떠나지 않고 코드를 작성하고, 실행할 수 있고, 코드를 블록으로 개별적으로 실행하거나 또는 전체 파일을 실행할 수 있기 때문에 보다 효율적으로 작업할 수 있다. 결과와 그래픽을 생성한 코드 옆에 볼 수 있고, 오류의 위치를 파일에서 볼 수 있다. 형식 있는 텍스트, 수식, 영상 및 하이퍼링크를 더할 수 있고, 보고서를 공유할 수도 있다.

새로운 라이브 스크립트를 여는 방법에는 2가지가 있다.

- 홈 탭에서, 새로 만들기 드롭-다운 메뉴에서 **라이브 스크립트**를 선택한다.
- 명령 기록에서 원하는 명령을 선택하고, 오른쪽 클릭을 하고, **라이브 스크립트 만들기**를 선택한다.

코드를 명령창에서 한 것과 같이 라이브 편집기에서 입력한다. 예로서 [그림 5.1-4]를 본다. 코드를 입력한 후에, 라이브 에디터 메뉴 위에 있는 **실행**을 클릭한다. 코드가 실행되고 MATLAB이 오류가 있으면 알려준다. 보여진 예에서, 코드의 세 번째 행이 실행되면 그래

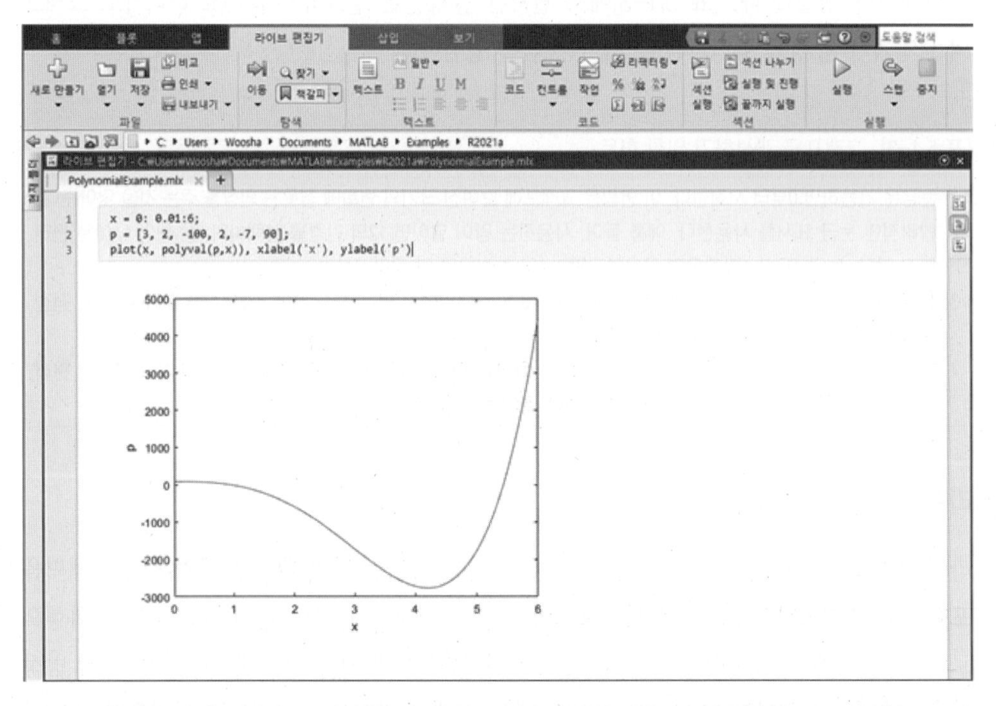

[그림 5.1-4] 코드와 그래프 출력이 포함된 라이브 편집기의 스크린샷(출처: MATLAB)

프가 나타난다.

기존 스크립트를 라이브 스크립트로 열 수 있다. 이렇게 하면 파일의 복사본이 만들어지며, 원본 파일은 변경되지 않는다. 스크립트 파일만이 라이브 스크립트로 열릴 수 있다. 함수 파일은 변환되지 않는다.

다음 방법 중 하나를 사용하여 기존 스크립트(.m)를 라이브 스크립트(.mlx)로 열 수 있다.

- 편집기에서 스크립트를 열고, **저장**을 클릭하고, **다른 이름으로 저장**을 선택한다. 다음에 저장 파일 형식으로 **MATLAB 라이브 스크립트(*.mlx)**를 선택하고 저장을 클릭한다.
- 현재 폴더 브라우저에 있는 파일을 오른쪽 마우스 클릭하고 메뉴에서 **라이브 스크립트로 열기**를 선택한다.

참고 : 스크립트를 라이브 스크립트로 변환하려면 이 방법 중 하나를 사용해야 한다. 단지 스크립트의 확장자를 .mlx로 바꾸는 것은 동작하지 않으며, 파일이 손상될 수 있다.

방정식을 조판하듯이 수학식으로 삽입할 수 있다. 코드 줄이 아닌 텍스트 줄로만 방정식을 포함할 수 있다. 라이브 스크립트에 수식을 삽입하는 방법에는 3가지가 있다. 기호 및 구조 팔레트에서 방정식을 대화형으로 작성하거나 또는 LaTex 명령을 사용하여 방정식을 만들 수 있다. 이 두 가지 방법에 대한 자세한 내용은, 도움말에서 '라이브 스크립트에 수식 삽입하기' 항목을 참조한다. 마지막으로 Symbolic Math Toolbox의 명령을 사용할 수 있다(예제 11장 11.3절, [그림 11.3-2] 참조).

자세한 내용을 확인하는 가장 좋은 방법은 데스크탑의 오른쪽 위에 있는 도움말 검색 상자에 라이브 편집기(Live Editor)를 입력하는 것이다.

5.2 추가적인 명령과 그래프 형태

MATLAB은 서브플롯(subplot)이라고 불리는 그래프의 배열을 포함하는 그림들을 만들 수 있다. 예를 들어, 같은 데이터를 가지고 축이 다른 도면을 비교하고자 할 때 유용하게 쓰일 수 있다. MATLAB `subplot` 명령으로 이런 그림들을 만들 수 있다. 하나의 도면에 하나 이상의 곡선이나 데이터를 집합을 나타내야 할 필요가 종종 생긴다. 이러한 그래프를 그래프 겹치기(Overlay Plot)라고 한다. 이 절에서는 이런 그래프와 여러 개의 다른 형태의 그래프에 대하여 설명한다.

서브플롯

subplot 명령을 이용하면 하나의 그림창에 여러 개의 작은 그래프를 얻을 수 있다. 구문은 subplot(m, n, p)이다. 이 명령은 그림창을 m행과 n열의 직사각형 창 배열로 분할하게 된다. 변수 p는 MATLAB이 subplot 명령 다음에 오는 plot 명령의 출력을 p번째 창으로 위치시킨다. 예를 들어, subplot(3, 2, 5)는 수직 아래 방향으로 3개, 수평 방향으로 2개, 총 6개의 창을 가진 배열을 생성하고, 다음 차례의 그래프를 5번째 창에(좌측 아래에) 보이도록 한다. 다음의 스크립트 파일은 [그림 5.2-1]을 생성하며, $0 \leq x \leq 5$에서 $y = e^{-1.2x} \sin(10x+5)$와 $-6 \leq x \leq 6$일 때 $y = |x^3 - 100|$의 그래프를 보여준다.

```
x = 0: 0.01: 5;
y = exp(-1.2*x).*sin(10*x+5);
subplot(1, 2, 1)
plot(x, y), xlabel('x'), ylabel('y'), axis([0 5 -1 1])
x = -6: 0.01: 6;
y = abs(x.^3 - 100);
subplot(1, 2, 2)
plot(x,y), xlabel('x'), ylabel('y'), axis([-6 6 0 350])
```

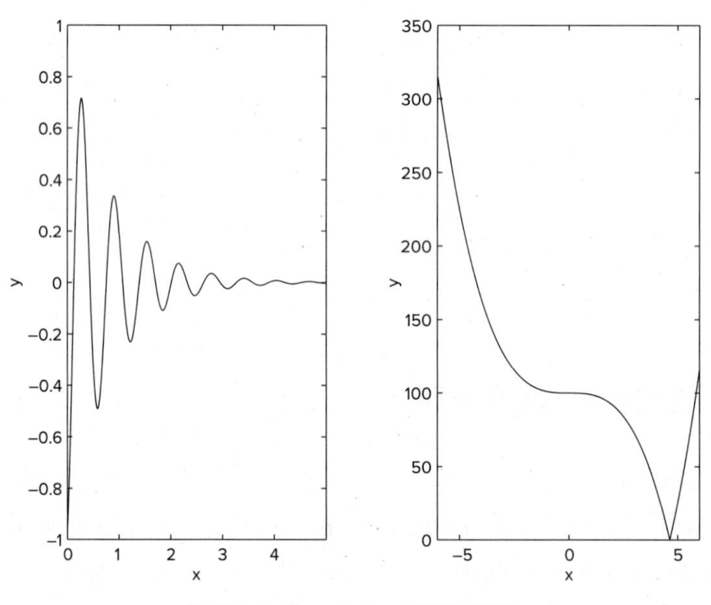

[그림 5.2-1] subplot 명령의 응용

이해력 테스트 문제

T5.2-1 t와 v의 간격을 적절하게 선택하고, subplot 명령을 이용하여 두 함수 $0 \leqq t \leqq 8$일 때 $z = e^{-0.5t} \cos(20t - 6)$과 $-8 \leqq v \leqq 8$일 때 $u = 6\log_{10}(v^2 + 20)$의 그래프를 그려라. 각 축에 라벨을 붙인다.

그래프 겹쳐 그리기

겹치는 그래프를 만들기 위하여 다음의 MATLAB 기본 그래프를 그리는 명령인 plot(x, y)와 plot(y)의 변형을 사용할 수 있다.

- A가 m행 n열의 행렬일 때, plot(A)는 인덱스에 대하여 A의 열로 n개의 그래프를 그린다.
- plot(x, A)는 벡터 x에 대한 A 행렬을 그리며, 여기에서 x는 행벡터이거나 열벡터이고, A는 m행 n열의 행렬이다. 만일 x의 길이가 m이면, 벡터 x에 대한 A의 각 열의 그래프를 그린다. A의 열만큼 곡선이 그려지게 된다. x의 길이가 n이면, 벡터 x에 대하여 A의 각 행의 그래프를 그린다. A행만큼의 곡선이 그려진다.
- plot(A, x)는 행렬 A에 대한 벡터 x의 그래프를 그린다. x의 길이가 m이면, x는 A의 열에 대하여 그린다. A의 열의 개수만큼 그래프가 그려진다. x의 길이가 n이라면, x는 A의 행에 대하여 그려진다. A의 행의 개수만큼의 곡선이 그려진다.
- plot(A, B)는 행렬 A의 열에 대하여 B 열의 그래프를 그린다.

데이터 마커와 선의 형태

벡터 x에 대한 벡터 y의 그래프를 그리고 각 점들을 데이터 마커로 표시하기 위하여, plot 함수에서 마커의 기호를 작은따옴표로 둘러싼다. [표 5.2-1]은 사용 가능한 마커 기호를 보여준다. 예를 들어, 소문자 o로 나타나는 작은 원을 이용하려면, plot(x, y, 'o')를 입력한다. 이 표기는 [그림 5.2-2]의 왼쪽에 나타낸 것과 같은 그래프를 그린다. 각 데이터 마커 사이를 직선으로 연결하려면 데이터를 2번 그려야 하며, plot(x, y, x, y, 'o')라고 입력한다. [그림 5.2-2]의 오른편 그림을 확인한다.

[표 5.2-1] 데이터의 마커, 선의 형태와 색의 지정

데이터 마커 *		선의 형태		색	
점(.)	.	실선	-	검정	k
별표(*)	*	파선	--	파랑	b
x자(×)	x	일점쇄선	-.	청록색	c
원(○)	o	점선	:	녹색	g
더하기(+)	+			자홍색	m
네모(□)	s			빨강	r
다이아몬드(◇)	d			흰색	w
5각 별표(★)	p			노랑	y

*다른 데이터 마커도 이용할 수 있다. MATLAB 도움말에서 '마커'를 검색한다.

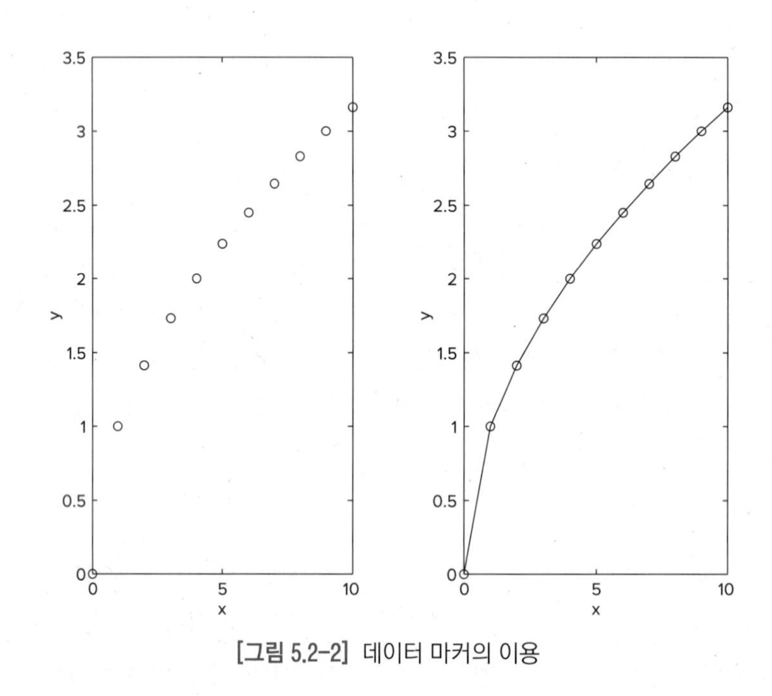

[그림 5.2-2] 데이터 마커의 이용

벡터 x, y, u 및 v에 저장되어 있는 2개의 곡선 또는 데이터 집합이 있다고 가정한다. x에 대한 y와 u에 대한 v를 같은 그래프에 그리려면, plot(x, y, u, v)라고 입력한다. 두 집합은 선의 디폴트 형태인 실선으로 그려진다. 두 집합을 구별하기 위하여, 다른 형태의 선으로 그릴 수 있다. x에 대한 y의 그래프는 실선으로 그리고 u에 따른 v의 그래프는 파선으로 그리려면, plot(x, y, u, v, '--')라고 입력하며, 여기에서 '--' 기호는 파선을 나타낸다. [표 5.2-1]은 다른 선 형태의 기호를 보인다. x에 대한 y의 그래프를 점선으로 연결된 별모양(*)

으로 그리기 위하여는 plot(x, y, '*', x, y, ':')를 입력하여 데이터를 두 번 그려야 한다.

[표 5.2-1]에서 보여주는 색 기호를 이용하여 다른 색의 기호와 선을 얻을 수 있다. 색 기호는 데이터 마커 기호와 선의 형태 기호와 조합할 수 있다. 예를 들어, x에 대한 y의 그래프를 녹색의 별표(*)에 붉은색 파선으로 연결하기 위하여, plot(x, y, 'g*', x, y, 'r--')라고 입력하여 데이터를 두 번 그려야 한다(그래프를 흑백프린터를 이용하여 프린트하려면 색을 사용하지 않는다).

곡선과 데이터에 라벨 붙이기

하나의 그래프에 둘 이상의 곡선이나 데이터 집합의 그래프를 그리려고 할 때, 이들을 구별해야 한다. 다른 데이터 기호나 다른 선의 형태를 사용하면, 범례 또는 각 곡선 옆에 라벨을 달아 주어야 한다. 범례를 만들기 위해서는 legend 명령을 사용한다. 이 명령의 기본 형태는 legend('string1', 'string2')이며, 여기에서 string1과 string2는 사용자가 쓰고자 하는 문자열이다. legend 명령은 그래프로부터 자동적으로 각 데이터 집합에 대한 선의 형태를 얻고, 사용자가 선택한 문자열 옆에 이 선 형태의 일부 샘플을 보여준다. legend 명령은 plot 명령 다음에 어딘가에 위치해야 한다. 그래프가 그림창에 나타나면, 마우스를 이용하여 범례 상자를 위치시킨다(마우스에서 왼쪽 버튼을 누르며 상자를 움직이면 된다).

그래프를 구별하는 또 다른 방법은 각 그래프 옆에 라벨을 붙이는 방법이다. 라벨은 마우스를 이용하여 라벨을 붙이도록 하는 gtext 명령에 의한 방법과 라벨의 좌표를 사용자가 지정해야 하는 text 명령으로 생성할 수 있다. gtext 명령의 구문은 gtext('string')이며, 여기에서 string은 선택된 라벨을 지정하는 문자열이다. 이 명령이 수행되면, MATLAB은 마우스 포인터가 그림창 안에 있는 동안, 마우스 버튼이나 키보드가 눌려지기를 기다린다. 라벨은 마우스 포인터의 위치에 놓이게 된다. 주어진 그래프에 하나 이상의 gtext 명령을 사용할 수 있다. text 명령 text(x, y, 'string')은 좌표 x, y로 지정되는 위치에 문자열을 위치시킨다. 이 좌표들은 그래프의 데이터와 같은 단위이어야 한다. 물론 text 명령으로 적절한 좌표를 찾는 것은 보통 여러 번의 시행착오를 필요로 한다.

다음의 예제는 legend 및 subplot 함수들의 사용을 나타낸다.

예제 5.2-1 국제 어로구역 근처에서의 어업

어떤 어선이 처음에 $x=0$ 와 $y=10\text{km}$ 인 수평면에 위치해 있었다. 이 배는 어떤 경로, $x=t$ 및 $y=0.5t^2+10$ 을 따라 10시간을 이동하며, 여기에서 t의 단위는 시간(hour)이다. 국제 어로구역은 선 $y=2x+6$ 으로 나타낸다.

a. 어선의 경로와 경계에 대하여 그래프를 그리고 라벨을 붙여라.

b. 직선 $Ax+By+C=0$ 으로부터 점 $(x_1,\ y_1)$까지의 수직 거리는

$$d=\frac{Ax_1+By_1+C}{\pm\sqrt{A^2+B^2}}$$

로 주어지며, 여기서 부호는 $d\geq 0$을 만족시키도록 선택된다. 이 결과를 이용하여 $0\leq t\leq 10\text{hr}$일 때, 어로 구역의 경계로부터 어선까지 거리의 그래프를 시간의 함수로 그려라. 경계로부터 최소 거리와 가장 근접했을 때의 시간을 계산하라.

풀이

스크립트 파일은 다음과 같다.

```
% 시간 배열을 생성한다.
t = 0:0.01:10;
% 선박의 경로
x = t; y = 0.5*t.^2 + 10;
% 경계
yb = 2*x+6;
subplot(2,1,1)
plot(x, y, x, yb, '--'), xlabel('x(마일)'), ylabel('y(마일)'), ...
   legend('선박','경계')
A = 2; B = -1; C = 6;
den = sqrt(A^2 + B^2);
for k = 1:length(t)
   d(k) = (A*x(k) + B*y(k) + C)/den;
   if d(k) < 0
      d(k) = -d(k);
   end
end
subplot(2, 1, 2)
plot(t, d), xlabel('t(hr)'), ylabel('d(mi)')
```

```
[min_dist, k]= min(d);
min_dist
time = t(k)
```

그래프는 [그림 5.2-3]에 보였다. 최소거리는 0.8944마일이고 $t=2$ 시간에 발생한다.

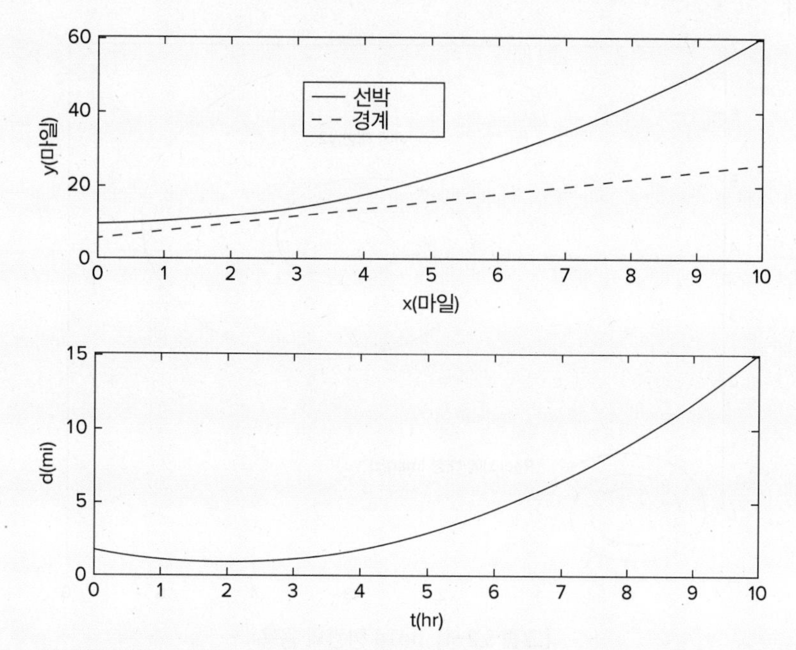

[그림 5.2-3] 위 그래프: 경계와 어선의 경로. 아래 그래프: 시간의 함수로서의 어선으로부터 경계까지의 거리

hold 명령

hold 명령은 둘 또는 그 이상의 plot 명령을 필요로 하는 그래프를 생성한다. $-1 \leqq x \leqq 1$에서 $y_1=3+e^{-x}\sin 6x$ 에 대한 $y_2=4+e^{-x}\cos 6x$ 의 그래프를 그리고, 같은 그림에 $0 \leqq n \leqq 10$ 일 때, $z=(0.1+0.9i)^n$ 의 그래프를 그리기를 원한다고 가정한다. 다음의 스크립트 파일은 [그림 5.2-4]의 그래프를 그린다.

```
x = -1: 0.01: 1;
y1 = 3 + exp(-x).*sin(6*x);
y2 = 4 + exp(-x).*cos(6*x);
plot((0.1+0.9i).^(0:0.01:10)), hold, plot(y1,y2),...
   gtext('y1에 대한 y2'), gtext('Real(z)에 대한 Imag(z)')
```

하나 이상의 plot 명령이 사용되면, 어떤 plot 명령이라도 수행되기 전에 gtext 명령을 넣지 않는다. 그 이유는 각 plot 명령이 수행되면 배율이 변하고, gtext에 의하여 놓여진 라벨은 궁극적으로 잘못된 곳에 놓이게 될 수 있다. 명령 axis manual을 이용하면 현재의 범위의 스케일링을 고정하여 만일 hold가 활성화되면, 그 이후의 그래프는 같은 범위를 이용하게 된다.

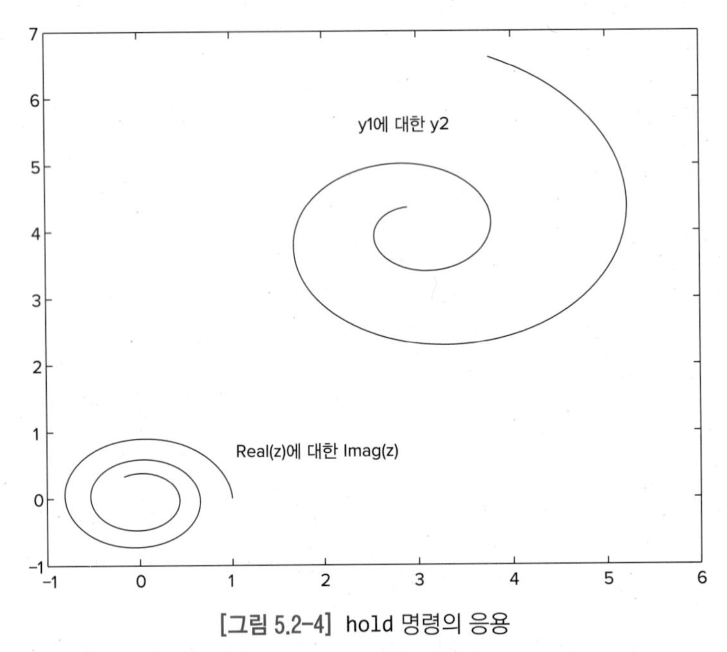

[그림 5.2-4] hold 명령의 응용

다음과 같은 형태의 함수는 응용에서 자주 나타난다.

$$x(t)=e^{-0.3t}(\cos 2t+j\sin 2t)$$

만일 t에 대한 x의 그래프를 그린다면, 실수부만 그려질 것이며, MATLAB은 경고를 내보낸다. 만일 같은 그래프에 실수부와 허수부를 같이 그린다면, 다음의 프로그램에서 보인 것과 같이 hold 명령을 사용할 수 있다.

```
t = 0:pi/50:2*pi;
x = exp(-0.3*t).*(cos(2*t) + j*sin(2*t));
plot(t, real(x));
hold on;
plot(t, imag(x), '--');
hold off;
```

[표 5.2-2]에는 이 절에서 소개한 그래프를 향상시키는 명령에 대하여 정리하였다.

[표 5.2-2] 그래프를 향상시키는 명령

명령	설명
`gtext('text')`	마우스에 의하여 지정되는 그림창의 위치에 문자열 text를 위치시킨다.
`hold`	다음의 그래프 명령을 위하여 현재 그래프를 고정시킨다.
`legend('leg1', 'leg2', ...)`	문자열 leg1, leg2 등을 사용하여 범례를 생성하고 마우스로 위치를 지정한다.
`plot(x, y, u, v)`	직교좌표에 4개의 배열 x에 대한 y 및 u에 대한 v의 그래프를 그린다.
`plot(x, y, 'type')`	배열 x에 대한 y의 그래프를, 문자열 type에 의하여 지정되는 선의 형태, 데이터 마커 및 색을 이용하여 그린다. [표 5.2-1]을 본다.
`plot(A)`	$m \times n$ 행렬 A의 열을 인덱스에 대하여 그려서 n개의 곡선을 만든다.
`plot(P, Q)`	배열 P에 대한 Q의 그래프를 그린다. 벡터와 행렬에 관련된 가능한 변형들 `plot(x, A)`, `plot(A, x)`, `plot(A, B)` 등은 교재를 참조한다.
`subplot(m, n, p)`	그림창을 m개의 행과 n개의 열로 나누고, 다음의 그래프를 그리는 명령을 p번째 작은 창으로 지정한다.
`text(x, y, 'text')`	그림창의 좌표 x, y에 의하여 지정되는 곳에 문자열 text를 위치시킨다.

이해력 테스트 문제

T5.2-2 다음의 두 데이터 집합을 하나의 그래프에 그려라. 각 집합에 대하여, $x=0,\ 1\ 2,\ 3,\ 4,\ 5$이다. 각 집합에 대하여 다른 데이터 마커를 사용한다. 첫 번째 집합에서는 마커를 실선으로 연결한다. 두 번째 집합에는 마커를 파선으로 연결한다. 범례를 사용하고 축에 라벨을 적절히 붙인다. 첫 번째 데이터 집합은 $y=11,\ 13,\ 8,\ 7,\ 5,\ 9$이고, 두 번째 집합은 $y=2,\ 4,\ 5,\ 3,\ 2,\ 4$이다.

T5.2-3 $0 \leqq x \leqq 2$에서 $y=\cosh x$와 $y=0.5e^x$를 같은 그래프에 그려라. 곡선을 구별하기 위하여 다른 선의 형태와 범례를 사용한다. 그래프의 축에 적절한 라벨을 붙인다.

T5.2-4 $0 \leqq x \leqq 2$에서 $y=\sinh x$와 $y=0.5e^x$를 같은 그래프에 그려라. 각 데이터 집합에 실선을 이용하고, $\sinh x$ 곡선에는 `gtext` 명령을 사용하여 라벨을 붙이고, $0.5e^x$ 그래프에는 `text` 명령을 이용한다. 그래프의 축에 라벨을 적절히 붙인다.

T5.2-5 `hold` 명령과 `plot` 명령을 두 번 사용하여, $0 \leqq x \leqq 1$에서 $y=\sin x$와 $y=x-x^3/3$을 같은 그래프에 그려라. 각 곡선은 실선을 사용하고 `gtext` 명령을 이용하여 각 곡선에 라벨을 붙여라. 그래프 축에 적절한 라벨을 붙여라.

그래프에 주석 붙이기

수학 기호, 그리스 문자 및 이탤릭체와 같은 효과를 포함하는 본문, 제목과 라벨을 만들 수 있다. 이 특징은 TEX 조판 언어를 기반으로 한다. 사용 가능한 문자의 목록을 포함하여, 더 많은 정보를 얻으려면 온라인 도움말에 'Text **속성**(Text Properties)'을 찾아본다. 또한 'Mathematical Symbols, Greek Letters, and TEX Character' 페이지를 본다.

수학 함수 $Ae^{-t/\tau}\sin(\omega t)$를 갖는 제목을 생성하려면,

```
>>title('{\it Ae}^{-{\it t/\tau}}\sin({\it \omega t})')
```

를 입력한다. 백슬래시 문자 \는 모든 TEX 문자열의 앞에 나온다. 이와 같이 문자열 \tau, \omega는 그리스 문자 τ와 ω를 나타낸다. 위첨자는 ^를 입력하면 만들어지고, 아래 첨자는 _를 입력하면 생성된다. 여러 문자를 위첨자나 아래 첨자로 지정하기 위하여 중괄호를 사용한다. 예를 들어, x_{13}을 입력하면 x_{13}을 만든다. 수학적인 문자 변수는 보통 이탤릭으로 씌여지며, sin과 같이 함수는 로마자로 쓴다. 문자 x를 TEX 명령을 이용하여 이탤릭으로 지정하려면 {\it x}라고 쓴다.

로그 그래프

로가리즘(logarithm) 스케일은 – 로그 스케일이라고 줄일 수 있으며, – (1) 넓은 범위를 변화하는 데이터를 나타내기 위하여 (2) 데이터의 경향을 나타내기 위하여 광범위하게 사용된다. 어떤 형태의 함수 관계는 로그 스케일로 그렸을 때 직선으로 보이게 된다. 이 방법은 함수를 쉽게 구별할 수 있도록 해준다. log–log 그래프는 양 축을 모두 로그 스케일로 그린다. semilog 그래프는 한 축만 로그 스케일을 갖는다.

[그림 5.2–5]는 함수

$$y=\sqrt{\frac{100(1-0.01x^2)^2+0.02x^2}{(1-x^2)^2+0.1x^2}} \quad 0.01 \le x \le 100 \qquad (5.2\text{–}1)$$

를 선형 스케일과 로그 스케일로 그린 그래프이다. 수평 좌표나 수직 좌표 값들이 모두 넓은 범위로 변하기 때문에, 선형 스케일은 중요한 특징을 나타내기 어렵다. 다음 프로그램은 [그림 5.2–5]를 생성한다.

```
% 선행 그래프를 생성한다.
x1 = 0:0.01:100; u1 = x1.^2;
num1 = 100*(1 - 0.01*u1).^2 + 0.02*u1;
den1 = (1 - u1).^2 + 0.1*u1;
y1 = sqrt(num1./den1);
subplot(1,2,1), plot(x1,y1), xlabel('x'), ylabel('y'),
% Loglog 그래프를 생성한다
x2 = logspace(-2, 2, 500); u2 = x2.^2;
num2 = 100*(1-0.01*u2).^2 + 0.02*u2;
den2 = (1-u2).^2 + 0.1*u2;
y2 = sqrt(num2./den2);
subplot(1, 2, 2), loglog(x2, y2), xlabel('x'), ylabel('y')
```

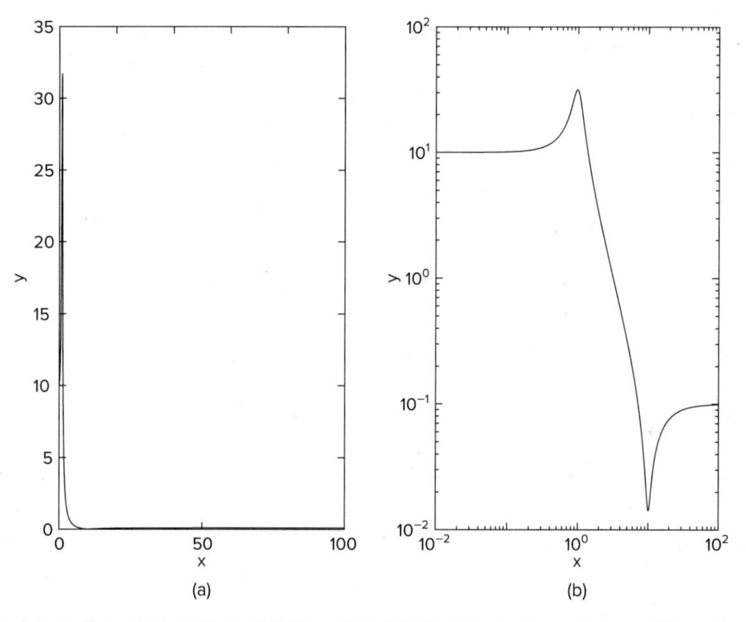

[그림 5.2-5] (a) 식 (5.2-1)의 선형 스케일의 그래프 (b) 이 함수의 로그-로그 스케일 그래프. x와 y 값 모두 넓은 범위를 갖는다

로그 스케일을 이용할 때, 다음의 사항들을 기억하는 것이 중요하다.

1. 음수의 로그 값은 실수로 정의되지 않기 때문에, 로그 스케일에서는 음수 값은 그릴 수 없다.
2. $\log_{10} 0 = \ln 0 = -\infty$ 이므로 로그 스케일에서는 0은 그릴 수 없다. 그래프의 하한으로 적절히 작은 숫자를 선택해야 한다.
3. 로그 스케일에서의 눈금표시 라벨은 그려지는 실제 값들이다. 숫자의 로그값이 아니다. 예를

들어, [그림 5.2-5b] 그래프에서 x 값의 범위는 $10^{-2}=0.01$ 로부터 $10^2=100$ 까지이다.

MATLAB은 로그 스케일의 그래프를 생성하는 데 3개의 명령을 갖고 있다. 어떤 축을 로그 스케일로 하느냐에 따라 적절한 명령을 선택할 수 있다. 다음의 규칙을 따른다.

1. 두 축이 모두 로그 스케일이면 loglog(x, y) 명령을 사용한다.
2. x축은 로그 스케일이고, y축은 선형 스케일이면, semilogx(x, y) 명령을 사용한다.
3. y축은 로그 스케일이고, x축은 선형 스케일이면, semilogy(x, y) 명령을 사용한다.

[표 5.2-3]에는 이 함수들을 정리하였다. 다른 2차원의 그래프 형태에 대해서는 help specgraph를 입력한다. 이런 명령들로 plot에서와 같이 여러 개의 곡선을 그릴 수 있다. 이에 더하여 grid, xlabel, axis와 같은 다른 명령들을 같은 방법으로 사용할 수 있다. [그림 5.2-6]은 이런 명령들이 어떻게 응용되는지를 보인다. 이 그래프는 다음의 프로그램으로 생성되었다.

```
x1 = 0: 0.01: 3; y1 = 25*exp(0.5*x1);
y2 = 40*(1.7.^x1);
x2 = logspace(-1, 1, 500); y3 = 15*x2.^(0.37);
subplot(1,2,1), semilogy(x1, y1, x1, y2, '--'),...
legend('y = 25 e^{0.5x}', 'y = 40(1.7) ^x'),...
   xlabel('x'), ylabel('y'), grid,...
   subplot(1, 2, 2), loglog(x2, y3), legend('y = 15x^{0.37}'), ...
   xlabel('x'), ylabel('y'), grid
```

2개의 지수 함수 $y=25e^{0.5x}$ 와 $y=40(1.7)^x$ 는 모두 y축이 로그인 semilog 그래프로 그리면 직선으로 보인다는 것을 주목한다. 멱함수 $y=15x^{0.37}$ 은 log-log 그래프에서 직선으로 보인다.

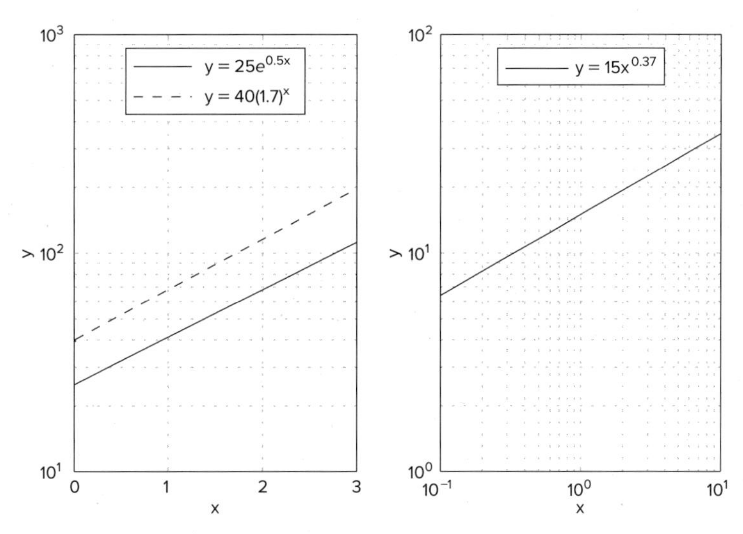

[그림 5.2-6] semilogy 함수(왼쪽의 그래프)로 그려진 지수 함수의 2개의 예와 loglog 함수(오른쪽) 그래프로 그려진 멱함수의 예

줄기(stem), 계단 및 막대 그래프

MATLAB은 xy 그래프와 관련된 몇 개의 다른 그래프 형태를 갖는다. 이들은 줄기 그래프, 계단 그래프 및 막대그래프들이다. 이들의 구문은 매우 간단하다, 즉, `stem(x, y)`, `stairs(x, y)`, `bar(x, y)`이다. [표 5.2-3]을 본다.

[표 5.2-3] 특화된 그래프 명령

명령	설명
`bar(x,y)`	x에 대한 y의 막대그래프를 생성한다.
`fimplicit(f)`	음함수의 그래프를 그린다.
`loglog(x, y)`	x에 대한 y의 log-log 그래프를 생성한다.
`polarplot(theta, r, 'type')`	문자열 type에 의하여 지정되는 선의 형태, 데이터 마커 및 색을 사용하여, 극좌표 theta와 r로부터 극좌표 그래프를 생성한다.
`semilogx(x, y)`	수평축이 로그 스케일인 x대 y의 semilog 그래프를 그린다.
`semilogy(x, y)`	수직축이 로그 스케일인 x대 y의 semilog 그래프를 그린다.
`stairs(x, y)`	x에 대한 y의 계단 그래프를 그린다.
`stem(x,y)`	x에 대한 y의 줄기(stem) 그래프를 그린다.
`yyaxis(x1, y1, x2, y2)`	왼쪽에 y1과 오른쪽에 y2, 2개의 y축을 가진 그래프를 생성한다.

분리된 y축

명령 yyaxis left는 결과적인 플롯 명령에서 왼쪽의 y축을 활성화시킨다. 명령 yyaxis right는 오른쪽의 축을 활성화시킨다.

다음의 스크립트 파일에 보인 바와 같이, 이 명령을 사용하여 왼쪽의 축에 2개의 함수 라벨을 붙이고, 오른쪽에 2개의 함수 그래프를 그리고 라벨을 붙인다.

```
% hold on 명령을 이용하여 왼쪽에 2개의 함수의 그래프를 그린다.
x = linspace(0, 10, 300);
yl= exp(-x).*cos(x); y2 = exp(-x).*cos(x/2);
yyaxis left, plot(x, yl)
hold on
plot(x, y2), xlabel('x'), ylabel('y1 및 y2')
% 오른쪽 축 위에 2개의 함수의 그래프를 그린다.
% hold 명령은 2개의 y축에 영향을 준다.
% 그래프 그리기가 끝나면 hold 명령을 되돌린다.
z1 = x.^2; z2 = x.^3/3;
yyaxis right, plot(x, z1), plot(x, z2), ylabel('z1 및 z2')
hold off
```

각 축에서 2번째 함수는 점선으로 그려진다는 것을 주목한다.

극좌표 그래프

극좌표 그래프는 극좌표를 이용하여 만들어지는 2차원 그래프이다. 만일 극좌표가 (θ, r)이면, 여기에서 θ는 점의 각좌표(angular coordinate)이고, r이 크기 좌표라면, 명령 polarplot(theta, r)은 극좌표 그래프를 생성한다(전에는 polar 였음). 격자는 자동적으로 극좌표 그래프에 맞춰진다. 이 격자는 동심원과 각 30° 간격의 방사선으로 구성된다. title과 gtext 명령은 제목과 문자를 위치시키기 위하여 사용된다. 변형된 명령인 polarplot(theta, r, 'type')은 plot 명령에서와 마찬가지로 선의 형태와 데이터 마커를 지정하기 위하여 사용된다.

예제 5.2-2 궤도 그리기

방정식

$$r = \frac{p}{1 - \epsilon \cos\theta}$$

는 궤도의 2개 초점 중 하나로부터 측정된 궤도의 극좌표이다. 태양 주위의 궤도에 있는 물체에 대하여 태양은 두 초점 중의 하나에 있다. 이와 같이 r은 물체와 태양과의 거리이다. 매개변수 p와 ϵ은 각각 궤도의 크기와 이심률을 결정한다. $\epsilon = 0.5$ 및 $p = 2$ AU (AU는 '천문단위'로 태양으로부터 지구까지의 평균 거리이다)를 갖는 궤도를 나타내는 극좌표 그래프를 구하라. 궤도를 도는 물체는 태양으로부터 얼마나 멀리갈 수 있는가? 얼마나 가까이 지구의 궤도에 접근하는가?

풀이

[그림 5.2-7]은 궤도의 극좌표 그래프를 보인다. 그래프는 다음의 세션으로 생성된다.

```
>>theta = 0: pi/90: 2*pi;
>>r = 2./(1 - 0.5*cos(theta));
>>polarplot(theta, r), title('궤도의 이심률은 = 0.5')
```

태양은 원점에 있으며, 극좌표 그래프의 동심원 격자는 물체가 태양으로부터 가장 가까운 거리와 가장 먼 거리가 대략 1.3AU와 4AU라는 것을 결정할 수 있게 해준다. 거의 원에 가까운, 지구의 궤도는 가장 안쪽의 원으로 나타내진다. 이와 같이 물체가 지구 궤도에 가장 가까이 대략 0.3AU까지 접근한다. 방사 격자선들은 $\theta = 90^\circ$ 및 270°일 때, 물체가 태양으로부터 2AU 떨어져 있다는 것을 결정할 수 있도록 해준다.

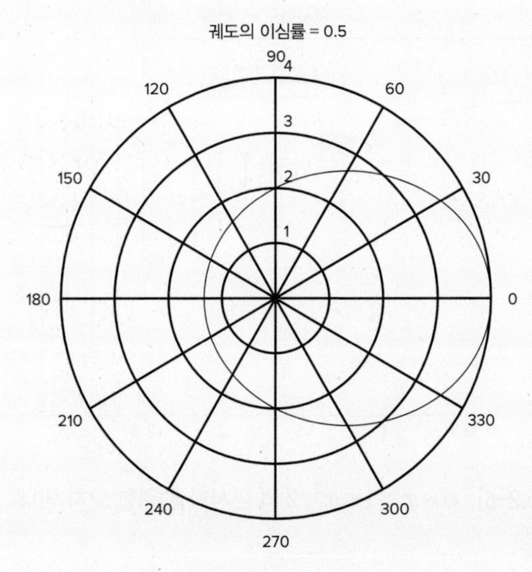

[그림 5.2-7] 이심률 0.5를 갖는 궤도의 극좌표 그래프

오차 막대 그래프

실험 데이터는 오차 막대를 포함하는 그래프로 종종 나타내진다. 오차 막대는 각 데이터 점에 대하여 예측된 또는 계산된 오차를 보인다. 이들은 또한 근사 공식에서의 오차를 나타내는 데 사용될 수도 있다. 기본 구문 errorbar(x, y, e)는 x에 대한 y의 그래프에 $2e(i)$ 길이의 오차 막대를 갖는다. 배열 x, y, e는 반드시 크기가 같아야 한다. 이들이 벡터이면, 각 오차 막대는 $(x(i),\ y(i))$에 의하여 정의되는 점의 위와 아래로 $e(i)$의 길이이다. 이들이 행렬이면, 각 오차 막대는 $(x(i, j),\ y(i, j))$에 의하여 정의되는 점의 위와 아래로 $e(i, j)$이다.

예를 들어, $x=0$ 근방의 $\cos x$를 항 2개로 테일러급수 전개하면 $\cos x \approx 1 - x^2/2$가 된다. 다음 프로그램은 [그림 5.2-8]에 보인 그래프를 생성한다.

```
% 오차 막대 그래프의 예
x = linspace(0.1, pi, 20);
approx = 1 - x.^2/2;
error = approx - cos(x);
errorbar(x, cos(x), error), legend('cos(x)'), ...
    title('근사화 = 1 - x^2/2')
```

MATLAB에는 20개 이상의 이용 가능한 2차원 그래프 함수가 있다. 공학 응용을 위하여 가장 중요한 것들을 보였다.

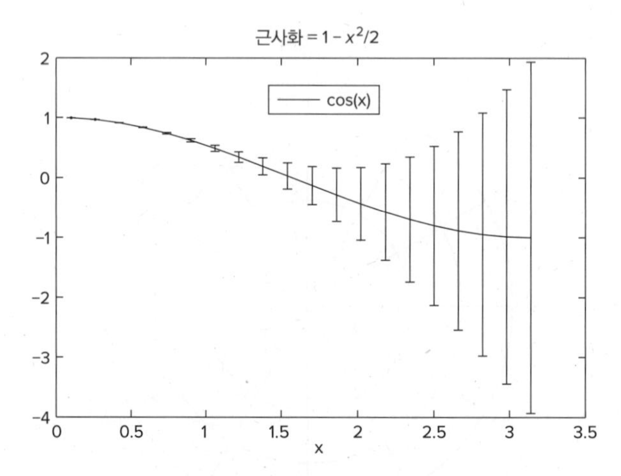

[그림 5.2-8] $\cos x \approx 1 - x^2/2$의 근사화를 위한 오차 막대 그래프

음함수의 그래프 그리기

2개의 변수, x와 y를 갖는 음함수는 한 변수를 다른 변수에 대하여 분리할 수 없는 함수이다. 다행히, MATLAB은 x와 y의 디폴트 구간 [−5, 5]에서 식 $f(x,\ y)=0$로 정의되는 음함수의 그래프를 그리는 함수 `fimplicit(f)`를 제공한다. 예를 들어, 구간 [−5, 5]에서 $x^2-y^2-1=0$으로 정의되는 쌍곡선의 그래프를 그리기 위하여 다음을 입력한다.

```
>>fimplicit(@(x,y) x.^2 - y.^2 - 1)
```

`axis` 함수를 이용하여 이 범위를 조정할 수 있다. 구간은 구문 `fimplicit(f, interval)`로 지정할 수 있다. 원에 중심을 둔 타원의 방정식은

$$\frac{x^2}{a^2}+\frac{y^2}{b^2}=1$$

과 같은 형태를 갖는다. 이 방정식은 변수 y를 다음

$$y=\pm b\sqrt{1-\frac{x^2}{a^2}}$$

과 같이 분리할 수 있으므로, 기술적으로는 음함수가 아니다. 하지만, y를 계산할 때, ± 부호는 2가지 가능성을 모두 고려해야만 한다. 그래서 `fimplicit` 함수를 이용하는 것이 더 쉽다. $a=2,\ b=4$로 주어지는 특정한 타원의 그래프를 그리려면, x의 범위가 [−2, 2]이고 y의 범위가 [−4, 4]라면 타원 전체가 그려지게 된다. 다음을 입력한다.

```
>>fimplicit(@(x,y) x.^2/4 + y.^2/16 -1, [-2 2 -4 4])
```

이해력 테스트 문제

T5.2–6 다음 함수들의 그래프를 직선으로 보이게 만드는 축을 이용하여 그려라. 멱함수는 $y=2x^{-0.5}$이고 지수 함수는 $y=10^{1-x}$이다.

T5.2–7 $-1\leqq x\leqq 1$에 대하여 함수 $y=8x^3$을 x축의 눈금 간격은 0.25 및 y축 간격은 2로 그래프를 그려라.

T5.2–8 아르키메데스의 나선은 극좌표 $(\theta,\ r)$로 나타낼 수 있다. 여기에서 $r=a\theta$이다. 파라미터 $a=2$일 때, $0\leqq\theta\leqq 4\pi$에 대하여 이 나선의 극좌표 그래프를 구하라.

T5.2–9 앰퍼샌드 곡선이라고 불리는, 다음 음함수의 그래프를 그려라. `axis equal` 명령을 사용하라.

$$(y^2-x^2)(x-1)(2x-3)=4(x^2+y^2-2x)^2$$

그래프를 포함하는 보고서 작성하기

그래프를 내장한 보고서를 작성하기 위한 publish 함수를 이용할 수 있다. publish 함수에 의하여 생성된 보고서는 웹 기반의 보고서를 위하여 사용될 수 있는 HTML(HyperText Markup Language), MS Word, PowerPoint, 및 LaTex를 포함하는 다양한 형식으로 내보낼 수 있다. 보고서를 작성하기 위하여 다음과 같이 한다.

1. 편집기를 열고 보고서의 기반을 형성하는 M-파일을 입력하고 저장한다. 보고서 섹션의 시작을 나타내기 위하여 퍼센트 문자 두 개(%%)를 이용한다. 이 문자는 명령의 그룹인 새로운 셀의 시작을 표시한다(이 셀은 2.6절에서 다룬 셀 데이터 형태와 혼동하면 안 된다). 보고서에 나타내고 싶은 빈칸을 입력한다. 간단한 예로 다음과 같은 샘플 파일 polyplot.m을 고려한다.

```
%% 보고서 작성의 예
% 3차 함수 y = x^3 - 6 x^2 + 10x + 4 의 그래프 그리기
%% 독립 변수의 생성
x = linspace(0, 4, 300); % 0과 4 사이에 300개의 점을 이용
%% 계수로부터 3차 함수를 정의한다.
p = [1, -6, 10, 4]; % p는 계수 벡터
%% 3차 함수의 그래프를 그린다
plot(x, polyval(p, x)), xlabel('x'), ylabel('y')
```

2. 파일을 수행하여 에러가 있는지 확인한다(이것은 큰 파일을 위하여 하며, 각 셀을 한 번에 하나씩 수행하기 위하여 편집기의 셀 모드를 사용해도 된다. 4.7절을 본다).
3. 원하는 형태로 보고서를 작성하기 위하여 publish와 open 함수를 이용한다. 샘플 파일을 이용하여, 다음

   ```
   >>publish ('polyplot', 'html')
   >>open html/polyplot.html
   ```

   과 같이 입력하여, HTML 형식의 보고서를 얻을 수 있다. publish와 open 함수를 이용하는 대신, 툴스트립의 퍼블리시 탭의 메뉴 항목들을 이용할 수도 있다.

일단 HTML로 작성되면, 보고서의 섹션 헤드를 클릭하여 그 섹션으로 갈 수 있다. 이 기능은 큰 보고서의 경우 유용하다.

방정식이 전문가적 조판으로 보이도록 원하면, 결과 보고서를 적절한 편집기(MS Word 또는 $\LaTeX$)에서 수정할 수 있다. 예를 들어, 결과 $\LaTeX$ 파일에서 3차 다항식으로 만들기 위하여, 이 절의 전에 제시한 명령을 이용하여 보고서의 두 번째 줄을 다음

```
$y = {\it x}^3 - 6{\it x}^2 + 10{\it x} + 4 $
```

으로 교체한다. [그림 5.2-9]에 보인 것과 같은 보고서를 볼 수 있다. 또한, 라이브 편집기를 이용하여 표준 수학 형식의 식을 얻을 수 있다(5.1절을 참조한다).

보고서 작성의 예

3차 함수 $y = x^3 - 6x^2 + 10x + 4$ 의 그래프 그리기

Contents

- 독립 변수의 생성
- 계수로부터 3차 함수를 정의한다.
- 3차 함수의 그래프를 그린다

독립 변수의 생성

```
x = linspace(0, 4, 300); % 0과 4 사이에 300개의 점을 이용
```

계수로부터 3차 함수를 정의한다.

```
p = [1, -6, 10, 4]; % p는 계수 벡터
```

3차 함수의 그래프를 그린다

```
plot(x, polyval(p, x)), xlabel('x'), ylabel('y')
```

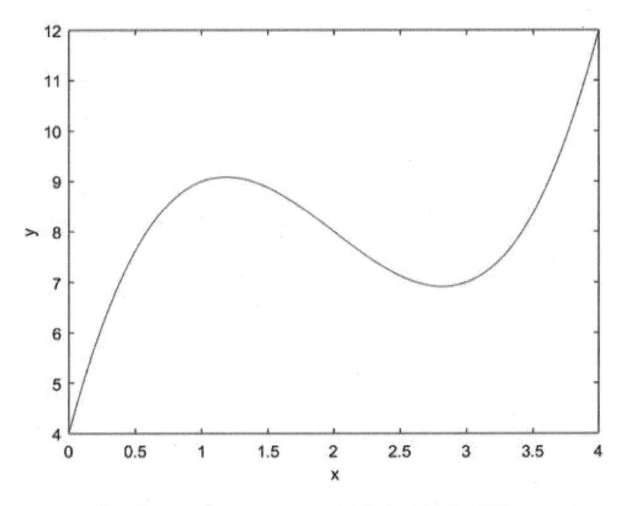

[그림 5.2-9] MATLAB으로부터 작성된 샘플 보고서

5.3 MATLAB에서의 대화형 그래프 그리기

MATLAB의 대화형 그래픽 환경은 다음을 위한 도구의 집합이다.

- 다른 형태의 그래프를 생성할 때
- 작업공간 브라우저로부터 직접 그래프를 그리기 위하여 변수를 선택할 때
- 서브플롯을 생성하고 편집할 때
- 선, 화살표, 텍스트, 직사각형, 타원과 같은 주석을 더할 때
- 색, 선의 굵기 및 폰트와 같은 그래픽 객체의 성질을 편집할 때

플롯 툴(Plot Tools) 인터페이스는 주어진 그림과 연관된 다음의 3개의 패널을 포함한다.

- **Figure 팔레트(Figure Palette)**: 작업 공간 변수를 보고 그래프를 그리고, 주석을 더하며, 서브플롯을 생성하고 배치한다.
- **플롯 브라우저(Plot Browser)**: 그림에서 그려진 축과 그래픽 객체를 쉽게 볼 수 있도록 선택하고 제어하고, 그래프에 데이터를 추가하려고 할 때 이용한다.
- **속성 편집기(Property Editor)**: 속성 인스펙터(Inspector)를 통하여 선택된 객체의 기본적인 성질을 지정하고 모든 속성에 액세스한다.

그림 창

그래프를 생성할 때, 그림창에 Figure 툴바가 함께 나타난다([그림 5.3-1] 참조). 이 창은 8개의 메뉴를 갖는다.

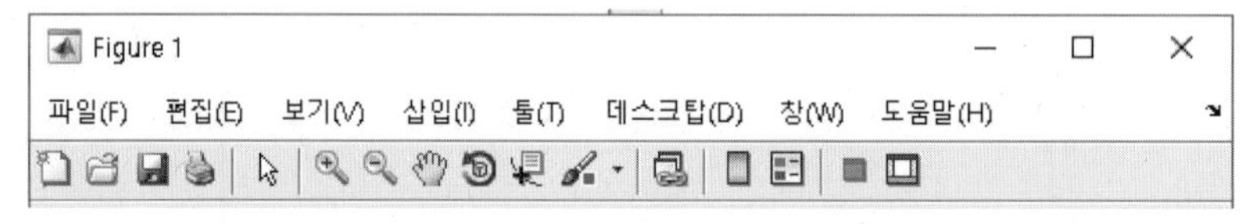

[그림 5.3-1] Figure 툴바가 나타나 있는 그림창(출처: MATLAB)

파일 메뉴 파일 메뉴는 그림을 저장하고 프린트하기 위하여 사용된다. 이 메뉴는 5.1절의 **Figure 저장하기**와 **Figure 내보내기**에서 논의하였다.

편집 메뉴 편집 메뉴는 범례나 또는 제목 타이틀과 같이, 그림에서 나타나는 항목들을 자르고, 복사하고, 붙이는 데 사용할 수 있다. 그림의 어떤 성질을 변경하기 위한 대화창인 속성 편집기를 열기 위하여 **Figure 속성**을 클릭한다.

편집 메뉴의 3개의 항목은 그림을 편집하는 데 매우 유용하다. **Axes 속성** 항목을 클릭하면 속성 편집기 - Axes 대화상자를 불러낸다. 어떤 축이든 두 번 클릭을 하면 또한 이 상자를 불러낸다. 스케일의 형태(선형, 로그 등), 라벨 및 눈금 표시를 원하는 축에 대한 탭이나 편집할 폰트를 선택하여 변경할 수 있다.

현재 객체 속성 항목은 그림에서 객체의 성질을 변경하게 해준다. 이를 하기 위하여 그려진 선과 같은 객체에 먼저 클릭한 다음, **편집** 메뉴의 **현재 객체 속성**을 클릭한다. 속성 편집기-Line 대화 상자를 볼 수 있으며, 이 상자는 선의 굵기와 색, 데이터 마커 형태 및 플롯 형태와 같은 속성을 변경할 수 있게 해준다.

`title`, `xlabel`, `ylabel`, `legend` 또는 `gtext` 명령으로 만들어진 것과 같은 텍스트의 아무 텍스트나 클릭하고, **편집** 메뉴의 **현재 객체 속성**을 선택하면, 텍스트의 편집을 가능하게 해주는 속성 편집기-Text 대화 상자가 나타난다.

보기 메뉴 보기 메뉴의 항목들은 3개의 툴바(Figure 도구 모음, 플롯 편집 도구 모음, 카메라 도구 모음), Figure 팔레트, 플롯 브라우저 및 속성 편집기이다. 이들은 이 절의 뒤에서 논의할 예정이다.

삽입 메뉴 삽입 메뉴는 라벨, 범례, 제목, 텍스트 및 그래프 객체를 명령창에서 관련된 명령을 사용하지 않고 삽입할 수 있다. 예를 들어, y축에 라벨을 삽입하려면, 메뉴의 Y 라벨 항목을 클릭한다. 그러면 y축에 상자가 나타난다. 이 상자에 라벨을 입력하고 상자의 바깥쪽을 클릭하여 종료한다.

삽입 메뉴는 또한 그림에 화살표, 선, 텍스트, 직사각형 및 타원을 넣을 수 있도록 해준다. 예를 들어, 화살표를 삽입하려면 **화살표** 항목을 클릭한다. 마우스 커서는 십자 모양으로 변한다. 다음에 마우스 버튼을 누르고 커서를 움직여 화살표를 생성한다. 화살촉은 마우스 버튼을 놓는 곳에 생긴다. 화살표, 선 및 다른 주석들은 축을 이동하거나 크기를 변화시키는 작업이 끝난 다음에 해야 한다는 것에 주의하며, 그 이유는 이런 객체들은 축에 고정되어 있지 않기 때문이다(이들은 pinning에 의하여 그래프에 고정시킬 수 있다. MATLAB 도움말을 참조한다).

선이나 화살표를 삭제하거나 이동하려면, 그 위에 클릭을 하고, 삭제하기 위하여 **삭제** 키를 누르거나 마우스 버튼을 누르고 원하는 곳까지 이동한다. **좌표축** 항목은 기존의 그래프 안에서 새로운 좌표축을 위치할 수 있도록 해준다. 새로운 축을 클릭하면 상자가 이들을 둘러싼다. 명령창에서 발생되는 그 이후의 그래프 명령들은 출력을 새로운 좌표축으로 보낸다.

조명 항목은 3D 그래프에 적용된다.

툴 메뉴 툴 메뉴는 화면을(확대하거나 패닝으로) 조정하거나 그래프에서 객체의 배치를 조정하기 위한 항목을 포함한다. **플롯 편집** 항목은 그래프의 편집 모드를 시작하며, Figure 툴바의 왼쪽 윗 방향의 화살표를 클릭해서 또한 시작할 수 있다. 툴 메뉴는 또한 **데이터 커서**에 액세스할 수 있도록 해주며, 이것은 이 절의 뒷부분에서 논의하기로 한다. 마지막의 2개의 항목, **기본 피팅** 및 **데이터 통계량**은 각각 6.3절과 7.1절에서 논의될 것이다. `plot` 함수 다음에 `plottools` 명령을 실행하여 프롯팅 툴메뉴를 열 수 있다.

다른 메뉴들 **데스크탑** 메뉴는 데스크탑 안에 그림창을 위치시키도록(도킹하도록) 해준다. 창 메뉴는 명령창과 다른 그림창들을 선택, 이동할 수 있도록 해준다. **도움말** 메뉴는 일반적인 MATLAB 도움말 시스템과 그래픽과 연관된 도움말 속성들을 액세스한다.

그림창에는 사용 가능한 툴바가 3개 있다. Figure 도구 모음, 플롯 편집 도구 모음 및 카메라 도구 모음이다. **보기** 메뉴는 보기 원하는 것을 선택하도록 해준다. Figure 도구 모음과 플롯 편집 도구 모음은 이 절에서 논의한다. 카메라 도구 모음은 3차원 그래프에 유용하며, 이 장의 끝에서 논의한다.

M-파일로부터 그래프 재생성하기

일단 그래프 작성이 끝나면, 파일 메뉴에서 **코드 생성**을 선택하여 그래프를 다시 생성할 수 있도록 MATLAB 코드를 생성할 수 있다. MATLAB은 그래프를 재생성하는 M-파일을 생성하고, 생성된 M-파일은 편집기에서 열 수 있다. 이 특성은 특히 플롯 편집기에서 만들어진 속성 세팅과 다른 수정 사항을 캡쳐하는 데 유용하다.

5.4 3차원 그래프

MATLAB은 3차원 그래프를 생성하는 많은 기능들을 제공한다. 여기에서 3가지 형태의 그래프인 선, 곡면, 등고선 그래프를 만드는 기본 함수들을 정리한다. 이 절에서 다루는 모든 함수에 대한 확장된 구문들은 광대하다. 이 구문은 그래프를 색, 공간, 라벨과 음영으로 커스톰화할 수 있다. 3차원 그래프의 본성은 그 자체로 꽤 복잡하며, 그 이유는 보는 사람의 관점이 그래프로부터 얻어질 수 있는 정보와 이해도의 양에 영향을 주기 때문이다. 그러므로 그림창의 보기 메뉴의 카메라 도구 모음은 적절한 관점을 결정하는 데 도움이 된다. 이런 특징과 함수에 대한 정보는 MATLAB 도움말(카테고리 graph3d 또는 specgraph)에서 이용 가능하다.

3차원 선의 그래프

3차원 공간에서 선은 plot3 함수로서 그릴 수 있다. 이 함수의 구문은 plot3(x, y, z)이다. 예를 들어, 다음 방정식은 어떤 범위에서 변화하는 매개변수 t에 대한 3차원 곡선을 생성한다.

$$x = e^{-0.05t} \sin t$$
$$y = e^{-0.05t} \cos t$$
$$z = t$$

t가 $t=0$에서 $t=10\pi$까지 변한다면, 사인과 코사인 함수는 5번의 주기에 걸쳐 변하며, 반면에 x와 y의 절대값은 t가 증가함에 따라 감소할 것이다. 이 과정은 [그림 5.4-1]과 같은 나선 곡선을 만들며, 다음의 세션으로 만들어진다.

```
>> t = 0: pi/50: 10*pi;
>> plot3(exp(-0.05*t).*sin(t), exp(-0.05*t).*cos(t), t),...
   xlabel('x'), ylabel('y'), zlabel('z'), grid
```

grid와 label 함수는 plot3 함수에도 적용이 되며, 그래서 여기에서 처음으로 보이는 zlable 함수를 사용함으로써 z축의 라벨을 설정할 수 있다는 점을 주목한다. 유사하게, 제목이나 글을 추가하고, 선의 형태와 색상을 설정하기 위하여 5.1절과 5.2절에서 논의된 다른 그래프 관련 함수 또한 사용할 수 있다.

plot3(x, y, z) 함수는 x, y, z가 벡터나 행렬인 데이터 점들의 집합을, 3차원 공간에서 좌표들이 x, y, z의 원소들인 점들을 선으로 연결하여 3차원 그래프를 그린다. MATLAB R2016a에서 소개된 fplot3 함수는 plot3 함수를 보완한다. 구문은 fplot3(fx, fy, fz, t_interval)로 t에 대한 간격 t_interval 동안 함수 $x=fx(t)$, $y=fy(t)$ 및 $z=fz(t)$로 정의되는 매개변수 곡선을 그린다.

예를 들어, plot3로 생성된 [그림 5.4-1]의 그래프는 또한 다음과 같이 fplot3로 만들 수 있다.

```
>> fx = @(t)exp(-0.05*t).*sin(t)
>> fy = @(t)exp(-0.05*t).*cos(t)
>> fz = @(t)t
>> fplot3(fx, fy, fz, [0,10*pi]), xlabel('x'),...
  ylabel('y'), zlabel('z'), grid on
```

또는

```
>> fplot3(@(t)exp(-0.05*t).*sin(t),...
   @(t)exp(-0.05*t).*cos(t), @(t)t, [0, 10*pi]),
   xlabel('x'), ylabel('y'), zlabel('z'), grid on
```

이해력 테스트 문제

T5.4-1 plot3와 fplot3를 이용하여 t가 0부터 30까지에서 $x=\sin(t)$, $y=\cos(t)$, $z=\ln(t)$의 3차원 그래프를 그려라.

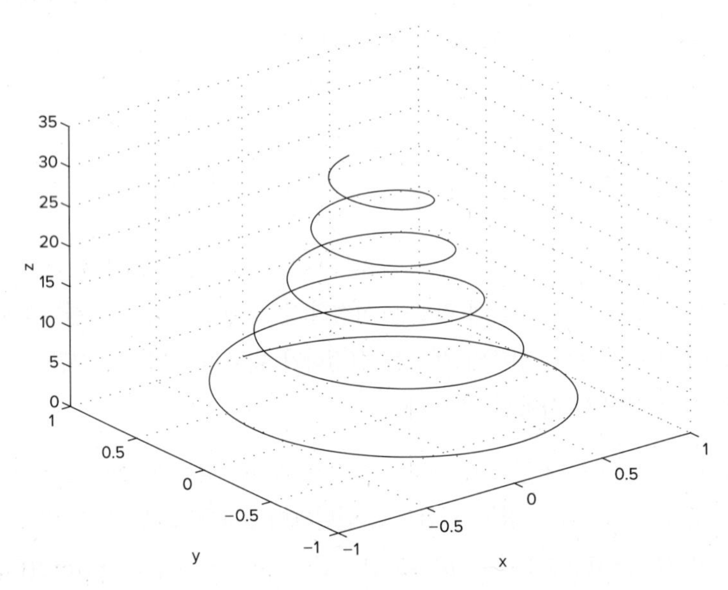

[그림 5.4-1] plot3 함수로 그려진 $x=e^{-0.05t}\sin t$, $y=e^{-0.05t}\cos t$, $z=t$ 의 곡선

곡면 그물(Surface Mesh) 그래프

함수 $z=f(x,\ y)$는 xyz축에서 그려진다면 곡면을 나타내며, mesh 함수는 그물 곡면 그래프를 생성하기 위한 방법을 제공한다. 이 함수를 사용하기 전에 xy 평면에서 격자점을 생성해야 하며, 이 점들에서 함수 $f(x,\ y)$를 계산해야 한다. meshgrid 함수는 격자점을 생성한다. 이 함수의 구문은 [X, Y] = meshgrid(x, y)이다. x = [xmin : xspacing : xmax]와 y = [ymin : yspacing : ymax]라면, 이 함수는 한 끝이 $(xmin,\ ymin)$이고, 다른 끝이 $(xmax,\ ymax)$인 직사각형의 격자점 좌표를 생성한다. 격자에서 각 직사각형의 패널은 폭이 xspacing, 깊이가 yspacing과 같다. 결과 행렬 X와 Y는 격자 내에 모든 점에 대한 좌표쌍을 갖는다. 이 좌표쌍은 함수를 계산하는 데 사용된다.

함수 [X, Y] = meshgrid(x)는 [X, Y] = meshgrid(x, x)와 일치하고, x와 y가 같은 최소값, 같은 최대값 및 같은 간격을 갖는다면 이용할 수 있다. 이 형식을 사용해서 [X, Y] = meshgrid (min : spacing : max)를 입력할 수 있으며, 여기에서 min과 max는 x와 y의 최소 및 최대값이며, spacing은 x와 y값에서 원하는 간격이다.

격자점이 계산된 후, mesh 함수로 곡면의 그래프를 생성할 수 있다. 구문은 mesh(x, y, z)이다. mesh 함수와 함께 grid, label, text 함수의 사용이 가능하다. 다음의 세션은 $-2 \leqq x \leqq 2$ 및 $-2 \leqq y \leqq 2$에서 간격 0.1로 함수 $z=xe^{-[(x-y^2)^2+y^2]}$의 곡면 그래프를 어떻게 생성하는지를 보인다. 결과 그래프는 [그림 5.4-2]에 보였다.

```
>> [X,Y] = meshgrid(-2:0.1:2);
>> Z = X.*exp(-((X - Y.^2).^2 + Y.^2));
>> mesh(X,Y,Z), xlabel('x'), ylabel('y'), zlabel('z')
```

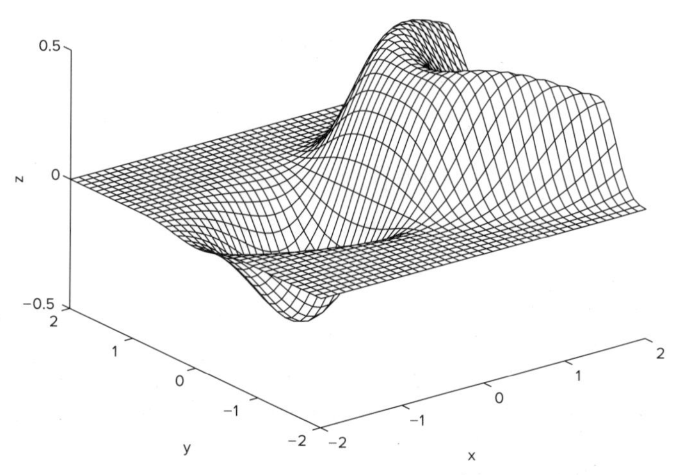

[그림 5.4-2] mesh 함수를 이용하여 생성한 $z=xe^{-[(x-y^2)^2+y^2]}$의 곡면 그래프

다음 두 가지의 이유로 x와 y의 간격을 너무 작게 설정하지 않는다. (1) 간격이 너무 작으면 작은 격자 패널을 만들며, 이 경우 곡면을 시각화하기가 어렵다. (2) 행렬 X와 Y가 너무 커진다.

fmesh (f, xy_interval) 함수는 함수 $f(x, y)$의 곡면 그래프를 생성한다. 이 함수는 MATLAB 릴리즈 R2016a에서 도입되었으며, mesh 함수를 보완한다. x와 y에 동일한 간격을 사용하려면 xy_interval을 [min max] 형식의 두 원소 벡터로 지정한다. 다른 간격을 사용하려면, [xmin xmax ymin ymax] 형식의 4 원소 벡터를 지정한다.

예를 들어, mesh로 생성된 [그림 5.4-2]의 그래프는 fmesh를 사용하여 다음과 같이 만들 수 있다.

```
>> fmesh(@(x,y) x.*exp(-(x - y.^2).^2 - y.^2), [-2, 2]),...
   xlabel('x'), ylabel('y'), zlabel('z')
```

surf와 surfc 함수는 mesh와 meshc 함수와 비슷하지만, 앞의 함수들은 음영이 있는 그물 곡면 그래프를 생성한다. 그림의 시점이나 조명을 변경하기 위하여 **그림 창**에서 **카메라 도구** 모음이나 메뉴 항목을 이용할 수 있다.

fsurf (f, xy_interval) 함수는 함수 $f(x, y)$의 음영 처리된 곡면 그래프를 생성한다. 이 함수는 MATLAB 릴리즈 R2016a에서 도입되었으며, surf 함수를 보완한다. x와 y에 동일한 간격을 사용하려면, xy_interval을 [min max] 형식의 두-원소 벡터로 지정한다. 다른 간격을 사용하려면, [xmin xmax ymin ymax] 형식의 4-원소 벡터로 지정한다.

현재 fmeshc 또는 fsurfc 함수는 없다.

등고선(Contour) 그래프

지형 도면은 일정한 높이의 선들을 이용하여 땅의 모양을 나타낸다. 이 선들을 등고선(contour line)이라고 부르고, 이 그래프를 등고선(contour) 그래프라 부른다. 만일 등고선을 따라 걷는다면, 같은 높이에 있는 것이다. 등고선 그래프는 함수의 모양을 시각화하는데 도움을 줄 수 있다. 이들은 contour 함수로 생성되며, 구문은 contour(X, Y, Z)이다. 이 함수는 mesh 함수를 사용하는 것과 같은 방법으로 사용한다. 즉, 먼저 meshgrid 함수를 사용하여 격자점을 생성하고, 다음에 함수 값을 생성한다. 다음의 세션은 [그림 5.4-2]에서 보인 곡면 그래프의 함수 즉, $-2 \leq x \leq 2$와 $-2 \leq y \leq 2$에서 간격 0.1을 갖는

$z=xe^{-[(x-y^2)^2+y^2]}$의 등고선 그래프를 생성한다. 이 그래프는 [그림 5.4-3]에 보였다.

```
>> [X,Y] = meshgrid(-2:0.1:2);
>> Z = X.*exp(-((X - Y.^2).^2 + Y.^2));
>> contour(X,Y,Z), xlabel('x'), ylabel('y')
```

등고선에 라벨을 붙일 수 있다. `help clabel`을 입력한다.

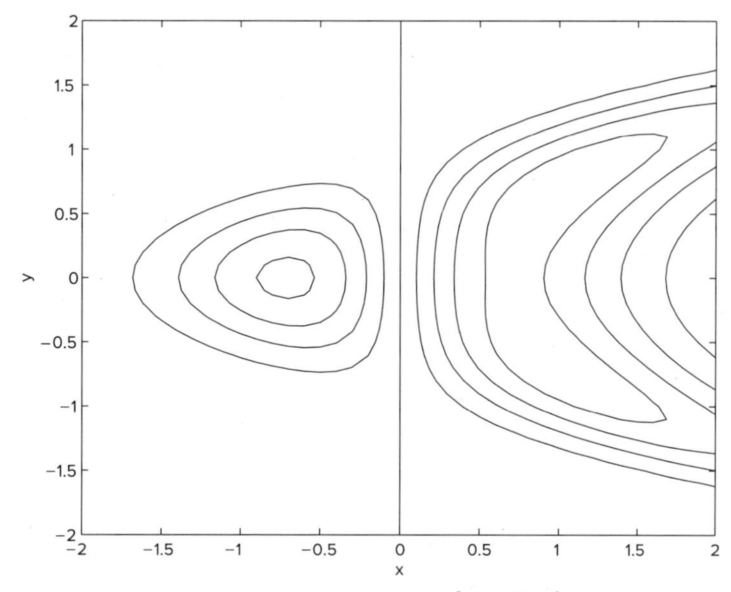

[그림 5.4-3] contour 함수로 생성된 $z=xe^{-[(x-y^2)^2+y^2]}$의 등고선 그래프

함수를 명확히 하기 위하여 등고선 그래프와 곡면 그래프를 같이 이용할 수 있다. 예를 들어, 등고선에 고도를 설정하지 않으면, 최대점과 최소점이 어디에 있는지 알 수 없다. 하지만 곡면 그래프에서는 한눈에 최대, 최소점을 정하는 것이 쉽다. 다른 한편으로, 곡면 그래프에서 정확한 측정은 불가능하다. 등고선 그래프에서는 어떠한 왜곡도 포함되지 않기 때문에, 등고선 그래프에서는 정확한 측정을 할 수 있다. 그래서 곡면 그래프 바로 밑에 등고선 그래프를 나타내는 유용한 함수가 meshc이다. meshz 함수는 곡면 그래프 아래 일련의 수직선을 그리는 반면에, waterfall 함수는 그물선을 한 방향으로만 그린다. [그림 5.4-4]에 함수 $z=xe^{-(x^2+y^2)}$에 대하여 이 함수들의 결과를 보인다.

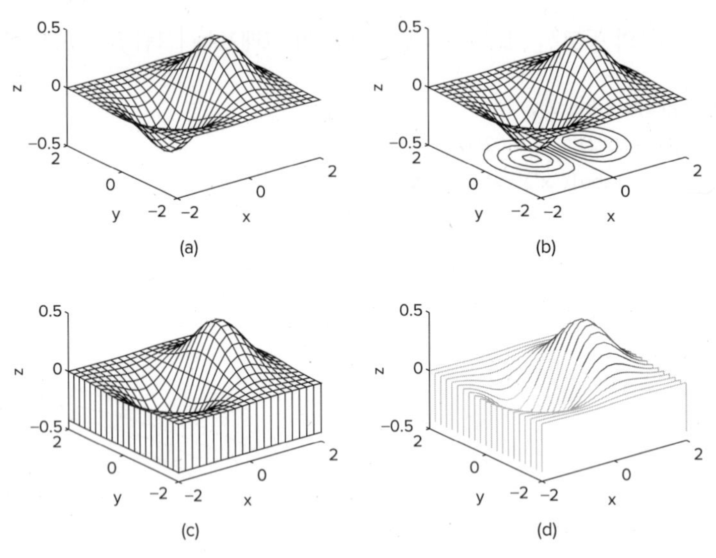

[그림 5.4-4] mesh 함수와 변형된 형태인 meshc, meshz 및 waterfall을 이용하여 생성된 $z=xe^{-(x^2+y^2)}$의 곡면 그래프: a) mesh, b) meshc, c) meshz, d) waterfall

fcontour(f) 함수는 x와 y의 디폴트 간격 [−5 5]에 걸쳐 z의 일정한 높이에 대한 함수 $z=f(x,\ y)$의 등고선을 그린다. 이 함수는 MATLAB 릴리즈 R2016a에서 도입되었으며, contour 함수를 보완한다. 확장 구문은 fcontour (f, xy_interval)이다. x와 y에 동일한 간격을 사용하려면 xy_interval을 [min max] 형식의 두−원소 벡터로 지정한다. 다른 간격을 사용하려면 [xmin xmax ymin ymax] 형식의 4−원소 벡터를 지정한다.

음함수의 곡면 그래프

5.2절에서 음함수는 하나의 변수를 다른 변수로 분리할 수 없는 함수라는 것을 알았다. 다행히, MATLAB은 x, y, z에 대한 디폴트 간격 [−5 5]에 식 $f(x,\ y,\ z)=0$으로 정의된 3차원 음함수의 그래프를 그리기 위한 fimplicit3(f) 함수를 제공한다. 구문 fimplicit3(f, interval)을 사용하면 간격을 지정할 수 있다. 예를 들어, 디폴트 간격 [−5 5]에 쌍곡면 $x^2+y^2-z^2=0$을 그리려면, 다음을 입력한다.

```
>>f = @(x, y, z) x.^2 + y.^2 - z.^2;
>>fimplicit3(f)
```

쌍곡면 $x^2+y^2-z^2=0$의 위쪽 반을 그리려면, 다음과 같이 z의 구간을 [0 5]로 지정하고, x와 y는 디폴트 구간 [−5 5]를 이용한다.

```
>>f = @(x,y,z) x.^2 + y.^2 - z.^2;
>>interval = [-5 5 -5 5 0 5];
>>fimplicit3(f, interval)
```

[표 5.4-1]과 [표 5.4-2]는 이 절에서 소개된 함수를 정리하였다. 다른 3차원 그래프에 대해서는 help specgraph를 입력한다.

[표 5.4-1] 배열 입력을 이용한 3차원 그래프 함수

함수	설명
contour(x, y, z)	등고선 그래프를 생성한다.
mesh(x, y, z)	3차원 그물 곡면 그래프를 생성한다.
meshc(x, y, z)	mesh와 같지만, 곡면 그래프 아래에 등고선 그래프를 그린다.
meshz(x, y, z)	mesh와 같지만, 곡면 그래프 아래 일련의 수직선으로 참조선을 생성한다.
plot3(x,y,z)	3차원의 선 그래프를 생성한다.
surf(x, y, z)	음영이 있는 3차원의 그물 곡면 그래프를 생성한다.
surfc(x, y, z)	surf와 같지만, 곡면 그래프 아래 등고선 그래프를 생성한다.
[X,Y] = meshgrid(x, y)	직사각형 격자를 정의하기 위해 벡터 x와 y로부터 행렬 X, Y를 생성한다.
[X,Y] = meshgrid(x)	[X, Y] = meshgrid(x, x)와 같다.
waterfall(x, y, z)	mesh와 같지만 그물선을 한 방향으로만 그린다.

[표 5.4-2] 함수 입력을 이용한 3차원 그래프 함수

함수	설명
fcontour(f)	등고선 그래프를 생성한다.
fimplicit3(f)	3차원 음함수의 그래프를 그린다.
fmesh(f)	3차원 곡면 그래프를 생성한다.
fplot(fx, fy, fz)	3차원 선 그래프를 생성한다.
fsurf(f)	음영이 있는 3차원 그래프를 생성한다.

이해력 테스트 문제

T5.4-2 mesh, fmesh, contour, fcontour를 이용하여 함수 $z=(x-2)^2+2xy+y^2$의 등고선 그래프와 곡면 그래프를 생성하라.

T5.4-3 fimplicit3 함수를 이용하여 다음 함수의 곡면 그래프를 생성하라.

$$x^2-y^2-z^2=0$$

5.5 요약

이 장에서는 효과적이고 만족스러운 2차원과 3차원 그래프를 생성하기 위하여, 어떻게 강력한 MATLAB 명령들을 사용하는지에 대하여 설명하였다. 다음의 가이드라인은 원하는 정보를 효과적으로 전달하는 그래프를 그리는 데 도움을 준다.

- 그래프가 그려지는 양의 이름과 단위로 각 축의 라벨을 붙인다.
- 각 축을 따라 편리한 간격으로 일정한 간격의 눈금 표시를 한다.
- 하나 이상의 곡선 또는 데이터 집합의 그래프를 그린다면, 이들을 구별하기 위하여 각 그래프에 라벨을 붙이거나 범례(legend)를 이용한다.
- 유사한 형태의 그래프를 여러 개 그리거나 또는 축의 라벨이 충분한 정보를 전달하지 못한다면 제목을 이용한다.
- 측정된 데이터를 그래프로 그린다면, 주어진 집합에서 각 데이터 점들을 원, 사각형, 십자가와 같은 기호를 이용하여 표시한다.
- (측정된 데이터에 반하여) 함수를 계산하여 생성된 점들의 그래프를 그린다면, 점들을 그리기 위하여 심볼을 사용하지 않는다. 대신에, 점들을 실선으로 연결한다.

주요용어

그래프 겹치기(Overlay plot)
그물 곡면 그래프(Surface mesh plot)
극좌표 그래프(Polar plot)
데이터 심볼(Data symbol)
등고선 그래프(Contour plot)
서브플롯(Subplot)
축범위(Axis limit)

연습문제

*가 표시된 문제에 대한 해답은 교재 뒷부분에 첨부하였다.

5.1, 5.2 및 5.3 절

1. $\cos x$ 대 $\sin x$ 의 그래프를 그리고 axis 명령을 이용하여 직경 4인 원을 만들어라.

2. a. 함수 $z = (0.5+0.7i)^n$ 의 허수부 대 실수부를 그릴 때 나선을 만들기 위한 n의 값을 선택하라.
   b. n에 대하여 z의 실수부의 그래프를 그리고, 같은 그래프에 n에 대한 z의 허수부의 그래프를 그려라.

3*. 손익평형점 분석(Breakeven Analysis)이란 전체 생산 비용이 전체 수입과 일치할 때의 생산량을 말한다. 손익 평형점에서는 이익도 손해도 없다. 일반적으로, 생산비는 고정 비용과 유동 비용으로 나누어진다. 고정 비용은 사람들의 급료, 공장 유지비용, 보험금 등 생산과 직접적인 연관이 없는 비용으로 구성된다. 유동 비용이란 생산량에 직접적으로 연관되며, 재료비, 인건비 및 연료비 등을 포함한다. 다음의 분석에서는, 판매할 수 있는 것만을 생산한다고 가정한다. 이와 같이 생산량은 판매량과 같다. 생산량을 연간 갤런(gallon)의 단위로 Q라고 한다.

   다음의 어떤 화학 생산품의 생산 비용을 고려한다.

   고정 비용: 연간 3백만 달러
   유동 비용: 생산품 1갤런당 2.5센트
   이 생산품의 판매 가격은 1갤런당 5.5센트이다.

   이 데이터를 이용하여 Q에 대한 총 비용과 수입의 그래프를 그리고, 그래프로 손익 평형점을 결정하라. 그래프에 라벨을 충실히 삽입하고 손익 평형점을 표시하라. Q의 어떤 범위에서 생산 이익이 나는가? 또한 Q의 어떤 값에서 최대의 이익이 나는가?

4. 다음과 같은 화학 생산품의 비용을 고려한다.

고정비용 : 연간 2.045백만 달러

유동비용 :

재료비: 생산량 1갤런당 62센트

연료비: 생산량 1갤런당 24센트

인건비: 생산량 1갤런당 16센트

생산은 팔 수 있는 양만 한다고 가정한다. P를 1갤런당 판매가격(달러)이라고 한다. 판매가격과 판매량(Q)에는 다음의 관계식 $Q=6\times10^6-1.1\times10^6P$가 있다고 한다. 따라서 만약 가격이 상승하게 되면, 경쟁력이 떨어지며, 판매는 감소하게 된다.

이 정보를 이용하여 Q에 따른 고정 비용과 전체 유동 비용의 그래프를 그리고, 그래프를 이용하여 손익 평형점을 찾아라. 그래프에는 충분히 라벨을 붙이고, 손익 평형점을 표시하라. Q의 어떤 범위에서 생산은 이익이 나는가? Q의 어떤 값에서 최고 이익이 나는가?

5*. a. 방정식

$$x^3-5x^2+7x\cos\left(\frac{\pi x}{3}-\frac{4\pi}{3}\right)+3=0$$

의 그래프를 그려, 근을 예측하라.

b. a에서 구한 예측값과 `fzero` 함수를 이용하여 좀 더 정확한 해를 구하라.

6. 구조물에서 힘을 계산하기 위하여, 종종 아래와 유사한 방정식을 풀어야 한다. `fplot` 함수를 이용하여 방정식

$$x\tan(2x)=10$$

의 0부터 5 사이의 근을 구하라.

7*. 케이블은 교량 바닥과 다른 구조물을 지지하는 데 사용된다. 만일 굵고 균일한 케이블이 두 끝점에 걸려 지지하고 있다면 아래의 식

$$y=a\cosh\left(\frac{x}{a}\right)$$

과 같은 현수 곡선(catenary curve)의 형태를 가지며, 여기에서 a는 수평선 위에 걸려있는

가장 낮은 지점의 높이, x는 가장 낮은 지점에서부터 오른쪽으로의 수평 좌표 값, y는 기준선으로부터 측정된 수직 좌표값이다.

a를 10m라고 한다. $-20 \leqq x \leqq 30\mathrm{m}$ 에서 현수선의 그래프를 그려라. 끝점의 높이는 얼마인가?

8. 강우량, 증발량, 물의 사용량의 예측값을 이용하여, 도시 공학자들은 다음과 같은 저수지에서의 물의 양을 시간의 함수로 유도하였다.

$$V(t) = 10^9 + 10^8(1 - e^{-t/100}) - 10^7 t$$

여기에서 V는 리터로 나타낸 물의 부피, t는 날짜로 나타낸 시간이다. t에 대한 $V(t)$의 그래프를 그려라. 이 그래프를 이용하여 저수지의 물의 부피가 초기 부피인 $10^9\ L$ 의 50%가 되는데 며칠이 걸리는지를 예측하라.

9. 다음의 라이프니츠 급수는 $n \to \infty$ 일 때, $\pi/4$ 로 수렴하는 것으로 알려져 있다.

$$S(n) = \sum_{k=0}^{n} (-1)^k \frac{1}{2k+1}$$

$0 \leqq n \leqq 200$ 에서 $\pi/4$ 와 합 $S(n)$ 과의 차이의 그래프를 n에 대하여 그려라.

10. 어떤 어선이 처음에 $x=0$ 과 $y=20\mathrm{mi}$ 인 수평면에 위치해 있었다. 이 배는 시간에 따라 $x=t$ 및 $y=t^2+30$ 의 경로를 따라 10시간 동안 이동하며, 여기에서 t의 단위는 시간(hour)이다. 국제 어로 구역은 선 $y=3x+8$ 로 나타낸다.

a. 어선의 경로와 경계에 대하여 그래프를 그리고 라벨을 붙여라.

b. 직선 $Ax+By+C=0$ 으로부터 점 $(x_1,\ y_1)$ 까지의 수직 거리는

$$d = \frac{Ax_1 + By_1 + C}{\pm\sqrt{A^2 + B^2}}$$

으로 주어지며, 여기에서 부호는 $d \geqq 0$ 을 만족시키도록 선택된다. 이 결과를 이용하여 $0 \leqq t \leqq 10\,\mathrm{hr}$일 때, 어로 구역의 경계로부터 어선까지의 거리의 그래프를 시간의 함수로 그려라.

11. 다음의 행렬 A에서 1열에 대하여 2열과 3열의 그래프를 그려라. 첫 번째 열의 데이터는 시간(seconds)이다. 2열과 3열의 데이터는 힘(뉴턴)이다.

$$A=\begin{bmatrix} 0 & -7 & 6 \\ 5 & -4 & 3 \\ 10 & -1 & 9 \\ 15 & 1 & 0 \\ 20 & 2 & -1 \end{bmatrix}$$

12*. 많은 공학 응용에서 이해와 해석이 쉽도록 보다 단순한 모델을 만드는데 sin에 대한 '작은 각' 근사식을 사용한다. 근사식은 $\sin x \approx x$이며, 여기에서 x는 반드시 라디안 값이다. 세 개의 그래프를 생성하여 이 근사식의 정확도를 검사하라. 첫 번째로는 $0 \leqq x \leqq 1$에서 $\sin x$와 x의 그래프를 그려라. 두 번째로는 $0 \leqq x \leqq 1$에서 x에 대한 근사식의 오차인 $\sin(x)-x$의 그래프를 그려라. 세 번째로 $0 \leqq x \leqq 1$일 때, 상대 오차인 $[\sin(x)-x]/\sin(x)$의 그래프를 그려라. 5% 이내로 정확하려면 x의 값은 얼마나 작아야 하는가?

13. 많은 공학 응용에서 나타나는 방정식을 간단히 하기 위하여 삼각함수 공식을 이용할 수 있다. 공식 $\tan(2x)=2\tan x/(1-\tan^2 x)$를 영역 $0 \leqq x \leqq 2\pi$에서 x에 대하여 좌변과 우변의 그래프를 그려서 확인하라.

14. 복소수 등식 $e^{ix}=\cos x+i\sin x$는 공학의 설계 방정식의 해를 쉽게 시각화할 수 있는 형태로 변환하기 위하여 사용된다. 구간 $0 \leqq x \leqq 2\pi$에서 우변과 좌변을 실수부에 대한 허수부의 그래프를 그려서 항등식을 증명하라.

15. 구간 $0 \leqq x \leqq 5$에서 그래프를 그려서 $\sin(ix)=i\sinh x$를 확인하라.

16*. 함수 $y(t)=1-e^{-bt}$은 탱크에서 채워지는 액체의 높이나 가열되고 있는 물체의 온도와 같이 많은 공학의 공정을 나타내며, 여기에서 t는 시간, $b>0$이다. 매개변수 b에 대한 함수 $y(t)$의 영향에 대해 조사하라. 이를 위하여 같은 그림에 여러 개의 변수 b의 값을 갖는 $y(t)$를 t에 관하여 그려라. $y(t)$가 안정 상태의 98%에 도달하기 위하여 얼마나 걸리는가?

17. 다음의 함수는 전기 회로에서의 발진(oscillation)이나 기계 및 구조체의 진동을 나타낸다. 이 함수들의 그래프를 같은 그림에 그려라. 두 식이 유사하기 때문에, 혼동을 피하기 위하여 그래프를 어떻게 그리고 라벨을 어떻게 붙이는 것이 최선인지를 결정하라.

$$x(t)=10e^{-0.5t}\sin(3t+2)$$
$$y(t)=7e^{-0.4t}\cos(5t-3)$$

18. 어떠한 구조물의 진동에서 구조물에 작용하는 주기적인 힘은 진동의 폭을 시간에 따라 반복적으로 증가하고 감소하게 만드는 원인이 된다. 박동(beating)이라고 불리는 이 현상은 또한 음악에서도 발생한다. 특정한 구조체의 변위는

$$y(t)=\frac{1}{f_1^2-f_2^2}[\cos(f_2t)-\cos(f_1t)]$$

로 나타내지며, 여기에서 y는 인치로 나타낸 변위이고 t는 초로 나타낸 시간이다. $f_1=8$ rad/sec 이고 $f_2=1$ rad/sec 일 때, 구간 $0 \leqq t \leqq 20$ 에서 t에 대한 y의 그래프를 그려라. 정확한 그래프를 얻기 위하여 충분히 많은 점들을 선택해야 한다는 점을 명심한다.

19*. 각도 A, 속력 v로 던져진 공이 이동하는 높이 $h(t)$ 및 수평 거리 $x(t)$는

$$h(t)=vt\sin A-\frac{1}{2}gt^2$$
$$x(t)=vt\cos A$$

로 주어진다. 지표면에서 중력가속도는 $g=9.8\text{m/s}^2$ 이다.

a. 공이 속도 $v=20$m/s 및 각도 25° 로 던져졌다고 가정한다. MATLAB을 이용하여 공이 도달하는 최고 높이와 거리 및 땅에 떨어질 때까지 걸리는 시간을 계산하라.

b. a에서 주어진 v와 A 값을 이용하여 공의 궤적의 그래프를 그려라. 즉, h의 양의 값에 대하여 x대 h의 그래프를 그려라.

c. $A=45^\circ$ 일 때, 5개의 초기 속도값인 20, 24, 28, 32, 36m/s에 대응되는 궤적의 그래프를 그려라.

20. 이상 기체의 법칙은 압력 p, 절대 온도 T, 질량 m 및 기체의 부피 V 사이에 관련이 있다. 이 법칙은

$$pV=mRT$$

이며, 상수 R은 기체 상수이다. 공기에 대한 R의 값은 286.7(N·m)/(kg·K)이다. 상온에서(20°C=293K) 어떤 용기 안에 공기가 들어있다고 가정한다. 체적이 $20 \leqq V \leqq 100$ m^3 일 때, 용기의 체적 V에 대한 기체 압력의 곡선 3개를 갖는 그래프를 N/m^2 의 단위로 그려라. 3개의 곡선은 용기 안에 들어있는 기체의 질량: $m=1$kg; $m=3$kg; $m=7$kg 에 해당된다.

21. 기계구조물이나 전기회로의 진동은 흔히 다음의 함수

$$y(t)=e^{-t/\tau}\sin(\omega t+\phi)$$

로 나타내지며, 여기에서 t는 시간, ω는 시간당 라디안으로 나타내는 진동 주파수이다. 이 진동은 $2\pi/\omega$의 주기를 가지며, 진폭은 시상수라고 불리는 τ에 의하여 결정되는 비율로 시간에 따라 감쇄한다. τ의 값이 작으면 작을수록 진동은 더 빨리 감쇄한다.

a. 이런 사실을 이용하여 $y(t)$의 정확한 그래프를 얻기 위하여, 시간 t의 상한과 t값의 간격을 선택하기 위한 조건을 개발하라. (힌트: $4\tau > 2\pi/\omega$, $4\tau < 2\pi/\omega$ 두 가지 경우를 고려하라.)

b. 이 조건을 적용하여 $\tau=10$, $\omega=\pi$, $\phi=2$일 경우의 $y(t)$의 그래프를 그려라.

c. 이 조건을 적용하여 $\tau=0.1$, $\omega=8\pi$, $\phi=2$일 경우의 $y(t)$의 그래프를 그려라.

22. 정지되어 있는 모터에 일정한 전압을 인가하여 시간에 따른 회전 속력 $s(t)$를 측정하였다. 데이터는 다음의 표와 같다.

시간(sec)	1	2	3	4	5	6	7	8	10
속력(rpm)	1,210	1,866	2,301	2,564	2,724	2,881	2,879	2,915	3,010

다음의 함수

$$s(t)=b(1-e^{ct})$$

로 데이터를 나타낼 수 있는지를 결정하라. 그렇다면 상수 b와 c의 값을 구하라.

23. 다음 표는 어떤 도시의 각 해의 평균 온도를 보인다. 데이터의 그래프를 줄기 그래프, 막대 그래프, 계단 그래프로 그려라.

년도	2000	2001	2002	2003	2004
온도(℃)	21	18	19	20	17

24. 10,000달러를 복리로 연이율 3%로 투자하면, 다음의 식

$$y(k)=10^4(1.03)^k$$

에 따라 증가하며, 여기에서 k는 햇수($k=0, 1, 2, \cdots$)이다. 10년을 주기로 구좌의 잔고의

그래프를 그려라. 이 문제를 다음의 4가지 형태인 xy 그래프, 줄기 그래프, 계단 그래프, 막대 그래프로 그려라.

25. 반지름이 r인 구의 부피 V와 면적 A는 다음의 식

$$V=\frac{4}{3}\pi r^3 \qquad A=4\pi r^2$$

으로 주어진다.

a. $0.1 \leq r \leq 100\text{m}$ 일 때, r에 대한 V와 A의 그래프를 2개의 서브플롯을 이용하여 그려라. V와 A 모두에 대하여 그래프가 직선이 되도록 축을 선택하라.

b. $1 \leq A \leq 10^4\text{m}^2$ 일 때, A에 대하여 V와 r의 그래프를 2개의 서브플롯을 이용하여 그려라. V와 r 모두에 대하여 그래프가 직선이 되도록 축을 선택하라.

26. 계좌에 예금된 원금이 P 이고 연 이자율이 r일 때, 현재 잔고 A는 다음의 식

$$A=P\left(1+\frac{r}{n}\right)^{nt}$$

으로 주어지며, 여기에서 n은 연간 이자 지불횟수이다. 연속 복리일 경우, $A=Pe^{rt}$ 이다. 처음에 10,000달러를 이자율 2.5%($r=0.025$)로 예금되었다고 가정한다.

a. $0 \leq t \leq 20$ 년일 때, t에 대하여 A에 대한 그래프를 다음의 4가지 경우에 대하여 그려라. 연속 복리, 연 단위 복리($n=1$), 분기별 복리($n=4$), 월 단위 복리($n=12$). 이 4가지의 곡선을 같은 서브플롯에 그리고 각 곡선에 라벨을 붙인다. 2번째의 서브플롯에는 연속 복리로부터 얻어진 값과 다른 3가지 경우의 차이를 그래프로 그려라.

b. a의 그래프를 다시 그리는데 t에 대한 A의 그래프를 log-log와 semilog 그래프로 그려라. 어떤 경우 직선의 그래프가 나타나는가?

27. [그림 P27]은 부하와 파워 서플라이가 있는 전기시스템을 나타낸다. 파워 서플라이는 고정 전압 v_1을 생산하며, 전압 강하가 v_2인 부하가 필요로 하는 전류 i_1을 제공한다. 특정한 부하에 대하여 전류-전압의 관계는 실험에 의하여

$$i_1=0.16\,(e^{0.12v_2}-1)$$

이라고 구해졌다. 파워 서플라이의 내부 저항이 $R_1=30\,\Omega$ 이고 전압이 $v_1=15\text{ V}$ 라고 가정한다. 적절한 파워 서플라이를 선택하거나 설계하려면, 이 부하가 연결되었을 때 얼마나

많은 전류가 공급될 수 있는지를 결정해야 한다. 전압 강하 v_2를 구하라.

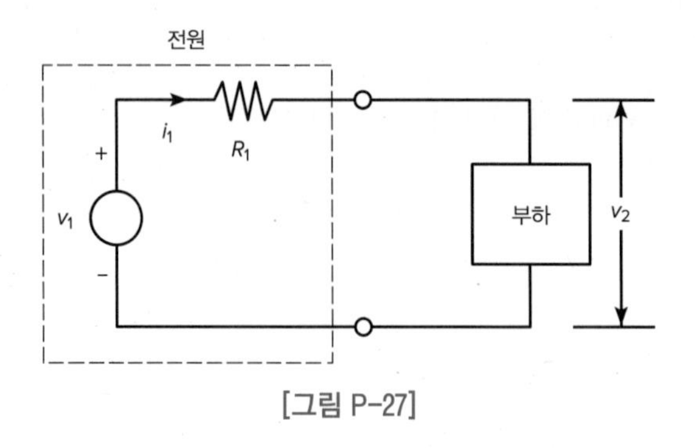

[그림 P-27]

28. [그림 P28]에 보인 회로는 저항과 커패시터로 구성되어 있으며, RC 회로라고 불린다. 아래에 보인 회로에 입력 전압이라고 불리는 정현파 전압 v_i를 인가하면, 궁극적으로 출력 전압 v_0는 주파수는 같지만, 진폭과 입력 전압과 비교하여 다른 진폭과 시간축으로 이동한 다른 정현파 전압이 된다. 특히, $v_i = A_i \sin \omega t$이면, $v_0 = A_0 \sin(\omega t + \phi)$가 된다. 주파수 응답 그래프는 주파수 ω에 대한 A_0/A_i에 대한 그래프이다. 이 그래프는 보통 로그 축에 그려진다. 고급과정 공학 강좌에서는 보인 RC 회로에서 다음의 비

$$\frac{A_0}{A_i} = \left| \frac{1}{RCs+1} \right|$$

는 ω와 RC의 함수라고 설명하며, 여기에서 $s = \omega i$이다. $RC = 0.1\ s$일 때, ω에 대한 $|A_0/A_i|$의 로그-로그 그래프를 구하고, 출력 진폭 A_0가 입력 진폭 A_i의 70%보다 적은 주파수 범위를 결정하라.

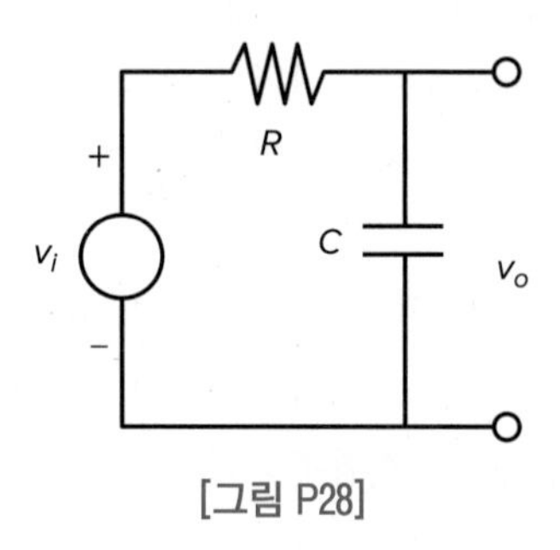

[그림 P28]

29. 함수 $\sin x$의 근사식 중의 하나가 $\sin x \approx x - x^3/6$이다. $\sin x$ 함수와 근사화에서의 오차를 나타내는 20개의 균등히 분포된 오차막대 그래프를 그려라.

30. 다음의 함수

$$f(x) = 6x\cos^2 x - 4x$$
$$g(x) = -18x\cos x\sin x + 9\cos^2 x - 6$$

를 고려한다. x에 대한 구간 $[-2\pi,\ 2\pi]$에서 $f(x)$와 $g(x)$를 같은 그래프에 그려라. 축에 라벨을 붙이고, 격자와 범례를 추가하라. $f(x)$에 대하여는 붉은색 실선을, $g(x)$는 푸른색 쇄선을 사용하라.

31. [문제 30]에서 주어진 함수를 고려한다. $f(x)$의 그래프는 왼쪽 축에, $g(x)$의 그래프는 오른쪽 축에 그려라. 각 축에 라벨을 붙여라.

32. 다음의 함수를 구간 $0 \leqq \theta \leqq 2\pi$에서 극좌표 그래프를 그려라.

$$r = 6\cos^2(0.8\theta) + \theta$$

33. 다음의 함수

$$y = 3^{(-0.5x+15)}$$

가 주어졌다. 이 함수를 구간 [0.1, 100]에서 격자를 넣어서 4가지 형태의 축을 이용하여 그래프를 그려라. 선형-선형, 선형-로그, 로그-선형, 로그-로그. subplot은 이용하지 않는다.

34. 사용자가 범위 $0 \leqq x \leqq 10$에서 다음의 함수 중의 하나를 그리는 MATLAB 스크립트를 작성하라. 사용자가 그래프를 그릴 함수를 선택하기 위하여 input 명령을 사용하라.

$$f_1(x) = \cos(2x)$$
$$f_2(x) = \sin(4x)$$
$$f_3(x) = -x^2 + 15x$$

35. 다음의 함수들에 대하여 어떤 집합의 축들이 직선으로 보이게 하는가?

a. $y = 6x^{(3/2)}$ b. $y = 5(10)^{3x}$ c. $y = 4e^{2x}$

d. $y = 4e^{-2x}$ e. $y = 6\ln(6x)$ f. $y = 4e^{-2x} + 6$

36. 행성과 행성의 위성은 타원 궤도를 돈다. 원점에 중심을 둔 어떤 타원은 다음의 방정식

$$x^2+\frac{y^2}{4}=1$$

을 갖는다. 원점에 중심을 둔, 또 다른 타원은 첫 번째 타원에 상대적으로 회전한다. 방정식은

$$0.5833x^2-0.2887xy+0.4167y^2=1$$

이다. 이 타원들이 교차하는 모든 점들을 찾고자 한다. 같은 그래프에 두 타원을 그리기 위하여 fimplicit 함수와 hold 명령을 사용하라. 두 타원은 모두 원점에 중심을 두고 있으므로 만일 이들이 교차한다면, 4개의 점에서 교차하며, 그래서 4개의 점을 위하여 ginput 함수를 사용할 필요가 생기게 된다.

5.4 절

37. 코르크스크루라고 불리는 인기 있는 놀이 기구는 나선형 모양을 갖고 있다. 원형 나사선에 대한 매개 방정식은

$$x=a\cos(t)$$
$$y=a\sin(t)$$
$$z=bt$$

이며, 여기에서 a는 나선 경로의 반경, b는 경로의 '견고성'을 결정짓는 상수이다, 또한, $b>0$ 이면, 나선은 오른손 방향의 스크루이고, $b<0$ 이면 왼손 방향의 스크루이다.

다음의 3가지 경우에 대하여 나선의 3차원 그래프를 구하고, 서로의 모양을 비교하라. $0\leqq t\leqq 10\pi$ 와 $a=1$ 을 이용하라.

a. $b=0.1$

b. $b=0.2$

c. $b=-0.1$

38. 어떤 로봇은 팔을 내리고, 손을 뻗치는 과정에서 베이스부터 분당 2회전을 한다. 이 로봇은 분당 120° 의 속도로 팔을 내리고, 손은 5m/min 속도로 뻗친다. 팔의 길이는 0.5m이다. 손의 xyz 좌표는

$$x = (0.5+5t)\sin\left(\frac{2\pi}{3}t\right)\cos(4\pi t)$$
$$y = (0.5+5t)\sin\left(\frac{2\pi}{3}t\right)\sin(4\pi t)$$
$$z = (0.5+5t)\cos\left(\frac{2\pi}{3}t\right)$$

이며, 여기에서 t는 분으로 나타낸 시간이다.

$0 \leqq t \leqq 0.2$ 분에서 손의 경로를 3차원 그래프로 구하라.

39. 함수 $z=x^2-4xy+6y^2$ 에 대한 곡면 그래프와 등고선 그래프를 구하고, $x=y=0$ 에서 최소값을 나타내어라.

40. 함수 $z=-x^2+2xy+3y^2$ 에 대한 곡면 그래프와 등고선 그래프를 구하라. 이 도형의 곡면은 안장 모양이다. 새들 포인트(안장점, saddle point) $x=y=0$ 에서 곡면은 기울기 0이지만, 최소점이나 최대점에 해당되지 않는다. 새들 포인트(saddle point)에서의 등고선은 어떤 종류의 등고선에 해당되는가?

41. 함수 $z=(x-y^2)(x-3y^2)$ 에 대한 곡면 그래프와 등고선 그래프를 구하라. 이 곡면은 $x=y=0$ 에서 특이점을 갖으며, 여기에서 곡면은 기울기 0을 갖지만, 최소점이나 최대점에 해당되지 않는다. 특이점에서의 등고선은 어떤 종류의 등고선에 해당되는가?

42. 4각 금속판을 $x=y=1$ 에 해당되는 모서리 부분에서 80°C로 가열한다. 판의 온도 분포는

$$T=80e^{-(x-1)^2}e^{-3(y-1)^2}$$

으로 주어진다. 온도에 대한 곡면 그래프와 등고선 그래프를 구하라. 각 축에 라벨을 붙여라. $x=y=0$ 에 대응되는 모서리의 온도는 얼마인가?

43. 다음의 함수

$$z(t)=e^{-t/\tau}\sin(\omega t+\phi)$$

는 어떤 기계 구조물과 전자 회로에서의 진동을 나타낸다. 이 함수에서 t는 시간을, ω는 단위 시간 동안의 진동 주파수를 라디안으로 표시한 것이다. 진동은 $2\pi/\omega$ 의 주기를 가지며, 진폭은 시간에 따라 시정수라고 불리는 τ 에 의하여 결정되는 비율에 의하여 감쇄하게

된다. τ가 더 작을수록 진동은 더 빨리 줄어든다.

$\phi=0$, $\omega=2$ 및 τ는 $0.5 \leqq \tau \leqq 10$초 구간의 값을 갖는다고 가정한다. 그러면 앞의 방정식은

$$z(t)=e^{-t/\tau}\sin(2t)$$

와 같이 된다. $0 \leqq t \leqq 15$초에서 τ의 영향을 시각화하는 데 도움을 주기 위하여 이 함수의 곡면 그래프와 등고선 그래프를 구하라. 변수 x를 t로, y 변수를 τ라고 한다.

44. 다음 식은 평평한 4각형 금속판에서의 온도 분포를 나타낸다. 3면의 온도는 T_1으로 유지되고, 4번째 면은 T_2로 유지한다([그림 P44] 참조). xy 좌표의 함수로서 온도 $T(x, y)$는

$$T(x,\ y)=(T_2-T_1)w(x,\ y)+T_1$$

으로 주어지며, 여기에서

$$w(x,\ y)=\frac{2}{\pi}\sum_{n\ \text{홀수}}^{\infty}\frac{2}{n}\sin\left(\frac{n\pi x}{L}\right)\frac{\sinh(n\pi y/L)}{\sinh(n\pi W/L)}$$

이다. 이 문제에 대한 주어진 데이터는 $T_1=70^\circ$ F, $T_2=200^\circ$ F 및 $W=L=2$ 피트이다.

x 및 y 모두에 대하여 0.2의 간격을 사용하여, 온도 분포에 대한 곡면 그래프와 등고선 그래프를 생성하라.

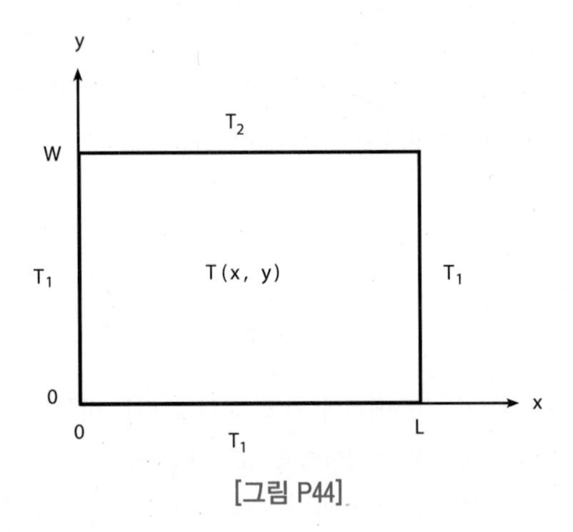

[그림 P44]

45. 전하를 띈 2개의 입자들에 의한 어떤 점에서의 전위 V는

$$V=\frac{1}{4\pi\epsilon_0}\left(\frac{q_1}{r_1}+\frac{q_2}{r_2}\right)$$

로 주어지며, 여기에서 q_1과 q_2는 쿨롱(C)으로 나타낸 입자의 전하를, r_1과 r_2는 전하로부터의 (미터로 나타낸) 거리이며, ϵ_0는 자유 공간에서의 유전율이고, 값은

$$\epsilon_0=8.854\times10^{-12}\ \mathrm{C}^2/(\mathrm{N}\cdot\mathrm{m}^2)$$

이다. 전하가 $q_1=2\times10^{-10}$ C 및 $q_2=4\times10^{-10}$ C이라고 가정한다. xy 평면에서 이들의 각각의 위치는 (0.3, 0) 및 (−0.3, 0)미터이다. 구간 $-0.25\leq x\leq0.25$ 및 $-0.25\leq y\leq0.25$에서 z축에 전기장 V를 3차원 곡면 그래프로 그려라. 그래프를 2가지 방법, (a) surf 함수를 이용하여, (b) meshc 함수를 이용하여 그려라.

46. 4장의 [문제 29번]을 참조한다. 그 문제에서 구한 함수 파일들을 이용하여 $0\leq W\leq500$ N 및 $0\leq h\leq2$ 미터에서 h에 대한 x의 곡면 그물 그래프와 등고선 그래프를 그려라. $k_1=10^4$N/m, $k_2=1.5\times10^4$N/m 및 $d=0.1$ m 값들을 이용한다.

47. 4장의 [문제 32번]을 참조한다. 비용이 분배 센터의 위치에 대하여 얼마나 민감한지를 보기 위하여, 전체 비용의 곡면 그래프와 등고선 그래프를 분배 센터 위치의 x 및 y 좌표의 함수로 구하라. 센터를 최적의 위치로부터 어떤 방향으로든 1마일 밖에 위치시킨다면, 비용은 얼마나 증가하는가?

48. 3장의 [예제 3.2-2]를 참조한다. 구간 $1\leq d\leq30$ 피트 및 $0.1\leq\theta\leq1.5$ rad에서 둘레의 길이 L을 d와 θ의 함수로서 곡면 그래프와 등고선 그래프를 그려라. $d=7.5984$와 $\theta=1.0472$에 대응되는 점 외에 다른 계곡점이 존재하는가? 새들 포인트(안장점: saddle point)가 존재하는가?

49. 초기 속도 v와 각도 A로 던져진 투사체의 거리는

$$R=\frac{2v^2\cos A\sin A}{g}$$

로 주어진다. A가 도 단위로 주어졌을 때, R을 계산하는 함수 range(v, A)를 만들어라. 곡면 그래프를 그리기 위하여 함수로 mesh와 meshc를 사용하라. v가 구간 [10, 25]에서

1m/s의 간격이고, A는 구간 [5, 85]에서 1도 간격이다.

50. fimplicit3 함수를 사용하여 다음 함수

$$x^2+30y^2+30z^2=120$$

의 곡면 그래프를 생성하라.

출처: Sergiy Serdyuk/iStock/Getty Images

21세기의 공학
가상 프로토타이핑 (Virtual Prototyping)

가상 프로토타이핑은 실제 시제품 (prototype)을 만들기 전에 설계의 검증을 가능하게 해주는 제품 개발 방법이다. 이 방법은 CAD(Computer-Aided Design) 소프트웨어, CAE(Computer Aided Engineering) 소프트웨어, 그리고 MATLAB/Simulink 같은 시뮬레이션 소프트웨어를 활용한다. 이는 전통적인 설계 방법이 확장된 것으로, 최신 컴퓨터의 능력과 소프트웨어들의 개선된 정확도로 인해 더욱더 실용적이게 되었다.

CAD와 CAE는 컴퓨터를 활용한 공학 도면의 생성을 넘어서, 유한요소해석 기법을 이용한 부품과 조립품에 대한 응력해석, 유동 형태 및 관련된 힘들을 계산하기 위한 전산유체역학, 다물체 동역학, 그리고 최적화까지 포함한다. 시뮬레이션은 마이크로컨트롤러의 개발, 통합, 시험의 속도를 높이는 데 사용된다. 공학자들은 제안된 설계에서 발생하는 힘, 전압, 전류 등을 컴퓨터를 이용하여 계산할 수 있다. 이러한 정보를 이용하여 하드웨어가 예측된 힘을 견딜 수 있는지 또는 요구되는 전압이나 전류를 공급할 수 있는지를 확인할 수 있다.

정상적인 단계는 항공기와 같은 새로운 운송 수단의 개발 시, 축소 모형을 이용해서 항공역학적인 시험을 한 후, 파이프와 케이블 및 구조적 간섭의 확인을 위해 나무로 된 실측 모형(mock-up)을 제조하고, 최종적으로는 완제품 형태의 프로토타입을 만들어 시험하는 단계를 거쳤다.

가상 프로토타이핑은 이러한 전통적인 개발 주기를 바꾸고 있다. 보잉 777은 가상 프로토타이핑을 이용하여 설계되어 실측 모형을 제작하는 데 드는 추가적인 시간과 비용을 들이지 않고 만들어진 첫 항공기이다. 항공역학, 구조, 유압 장치 및 전기 시스템과 같은 다양한 서브시스템을 담당하는 설계 팀들은 모두 이 항공기를 구현하는 같은 컴퓨터 데이터베이스에 접근할 수 있다. 따라서 한 팀이 설계 수정을 하면, 데이터베이스가 갱신되어, 수정된 것이 다른 서브시스템에 영향을 미치는지를 다른 팀들이 알 수 있도록 한다.

CHAPTER

모델 구축과 회귀분석 06

5장에서 다룬 그래프 그리는 기법들의 중요한 응용은, 데이터 그래프를 이용하여 데이터를 생성하는 프로세스를 기술하는 수학적인 함수나 "수학적인 모델"을 구하는 기법인 함수 찾기이다. 이것이 6.1절의 주제이다. 데이터에 가장 잘 맞는 방정식을 찾는 체계적인 방법이 회귀분석(regression, 최소 제곱법이라고도 불린다)이다. 회귀분석은 6.2절에서 다루어진다. 6.3절은 회귀분석을 지원하는 MATLAB의 기본 피팅 인터페이스를 소개한다.

6.1 함수 찾기

함수 찾기는 특정한 데이터 집합을 표현할 수 있는 함수를 '발견하는' 과정이다. 다음 3개의 함수 형태는 물리적인 현상을 표현하는 데 자주 사용된다.

1. 선형함수: $y(x)=mx+b$. $y(0)=b$ 임을 주목한다.
2. 멱함수: $y(x)=bx^m$. 여기에서 $m \ge 0$ 이면 $y(0)=0$ 이며, $m<0$ 이면 $y(0)=\infty$ 이다.
3. 지수함수: $y(x)=b(10)^{mx}$ 또는 동등한 형태인 $y(x)=be^{mx}$ 이며, 여기에서 e는 자연로그의 밑($\ln e=1$)이다. 두 함수에서 모두 $y(0)=b$ 이다.

각 함수는 특정 좌표축을 이용하여 그리면 직선으로 나타나게 된다.

1. 선형함수: $y=mx+b$는 선형 직교좌표를 이용할 때 직선으로 나타나게 된다. b는 y의 절편, m은 기울기이다.
2. 멱함수: $y=bx^m$ 은 log-log 좌표축에서 그려지면 직선으로 나타난다.
3. 지수함수: $y=b(10)^{mx}$ 와 이 함수의 동등한 형태인 $y=be^{mx}$ 는 y축이 로그인 semilog 좌표축을 사용할 때 직선으로 나타난다.

우리는 그래프에서 직선을 찾으며, 그 이유는 직선은 상대적으로 쉽게 인식할 수 있고, 따라서 함수가 데이터에 잘 맞는지 아닌지 쉽게 알 수 있기 때문이다.

다음의 절차를 이용하여 주어진 데이터 집합을 잘 나타내는 함수를 찾는다. 데이터 집합은 다음의 3가지 함수형태(선형, 지수 또는 멱함수)로 표현될 수 있다고 가정한다.

1. 데이터가 원점 근처에 있는지 확인한다. 지수함수는 절대로 원점을 지나지 않는다(물론 의미 없는 경우인 $b=0$ 인 경우는 제외한다). 예를 들어, $b=1$ 인 경우는 [그림 6.1-1]을 참조한다. 선형 함수는 $b=0$ 일 때만 원점을 지난다. 멱함수는 $m>0$ 인 경우에만 원점을 통과한다. ($b=1$ 일 경우는 [그림 6.1-2]를 참조한다.)

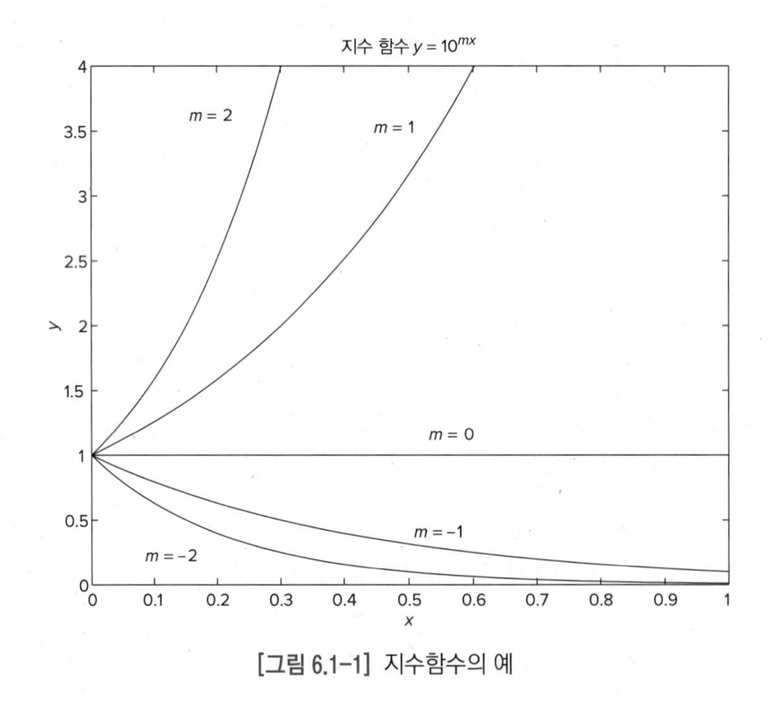

[그림 6.1-1] 지수함수의 예

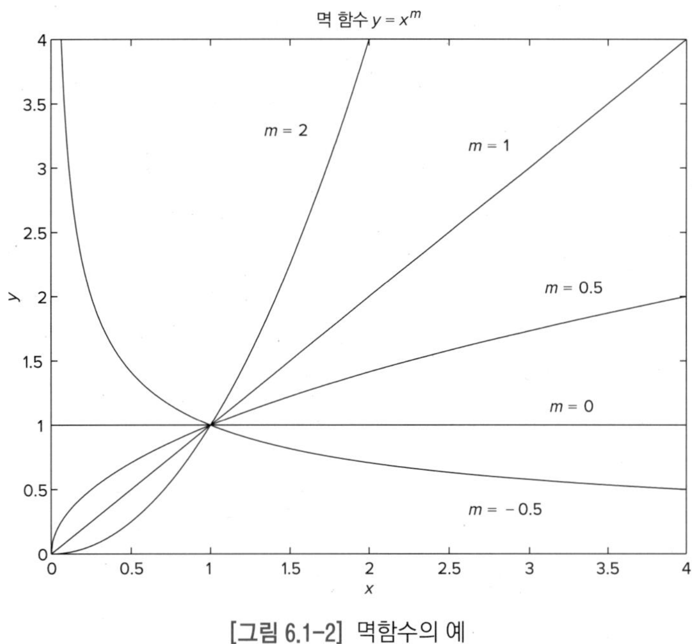

[그림 6.1-2] 멱함수의 예

2. 선형 직교좌표축을 이용하여 데이터의 그래프를 그린다. 만약 그래프가 직선을 나타내면, 데이터는 선형함수로 나타낼 수 있으며, 작업을 끝낸다. 그렇지 않을 경우, 만일 $x=0$에 데이터를 갖고 있으면
   a. $y(0)=0$이면, 멱함수로 시도한다.
   b. $y(0)\neq 0$이면, 지수함수를 시도해본다.

   만약 $x=0$의 데이터가 주어지지 않으면 3단계로 넘어간다.
3. 멱함수로 의심이 될 때는, log–log 좌표축을 이용해서 데이터의 그래프를 그린다. log–log 그래프에서는 멱함수만이 직선으로 나타내게 된다. 지수함수로 의심이 될 때는 데이터를 semilog 좌표축을 이용하여 데이터의 그래프를 그린다. semilog 그래프에서는 지수함수만이 직선의 형태를 만들 수 있다.
4. 함수 찾기의 응용을 위하여, log–log와 semilog로 그래프를 이용하는 것은 함수의 형태를 확인하기 위한 것이지, 계수 b와 m을 구하기 위한 것은 아니다. 그 이유는 로그 스케일에서 보간(interpolation)을 하는 것은 어렵기 때문이다.

b와 m의 값은 MATLAB의 `polyfit` 함수를 이용하여 구할 수 있다. 이 함수는 최소 제곱의 의미에서 데이터에 가장 잘 맞는 n차 다항식의 계수 값들을 찾는다. 구문은 [표 6.1-1]에 보였다. 최소 제곱법의 수학적인 기반은 6.2절에 제시한다.

[표 6.1-1] polyfit 함수

명령	설명
p = polyfit(x, y, n)	벡터 x와 y에 의하여 나타내지는 데이터에 맞는 n차의 다항식을 구한다. 여기에서 x는 독립 변수이다. 내림차순으로 다항식의 계수로 만들어지는 길이 $n+1$의 행벡터 p를 준다.

데이터가 선형 직교좌표, semilog 또는 log-log 그래프에서 직선이 될 것으로 가정하기 때문에, 직선에 해당되는 다항식, 즉 일차 다항식에만 관심이 있으며, 이 식은 $w = p_1 z + p_2$로 나타낼 수 있다. 이와 같이, [표 6.1-1]을 참조하면, $n=1$일 때 벡터 p는 $[p_1,\ p_2]$임을 알 수 있다. 이 다항식은 다음 3가지의 경우 각각에 대하여 다른 해석을 갖는다.

- **선형함수**: $y = mx + b$. 이 경우, 다항식 $w = p_1 z + p_2$의 변수 w와 z는 원래의 데이터 x와 y이며, p = polyfit(x, y, 1)을 입력하여 데이터에 맞는 직선 함수를 구할 수 있다. 벡터 p의 첫 번째 원소 p_1은 m이 되고, 두 번째 원소 p_2는 b가 된다.
- **멱함수**: $y = bx^m$. 이 경우, $\log_{10} y = m \log_{10} x + \log_{10} b$이며, 이것은 $w = p_1 z + p_2$의 형태로, 여기에서 w와 z는 원 데이터 변수 x 및 y와 $w = \log_{10} y$이고 $z = \log_{10} x$인 관계에 있다. 따라서 데이터에 맞는 멱함수는 p = polyfit (log10(x), log10(y), 1)을 입력하여 구할 수 있다. 벡터 p의 첫 번째 원소 p_1은 m이 되고, 두 번째 원소 p_2는 $\log_{10} b$가 된다. b는 $b = 10^{p_2}$로부터 구할 수 있다.
- **지수함수**: $y = b(10)^{mx}$. 이 경우 $\log_{10} y = mx + \log_{10} b$이며, 이것은 $w = p_1 z + p_2$의 형태로, 여기에서 다항식의 변수 w와 z는 원래의 데이터 x, y와 $w = \log_{10} y$와 $z = x$의 관계식이 있다. 따라서 데이터에 맞는 지수함수는 p = polyfit(x, log10(y), 1)을 입력하여 구할 수 있다. 벡터 p의 첫 번째 원소 p_1은 m이 되고, 두 번째 원소 p_2는 $\log_{10} b$가 된다. b는 $b = 10^{p_2}$로부터 구할 수 있다.

예제 6.1-1 소나 측정을 통한 속도 추정

소나를 이용해서 접근해 오는 잠수정의 거리를 측정한 결과가 다음 표에서와 같이 주어진다. 표에서 거리는 해리(nmi: nautical mile)로 측정된 값이다. 상대 속도 v가 일정하다고 가정하면, 시간의 함수인 거리는 $r = -vt + r_0$로 주어진다. 여기서 r_0는 $t=0$일 때의 초기 거리이다. 속도 v 그리고 거리가 0이 되는 시간을 추정하라.

시간 t(분)	0	2	4	6	8	10
거리 r(해리)	3.8	3.5	2.7	2.1	1.2	0.7

풀이

MATLAB 프로그램은 아래와 같다.

```
% 데이터
t = 0: 2: 10;
r = [3.8, 3.5, 2.7, 2.1, 1.2, 0.7]
% 1차 함수 피팅.
p = polyfit(t, r, 1)
% 그래프로 그릴 변수 값 생성.
rp = p(1)*t+p(2);
plot(t, r, 'o',  t, rp), xlabel('t (분)'), ylabel('r (해리)')
% 속도 계산
v = -p(1)*60 % 노트로 나타낸 속도 (nmi/hr)
p
```

[그림 6.1-3]은 그래프를 보여준다. 추정된 상대 속도는 0.3286해리/분, 즉 19.7노트(knot)이다. 계수 값은 `p(1) = -0.3286`이고 r_0에 해당하는 `p(2) = 3.9762`이다. 따라서 적합한 방정식은 $r=-0.3286t+3.9762$ 이다. 이 방정식으로부터 거리가 0이 될 때를 추정할 수 있다. 즉, $t=3.9762/0.3286=12.1$ 분이다.

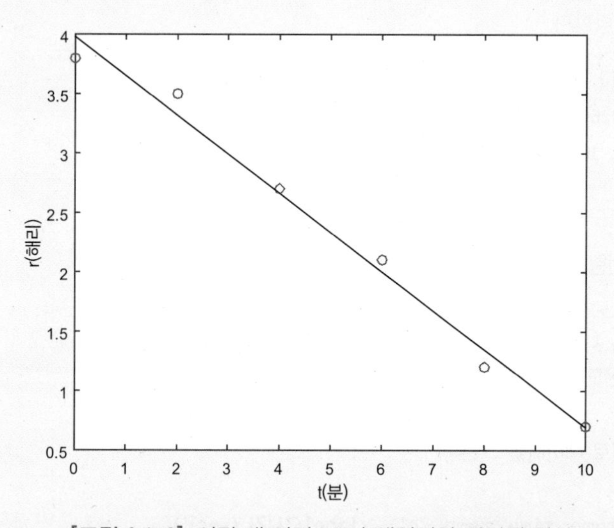

[그림 6.1-3] 시간 대 거리: 소나 데이터와 피팅된 직선

예제 6.1-2 온도 역학

상온(68°F)에서 도자기 머그 안에서 식고 있는 커피의 온도를 여러 시간에 걸쳐 측정하였다. 데이터는 다음과 같다.

시간 t (초)	온도 T(°F)
0	145
620	130
2,266	103
3,482	90

커피의 온도를 시간의 함수로 모델링하고, 이 모델을 이용하여 온도가 120°F에 도달하는 데 얼마나 걸릴지를 추정하라.

풀이

$T(0)$가 유한하지만 0이 아니어서 멱함수는 이 데이터를 나타내지 못하므로, 이 데이터를 log-log 좌표축에 그래프를 그릴 필요는 없다. 상식적으로 커피는 식을 것이며, 온도는 궁극적으로 상온(room temperature)의 상태로 될 것이다. 그래서 데이터 값으로부터 상온 값을 빼고, 시간에 따른 상대 온도 $T-68$의 그래프를 그린다. 상대 온도가 시간의 선형 함수라면, 모델은 $T-68=mt+b$이다. 상대 온도가 시간에 따른 지수함수이면, 모델은 $T-68=b(10)^{mt}$와 같이 된다. [그림 6.1-4]는 이 문제를 해결하기 위해 사용된 그래프를 보여준다. 다음의 MATLAB 스크립트 파일은 위쪽의 2개의 그래프를 생성한다. 시간 데이터는 배열 `time`에 입력하고, 온도 데이터는 `temp`에 입력한다.

```
% 데이터를 입력한다.
time = [0, 620, 2266, 3482];
temp = [145, 130, 103, 90];
% 상온을 뺀다.
temp = temp - 68;
% 데이터를 직교 선형 스케일로 그린다.
subplot(2, 2, 1)
plot(time, temp, time, temp, 'o'), xlabel('시간 (sec)'),...
   ylabel('상대 온도 (deg F)')
%
% semilog 스케일로 데이터를 그린다.
subplot(2, 2, 2)
semilogy(time, temp, time, temp, 'o'), xlabel('시간 (sec)'),...
  ylabel('상대 온도 (deg F)')
```

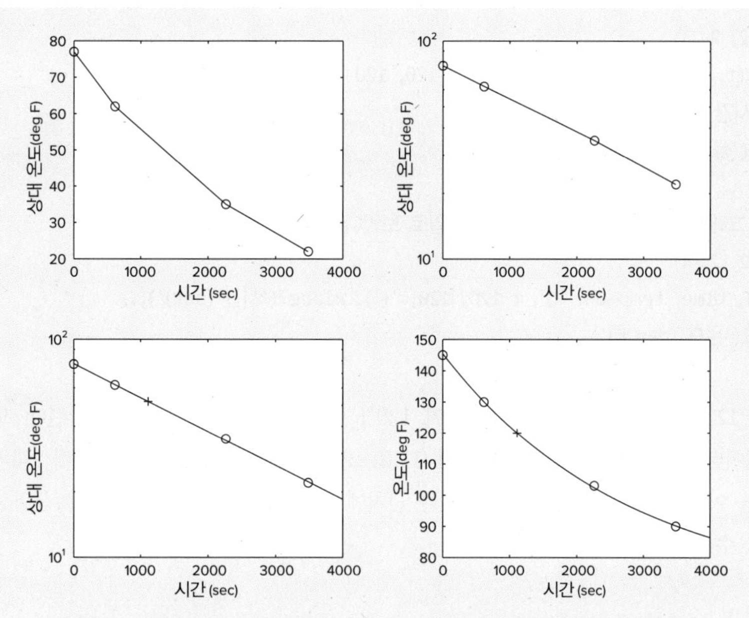

[그림 6.1-4] 여러 가지 좌표축에 그린 냉각되고 있는 커피 컵의 온도

이 데이터는 semilog 그래프(맨 위 오른쪽 그래프)에서만 직선의 형태를 갖는다. 따라서 데이터를 지수함수 $T=68+b(10)^{mt}$로 나타낼 수 있다. polyfit 명령을 사용하여, 다음의 명령들을 스크립트 파일에 추가할 수 있다.

```
% 변환된 데이터를 직선에 피팅한다.
p = polyfit(time, log10(temp), 1);
m = p(1)
b = 10^p(2)
```

계산된 값은 $m=-1.5557\times10^{-4}$, $b=77.4469$이다. 이와 같이 우리가 유도한 모델은 $T=68+b(10)^{mt}$이다. 커피가 120°F까지 냉각되는 데 얼마나 걸리는지 추정하기 위하여, t에 관하여 방정식 $120=68+b(10)^{mt}$을 풀어야 한다. 해는 $t=[\log_{10}(120-68)-\log_{10}(b)]/m$이다. 앞의 스크립트 파일에 연속하여 이 계산을 위한 MATLAB 명령을 다음의 스크립트 파일에 보였으며, [그림 6.1-4]에 보이는 다음의 두 그래프를 생성한다.

```
% 120도에 이를 때까지의 시간을 계산한다.
t_120 = (log10(120 - 68) - log10(b))/m
% 유도된 그래프와 데이터를 semilog 스케일로 보인다.
t = 0: 10: 4000;
T = 68+b*10.^(m*t);
```

```
subplot(2, 2, 3)
semilogy(t, T - 68, time, temp, 'o', t_120, 120 - 68, '+'),
xlabel('시간 (sec)'),...
  ylabel('상대 온도 (deg F)')
%
% 유도된 그래프와 예측점을 semilog 스케일로 보인다.
subplot(2, 2, 4)
plot(t, T, time, temp+68, 'o', t_120, 120, '+'), xlabel('시간 (sec)'),...
   ylabel('온도 (deg F)')
```

계산된 **t_120**의 값은 1,112이다. 이와 같이 120℉에 도달하는 데 1,112초가 걸린다. 모델의 그래프는 데이터와 + 부호로 나타낸 추정 점 (1112, 120)과 함께 [그림 6.1-4]의 아래 2개의 그래프에 보였다. 이 모델의 그래프는 데이터 점들 근처에 있으므로, 예측된 1,112초는 신뢰성이 있는 것으로 볼 수 있다.

예제 6.1-3 유압 저항

15컵 용량의 커피포트가 수도꼭지 아래에 놓여 있으며, 15컵 선까지 채워져 있다([그림 6.1-5] 참조). 배출 밸브가 열렸을 때, 수도꼭지의 유속은 수위가 15컵 선에서 유지될 수 있도록 조절되며, 한 컵 분량이 포트 밖으로 흘러나가는 데 걸리는 시간이 측정된다. 이 실험은 다음의 표에서 볼 수 있는 것과 같이, 여러 수위로 포트를 채워서 반복하였다.

액체 부피 V(컵)	한 컵을 채우는 데 걸리는 시간 t(초)
15	6
12	7
9	8
6	9

(a) 위 데이터를 이용하여 유속과 포트 안의 액체 부피(컵 수) 사이의 관계식을 구하라.

(b) 제작사는 같은 배출 밸브를 사용하는 36컵 용량의 포트를 만들고자 하지만, 한 컵을 채우는 시간이 너무 빠를 경우 컵이 넘치는 일이 발생할 수 있다는 점을 염려하고 있다. (a)에서 개발된 관계식을 외삽(extrapolation)하여 포트가 36컵 용량일 때 한 컵을 채우는 데 얼마가 걸리는지를 예측하라.

[그림 6.1-5] 토리첼리의 원리를 증명하기 위한 실험

풀이

(a) 수리학에서 토리첼리의 원리는 $f=rV^{1/2}$ 이며, 여기에서 f는 배출 밸브를 통해서 나오는 초당 컵 수로 나타내지는 유속, V는 포트 내 액체의 컵 단위의 체적, r은 알아내야 할 상수이다. 이 관계식은 지수가 0.5인 멱함수이다. 그러므로 $\log_{10}(V)$에 따르는 $\log_{10}(f)$의 그래프를 그리면 직선을 얻게 된다. f의 값은 t로 주어진 데이터의 역수로부터 얻을 수 있다. 즉, 초당 $f=1/t$ 컵이 된다.

다음은 MATLAB 스크립트 파일이다. [그림 6.1-6]에 결과 그래프를 나타내었다. 부피 데이터가 배열 cups에 입력되며, 시간 데이터는 meas_times로 입력된다.

```
% 문제에 대한 데이터
cups = [6, 9, 12, 15];
meas_times = [9, 8, 7, 6];
meas_flow = 1./meas_times;
%
% 변환된 데이터에 직선을 피팅한다.
p = polyfit(log10(cups), log10(meas_flow), 1);
coeffs = [p(1), 10^p(2)];
m = coeffs(1)
b = coeffs(2)
%
% 데이터의 그래프를 그리고 선이 데이터에 얼마나 잘 피팅되는지를 보기 위해
% 피팅된 선을 로그-로그 그래프에 그린다.
x = 6: 0.01: 40;
```

```
y = b*x.^m;
subplot(2, 1, 1)
loglog(x, y, cups, meas_flow, 'o'), grid, xlabel('부피 (컵)'), ...
ylabel('유속 (컵/초)'), axis([5 15 0.1 0.3])
```

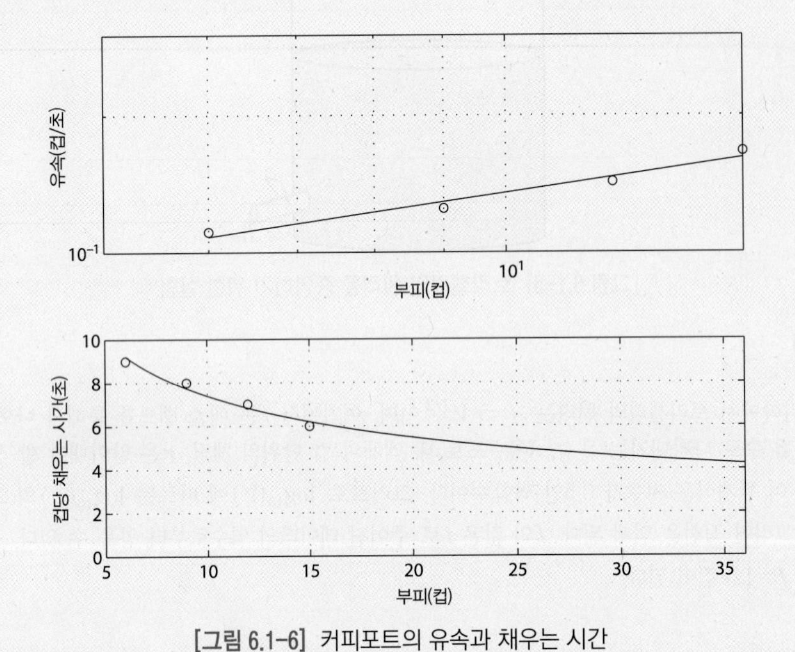

[그림 6.1-6] 커피포트의 유속과 채우는 시간

계산된 값들은 $m=0.433$과 $b=0.0499$이며, 유도된 관계식은 $f=0.0499\,V^{0.433}$이다. 지수가 0.5가 아니라 0.433이므로 이 모델은 정확하게 토리첼리의 이론을 만족하지는 않지만, 매우 근사하다. [그림 6.1-6]의 첫 번째 그래프에서 데이터의 점들이 정확하게 직선상에 놓여 있지 않음을 주목한다. 이 응용에서 초 단위보다 더 정확도를 갖고 한 컵을 채우는 데 걸리는 시간을 측정하는 것은 어렵기 때문에, 이 부정확성이 토리첼리가 예측한 값과 일치하지 않는 결과를 낳았다고 볼 수 있다.

(b) 한 컵을 채우는 시간은 $1/f$로서, 유량의 역수라는 점을 주목한다. MATLAB 스크립트 파일의 나머지 부분은 유도된 관계식 $f=0.0499\,V^{0.433}$을 사용하여 한 컵을 채우는 시간 $1/f$에 대한 시간의 그래프를 외삽(extrapolation)하여 그린다.

```
% 채워지는 시간 그래프를 36컵까지 외삽하여 그린다.
subplot(2, 1, 2)
plot(x, 1./y, cups, meas_times, 'o'), grid, xlabel('부피 (컵)'),...
```

```
ylabel('컵당 채우는 시간 (초)'), axis([5 36 0 10])
%
% V = 36 컵에 대한 채워지는 시간을 계산한다.
fill_time = 1/(b*36^m)
```

컵 하나를 채우는 데 걸리는 예측 시간은 4.2초이다. 제작사는 이 시간이 사용자가 넘치는 것을 피하는 데 충분한지를 결정해야 한다(실제로, 제작사는 36컵 용량의 포트를 제작하였고, 채우는 시간은 대략 4초가 되었으며, 이는 우리의 예측과 맞았다).

예제 6.1-4 외팔보 모델

[그림 6.1-7]에 보이듯이 외팔보(Cantilever beam)의 편향 변위(deflection)는 외팔보의 끝 부분에 수직으로 가해지는 힘에 대하여 끝 부분이 움직인 간격을 말한다. 아래의 표는 주어진 힘 f에 의하여 생긴 편향 변위 x의 측정치들을 보이고 있다. 선형 직교, semilog 또는 log-log 좌표축 중에서 데이터들이 대략적으로 직선을 이루는 좌표축이 있는가? 그렇다면 이 정보를 이용하여 f와 x 간의 함수를 구하라.

힘 f(파운드, lb)	0	100	200	300	400	500	600	700	800
편향 변위 x(인치, in)	0	0.15	0.23	0.35	0.37	0.5	0.57	0.68	0.77

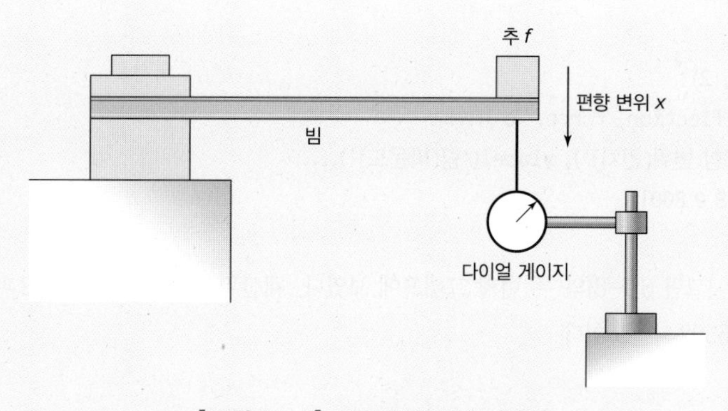

[그림 6.1-7] 빔의 편향 변위 측정

풀이

다음 MATLAB 스크립트 파일은 선형 직교축에서 두 개의 그래프를 만든다. 데이터는 배열 `deflection`과 `force`에 입력한다.

```
% 데이터 입력
force = 0: 100: 800;
deflection = [0, 0.15, 0.23, 0.35, 0.37, 0.5, 0.57, 0.68, 0.77]
% 선형 직교좌표 상에 데이터의 그래프 그리기
subplot(2, 1, 1)
plot(deflection, force, 'o'),...
   xlabel('편향 변위 (인치)'), ylabel('힘(파운드)'),...
   axis([0 0.8 0 800])
```

해당 그래프는 [그림 6.1-8]의 첫 그래프에 나와 있다. 데이터의 점들은 $f=kx+c$ 로 보통 쓰는 방정식으로 기술되는 직선상에 있는 것으로 보인다. 여기에서 k는 보의 용수철 상수(spring constant)라 불린다. k의 값은 앞의 스크립트 파일에 이어서 다음의 스크립트 파일에서와 같이 polyfit 명령어를 사용하여 결정할 수 있다.

```
% 직선을 데이터에 피팅 시킴
p = polyfit(deflection, force, 1)
% 여기서 k = p(1), c = p(2)
k = p(1)
c = p(2)
% 피팅된 직선과 데이터를 그림
x = deflection
f = k*x + c;
subplot(2, 1, 2)
plot(x, f, deflection, force, 'o'),...
   xlabel('편향 변위(인치)'), ylabel('힘(파운드)'),...
   axis([0 0.8 0 800])
```

해당 그래프는 [그림 6.1-8]의 두 번째 그래프에 보였다. 계산된 값들은 $k=1,082$ 파운드/인치이고 $c=-34.6592$ 파운드이다.

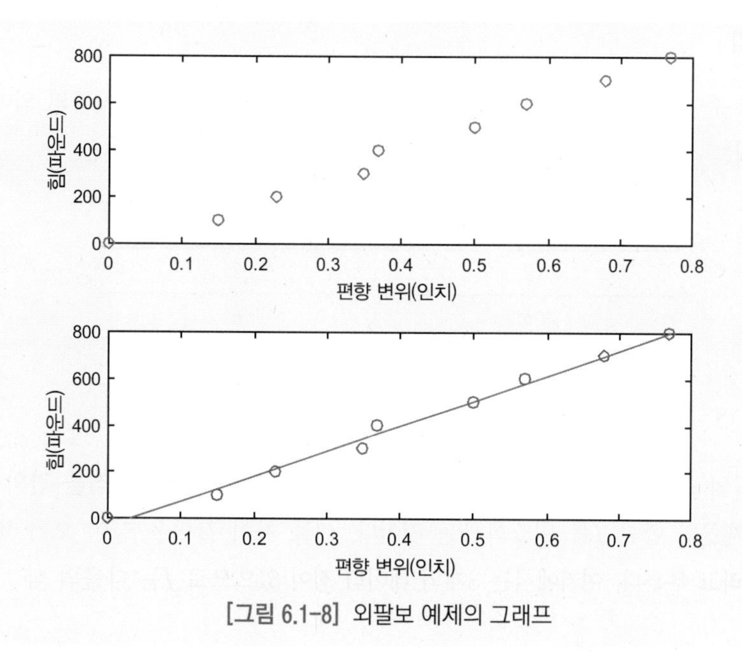

[그림 6.1-8] 외팔보 예제의 그래프

많은 응용에서 물리적 원리를 따르는 모델링을 필요로 한다. 예를 들어, 용수철의 힘-연장(force-extension) 모델은 반드시 원점 (0,0)을 지나며, 이는 용수철이 늘어나거나 수축되지 않았다면 아무런 힘도 발휘하지 못하기 때문이다. 따라서 선형 용수철 모델은 $c=0$인 $f=kx$ 형태여야만 한다. 6.2절에서 원점을 지나는 선형 모델에서 용수철 상수 k를 찾는 방법에 대해 소개한다.

6.2 회귀분석

6.1절에서는 MATLAB 함수 `polyfit`을 이용하여, 선형 함수나 또는 로그 함수나 다른 변환을 이용하여 선형으로 변환될 수 있는 함수에 대한 회귀분석을 하였다. `polyfit` 함수는 최소 제곱법에 근거하며, 이것은 또한 회귀분석(regression)이라고도 부른다. 이제 다항식이나 다른 형태의 함수를 개발하기 위하여 이 함수를 어떻게 이용하는지를 본다.

최소 제곱법

다음의 표에 주어진 3개의 데이터 점들이 있고, 다음의 데이터와 최소 제곱의 의미에서 가장 잘 피팅되는 직선 $y=mx+b$의 계수를 결정할 필요가 있다고 가정한다.

x	y
0	2
5	6
10	11

최소 제곱의 조건에 따르면, 가장 잘 피팅되는 직선은 선과 데이터 점들 간의 수직 거리 차이의 제곱의 합인 J를 최소화하는 것이다. 이들 차이 값들을 잔여 오차 또는 잔차(residuals)라고 부른다. 여기에서는 3개의 데이터 점이 있으므로 J는 다음의 식

$$
\begin{aligned}
J &= \sum_{i=1}^{3}(mx_i+b-y_i)^2 \\
&= (0m+b-2)^2+(5m+b-6)^2+(10m+b-11)^2
\end{aligned}
$$

으로 주어진다.

J를 최소화하는 m과 b의 값은 편미분 $\partial J/\partial m$와 $\partial J/\partial b$를 0으로 놓음으로써 구할 수 있다.

$$
\begin{aligned}
\frac{\partial J}{\partial m} &= 250m+30b-280=0 \\
\frac{\partial J}{\partial b} &= 30m+6b-38=0
\end{aligned}
$$

이 조건들은 2개의 미지수 m과 b를 구하기 위해 풀어야 할 2개의 방정식들을 준다. 해는 $m=0.9$와 $b=11/6$이다. 최소 제곱의 의미에서 가장 적합한 직선은 $y=0.9x+11/6$이다. 이 방정식을 데이터 값 $x=0,\ 5,\ 10$에서 계산하면, $y=1.833,\ 6.333,\ 10.8333$의 값을 얻는다. 이 값들은 직선이 데이터와 완벽하게 일치하지 않기 때문에, 주어진 데이터 값 $y=2,\ 6,\ 11$과는 다르다. J의 값은 $J=(1.833-2)^2+(6.333-6)^2+(10.8333-11)^2=0.16656689$이다. 다른 어떤 직선도 이 데이터에 대하여 이보다 적은 J 값을 주지는 못한다.

일반적으로, 다항식 $a_1x^n+a_2x^{n-1}+\cdots+a_nx+a_{n+1}$에 대하여, m개의 데이터에 대한 잔여 오차 값들의 제곱의 합은

$$J=\sum_{i=1}^{m}(a_1x_i^n+a_2x_i^{n-1}+\cdots+a_nx_i+a_{n+1}-y_i)^2$$

이다. J를 최소화하는 $n+1$개의 계수 a_i는 $n+1$개의 선형 연립 방정식을 풀어서 구할 수 있다. polyfit 함수는 이 해를 제공한다. 이 함수의 구문은 p = polyfit(x, y, n)이다. [표 6.2-1]은 함수 polyfit과 polyval 함수에 대해 정리하였다.

[표 6.2-1] 다항식 회귀분석을 위한 함수

명령	설명
p = polyfit(x, y, n)	벡터 x와 y에 의하여 나타나는 데이터에 피팅되는 n차의 다항식을 구하며, 여기에서 x는 독립 변수이다. 내림차순으로 나타나는 다항식의 계수로 구성된 길이 n+1의 행벡터 p를 출력한다.
[p, s, mu] = polyfit(x, y, n)	벡터 x와 y에 의하여 나타나는 데이터에 적합한 n차의 다항식을 구하며, 여기에서 x는 독립 변수이다. 내림차순으로 나타나는 다항식의 계수를 포함하는 길이 n+1의 행벡터 p와 예측에 대한 에러의 추정치를 얻기 위하여 polyval 함수를 사용하기 위한 구조체 s를 출력한다. 선택적인 출력 변수 mu는 변수 x의 평균과 표준편차를 포함하는 2개의 원소를 갖는 벡터이다.
[y, delta] = polyval(p, x, s, mu)	[p, s, mu] = polyfit(x, y, n)의 명령에 의하여 생성되는 선택적인 출력 구조체 s를 이용하여 에러의 예측치를 생성한다. polyfit이 사용된 데이터에서의 에러의 예측치가 독립이고 상수 값 분산을 갖는 정규분포를 이루면, 최소한도 50%의 데이터가 대역 y ± delta 안에 놓인다.

예제 6.2-1 다항식 차수의 영향

$x=1,\ 2,\ 3,\ \cdots,\ 9$와 $y=5,\ 6,\ 10,\ 20,\ 28,\ 33,\ 34,\ 36,\ 42$인 데이터 집합을 고려한다. 이 데이터에 피팅되는 1차에서 4차까지의 다항식을 구하고 결과를 비교하라.

풀이

다음의 스크립트 파일은 이 데이터에 대한 1차에서 4차까지의 다항식을 구하며, 각 다항식에서의 J값을 계산한다.

```
x = 1:9;
y = [5, 6, 10, 20, 28, 33, 34, 36, 42];
for k = 1:4
   coeff = polyfit(x,y,k)
   J(k) = sum ((polyval(coeff,x) - y).^2)
end
```

J 값은 유효 숫자 두 자리까지 나타내면, 72, 57, 42, 4.7이다. 이와 같이 기대했던 것처럼 다항식의 차수가 증가할수록 J의 값은 감소한다. [그림 6.2-1]은 이 데이터와 4개의 다항식을 보인다. 차수가 높아질수록 곡선 피팅(fitting)의 성능이 좋아짐에 주목한다.

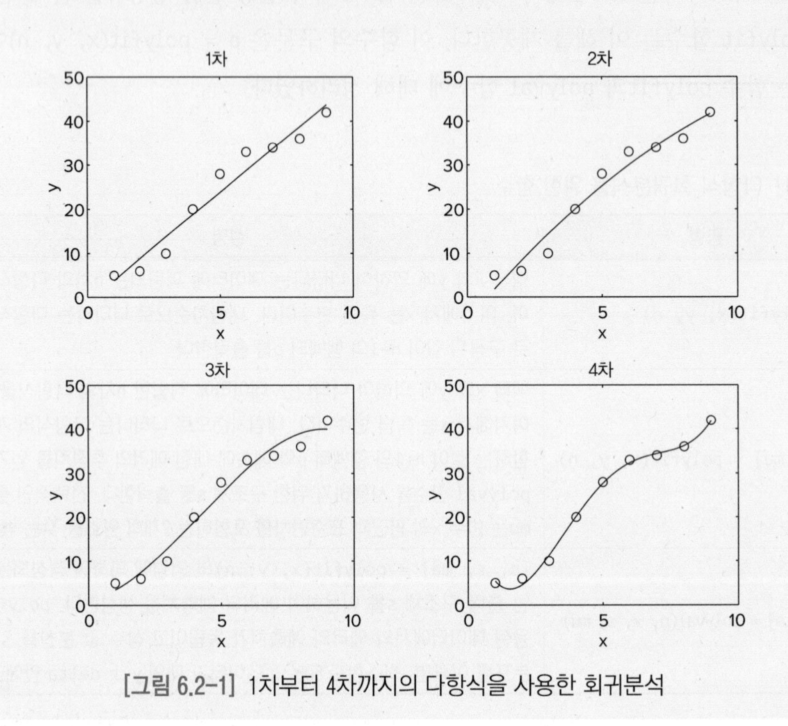

[그림 6.2-1] 1차부터 4차까지의 다항식을 사용한 회귀분석

주의: 최선의 근사식을 얻기 위해 고차다항식을 사용하고 싶을 것이다. 그러나 고차의 다항식을 이용하는 데에는 두 가지의 위험 요소가 있다. 고차 다항식은 종종 데이터 점들 사이에서 크게 요동칠 수 있으므로 가능하면 피해야 한다. [그림 6.2-2]는 이 현상에 대한 예를 보여준다. 고차 다항식을 이용하는 데 있어서 두 번째의 위험요소는 계수 값들을 많은 자릿수의 유효 숫자로 나타내지 않으면 큰 에러를 초래할 수 있다는 점이다. 어떤 경우는 저차 방정식으로 데이터를 피팅하는 것이 가능하지 않을 수 있다. 이런 경우에는 여러 개의 3차 다항식을 사용할 수 있다. 3차(큐빅) 스플라인(Cubic spline)이라 불리는 이 방법은 7장에서 다룬다.

이해력 테스트 문제

T6.2-1 다음 데이터: $x=0,\ 1,\ \cdots,\ 5$ 및 $y=0,\ 1,\ 60,\ 40,\ 41,\ 47$에 대하여 1차부터 4차 다항식을 구하고 그래프를 그려라. 계수와 J의 값을 구하라.
(답: 다항식은 $9.5714x+7.5714$; $-3.6964x^2+28.0536x-4.7500$; $0.3241x^3-6.1270x^2+32.4934x-5.7222$; 및 $2.5208x^4-24.8843x^3+71.2986x^2-39.5304x-1.4008$이다. 해당되는 J의 값은 각각 1534, 1024, 1017 및 495이다.)

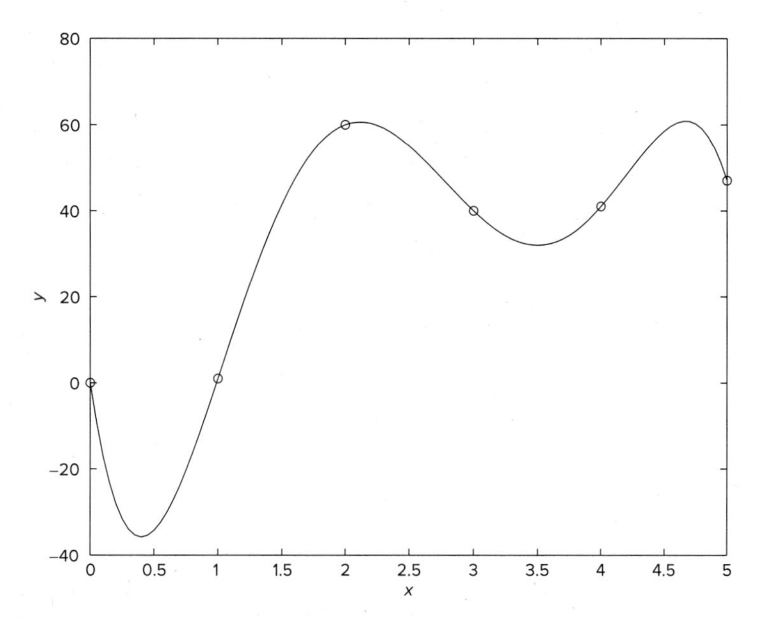

[그림 6.2-2] 6개의 데이터를 모두 통과하지만, 점들 사이에서 크게 벗어나는 것을 보이는 5차-다항식의 예

다른 함수와의 곡선 피팅

데이터 $(y,\ z)$가 주어졌을 때, 로그 함수 $y=m\ln z+b$는 z 값을 변환식 $x=\ln(z)$로 x값으로 변환하여 일차 다항식으로 바꿀 수 있다. 결과 함수는 $y=mx+b$이다.

데이터 $(y,\ z)$가 주어졌을 때, 함수 $y=b(10)^{m/z}$는 z 값을 변환식 $x=1/z$로 변환하여 지수함수로 바꿀 수 있다.

데이터 $(v,\ x)$가 주어졌을 때, 함수 $v=1/(mx+b)$은 데이터 값 v를 변환식 $y=1/v$로 변환하여 일차 다항식으로 변환할 수 있다. 결과 함수는 $y=mx+b$이다.

원점을 통과하는 함수 $y=kx$를 어떻게 얻는지를 보려면, [연습문제 8]을 본다.

곡선 피팅의 성능

함수 $f(x)$에 피팅하기 위하여 사용된 최소 제곱 조건은 잔여 오차의 제곱의 합인 J이다. J는

$$J=\sum_{i=1}^{m}[f(x_i)-y_i]^2 \tag{6.2-1}$$

으로 정의된다. J 값은 같은 데이터 피팅(fitting)에 사용되는 둘 이상의 함수들의 성능을 비교하는 데에도 사용할 수 있다. 가장 작은 J 값을 주는 함수가 가장 잘 피팅되는 함수이다.

y값과 평균값 $\overline{y}$ 와의 차이의 제곱의 합을 S라고 표시하며,

$$S=\sum_{i=1}^{m}(y_i-\overline{y})^2 \tag{6.2-2}$$

으로부터 계산된다. 이 공식은 곡선 피팅의 성능을 측정하기 위한 또 하나의 기준인, r-제곱 값으로도 알려진 결정 계수(coefficient of determination 또는 상관 계수(correlation coefficient))를 계산하는 데 사용할 수 있다. 이 값은

$$r^2=1-\frac{J}{S} \tag{6.2-3}$$

로 정의된다. 곡선 피팅이 완벽하면, $J=0$ 이 되고 따라서 $r^2=1$ 이 된다. 이와 같이 r^2 이 1 에 가까우면, 이 곡선 피팅이 잘 되었다는 의미이다. r^2 의 가장 큰 값은 1이다. S의 값은 데이터가 평균 주위로 얼마나 퍼져 있는지를 나타내며, J 값은 얼마나 많은 데이터가 모델과 어긋나는지를 나타낸다. 따라서 비율 J/S 는 모델에 의하여 어긋나는 비율을 나타낸다. J가 S보다 클 수도 있으며, 그래서 r^2 이 0보다 작을 수도 있다. 하지만 이런 경우는 사용되어서는 안 되는 매우 좋지 않은 모델임을 의미한다. 경험 법칙으로, 훌륭한 곡선 피팅은 데이터 변화의 최소한 99%가 맞아야 한다. 이 값은 $r^2 \geq 0.99$ 에 해당된다.

예를 들어, 다음의 표는 데이터 $s=1, 2, 3, \cdots, 9$ 와 $y=5, 6, 10, 20, 28, 33, 34, 36, 42$ 에 피팅되는 1차에서 4차까지의 다항식에 대한 J, S 및 r^2 값을 보인다.

차수 n	J	S	r^2
1	72	1,562	0.9542
2	57	1,562	0.9637
3	42	1,562	0.9732
4	4.7	1,562	0.9970

4차 다항식은 가장 큰 r^2값을 갖기 때문에, r^2 기준에 따라 1차부터 3차까지 다항식보다 데이터를 더 잘 표현함을 의미한다.

S와 r^2값을 계산하기 위하여, [예제 6.2-1]의 스크립트 파일의 끝에 다음의 줄을 추가한다.

```
mu = mean(y);
for k = 1: 4
   S(k) = sum((y - mu).^2);
   r2(k) = 1 - J(k)/S(k);
end
S
r2
```

데이터의 스케일링

계수를 계산하는 데 있어서 계산 오류의 영향은 x 값을 적절히 스케일링하여 줄일 수 있다. 함수 `polyfit(x, y, n)`이 실행될 때, 만약 다항식의 차수 n이 데이터의 수와 같거나 크다면(MATLAB이 계수를 계산하는 데 필요한 방정식이 충분하지 않기 때문에), 또는 벡터 x가 반복되거나 거의 반복하는 점들을 갖고 있거나, 벡터 x를 중앙으로 보내야 하거나 스케일링을 해야 될 경우, MATLAB은 경고 메시지를 내보낸다. 또 다른 구문 `[p, s, mu] = polyfit(x, y, n)`은 변수

$$\hat{x}= (x-\mu_x)/\sigma_x$$

에 관하여 n차 다항식의 계수 p를 구한다. 출력 변수 `mu`는 2개의 원소를 갖는 벡터 $[\mu_x,\ \sigma_x]$이며, 여기에서 μ_x는 x의 평균, σ_x는 x의 표준편차이다(표준편차는 7장에서 다룬다).

`polyfit`을 사용하기 전에 직접 데이터를 스케일링할 수 있다. 몇 개의 보편적인 스케일링

방법은 x의 범위가 작으면

$$\hat{x}=x-x_{\min} \quad \text{또는} \quad \hat{x}=x-\mu_x$$

를, x의 범위가 크면

$$\hat{x}=\frac{x}{x_{\max}} \quad \text{또는} \quad \hat{x}=\frac{x}{x_{mean}}$$

를 이용한다.

예제 6.2-2 교통 흐름의 예측

다음의 데이터는 10년 동안 매년 교량을 통과한 자동차의 수(단위는 백만)이다. 데이터를 3차 다항식으로 곡선 피팅하고, 이를 사용하여 2010년도의 흐름을 예측하라.

연도	2000	2001	2002	2003	2004	2005	2006	2007	2008	2009
차량 흐름(백만대)	2.1	3.4	4.5	5.3	6.2	6.6	6.8	7	7.4	7.8

풀이

만약 이 데이터로 다음 세션에서와 같이 3차 곡선 피팅을 하면, 경고 메시지를 받게 된다.

```
>> Year = 2000: 2009;
>> Veh_Flow = [2.1, 3.4, 4.5, 5.3, 6.2, 6.6, 6.8, 7, 7.4, 7.8];
>> p = polyfit(Year, Veh_Flow,3)
경고: 다항식의 조건수가 나쁩니다. 다른 X값을 갖는 점들을 추가하거나, 다항식의 차수를 줄이거나,
HELP POLYFIT 항목의 설명에 따라 정규화를 시도하십시오.
```

문제는 독립변수 Year의 값이 큰 것이 원인이다. 독립변수의 변화 범위가 작기 때문에, 간단히 각각의 변수 값에서 2,000을 뺀다. 세션을 다음과 같이 계속한다.

```
>> x = Year - 2000; y = Veh_Flow;
>> p = polyfit(x, y, 3)
p =
   0.0087   -0.1851   1.5991   2.0362
>> J = sum((polyval(p,x) - y).^2);
>> S = sum((y - mean(y)).^2);
>> r2 = 1 - J/S
```

```
r2 =
   0.9972
```

이 다항식 피팅은 결정 계수가 0.9972이므로 훌륭하다. 구한 다항식은

$$f=0.0087(t-2000)^3-0.1851(t-2000)^2+1.5991(t-2000)+2.0362$$

이며, 여기에서 f는 자동차의 교통 흐름을 백만 대 단위로 나타낸 것이고, t는 0부터 특정된 연 단위의 시간이다. 이 방정식에 $t=2010$을 대입하거나 또는 MATLAB에서 `polyval(p, 10)`을 입력하여 2010년에서의 교통의 흐름을 예측할 수 있다. 소숫점 아래 한자리로 반올림한 답은 8.2 백만 대이다.

이해력 테스트 문제

T6.2–2 1790년부터 1990년 사이의 미국 인구조사 데이터가 MATLAB이 제공하는 `census.dat`라는 파일에 저장되어 있다. 이 데이터를 불러오려면 `load census`를 입력한다. 첫 번째 열의 cdate는 조사 년도를, 두 번째 열인 pop는 백만 명 단위로 된 인구수를 가지고 있다. 먼저 3차 다항식으로 데이터를 피팅해본다. 만약 경고 메시지를 받으면 데이터의 연도에서 1,790을 차감한 후 3차 다항식 피팅을 한다. 상관 계수 (correlation coefficient) 값을 계산하고 1965년의 인구수를 추정하라.
(답: $y=3.8850\times10^{-6}x^3+5.3845\times10^{-3}x^2-2.2203\times10^{-3}x+4.2644$ 여기에서 $x=cdate-1790$, 상관 계수 값 $r^2=0.9988$, 1965년의 추정 인구수는 1억8천9백만이다.)

잔여 오차 (Residual)의 사용법

이제 데이터를 나타내는 적절한 함수를 고르기 위한 지침으로 잔여 오차(residual)를 어떻게 사용하는지를 보여준다. 일반적으로, 잔여 오차의 그래프에서 어떤 패턴이 보이면, 이 사실은 데이터를 더 잘 나타내는 다른 함수를 찾을 수 있다는 것을 의미한다.

예제 6.2-3 박테리아 증식 모델링

다음 표는 시간에 따른 어떤 박테리아 수의 증가를 나타내는 데이터이다. 이 데이터에 곡선 피팅한 식을 구하라.

시간(분)	박테리아 수(ppm)	시간(분)	박테리아 수(ppm)
0	6	10	350
1	13	11	440
2	23	12	557
3	33	13	685
4	54	14	815
5	83	15	990
6	118	16	1170
7	156	17	1350
8	210	18	1575
9	282	19	1830

풀이

3개의 다항식 피팅(선형, 2차식, 3차식)과 하나의 지수함수만을 시도해본다. 스크립트 파일은 아래와 같다. 지수함수는 $y=b(10)^{mt}=10^{mt+a}$ 으로 적을 수 있으며, 여기에서 $b=10^a$ 임을 주목한다.

```
% 시간 데이터
x = 0: 19;
% 박테리아 수 데이터
y = [6, 13, 23, 33, 54, 83, 118, 156, 210, 282,...
    350, 440, 557, 685, 815, 990, 1170, 1350, 1575, 1830];
% 선형 피팅
p1 = polyfit(x, y, 1);
% 2차 다항식 피팅
p2 = polyfit(x, y, 2);
% 3차 다항식 피팅
p3 = polyfit(x, y, 3);
% 지수 함수 피팅
p4 = polyfit(x, log10(y), 1);
% 잔여 오차
res1 = polyval(p1, x) - y;
```

```
res2 = polyval(p2, x) - y;
res3 = polyval(p3, x) - y;
res4 = 10.^polyval(p4, x) - y;
```

잔여 오차의 그래프는 다음 [그림 6.2-3]과 같이 그려진다. 잔여 오차의 크기를 주의 깊게 본다. 3차의 크기가 그중에서 가장 작다. 선형 피팅의 잔여 오차는 확연한 패턴을 보이고 있다는 것을 주목한다. 이것은 일차 함수가 데이터의 곡선에 맞지 않음을 나타낸다. 2차 함수 피팅의 잔여 오차는 훨씬 더 작지만, 랜덤한 요소와 더불어 아직 어떤 패턴을 갖고 있다. 이 결과는 2차 함수도 또한 데이터의 곡선과 맞지 않음을 나타낸다. 3차 함수 피팅에 대한 잔여 오차는 더욱 작으며, 강한 패턴이나 큰 랜덤한 요소는 보이지 않는다. 이 결과에서 3차보다 높은 차수의 함수를 이용한 피팅 결과는 3차 함수보다 더 데이터의 곡선과 잘 맞게 할 수 없을 것임을 나타낸다. 지수함수에 대한 잔여 오차는 이 중에서 가장 크고, 피팅이 가장 잘 안 되었음을 나타낸다. 또한 지수함수는 시간 t에 따라 잔여 오차가 증가하여, 그래서 어떤 시간 후에는 데이터의 변화를 나타낼 수 없다는 것에 주목한다.

이와 같이 3차 함수는 고려된 4가지 모델 중에 체계적으로 가장 좋은 피팅 특성을 나타낸다. 결정 계수는 $r^2=0.9999$ 이다. 모델은

$$y=0.1916t^3+1.2082t^2+3.607t+7.7307$$

이며, 여기에서 y는 ppm 단위의 박테리아 수이며, t는 분으로 나타낸 시간이다.

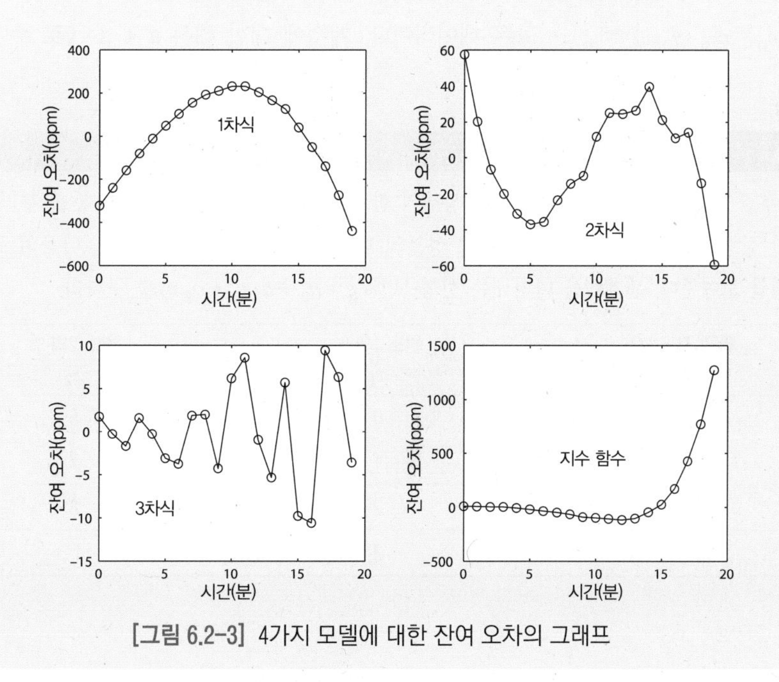

[그림 6.2-3] 4가지 모델에 대한 잔여 오차의 그래프

이해력 테스트 문제

T6.2-3 [T6.2-2]를 참고한다. 스케일링 처리된 데이터를 사용하여 세 가지 다항식 피팅(선형, 2차, 3차)과 지수 함수 피팅을 해본다. 이들의 잔여 오차 그래프들을 그리고, 어느 함수가 가장 최적인지를 결정하라.

다변수 선형 회귀분석

y를 두 개 또는 그 이상의 변수 $x_1, x_2, \cdots$의 선형함수라고 가정한다. 예를 들면, $y = a_0 + a_1x_1 + a_2x_2$ 이다. 최소 제곱의 의미로 데이터 집합 (y, x_1, x_2)에 맞는 계수값 a_0, a_1, a_2를 구하려면, 연립 방정식이 과잉결정(overdetermined) 상태일 때, 선형 연립방정식을 풀기 위한 좌측 나눗셈 방법이 최소 제곱법을 이용한다는 사실을 이용할 수 있다. 이 방법을 사용하기 위해서는 n을 데이터 점의 수라고 하고 선형방정식을 행렬식으로 $\mathbf{Xa} = \mathbf{y}$ 와 같이 나타내며, 여기에서

$$\mathbf{a} = \begin{bmatrix} a_0 \\ a_1 \\ a_2 \end{bmatrix} \quad \mathbf{X} = \begin{bmatrix} 1 & x_{11} & x_{21} \\ 1 & x_{12} & x_{22} \\ 1 & x_{13} & x_{23} \\ \vdots & \vdots & \vdots \\ 1 & x_{1n} & x_{2n} \end{bmatrix} \quad \mathbf{y} = \begin{bmatrix} y_1 \\ y_2 \\ y_3 \\ \vdots \\ y_n \end{bmatrix}$$

이며, $x_{1i}, x_{2i}, y_i, i = 1, \cdots, n$은 데이터이다. 계수에 대한 해는 a = X\y로 주어진다.

예제 6.2-4 파괴 강도와 합금 성분

금속 부품들의 강도를 합금을 이루는 성분의 함수로 예측하고자 한다. 금속 봉을 부러뜨리는데 필요한 장력 y는 금속에 내재하는 합금 성분의 퍼센트 x_1과 x_2의 함수이다. 다음의 표는 관련 데이터를 보여준다. 관계식을 나타내는 선형 모델 $y = a_0 + a_1x_1 + a_2x_2$를 구하라.

파괴 강도(kN) y	원소 1의 % x_1	원소 2의 % x_2
7.1	0	5
19.2	1	7
31	2	8
45	3	11

풀이

스크립트 파일은 다음과 같다.

```
x1 = (0: 3)'; x2 = [5, 7, 8, 11]';
y = [7.1, 19.2, 31, 45]';
X = [ones(size(x1)), x1, x2];
a = X\y
yp = X*a;
Max_Percent_Error = 100*max(abs((yp - y)./y))
```

벡터 yp는 이 모델로부터 예측한 파괴 강도 값들의 벡터이다. 스칼라 Max_ Percent_Error는 4개의 예측에서의 최대 오차율이다. 결과 값은 a = [0.8000, 10.2429, 1.2143]'이고 Max_ Percent_Error = 3.2193이다. 따라서 이 모델은 $y=0.8+10.2429x_1+1.2143x_2$ 이다. 주어진 데이터와 비교할 때 이 모델의 최대 퍼센트 오차는 3.2193퍼센트이다.

이해력 테스트 문제

T6.2-4 아래 표의 데이터 간의 관계를 설명해주는 선형 모델 $y=a_0+a_1x_1+a_2x_2$ 를 구하라.

y	x_1	x_2
3.8	7.5	6
5.6	12	9
6	13.5	10.5
5	16.5	18
5.8	19.5	21
5.6	21	25.5

(답: $y=1.3153+0.6043x_1-0.3386x_2$
최대 퍼센트 오차는 4.1058%. 최대 오차는 0.2299이다.)

매개변수 선형 회귀분석

때때로 다항식도 아니고 로그 또는 다른 변환으로 1차 함수로 변환할 수도 없는 함수로 곡선 피팅을 하고 싶은 경우가 있다. 이 경우 해당 함수가 매개변수에 관하여 일차식이면, 최소 제곱법을 사용하여 그 함수를 피팅할 수 있다. 다음 예제에서 이 방법을 설명한다.

예제 6.2-5 의공학 기기의 응답

측정기기를 개발하는 공학자들은 가끔 그 기기가 얼마나 빨리 측정을 할 수 있는지를 나타내는 응답 곡선(response curve)을 얻을 필요가 있다. 측정 기기 이론에 따르면 응답은 종종 다음 식 중 하나로 표현할 수 있음을 보이고 있다. 여기에서 v는 출력 전압, t는 시간이다. 이 2가지 모델 모두에서, 전압은 $t \to \infty$가 될 때 안정 상태의 일정한 값으로 접근한다. T는 전압이 안정 상태 값의 95%가 되는 데 걸리는 시간이다.

$$v(t) = a_1 + a_2 e^{-3t/T} \qquad \text{(1차 모델)}$$

$$v(t) = a_1 + a_2 e^{-3t/T} + a_2 t e^{-3t/T} \qquad \text{(2차 모델)}$$

다음의 데이터는 어떤 장치의 출력 전압을 시간의 함수로 나타낸다. 이 데이터를 나타낼 수 있는 함수를 구하여라.

$t(s)$	0	0.3	0.8	1.1	1.6	2.3	3
$v(V)$	0	0.6	1.28	1.5	1.7	1.75	1.8

풀이

데이터의 그래프를 그려보면, 전압이 일정한 상수 값이 되는 데 걸리는 시간이 약 3초 정도 되는 것으로 추정할 수 있다. 따라서 $T=3$이라고 추정한다. 각각 n개의 데이터 점들에 대하여 작성된 1차 모델은 n개의 방정식을 만들며, 다음

$$\begin{bmatrix} 1 & e^{-t_1} \\ 1 & e^{-t_2} \\ \vdots & \vdots \\ 1 & e^{-t_n} \end{bmatrix} \begin{bmatrix} a_1 \\ a_2 \end{bmatrix} = \begin{bmatrix} y_1 \\ y_2 \\ \vdots \\ y_n \end{bmatrix}$$

과 같이 나타내거나, 또는 행렬식의 형태로

$$\mathbf{Xa} = \mathbf{y}'$$

로 나타낼 수 있으며, 좌측 나눗셈을 이용하여 계수 벡터 $\mathbf{a}$에 대하여 풀 수 있다. 다음의 MATLAB 스크립트는 이 문제를 푼다.

```
t = [0, 0.3, 0.8, 1.1, 1.6, 2.3, 3];
y = [0, 0.6, 1.28, 1.5, 1.7, 1.75, 1.8];
X = [ones(size(t)); exp(-t)]';
a = X\y'
```

답은 $a_1=2.0258$ 및 $a_2=-1.9307$이다.

2차 모델의 경우도 유사한 절차로 따라할 수 있다.

$$\begin{bmatrix} 1 & e^{-t_1} & t_1e^{-t_1} \\ 1 & e^{-t_2} & t_2e^{-t_2} \\ \vdots & \vdots & \vdots \\ 1 & e^{-t_n} & t_ne^{-t_n} \end{bmatrix} \begin{bmatrix} a_1 \\ a_2 \\ a_3 \end{bmatrix} = \begin{bmatrix} y_1 \\ y_2 \\ \vdots \\ y_n \end{bmatrix}$$

먼저의 스크립트를 계속하면 다음과 같다.

```
X = [ones(size(t)); exp(-t); t.*exp(-t)]';
a = X\y'
```

답은 $a_1=1.7496$, $a_2=-1.7682$, $a_3=0.8885$이다. 이 두 개 모델의 그래프는 [그림 6.2-4]에 데이터와 함께 나타내었다. 2차 모델이 피팅이 더 잘됨을 분명히 알 수 있다.

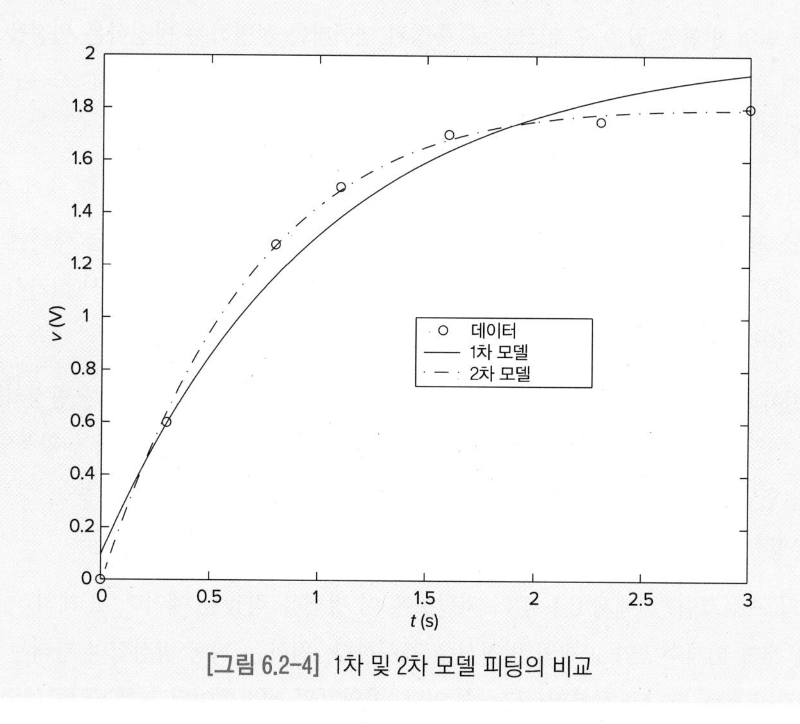

[그림 6.2-4] 1차 및 2차 모델 피팅의 비교

이해력 테스트 문제

T6.2-5 용수철과 댐퍼(완충제)에 연결된 물체의 초기 속도는 v_0 (cm/s)이고, 변위는 x_0 (cm)이다. 물리학과 수학으로부터 변위 x는 시간의 함수인 다음의 공식으로 주어진다고 알려져 있다. (8장 참고)

$$x(t)=\left(\frac{5x_0}{3}+\frac{v_0}{3}\right)e^{-2t}-\left(\frac{2x_0+v_0}{3}\right)e^{-5t}$$

변위는 0.2초마다 측정되었다. 측정된 변위 대 시간은 아래 표에 주어진다.

t (초)	0	0.2	0.4	0.6	0.8	1	1.2	1.4	1.6	1.8	2
x (cm)	1.9	2.1	1.7	1.2	0.9	0.6	0.4	0.3	0.2	0.1	0.1

초기 변위와 속도를 추정하라.
(답: $x_0=1.9044$, $v_0=4.2090$)

특정 점을 통과하는 곡선 피팅

[그림 6.1-7]에 보인 외팔보(Cantilever beam)를 고려한다. 보의 편향 변위 x는 보의 끝 부분에 수직으로 가해진 힘 f에 의해 끝 부분이 움직인 거리이다. 상식적으로 힘이 가해지지 않았으면 빔의 변형은 있을 수 없으므로 측정된 데이터를 설명하는 방정식은 원점을 지나가야만 한다. 따라서 측정 데이터가 선형적인 관계에 있다면 그 관계는 반드시 $f=kx$ 의 형태이어야 한다. 여기서 상수 k는 용수철 상수 또는 탄성 상수라고 불린다.

일반적으로 $y=mx+b$ 형태의 선형 모델에서 경우에 따라 $b=0$ 이어야 할 때가 있다. 하지만 최소 제곱법을 이용하게 되면 데이터들의 산포(scatter)와 측정 오차들 때문에 보통 0이 아닌 b의 값이 나오게 된다. 따라서 `p = polyfit(x, y, 1)` 함수 사용 시 `p(2)`가 보통 0이 아닌 값이 나오게 되어 이 경우 사용할 수 없다.

y 절편이 0인 $y=mx$ 형태의 모델을 구하기 위해서는, 미지수들의 수보다 방정식들의 수가 많은 연립방정식에서 최소 제곱법을 사용하여 해를 구하는 좌측 나눗셈을 활용할 수 있다. 이런 연립방정식은 과잉결정 상태라고 말한다. 과잉결정 연립방정식을 푸는 것은 8.4절의 주제이다.

다음의 프로그램은 [예제 6.1-4]의 외팔보에 이 방법을 적용한 예이다. 10개의 데이터 점들은 한 개의 미지수 k와 10개의 방정식을 표시한다. 원하는 피팅 방정식의 형태는 $f=kx$ 이고 스칼라 k는 $k=f/x$ 로부터 구할 수 있다. 만약 f와 x의 데이터가 행벡터로 저장되었다면, 좌측 나눗셈을 활용하여 `k = x'\f'`와 같이 쓰여져야 한다. 프로그램은 다음과 같다.

```
% 편향 변위 및 힘 데이터
x = [0, 0.15, 0.23, 0.35, 0.37, 0.5, 0.57, 0.68, 0.77]
f = 0: 100: 800;
k = x'\f'
```

실행 결과 k는 1,017파운드/인치이다.

만약 이 모델이 원점이 아닌, 즉 점 $(x_0,\ y_0)$를 반드시 통과해야 하고 이 점이 이 방정식의 정확한 해인 것을 알고 어서 $y_0=mx_0+b$라고 알려져 있다고 가정한다. 이 경우 모든 x들의 값에서 x_0를 빼고 모든 y들의 값에서 y_0를 뺀다. 즉 $u=x-x_0$, $w=y-y_0$로 치환한다. 이렇게 하면 결과적으로 $w=mu$ 형태의 방정식으로 바뀌게 되고, 계수 m은 좌측 나눗셈으로 구할 수 있다. 즉, MATLAB에서 u와 w가 이렇게 변환된 데이터를 가지는 행벡터들일 때 `m = u'\w'`와 같이 쓸 수 있다.

로지스틱(Logistic) 모델

집단의 개체수(population)는 무제한의 자원이 제공될 때(풍부한 음식과 공간이 제공되고 포식자가 없는 상태) 그 개체수와 비례하여 증가하는 경향이 있음이 알려져 있다. 이는 r을 증가율이라고 하고 시간 $t=0$에서의 초기값을 y_0라고 할 때 개체수를 지수함수인 $y(t)=y_0e^{rt}$로 표현할 수 있게 한다. 하지만 최대 개체수에 제한이 있는 경우에는 증가율이 줄어들고 0이 될 수도 있다. 이 때는 보통 다음의 로지스틱 증가 모델을 사용하여 개체수를 모델링한다.

$$y(t)=\frac{c}{1+ae^{-bt}} \tag{6.2-4}$$

여기서 개체수는 시간 $t\to\infty$일 때 $y=c$로 접근한다. c는 환경의 수용 용량(carrying capacity)이라고 불린다. 개체수의 초기값은 $y_0=1/(1+a)$이다. 이 모델은 생물학적인 개체수의 모델링 외에도 많은 다른 형태의 증가, 특히 경제학에 많이 적용되어 왔다. 예를 들어, 이 모델은 시간에 따른 휴대폰 구매 비율을 매우 잘 모델링하는 것으로 알려져 있다.

이 로지스틱 모델은 지금까지 살펴본 함수들의 분류 중 하나에 해당하지 않는다. 이것은 선형함수, 멱함수, 지수함수, 다항식 함수 중 어느 형태도 아니기 때문에 MATLAB의 `polyfit`을 사용해서는 안 된다(이 함수들로 모델링하면 예측력에 문제가 생길 수 있다).

로지스틱 모델에는 구해야 할 파라미터가 3개 있다. 하지만 파라미터 c의 값은 많은 경우 미리 주어진다. 예를 들어, 10,000명의 사람들이 있는 집단에서 독감의 확산을 모델링한다면, c=10,000이다. 다른 예로, 데이터가 최대가 100% 값이면, c=100이다. c의 값을 아는 상태이면 나머지 두 개의 파라미터 a와 b의 값을 구하기 위해 최소 제곱법에 기반을 둔 다음 방법을 사용할 수 있다.

먼저 c=100인 이 로지스틱 함수를 위해 함수 값들을 제곱하고 그 합을 계산하는 함수를 다음과 같이 만든다.

```
function sse = sse_logistic(x, tdata, ydata)
% 로지스틱 함수 y = 100/(1 + a*exp(-bt))을 피팅한다.
a = x(1);
b = x(2);
sse = sum((ydata - 100./(1 + a*exp(-b*tdata))).^2);
end
```

fminsearch 솔버는 하나의 배열 변수 x의 함수에 대해서만 사용할 수 있다. 하지만 이 sse_logistic 함수는 세 개의 배열을 입력으로 한다. 이 제약을 피해 가기 위하여 fminsearch를 위한 목적함수로 x 하나만을 함수로 정의한다.

```
fun_logistic = @(x) sse_logistic(x, tdata, ydata);
```

그러면 다음과 같이 fminsearch를 호출할 수 있다.

```
coeffs = fminsearch(fun_logistic, x0)
```

여기서 x_0는 계수 a와 b에 대한 초기 추측값을 가진 배열이다. 이들 계수에 대한 가장 좋은 추정값은 coeffs 배열 안에 있게 된다.

예제 6.2-6 로지스틱 모델 피팅

다음 표의 데이터는 시간에 따른 퍼센트 값의 변화를 보인다. 표의 데이터를 로지스틱 함수로 피팅하라.

t	0	1	2	3	4	5	6	7	8	9	10	11	12	13	14	15
y	13	16	20	25	31	39	45	49	55	63	69	77	82	86	89	92

풀이

프로그램은 다음과 같다.

```
tdata = 0:1:15;
ydata = [13, 16, 20, 25, 31, 39, 45, 49, ...
55, 63, 69, 77, 82, 86, 89, 92];
fun_logistic = @(x)sse_logistic(x,tdata,ydata);

% 계수 a와 b의 값을 추측한다.
x0 = [1, 1];
coeffs = fminsearch(fun_logistic, x0);
a = coeffs(1), b = coeffs(2)

% 함수의 그래프를 그린다.
t = 0:0.001:15;
y = 100./(1 + a*exp(-b*t));
subplot(2, 1, 1)
plot(tdata, ydata, '.', t, y), xlabel('t'), ylabel('y')

% 잔여 오차의 그래프를 그린다.
yest = 100./(1 + a*exp(-b*tdata));
res = yest - ydata;
subplot(2, 1, 2)
plot(tdata, res, tdata, res, '*'), xlabel('t'), ylabel('잔여오차')

function sse = sse_logistic(x, tdata, ydata)
% 로지스틱 함수 y = 100/(1 + a*exp(-bt))을 피팅한다.
a = x(1);
b = x(2);
sse = sum((ydata - 100./(1 + a*exp(-b*tdata))).^2);
end
```

계수들 값에 대한 답은 $a=6.9948$, $b=0.2817$ 이다. 그래프는 [그림 6.2-5]에 나타내었다. 임의로 추측한 a와 b의 시작값들은 이 최종값들과 가깝지 않았다. 따라서 수렴(convergence)이 잘 되는 것을 알 수 있다.

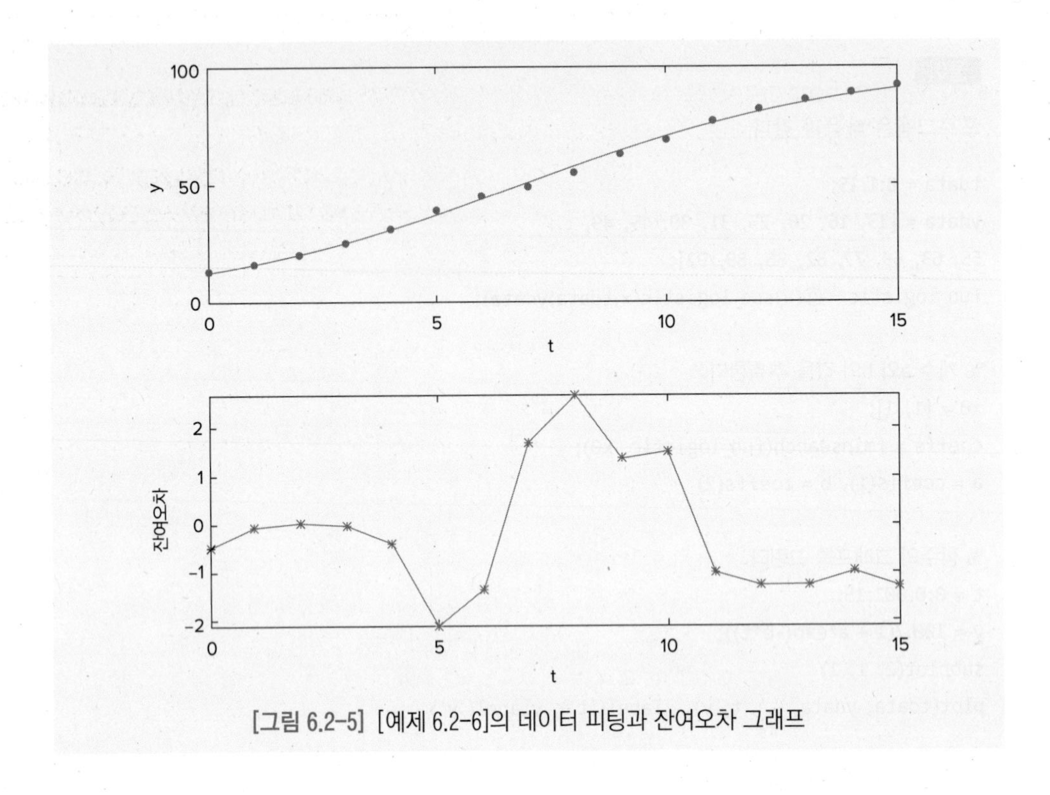

[그림 6.2-5] [예제 6.2-6]의 데이터 피팅과 잔여오차 그래프

6.3 기본 피팅 인터페이스

MATLAB은 기본 피팅 인터페이스를 통해 곡선 피팅을 지원한다. 이 인터페이스를 이용하면, 일관되고 쉽게-사용-가능한 환경에서 기본적인 곡선 피팅 작업을 빠르게 수행할 수 있다. 인터페이스는 다음 사항을 할 수 있도록 설계되어 있다.

- 3차 스프라인 또는 10차까지의 다항식을 사용하여 데이터 피팅을 한다.
- 주어진 데이터 집합에 대해 여러 개의 곡선 피팅 그래프를 동시에 그린다.
- 잔여 오차의 그래프를 그린다.
- 곡선 피팅의 결과를 수치적으로 검사한다.
- 보간이나 외삽을 한다.
- 수치적인 곡선 피팅의 결과와 잔여 오차의 노름(norm)을 그래프에 주석을 단다.
- MATLAB 작업공간에 곡선 피팅 결과와 계산된 값들을 저장한다.

곡선 피팅이 사용되는 특정 응용 상황에 따라서, 기본 피팅 인터페이스와 명령 함수, 또는 둘 모두를 이용할 수 있다. 주의할 점은 기본 피팅 인터페이스는 2차원 데이터만을 이용할 수 있다. 하지만 만약 서브플롯으로 다수의 데이터 세트의 그래프로 그리고, 적어도 하나의 데이터가 2차원이라면, 그 때 이 인터페이스는 사용 가능해진다.

[그림 6.3-1]은 기본 피팅 인터페이스의 대화 상자를 보여준다. 이 상태를 재생하기 위하여

1. 데이터를 그린다.
2. 그림(Figure) 창의 **툴(Tools)** 메뉴로부터 **기본 피팅**을 선택한다.

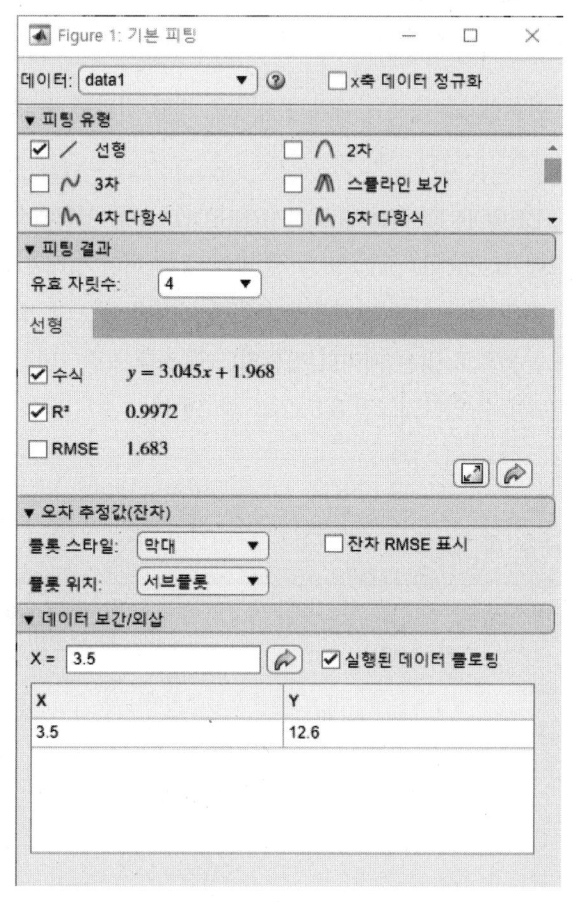

[그림 6.3-1] 기본 피팅 인터페이스(출처: MATLAB)

대화상자의 맨 윗 부분에 피팅 유형(TYPES OF FIT) 영역이 보이고 데이터 이름은 자동으로 data1으로 표시된다. **x축 데이터 정규와(Center and scale x-axis data)**를 선택하면 평균이 0이 되고 표준편차가 1이 되도록 데이터의 중심을 이동하고 값들을 조정한다. 후속

되는 수치 계산에서의 정확도를 높이기 위하여 중심을 이동하고 값의 크기를 조정하는 정규화가 필요할 수 있다. 둘 이상의 데이터 집합에도 적용할 수 있다.

다음은 원하는 피팅 유형을 선택한다. 피팅 결과(FIT RESULTS) 영역을 열면 피팅된 방정식과 결정 계수 r^2 및 RMSE 값(잔여 오차들을 제곱하여 합한 값에 대한 제곱근)을 보여준다. 이 항목들을 체크하면 값들이 그림 창에도 표시된다. 주어진 데이터 집합에 대해 여러 종류의 피팅 형태를 원하는 만큼 선택할 수 있다. 하지만 만일 데이터 집합이 n개의 점을 가진다면, 최대 n개의 계수를 가진 다항식을 사용하여야 한다. n보다 많은 계수를 갖는 다항식을 선택하면, 인터페이스는 다항식이 고유하지 않다는 경고 메시지를 보여준다. 피팅된 식의 계수 값들을 디스플레이할 때 몇 자리의 유효숫자를 이용할지도 지정할 수 있다.

이 영역의 오른쪽 아래에 보이는 두 개의 버튼들은 피팅 결과를 확대해서 보여주게 하거나 작업 공간으로 결과를 내보내는 데 사용된다.

오차 추정값(잔차)(ERROR ESTIMATION (RESIDUALS)) 영역에서는 잔여 오차를 막대 그래프, 산점도 그래프(scatter plot) 또는 선 그래프 중 어떤 형태로 그릴지를 선택할 수 있다. 또한 데이터와 같은 그림 창에 그래프를 보일지 아니면 별도의 그림 창을 사용할지를 선택할 수 있다. 서브플롯으로 많은 데이터 집합의 그래프를 그린다면, 잔여 오차의 그래프는 별도의 창에서만 보일 수 있다. [그림 6.3-2]를 참고한다.

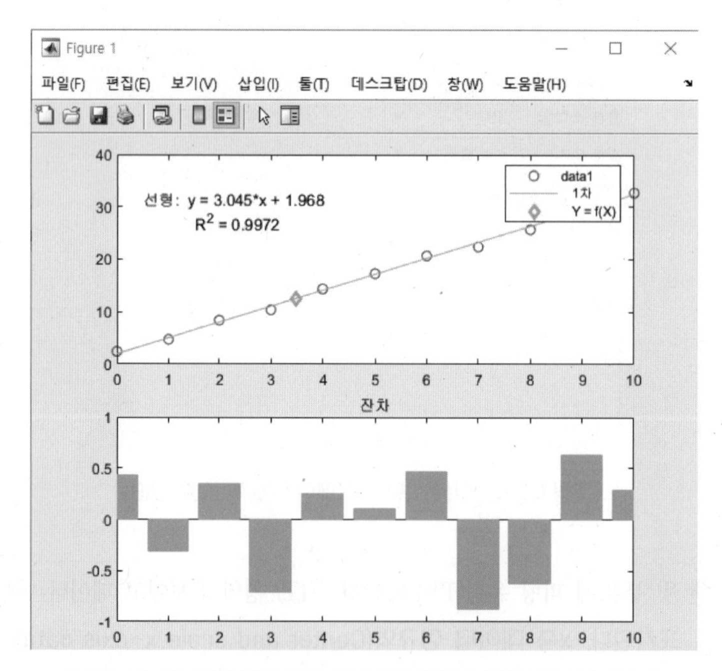

[그림 6.3-2] 기본 피팅 인터페이스가 만든 그림(출처: MATLAB)

네 번째 영역인 데이터 보간/외삽(INTERPOLATION/EXTRAPOLATION DATA) 항목은 피팅된 함수를 이용하여 보간(interpolation) 또는 외삽(extrapolation)을 할 수 있게 한다. 독립변수(x)에 대응되는 스칼라 또는 벡터 값을 입력하고 **실행** 버튼을 클릭하면, 현재의 피팅에 따른 값이 계산된다. 그 결과를 그림 창에 보이도록 선택할 수도 있다.

이해력 테스트 문제

T6.3-1 1790년부터 1990년 사이의 미국 인구조사 데이터가 MATLAB이 제공하는 `census.dat`라는 파일에 저장되어 있다. 이 데이터를 불러오려면 `load census`를 입력한다. 첫 번째 열의 cdate는 연도를, 두 번째 열인 pop는 백만 단위 기준의 인구수를 갖고 있다. 기본 피팅 인터페이스를 이용하여 이 문제를 풀어라. 먼저 3차 다항식에 데이터를 피팅해본다. 만약 경고 메시지를 받으면 인터페이스에서 **x축 데이터 정규화** 항목을 체크하여 데이터의 중심을 이동하고 스케일링을 한 후 3차 다항식에 피팅해본다. 이 인터페이스를 이용하여 1965년의 인구수를 추정하라.

(답: $y=0.921z^3+25.183z^2+73.86z+61.744$

여기에서 z = (cdate − 1890)/62.048. 1965년의 추정 인구수는 1억 8천 9백만이다.)

6.4 요약

이 장에서는 그래프 그리기의 중요한 응용인 – 함수 찾기 – 데이터를 표현하는 수학적인 함수를 얻기 위하여 데이터 그래프를 이용하는 기술에 대하여 배웠다. 회귀분석은 데이터들이 매우 분산되어 있는 경우의 모델을 만드는 데 사용된다.

많은 물리적 프로세스들을 적절한 좌표축을 이용하여 그렸을 때 직선을 만드는 함수로 모델링할 수 있다. 어떤 경우에 있어서는, 변수를 변환시켰을 때 변환된 변수로 직선이 만들어지도록 하는 변환을 찾을 수 있다.

이런 함수나 변환을 찾지 못하면, 데이터에 대한 근사 함수식을 얻기 위하여 다항식 회귀분석이나, 다변수 선형 회귀분석 또는 매개변수 선형 회귀분석에 의존해야 한다. MATLAB의 기본 피팅 인터페이스는 회귀분석 모델을 얻는 데 큰 도움을 준다.

주요용어

결정계수(Coefficient of determination)
다변수 선형 회귀분석(Multiple linear regression)
매개변수 선형 회귀분석(Linear-in-parameters regression)
잔여 오차(Residual)
회귀분석(Regression)

| 연습문제 |

*가 표시된 문제에 대한 해답은 교재 뒷부분에 첨부하였다.

6.1절

1. 용수철이 '자유 길이'로부터 늘어나는 거리는 인가된 장력의 함수이다. 다음 표는 어떤 특정한 용수철에서 주어진 인가된 힘 f가 만들어내는 용수철의 길이 y에 관한 표이다. 용수철의 자유 길이는 12인치이다. f와 자유 길이로부터의 연장인 x $(x=y-12)$ 사이의 관계식을 구하라.

힘 f(파운드)	용수철 길이 y(인치)
0	12
2.40	18.3
5.87	26.9
8.36	32.8

2*. 다음의 각 문제에서, 데이터를 가장 잘 나타내는 함수 $y(x)$(일차, 지수, 또는 멱함수)를 구하여라. 이 함수를 데이터와 같은 그래프에 그려라. 그래프에 라벨을 붙이고 적절히 형식을 맞추어라.

a.

x	25	30	35	40	45
y	5	260	480	745	1100

b.

x	2.5	3	3.5	4	4.5	5	5.5	6	7	8	9	10
y	1,500	1,220	1,050	915	810	745	690	620	520	480	410	390

c.

x	550	600	650	700	750
y	41.2	18.62	8.62	3.92	1.86

3. 어떤 국가의 인구 데이터는 다음과 같다.

연도	2015	2016	2017	2018	2019	2020
인구(백만)	15	16.35	17.55	18.90	20.70	22.35

이 데이터를 잘 나타내는 함수를 구하라. 같은 그래프에 함수와 데이터를 나타내어라. 인구가 언제 2015년에 비하여 크기가 2배가 되는지를 예측하라.

4*. 방사능 물질의 반감기는 붕괴하여 반이 되는 데 걸리는 시간이다. 과거에 살아 있었던 생명체의 날짜를 추정하는 데 사용되는 탄소 14의 반감기는 5,500년이다. 유기체가 죽었을 때, 유기체의 탄소 14 축적은 정지하게 된다. 사망 시에 존재했던 탄소 14는 시간이 감에 따라 감쇄하게 된다. $C(t)/C(0)$를 시간 t일 때 남아 있는 탄소 14의 비율이라고 한다. 방사성 탄소로 시간 측정을 하는데, 과학자들은 보통 남아있는 비율이 다음의 공식

$$\frac{C(t)}{C(0)}=e^{-bt}$$

에 의하여 지수함수적으로 감쇄한다고 가정한다.

a. 탄소 14의 반감기를 이용하여 변수 b의 값을 찾고, 함수의 그래프를 그려라.
b. 처음의 탄소 14의 90%가 남아 있다면, 얼마나 오래 전에 유기체가 죽었는지를 추정하라.
c. 우리의 b의 예측 값이 $\pm 1\%$만큼 차이가 있다고 가정한다. 이 오차는 나이의 추정치에 어떤 영향을 주는가?

5. 담금질은 강도와 같은 특정한 성질을 얻기 위하여, 가열된 금속 물체를 특정한 시간 욕조에 담그는 처리 방법이다. 초기 온도가 300℃인 지름 25mm의 구리로 된 구를 0℃인 욕조에 담금질하였다. 다음의 표는 시간에 따른 구의 온도 변화를 측정한 것이다. 이 데이터의 관계를 나타내는 함수의 식을 구하라. 이 함수와 데이터의 그래프를 같은 그래프에 그려라.

시간(s)	0	1	2	3	4	5	6
온도(℃)	300	150	75	35	12	5	2

6. 기계 베어링의 수명은 다음 표에서 보인 바와 같이 동작 온도의 함수이다. 이 데이터를 나타내는 함수의 식을 구하여라. 함수와 데이터를 같은 그래프에 그려라. 어떤 베어링이 $150°F$ 에서 작동되었다면, 이 베어링의 수명에 대해 예측하여라.

온도(°F)	100	120	140	160	180	200	220
베어링 수명(시간 $\times 10^3$)	28	21	15	11	8	6	4

7. 저항과 콘덴서를 갖는 어떤 전기회로가 있다. 콘덴서는 초기에 100V로 충전되었다. 전원을 제거하여 전원 공급을 중단하였을 때, 콘덴서의 전압은 다음 표의 데이터에서 볼 수 있듯이 시간에 따라 감쇄한다. 시간 t의 함수로서의 콘덴서 전압 t를 나타내는 함수를 구하여라. 함수와 데이터를 같은 그래프에 그려라.

시간(s)	0	0.5	1	1.5	2	2.5	3	3.5	4
전압(V)	100	62	38	21	13	7	4	2	3

6.2, 6.3 절

8*. 용수철이 '자유 길이'로부터 늘어나는 거리는 인가되는 인장력과 함수 관계에 있다. 다음의 표에는 주어진 인가된 힘 f에 의하여 만들어지는 특정 용수철이 늘어나는 길이 y를 나타낸다. 스프링의 자유 길이는 12인치이다. f와 자유 길이로부터 늘어난 길이 $x(x=y-12)$ 사이의 함수식을 구하라.

힘 f (파운드)	용수철 길이 y (인치)
0	12
2.40	18.3
5.87	26.9
8.36	32.8

9. 다음의 데이터는 특정 첨가제 A의 양에 따른 특정 페인트의 건조 시간 T의 데이터이다.

a. 다음 데이터에 적합한 1차, 2차, 3차 및 4차 다항식을 구하고, 각각의 다항식을 데이터와 함께 그려라. 각각의 경우에 대하여 J, S, r^2 을 계산하여 곡선의 피팅이 얼마나 잘

되었는지를 결정하라.

b. 가장 잘 맞는 다항식을 이용하여 건조 시간을 최소화시키는 첨가제의 양을 예측하라.

A (oz)	0	1	2	3	4	5	6	7	8	9
T (분)	130	115	110	90	89	89	95	100	110	125

10*. 다음의 데이터는 특정 자동차 모델에 대한 정지거리 d를 초기 속력 v의 함수로서 보인다. 이 데이터에 잘 맞는 2차 다항식을 구하라. J, S, r^2의 값을 구하여 이 곡선이 얼마나 잘 맞는지를 결정하라.

v(mi/hr)	20	30	40	50	60	70
d(피트)	45	80	130	185	250	330

11*. 어떤 막대를 파괴하기 위하여 요구되는 비틀림수 y는 막대를 구성하는 2가지 합금 원소의 퍼센트 비율 x_1과 x_2의 함수이다. 다음의 표에는 몇몇의 적절한 데이터 값을 나타내었다. 다변수 선형 회귀분석을 이용하여 비틀림 횟수와 합금 퍼센트 사이의 관계식의 모델 $y=a_0+a_1x_1+a_2x_2$를 구하여라. 또한, 예측 값에서 최대 퍼센트 에러를 구하라.

비틀림 횟수 y	원소 1의 퍼센트 x_1	원소 2의 퍼센트 x_2
40	1	1
51	2	1
65	3	1
72	4	1
38	1	2
46	2	2
53	3	2
67	4	2
31	1	3
39	2	3
48	3	3
56	4	3

12. 아래 표의 데이터의 관계를 기술하는 선형 모델 $y=a_0+a_1x_1+a_2x_2$를 구하여라.

y	x_1	x_2
2.85	10	8
4.2	16	12
4.5	18	14
3.75	22	24
4.35	26	28
4.2	28	34

13. 다음은 연료선에서 10초 동안 매 1초마다 한 번씩 측정된 압력(제곱 인치당의 파운드, psi)을 나타낸다.

시간(sec)	압력(psi)
1	26.1
2	27.0
3	28.2
4	29.0
5	29.8
6	30.6
7	31.1
8	31.3
9	31.0
10	30.5

a. 이 데이터에 맞도록 1차, 2차, 3차 다항식을 구하라. 이 곡선을 데이터와 함께 그래프로 그려라.

b. a에서의 결과를 이용하여 $t=11$초에서의 압력을 예측하라. 어떤 곡선이 가장 신뢰성 있는 예측 값을 주는지 설명하라. 결정을 내리는 데 각 곡선에 대하여 결정 계수와 잔여 오차(residual)를 고려하여라.

14. 액체는 기화압과 액체의 표면에 작용하는 외부 압력이 같을 때 끓는다. 이것은 고도가 높은 곳에서 물의 끓는점이 낮은 이유이다. 이 정보는 끓인 액체를 이용하는 공정을 설계해야 하는 공학자들에게는 중요하다. 온도 T의 함수로서 물의 기화압 P에 대한 데이터가 다음의 표에 주어졌다. 이론으로부터 $\ln P$는 $1/T$에 비례한다는 것을 안다. 이 데이터로부터 $P(T)$에 대한 피팅 곡선을 구하라. 이 곡선을 이용하여 285K와 300K에서 기화압을 추정하여라.

T(K)	P(torr)
273	4.579
278	6.543
283	9.209
288	12.788
293	17.535
298	23.756

15. 물에서의 소금의 용해도는 물의 온도의 함수이다. S는 물 100g에 녹아 있는 소금의 그램수로서의 NaCl(염화나트륨)의 용해도를 나타낸다. T는 섭씨온도를 나타낸다. 다음의 데이터를 이용하여, S에 대한 피팅 곡선을 T의 함수로서 구하라. 이 곡선을 이용하여 $T=25℃$일 때의 값을 추정하여라.

T(℃)	S(g NaCl/100g H_2O)
10	35
20	35.6
30	36.25
40	36.9
50	37.5
60	38.1
70	38.8
80	39.4
90	40

16. 물 속에 용해된 산소의 양은 생태계와 화학적 공정에 영향을 끼친다. S는 물 1리터당 산소의 용해도를 밀리몰(millimole) 단위로 나타낸 것이라고 한다. T는 섭씨온도라고 한다. 다음의 데이터를 이용하여 S에 가장 적합한 곡선을 T의 함수로 구하여라. 얻어진 곡선을 이용하여 $T=8$℃ 및 $T=50$℃ 일 때 S값을 추정하여라.

T(℃)	S (mmol O_2/L H_2O)
5	1.95
10	1.7
15	1.55
20	1.40
25	1.30
30	1.15
35	1.05
40	1.00
45	0.95

17. 다음의 함수는 매개변수 a_1과 a_2에 대한 일차식이다.

$$y(x)=a_1+a_2\ln(x)$$

다음의 데이터와 최소 제곱 회귀분석을 이용하여 a_1과 a_2의 값을 예측하라. 곡선 피팅을 이용하여 $x=2.5$와 $x=11$에서의 y의 추정값을 구하라.

x	1	2	3	4	5	6	7	8	9	10
y	15	21	24	27	28	30	31.5	33	34.5	34.5

18. 용수철과 댐퍼(완충제)에 연결된 물체의 초기 속도는 v_0(cm/s)이고, x_0(cm)만큼 거리에 있다. 물리학과 수학으로부터 변위 x는 시간의 함수인 아래의 공식으로 주어지는 것이 알려져 있다(8장 참고).

$$x(t)=\left(\frac{6x_0}{3}+\frac{v_0}{3}\right)e^{-3t}-\left(\frac{3x_0+v_0}{3}\right)e^{-6t}$$

변위는 0.2초마다 측정되었다. 측정된 변위 대 시간은 아래 표에 주어졌다.

t (초)	0	0.2	0.4	0.6	0.8	1	1.2	1.4
x(cm)	1.3	1.2	0.8	0.5	0.3	0.2	0.1	0

초기 변위와 속도를 추정하여라.

19. 화학자와 공학자들은 어떤 반응에서 화학물질의 농도 변화를 예측할 수 있어야 한다. 많은 단일 반응 공정에서 사용되는 모델은

$$\text{농도 변화율(Rate of change of concentration)} = -kC^n$$

과 같으며, 여기에서 C는 화학 물질의 농도, k는 반응 속도 상수이다. 반응의 차수는 지수 값 n이다. 미분 방정식(9장 참조)의 해법으로 일차 반응($n=1$)의 해는

$$C(t)=C(0)e^{-kt}$$

이다. 다음의 데이터는 반응

$$(CH_3)_3CBr+H_2O \rightarrow (CH_3)_3COH+HBr$$

을 나타낸다. 이 데이터를 이용하여 k의 값을 예측하기 위하여 최소 제곱 기반으로 곡선 피팅을 구하라.

시간 t(시간)	C($(CH_3)_3CBr$/L 의 몰)
0	0.1039
3.15	0.0896
6.20	0.0776
10.0	0.0639
18.3	0.0353
30.8	0.0207
43.8	0.0101

20. 화학자 및 공학자들은 반응에서 화학 농도의 변화를 예측할 수 있어야 한다. 많은 단일 반응 공정에서 사용되는 모델은

$$\text{농도의 변화율} = -kC^n$$

이며, 여기에서 C는 화학 농도이고 k는 반응 속도 상수이다. 반응의 차수는 지수 값 n이다. 미분 방정식(9장 참조)에 대한 해법으로부터 일차 반응($n=1$)에 대한 해는

$$C(t) = C(0)e^{-kt}$$

임을 보이며, 2차 반응($n=2$)에 대한 해는

$$\frac{1}{C(t)} = \frac{1}{C(0)} + kt$$

이다. 다음의 데이터는 [Brown, 1994] 300℃에서 이산화질소의 가스 상태의 분해를 나타낸다.

$$2NO_2 \rightarrow 2NO + O_2$$

이 데이터가 일차 반응인지 아니면 2차 반응인지를 결정하고, 반응 속도 상수 k의 값을 추정하라.

시간 t(시간)	C(NO_2/L 의 몰)
0	0.0100
50	0.0079
100	0.0065
200	0.0048
300	0.0038

21. 화학자 및 공학자들은 반응에서 화학 농도의 변화를 예측할 수 있어야 한다. 많은 단일 반응 공정에서 사용되는 모델은

$$\text{농도의 변화율} = -kC^n$$

이며, 여기에서 C는 화학 농도이고 k는 반응 속도 상수이다. 반응의 차수는 지수 값 n이다. 미분 방정식(9장 참조)에 대한 해법으로부터 일차 반응($n=1$)에 대한 해는

$$C(t) = C(0)e^{-kt}$$

임을 보이며, 2차 반응($n=2$)에 대한 해는

$$\frac{1}{C(t)} = \frac{1}{C(0)} + kt$$

이고, 3차 반응($n=3$)에 대한 해는

$$\frac{1}{2C^2(t)} = \frac{1}{2C^2(0)} + kt$$

으로 주어진다. 다음의 데이터는 어떤 반응을 나타낸다. 잔여 오차를 조사하여 이 반응이 1차인지, 2차인지 또는 3차 반응인지를 결정하고, 반응 속도 상수 k의 값을 추정하여라.

시간 t(분)	C(반응물질/L의 몰)
5	0.3575
10	0.3010
15	0.2505
20	0.2095
25	0.1800
30	0.1500
35	0.1245
40	0.1070
45	0.0865

22. 아래 표의 데이터를 고려한다. 점 $x_0=10$과 $y_0=20$을 통과하는 가장 잘 피팅되는 선형 방정식을 구하여라.

x	0	5	10
y	0.4	9.7	20

23. 아래 표의 데이터를 고려한다. 점 $x_0=10$과 $y_0=11$을 통과하는 가장 잘 피팅되는 선형 방정식을 구하라.

x	0	5	10
y	2	6	11

24. 아래 표의 데이터를 고려한다. 변수 y는 값이 100을 넘을 수 없는 퍼센트 값이다. 데이터에 적합한 로지스틱 증가 법칙에 피팅하고 잔여 오차들을 구하라.

t	0	0.25	0.5	0.75	1	1.25	1.5	1.75	2	2.25	2.5	2.75	3
y	16	25	35	47	60	71	80	87	92	95	97	98	99

25. [예제 6.2-3]의 데이터를 로지스틱 모델로 피팅하라. 최대값이 알려지지 않았으므로 추정된 최대값으로 데이터들을 나누어서 퍼센트 값으로 변환하여 사용한다. 잔여 오차들을 구하여라.

26. 아래 표의 데이터를 고려한다. fminsearch 함수를 사용하여 함수 $y=e^{-at}\sin bt$에 피팅시키고 잔여 오차들을 구하여라.

t	0	0.2	0.4	0.6	0.8	1	1.2	1.4
y	0	0.38	0.42	0.29	0.14	0.02	−0.04	−0.05

27. 아래 표의 데이터를 고려한다. fminsearch 함수를 사용하여 함수 $y=ate^{-bt}$를 피팅시키고 잔여 오차들을 구하여라.

t	0	0.1	0.2	0.3	0.4	0.5	0.6	0.7	0.8	0.9	1
y	0	0.15	0.22	0.24	0.24	0.22	0.2	0.17	0.15	0.12	0.1

출처: hans engbers/Alamy Stock Photo

21세기의 공학
에너지 효율적인 운송 수단 (Energy-Efficient Transportation)

근대 사회에서는 탄소 - 기반의 연료에 의하여 동력을 얻는 운송 수단에 매우 의존해 왔다. 기후 변화와 자원 고갈 상황에서 개인 운송 수단과 대중 운송 수단에서의 기발한 공학의 발전은 이런 연료에 대한 의존도를 줄이기 위하여 필요하게 된다. 이런 발전은 대체 연료 자원의 개발과 함께, 엔진 설계, 전기 모터와 배터리 기술, 가벼운 물질 및 공기 역학과 같은 많은 분야에서 필요하다.

이런 많은 새로운 시도가 진행되고 있다. 오늘날의 가장 세련된 차보다 1/3 정도 더 가볍고, 40% 더 공기역학적이며, 6명이 탈 수 있다는 목적으로 여러 프로젝트가 진행되고 있다. 현재로서는 가스-전기 하이브리드 자동차가 가장 유력하다. 내부 연소 엔진과 전기 모터가 동력을 제공한다. 연료 전지와 배터리는 엔진에 의하여 구동되는 발전기나 회생 제동으로 복원되는 에너지에 의하여 충전된다.

알루미늄만으로 된 일체형 구조와 복합재료와 마그네슘과 같은 향상된 물질을 사용하여 엔진, 라디에이터 및 브레이크의 향상된 설계 기술로 무게를 줄이는 것이 가능하다. 다른 제조사는 재활용된 물질로부터 만들어지는 플라스틱 몸체에 대하여 연구하고 있다.

진정한 에너지 분석은 단순한 엔진 작동 효율 및 배기 이상을 포함하지만, 생산과 재활용과 같은 사후 사용에 대한 고려 사항을 포함한 총 수명주기 평가를 기반으로 해야 한다. 이러한 총체적인 분석에서 전-전기 자동차는 에너지 효율이 떨어질 수 있다. 생산하는 데 많은 에너지를 소모하는 탄소 복합 재료와 알루미늄과 같은 경량 소재를 포함한다. 배터리는 캐내고 처리하는 데 많은 에너지를 필요로 하는 리튬, 구리 및 니켈과 같은 화합물을 포함한다. 에너지 효율 이외에, 희토류 금속과 같은 희귀한 물질과 리튬과 같이 환경적으로 위험한 물질의 효율적인 사용도 고려해야 한다.

효율의 향상을 위하여 해야 할 일이 아직 많이 있으며, 이 분야의 연구 개발 공학자들은 당분간 할 일이 많을 것이다. MATLAB은 하이브리드 자동차 시스템의 설계를 위하여 모델링과 분석을 하기 위한 이런 노력에 도움을 주기 위하여 널리 이용된다.

CHAPTER

확률, 통계 및 보간

07

이 장은 7.1절에서 기본적인 통계를 소개함으로서 시작한다. 통계적인 결과를 나타내는데 전문화된 그래프인 히스토그램(histogram)을 구하고 해석하는 방법을 배운다. 종모양 곡선(bell-shaped curve)이라고 불리는 정규 분포는 많은 통계적 방법의 기초와 많은 통계 방법을 형성한다. 이 주제는 7.2절에서 다룬다. 7.3절에서는 시뮬레이션 프로그램에서 랜덤 프로세스를 어떻게 포함시키는지에 대하여 본다. 7.4절에서는 데이터 표에 포함되지 않은 값을 예측하기 위하여 어떻게 보간법을 이용하는지를 본다.

이 장을 마치게 되면 MATLAB으로 다음과 같은 문제를 해결할 수 있어야 한다.

- 통계와 확률의 기본적인 문제의 해결
- 랜덤 프로세스를 형상화하는 시뮬레이션의 생성
- 보간법의 응용

7.1 통계와 히스토그램

MATLAB으로 데이터 집합의 평균(average), 최빈값(mode, 가장 자주 발생하는 값), 중앙값(median)을 계산할 수 있다. MATLAB은, x가 벡터이면, x에 저장된 데이터 값의 평균,

최빈값 및 중앙값을 계산하기 위하여 mean(x), mode(x) 및 median(x) 함수를 제공한다. 하지만 x가 행렬이면, x의 각 열의 평균값(또는 최빈값 또는 중앙값)을 갖는 행벡터로 계산된다. 이 함수들에서는 x의 원소를 오름차순 또는 내림차순으로 정렬할 필요는 없다.

평균값의 주위에서 데이터가 흩어지는 정도는 히스토그램(histogram)으로 나타낼 수 있다. 히스토그램은 데이터 값의 발생 빈도를 그 값들에 대하여 그래프를 그린 것이다. 이 그래프는 각 범위 안에서 발생하는 점수의 갯수를 각 범위의 중앙에 위치시킨 막대그래프이다.

히스토그램을 그리려면 빈(bin)이라고 불리는 작은 범위로 데이터를 설정해야 한다. 빈의 폭과 중앙값을 어떻게 선정하느냐에 따라 히스토그램의 모양은 매우 달라질 수 있다. 데이터의 수가 상대적으로 적으면, 일부 빈은 데이터가 없을 수 있고, 또한 데이터의 분포를 유용하게 나타낼 수 없으므로 빈의 폭을 작게 할 수 없다.

bar 함수를 사용하여 각 빈의 중앙 대비 각 빈 내의 값의 갯수를 막대그래프로 그릴 수 있다. 함수 bar(x, y)는 x에 따른 y의 막대그래프를 만든다. 이 구문은 디폴트 색상으로 음영 처리된 사각형이 있는 그래프를 제공한다. 이 절에서 보인 그래프와 같은 음영 처리되지 않은 직사각형을 얻으려면, 구문 bar(x, y, 'w')를 사용하며, 여기에서 w는 흰색 채우기를 나타낸다.

히스토그램을 생성하기 위하여, MATLAB은 histogram 함수를 제공한다. 이 명령은 여러 형식이 있다. 기본적인 형식은 histogram(y)이며, 여기에서 y는 데이터를 포함하는 벡터이다. 이 형식은 고려하는 분포를 나타내기 위하여 자동으로 선택된 등간격의 빈을, y 데이터의 최소값과 최대값 사이에 많은 빈으로 설정한다. 두 번째 형식은 histogram(y, n)이며, 여기에서 n는 사용자가 지정하는 스칼라로 빈의 개수를 나타낸다. 구문 histogram(y, 'FaceColor', 'none')을 이용하여 음영처리된 상자를 얻을 수 있다. 다른 여러 개의 형식이 있지만, 여기서는 필요하지 않다. 자세한 것은 MATLAB 문서들을 확인한다.

예제 7.1-1 실의 파단 강도

적절한 품질관리를 보장하기 위하여, 실 제조업자는 파단 강도를 알기 위한 표본시험을 한다. 20개의 실의 샘플을 끊어질 때까지 잡아당겨 파단력을 측정하고 반올림하여 정수값으로 만든다고 가정한다. 기록된 파단력의 값이 92, 94, 93, 96, 93, 94, 95, 96, 91, 93, 95, 95, 95, 92, 93, 94, 91, 94, 92, 93과 같다. 데이터의 히스토그램을 그려라.

풀이

다음의 스크립트 파일에서 보인 것과 같이 벡터 y에 데이터를 입력한다. 다음의 스크립트 파일은 [그림 7.1-1]에서 보인 히스토그램을 생성한다.

```
% 20번의 테스트에서 실의 파단력 데이터
y = [92, 94, 93, 96, 93, 94, 95, 96, 91, 93, ...
    95, 95, 95, 92, 93, 94, 91, 94, 92, 93];
histogram(y, 'FaceColor', 'none'), ...
    axis([90 97 0 6]),...
    ylabel('절대 빈도'),...
    xlabel('실의 파단력 (N)'), ...
    title('20번의 테스트에 대한 절대 빈도 히스토그램')
```

발생 값이 6개이므로 6개의 빈으로 충분하며, 그것이 histogram 함수를 선택한 이유이다. 만일 빈의 수를 6으로 지정했더라도 같은 그래프를 얻게 될 것이다.

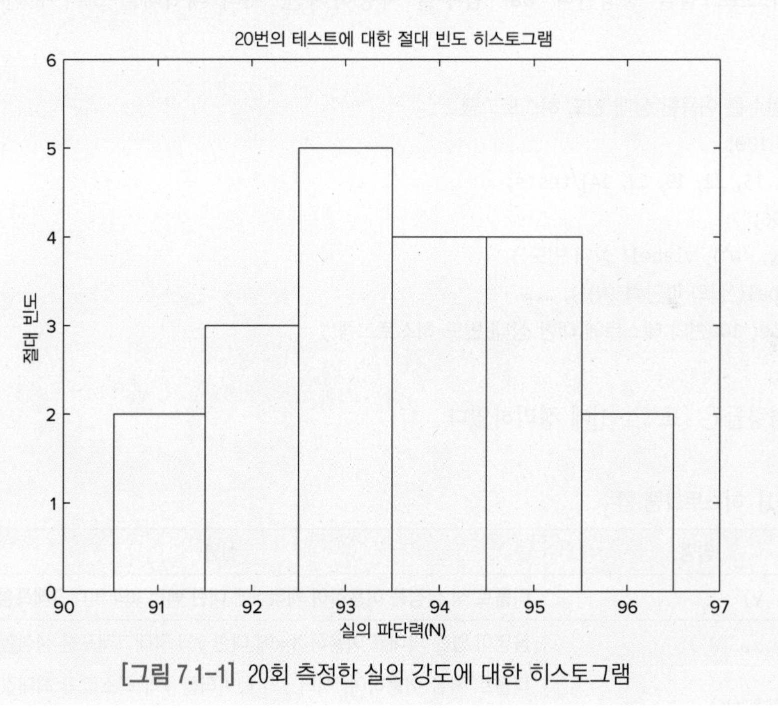

[그림 7.1-1] 20회 측정한 실의 강도에 대한 히스토그램

절대 빈도(absolute frequency)는 어떤 특정 결과가 발생하는 횟수를 말한다. 예를 들어, 20번의 실험에서 얻은 데이터 중 95는 4번 일어났음을 보여주고 있다. 여기서 절대 빈도는 4이고, 상대 빈도(relative frequency)는 4/20, 또는 횟수의 20%를 나타낸다.

데이터의 양이 많을 때 먼저 데이터를 모으면, 데이터 값을 모두 입력하는 것을 피할 수 있다. 다음의 예에서는 ones 함수를 이용하여 어떻게 하는지를 보여준다. 다음의 데이터는 100개의 실 샘플에 대한 실험 결과이다. 91, 92, 93, 94, 95, 96(N)에 대한 빈도는 각각 13, 15, 22, 19, 17, 14로 측정되었다.

```
% 100번의 테스트에 대한 실의 파단력
y = [91*ones(1, 13), 92*ones(1, 15), 93*ones(1, 22), ...
    94*ones(1, 19), 95*ones(1, 17), 96*ones(1, 14)];
histogram(y, 'FaceColor', 'none' ), ylabel('절대 빈도'), ...
    xlabel('실의 파단력 (N)'), ...
    title('100번의 테스트에 대한 절대 빈도 히스토그램')
```

상대 빈도 히스토그램을 구하고자 한다고 가정한다. 이런 경우에 bar 함수를 이용하여 히스토그램을 만들 수 있다. 아래의 스크립트 파일은 100번의 실의 강도 실험에 대한 상대 빈도 히스토그램을 생성한다. bar 함수를 사용하려면, 미리 데이터를 모아야 한다는 점을 주목한다.

```
% bar 함수를 이용한 상대 빈도 히스토그램
tests = 100;
y = [13, 15, 22, 19, 17, 14]/tests;
x = 91:96;
bar(x, y, 'w'), ylabel('상대 빈도'), ...
    xlabel('실의 파단력 (N)'), ...
    title('100번의 테스트에 대한 상대 빈도 히스토그램')
```

이 명령들은 [표 7.1-1]에 정리하였다.

[표 7.1-1] 히스토그램 함수

명령	설명
bar(x, y)	디폴트 색 설정을 이용하여 벡터 x에 대한 벡터 y의 막대그래프를 생성한다.
bar(x, y, 'w')	음영이 없는 막대를 이용하여 x에 대한 y의 막대그래프를 생성한다.
histogram(y)	디폴트 색을 이용하여, 벡터 y의 데이터를 y의 최소값과 최대값 사이에 등간격을 갖는 빈으로 쌓는다.
histogram(y, n)	벡터 y의 데이터를 y의 최소값과 최대값 사이에 등간격을 갖는 n개의 빈으로 모은다.
histogram(y, 'FaceColor', 'w')	벡터 y의 데이터를 y의 최소값과 최대값 사이에 등간격을 갖는 빈으로, 음영이 없는 (흰색의) 막대로 쌓는다.

이해력 테스트 문제

T7.1-1 실의 강도 실험을 50회 하여, 91, 92, 93, 94, 95, 96(N)으로 측정된 빈도수가 각각 7, 8, 10, 6, 12, 7이었다. 절대 빈도와 상대 빈도 히스토그램을 구하라.

이동 평균(Moving Average)

최근 팬데믹에서는 양성 사례 수에 대한 일일 데이터에 7일의 윈도우를 갖는 단순 이동 평균을 사용하여 의료 자원에 대한 영향을 추정했다. 주가의 이동평균은 주가의 성과를 분석하는 데 흔히 사용되는 지표이다.

이동 평균 계산은 데이터를 따라 선택한 길이의 윈도우을 이동하여 전체 데이터 세트의 다른 부분 집합에 대한 일련의 평균을 생성한다. 단순 이동 평균(Simple Moving Average)은 윈도우에 있는 데이터의 산술 평균을 계산한다. 가중 이동 평균(Weighted Moving Average)은 좀 더 최신의 데이터에 더 큰 중요성을 부여하여 새로운 정보에 더 민감하게 만든다. 이동 평균을 사용하면 지속적으로 업데이트되는 평균값을 만들어 데이터를 매끄럽게 만드는 데 도움을 준다. 따라서 랜덤하고 단기 변동의 영향이 줄어든다.

이동 평균은 과거 값을 기반으로 하기 때문에 추세 추종 또는 후행 지표(Lagging Indicator)라고 한다. 이동 평균에 사용되는 기간이 길수록 시간 지연이 더 커진다. 지연이 클수록 지표는 데이터 변경에 덜 민감하다. 이동 평균을 계산할 때 사용해야 하는 정확한 시간 프레임은 없으며, 프로세스의 역학에 대한 분석가의 친숙도에 따라 선택은 달라질 수 있다. 일반적으로 주식 투자자들은 50일과 200일의 윈도우를 사용한다.

MATLAB 함수 `M = movmean(x,[p, q])`는 현재 위치에 있는 원소를 포함하여 뒤로 p개, 앞으로 q개의 원소들을 포함하는 길이 $p+q+1$인 윈도우를 사용하여 평균을 계산한다. 손으로 확인할 수 있는 길이 3의 창을 사용하는 간단한 예는 다음과 같다.

```
>> x = [12, 24, 18, -3, -6, -9, -3, 9, 12, 15];
>> M = movmean(x,[2,0])
M =
   12   18   18   13    3   -6   -6   -1    6   12
```

윈도우가 끝점과 겹치면, 알고리즘은 창 안에 있는 데이터 값을 사용한다. `movmean` 함수에는 확장된 구문이 있으며, 이 구문 중 하나는 지정된 포인트 수보다 적은 수를 사용하는 계산은 버리고 전체 윈도우에서 계산된 평균만을 돌려주어 끝점의 계산을 무시할 수 있다.

데이터 통계량(Data Statistics) 툴

데이터 통계량 툴을 이용하여 데이터에 대한 통계를 내고, 통계의 결과를 데이터의 그래프에 포함시킬 수 있다. 툴은 데이터를 그리고 난 후에 그림 창에서 사용할 수 있다. **툴(T)** 메뉴를 클릭하고, **데이터 통계량**을 선택한다. [그림 7.1-2]와 같이 메뉴가 나타난다. 그래프에서 종속변수(y)의 평균값을 나타내기 위하여, 그림에서와 같이 Y라고 되어 있는 열에서 **평균**이라고 되어 있는 행 박스를 클릭한다. 다른 통계값도 그래프에 나타낼 수 있다. 이들은 그림에 보였다. 통계값은 **작업 공간에 저장** 버튼을 클릭하여 작업공간으로 구조체로 저장할 수 있다. 이렇게 하면 x 데이터와 y의 데이터 구조체에 대한 이름을 물어보는 대화상자를 연다.

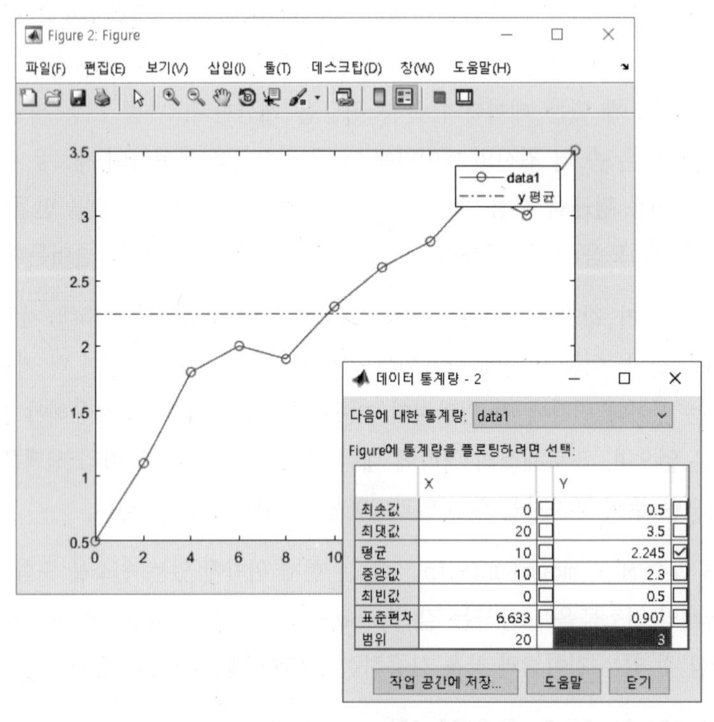

[그림 7.1-2] 데이터 통계량 툴(출처: MATLAB)

7.2 정규 분포

주사위를 던지는 것은 결과 값이 유한한 집합인 프로세스의 한 예이다. 즉 정수 1에서 6까지로 한정되어 있다. 이러한 프로세스에서 확률은 이산 값을 갖는 변수의 함수이며, 즉, 유한한 숫자의 값을 가진 변수로 나타낼 수 있다. 예를 들어, [표 7.2-1]은 20세의 남자 100명의 신장을 측정한 표이다. 신장 데이터는 1/2인치 간격으로 측정되므로, 신장 변수도 이산값을 갖는다.

[표 7.2-1] 20세 남자들의 신장 데이터

신장(inches)	빈도수	신장(inches)	빈도수
64	1	70	9
64.5	0	70.5	8
65	0	71	7
65.5	0	71.5	5
66	2	72	4
66.5	4	72.5	4
67	5	73	3
67.5	4	73.5	1
68	8	74	1
68.5	11	74.5	0
69	12	75	1
69.5	10		

스케일된 빈도 히스토그램(Scaled Frequency Histogram)

절대 빈도나 상대 빈도를 이용하여 데이터의 히스토그램을 그릴 수 있다. 하지만 또 다른 유용한 히스토그램은 데이터를 스케일해서 전체 히스토그램의 막대 면적의 합이 1이 되도록 만든 것이다. 이 스케일된 빈도 히스토그램(scaled frequency histogram)은 절대 빈도 히스토그램을 그 히스토그램의 전체 면적으로 나눈 것이다. 절대 빈도 히스토그램에서 각 막대의 면적은 빈의 폭에 빈의 절대 빈도를 곱해서 구해진다. 막대의 폭은 모두 같으므로, 전체 면적은 절대 빈도의 합과 빈의 폭과의 곱이 된다. 다음의 M-파일을 실행하면 [그림 7.2-1]에서 보인 것과 같은 스케일된 히스토그램을 만든다.

```
% 절대 빈도 데이터
y_abs = [1, 0, 0, 0, 2, 4, 5, 4, 8, 11, 12, 10, 9, 8, 7, 5, 4, 4, 3, 1, 1, 0, 1];
binwidth = 0.5;
% 스케일된 빈도 데이터를 계산한다.
```

```
area = binwidth* sum(y_abs);
y_scaled = y_abs/area;
% 빈을 정의한다.
bins = 64: binwidth: 75;
% 스케일된 히스토그램을 그린다.
bar(bins, y_scaled, 'w'), ...
      ylabel ('스케일된 빈도'), xlabel('높이 (in.)')
```

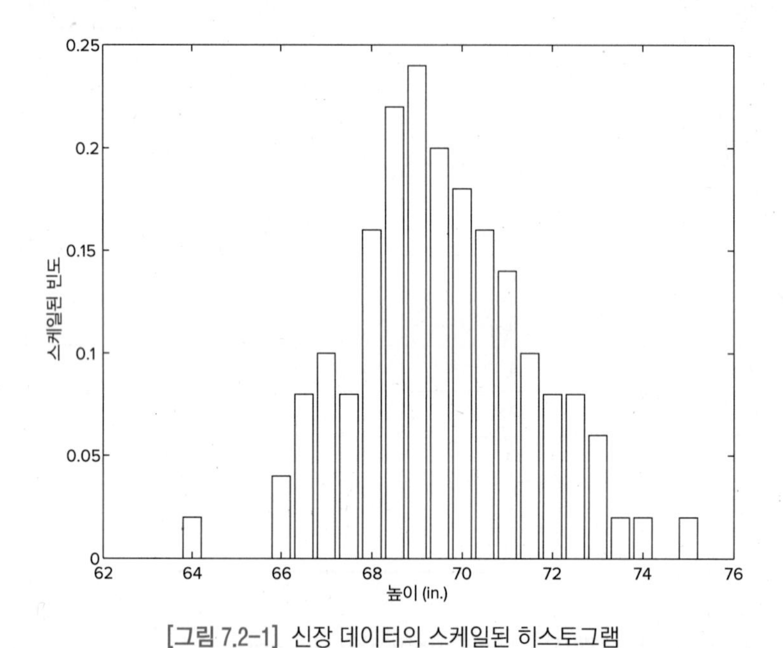

[그림 7.2-1] 신장 데이터의 스케일된 히스토그램

스케일된 히스토그램의 전체 면적은 1이기 때문에, 일정 영역의 신장에 해당하는 부분 면적은 랜덤하게 선택한 20세의 남성이 그 영역의 신장을 가질 확률을 나타낸다. 예를 들어, 신장이 67~69인치에 대응하는 스케일된 히스토그램 막대의 높이는 0.1, 0.08, 0.16, 0.22, 0.24이다. 빈의 폭은 0.5이므로, 이러한 막대에 대응하는 전체 면적은 (0.1 + 0.08 + 0.16 + 0.22 + 0.24) (0.5) = 0.4가 된다. 이와 같이 신장의 40%가 67~69인치 사이에 있다는 것을 알 수 있다.

스케일된 빈도 히스토그램의 면적을 계산하기 위하여 cumsum 함수를 사용할 수 있으며, 따라서 확률도 계산할 수 있다. x가 벡터이면, cumsum(x)는 x와 길이가 같으며, 앞에 있는 원소들과의 합을 원소값으로 갖는 벡터를 만든다. 예를 들어, x = [2, 5, 3, 8]이면, cumsum(x) = [2, 7, 10, 18]이 된다. 만약 A가 행렬이면, cumsum(A)는 각 행의 누적된 합을 계산한다. 결과는 A와 같은 크기를 갖는 행렬이 된다.

먼저의 스크립트를 실행한 후, cumsum(y_scaled)*binwidth의 마지막 원소는 1이며, 이것은 스케일된 빈도 히스토그램의 면적이다. 67과 69인치 안에 놓여 있는 (즉, 위의 6번째부터 11번째까지의) 신장의 확률을 계산하기 위하여 다음을 입력한다.

```
>>prob = cumsum(y_scaled) * binwidth;
>>prob67_69 = prob(11) - prob(6)
```

결과는 prob67_69 = 0.4000으로 앞에서 계산한 값 40%와 일치한다.

스케일된 히스토그램의 연속적 근사화

무한히 많은 수의 가능한 발생을 갖는 프로세스의 경우, 확률은 연속 변수의 함수이며, 직사각형이라기보다는 곡선으로 그려진다. 이것은 스케일된 히스토그램과 같은 개념에 근거한다. 즉, 곡선의 전체 면적이 1이고, 부분 면적은 특정 영역의 결과가 발생될 확률을 나타낸다. 많은 프로세스를 나타내는 확률 함수는 정규 분포(Normal) 함수 또는 가우시안(Gaussian) 함수이며, [그림 7.2-2]에 보였다.

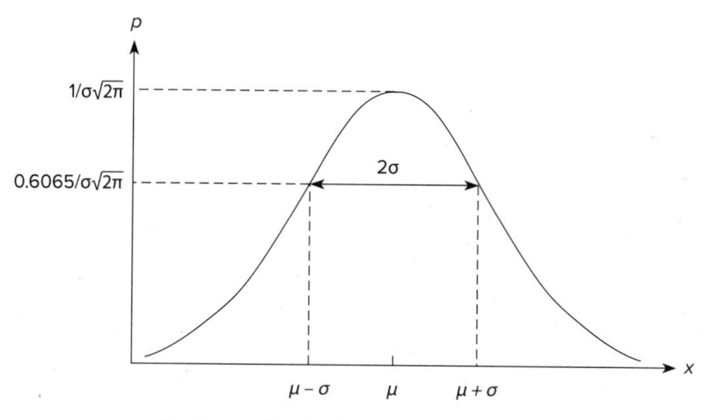

[그림 7.2-2] 정규 분포 곡선의 기본 모양

이 함수는 또한 '종 모양 곡선'으로 알려져 있다. 이 함수에 의하여 나타내지는 결과는 '정규 분포한다'라고 말한다. 정규 분포 확률 함수는 2개의 매개변수—하나가 결과의 평균인 μ와 다른 매개변수인 표준편차 σ의 함수이다. 평균 μ는 곡선의 정점(peak)에 위치하고 가장 일어나기 쉬운 값이다. 곡선의 폭이나 퍼짐(spread)은 매개변수 σ에 의하여 나타내진다. 때때로, 분산 (variance)이라는 용어로 곡선의 퍼짐을 설명하는 데 사용되기도 한다.

분산은 표준편차 σ의 제곱이다.

정규 분포 확률 함수는 다음 식으로 나타내진다.

$$p(x)=\frac{1}{\sigma\sqrt{2\pi}}e^{-(x-\mu)^2/2\sigma^2} \tag{7.2-1}$$

대략 면적의 68퍼센트가 범위 $\mu-\sigma \leqq x \leqq \mu+\sigma$ 사이에 있다. 결과적으로, 어떤 변수가 정규 분포를 한다면, 무작위로 추출한 샘플이 평균으로부터 표준 편차 이내에 놓일 확률이 68%이다. 여기에 더하여, 대략 면적의 96%가 범위 $\mu-2\sigma \leqq x \leqq \mu+2\sigma$에 있으며, 면적의 99.7%, 실질적으로 거의 100%가 $\mu-3\sigma \leqq x \leqq \mu+3\sigma$ 사이에 있다.

함수 mean(x), var(x) 및 std(x)는 벡터 x의 원소의 평균, 분산, 표준편차를 계산한다.

예제 7.2-1 신장의 평균과 표준편차

인간 신체에 관한 데이터의 통계적 분석은 많은 공학의 응용에서 필요로 한다. 예를 들어, 잠수함 승무원의 병영을 설계하는 사람은 잠재 승무원들의 많은 %를 제외시키지 않으면서, 침대의 길이를 얼마나 작게 만들 수 있을지에 대하여 알 필요가 있다. MATLAB을 이용하여 [표 7.2-1]에 주어진 신장의 데이터에 대한 평균과 표준편차를 예측하라.

풀이

스크립트 파일은 다음과 같다. [표 7.2-1]에 주어진 데이터는 절대 빈도 데이터이며, 벡터 y_abs에 저장되었다. 키는 1/2인치 단위로 측정되었으므로, 빈의 폭은 1/2인치가 사용된다. 벡터 bins는 1/2인치만큼의 증분으로 신장 값을 갖는다.

평균과 표준편차를 계산하기 위하여, 절대 빈도 데이터로부터 원래의 (가공되지 않은) 신장 데이터를 재구성한다. 이 데이터에는 0이 있는 항이 있다는 것을 주목한다. 예를 들어, 100명의 사람 중에서 키가 65인치인 사람은 한 사람도 없다. 이와 같이 가공되지 않은 데이터(raw data)를 구축하기 위하여, 공벡터 y_raw로부터 시작하여, 절대 빈도수로부터 얻은 신장 데이터로 채워나간다. 특정한 빈에 대한 절대 빈도수가 0이 아닌지를 확인하기 위해 for 루프를 사용한다. 만약 빈이 0이 아니라면, 벡터 y_raw에 적절한 수의 데이터 값을 추가한다. 특정 빈의 빈도수가 0이면, y_raw는 바뀌지 않는다.

```
% 절대 빈도수 데이터
y_abs = [1, 0, 0, 0, 2, 4, 5, 4, 8, 11, 12, 10, 9, 8, 7, 5, 4, 4, 3, 1, 1, 0, 1];
binwidth = 0.5;
```

```
% Bin 을 정의한다.
bins = [64: binwidth: 75];
% raw 데이터로부터 벡터 y_raw를 채운다.
% 공벡터로부터 시작한다.
y_raw = [ ];
for i=1: length(y_abs)
   if y_abs(i) >0
      new = bins(i) * ones(1, y_abs(i));
   else
      new =[ ];
   end
   y_raw = [y_raw, new];
end
% 평균과 표준편차를 계산한다.
mu = mean(y_raw), sigma = std(y_raw)
```

이 프로그램을 실행하였을 때, 평균 $\mu = 69.6$ 인치이고, 표준편차 $\sigma = 1.96$ 인치를 얻는다.

정규 분포에 근거하여 확률을 계산할 필요가 있으면, erf 함수를 사용할 수 있다. erf(x) 라고 입력하면, 함수 $2e^{-t^2}/\sqrt{\pi}$ 의 곡선 $t=x$ 의 왼쪽 영역의 면적을 계산해 준다. x에 관한 함수인, 이 면적은 에러 함수(error function)라고 알려져 있으며, erf(x)라고 쓴다. 만일 결과가 정규 분포를 한다면, 랜덤 변수 x가 b보다 작거나 같을 확률은 $P(x \leqq b)$라고 적는다. 이 확률은 다음과 같이 에러 함수로부터 계산될 수 있다.

$$P(x \leq b) = \frac{1}{2}\left[1 + erf\left(\frac{b-\mu}{\sigma\sqrt{2}}\right)\right] \tag{7.2-2}$$

랜덤 변수 x가 a보다 작지 않고 b보다 크지 않을 확률은 $P(a \leqq x \leqq b)$라고 적는다. 이 확률값은 다음과 같이 계산할 수 있다.

$$P(a \leqq x \leqq b) = \frac{1}{2}\left[erf\left(\frac{b-\mu}{\sigma\sqrt{2}}\right) - erf\left(\frac{a-\mu}{\sigma\sqrt{2}}\right)\right] \tag{7.2-3}$$

예제 7.2-2 신장 분포의 추정

[예제 7.2-1]의 결과를 이용하여 키가 68인치보다 크지 않은 20세의 남성이 얼마나 많은지를 추정하라. 평균값으로부터 3인치 이내에 있는 사람은 몇 명인가?

풀이

[예제 7.2-1]에서 평균과 표준 편차는 $\mu=69.6$ 인치와 $\sigma=1.96$ 인치라는 것을 알았다. [표 7.2-1]에서 68인치보다 작은 신장에 대하여 이용 가능한 데이터는 별로 없다는 점을 주목한다. 하지만 신장이 정규 분포한다고 가정하면, 얼마나 많은 사람이 68인치보다 작은가에 대하여 추정하는데 식 (7.2-2)를 사용할 수 있다. $b=68$ 이라고 하고 식 (7.2-2)

$$P(x \le 68)=\frac{1}{2}\left[1+erf\left(\frac{68-69.6}{1.96}\right)\right]$$

를 이용한다. 얼마나 많은 사람이 평균으로부터 3인치 안에 들어가는지를 결정하기 위하여, $a=\mu-3=66.6$ 과 $b=\mu+3=72.6$ 과 함께 식 (7.2-2)를 이용한다.

$$P(66.6 \le x \le 72.6)=\frac{1}{2}\left[1+erf\left(\frac{3}{1.96\sqrt{2}}\right)-erf\left(\frac{-3}{1.96\sqrt{2}}\right)\right]$$

MATLAB에서 이 식들은 다음과 같은 스크립트 파일로 계산할 수 있다.

```
mu = 69.6;
s = 1.96;
% 68인치보다 크지 않은 사람이 얼마나 되는가?
b1 = 68;
P1 = (1 + erf((b1-mu)/(s*sqrt(2))))/2
% 평균으로부터 3인치 범위에 있는 사람은 얼마나 되는가?
a2 = 66.6;
b2 = 72.6;
P2 = (erf((b2 - mu)/(s*sqrt(2))) - erf((a2 - mu)/(s*sqrt(2))))/2
```

이 프로그램을 실행하면, 결과로 `P1 = 0.2072`과 `P2 = 0.8741`의 값을 얻을 수 있다. 그러므로 20대 남성의 25%가 키가 68인치보다 작거나 같다고 추정할 수 있으며, 87%는 66.6인치에서 72.6인치 사이라고 추정할 수 있다.

이해력 테스트 문제

T7.2-1 10명의 키가 더 측정이 되어서 다음의 숫자가 [표 7.2-1]에 더해져야 한다고 가정한다.

신장(inches)	추가 데이터
64.5	1
65	2
66	1
67.5	2
70	2
73	1
74	1

(a) 스케일된 빈도 히스토그램을 그려라. (b) 평균과 표준편차를 구하라. (c) 평균과 표준편차를 이용하여 20세 남자의 신장이 69인치보다 크지 않은 사람은 몇 명인지를 추정하라. (d) 68인치와 72인치 사이의 신장을 갖는 사람은 몇 명이나 되는지 추정하라.

(답: (b) 평균 = 69.4인치, 표준편차 = 2.14인치, (c) 43%, (d) 63%)

랜덤 변수의 합과 차

두 개의 독립인 정규 분포를 갖는 랜덤 변수의 합(또는 차)의 평균은 각각의 평균의 합(또는 차)과 같지만, 분산은 항상 두 개 분산의 합이라는 것을 증명할 수 있다. 즉, 만약 x와 y가 평균값 μ_x 및 μ_y와 분산 σ_x^2과 σ_y^2을 갖는 정규 분포를 하며, $u=x+y$ 및 $v=x-y$이면,

$$\mu_u=\mu_x+\mu_y \tag{7.2-4}$$

$$\mu_v=\mu_x-\mu_y \tag{7.2-5}$$

$$\sigma_u^2=\sigma_v^2=\sigma_x^2+\sigma_y^2 \tag{7.2-6}$$

과 같다. 이런 성질들은 일부 숙제 문제에서 다룬다.

7.3 랜덤 수의 생성

많은 공학 응용에서 결과에 대한 분포를 나타내는 간단한 확률 분포가 없는 경우가 종종 있다. 예를 들어, 많은 부품으로 구성된 회로가 불량이 될 확률은 부품들의 수와 사용 시간의 함수이지만, 고장 확률을 나타내는 함수를 얻는 것은 불가능할 수 있다. 이러한 경우 공학자들은 예측을 하기 위하여 시뮬레이션에 의지한다. 시뮬레이션 프로그램은 하나 또는 그 이상의 부품의 고장을 나타내는 랜덤 수 집합을 이용하여 여러 번 수행하게 되며, 결과는 원하는 확률을 추정하는 데 사용된다.

한 쌍의 '동일 확률의' 주사위를 굴리는 것은 진정으로 랜덤한 숫자를 발생하지만, 소프트웨어로 작성된 '랜덤한' 숫자는 진정한 랜덤한 숫자는 아니며, 다음의 랜덤 숫자를 결정하는 컴퓨터 내의 프로세스로부터 발생되기 때문에 의사랜덤(Pseudorandom) 숫자라고 불린다. 그러나 MATLAB은 랜덤하고 독립적인지에 대한 특정한 테스트를 통과하는 결과를 주는 랜덤 숫자 발생기(Random Number Generator)라는 알고리즘을 사용한다. 이제부터는 랜덤과 의사랜덤의 차이는 무시하고, MATLAB 문서에서 했던 것처럼 이 숫자들을 랜덤하다고 간주한다.

소프트웨어에서 발생되는 랜덤 숫자를 사용하는 한 가지 장점은 언제든지 랜덤 숫자 계산을 반복할 수 있다는 것이다. 이것은 다른 시뮬레이션들과 비교할 때 유용하다. 그러나 조심하지 않으면 실수로 결과를 반복할 수 있다. 이를 피하는 방법을 논의할 예정이다.

균등하게 분포하는 수

균등하게 분포하는 랜덤 수열에서, 모든 값들은 주어진 구간 안에서 균등하게 발생한다. MATLAB 함수 rand는 랜덤 숫자 발생기(Random number generator)라고 불리는 알고리즘을 이용하여, 개구간 (0, 1)의 구간에서 균등하게 분포된 랜덤 숫자를 발생시키며, 이 알고리즘을 시작하기 위하여 '시드(seed)' 숫자를 필요로 한다. rand라고 입력하면 개구간 (0, 1)에서 하나의 랜덤 숫자를 얻는다. rand라고 한 번 더 입력을 하면, 다른 수를 발생시킨다. 예를 들면, 다음과 같다.

```
>>rand
ans =
   0.7502
>>rand
ans =
   0.5184
```

예를 들어, 다음의 스크립트는 같은 확률을 갖는 2가지의 선택 중의 하나를 랜덤하게 선택하고 동일 확률의 동전을 100번 던진 시뮬레이션에 대한 통계를 계산한다.

```
% 동일 확률의 동전을 여러 번 던지는 것을 시뮬레이션한다.
heads = 0;
tails = 0;
for k = 1:100
   if rand < 0.5
      heads = heads + 1;
   else
      tails = tails + 1;
   end
end
heads
tails
```

MATLAB이 시작할 때마다 랜덤 숫자 발생기는 같은 상태로 리셋된다. 따라서, rand 명령은 매트랩을 실행시킨 바로 다음에 바로 실행되면 같은 결과를 주며, 먼저 매트랩을 시행했을 때와 같은 수열을 보게 될 것이다. 사실상, rand를 호출하는 스크립트나 함수는 어느 것이나 MATLAB이 재시동할 때마다 같은 결과를 반환한다. MATLAB이 재시동될 때 같은 랜덤 숫자를 얻는 것을 피하기 위해서, rand를 호출하기 전에 rng('shuffle')을 사용한다. 함수 rng('shuffle')은 컴퓨터의 CPU 시각에 의하여 주어지는 현재 시간에 근거하여 랜덤 숫자 발생기를 리셋한다. 재시동을 하지 않고 시작할 때 얻은 결과를 재현하려면, rng('default')를 이용하여 발생기를 시작 상태로 리셋한다. 예를 들어,

```
>>rand
ans =
   0.7502
>>rng('default')
>>rand
ans =
   0.7502
```

rand 함수는 확장 구문을 갖는다. rand(n)을 입력하면 개구간 (0, 1)에서 균일하게 분포된 $n \times n$ 행렬의 랜덤 숫자를 얻는다. rand(m, n)을 입력하면 $m \times n$ 행렬의 랜덤 숫자를 얻는다. 예를 들어, 개구간 (0, 1)에 100개의 랜덤 숫자 값을 갖는 1×100 벡터 y를 만들려면 y = rand(1,100)를 입력한다. rand 함수를 이렇게 사용하는 것은 rand를 100번 입력하는 것

과 같다. rand 함수를 한번 호출하더라도, rand 함수의 계산에는 서로 다른 상태를 사용하여 100개의 숫자 각각을 얻는 효과가 있으며, 그래서 랜덤한 값이 된다.

Y = rand(m, n, p, ...)를 사용하면 랜덤한 원소를 갖는 다차원 배열 Y를 생성한다. rand(size(A))를 입력하면 A와 동일한 크기의 랜덤 숫자 배열을 생성한다.

[표 7.3-1]과 [표 7.3-2]에는 이러한 함수들을 요약하였다.

rand 함수를 사용하여 (0, 1) 이외 구간의 랜덤 숫자를 발생할 수 있다. 예를 들어, 구간 (2, 10)의 값들을 발생하려면, 먼저 0과 1 사이의 랜덤 숫자를 발생하고, 8(상한과 하한의 차이)을 곱한 다음, 하한(2)을 더한다. 결과는 구간 (2, 10)에 균일하게 분포된 값이다. 구간 (a, b)에 균등하게 분포된 랜덤 숫자 y를 생성하는 일반적인 식은 다음과 같다.

$$y = (b-a)x + a \tag{7.3-1}$$

여기에서 x는 구간 (0, 1)에서 균일하게 분포된 랜덤 숫자이다. 예를 들어, 구간 (2, 10)에 1,000개의 균일하게 분포된 랜덤 숫자가 포함된 벡터 x를 생성하려면 y = 8 * rand(1,1000) + 2를 입력한다. 결과를 mean, min, max 함수로 확인할 수 있다. 각각, 6, 2, 10에 가까운 값을 얻어야 한다.

[표 7.3-1] 랜덤 수 함수

명령	설명
rand	0과 1 사이의 구간에서 균일 분포를 갖는 하나의 랜덤한 숫자를 발생한다.
rand(n)	0과 1 사이의 구간에서 균일 분포를 갖는 $n \times n$ 행렬의 랜덤한 숫자를 발생한다.
rand(m,n)	0과 1 사이의 구간에서 균일 분포를 갖는 $m \times n$ 행렬의 랜덤한 숫자를 발생한다.
randi(b, [m, n])	1과 b 사이의 랜덤한 정수를 포함하는 $m \times n$ 행렬을 생성한다.
randi([a, b], [m, n])	a와 b 사이의 랜덤한 정수를 포함하는 $m \times n$ 행렬을 생성한다.
randi(imax)	1과 imax 사이의 균일하게 분포된 랜덤한 정수를 하나 발생한다.
randi(imax, size(A))	randi(imax)와 같으나 A의 크기를 갖는 행렬을 반환한다.
randn	평균값이 0이고 표준편차가 1인 정규 분포 랜덤 숫자를 하나 생성한다.
randn(n)	평균값이 0이고 표준편차가 1인 정규 분포 랜덤 수를 갖는 $n \times n$ 행렬을 생성한다.
randn(m, n)	평균값이 0이고 표준편차가 1인 정규 분포 랜덤 수를 갖는 $m \times n$ 행렬을 생성한다.
randperm(n)	1부터 n까지의 정수의 랜덤한 순열(permutation)을 발생한다.
randperm(n, k)	1부터 n까지의 정수에서 랜덤하게 선택된 k개의 다른 정수들을 포함하는 행벡터를 만든다.

[표 7.3-2] 랜덤 숫자 발생 함수들

명령	설명
`s = rng`	현재의 랜덤 숫자 발생기의 설정을 구조체 s에 저장한다.
`rng(s)`	랜덤 숫자 발생기의 설정을 이전에 `s = rng`로 캡처한 값으로 복원한다.
`rng(n)`	음이 아닌 정수 n을 사용하여 랜덤 숫자 발생기를 초기화한다.
`rng('default')`	랜덤 숫자 발생기를 MATLAB 시작 시 상태로 초기화한다.
`rng('shuffle')`	CPU 클록에서 얻은 현재 시간을 기반으로 랜덤 숫자 발생기를 초기화한다.
`rng(n,'twister')`	`rng(n)`과 유사하지만 랜덤 숫자 발생기를 Mersenne Twister 알고리즘으로 지정한다.

정규 분포하는 랜덤 수

정규 분포를 가지는 랜덤 수의 수열에서, 평균 근처의 값들은 더 많이 발생하는 경향이 있다. 많은 프로세스의 결과는 정규 분포를 따른다는 것을 알고 있다. 균일하게 분포하는 랜덤 변수는 명확하게 상한과 하한을 갖고 있지만, 정규 분포 랜덤 변수는 그렇지 않다.

MATLAB 함수 `randn`은 평균값 0과 표준편차 1을 갖는 정규 분포하는 랜덤 숫자를 하나 발생시킨다. `randn(n)`을 입력하면, $n \times n$ 행렬의 이런 랜덤 숫자를 얻는다. `randn(m, n)` 함수는 $m \times n$ 행렬의 랜덤 숫자를 얻는다.

정규 분포하는 랜덤 수 발생기의 상태를 복원하고 지정하는 함수는 구문에서 `rand(...)` 대신 `randn(...)`을 사용하는 것을 제외하고는 균일 분포 랜덤수 발생기에서와 같다. 이 함수들은 [표 7.3-1]에 정리하였다.

평균 μ와 표준 편차 σ를 갖는 정규 분포하는 수열은 평균값 0과 표준편차 1을 갖는 정규 분포 수열로부터 만들 수 있다. 이것은 각 결과에 σ를 곱하고 μ만큼 더해서 구할 수 있다. 이와 같이 만약 x가 평균 0과 표준편차 1을 갖는 랜덤 수라면 표준편차 σ와 평균값 μ를 갖는 새로운 랜덤 수 y를 만들기 위해서는 다음 방정식

$$y = \sigma x + \mu \tag{7.3-2}$$

를 사용한다. 예를 들어, 평균 5와 표준편차 3을 갖는 2,000개의 랜덤 수로 구성된 벡터 `y`를 생성하기 위해서는 `y = 3*randn(1, 2000) + 5`와 같이 입력하면 된다. 결과는 `mean`과 `std` 함수를 이용하여 확인할 수 있다. 각각 5와 3에 가까운 값을 얻어야 된다.

rng 함수는 rand와 동작했던 것과 정확히 같은 방법으로 randn과도 동작한다.

이해력 테스트 문제

T7.3-1 MATLAB을 사용하여 평균값이 70이고 표준편차가 10인 정규 분포를 갖는 1,800개의 랜덤수로 구성된 벡터 y를 만들어라. mean과 std 함수을 이용하여 결과를 확인하라. 왜 결과를 확인하기 위해 min과 max 함수를 사용할 수 없는가?

랜덤 변수 함수 만일 x와 y가

$$y = bx + c \tag{7.3-3}$$

와 같이 일차식의 관계를 갖고, x가 평균값 μ_x, 표준편차 σ_x로 정규 분포한다면, y의 평균과 표준편차는

$$\mu_y = b\mu_x + c \tag{7.3-4}$$

$$\sigma_y = |b|\sigma_x \tag{7.3-5}$$

로 주어진다. 하지만 변수가 비선형 함수로 관련이 있으면 평균과 표준편차가 간단하게 결합되지 않는다는 것은 쉽게 보일 수 있다. 예를 들어, x가 평균값 0을 갖는 정규 분포이고, $y=x^2$이라면 y의 평균값은 0이 아니며, 양의 수라는 것은 쉽게 알 수 있다. 여기에 더하여 y는 정규 분포하지 않는다.

$y=f(x)$의 평균과 분산에 대한 공식을 유도하는데 여러 진보된 방법들을 이용하기도 하지만, 우리의 목적으로 가장 간단한 방법은 랜덤 숫자의 시뮬레이션을 이용하는 것이다.

앞 절에서 2개의 독립된 정규 분포하는 랜덤 변수의 합(또는 차)의 평균은 이들의 평균의 합(또는 차)과 같지만, 분산은 항상 두 분산의 합이라는 것을 알았다. 하지만, z가 x와 y의 비선형 함수이면 z의 평균과 분산은 간단한 공식으로 구할 수 없다. 사실은, z의 분포는 정규분포가 될 수 없다. 이 결과는 다음의 예에서 설명한다.

예제 7.3-1 **통계 분석과 제조 공차**

모서리로부터 거리 x와 y를 측정하여 4각형 판의 모서리에서 삼각형 조각으로 잘라야 한다고 가정한다([그림 7.3-1] 참조). 원하는 x값은 10인치이고, θ는 20°이다. 이로부터 $y=3.64$ 인치가 된다. x와 y의 측정값은 각각 평균으로 10과 3.64를 갖고, 표준편차는 0.05인치인 정규 분포를 한다고 한다. θ의 표준편차를 결정하고 θ에 대한 상대 빈도 히스토그램의 그래프를 그려라.

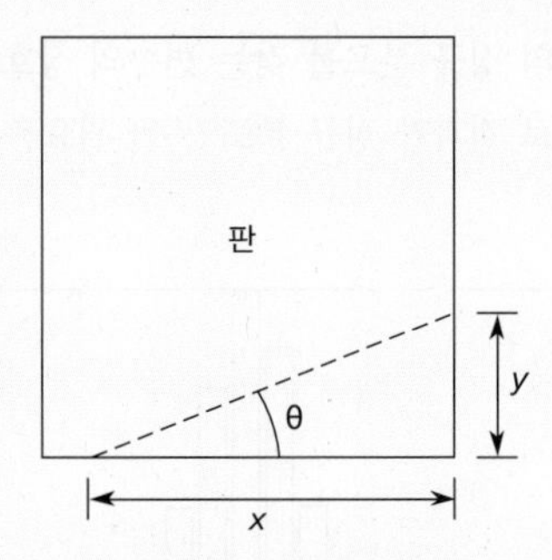

[그림 7.3-1] 삼각형 조각의 크기

풀이

[그림 7.3-1]로부터, θ는 $\theta=\tan^{-1}(y/x)$로 결정된다는 것을 안다. 각각의 평균이 10과 3.64이고, 표준편차가 0.05인 랜덤 변수 x와 y를 발생함으로써 θ의 통계적 분포를 구할 수 있다. 랜덤 변수 θ는 각 랜덤 변수의 짝 $(x,\ y)$로부터 $\theta=\tan^{-1}(y/x)$를 계산하여 구할 수 있다. 다음 스크립트 파일은 이 과정을 보인다.

```
s = 0.05; % x와 y의 표준 편차
n = 8000; % 랜덤 시뮬레이션의 횟수
x = 10 + s*randn(1,n);
y = 3.64 + s*randn(1, n);
theta = (180/pi)*atan(y./x);
mean_theta = mean(theta)
sigma_theta = std(theta)
xp = 19:0.1: 21;
histogram(theta, xp, 'Normalization', 'probability'), ...
   xlabel('Theta (각도)'), ...
   ylabel('상대 빈도')
```

8,000번의 시뮬레이션을 선택하면 정확도와 계산에 필요한 시간 사이에 하나의 절충점이 될 수 있다. 다른 n 값에 대하여 시도해보고, 결과를 비교해본다. 결과는 θ의 평균값으로 19.9993°, 표준편차는 0.2730°을 준다. [그림 7.3-2]에 히스토그램을 보였다. 발생의 상대 빈도 그래프를

그리기 위하여 히스토그램 함수의 확률(probability) 및 정규화(Normalization) 옵션을 사용하였다. 비록 그래프는 정규 분포와 유사하지만, θ값은 정규 분포하지는 않는다. 히스토그램으로부터 대략 θ값의 65%는 19.8과 20.2 사이에 있다는 것을 계산할 수 있다. 이 범위는 시뮬레이션 데이터로부터 계산한 0.273°가 아닌 0.2°에 해당된다. 이와 같이 이 곡선은 정규 분포 곡선은 아니다.

이 예제는 두 개 또는 그 이상의 정규 분포를 갖는 변수의 상호작용의 결과가 정규 분포하지는 않는다는 것을 보인다. 일반적으로 결과가 정규 분포가 될 필요충분조건은 결과가 변수들의 선형 결합이 되는 것이다.

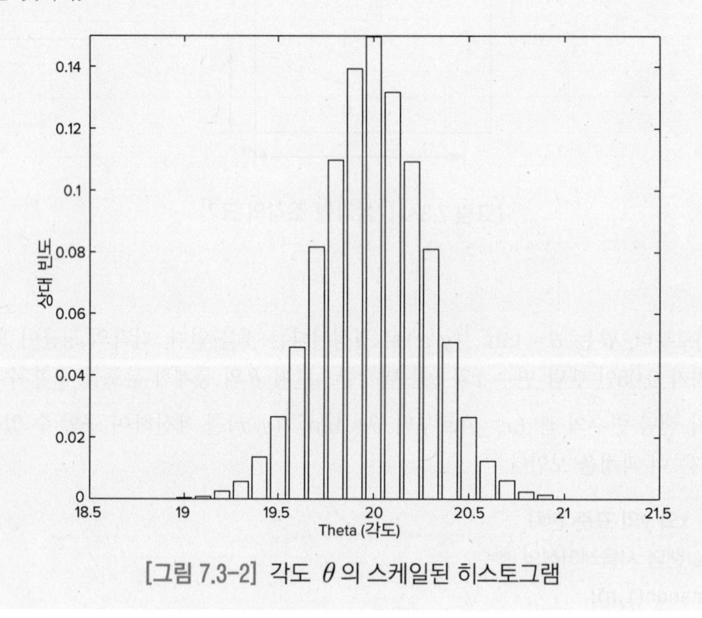

[그림 7.3-2] 각도 θ의 스케일된 히스토그램

랜덤 정수의 발생

예를 들어, 주사위가 포함된 게임에서 랜덤한 결과를 만들기를 원한다면, 정수를 발생할 수 있어야 한다. 이것은 `randperm(n)` 함수로 수행할 수 있으며, 이 함수는 1에서 n까지의 정수의 랜덤한 순열을 포함하는 행벡터를 생성한다. 예를 들어, `randperm(6)`은 벡터 `[3 2 6 4 1 5]` 또는 1에서 6까지의 수의 다른 순열을 생성할 수 있다. `randperm`은 `rand`를 호출하므로 발생기의 상태가 변경된다.

함수 `randi(b, [m, n])`는 1과 b 사이의 임의의 정수 값을 포함하는 $m \times n$ 행렬을 반환한다. 함수 `randi([a, b], [m, n])`는 a와 b 사이의 임의의 정수 값을 포함하는 $m \times n$ 행렬

을 반환한다. randi(imax)를 입력하면 1과 imax 사이의 스칼라가 반환된다. randi(imax, size(A))를 입력하면 A와 동일한 크기의 배열이 반환된다. 예를 들어,

```
>> randi(20, [1, 6])
ans =
   1  7  3  9  19  16
>>randi([5, 20], [1, 5])
ans =
   5  12  11  17  17
>> randi(6)
ans =
   3
```

randperm은 유일한 정수를 반환하지만, 반면에 randi에 의하여 반환되는 배열에는 반복되는 정수값이 포함될 수 있다. 따라서 유일한 정수값을 얻으려면, randperm을 사용한다. randi에 의해 발생된 숫자의 순서는 rand, randn, randperm이 사용하는 동일하고 균일한 랜덤 숫자 발생기의 설정에 의해 결정된다.

랜덤 워크: 랜덤 워크는 연속적이며 랜덤한 발자국에 의해 생성되는 경로를 설명하는 랜덤 프로세스이다. '워크'는 단순히 직선(1차원 도보)에서 앞뒤로 움직이거나, 평면(2차원 도보) 또는 3차원 공간에서 또는 수학적으로 더 높은 차원에서도 발생할 수 있다. 랜덤 워크 방법은 브라운 운동의 기초를 제공하며, 이 운동은 유체 내의 입자가 유체의 분자와의 충돌로 인해 겉으로 보기에 랜덤하게 움직이는 것을 기술한다. 랜덤 워크 이론은 확산, 주가, 운에 맡기는 게임 등 다양한 프로세스를 이해하는 데 적용되어 왔다.

예제 7.3-2 드리프트가 있는 랜덤 워크

randi 함수는 1차원 랜덤 워크를 시뮬레이션 하는데 사용할 수 있다. 어떤 입자가 $x=0$에서 시작하여 프로세스의 각 단계에서 같은 확률로 가만히 있거나, 한 공간 뒤로 이동하거나, 또는 하나 또는 두 개의 공간을 모두 이동한다고 가정한다. 이러한 움직임은 randi([-1, 2], [1, 99]) 함수로 얻을 수 있으며, 이것은 똑같은 확률로 4가지 가능한 움직임을 생성한다. 이것은 결국 위치 x에 대해 양의 값이 증가하기 때문에 드리프트가 있는 랜덤 워크라고 한다. 이 과정을 100단계로 시뮬레이션하는 MATLAB 프로그램을 작성하라. 1,000번의 시도를 하여 입자의 최종 위치에 대한 통계를 구하고 프로그램 시간을 측정하라.

풀이

두 개의 루프, 랜덤 워크 자체를 위한 내부 루프 및 1,000번의 시도를 위한 외부 루프를 사용한다. tic과 toc 함수를 사용하여 프로세스 시간을 측정한다.

```
% random_walk_1.m
clear
tic
for n = 1:1000
    clear x p
    x(1) = 0;
    p = randi([-1, 2], [1, 100]);
    for k = 1:100
        x(k+1) = x(k) + p(k);
    end
    y(n) = x(101);
end
toc
maximum = max(y)
minimum = min(y)
mean = mean(y)
st_dev = std(y)
histogram(y)
```

이 프로그램을 여러 번 실행하면, 이동한 최소 및 최대 거리의 결과 값은 매우 많이 변한다. 100단계 후에 도달하는 평균 거리는 약 50에 표준 편차는 약 11이 되어야 한다. 히스토그램은 종 모양의 곡선과 유사해야 한다. 실행 시간은 특정 컴퓨터에 크게 의존한다. 스텝 길이의 평균값이 0.5이기 때문에, 100단계로 커버되는 평균 거리는 약 0.5(100) = 50이라는 것은 놀라운 일은 아니다. 예상하지 못했던 것은 입력이 균일 분포하지만, 히스토그램은 정규 분포와 비슷하다는 것이다. 이것은 프로세스의 출력이 입력과 다른 분포를 가질 수 있다는 한 예이다.

프로세스가 입력 분포를 변하게 할 수 있다는 한 가지 간단한 예가 $y=x^2$ 프로세스이다. 다음의 스크립트를 고려한다.

```
x = rand(1,1000);
y = x.^2;
histogram(x)
```

```
histogram(x), hold on
histogram(y)
```

x에 대한 히스토그램은 균일 분포일 것이며, 반면에 y에 대한 분포는 0 근처에 피크를 갖는 감쇠하는 지수 함수와 비슷할 것이다.

이해력 테스트 문제

T7.3-2 어떤 입자가 $x=0$에서 시작하여, 각 단계에서 모두 동일한 확률로 0, 1, 2, 3, 4, 5 또는 6 공간을 앞으로 움직이는 1차원 랜덤 워크를 한다고 가정한다. 프로그램을 작성하지 않고, 100단계 후에 입자가 평균적으로 얼마나 멀리 움직일 것이라고 생각하는가? 그런 다음 MATLAB 프로그램을 작성하여 문제를 풀어라.

T7.3-3 x가 0과 1 사이의 1,000개의 균일하게 분포된 숫자로 이루어져 있다고 가정한다. y가 x의 제곱근일 때, y의 히스토그램을 그려라. y가 x의 제곱인 경우의 히스토그램과 비교하라.

2개 또는 그 이상의 시뮬레이션 결과의 비교: 두 개 이상의 시뮬레이션 결과를 비교하려면, 때때로 시뮬레이션이 실행될 때마다 같은 순서의 랜덤 숫자를 발생해야 하는 경우가 있다. 이를 수행하는 한 가지 방법은 이전에 보았듯이, rng('default')를 사용하여 재부팅 하지 않고 시작할 때 얻은 결과를 다시 시작하는 것이다. 그러나 동일한 순서로 생성하기 위해 초기 상태로 시작할 필요는 없다. 발생자를 다르게 초기화하려면, rng(seed) 함수를 사용할 수 있으며, 여기에서 seed는 양의 정수이다. 같은 seed를 사용하여 발생기를 초기화하기 위하여 rng(seed)를 사용할 때마다 항상 같은 결과를 얻는다. 다음 예제를 고려한다. 먼저, 이 예제의 결과를 반복 가능하게 만들기 위해 랜덤 숫자 발생기를 초기화한다.

```
>>rng('default')
```

이제 임의의 seed 숫자를, 말하자면 4를 이용하여 발생기를 초기화한다.

```
>>rng(4)
```

다음으로 랜덤 숫자의 벡터를 발생한다.

```
>> v1 = rand(1,5)
v1 =
   0.9670  0.5472  0.9727  0.7148  0.6977
```

같은 명령을 반복한다.

```
>> v2 = rand(1,5)
v2 =
   0.2161  0.9763  0.0062  0.2530  0.4348
```

rand를 처음 사용하면 발생기의 상태를 변경하며, 그래서 두 번째 결과 v2는 달라진다.

전과 같이 같은 시드로 발생기를 재-초기화하면, 첫 번째의 벡터 v1을 다음과 같이 재현할 수 있다.

```
>> rng(4)
>> v3 = rand(1,5)
v3 =
   0.9670  0.5472  0.9727  0.7148  0.6977
```

다른 MATLAB 버전에서 코드를 실행하거나 또는 다른 사람의 랜덤 숫자 코드를 실행한 다음에 코드를 실행하면, 시드 하나만을 설정하는 것은 동일한 결과가 보장되지 않을 수 있다. 반복성을 보장하기 위해 rng (n, 'twister') 함수를 사용하여 시드와 발생자 유형을 함께 지정할 수 있다. 여기에서 n은 정수의 시드 번호이다. 입력 'twister'는 선호하는 발생기인 Mersenne Twister 랜덤 숫자 발생기를 나타낸다.

7.4 보간법

짝을 이루는 데이터는 인가된 전압의 결과로서 저항에 발생되는 전류와 같이 원인과 결과(cause and effect) 또는 입력-출력 관계(input-output relationship)나 시간의 함수로서의 물체의 온도와 같은 시간 기록을 나타낼 수도 있다. 짝을 이루는 데이터의 다른 형태로, (도로의 길이에 따른 높이를 나타내는) 도로의 프로파일(profile)과 같은 프로파일이 있다. 어떤 응용에서는 이런 데이터 점들 사이의 변수의 값을 예측하기를 원할 때가 있다. 이런 과정을 보간(interpolation)이라고 부른다. [표 7.4-1]에 표시된 온도 측정값이 있다고 가정한다. 십중팔구 장비의 오작동 때문인 것으로 보이지만, 어떤 이유에선가 오전 8시와 10시의 측정값은 없다. 그 시간에서의 온도를 추정하기 위해 오전 7시와 9시에 데이터 점을 직선으로 연결하고, 이 직선으로부터 누락된 오전 8시 데이터를 추정할 수 있다. 이 방법으로 하면 위치 1에서 53°F 및 오전 10시는 64°F이다. 우리는 방금 선형 보간(linear interpolation)을 수행했으며, 이는 데이터 점들을 선형 함수(직선)로 연결하는 것과 동일하기 때문에 이름지어졌다. 직선을 사용하여 데이터 점들을 연결하는 것은 가장 간단한 형태의 보간이다. 합당한 이유가 있는 경우 다른 함수를 사용할 수 있다. 이 절의 뒷부분에서 보간을 하기 위하여 다항식 함수를 사용하여 본다.

MATLAB에서의 선형 보간은 함수 interp1과 interp2를 이용하여 구할 수 있다. x가 독립변수 데이터를 갖고 있는 벡터이고 y는 종속 변수 데이터를 보유한 벡터라고 가정한다. x_int가 추정하고자 하는 위치의 독립변수 값을 갖고 있는 벡터라면 interp1(x, y, x_int)를 입력하면 x_int와 같은 크기를 가지며, x_int에 대응되는 보간된 종속변수 값을 보유한 벡터를 출력한다. 예를 들어, 다음의 세션은 먼저의 데이터로부터 오전 8시와 10시에서의 온도의 추정값을 계산한다. 벡터 x와 y는 각각 시간, 온도를 나타낸다.

```
>>x = [7, 9, 11, 12];
>>y = [49, 57, 71, 75];
>>x_int = [8, 10];
>>interp1(x, y, x_int)
ans =
   53
   64
```

함수 interp1을 사용할 때 두 가지 제약 사항에 유의해야 한다. 벡터 x에 있는 독립변수 값들은 오름차순이어야 하고, 보간 벡터 x_int에서의 값들은 x 값 범위 내에 있어야 한다. 이와 같이 예를 들어 interp1 함수는 오전 6시에서의 온도를 예측하는 데에는 사용할 수 없다.

함수 interp1은 y를 벡터 대신에 행렬로 정의함으로써 표에서도 보간을 할 수 있다. 예를 들어, 3개의 장소에서 온도값을 갖고 있고, 이 3개의 장소에서 모두 오전 8시와 10시의 값이 없다고 가정한다. 데이터는 다음 표와 같다고 한다.

[표 7.4-1]

시간	온도(.F)		
	장소 1	장소 2	장소 3
7 AM	49	52	54
9 AM	57	60	61
11 AM	71	73	75
12 noon	75	79	81

x는 먼저와 같이 정의를 하지만, y는 3개의 열이 위의 표의 2번째, 3번째 및 4번째 열을 갖는다고 가정한다. 다음의 세션은 각 장소에서 오전 8시와 10시에서의 온도 추정값을 만든다.

```
>>x = [7, 9, 11, 12]';
>>y(:,1) = [49, 57, 71, 75]';
>>y(:,2) = [52, 60, 73, 79]';
>>y(:,3) = [54, 61, 75, 81]';
>>x_int = [8, 10]';
>>interp1(x, y, x_int);
ans =
   53.0000 56.0000 57.5000
   64.0000 66.5000 68.0000
```

이와 같이 각 장소에서 오전 8시에 추정된 온도 값은 각각 53, 56, 57.5°F가 된다. 오전 10시에서의 추정값은 역시 64, 66.5, 68°F를 나타낸다. 이 예로부터 함수 interp1 (x, y, x_int)에서의 첫 번째 입력 변수 x가 벡터이고 두 번째 입력 변수 y가 행렬이면, 이 함수는 y의 행들 사이를 보간하고, y와 같은 열의 개수와 같은 수의 열과 x_int에서의 값의 수와 같은 행을 갖는 행렬을 만든다.

2차원 보간

이제 오전 7시에 네 곳의 장소에서 측정한 온도를 갖고 있다고 가정한다. 이들 장소는 폭이 1마일이고 길이가 2마일인 직사각형의 모서리에 위치한다. 좌표계의 원점을 첫 번째 장소에 맞추면, 다른 장소의 좌표는 각각 (1, 0), (1, 2), (0, 2)가 된다. [그림 7.4-1]을 참조한다. 측정된 온도는 그림에 표시하였다. 온도는 2개의 변수, 좌표 x와 y 함수이다. MATLAB은 2개의 변수의 보간 함수 interp2 함수를 제공한다. 함수가 $z=f(x,\ y)$이고, $x=x_i$와

$y=y_i$에서 z의 값을 알고자 한다면, 구문은 `interp2(x, y, z, x_i, y_i)`와 같이 된다.

좌표 (0.6, 1.5)에서의 온도를 알고자 한다고 가정한다. 벡터 x에 x 좌표를 넣고, y 벡터에는 y 좌표를 입력한다. 다음으로 행렬 z에 온도의 측정값을 넣어서 행을 따라가면 x가 증가하는 방향이 되고, 열을 따라 내려가면 y값이 증가하도록 한다. 이 작업을 하기 위한 세션은 다음과 같다.

```
>>x = [0, 1];
>>y = [0, 2];
>>z = [49, 54; 53, 57]
z =
   49 54
   53 57
>>interp2(x, y, z, 0.6, 1.5)
ans =
   54.5500
```

온도의 추정값은 54.55°F이다.

함수 interp1과 interp2의 구문은 [표 7.4-2]에 요약하였다. MATLAB은 또한 다차원 배열의 보간을 위하여 interpn 함수를 제공한다.

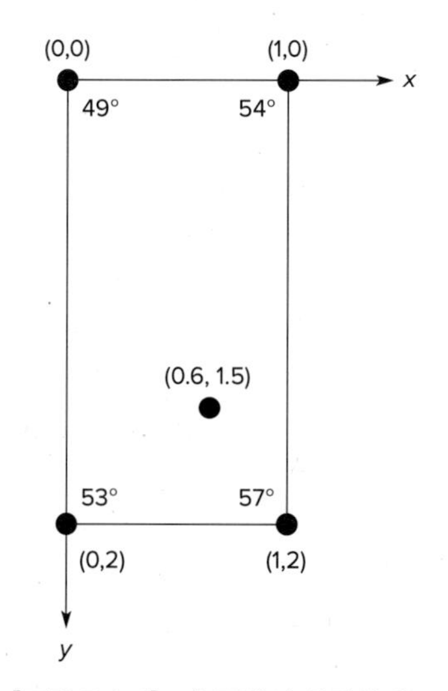

[그림 7.4-1] 네 곳에서 측정한 온도

[표 7.4-2] 선형 보간법의 함수

명령어	설명
y_int = interp1(x, y, x_int)	한 변수 함수 $y=f(x)$의 선형 보간을 위하여 사용된다. 저장된 데이터 x와 y를 이용하여 지정된 값 x_int에서의 선형 보간된 값 y_int를 계산해 준다.
z_int = interp2(x, y, z, x_int, y_int)	2 변수 함수 $y=f(x, y)$의 선형 보간을 하는 데 사용된다. 저장된 데이터 x, y 및 z를 이용하여 지정된 값 x_int와 y_int에서의 선형 보간된 벡터 z_int를 계산하여 준다.

3차 스플라인(Cubic-Spline) 보간

고차 다항식를 이용하면 데이터 점들 사이에서 원하지 않는 행동을 보일 수 있다는 것은 이미 본 적이 있으며, 그래서 이런 행동들은 고차 다항식이 보간에 적합하지 않게 만든다. 널리 사용되는 다른 방법으로는 인접한 데이터 점들 사이에서 낮은 차수의 다항식을 이용하여 데이터 점들 사이에 보간을 하는 방법이다. 이 방법을 스플라인 보간(spline interpolation)이라고 하며, 삽화가가 여러 점들의 집합으로부터 부드러운 곡선을 그리는 스플라인 장치(운형자)에서 따왔다.

스플라인 보간법으로부터 부드럽고 정확한 근사식을 얻을 수 있다. 가장 보편적인 절차는 3차 스플라인(cubic-spline)이라고 불리는 3차의 다항식을 이용하는 방법이며, 그래서 3차 스플라인 보간(cubic spline interpolation)이라고 불린다. 데이터가 $(x,\ y)$ 값들로 n개의 짝이 주어졌다면, $n-1$개의 3차 다항식이 사용된다. 각각은 $i=1,\ 2,\ \cdots,\ n-1$에 대하여 $x_i \leqq x \leqq x_{i+1}$에서 다음

$$y_i(x)=a_i(x-x_i)^3+b_i(x-x_i)^2+c_i(x-x_i)+d_i$$

과 같은 형태를 갖는다. 각 다항식에 대한 계수 a_i, b_i, c_i 및 d_i는 다음의 각 다항식에 대한 3가지 조건이 만족하도록 결정된다.

1. 다항식은 x_i와 x_{i+1}에서의 끝점을 반드시 지나야 한다.
2. 인접하는 다항식의 기울기는 공유하는 데이터 점에서 반드시 같아야 한다.
3. 인접하는 다항식의 곡률은 공유하는 데이터 점에서 반드시 같아야 한다.

예를 들어, 앞에서 주어진 온도 데이터에 대한 3차 스플라인의 집합은 다음과 같다(y는 온도 값과 x는 시간 값을 나타낸다). 데이터를 다시 쓰면

x	7	9	11	12
y	49	57	71	75

와 같다. 여기에서 이 다항식들을 구하는 데 MATLAB을 어떻게 이용하는지를 간략히 보인다. $7 \leqq x \leqq 9$ 에서

$$y_1(x) = -0.35(x-7)^3 + 2.85(x-7)^2 - 0.3(x-7) + 49$$

$9 \leqq x \leqq 11$ 일 때

$$y_2(x) = -0.35(x-9)^3 + 0.75(x-9)^2 + 6.9(x-9) + 57$$

$11 \leqq x \leqq 12$ 일 때

$$y_3(x) = -0.35(x-11)^3 - 1.35(x-11)^2 + 5.7(x-11) + 71$$

이 된다. MATLAB에서는 3차 스플라인 보간을 구하기 위해 spline 명령을 제공한다. 구문은 y_int = spline(x, y, x_int)이며, 여기에서 x, y는 데이터를 포함하는 벡터이고, x_int는 종속변수 y값을 추정하기 위한 독립변수 x의 값을 갖는 벡터이다. 결과 y_int는 x_int에 대응되는 y의 보간된 값들로 구성되며, x_int와 크기가 같은 벡터이다. 스플라인 보간 결과의 그래프는 벡터 x_int와 y_int의 그래프로부터 그릴 수 있다. 예를 들어, 다음의 세션은 x 값에서 0.01씩 증가시켜가며, 먼저의 데이터로부터 3차-스플라인 보간을 하고 그래프를 그린다.

```
>> x = [7, 9, 11, 12];
>> y = [49, 57, 71, 75];
>> x_int = 7: 0.01: 12;
>> y_int = spline(x, y, x_int);
>> plot(x, y, 'o', x, y, '--', x_int, y_int), ...
   xlabel('시간 (hr)'), ylabel('온도 (화씨 F)'), ...
   title('한 지점에서의 온도'), ...
   axis([7 12 45 80])
```

그래프는 [그림 7.4-2]에 보였다. 파선은 선형 보간을 나타내고, 실선 곡선은 3차 스플라인 보간이다.

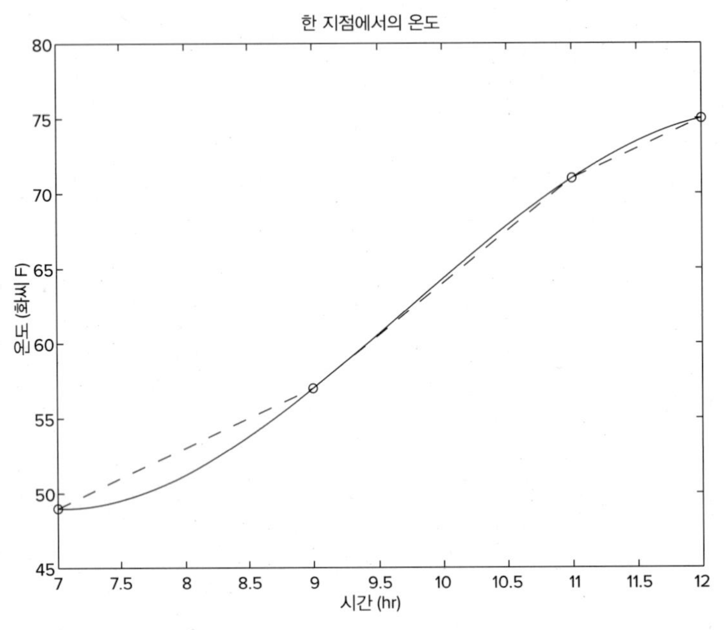

[그림 7.4-2] 온도 데이터에 대한 선형 보간과 3차-스플라인 보간

다음의 interp1 함수의 변형을 이용하면 계산을 좀 더 빨리 할 수 있다.

```
y_est = interp1(x, y, x_est, 'spline')
```

이 형태에서는 함수는 3차-스플라인 보간을 이용하여 – 벡터 x_est으로 지정되는 x값에 대응되는 y의 추정된 값들의 벡터 y_est를 갖는다.

어떤 응용에서는 다항식의 계수를 아는 것이 도움이 되지만, interp1 함수로부터는 스플라인 계수를 얻을 수 없는 경우가 있다. 하지만 다음의 형태

```
[breaks, coeffs, m, n] = unmkpp(spline(x, y))
```

를 이용하면 3차 다항식의 계수들을 얻을 수 있다. 벡터 breaks는 데이터 x의 값을 가지며, 행렬 coeffs는 다항식의 계수값을 포함하는 $m \times n$ 행렬이다. 스칼라 m과 n은 행렬 coeffs의 차원을 나타내며, m은 다항식의 수이고, n은 각 다항식에서 계수의 수이다(MATLAB은 가능하면 낮은 차수의 다항식으로 근사화하기 때문에, 계수의 수가 4보다 적을 수 있다).

예를 들어, 같은 데이터를 이용하여, 다음의 세션은 먼저 주어진 다항식의 계수를 만들어 준다.

```
>>x = [7, 9, 11, 12];
>>y = [49, 57, 71, 75];
>> [breaks, coeffs, m, n] = unmkpp(spline(x, y))
breaks =
   7  9  11  12
coeffs =
    -0.3500   2.8500  -0.3000  49.0000
    -0.3500   0.7500   6.900   57.0000
    -0.3500  -1.3500   5.7000  71.0000
m =
   3
n =
   4
```

행렬 coeffs의 첫 행은 첫 번째 다항식의 계수를 나타내며, 다음 행들도 유사하다. spline, unmkpp와 interp1의 확장 구문들은 [표 7.4-3]에 정리하였다. 'spline' 외에도, interp1 함수에는 매개변수 'method'를 지정하여 다른 보간 방법들을 이용할 수 있다. 이들은 [표 7.4-3]에 나열하였다. 이런 방법들에 대한 정보를 얻으려면 MATLAB 문서를 확인한다. 그림 창의 **툴** 메뉴에서 사용할 수 있는 기본 피팅 인터페이스에서 또한 3차 스플라인 보간을 사용할 수 있다. 이 인터페이스를 사용하기 위한 설명은 6.3절을 본다.

[표 7.4-3] 다항식 보간을 위한 함수

명령	설명
y_est = interp1(x, y, x_est, method)	method에 의하여 지정되는 보간법을 이용하여, 벡터 x_est로 지정되는 x값에 대응하는 y의 추정 값을 포함하는 열벡터 y_est를 계산해 준다. method에 대한 선택은 'nearest', 'linear', 'next', 'previous', 'spline', 'pchip'이 있다.
y_int = spline(x, y, x_int)	3차 스플라인 보간을 하며, 여기에서 x, y는 데이터를 포함하는 벡터이고 x_int는 추정하고자 하는 종속변수 y값에서의 독립변수 x들의 값을 갖는 벡터이다. 결과 y_int는 벡터로 x_int와 크기가 같으며, x_int에 대응되는 보간된 y 값을 포함한다.
y_int = pchip(x, y, x_int)	spline과 유사하지만, 형태를 유지하고 단조성(monotonicity)을 존중하기 위하여 3차 구간별 선형인 에르미트(Hermite) 다항식을 이용한다.

[breaks, coeffs, m, n] = unmkpp(spline(x, y))	데이터 x, y에 대하여 3차 스플라인 다항식의 계수를 계산한다. 벡터 breaks는 x의 값을, 행렬 coeffs는 다항식의 계수를 갖는 $m \times n$ 행렬이다. 스칼라 m과 n는 행렬 coeffs의 차원으로 m은 다항식의 개수이고, n는 각 다항식의 계수의 수이다.

보간의 또 다른 예로, 구간 $0 \leqq x \leqq 4$에 거쳐서 함수 $y=1/(3-3x+x^2)$에 의하여 생성된 10개 등간격의 데이터 점들을 고려한다. [그림 7.4-3]의 위의 그래프는 3차 다항식과 8차 다항식으로 피팅을 한 결과이다. 명확하게 3차식은 보간에 적합하지 않다. 다항식의 차수를 증가시켜감에 따라, 다항식은 차수가 7차보다 적으면, 모든 데이터 점들을 따라가지 않는다는 것을 볼 수 있다. 하지만, 8차 다항식에는 2가지의 문제가 있다. 구간 $0 < x < 0.5$에서는 보간을 하면 안 되며, 이 다항식을 보간하는 데 사용하려면 계수들을 매우 높은 정밀도로 저장해야만 한다. [그림 7.4-3]의 아래 그래프는 3차 스프라인 보간의 결과를 보이며, 이것은 명백하게 여기에서는 좋은 선택이다.

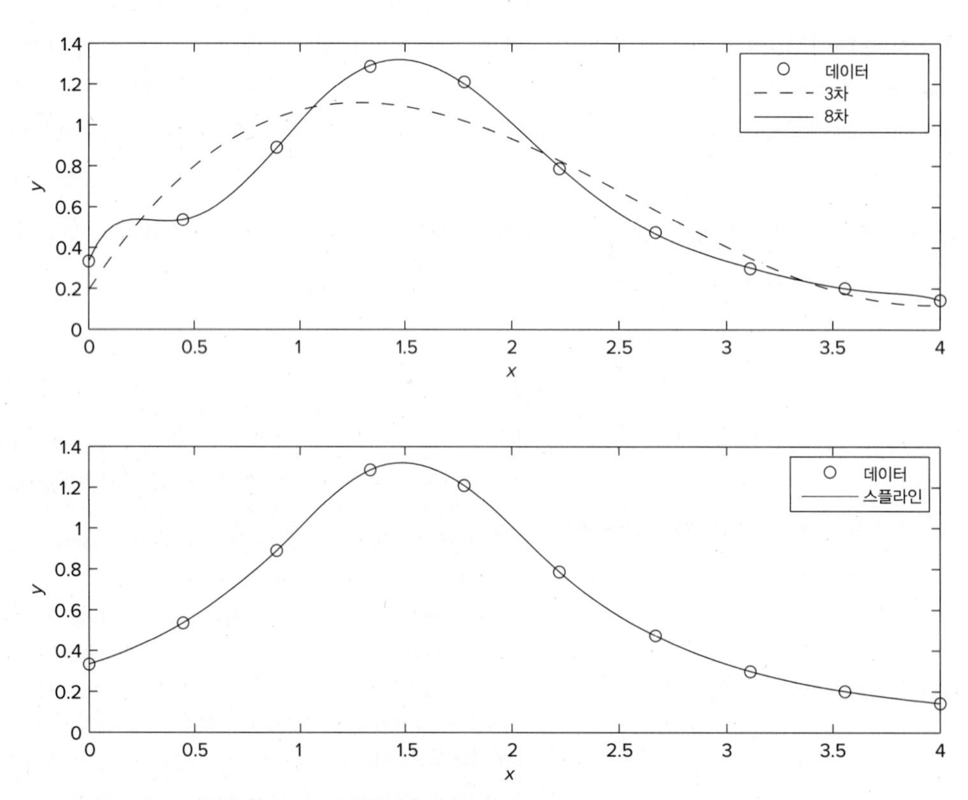

[그림 7.4-3] 위의 그래프: 3차 다항식과 8차 다항식을 이용한 보간. 아래 그래프: 3차 스프라인으로 보간한 것

에르미트(Hermite) 다항식을 이용한 보간

pchip 함수는 [표 7.4-3]에 정리되어 있으며, 구간별 에르미트(Hermite) 보간 다항식 (pchips)을 이용한다. 구문은 spline 함수의 구문과 동일하다. pchip으로 데이터 점에서의 기울기는 데이터의 '모양'을 유지하고 '단조성(monotonicity)'을 '준수'하도록 계산한다. 즉, 피팅된 함수는 데이터가 단조 증가 또는 감소하는 곳에서는 단조 증가 또는 감소하게 되며, 데이터가 로컬하게 특이값을 갖는 구간에서 특이점을 갖는다. 두 함수의 차이는

- spline으로는 2차 미분이 연속이지만, pchip으로는 불연속이 될 수도 있다. 그래서 spline은 더 부드러운 곡선을 준다.
- 따라서 spline은 데이터가 '더 부드러우면' 더 정확하다.
- 데이터가 부드럽지 않아도 pchip에 의하여 생산된 함수에서는 오버슈트가 없고 진동이 덜하다.

$x=[0,\ 1,\ 2,\ 3,\ 4,\ 5]$ 및 $y=[0,\ -10,\ 60,\ 40,\ 41,\ 47]$로 주어진 데이터를 고려한다. [그림 7.4-4]의 위의 그래프는 데이터에 대하여 5차 다항식과 3차 스프라인의 피팅 결과를 보인다. 명백하게, 5차 다항식은 특히 $0<x<1$과 $4<x<5$에서 큰 차이를 보이므로 보간에 적합하지 않다. 이런 차이는 고차다항식일 때 보여진다. 여기에서 3차 스프라인은 더욱 유용하다. [그림 7.4-4]의 아래의 그래프는 (pchip을 이용하여) 구간별 에르미트 다항식 보간을 하여 3차의 스프라인 보간을 한 결과이며, 여기에서는 명확하게 더 좋은 선택이다.

MATLAB은 3차원 데이터의 보간을 위하여 많은 다른 함수들도 제공한다. MATLAB 도움말에서 griddata, interp3 및 interpn을 찾아본다.

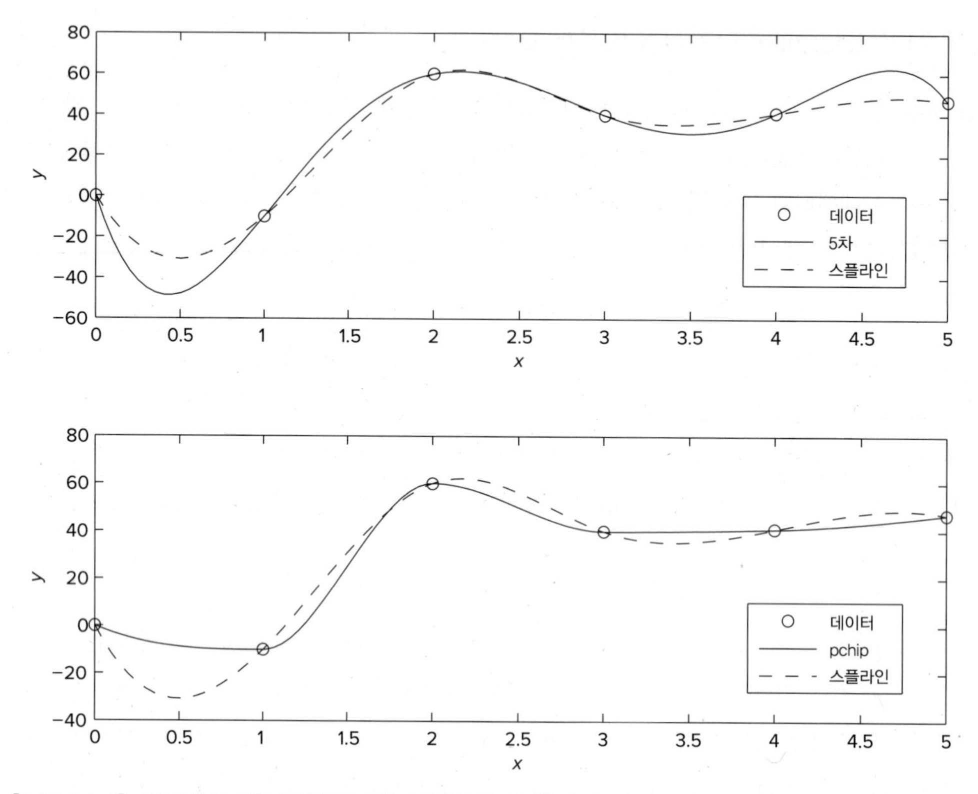

[그림 7.4-4] 위 그래프: 5차 다항식과 3차 스프라인으로 한 보간. 아래 그래프: 구간별 연속 에르미트 다항식(pchip)과 3차 스프라인으로 한 보간

7.5 요약

이 장에서는 통계나 데이터 해석에서 널리 그리고 중요하게 사용되고 있는 MATLAB 함수에 대해 소개하였다. 7.1절에서는 통계적인 결과를 나타내는데 특화된 그래프인 히스토그램을 포함하는 기본적인 확률과 통계를 소개하였다. 7.2절에서는 많은 통계 방법의 기초를 형성하는 정규 분포에 대하여 다루었다. 7.3절에서는 랜덤 숫자 발생기와 시뮬레이션 프로그램에서 사용하는 방법을 다루었다. 7.4절에서는 선형 및 스플라인 보간을 포함하는 보간법에 대하여 다루었다.

이 장을 마쳤으므로, MATLAB을 이용하여 다음과 같은 문제를 해결할 수 있어야 한다.

- 통계와 확률의 기본적인 문제의 해결
- 랜덤 프로세스를 포함하는 시뮬레이션의 생성
- 데이터에 보간법의 적용

주요용어

3차 스플라인(Cubic spline)
가우스 함수(Gaussian function)
균일 분포(Uniformly distributed)
보간(Interpolation)
분산(Variance)
빈(Bin)
상대 빈도(Relative frequency)
스케일된 빈도 히스토그램(Scaled frequency histogram)
에러 함수(Error function)
절대 빈도(Absolute frequency)
정규 분포(Normally distributed)
정규 분포 함수(Normal function)
중앙값(Median)
최빈값(Mode)
평균(Mean)
표준편차(Standard deviation)
히스토그램(Histogram)

| 연습문제 |

*가 표시된 문제에 대한 해답은 교재 뒷부분에 첨부하였다.

7.1 절

1. 아래의 목록은 같은 모델의 차 22대에 대한 마일리지를 갤런당 마일로 나타낸 측정한 값들이다. 절대 빈도 히스토그램과 상대 빈도 히스토그램의 그래프를 그려라.

23	25	26	25	27	25	24	22	23	25	26
26	24	24	22	25	26	24	24	24	27	23

2. 같은 크기의 건축 목재 30개에 부서질 때까지 전단력을 가하였다. 목재들이 부서지는 데 필요한 힘은 파운드로 다음 표와 같다. 절대 빈도 히스토그램을 그려라. 빈(bin)의 폭을 50, 100 및 200파운드를 사용하라. 어떤 것이 가장 의미있는 히스토그램을 나타내는가? 더 좋은 결과를 주는 빈의 폭을 구하라.

243	236	389	628	143	417	205
404	464	605	137	123	372	439
497	500	535	577	441	231	675
132	196	217	660	569	865	725
457	347					

3. 다음 목록은 어떤 종류의 줄 60개의 샘플에 대하여 끊어질 때의 힘을 뉴턴으로 측정한 결과이다. 절대 빈도 히스토그램의 그래프를 그려라. 빈의 폭을 10, 30 및 50N으로 시도해보라. 어떤 것이 가장 의미 있는 히스토그램를 보여주는가? 더 좋은 결과를 주는 빈의 폭을 구하라.

311	138	340	199	270	255	332	279	231	296	198	269
257	236	313	281	288	225	216	250	259	323	280	205
279	159	276	354	278	221	192	281	204	361	321	282
254	273	334	172	240	327	261	282	208	213	299	318
356	269	355	232	275	234	267	240	331	222	370	226

4. 범위 0, 10에서 t의 정수 값에 대해 함수 $x=e^{0.1t}$을 계산하여 데이터를 생성한다. 다음으로 데이터와 이동 평균의 그래프를 그려서 (a) 세 점 및 (b) 5점의 이동 평균의 정밀도를 조사하라.

5. 범위 0, 10에서 t의 정수 값에 대해 함수 $x=\sin 0.5t$를 계산하여 데이터를 생성한다. 그런 다음 데이터와 이동 평균의 그래프를 그려서 (a) 세 점 및 (b) 5점 이동 평균의 정밀도를 조사하라.

7.2절

6. 문제 1에서 주어진 데이터에 대하여
   a. 스케일된 빈도 히스토그램을 그려라.
   b. 평균과 표준편차를 계산하고 이것을 이용하여 이 모델의 차에서 68%에 해당하는 마일리지에서의 하한과 상한 값을 예측하라. 이 한계값들을 데이터에서의 값들과 비교하라.

7. 문제 2에서 주어진 데이터에 대하여
   a. 스케일된 빈도 히스토그램을 그려라.
   b. 평균과 표준편차를 계산하고 이것을 사용하여 이와 같은 목재의 68%와 96%에 대응되는 힘의 하한과 상한을 구하라. 이 값들을 데이터에서의 값과 비교하라.

8. 문제 3에서 주어진 데이터에 대하여
   a. 스케일된 빈도 히스토그램을 그려라.
   b. 평균과 표준편차를 계산하고, 이것을 사용하여 68%와 96%에 대응되는 파괴 강도의 상한과 하한을 구하라. 이 한계를 데이터에서의 값과 비교하라.

9.* 어느 직물의 파괴 강도에 대한 데이터를 분석해보니 평균 300파운드와 분산 9로 정규 분포한다는 것을 보여준다.
   a. 직물의 샘플이 294파운드보다 작지 않은 파괴강도를 가질 %를 예측하라.
   b. 파괴강도가 297파운드보다 작지 않으며, 303파운드보다 크지 않은 직물 샘플의 %를 예측하라.

10. 서비스 기록 데이터에 의하면 특정한 기계를 수리하는 데 걸리는 시간은 평균 65분과 5분의 표준편차를 갖는 정규 분포를 한다. 기계를 고치는 데 75분 이상이 들어가는 경우는 얼마나 자주 발생하는지를 예측하라.

11. 여러 장치로부터 측정을 한 결과, 실의 피치(pitch) 지름이 평균 9.004mm와 표준편차 0.003mm인 정규 분포를 한다고 나타났다. 설계 사양서는 피치 지름이 반드시 9 ± 0.01 mm이어야 한다고 한다. 이 공차 안에 몇 %가 들어오게 될지 예측하라.

12. 어떤 제품에서는 축이 베어링에 삽입되는 것을 요구한다. 측정을 해보니 베어링의 원통 모양 구멍의 직경 d_1은 평균 3cm에 분산 0.0064를 갖는 정규 분포를 한다는 것을 알았다. 축의 직경 d_2는 평균 3.96cm에 분산 0.0036을 갖는 정규 분포를 한다.

   a. 여유 간격 $c=d_1-d_2$에 대한 평균과 분산을 구하라.
   b. 주어진 축이 베어링에 맞지 않을 확률을 구하라. (힌트: 여유 간격이 음의 값을 가질 확률을 구한다.)

13*. 선적용 팔레트는 10개의 박스를 담는다. 각각의 박스는 다른 형태의 300가지 부품을 담는다. 각 부품의 무게는 평균 1파운드와 표준편차 0.2파운드로 정규 분포한다.

   a. 팔레트의 무게 평균과 표준편차를 계산하라.
   b. 팔레트의 무게가 3,015파운드를 넘을 확률을 구하라.

14. 어떤 제품은 끝에서 끝까지 세 개의 부품으로 조립된다. 각 부품의 길이는 L_1, L_2 및 L_3이다. 각 부품은 다른 기계에서 제작되며, 그래서 길이는 랜덤하게 변하며 서로 독립이다. 길이는 각각 평균 1, 2.5 및 3피트이고 분산은 0.00014, 0.0002, 0.0003인 정규 분포를 한다.

   a. 조립된 제품의 길이의 평균과 분산을 계산하라.
   b. 조립된 제품의 길이가 6.48피트보다 작지 않으면서 6.52피트보다 크지 않으려면 몇 %가 되는지 예측하라.

7.3절

15. 랜덤 숫자 발생기를 이용하여 평균 10, 최소값 2 및 최대값 18에서 균일한 분포를 하는 숫자 1,000개를 생성하라. 이 숫자들의 평균과 히스토그램을 구하고, 이들이 원하는 평균을 가지며 균일 분포를 하는지를 논하라.

16. 랜덤 숫자 발생기를 이용하여 평균 30과 분산 5를 가지며 정규 분포를 하는 숫자 1,000개를 발생하라. 이 숫자들의 평균, 분산과 히스토그램을 구하고, 이들이 원하는 평균과 분산을 갖고 정규 분포를 하는지에 대하여 논의하라.

17. 두 개의 독립된 랜덤 변수들의 합(또는 차)의 평균은 각 평균들의 합(또는 차)과 같지만, 분산은 항상 두 변수의 분산의 합이다. 랜덤 숫자 발생기를 이용하여 $z=x+y$의 경우에 대하여 이 문장을 증명하라. 여기에서 x와 y는 독립이며, 정규 분포하는 랜덤 변수이다. x의 평균과 분산은 $\mu_x=9$와 $\sigma_x^2=3$이다. y의 평균과 분산은 $\mu_y=18$과 $\sigma_y^2=5$이다. 시뮬레이션으로 z의 평균과 분산을 구하고 이 결과를 이론적인 예측값과 비교하라. 이것을 100, 1,000 및 5,000개의 샘플에 대하여 시도해 보라.

18. $z=xy$라고 가정하며, 여기에서 x와 y는 독립이고 정규 분포하는 랜덤 변수이다. x의 평균과 분산은 $\mu_x=12$와 $\sigma_x^2=3$이다. y의 평균과 분산은 $\mu_y=15$와 $\sigma_y^2=4$이다. 시뮬레이션으로 z의 평균과 분산을 구하라. $\mu_z=\mu_x\mu_y$인가? $\sigma_z^2=\sigma_x^2\sigma_y^2$인가? 이것을 100, 1,000 및 5,000개의 샘플에 대하여 시도해 보라.

19. $y=x^2$이라고 가정하며, 여기에서 x는 정규 분포를 하는 랜덤 변수로 평균과 분산은 $\mu_x=0$과 $\sigma_x^2=5$이다. 시뮬레이션으로 y의 평균과 분산을 구하라. $\mu_y=\mu_x^2$인가? $\sigma_y=\sigma_x^2$인가? 이것을 100, 1,000 및 5,000개의 샘플에 대하여 구해 보라.

20*. 어떤 주식의 가격 동향을 수개월 동안 가격에 대한 스케일된 빈도 히스토그램의 그래프를 그려서 분석했다고 가정한다. 히스토그램으로부터 가격이 평균 100달러이고 표준편차가 5달러인 정규 분포를 하는 것으로 나타났다고 가정한다. 가격이 평균값 100달러보다 아래에 있을 때마다 이 주식을 50주 사고, 가격이 105달러보다 높을 때에는 주식을 모두 판다고 했을 때, 이에 대한 영향을 시뮬레이션하는 MATLAB 프로그램을 작성하라. 250일 이상 동안 이 전략에 대한 결과를 분석하라(일 년에서 일하는 날의 대략적인 숫자이다). 수익은 연 단위로 주식을 팔아 얻은 수입과 연말에 보유하고 있는 주식의 값을 더한 것에, 주식을 사는 데 들어가는 비용을 뺀 것으로 정의한다. 이룰 수 있다고 기대되는 평균 연수익 기대값, 최소 연수익 기대값, 최대 수익의 기대값 및 연 수익의 표준 편차를 계산하라. 중개인 수수료는 주식을 사거나 팔 때마다 주식당 6센트이며, 건당 최소 40달러이다. 거래는 하루에 한 번만 한다고 가정한다.

21. 데이터 분석 결과, 어느 주식의 가격은 평균 150달러와 분산 100달러로 정규 분포한다고 가정한다. 다음의 두 가지 전략에 대하여 250일에 걸친 결과를 비교하는 시뮬레이션을 만들어라. 1,000주로 해를 시작한다. 첫 번째 전략은 매일 주식의 가격이 140달러 이하면 100주를 구매하고, 매일 주식의 가격이 160달러를 넘어서면 가지고 있는 모든 주식을 판다. 두 번째 전략은 매일 주식의 가격이 150달러 이하이면 100주를 구매하고, 주식의 가격

이 160달러를 넘어서면 갖고 있는 모든 주식을 판다. 중개인 수수료는 거래되는 주식에 대하여 5센트이며, 건당 최소 35달러이다.

22. 두 개의 동전을 던지는 게임을 100번 시뮬레이션하는 스크립트 파일을 작성하라. 두 개 모두 앞면이 나오면 게임을 이기며, 두 개 모두 뒷면이면 지고, 하나는 앞면, 하나는 뒷면이면 다시 시행한다. 스크립트에서 사용될 3개의 사용자 정의 함수를 만들어라. flip_coin 함수는 하나의 동전을 던지는 시뮬레이션을 하며, 입력 변수로 랜덤 숫자 발생기의 상태 s를 가지며, 새로운 상태 s와 던지기의 결과(뒷면이면 0, 앞면이면 1)를 출력으로 갖는다. 함수 flips는 2개의 동전을 던지는 것을 시뮬레이션하며, flip_coin을 호출한다. flips의 입력은 상태 s이며, 출력은 새로운 상태 s와 결과(2개가 뒷면이면 0, 하나는 앞면, 하나는 뒷면이면 1, 모두 앞면이면 2)이다. 함수 match는 게임의 순서를 시뮬레이션한다. 입력은 상태 s이며, 출력은 결과(이기면 1, 지면 0)와 새로운 상태 s이다. 스크립트는 먼저 랜덤 숫자 발생기를 초기 상태로 리셋시키고, 상태 s를 계산하고, 이 상태를 사용자 정의 함수에게 넘긴다.

23. 다음과 같은 간단한 수 맞추기 게임을 하기 위한 스크립트 파일을 작성하라. 스크립트 파일은 1, 2, … , 14, 15까지의 범위에서 랜덤하게 정수를 발생시킨다. 선수가 숫자를 반복해서 추측할 수 있도록 해야 하며, 선수가 이겼는지를 표시해주어야 하며, 틀린 경우에 선수에게 힌트를 주어야 한다. 응답과 힌트는 다음과 같다.

- "승리" 그리고 게임을 중지한다.
- "거의 맞추었음" 추측한 수와 실제 수의 차이가 1일 때
- "가까워지고 있음" 추측한 수와 실제 수의 차이가 2~3일 때
- "전혀 다름" 추측한 수와 실제 수의 차이가 3보다 클 때

24. 어떤 입자가 1차원 랜덤 워크를 수행하며, 이 입자는 $x=0$에서 시작하고 각 단계에서 한 칸에 해당되는 평균과 2칸에 해당되는 표준 편차를 갖는 정규 분포에 따라 앞으로 이동한다고 가정한다. 이 동작은 브라운 운동과 유사하다. 프로그램을 작성하지 않고, 100단계 후에 평균적으로 입자가 얼마나 멀리 움직일 것이라고 생각하는가? 그 다음으로 MATLAB 프로그램을 작성하여 문제를 풀어보라. 통계를 계산하고 히스토그램을 그려라. 예측한 평균 이동거리와 같은가?

25. x가 0과 1 사이에 1,000개의 균일하게 분포된 숫자로 이루어져 있다고 가정한다. y의 히스토그램을 그려라. 여기에서 (a) $y=e^{-x}$와 (b) $y=e^{-10x}$이다. 각각의 경우에 대한 히스토그램을 비교하라. 결과를 시정수에 대하여 해석하라.

7.4 절

26*. 보간은 하나 또는 그 이상의 데이터가 없을 때 유용하다. 이와 같은 상황은 24시간 연속 측량이 어려운, 온도와 같은 환경 측량에서 자주 발생한다. 다음의 시간에 따른 온도의 표에는 5시와 9시의 온도 데이터가 손실되었다. MATLAB의 선형 보간법을 이용하여 이 때의 온도를 추정하라.

시간(hours, P.M.)	1	2	3	4	5	6	7	8	9	10	11	12
온도(。C)	10	9	18	24	?	21	20	18	?	15	13	11

27. 다음의 표는 특정한 위치에서 일주일에서 요일과, 요일에 따른 시간의 함수로서 (섭씨로 나타낸) 온도 데이터를 보인다. 물음표(?)로 표시된 곳이 데이터가 없는 곳이다. MATLAB에서 선형 보간법을 이용하여 손실된 지점의 온도를 추정하라.

시간	요일				
	월	화	수	목	금
1	16	15	12	17	16
2	13	?	8	11	12
3	14	15	9	?	15
4	17	15	14	17	19
5	21	18	19	20	24

28. 컴퓨터로 제어되는 기계들은 제품을 만들 때, 금속과 다른 물질을 자르거나 모양을 만들기 위하여 사용된다. 이런 기계들은 잘라야 할 경로나 형성될 부분의 윤곽선을 지정하기 위하여 3차 스플라인을 이용한다. 다음의 좌표들은 어떤 차의 정면 펜더의 모양을 지정한다. 좌표에 3차 스플라인을 이용하여 보간을 하고, 좌표점들을 따라 스플라인의 그래프를 그려라.

x(ft)	0	0.25	0.75	1.25	1.5	1.75	1.875	2	2.125	2.25
y(ft)	1.2	1.18	1.1	1	0.92	0.8	0.7	0.55	0.35	0

29. 다음 데이터는 시간 $t=0$에서 온수 수도꼭지를 튼 다음, 수도꼭지로부터 흘러나온 물의 온도 T를 측정한 것이다.

t(sec)	T(。F)	t(sec)	T(。F)
0	72.5	6	109.3
1	78.1	7	110.2
2	86.4	8	110.5
3	92.3	9	109.9
4	110.6	10	110.2
5	111.5		

a. 데이터를 먼저 직선으로 연결하여 그래프를 그리고, 다음에 3차 스플라인을 이용하여 데이터를 연결한 그래프를 그려라.

b. 다음의 시간: $t=0.6,\ 2.5,\ 4.7,\ 8.9$에서 선형보간법과 다음으로 3차 스플라인 보간법을 이용하여 온도를 예측하라.

c. 선형보간법과 3차 스플라인 보간법을 모두 이용하여 온도 $T=75,\ 85,\ 90,\ 105$에 도달하는 시간을 예측하라.

30. 1790년부터 1990년까지의 미국 인구 조사 데이터는 MATLAB과 함께 제공되는 census.dat 파일에 저장되어 있다. 이 파일을 로드하기 위하여 load census를 입력한다. 첫 번째 열 cdate는 연도를 포함하고, 두 번째 열 pop은 백만 단위의 인구를 포함한다. 6장의 이해력 테스트 문제 [T6.2-2]에서 3차 다항식을 사용하여 1965년의 인구를 1억8천9백만 명으로 추정하였다. 이 예측을 (a) 선형 보간법 및 (b) 3차 스플라인 보간법을 사용하여 얻은 결과와 비교하라.

출처: Monty Rakusen/Cultura Creative/ Alamy Stock Photo

21세기의 공학 적층 제조 (Additive Manufacturing)

3차원(3D) 프린팅은 물질을 연속된 층으로 쌓아 3차원 물체를 만든다. 이 과정은 솔리드(solid) 모델링 소프트웨어를 이용한 컴퓨터를 통해 제어된다. 원래 이 과정은 잉크젯 프린터를 사용하여 분말 상자에 액체 접착제의 층을 쌓아 나가므로 접착제 분사 방식(binder jetting)이라고 불린다. CAD(Computer-Aided-Design) 소프트웨어의 활용 외에 새로운 방식들도 3D 프린팅을 위한 소프트웨어를 만드는 데 이용될 수 있다. 이런 것들에는 기존 부품에 대한 3D 스캐너, 소규모 모델, 또는 조소(sculpted) 모델 등이 있다. 한편에서는 디지털 사진 그리고 사진 계측(photogrammetry)용 소프트웨어도 사용되고 있다.

이 분야의 이후 기술 발전은 적층 제조(Additive Manufacturing: AM)라고 통합적으로 부르는 매우 다양한 종류의 기술을 낳았다. 접착제 분사 방식 외에 여섯 가지 종류가 적층 제조를 위한 방식으로 일반적으로 인식된다. 이들에는 지향성 에너지 용사 방식, 소재 압출 방식, 소재 분사 방식, 분말 소결 방식, 시트 적층 방식, 광중합 방식이 있다.

지향성 에너지 용사 방식은 레이저와 같은 고에너지 열원으로 물질을 녹여서 융합시킨다. 소재 분사 방식은 방울 크기의 소재를 쌓아 나가는 것이다. 분말 소결 방식에서는 분말 상자의 일정 부분을 열에너지로 융합시킨다. 시트 적층 방식은 재료 판재들을 접착시켜 물체를 만든다. 광중합 방식은 용기에 든 액체 광중합체를 인접 중합체 사슬 간 광반응 접합을 이용하여 처리하는 것이다.

이러한 기술들은 제작자가 시장에 접근하는 속도를 높여주고, 값비싼 장비를 사용하거나 주형 또는 금형 제작 없이 소량의 주문 생산을 가능하게 한다. 매우 복잡한 기하구조를 가지거나 복잡한 내부 구조를 가진 부품도 생산할 수 있다. 낮은 하드웨어 비용으로 인해 지역적인 작은 규모의 제조 센터가 많이 설립되어 배송 비용과 배송 시간도 절감하고 있다.

MATLAB은 적층 제조를 여러 가지 면에서 지원한다. MATLAB 파일은 3D 표면 데이터를 적층 제조에서 널리 쓰이는 포맷인 표준 테셀레이션(STL: Standard Tesellation Language) 언어 파일로 변환하는데 사용된다. MATLAB은 또한 형상 최적화 및 주어진 설계 공간 내에서의 물질 배치 최적화를 위한 수학적 도구로 사용될 수 있다. MATLAB은 내부가 격자 모양으로 뼈와 유사한 구조를 가져 가벼우면서도 강하여, 하중을 견딜 수 있는 구조물의 디자인 최적화에도 새로운 방법을 제공한다. 이러한 구조물들은 전통적인 방법으로는 만들 수 없지만, 적층 제조에서는 가능하다.

CHAPTER 08

선형 대수 방정식

다음과 같은 선형 대수 방정식

$$5x-2y=13$$
$$7x+3y=24$$

은 많은 공학 응용에서 나온다. 예를 들어, 전기 공학자는 회로의 전력 요구사항을 예측하기 위하여 사용하고, 토목, 기계 및 항공 공학자는 구조와 기계를 설계하기 위하여 사용하며, 화학 공학자는 화학 반응에서 물질의 평형을 계산하기 위하여 사용하고, 산업 공학자는 일정 관리와 오퍼레이션 리서치의 설계를 위하여 이들을 응용한다. 이 장에서는 예제들과 문제들을 통하여 이런 응용들에 대하여 알아본다.

선형 대수 방정식은 연필과 종이를 이용하여 '손으로', 계산기로 또는 MATLAB과 같은 소프트웨어로 풀 수 있다. 선택은 환경에 따라서 한다. 단지 2개의 미지수를 가진 방정식의 경우, 손으로 해결하는 것이 쉽고 적절하다. 어떤 계산기들은 많은 변수를 가진 연립방정식을 풀 수 있다. 하지만 소프트웨어를 사용하면 큰 능력과 유연성을 얻을 수 있다. 예를 들어, MATLAB은 하나 또는 그 이상의 변수를 바꿈에 따라 방정식의 해를 구하고 그릴 수 있다.

연립방정식을 풀기 위하여 체계적인 해법이 개발되었다. 8.1절에서는 MATLAB을 사용하는 데 필요한 행렬 표기법, 즉, 푸는 방법을 컴팩트한 방법으로 나타내는 데 유용한 표기법에 대하여 소개한다. 다음으로 해의 존재와 유일성의 조건에 대하여 소개한다. MATLAB을 이용하는 방법은 4개의 절에서 다룬다. 8.2절에서는 단일 해를 갖는 연립방정식을 풀기 위한 좌측 나눗셈 방법에 대하여 다루고, 8.3절에서는 연립방정식이 모든 미지수를 결정하기에 충분한 정보를 포함하고 있지 않은 경우를 다룬다. 이것은 과소결정(underdetermined) 상황이다. 과잉결정(overdetermined) 상황은 연립방정식이 미지수의 수보다 많은 독립된 식을 갖게 될 때 발생한다(8.4절). 범용 해법 프로그램은 8.5절에서 주어진다.

8.1 선형 방정식을 풀기 위한 행렬 방법

선형 연립방정식은 행렬 표기 방식을 이용하여 식 하나로 표현될 수 있으며, 이 방법은 임의의 수의 변수를 가진 해를 표현하고 소프트웨어를 개발하기에 유용한 표준 방법이고 간결하다. 이 응용에서는 벡터는 특별히 지정하지 않는 한 열벡터라고 가정한다.

행렬 표기는 여러 개의 방정식을 하나의 행렬 방정식으로 나타낼 수 있도록 해준다. 예를 들어, 다음의 연립방정식에서

$$2x_1 + 9x_2 = 5$$
$$3x_1 - 4x_2 = 7$$

이 연립방정식은 벡터-행렬 형태

$$\begin{bmatrix} 2 & 9 \\ 3 & -4 \end{bmatrix} \begin{bmatrix} x_1 \\ x_2 \end{bmatrix} = \begin{bmatrix} 5 \\ 7 \end{bmatrix}$$

와 같이 나타낼 수 있고, 이것은 다음의 간결한 형태

$$\mathbf{Ax} = \mathbf{b} \tag{8.1-1}$$

로 나타낼 수 있으며, 여기에서 행렬과 벡터는 다음과 같이 정의된다.

$$\mathbf{A} = \begin{bmatrix} 2 & 9 \\ 3 & -4 \end{bmatrix} \quad \mathbf{x} = \begin{bmatrix} x_1 \\ x_2 \end{bmatrix} \quad \mathbf{b} = \begin{bmatrix} 5 \\ 7 \end{bmatrix}$$

일반적으로, n개의 미지수를 가진 m개의 방정식으로 된 연립방정식은 식 (8.1-1)의 형태로 나타낼 수 있으며, 여기에서 $\mathbf{A}$는 $m \times n$, $\mathbf{x}$는 $n \times 1$ 및 $\mathbf{b}$는 $m \times 1$이다.

행렬의 역

스칼라 방정식 $ax=b$의 해는 만일 $a \neq 0$이면 $x=b/a$이다. 행렬 대수의 나눗셈은 스칼라 대수의 나눗셈 연산과 유사하다. 예를 들어, 행렬 방정식 (8.1-1)을 $\mathbf{x}$에 대하여 풀기 위하여, 어떻게든 $\mathbf{b}$를 $\mathbf{A}$로 나누어야 한다. 이 과정은 행렬의 역의 개념으로부터 개발되었다. 행렬 $\mathbf{A}$의 역은 $\mathbf{A}^{-1}$로 나타내며

$$\mathbf{A}^{-1}\mathbf{A} = \mathbf{A}\mathbf{A}^{-1} = \mathbf{I}$$

의 성질을 갖는다. 여기서 $\mathbf{I}$는 단위행렬이다. 이 성질을 이용하여 식 (8.1-1)의 양변에 좌측으로 $\mathbf{A}^{-1}$을 곱하면 $\mathbf{A}^{-1}\mathbf{A}\mathbf{x} = \mathbf{A}^{-1}\mathbf{b}$를 얻는다. $\mathbf{A}^{-1}\mathbf{A}\mathbf{x} = \mathbf{I}\mathbf{x} = \mathbf{x}$이므로, 해

$$\mathbf{x} = \mathbf{A}^{-1}\mathbf{b} \tag{8.1-2}$$

를 얻는다.

행렬 $\mathbf{A}$의 역은 $\mathbf{A}$가 정방 행렬이고 특이(nonsingular) 행렬이 아닌 경우에만 정의된다. 행렬이 특이 행렬이면(singular하면) 행렬식 $|\mathbf{A}|$는 0이다. 만일 $\mathbf{A}$가 특이 행렬이면, 방정식 (8.1-1)에 대한 유일한 해는 존재하지 않는다. MATLAB 함수인 `inv(A)`와 `det(A)`는 행렬 $\mathbf{A}$의 역과 행렬식을 계산한다. `inv(A)`가 특이 행렬에 적용되면, MATLAB은 경고를 보낸다.

불량조건(ill-conditioned) 연립 방정식은 특이 행렬에 근접한 연립방정식이다. 불량조건의 상태는 해가 계산되는 정밀도에 따라 달라질 수 있다. 즉, MATLAB에서 사용되는 내부의 수치 정밀도가 해를 얻기에 충분하지 않으면, 행렬이 특이 행렬에 근접하여 그 결과가 부정확할 수 있다는 경고 메시지를 보낸다.

2×2 행렬 $\mathbf{A}$에 대하여,

$$\mathbf{A}=\begin{bmatrix} a & b \\ c & d \end{bmatrix} \quad \mathbf{A}^{-1}=\frac{1}{ad-bc}\begin{bmatrix} d & -b \\ -c & a \end{bmatrix}$$

이며, 여기에서 $\det(\mathbf{A})=ad-bc$ 이다. 따라서 $ad-bc=0$ 이면 $\mathbf{A}$는 특이 행렬이다.

예제 8.1-1 행렬의 역 방법

행렬의 역을 이용하여 다음의 연립방정식을 풀어라.

$$\begin{aligned} 2x_1+9x_2&=5 \\ 3x_1-4x_2&=7 \end{aligned}$$

풀이

행렬 $\mathbf{A}$와 벡터 $\mathbf{b}$는

$$\mathbf{A}=\begin{bmatrix} 2 & 9 \\ 3 & -4 \end{bmatrix} \quad \mathbf{b}=\begin{bmatrix} 5 \\ 7 \end{bmatrix}$$

이다. 세션은

```
>> A = [2, 9; 3, -4]; b = [5; 7];
>> x = inv(A)*b
x =
   2.3714
   0.0286
```

이다. 이 행렬의 해는 $x_1=2.3714$ 이고 $x_2=0.0286$ 이다. MATLAB이 경고를 보내지 않았으므로 이 해는 유일하다.

실제로는 많은 방정식이 있는 연립방정식에서 수치적인 해를 구하기 위하여 해의 식 $\mathbf{x}=\mathbf{A}^{-1}\mathbf{b}$ 를 적용하는 것은 드문 일이다. 그 이유는 행렬의 역을 계산하는 것은 앞으로 소개될 좌측 나눗셈 방법보다 더 큰 수치적 부정확성을 발생시킬 가능성이 높기 때문이다.

이해력 테스트 문제

T8.1-1 c의 어떤 값에 다음의 연립방정식이 (a) 유일한 해를 갖는가? (b) 무한 개의 해를 갖는가? 이 해에 대하여 x_1 과 x_2 사이의 관계식을 구하라.

$$6x_1 + cx_2 = 0$$
$$2x_1 + 4x_2 = 0$$

(답: (a) $c \neq 12,\ x_1 = x_2 = 0$; (b) $c = 12,\ x_1 = -2x_2$)

T8.1-2 역행렬 방법을 이용하여 다음의 연립방정식을 풀어라.

$$3x_1 - 4x_2 = 5$$
$$6x_1 - 10x_2 = 2$$

(답: $x_1 = 7,\ x_2 = 4$)

T8.1-3 행렬의 역을 이용하여 다음의 연립방정식을 풀어라.

$$3x_1 - 4x_2 = 5$$
$$6x_1 - 8x_2 = 2$$

(답: 해가 없음)

해의 존재와 유일성

열행렬 방법은 유일한 해가 존재하지 않으면 경고를 주지만, 해가 없는지 아니면 무한히 많은지는 알려주지 않는다. 여기에 더하여 이 방법은 행렬 $\mathbf{A}$가 정방행렬, 즉 방정식의 수와 미지수의 수가 같은 경우로 제한된다. 이런 이유로 이제 연립방정식이 해가 있는지 그리고 그 해가 유일한지를 쉽게 결정할 수 있도록 해주는 방법을 소개한다. 이 방법은 행렬의 계수(rank)라는 개념을 필요로 한다.

3×3 행렬식

$$|\mathbf{A}| = \begin{vmatrix} 3 & -4 & 1 \\ 6 & 10 & 2 \\ 9 & -7 & 3 \end{vmatrix} = 0 \qquad (8.1\text{-}3)$$

을 고려한다. 행렬식에서 행 하나와 열 하나씩을 제거하면, 2×2 행렬식이 남는다. 어떤 열과 어떤 행을 소거할 것인가에 따라 얻을 수 있는 2×2 행렬식은 아홉 가지가 된다. 이들은 부분행렬식(subdeterminant)이라고 불린다. 예를 들어, 두 번째 행과 세 번째 열을 소거하면,

$$\begin{vmatrix} 3 & -4 \\ 9 & -7 \end{vmatrix} = 3(-7) - 9(-4) = 15$$

를 얻는다.

부분행렬식은 행렬의 계수를 정의하는 데 이용된다. 행렬의 계수 정의는 다음과 같다.

행렬의 계수(rank)의 정의: $m\times n$ 행렬 $\mathbf{A}$는 $|\mathbf{A}|$가 0이 아닌 $r\times r$ 행렬식을 갖고 $r+1$ 또는 그 이상의 행을 갖는 모든 정방 행렬의 부분행렬식이 0인 경우에만 행렬 계수 $r\geq 1$을 갖는다.

예를 들어, 식 (8.1-3)의 $\mathbf{A}$는 $|\mathbf{A}|=0$이지만, 최소한 하나의 0이 아닌 2×2의 부분 행렬식을 가지므로 계수가 2이다. MATLAB에서 $\mathbf{A}$의 계수를 결정하기 위하여 rank(A)를 입력한다. $\mathbf{A}$가 $n\times n$일 때, $\det(\mathbf{A})\neq 0$이라면 계수는 n이다.

$\mathbf{A}\mathrm{x}=\mathbf{b}$에 해가 존재하는지를 결정하고 그 해가 유일한지를 결정하기 위하여 다음의 테스트를 할 수 있다. 테스트를 위해서는 먼저 첨가(augmented) 행렬 $[\mathbf{A}\ \ \mathbf{b}]$를 만드는 것이 필요하다.

해의 존재와 유일성: m개의 방정식과 n개의 미지수를 갖는 연립방정식 $\mathbf{A}\mathrm{x}=\mathbf{b}$가 해를 가질 필요충분조건은 (1) $rank(\mathbf{A})=rank([\mathbf{A}\ \ \mathbf{b}])$이다. $r=rank(\mathbf{A})$라고 한다. 조건 (1)을 만족하고, $r=n$이면 해는 유일하다. 만일 조건 (1)이 만족하지만 $r<n$이면, 무한 개의 해가 존재하며, r개의 미지수는 임의의 값을 갖는 다른 $n-r$개의 미지수의 선형 결합으로 나타낼 수 있다.

동차의 경우: 동차(homogeneous) 연립방정식 $\mathbf{A}\mathrm{x}=\mathbf{0}$는 $\mathbf{b}=\mathbf{0}$인 특별한 경우이다. 이 경우, 항상 $rank(\mathbf{A})=rank([\mathbf{A}\ \ \mathbf{b}])$이며, 그래서 연립방정식은 항상 자명해(trivial solution) $\mathbf{x}=\mathbf{0}$을 갖는다. $\mathbf{0}$이 아닌(최소한 하나의 미지수가 0이 아닌) 해가 존재할 필요충분조건은 $rank(\mathbf{A})<n$이다. 만일 $m<n$이면, 동차 연립방정식은 항상 $\mathbf{0}$이 아닌 해를 갖는다.

이 테스트의 의미는 $\mathbf{A}$가 정방행렬이고 차원이 $n\times n$이면, $rank([\mathbf{A}\ \ \mathbf{b}])=rank(\mathbf{A})$이고 만일 $rank(\mathbf{A})=n$이면, 임의의 $\mathbf{b}$에 대하여 유일한 해가 존재한다는 것이다.

8.2 좌측 나눗셈 방법

MATLAB은 연립방정식 $\mathbf{A}\mathbf{x}=\mathbf{b}$를 풀기위하여 좌측 나눗셈 방법을 제공한다. 좌측 나눗셈 방법은 가우스 소거법을 기반으로 한다. 좌측 나눗셈 방법을 이용하여 $\mathbf{x}$를 풀기 위해서

는 `x = A\b`를 입력한다. $|\mathbf{A}|=0$ 이거나 또는 방정식의 수와 미지수의 수가 일치하지 않으면, 나중에 제시될 다른 방법을 사용할 필요가 있다.

예제 8.2-1 3개의 미지수를 가진 좌측 나눗셈 방법

다음의 연립방정식

$$\begin{aligned} 3x_1+2x_2-9x_3&=-65 \\ -9x_1-5x_2+2x_3&=16 \\ 6x_1+7x_2+3x_3&=5 \end{aligned}$$

을 좌측 나눗셈 방법을 이용하여 풀어라.

풀이

행렬 $\mathbf{A}$와 $\mathbf{b}$는

$$\mathbf{A}=\begin{bmatrix} 3 & 2 & -9 \\ -9 & -5 & 2 \\ 6 & 7 & 3 \end{bmatrix} \quad \mathbf{b}=\begin{bmatrix} -65 \\ 16 \\ 5 \end{bmatrix}$$

이다. 세션은

```
>>A = [3, 2, -9; -9, -5, 2; 6, 7, 3];
>>rank(A)
ans =
3
```

와 같다. $\mathbf{A}$가 3×3 이고 $rank(\mathbf{A})=3$ 이 미지수의 수와 같으므로 유일한 해가 존재한다. 세션을 계속하면 다음과 같다.

```
>>b = [-65; 16; 5];
>>x = A\b
x =
   2.0000
   -4.0000
   7.0000
```

이 답은 벡터 $\mathbf{x}$이며, 이것은 $x_1=2$, $x_2=-4$, $x_3=7$ 에 해당된다.

해가 $\mathbf{x}=\mathbf{A}^{-1}\mathbf{b}$ 일 때, $\mathbf{x}$는 벡터 $\mathbf{b}$에 비례한다. 이 선형의 성질을 이용하여, 우변이 같은 스칼라에 의하여 모두 곱해지는 경우같이 더 일반화된 상황에서 유용한 대수 해를 얻는 데 사용될 수 있다. 예를 들어, 행렬 방정식이 $\mathbf{Ay}=\mathbf{b}c$ 라고 가정한다. 여기서 c는 스칼라이다. 해는 $\mathbf{y}=\mathbf{A}^{-1}\mathbf{b}c=\mathbf{x}c$ 이다. 따라서 만일 $\mathbf{Ax}=\mathbf{b}$ 의 해를 안다면, $\mathbf{Ay}=\mathbf{b}c$ 의 해는 $\mathbf{y}=\mathbf{x}c$ 에 의하여 얻을 수 있다.

예제 8.2-2 케이블 장력의 계산

[그림 8.2-1]에 보인 것과 같이, 질량 m이 3개의 점 B, C, D에 연결된 3개의 케이블에 매달려 있다. T_1, T_2 및 T_3를 각각 3개의 케이블 AB, AC 및 AD에서의 장력이라고 한다. 질량 m이 정지되어 있으면, x, y, z 방향의 장력 성분의 합은 0이 되어야 한다. 이 조건으로부터 다음 3개의 방정식을 얻는다.

$$\frac{T_1}{\sqrt{35}}-\frac{3T_2}{\sqrt{34}}+\frac{T_3}{\sqrt{42}}=0$$
$$\frac{3T_1}{\sqrt{35}}-\frac{4T_3}{\sqrt{42}}=0$$
$$\frac{5T_1}{\sqrt{35}}+\frac{5T_2}{\sqrt{34}}+\frac{5T_3}{\sqrt{42}}-mg=0$$

지정되지 않은 무게 값 mg에 대하여 MATLAB을 사용하여 T_1, T_2, T_3를 구하라.

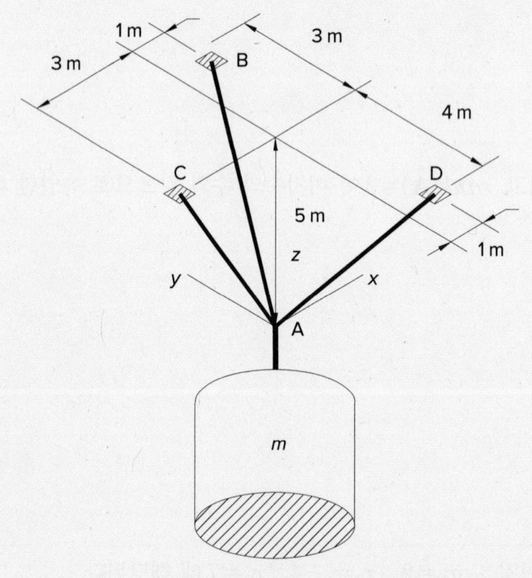

[그림 8.2-1] 3개의 케이블에 의하여 매달려 있는 질량

풀이

$mg=1$ 이라고 하면, 방정식은 $\mathbf{AT}=\mathbf{b}$ 의 형태가 되고, 여기에서

$$A=\begin{bmatrix} \frac{1}{\sqrt{35}} & -\frac{3}{\sqrt{34}} & \frac{1}{\sqrt{42}} \\ \frac{3}{\sqrt{35}} & 0 & -\frac{4}{\sqrt{42}} \\ \frac{5}{\sqrt{35}} & \frac{5}{\sqrt{34}} & \frac{5}{\sqrt{42}} \end{bmatrix} \quad T=\begin{bmatrix} T_1 \\ T_2 \\ T_3 \end{bmatrix} \quad b=\begin{bmatrix} 0 \\ 0 \\ 1 \end{bmatrix}$$

이다. 이 시스템을 풀기 위한 스크립트 파일은 다음과 같다.

```
% 파일 cable.m
s34 = sqrt(34); s35 = sqrt(35); s42 = sqrt(42);
A1 = [1/s35, -3/s34, 1/s42];
A2 = [3/s35, 0, -4/s42];
A3 = [5/s35, 5/s34, 5/s42];
A = [A1; A2; A3];
b = [0; 0; 1];
rank(A)
rank([A, b])
T = A\b
```

`cable`을 입력하여 이 파일을 실행하면, $rank(\mathbf{A})=rank([\mathbf{A}\ \mathbf{b}])=3$ 임을 알 수 있고, $T_1=0.5071$, $T_2=0.2915$, $T_3=0.4166$ 의 값들을 얻는다. $\mathbf{A}$는 3×3 이고 $rank(\mathbf{A})=3$ 이며, 이 값이 미지수의 수와 같으므로 해는 유일하다. 선형의 성질을 이용하여, 이 결과에 mg를 곱하여 일반해 $T_1=0.5071\,mg$, $T_2=0.2915\,mg$, $T_3=0.4166\,mg$ 를 얻는다.

선형 방정식은 많은 공학 분야에서 유용하다. 전기 회로에서는 선형 방정식 모델이 많이 사용되는 분야이다. 회로를 설계하는 사람은 회로에서 흐르는 전류를 예측하기 위해 선형 방정식을 풀 수 있어야 한다. 이 정보는 무엇보다도, 전원에 대한 요구사항을 결정하기 위하여 종종 필요하다.

예제 8.2-3 전기 저항 회로망

[그림 8.2-2]에서 보인 회로에는 5개의 저항과 2개의 인가 전압이 있다. 전류의 방향이 그림에서 보인 방향이라고 가정하면, 키르히호프의 전압 법칙을 회로의 각 루프에 적용하여

$$-v_1+R_1i_1+R_4i_4=0$$
$$-R_4i_4+R_2i_2+R_5i_5=0$$
$$-R_5i_5+R_3i_3+v_2=0$$

를 얻는다. 회로의 각 노드에 전하 보존법칙을 적용하면,

$$i_1=i_2+i_4$$
$$i_2=i_3+i_5$$

를 얻는다. 이 두 방정식을 이용하여, 처음의 3개의 방정식으로부터 i_4와 i_5를 소거할 수 있다. 결과는

$$(R_1+R_4)\,i_1-R_4i_2=v_1$$
$$-R_4i_1+(R_2+R_4+R_5)\,i_2-R_5i_3=0$$
$$R_5i_2-(R_3+R_5)\,i_3=v_2$$

와 같다. 이렇게 3개의 미지수 i_1, i_2와 i_3를 갖는 3개의 방정식을 얻는다.

주어진 인가전압 v_1과 v_2의 값 및 5개의 저항값을 이용하여, 전류 i_1, i_2, i_3를 구하는 MATLAB 스크립트 파일을 작성하라. $R_1=5$, $R_2=100$, $R_3=200$, $R_4=150$, $R_5=250\ \text{k}\Omega$, $v_1=100$, $v_2=50\,V$일 경우, 프로그램을 이용하여 전류 값을 구하라. ($1\ \text{k}\Omega=1{,}000\ \Omega$이다).

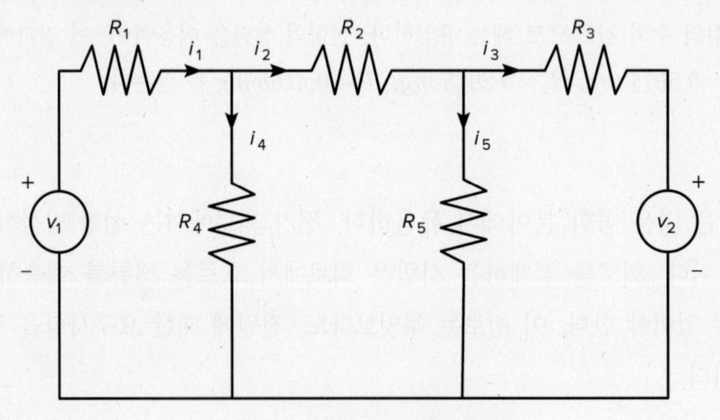

[그림 8.2-2] 전기 저항 회로망

풀이

방정식만큼의 미지수가 있기 때문에, 만일 $|\mathbf{A}| \neq 0$ 이면 유일한 해가 존재한다. 만약 $|\mathbf{A}| = 0$ 이면 좌측 나눗셈 방법은 에러 메시지를 발생시킬 것이다. resist.m이라는 이름의 다음 스크립트 파일은 i_1, i_2, i_3를 구하기 위한 3개의 방정식을 풀기 위해 좌측 나눗셈 방법을 사용한다.

```
% 파일 resist.m
% 전류 i_1, i_2, i_3에 대하여 푼다.
R = [5, 100, 200, 150, 250]*1000;
v1 = 100; v2 = 50;
A1 = [R(1) + R(4), -R(4), 0];
A2 = [-R(4), R(2) + R(4) + R(5), -R(5) ];
A3 = [0, R(5), -(R(3) + R(5))];
A = [A1; A2; A3];
b = [v1; 0; v2];
current = A\b;
disp('전류는:')
disp(current)
```

행벡터 A1, A2, A3는 A를 한 줄에 길게 표현하는 것을 피하기 위해 정의되었다. 이 스크립트 파일을 명령창에서 다음과 같이 실행한다.

```
>> resist
전류는:
  1.0e-003 *
    0.9544
    0.3195
    0.0664
```

MATLAB이 에러 메시지를 생성하지 않았기 때문에 이 해는 유일하다. 전류는 $i_1 = 0.9544\text{mA}$, $i_2 = 0.3195\text{mA}$, $i_3 = 0.0664\text{mA}$ 이며, 여기에서 1mA = 1밀리암페어 = 0.001A이다.

예제 8.2-4 에탄올 생산

식품과 화학 산업에서의 공학자들은 많은 공정에서 발효를 사용한다. 다음 방정식은 베이커의 효모 발효를 설명하는 방정식이다.

$$
\begin{aligned}
&a(C_6H_{12}O_6) + b(O_2) + c(NH_3) \\
&\rightarrow C_6H_{10}NO_3 + d(H_2O) + e(CO_2) + f(C_2H_6O)
\end{aligned}
$$

변수 a, b, $\cdots$, f는 반응과 연관된 산물의 질량을 나타낸다. 이 반응식에서 $C_6H_{12}O_6$는 글루코스를, $C_6H_{10}NO_3$는 효모를, C_6H_6O는 에탄올을 나타낸다. 이 반응은 물과 이산화탄소 이외에 에탄올을 생산한다. 우리는 생산되는 에탄올의 양 f를 알고자 한다. 좌변의 원소 C, O, N과 H의 숫자는 방정식의 오른쪽 숫자와 일치해야 하므로 4개의 방정식

$$6a=6+e+2f$$
$$6a+2b=3+d+2e+f$$
$$c=1$$
$$12a+3c=10+2d+6f$$

을 얻는다. 발효기는 산소 센서와 이산화탄소 센서를 갖추고 있다. 이 센서들은 호흡률 R을 계산할 수 있도록 해준다.

$$R=\frac{CO_2}{O_2}=\frac{e}{b}$$

따라서 5번째 방정식은 $Rb-e=0$이 된다. 효모 수율 Y(소모된 글루코스 1그램당 효모의 그램 수)는 a와 다음

$$Y=\frac{144}{180a}$$

의 관계식이 있다. 여기서 144는 효모의 분자량이며, 180은 글루코스의 분자량이다. 효모 수율 Y를 측정하여 다음의 식 $a=144/180Y$로부터 a를 계산할 수 있다. 이것이 여섯 번째 방정식이다.

R과 Y를 함수의 입력 변수로 하여, 생산된 에탄올 f를 계산하는 사용자 정의 함수를 작성하라. Y의 측정값이 0.5일 때, 두 가지 경우 (a) $R=1.1$ 및 (b) $R=1.05$인 경우에 작성된 함수를 테스트하라.

풀이

먼저 3번째 방정식으로부터 $c=1$을 얻고, 6번째 방정식에서 $a=144/180Y$를 얻기 때문에, 4개의 미지수만 있다는 것에 주목한다. 이 방정식을 행렬 형태로 작성하기 위해서, $x_1=b$, $x_2=d$, $x_3=e$, $x_4=f$라고 한다. 그러면 방정식은

$$-x_3-2x_4=6-6(144/180Y)$$
$$2x_1-x_2-2x_3-x_4=3-6(144/180Y)$$
$$-2x_2-6x_4=7-12(144/180Y)$$
$$Rx_1-x_3=0$$

과 같다. 행렬의 형태로는

$$\begin{bmatrix} 0 & 0 & -1 & -2 \\ 2 & -1 & -2 & -1 \\ 0 & -2 & 0 & -6 \\ R & 0 & -1 & 0 \end{bmatrix}\begin{bmatrix} x_1 \\ x_2 \\ x_3 \\ x_4 \end{bmatrix}=\begin{bmatrix} 6-6(144/180Y) \\ 3-6(144/180Y) \\ 7-12(144/180Y) \\ 0 \end{bmatrix}$$

이 된다. 함수 파일은 다음과 같다.

```
function E = ethanol(R, Y)
% 효모 반응으로부터 생산된 에탄올을 계산한다.
A = [ 0, 0, -1, -2; 2, -1, -2, -1; ...
   0, -2, 0, -6; R, 0, -1, 0];
b = [ 6 - 6*(144./(180*Y)); 3 - 6*(144./(180*Y)); ...
   7 - 12*(144./(180*Y)); 0];
x = A\b;
E = x(4);
```

실행하면 다음과 같다.

```
>> ethanol(1.1, 0.5)
ans =
   0.0654
>> ethanol(1.05, 0.5)
ans =
  -0.0717
```

두 번째 경우에서 E가 음의 값을 갖는다는 것은 에탄올이 생산된다기보다는 소모된다는 것을 나타낸다.

이해력 테스트 문제

T8.2–1 좌측 나눗셈 방법을 이용하여 다음의 연립방정식을 풀어라.

$$5x_1 - 3x_2 = 21$$
$$7x_1 - 2x_2 = 36$$

(답: $x_1 = 6$, $x_2 = 3$)

T8.2–2 MATLAB을 사용하여 다음의 연립방정식을 풀어라.

$$6x-4y+3z=5$$
$$4x+3y-2z=23$$
$$2x+6y+3z=63$$

(답: $x=3$, $y=7$, $z=5$)

8.3 과소결정 시스템

과소결정(underdetermined) 시스템은 모든 미지수를 푸는데 필요한 충분한 정보를 갖고 있지 않으며, 이는 보통 미지수보다 적은 방정식을 갖기 때문이다. 따라서 하나 또는 그 이상의 미지수가 다른 미지수와 연관된 무한개의 해가 존재할 수 있다. 좌측 나눗셈 방법은 **A** 행렬이 정방행렬이든 아니든 동작한다. 하지만 **A**가 정방행렬이 아니면, 좌측 나눗셈 방법은 잘못 해석될 수 있는 답을 줄 수 있다. MATLAB의 결과를 정확히 해석하는 방법에 관해 설명한다.

미지수의 수보다 방정식의 수가 적으면, 좌측 나눗셈 방법은 일부 미지수의 값을 0으로 갖는 해를 제공하지만, 일반해(general solution)는 아니다. 방정식의 수와 미지수의 수가 일치할 때도 무한 개의 해가 존재할 수 있다. 이런 경우는 $|\mathbf{A}|=0$일 때 발생할 수 있다. 이런 시스템의 경우, 좌측 나눗셈 방법은 행렬 **A**가 특이 행렬임을 경고하는 오류 메시지를 발생시킨다. 이런 경우에 의사역행렬(pseudoinverse) 방법 `x = pinv(A)*b`는 하나의 최소 노름해(minimum norm solution)를 제공한다. 무한 개의 해를 갖는 경우, `rref` 명령을 사용하여 일부 미지수들을 임의의 값을 가지는 나머지 미지수들과의 관계로 나타낼 수 있다.

어떤 연립방정식은 미지수의 수와 같은 수의 방정식을 갖고 있어도 과소결정이 될 수 있다. 이런 현상은 일부 방정식이 독립적이 아니면 발생한다. 모든 방정식이 독립인지를 결정하는 것은 쉽지 않을 수 있지만, MATLAB에서는 쉽게 할 수 있다.

예제 8.3-1 3개의 방정식과 3개의 미지수를 갖는 과소결정 연립방정식

다음의 연립방정식이 유일한 해를 갖지 않는다는 것을 보여라. 값을 결정할 수 없는 변수는 몇 개인가? 좌측 나눗셈 방법으로 주어진 결과를 해석하라.

$$\begin{aligned} 2x_1-4x_2+5x_3&=-4 \\ -4x_1-2x_2+3x_3&=\ \ 4 \\ 2x_1+6x_2-8x_3&=\ \ 0 \end{aligned}$$

풀이

계수(rank)를 체크하기 위한 MATLAB 프로그램은 다음과 같다.

```
>> A = [2, -4, 5; -4, -2, 3; 2, 6, -8];
>> b = [-4; 4; 0];
>> rank(A)
ans =
    2
>> rank([A, b])
ans =
    2
>> x = A\b
경고: 행렬이 설정된 작업 정밀도에서 특이 행렬입니다.
x =
  NaN
  NaN
  NaN
```

A의 계수와 [**A b**]의 계수가 같으므로 해는 존재한다. 하지만 미지수의 수가 3으로, **A**의 계수보다 하나 크기 때문에 미지수 하나는 값을 결정할 수 없다. 무한 개의 해가 존재하기 때문에, 2개의 미지수를 3번째 미지수로 표현하여 풀 수 있을 뿐이다. 연립방정식은 독립인 방정식 개수가 3보다 적으므로 과소결정이다. 즉, 세 번째 방정식은 앞의 두 방정식으로부터 얻어질 수 있다. 이를 보기 위하여 첫 번째와 두 번째 방정식을 더하면, $-2x_1-6x_2+8x_3=0$을 얻으며, 이는 3번째 방정식에 해당된다.

행렬 **A**는 계수가 3보다 작기 때문에 특이 행렬이라고 말할 수 있다는 점에 주목한다. 만일 좌측 나눗셈 방법을 이용하면, MATLAB은 이 문제가 특이 문제라는 경고를 하고 답은 주지 않는다.

pinv 함수와 유클리드 노름

pinv 함수(이 명령은 '의사 역행렬(Pseudoinverse)'을 나타낸다)로 과소결정 연립방정식의 해를 얻을 수 있다. pinv 함수를 이용하여 연립방정식 $\mathbf{Ax}=\mathbf{b}$를 풀기 위해서는 x = pinv(A)*b를 입력한다. pinv 함수는 해 벡터 $\mathbf{x}$의 크기인 유클리드 노름(norm)이 최소가 되는 해를 제공한다. 3차원 공간에서 성분 x, y, z를 갖는 벡터 $\mathbf{v}$의 크기는 $\sqrt{x^2+y^2+z^2}$이다. 이것은 행렬 곱셈과 전치 (transpose)를 이용하여

$$\sqrt{\mathbf{v}^T\mathbf{v}}=\sqrt{\begin{bmatrix} x & y & x \end{bmatrix}\begin{bmatrix} x \\ y \\ z \end{bmatrix}}=\sqrt{x^2+y^2+z^2}$$

와 같이 계산될 수 있다. 이 공식을 n차원 벡터 $\mathbf{v}$로 일반화하면 벡터의 크기인 유클리드 노름 N을 얻는다.

$$N=\sqrt{\mathbf{v}^T\mathbf{v}} \tag{8.3-1}$$

MATLAB 함수 norm(v)는 유클리드 노름을 계산한다.

예제 8.3-2 부정정계 문제

가벼운 고정체를 지지하는 같은 간격으로 위치한 3개의 지지대에 걸리는 힘을 구하라. 지지대는 5피트만큼 떨어져 있다. 고정체의 무게는 400파운드(lb), 무게 중심은 오른쪽 끝으로부터 4피트 떨어져 있다. MATLAB의 좌측 나눗셈 방법과 의사역행렬(pseudo inverse) 방법을 이용하여 해를 구하라.

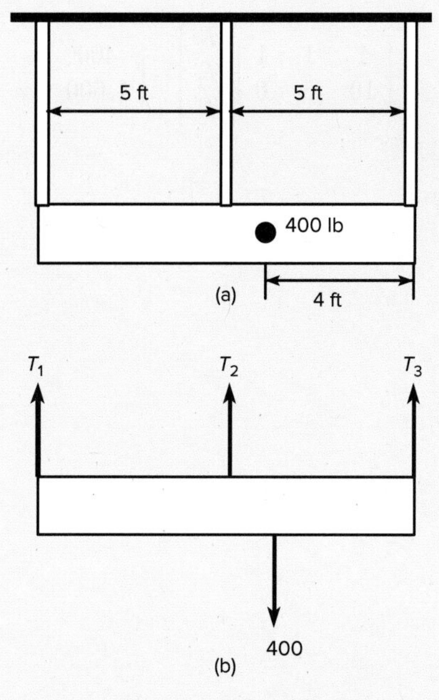

[그림 8.3-1] 가벼운 고정체와 자유체 다이어그램(free-body diagram)

풀이

[그림 8.3-1]은 고정체와 자유체 다이어그램을 보인다. 여기에서 T_1, T_2, T_3는 지지대에 인가되는 장력이다. 고정체가 평형 상태에 있기 위해서는 수직 힘은 상쇄되어야 하고, 임의의 고정점– 말하자면, 오른쪽 끝 점– 에 대한 전체 모멘트는 0이 되어야 한다. 이런 조건으로부터 2개의 방정식을 얻는다.

$$T_1 + T_2 + T_3 - 400 = 0$$
$$400(4) - 10T_1 - 5T_2 = 0$$

또는

$$T_1 + T_2 + T_3 = 400 \tag{8.3-2}$$

$$10T_1 + 5T_2 + 0T_3 = 1,600 \tag{8.3-3}$$

방정식보다 더 많은 미지수가 있으므로, 이 연립방정식은 과소결정이다. 따라서 장력들의 값을 유일하게 결정할 수 없다. 정역학 방정식이 충분한 방정식을 주지 않는 이런 문제는 부정정계(statically indeterminate) 문제라고 불린다. 이런 방정식은 행렬의 형태 $\mathbf{AT}=\mathbf{b}$로 다음과 같이 쓸 수 있다.

$$\begin{bmatrix} 1 & 1 & 1 \\ 10 & 5 & 0 \end{bmatrix} \begin{bmatrix} T_1 \\ T_2 \\ T_3 \end{bmatrix} = \begin{bmatrix} 400 \\ 1,600 \end{bmatrix}$$

MATLAB 세션은 다음과 같다.

```
>> A = [1, 1, 1; 10, 5, 0];
>> b = [400; 1600];
>> rank(A)
ans =
    2
>> rank([A, b])
ans =
    2
>> T = A\b
T =
  160.0000
         0
  240.0000
>> T = pinv(A)*b
T =
   93.3333
  133.3333
  173.3333
```

좌측 나눗셈의 답은 $T_1=160,\ T_2=0,\ T_3=240$에 해당된다. 이 예는 방정식의 수보다 많은 미지수를 가진 과소결정 연립방정식에서 MATLAB의 좌측 나눗셈 연산이 하나 또는 그 이상의 변수를 0으로 놓고 해를 만들어 내는지를 설명한다.

A와 **[A b]**의 계수는 모두 2이므로 해는 존재하지만, 유일하지는 않다. 미지수의 수가 3이고, **A**의 계수보다 하나 크므로 무한 개의 해가 존재하며, 세 번째 미지수를 활용하여 처음 두 개의 미지수를 표현할 수 있을 뿐이다.

의사역행렬(seudoinverse) 해는 $T_1=93.3333,\ T_2=133.3333,\ T_3=173.3333$이 된다. 이 답은 변수들의 실수 값에 대한 최소 노름 해이다. 최소 노름 해는

$$N= \sqrt{T_1^2 + T_2^2 + T_3^2}$$

을 최소화하는 실수값 T_1, T_2, T_3로 구성되어 있다. MATLAB이 어떻게 하는지를 이해하려면, 식 (8.3-2)와 식 (8.3-3)에서 T_1과 T_2의 해를 T_3를 활용하여 나타낼 수 있음을, 즉 $T_1 = T_3 - 80$, $T_2 = 480 - 2T_3$를 주목한다. 이때 유클리드 노름은

$$N = \sqrt{(T_3 - 80)^2 + (480 - 2T_3)^2 + T_3^2} = \sqrt{6T_3^2 - 2080T_3 + 236800}$$

와 같이 나타낼 수 있다. N을 최소화 하는 실수 값 T_3는 N의 그래프를 T_3에 관하여 그려서 찾을 수 있다. 답은 $T_3 = 173.3333$이며, 의사역행렬 방법으로 주어지는 최소 노름 해와 같다.

무한개의 해가 존재하는 경우, 좌측 나눗셈 방법으로 주어지는 해와 의사역행렬 방법으로 주어지는 해가 그 응용에 유용한지는 사용자가 결정해야 한다. 이것은 해당 응용의 필요에 따라서 정해져야 한다.

이해력 테스트 문제

T8.3-1 다음의 연립방정식의 두 해를 구하라.

$$x_1 + 3x_2 + 2x_3 = 2$$
$$x_1 + x_2 + x_3 = 4$$

(답: 최소 노름 해: $x_1 = 4.33$, $x_2 = -1.67$, $x_3 = 1.34$
좌측 나눗셈 해: $x_1 = 5$, $x_2 = -1$, $x_3 = 0$)

간소화된 행 사다리꼴

과소결정 연립방정식에서 일부 미지수를 나머지의 미지수의 함수로 나타낼 수 있다. 예를 들어, [예제 8.3-2]에서 2개의 미지수에 대한 해를 세 번째 미지수를 활용하여 나타내면, $T_1 = T_3 - 80$ 및 $T_2 = 480 - 2T_3$이다. 이 두 방정식은

$$T_1 - T_3 = -80 \qquad T_2 + 2T_3 = 480$$

과 동일하다. 행렬의 형태로는

$$\begin{bmatrix} 1 & 0 & -1 \\ 0 & 1 & 2 \end{bmatrix}\begin{bmatrix} T_1 \\ T_2 \\ T_3 \end{bmatrix}=\begin{bmatrix} -80 \\ 480 \end{bmatrix}$$

이다. 위 연립방정식의 첨가(augmented) 행렬 $[\mathbf{A}\ \ \mathbf{b}]$는

$$\begin{bmatrix} 1 & 0 & -1 & -80 \\ 0 & 1 & 2 & 480 \end{bmatrix}$$

이다. 처음 2열은 2×2 항등(identity) 행렬을 이루고 있음을 주목한다. 이것은 해당 방정식들에서 T_1과 T_2를 T_3에 대하여 직접 풀 수 있다는 것을 나타낸다.

과소결정 연립방정식은 방정식들에 적절한 값을 곱하고 그 결과를 방정식들에 더함으로써 한 미지수를 소거하여 항상 이런 형태로 줄일 수 있다. MATLAB의 `rref` 명령은 연립방정식을 간소화된 행 사다리꼴(reduced row-echelon form)이라고 불리는 형태로 줄이는 과정을 제공해준다. 이 명령의 구문은 `rref([A b])`이다. 출력은 연립방정식 $\mathbf{Cx}=\mathbf{d}$에 해당되는 첨가 행렬 $[\mathbf{C}\ \ \mathbf{d}]$이다. 이 행렬은 간소화된 행 사다리꼴 형태이다.

예제 8.3-3 3개의 미지수와 세 개의 방정식

다음의 과소결정 연립방정식은 [예제 8.3-1]에서 분석하였다. 거기에서 무한 개의 해가 존재하는 것을 보였다. `rref` 명령을 사용하여 해를 구하라.

$$\begin{aligned} 2x_1-4x_2+5x_3&=-4 \\ -4x_1-2x_2+3x_3&=\ \ \ 4 \\ 2x_1+6x_2-8x_3&=\ \ \ 0 \end{aligned}$$

풀이

MATLAB 세션은 다음과 같다.

```
>> A = [2, -4, 5; -4, -2, 3; 2, 6, -8];
>> b = [-4; 4; 0];
>> rref([A, b])
ans =
   1.0000        0  -0.1000  -1.2000
        0   1.0000  -1.3000   0.4000
        0        0        0        0
```

답은 첨가(augmented) 행렬 $[\mathbf{C} \quad \mathbf{d}]$와 같으며, 여기에서

$$[\mathbf{C} \quad \mathbf{d}] = \begin{bmatrix} 1 & 0 & -0.1 & -1.2 \\ 0 & 1 & -1.3 & 0.4 \\ 0 & 0 & 0 & 0 \end{bmatrix}$$

이다. 이 행렬은 행렬 방정식 $\mathbf{Cx} = \mathbf{d}$, 즉

$$\begin{aligned} x_1 + 0x_2 - 0.1x_3 &= -1.2 \\ 0x_1 + x_2 - 1.3x_3 &= 0.4 \\ 0x_1 + 0x_2 - 0x_3 &= 0 \end{aligned}$$

에 대응된다. 이 x_1과 x_2의 식들은 다음과 같이 쉽게 x_3에 관하여 풀 수 있다. $x_1 = 0.1x_3 - 1.2$와 $x_2 = 1.3x_3 + 0.4$이다. 이 결과는 이 문제의 일반해이며, 여기에서는 x_3가 임의의 변수로 선택되었다.

과소결정 시스템의 보완

때때로 응용에서 사용되는 선형 방정식이 미지수의 해를 유일하게 결정하는 데 필요한 정보가 충분하지 않아서 과소결정이 되는 경우가 있다. 이런 경우에, 유일한 해를 찾기 위하여 부가적인 정보, 목적 또는 제약 조건을 포함시켜서 유일한 해를 찾을 수 있다. 다음 2개의 예제에서 보이는 것과 같이, 문제에서 미지수의 개수를 줄이기 위하여 `rref` 명령을 사용할 수 있다.

예제 8.3-4 생산 계획

다음의 표는 리액터 A와 B가 화학 제품 1, 2, 3을 각각 1톤씩 생산하는 데 필요한 시간을 보여주고 있다. 2개의 리액터는 각각 주당 40시간과 30시간을 가동할 수 있다. 주당 각 제품을 톤 단위로 얼마나 많이 생산할 수 있는지 결정하라.

시간	제품 1	제품 2	제품 3
리액터 A	5	3	3
리액터 B	3	3	4

풀이

x, y, z를 한 주 동안 생산할 수 있는 제품 1, 2, 3의 톤 수라고 한다. 리액터 A에 대한 데이터를 이용하여 한 주 동안의 사용한 양에 대한 방정식은

$$5x+3y+3z=40$$

이 된다. 리액터 B에 대한 데이터는

$$3x+3y+4z=30$$

이 된다. 이 시스템은 과소결정이다. 방정식 $\mathbf{Ax}=\mathbf{b}$에 대한 행렬은

$$\mathbf{A}=\begin{bmatrix} 5 & 3 & 3 \\ 3 & 3 & 4 \end{bmatrix} \quad \mathbf{b}=\begin{bmatrix} 40 \\ 30 \end{bmatrix} \quad \mathbf{x}=\begin{bmatrix} x \\ y \\ z \end{bmatrix}$$

이다. 여기에서 $rank(\mathbf{A})=rank([\mathbf{A} \ \ \mathbf{b}])=2$이며, 이것은 미지수의 수보다 적다. 따라서 무한 개의 해가 존재하며, 2개의 변수를 세 번째의 변수를 활용하여 결정할 수 있다.

rref 명령 rref([A b])를 사용하여 다음의 첨가 행렬을 얻는다. 여기에서 A = [5, 3, 3; 3, 3, 4] 및 b = [40; 30]이다.

$$\begin{bmatrix} 1 & 0 & -0.5 & 5 \\ 0 & 1 & 1.8333 & 5 \end{bmatrix}$$

이 행렬은 간소화된 시스템

$$x-0.5z=5$$
$$y+1.8333z=5$$

를 주고, 이 행렬은 다음

$$x=5+0.5z \tag{8.3-4}$$

$$y=5-1.8333z \tag{8.3-5}$$

와 같이 쉽게 풀리며, 여기에서 z는 임의의 값을 갖는다. 하지만, 해가 의미가 있으려면 z가 완전히 임의의 값이 될 수는 없다. 예를 들어, 변수들이 음의 값을 가지는 것은 여기에서 의미가 없

다. 그래서 $x \ge 0$, $y \ge 0$, $z \ge 0$이 필요하다. 식 (8.3-4)는 만일 $z \ge -10$이라면, $x \ge 0$을 나타낸다. 식 (8.3-5)로부터 $y \ge 0$은 $z \le 5/1.8333 = 2.727$을 의미한다. 따라서 유효한 해는 (8.3-4)와 (8.3-5)로부터 $0 \le z \le 2.737$톤으로 주어진다. 이 영역 안에서의 z를 선택하는 것은 이익과 같은 또 다른 기준으로부터 행해져야 할 것이다.

예를 들어, 제품 1, 2, 3이 톤당 각각 \$400, \$600 및 \$100의 이익을 낸다고 한다. 그러면 전체 이익 P는

$$\begin{aligned} P &= 400x + 600y + 100z \\ &= 400(5 + 0.5z) + 600(5 - 1.8333z) + 100z \\ &= 5000 - 800z \end{aligned}$$

이 된다. 따라서 이익을 최대화하기 위해서는 z는 가능한 가장 작은 값, 즉, $z = 0$이어야 한다. 이 값을 선택하면 $x = y = 5$톤이다.

하지만 각 제품에 대한 이익이 \$3,000, \$600, \$100이면, 전체 이익은 $P = 18,000 + 500z$가 된다. 이렇게 하면, z를 최대값, 즉 $z = 2.727$톤으로 선택해야 한다. 식 (8.3-4)와 (8.3-5)로부터 $x = 6.36$과 $y = 0$톤을 얻는다.

예제 8.3-5 교통 공학

교통 공학자는 도로망에 들어오고 나가는 교통량의 측정값이 망에서의 각 도로의 교통 흐름을 예측하기에 충분한지 아닌지를 알고 싶어한다. 예를 들어, [그림 8.3-2]에서 보인 일방통행로 망을 고려한다. 그림에서 숫자는 시간당 차의 흐름을 측정한 것이다. 망 안의 어느 곳에도 주차된 차는 없는 것으로 가정한다. 가능하다면 교통량 f_1, f_2, f_3, f_4를 계산하라. 만일 이것이 가능하지 않다면, 어떻게 필요한 정보를 얻을 수 있는지 제안하라.

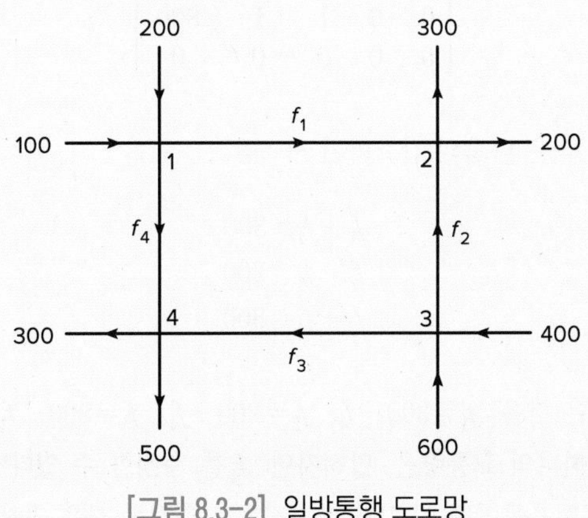

[그림 8.3-2] 일방통행 도로망

풀이

교차로 1로 들어가는 교통량은 교차로 밖으로 나가는 교통량과 같아야 하며, 이것으로부터

$$100+200=f_1+f_4$$

를 얻는다. 유사하게, 다른 3개의 교차로에서

$$\begin{aligned} f_1+f_2&=300+200 \\ 600+400&=f_2+f_3 \\ f_3+f_4&=300+500 \end{aligned}$$

를 얻는다. 이 식을 행렬 형태 $\mathbf{Ax}=\mathbf{b}$에 넣으면,

$$\mathbf{A}=\begin{bmatrix} 1 & 0 & 0 & 1 \\ 1 & 1 & 0 & 0 \\ 0 & 1 & 1 & 0 \\ 0 & 0 & 1 & 1 \end{bmatrix} \quad \mathbf{b}=\begin{bmatrix} 300 \\ 500 \\ 1000 \\ 800 \end{bmatrix} \quad \mathbf{x}=\begin{bmatrix} f_1 \\ f_2 \\ f_3 \\ f_4 \end{bmatrix}$$

를 얻는다.

먼저, MATLAB의 rank 함수를 이용하여 $\mathbf{A}$와 $[\mathbf{A}\ \ \mathbf{b}]$의 계수를 체크한다. 둘 모두 3인 계수(rank)를 가지지만, 이것은 미지수의 수보다 적으므로 3개의 미지수를 4번째 미지수를 활용하여 나타낼 수는 있다. 따라서 주어진 측정 데이터만으로는 교통량을 모두 결정할 수 없다.

rref([A b]) 명령을 사용하면, 첨가 행렬은

$$\begin{bmatrix} 1 & 0 & 0 & 1 & 300 \\ 0 & 1 & 0 & -1 & 200 \\ 0 & 0 & 1 & 1 & 800 \\ 0 & 0 & 0 & 0 & 0 \end{bmatrix}$$

과 같이 만들어지며, 이 식은 다음의 간소화된 시스템

$$\begin{aligned} f_1+f_4&=300 \\ f_2-f_4&=200 \\ f_3+f_4&=800 \end{aligned}$$

에 해당된다. 이 시스템은 다음 $f_1=300-f_4$, $f_2=200+f_4$, $f_3=800-f_4$와 같이 쉽게 풀 수 있다. 만일 내부 도로 중 하나의 교통량을, 말하자면 f_4를 측정할 수 있다면, 다른 교통량을 계산할 수 있다. 그러므로 공학자들에게 이 값을 추가적으로 측정할 것을 권장한다.

이해력 테스트 문제

T8.3-2 rref, pinv 명령 및 좌측 나눗셈 방법을 사용하여 다음의 연립방정식을 풀어라.

$$3x_1 + 5x_2 + 6x_3 = 6$$
$$8x_1 - x_2 + 2x_3 = 1$$
$$5x_1 - 6x_2 - 4x_3 = -5$$

(답: 이 연립방정식은 무한 개의 해를 갖는다. rref 명령으로 얻은 결과는 $x_1 = 0.2558 - 0.3721x_3$, $x_2 = 1.0465 - 0.9767x_3$, x_3는 임의의 값이다. pinv 명령을 사용하면 $x_1 = 0.0571$, $x_2 = 0.5249$, $x_3 = 0.5340$을 얻는다. 좌측 나눗셈 방법은 에러 메시지를 생성한다.)

T8.3-3 rref, pinv 명령 및 좌측 나눗셈 방법을 사용하여 다음의 연립방정식을 풀어라

$$3x_1 + 5x_2 + 6x_3 = 4$$
$$x_1 - 2x_2 - 3x_3 = 10$$

(답: 이 연립방정식은 무한 개의 해를 갖는다. rref 명령으로 얻어진 결과는 $x_1 = 0.2727x_3 + 5.2727$, $x_2 = -1.3636x_3 - 2.3636$, x_3는 임의의 수이다. 좌측 나눗셈 방법으로 얻어진 해는 $x_1 = 4.8000$, $x_2 = 0$, $x_3 = -1.7333$이다. 의사역행렬 방법으로 얻어진 해는 $x_1 = 4.8394$, $x_2 = -0.1972$, $x_3 = -1.5887$이다.)

8.4 과잉결정 시스템

과잉결정(overdetermined) 시스템은 미지수보다 많은 독립된 방정식을 가진 연립방정식을 말한다. 어떤 과잉결정 시스템은 정확한 해를 가지며, 좌측 나눗셈 방법(x = A\b)으로 얻어질 수 있다. 다른 과잉결정 시스템의 경우는 정확한 해가 존재하지 않는다. 이때는 좌측 나눗셈 방법이 일부의 경우는 답을 주지는 않지만, 반면에 다른 경우에서 연립방정식을 '최소제곱'의 의미에서 만족하는 답을 준다. 다음 예에서 이것이 무엇을 의미하는지에 대하여 보인다. MATLAB이 과잉결정 연립방정식의 답을 줄 때, 답이 정확한 해인지 아닌지에 대하여는 알려주지 않는다. 이 정보는 사용자가 판단해야 하며, 여기서 그 방법에 대해 설명하겠다.

예제 8.4-1 최소 제곱 방법

다음의 3개의 데이터들이 있을 때, 이 데이터에 가장 잘 맞는 직선 $y=c_1x+c_2$를 찾고자 한다고 가정한다.

x	y
0	2
5	6
10	11

(a) 최소 제곱 기준을 이용하여 계수 c_1과 c_2를 구하라. (b) 2개의 미지수 c_1과 c_2에 대한 3개의 방정식(각 데이터에 대하여 하나씩)을 풀기 위하여 MATLAB을 사용하여 계수를 구하라. (a)와 (b)의 답을 비교하라.

풀이

(a) 2개의 점이 직선 하나를 결정하기 때문에 매우 운이 좋은 경우가 아니면, 데이터 점들은 같은 직선에 놓이지 않게 된다. 데이터에 가장 잘 맞는 직선을 얻는 공통적인 판단 조건은 최소 제곱 조건이다. 이 기준에 따르면, 직선과 데이터 간의 수직거리 차이의 제곱의 합, J를 최소화하는 직선이 '가장 잘 맞는' 직선이다. 여기에서 J는

$$J=\sum_{i=1}^{i=3}(c_1x_i+c_2-y_i)^2=(0c_1+c_2-2)^2+(5c_1+c_2-6)^2+(10c_1+c_2-11)^2$$

이다. 미적분학을 잘 알면, J를 최소로 하는 c_1과 c_2의 값들은 편미분 $\partial J/\partial c_1$과 $\partial J/\partial c_2$를 0으로 놓아서 구할 수 있다는 것을 안다.

$$\frac{\partial J}{\partial c_1}=250c_1+30c_2-280=0$$
$$\frac{\partial J}{\partial c_2}=30c_1+6c_2-38=0$$

해는 $c_1=0.9$와 $c_2=11/6$이다. 최소 제곱의 의미에서 가장 좋은 직선은 $y=0.9x+11/6$이다.

(b) 각 데이터 점에서 방정식 $y=c_1x+c_2$를 계산하면 다음의 3개의 방정식

$$0c_1+c_2=2 \quad (8.4\text{-}1)$$

$$5c_1+c_2=6 \quad (8.4\text{-}2)$$

$$10c_1 + c_2 = 11 \tag{8.4-3}$$

을 얻으며, 이 연립방정식은 미지수보다 더 많은 방정식을 갖고 있으므로 과잉결정이다. 이 방정식은 다음과 같이 행렬 형태 $\mathbf{Ax}=\mathbf{b}$로 작성할 수 있다.

$$\mathbf{Ax} = \begin{bmatrix} 0 & 1 \\ 5 & 1 \\ 10 & 1 \end{bmatrix} \begin{bmatrix} c_1 \\ c_2 \end{bmatrix} = \begin{bmatrix} 2 \\ 6 \\ 11 \end{bmatrix} = \mathbf{b}$$

여기에서

$$[\,\mathbf{A} \quad \mathbf{b}\,] = \begin{bmatrix} 0 & 1 & 2 \\ 5 & 1 & 6 \\ 10 & 1 & 11 \end{bmatrix}$$

이다. 좌측 나눗셈을 이용하는 MATLAB 세션은 다음과 같다.

```
>> A = [0, 1; 5, 1; 10, 1];
>> b = [2; 6; 11];
>> rank(A)
ans =
    2
>> rank([A, b])
ans =
    3
>> x = A\b
x =
   0.9000
   1.8333
>> A*x
ans =
   1.8333
   6.3333
  10.8333
```

이 $\mathbf{x}$에 대한 결과는 전의 최소 제곱해 $c_1=0.9$, $c_2=11/6=1.8333$과 일치한다. $\mathbf{A}$의 계수는 2이지만, $[\mathbf{A}\ \ \mathbf{b}]$의 계수는 3이므로 c_1과 c_2에 대한 정확한 해는 존재하지 않는다. A*x를 해보면 $x=0,\ 5,\ 10$에서 $y=0.9x+1.8333$으로부터 생성된 y값을 준다는 것을 주목한다. 이 값들은 원래의 3개의 식 (8.4-1)에서 (8.4-3)까지의 우변과는 다르다. 이 결과는 최소 제곱해가 방정식의 정확한 해는 아니므로 예측 못한 결과는 아니다.

어떤 과잉결정 시스템은 정확한 해를 갖는다. 좌측 나눗셈 방법은 때때로 과잉결정 시스템의 답을 주지만, 그 답이 정확한 해인지 아닌지는 알려주지 않는다. 답이 정확한 해인지 아닌지를 알려면, **A**와 [**A** **b**]의 계수를 체크할 필요가 있다. 다음 예는 이 상황을 설명해준다.

예제 8.4-2 과잉결정 연립방정식

다음의 방정식을 풀고, $c=9$와 $c=10$의 2가지 경우에 대하여 해를 논의하라.

$$x_1 + x_2 = 1$$
$$x_1 + 2x_2 = 3$$
$$x_1 + 5x_2 = c$$

풀이

이 문제에 대한 계수 행렬과 첨가 행렬은

$$\mathbf{A} = \begin{bmatrix} 1 & 1 \\ 1 & 2 \\ 1 & 5 \end{bmatrix} \quad [\mathbf{A} \quad \mathbf{b}] = \begin{bmatrix} 1 & 1 & 1 \\ 1 & 2 & 3 \\ 1 & 5 & c \end{bmatrix}$$

이다. MATLAB에서 계산하면, $c=9$인 경우, $rank(\mathbf{A})=rank([\mathbf{A} \ \ \mathbf{b}])=2$의 결과를 준다. 따라서 이 시스템은 해를 가지며, 미지수의 개수 (2)가 **A**의 계수와 일치하기 때문에 이 해는 유일하다. 좌측 나눗셈 방법 A\b는 이 해를 주며, $x_1=-1$과 $x_2=2$이다.

$c=10$인 경우에는 $rank(\mathbf{A})=2$이지만, $rank([\mathbf{A} \ \ \mathbf{b}])=3$이다. $rank(\mathbf{A})\neq rank([\mathbf{A} \ \ \mathbf{b}])$이므로 해는 존재하지 않는다. 하지만 좌측 나눗셈 방법 **A\b**는 $x_1=-1.3846$, $x_2=2.2692$를 주며, 이것은 정확한 답이 아니다! 이 사실은 이 값들을 원래의 방정식에 대입하여 확인할 수 있다. 이 답은 최소 제곱 의미에서의 연립방정식에 대한 답이다. 즉, 이 값들은 방정식의 좌변과 우변 사이의 차이 제곱의 합인

$$J=(x_1+x_2-1)^2+(x_1+2x_2-3)^2+(x_1+5x_2-10)^2$$

을 최소화시키는 x_1과 x_2의 값이다.

과잉결정 시스템에 대한 MATLAB의 답을 정확히 해석하기 위해서는 먼저 **A**와 [**A** **b**]의 계수를 체크해서 정확한 해가 존재하는지를 본다. 정확한 해가 존재하지 않으면, 좌측 나눗셈의 답은 최소 제곱해라는 것을 알 수 있다. 8.5절에서는 일반적인 선형 연립방정식의

계수를 체크하고 풀기 위한 범용 프로그램을 개발한다.

이해력 테스트 문제

T8.4-1 다음의 연립방정식을 풀어라.

$$\begin{aligned} x_1 - 3x_2 &= 2 \\ 3x_1 + 5x_2 &= 7 \\ 70x_1 - 28x_2 &= 153 \end{aligned}$$

(답: 유일한 해가 존재한다. $x_1 = 2.2143$, $x_2 = 0.0714$ 이며, 좌측 나눗셈 방법에 의하여 주어진다.)

T8.4-2 다음의 연립방정식에서 왜 해가 없는지를 보여라.

$$\begin{aligned} x_1 - 3x_2 &= 2 \\ 3x_1 + 5x_2 &= 7 \\ 5x_1 - 2x_2 &= -4 \end{aligned}$$

8.5 범용 해법 프로그램

이 장에서는 m개의 방정식과 n개의 미지수를 갖는 선형 연립방정식 $\mathbf{Ax} = \mathbf{b}$가 해를 가질 필요충분조건은 (1) $rank[\mathbf{A}] = rank([\mathbf{A} \ \ \mathbf{b}])$임을 보았다. $r = rank[\mathbf{A}]$라고 한다. 조건 (1)이 만족되고 $r = n$이면, 해는 유일하다. 조건 (1)이 만족되었지만, $r < n$이면, 무한 개의 해가 존재한다. 여기에 더하여, r개의 미지수는 임의의 값을 갖는 나머지 $n-r$개의 미지수 선형 결합으로 나타낼 수 있다. 이 경우 rref 명령으로 이들 변수들 간의 관계식을 구할 수 있다. [표 8.5-1]의 의사코드(pseudo code)는 방정식 해법 프로그램을 작성하기 전에 대략적인 윤곽을 잡는 데 사용될 수 있다.

[그림 8.5-1]에 축약된 흐름도를 보였다. 이 그림이나 또는 의사코드로부터 [표 8.5-2]에 보인 스크립트 파일을 개발할 수 있다. 이 프로그램은 계수 조건을 확인하기 위하여 주어진 배열 A와 b를 이용하고, 해가 존재하면 해를 구하기 위하여 좌측 나눗셈을 사용하고, 무한 개의 해가 존재하면 rref를 이용한다. 미지수의 수는 $\mathbf{A}$의 열의 수와 같다는 것을 주목하고, 이 수는 size_A(2)에 의하여 주어지는 size_A의 두 번째 원소이다. $\mathbf{A}$의 계수는 $\mathbf{A}$의 열의 수보다 커질 수 없다는 점도 주목한다.

이해력 테스트 문제

T.8.5-1 [표 8.5-2]에서 주어진 스크립트 파일 `lineq.m`를 작성하고 다음의 경우에 대하여 실행시켜라. 답을 손으로 푼 것과 비교해보라.

a. `A = [1, -1; 1, 1], b = [3; 5]`

b. `A = [1, -1; 2, -2], b = [3; 6]`

c. `A = [1, -1; 2, -2], b = [3; 5]`

[표 8.5-1] 선형 방정식을 풀기 위한 의사 코드

만일 **A**의 계수(rank)가 **[A b]**의 계수와 같다면,

A의 계수(rank)가 미지수의 수와 같은 지를 결정한다. 만일 그렇다면, 유일한 해가 존재하며, 이것은 좌측 나눗셈 방법으로 계산될 수 있다. 결과를 출력하고 끝낸다.

그렇지 않으면, 무한 개의 해가 존재하며, 이것은 첨가 행렬로부터 구할 수 있다. 결과를 출력하고 끝낸다.

그렇지 않다면(만일 **A**의 계수(rank)가 **[A b]**의 계수와 같지 않으면), 해가 존재하지 않는다. 이 메시지를 출력하고 끝낸다.

[표 8.5-2] 선형 방정식을 풀기 위한 MATLAB 프로그램

```
% 스크립트 파일 lineq.m
% A와 b가 주어졌을 때, 연립 방정식 Ax=b를 푼다.
% A와 [A b]의 rank를 체크한다.
if rank(A) == rank([A b])
    % rank가 같다.
    size_A = size(A);
    % A의 rank가 미지수의 숫자가 같은가?
    if rank(A) == size_A(2)
        % Yes, A의 rank와 미지수의 수가 같음
        disp('유일한 해가 존재하며, 해는: ')
        x = A\b % 좌측 나눗셈을 이용하여 푼다.
    else
        % A의 rank는 미지수의 수와 같지 않음.
        disp('무한한 수의 해가 존재한다')
        disp('reduced 시스템의 첨가 행렬은: ')
        rref([A b]) % 첨가 행렬을 계산한다.
    end
else
    % A와 [A b]의 계수가 다르다.
    disp('해가 없다')
end
```

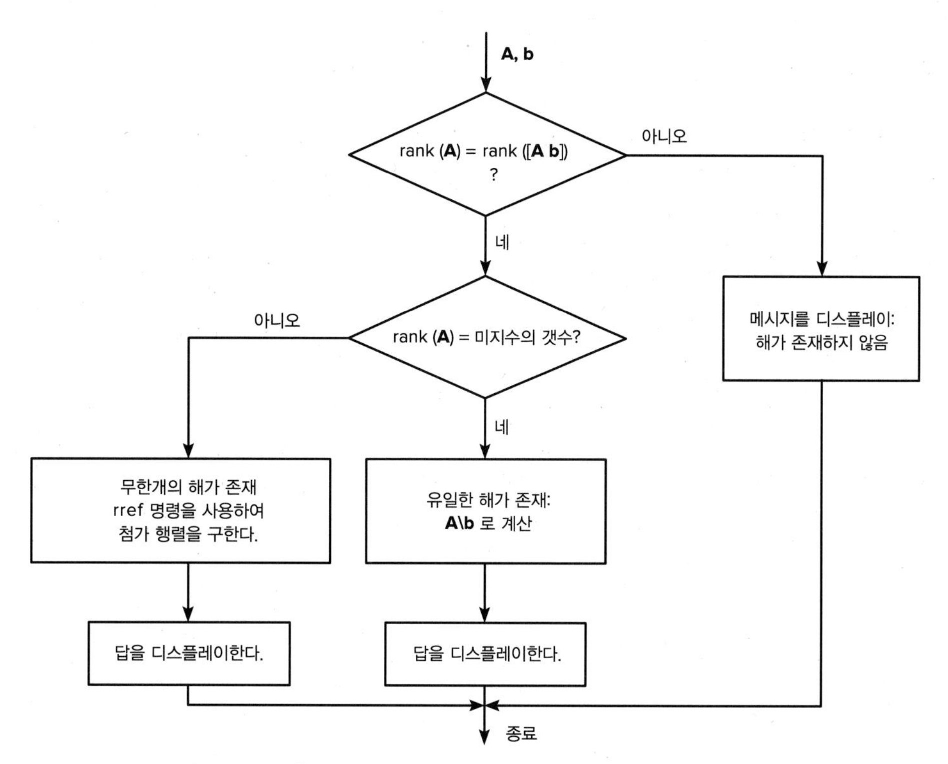

[그림 8.5-1] 선형 방정식의 해법 프로그램을 설명하는 흐름도

8.6 요약

연립방정식에서 방정식의 수와 미지수의 수가 같으면, MATLAB은 연립방정식 **Ax**=**b**를 푸는 두 가지 방법인 역행렬 방법, `x = inv(A)*b` 및 행렬의 좌측 나눗셈 방법 `x = A \ b`을 제공해준다. 이 방법 중의 하나를 사용할 때, 만일 MATLAB이 에러 메시지를 생성하지 않으면, 연립방정식은 유일한 해를 갖는다. `A*x`를 입력하여 결과가 `b`와 같은지를 비교하여 `x`에 대한 해를 언제나 확인할 수 있다. 만일 에러 메시지를 받으면, 연립방정식은 과소결정이며(같은 수의 방정식과 미지수를 갖는다고 해도), 해가 없거나 아니면 하나 이상의 해를 갖는다.

과소결정 연립방정식의 경우, MATLAB은 연립방정식 **Ax**=**b**를 다루는 세 가지 방법을 제공한다. (행렬의 역 방법은 이 경우에는 전혀 동작하지 않는 점에 주의한다.)

1. 행렬의 좌측 나눗셈 방법(이 방법은 하나의 특정한 해를 주며, 일반해를 주지는 않는다.)
2. 의사역행렬 방법. `x = pinv(A)*b`를 입력하여 `x`에 관하여 푼다. 이 방법은 최소 노름 해를 준다.
3. 간소화된 사다리꼴(RREF) 방법. 이 방법은 일부 미지수를 다른 미지수를 사용하여 나타내는 일반해를 얻기 위하여 MATLAB 명령 `rref`를 사용한다.

[표 8.6-1]에 4가지 방법에 대하여 정리하였다. 유일한 해가 존재하는지, 무한개의 해가 존재하는지, 아니면 해가 없는지를 결정할 수 있어야 한다. 8.1절의 마지막 부분인 해의 존재와 유일성 섹션에서 소개한 해의 존재 및 유일성 시험 방법을 적용할 수 있다.

어떤 과잉결정 시스템은 정확한 해를 가지며, 좌측 나눗셈 방법으로 얻을 수 있지만, 방법 자체에서 해가 정확한 해인지는 알려주지 않는다. 이를 결정하기 위하여 첫째로, 해가 존재하는지를 보기 위하여 **A**와 [**A b**]의 계수를 체크한다. 만일 해가 존재하지 않으면, 좌측 나눗셈 방법에 의한 답은 최소 제곱 기반의 해라는 것을 알 수 있다.

[표 8.6-1] 선형 방정식을 풀기 위한 행렬 함수와 명령

함수	설명
det(A)	배열 $\mathbf{A}$의 행렬식을 계산한다.
inv(A)	행렬 $\mathbf{A}$의 역을 계산한다.
pinv(A)	행렬 $\mathbf{A}$의 의사 역을 계산한다.
rank(A)	행렬 $\mathbf{A}$의 계수(rank)를 계산한다.
rref([A b])	첨가 행렬 $[\mathbf{A} \;\; \mathbf{b}]$에 대응하는 간소화된 사다리꼴(reduced echelon form)을 계산한다.
x = inv(A)*b	행렬의 역을 이용하여 행렬 방정식 $\mathbf{Ax}=\mathbf{b}$를 푼다.
x = A\b	좌측 나눗셈을 이용하여 행렬 방정식 $\mathbf{A}$를 푼다.

주요용어

가우스 소거법(Gauss elimination)
간소화된 사다리꼴(Reduced row echelon form)
과소결정 시스템(Underdetermined system)
과잉결정 시스템(Overdetermined system)
부분행렬식(Subdeterminant)
부정정계(Statically indeterminate)
불량조건 방정식(Ill-conditioned equation)
유크리드 노름(Euclid Norm)
의사 역행렬 방법(Pseudo inverse method)
좌측 나눗셈 방법(Left-division method)
첨가 행렬(Augmented matrix)
최소 노름 해(Minimum norm solution)
최소 제곱법(Least-squares method)
특이 행렬(Singular matrix)
행렬의 계수(Rank)
행렬의 역(Matrix inverse)

| 연습문제 |

*로 표시된 문제에 대한 해답은 교재 뒷부분에 첨부하였다.

8.1 절

1. 행렬의 역을 이용하여 다음의 문제를 풀어라. $\mathbf{A}^{-1}\mathbf{A}$ 를 계산하여 답을 확인하라.

   a. $3x+y=6$
   $4x-10y=9$

   b. $-9x-6y=5$
   $-3x+9y=12$

   c. $12x-5y=13$
   $-3x+4y+9z=-5$
   $6x+2y+5z=28$

   d. $6x-3y+5z=41$
   $12x+5y-6z=-26$
   $-5x+2y+7z=16$

2*. a. 행렬 C 에 대한 다음의 행렬 방정식

$$\mathbf{A}(\mathbf{B}\mathbf{C}+\mathbf{A})=\mathbf{B}$$

를 풀어라.

   b. 다음의 경우에 대하여 a에서 얻어진 해를 계산하라.

$$\mathbf{A}=\begin{bmatrix} 7 & 9 \\ -2 & 4 \end{bmatrix} \quad \mathbf{B}=\begin{bmatrix} 4 & -3 \\ 7 & 6 \end{bmatrix}$$

3. MATLAB을 사용하여 다음의 문제를 풀어라.

   a. $-2x+y=-6$
   $-2x+y=9$

   b. $-2x+y=4$
   $-8x+4y=15$

c. $-3x+y=-7$

$-3x+y=-7.00001$

d. $x_1+5x_2-x_3+6x_4=13$

$2x_1-x_2+x_3-2x_4=6$

$-x_1+4x_2-x_3+3x_4=20$

$3x_1-7x_2-2x_3+x_4=-50$

8.2절

4. [그림 P4]에서 보인 회로는 5개의 저항과 하나의 인가전압을 갖고 있다. 회로의 각 루프에 키르히호프의 법칙을 적용하면

$$v-R_2i_2-R_4i_4=0$$
$$-R_2i_2+R_1i_1+R_3i_3=0$$
$$-R_4i_4-R_3i_3+R_5i_5=0$$

을 얻고, 각 노드에 전하 보존의 법칙을 적용하면

$$i_6=i_1+i_2$$
$$i_2+i_3=i_4$$
$$i_1=i_3+i_5$$
$$i_4+i_5=i_6$$

를 얻는다.

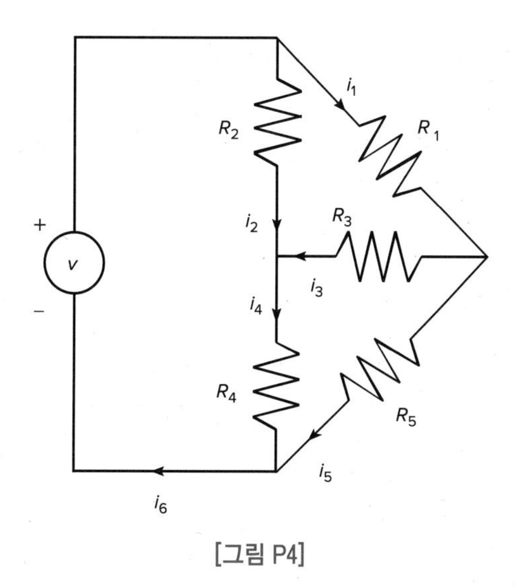

[그림 P4]

a. 주어진 인가전압 v와 5개의 저항 값을 이용하여 6개의 전류에 대하여 푸는 MATLAB 스크립트 파일을 작성하라.

b. a에서 개발된 프로그램을 이용하여 다음의 경우의 전류를 구하라.

$R_1=5,\ R_2=7,\ R_3=4,\ R_4=12,\ R_5=6\ \text{k}\Omega$과 $v=120\text{V}$ ($1\ \text{k}\Omega=1{,}000\ \Omega$이다.)

5*. a. MATLAB을 사용하여 x, y, z가 매개변수 c의 함수로 표현되도록 다음의 방정식을 풀어라.

$$x-5y-2z=11c$$
$$6x+3y+z=13c$$
$$7x+3y-5z=10c$$

b. $-10 \le c \le 10$일 때, c에 대한 x, y, z의 그래프를 한 그래프에 그려라.

6. 파이프 망에서 액체의 흐름은 전기-저항 망에서 사용되었던 것과 비슷한 방법으로 해석할 수 있다. [그림 P6]은 3개의 파이프를 가진 망을 보여준다. 파이프 내의 체적 유량률은 q_1, q_2, q_3이다. 파이프 끝에서의 압력은 p_a, p_b, p_c이다. 연결점에서의 압력은 p_1이다. 어떤 조건하에서는 파이프에서의 압력-유량의 관계는 저항 안에서 전압과 전류의 관계와 같은 형태가 된다. 이와 같이 3개의 파이프에 대해서,

$$q_1=\frac{1}{R_1}(p_a-p_1)$$
$$q_2=\frac{1}{R_2}(p_1-p_b)$$
$$q_3=\frac{1}{R_3}(p_1-p_c)$$

를 얻는다. 여기에서 R_i는 파이프의 저항이다. 질량 보존의 법칙으로부터 $q_1=q_2+q_3$이다.

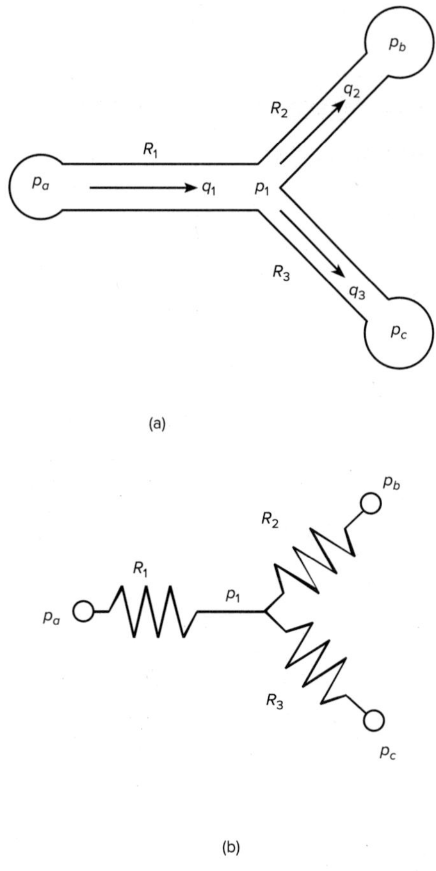

[그림 P6]

a. 압력값 p_a, p_b, p_c 및 저항값 R_1, R_2, R_3가 주어졌을 때, 3개의 유량 q_1, q_2, q_3와 압력 p_1에 대하여 풀기에 적합하도록 이 방정식을 행렬의 형태 $\mathbf{Ax}=\mathbf{b}$로 만들어라. $\mathbf{A}$와 $\mathbf{b}$의 식을 구하라.

b. MATLAB을 사용하여 다음 $p_a=4,320 \text{ lb/ft}^2$, $p_b=3,600 \text{ lb/ft}^2$, $p_c=2,880 \text{ lb/ft}^2$ 일 때, a에서 구한 행렬 방정식을 풀어라. 이 값은 각각 30, 25, 20psi에 해당된다. (1psi = 1 lb/in^2, 대기압은 14.7psi이다.) 저항값 $R_1=10,000$, $R_2=14,000 \text{ lb sec/ft}^5$을 사용한다. 이 값들은 각각 2ft 길이의 2-인치 및 1.4인치 직경의 파이프를 흐르는 연료에 해당되는 값들이다. 답의 단위는 유량률에 관해서는 ft^3/sec, 압력에 대해서는 lb/ft^2이다.

7. [그림 P7]은 2개의 '조인트 (Joint)': 베이스(어깨) 연결부와 엘보우 연결부에 의하여 연결된 2개의 '링크'를 갖는 로봇 팔을 보인다. 각 연결부에는 모터가 있다. 연결부의 각도는 θ_1과

θ_2 이다. 팔의 끝에 있는 손의 (x, y) 좌표는

$$x = L_1 \cos\theta_1 + L_2 \cos(\theta_1 + \theta_2)$$
$$y = L_1 \sin\theta_1 + L_2 \sin(\theta_1 + \theta_2)$$

이다. 여기에서 L_1과 L_2는 링크의 길이이다.

로봇의 운동을 제어하기 위하여 다항식이 사용된다. 속도와 가속도가 0인 정지 상태에서 팔을 움직인다면, 연결부의 모터 제어기로 보내질 명령을 생성하기 위하여 다음 다항식

$$\theta_1(t) = \theta_1(0) + a_1 t^3 + a_2 t^4 + a_3 t^5$$
$$\theta_2(t) = \theta_2(0) + b_1 t^3 + b_2 t^4 + b_3 t^5$$

이 사용된다. 여기에서 $\theta_1(0)$와 $\theta_2(0)$는 시간 $t=0$에서의 시작 값이다. 각도 $\theta_1(t_f)$ 및 $\theta_2(t_f)$는 시간 t_f에서의 원하는 목적지에 해당되는 연결부의 각도이다. 만일 손의 시점과 종점의 좌표 (x, y)가 지정된다면, $\theta_1(0)$, $\theta_2(0)$, $\theta_1(t_f)$, $\theta_2(t_f)$의 값들은 삼각함수를 이용하여 구할 수 있다.

a. $\theta_1(0)$, $\theta_1(t_f)$ 및 t_f의 값이 주어졌을 때, 계수 a_1, a_2, a_3에 대하여 푸는 행렬 방정식을 세워라. 계수 b_1, b_2, b_3에 대하여 푸는 방정식도 구하라.

b. 주어진 $t_f = 2\,\text{sec}$, $\theta_1(0) = -19^\circ$, $\theta_2(0) = 44^\circ$, $\theta_1(t_f) = 43^\circ$, $\theta_2(t_f) = 151^\circ$ 값에 대하여, MATLAB을 사용하여 다항식 계수를 풀어라(이 값들은 $L_1 = 4$, $L_2 = 3\,\text{ft}$일 경우, 손의 시작점 $x = 6.5$, $y = 0$과 종점 $x = 0$, $y = 2\,\text{ft}$를 나타낸다).

c. b에서 구한 결과를 이용하여 손의 이동 경로의 그래프를 그려라.

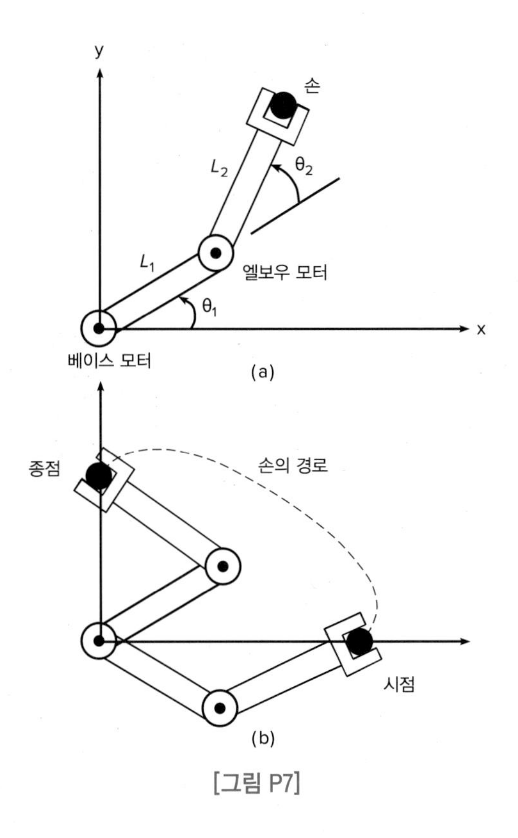

[그림 P7]

8*. 공학자들은 난방 시스템의 요구 조건을 결정하기 위하여 건물 벽을 통하여 손실되는 열의 손실률을 예측해야 한다. 이를 위하여 열저항 R의 개념을 사용하며, 이 개념은 어떤 물질을 통하는 열 유동률(heat flow rate) q와 물질의 온도차 ΔT와 관련 있다. $q=\Delta T/R$. 이 관계식은 전기 저항에서의 전압 전류 관계 $i=v/R$와 같다. 그래서 열유동률은 전기 전류와 같은 역할을 하고, 온도 차이는 전압의 차이 v의 역할을 한다. q의 SI 단위는 와트(W)이며, 1와트(W)는 1joule/second(J/s)이다.

[그림 P8]에서 보인 벽은 4개의 층으로 되어 있다. 10mm 두께의 석고/외[1]의 내부층, 125 mm 두께의 유리 섬유 단열층, 60mm 두께의 나무층 및 50mm 두께의 외부 벽돌층이다. 내부와 외부의 온도 T_i와 T_o는 어느 시간 동안 일정하게 유지된다고 가정하면, 층에 저장되는 열에너지는 일정하다. 각 층을 통과하는 열유량도 같다. 에너지 보존을 적용하면 다음 방정식을 얻는다.

$$q=\frac{1}{R_1}(T_i-T_1)=\frac{1}{R_2}(T_1-T_2)=\frac{1}{R_3}(T_2-T_3)=\frac{1}{R_4}(T_3-T_o)$$

1) 지붕, 벽 속에 엮는 나무

고체 물질의 열저항은 $R=D/k$로 주어지며, 여기에서 D는 물질의 두께, k는 물질의 열전도도이다. 주어진 물질에 대하여 면적 $1\mathrm{m}^2$ 면적의 벽의 저항은 $R_1=0.036$, $R_2=4.01$, $R_3=0.408$, $R_4=0.038$ K/W 이다.
$T_i=20$℃, $T_o=-10$℃라고 가정한다. 다른 3개의 온도와 열손실율 q를 와트의 단위로 구하라. 벽의 면적이 $10\mathrm{m}^2$라면, 전체 열 손실율을 와트(W)로 구하라.

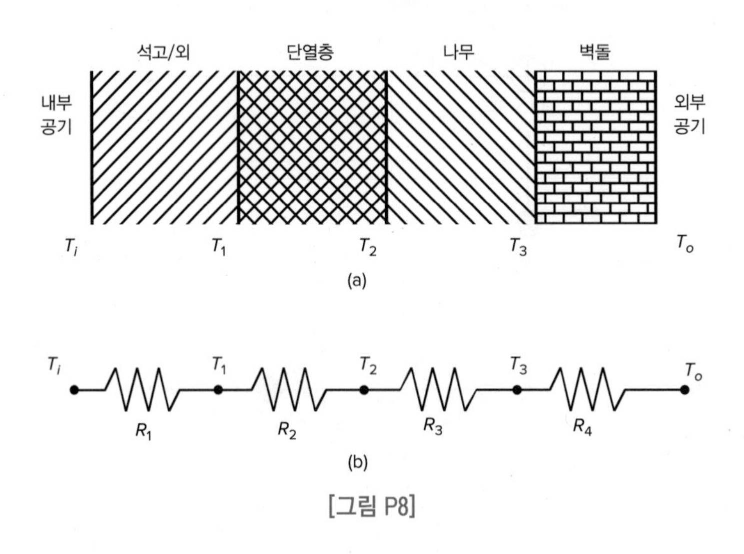

[그림 P8]

9. 문제 8에서 설명한 열저항의 개념은 [그림 P9(a)]에서 보인 평면 정방형의 판에서의 온도 분포를 구하는 데 사용될 수 있다. 판의 모서리는 단열이 되어 있어서 모서리의 온도가 각각 T_a와 T_b로 가열되는 두 점을 제외하고는 어떤 열도 빠져나갈 수 없다. 온도는 판 전체를 통하여 변하며, 그래서 어떤 한 점으로는 판의 온도를 설명할 수 없다. 온도 분포를 예측하는 한 방법은 판이 4개의 작은 정사각형으로 되어 있다고 상상하고, 작은 정사각형의 온도를 각각 계산하는 것이다. R을 인접한 작은 정사각형의 중심들 사이의 열저항이라고 한다. 그러면 이 문제를 (b)에서 보인 것과 같이 전기 저항의 망(network)으로 생각할 수 있다. q_{ij}를 온도가 T_i와 T_j인 점 사이의 열유동률(heat flow rate)이라고 한다. 만일 T_a와 T_b가 어느 정도의 시간 동안 일정하게 유지된다면, 작은 정사각형에 저장된 열에너지와 작은 정사각형 사이의 열유동률도 일정하다. 이런 조건에서, 에너지 보존 법칙에 따라 작은 정사각형으로 들어오는 열량과 흘러 나가는 열량은 같다. 이 원칙을 각 정사각형에 적용하면 다음의 방정식을 얻는다.

$$
\begin{aligned}
q_{a1} &= q_{12}+q_{13} \\
q_{12} &= q_{24} \\
q_{13} &= q_{34} \\
q_{34}+q_{24} &= q_{4b}
\end{aligned}
$$

$q_{ij} = (T_i - T_j)/R$ 을 대입하면, 모든 방정식에서 R은 소거되어 없어지고, 방정식은 다음과 같이 정리된다.

$$T_1 = \frac{1}{3}(T_a + T_2 + T_3)$$
$$T_2 = \frac{1}{2}(T_1 + T_4)$$
$$T_3 = \frac{1}{2}(T_1 + T_4)$$
$$T_4 = \frac{1}{3}(T_2 + T_3 + T_b)$$

이 방정식은 작은 정사각형의 온도가 인접한 정사각형에서의 온도의 평균이라는 것을 말한다! $T_a = 150$℃ 및 $T_b = 20$℃인 경우에 이 방정식을 풀어라.

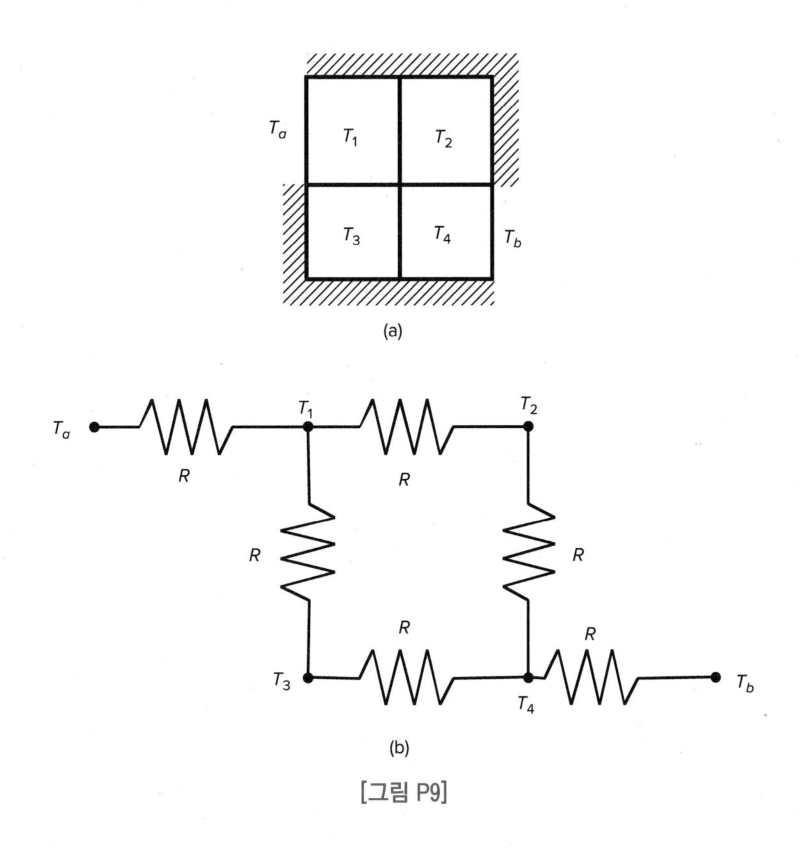

[그림 P9]

10. 문제 9에서 개발된 평균 원리를 이용하여 [그림 P10]에 보인 판의 온도 분포를 구하여라. 3×3 격자와 주어진 값 $T_a = 150$℃ 및 $T_b = 20$℃를 이용하라.

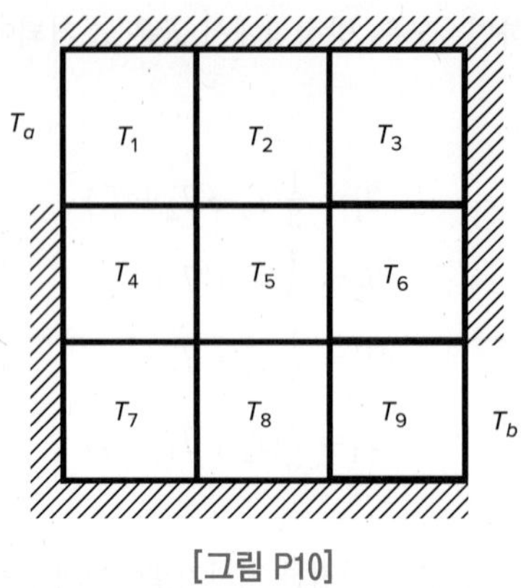

[그림 P10]

11. 8.2절의 [예제 8.2-3(a)] 문제에서 전압 v_2가 지정되지 않았을 때를 고려한다. 각 저항은 1mA(=0.001A)보다 많은 전류를 통과시킬 수 없는 규격을 가지고 있다고 가정한다. 전압 v_2에 허용될 수 있는 양(positive)의 전압 범위를 결정하라.

12. 무게 W인 물체가 간격이 D 만큼 떨어져서 고정된 두 개의 케이블에 의해 [그림 P12]와 같이 지탱되고 있다. 케이블 길이 L_{AB}는 주어지지만, 길이 L_{AC}는 선택되어져야 한다. 각 케이블이 지탱할 수 있는 최대 장력은 W이다. 물체가 정지해 있기 위해서는 수평 방향 총 힘과 수직 방향 총 힘이 각각 0이어야 한다. 이 원리에 의해 다음 방정식들이 주어진다.

$$-T_{AB}\cos\theta + T_{AC}\cos\phi = 0$$
$$T_{AB}\sin\theta + T_{AC}\sin\phi = W$$

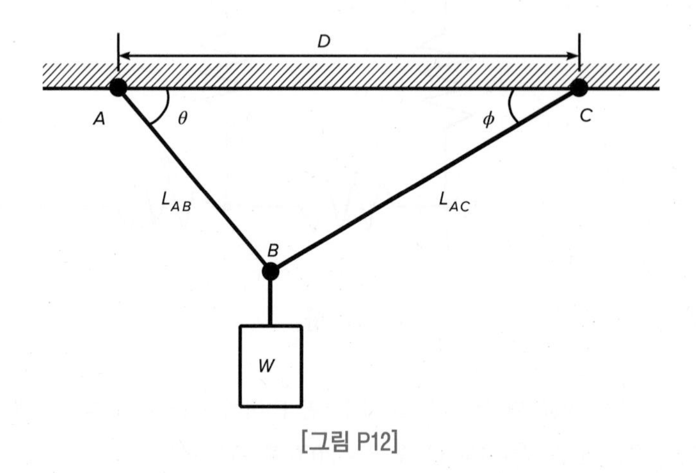

[그림 P12]

각도 θ와 ϕ를 알면 이 연립방정식을 장력 T_{AB}와 T_{AC}에 대해 풀 수 있다. 코사인 법칙으로부터

$$\theta = \cos^{-1}\left(\frac{D^2 + L_{AB}^2 - L_{AC}^2}{2DL_{AB}}\right)$$

이고, 사인 법칙으로부터

$$\phi = \sin^{-1}\left(\frac{L_{AB}\sin\theta}{L_{AC}}\right)$$

이다. D=6피트, L_{AB} =3피트, W=2,000파운드로 주어졌을 때, MATLAB의 루프를 이용하여 T_{AB}와 T_{AC}가 2,000파운드를 넘지 않게 하는 L_{AC}의 최소 길이 $L_{AC\min}$을 구하라. L_{AC}의 최대 길이는 6.7피트임에 주목한다. (θ =90°에 해당한다.) $L_{AC\min} \le L_{AC} \le 6.7$ 구간에서 L_{AC}에 대한 장력 T_{AB}, T_{AC}의 그래프를 한 그래프에 같이 그려라.

8.3절

13*. MATLAB을 사용하여 다음의 연립방정식을 풀어라.

$$\begin{aligned} 7x + 9y - 9z &= 22 \\ 3x + 2y - 4z &= 12 \\ x + 5y - z &= -2 \end{aligned}$$

14. MATLAB을 사용하여 다음의 연립방정식을 풀어라.

$$\begin{aligned} 6x - 4y + 3z &= 10 \\ 4x + 3y - 2z &= 46 \\ 10x - y + z &= 56 \end{aligned}$$

15. 다음의 표는 리액터 A와 B가 화학 제품 1, 2, 3을 1톤씩 생산하는 데 필요한 시간을 나타낸다. 2개의 리액터는 주당 각각 35시간과 40시간을 가동할 수 있다.

시간	제품 1	제품 2	제품 3
리액터 A	6	2	10
리액터 B	3	5	2

x, y, z를 각각 제품 1, 2, 3이 한 주에 생산될 수 있는 양(톤 단위)이라고 한다.

a. 표의 데이터를 이용하여 x, y, z에 관한 2개의 방정식을 작성하라. 유일한 해가 존재하는지 아닌지를 결정하라. 유일한 해가 없다면 MATLAB을 사용하여 x, y, z의 관계를 구하라.

b. 여기에서 x, y, z 의 음의 값은 의미가 없음을 주목한다. x, y, z 의 허용 가능한 범위를 구하라.

c. 제품 1, 2, 3의 이익이 각각 \$200, \$300, \$100이라고 가정한다. 총이익을 최대화하는 x, y, z 의 값을 구하라.

d. 제품 1, 2, 3의 이익이 각각 \$200, \$500, \$100이라고 가정한다. 총이익을 최대화하는 x, y, z 의 값을 구하라.

16. [그림 P16]을 참조한다. 망 안에서 어떤 차도 정차를 하지 않는다고 가정한다. 어떤 교통 공학자가 그림에서 보인 것과 같이 측정된 교통량이 주어졌을 때, 교통량 f_1, f_2, ⋯, f_7 (시간당 차의 수)을 계산할 수 있는지를 알고 싶어한다. 만일 계산이 불가능하다면, 얼마나 많은 교통량 센서가 추가적으로 설치될 필요가 있는지를 결정하고, 다른 교통량에 대한 식을 측정되는 교통량을 활용하여 구하라.

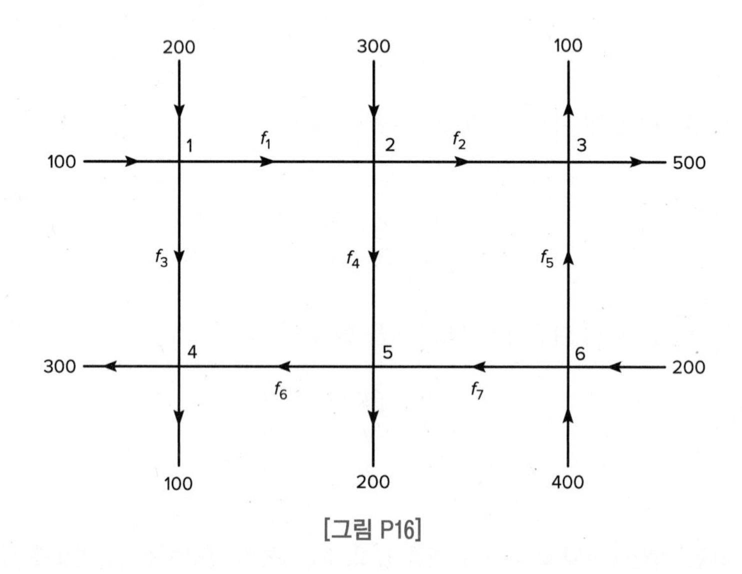

[그림 P16]

17. MATLAB을 사용하여 4점 $(x,\ y)=(1,12),\ (2,76),\ (4,620),\ (5,1160)$ 을 통과하는 3차 다항식 ax^3+bx^2+cx+d 의 계수를 구하라.

8.4 절

18.* MATLAB을 사용하여 다음의 문제를 풀어라.

$$\begin{aligned} x-3y &= 2 \\ x+5y &= 18 \\ 4x-6y &= 20 \end{aligned}$$

19. MATLAB을 사용하여 다음의 문제를 풀어라.

$$\begin{aligned} x+6y &= 64 \\ 7x-2y &= 8 \\ 2x+3y &= 38 \end{aligned}$$

20*. MATLAB을 사용하여 다음의 문제를 풀어라.

$$\begin{aligned} x-3y &= 2 \\ x+5y &= 18 \\ 4x-6y &= 10 \end{aligned}$$

21. MATLAB을 사용하여 다음의 문제를 풀어라.

$$\begin{aligned} x+6y &= 40 \\ 7x-2y &= 8 \\ 2x+3y &= 38 \end{aligned}$$

22. a. MATLAB을 사용하여 세 점 $(x,\ y)=(1,4),\ (4,73),\ (5,120)$을 통과하는 2차 다항식 $y=ax^2+bx+c$의 계수를 구하라.
    b. MATLAB을 사용하여 a에 주어진 세 점을 통과하는 3차 다항식 $y=ax^3+bx^2+cx+d$의 계수를 구하라.

23. a. MATLAB을 사용하여 세 점 $(x,\ y)=(1,10),\ (3,30),\ (5,74)$를 통과하는 2차 다항식 $y=ax^2+bx+c$의 계수를 구하라.
    b. MATLAB을 사용하여 a에 주어진 세 점을 통과하는 3차 다항식 $y=ax^3+bx^2+cx+d$의 계수를 구하라.

24. [표 8.5-2]에서 주어진 프로그램을 이용하여 다음의 문제들을 풀어라.

a. 문제 3d

b. 문제 13

c. 문제 18

d. 문제 20

출처: Brad Ingram/Shutterstock

21세기의 공학
기간시설의 재건

대공황 동안, 경제를 활성화시키고 고용을 창출하기 위하여 국가의 기간시설을 개량하는 많은 공공사업 프로젝트가 착수되었다. 이러한 프로젝트는 고속도로, 교량, 상하수도 시스템 및 전력 배전망을 포함한다. 세계 2차 대전 이후에 주간(interstate) 고속도로 건설로 이러한 사업이 갑자기 최고조에 달하게 되었다. 21세기에 들어서면서 많은 기반 시설이 40년에서 80년 정도가 되어 노후되었거나 사실상 무너져가고 있다. 한 조사에서 국가 교량의 25% 이상이 규격 미달로 나타났다. 이러한 교량들은 수리하거나, 새로운 교량으로 대체할 필요가 있다. 2013년 연구에 따르면 모든 형태의 인프라에 필요한 개선을 위해서는 현재 자금 수준보다 약 1조 4천억 달러 많은 약 3조 3천억 달러의 비용이 소요될 것으로 예측하였다.

기간시설을 재건하는 데는 이전보다 인건비와 재료비가 더 비싸지고, 환경과 사회 문제가 훨씬 중요하기 때문에 과거의 방법과는 다른 공사 방법이 필요하다. 기간시설 기술자들은 새로운 재료, 검사 기술, 건설 기법과 노동력 절감 기계들을 활용해야 한다.

또한 통신망과 같은 몇몇 기반시설 요소들은 구식이 되어 새로운 기술을 활용할 수 있는 충분한 용량과 능력이 되지 않기 때문에 대체할 필요가 있다. 한 예가 음성, 데이터와 영상을 전송하고, 저장하고, 처리하고 표시하는 물리적 설비를 포함하는 '정보 인프라'이다. 이러한 개량을 위해서는 더 좋은 통신과 컴퓨터 네트워크 기술이 필요할 것이다.

명확하게 모든 공학 분야에는 이런 일들에 포함이 될 것이며, 재정, 통신, 영상 처리, 신호처리, 편미분 방정식 및 Wavelet 툴 박스를 포함한 많은 MATLAB 툴 박스들이 이러한 작업에 대하여 첨단 지원을 제공하게 될 것이다.

CHAPTER

미적분학과 미분 방정식을 위한 수치 방법

09

이 장은 적분과 미분을 계산하고 상미분 방정식을 푸는 수치적인 방법에 대하여 다룬다. 어떤 적분은 해석적으로 계산되어질 수 없으며, 그래서 근사화 방법으로 수치적으로 계산할 필요가 있다(9.1절). 덧붙여, 종종 데이터의 변화율을 예측하는 데 필요하며, 이 절차는 미분의 수치적인 예측에 필요하다(9.2절). 마지막으로, 많은 미분 방정식이 해석적으로 풀이가 안 되며, 적절한 수치적인 기법을 이용하여 풀어야 한다. 9.3절은 1차 미분 방정식을 다루며, 9.4절은 이 방법을 고차 미분 방정식으로 확장한다. 선형 방정식의 경우는 좀 더 강력한 방법들을 이용할 수 있다. 9.5절에서는 이 방법들을 다룬다.

이 장을 끝내면, 다음과 같은 것을 할 수 있어야 한다.

- MATLAB을 이용하여 적분을 수치적으로 계산한다.
- MATLAB에서 수치 방법을 이용하여 미분을 예측한다.
- MATLAB의 수치 미분 방정식 솔버(solver)를 이용하여 해를 구한다.

9.1 수치 적분

함수 $f(x)$의 $a \leqq x \leqq b$에서의 적분은 $f(x)$ 곡선과 x축 사이에 $x=a$와 $x=b$로 경계를 이루는 영역의 면적으로 해석될 수 있다. 이 면적을 A라고 하면, A는

$$A=\int_a^b f(x)dx \tag{9.1-1}$$

로 쓸 수 있다. 적분에서 적분의 범위를 지정하면, 정적분이라고 한다. 부정적분은 지정된 범위가 없다. 적분의 범위에 따라 무한대의 값을 가질 수 있는 적분을 이상 적분(improper integral)이라고 한다. 예를 들어, 다음의 적분은 대부분의 적분표에서 찾을 수 있다.

$$\int \frac{1}{x-1}dx = \ln|x-1|$$

하지만 이 적분은 만일 적분 범위에 $x=1$을 포함하면 이상 적분이 된다. 그래서 적분을 적분 표에서 찾을 수 있어도, 피적분 함수가 정의되지 않는 점인 특이점(singularity)이 있는지 피적분 함수를 체크해야 한다. 적분을 계산하기 위하여 수치 방법을 사용할 때에도 같은 경고가 적용된다.

이산 점들의 적분

곡선 밑의 면적을 구하기 위한 가장 간단한 방법은 영역을 직사각형으로 나누는 것이다

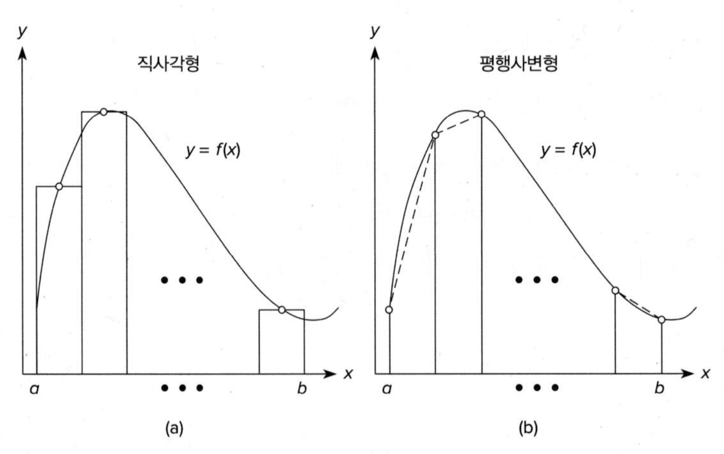

[그림 9.1-1] (a) 직사각형 및 (b) 평행사변형 수치 적분의 설명

([그림 9.1-1a]). 만일 직사각형의 폭이 충분히 작으면, 이 면적의 합은 적분의 근사값을 준다. 좀 더 섬세한 방법이 평행사변형 원소([그림 9.1-1b])를 이용하는 것이다. 각 평행사변형을 패널(panel)이라고 부른다. 같은 폭을 가진 패널을 사용할 필요는 없다. 방법의 정확도를 높이기 위하여 함수가 급히 변하는 곳에서는 좁은 패널을 사용할 수 있다. 폭이 함수의 변화에 따라 변하면, 이 방법은 적응형이라고 부른다. MATLAB은 평행사변형 적분을 trapz 함수를 사용하여 구현한다. 이 함수의 구문은 trapz(x, y)이며, 여기에서 배열 y는 배열 x에 포함되어 있는 점들에서의 함수 값으로 구성된다. 만일 하나의 함수의 적분을 원하면, y는 벡터가 된다. 하나 이상의 함수를 적분하려면, 그 값들을 행렬 y에 넣는다. trapz(x, y)를 입력하면 y의 각 열의 적분을 계산한다.

trapz 함수는 어떤 함수를 직접 적분하도록 지정할 수 없다. 먼저 함수 값을 미리 계산하고 배열에 저장해야 한다. 나중에 함수를 직접 입력할 수 있는 또 다른 적분 함수 integral 함수에 대하여 논의하며, 이 함수들은 직접 함수만을 다룬다. 하지만 이 함수들은 배열이나 값들은 다룰 수 없다. 그래서 이 함수들은 서로를 보완한다. trapz 함수는 [표 9.1-1]에 정리되어 있다.

trapz 함수를 사용하는 간단한 예로, 적분

[표 9.1-1] 수치 적분 함수의 기본 구문

명령	설명
integral(fun, a, b)	적응 심프슨의 법칙을 이용하여 구간 a와 b 사이의 함수 fun의 적분을 계산한다. 입력 fun은 피적분함수 $f(x)$를 나타내며, 피적분함수의 함수 핸들이다. 이 함수는 벡터 입력 변수 x를 받아서 결과 벡터 y를 반환한다.
integral2(fun, a, b, c, d)	구간 $a \leq x \leq b$ 및 $c \leq y \leq d$ 사이에서 함수 $f(x,\ y)$의 2중적분을 한다. 입력 fun은 피적분 함수를 나타낸다. 벡터 입력 변수 x와 스칼라 입력 변수 y를 받고, 반드시 결과 벡터를 반환해야 한다.
integral3(fun, a, b, c, d, e, f)	구간 $a \leq x \leq b$. $c \leq y \leq d$, $e \leq z \leq f$ 사이에서 함수 $f(x,\ y,\ z)$의 3중적분을 한다. 입력 fun은 피적분 함수를 나타낸다. 벡터 입력 변수 x와 스칼라 y, 스칼라 z를 받고, 반드시 결과 벡터를 반환해야 한다.
polyint(p, C)	선택적인 사용자-지정 적분 상수 C를 이용하여 다항식 p의 적분을 계산한다.
trapz(x, y)	평행사변형 적분을 이용하여 x에 대한 y의 적분을 한다. 여기에서 배열 y는 배열 x에 포함되어 있는 점들에서의 함수 값을 포함한다.

$$A=\int_0^{\pi}\sin x\,dx \quad (9.1\text{–}2)$$

를 계산해본다. 정확한 답은 $A=2$이다. 패널의 폭의 영향을 알아보기 위하여, 먼저 같은 폭 $\pi/10$을 갖는 10개의 패널을 사용한다. 스크립트 파일은 다음과 같다.

```
x = linspace(0, pi, 10);
y = sin(x);
A = trapz(x, y)
```

답은 1.9797이며, 이 답의 상대적인 에러는 100(2 - 1.9797)/2 = 1%이다. 이제 같은 폭을 가진 100개의 패널로 해보기로 한다. 배열 `x`를 `x = linspace(0, pi, 100)`으로 바꾼다. 답은 $A=1.9998$로 상대 에러는 100(2 - 1.9998)/2 = 0.01%이다. 피적분 함수인 $\sin x$의 그래프를 살펴보면, 함수는 $x=\pi/2$보다 $x=0$이나 $x=\pi$에서 빨리 변함을 알 수 있다. 이렇게 만일 우리가 $x=0$과 $x=\pi$ 근처에서 좁은 패널을 사용한다면 더 적은 패널을 사용하고 같은 정확도를 얻을 수 있게 된다.

피적분함수가 표로 된 값들로 주어지면, 보통 `trapz` 함수를 사용한다. 그렇지 않을 경우 피적분 함수가 함수로 주어지면, 곧 소개될 `integral` 함수를 사용한다.

예제 9.1-1 가속도계로부터의 속도

가속도계는 이동체의 속도와 변위를 예측하기 위하여 비행기, 로켓 및 다른 이동체에 사용된다. 가속도계는 속도의 예측값을 만들기 위하여 가속도를 적분하고, 변위의 예측값을 만들기 위하여 속도의 예측값을 적분한다. 시간 $t=0$인 정지 상태에서 출발한 이동체 가속도의 측정값이 다음의 표로 주어졌다고 가정한다.

시간(s)	0	1	2	3	4	5	6	7	8	9	10
가속도(m/s^2)	0	2	4	7	11	17	24	32	41	48	51

(a) 10초 후의 속도의 예측값을 구하라.
(b) 시간 $t=1,\ 2,\ \cdots,\ 10s$에서의 속도를 예측하여라.

풀이

(a) 초기 속도는 0, 즉, $v(0)=0$이다. 속도와 가속도 $a(t)$와의 관계는

$$v(10)=\int_0^{10}a(t)dt+v(0)=\int_0^{10}a(t)dt$$

이며, 프로그램 파일은 다음과 같다.

```
t = 0:10;
a = [0, 2, 4, 7, 11, 17, 24, 32, 41, 48, 51];
v10 = trapz(t, a)
```

10초 후의 속도에 대한 답은 v10에 의하여 주어지며, 211.5m/s이다.

(b) 다음의 스크립트 파일은 속도가 다음

$$v(t_{k+1}) = \int_{t_k}^{t_{k+1}} a(t)dt + v(t_k) \qquad k=1,\ 2,\ \cdots,\ 10$$

에 의하여 나타내어진다는 사실을 이용한다. 여기에서 $v(t_1)=0$ 이다.

```
t = 0:10;
a = [0, 2, 4, 7, 11, 17, 24, 32, 41, 48, 51];
v(1) = 0;
for k = 1:10
    v(k+1) = trapz(t(k:k+1), a(k:k+1))+v(k);
end
disp([t', v'])
```

답은 다음의 표에 주어졌다.

시간(s)	0	1	2	3	4	5	6	7	8	9	10
속도(m/s)	0	1	4	9.5	18.5	32.5	53	81	117.5	162	211.5

이해력 테스트 문제

T9.1-1 [예제 9.1-1]의 b에서 주어진 스크립트 파일을 수정하여 시간 $t=1,\ 2,\ \cdots,\ 10$초에서의 변위를 추정하여라.
(답 (일부만): 10초 후의 변위는 584.25미터)

함수의 적분

수치 적분의 또 다른 접근 방법이 심프슨의 법칙이며, 이 방법은 적분 영역 $b-a$를 짝수 개의 섹션으로 나누고, 각 패널에서 피적분함수를 나타내기 위하여 다른 2차식을 사용한다. 2차 함수는 3개의 매개변수를 가지며, 심프슨의 법칙은 2차 함수가 2개의 인접한 패널에 대응되는 3개의 점들을 통과해야 한다는 조건으로 이 매개변수를 계산한다. 좀 더 정확성을 기하기 위해서 2보다 더 높은 차수의 다항식을 사용할 수 있다.

MATLAB 함수 `integral`은 심프슨의 법칙을 적응형 버전으로 구현한다. 함수 `integral(fun, a, b)`는 범위 a와 b 사이의 함수 `fun`의 적분을 계산한다. 입력 `fun`은 피적분함수를 나타내며, 피적분 함수의 함수 핸들이나 익명 함수의 이름을 나타낸다. 함수 $y=f(x)$는 반드시 벡터 입력 변수 x를 받아야 하며, 결과 벡터 y를 반환해야 한다. 기본 구문은 [표 9.1-1]에 정리되어 있다.

설명을 하기 위하여 식 (9.1-2)에 주어진 적분을 계산한다. 세션은 하나의 명령만을 포함한다. `A = integral(@sin, 0, pi)`. MATLAB에 의하여 주어진 답은 $A=2.0000$이며, 이것은 소수 아래 넷째 자리까지 정확하다.

`integral` 함수는 벡터 입력 변수를 이용하여 피적분함수를 호출하므로 함수를 정의할 때는 반드시 배열 연산을 사용해야 한다. 다음 예는 이것이 어떻게 되는지를 보인다.

예제 9.1-2 Fresnel 코사인 적분의 계산

일부 간단하게 보이는 적분은 닫힌 형태(closed-form)로 계산될 수 없다. Fresnel의 코사인 적분이 한 예이다.

$$A=\int_0^b \cos x^2\,dx \tag{9.1-3}$$

(a) 상한이 $b=\sqrt{2\pi}$일 때 적분을 계산하기 위한 2가지 방법을 보여라.

(b) $n=2$ 및 $n=3$일 때, 좀 더 일반적인 적분

$$A=\int_0^b \cos x^n\,dx \tag{9.1-4}$$

는 중첩(nested) 함수를 사용하여 계산할 수 있음을 보여라.

풀이

(a) 피적분함수 $\cos x^2$ 은 명백하게 적분함수에 대하여 문제를 일으킬 수 있는 특이점들을 갖고 있지 않다. `integral` 함수의 이용에 대하여 두 가지 방법으로 보인다.

1. 함수 파일로서 다음의 함수 파일에서 보인 것과 같이 사용자 정의 함수를 가진 피적분 함수를 정의한다.

```
function c2 = cossq(x)
c2 = cos(x.^2)
```

`integral` 함수는 다음과 같이 호출된다.

```
>>A = integral(@cossq, 0, sqrt(2 * pi))
```

결과는 $A = 0.6119$ 이다.

2. 익명(anonymous) 함수로서(익명 함수는 3.3절에서 다루어졌다) 세션은

```
>>cossq = @(x)cos(x.^2);
>>A = integral(cossq, 0, sqrt(2*pi))
A =
  0.6119
```

이다. 두 줄은 다음과 같이 한 줄로 결합될 수 있다.

```
A = integral(@(x)cos(x.^2), 0, sqrt(2*pi))
```

익명 함수를 이용하는 장점은 함수 파일을 생성하거나 저장할 필요가 없다는 것이다. 하지만 복잡한 피적분함수의 경우, 함수 파일을 이용하는 것을 선호한다.

(b) `integral` 함수는 피적분 함수가 단지 하나의 입력 변수만을 가지므로 다음의 코드는 동작하지 않는다.

```
>> cossq = @(x)cos(x.^n);
>> n = 2;
>> A = integral(cossq, 0, sqrt(2*pi))
   'n'은(는) 정의되지 않은 함수 또는 변수입니다.
```

대신, 중첩 함수에서 매개변수 전송을 이용한다(중첩 함수는 3.3절에서 다루었다). 먼저 다음의 함수를 생성하고 저장한다.

```
function A = integral_n(n)
A = integral(@cossq_n, 0, sqrt(2*pi));
% 중첩함수
   function integrand = cossq_n(x)
      integrand = cos(x.^n);
   end
end
```

$n=2$ 및 $n=3$에 대한 세션은 다음과 같다.

```
>>A = integral_n(2)
A =
   0.6119
>>A = integral_n(3)
A =
   0.7734
```

integral 함수는 알고리즘의 효율과 정확도를 분석하고 조정하기 위하여 일부 선택 변수를 사용한다. 자세한 것은 help integral을 입력한다.

이해력 테스트 문제

T9.1-2 integral 함수를 이용하여 적분

$$A=\int_2^5 \frac{1}{x}dx$$

을 계산하고 답을 닫힌 형태(closed-form)로 얻어진 답과 비교하여라. 이 답은 A = 0.9163이다.

다항식 적분

MATLAB은 다항식 적분을 계산하기 위하여 polyint 함수를 제공한다. 구문 q = polyint(p, C)는 사용자가 지정한 스칼라 적분 상수 C를 가지며, 다항식 p의 적분을 나타내는 다항식 q를 출력한다. 벡터 p의 원소는 내림차순으로 정렬된 다항식의 계수들이다. 구문 polyint(p)는 적분 상수 C가 0이라고 가정한다.

예를 들어, 적분 $12x^3+9x^2+8+5$의 적분은 q = polyint([12, 9, 8, 5], 10)으로부터

얻을 수 있다. 답은 q = [3, 3, 4, 5, 10]이며, 이 답은 $3x^4+3x^3+4x^2+5x+10$에 대응된다. 다항식 적분은 심볼릭 공식으로부터 얻을 수 있으므로, polyint 함수는 수치 적분 연산은 아니다.

이중 적분

함수 intergrl2는 이중 적분을 계산한다. 다음의 적분

$$A=\int_c^d \int_a^b f(x,\ y)\ dx\ dy$$

을 고려한다. 기본 구문은

```
A = integral2(fun, a, b, c, d)
```

이며, 여기에서 fun은 피적분함수 $f(x,\ y)$를 정의하는 사용자 정의함수의 핸들이다. 함수는 벡터 x와 스칼라 y를 입력받아야 하고, 반드시 결과 벡터를 반환해야 하며, 그래서 적절한 배열 연산이 사용되어야 한다. 확장된 구문은 사용자가 정확도를 조정할 수 있도록 한다. 자세한 것은 MATLAB 도움말을 본다.

예를 들어, 적분

$$A=\int_0^1 \int_1^3 xy^2\ dx\ dy$$

를 계산하기 위한 익명 함수를 사용하기 위하여

```
>>fun = @(x,y)x.*y.^2;
>>A = integral2(fun, 1, 3, 0, 1)
```

를 입력한다. 답은 $A=1.3333$이 된다.

먼저의 적분은 $1 \leqq x \leqq 3,\ 0 \leqq y \leqq 1$에 의하여 지정되는 직사각형에 걸쳐 수행된다. 일부 이중 적분은 4각형이 아닌 영역에 대하여 지정된다. 이런 문제들은 변수의 변환으로 다루어질 수 있다. 또한 예를 들면, MATLAB의 관계 연산을 이용하여 직사각형이 아닌 영역을 둘러싸는 직사각형 영역을 이용하여 직사각형 영역 밖의 피적분 함수를 0으로 만들 수도 있다. 문제 16을 본다. 다음의 예는 먼저의 접근 방법을 설명한다.

예제 9.1-3 비직사각형 영역의 이중 적분

직선

$$x-y=\pm 1 \quad 2x+y=\pm 2$$

로 제한된 영역 R에 걸쳐 적분

$$A=\iint_R (x-y)^4(2x+y)^2\,dx\,dy$$

을 계산하여라.

풀이

적분을 직사각형 영역으로 지정되는 적분으로 변환해야 한다. 그렇게 하기 위하여 $u=x-y$ 및 $v=2x+y$ 라고 놓는다. 이와 같이, 자코비안을 이용하여

$$dx\,dy=\begin{vmatrix} \partial x/\partial u & \partial x/\partial v \\ \partial y/\partial u & \partial y/\partial v \end{vmatrix} du\,dv=\begin{vmatrix} 1/3 & 1/3 \\ -2/3 & 1/3 \end{vmatrix} du\,dv=\frac{1}{3}du\,dv$$

을 얻는다. 그러면, 영역 R은 u와 v에 관한 직사각형 영역으로 지정된다. 경계는 $u=\pm 1$과 $v=\pm 2$로 주어지며, 적분은

$$A=\frac{1}{3}\int_{-2}^{2}\int_{-1}^{1} u^4 v^2\,du\,dv$$

가 되며, MATLAB 세션은

```
>>fun = @(u, v) u.^4.*v.^2;
>>A = (1/3)*integral2(fun, -1, 1, -2, 2)
```

가 된다. 답은 $A=0.7111$이다.

삼중 적분

함수 integral3는 삼중 적분을 계산한다. 다음 적분

$$A=\int_e^f \int_c^d \int_a^b f(x,\ y,\ z)\,dx\,dy\,dz$$

을 고려한다. 기본 구문은

```
A = integal3(fun, a, b, c, d, e, f)
```

이며, 여기에서 fun은 피적분 함수 $f(x, y, z)$를 정의하는 사용자 정의 함수의 핸들이다. 이 함수는 반드시 벡터 x, 스칼라 y 및 스칼라 z를 입력받아야 하며, 반드시 결과를 벡터로 출력하여야 하며, 그래서 적절한 배열 연산이 반드시 사용되어야 한다. 확장된 구문은 사용자가 정밀도를 조정할 수 있도록 해준다. 자세한 사항은 MATLAB 도움말을 본다. 예를 들어, 적분

$$A=\int_1^2\int_0^2\int_1^3\left(\frac{xy-y^2}{z}\right)dx\ dy\ dz$$

를 계산하기 위하여

```
>>fun = @(x,y,z)(x.*y - y.^2)./z;
>>A = integral3(fun, 1, 3, 0, 2, 1, 2)
```

를 입력한다. 결과는 A = 1.8484이다.

이해력 테스트 문제

T9.1-3 MATLAB을 이용하여 다음의 이중 적분을 계산하여라.

$$\int_1^2\int_0^1(x^2+xy^3)dx\ dy$$

(답: 2.2083)

T9.1-4 MATLAB을 이용하여 다음의 삼중 적분을 계산하여라.

$$\int_0^1\int_1^2\int_2^3 xyz\ dx\ dy\ dz$$

(답: 1.875)

9.2 수치 미분

그래프에서 보면 함수의 미분은 함수의 기울기로 해석될 수 있다. 이 해석은 다양한 데이터 집합의 미분을 수치적으로 계산할 수 있는 방법으로 이끌어 준다. 미분의 정의를 기억하면 다음과 같다.

$$\frac{dy}{dx} = \lim_{\Delta x \to 0} \frac{\Delta y}{\Delta x} \tag{9.2-1}$$

수치 미분의 성공은 2개의 요인에 전적으로 달려 있다. 데이터 점들의 간격과 측정 오류에 기인한 데이터에서의 분산이다. 간격이 커질수록, 미분값을 예측하기는 더 어려워진다. 여기에서 측정값의 간격은 등간격 즉, $x_3 - x_2 = x_2 - x_1 = \Delta x$ 라고 가정한다. 점 x_2 에서 미분값 dy/dx 를 예측하고자 한다고 가정한다. 정확한 답은 점 $(x_2,\ y_2)$ 를 통과하는 기울기이지만, 직선에서 두 번째 점은 없으며, 그래서 기울기를 찾을 수 없다. 따라서 기울기는 근처의 데이터 점을 이용하여 예측해야 한다. 하나의 예측값은 다음과 같이 얻을 수 있다.

$$m_A = \frac{y_2 - y_1}{x_2 - x_1} = \frac{y_2 - y_1}{\Delta x} \tag{9.2-2}$$

이 값은 후진 차분(backward difference) 예측값이며, 실질적으로 $x = x_2$ 에서보다 $x = x_1 + (\Delta x)/2$ 에서의 더 좋은 예측값이다. 또 다른 예측값은

$$m_B = \frac{y_3 - y_2}{x_3 - x_2} = \frac{y_3 - y_2}{\Delta x} \tag{9.2-3}$$

와 같이 얻을 수 있다. 이 예측값은 전진 차분(forward difference) 예측값이며, $x = x_2$ 에서보다 $x = x_2 + (\Delta x)/2$ 에서 더 좋은 예측값이다. 이 2개의 기울기의 평균이 $x = x_2$ 에서의 더 좋은 예측값을 줄 것이라고 생각할 수 있으며, 그 이유는 평균이 측정 오류의 영향을 제거하는 경향이 있기 때문이다. m_A 와 m_B 의 평균은

$$m_C = \frac{m_A + m_B}{2} = \frac{1}{2}\left(\frac{y_2 - y_1}{\Delta x} + \frac{y_3 - y_2}{\Delta x}\right) = \frac{y_3 - y_1}{2\Delta x} \tag{9.2-4}$$

이다. 이 식은 중앙 차분(Central difference) 예측값이라고 불린다.

diff 함수

MATLAB은 미분 예측값을 계산하는 데 사용하기 위하여 diff 함수를 제공한다. 구문은 d = diff(x)이며, 여기에서 x는 값들의 벡터이고, 결과는 x의 인접한 원소들 간의 차이를 포함하는 벡터 d이다. 즉, x가 n의 원소를 가지면, d는 $n-1$개의 원소를 가진다. 여기에서 $d=[x(2)-x(1), x(3)-x(2), \cdots, x(n)-x(n-1)]$이다. 예를 들어, 만일 x = [5, 7, 12, -20]이라면, diff(x)는 벡터 [2, 5, -32]이다. 미분 dy/dx의 예측값은 diff(y)./diff(x)로 구할 수 있다.

예를 들어, x에 대한 $\sin x$의 1차 미분은 $\cos x$이다. diff를 사용하여 원하는 점(예를 들어 $x=\pi/4$)에서 이 미분을 근사화할 수 있다.

```
h = 0.001; % 계단 크기
x = [pi/4 - h,pi/4+h]; % 원하는 점들을 대괄호 안에 넣는다.
f = sin(x); % 함수
% x=pi/4에서 미분의 중앙 차분 예측값.
y = diff(f)/(2*h)
y =
   0.7071
```

미분을 수치적으로 계산해야 하는 몇 가지 이유가 있다. 우리는 고려하는 함수를 모를 수 있으며, 우리가 갖고 있는 것이 데이터 집합일 뿐인 경우가 있다. 또는 미분해야 하는 함수가 복잡하고 특히 몇 개의 점들에서만 미분을 계산해야 하는 경우, 미분 공식을 유도하는 노력을 기울일 가치가 없을 수 있다. 마지막으로, 상미분(편미분) 방정식에 대한 수치 해를 유도할 때, 해를 점들의 그리드에서 이산 근사치로 나타내고 이 점들에서 미분의 근사화가 필요할 수 있다.

이해력 테스트 문제

T9.2–1 $x=1$에서의 식

$$y=e^{-x}\sin(3x)$$

의 미분의 예측값을 구하라. (답: $y=-1.1445$)

다항식의 미분

MATLAB은 다항식의 미분을 계산하기 위하여 polyder 함수를 제공한다. 이 구문은 몇 가지의 형을 갖는다. 기본적인 형태는 d = polyder(p)이며, 여기에서 p는 원소가 내림차순으로 정렬된 다항식의 계수인 벡터이다. 출력 d는 미분된 다항식의 계수로 구성된 벡터이다.

두 번째의 구문 형태는 d = polyder(p1, p2)이다. 이 형태는 두 다항식 p1과 p2의 곱의 미분을 계산한다. 세 번째 형태는 [num, den] = polyder(p2, p1)이다. 이 형태는 나누기 p2/p1의 미분을 계산한다. 미분의 분자 계수 벡터는 num으로 주어진다. 분모는 den으로 주어진다.

여기에 polyder를 이용하는 예가 있다. $p_1=5x+2$, $p_2=10x^2+4x-3$이라고 한다. 그러면

$$\frac{dp_2}{dx}=20x+4$$

$$p_1p_2=50x^3+40x^2-7x-6$$

$$\frac{d(p_1p_2)}{dx}=150x^2+80x-7$$

$$\frac{d(p_2/p_1)}{dx}=\frac{50x^2+40x+23}{25x^2+20x+4}$$

이다. 이 결과는 다음과 같은 프로그램으로 구할 수 있다.

```
p1 = [5, 2]; p2 = [10, 4, -3];
% p2의 미분
der2 = polyder(p2)
% p1*p2의 미분
prod = polyder(p1, p2)
% p2/p1의 미분
[num, den] = polyder(p2, p1)
```

결과는 der2 = [20, 4], prod = [150, 80, -7], num = [50, 40, 23], den = [25, 20, 4]이다.

다항식의 미분은 기호(심볼릭) 공식으로 구할 수 있으므로, polyder 함수는 수치 미분 연산은 아니다.

그레이디언트(Gradient)

함수 $f(x,\ y)$의 그레이디언트 ∇f는 $f(x,\ y)$의 증가하는 값들의 방향을 지시하는 벡터이다. 이것은

$$\nabla f = \frac{\partial f}{\partial x}\mathbf{i} + \frac{\partial f}{\partial y}\mathbf{j}$$

로 정의되며, 여기에서 **i**와 **j**는 각각 x와 y 방향의 단위 벡터이다. 이 개념은 3개 또는 그 이상 변수의 함수로 확장될 수 있다.

MATLAB에서 2차원 함수 $f(x,\ y)$를 나타내는 데이터 집합의 그레이디언트는 gradient 함수로 계산된다. 구문은 [df_dx, df_dy] = gradient(f, dx, dy)이며, 여기에서 df_dx와 df_dy는 $\partial f/\partial x$ 및 $\partial f/\partial y$를 나타내며, dx와 dy는 f의 수치 값들과 연관된 x와 y의 간격이다. 구문은 3 또는 그 이상의 변수들을 포함하도록 확장될 수 있다.

다음 프로그램은 함수

$$f(x,\ y) = xe^{-\left[(x-y^2)^2 + y^2\right]}$$

의 등고선 그래프와 그레이디언트(화살표로 표시)의 그래프를 그린다. 그래프는 [그림 9.2-2]에 보였다. 화살표는 f의 증가 방향이다.

```
[x,y] = meshgrid(-2: 0.25: 2);
f = x.*exp(-((x - y.^2).^2 + y.^2));
dx = x(1,2) - x(1,1); dy = y(2,1) - y(1,1);
[df_dx, df_dy] = gradient(f, dx, dy);
subplot(2, 1, 1)
contour(x, y, f), xlabel('x'), ylabel('y'),...
   hold on, quiver(x, y, df_dx, df_dy), hold off
subplot(2,1,2)
mesh(x, y, f), xlabel('x'), ylabel('y'), zlabel('f')
```

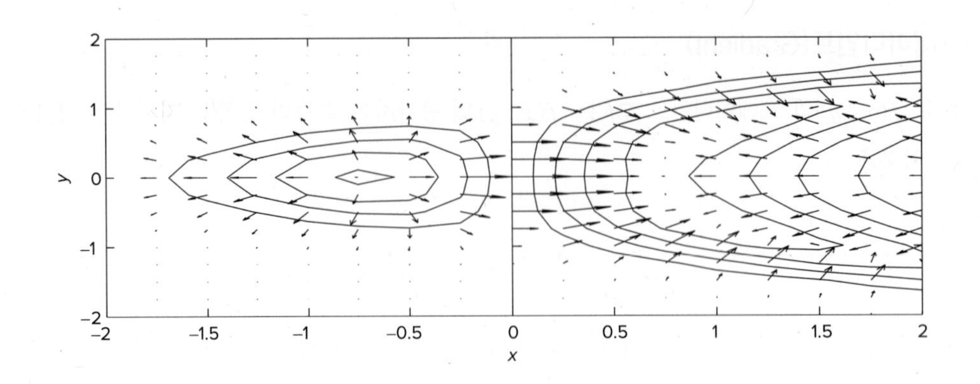

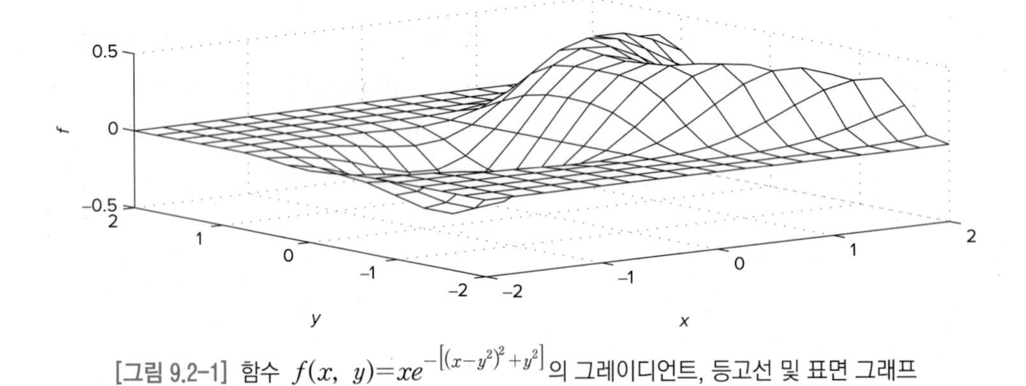

[그림 9.2-1] 함수 $f(x,\ y)=xe^{-[(x-y^2)^2+y^2]}$의 그레이디언트, 등고선 및 표면 그래프

곡률(curvature)은 라플라시안(Laplacian)이라고 불리는 2차 미분식

$$\nabla^2 f(x,\ y)= \frac{\partial^2 f}{\partial x^2} + \frac{\partial^2 f}{\partial y^2}$$

로 주어진다. 이 식은 del2 함수로 계산된다. 자세한 것은 MATLAB 도움말을 본다.

여기에서 다루어진 MATLAB의 미분 함수는 [표 9.2-1]에 정리하였다.

[표 9.2-1] 수치 미분 함수

함수	정의
d = diff(x)	벡터 x에서 인접한 원소들 간의 차이를 갖는 벡터 d를 반환한다.
[df_dx, df_dy] = gradient(f, dx, dy)	함수 $f(x, y)$의 그레이디언트를 출력한다. 여기에서 df_dx와 df_dy는 $\partial f/\partial x$ 및 $\partial f/\partial y$를 나타내며, dx 및 dy는 f의 수치값과 연관된 x 및 y값에서의 간격을 나타낸다.
d = polyder(p)	벡터 p로 나타내지는 다항식의 미분 계수들을 갖는 벡터 d를 반환한다.
d = polyder(p1, p2)	p1과 p2로 나타내지는 다항식의 곱을 미분하여 얻은 다항식의 계수를 갖는 벡터 d를 반환한다.
[num, den] = polyder(p2, p1)	p1과 p2가 다항식일 때, 나눗셈 p2/p1의 미분에서 분자와 분모의 계수를 갖는 num 벡터와 den 벡터를 출력한다.

9.3 일차 미분 방정식

이 절에서는 일차 미분 방정식을 풀기 위하여 수치적인 방법을 소개한다. 9.4절에서는 고차 미분 방정식으로 기법을 확장한다.

상미분 방정식(Ordinary differential equation: ODE)은 종속 변수의 상미분을 포함하는 방정식이다. 둘 또는 그 이상의 독립 변수에 관한 편미분을 포함하는 방정식은 편미분 방정식(Partial differential equation: PDE)이다. PDE에 대한 해법은 심화된 주제이며, 이 교재에서는 다루지 않을 것이다. 이 장에서는 초기값 문제(initial-value problem: IVP)로 제한한다. 이 문제는 보통 $t=0$으로 주어지는 초기 시간에 주어진 지정된 값에 대하여 상미분 방정식을 풀어야 한다. 다른 형태의 ODE 문제는 9.6절의 끝에서 논의한다.

미분에는 다음의 간략한 '점(dot)' 표기법을 사용하면 편리하다.

$$\dot{y}(t)=\frac{dy}{dt} \qquad \ddot{y}(t)=\frac{d^2y}{dt^2}$$

미분 방정식의 자유 응답은 때때로 동차해 또는 초기 응답이라고 불리며, 강제하는 함수가 없을 때의 해이다. 자유 응답은 초기 조건에 따라 달라진다. 강제 응답은 초기 조건이 0일 경우에 강제 함수에 의한 해이다. 선형 미분 방정식에서는 전체 응답은 자유 응답과 강제 응답의 합이다. 비선형 상미분 방정식은 종속 변수 또는 그 미분이 멱함수 또는 초월함수로 나타난다. 예를 들어, 방정식 $\dot{y}=y^2$ 및 $\dot{y}=\cos y$는 비선형이다.

수치 방법의 정수는 미분 방정식을 프로그램될 수 있는 차분 방정식으로 변환하는 것이다. 수치 해석 알고리즘은 차분 방정식을 얻기 위하여 사용되는 특정한 과정의 결과로 부분적으로 다를 수 있다. '계단 크기(step size)'의 개념과 그것이 해의 정확도에 미치는 영향을 이해하는 것은 중요하다. 이런 이슈들에 대하여 간단한 소개를 하기 위하여, 가장 간단한 수치 해석 모델인 오일러 방법과 예측자-수정자 방법을 고려한다.

오일러 방법

오일러의 방법은 미분 방정식을 수치적으로 풀기 위한 가장 간단한 알고리즘이다. 방정식

$$\frac{dy}{dt}=f(t,\ y) \quad y(0)=y_0 \tag{9.3-1}$$

를 고려한다. 여기에서 $f(t,\ y)$는 알고 있는 함수이고, y_0는 초기조건이며, $t=0$에서 $y(t)$의 값으로 주어진다. 미분의 정의로부터

$$\frac{dy}{dt}=\lim_{\Delta t\to 0}\frac{y(t+\Delta t)-y(t)}{\Delta t}$$

이다. 만일 시간 증분(increment) Δt가 충분히 작게 선택되면, 미분은 근사식

$$\frac{dy}{dt}\approx\frac{y(t+\Delta t)-y(t)}{\Delta t} \tag{9.3-2}$$

으로 바꿀 수 있다. 식 (9.3-1)에서 함수 $f(t,\ y)$는 시간 간격 $t,\ (t+\Delta t)$에서 상수이며, 식 (9.3-1)을 다음의 근사식

$$\frac{y(t+\Delta t)-y(t)}{\Delta t}=f(t,\ y)$$

또는

$$y(t+\Delta t)=y(t)+f(t,\ y)\Delta t \tag{9.3-3}$$

로 대체한다. Δt가 적으면 적을수록, 식 (9.3-3)에 이르는 2개의 가정이 좀 더 정확해진다. 미분 방정식을 차분 방정식으로 바꾸는 이 기술이 오일러 방법이다. 증분 Δt는 계단 크기

(step size)라고 불린다.

식 (9.3-3)은 좀 더 편리한 형태

$$y(t_{k+1})=y(t_k)+\Delta t\ f[t_k,\ y(t_k)] \tag{9.3-4}$$

로 적을 수 있으며, 여기에서 $t_{k+1}=t_k+\Delta t$ 이다. 이 방정식을 for 루프에 넣어서 시간 t_k 에서 계속해서 인가될 수 있다. 오일러 방법의 정확도는 때때로 작은 계단 크기를 사용하여 개선할 수 있다. 하지만 매우 작은 크기의 계단을 사용하면, 긴 실행 시간을 필요로 하며, 반올림 오차의 영향 때문에 큰 누적된 에러를 초래하게 된다.

예측자-수정자 방법

오일러 방법은 시간 구간 Δt 동안 변수가 거의 상수라고 가정하기 때문에, 변수가 빠르게 변하는 곳에서는 심각한 결함을 갖고 있다. 이 방법을 개선하기 위한 한 가지 방법은 식 (9.3-1)의 우변에 더 좋은 근사값을 사용하는 것이다. 오일러의 근사화 (9.3-4) 대신 구간 $(t_k,\ t_{k+1})$ 에서 식 (9.3-1)의 우변의 평균을 이용한다고 가정한다. 이로부터

$$y(t_{k+1})=y(t_k)+\frac{\Delta t}{2}(f_k+f_{k+1}) \tag{9.3-5}$$

을 얻으며, 여기에서

$$f_k=f[t_k,\ y(t_k)] \tag{9.3-6}$$

이며 f_{k+1} 도 유사하게 정의된다. 방정식 (9.3-5)는 식 (9.3-1)을 평행사변형 법칙으로 적분하는 것과 동일하다.

식 (9.3-5)의 어려움은 f_{k+1} 은 $y(t_{k+1})$ 을 알기 전에는 계산되어질 수 없지만, 정확히 알아야 하는 양이라는 것이다. 이 어려움을 벗어나기 위한 한 방법은 오일러의 공식 (9.3-4)를 이용하여 $y(t_{k+1})$ 의 초기 예측값을 구하는 것이다. 이 예측값은 필요한 $y(t_{k+1})$ 의 값을 구하기 위하여 식 (9.3-5)에서 사용할 f_{k+1} 을 계산하는 데 사용된다.

이 방법을 명확히 하기 위하여 표기를 바꾸기로 한다. $h=\Delta t,\ y_k=y(t_k)$ 라고 하고 x_{k+1} 을 오일러의 공식 (9.3-4)로부터 구한 $y(t_{k+1})$ 의 예측값이라고 한다. 다음에, 다른 방정식에서의 표기에서 t_k 를 제거하면, 다음의 예측자-수정자 프로세스의 식을 얻는다.

오일러 예측자:

$$x_{k+1} = y_k + hf(t_k,\ y_k) \tag{9.3-7}$$

평행사변형 수정자:

$$y_{k+1} = y_k + \frac{h}{2}[f(t_k,\ y_k) + f(t_{k+1},\ x_{k+1})] \tag{9.3-8}$$

이 알고리즘은 때때로 수정된 오일러 방법이라고 불린다. 하지만 어떤 알고리즘도 예측자와 수정자로 시도될 수 있다. 이렇게 많은 다른 방법이 예측자-수정자로 분류될 수 있다.

룬게-쿠타(Runge-Kutta) 방법

테일러 급수식은 룬게-쿠타(Runge-Kutta) 방법을 포함해서 미분 방정식을 풀기 위한 여러 가지 방법의 기초를 이룬다. 테일러 급수는 해 $y(t+h)$를 $y(t)$와 그 미분으로 다음

$$y(t+h) = y(t) + h\dot{y}(t) + \frac{1}{2}h^2\ddot{y}(t) + \cdots \tag{9.3-9}$$

와 같이 나타낼 때 사용될 수 있다. 급수에서 사용되는 항의 수는 정확도를 결정한다. 필요한 미분은 미분 방정식으로부터 계산된다. 만일 이 미분을 찾으면, 식 (9.3-9)는 시간에서 앞으로 진행하도록 사용될 수 있다. 실제로는 고차 미분은 계산하기 어려워서 급수 (9.3-9)는 어떤 항에서 끊는다. 룬게-쿠타 방법은 미분을 계산하는 데 어려움이 있어서 개발되었다. 이런 방법들은 함수 $f(t,\ y)$의 테일러 급수를 근사화하는 방법에 따라 몇 개의 식을 사용한다. 급수에서 사용되는 항의 숫자는 룬게-쿠타 방법의 차수를 결정한다. 이렇게 4차의 룬게-쿠타 알고리즘은 테일러 급수의 h^4을 포함하는 항까지 사용된다.

MATLAB ODE 솔버(Solver)

개발된 예측자-수정자와 룬게-쿠타 알고리즘의 많은 변형 외에도, 가변 계단 크기를 사용하는 좀 더 발전된 알고리즘도 있다. 이런 '적응형' 알고리즘은 해가 천천히 변할 때는 큰 계단 크기를 사용한다. MATLAB은 가변 계단 크기로 룬게-쿠타 방법과 다른 방법을 구현하는 솔버(solver)라고 불리는 여러 개의 함수를 제공한다. 이런 함수 중 2개가 ode45와 ode15s이다. ode45 함수는 4차와 5차의 룬게-쿠타 방법의 조합을 이용한다. 이 방법은 범

용-솔버이지만, 반면 ode15s는 '강성(stiff)'으로 불리는 좀 더 어려운 문제에 적합하다. 이런 솔버들은 교재의 문제들을 푸는 데에는 필요 이상이다. ode45를 먼저 시도해보는 것을 권장한다. 만일 방정식이 풀기 어려운 것으로 증명되면(해결하는 데 시간이 오래 걸리거나 경고 또는 오류 메시지로), 그러면 ode15s를 사용한다.

이 절에서는 우리의 범위를 일차 방정식으로만 제한한다. 고차 방정식의 해는 9.4절에서 다룬다. 방정식 $\dot{y}=f(t, y)$를 푸는 데 사용될 때, 기본적인 구문은(예를 들어, ode45을 사용할 때)

```
[t, y] = ode45(@ydot, tspan, y0)
```

이며, 여기서 @ydot는 입력이 t와 y이고 출력이 dy/dt를 나타내는 열벡터인 함수 파일, 즉 $f(t, y)$의 핸들이다. 이 열벡터에서 행의 수는 방정식의 차수와 같아야 한다. ode15s의 구문도 같다. 함수 파일 ydot는 문자열(즉, 작은따옴표 안에 놓인 이름)로 지정될 수도 있지만, 함수 핸들을 이용하는 것은 이제 선호하는 방법이다.

벡터 tspan은 독립변수 t의 시작과 끝 점을 포함하며, 선택적으로 해를 원하는 곳의 t 중간값을 포함한다. 예를 들어, 중간값이 지정이 안 되면, tspan은 [t0, tfinal]이며, 여기에서 t0와 tfinal은 독립 매개변수 t의 원하는 시작점과 끝점이다. 다른 예로 tspan = [0, 5, 10]을 사용하면, MATLAB이 t = 5와 t = 10에서 해를 찾도록 말해준다. t0를 tfinal보다 크게 지정하면 시간상 역으로 방정식을 풀 수 있다.

매개변수 y0는 초기값 $y(0)$이다. 함수 파일은 $f(t, y)$가 t의 함수가 아니어도 반드시 2개의 입력 변수 t와 y를 순서대로 가져야 한다. ODE 솔버는 입력 변수로 스칼라 값을 갖는 파일을 호출하므로 함수 파일에서 배열 연산을 사용할 필요는 없다.

먼저 이 방법을 정확히 사용하고 있다는 것을 확인하기 위하여, 닫힌 형식(closed-form)으로 해가 알려져 있는 방정식을 푼다.

예제 9.3-1 RC 회로의 응답

[그림 9.3-1]에서 보인 RC 회로의 모델은 키르히호프의 전압 법칙과 전하 보존의 법칙으로 구할 수 있다. 이 식은 $RC\dot{y}+y=v(t)$이다. RC의 값이 0.1s라고 가정한다. 인가된 전압 y가 0이고 초기 콘덴서 전압이 $y(0)=2\text{V}$인 경우, 수치해석 방법을 이용하여 자유 응답을 구하라. 결과를 해석적인 해 $y(t)=2e^{-10t}$와 비교하여라.

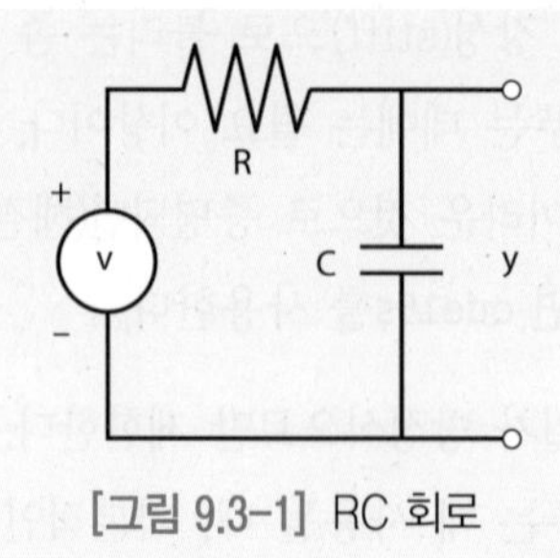

[그림 9.3-1] RC 회로

풀이

회로의 방정식은 $0.1\dot{y}+y=0$ 이 된다. 먼저 이 식을 y에 관하여 푼다. $\dot{y}=-10y$. 그리고 다음의 함수 파일을 정의하고 저장한다. 입력 변수의 순서는 방정식의 우변에 t가 없더라도, t와 y이어야 한다는 점을 주목한다.

```
function ydot = RC_circuit(t, y)
% 인가 전압이 없을 경우의 RC 회로 모델
ydot = -10*y;
```

초기 시간은 $t=0$ 이므로, t0는 0으로 지정한다. 해석적인 해로부터 $t \geq 0.5\,s$ 에 $y(t)$는 0에 가까워질 것이라는 것을 안다. 그래서 tfinal을 0.5s로 선택한다. 다른 문제에서 일반적으로 tfinal에 대한 추측을 잘 하지 못한다. 그래서 그래프의 충분한 응답을 볼 때까지 tfinal 값을 몇 개 증가시켜 시도하여 본다.

함수 ode45는 다음과 같이 호출되며, 해는 해석적인 해인 y_true와 함께 그렸다.

```
[t, y] = ode45(@RC_circuit, [0 0.5], 2);
y_true = 2*exp(-10*t);
plot(t, y, 'o', t, y_true), xlabel('시간(s)'),...
    ylabel('커패시터 전압')
```

t는 ode45 함수에 의하여 생성되기 때문에, y_true를 계산하기 위하여 t를 생성할 필요가 없음을 주목한다. 그래프는 [그림 9.3-2]에 보였다. 수치해석에 의한 해는 원으로 표시하였고, 해석적인 해는 실선으로 나타내었다. 수치해석에 의한 해는 명백히 정확한 답을 준다. 계단 크기는 ode45 함수에 의하여 자동적으로 선택되었다.

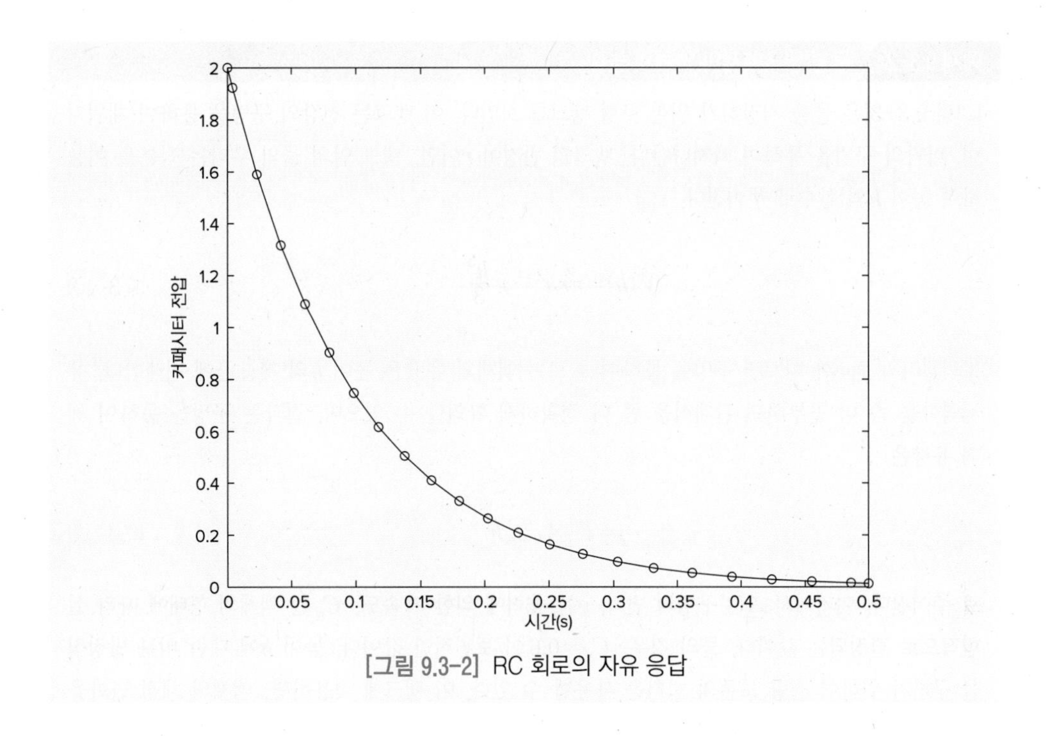

[그림 9.3-2] RC 회로의 자유 응답

이해력 테스트 문제

T9.3-1 MATLAB을 이용하여 다음의 방정식을 계산하고 그래프를 그려라.

$$10\frac{dy}{dt}+y=20+7\sin 2t \quad y(0)=15$$

미분 방정식이 비선형일 때, 수치해석에 의한 결과를 확인하는 데 사용할 수 있는 해석적인 해는 없는 경우가 많다. 이런 경우에 있어서는 매우 정확하지 않은 결과를 막기 위하여 물리적인 통찰력을 이용할 수 있다. 또한 수치해석 과정에 영향을 미칠 수 있는 방정식의 특이점을 확인할 수 있다. 마지막으로, 때때로 근사화를 사용하여 비선형 방정식을 해석적으로 풀 수 있는 선형 방정식으로 바꿀 수도 있다. 선형 근사화는 정확한 답을 주지는 않지만, 그 해는 우리의 수치해석의 결과가 '대체적인 범위' 안에 있는지를 보기 위하여 사용될 수 있다. 다음의 예제는 이 방법을 설명한다.

예제 9.3-2 구형 탱크에서의 액체의 높이

[그림 9.3-3]은 물을 저장하기 위한 구형 탱크를 보인다. 이 탱크는 천장의 구멍을 통하여 채워지며, 바닥의 구멍을 통하여 빠져나간다. 탱크의 반경이 r이면, 탱크 안의 물의 부피는 적분을 이용하여 높이 h의 함수로 주어진다.

$$V(h)=\pi rh^2-\pi\frac{h^3}{3} \tag{9.3-10}$$

토리첼리의 원리에 따르면 구멍을 통하여 흐르는 액체의 유량은 높이 h의 제곱근에 비례한다. 유체역학을 좀 더 공부하면 관계식을 좀 더 정확하게 확인할 수 있으며, 결과는 구멍을 통하여 체적 유량은

$$q=C_dA\sqrt{2gh} \tag{9.3-11}$$

로 주어진다. 여기에서 A는 구멍의 면적, g는 중력에 의한 가속도, C_d 는 액체의 형태에 따라 실험적으로 결정되는 값이다. 물의 경우, $C_d=0.6$ 이 보편적인 값이다. 높이 h에 대한 미분 방정식을 구하기 위하여 질량 보존의 법칙을 사용할 수 있다. 이 탱크에 적용하면, 액체의 체적 변화율은 탱크 밖으로 흘러 나가는 체적 유량과 같다. 즉,

$$\frac{dV}{dt}=-q \tag{9.3-12}$$

이며, 식 (9.3-10)으로부터

$$\frac{dV}{dt}=2\pi rh\frac{dh}{dt}-\pi h^2\frac{dh}{dt}=\pi h(2r-h)\frac{dh}{dt}$$

와 같다. 이 식과 식 (9.3-11)을 (9.3-12)에 대입하면, h에 대한 필요한 방정식을 얻는다.

$$\pi(2rh-h^2)\frac{dh}{dt}=-C_dA\sqrt{2gh} \tag{9.3-13}$$

초기 높이가 9피트라고 하면, MATLAB을 이용하여 이 방정식을 풀어 탱크가 빌 때까지 얼마나 걸리는지를 결정하여라. 탱크는 반경 $r=5$ 피트이며, 바닥에 1인치 직경의 구멍이 있다. $g=32.3\ ft/\sec^2$ 을 사용한다. 해를 어떻게 체크할 것인지를 논의하여라.

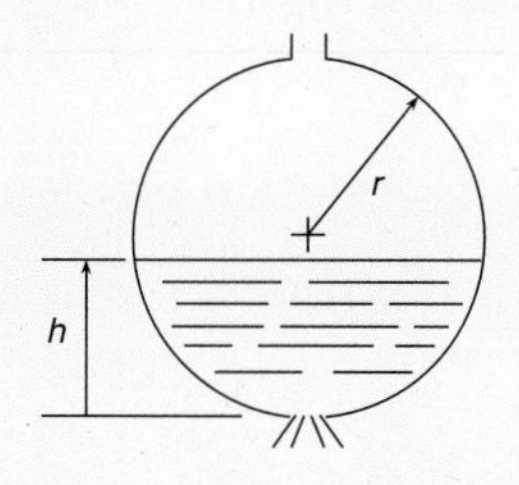

[그림 9.3-3] 구형 탱크에서의 배수

풀이

$C_d=0.6,\ r=5,\ g=32.2$ 및 $A=\pi(1/24)^2$ 으로 식 (9.3-13)은

$$\frac{dh}{dt}=-\frac{0.0334\sqrt{h}}{10h-h^2} \tag{9.3-14}$$

가 된다. 이 위의 dh/dt 의 식으로부터 특이점을 체크할 수 있다. 탱크가 완벽히 비거나 꽉 차있는 경우인 $h=0$ 이나 $h=10$ 이 아니면 분자는 0이 되지 않는다. 그래서 $0<h<10$ 이라면 특이점을 피할 수 있다.

마지막으로, 비워지는 시간을 예측하기 위하여 다음의 근사식을 이용할 수 있다. (9.3-14)의 우변의 h를 평균값, 즉 $(9-0)/2=4.5$ 피트로 바꾼다. 이로부터 $dh/dt=-0.00286$ 을 주며, 이 해는 $h(t)=h(0)-0.00286t=9-0.00286t$ 이다. 이 방정식에 따르면, 탱크는 $t=9/0.00286=3,147$ 초 또는 52분에 비워진다. 이 값은 답의 '현실성 검토'를 하기 위하여 사용할 것이다.

방정식 (9.3-14)를 근거로 하는 함수 파일은

```
function hdot = height(t, h)
hdot = -(0.0334 * sqrt(h)) / (10*h - h^2);
```

이다. 이 파일은 ode45 솔버를 이용하여 다음과 같이 호출된다.

```
[t, h] = ode45 (@height, [0 2475], 9);
plot(t, h), xlabel('시간 (sec)'), ylabel('높이 (ft)')
```

결과 그래프는 [그림 9.3-4]에 보였다. 탱크가 거의 차 있거나 또는 거의 비어 있을 때, 높이의 변화는 더욱 빠르다는 것을 주목한다. 이 조건은 탱크의 곡률 영향으로 예측될 수 있다. 이 탱크는 2,475초 또는 41분에 비워진다. 이 값은 우리의 대략 예측한 값인 52분과 아주 다르지 않기 때문에, 수치해석의 결과를 편안히 받아들일 수 있다. 최종 시간의 값 2,475초는 그래프의 높이가 0이 될 때까지 최종 시간을 늘려가면서 찾을 수 있다.

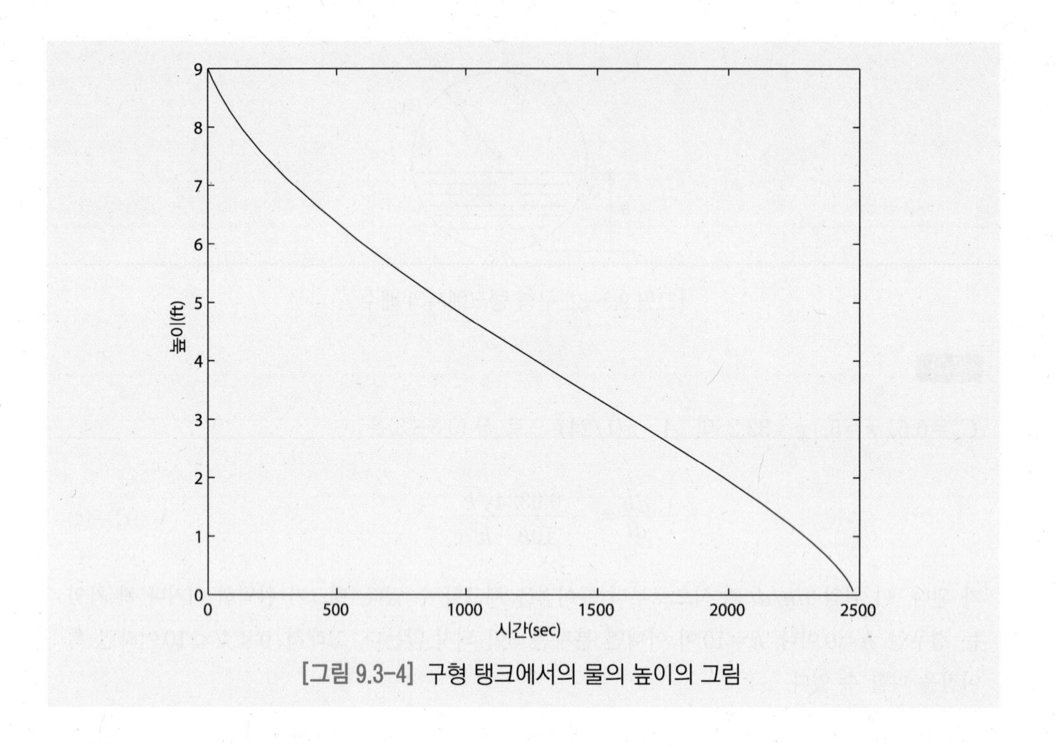

[그림 9.3-4] 구형 탱크에서의 물의 높이의 그림

9.4 고차 미분 방정식

2차 이상의 고차 방정식을 풀기 위하여 ODE 솔버를 이용하기 위해서는, 먼저 일차 방정식의 집합으로 나타내야 한다. 이것은 쉽게 할 수 있다. 다음의 2차 방정식

$$5\ddot{y}+7\dot{y}+4y=f(t) \tag{9.4-1}$$

를 고려한다. 이 식을 가장 높은 차수의 미분에 관하여 푼다.

$$\ddot{y}=\frac{1}{5}f(t)-\frac{4}{5}y-\frac{7}{5}\dot{y} \tag{9.4-2}$$

2개의 새로운 변수 x_1과 x_2를 y와 그의 미분인 $\dot{y}$로 정의한다. 즉, $x_1=y$, $x_2=\dot{y}$이라고 정의한다. 이 정의는

$$\dot{x}_1 = x_2$$
$$\dot{x}_2 = \frac{1}{5}f(t) - \frac{4}{5}x_1 - \frac{7}{5}x_2$$

을 의미한다. 이런 형태를 때때로 Cauchy 형 또는 상태-변수 형이라고 부른다.

이제 $\dot{x}_1$과 $\dot{x}_2$의 값을 계산하여 열벡터에 저장하는 함수를 작성한다. 이렇게 하기 위해서 먼저 $f(t)$로 지정되는 함수를 갖고 있어야 한다. $f(t) = \sin t$라고 가정한다. 다음에 필요한 파일은

```
function xdot = example_1(t, x)
% 2개의 방정식의 미분을 계산한다.
xdot(1) = x(2);
xdot(2) = (1/5)*(sin(t) - 4*x(1)-7*x(2));
xdot = [xdot(1); xdot(2)];
```

xdot(1)은 $\dot{x}_1$을 나타내고, xdot(2)는 $\dot{x}_2$를 나타내며, x(1)은 x_1을, x(2)는 x_2를 나타내는 점에 주목한다. 일단 상태-변수 형에 대한 표기법에 익숙해지면, 먼저의 프로그램 코드는 다음의 더 짧은 형태로 바꿀 수 있다.

```
function xdot = example_1(t, x)
% 두 방정식의 미분을 계산한다.
xdot = [x(2); (1/5)*(sin(t) - 4*x(1) - 7*x(2))];
```

$0 \leq t \leq 6$에서 초기조건 $x(0)=3$, $\dot{x}(0)=9$를 가진 (9.4-1)을 풀고자 한다고 가정한다. 그러면 벡터 x에 대한 초기 조건은 [3, 9]이다. ode45를 이용하기 위해서는

```
[t, x] = ode45(@example_1, [0 6], [3 9]);
```

를 입력한다. 벡터 x의 각 행은 열벡터 t에서의 반환되는 시간에 해당된다. plot(t, x)를 입력하면, t에 관한 x_1과 x_2의 그래프를 얻을 수 있다. x는 2개의 열을 가진 행렬이라는 것을 주목한다. 첫 번째 열은 솔버에 의하여 생성되는 여러 시간에서의 x_1의 값을 갖고 있다. 2번째 열은 x_2의 값을 갖는다. 그러므로 x_1만을 그리기 위해서는, plot(t, x(:, 1))을 입력한다. x_2만의 그래프를 그리기 위해서는, plot(t, x(:, 2))를 입력한다.

예제 9.4-1 추적 방정식

2차원 평면에서 추적 및 회피를 하는 경우, 추적자의 속도 벡터가 항상 회피자를 직접 가리킨다면, 기하학적 분석으로 다음 방정식이 프로세스를 나타내는 것으로 보인다.

$$\dot{x}_P = n(x_E - x_P)\frac{\sqrt{\dot{x}_E^2 + \dot{y}_E^2}}{\sqrt{(x_E - x_P)^2 + (y_E - y_P)^2}} \tag{9.4-3}$$

$$\dot{y}_P = n(y_E - y_P)\frac{\sqrt{\dot{x}_E^2 + \dot{y}_E^2}}{\sqrt{(x_E - x_P)^2 + (y_E - y_P)^2}} \tag{9.4-4}$$

여기에서 $(x_P,\ y_P)$는 추적자의 좌표이며, $(x_E,\ y_E)$는 회피자의 좌표이고, 매개변수 n은 추적자와 회피자의 속도의 비율이다.

a. 회피자가 $(0,\ C)$에서 시작하여 속도 V로 직선으로 이동하고 추적자가 $(0,\ 0)$에서 시작하는 특정한 경우에 대해 이 방정식을 수정하라.

b. $V = 20\text{km/hr}$, $n = 6$, $C = 90\text{km}$인 경우 a의 방정식을 풀어라.

풀이

이 경우, $x_E = Vt,\ y_E = C,\ \dot{x}_E = V,\ \dot{y}_E = 0$이며, 방정식은

$$\dot{x}_P = n(Vt - x_P)\frac{V}{\sqrt{(Vt - x_P)^2 + (C - y_P)^2}}$$

$$\dot{y}_P = n(C - y_P)\frac{V}{\sqrt{(Vt - x_P)^2 + (C - y_P)^2}}$$

와 같다. 함수 파일은 다음과 같다. 표기의 편의상 배열 y의 두 원소들은 $y(1) = x_P,\ y(2) = y_P$라고 정의한다.

```
function dydt = evasion(t,y)
% y(1) = xP, y(2) = yP
n = 6; V = 20; C = 90;
xE = V*t; yE = C;
xEdot = V; yEdot = 0;
denom = sqrt((V*t-y(1)).^2+(C-y(2)).^2);
dydt = n*V*[V*t-y(1);C-y(2)]./denom;
end
```

이 방정식은 다음과 같이 풀이되며, 그래프가 그려진다.

```
>> [t,y]=ode45(@evasion, [0 0.77],[0;0]);
>> plot(y(:,1),y(:,2)),xlabel('x'),ylabel('y')
```

해가 결정되는 시간(0.77시간)은 시행착오 끝에 구했다. 그래프는 [그림 4.9-2]와 비슷하며, 이 그래프는 기하 방정식을 직접 풀어서 구했다.

비선형 방정식을 풀 때, 때때로 방정식을 선형 방정식으로 줄이는 근사화를 사용하여 수치 해석의 결과를 검사하는 것이 가능하다고 말한 적이 있다. 다음의 예는 2차 방정식에 대한 이 접근 방법을 보인다.

예제 9.4-2 비선형 진자 모델

[그림 9.4-1]에 보여진 진자는 작은 막대에 질량 m이 붙어 있는 물체로 구성되어 있으며, 막대의 질량은 m에 비하여 작다. 막대의 길이는 L이다. 이 진자의 운동 방정식은

$$\ddot{\theta}+\frac{g}{L}\sin\theta=0 \tag{9.4-5}$$

이다. $L=1$ 미터이고 $g=9.81\,\text{m/s}^2$ 이라고 가정한다. MATLAB을 이용하여 2가지 경우, $\theta(0)=0.5\,\text{rad}$과 $\theta(0)=0.8\pi\,\text{rad}$인 경우에 대하여 $\theta(t)$에 관한 방정식을 풀어라. 두 가지 경우 모두 $\dot{\theta}(0)=0$이다. 결과의 정확성을 검토할 방법에 대하여 논의하여라.

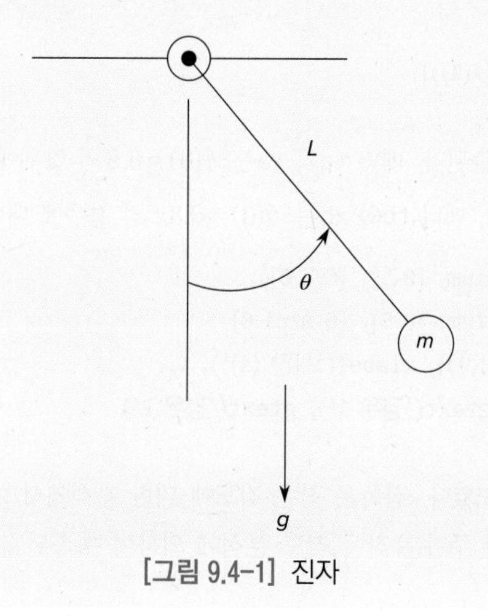

[그림 9.4-1] 진자

풀이

작은 각도에서의 근사식 $\sin\theta \approx \theta$를 이용하면, 방정식은

$$\ddot{\theta} + \frac{g}{L}\theta = 0 \tag{9.4-6}$$

이 되며, 이 식은 선형이며 $\dot{\theta}(0) = 0$이면 해는

$$\theta(t) = \theta(0)\cos\sqrt{\frac{g}{L}}t \tag{9.4-7}$$

가 된다. 이와 같이 진동의 진폭은 $\theta(0)$이며, 주기는 $P = 2\pi\sqrt{L/g} = 2.006$ s이다. 이 정보는 최종 시간을 선택하고 수치해석 결과를 검토하기 위하여 사용할 수 있다.

먼저 식 (9.4-5)의 진자 방정식을 2개의 일차 방정식으로 다시 작성한다. 이를 위해서, $x_1 = \theta$ 및 $x_2 = \dot{\theta}$라고 한다. 그래서

$$\dot{x}_1 = \dot{\theta} = x_2$$
$$\dot{x}_2 = \ddot{\theta} = -\frac{g}{L}\sin x_1$$

와 같다.

다음의 함수 파일은 마지막 2개의 방정식에 근거한다. 출력 xdot는 열벡터이여야 한다는 점을 기억한다.

```
function xdot = pendulum(t, x)
g = 9.81; L = 1;
xdot = [x(2); -(g/L)*sin(x(1))];
```

이 함수는 다음과 같이 호출된다. 벡터 ta와 xa는 $\theta(0) = 0.5$의 경우에 대한 결과를 가지고 있다. 두 경우 모두 $\dot{\theta}(0) = 0$이다. 벡터 tb와 xb는 $\theta(0) = 0.8\pi$의 경우에 대한 결과를 가지고 있다.

```
[ta, xa] = ode45(@pendulum, [0 5], [0.5 0]);
[tb, xb] = ode45(@pendulum, [0 5], [0.8*pi 0]);
plot(ta, xa(:,1), tb, xb(:,1)), xlabel('시간 (s)'), ...
   ylabel('각도(rad)'), gtext('경우 1'), gtext('경우 2')
```

결과는 [그림 9.4-2]에 보였다. 진폭은 작은 각도에 대한 분석에서 예측한대로 상수로 남아 있으며, $\theta(0) = 0.5$인 경우의 주기는 작은 각도 분석에 의하여 예측된 값인 2초보다 조금 길다. 따

라서 수치 해석의 방법에 좀 더 자부심을 가져도 된다. $\theta(0)=0.8\pi$ 인 경우, 수치 해석에 의한 해의 주기는 대략 3.3초이다. 이것은 비선형 방정식의 중요한 성질을 보인다. 선형 방정식의 자유 응답은 어떤 초기 조건에도 같은 주기를 갖는다. 하지만 비선형 방정식의 자유 응답 형태와 그래서 주기는 보통 초기 조건의 특정한 값에 따라 달라진다.

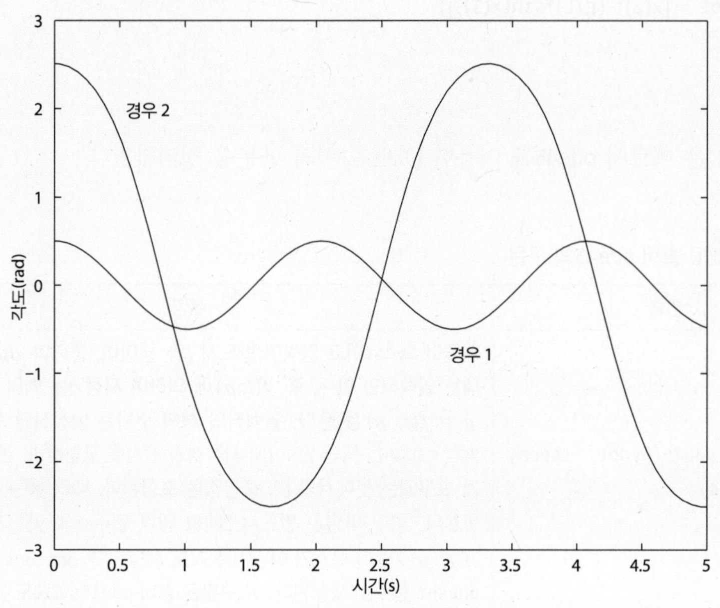

[그림 9.4-2] 2개의 시작 위치에 대하여 시간의 함수로서의 진자의 각도

이 예에서 g와 L의 값은 함수 pendulum(t, x)에 코딩되어 있다. 다른 길이 L이나 다른 중력가속도 g에 대한 진자의 응답을 얻고자 가정한다. global 명령을 사용하여 g와 L을 전역 변수로 선언하거나, 아니면 매개변수 값을 ode45 함수의 입력 변수 목록을 통하여 전달할 수 있다. 하지만 선호하는 방법이 중첩 함수를 이용하는 것이다. 중첩 함수는 3.3절에서 논의하였다. 다음의 프로그램은 어떻게 이것이 되는지를 보인다.

```
function pendula
g = 9.81; L = 0.75; % First case.
tF = 6*pi*sqrt(L/g); % 대략 3주기
[t1, x1] = ode45(@pendulum, [0,tF], [0.4, 0]);
%
g = 1.63; L = 2.5; % Second case.
tF = 6*pi*sqrt(L/g); % 대략 3주기
```

```
[t2, x2] = ode45(@pendulum, [0 tF], [0.2 0]);
plot(t1, x1(:,1), t2, x2(:, 1)), ...
   xlabel ('시간 (s)'), ylabel ('\theta (rad)')
   % Nested function.
      function xdot = pendulum(t,x)
         xdot = [x(2);-(g/L)*sin(x(1))];
      end
end
```

[표 9.4-1]은 예로서 ode45를 이용한 ODE 솔버의 구문을 정리하였다.

[표 9.4-1] ODE 솔버 ode45의 구문

명령	설명
`[t, y] = ode45(@ydot, tspan, y0, options)`	핸들이 @ydot이고 입력이 반드시 t와 $\boldsymbol{y}$이며, 출력이 $d\boldsymbol{y}/dt$를 나타내는 열벡터인 함수, 즉 $\boldsymbol{f}(t, \boldsymbol{y})$에 의하여 지정되는 벡터 미분 방정식 $\dot{\boldsymbol{y}} = \boldsymbol{f}(t, \boldsymbol{y})$를 푼다. 열벡터의 행의 숫자는 방정식의 차수와 같다. 벡터 tspan은 독립 변수 t의 시작점과 끝점을 포함하며, 선택적으로 해가 요구되는 곳에서의 t의 중간값을 포함한다. 벡터 y0는 초기값을 포함한다. 함수 파일은 반드시 2개의 입력 변수 t와 y를 가져야 하며, $f(t, \boldsymbol{y})$가 t의 함수가 아닌 방정식도 해당된다. options 입력 변수는 odeset 함수로 생성된다. 이 구문은 솔버 ode15s에게도 동일하다.

9.5 선형 방정식에 대한 특별한 방법들

MATLAB은 미분 방정식 모델이 선형이면 편리한 도구들을 제공한다. 선형 미분 방정식의 해석적인 해를 찾기 위하여 사용 가능한 일반적인 방법이 있음에도, 해를 구하기 위하여 수치적인 방법을 사용하는 것이 때때로 더 편리하다. 이런 경우의 예는 강제 함수가 복잡한 함수이거나 또는 미분 방정식의 차수가 2보다 큰 경우이다. 이런 경우에 풀어서 해석적인 해를 얻으려는 노력은 가치가 없을 수도 있으며, 특히 주요 목적이 해의 그래프를 그리고자 할 때는 더욱 그렇다.

행렬 방법

미분 함수 파일에서 입력된 줄 수를 줄이기 위하여 행렬 연산을 사용할 수 있다. 예를 들어, 다음의 방정식은 질량과 표면 사이에 작동하는 점성의 마찰을 갖는 용수철에 연결된 물체의 운동을 나타내는 방정식이다. 다른 힘 $u(t)$가 물체에 인가된다.

$$m\ddot{y}+c\dot{y}+ky=u(t) \tag{9.5-1}$$

이 방정식은 $x_1=y$ 및 $x_2=\dot{y}$ 라고 놓음으로서 코시의 형태로 놓을 수 있으며,

$$\begin{aligned}\dot{x}_1&=x_2\\ \dot{x}_2&=\frac{1}{m}u(t)-\frac{k}{m}x_1-\frac{c}{m}x_2\end{aligned}$$

이 된다. 이 두 방정식은 다음과 같이 하나의 행렬 방정식으로 쓸 수 있다.

$$\begin{bmatrix}\dot{x}_1\\ \dot{x}_2\end{bmatrix}=\begin{bmatrix}0 & 1\\ -\frac{k}{m} & -\frac{c}{m}\end{bmatrix}\begin{bmatrix}x_1\\ x_2\end{bmatrix}+\begin{bmatrix}0\\ \frac{1}{m}\end{bmatrix}u(t)$$

간결한 형태로는

$$\dot{\mathbf{x}}=\mathbf{A}\mathbf{x}+\mathbf{B}u(t) \tag{9.5-2}$$

이며, 여기에서

$$\mathbf{A}=\begin{bmatrix}0 & 1\\ -\frac{k}{m} & -\frac{c}{m}\end{bmatrix}\quad \mathbf{B}=\begin{bmatrix}0\\ \frac{1}{m}\end{bmatrix}\quad \mathbf{x}=\begin{bmatrix}x_1\\ x_2\end{bmatrix}$$

이다.

다음의 함수 파일은 행렬 연산을 어떻게 이용하는지를 보여준다. 이 예에서 $m=1$, $c=2$, $k=5$이며, 인가된 힘은 $u(t)=10$이다.

```
function xdot = msd(t, x)
% 용수철과 제동장치를 갖는 물체에 대한 함수 파일.
% 위치는 첫 번째 변수, 속도는 두 번째 변수임.
u = 10;
m = 1; c = 2; k = 5;
A = [0, 1; -k/m, -c/m];
B = [0; 1/m];
xdot = A*x + B*u;
```

행렬-벡터 곱셈의 정의 때문에 출력 xdot는 행벡터가 될 것이라는 것을 주목한다. 전체의 응답을 볼 수 있을 때까지 최종 시간을 몇 개의 다른 값으로 시도한다. 최종 시간을 5와 초기 조건 $x_1(0)=0$, $x_2(0)=0$을 이용하여 솔버를 호출하고 그래프를 다음과 같이 그린다.

```
[t, x] = ode45(@msd, [0, 5], [0, 0]);
plot(t, x(:, 1), t, x(:, 2))
```

결과는 [그림 9.5-1]에 보였다. 9.4절에서 pendulum이나 pendula 함수들에서 했던 것과 같이 msd를 중첩 함수로 만들어서 매개변수 m, c, k, u의 값이 함수에 내장되는 것을 피할 수 있다는 것을 주목한다.

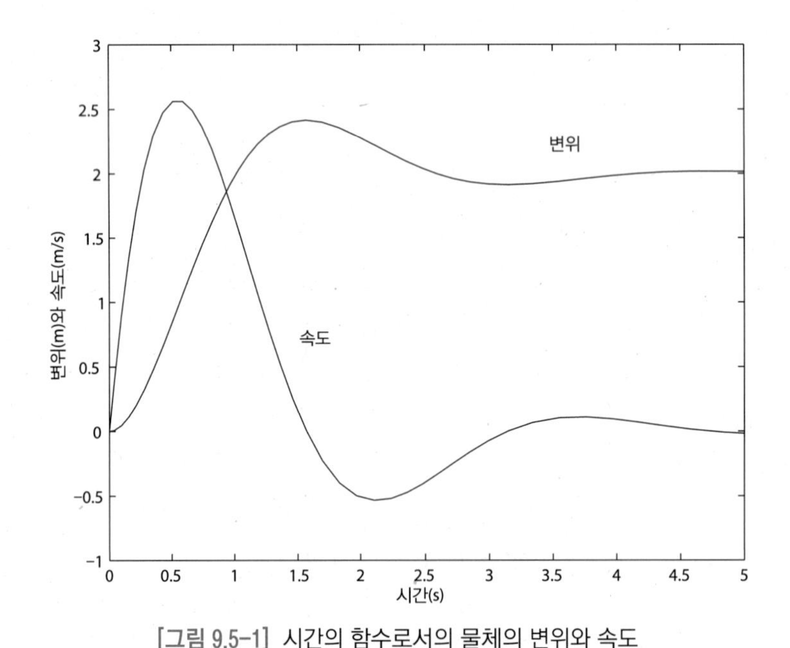

[그림 9.5-1] 시간의 함수로서의 물체의 변위와 속도

이해력 테스트 문제

T9.5-1 매개변수 값 $m=2$, $c=3$, $k=7$을 가지며, 용수철과 제동장치를 갖는 물체의 위치와 속도의 그래프를 그려라. 인가된 힘은 $u=35$이며, 초기 위치는 $y(0)=2$ 및 초기 속도는 $\dot{y}(0)=-3$이다.

eig 함수로부터의 특성근

선형 미분 방정식의 특성근은 응답의 속도와 만일 있다면, 진동 주파수에 대한 정보를 제공한다.

MATLAB은 모델이 상태-변수형 식 (9.5-2)로 주어졌을 때 특성근을 계산하기 위하여 `eig` 함수를 제공한다. 구문은 `eig(A)`이며, 여기에서 `A`는 식 (9.5-2)에서 나타나는 것과 같은 행렬이다(함수의 이름은 eigenvalue의 약자이며, 이것은 특성근의 또 다른 이름이다). 예를 들어, 다음을 고려한다.

$$\dot{x}_1 = -3x_1 + x_2 \tag{9.5-3}$$

$$\dot{x}_2 = -x_1 - 7x_2 \tag{9.5-4}$$

이 방정식에 대한 행렬 $\mathbf{A}$는

$$\mathbf{A} = \begin{bmatrix} -3 & 1 \\ -1 & -7 \end{bmatrix}$$

이다. 특성근을 구하기 위하여

```
>>A = [-3, 1; -1, -7];
>>r = eig(A)
```

를 입력한다. 얻어진 답은 `r = [ -6.7321, -3.2679]`이다. 근의 실수부의 음의 역수인 시정수를 구하기 위하여, `tau = -1./real(r)`을 입력한다. 시정수는 0.1485와 0.3060이다. 우세한 시정수의 4배(즉, 4(0.3060) = 1.224)는 자유 응답이 대략 0으로 되는데 걸리는 시간이다.

Control System 툴박스에서의 ODE 솔버

Control System 툴박스의 많은 함수는 학생판의 MATLAB에서 이용 가능하다. 이들 중의 일부는 선형, 시불변(상수 계수) 미분 방정식을 푸는데 사용될 수 있다. 선형, 시불변 방정식에 대한 일반해를 찾을 수 있기 때문에, 이 함수들은 지금까지 논의했던 ODE 솔버보다 때때로 사용하기에 매우 편리하며 더욱 강력하다. 여기에서는 이 함수들 몇몇에 대하여 논의한다. 이들은 [표 9.5-1]에 정리하였다. Control System 툴박스의 다른 특징들은 심화된 방법을 필요로 하므로 여기에서 다루지는 않는다. 이런 방법들의 범위에 대해서는 [Palm, 2021]을 참조한다.

[표 9.5-1] LTI 객체 함수

명령	설명
`sys = ss(A, B, C, D)`	행렬 A, B, C, D가 $\dot{\mathbf{x}} = \mathbf{Ax} + \mathbf{Bu},\ \mathbf{y} = \mathbf{Cx} + \mathbf{Du}$ 모델에 있는 행렬에 해당되는 상태-공간의 형태로 LTI 객체를 생성한다.
`[A, B, C, D] = ssdata(sys)`	모델 $\dot{\mathbf{x}} = \mathbf{Ax} + \mathbf{Bu},\ \mathbf{y} = \mathbf{Cx} + \mathbf{Du}$ 에 있는 모델에 해당되는 행렬 A, B, C, D를 추출한다.
`sys = tf(right, left)`	LTI 객체를 전달 함수의 형태로 생성하며, 여기에서 `right` 벡터는 방정식의 우변에 있는 계수 벡터이며, `left`는 방정식 좌변 계수의 벡터를 미분의 내림차순으로 정리한 것이다.
`sys2 = tf(sys1)`	상태 모델 sys1으로부터 전달함수 모델 sys2를 생성한다.
`sys1 = ss(sys2)`	전달 함수 모델 sys2로부터 sys1 모델을 생성한다.
`[right, left] = tfdata(sys, 'v')`	전달함수 모델 sys로부터 지정되는 간소화된 형태(reduced-form) 모델의 우변과 좌변의 계수를 추출한다. 선택적 매개변수 `'v'`가 사용되면, 계수는 셀 배열이 아닌 벡터의 형태로 출력한다.

LTI 객체는 여기에서 시스템이라고 불리는, 선형 시불변 방정식 또는 연립 방정식을 나타낸다. LTI 객체는 시스템의 다른 식으로부터 생성될 수 있다. 이 객체는 여러 개의 함수로부터 분석될 수 있다. 시스템의 다른 설명을 제공하기 위하여 엑세스할 수도 있다. 예를 들어, 방정식

$$2\ddot{x}+3\dot{x}+5x=u(t) \tag{9.5-5}$$

은 한 특정한 시스템을 나타낸다. 이 식은 간소화된 형태(reduced form)라고 불린다. 다음은 같은 시스템을 상태 모델로 표현한 것이다.

$$\dot{\mathbf{x}}=\mathbf{Ax}+\mathbf{Bu} \tag{9.5-6}$$

여기에서 $x_1=x,\ x_2=\dot{x}$ 이며,

$$\mathbf{A}=\begin{bmatrix} 0 & 1 \\ -\frac{5}{2} & -\frac{3}{2} \end{bmatrix} \quad \mathbf{B}=\begin{bmatrix} 0 \\ \frac{1}{2} \end{bmatrix} \quad \mathbf{x}=\begin{bmatrix} x_1 \\ x_2 \end{bmatrix} \tag{9.5-7}$$

이다. 모델 형태들은 모두 같은 정보를 갖고 있다. 하지만 각 형태는 분석의 목적에 따라 각기 나름대로의 장점을 갖고 있다.

상태 모델에는 2개 또는 그 이상의 상태 변수를 갖고 있으므로, 어떤 상태 변수 또는 변수들의 어떤 조합이 시뮬레이션의 출력을 구성하는지를 지정해야 한다. 예를 들어, 식 (9.5-6)과 (9.5-7) 모델은 x_1은 위치, x_2는 물체의 속도 등 물체의 운동을 나타낸다. 우리가 위치의 그래프를 볼 것인지, 속도의 그래프를 볼 것인지 아니면 둘 다 볼 것인지를 지정할 수 있어야 한다. 벡터 $\mathbf{y}$로 나타나는 출력을 지정하는 것은 일반적으로 행렬 $\mathbf{C}$와 $\mathbf{D}$에 의하여 행해지며, 이것은 식

$$\mathbf{y}=\mathbf{Cx}+\mathbf{Du}(t) \tag{9.5-8}$$

와 같아야 하며, 여기에서 벡터 $\mathbf{u}(t)$는 여러 개의 입력을 허용해야 한다. 먼저의 예를 계속하여 위치 $x=x_1$이 출력되기를 원하면, $y=x_1$이어야 하고 $C=[1,\ 0]$ 및 $D=0$을 선택해야 한다. 이와 같이, 이런 경우에 식 (9.5-8)은 $y=x_1$이 된다.

간소화된 형태 (9.5-5)로부터 LTI 객체를 생성하기 위해서는 `tf(right, left)` 함수를 이용할 수 있으며,

```
>>sys1 = tf(1, [2, 3, 5]);
```

를 입력한다. 여기에서 벡터 `right`는 방정식 우변의 계수를 미분의 내림차순으로 정리한 벡터이고, `left`는 방정식 좌변의 계수를 또한 미분의 내림차순으로 정리한 것이다. 결과 `sys1`은 간소화된 형태에서 시스템을 나타내는 LTI 객체이며, 또한 전달-함수형이라고 불린다(함수명 `tf`는 전달 함수(transfer function)를 나타내며, 이는 방정식의 좌변과 우변의 계수를 나타내는 같은 방법 중의 하나이다). 전달 함수 형식은 변수 s에 대한 두 다항식의 비율로 표시된다. 분자 계수들은 오른쪽의 계수들에게서 나오고 분모는 왼쪽의 계수에서 나온다. 분모는 특성 다항식이다.

방정식

$$6\frac{d^3x}{dt^3} - 4\frac{d^2x}{dt^2} + 7\frac{dx}{dt} + 5x = 3\frac{d^2u}{dt^2} + 9\frac{du}{dt} + 2u \tag{9.5-9}$$

의 전달 함수형 LTI 객체 sys2는

```
>>sys2 = tf([3, 9, 2], [6, -4, 7, 5]);
```

를 입력하여 생성될 수 있다.

상태 모델로부터 LTI 객체를 생성하기 위하여 ss(A, B, C, D) 함수를 사용하며, 여기에서 ss는 상태 공간(state space)을 나타낸다. 예를 들어, 식 (9.5-6)에서 (9.5-8)까지로 나타낸 시스템 상태 모델형의 LTI 객체를 생성하기 위하여 다음을 입력한다.

```
>>A = [0, 1; -5/2, -3/2]; B = [0; 1/2];
>>C = [1, 0]; D = 0;
>>sys3 = ss(A, B, C, D);
```

tf 함수를 사용하여 정의된 LTI 객체는 동등한 시스템의 상태 모델을 얻을 수 있다. 앞서 전달 함수 형에서 생성된 LTI 객체 sys1에 의하여 나타내진 시스템의 상태 모델을 생성하기 위해서는 ss(sys1)을 입력한다. 그러면 화면으로 결과 행렬 **A**, **B**, **C**, **D**를 보게 된다. 행렬을 추출해서 저장하기 위해서는 다음

```
>>[A1, B1, C1, D1] = ssdata(sys1);
```

과 같이 ssdata 함수를 이용한다. 결과는

$$\mathbf{A1} = \begin{bmatrix} -1.5 & -1.25 \\ 2 & 0 \end{bmatrix} \quad \mathbf{B1} = \begin{bmatrix} 0.5 \\ 0 \end{bmatrix} \quad \mathbf{C1} = [\,0 \quad 0.5\,] \quad \mathbf{D1} = [0]$$

이다. 전달함수 형을 상태 모델로 변환하려고 ssdata를 이용할 때, 출력 y는 간소화된 형태의 해 변수와 동일한 스칼라라는 것을 주목한다. 이 경우 식 (9.5-1)의 해 변수는 y이다. 이 상태 모델을 해석하기 위하여, 상태 변수 x_1과 x_2를 y와의 관계로 구할 필요가 있다. 행렬 $\mathbf{C1}$과 $\mathbf{D1}$의 값들로부터 출력 변수는 $y=0.5x_2$라는 것을 알 수 있다. 그래서 $x_2=2y$라는 것을 알 수 있다. 다른 상태 변수 x_1과 x_2와 $\dot{x}_2=2x_1$의 관계가 있다. 그래서, $x_1=\dot{y}$이다.

앞서 상태 모델로부터 생성되었던 시스템 sys3의 전달 함수식을 생성하기 위해서는 `tfsys3 = tf(sys3)`를 입력한다. 간소화된 형태의 계수들을 추출해서 저장하기 위해서는 다음

```
[right, left] = tfdata(sys3, 'v')
```

와 같이 `tfdata` 함수를 이용한다. 이 예에서 결과 벡터는 `right = 1` 및 `left = [1, 1.5, 2.5]`이다. 선택 가능한 매개변수인 'v'는 MATLAB에 계수를 벡터로 돌려주라고 말해준다. 그렇지 않으면, 답은 셀 배열로 반환하게 된다. 이런 함수들은 [표 9.5-1]에 요약하였다.

이해력 테스트 문제

T9.5-2 간소화된 형태 모델

$$5\ddot{x}+7\dot{x}+4x=u(t)$$

의 상태 모델을 구하라. 다음에 상태 모델을 간소화된 형태로 다시 변환하고 원래의 간소화된 형태 모델을 얻을 수 있는지를 확인하여라.

선형 ODE 솔버

Control System 툴박스는 선형 모델에 대하여 여러 가지의 솔버를 제공한다. 이런 솔버는 받아들일 수 있는 입력의 형태인 제로 입력, 임펄스 입력, 계단 입력 및 일반적인 입력 함수에 따라 분류된다. 이들은 [표 9.5-2]에 정리하였다.

[표 9.5-2] LTI ODE 솔버의 기본 구문

명령	설명
`impulse(sys)`	LTI 객체 sys의 단위 임펄스 응답을 계산하고 그래프를 그린다.
`initial(sys, x0)`	상태 모델 형으로 주어진 LTI 객체 sys의 자유 응답을 벡터 x0에 의하여 지정된 초기 조건에 대하여 계산하고 그린다.
`lsim(sys, u, t)`	벡터 u에 의하여 지정된 입력에 대하여 벡터 t로 지정된 시간에서 LTI 객체 sys의 응답을 계산하고 그린다.
`step(sys)`	LTI 객체 sys의 단위 계단 응답을 계산하고 그린다.

※ 확장된 구문에 대한 설명은 교재를 본다.

initial 함수: `initial` 함수는 상태 모델의 자유 응답을 계산하고 그린다. 이 응답은 MATLAB의 문서에서 때때로 초기 조건 응답 또는 미인가 응답(Undriven response)이라고 불린다. 기본적인 구문은 `initial(sys, x0)`이며, 여기에서 `sys`는 상태 모델형의 LTI 객체, `x0`는 초기 조건 벡터이다. 경과 시간과 해를 나타내는 점의 수는 자동으로 선택된다. 예를 들어, $x_1(0)=5$ 및 $x_2(0)=-2$에 대하여, 식 (9.5-5)에서 (9.5-8)까지 상태 모델의 자유 응답을 구하기 위하여 먼저 상태 모델의 형태를 정의한다. 이것은 전에 시스템 `sys3`를 구하기 위하여 한 적이 있다. 다음에

```
>>initial(sys3, [5, -2])
```

와 같이 `initial` 함수를 사용한다. [그림 9.5-2]에 보인 그래프가 화면에 디스플레이된다. MATLAB은 자동적으로 그래프에 라벨을 붙이며, 안정 상태 응답을 계산하고 결과를 점선으로 표시한다.

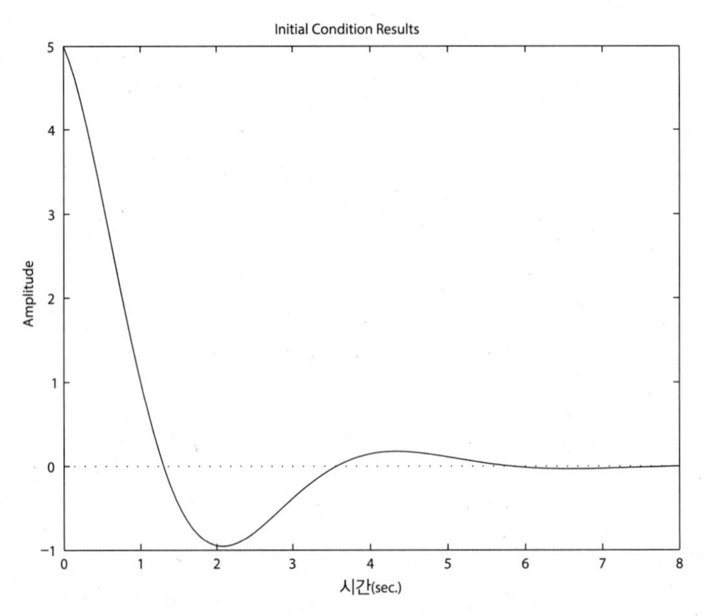

[그림 9.5-2] (9.5-5)부터 (9.5-8)까지에 의하여 주어진 모델의 $x_1(0)=5$, $x_2(0)=-2$인 경우의 자유 응답

최종 시간 `tF`를 지정하기 위하여 구문 `initial(sys, x0, tF)`를 이용한다. 해를 얻고자 하는 시간 벡터를 `t = 0: dt: tF` 형태로 지정하기 위하여 구문 `initial(sys, x0, t)`를 사용한다.

[y, t, x] = initial(sys, x0, ...)와 같이 좌변에 변수를 갖고 호출되면, 함수는 출력 응답 y, 시뮬레이션에서 사용된 시간 벡터 t 및 그 시간에서 계산된 상태 벡터 x를 반환한다. 행렬 y와 x의 열은 각각 출력과 상태들이다. y와 x의 행의 수는 length(t)와 일치한다. 그래프는 그려지지 않는다. 구문 initial(sys1, sys2, ... , x0, t)는 다중 LTI 시스템의 자유 응답을 하나의 그래프에 그려준다. 시간 벡터 t는 옵션이다. 각 시스템에서 선의 색, 선의 형태, 마커(marker) 등은 예를 들면, initial(sys1, 'r', sys2, 'y--', sys3, 'gx', x0)와 같이 지정할 수 있다.

impulse 함수: impulse 함수는 초기 조건이 0이라고 가정했을 때, 시스템의 입-출력의 조합에 대한 단위-임펄스 응답을 그린다(단위 임펄스는 디락 델타(Dirac delta) 함수라고도 불린다). 기본 구문은 impulse(sys)이며, 여기에서 sys는 LTI 객체이다. initial 함수와는 다르게 impulse 함수는 상태 모델이나 또는 전달 함수 모델과 함께 사용될 수 있다. 경과 시간과 해를 표시하는 점의 수는 자동으로 선택된다. 예를 들어, 식 (9.5-5)의 임펄스 응답은 다음과 같이 구해진다.

```
>>sys1 = tf(1, [2, 3, 5]);
>>impulse(sys1)
```

impulse 함수의 확장된 구문은 initial 함수와 유사하다.

step 함수: step 함수는 초기 조건이 0이라고 가정했을 때, 시스템의 입출력 조합에서 단위-계단 응답을 그린다. (단위 계단 함수 $u(t)$는 $t<0$에서 0이고, $t>0$에서 1이다.) 기본 구문은 step(sys)이며, 여기에서 sys는 LTI 객체이다. step 함수는 상태 모델이나 전달 함수 모델에서 사용될 수 있다. 경과 시간과 해의 점의 수는 자동으로 선택된다. step 함수의 확장된 구문은 initial과 impulse 함수에서와 유사하다.

초기 조건이 0인 상태에 대하여, 식 (9.5-6)부터 (9.5-8)까지의 상태 모델과 간소화된 형태 모델

$$5\ddot{x}+7\dot{x}+5x=5\dot{f}+f \tag{9.5-10}$$

의 계단 응답을 구하기 위하여 세션 프로그램은(sys3가 작업 공간에 아직 남아있다고 가정한다)

```
>>sys4 = tf([5, 1], [5, 7, 5]);
>>step(sys3, 'b', sys4, '--')
```

이다. 결과는 [그림 9.5-3]에 보였다. 안정 상태 응답은 수평의 점선으로 나타내었다. 안정 상태의 응답과 그 상태에 도달하기 위한 시간이 어떻게 자동적으로 결정되는지 주목한다.

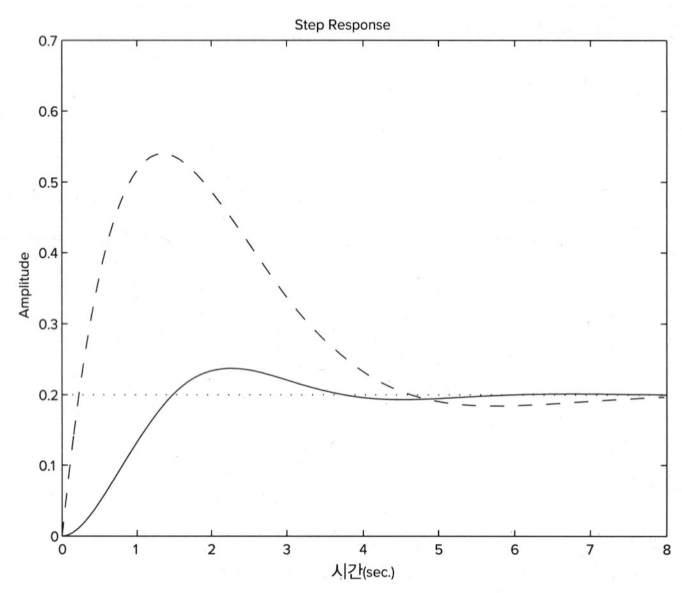

[그림 9.5-3] 초기조건이 0일 때, 식 (9.5-6)부터 (9.5-8)까지 및 (9.5-10) 모델의 계단 응답

계단 응답은 다음의 매개변수로 특징지어진다.

- 안정상태 값(Steady-State value): $t \to \infty$ 에 따른 응답의 한계
- 정착 시간(settling time): 응답이 안정 상태의 어떤 퍼센트(보통 2퍼센트)에 도달하여 유지되는 데 이르는 시간
- 상승 시간(Rise time): 응답이 안정 상태의 10%에서 90%로 증가하는 시간
- 응답의 첨두치(Peak response): 응답에서 가장 큰 값
- 첨두 시간(Peak time): 첨두 응답이 발생하는 시간

step(sys) 함수가 화면에 그래프를 그리면, 그래프 영역 안의 어느 곳이던지 마우스의 오른쪽 버튼을 클릭해서 이 매개변수를 계산하기 위하여 그래프를 사용할 수 있다. 이렇게 하면 메뉴를 부른다. 응답 특성을 포함하는 서브 메뉴를 얻으려면 **Characteristics**를 선택한다.

특정한 특성, 예를 들어, 'Peak Response'를 선택하면, MATLAB은 첨두값에 큰 점을 찍고 첨두 응답과 첨두 시간 값을 나타내도록 파선을 나타낸다. 커서를 이 점 위에 놓고 값들을 표시되는 것을 본다. 메뉴 선택은 다를 수는 있지만, 같은 방법으로 다른 솔버를 사용할 수 있다. 예를 들어, 첨두 응답과 정착 시간은 impulse(sys) 함수를 사용할 때 이용할 수 있지만, 상승시간은 이용할 수 없다. **Characteristics**를 선택하는 대신, **Properties**를 선택하고 **Options** 탭을 선택하면 2퍼센트와 10에서 90퍼센트인 정착 시간과 상승 시간에 대한 디폴트값을 변경할 수 있다.

이 방법을 사용하여 [그림 9.5-3]에서 실선은 다음의 특성을 갖는다는 것을 발견한다.

- 안정 상태 값: 0.2
- 2% 정착 시간: 5.22
- 10~90퍼센트 상승 시간: 1.01
- 응답의 첨두치: 0.237
- 첨두 시간: 2.26

커브상의 원하는 점에 커서를 놓아서 커브의 어느 부분에서든지 값을 읽을 수도 있다. 커서는 곡선을 따라 이동하며, 이들이 변함에 따라 값들을 읽을 수 있다. 이 방법을 사용하여 [그림 9.5-3]에서의 실선이 시간 $t=3.74$일 때 안정 상태의 0.2를 지나간다는 것을 알 수 있다.

sys3가 아직 작업 공간에 남아 있다고 가정할 때, step에 의하여 생성되는 그래프를 없애고 다음과 같이 자신의 그래프를 생성할 수 있다.

```
[x, t] = step(sys3);
plot(t, x)
```

다음에 **플롯 편집** 툴을 이용하여 그래프를 수정한다. 하지만 이 접근 방법으로는 그래프 위에서 오른쪽 버튼을 클릭하는 것은 더 이상 계단 함수 특성에 대한 정보를 주지 않는다.

계단 함수는 단위 계단 함수가 아니고, 대신 $t<0$에서 0, $t>0$에서 10이라고 가정한다. 10배만큼의 해를 얻는 데에는 2가지 방법이 있다. 예로서 sys3를 이용하면, step(10*sys3)와

```
[x, t] = step(sys3);
plot(t, 10*x)
```

가 있다.

lsim 함수: lsim 함수는 임의의 입력에 대하여 시스템의 응답을 그린다. 초기 조건 0에 대한 기본 구문은 lsim(sys, u, t)이며, 여기에서 sys는 LTI 객체, t는 t = 0: dt: tF와 같이 규칙적인 간격을 가진 시간 벡터, u는 입력 수만큼의 행의 수를 갖는 행렬로 i번째 열은 시간 t(i)에서의 입력 값을 지정한다. 상태-공간 모델에서 0이 아닌 초기 값을 지정하려면, lsim(sys, u, t, x0)를 이용한다. 이 구문은 전체 응답(자유 응답 더하기 강제 응답)을 계산하고 그래프를 그린다. 그래프에서 오른쪽 버튼을 클릭하면 단 하나의 이용 가능한 특성이 첨두 응답이지만, **Characteristics** 선택을 포함하는 메뉴를 띄운다.

[y, t] = lsim(sys, u, ...)와 같이 좌측의 변수와 함께 호출하면, 함수는 시뮬레이션을 위한 출력 y와 시간 벡터 t를 출력한다. 행렬 y의 열은 출력이며, 행의 수는 length(t)와 같다. 그래프는 그리지 않는다. 상태-공간 모델을 위한 상태 벡터 해를 구하기 위해서는 [y, t, x] = lsim(sys, u, ...) 구문을 사용한다. 구문 lsim(sys1, sys2, ... , u, t, x0)는 여러 LTI 시스템의 자유 응답을 하나의 그래프에 그려준다. 초기 조건 벡터 x0는 초기 조건이 0이 아닐 때에만 필요하다. 각 시스템의 선의 색, 선의 형태, 및 마커를 예를 들어, lsim(sys1, 'r', sys2, 'y--', sys3, 'gx', u, t)와 같이 지정할 수 있다.

lsim 함수에 대한 예는 곧 보게 된다.

강제 함수의 상세한 프로그래밍

고차 방정식의 마지막 예로, lsim 함수와 함께 사용하기 위한 강제 함수를 어떻게 상세히 프로그램하는지를 보인다. 응용으로 DC 모터를 이용한다. [그림 9.5-4]에서 보인 전기자(armature) 제어 DC 모터(영구 자석 모터)의 방정식은 다음과 같다. 이 식들은 키르히호프의 전압 법칙과 회전 관성에 적용된 뉴턴의 법칙으로부터 나왔다. 모터의 전류는 i이고 회전 속도는 ω이다.

$$L\frac{di}{dt} = -Ri - K_e\omega + v(t) \tag{9.5-11}$$

$$I\frac{d\omega}{dt}=K_T i - c\omega \tag{9.5-12}$$

여기에서 L, R, I는 모터의 인덕턴스, 저항, 관성이다. K_T와 K_e는 토크 상수와 역 기전력 상수, c는 점성 감쇠 상수, $v(t)$는 인가된 전압이다. 이 방정식들은 다음과 같이 행렬의 형태로 나타낼 수 있다, 여기서 $x_1=i$ 및 $x_2=\omega$이다.

$$\begin{bmatrix} \dot{x}_1 \\ \dot{x}_2 \end{bmatrix} = \begin{bmatrix} -\frac{R}{L} & -\frac{K_e}{L} \\ \frac{K_T}{I} & -\frac{c}{I} \end{bmatrix} \begin{bmatrix} x_1 \\ x_2 \end{bmatrix} + \begin{bmatrix} \frac{1}{L} \\ 0 \end{bmatrix} v(t)$$

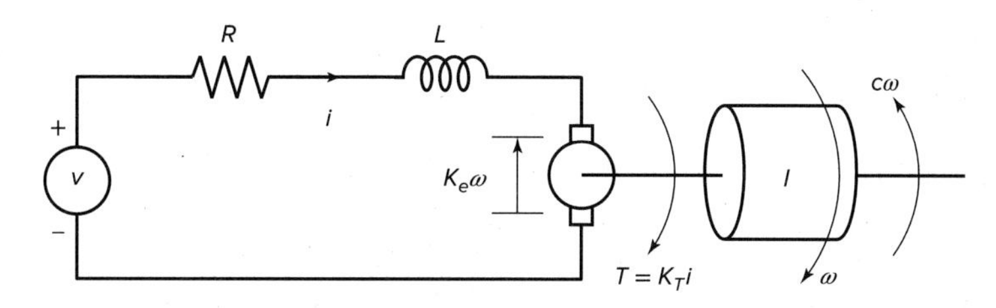

[그림 9.5-4] 전기자 제어 DC 모터

예제 9.5-1 DC 모터의 평행사변형 프로파일

많은 응용에서 모터를 원하는 속도로 가속하고 한동안 그 속도로 작동한 다음 정지하도록 감속하기를 원한다. 평행사변형의 프로파일을 가진 인가된 전압이 이 작업을 수행할 수 있는지 확인하여라. $R=0.6\Omega$, $L=0.002\text{H}$, $K_T=0.04\text{N}\circ\text{m/A}$, $K_e=0.04\text{V}\circ\text{s/rad}$, $c=0$이고 $I=6\times10^{-5}\ \text{kg}\circ\text{m}^2$이다. 인가된 전압은

$$y(t)=\begin{cases} 100t & 0 \leqq t < 0.1 \\ 10 & 0.1 \leqq t \leqq 0.4 \\ -100(t-0.4)+10 & 0.4 < t \leqq 0.5 \\ 0 & t > 0.5 \end{cases}$$

이다. 이 함수는 [그림 9.5-5]의 위의 그래프에 보였다.

풀이

다음 프로그램은 먼저 행렬 **A**, **B**, **C**, **D**로부터 모델 sys를 생성한다. 속도 x_2를 유일한 출력으로 얻기 위하여 **C**와 **D**를 선택한다(속도와 전류 모두를 출력으로 얻으려면, `C = [1, 0; 0, 1]`

및 D = [0; 0]으로 선택한다). 프로그램은 먼저 eig 함수를 이용하여 시정수를 찾고, 다음으로 lsim에서 사용될 시간값의 배열인 time을 생성한다. 시간 증분을 전체 시간 0.6초의 매우 작은 부분인 0.0001로 선택한다.

평행사변형 전압 함수는 다음에 for 루프를 이용하여 만든다. 이 방법은 if-elseif-else 구조가 $v(t)$를 정의하는 식을 따라 하기 때문에 아마도 가장 쉬운 방법이다. 초기 조건 $x_1(0)$, $x_2(0)$은 0이라고 가정하며, 그래서 lsim 함수에서 지정될 필요는 없다.

```
% File dcmotor.m
R = 0.6; L = 0.002; c = 0;
K_T = 0.04; K_e = 0.04; I = 6e-5;
A = [-R/L, -K_e/L; K_T/I, -c/I];
B = [1/L; 0]; C = [0, 1]; D = [0];
sys = ss(A, B, C, D);
Time_constants = -1./real(eig(A))
time = 0:0.0001:0.6;
k = 0;
for t = 0:0.0001:0.6
   k = k + 1;
   if t < 0.1
      v(k) = 100*t;
   elseif t <= 0.4
      v(k) = 10;
   elseif t <= 0.5
      v(k) = -100*(t-0.4) + 10;
   else
      v(k) = 0;
   end
end
[y,t] = lsim(sys, v, time);
subplot(2, 1, 1), plot(time, v), xlabel('t(s)'), ylabel('전압(V)')
subplot(2, 1, 2), plot(time, y), xlabel('t(s)'), ylabel('속도(rad/s)')
```

시정수는 0.0041 및 0.0184s이다. 가장 큰 시정수로부터 모터의 응답 시간이 대략 4(0.0184) = 0.0736초임을 알려준다. 이 시간은 인가된 전압이 10V에 도달하는 데 필요한 시간보다 적기 때문에, 모터는 바람직한 평행사변형 프로파일을 매우 잘 따를 수 있을 것이다. 확실히 알기 위해서는 모터의 미분 방정식을 풀어야 한다. 결과는 [그림 9.5-5]에 그렸다. 전기 저항과 인덕턴스 및 기계적인 관성으로 약간의 편차가 있지만, 모터의 속도는 기대했던 것과 같이 평행사변형 프로파일을 따른다.

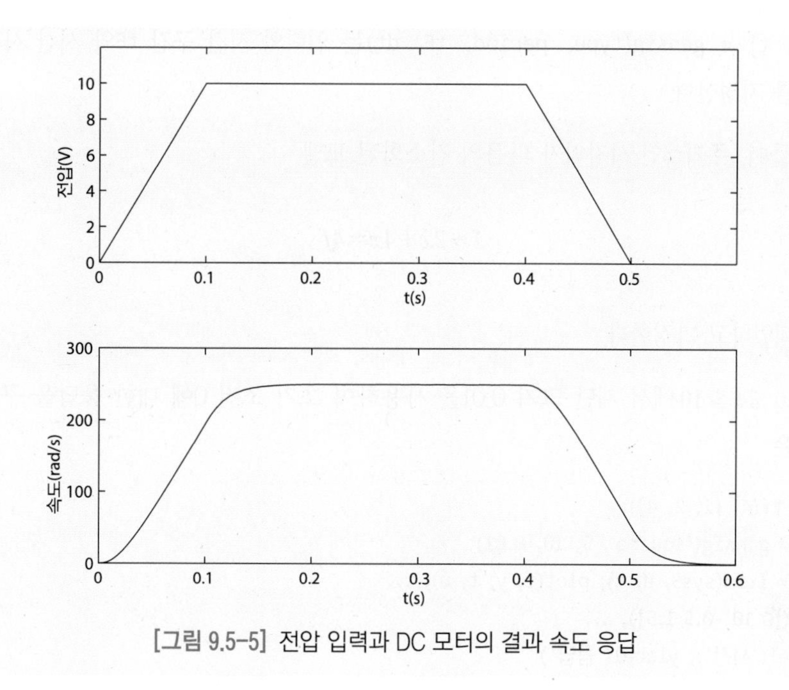

[그림 9.5-5] 전압 입력과 DC 모터의 결과 속도 응답

Linear System Analyzer: Control system 툴박스는 LTI 시스템의 해석을 도와주기 위하여 Linear System Analyzer를 가지며, LTI 시스템의 해석에서 도움을 준다. 이 뷰어는 다른 형태의 응답 그래프를 오가거나 다른 시스템의 분석들 사이를 오가도록 대화형의 사용자 인터페이스를 제공한다. 뷰어는 `linearSystemAnalyzer`를 입력하여 시작된다. 정보가 더 필요하면 MATLAB 도움말을 본다.

기정의된 입력 함수

[예제 9.5-1]에서 평행사변형 프로파일을 만든 것과 같이, 특정한 시간에 입력 함수의 값을 갖는 벡터를 정의함으로서 ODE 솔버 `ode45` 또는 `lsim`을 사용하여 어떤 복잡한 입력 함수도 생성할 수 있다. 하지만, MATLAB은 주기적인 입력 함수를 구축하기 쉽도록 `gensig` 함수를 제공한다.

구문 `[u, t] = gensig(type, period)`는 주기 `period`를 가지며, `type`에 의하여 지정되는 특정한 형태의 주기 함수를 생성한다. 다음의 형태가 가능하다. 사인파(`type = 'sin'`), 사각파(`type = 'square'`), 폭이 좁은 주기 펄스(`type = 'pulse'`). 벡터 `t`는 시간을 포함하며, 벡터 `u`는 그 시간에서의 입력 값을 포함한다. 모든 생성된 입력은 단위 크기를 갖는다.

구문 [u, t] = gensig(type, period, tF, dt)는 입력의 시간 구간 tF와 시간 사건 간의 간격 dt를 지정한다.

예를 들어, 주기 5인 사각파가 다음의 간소화된 모델

$$\ddot{x}+2\dot{x}+4x=4f \tag{9.5-13}$$

에 인가되었다고 가정한다.

구간 $0 \leqq t \leqq 10$에서 계단 크기 0.01을 사용하여 초기 조건 0에 대한 응답을 구하기 위한 세션은

```
>>sys5 = tf(4, [1, 2, 4]);
>>[u, t] = gensig('square', 5, 10, 0.01);
>>[y, t] = lsim(sys5, u, t); plot(t, y, t, u), ...
   axis([0 10 -0.5 1.5]), ...
   xlabel('시간'), ylabel('응답')
```

이다. 결과는 [그림 9.5-6]에 보였다.

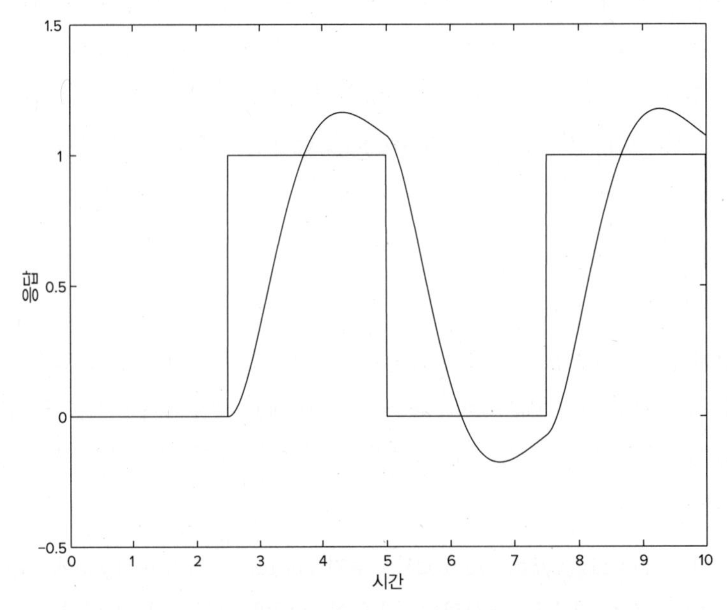

[그림 9.5-6] 모델 $\ddot{x}+2\dot{x}+4x=4f$ 의 사각파에의 응답

9.6 요약

이 장에서는 적분과 미분 및 상미분 방정식을 풀기 위한 수치해석 방법을 다루었다. 이제 이 장을 끝마쳤으므로 다음을 할 수 있어야 한다.

- 피적분 함수가 주어진 함수일 때, 적분, 2중적분, 3중적분을 수치적으로 계산한다.
- 피적분 함수가 수치 값으로 주어진 적분을 수치적으로 계산한다.
- 데이터 집합의 미분을 수치적으로 예측한다.
- 주어진 함수의 그레이디언트와 라플라시안을 계산한다.
- 다항식 함수의 적분과 미분을 닫힌 형태로 구한다.
- MATLAB ODE 솔버를 이용하여 초기조건이 지정된 일차 상미분 방정식을 푼다.
- 고차 미분 방정식을 연립 일차 방정식으로 변환한다.
- MATLAB ODE 솔버를 이용하여 초기 조건이 지정된 고차 미분 방정식을 푼다.
- MATLAB을 이용하여 모델을 전달 함수 형태에서 상태-변수 형태로 변환하고 역변환도 한다.
- MATLAB의 선형 솔버를 이용하여 임의의 강제 함수에 대하여 자유 응답과 계단 응답을 구한다.

여기에서는 MATLAB에서 제공된 모든 미분 방정식의 솔버를 다루지는 않았지만, 우리의 범위를 초기 조건이 지정된 상미분 방정식으로 제한하였다. MATLAB은

$$\ddot{x}+7\dot{x}+10x=0 \quad x(0)=2 \quad x(5)=8 \quad 0\le t\le 5$$

와 같은 경계값 문제(BVP: Boundary Value Program)를 푸는 알고리즘도 제공한다. 함수 bvp4c에 대하여는 도움말을 본다. 어떤 미분 방정식은 음함수 형태 $f(t,\ y,\ \dot{y})=0$ 으로 지정된다. 솔버 ode15i는 이런 문제에 대하여 사용될 수 있다. MATLAB은 또한

$$\ddot{x}+7\dot{x}+10x+5x(t-3)=0$$

와 같은 지연-미분 방정식(DDE: Delay-differential equation)도 풀 수 있다. 함수 dde23, ddesd, deval에 대하여 도움말을 본다. 함수 pdepe는 편미분 방정식을 풀 수 있다. 또한 pdeval도 본다. 여기에 더하여, MATLAB은 솔버의 출력을 해석하고 그래프를 그리는 것을 지원해준다. 함수 odeplot, odephas2, odephas3 및 odeprint를 본다.

주요용어

Eigenvalue
LTI 객체(LTI object)
강제 응답(Forced response)
계단 크기(Step size)
라플라시안(Laplacian)
부정적분(Indefinite integral)
상미분 방정식(Ordinary Differential Equation)
상태-변수 형태(State variable form)
수정된 오일러 방법(Modified Euler method)
예측자-수정자 방법(Predictor-corrector)
오일러 방법(Euler method)
이상 적분(Improper integral)
자유 응답(Free response)
전진 차분(Forward difference)
정적분(Definite integral)
중앙 차분(Central difference)
초기값 문제(Initial-value problem)
코시 형(Cauchy form)
특이점(Singularity)
후진 차분(Backward difference)

| 연습문제 |

*로 표시된 문제에 대한 해답은 교재 뒷부분에 첨부하였다.

9.1절

1*. 어떤 물체가 $t=2$ 초에서 위치 $x(2)=5$ 로부터 시작하여 $v(t)=5+7t^2$ m/s 의 속도로 이동한다. $t=10$ 초에서의 위치를 결정하여라.

2. 어떤 물체가 시간 $t=a$ 로부터 시간 $t=b$ 까지 $v(t)$ 의 속도로 이동한 전체 거리는

$$x(b)=\int_a^b |v(t)|dt+x(a)$$

이다. 절대값 $|v(t)|$는 $v(t)$가 음의 값을 가질 가능성에 대하여 설명하기 위하여 사용되었다. 어떤 물체가 $t=0$ 에서 출발하여 속도 $v(t)=\cos(\pi t)$ 미터의 속도로 이동한다고 가정한다. 물체가 $t=2$ 초까지 이동한 전체 거리를 구하여라.

3. 어떤 물체가 $t=0$ 에서 초기 속도 5m/s로 출발을 하여 $a(t)=4t$ m/s^2 의 가속도로 가속을 한다. 물체가 5초 동안 이동한 전체 거리를 구하여라.

4. 콘덴서에 인가되는 전압의 식 $v(t)$은 시간의 함수로

$$v(t)=\frac{1}{C}\left[\int_0^t i(t)dt+Q_0\right]$$

이다. 여기서 $i(t)$는 인가된 전류, Q_0 는 초기 전하이다. 어떤 콘덴서가 처음에 전하를 갖고 있지 않다고 한다. 커패시턴스는 $C=10^{-6}$F 라고 한다. 만일 전류가 $i(t)=0.003[1+\sin(0.3t)]$가 콘덴서에 인가되었다고 하면, $t=0.8$ s에서의 전압 $v(t)$를 계산하라.

5. 어떤 물체의 가속도가 시간의 함수로 $a(t)=5t\sin 8t$ m/s^2 으로 주어진다. 초기 속도가 0 이라면, $t=20$ 초에서의 속도를 계산하여라.

6. 어떤 물체가 다음의 표에서 주어진 속도 $v(t)$로 이동한다. 만일 $x(0)=3$이라면, $t=10$초에서의 물체의 위치 $x(t)$를 결정하여라.

시간(s)	0	1	2	3	4	5	6	7	8	9	10
속도(m/s)	0	2	5	7	9	12	15	18	22	20	17

7*. 수직면과 바닥 면적이 100ft^2인 탱크에 물을 저장한다. 탱크는 초기에는 비어 있다. 탱크를 채우기 위하여, 물이 천장에서 다음 표로 주어진 유량으로 공급된다. $t=10$분일 때의 물의 높이 $h(t)$를 결정하여라.

시간(min)	0	1	2	3	4	5	6	7	8	9	10
유량(ft^3 / min)	0	80	130	150	150	160	165	170	160	140	120

8. 깔때기 모양의 종이컵(샘물에서 사용되는 것과 같은 것)이 반경 R과 높이 H를 갖는다. 만일 컵의 물 높이가 h라면, 물의 부피는

$$V=\frac{1}{3}\pi\left(\frac{R}{H}\right)^2 h^3$$

으로 주어진다. 컵의 크기가 $R=2$ 인치이고 $H=5$ 인치라고 가정한다.

a. 샘물로부터 컵으로 입력되는 유량이 $3\ \text{in}^3/\text{sec}$라면, 컵의 가장자리까지 채우는데 얼마나 걸리는가?

b. 샘물로부터 컵으로 입력되는 유량이 $3(1-e^{-2t})\ \text{in}^3/\text{s}$라고 주어지면, 컵의 가장자리까지 채우는데 얼마나 걸리는가?

9. 어떤 물체가 질량 150kg을 가지며, $f(t)=800\,[2-e^{-t}\sin(5\pi t)]N$의 힘이 작용된다. $t=0$에서 물체는 정지해 있다. $t=4$초일 때의 물체의 속도를 결정하여라.

10*. 로켓의 질량은 연료를 태움에 따라 줄어든다. 수직으로 비행하는 로켓의 운동 방정식은 뉴턴의 법칙으로부터 얻을 수 있으며,

$$m(t)\frac{dv}{dt}=T-m(t)g$$

이다. 여기에서 T는 로켓의 추력이며, 시간의 함수로서 질량은 $m(t)=m_0(1-rt/b)$로 주어진다. 로켓의 초기 질량은 m_0이며, 연소 시간은 b이고, r은 연료에 의하여 계산되는 전체

질량과의 비율이다.

$T=48,000\text{N}$, $m_0=2,200$ kg, $r=0.8$, $g=9.81\ \text{m/s}^2$, $b=40$ s 의 값을 이용한다. 연료를 소진했을 때의 로켓의 속도를 결정하라.

11. 콘덴서에 걸리는 전압 $v(t)$의 시간 함수로서의 방정식은

$$y(t)=\frac{1}{C}\left[\int_0^t i(t)dt+Q_0\right]$$

이며, 여기에서 $i(t)$는 인가된 전류, Q_0는 초기 전하이다. $C=10^{-7}F$ 이고 $Q_0=0$ 이라고 가정한다. 인가된 전류가 $i(t)=0.3+0.1e^{-5t}\sin(25\pi t)A$ 라고 가정한다. $0\leqq t\leqq 7s$ 에서의 전압 $v(t)$의 그래프를 그려라.

12. $p(x)=6x^2-7x+10$ 의 부정적분을 계산하라.

13. 이중적분

$$A=\int_0^3\int_1^3(x^2+5xy)\,dx\,dy$$

를 계산하여라.

14. 이중적분

$$A=\int_0^4\int_0^\pi x^2\sin y\,dx\,dy$$

을 계산하여라.

15. MATLAB을 사용하여 다음의 이중적분

$$\int_1^2\int_0^3(1+15xy)\,dx\,dy$$

을 계산하여라.

16. 다음의 이중적분

$$A=\int_0^1 \int_y^3 x^2(x+y)\, dx\, dy$$

를 계산하여라. 적분 영역은 직선 $y=x$ 의 오른쪽에 놓인다는 것을 주목한다. 이 사실과 MATLAB 관계 연산자를 이용하여 $y > x$ 에 대한 값들을 제거하여라.

17. 3중 적분

$$A=\int_1^2 \int_0^1 \int_1^3 xe^{yz}\, dx\, dy\, dz$$

를 계산하여라.

18. MATLAB을 이용하여 다음의 삼중적분

$$\int_0^3 \int_0^2 \int_0^1 xyz^2\, dx\, dy\, dz$$

를 계산하여라.

9.2절

19. 다음 데이터로부터 미분 dy/dx 의 예측값을 그려라. 이것을 전진, 후진 및 중앙 차분을 이용하여 해보아라. 결과를 비교하여라.

x	0	1	2	3	4	5	6	7	8	9	10
y	0	2	5	7	9	12	15	18	22	20	17

20. 곡선 $y(x)$ 의 상대적인 최대값에서 기울기 dy/dx 는 0이다. 다음의 데이터를 이용하여 최대점에 대응되는 x와 y의 값을 예측하라.

x	0	1	2	3	4	5	6	7	8	9	10
y	0	2	5	7	9	10	8	7	6	4	5

21. diff 함수를 사용하여 점 $x=0.6$ 에서

$$y(x)=e^{-2x}\frac{\sin(4x)}{x^2+3}$$

의 미분을 예측하라.

22. $p_1 = 4x^2 + 8$ 및 $p_2 = 7x^2 - 8x + 6$에 대하여 dp_2/dx, $d(p_1 p_2)/dx$, $d(p_2/p_1)/dx$의 식을 계산하여라.

23. 다음의 함수

$$f(x, y) = -x^2 + 2xy + 3y^2$$

에 대하여 등고선 그래프와 그레이디언트(화살표로 보이는)의 그래프를 그려라.

9.3 절

24. $t < 0$에서 $f(t) = 0$이고, $t \geqq 0$에서 $f(t) = 30$이라고 하면, 방정식

$$10\dot{y} + y = f(t)$$

의 해의 그래프를 그려라. 초기조건 $y(0) = 9$이다.

25. RC 회로의 콘덴서에 걸리는 전압 y에 대한 방정식은

$$RC\frac{dy}{dt} + y = v(t)$$

이다. 여기에서 $v(t)$는 인가전압이다. $RC = 0.4$ s이며, 콘덴서 전압은 초기에 3V라고 가정한다. 인가된 전압은 $t = 0$일 때 0V에서 10V로 올라간다. $0 \leqq t \leqq 2$ s에서 전압 $y(t)$의 그래프를 그려라.

26. 다음의 방정식은 일정한 온도 T_b의 액체 욕조 안에 잠겨 있는 어떤 물체의 온도 $T(t)$를 나타낸다.

$$10\frac{dT}{dt} + T = T_b$$

물체의 온도가 처음에 $T(0) = 70$°F이고 욕조 온도는 $T_b = 170$°F라고 가정한다.

a. 물체의 온도 T가 욕조의 온도에 이를 때까지 얼마나 걸리는가?

b. 물체의 온도 T가 168°F에 도달하려면 얼마나 걸리는가?

c. 물체의 온도 $T(t)$를 시간의 함수로 그려라.

27*. 로켓 추진 썰매의 운동 방정식은 뉴톤의 법칙으로부터

$$m\dot{v}=f-cv$$

이며, 여기에서 m은 썰매의 질량, f는 로켓의 추력, c는 공기 저항 계수이다. $m=1,000\text{kg}$, $c=500\text{N}\circ\text{s/m}$ 이라고 가정한다. $v(0)=0$ 이고 $t \geqq 0$ 에서 $f=75,000$ N 이라고 가정한다. $t=10$ s에서의 썰매의 속력을 결정하여라.

28. RC 회로의 콘덴서에 걸리는 전압 y에 대한 방정식은

$$RC\frac{dy}{dt}+y=v(t)$$

이다. 여기에서 $v(t)$는 인가전압이다. $RC=0.2$ s이며, 콘덴서 전압은 초기에 2V라고 가정한다. 인가된 전압은 $v(t)=10[2-e^{-t}\sin(5\pi t)]V$ 라고 가정한다. $0 \leqq t \leqq 5s$ 에서 전압 $y(t)$의 그래프를 그려라.

29. 바닥에 배수구를 가진 구형 탱크에서 물의 높이 h를 나타내는 방정식은

$$\pi(2rh-h^2)\frac{dh}{dt}=-C_dA\sqrt{2gh}$$

이다. 탱크의 반경이 $r=3$ m 이고 원형 배수구는 반경 2cm라고 가정한다. $C_d=0.5$ 이며, 처음 물의 높이는 $h(0)=5$ m 라고 가정한다. $g=9.81\ \text{m/s}^2$ 을 이용한다.

a. 근사화를 이용하여 탱크가 비워질 때까지 얼마나 걸리는지를 예측하여라.

b. $h(t)=0$ 이 될 때까지 물의 높이를 시간의 함수로 그려라.

30. 다음의 방정식은 어떤 희석 작용을 나타낸다. 여기에서 $y(t)$는 탱크 안에 있는 소금의 농도로 맑은 물에 소금물이 더해진다.

$$\frac{dy}{dt}+\frac{8}{15+3t}y=4$$

$y(0)=0$ 이라고 가정한다. $0 \leqq t \leqq 10$ 에서 $y(t)$의 그래프를 그려라.

9.4 절

31. 추적-회피 방정식 (9.4-2) 및 (9.4-3)을 수정하여 회피자가 단위원 $x_E = \cos t$, $y_E = \sin t$를 따라 움직이는 경우에 대하여 풀어라. 추적자는 (0, 0)에서 시작한다. $n = 0.3$이고 정지 시간 $t = 5$를 사용한다. 같은 그래프에 두 궤적을 모두 그려라.

32. 다음의 방정식은 표면에 점성 마찰을 가진 용수철에 연결되어 있는 어떤 물체의 운동을 나타낸다.

$$3\ddot{y} + 18\dot{y} + 102y = f(t)$$

여기에서 $f(t)$는 인가된 힘이다. $t < 0$에서 $f(t) = 0$이고, $t \geqq 0$일 때 $f(t) = 10$이라고 가정한다.

a. $y(0) = \dot{y}(0) = 0$일 때 $y(t)$의 그래프를 그려라.

b. $y(0) = 0$ 및 $\dot{y}(0) = 10$일 때 $y(t)$의 그래프를 그려라. 0이 아닌 초기 속도의 영향에 대하여 논의하라.

33. 다음의 방정식은 표면에 점성 마찰을 가진 용수철에 연결되어 있는 어떤 물체의 운동을 나타낸다.

$$3\ddot{y} + 39\dot{y} + 120y = f(t)$$

여기에서 $f(t)$는 인가된 힘이다. $t < 0$에서 $f(t) = 0$이고, $t \geqq 0$일 때 $f(t) = 10$이라고 가정한다.

a. $y(0) = \dot{y}(0) = 0$일 때 $y(t)$의 그래프를 그려라.

b. $y(0) = 0$ 및 $\dot{y}(0) = 10$일 때 $y(t)$의 그래프를 그려라. 0이 아닌 초기 속도의 영향에 대하여 논의하라.

34. 다음의 방정식은 마찰이 없는, 용수철에 연결된 어떤 물체의 운동을 나타낸다.

$$3\ddot{y} + 75y = f(t)$$

여기에서 $f(t)$는 인가된 힘이다. 인가된 힘이 주기 ω rad/s이고 진폭이 10N인 삼각함수 $f(t) = 10\sin(\omega t)$라고 가정한다.

초기 조건은 $y(0) = \dot{y}(0) = 0$이라고 가정한다. $0 \leqq t \leqq 20$ s에서 $y(t)$의 그래프를 그려라.

이것을 다음의 3가지 경우에 대하여 한다. 각 경우에 대하여 결과를 비교하라.

a. $\omega=1$ rad/s

b. $\omega=5$ rad/s

c. $\omega=10$ rad/s

35. Van der Pol의 방정식은 많은 진동 프로세스를 설명하는 데 사용되어 왔다. 식은

$$\ddot{y}-\mu(1-y^2)\dot{y}+y=0$$

이다. 초기 조건 $y(0)=5$와 $\dot{y}(0)=0$을 이용하여 $\mu=1$일 때 $0\leq t\leq 20$에 대하여 $y(t)$를 그려라.

36. 베이스가 가속도 $a(t)$로 수평 가속하고 있는 진자의 운동 방정식은

$$L\ddot{\theta}+g\sin\theta=a(t)\cos\theta$$

이다. $g=9.81$ m/s^2, $L=1$ m, $\dot{\theta}(0)=0$이라고 가정한다. 다음의 3가지 경우에 대하여 $0\leq t\leq 10$ s 동안 $\theta(t)$의 그래프를 그려라.

a. 가속도가 상수: $a=5$ m/s^2 및 $\theta(0)=0.5$ rad

b. 가속도가 상수: $a=5$ m/s^2 및 $\theta(0)=3$ rad

c. 가속도가 시간의 일차함수: $a=0.5t$ m/s^2 및 $\theta(0)=3$ rad

37. Van der Pol의 방정식은

$$\ddot{y}-\mu(1-y^2)\dot{y}+y=0$$

이다. 이 방정식은 매개변수 μ가 큰 값이면 강성이다. 이 방정식에 대하여 ode45와 ode15s의 성능을 비교하여라. 초기 조건 $y(0)=2$, $\dot{y}(0)=0$에 대하여 $\mu=1000$, $0\leq t\leq 3000$을 사용한다. t에 대한 $y(t)$의 그래프를 그려라.

38. 금속 피로로 인해 용수철 부품이 시간이 지나면서 약해지는 질량–용수철–댐퍼 시스템을 고려한다. 용수철 상수가 다음과 같이 시간에 따라 변한다고 가정한다.

$$k=20(1+e^{-t/10})$$

운동 방정식은

$$m\ddot{x}+c\dot{x}+20(1+e^{-t/10})x=f(t)$$

이다. $m=1$, $c=2$, $f=10$의 값을 이용하여 제로 초기 상태에 $0 \leqq t \leqq 4$ 동안 방정식을 풀고 $x(t)$의 그래프를 그려라.

39. 두 개의 유사한 기계 시스템을 [그림 P39]에 보였다. 두 경우 모두 입력은 베이스의 변위 $y(t)$이고 용수철 상수는 비선형이므로 미분 방정식은 비선형이다. 이들의 운동 방정식은 (a)의 경우

$$m\ddot{x}=c(\dot{y}-\dot{x})+k_1(y-x)+k_2(y-x)^3$$

이며, (b)의 경우

$$m\ddot{x}=-c\dot{x}+k_1(y-x)+k_2(y-x)^3$$

이다. 이들 시스템 간의 유일한 차이점은 [그림 P39a]의 시스템은 입력 함수 $y(t)$의 미분을 포함하는 운동 방정식을 가지고 있다는 것이다. 계단 함수는 수치 해법과 함께 사용하기가 어려우며, $t=0$에서의 불연속성으로 인하여 특히 입력에 미분 $\dot{y}$가 존재할 때 그렇다. 그래서 단위 계단 함수를 $y(t)=1-e^{-t/\tau}$로 모델링하고자 한다.

매개변수 τ는 진동주기와 시간 상수와 비교하여 작게 선택되어야 하며, 이들은 모두 알지 못한다. 추정 값은 $k_2=0$으로 설정하여 얻은 선형 모델의 특성근을 사용하여 추정할 수 있다.

$m=100$, $c=600$, $k_1=8{,}000$, $k_2=24{,}000$의 값을 사용한다. 매개변수 τ를 $k_2=0$인 선형 모델의 주기 및 시상수와 비교하여 작게 선택한다. 같은 그래프에 두 시스템에 대한 해 $x(t)$를 그린다. 제로 초기 조건을 사용한다.

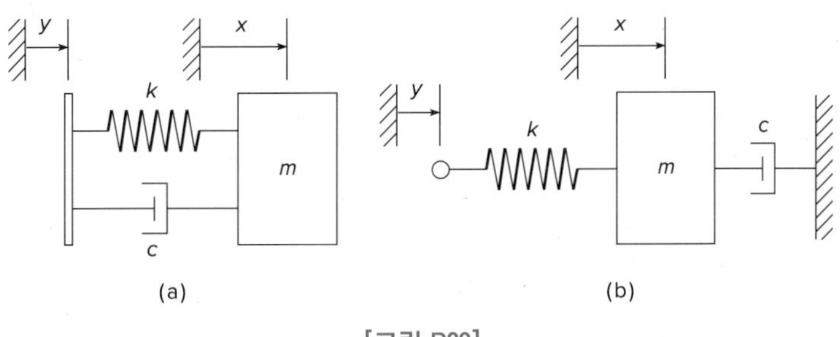

[그림 P39]

9.5 절

40. 전기자-제어 DC 모터의 방정식은 다음과 같다. 모터의 전류는 i, 회전 속도는 ω이다.

$$L\frac{di}{dt}=-Ri-K_e\omega+v(t) \tag{9.6-1}$$

$$I\frac{d\omega}{dt}=K_T i-c\omega \tag{9.6-2}$$

여기에서 L, R, I는 모터의 인덕턴스, 저항, 관성이고, K_T와 K_e는 토크 상수와 역 기전력 상수, c는 점성 제동 상수, $v(t)$는 인가된 전압이다.

$R=0.8\ \Omega$, $L=0.003$ H, $K_T=0.05$ N∘m/A, $K_e=0.05$ V∘s/rad, $c=0$,

$I=8\times10^{-5}$ kg∘m^{2}을 이용한다.

a. 인가된 전압이 20V라고 가정한다. 시간에 따르는 모터의 속도와 전류의 그래프를 그려라. 모터의 속도가 일정해질 때까지를 볼 수 있도록 최종 시간을 충분히 길게 잡아라.

b. 인가된 전압이 아래 주어진 것과 같이 평행사변형이라고 가정한다.

$$v(t)=\begin{cases} 400t & 0\leqq t<0.05 \\ 20 & 0.05\leqq t\leqq 0.2 \\ -400(t-0.2)+20 & 0.2<t\leqq 0.25 \\ 0 & t>0.25 \end{cases}$$

$0\leqq t\leqq 0.3$s에서 모터의 속도를 시간에 대하여 그려라. 또한 인가된 전압을 시간에 대하여 그려라. 모터는 평행사변형 프로파일을 따르고 있는가?

41. 다음 모델의 단위 임펄스 응답을 계산하고 그래프를 그려라.

$$10\ddot{y}+3\dot{y}+7y=f(t)$$

42. 다음 모델의 단위 계단 응답을 계산하고 그래프를 그려라.

$$10\ddot{y}+6\dot{y}+2y=f+7\dot{f}$$

43. 다음 상태 모델의 간소화된 형태(reduced form)를 구하라.

$$\begin{bmatrix}\dot{x}_1\\ \dot{x}_2\end{bmatrix}=\begin{bmatrix}-4 & -1\\ 2 & -6\end{bmatrix}\begin{bmatrix}x_1\\ x_2\end{bmatrix}+\begin{bmatrix}2\\ 5\end{bmatrix}u(t)$$

44. 다음의 상태모델은 표면 위에 점성 마찰을 가진 용수철에 연결된 어떤 물체의 운동을 나타낸다. 여기에서 $m=1$, $c=2$, $k=5$ 이다.

$$\begin{bmatrix} \dot{x}_1 \\ \dot{x}_2 \end{bmatrix} = \begin{bmatrix} 0 & 1 \\ -5 & -2 \end{bmatrix} \begin{bmatrix} x_1 \\ x_2 \end{bmatrix} + \begin{bmatrix} 0 \\ 1 \end{bmatrix} f(t)$$

a. 초기 위치가 5이고 초기 속도가 3이라면, `initial` 함수를 사용하여 물체의 위치 x_1 의 그래프를 그려라.

b. 초기 조건이 0인 경우에 `step` 함수를 사용하여 위치와 속도의 계단 응답을 그려라. 여기에서 계단함수의 크기는 10이다. 이 그래프를 [그림 9.5-1]에서 보인 그래프와 비교하라.

45. 다음의 방정식

$$5\ddot{y} + 2\dot{y} + 10y = f(t)$$

를 고려한다.

a. 초기 조건 $y(0)=10$, $\dot{y}(0)=-5$ 에 대하여 자유 응답의 그래프를 그려라.

b. (초기 조건 0에 대하여) 단위 계단 응답을 그려라.

c. 계단 입력에 대한 전체 응답은 자유 응답과 계단 응답의 합이다. a와 b에서 구한 해의 합과 $y(0)=10$, $\dot{y}(0)=-5$ 를 갖는 전체 응답을 풀어서 구한 그래프와 비교하여 이 방정식에 대한 이 사실을 증명하여라.

46. [그림 P46]에서 보인 RC 회로에 대한 모델은

$$RC\frac{dv_o}{dt} + v_o = v_i$$

이다. $RC=0.2\text{s}$ 에 대하여 인가된 전압이 높이 10V인 하나의 사각 펄스로 $t=0$ 에서 시작하여 0.4s 동안 지속되는 경우 전압의 응답 $v_o(t)$ 의 그래프를 그려라. 초기 콘덴서의 전압은 0이다.

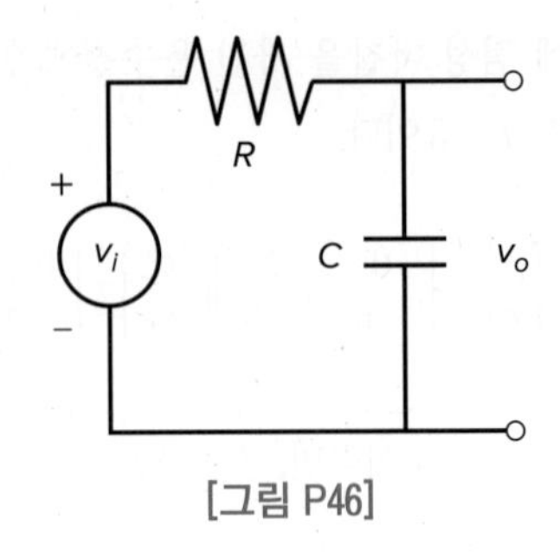

[그림 P46]

47. 9.5절의 방법을 사용하여 문제 26을 풀어라.

48. 9.5절의 방법을 사용하여 문제 27을 풀어라.

출처: Janka Dharmasena/iStock/Getty Images

21세기의 공학
임베디드 제어 시스템 (Embedded Control Systems)

임베디드 제어 시스템은 마이크로프로세서와 센서가 한 세트로 설계된, 제품에 없어서는 안 될 중요한 부분이다. 항공우주와 자동차 산업은 상당히 오래전부터 임베디드 제어기를 사용해 왔는데, 지금은 부품 가격의 인하로 인해 임베디드 제어기는 더 많은 가전제품과 의공학 응용에 사용할 수 있게 되었다.

예를 들어, 임베디드 제어기는 정형외과 장치들의 성능을 크게 향상시킬 수 있다. 현재 인공 다리 모델 중의 하나는 센서들을 사용하여 걷는 속도, 무릎의 관절 각, 그리고 발과 발목 때문에 생기는 하중을 실시간으로 측정한다. 제어기는 더 안정되고, 자연스럽고 효과적으로 걷는 모양을 만들기 위하여 이러한 측정값들을 사용하여 피스톤의 유압저항을 조정한다. 제어 알고리즘은 개인적인 특성에 따라 조정될 수 있으며, 다른 육체적 운동에 순응하도록 설정이 변경될 수 있다는 점에서 적응적(adaptive)이다.

기계장치는 효율성을 향상시키기 위하여 임베디드 제어기를 포함하고 있다. 새로운 능동 서스펜션에서 임베디드 제어기는 단지 스프링과 댐퍼로만 구성된 기존의 수동 시스템의 성능을 향상시키기 위하여 액추에이터(actuator)를 사용한다. 그러한 시스템들의 한 설계 단계가 하드웨어 인더루프(hardware-in-the- loop) 실험으로, 여기서는 제어 대상(엔진이나 자동차 서스펜션)이 그 동작의 실시간 시뮬레이션으로 대체된다. 이 방법을 사용하면 실제 시제품을 사용하는 것보다 임베디드 시스템의 하드웨어와 소프트웨어를 더 빠르고 더 저렴하게 실험할 수 있으며, 심지어 시제품이 제작되기 전에도 실험할 수 있다.

Simulink는 종종 하드웨어 인더루프(Hardware-in-the-Loop) 실험의 시뮬레이션 모델을 만들기 위해 사용된다. Control Systems와 Signal Processing 툴박스, 그리고 DSP와 Fixed Point 블록들은 이러한 응용에 유용하다.

CHAPTER

Simulink

10

Simulink는 MATLAB을 기반으로 만들어졌으므로 Simulink를 사용하기 위해서는 MATLAB이 필요하다. Simulink는 MATLAB의 학생용 판에 포함되어 있으며, 또한 MathWorks 사에서 별도로 구입할 수 있다. Simulink는 산업계에서 간단한 연립 미분 방정식으로 모델링하기 어려운 복잡한 시스템이나 프로세스들을 모델링하는 데 널리 사용된다.

Simulink는 동적 시스템-즉, 독립변수가 시간인 미분 또는 차분 방정식으로 모델링될 수 있는 시스템의 시뮬레이션을 실행하기 위하여 블록(blocks)이라는 다양한 형태의 요소들을 사용하는 그래픽 사용자 인터페이스(graphical user interface)를 제공한다. 예를 들어, 하나의 블록 형태로는 multiplier(곱셈기)가 있으며, 또 다른 형태로는 sum(합산기)과 integrator(적분기)가 있다. Simulink 그래픽 인터페이스는 복잡한 시스템들을 시뮬레이션하기 위하여 블록을 배치하고, 크기를 변경시킬 수 있으며, 라벨을 붙이고 블록 파라미터(parameters)를 지정하며, 블록들을 상호 연결할 수 있다.

이 장은 블록이 몇 개 안 되는 간단한 시스템의 시뮬레이션부터 시작한다. 점차적으로 계속 나오게 될 예제들을 통하여 더 많은 블록 형태들이 소개된다. 선택된 응용문제들은 단지 물리에 대한 기본적인 지식만을 필요로 하므로 공학이나 과학 분야의 많은 독자들에게 유용할 것이다. 이 장을 끝마칠 때까지, 다양한 분야의 응용들을 시뮬레이션하는 데 필요한 여러 블록 형태들을 보게 될 것이다.

10.1 시뮬레이션 다이어그램

Simulink 모델은 해결하려는 문제의 요소들을 나타내는 다이어그램을 구성함으로써 개발한다. 그러한 다이어그램들을 시뮬레이션 다이어그램 또는 블록 다이어그램이라 부른다. 방정식 $\dot{y}=10f(t)$를 고려한다. 이 방정식의 해는 기호로 다음과 같이 표현될 수 있으며,

$$y(t)=\int 10f(t)dt$$

이것은 중간 변수 x를 사용하여 두 단계로 생각될 수 있다.

$$x(t)=10f(t) \text{ 및 } y(t)=\int x(t)dt$$

이 해는 [그림 10.1-1a]에서 보이고 있는 시뮬레이션 다이어그램에 의해 그래픽하게 나타낼 수 있다. 화살표는 변수 y, x와 f를 나타낸다. 블록은 인과 관계의 과정을 나타낸다. 따라서 숫자 10을 포함한 블록은 과정 $x(t)=10f(t)$를 나타내며, 여기에서 $f(t)$는 원인(입력)이고 $x(t)$는 결과(출력)를 나타낸다. 이러한 형태의 블록을 multiplier 또는 gain(이득) 블록이라 부른다.

적분 기호 $\int$를 포함한 블록은 적분 과정 $y(t)=\int x(t)dt$를 나타내며, 여기에서 $x(t)$는 원인(입력)이고 $y(t)$는 결과(출력)를 나타낸다. 이러한 형태의 블록을 integrator 블록이라 부른다.

시뮬레이션 다이어그램에서 사용되는 표기법과 기호에는 약간의 차이가 있다. [그림 10.1-1b]는 하나의 경우를 보인다. 여기서는 곱셈 처리를 상자로 나타내는 대신에 전기 회로에서 증폭기를 나타내기 위하여 사용되는 삼각형으로 나타내었으며, 그래서 gain(이득) 블록이라는 이름을 가진다.

또한, integrator 블록에서 적분 기호는 연산기호 1/s에 의해 대치되었는데, 이것은 라플라스 변환(이 변환에 대한 논의는 11.7절을 참조한다)을 위한 표기법에 기인한다. 따라서 방정식 $\dot{y}=10f(t)$는 $sy=10f$에 의해 표현되며, 해는 다음

$$y=\frac{10f}{s}$$

와 같이, 또는 다음 두 방정식

$$x(t)=10f \text{ 및 } y(t)=\frac{1}{s}x$$

으로 나타낸다.

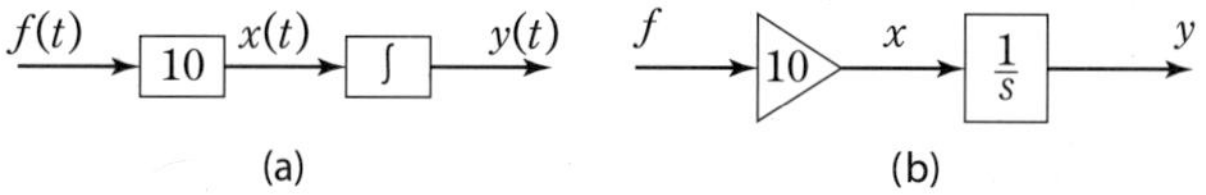

[그림 10.1-1] $\dot{y}=10f(t)$에 대한 시뮬레이션 다이어그램

시뮬레이션 다이어그램에서 사용되는 또 다른 요소는 summer(덧셈기)이며, 이름에도 불구하고 변수들의 덧셈뿐만 아니라 뺄셈에도 사용된다. 이 기호의 두 가지 버전을 [그림 10.1-2a]에 보이고 있다. 각각의 경우 기호는 식 $z=x-y$를 나타낸다. 덧셈과 뺄셈 기호는 각 입력 화살표에 모두 필요함을 주의한다.

summer(덧셈기)의 기호는 방정식 $\dot{y}=f(t)-10y$를 나타내는데 사용할 수 있으며, 다음과 같이 나타낼 수 있다.

$$y(t)=\int[f(t)-10y]dt$$

또는 다음

$$y=\frac{1}{s}(f-10y)$$

와 같이 나타낼 수 있다. [그림 10.1-2b]가 이 방정식을 표현한다는 것을 확실하게 이해하기 위해서는 시뮬레이션 다이어그램을 공부해야 한다. 이 그림은 방정식을 풀기 위한 Simulink 모델을 개발하기 위한 기초가 된다.

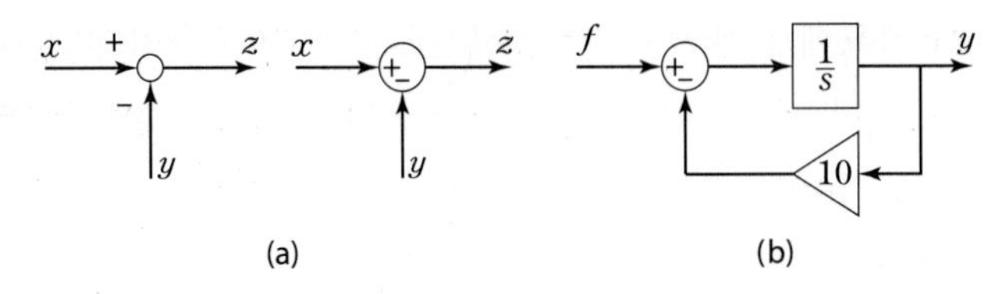

[그림 10.1-2] (a) 덧셈기의 구성요소, (b) $\dot{y}=f(t)-10y$ 에 대한 시뮬레이션 다이어그램

10.2 Simulink 소개

Simulink를 시작하기 위해서는 MATLAB 명령창에서 `simulink`를 입력하거나 또는 홈 텝에 있는 Simulink 아이콘을 클릭한다. Simulink 시작 페이지(Start windows)가 열릴 것이다. 지금은 빈 모델(Blank Model)을 클릭한다. untitled라는 이름의 모델창이 열릴 것이다. 그 다음 라이브러리 메뉴 내에서 라이브러리 브라우저(Library Browser) 항목을 클릭한다. [그림 10.2-1]을 본다. Simulink 블록들은 "라이브러리"에 위치한다. 이러한 라이브러리들은 [그림 10.2-1]에서 Simulink 표제 아래 나열된다. 어떤 다른 MathWorks 사의 제

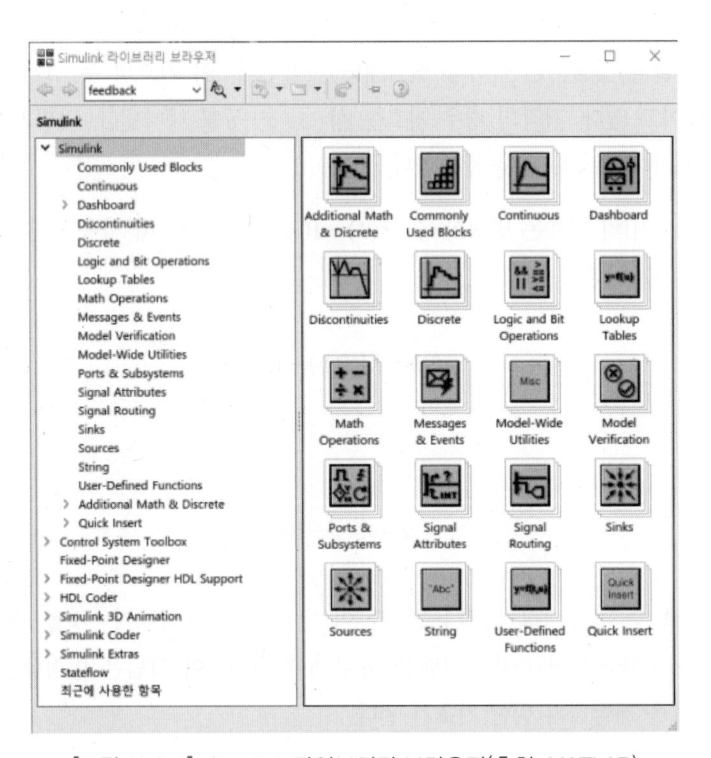

[그림 10.2-1] Simulink 라이브러리 브라우저(출처: MATLAB)

품들이 설치되어 있느냐에 따라 이 창에서 Control System Toolbox와 Stateflow와 같은 추가적인 항목들을 볼 수 있다. 이 항목들은 추가적인 Simulink 블록들을 제공하며, 이 블록들은 항목 왼쪽에 있는 덧셈 기호를 클릭함으로써 볼 수 있다. Simulink가 새로운 버전으로 진화함에 따라, 몇몇 라이브러리들은 이름이 바뀌고 또 어떤 블록들은 다른 라이브러리로 옮겨졌으며, 그래서 여기서 지정한 라이브러리가 다음 버전에서는 변경될지도 모른다. 블록 이름을 알 때, 블록의 위치를 찾는 가장 좋은 방법은 Simulink 라이브러리 브라우저(Library Browser)의 맨 위에 있는 탐색 창에 그 이름을 입력하는 것이다. **Enter**를 누르면, Simulink가 그 블록 위치로 데려다준다.

라이브러리 브라우저에서 한 블록을 선택하기 위해서는, 해당 라이브러리를 더블-클릭하면 그 라이브러리 내의 블록들이 나타난다.

블록 이름이나 아이콘을 클릭하고, 마우스 버튼을 누른 채로 그 블록을 새로운 모델창으로 끌어와서 버튼을 놓는다. 블록의 이름이나 아이콘 위에서 오른쪽 마우스 버튼을 클릭하고 드롭다운 메뉴에서 도움말(**Help**)을 선택함으로써 그 블록에 대한 도움말을 사용할 수 있다.

Simulink 모델 파일들은 확장자 `.slx` 또는 오래된 파일의 경우 `.mdl`을 갖는다. 모델 파일을 열거나, 닫거나, 저장하기 위해서는 모델창의 파일(**File**) 메뉴를 사용한다. 모델의 블록 다이어그램을 인쇄하기 위해서는 파일(**File**) 메뉴에서 인쇄(**Print**)를 선택한다. 블록들을 복사하거나 자르고 붙이기 위하여 편집(**Edit**) 메뉴를 사용한다. 또한 이러한 조작을 위해서 마우스를 사용할 수도 있다. 예를 들어, 블록을 지우기 위해서는 그 블록을 클릭하고 삭제(**Delete**) 키를 누른다.

Simulink를 시작하는 것은 지금 보여주는 것과 같이, 예제를 통해 가장 잘 이해될 수 있다.

예제 10.2-1 $\dot{y}=-10y+f(t)$ 의 Simulink 해

다음 문제

$$\dot{y}=-10y+f(t)$$

의 Simulink 모델을 세우고 풀어라. 여기서 $y(0)=0$ 이고, $0\le t\le 2$ 에서 $f(t)=100\sin(6.28t)$ 이다.

풀이

시뮬레이션을 구축하기 위하여, 다음의 단계를 수행한다. [그림 10.2-2]를 참조한다.

1. Simulink를 시작하고, 앞서 설명한 바와 같이 새로운 모델창을 연다.
2. Sources 라이브러리에서 Sine Wave 블록을 선택하여 모델창에 배치한다. 해당 블록을 더블 클릭하여 블록 파라미터(Block Parameters) 설정 창을 열고, 진폭(Amplitude)은 100, 편향(Bias)은 0, 주파수(Frequency)는 6.28, 위상(Phase)은 0, 그리고 샘플 시간(Sample time)은 0으로 설정한다. 그리고 확인(**OK**) 버튼을 클릭한다.
3. Math Operations 라이브러리에서 Sum 블록을 선택하여 시뮬레이션 다이어그램에 보이듯이 배치한다. 이 블록의 기본 설정은 두 입력을 더하는 것으로 되어 있다. 이 설정을 변경하기 위해 해당 블록을 더블 클릭한 후 부호 목록 항목에 |+-를 입력한다. 이 부호들은 블록의 맨 위에서부터 반시계 방향으로 순서가 정해진다. 여기서 |는 맨 위 포트가 비어있다는 의미이다.
4. Continuous 라이브러리로부터 Integrator 블록을 선택하여 배치한 후, 이 블록을 더블 클릭하여 블록 파라미터 창을 연다. 초기 조건(Initial condition)을 ($y(0)=0$이므로) 0으로 설정하고 **확인**을 클릭한다.
5. Math Operations 라이브러리에서 Gain 블록을 선택하여 배치한 후, 더블 클릭하여 열린 블록 파라미터 창에서 이득(Gain) 값을 10으로 설정하고 **확인**을 클릭한다. 삼각형에 값 10이 표시됨을 볼 수 있다. 이 블록의 모서리 중 한 곳을 끌어당기면 블록이 확대되어 글자들이 좀 더 잘 보이게 된다. Gain 블록의 방향을 반대로 하기 위해 블록 위에서 마우스 오른쪽 버튼을 클릭한 후, 팝업되는 메뉴에서 **회전 및 반전**을 선택 후 **블록 반전**을 선택한다.
6. Sinks 라이브러리에서 Scope 블록을 선택하여 배치한 후 입력단을 두 개로 설정한다.
7. 블록들이 일단 [그림 10.2-2]와 같이 배치되면, 각 블록의 입력단을 앞 블록의 출력단에 연결한다. 이렇게 하기 위해서는 커서를 입력단이나 출력단으로 이동시킨다. 커서가 십자가로 바뀔 것이다. 마우스 버튼을 누른 채로 커서를 다른 블록에 있는 단(port)으로 끌어온다. 마우스 버튼을 놓으면 Simulink가 입력단을 가리키는 화살표로 두 단을 연결한다. 작성한 모델은 [그림 10.2-2]와 같이 보여야 한다.
8. 모델창의 **중지 시간** 항목에 2를 입력한다.
9. 툴바(toolbar)에 있는 **실행** 아이콘을 클릭하여 시뮬레이션을 시작한다.
10. 시뮬레이션이 끝나면 벨 소리가 들릴 것이다. Scope 블록을 더블 클릭하여 결과를 본다. [그림 10.2-3]과 같은 화면을 보게 될 것이다.

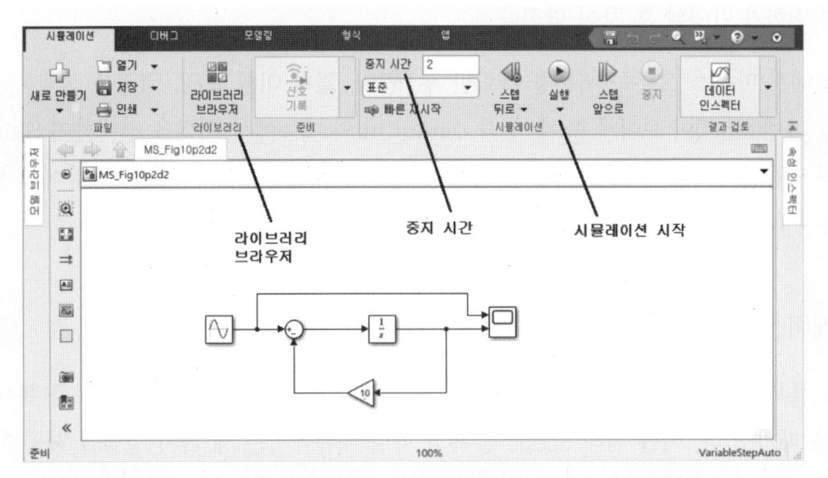

[그림 10.2-2] [예제 10.2-1]에서 생성된 모델을 보이는 Simulink 모델창(출처: MATLAB)

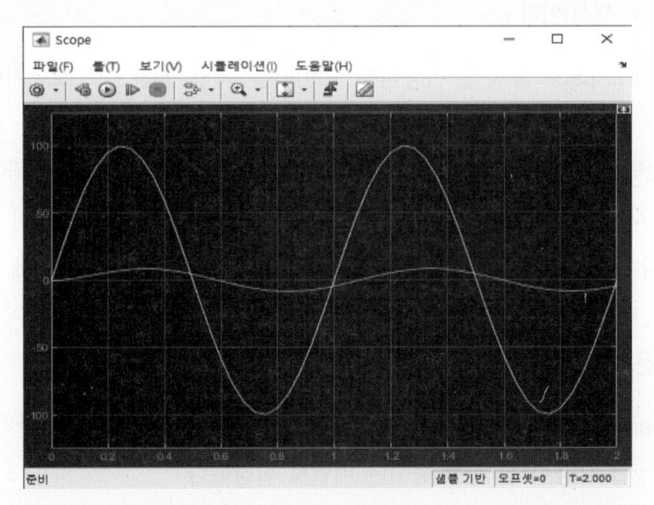

[그림 10.2-3] [예제 10.2-1]에서의 모델을 실행한 다음의 Scope 창(출처: MATLAB)

블록들은 해당 블록을 더블 클릭하면 열리는 블록 파라미터(Block Parameters) 창을 가지고 있음을 주목한다. 이 창은 몇 가지 항목들을 가지고 있으며, 항목의 수와 내용은 블록의 형태에 따라 다르다. 일반적으로 이 파라미터들의 기본값을 사용할 수 있으나, 여기서는 변경되어야 하는 파라미터 값들을 명시적으로 보였다. 더 많은 정보를 얻기 위해서는 블록 파라미터 창 안에 있는 **도움말**을 클릭하기 바란다.

적용(**Apply**)를 클릭하면, 변화는 즉시 반영되지만, 창은 열린 상태로 남아 있다. **OK**를 클릭하면 변화가 반영된 후 창이 닫힌다.

블록에서 마우스 오른쪽 버튼을 클릭한 후, **형식**, **블록 이름 표시**, **켜기**를 선택하면 해당 블록의 라벨(label)이 보이게 할 수 있다. Simulink의 메뉴에서 **저장**을 선택하여 Simulink 모델을 저장할 수 있다. 모델 파일은 나중에 다시 불러올 수 있다. 또한, 메뉴에서 **인쇄**를 선택하여 다이어그램을 인쇄할 수 있다.

시뮬레이션 결과에 대한 액세싱

Scope 블록은 시뮬레이션 결과를 쉽게 볼 수 있게 한다. 하지만 종종 그래프를 복제해 두고 싶을 때가 있다. 이를 위해 Scope 블록의 파일 메뉴에서는 세 가지 방법을 제공한다. **인쇄**(Scope 화면을 인쇄한다), **인쇄 미리 보기**(일부 편집이 가능), **Figure에 출력**(MATLAB 그림창에 Figure 생성)이다.

또한, To Workspace 블록을 이용하여 데이터를 작업 공간으로 보내거나 To File 블록을 이용하여 데이터를 파일에 저장할 수 있다. [그림 10.2-4]를 본다. Ramp 블록은 Source 라이브러리에 있다. 램프의 기울기는 반드시 설정해야 하는데 이 예에서는 기본 값인 1을 그대로 사용한다. 시작 시간도 기본 값인 0을 그대로 둔다. 모델창이 열린 후, 각 블록의 블록 파라미터 대화 박스에서 기본 값들을 수정한다. To File 블록에서 저장할 파일 이름을 원하는 대로 지정한다. 이 예에서는 `y.mat`을 입력한다. 그리고 변수 이름은 기본인 `ans`를 그대로 둔다. 저장 형식은 배열로 설정한다.

To Workspace 블록의 대화 박스에서 변수 이름을 원하는 데로 지정한다. 이 예에서는 변수 이름으로 y를 사용한다. 저장 형식은 배열로 설정한다.

모델을 실행하고 To File 블록이 저장한 데이터에 접근하려면, `load('y.mat')`를 입력하여 출력한 파일에서 데이터를 읽어들인다. 다음 스크립트는 두 개의 블록이 저장한 데이터를 어떻게 플롯하는지를 보이고 있다.

```
load('y.mat')
subplot(2, 1, 1)
plot(ans(1, :), ans(2, :)), legend('To File')
subplot(2, 1, 2)
plot(out.y), legend('To Workspace')
```

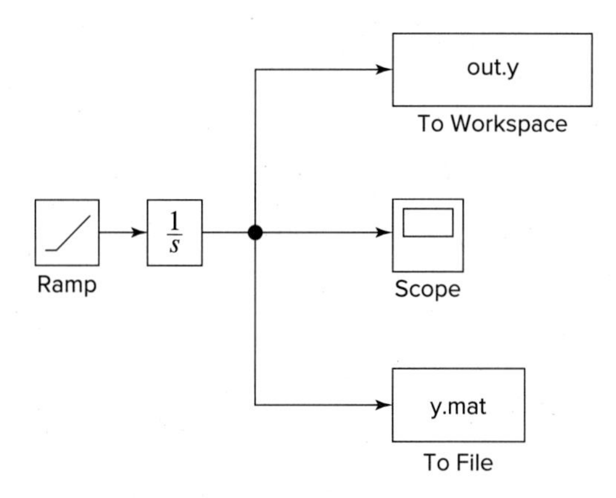

[그림 10.2-4] To Workspace 블록과 To File 블록을 이용하여 데이터를 각각 작업 공간과 파일로 저장하기

10.3 선형 상태변수 모델

상태변수 모델은 전달함수 모델과는 달리, 한 개 이상의 입력과 한 개 이상의 출력을 가질 수 있다. Simulink에는 선형 상태변수 모델 $\dot{\mathbf{x}}=\mathbf{Ax}+\mathbf{Bu}$, $\mathbf{y}=\mathbf{Cx}+\mathbf{Du}$를 나타내는 State-Space(상태-공간) 블록이 있다(이 모델 형태에 대해서는 9.5절을 참조한다). 벡터 $\mathbf{u}$는 입력을 나타내고, 벡터 $\mathbf{y}$는 출력을 나타낸다. 따라서 입력들을 State-Space 블록에 연결할 때에는 올바른 순서로 연결하도록 주의한다. 블록들의 출력을 다른 블록에 연결할 때도 비슷한 주의가 필요하다. 다음 예제는 이러한 방법을 보인다.

예제 10.3-1 두 질량 서스펜션 시스템의 Simulink 모델

다음은 [그림 10.3-1]에 보인 두 질량 서스펜션 시스템의 운동 방정식이다.

$$m_1\ddot{x}_1=k_1(x_2-x_1)+c_1(\dot{x}_2-\dot{x}_1)$$
$$m_2\ddot{x}_2=-k_1(x_2-x_1)-c_1(\dot{x}_2-\dot{x}_1)+k_2(y-x_2)$$

이 시스템의 Simulink 모델을 개발하고 x_1과 x_2에 대한 그래프를 그려라. 입력 $y(t)$는 단위계단 함수이고 초기 조건은 0이다. 다음의 값들을 사용한다. $m_1=250\text{kg}$, $m_2=40\text{kg}$, $k_1=1.5\times10^4\text{N/m}$, $k_2=1.5\times10^5\text{N/m}$ 및 $c_1=1{,}917\ \text{N}\cdot\text{s/m}$이다.

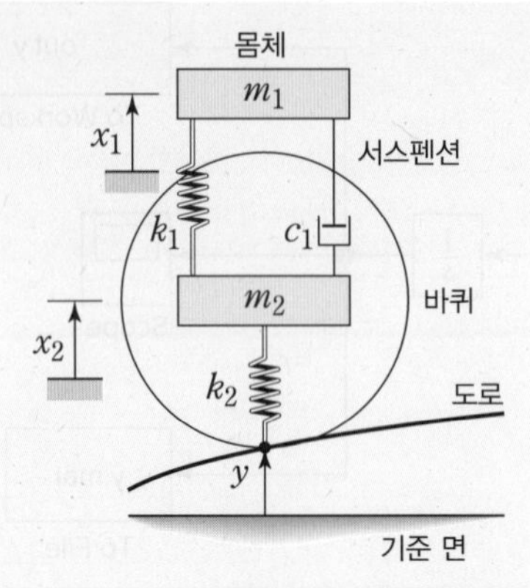

[그림 10.3-1] 두 질량을 가진 서스펜션 시스템

풀이

이 운동 방정식은 $z_1=x_1$, $z_2=\dot{x}_1$, $z_3=x_2$, $z_4=\dot{x}_2$ 라고 놓아 상태변수 형태로 표현될 수 있다. 운동 방정식은

$$\dot{z}_1=z_2 \quad \dot{z}_2=\frac{1}{m_1}(-k_1z_1-c_1z_2+k_1z_3+c_1z_4)$$

$$\dot{z}_3=z_4 \quad \dot{z}_4=\frac{1}{m_2}[k_1z_1+c_1z_2-(k_1+k_2)z_3-c_1z_4+k_2y]$$

이 방정식은 다음과 같이

$$\dot{\mathbf{z}}=\mathbf{Az}+\mathbf{By}(t)$$

벡터-행렬 형으로 나타내지며, 여기에서

$$\mathbf{A}=\begin{bmatrix} 0 & 1 & 0 & 0 \\ -\frac{k_1}{m_1} & -\frac{c_1}{m_1} & \frac{k_1}{m_1} & \frac{c_1}{m_1} \\ 0 & 0 & 0 & 1 \\ \frac{k_1}{m_2} & \frac{c_1}{m_2} & -\frac{k_1+k_2}{m_2} & -\frac{c_1}{m_2} \end{bmatrix} \quad \mathbf{B}=\begin{bmatrix} 0 \\ 0 \\ 0 \\ \frac{k_2}{m_2} \end{bmatrix}$$

및

$$\mathbf{z}=\begin{bmatrix} z_1 \\ z_2 \\ z_3 \\ z_4 \end{bmatrix}=\begin{bmatrix} x_1 \\ \dot{x}_1 \\ x_2 \\ \dot{x}_2 \end{bmatrix}$$

이다. 표기를 간단히 하기 위하여, $a_1=k_1/m_1$, $a_2=c_1/m_1$, $a_3=k_1/m_2$, $a_4=c_1/m_2$, $a_5=k_2/m_2$ 및 $a_6=a_3+a_5$ 라고 놓는다. 행렬 **A**와 **B**는

$$\mathbf{A}=\begin{bmatrix} 0 & 1 & 0 & 0 \\ -a_1 & -a_2 & a_1 & a_2 \\ 0 & 0 & 0 & 1 \\ a_3 & a_4 & -a_6 & -a_4 \end{bmatrix} \quad \mathbf{B}=\begin{bmatrix} 0 \\ 0 \\ 0 \\ a_5 \end{bmatrix}$$

와 같이 된다. 다음으로 출력 방정식 $\mathbf{y}=\mathbf{Cz}+\mathbf{B}y(t)$ 에서의 행렬에 대한 적절한 값을 선택한다. 우리가 z_1 및 z_3 인 x_1과 x_2의 그래프를 그리고자 하므로 **C** 및 **D**에 대하여 다음의 행렬을 이용해야만 한다.

$$\mathbf{C}=\begin{bmatrix} 1 & 0 & 0 & 0 \\ 0 & 0 & 1 & 0 \end{bmatrix} \quad \mathbf{D}=\begin{bmatrix} 0 \\ 0 \end{bmatrix}$$

B의 차원은 Simulink에게 입력이 하나가 있다고 알려준다는 것을 주목한다. **C**와 **D**의 차원은 2개의 출력이 있다는 것을 알려준다.

새로운 모델창을 열고, [그림 10.3-2]와 같은 모델을 생성하기 위하여 다음을 수행한다.

1. Sources 라이브러리에서 Step 블록을 선택하여 배치한다. 블록을 더블 클릭하여 열린 블록 파라미터(Block Parameters) 창에서 스텝 시간(Step time)을 0, 초기값(Initial values)과 최종값(Final values)은 0과 1로 설정한다. 이 창에서 다른 파라미터의 기본값은 변경하지 않는다. **확인**을 클릭한다. 스텝 시간은 계단입력(step input)이 시작하는 시간이다.
2. Continuous 라이브러리에서 State-Space 블록을 선택하여 배치한다. 블록 파라미터(Block Parameters)를 열고, 행렬 **A**, **B**, **C**, **D**에 다음 값들을 입력한다. **A**에는 `[0, 1, 0, 0; -a1, -a2, a1, a2; 0, 0, 0, 1; a3, a4, -a6, -a4]`를 입력한다.
   B에는 `[0; 0; 0; a5]`를 입력한다. **C**에는 `[1, 0, 0, 0; 0, 0, 1, 0]`을, **D**에는 `[0; 0]`를 입력한다. 다음으로 초기 조건(initial conditions)에는 `[0; 0; 0; 0]`을 입력한다. **확인**을 클릭한다.
3. Sink 라이브러리에서 Scope 블록을 선택하여 배치한다.
4. [그림 10.3-2]에서 보인 것과 같이 입력과 출력을 연결하고, 모델을 저장한다.
5. 작업공간 창에서 매개변수 값을 입력하고 a_i 상수들을 다음의 세션에서 보인 것과 같이 계산한다.

```
>> m1 = 250; m2 = 40; k1 = 1.5e+4;
>> k2 = 1.5e+5; c1 = 1917;
>> a1 = k1/m1; a2 = c1/m1; a3 = k1/m2;
>> a4 = c1/m2; a5 = k2/m2; a6 = a3 + a5;
```

6. Scope가 정상 상태 응답(steady-state response)에 도달한 것을 보일 때까지 중지 시간(Stop time)의 값을 변경해가며 시뮬레이션을 실행한다. 이 방법을 사용하면 1초의 중지 시간은 충분한 것으로 보인다. x_1과 x_2의 그래프가 Scope에 그려진다. To Workspace 블록은 MATLAB에서 그래프를 그리기 위해 더해질 수 있다. [그림 10.3-3]은 이런 방법으로 생성되었다.

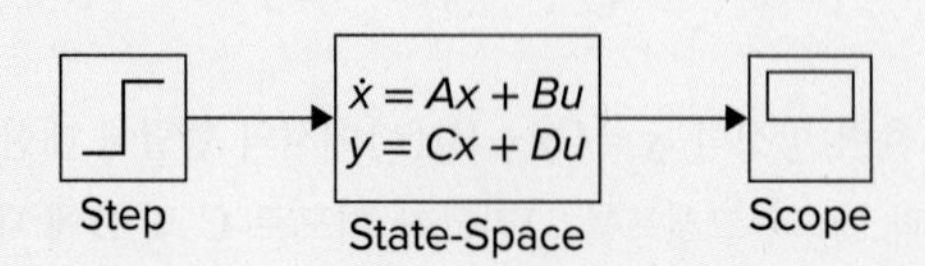

[그림 10.3-2] State-Space 블록과 Step 블록을 포함하는 Simulink 모델

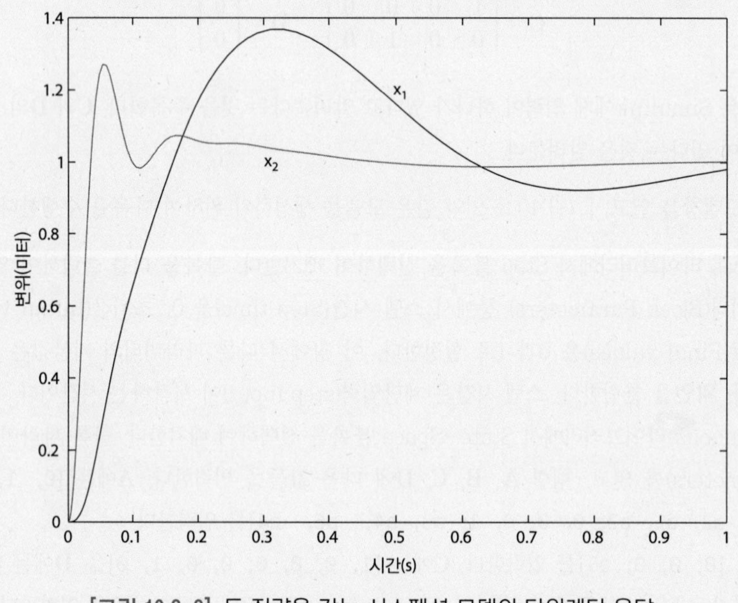

[그림 10.3-3] 두 질량을 갖는 서스펜션 모델의 단위계단 응답

10.4 부분 선형(Piecewise-Linear) 모델

선형 모델과는 다르게, 대부분의 비선형 미분 방정식은 닫힌 형태(closed-form)의 해가 존재하지 않으므로, 그러한 방정식들은 수치적으로 해를 구해야 한다. 비선형 상미분방정식은 종속변수 또는 종속변수의 미분이 멱함수 또는 초월함수로 표현된다. 예를 들어, 다음 방정식들은 비선형이다.

$$y\ddot{y}+5\dot{y}+y=0 \quad \dot{y}+\sin y=0 \quad \dot{y}+\sqrt{y}=0$$

부분 선형 모델들은 선형처럼 보이지만, 실질적으로는 비선형이다. 이들은 어떤 조건이 만족되면 효과가 나타나는 선형 모델들로 구성된다. 이러한 선형 모델들 사이의 전환 때문에 전체 모델이 비선형이 된다. 그러한 모델의 예로 쿨롱(Coulomb) 마찰력을 가진 수평면 위를 미끄러지는 용수철에 연결된 질량을 들 수 있다. 그 모델은 다음과 같다.

$$m\ddot{x}+kx=\begin{cases} f(t)-\mu mg & \text{만일 } \dot{x}\geq 0\text{이면} \\ f(t)+\mu mg & \text{만일 } \dot{x}<0\text{이면} \end{cases}$$

이러한 두 개의 선형 방정식들은 하나의 비선형 방정식으로 표현될 수 있다.

$$m\ddot{x}+kx=f(t)-\mu mg\, sign(\dot{x}) \text{ 여기에서 } sign(\dot{x})=\begin{cases} +1 & \text{만일 } \dot{x}\geq 0 \text{ 이면} \\ -1 & \text{만일 } \dot{x}<0 \text{ 이면} \end{cases}$$

부분 선형 함수를 포함한 모델의 해는 프로그램하기에 매우 따분하다. 그러나 Simulink는 쿨롱 마찰력과 같이 많이 쓰이는 함수들을 나타낼 수 있는 내장된(built-in) 블록들을 가지고 있다. 따라서 Simulink는 그러한 응용에 특히 유용하게 사용된다. 그러한 블록의 하나가 Discontinuities 라이브러리에 있는 Saturation 블록이다. 이 블록은 [그림 10.4-1]과 같은 포화(saturation) 함수를 구현한다.

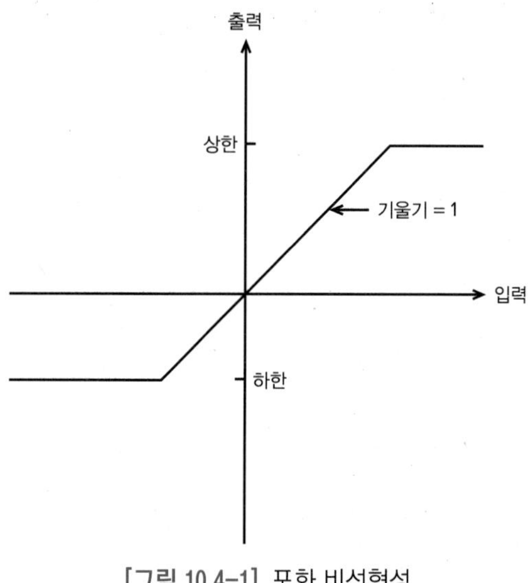

[그림 10.4-1] 포화 비선형성

예제 10.4-1 로켓 추진 썰매의 Simulink 모델

트랙 위의 로켓 추진 썰매는 [그림 10.4-2]와 같이 로켓 추진력을 나타내는 인가된 힘 f와 질량 m으로 나타내진다. 로켓 추진력은 초기에는 수평 방향이나, 발사 동안에 뜻하지 않게 각가속도 $\ddot{\theta}=\pi/50$ rad/s로 축을 중심으로 회전한다. $v(0)=0$일 때, $0 \le t \le 6$에 대하여 썰매 속도 v를 계산하라. 로켓 추진력은 4,000N이고 썰매 질량은 450kg이다.

썰매의 운동 방정식은 다음과 같다.

$$450\dot{v}=4000\cos\theta(t)$$

$\theta(t)$를 구하기 위하여,

$$\dot{\theta}=\int_0^t \ddot{\theta}dt=\frac{\pi}{50}t$$

와

$$\theta=\int_0^t \dot{\theta}dt=\int_0^t \frac{\pi}{50}tdt=\frac{\pi}{100}t^2$$

을 주목한다. 이와 같이, 운동 방정식은

$$450\dot{v}=4000\cos\left(\frac{\pi}{100}t^2\right)$$

또는

$$\dot{v}=\frac{80}{9}\cos\left(\frac{\pi}{100}t^2\right)$$

과 같이 된다. 해는 식으로

$$v(t)=\frac{80}{9}\int_0^t \cos\left(\frac{\pi}{100}t^2\right)dt$$

로서 주어진다.

불행하게도, Fresnel의 코사인 적분이라고 불리는 이 적분에 대하여 닫힌 형태(closed-form)의 해는 없다. 이 적분값은 수치적으로 표로 만들어져 있으나, 우리는 해를 구하기 위해 Simulink를 사용하고자 한다.

(a) $0 \le t \le 10s$에 대하여 이 문제를 풀기 위한 Simulink 모델을 만들어라.

(b) 엔진 각이 기계적 멈춤 장치에 의하여 60°, 즉, $\pi/3$ rad로 제한된다고 가정한다. 이 문제를 풀기 위한 Simulink 모델을 만들어라.

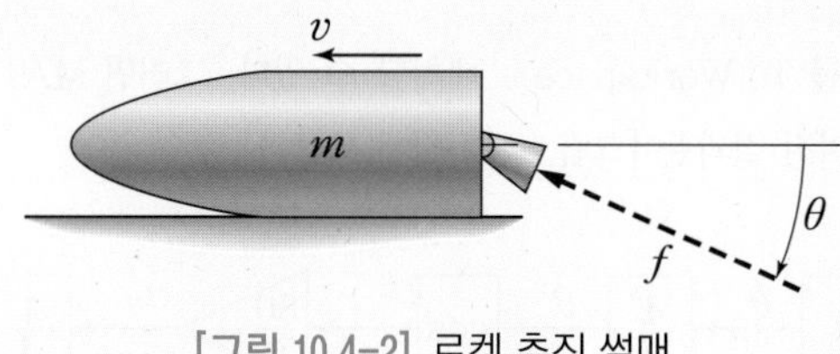

[그림 10.4-2] 로켓 추진 썰매

풀이

(a) 입력 함수 $\theta = (\pi/100)\,t^2$을 만드는 방법에는 몇 가지가 있다. 여기서 $\ddot{\theta} = \pi/50$ rad/s에 주목하면

$$\dot{\theta} = \int_0^t \ddot{\theta}\,dt$$

및

$$\theta = \int_0^t \dot{\theta}\,dt = \frac{\pi}{100}t^2$$

이다. 따라서 상수 $\ddot{\theta} = \pi/50$를 두 번 적분하여 $\theta(t)$를 얻을 수 있다. 시뮬레이션 다이어그램은 [그림 10.4-3]에 보였다. 이 다이어그램은 [그림 10.4-4]에 보인 상응하는 Simulink 모델을 만드는 데 사용된다.

이 모델에는 두 개의 새로운 블록이 있다. Constant 블록은 Source 라이브러리에 있다. 이 블록을 배치하고, 더블 클릭한 후에 상수값(Constant Value) 창에서 `pi/50`을 입력한다.

Trigonometric(삼각법) 블록은 Math Operations 라이브러리에 있다. 이 블록을 배치한 후에 더블 클릭하고, 함수(Function) 창에서 `cos`를 선택한다.

중지 시간(Stop time)을 10으로 설정하고, 시뮬레이션을 실행한 후, Scope에서 결과를 확인한다.

(b) [그림 10.4-4]의 모델을 [그림 10.4-5]와 같이 수정한다. Signal Routing 라이브러리로부터 Mux 블록을 선택하고 위치시킨 다음, 더블 클릭한 다음에 입력 개수를 2로 세팅한다. **확인**을 클릭한다(Mux라는 이름은 multiplexer의 약자이며, 이것은 여러 개의 신호들을 결합하는 전기 장치이다). θ의 범위를 $\pi/3$ rad으로 제한하기 위하여 Discontinuities 라이브러리에 있는 Saturation 블록을 사용한다. [그림 10.4-5]에 보인 것과 같이 블록을 배치한 후에 더블 클릭하고, 상한(Upper Limit) 창에 `pi/3`을 입력한다. 하한(Lower Limit) 창에는 `0`을 입력한다.

그림과 같이 남은 요소를 입력하고 연결한 후, 시뮬레이션을 실행한다. 결과를 체크하기 위하여, 위쪽의 Constant 블록과 Integrator 블록은 엔진 각도가 $\theta=0$에서의 해를 구하기 위해 사용된다($\theta=0$에 대한 운동 방정식은 $\dot{v}=80/9$이고, 따라서 $v(t)=80t/9$이다).

선호한다면 Scope를 To Workspace로 대치할 수 있다. 그러면 MATLAB에서 결과 그래프를 그릴 수 있다. 그려진 결과는 [그림 10.4-6]에 보였다.

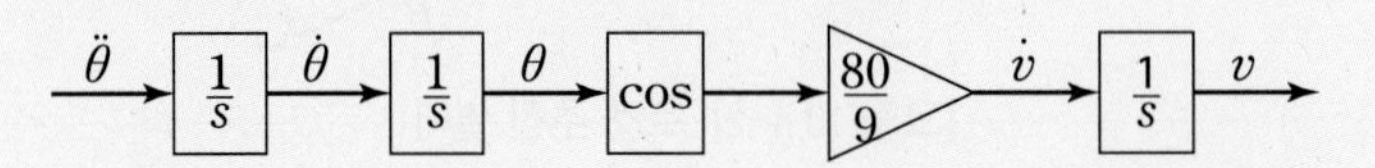

[그림 10.4-3] $v=(80/9)\cos(\pi t^2/100)$에 대한 시뮬레이션 다이어그램

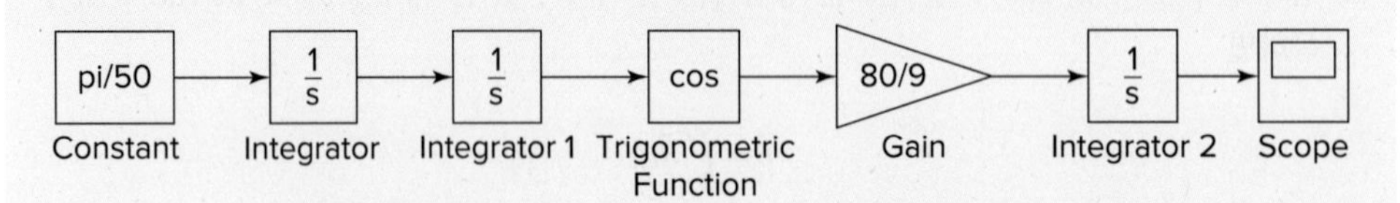

[그림 10.4-4] $v=(80/9)\cos(\pi t^2/100)$에 대한 Simulink 모델

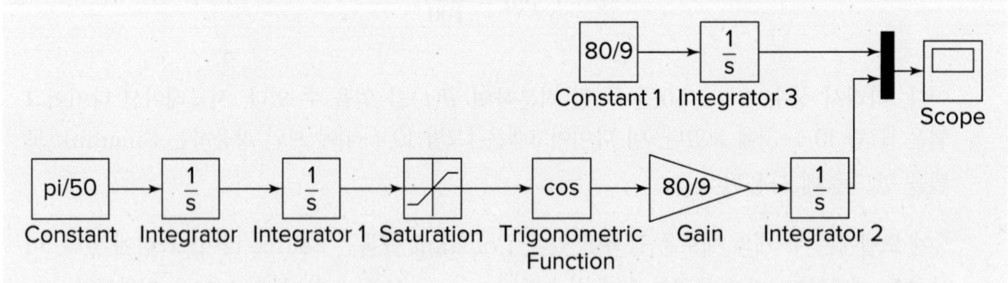

[그림 10.4-5] Saturation 블록을 갖는 $v=(80/9)\cos(\pi t^2/100)$에 대한 Simulink 모델

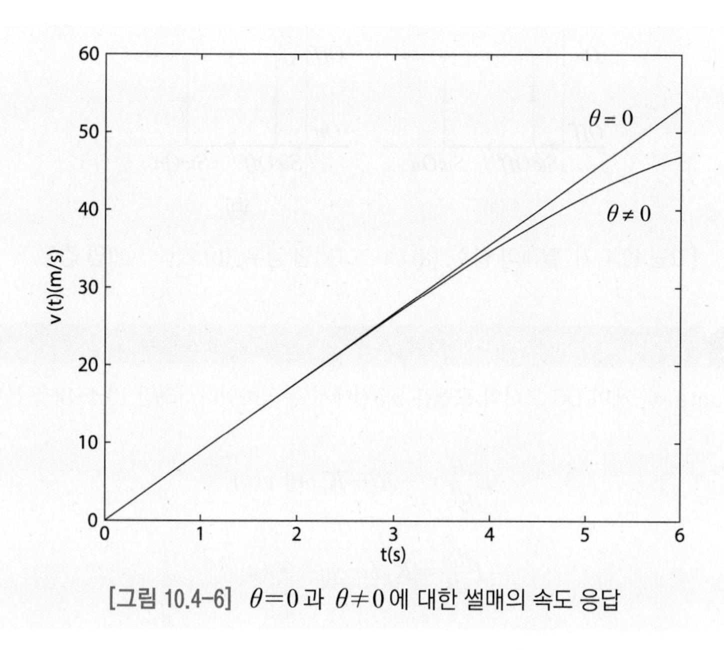

[그림 10.4-6] $\theta=0$ 과 $\theta\neq0$ 에 대한 썰매의 속도 응답

릴레이(Relay) 블록

Simulink의 Relay 블록은 MATLAB에서는 프로그램하기에 까다롭지만, Simulink에서 구현하기는 쉬운 하나의 예이다. [그림 10.4-7a]는 릴레이의 논리 그래프이다. 릴레이는 그림에서 On과 Off라고 하는 두 개의 지정된 출력값 사이를 전환한다. Simulink는 이 값들을 'on일 때 출력' 그리고 'off 일 때 출력'이라 말한다. 릴레이 출력이 On일 경우, 출력은 그림에서 입력이 SwOff라고 이름 지워진 Switch-off 점의 값 아래로 떨어질 때까지 On으로 유지된다. 릴레이 출력이 Off일 경우, 출력은 그림에서 입력이 SwOn이라고 이름 지어진 Switch-on 점의 값을 초과할 때까지 Off로 유지된다.

Switch-on 점의 매개변수 값은 Switch-off 점의 값보다 크거나 같아야 한다. Off의 값이 0일 필요는 없음에 주의하라. 또한 Off의 값이 On의 값보다 작을 필요도 없다. Off > On인 경우를 [그림 10.4-7b]에 보였다. 다음 예제에서 볼 수 있는 것처럼, 때때로 이러한 경우를 사용하는 것이 필요하다.

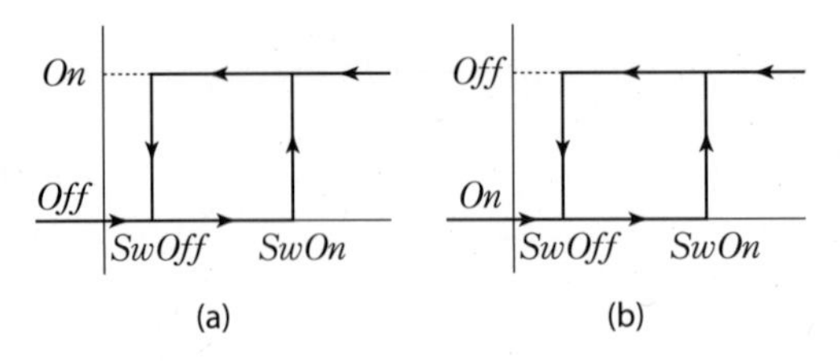

[그림 10.4-7] 릴레이 함수. (a) On > Off인 경우, (b) On < Off인 경우.

예제 10.4-2 릴레이-제어 모터의 모델

전기자(armature)-제어 DC 모터의 모델은 9.5절에서 논의하였다. [그림 10.4-8]을 본다. 모델은

$$L\frac{di}{dt}=-Ri-K_e\omega+v(t)$$

$$I\frac{d\omega}{dt}=K_Ti-c\omega-T_d(t)$$

와 같으며, 이 모델은 예를 들어, 쿨롱 마찰력이나 외부 힘과 같이 원하지 않았거나 예측되지 않았던 동력원에 의해 모터 샤프트에 가해지는 토크 $T_d(t)$를 포함한다. 제어 시스템 기술자들은 이것을 외란(disturbance)이라고 칭한다. 이 방정식들은 행렬 형태로

$$\begin{bmatrix}\dot{x}_1\\ \dot{x}_2\end{bmatrix}=\begin{bmatrix}-\frac{R}{L} & -\frac{K_e}{L}\\ \frac{K_T}{I} & -\frac{c}{I}\end{bmatrix}\begin{bmatrix}x_1\\ x_2\end{bmatrix}+\begin{bmatrix}\frac{1}{L} & 0\\ 0 & -\frac{1}{I}\end{bmatrix}\begin{bmatrix}v(t)\\ T_d(t)\end{bmatrix}$$

와 같이 쓸 수 있는데, 여기에서 $x_1=i$ 이고 $x_2=\omega$ 이다. $R=0.6\ \Omega$, $L=0.002\text{H}$, $K_T=0.04\ \text{N}\circ\text{m/A}$, $K_e=0.04\ \text{V}\circ\text{s/rad}$, $c=0.01\ \text{N}\circ\text{m}\circ\text{s/rad}$, $I=6\times10^{-5}\ \text{kg}\circ\text{m}^2$ 의 값을 사용한다.

모터의 속도를 측정할 수 있는 센서를 갖고 있으며, 속도를 250과 350rad/s 사이로 유지하기 위하여 인가되는 전압 $v(t)$를 0과 100 V 사이로 전환하는 릴레이를 센서 신호를 사용하여 작동한다고 가정한다. 이것은 [그림 10.4-7b]에서 SwOff = 250, SwOn = 350, Off = 100 및 On = 0인 릴레이 논리에 해당된다. 외란 토크가 $t=0.05$초에서 시작하여 0에서 $3\ \text{N}\circ\text{m}$으로 증가하는 계단함수(step function)라고 할 때, 이 설계가 얼마나 잘 동작하는지를 조사하라. 시스템은 $\omega(0)=0$ 및 $i(0)=0$인 정지 상태로부터 시작한다고 가정한다.

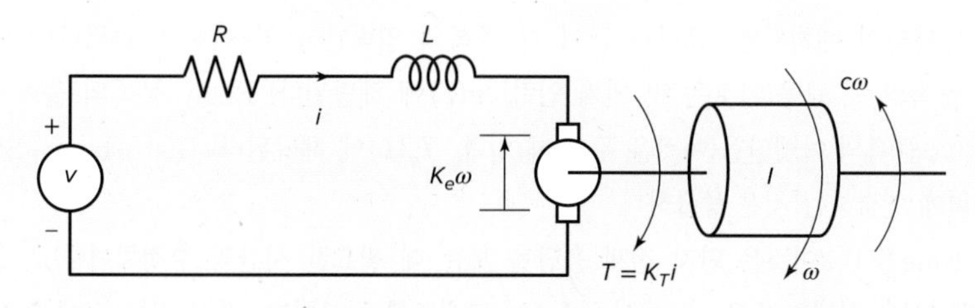

[그림 10.4-8] 전기자-제어 DC 모터

풀이

주어진 매개변수 값들로부터

$$\mathbf{A} = \begin{bmatrix} -300 & -20 \\ 666.7 & -167.7 \end{bmatrix} \quad \mathbf{B} = \begin{bmatrix} 500 & 0 \\ 0 & -16667 \end{bmatrix}$$

이다. 속도 ω를 출력으로 시험하기 위하여 $\mathbf{C} = [0,\ 1]$ 및 $\mathbf{D} = [0,\ 0]$을 선택한다. 이 시뮬레이션을 실행하기 위하여, 먼저 새로운 모델창을 열고 다음을 따라 한다.

1. Source 라이브러리에서 Step 블록을 선택하여 새로운 창에 배치한다. [그림 10.4-9]에 보인 것과 같이 블록에 Disturbance Step이라고 라벨을 붙인다. 더블 클릭을 하고 블록 파라미터 창이 나타나면, 스텝 시간(Step time)을 0.05, 초기값과 최종값을 0과 3, 그리고 샘플 시간을 0으로 설정한다. **확인**을 클릭한다.
2. Discontinuities 라이브러리에서 Relay 블록을 선택하여 배치한다. 이 블록을 더블 클릭하고 스위치 켜기 값(Switch-on)과 스위치 끄기 값(Switch-off)을 350과 250으로 설정하고 켜져 있을 때의 출력을 0, 꺼져 있을 때의 출력을 100으로 설정한다. **확인**을 클릭한다.
3. Signal Routing 라이브러리에서 Mux 블록을 선택하여 배치한다. Mux 블록은 2개 이상의 신호들을 하나의 벡터 신호로 묶어준다. 블록을 더블 클릭한 후, 표시 옵션(Display option)을 신호(signals)로 설정한다. **확인**을 클릭한다. 모델창에 있는 Mux 아이콘을 클릭하고, 모서리 한쪽 끝을 끌어서 모든 문자가 보이도록 박스를 확장한다.
4. Continuous 라이브러리에서 State-Space 블록을 선택하여 배치한다. 이 블록을 더블 클릭한 후, **A**에는 `[-300, -20; 666.7, -166.7]`, **B**에는 `[500, 0; 0, -16667]`, **C**에는 `[0, 1]`, 그리고 **D**에는 `[0, 0]`을 입력한다. 초기 조건(initial conditions)에는 `[0; 0]`을 입력한다. **확인**을 클릭한다. 행렬 **B**의 차원은 Simulink에서 2개의 입력이 있음을 알려준다. 행렬 **C**와 **D**의 차원은 Simulink에 1개의 출력이 있음을 알려준다.
5. Sinks 라이브러리에서 Scope 블록을 선택하여 배치한다.

6. 일단 블록들이 배치되면, 그림과 같이 각 블록의 입력단을 앞 블록의 출력단에 연결한다. Mux 블록의 윗 단을(이것은 첫 번째 입력, $v(t)$에 해당된다) Relay 블록의 출력에 연결하고, Mux 블록의 아랫단을(이것은 두 번째 입력, $T_d(t)$에 해당된다) Disturbance Step 블록의 출력에 연결하는 것은 중요하다.
7. Stop time을 0.1(이것은 단지 전체 응답을 보는 데 필요한 시간의 추정치이다)로 설정하고, 시뮬레이션을 실행하여 Scope에서 $\omega(t)$의 그래프를 검사한다. 만일 전류 $i(t)$를 시험해 보고 싶다면, 행렬 **C**를 [1, 0]으로 변경하고, 다시 시뮬레이션을 실행한다.

결과는 릴레이 논리 제어 설계가 외란 토크가 작용하기 전에 250과 350의 원하는 범위 안에 속도를 유지시킴을 보인다. 가해진 전압이 0이면 역기전력(back emf)과 점성 제동(viscous damping)으로 인해 속도가 감소하여 진동하게 된다. 외란 토크가 작동하기 시작할 때 속도가 250 밑으로 떨어지는데, 이것은 그 때 인가된 전압이 0이기 때문이다. 속도가 250 밑으로 떨어지자마자 릴레이 제어기가 전압을 100으로 전환하지만, 모터 토크가 외란에 반하여 작동해야 하기 때문에 속도가 증가하는 데 더 오랜 시간이 걸린다.

속도가 진동하는 대신에 일정하게 됨을 주목한다. 이것은 $v=100$에서 시스템이 모터 토크가 외란 토크와 점성 제동 토크의 합과 같아지는 정상 상태 조건에 도달하기 때문이다. 따라서 가속도는 0이 된다.

이러한 시뮬레이션은 속도가 250 한계 아래에 얼마나 오래 지속되는가를 결정하는 데 실질적으로 사용된다. 시뮬레이션은 이 시간이 약 0.013초임을 보인다. 또한 이 시뮬레이션은 속도의 진동주기(약 0.013초)를 구하거나, 릴레이 제어기에 의해서 허용할 수 있는 외란 토크의 최대값(약 3.7 N·m)을 구하는 데 사용된다.

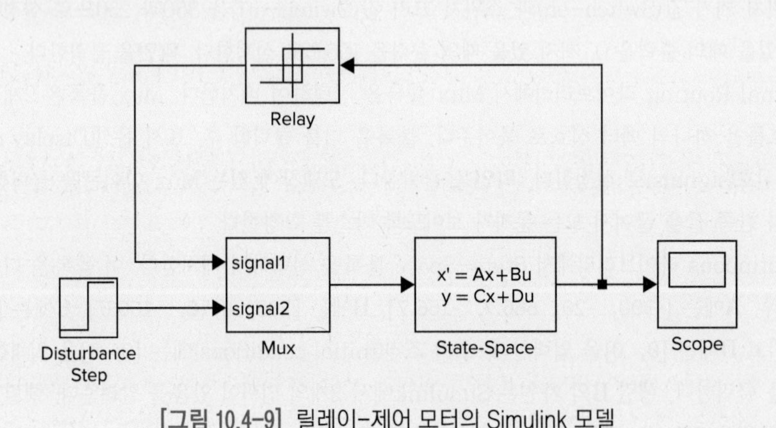

[그림 10.4-9] 릴레이-제어 모터의 Simulink 모델

10.5 전달함수 모델

질량-용수철-댐퍼 시스템의 운동 방정식은 다음과 같다.

$$m\ddot{y}+c\dot{y}+ky=f(t) \qquad (10.5\text{-}1)$$

제어시스템 툴박스(Control System toolbox)와 마찬가지로, Simulink도 전달함수 형태와 상태변수 형태로 시스템을 표현할 수 있다(이 형태들에 대해서는 9.5절을 참조한다). 질량-스프링 시스템에 정현파 입력 함수 $f(t)$가 가해진다면, 응답 $y(t)$를 구하고 그래프로 그리기 위해 지금까지 제시된 MATLAB 명령어를 사용하는 것은 쉽다. 그러나 힘 $f(t)$가 정적인 마찰력에 의한 비선형 불감대(데드존, dead-zone)을 갖는 유압 피스톤(hydraulic piston)에 정현파 입력을 가함으로써 만들어진다고 가정한다. 이 경우 입력 전압이 어떤 크기 이상이 될 때까지 피스톤이 힘을 발생시키지 않으므로 시스템 모델이 부분 선형임을 의미한다.

특정한 비선형 불감대(데드존)에 대한 그래프가 [그림 10.5-1]에 보였다. 입력(그래프에서 독립변수)이 −0.5와 0.5 사이일 때, 출력은 0이다. 입력이 상한값 0.5보다 크거나 같으면 출력은 입력에서 상한값을 뺀 값이 된다. 입력이 하한값 −0.5보다 작거나 같으면, 출력은 입력에서 하한값을 뺀 값이 된다. 이 예제에서 불감대는 0에 대해 대칭이지만, 일반적으로 그럴 필요는 없다.

비선형 불감대를 가진 시뮬레이션은 MATLAB에서는 프로그램하기에 다소 까다롭지만, Simulink에서는 쉽게 할 수 있다. 다음 예제가 이것을 보여준다.

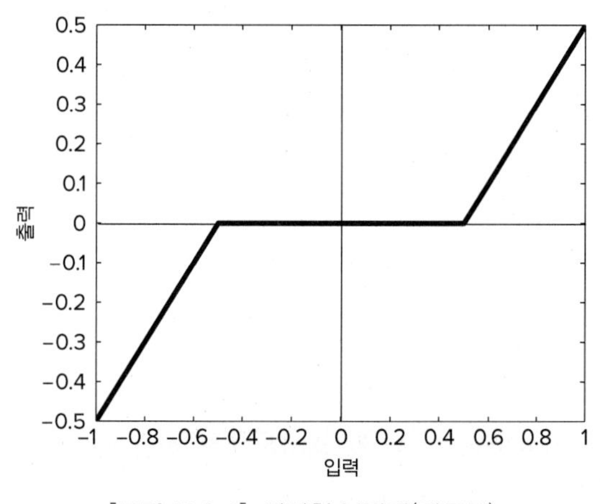

[그림 10.5-1] 비선형 불감대(데드존)

예제 10.5-1 불감대(데드존)를 갖는 응답

매개변수 값 $m=1$, $c=2$ 및 $k=4$를 사용하여 질량-용수철-댐퍼 모델(식 10.5-1)의 Simulink 모델을 만들고 시뮬레이션을 실행하라. 강제 함수(forcing function)는 $f(t)=\sin 1.4t$이다. 시스템은 [그림 10.5-1]과 같은 비선형 불감대를 갖는다.

풀이

시뮬레이션을 실행하기 위하여 다음 단계를 따라 한다.

1. 앞서 설명한 바와 같이 Simulink를 시작하고 새 모델창을 연다.
2. Sources 라이브러리에서 Sine Wave 블록을 선택하고 새 창에 배치한다. 블록을 더블 클릭하고 진폭(Amplitude)은 1, 주파수(Frequency)는 1.4, 위상(Phase)은 0, 그리고 샘플 시간(Sample time)은 0으로 설정한다. **확인**을 클릭한다.
3. Discontinuities 라이브러리에서 Dead Zone 블록을 선택하고 배치한다. 블록을 더블 클릭하고, 불감대의 시작은 −0.5 그리고 불감대의 끝은 0.5로 설정한다. **확인**을 클릭한다.
4. Continuous 라이브러리에서 Transfer Fcn 블록을 선택하고 배치한다. 블록을 더블 클릭하고, 분자 계수(Numerator)를 [1]로, 분모 계수(Denominator)를 [1, 2, 4]로 설정한다. **확인**을 클릭한다.
5. Sinks 라이브러리에서 Scope 블록을 선택하고 배치한다.
6. 일단 블록들이 배치되면 각 블록의 입력단을 앞 블록의 출력단에 연결한다. 이제 모델은 [그림 10.5-2]처럼 보여야 한다.
7. 중지 시간에 10을 입력한다.
8. 시뮬레이션을 실행한다. Scope 디스플레이에 진동하는 곡선 파형이 보여야 한다.

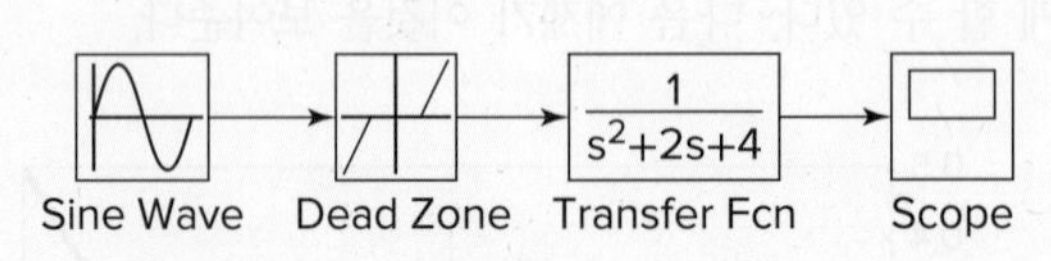

[그림 10.5-2] 불감대 응답의 Simulink 모델

10.6 비선형 상태변수 모델

비선형 모델은 전달함수 형태나 또는 상태변수 형태 $\dot{\mathbf{x}}=\mathbf{Ax}+\mathbf{Bu}$로 나타낼 수 없다. 그러나 Simulink에서는 비선형 모델 또한 시뮬레이션할 수 있다. 다음 예제가 이것을 보여준다.

예제 10.6-1 비선형 진자(pendulum) 모델

[그림 10.6-1]에 보이는 진자는 회전축(pivot)에 점성 마찰(viscous friction)이 존재하고, 회전축에 대하여 모멘트(moment) $M(t)$가 가해지면 다음과 같은 비선형 운동 방정식으로 표현된다.

$$I\ddot{\theta}+c\dot{\theta}+mgL\sin\theta=M(t)$$

여기에서 I는 회전축에 대한 질량의 관성(inertia) 모멘트이다. $I=4$, $mgL=10$, $c=0.8$이며, $M(t)$는 진폭이 3이고 주파수가 0.5Hz인 구형파(square wave)일 때, 이 시스템에 대하여 Simulink 모델을 만들어라. 초기 조건은 $\theta(0)=\pi/4$ rad이고 $\dot{\theta}(0)=0$이라고 가정한다.

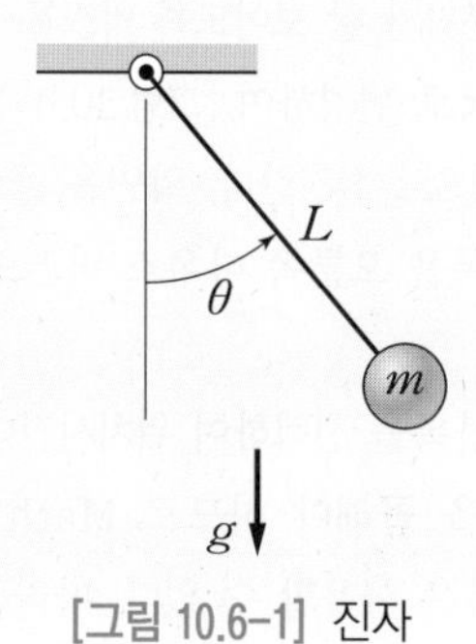

[그림 10.6-1] 진자

풀이

Simulink에서 이 모델을 시뮬레이션하기 위하여 이 방정식을 두 개의 일차방정식으로 다시 쓰기 위한 변수들을 정의한다. 이를 위하여 $\omega=\dot{\theta}$로 놓는다. 그러면 모델은 다음과 같이 다시 쓸 수 있다.

$$\dot{\theta}=\omega$$
$$\dot{\omega}=\frac{1}{I}[-c\omega-mgL\sin\theta+M(t)]=0.25[-0.8\omega-10\sin\theta+M(t)]$$

각 방정식의 양변을 시간에 대해 적분하면 다음과 같다.

$$\theta=\int\omega dt$$
$$\omega=0.25\int[-0.8\omega-10\sin\theta+M(t)]dt$$

이 시뮬레이션을 생성하기 위하여 새로운 네 개의 블록들을 도입한다. 새 모델창을 열고 다음과 같이 한다.

1. Continuous 라이브러리에서 Integrator 블록을 선택하여 새 창에 배치하고, 라벨을 [그림 10.6-2]와 같이 Integrator1으로 변경한다. 텍스트를 클릭하고 변경하면 해당 블록과 관련된 문구를 수정할 수 있다. 블록을 더블 클릭하여 블록 파라미터(Block Parameters) 창을 열고, 초기 조건을 0으로 설정한다(이것은 초기 조건 $\theta(0)=0$ 이다). **확인**을 클릭한다.
2. Integrator 블록을 그림과 같은 위치에 복사하고 라벨을 Integrator2로 변경한다. 블록 파라미터(Block Parameters)의 초기 조건에 `pi/4`를 입력하여 초기 조건을 $\pi/4$ 로 설정한다. 이것은 초기 조건 $\theta(0)=\pi/4$ 이다.
3. Math Operations 라이브러리에서 Gain 블록을 선택하여 배치하고, 더블 클릭하여 이득(Gain) 값을 0.25로 설정한다. **확인**을 클릭한다. 라벨을 `1/I`로 변경한다. 블록을 클릭하고 모서리 한쪽을 끌어당겨 모든 문자가 잘 보이도록 박스를 확장한다.
4. Gain 박스를 복사하고 라벨을 `c`로 변경하여 [그림 10.6-2]에서와 같이 배치한다. 블록을 더블 클릭하고 이득(Gain) 값을 0.8로 설정한다. **확인**을 클릭한다. 박스를 오른쪽 방향에서 왼쪽 방향으로 뒤집기 위하여 블록을 오른쪽 마우스 버튼으로 클릭하고, **회전 및 반전**을 선택한 후 **블록 반전**을 선택한다.
5. Sinks 라이브러리에서 Scope 블록을 선택하여 위치시킨다.
6. $10\sin\theta$ 의 항은 $\sin\theta$ 에 10을 곱해야 하므로 Math Operations 라이브러리에 있는 Trigonometric Function 블록은 사용할 수 없다. 따라서 User-Defined Functions(사용자 정의 함수) 라이브러리에 있는 Fcn 블록*을 사용한다. 그림과 같이 이 블록을 선택하여 배치한다. 블록을 더블 클릭하고 수식(expression) 창에 `10*sin(u)`를 입력한다. 이 블록은 블록의 입력을 나타내기 위하여 변수 `u`를 사용한다. **확인**을 클릭한다. 블록의 방향을 뒤집는다.
7. Math Operations 라이브러리에서 Sum 블록을 선택하여 배치한다. 블록을 더블 클릭하고, 아이콘 형태(Icon shape)에 대하여 원형(round)을 선택한다. 부호 목록(List of Signs) 항에서 `+--`를 입력한다. **확인**을 클릭한다.
8. Sources 라이브러리에서 Signal Generator 블록을 선택하여 배치한다. 블록을 더블 클릭하고, 파형 형태(Wave form)는 구형(square wave), 진폭(Amplitude)은 3, 주파수(Frequency)는 0.5, 그리고 단위(Units)는 Hertz를 선택한다. **확인**을 클릭한다.
9. 일단 블록들이 배치되면, 그림과 같이 화살표를 연결한다.
10. 중지 시간(Stop time)을 10으로 설정하고, 시뮬레이션을 실행한다. Scope에서 $\theta(t)$ 의 그래프를 확인한다. 이로써 시뮬레이션이 완료된다.

---

* 역자 주) 이 Fcn 블록은 R2020a 이후에는 권장되지 않으며, User-defined Functions 라이브러리의 MATLAB Functions를 사용하는 것을 권장한다.

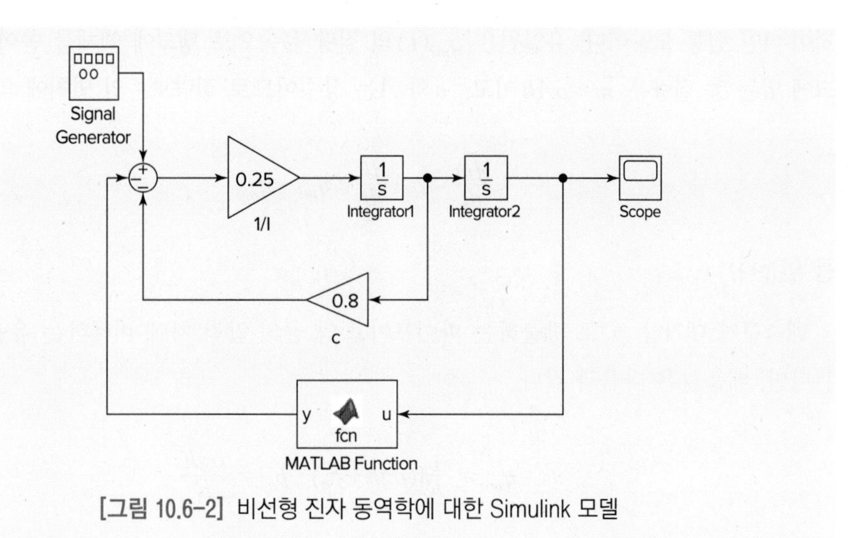

[그림 10.6-2] 비선형 진자 동역학에 대한 Simulink 모델

10.7 서브시스템

Simulink와 같은 그래픽 인터페이스의 잠재적인 단점 중의 하나는 복잡한 시스템을 시뮬레이션할 때는 다이어그램이 다소 커지기 때문에 곤란해질 수 있다는 것이다. 그러나 Simulink는 프로그래밍 언어에서 서브프로그램의 기능과 유사한 역할을 하는 서브시스템(subsystem) 블록들을 제공한다. 서브시스템 블록은 실질적으로 하나의 블록에 의해 표현되는 Simulink 프로그램이다. 서브시스템 블록은 일단 만들어지면 다른 Simulink 프로그램에서도 사용될 수 있다. 이 절에서는 또한 몇 개의 다른 블록들도 소개한다.

서브시스템 블록들을 설명하기 위하여 공학자에게 친숙한 질량보존의 법칙에 기초한 모델을 가진 간단한 유압시스템을 사용한다. 이 방정식들은 전기 회로나 소자와 같은 다른 공학적 응용들과 유사하므로, 이 예제의 결과를 활용하면 다른 응용들에서도 Simulink를 활용할 수 있다.

유압 시스템(Hydraulic System)

유압 시스템에서 사용하는 유동체는 물이나 실리콘 오일과 같은 비압축성 유동체이다(공기압 시스템은 공기와 같은 압축 가능한 유체로 동작한다). 질량 밀도가 ρ인 액체의 탱크로 구성된 유압 시스템을 고려한다([그림 10.7-1]). 그림에서 절단면을 보이고 있는 탱크는 밑면적이 A인 원통 모양이다. 유입원은 $q_{mi}(t)$의 질량 유속으로 탱크에 액체를 쏟아붓는다. 탱크에 있는 총 질량은 $m=\rho Ah$이고, ρ와 A는 상수이므로 질량보존의 법칙에 의해

$$\frac{dm}{dt}=\rho A\frac{dh}{dt}=q_{mi}-q_{mo} \tag{10.7-1}$$

를 얻는다.

배출구가 대기압 p_a로 방출하는 파이프이고 양 끝의 압력 차에 비례하는 유출저항을 갖는다면, 배출률은 다음과 같다.

$$q_{mo}=\frac{1}{R}[(\rho gh+p_a)-p_a]=\frac{\rho gh}{R}$$

여기에서 R을 유체저항이라 한다. 이 식을 식 (10.7-1)에 대입하면, 다음 모델을 얻는다.

$$\rho A\frac{dh}{dt}=q_{mi}(t)-\frac{\rho g}{R}h \tag{10.7-2}$$

전달함수는 다음과 같다.

$$\frac{H(s)}{Q_{mi}(s)}=\frac{1}{\rho As+\rho g/R}$$

한편, 배출구는 밸브 등 흐름에 대하여 비선형 저항을 가진 다른 제약 사항이 될 수 있다. 그러한 경우에, 일반적인 모델은 부호 제곱근(SSR: signed-square-root) 관계가 된다.

$$q_{mo}=\frac{1}{R}SSR(\Delta p)$$

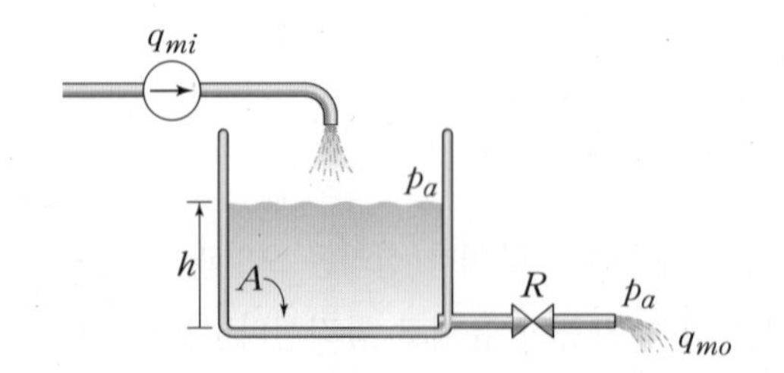

[그림 10.7-1] 하나의 유체 유입원을 갖는 유압시스템

여기서 q_{mo}는 배출구 질량 유속률이고, R은 저항이며, Δp는 저항에 걸리는 압력 차이다. 그리고

$$SSR(\Delta p)=\begin{cases}\sqrt{\Delta p} & \text{만일 } \Delta p \geq 0 \text{ 이면}\\ -\sqrt{|\Delta p|} & \text{만일 } \Delta p < 0 \text{ 이면}\end{cases}$$

이다. MATLAB에서 `SSR(u)` 함수를 `sign(u)*sqrt(abs(u))`와 같이 나타낼 수 있다는 것을 주목한다.

[그림 10.7-2]와 같이 유체 유입원 q와 압력 p_l과 p_r로 유체를 공급하는 두 개의 펌프를 가진 약간 다른 시스템을 고려한다. 저항은 비선형이고 부호 제곱근 관계를 따른다고 가정한다. 그러면 시스템의 모델은 다음과 같다.

$$\rho A\frac{dh}{dt}=q+\frac{1}{R_l}SSR(p_l-p)-\frac{1}{R_r}SSR(p-p_r)$$

여기에서 A는 밑면적이고 $p=\rho gh$이다. 압력 p_l과 p_r은 왼쪽과 오른쪽의 계기 압력(gauge pressure)이다. 계기 압력은 절대압과 대기압의 차이이다. 대기압 p_a는 계기압력을 사용하기 때문에 모델에서 상쇄된다.

다음 Simulink 요소들을 소개하기 위하여 이 응용을 이용한다.

- 서브시스템 블록
- 입력과 출력단(input and output ports)

다음 두 방법 중 한 가지로 서브시스템 블록을 만들 수 있다. 라이브러리로부터 Subsystem 블록을 모델창으로 끌어오거나 먼저 Simulink 모델을 만들고 경계(bounding) 박스 안의 모델을 '캡슐화(encapsulating)'한다. 우리는 후자의 방법을 보이기로 한다.

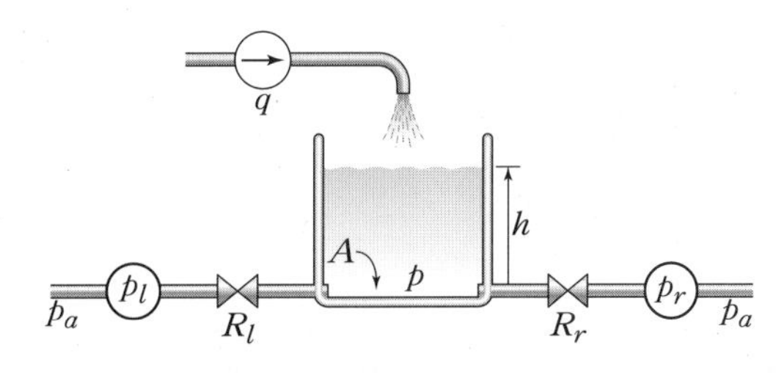

[그림 10.7-2] 유체 유입원과 2개의 펌프를 가진 유압시스템

[그림 10.7-2]와 같은 유량-레벨 시스템에 대하여 서브시스템을 만들 수 있다. 먼저 [그림 10.7-3]과 같이 Simulink 모델을 만든다. 타원 모양의 블록들은 입력과 출력단(In 1과 Out 1)으로, Ports & Subsystems 라이브러리에서 가져올 수 있다. 4개의 Gain 블록들 각각에 이득을 입력할 때 MATLAB 변수들과 수식들을 사용할 수 있음을 주목한다.

프로그램을 실행하기 전에 MATLAB 명령창에서 이 변수들의 값을 할당한다. 블록에 보이고 있는 수식을 이용하여 4개의 Gain 블록에 이득을 입력한다. 또한, Integrator 블록의 초기 조건(Initial condition)으로 변수를 사용할 수 있다. 이 변수를 `h0`으로 명명한다.

SSR 블록들은 Fcn 블록의 예들이다. 블록을 더블 클릭하고 MATLAB 수식 `sign(u)*sqrt(abs(u))`를 입력한다. Fcn 블록은 변수 `u`를 사용하는 것을 주목한다. Fcn 블록의 출력은 여기의 경우처럼 스칼라(scalar)이어야 하며, Fcn 블록에서는 행렬연산을 할 수 없다. 여기에서는 행렬연산이 필요 없다(Fcn 블록 대신 10.9절에서 논의되는 MATLAB Function 블록을 사용할 수 있다). 모델을 저장하고 Tank와 같이 이름을 부여한다.

이제 다이어그램을 둘러싸고 있는 '경계 박스(bounding box)'를 만든다. 마우스 커서를 왼쪽 위에 놓고, 마우스 버튼을 누른 채로 전체 다이어그램을 둘러싸도록 확장 박스를 오른쪽 아래까지 끌어당긴다. 그리고 모델링 탭의 서브시스템 만들기(Create Subsystem)를 선택한다. 그러면 Simulink가 다이어그램을 필요한 만큼의 입출력단을 가진 하나의 블록으로 대치하고 디폴트 이름들을 부여한다. 라벨을 읽을 수 있도록 블록의 크기를 조절할 수 있다. 블록을 더블 클릭하여 서브시스템을 보거나 수정할 수 있다. 결과를 [그림 10.7-4]에 보였다.

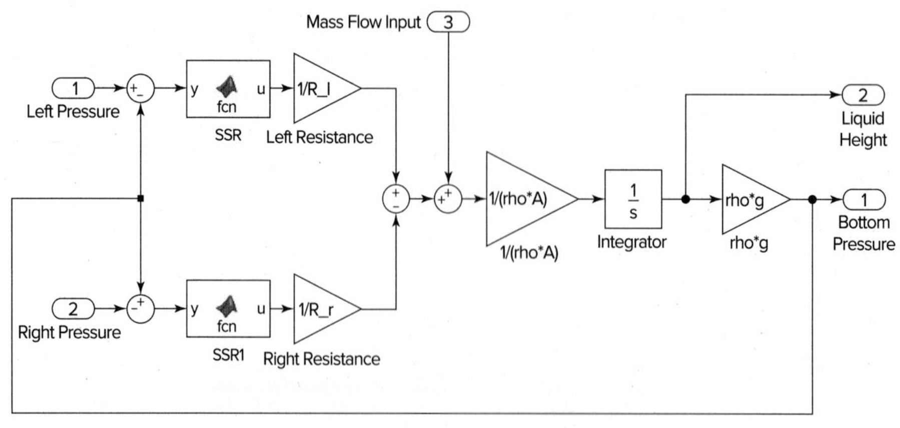

[그림 10.7-3] [그림 10.7-2]의 시스템에 대한 Simulink 모델

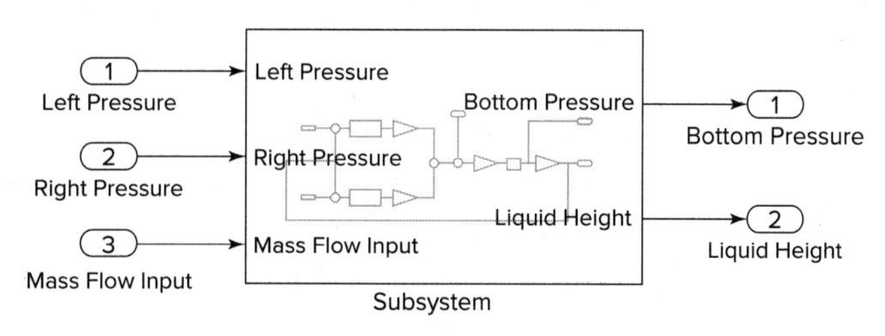

[그림 10.7-4] 서브시스템 블록

서브시스템 블록들의 연결

이제 [그림 10.7-5]에 있는 시스템의 시뮬레이션을 수행하는데, 여기서 질량 유입률 q는 계단 함수이다. 시뮬레이션을 수행하기 위해 [그림 10.7-6]에 보이는 Simulink 모델을 만든다. 사각형 블록들은 Source 라이브러리에 있는 Constant 블록들이다. 이 블록들은 상수 입력을 제공한다(계단 함수 입력과는 같지 않다).

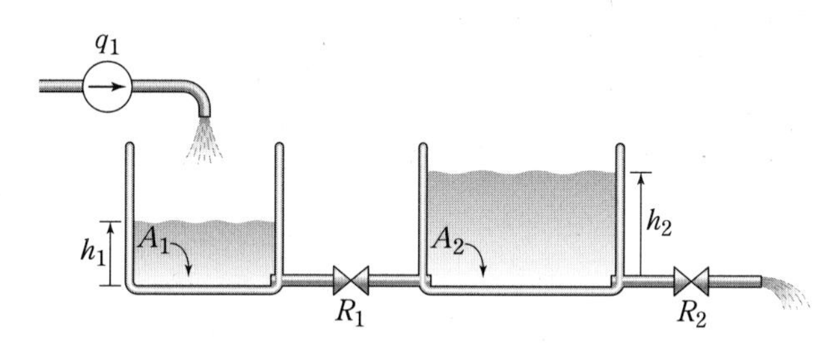

[그림 10.7-5] 두 개의 탱크를 가진 유압 시스템

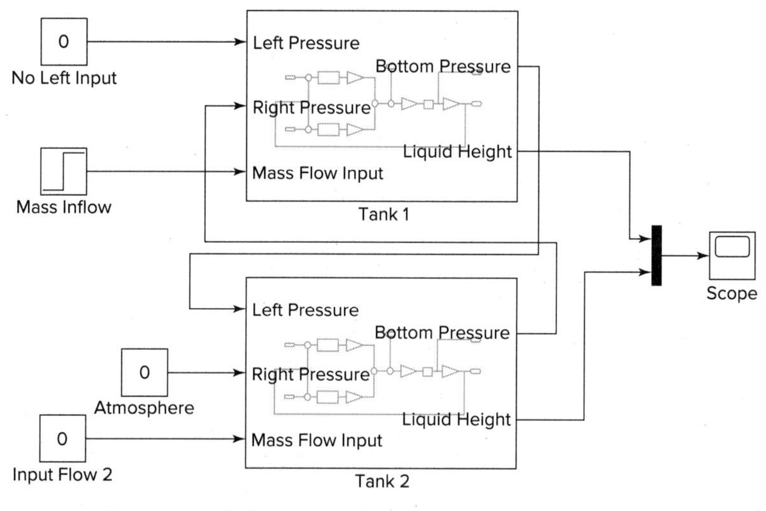

[그림 10.7-6] [그림 10.7-5]의 시스템에 대한 Simulink 모델

더 큰 사각형 블록들은 바로 전에 만든 형태의 두 서브시스템 블록들이다. 이 블록들을 모델에 포함시키기 위하여, 먼저 Tank 서브시스템 모델을 클릭하고 팝업 메뉴에서 **복사**를 선택한 후, 새로운 모델창에 두 번 붙인다(paste). 입력단과 출력단을 연결하고 그림과 같이 라벨을 수정한다. 그 다음에 Tank 1 서브시스템 블록을 더블 클릭하고, 왼쪽 이득 `1/R_l`을 `0`, 오른쪽 이득 `1/R_r`을 `1/R_1`, 이득 `1/(rho*A)`를 `1/(rho*A_1)`로 설정한다. Integrator의 초기 조건을 `h10`으로 설정한다. 이득 `1/R_l`을 `0`으로 설정하는 것은 $R_l = \infty$와 같고, 이것은 왼쪽 편에 입력단자가 없다는 것을 나타냄을 주목한다.

그 다음에 Tank 2 서브시스템 블록을 더블 클릭하고, 왼쪽 이득 `1/R_l`을 `1/R_1`, 오른쪽 이득 `1/R_r`을 `1/R_2`, 이득 `1/(rho*A)`를 `1/(rho*A_2)`로 설정한다. Integrator의 초기 조건을 `h20`으로 설정한다. Step 블록에 대하여 스텝 시간은 0, 초기값은 0, 최종값은 변수 `q_1`, 그리고 샘플 시간은 0으로 설정한다. 모델을 Tank가 아닌 다른 이름으로 저장한다.

모델을 실행하기 전에, 명령창에서 변수에 수치 값을 할당한다. 예를 들어, 명령창에서 물(water)에 대해 다음 값을 미국 도량 단위(U.S. Customary units)로 입력한다.

```
>>A_1 = 2; A_2 = 5; rho = 1.94; g = 32.2;
>>R_1 = 20; R_2 = 50; q_1 = 0.3; h10 = 1; h20 = 10;
```

시뮬레이션 중지 시간을 선택한 후에, 시뮬레이션을 실행한다. Scope는 시간에 따른 높이 h_1과 h_2의 그래프를 보여줄 것이다.

[그림 10.7-7], [그림 10.7-8]과 [그림 10.7-9]는 서브시스템 블록들이 응용될 수 있는 몇몇 전기적, 기계적 시스템을 보인다. [그림 10.7-7]에서 서브시스템 블록에 대한 기본 요소는 RC 회로이다. [그림 10.7-8]에서 서브시스템 블록에 대한 기본 요소는 두 개의 탄성 요소에 연결된 질량이다.

[그림 10.7-9]는 전기자 제어 DC 모터의 블록 다이어그램이며, 이것은 하나의 서브시스템 블록으로 변환될 수 있다. 블록에 대한 입력은 제어기와 부하 토크로부터의 전압이 될 수 있으며, 출력은 모터 속도이다. 이런 블록은 로봇 팔(arm)과 같이 여러 개의 모터를 포함한 시스템을 시뮬레이션하는 데 유용할 수 있다.

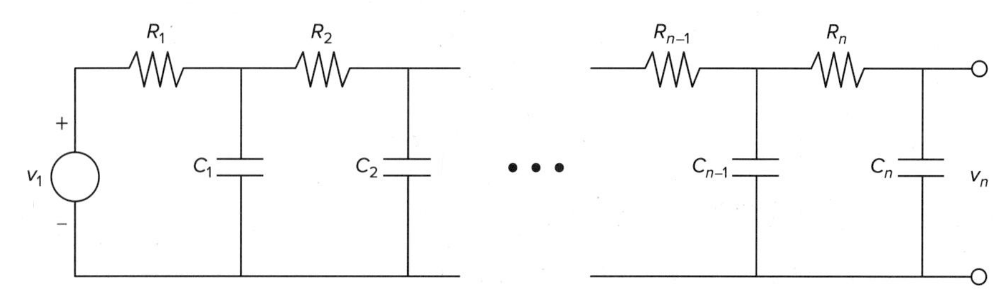

[그림 10.7-7] RC 루프의 회로망

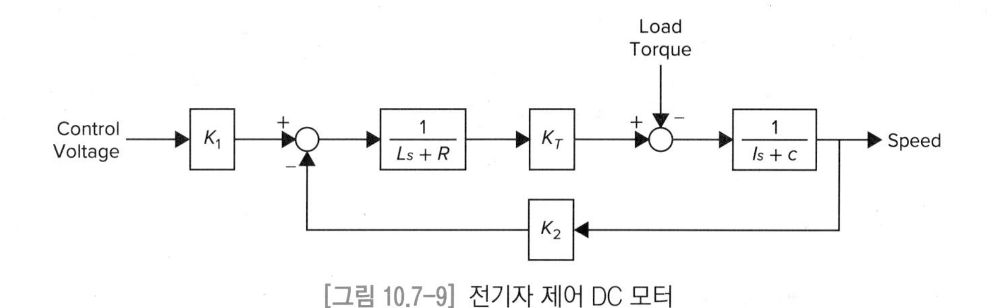

[그림 10.7-8] 진동 시스템

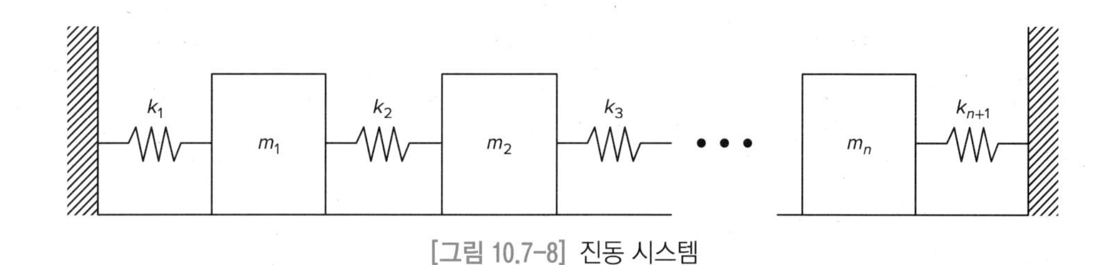

[그림 10.7-9] 전기자 제어 DC 모터

10.8 모델에서 불감시간(Dead Time)

전송지연(transport delay)이라고도 하는 불감시간은 작용과 그것의 결과 사이의 시간지연이다. 예를 들어, 유체가 도관을 통해 흐를 때 발생한다. 유체 속도 v가 상수이고 도관의 길이가 L이라면, 유체가 한쪽 끝에서 다른 쪽 끝까지 움직이는 데는 $T=L/v$의 시간이 걸린다. 이 시간 T가 불감시간이다.

$\theta_1(t)$는 유입되는 유체 온도를 나타내고, $\theta_2(t)$는 도관으로부터 유출되는 유체 온도를 나타낸다고 한다. 열에너지 손실이 없다면, $\theta_2(t)=\theta_1(t-T)$이다. 라플라스 변환(Laplace transform)의 천이 성질(shifting property)로부터

$$\Theta_2(s)=e^{-Ts}\Theta_1(s)$$

이며, 따라서 불감시간 공정에 대한 전달함수는 e^{-Ts} 이다.

불감시간은 시간 T 동안에는 전혀 응답이 일어나지 않으므로 '순수' 시간지연으로 표현될 수 있으며, 이것은 $\theta_2(t)=(1-e^{-t/\tau})\theta_1(t)$ 인 응답의 시정수(time constant)와 연관된 시간 지연(lag)과는 대비된다.

어떤 시스템들은 부품들 사이의 상호작용으로 불가피하게 시간지연을 가진다. 지연은 종종 부품들이 물리적으로 떨어져 있어서 생기기도 하고, 일반적으로는 액추에이터의 신호 변화가 제어되는 시스템에 효과를 미치는 데 걸리는 시간지연, 또는 출력의 측정 지연으로 발생한다.

또 하나의 예상하기 어려울 수 있는 불감시간의 발생 원인은 디지털 제어 컴퓨터가 제어 알고리즘을 계산하는 데 필요한 계산 시간이다. 이것은 저가의 느린 마이크로프로세서를 사용하는 시스템에서는 상당한 불감시간으로 작용할 수 있다.

불감시간이 존재한다는 것은 시스템이 유한한 차수의 특성방정식(characteristic equation)을 가지지 않는다는 것을 의미한다. 사실 불감시간을 갖는 시스템에는 무한 개의 특성방정식 근들이 존재한다. 이것은 e^{-Ts} 항이 다음과 같은 무한급수로 전개되는 것에 주목하면 알 수 있다.

$$e^{-Ts}=\frac{1}{e^{Ts}}=\frac{1}{1+Ts+T^2s^2/2+\cdots}$$

무한 개의 특성방정식 근들이 존재한다는 사실은 불감시간 공정의 해석이 어렵다는 것을 의미한다. 그래서 종종 시뮬레이션만이 이러한 공정을 연구하는 유일한 실질적인 방법이 된다.

불감시간 요소를 가지는 시스템은 Simulink에서 쉽게 시뮬레이션할 수 있다. 불감시간 전달함수 e^{-Ts} 를 수행하는 블록은 Transport Delay(전송지연) 블록이라 부르고 Continuous 라이브러리에 있다.

[그림 10.7-1]과 같이 탱크의 액체 높이가 h이고 질량 유속이 q_i 인 모델을 고려한다. 유입량의 변화가 탱크의 밸브 개폐 변화를 따르는데 시간 T가 걸린다고 가정한다. 이 경우 T가 불감시간이다. 특정한 매개변수 값에 대하여 전달함수는 다음과 같은 형태를 가진다.

$$\frac{H(s)}{Q_i(s)}=e^{-Ts}\frac{2}{5s+1}$$

[그림 10.8-1]은 이 시스템에 대한 Simulink 모델을 보인다. Transport Delay 블록을 배치한 후에 시간 지연(delay)을 1.25로 설정한다. Step function 블록에서 스텝 시간(Step time)을 0으로 설정하고 최종 값(Final Value)은 1로 설정한다. 이제 모델의 나머지 블록들에 대해 논의한다.

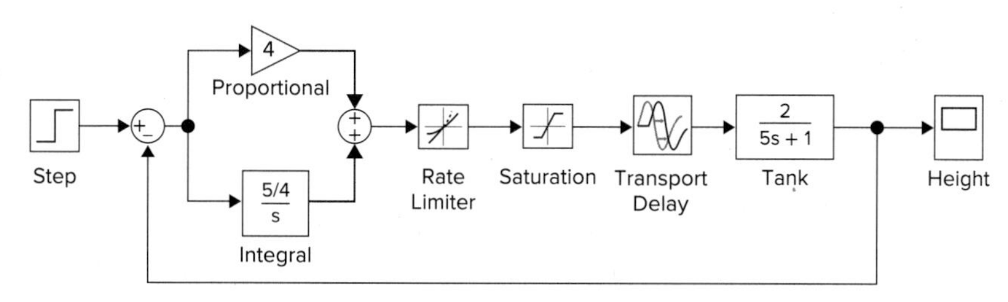

[그림 10.8-1] 불감시간을 갖는 유압시스템의 Simulink 모델

초기 조건과 전달함수

전달함수가 유용한 이유 중의 하나는 복잡한 전달함수들을 보다 간단한 전달함수들의 곱이나 나누기 연산으로 분해할 수 있다는 것이다. 그러나 이러한 연산들은 각각의 전달함수들의 초기 조건이 0이라는 것을 전제로 한다. 이런 이유로, Simulink는 Transfer Fcn 블록의 초기 조건을 0으로 가정한다. 전달함수의 초기 조건을 따로 지정하기 위해서는 MATLAB의 `tf2ss` 함수를 이용하여 해당 전달함수를 등가인 상태-공간(State-Space) 표현으로 변환한다. 다음으로 Transfer Fcn 블록 대신 이 State-Space 블록을 사용한다.

Saturation(포화)과 Rate Limiter(속도 제한기) 블록

유입 밸브로부터 가능한 최소와 최대 유입률을 0과 2라고 가정한다. 이 제약은 Saturation 블록으로 시뮬레이션할 수 있는데, 이것은 10.4절에서 논의했다. 블록을 [그림 10.8-1]과 같이 배치한 후에, 블록을 더블 클릭하고 상한(Upper limit)에 2를, 하한(Lower limit)에 0을 입력한다.

포화에 의한 제약 이외에, 어떤 액추에이터들은 반응 속도에 대해서도 제약을 갖는다. 이러한 제약은 장치에 손상을 입히지 않기 위해 제조업체가 장치에 의도적으로 부여한 제약일 수 있다. 하나의 예는 개폐 속도가 '속도 제한기(rate limiter)'에 의해 제어되는 흐름 제어 밸브이다. Simulink는 이런 블록을 지원하며, 밸브 동작을 모델링하기 위해 Saturation 블록과 직렬 연결하여 이용할 수 있다. Rate Limiter 블록을 [그림 10.8-1]에서 보인 것과 같이 배치한다. 상승 슬루 레이트(Rising slew rate)를 1로, 하강 슬루 레이트(Falling slew rate)를 −1로 설정한다.

제어 시스템

[그림 10.8-1]에 보이고 있는 Simulink 모델은 PI 제어기라고 부르는 특정한 형태의 제어 시스템을 위한 것으로 오차 신호 $e(t)$에 대한 응답 $f(t)$는 오차 신호에 비례하는 항과 오차 신호의 적분에 비례하는 항의 합이다. 즉,

$$f(t)=K_p e(t)+K_I \int_0^t e(t)dt$$

이며, 여기에서 K_p와 K_I는 비례 및 적분 이득이다. 여기의 오차 신호 $e(t)$는 원하는 높이를 나타내는 단위계단(unit-step) 명령과 실제 높이와의 차이다. 변환하여 표기하면 이 식은 다음과 같이 된다.

$$F(s)=K_p E(s)+\frac{K_I}{s}E(s)=\left(K_p+\frac{K_I}{s}\right)E(s)$$

[그림 10.8-1]에서 $K_p=4$와 $K_I=5/4$의 값을 사용하였다. 이 값들은 제어이론 방법을 사용하여 계산된다(제어 시스템에 대한 논의는 예를 들어, [Palm, 2021]을 참조한다). 이제 시뮬레이션을 실행할 준비가 되었다. 중지 시간을 50으로 설정하고 Scope에서 액체 높이 $h(t)$의 변화를 관찰하라. 원하는 높이 1에 도달하는가?

10.9 비선형 자동차 서스펜션 모델의 시뮬레이션

선형 또는 선형화된 모델은 강력한 해석 기술을 사용할 수 있으므로 동역학 시스템의 동작을 예측하는 데 유용하며, 특히 입력이 임펄스(impulse), 계단(step), 램프(ramp), 사인(sine)처럼 상대적으로 간단한 함수이면 더욱 유용하다. 그러나 보통 공학 시스템을 설계할 때 결국은 시스템의 비선형성을 다루어야 하고 사다리꼴 함수와 같이 더 복잡한 입력도 다루어야 하므로, 종종 시뮬레이션을 해야 할 필요가 생긴다.

이 절에서는 다양한 비선형성과 입력 함수들을 모델링할 수 있는 4개의 Simulink 요소들을 더 소개한다. 즉,

- Derivative 블록
- Signal Builder 블록
- Look-Up Table 블록
- MATLAB Function 블록

한 예로써, [그림 10.9-1]과 같은 단일 질량 서스펜션 모델을 사용하는데, 용수철과 댐퍼 힘 f_s와 f_d는 [그림 10.9-2]와 [그림 10.9-3]과 같은 비선형 모델을 갖는다. 댐퍼 모델은 비대칭적이며(자동차가 범퍼에 부딪힐 때 객실에 전달되는 힘을 최소화하기 위하여), 덜컹덜컹 흔들릴 때보다 리바운드 때 힘이 더 큰 댐퍼를 나타낸다. 범퍼는 [그림 10.9-4]와 같은 사다리꼴 함수 $y(t)$로 표현된다. 이 함수는 대략 도로 길이가 48미터이고 표면 높이가 0.2미터인 도로 위를 30mi/hr로 주행하는 자동차에 해당된다.

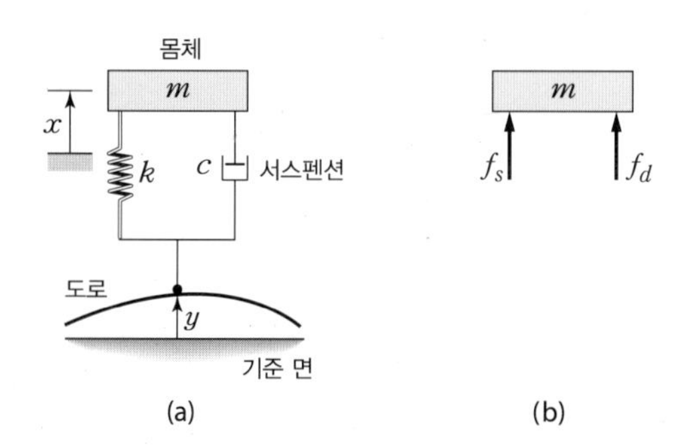

[그림 10.9-1] 자동차 서스펜션의 단일-질량 모델

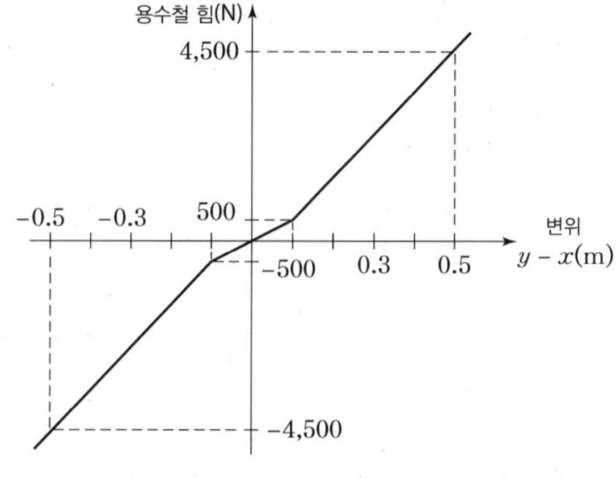

[그림 10.9-2] 비선형 용수철 함수

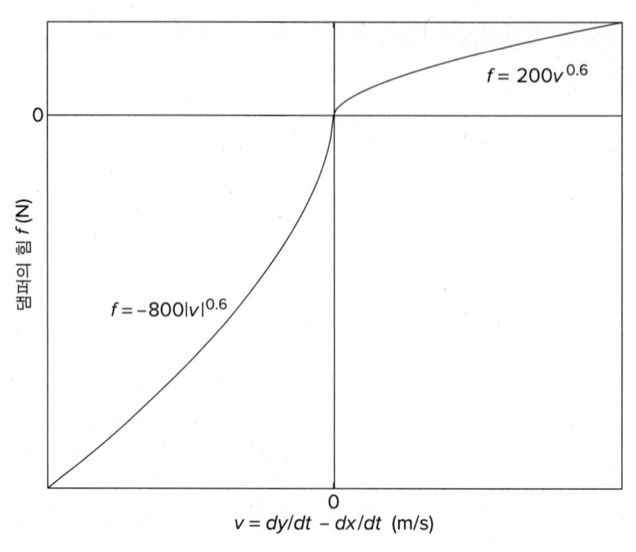

[그림 10.9-3] 비선형 제동(damping) 함수

뉴턴의 법칙으로부터 시스템 모델은 다음과 같다.

$$m\ddot{x}=f_s(y-x)+f_d(\dot{y}-\dot{x})$$

여기에서 $m=400$ kg, $f_s(y-x)$는 [그림 10.9-2]에 보이는 비선형 용수철 함수이고, $f_d(\dot{y}-\dot{x})$는 [그림 10.9-3]에 보이는 비선형 댐퍼 함수이다. 해당되는 시뮬레이션 다이어그램은 [그림 10.9-5]에 보였다.

Derivative와 Signal Builder 블록들

이 시뮬레이션 다이어그램은 $\dot{y}$가 계산될 필요가 있다는 것을 보여준다. Simulink는 해석적 방법이 아니라 수치적 방법을 사용하므로, 미분을 Derivative 블록을 사용하여 근사적으로만 계산한다. 특히, 빠르게 변하거나 불연속적인 입력을 사용할 때는 이것을 명심해야 한다. Derivative 블록은 설정이 없으며, [그림 10.9-6]과 같이 Simulink 다이어그램에 배치만 하면 된다.

다음에 Signal-Builder 블록을 배치하고, 그것을 더블 클릭한다. 플롯 창이 나타나며, 입력함수를 정의하는 점들을 배치할 수 있다. [그림 10.9-4]와 같은 함수를 만들기 위하여 창에서의 지시에 따른다.

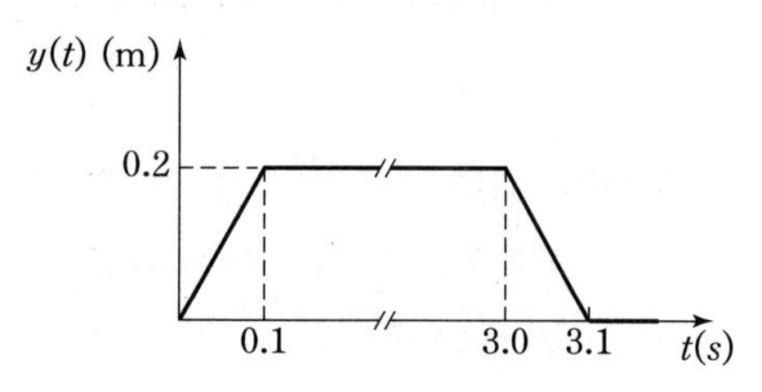

[그림 10.9-4] 도로 표면 프로파일(profile)

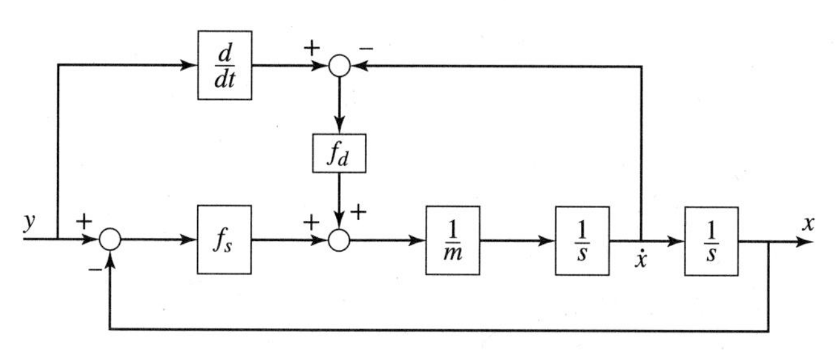

[그림 10.9-5] 자동차 서스펜션 모델의 시뮬레이션 다이어그램

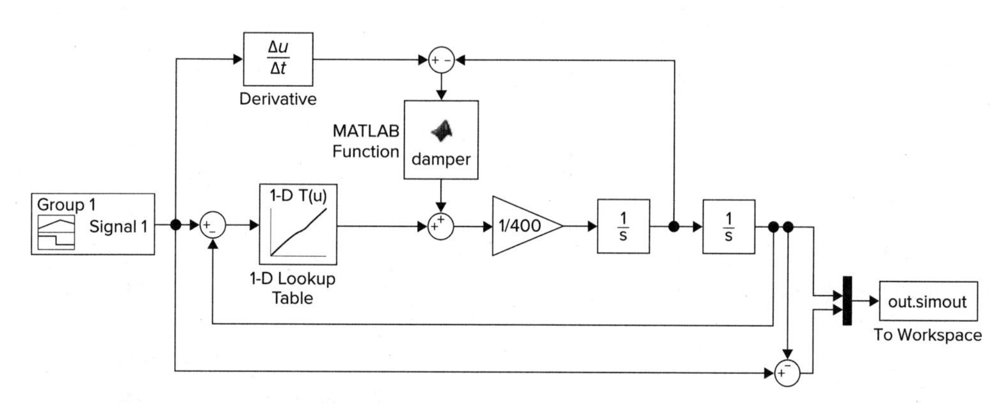

[그림 10.9-6] 자동차 서스펜션 시스템의 Simulink 모델(출처: MATLAB)

Look-Up Table 블록

용수철 함수 f_s는 Lookup Table 블록으로 만든다. 그림과 같이 배치한 후에 더블 클릭하고 절점 1(Breakpoints)에 `[-0.5, -0.1, 0, 0.1, 0.5]`와 테이블 데이터(Table data)에 `[-4500, -500, 0, 500, 4500]`을 입력한다. 나머지 매개변수들에 대해서는 디폴트 설정을 이용한다.

그림과 같이 두 개의 적분기를 배치하고, 초기 값이 0으로 설정되었는지를 확인한다. 그 다음에 Gain 블록을 배치하고 이득을 1/400로 설정한다. To Workspace 블록을 사용하여 MATLAB 명령창에서 t에 대하여 $x(t)$와 $y(t)-x(t)$의 그래프를 그릴 수 있다.

MATLAB Function 블록

10.7절에서 부호가 있는 제곱근 함수를 수행하기 위하여 Fcn 블록을 사용하였다. [그림 10.9-3]과 같은 댐퍼 함수를 표현하기 위해서는 사용자 정의 함수를 작성해야만 하기 때문에 그 블록은 사용할 수 없다. 이 함수는 다음과 같다.

```
function f = damper(v)
if v <= 0
   f = -800*(abs(v)).^(0.6);
else
   f = 200*v.^(0.6);
end
```

이 함수 파일을 생성하고 저장한다. MATLAB Function 블록을 가져와 배치한 후에, 더블 클릭하면 MATLAB의 함수 편집기가 열린다. `damper`를 위한 위 코드를 입력한다. 이 편집기를 닫으면 함수가 저장된다.

완성되었을 때 Simulink 모델은 [그림 10.9-6]과 같아야 한다. 명령창에서 다음과 같이 응답 $x(t)$의 그래프를 그릴 수 있다.

```
>> x = out.simout.Data(:, 1)
>> t = out.simout.Time;
>> plot(t, x); grid on; xlabel('t(s)'), ylabel('x(m)')
```

결과는 [그림 10.9-7]에 보였다. 최대 오버슈트(overshoot)는 (0.26 − 0.2) = 0.06미터로 보이지만, 최대 언더슈트(undershoot)는 −0.168미터로 훨씬 더 큰 것이 보인다.

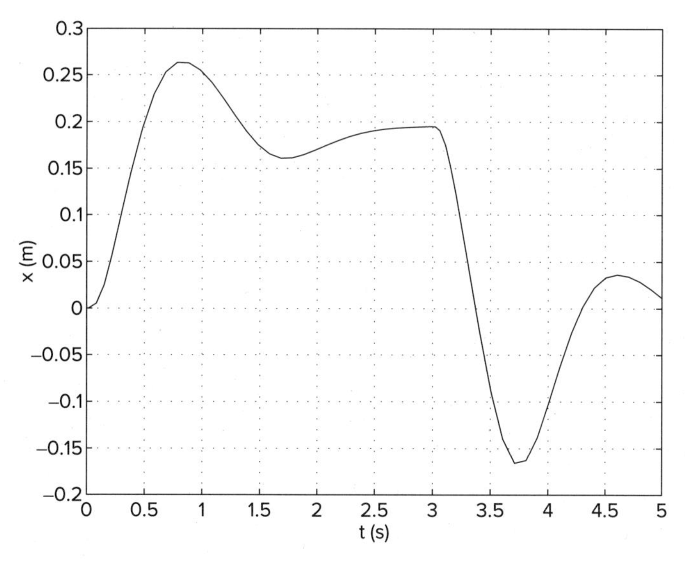

[그림 10.9-7] [그림 10.9-6]에 보인 Simulink 모델의 출력

10.10 제어 시스템과 하드웨어 인더루프(Hardware-in-the Loop) 실험

이 장의 도입 페이지에서 논의했듯이, 산업계에서는 임베디드(내장된) 컨트롤러가 사용되고 있으며, 이런 시스템은 설계 단계에서 물리적인 컨트롤러를, 경우에 따라서는 제어되는 개체(예를 들어, 엔진)도 실시간 시뮬레이션으로 대체하는 하드웨어 인더루프 실험(hardware-in-the-loop testing)이 종종 수행된다. 이 방법을 사용하면 실제 시제품을 사용하는 것보다 임베디드 시스템의 하드웨어와 소프트웨어를 더 빠르고 저렴하게 실험할 수 있으며, 심지어 시제품의 제작이 가능해지기 전에도 실험을 할 수 있다. Simulink가 이런 실험에서 시뮬레이션 모델을 만들기 위해 종종 사용된다.

MathWorks 사는 애호가와 연구자들에게 인기가 있는 LEGO©, MINDSTORMS©, Arduino©, Raspberry Pi©와 같이 하드웨어들을 위한 Simulink 패키지들을 지원한다. 이런 패키지들은 지원되는 하드웨어 상에서 독립적으로 실행할 수 있는 알고리즘을 개발하고 시뮬레이션할 수 있도록 해준다. 이들은 하드웨어의 센서, 액추에이터, 통신 인터페이스를 설정하고 접근할 수 있는 Simulink 블록들의 라이브러리를 포함한다. 또한 알고리즘이 하드웨어에서 실행 중인 동안에도 실행 중인 Simulink 모델의 매개변수들을 조절할 수도 있다. MathWorks 사에서 이러한 응용들을 볼 수 있고 파일을 다운로드할 수 있는 온라인 사용자 커뮤니티를 지원하고 있다.

이 응용들 중 일부는 데이터 수집에만 관련되어 있지만, 다수는 제어 시스템과 관련되어 있다. 어떤 제어 시스템은 온도와 같이 특정 변수를 제어하는 것을 목적으로 하지만, 많은 프로젝트들은 로봇 팔 또는 바퀴를 가진 로봇 차량 같은 기계 장치의 속도, 위치를 제어하는 예들이다.

이 절은 사용자 커뮤니티에서 많은 사람들이 피드백 제어 이론의 기본 개념에 대한 이해를 필요로 하고 있는 것으로 보이므로, 그러한 이해를 돕기 위해 설계되었다. 피드백 제어 시스템은 센서로부터 나오는 실시간 측정값을 사용하여 일반적으로 액추에이터(actuator)라고 불리는, 난방장치나 모터 같은 장치의 입력을 조절한다. 제어 컴퓨터에서 실행되는 알고리즘은 제어 대상 변수가 원하는 값에 이르게 하기 위해 액추에이터의 입력을 어떻게 조절할지를 결정한다. 그러한 한 예가 on-off 제어라고 불리는 알고리즘으로 [예제 10.4-2]([그림 10.4-9])에 주어졌다.

PID 제어

흔히 사용되는 제어 알고리즘은 PID 알고리즘이다. [그림 10.10-1]에 전형적인 제어 시스템의 구조를 보이고 있다. 이 그림은 Simulink 다이어그램이 아니고 물리적인 구조를 보이는, 소위 말하는 '블록 다이어그램'이다. 속도 제어 시스템의 경우에 명령 입력(command input) r은 요구된 속도를 나타내고, 제어 대상 변수(controlled variable) c는 실제 속도를 나타낸다. 액추에이터(actuator)는 모터라고 볼 수 있고, 플랜트(plant)는 제어되는 개체를 말하는 일반적인 용어이다(예를 들어, 차량의 바퀴). 피드백 센서(feedback sensor)는 바퀴의 속도를 측정하는 회전 속도계(tachometer)라고 할 수 있다. 에러 신호 e는 목표로 하는 속도와 측정된 속도 간의 차이를 말한다. 즉, $e=r-b$ 이다. PID 제어기는 에러 신호 e에 기반을 둔 알고리즘을 구현한다. '에러 신호'라는 이름은 뭔가가 잘못되었다는 것을 암시하기 때문에 좋지 않은 이름이지만, 그럼에도 불구하고 계속 사용되고 있다. 에러 신호는 단지 제어 대상 변수의 목표 값과 실제 값과의 차이를 나타내는 것일 뿐이다. 피드백 센서가 '완벽'하다면 $b=c$ 이고 $e=r-c$ 이다.

Simulink 표기법을 이용한 PID 알고리즘의 수학적 표현은 병렬 형태(parallel form)로 다음과 같다.

$$f(t)=Pe(t)+I\int_0^t e(x)dx+D\frac{de}{dt} \quad (10.10-1)$$

$$e(t)=r(t)-b(t) \quad (10.10-2)$$

전달함수 형태로는 다음과 같다.

$$\frac{F(s)}{E(s)}=P+\frac{I}{s}+Ds \quad (10.10-3)$$

따라서 PID가 비례–적분–미분(Proportional–Integral–Derivative)을 나타내는 것을 알 수 있으며, 상수 P, I, D는 각각 비례 이득, 적분 이득, 미분 이득이라고 불린다. 병렬 형태는 Continuous 라이브러리에 있는 Simulink의 PID 제어기(Controller) 블록의 디폴트 형태이다. Simulink의 이상적 형태(ideal form)에서는 이득 P는 인수분해되어 알고리즘이 다음과 같이 쓰인다.

$$f(t)=P\left(e(t)+I\int_0^t e(x)dx+D\frac{de}{dt}\right) \quad (10.10-4)$$

어떤 형태를 사용할지는 PID 제어기 블록에서 사용자가 선택할 수 있다. 어떤 공학자는 이상적 형태를 선호하며, 초기에는 $P=1$로 설정한 후, I와 D를 조정하여 원하는 응답 곡선이 얻어지면 P를 정한다.

비례 항목은 이해하기가 가장 쉽고 보통 항상 사용된다. 에러 신호가 클수록 액추에이터 신호도 커진다. 예를 들어, 바퀴의 속도가 너무 느리면, 모터의 회전력(torque)을 증가시키고 싶어 한다. 적분 항목은 '결코 중단하지 않는다(never gives up).' 즉 에러가 0이 아닌 한

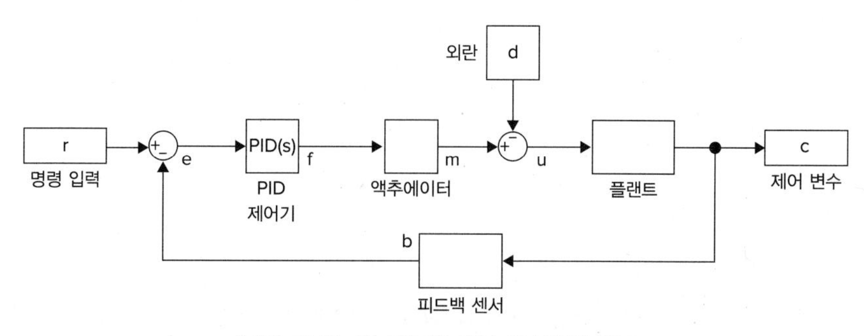

[그림 10.10-1] 피드백 제어 시스템의 구조

계속해서 액추에이터의 출력을 변화시킨다. 그러나 이 노력은 가끔 제어 대상 변수가 목표 값을 넘는 오버슈트(overshoot)를 일으켜 발진이 발생하는 원인이 된다. 그러므로 미분 항목을 포함시킨다.

비례나 적분 항목은 종종 외란(disturbance)에 대항하기 위해 사용된다. 예를 들어, 차량이 경사를 만나면, 중력 효과에 대항하기 위해 바퀴의 회전력을 증가시켜야 한다. 각 항목의 효과는 [그림 10.10-2]에 보였다, 여기서 명령 입력(command input)은 단위계단 함수로 가정한다. P 제어만 있다면, 종종 정상 상태 에러(steady-state error)가 생긴다. 이 경우, 보통 PI 제어를 적용하여 정상 상태 에러를 제거한다. 만약 오버슈트나 발진이 발생하면, 보통 D 항목을 추가하여 오버슈트나 발진을 감소시키거나 제거한다.

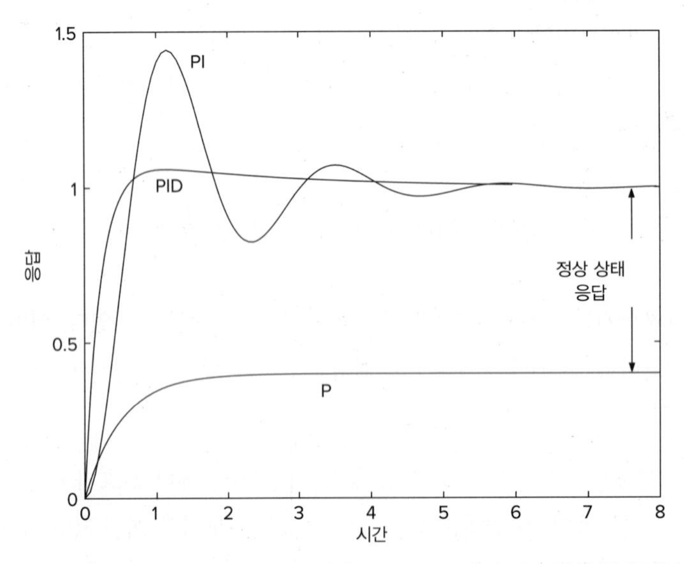

[그림 10.10-2] 단위계단 명령 입력에 대한 P, PI, PID 제어 시스템의 일반적인 형태

이득 값 선택

효과적인 이득 값을 선택하는 것은 여러 가지 이유로 종종 쉽지 않다. 전달함수와 미분 방정식에 기반을 둔 수학적인 방법을 사용할 수 있지만, 이것은 모터-증폭기의 매개변수 및 질량/관성의 수치를 필요로 한다([Palm, 2014]의 10장 참조). 작은 기계적 장치에서는 마찰력이 종종 관성력을 압도하며, 마찰력은 계산하기 매우 어렵다. 만일 그 장치가 실험 가능하다면(작은 장치는 보통 그렇다), 세 가지 PID 항목의 기여도를 염두에 두면서(P 제어를 먼저 시도한다 등) 여러 가지 알고리즘과 이득 값을 실험해볼 수 있다. 이것이 바로 하드웨어 인더루프 실험의 모든 것이다.

다음에 나올 예들에서 이득들의 근사 값을 계산하기 위한 매개변수 값들은 이미 알려져 있다고 가정한다. 폐루프(closed-loop) 전달함수들은 시스템 동역학이나 제어시스템을 다루는 교재들에서 찾을 수 있다. 전달함수의 분모는 특성다항식(characteristic polynomial)이다. 그 근들은 폐루프 응답의 안정성, 응답 시간, (만약 있다면) 발진 주파수를 결정한다. 만약 그 근들이 모두 음수이거나 음수인 실수 항을 갖고 있으면 그 시스템은 안정적이다. 만약 시스템이 안정적이면 실수 근의 음의 역수와 복소수 근의 실수 항의 음의 역수가 시간 상수(time constant)가 된다. 응답 시간은 주된(가장 큰) 시간 상수의 약 4배로 예측할 수 있다. 예를 들어, 다항식 $s^2+60s+500$은 $s=-10$, -50을 근으로 갖고 있다. 시간 상수는 0.1, 0.02이고, 응답 시간은 $4(0.1)=0.4$이다. 다른 예로 다항식 $s^2+10s+41$은 근이 $s=-5\pm4j$이다. 시간 상수는 0.2이고, 응답 시간은 $4(0.2)=0.8$이다. 이 응답은 라디안 주파수 4로 발진할 것이다.

만일 목표로 하는 응답 시간이 정해져 있으면, 이 응답 시간을 달성하기 위해 이득 값들을 선택할 수 있다. 예를 들어, 특성다항식이 s^2+Ps+I 시스템의 응답 시간이 0.4가 되게 하려 한다. 이 경우 시간 상수는 반드시 0.1이어야 하고 적어도 하나의 근은 실수 항이 -10이어야 한다. 두 번째 근은 실수 항이 반드시 -10과 같거나 더 음의 값을 가져야 한다. 임의로 두 번째 근으로 $s=-50$을 선택한다. 이것은 인수분해 시 $(s+10)(s+50)$이 되는 다항식 $s^2+60s+500$을 의미한다. 특성다항식의 계수들과의 비교를 통해 $P=60$, $I=500$임을 알 수 있다.

이득 값을 정할 때 종종 간과되는 것은 액추에이터에 제약이 있다는 사실이다. 예를 들어, 증폭기가 발생시킬 수 있는 전압이나 전류에 한계가 있고, 모터는 규격 이상의 토크를 발생시킬 수가 없다. 제어 대상 변수의 시뮬레이션 응답만 보고 이득 값을 선택하기 십상이다. 시뮬레이션 모드에서는 액추에이터 변수 m에도 Scope를 연결하거나 Saturation 블록을 액추에이터 블록 다음에 두어야 한다. 따라서 당연히 액추에이터의 최대값에 대해 어느 정도 알고 있을 필요가 있다.

Simulink에 PID 제어기 블록이 있지만, 특정 하드웨어에서는 사용할 수 없을 수 있다. 이런 경우에 PID 알고리즘을 해당 하드웨어에 특화된 코드로 프로그래밍을 할 필요가 있다. 이 경우에 다음의 이산 시간(discrete-time) 버전을 사용할 수 있다. 이것은 적분 항에 사각형 수치 적분 공식을 적용하고 미분은 가장 단순한 차분 공식을 사용하여 유도되었다.

$$f(t_k)=Pe(t_k)+IT\sum_{i=0}^{k}e(t_i)+\frac{D}{T}[e(t_k)-e(t_{k-1})] \tag{10.10-5}$$

여기서 $t_k = kT$ 이고 T는 샘플링 주기이다.

속도 제어

이제부터 속도와 위치를 제어하는 예를 보겠다. 온도 제어 응용은 액추에이터가 모터가 아니고 난방장치라는 점을 제외하고는 속도 제어 예와 형태가 매우 유사하다. 속도 제어를 위해 보통 영구 자석 전기 모터가 사용되고, 속도 센서는 아날로그 전압을 출력하는 회전 속도계(tachometer, 모터와 유사하게 만듦) 또는 슬롯 디스크(slotted disk)로 구성되어 디지털 신호를 출력하는 인코더(encoder)이다.

가장 단순한 예를 고려한다. 정지 상태에 있는 질량 m인 물체에 힘 f를 가해서 직선상으로 민다고 가정한다. 이 질량에 외란 힘 d가 f에 반하여 가해진다고 가정한다. 이 때 운동방정식은 다음과 같다.

$$m\frac{dv}{dt} = f - d \tag{10.10-6}$$

여기서 v는 속도이다. 이는 전달함수 형태로는

$$V(s) = \frac{1}{ms}[F(s) - D(s)] \tag{10.10-7}$$

이다. 모터에 의해 구동되는 바퀴 같은 회전형 시스템이 이와 같은 형태를 가짐에 주목한다, 이 때 v는 각속도이고 m은 관성의 질량 모멘트, f는 모터의 회전력, d는 외란 회전력을 나타낸다. 따라서 아래의 분석은 이러한 시스템에 정확히 적용될 수 있다.

PID 제어를 사용하고 완벽한 속도 센서를 가정하면, [그림 10.10-3]의 Simulink 모델을 얻는다. 시스템 동역학 및 제어 시스템에 대한 참고 문헌들에서 예를 들어, [Palm, 2014] 10장에서 찾을 수 있는 고급 기법들을 사용하면 전체 시스템에 대한 특성방정식이 다음과 같음을 알 수 있다.

$$(m + D)s^2 + Ps + I = 0 \tag{10.10-8}$$

이 방정식은 만약 $D = 0$ 이면 P와 I를 적절히 선택함으로써 두 개의 근을 어떤 곳에나 둘 수 있음을 의미한다. 따라서 D는 필요하지 않다. $m = 1$ 이고 목표 속도가 1일 때, 외란 힘

$d=10$이 $t=0.4$부터 작동하기 시작한다고 가정한다. 응답 시간으로 0.2를 얻고자 한다면, $s=-20,\ -20$을 선택하고, 그러면 다항식은 $s^2+40s+400$이 된다. 이 식은 병렬 형태에서 $D=0,\ P=40,\ I=400$을 준다. 명령창에서 $m=1$을 입력한 후, 시뮬레이션을 실행하면 약간의 오버슈트가 있지만 원하는 값 1에 약 0.3초 내에 도달하고, 제어기의 최대 출력은 40임을 볼 수 있다. 응답 시간이 기대한 것보다 긴 데, 이것은 오버슈트 때문이다. 외란의 영향으로 속도가 회복 전에 약 0.8에서 일시적으로 감소된다.

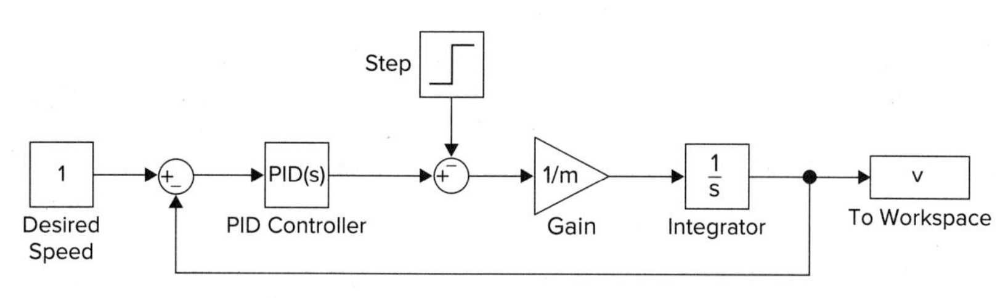

[그림 10.10-3] 가장 간단한 속도 제어 시스템의 Simulink 모델

Scope 블록을 v와 PID 블록의 출력에 설치한 후, P와 I의 값을 다르게 하면서 시뮬레이션해본다. PID의 출력이 40을 넘지 않게 하면서 v의 오버슈트를 줄일 수 있는가?

[예제 10.4-2]에 나온 전기 모터 모델은 여러 가지 전기적, 기계적 매개변수에 대한 수치 값을 필요로 한다. 이 값들을 구하는 것이 로봇 관련 프로젝트에서 가장 어려운 부분일 수 있다. 하지만 모터-질량(motor-mass) 모델에 계단(step) 전압을 가하고 모터의 속도를 그리는 간단한 실험으로 시간 상수 T(모터 속도가 정상 상태에 이르는 데 걸리는 시간은 $4T$)에 대한 유용한 값을 종종 얻을 수 있다는 것이 경험적으로 알려져 있다. T의 값은 댐핑 및 시스템 내 모든 질량들(관성)에 의한 효과를 포함한다. 이 시스템의 Simulink 모델을 [그림 10.10-4]에 나타내었고 특성방정식은 다음과 같다.

$$(T+D)s^2+(P+1)s+I=0 \qquad (10.10\text{-}9)$$

다시 $D=0$으로 설정하면, P와 I 값을 적절히 선택함으로써 두 개의 근을 어디든 둘 수 있다. 실험을 통해 $T=0.1$(초)로 결정되었다고 가정하면, 총 응답 시간 0.2(초)를 얻기 위해 $s=-20,\ -20$으로 설정한다. 이를 위해서 $P=3,\ I=40,\ D=0$이 되어야 한다.

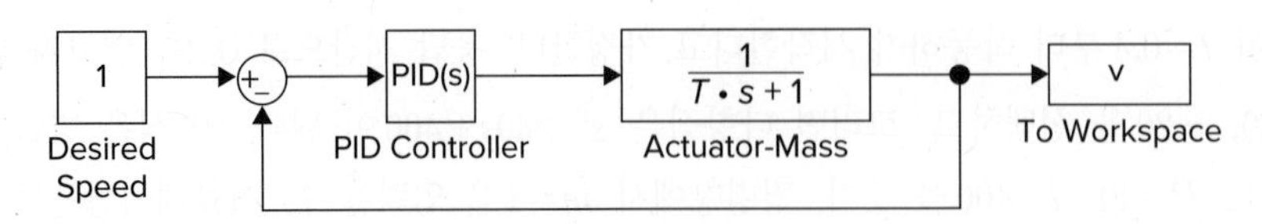

[그림 10.10-4] 총 액추에이터-질량 응답 시간을 이용한 속도 제어 시스템의 Simulink 모델

[그림 10.10-4]에 보이는 모델로는 질량이나 액추에이터 출력에 작용하는 외란에 의한 (예를 들어, 경사를 올라가는 차량에 의한) 효과를 조사할 수가 없다. [그림 10.10-5]에 보이는 모델은 이 효과를 포함하고 있다. 이제는 T를 구하기 위해 모터를 부하 질량과 분리하고 시험해야 하는 점에 주의한다. 이 모델의 특성방정식은 다음과 같다.

$$mTs^3+(m+D)s^2+Ps+I=0 \tag{10.10-10}$$

원하는 근을 구하기 위해서 일반적으로 세 가지 이득을 반드시 모두 이용해야만 한다는 점에 주의한다. 예를 들어, 만일 $m=1$, $T=0.1$이면 응답 시간 0.8을 얻기 위해 $s=-5, -5, -5$를 선택한다. 결과로 $P=7.5$, $I=12.5$, $D=0.5$를 얻는다.

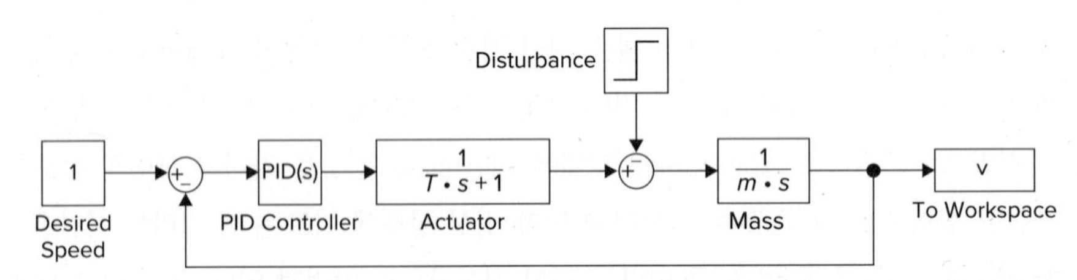

[그림 10.10-5] 액추에이터와 질량을 한 블록씩 사용한 속도 제어 시스템의 Simulink 모델

위치 제어

속도는 변위의 시간 미분이라는 점을 주목하면 $dx/dt=v$임을 알 수 있다. 이 식을 방정식 (10.10-1)에 대입하면 다음 식을 얻는다.

$$m\frac{d^2x}{dt^2}=f-d \tag{10.10-11}$$

전달함수 형태로는 다음과 같다.

$$X(s)=\frac{1}{ms^2}[F(s)-D(s)] \quad (10.10-12)$$

[그림 10.10-3]에서 적분기(Integrator)를 이중 적분기(double integrator)로 대체하면, 위치 제어를 위한 단순한 모델을 얻는다. 여기에서 m과 x는 질량과 직교 좌표 상의 변위를 나타낼 수도 있고, 관성과 각 변위(라디안 단위)를 나타낼 수도 있다. 이로부터 [그림 10.10-6]의 Simulink 모델을 얻을 수 있다. 이 시스템의 특성방정식은 다음과 같다.

$$ms^3+Ds^2+Ps+I=0 \quad (10.10-13)$$

안정된 시스템을 만들고 세 개의 근을 원하는 곳에 두기 위해 세 개의 이득이 모두 양의 값이어야 함에 주의한다. 예를 들어, 시스템 응답 시간 4를 얻기 위하여 세 개의 근을 $s=-1,\ -1,\ -1$로 선택하면 $P=3,\ I=1,\ D=3$이어야 한다.

[그림 10.10-5]에서 전달함수 $1/ms$을 $1/ms^2$으로 대체하면 좀 더 정교한 위치 제어 모델을 얻을 수 있다.

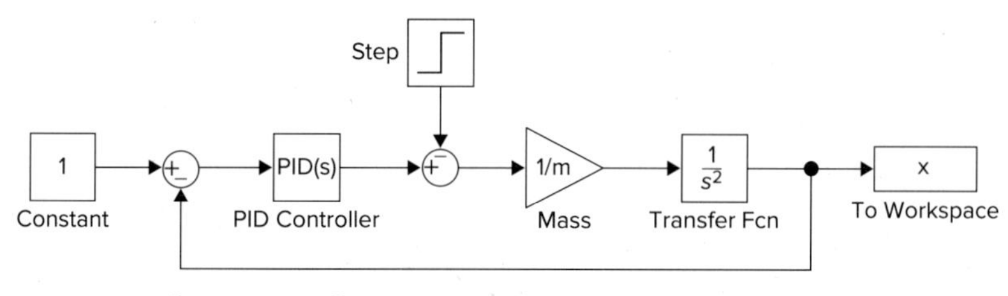

[그림 10.10-6] 간단한 위치 제어 시스템의 Simulink 모델

서보 모터(Servo Motor) 지금까지의 예들에서는 전압이나 전류 입력을 조절하여 그 장치를 제어하는 것을 가정해왔다. 어떤 모터는 목표 위치를 기술하는 디지털 입력으로 제어될 수 있고 내장된 각도 위치 센서를 갖고 있을 수도 있다. 이런 장치는 종종 서보 모터(servomechanism을 나타냄)라고 불린다. 이 장치들은 종종 P 컨트롤을 사용하는데, 그 이득 값을 사용자가 조절할 수는 없다. 이들은 종종 원격 제어(RC: Remote Control) 분야에서 쓰이는데, RC 차량의 방향이나 RC 비행기 날개의 플랩(flap)을 조정한다. 속도 제어에는 유용하지 않다. 따라서 이런 장치를 Simulink에서 모델링할 때는 제어되는 위치가 목표 위치와 같다고 가정한다.

간략화한 PID

어떤 컴퓨터 하드웨어는 Simulink PID 컨트롤러 블록이 사용하는 정교한 PID 알고리즘을 지원하지 않을 수 있다. 이 경우 훨씬 더 단순한 형태의 알고리즘을 시도하여 특정 하드웨어에 한정되는 코드로 프로그래밍할 수 있다. 다음 MATLAB 코드는 식 (10.10-5)를 기반으로 하여 매우 초보적인 PID 알고리즘을 구현한다. 여기서 $t_k = kT$ 이고 T는 샘플링 주기이다.

```
% 간략화한 PID 알고리즘
der(k) = e(k) + e(k-1);
sum(k) = e(k) + sum(k-1);
PID(k) = P*e(k) + I*T*sum(k) + (D/T)*der(k);
```

비슷한 접근 방법을 [그림 10.10-7]에 보인 바와 같이 Simulink에 구현할 수 있다. 이 모델은 MathWorks 사의 웹 사이트에 있는 일부 응용들에도 사용되었다.

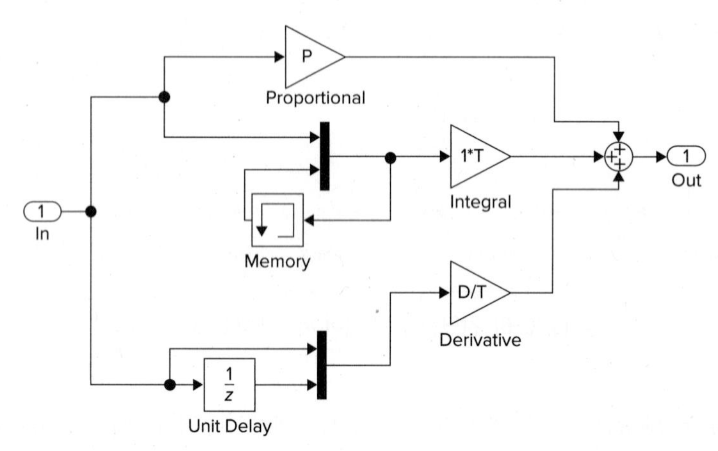

[그림 10.10-7] 간략화한 PID 알고리즘의 Simulink 다이어그램

두 바퀴 로봇의 궤적 제어

속도와 위치 제어 시스템은 목표하는 속도 또는 위치를 기술하는 명령 입력을 필요로 한다. 구체적인 예로 [그림 10.10-8]에 보인 두 바퀴 로봇 차량을 고려한다. 앞부분에 있는 세 번째 바퀴는 구동되지 않는 자유롭게 흔들리는 캐스터(caster)이다. 후방 바퀴들은 각각의 모터에 의해 구동되고 제어 시스템과 연관되어 있다. 바퀴들의 간격은 L이다. 차축의 중간 지점을 기준점으로 삼고 이를 중심으로 $(x_1,\ y_1)$의 좌표계를 구성한다. 차량을 제어하기 위

해 각 바퀴의 바퀴 회전 속도 또는 각 바퀴의 회전 변위를 조정할 수 있다.

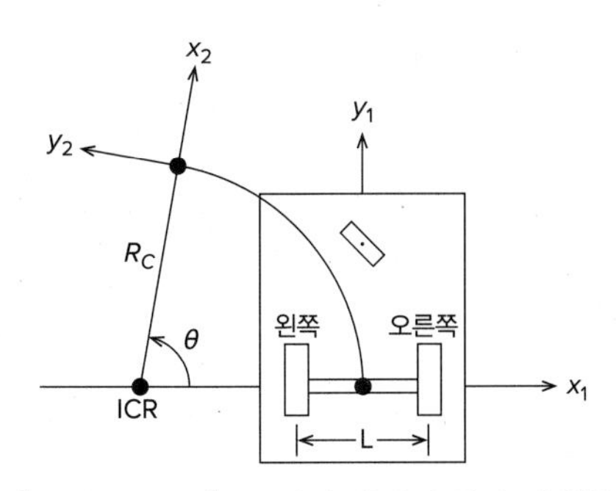

[그림 10.10-8] 두 바퀴 차량의 회전 기하학

차량을 좌표 값 $(x,\ y)$로 지정된 원하는 점으로 이동시키기를 원한다면, 각 바퀴에 필요한 회전 변위를 계산해야 한다. 좌측과 우측 바퀴의 이 각도를 φ_L, φ_R이라고 표기한다. 주어진 시간 T 내에 이동을 완료하기를 원한다면 바퀴회전 변위를 T로 나누어 바퀴회전 속도 $S_L=\varphi_L/T$와 $S_R=\varphi_R/T$를 얻는다. 각 바퀴가 이동한 거리는 바퀴의 반지름과 회전 변위의 곱이다. 좌측 바퀴와 우측 바퀴에서의 이 거리를 각각 D_L, D_R이라고 표기한다. 바퀴의 반지름이 R이라면, $D_L=R\varphi_L$, $D_R=R\varphi_R$이다. 따라서 D_L과 D_R을 계산할 방법을 먼저 찾아야 한다. 그리고 그 값들을 이용하여 φ_L, φ_R, S_L, S_R을 계산한다.

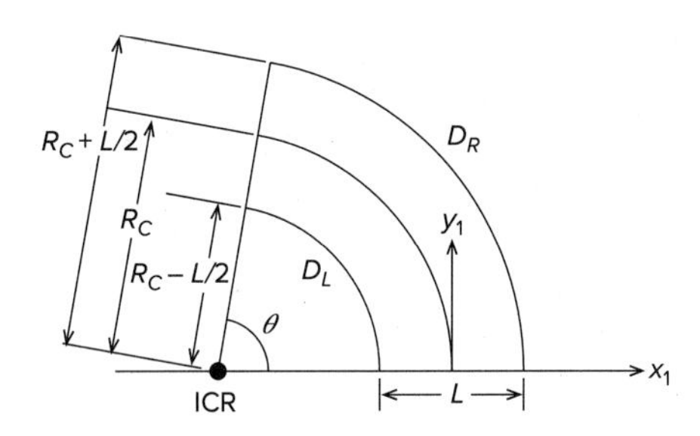

[그림 10.10-9] 원형 회전에서의 바퀴 경로

[그림 10.10-8]에 보인 원형 회전에서의 기하학을 고려한다. 점 ICR은 회전의 순간적인 중심이다. R_C는 회전 반경이다. [그림 10.10-9]는 두 바퀴의 경로와 중심점의 경로를 보이고 있다. 원호에 대한 기하학으로부터 다음을 알 수 있다.

$$\frac{D_L}{R_C-L/2}=\frac{D_R}{R_C+L/2}$$

위 식은 R_C에 대해 다음과 같이 풀 수 있다.

$$R_C = \frac{L}{2}\frac{D_L + D_R}{D_R - D_L} \tag{10.10-14}$$

또한, 그림으로부터 회전 각도는 다음과 같이 주어지는 것을 주목한다.

$$\theta = \frac{D_R}{R_C + L/2} \tag{10.10-15}$$

회전 후 중심점의 위치는 아래와 같이 주어진다.

$$x_C = R_C(\cos\theta - 1), \quad y_C = R_C \sin\theta \tag{10.10-16}$$

이 방정식들은 전방 해(forward solution)를 구성한다. 이제 후방 해(backward solution) 또는 역 해(inverse solution)를 구해야 한다. 이를 통해 원하는 위치인 좌표 (x_C, y_C)로 차량을 가져가기 위해 필요한 바퀴 변위를 계산한다. 식 (10.10-16)은 다음과 같이 결합될 수 있다.

$$\frac{1 - \cos\theta}{\sin\theta} = -\frac{x_C}{y_C} = A \tag{10.10-17}$$

이 식은 θ에 대해 해석적으로 풀 수 없다. 그러나 작은 각도에서는 $\sin\theta \approx \theta$이고 $\cos\theta \approx 1 - \theta^2/2$이므로 식 (10.10-17)이 아래와 같이 된다.

$$\theta \approx -2\frac{x_C}{y_C} = 2A \tag{10.10-18}$$

큰 회전에서는 θ가 크기 때문에 식 (10.10-18)은 사용할 수 없다. 이 경우에 식 (10.10-17)은 수치적으로 풀어야만 한다. 함수 파일 `turn_angle(A)`가 이를 수행한다. 마지막으로 (10.10-14)에서 (10.10-16)까지의 식들로부터 다음 결과를 얻을 수 있다.

$$R_C = \frac{y_C}{\sin\theta}$$

$$D_L = (R_C - L/2)\theta, \quad D_R = (R_C + L/2)\theta$$

이 식들은 turn_angle 함수를 호출하는 함수 wheel_inverse에 구현되었다.

```
function [theta, RC, DL, DR] = wheel_inverse(L, xC, yC)
% 2개의 바퀴 운전의 역 해
A = -xC/yC;
theta = turn_angle(A);
RC = yC/sin(theta);
DL = (RC - L/2)*theta;
DR = (RC + L/2)*theta;
end

function theta = turn_angle(A)
% 2 바퀴 차량의 회전각도를 계산
theta_guess = 2*A;
myfun = @(th, A) (1-cos(th))/sin(th) - A;
theta = fzero(@(th) myfun(th, A), theta_guess);
end
```

위 식들과 두 개의 함수는 차량의 궤적을 계획하거나 각 바퀴에 대한 위치나 속도 제어 시스템의 명령 입력을 만드는 데 사용될 수 있다. 11장의 [예제 11.2-2]는 로봇 팔의 움직임을 위한 위치 명령을 만들기 위해 로봇 손의 궤적을 어떻게 계획할 수 있는지를 보인다. 유사한 방식이 로봇 차량에 사용될 수 있다. 이 절의 앞부분에서 다루어진 속도나 위치 제어 모델에 이 알고리즘들을 추가하여 Simulink 모델을 개발할 수 있다.

[그림 10.10-8]에서 유도된 동역학 방정식에서는 차축이 x_1 축에 정렬되어 있고 $(x_1,\ y_1)$ 좌표계의 원점에서 차량이 시작한다고 가정하고 있다. 연속된 궤적을 계획하기 위해서는 다음의 좌표계 변환이 사용되어져야만 한다.

$$\begin{bmatrix} x_2 \\ y_2 \end{bmatrix} = \begin{bmatrix} \cos\theta & \sin\theta \\ -\sin\theta & \cos\theta \end{bmatrix} \begin{bmatrix} x_1 - x_c \\ y_1 - y_c \end{bmatrix}$$

여기에서 $(x_c,\ y_c)$는 중심점의 새로운 위치 좌표이고 식 (10.10-16)으로 주어진다.

10.11 요약

Simulink 모델창에는 언급되지 않은 메뉴 항목들이 있다. 그러나 이 장에서 논의되었던 항목들은 Simulink를 시작하기 위해 가장 중요한 것들이다. Simulink에서 쓸 수 있는 단지 몇 개의 블록들만을 소개하였다. 언급되지 않았던 블록들 중에는 이산시간 시스템(미분 방정식보다는 차분 방정식으로 모델링되는 것), 디지털 논리시스템, 그리고 다른 형태의 수학적 연산들을 다루는 것들이 있다. 여기에 더하여, 몇 개의 블록들은 논의되지 않은 추가적인 성질들을 갖고 있다. 그러나 여기서 다룬 예제들은 Simulink의 다른 특징들을 찾아보기 시작하는 데 도움이 될 것이다. 다른 항목들에 대한 정보는 온라인 도움말을 참고하기 바란다.

주요용어

Derivative 블록(Block)
Fcn 블록(Block)
Gain 블록(Block)
Integrator 블록(Block)
Look-Up Table 블록
PI 제어기
PID 제어기 블록
Rate Limiter 블록
Relay 블록
Saturation 블록
Signal-Builder 블록
Subsystem 블록
덧셈기(Summer)
라이브러리 브라우저(Library Browser)
구간 선형 모델(Piecewise-linear)
불감대(Dead zone)
불감시간(Dead time)
블록 다이어그램(Block diagram)
상태변수 모델(State-variable model)
시뮬레이션 다이어그램(Simulation diagram)
전달함수 모델(Transfer-function model)
전송지연(Transport delay)

| 연습문제 |

10.1 절

1. 다음 방정식에 대한 시뮬레이션 다이어그램을 그려라.

$$\dot{y}=5f(t)-7y$$

2. 다음 방정식에 대한 시뮬레이션 다이어그램을 그려라.

$$5\ddot{y}+3\dot{y}+7y=f(t)$$

3. 다음 방정식에 대한 시뮬레이션 다이어그램을 그려라.

$$3\dot{y}+5\sin y=f(t)$$

4. 다음 방정식에 대한 시뮬레이션 다이어그램을 그려라.

$$\dot{y}=-6\sqrt{y}+f(t)$$

5. 다음 방정식에 대한 시뮬레이션 다이어그램을 그려라.

$$\dot{x}=-3x+2y+f(t)$$
$$\dot{y}=4x-5y$$

10.2 절

6. $0\le t\le 5$ 에 대하여 다음 방정식의 해의 그래프를 그리는 Simulink 모델을 만들어라.

$$\dot{y}=-3y+2t-4 \quad y(0)=5$$

7. $0\le t\le 10$ 에 대하여 다음 방정식의 해의 그래프를 그리는 Simulink 모델을 만들어라.

$$10\dot{y}+3y=5f(t)-5f(t-2) \quad y(0)=0$$

여기에서 $t>0$ 일 때, $f(t)=4t$ 그리고 $t<2$ 일 때, $f(t-2)=0$ 이다.

8. $0 \le t \le 6$에 대하여 다음 방정식의 해의 그래프를 그리는 Simulink 모델을 만들어라.

$$10\ddot{y} = 7\sin 4t + 5\cos 3t \quad y(0) = 3,\ \dot{y}(0) = 2$$

9. 발사체가 수평선 위로 $30°$의 각도와 100m/s의 속도로 발사된다. 발사체의 운동 방정식을 풀기 위한 Simulink 모델을 만들어라. 여기서, x와 y는 발사체의 수평과 수직 변위이다.

$$\ddot{x} = 0 \quad x(0) = 0 \quad \dot{x}(0) = 100\cos 30°$$
$$\ddot{y} = -g \quad y(0) = 0 \quad \dot{y}(0) = 100\sin 30°$$

이 모델을 사용하여 $0 \le t \le 10$초에서 x에 대한 발사체의 궤적 y의 그래프를 그려라.

10. 다음 방정식은 선형이지만, 해석적 해를 갖지 않는다.

$$\dot{x} + x = \tan t \quad x(0) = 0$$

근사 해는 t의 큰 값에 대하여 정확도가 떨어지지만, 다음

$$x(t) = \frac{1}{3}t^3 - t^2 + 3t - 3 + 3e^{-t}$$

과 같다. 이 문제를 풀기 위한 Simulink 모델을 만들고 그 해를 $0 \le t \le 1$초의 범위에서 근사해와 비교하라.

11. $0 \le t \le 10$에 대하여 다음 방정식의 해의 그래프를 그리기 위한 Simulink 모델을 구성하라.

$$15\dot{x} + 5x = 4u_s(t) - 4u_s(t-2) \quad x(0) = 5$$

여기에서 $u_s(t)$는 단위계단 함수이다(Step 블록의 Block Parameters 창에서 Step time은 0, Initial value는 0, Final value는 1로 설정한다).

12. 수직면과 밑면의 면적이 100피트^{2}을 갖는 탱크가 물을 저장하기 위해 사용된다. 탱크를 채우기 위해 다음 표에 주어진 속도로 물이 위에서 펌프로 공급된다. Simulink를 사용하여 $0 \le t \le 10$ min에 대하여 수면 높이 $h(t)$를 구하고 그래프를 그려라.

시간(min)	0	1	2	3	4	5	6	7	8	9	10
유량(ft^3 / min)	0	80	130	150	150	160	165	170	160	140	120

10.3 절

13. $0 \le t \le 2$ 에 대하여 다음 방정식의 해를 그리기 위한 Simulink 모델을 만들어라.

$$\dot{x}_1 = -6x_1 + 4x_2$$
$$\dot{x}_2 = 5x_1 - 7x_2 + f(t)$$

여기에서 $f(t) = 3t$ 이다. Sources 라이브러리에서 Ramp 블록을 사용하라.

14. $0 \le t \le 3$ 에 대하여 다음 방정식의 해를 그리기 위한 Simulink 모델을 만들어라.

$$\dot{x}_1 = -6x_1 + 4x_2 + f_1(t)$$
$$\dot{x}_2 = 5x_1 - 7x_2 + f_2(t)$$

여기에서 $f_1(t)$ 는 $t=0$ 에서 시작하는 높이 3인 계단 함수이며, $f_2(t)$ 는 $t=1$ 에서 시작하는 높이 −3인 계단 함수이다.

15. $0 \le t \le 10$ 에 대하여 다음 방정식들의 해를 그리기 위한 Simulink 모델을 만들어라.

$$\dot{x} = -5x + 3y + 5\sin 2t \quad x(0) = 0$$
$$\dot{y} = 3x - 4y \quad y(0) = 0$$

16. $0 \le t \le 2$ 에 대하여 다음 방정식들의 해에서 $y_1 = x_1 - x_2$ 와 x_3 를 그리기 위한 Simulink 모델을 만들어라. 여기에서 $f(t) = 2t$ 이다.

$$\dot{x}_1 = -3x_1 + 5x_2 + f(t) \quad x_1(0) = 0$$
$$\dot{x}_2 = -4x_1 - 7x_2 + 5x_3 - 3f(t) \quad x_2(0) = 0$$
$$\dot{x}_3 = 2x_1 - 7x_3 \quad x_3(0) = 0$$

10.4 절

17. $0 \le t \le 6$ 에 대하여 Saturation 블록을 사용하여 다음 방정식의 해의 그래프를 그리기 위한 Simulink 모델을 만들어라.

$$3\dot{y} + y = f(t) \qquad y(0) = 3$$

여기에서

$$f(t)=\begin{cases} 8 & \text{만일 } 10\sin 3t > 8\text{이면} \\ -8 & \text{만일 } 10\sin 3t < -8\text{이면} \\ 10\sin 3t & \text{그 외} \end{cases}$$

이다.

18. 다음 문제의 Simulink 모델을 만들어라.

$$5\dot{x} + \sin x = f(t) \qquad x(0)=0$$

강제함수(forcing function)는 다음과 같다.

$$f(t)=\begin{cases} -5 & \text{만일 } g(t) \le -5\text{이면} \\ g(t) & \text{만일 } -5<g(t)<5\text{이면} \\ 5 & \text{만일 } g(t) \ge 5 \end{cases}$$

여기에서 $g(t)=10\sin 4t$ 이다.

19. 질량–용수철 시스템이 표면에서 점성 마찰보다는 쿨롱 마찰을 갖는다면, 운동 방정식은 다음과 같다.

$$m\ddot{y}=\begin{cases} -ky+f(t)-\mu mg & \text{만일 } \dot{y} \ge 0\text{이면} \\ -ky+f(t)+\mu mg & \text{만일 } \dot{y} < 0\text{이면} \end{cases}$$

여기에서 μ는 마찰계수이다. $m=1$ kg, $k=5$ N/m, $\mu=0.4$ 이고 $g=9.8$ m/s^2 인 경우에 대하여 Simulink 모델을 개발하라. 두 경우에 대하여 시뮬레이션을 실행하라. (a) 가해진 힘 $f(t)$가 10N의 크기를 가진 계단함수 (b) 가해진 힘이 정현파(sinusoidal): $f(t)=10\sin 2.5t$ 이다. Math Operations 라이브러리에 있는 Sign 블록이나 Discontinuities 라이브러리에 있는 Coulomb and Viscous Friction 블록이 사용될 수 있지만, 이 문제에는 점성 마찰이 없으므로 Sign 블록이 사용하기에 더 쉽다.

20. $m=2$ kg 인 질량체가 수평면과 $\phi=30°$ 각도로 경사진 표면을 움직인다. 초기 속도는 경사를 올라갈 때 $v(0)=3$ m/s 이다. $f_1=5$N 의 외력이 경사면과 평행하게 위쪽으로 작용한다. 쿨롱 마찰 계수는 $\mu=0.5$ 이다. 질량체가 정지할 때까지 질량체의 속도를 구하기 위한 Simulink 모델을 Sign 블록을 사용하여 만들어라. 이 모델을 사용하여 질량체가 정지하게 되는 시간을 결정하라.

21. a. 온도 모델이

$$RC\frac{dT}{dt}+T=Rq+T_a(t)$$

와 같은 온도 조절 제어시스템의 Simulink 모델을 개발하라. 여기에서 T는 ℉ 단위의 실내공기 온도이고, T_a는 ℉ 단위의 대기(실외) 온도이며, 시간 t는 시간(hour) 단위이다. q는 lb∘ft/hr 로 가열 시스템으로부터의 입력이며, R은 열 저항이고, C는 열 커패시턴스(capacitance)이다. 온도 조절 장치는 온도가 69° 아래로 내려갈 때마다 q를 $q_{\max}$ 값으로 켜고, 온도가 71℉ 위로 올라갈 때마다 q를 $q=0$으로 전환한다. $q_{\max}$ 값은 난방장치의 열 출력을 표시한다.

$T(0)=70$℉이고 $T_a(t)=50+10\sin(\pi t/12)$인 경우에 대하여 시뮬레이션을 실행하라. $R=5\times10^{-5}$ ℉∘hr/lb∘ft와 $C=4\times10^{4}$ lb∘ft/℉ 값을 사용한다. $0\le t\le 24$ hr에 대하여, 같은 그래프 상에 t에 대한 온도 T와 T_a를 그려라. 두 경우에 대하여 이것을 수행한다. $q_{\max}=4\times10^{5}$ 및 $q_{\max}=8\times10^{5}$ lb∘ft/hr. 각 경우에 대하여 결과를 조사하라.

b. 시간에 대한 q의 적분은 사용된 에너지이다. t에 대하여 $\int q\,dt$의 그래프를 그리고 $q_{\max}=8\times10^{5}$인 경우에 대하여 24hr에 얼마나 많은 에너지가 사용되었는지 결정하라.

22. [문제 21]을 참조한다. $q_{\max}=8\times10^{5}$을 갖고 시뮬레이션을 실행하여 두 온도 대역인 (69°, 71°)와 (68°, 72°)에 대한 에너지 소모와 온도조절 순환 주파수를 비교하라.

23. [그림 10.7-1]에서 보인 유량-레벨 시스템을 고려한다. 질량 보존에 근거한 제어 방정식은 식 (10.7-2)와 같다. 높이 h는 유입률을 0과 50kg/s 값으로 전환시키는 릴레이를 사용하여 제어한다고 가정한다. 높이가 4.5미터보다 작을 때 유입되고 높이가 5.5미터에 이르면 유입이 멈춘다. $A=2\text{ m}^2$, $R=400\text{ m}^{-1}\circ\text{s}^{-1}$, $\rho=1{,}000\text{ kg/m}^3$ 및 $h(0)=1\text{ m}$ 값을 사용하여 이 응용에 대한 Simulink 모델을 만들어라. 그리고 $h(t)$의 그래프를 그려라.

10.5 절

24. Transfer Function 블록을 사용하여 $0\le t\le 4$에 대하여 다음 방정식의 해의 그래프를 그리기 위한 Simulink 모델을 만들어라.

$$2\ddot{x}+12\dot{x}+10x=5u_s(t)-5u_s(t-2)\qquad x(0)=\dot{x}(0)=0$$

25. Transfer Function 블록을 사용하여 $0\le t\le 2$에 대하여 다음 방정식의 해의 그래프를 그리기 위한 Simulink 모델을 만들어라.

$$3\ddot{x}+15\dot{x}+18x=f(t) \qquad x(0)=\dot{x}(0)=0$$
$$2\ddot{y}+16\dot{y}+50y=x(t) \qquad y(0)=\dot{y}(0)=0$$

여기에서 $f(t)=75u_s(t)$이다.

26. Transfer Function 블록을 사용하여 $0 \le t \le 2$에 대하여 다음 방정식의 해를 그리기 위한 Simulink 모델을 만들어라.

$$3\ddot{x}+15\dot{x}+18x=f(t) \qquad x(0)=\dot{x}(0)=0$$
$$2\ddot{y}+16\dot{y}+50y=x(t) \qquad y(0)=\dot{y}(0)=0$$

여기에서 $f(t)=50u_s(t)$이다. 첫 번째 블록의 출력에서 $-1 \le x \le 1$에 대하여 불감대가 존재한다. 이것은 두 번째 블록의 입력을 제한한다.

27. Transfer Function 블록을 사용하여 $0 \le t \le 2$에 대하여 다음 방정식의 해를 그리기 위한 Simulink 모델을 만들어라.

$$3\ddot{x}+15\dot{x}+18x=f(t) \qquad x(0)=\dot{x}(0)=0$$
$$2\ddot{y}+16\dot{y}+50y=x(t) \qquad y(0)=\dot{y}(0)=0$$

여기에서 $f(t)=50u_s(t)$이다. 첫 번째 블록의 출력에서 x를 $|x| \le 1$로 제한하는 포화상태가 존재한다. 이것은 두 번째 블록의 입력을 제한한다.

28. $0 \le t \le 1$에 대하여 다음 방정식의 해의 그래프를 그리는 Simulink 모델을 만들어라.

$$\frac{Y(s)}{F(s)}=\frac{4}{s+5}$$

여기에서 $f(t)=u_s(t)-u_s(t-1)$이다.

10.6 절

29. $0 \le t \le 2$에 대하여 다음 방정식의 해를 그리기 위한 Simulink 모델을 만들어라.

$$\dot{x}=-3x+y \qquad x(0)=4$$
$$\dot{y}=-6\sqrt{y}+5u_s(t) \qquad y(0)=0$$

30. $0 \le t \le 4$ 에 대하여 다음 방정식의 해를 그리기 위한 Simulink 모델을 만들어라.

$$2\ddot{x}+12\dot{x}+10x^2=8\sin 0.8t \qquad x(0)=\dot{x}(0)=0$$

31. $0 \le t \le 3$ 에 대하여 다음 방정식의 해를 그리기 위한 Simulink 모델을 만들어라.

$$\dot{x}+10x^2=5\sin 3t \qquad x(0)=1$$

32. 다음 문제에 대한 Simulink 모델을 만들어라.

$$10\dot{x}+\sin x=f(t) \qquad x(0)=0$$

강제 함수는 $f(t)=\sin 2t$ 이다. 시스템은 [그림 10.5-1]과 같은 불감대 비선형성을 갖고 있다.

33. 다음 모델은 비선형 경화 용수철에 의해 지지되는 질량체를 나타낸다. 단위는 SI이다. $g=9.8\ \text{m/s}^2$ 을 사용하라.

$$5\ddot{y}=5g-(900y+1700y^3) \qquad y(0)=0.5 \qquad \dot{y}(0)=0$$

$0 \le t \le 2$ 에 대하여 해의 그래프를 그리기 위한 Simulink 모델을 만들어라.

34. [그림 P34]에 보이는 기둥을 들어올리기 위한 시스템을 고려한다. 70피트 길이의 기둥은 무게가 500파운드이다. 윈치(winch)는 케이블에 $f=380$ 파운드의 힘을 가한다. 기둥은 초기에는 $30°$ 의 각으로 지지되고, A에서 케이블은 초기에는 수평을 이룬다. 기둥의 운동 방정식은 다음과 같다.

$$25,400\ddot{\theta}=-17,500\cos\theta+\frac{626,000}{Q}\sin(1.33+\theta)$$

여기에서

$$Q=\sqrt{2020+1650\cos(1.33+\theta)}$$

이다. $\theta(t) \le \pi/2$ rad 에 대하여 $\theta(t)$를 구하고 그래프를 그리기 위한 Simulink 모델을 만들고 실행하라.

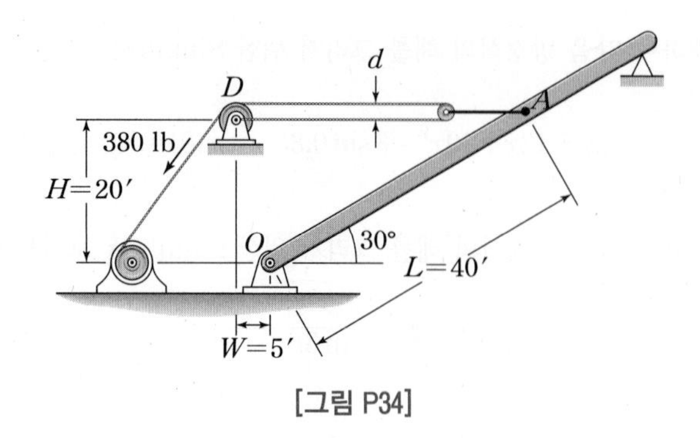

[그림 P34]

35. 바닥에 배수구가 있는 구형 탱크에서 수위 h를 기술하는 방정식은 다음과 같다.

$$\pi(2rh-h^2)\frac{dh}{dt}=-C_d A\sqrt{2gh}$$

탱크의 반지름은 $r=3$ 미터이고 면적이 A인 원형 배수구는 반지름이 2cm라 가정한다. $C_d=0.5$ 이고, 초기 수위는 $h(0)=5$ 미터라고 가정한다. $g=9.81\ \text{m/s}^2$ 을 사용한다. Simulink를 사용하여 비선형 방정식을 풀고 $h(t)=0$ 이 될 때까지의 수위를 시간의 함수로 그려라.

36. 원추형 종이 음료수 컵(생수대에서 사용되는 종류와 같은)의 반지름은 R이고 높이는 H이다. 컵의 물 높이가 h라면 물의 체적은 다음과 같이 주어진다.

$$V=\frac{1}{3}\pi\left(\frac{R}{H}\right)^2 h^3$$

컵의 치수는 $R=1.5$ in. 이고 $H=4$ in. 이다.

a. 생수대로부터 컵으로의 유입률이 2 $\text{in.}^3/\text{sec}$ 라고 하면, 컵을 가득 채우는 데 얼마나 걸리는지 Simulink를 이용하여 결정하라.

b. 생수대로부터 컵으로의 유입률이 $2(1-e^{-2t})$ $\text{in.}^3/\text{sec}$ 라고 하면, 컵을 가득 채우는 데 얼마나 걸리는지 Simulink를 이용하여 결정하라.

10.7 절

37. [그림 10.7-2]를 참조한다. 저항들이 선형의 관계를 준수한다고 가정하면 왼편 저항을 통한 질량 유입량 q_l 이 $q_l=(p_l-p)/R_l$ 이 되고, 오른편 저항에 대해서도 비슷한 선형 관계를 갖는다고 가정한다.

a. 이 부품에 대하여 Simulink 서브시스템 블록을 만들어라.

b. 서브시스템 블록을 사용하여 [그림 10.7-5]에서 보인 것과 같은 시스템의 Simulink 모델을 만들어라. 질량 유입률은 계단 함수라고 가정한다.

c. Simulink 모델을 사용하여 다음 매개변수 값들에 대하여 $h_1(t)$와 $h_2(t)$의 그래프를 그려라. $A_1=2\ \text{m}^2$, $A_2=5\ \text{m}^2$, $R_1=400\ \text{m}^{-1}\cdot\text{s}^{-1}$, $R_2=600\ \text{m}^{-1}\cdot\text{s}^{-1}$, $\rho=1{,}000\ \text{kg/m}^3$, $q_{mi}=50\ \text{kg}/s$, $h_1(0)=1.5\ \text{m}$ 및 $h_2(0)=0.5\ \text{m}$ 이다.

38. a. 10.7절에서 개발된 서브시스템 블록을 사용하여 [그림 P38]과 같은 시스템의 Simulink 모델을 만들어라. 질량 유입률은 계단 함수이다.

b. Simulink 모델을 사용하여 다음 매개변수 값들에 대하여 $h_1(t)$와 $h_2(t)$의 그래프를 그려라. $A_1=3\ \text{ft}^2$, $A_2=5\ \text{ft}^2$, $R_1=30\ \text{ft}^{-1}\cdot\text{s}^{-1}$, $R_2=40\ \text{ft}^{-1}\cdot\text{s}^{-1}$, $\rho=1.94\ \text{slug/ft}^3$, $q_{mi}=0.5\ \text{slug/sec}$, $h_1(0)=2\ \text{ft}$ 및 $h_2(0)=5\ \text{ft}$ 이다.

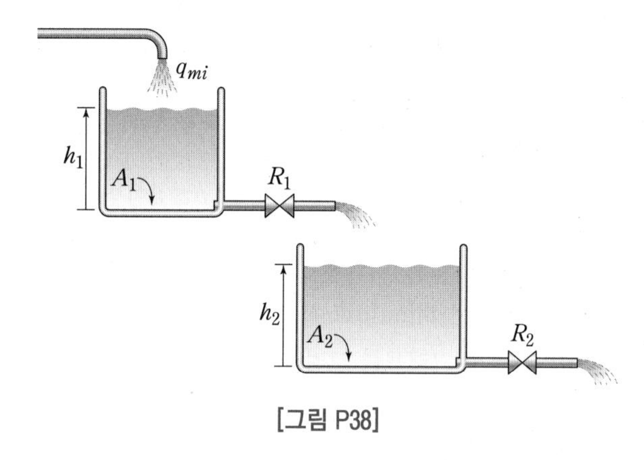

[그림 P38]

39. [그림 10.7-7]에서 $R_1=R_3=10^4\Omega$, $R_2=5\times10^4\Omega$, $C_1=C_3=10^{-6}\text{F}$ 및 $C_2=4\times10^{-6}\text{F}$의 값을 갖는 세 개의 RC 루프(loop)가 있는 경우에 대하여 고려한다.

a. 하나의 RC 루프에 대하여 서브시스템 블록을 개발하라.

b. 서브시스템 블록을 사용하여 세 개의 루프를 가진 전체 시스템의 Simulink 모델을 구성하라. $v_1(t)=12\sin 10tV$ 에 대하여 $0\le t\le 3$ 동안 $v_1(t)$의 그래프를 그려라.

40. [그림 10.7-8]에서 세 개의 질량이 있는 경우를 고려한다. $m_1=m_3=10\ \text{kg}$, $m_2=30\ \text{kg}$, $k_1=k_4=10^4\text{N/m}$ 및 $k_2=k_3=2\times10^4\text{N/m}$ 의 값을 사용한다.

a. 하나의 질량에 대하여 서브시스템 블록을 개발하라.

b. 서브시스템 블록을 사용하여 세 개의 질량을 가진 전체 시스템의 Simulink 모델을 만들어라. m_1 의 초기 변위가 0.1m일 때, $0\le t\le 2\,\text{s}$에서 질량의 변위를 그려라.

10.8 절

41. [그림 P38]을 참조한다. 위 탱크와 아래 탱크의 유출 사이에는 10sec의 불감시간이 존재한다고 가정한다. 10.7절에서 개발한 서브시스템 블록을 사용하여 이 시스템의 Simulink 모델을 만들어라. [문제 38]에서 주어진 매개변수를 사용하여, 시간에 따르는 높이 h_1과 h_2의 그래프를 그려라.

42. [그림 10.8-1]에 나온 Simulink 모델을 만들어라. 그리고 10.8절에 주어진 값들을 사용하여 시뮬레이션을 실행하고 그 절의 마지막에 주어진 질문에 답하라.

43. [그림 10.2-2]을 입력단에서 Gain 블록까지 전송 지연 1이 포함되도록 변경하라. [예제 10.2-1]에 주어진 값을 사용하여 모델을 실행하고 지연이 없었을 때와 비교하라.

10.9 절

44. [그림 P44]에 보인 용수철 관계식과 입력함수 그리고 다음 댐퍼 관계

$$f_d(v)=\begin{cases}-500\,|v|^{1.2} & \text{만일 } v \leq 0\text{이면} \\ 50\,v^{1.2} & \text{만일 } v > 0\text{이면}\end{cases}$$

를 이용하여, 10.9절에서 개발된 Simulink 서스펜션 모델을 다시 개발하라. 시뮬레이션을 이용하여 응답의 그래프를 그려라. 오버슈트와 언더슈트를 계산하라.

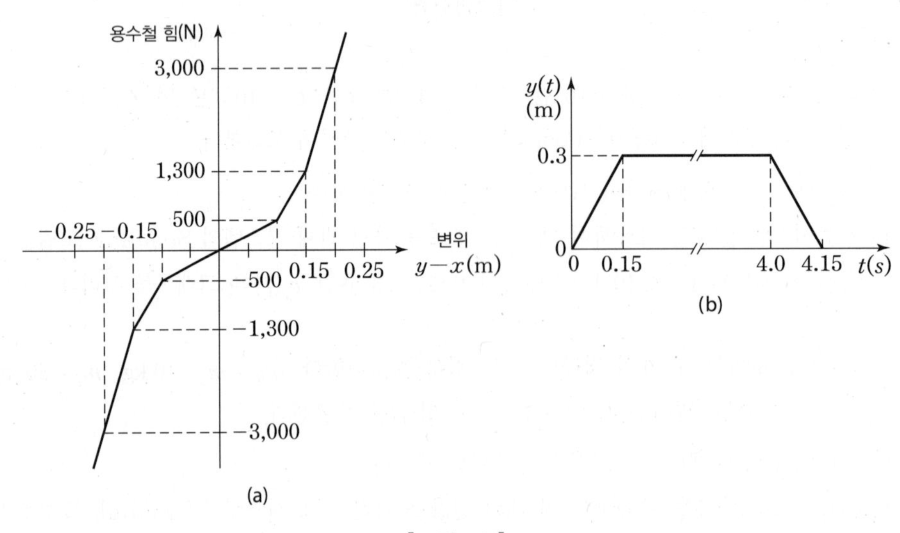

[그림 P44]

45. [그림 P45]에 보인 시스템을 고려한다. 운동 방정식은 다음과 같다.

$$m_1\ddot{x}_1 + (c_1 + c_2)\dot{x}_1 + (k_1 + k_2)x_1 - c_2\dot{x}_2 - k_2x_2 = 0$$
$$m_2\ddot{x}_2 + c_2\dot{x}_2 + k_2x_2 - c_2\dot{x}_1 - k_2x_1 = f(t)$$

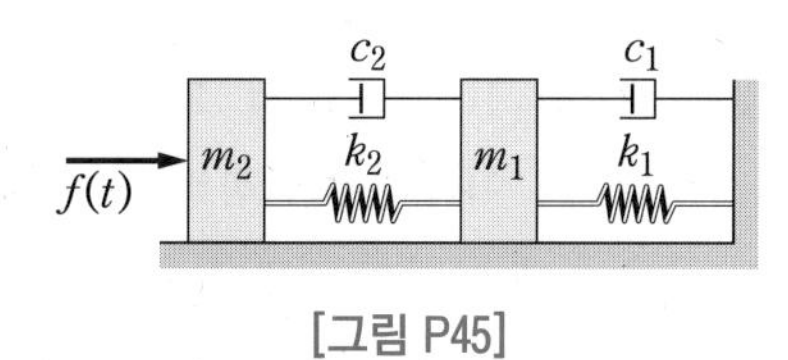

[그림 P45]

$m_1 = m_2 = 1,\ c_1 = 3,\ c_2 = 1,\ k_1 = 1,\ k_2 = 4$ 라고 가정한다.

a. 이 시스템의 Simulink 모델을 개발하라. 개발할 때 모델의 상태변수 식을 사용할지, 전달함수 식을 사용할지를 고려하라.

b. Simulink 모델을 사용하여 다음 입력에 대한 응답 $x_1(t)$의 그래프를 그려라. 초기 조건은 0이다.

$$f(t) = \begin{cases} t & \text{만일 } 0 \leqq t \leqq 1\text{이면} \\ 2-t & \text{만일 } 1 < t < 2\text{이면} \\ 0 & \text{만일 } t \geqq 2\text{이면} \end{cases}$$

10.10 절

46. 단위계단 명령 입력을 갖는 [그림 10.10-3]의 모델에서 $m=1$ 이라고 한다. 근이 $s = -50,\ -100$ 이 되게 하기 위한 PI 이득을 계산하라. a) 시뮬레이션을 실행하고 속도의 그래프를 그려라. 응답 시간이 근을 통해 예상한 값과 같은가? b) 외란의 크기가 100이고 계단 시간이 0.1인 계단 함수라고 가정한다. 시뮬레이션을 실행하고 속도의 그래프를 그려라. 제어기가 외란에 대응하는데 얼마나 효과적인가?

47. 단위계단 명령 입력을 갖는 [그림 10.10-3]의 모델에서 $m=1$ 이라고 한다. PI 이득이 $P=150,\ I=5{,}000$ 으로 주어졌을 때, PID 블록의 출력에 Scope 블록을 연결하라. a) 정상상태에 이를 때까지 시뮬레이션을 실행하고 속도의 그래프를 그려라. PID 블록의 최대 출력은 얼마인가? b) PID 블록 다음에 Saturation 블록을 삽입하고 제한 값으로 −50과 50을 사용하라. 시뮬레이션을 다시 실행하고 속도의 그래프를 그려라. 제한 값들에 의해 응답이 얼마나 영향을 받았는가?

48. 단위계단 명령 입력을 갖는 [그림 10.10-3]의 모델에서 $m=1$이라고 한다. 응답 시간이 2가 되게 하는 PI 이득을 계산하라. 시뮬레이션을 실행하고 속도의 응답을 확인하라. 응답 시간이 예상한 것과 같은가?

49. 단위계단 명령 입력을 갖는 [그림 10.10-3]의 모델에서 $m=1$이라고 한다. 근이 $x=-50\pm50j$이 되게 하기 위한 PI 이득을 계산하라. 시뮬레이션을 실행하고 속도의 그래프를 그려라. 응답 시간이 근을 통해 예상한 것과 같은가?

50. 단위계단 명령 입력을 갖는 [그림 10.10-4]의 모델에서 $T=0.3$이라고 한다. 발진 현상 없이 응답 시간이 2가 되게 하는 PI 이득을 계산하라. 시뮬레이션을 실행하고 속도 응답을 확인하라. 응답 시간이 예상한 것과 같은가?

51. 단위계단 명령 입력을 갖는 [그림 10.10-4]의 모델에서 $m=1$, $T=0.3$이라고 한다. 근이 $s=-50$, -100이 되게 하는 PI 이득을 계산하라. 시뮬레이션을 실행하고 속도 응답을 확인하라. 응답 시간이 예상한 것과 같은가?

52. 단위계단 명령 입력을 갖는 [그림 10.10-5]의 모델에서 $m=1$, $T=0.2$라고 한다. 근이 $s=-10$, -20, -20이 되게 하는 PID 이득을 계산하라. 시뮬레이션을 실행하고 속도 응답을 확인하라. 응답 시간이 예상한 것과 같은가?

53. 단위계단 명령 입력을 갖는 [그림 10.10-5]의 모델에서 $m=1$, $T=0.2$라고 한다. 근이 $s=-10$, $-20\pm20j$가 되게 하는 PID 이득을 계산하라. 시뮬레이션을 실행하고 속도 응답을 확인하라. 응답 시간이 예상한 것과 같은가?

54. 단위계단 명령 입력을 갖는 [그림 10.10-6]의 모델에서 $m=1$이라고 한다. 근이 $s=-10$, -20, -20이 되게 하는 PID 이득을 계산하라. 시뮬레이션을 실행하고 위치 응답을 확인하라. 응답 시간이 예상한 것과 같은가?

55. 단위계단 명령 입력을 갖는 [그림 10.10-6]의 모델에서 $m=1$이라고 한다. 근이 $s=-10$, $-20\pm20j$가 되게 하는 PID 이득을 계산하라. 시뮬레이션을 실행하고 위치 응답을 확인하라. 응답 시간이 예상한 것과 같은가?

56. 두 바퀴 차량의 축거(wheelbase)가 $L=2$이고 바퀴의 반지름은 $R=0.5$이다. 바퀴 회전 각도는 $\varphi_L=2$ 라디안, $\varphi_R=4$ 라디안이다. 이 때 차량 회전 반경 R_C, 차량 회전 각도 θ,

차량 기준점의 새 위치의 좌표를 계산하여라.

57. 두 바퀴 차량의 축거(wheelbase)가 $L=2$ 이고 바퀴의 반지름은 $R=0.5$ 이다. 차량의 기준점을 $x=-0.4$, $y=1.4$ 에 두고자 한다. 이를 위해 필요한 차량 회전 반경 R_C, 차량 회전 각도 θ, 그리고 바퀴 회전 각도 φ_L 과 φ_R 을 계산하여라.

출처: Ververidis Vasilis/Shutterstock

21세기의 공학
대체 에너지 자원의 개발

미국을 비롯한 전 세계의 많은 나라에서는 천연 가스, 석유, 석탄 및 우라늄과 같은 재생 불가능한 에너지에 대한 의존도를 줄여야 할 필요성에 대하여 인식하고 있다. 이런 연료들은 결국 고갈될 것이며, 환경에 유해한 영향을 주고 수입을 할 때에도 경제에 좋지 않은 큰 무역 불균형을 야기한다. 21세기의 가장 주요한 공학의 도전 과제는 재생 가능한 에너지 자원의 개발일 것이다.

재생 가능한 에너지원은 태양광 에너지(태양열 및 태양 전지 모두), 지열 발전, 조력 발전, 풍력 발전 및 알코올로 직접 변환 가능한 곡물들을 포함한다. 태양열은 태양으로부터 받는 에너지는 액체를 덥히는 데 사용되며, 이것은 건물에 난방을 하거나 증기 터빈과 같은 발전기에 공급된다. 태양전지는 태양 빛을 직접 전기로 변환하여 사용된다.

지열 발전의 에너지는 지열이나 스팀 관으로부터 얻어진다. 조력 발전은 발전 터빈을 구동하기 위하여 파도를 이용한다. 파도의 힘은 수위의 변화를 이용하며, 터빈이나 다른 장치들을 통과하는 물을 구동하는 데 이용된다. 풍력 발전은 발전기를 구동하기 위하여 바람의 힘을 이용한다.

대부분의 재생 가능한 에너지원을 다루기 어려운 점은 이들이 널리 분포되어 있어서, 에너지는 어떻게든 모아야 되는 것이며, 또한 간헐적이어서 저장 방법이 필요하다. 현재 대부분의 재생 가능한 에너지 시스템은 효율이 낮기 때문에 미래 공학의 도전 과제는 이들의 효율을 개선시키는 것이다.

MATLAB은 재생 에너지 시스템의 공학 설계를 지원한다. 예를 들어, 배전 시스템에 연결된 9MW 풍력 발전소의 성능을 연구하는 소프트웨어와 송전 시스템의 혼잡을 완화하기 위한 통합 전력 흐름 제어기의 성능에 대한 연구가 포함된다. 광전지 시스템에 대한 수많은 연구가 MATLAB에서 수행되었다.

CHAPTER

MATLAB과 기호(심볼릭) 처리

11

지금까지 우리는 MATLAB을 사용하여 수치 연산만을 수행해왔다. 즉, 우리의 답은 숫자였으며, 식은 아니었다. 이 장에서는 MATLAB을 사용하여 식의 형태로 답을 얻기 위한 기호(심볼릭) 처리(Symbolic Processing)를 수행하는 방법을 보여준다. 기호(심볼릭) 처리(Symbolic processing)란 예를 들어, 인간이 연필과 종이로 수학을 하듯이 컴퓨터가 수학식에 연산을 하는 방법을 설명하는데 사용되는 용어이다. 가능하면 우리는 답을 닫힌 형태로 얻으려고 하며, 그 이유는 이들이 문제에 대한 더 깊은 통찰력을 제공하기 때문이다. 예를 들어, 특정 매개변수 값이 없는 수학식으로 모델링하여 공학 설계를 개선하는 방법을 종종 볼 수 있다. 그러면 이 식을 분석하고 어떤 매개변수 값이 설계를 최적화하는지를 결정할 수 있다.

기호 표현식 이 장에서는 $y=\sin x/\cos x$와 같은 기호 표현식을 MATLAB에서 정의하는 방법과 가능하면 언제나 식을 간략히 하는 방법을 보인다. 예를 들어, 먼저의 함수는 $y=\sin x/\cos x=\tan x$로 간략화된다. MATLAB은 수학식의 더하기, 곱하기와 같은 연산을 수행할 수 있으며, MATLAB을 사용하여 $x^2+2x+a=0$과 같은 대수 방정식에 대한 기호 해를 얻을 수 있다(x에 대한 해는 $x=-1\pm\sqrt{1-a}$이다). MATLAB은 또한 기호 미분과 적분을 수행할 수 있으며, 상미분 방정식을 닫힌 형태로 풀 수 있다.

이 장의 방법들을 사용하려면, Symbolic Math Toolbox 또는 학생판의 MATLAB이 있어야 한다. 이 장은 버전 8.7(R2021a)의 툴박스를 기반으로 한다.

기호 처리는 비교적 새로운 컴퓨터 응용법이며, 이러한 소프트웨어는 빠르게 개발되고 있다. 소프트웨어가 업그레이드되면서 능력이 개선되고 버그가 제거됨에 따라 성능 및 구문에서 변화가 생기므로 이러한 이유 때문에 소프트웨어가 예상대로 작동하지 않거나 오류가 발생한다면, 반드시 MathWorks 웹 사이트를 확인해야 한다. MathWorks 웹 사이트는 http//www.mathworks.com이다. 자주 묻는 질문(FAQ) 및 기술 노트에서 답변을 찾을 수 있다. FAQ와 기술 노트는 범주별로 정렬되어 있고(예를 들어, 하나의 범주가 Symbolic Math Toolbox이다), 키워드를 사용하여 정보를 검색할 수도 있다.

이 장에서는 Symbolic Math Toolbox의 능력들 중에서 일부를 다룬다. 특별히 다음 내용들에 대하여 다룬다.

■ 기호 대수
■ 대수와 초월 방정식을 풀기 위한 기호 방법들
■ 상미분방정식들을 풀기 위한 기호 방법들
■ 적분, 미분, 극한, 급수를 포함하는 기호 미적분학
■ 라플라스 변환 및
■ 행렬식, 역행렬 및 특성근을 얻기 위한 방법을 포함하는 선형 대수에서의 선택된 주제들

라플라스 변환이 미분 방정식을 풀기 위한 하나의 방법이고 종종 미분 방정식과 함께 다루어지기 때문에 라플라스 변환이라는 주제가 포함되었다.

Symbolic Math Toolbox에서 다음의 기능은 다루지 않는다. 첫째, 기호 행렬의 표준 형태, 둘째, 식을 지정된 수치 정확도로 계산할 수 있는 가변 정밀도 산술 연산, 셋째, 푸리에 변환과 같은 고급 수학 함수가 포함된 경우 등이다. 이러한 기능에 대한 자세한 내용은 온라인 도움말에서 찾을 수 있다.

이 장을 마치면, MATLAB을 사용하여 다음과 같은 것들을 할 수 있다.

■ 기호 표현식들을 만들고 대수적으로 다룬다.
■ 대수와 초월방정식들에 대한 기호 해를 구한다.
■ 기호 미분과 적분을 수행한다.
■ 극한과 급수를 기호 계산으로 구한다.

■ 상미분방정식에 대한 기호 해를 구한다.
■ 라플라스 변환을 구한다.
■ 행렬식, 역행렬, 특성벡터에 대한 식을 구하는 것을 포함하는 기호 선형 대수 연산을 한다.

11.1 기호 표현식과 대수

sym 함수는 MATLAB에서 "기호 객체"를 생성하는 데 사용될 수 있다. sym에 대한 입력 변수가 문자열이면, 결과는 기호 변수이다. 예를 들어, x = sym ('x')를 입력하면 이름이 x인 기호 변수가 생성되고, y = sym ('y')를 입력하면 기호 변수 y가 생성된다. x = sym ('x', 'real')을 입력하면 MATLAB이 x가 실수라고 가정하도록 한다.

syms 명령은 하나 이상의 이런 명령문을 하나의 명령문으로 결합할 수 있는 기호 변수들을 생성하기 위한 단축 명령이다. 예를 들어, syms x를 입력하면 x = sym('x')를 입력하는 것과 같고, syms x y u v를 입력하면 네 개의 기호 변수 x, y, u, v가 생성된다. 인수 없이 사용되면, syms는 작업 공간에 있는 기호 객체들을 나열한다. 그러나 syms 명령은 기호 숫자를 생성하는 데는 사용할 수 없다. 이런 목적으로는 반드시 sym을 사용해야 한다. syms 명령은 또한 기호 함수와 기호 행렬을 생성할 수 있다.

syms 명령을 사용하면 특정 변수들을 실수로 지정하는 것이 가능하다. 예를 들어,

```
>>syms x y real
```

또는 양으로 지정,

```
>>syms x y positive
```

x를 기호 변수에서 제거하려면 clear x를 입력한다. x와 y를 모든 가정으로부터 지우려면, clear를 사용하지 않고

```
>>syms x y
```

라고 다시 입력한다. syms 함수를 이용하여 기호 함수를 생성할 수 있다. 예를 들어,

```
>>syms x(t)
>>x(t) = t^2;
```

```
>>x(3)
   9
```

또는

```
>>syms f(x,y)
>>f(x,y) = x + 4*y;
>>f(2,5)
   22
```

기호 숫자 sym 함수는 인수에 대한 숫자 값을 사용하여 기호 상수를 만드는 데 사용할 수 있다. 예를 들어, `pi = sym(pi)` 또는 `fraction = sym (1/3)`을 입력하면 부동 소수점 근사를 피하는 고유한 기호 상수 π 및 1/3 값을 만들 수 있다. 이 방법으로 기호 상수 pi를 생성하면, 임시로 내장된 상수가 대체되고 사용자가 이름을 입력할 때 더 이상 숫자 값을 얻지 않는다. 예를 들어,

```
>>pi = sym(pi);
>>b = sin(2*pi) % 이 식은 정확한 결과를 만든다.
b =
   0
>>fraction = sym(1/3);
>>c = 5*fraction % 이 식은 정확한 결과를 만든다.
c =
   5/3
```

반면, `d = 5/3`이라고 입력하면, 근사한 결과 1.6667을 준다. 기호 숫자를 사용할 때의 장점은 숫자값 응답이 필요할 때까지(수반되는 반올림 오류가 포함되는) 계산을 할 필요가 없다는 것이다.

기호 숫자는 숫자처럼 보일 수 있지만, 실제로는 기호 표현식이다. 기호 표현식은 문자열처럼 보이지만, 다른 종류의 양이다. class 함수를 사용하여 어떤 양이 기호 표현식인지 또는 아닌지, 숫자 또는 문자열인지 아닌지를 판별할 수 있다. 나중에 class 함수의 예를 제공할 예정이다.

이러한 방식으로 MATLAB 부동 소수점 값을 기호 숫자로 변환할 때 반올림 오차의 영향을 고려해야 한다. 수치값을 기호 숫자로 변환하려면 정확도를 높이기 위하여 식 전체 대

신 부분식에 sym을 사용한다. sym 함수에 선택적 2번째 입력변수를 사용하여 부동 소수점 수를 변환하는 기술을 지정할 수 있다. 자세한 내용은 온라인 도움말을 참조한다.

기호 표현식

기호 변수들은 식에서와 함수의 입력 변수로서 사용할 수 있다. 수치 계산에 사용하는 것과 똑같이 연산자 + - * / ^와 내장 함수를 사용한다. 예를 들어, 다음을

```
>>syms x y
>>s = x + y;
>>r = sqrt(x^2 + y^2);
```

입력하면 기호 변수 s와 r을 만든다. 항 s = x + y 및 r = sqrt (x^2 + y^2)는 기호 표현식의 예들이다. 이렇게 생성된 변수들 s와 r은 사용자-정의 함수 파일과 동일하지 않다. 즉, 나중에 x와 y에 숫자 값을 할당하면, r을 입력해도 MATLAB이 방정식 $r=\sqrt{x^2+y^2}$을 계산하지 않는다. 뒤에서 어떻게 기호 표현식을 수치적으로 계산하는지를 볼 것이다.

syms 명령은 식이 특정한 특성이 갖도록 지정할 수 있다. 예를 들어, 다음 세션에서 MATLAB은 식 w를 음이 아닌 숫자로 처리한다.

```
>>syms x y real
>>w = x^2 + y^2;
```

실수 성질의 x를 지우려면 syms x clear를 입력한다.

MATLAB에서 사용되는 벡터 및 행렬 표기법은 또한 기호 변수에도 적용된다. 예를 들어, 다음과 같이 기호 행렬 A를 만들 수 있다.

```
>> n = 3;
>> syms x
>> A = x.^((0:n)' *(0:n))
A =
    [ 1, 1, 1, 1]
    [ 1, x, x^2, x^3]
    [ 1, x^2, x^4, x^6]
    [ 1, x^3, x^6, x^9]
```

A를 기호 변수로 미리 선언하기 위해 sym 또는 syms를 사용할 필요는 없다는 점을 주목한다. 이것은 기호 표현식으로 생성되기 때문에 기호 변수로 인식된다. 또한, 원소별 지수 연산이 가능하려면 x 다음에 마침표가 필요하다는 것을 주목한다.

디폴트 변수 MATLAB에서 변수 x는 디폴트 독립 변수이지만, 다른 변수들도 독립 변수로 지정될 수 있다. 식에서 어떤 변수가 독립 변수인지 아는 것이 중요하다. 함수 symvar(E)는 어떤 특정한 식 E에서 MATLAB이 사용하는 기호 변수를 결정하는 데 사용될 수 있다.

함수 symvar(E)는 기호 표현식 또는 행렬에서 기호 변수를 찾으며, 여기에서 E는 스칼라 또는 기호 행렬식이고, E에 나타나는 모든 기호 변수들을 포함하는 셀배열을 반환한다. 변수들은 알파벳순으로 반환되며, 쉼표로 구분된다. 예외로는 i, j, pi, inf, NaN, eps 및 공용 함수들이다. 만일 기호 변수가 없으면, symvar는 빈 문자열을 반환한다.

반대로, 함수 symvar(E, n)은 E에서 x에 가장 가까운 n개의 기호 변수를 반환하며, (변수들이) 같은 거리에 있으면 z에 가까운 변수로 간다.

다음 세션에서는 몇 가지 사용 예를 보여 준다.

```
>> syms b x1 y
>> symvar(6*b+y)
ans =
   [ b, y]
>> symvar(6*b+y+x) % 주의: x는 아직 기호 변수로 선언되지 않았음.
'x'은(는) 인식할 수 없는 함수 또는 변수입니다.
>> symvar(6*b+y,1) % x에 가장 가까운 한 변수를 찾는다
ans =
    y
>> symvar(6*b+y+x1,1)
ans =
    x1
>> symvar(6*b+y*i) % 주의: i는 기호 표현이 아님
ans =
    [ b, y]
```

식의 조작

예를 들어, 다음의 함수들은 지수들, 지수의 전개 및 식의 인수분해와 같이 계수들을 수집하여 식을 조작할 수 있다.

collect(E) 함수는 식 E에서 같은 차수를 갖는 계수들을 수집한다. 2개 이상의 변수가 있으면, 선택적 형태 collect(E, v)를 사용할 수 있으며, 이것은 v와 같은 차수를 갖는 모든 계수들을 (내림차순으로) 모은다.

```
>> syms x y
>> E = (x - 5)^2 + (y - 3)^2;
>> collect(E)
ans =
   x^2 - 10*x + (y - 3)^2 + 25
>> collect(E, y)
ans =
   y^2 - 6*y + (x - 5)^2 + 9
```

함수 expand(E)는 지수 전개를 하여 식 E를 전개한다. 예를 들어,

```
>> syms x y
>> expand((x + y)^2) % 대수 법칙에 적용된다.
ans =
   x^2 + 2*x*y + y^2
>> expand(sin(x + y)) % 삼각함수에 적용된다.
ans =
   cos(x)*sin(y) + cos(y)*sin(x)
```

함수 factor(n)은 숫자 n의 소인수들을 반환하며, 반면에 입력 변수가 기호 표현식 E이면, 함수 factor(E)는 식 E를 인수분해한다. 예를 들어,

```
>> syms x y
>> factor(x^2 - 1)
ans =
   [ x - 1, x + 1]
```

함수 simplify(E)는 식 E를 간략히 하고자 시도한다. 예를 들어,

```
>> syms a x y
```

```
>> simplify(exp(a * log(sqrt(x))))
ans =
   x^(a/2)
>> simplify(6*((sin(x))^2 + (cos(x))^2))
ans =
   6
>> simplify(sqrt(x^2)) % x가 음이 아니라고 가정하지 않는다
ans =
   (x^2)^(1/2)
>> simplify(sqrt(x^2), 'IgnoreAnalyticConstraints', true)
ans =
   x
```

함수 simplify(E, 'IgnoreAnalyticConstraints', value)는 간략화를 하는 동안 해석적인 제약들에 (음이 아닌 값, 0으로 나눈 값 등) 사용할 수학적 엄격함의 수준을 제어한다. value의 옵션은 true 또는 false이다. 간략화 과정에서 수학적인 엄격함의 수준을 완화하려면 true라고 지정한다. 기본값은 false이다.

새로운 식을 구하기 위하여 기호 표현식과 함께 + - * / 및 ^ 연산자를 사용할 수 있다. 다음 세션에서는 이것이 어떻게 수행되는지 보여준다.

```
>> syms x y
>> E1 = x^2 + 5 % 두 식을 정의한다.
E1 =
   x^2 + 5
>> E2 = y^3 - 2
E2 =
   y^3 - 2
>> S1 = E1 + E2 % 두 식을 더한다.
S1 =
   x^2 + y^3 + 3
>> S2 = E1*E2 % 두 식을 곱한다.
S2 =
   (x^2 + 5)*(y^3 - 2)
>> expand(S2) % 곱을 전개한다.
ans =
   x^2*y^3 - 2*x^2 + 5*y^3 - 10
>> E3 = x^3 + 2*x^2 + 5*x + 10 % 3번째 식을 정의한다
E3 =
```

```
    x^3 + 2*x^2 + 5*x + 10
>> S3 = E3/E1 % 두 식을 나눈다.
S3 =
    (x^3 + 2*x^2 + 5*x + 10)/(x^2 + 5)
>> simplify(S3) % 항을 약분할 수 있는지 확인한다
ans =
    x + 2
```

quorem 함수는 A 나누기 B의 몫과 나머지를 준다.

```
>> [Q, R] = quorem(E3, E1)
 Q =
 x + 2
R =
 0
```

함수 [num den] = numden(E)는 식 E의 유리식에 대해 분자 num과 분모 den을 나타내는 두 개의 기호 표현식을 반환한다.

```
>> syms x
>> E1 = x^2 + 5;
>> E4 = 1/(x + 6);
>> [num, den] = numden(E1 + E4)
 num =
    x^3 + 6*x^2 + 5*x + 31
 den =
    x + 6
```

함수 double(E)는 식 E를 숫자 형식으로 변환한다. 'double'이라는 용어는 부동 소수점, 2배 정밀도를 나타낸다. 예를 들어,

```
>>sym_num = sym([pi, 1/3]);
>>double(sym_num)
ans =
    3.1416  0.3333
```

함수 poly2sym(p)는 계수 벡터 p를 기호 다항식으로 변환한다. 디폴트 변수는 x이다. poly2sym(p, 'v') 형식은 변수 v로 다항식을 생성한다. 예를 들어,

```
>> poly2sym([2, 6, 4])
ans =
   2*x^2 + 6*x + 4
>> syms y
>> poly2sym([5, -3, 7], y)
ans =
   5*y^2 - 3*y + 7
```

함수 sym2poly(E)는 식 E를 다항식 계수 벡터로 변환한다.

```
>> syms x
>> sym2poly(9*x^2 + 4*x + 6)
ans =
   9    4    6
```

함수 subs(E, old, new)는 식 E에서 old를 new로 대체하며, 여기에서 old는 기호 변수 또는 식이 될 수 있으며, new도 기호 변수, 식 또는 행렬 또는 숫자 값 또는 행렬일 수 있다. 예를 들어,

```
>> syms x y
>> E = x^2 + 6*x + 7
E =
   x^2 + 6*x + 7
>> F = subs(E, x, y)
F =
   y^2 + 6*y + 7
```

만일 old 및 new가 같은 크기의 셀 배열이면, old의 각 원소는 new의 대응되는 원소로 대체된다. 만일 E와 old가 스칼라이고 new가 배열 또는 셀 배열이면, 스칼라가 확장되어 결과 배열을 생성한다.

MATLAB에 f가 변수 t의 함수라고 말하고 싶다면, syms f(t)를 입력한다. 이후에 f는 t의 함수처럼 동작하며, 툴박스 명령들을 사용하여 조작할 수 있다. 예를 들어, 새로운 함수 $g(t)=f(t+2)-f(t)$를 생성하려면, 세션은 다음과 같다.

```
>> syms f(t)
>> g = subs(f, t, t+2) - f
g(t) =
   f(t + 2) - f(t)
```

일단 특정한 함수가 $f(t)$로 정의되면, 함수 $g(t)$도 이용할 수 있다. 이 테크닉을 11.5절의 라플라스 변환에서 사용하게 될 것이다.

여러 개의 치환을 하려면, 새로운 원소와 원래의 원소들을 중괄호로 둘러싼다. 예를 들어, $a=x$와 $b=2$를 식 $E=a\sin b$으로 치환하려면, 세션은

```
>> syms a b x
>> E = a * sin(b);
>> F = subs(E, {a, b}, {x, 2})
F =
   x*sin(2)
```

식의 계산

대부분의 응용에서 궁극적으로 기호 표현식에서 숫자 값이나 그래프를 얻기를 원한다. 식을 수치로 계산하려면 subs 및 double 함수를 사용한다. 먼저 subs(E, old, new)를 사용하여 old를 숫자 값 new로 대체한다. 그런 다음 double 함수를 사용하여 식 E를 숫자 형으로 변환한다. 예를 들어,

```
>> syms x
>> E = x^2 + 6*x + 7;
>> G = subs(E, x, 2) % G는 기호 상수이다.
G =
   23
>> class(G)
ans =
   'sym'
>> H = double(G) % H는 숫자값이다.
H =
   23
>> class(H)
ans =
   'double'
```

때때로 MATLAB은 식의 계산 결과를 모두 0으로 나타내지만, 실제로는 값이 0은 아니며, 하지만 0이 아니라고 보기에는 너무 작아서 더 높은 정확도로 식을 계산할 필요가 있을 수 있다. digits 및 vpa 함수를 사용하면 MATLAB에서 식을 계산하는 데 사용되는 자릿수

를 변경할 수 있다. MATLAB에서 개별의 산술 연산의 정확도는 약 16자리인 반면, 기호 연산은 임의의 자릿수로 수행할 수 있다. 디폴트값은 32자리이다. digits(d)를 입력하여 d에 사용된 자릿수를 변경한다. d 값이 클수록 연산을 수행하는 데 더 많은 시간과 컴퓨터 메모리가 필요하다는 것을 인식해야 한다. vpa(E)라고 입력하면 식 E를 기본값 32 또는 digits의 현재 설정으로 지정된 자릿수로 계산한다. vpa(E, d)를 입력하면 d개의 자리수를 사용하여 식 E를 계산한다(약어 vpa는 '가변 정밀도 연산(variable precision arithmetic)'을 나타낸다).

식의 그래프 그리기

MATLAB 함수 fplot(E)는 하나의 변수의 함수인 기호 표현식 E의 그래프를 생성한다. 이 간격에 특이점이 포함되어 있지 않다면 독립 변수의 디폴트 구간은 구간 [−5, 5]이다. 선택적 형식 fplot(E, [xmin xmax])는 xmin에서 xmax까지 구간에서 그래프를 생성한다. 물론 5장에서 논의한 플롯 형식 명령을 사용하여 fplot에 의하여 생성된 그래프를 향상시킬 수 있다. 예로 axis, xlabel, ylabel 명령이 있다.

예를 들면, 다음과 같다.

```
>>syms x
>>E = x^2 - 6*x+7;
>>fplot(E, [-2 6])
```

때때로 세로 좌표를 자동으로 선택하는 것은 만족스럽지 않을 수도 있다. 세로 좌표를 −5부터 25까지 구하고, 세로 좌표에 라벨을 배치하려면 다음을 입력한다.

```
>> fplot(E), axis([-2 6 -5 25]), ylabel('E')
```

우선순위

MATLAB은 항상 식을 일반적으로 사용하는 형태로 정렬하지 않는다. 예를 들어, MATLAB은 형식 -c + b로 답을 제공할 수 있지만, 반면에 보통 b - c라고 적는다. MATLAB이 사용하는 우선순위는 반드시 결과물을 잘못 해석하지 않도록 항상 명심해야 한다. MATLAB은 결과를 1 / a * b 형식으로 자주 나타내지만, 반면에 우리는 일반적으로 b / a라고 적는다. MATLAB은 종종 x ^ (1/2) * y ^ (1/2)과 같은 항들을 (x * y) ^ (1/2)로 쓰지 않고 그룹화하지 못하고, a / (b * c + d) 대신 -a / (-b * c - d)를 사용하는 것과 같이, 가능한 곳에서 음수 부호를 소거하지 못하는 경우가 있다.

[표 11.1-1]과 [표 11.1-2]는 기호 표현식을 작성하고, 계산하고, 조작하기 위한 함수들을 정리한다.

이해력 테스트 문제

T11.1-1 식 $E_1 = x^3 - 15x^2 + 75x - 125$ 및 $E_2 = (x+5)^2 - 20x$ 라고 주어졌을 때, MATLAB을 사용하여 다음을 하라.

(a) 곱 $E_1 E_2$ 를 구하고 결과를 가장 간략한 형태로 나타내라.

(b) 나누기 E_1 / E_2 를 구하고 결과를 가장 간략한 형태로 나타내라.

(c) $x = 7.1$ 에서의 합 $E_1 + E_2$ 을 기호 형태와 수치 형태로 계산하라.

(답: (a) $(x-5)^5$, (b) $x-5$, (c) 기호 형태로는 13671/1000, 수치 형태로는 13.6710)

[표 11.1-1] 기호 표현식을 생성하거나 계산하기 위한 함수들

명령	설명
`class(E)`	식 E의 클래스를 반환한다.
`digits(d)`	가변 정밀도 연산을 하는데 사용되는 자리수를 설정한다. 디폴트는 32자리이다.
`double(E)`	식 E를 수치 형태로 변환한다.
`symvar(E)`	기호 표현식이나 행렬에서 기호 변수를 찾으며, 여기에서 E는 스칼라 또는 기호 행렬식이고 E에 나타나는 모든 기호 변수를 포함하는 문자열을 반환한다. 변수는 알파벳 순으로 반환되며, 쉼표로 구분된다. 기호 변수가 없으면, 이 명령은 빈 셀배열을 반환한다.
`symvar(E, n)`	E에서 x에 가장 가까운 n개의 기호 변수들을 반환하며, 거리가 같은 것이 있으면 z에 더 가까운 변수를 반환한다.
`fplot(E)`	하나의 변수 함수인 기호 표현식 E의 그래프를 생성한다. 독립 변수의 디폴트 구간은 이 간격에 특이점이 포함되어 있지 않으면, 구간 [-5, 5]이다. 선택적 형식 `fplot(E, [xmin xmax])`는 xmin에서 xmax까지의 범위에서 그래프를 생성한다.
`[num den] = numden(E)`	식 E의 유리식 표현에서 분자식 num과 분모식 den을 나타내는 두 개의 식으로 반환한다.
`x = sym('x')`	이름이 x인 기호 변수를 생성한다. `x = sym ('x', 'real')`이라고 입력하면 MATLAB은 x가 실수라고 가정한다.
`syms x y u v`	기호 변수 `x, y, u` 및 v를 만든다. 입력 변수 없이 사용하면 syms는 작업공간의 기호 객체를 나열한다.
`vpa(E, d)`	식 E를 계산하는 데 사용되는 자릿수를 d로 설정한다. `vpa(E)`를 입력하면 E가 디폴트값 32 또는 현재 자리수 설정에서 지정된 자릿수로 계산한다.

[표 11.1-2] 기호 표현식을 조작하기 위한 함수들

명령	설명
collect(E)	식 E에서 같은 차수를 갖는 계수들을 모은다.
expand(E)	식 E를 차수 계산을 하여 전개한다.
factor(E)	식 E를 인수분해 한다.
poly2sym(p)	다항식 계수 벡터 p를 기호 다항식으로 변환한다. poly2sym(p, 'v') 형식은 변수 v로 다항식을 생성한다.
simplify(E)	식 E를 간략화 하려고 시도한다.
subs(E, old, new)	식 E에서 old를 new로 대체하며, 여기에서 old는 기호 변수 또는 식이 될 수 있고, new는 기호 변수, 식 또는 행렬 또는 수치 값 또는 행렬일 수 있다.
sym2poly(E)	식 E를 다항식 계수 벡터로 변환한다.

11.2 대수와 초월 방정식

Symbolic Math 툴박스는 대수 방정식과 초월방정식뿐만 아니라, 그러한 연립 방정식들도 풀 수 있다. 초월방정식은 $\sin x$, e^x 또는 $\log x$와 같은 초월 함수를 하나 이상 포함한 식이다. 그러한 방정식들을 풀기 위한 적절한 함수는 solve 함수이다.

함수 solve(E)는 식 E에 의하여 나타내진 기호 표현식 또는 방정식의 해를 구한다. 만일 E가 식을 나타내면, 구한 해는 식 E의 근이 될 것이다. 즉, 방정식 E = 0의 해이다. 여러 식이나 연립 방정식은, solve(E1, E2, ..., En)와 같이 콤마로 구분하여 풀 수 있다. solve를 사용하기 전에 기호 변수들을 sym이나 syms로 선언할 필요가 없다는 것을 주목한다.

방정식 $x+5=0$을 풀기 위해서 한 방법은 다음과 같다.

```
>> syms x
>> solve(x + 5 == 0)
ans =
   -5
```

다른 방법은 다음과 같다.

```
>> syms x
>> eqn = x+5 == 0;
>> solve(eqn)
```

```
ans =
    -5
```

결과는 이름 있는 변수에 다음과 같이 저장할 수 있다.

```
>> syms x
>>x = solve(x+5 == 0)
x =
    -5
```

방정식 $e^{2x}+3e^{x}=54$를 풀려면, 세션은 다음과 같다.

```
>> syms x
>>solve(exp(2*x) + 3*exp(x) == 54)
ans =
    log(9) + pi*1i
    log(6)
```

첫 번째 답은 $\ln(9)+\pi i$이며, 이는 $\ln(-9)$와 같다. 이를 확인하려면 MATLAB에서 log(-9)를 입력하여 2.1972 + 3.1416i를 얻는다. 그래서 우리는 하나가 아닌 두 가지 답을 얻었으며, 이제 이 두 답이 모두 의미가 있는지를 결정해야 한다. 이것은 원래 방정식을 생성한 응용에 따라 다르다. 응용이 실수의 해를 필요로 한다면 log(6)을 답으로 선택해야 한다.

다음 세션들은 이런 함수들의 사용에 대한 더 많은 예들을 제공한다.

```
>> syms y
>> eqn1 = y^2 + 3*y + 2 == 0;
>> solve(eqn1)
ans =
    -2
    -1
>> syms x
>> eqn2 = x^2 + 9*y^4 == 0;
>> solve(eqn2) % x는 미지수라고 가정한다.
ans =
    -y^2*3i
     y^2*3i
```

식에 2개 이상의 변수가 있는 경우, MATLAB은 알파벳에서 x에 가장 가까운 변수가 구하는 변수라고 가정한다. solve (E, 'v') 구문을 사용하여 해를 구할 변수를 지정할 수 있으며, 여기에서 v는 해 변수이다. 예를 들면, 다음과 같다.

```
>> syms b c
>> solve(b^2 + 8*c + 2*b == 0) % c에 대하여 푼다
ans =
    - b^2/8 - b/4
>> solve(b^2 + 8*c + 2*b == 0, b) % b에 대하여 푼다.
ans =
     - (1 - 8*c)^(1/2) - 1
       (1 - 8*c)^(1/2) - 1
```

이와 같이 c에 대한 $b^2+8c+2b=0$의 해는 $c=-(b^2+2b)/8$이다. b에 대한 해는 $b=-1\pm\sqrt{1-8c}$이다.

[x, y] = solve(eqn1, eqn2) 형식을 사용하여 해를 벡터로 저장할 수 있다. 다음 예에서 출력 형식의 차이점을 주목한다. 첫 번째 형식은 해를 구조체로 반환한다.

```
>> syms x y
>> eqn3 = 6*x + 2*y == 14;
>> eqn4 = 3*x + 7*y == 31;
>> solve(eqn3, eqn4)
ans =
  다음 필드를 포함한 struct:
    x: [1×1 sym]
    y: [1×1 sym]
>> x = ans.x
x =
    1
>> y = ans.y
y =
    4
>> [x, y] = solve(eqn3, eqn4)
x =
    1
y =
    4
```

해 구조체 해를 명명된 필드가 있는 구조체에 저장할 수 있다(구조체와 필드에 대한 설명은 3장의 3.7절을 참조한다). 각각의 해는 필드에 저장된다. 예를 들어, 다음과 같이 위의 세션을 계속한다.

```
>> S = solve(eqn3, eqn4)
S =
  다음 필드를 포함한 struct:
    x: [1×1 sym]
    y: [1×1 sym]
>> S.x
ans =
    1
>> S.y
ans =
    4
```

이해력 테스트 문제

T11.2–1 MATLAB을 사용하여 방정식 $\sqrt{1-x^2}=x$를 풀라. (답: $x=\sqrt{2}/2$)

T11.2–2 MATLAB을 사용하여 연립방정식 $x+6y=a$, $2x-3y=9$를 매개변수 a에 대하여 풀어라. (답: $x=(a+18)/5$, $y=(2a-9)/15$)

예제 11.2-1 두 원의 교차점

두 원의 교차점을 구하고자 한다. 첫 번째 원은 반지름이 2이고, 중심이 $x=3$, $y=5$에 있다. 두 번째 원은 반지름이 b이고 중심이 $x=5$, $y=3$에 있다. [그림 11.2-1]을 참조한다.

(a) 교차점의 좌표 (x, y)를 매개변수 b에 관하여 구하라.

(b) $b=\sqrt{3}$인 경우에 대하여 해를 계산하라.

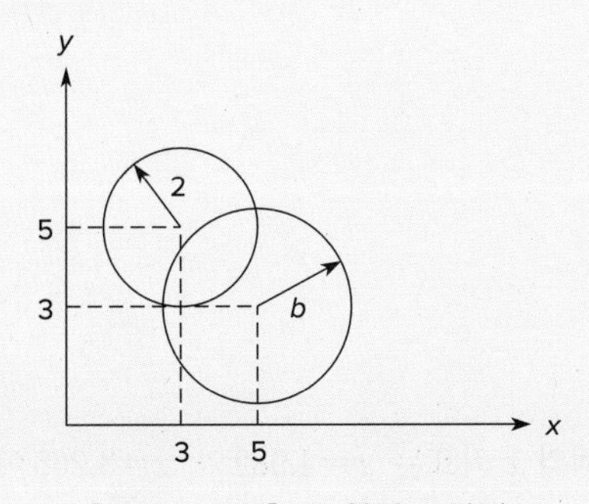

[그림 11.2-1] 두 원의 교차점

풀이

(a) 원에 대한 두 방정식의 해로부터 교점을 구한다. 이 방정식들은 첫 번째 원에 대하여는

$$(x-3)^2+(y-5)^2=4$$

와 같고, 두 번째 원에 대해서는

$$(x-5)^2+(y-3)^2=b^2$$

이다. 이 방정식을 풀기 위한 세션은 다음과 같다. 결과 x: [2x1 sym]은 x에 대해 두 가지 해가 있음을 나타낸다는 점을 주목한다. 비슷하게, y에 대해서도 두 가지 해가 있다.

```
>> syms x y b
>> S = solve((x - 3)^2 + (y-5)^2 - 4, (x-5)^2 + (y-3)^2 - b^2)
S =
  다음 필드를 포함한 struct:
    x: [2×1 sym]
    y: [2×1 sym]
>> simplify(S.x)
ans =
     9/2 - b^2/8 - (- b^4 + 24*b^2 - 16)^(1/2)/8
     (- b^4 + 24*b^2 - 16)^(1/2)/8 - b^2/8 + 9/2
```

교차점의 x 좌표에 대한 해는 다음과 같다.

$$x=\frac{9}{2}-\frac{1}{8}b^2\pm\frac{1}{8}\sqrt{-16+24b^2-b^4}$$

y 좌표에 대한 해는 유사하게 S.y를 입력하여 구할 수 있다.

(b) $b=\sqrt{3}$ 으로 치환하여 위의 세션을 x에 대하여 계속하면

```
>> subs(S.x, b, sqrt(3));
>> simplify(ans)
ans =
    33/8 - 47^(1/2)/8
    47^(1/2)/8 + 33/8
>> double(ans)
ans =
   3.2680
   4.9820
```

이와 같이 두 개의 교차점의 x 좌표는 $x=4.982$와 $x=3.268$이다. y 좌표는 유사한 방법으로 구할 수 있다.

이해력 테스트 문제

T11.2-3 [예제 11.2-1]에서 2개의 교차점에서의 y 좌표를 구하라. $b=\sqrt{3}$ 을 이용한다.
(답: $y=4.7320$, 3.0180)

주기 함수를 포함하는 방정식은 무한 개의 해를 가질 수 있다. 이 경우 solve 함수는 해에 대한 검색을 0에 가까운 해로 제한한다. 예를 들어, $\sin 2x - \cos x = 0$ 이란 방정식을 풀려면 세션은 다음과 같다.

```
>> solve(sin(2*x) - cos(x) == 0)
 ans =
    pi/2
    pi/6
```

$x=-\pi/2$ 와 $x=5\pi/6$ 도 또한 해라는 것을 주목한다.

예제 11.2-2 로봇 팔의 위치 정하기

[그림 11.2-2]는 두 개의 조인트(joint)와 두 개의 링크를 가진 로봇 팔(arm)을 보인다. 조인트에서 모터의 회전각은 θ_1 과 θ_2 이다. 삼각법으로부터 손(hand)의 $(x,\ y)$ 좌표에 대한 다음 식을 유도할 수 있다.

$$y = L_1 \sin\theta_1 + L_2 \sin(\theta_1 + \theta_2)$$
$$x = L_1 \cos\theta_1 + L_2 \cos(\theta_1 + \theta_2)$$

링크의 길이는 $L_1 = 4$ 피트이고 $L_2 = 3$ 피트라고 가정한다.

(a) 손을 $x=6$ 피트, $y=2$ 피트에 위치시키기 위해 필요한 모터의 각도를 계산하라.

(b) x가 6피트에서 일정하고, y가 $y=0.1$ 에서 $y=3.6$ 피트까지 변하는 직선을 따라 손을 움직이고자 한다. 필요한 모터 각도의 그래프를 y의 함수로 구하라.

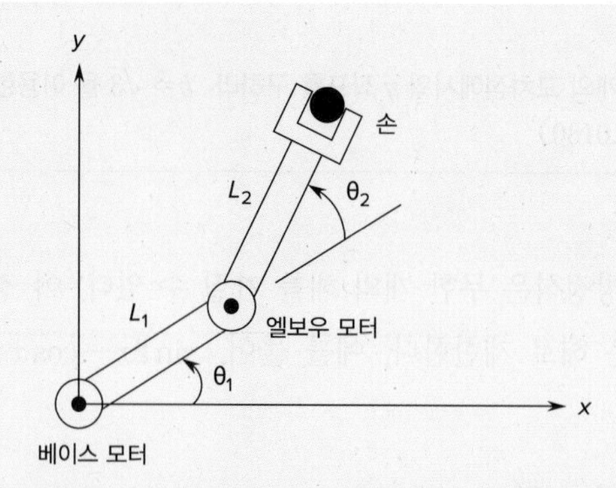

[그림 11.2-2] 2개의 조인트와 링크를 갖는 로봇팔

풀이

(a) L_1, L_2, x 및 y의 주어진 값을 위의 방정식에 대입하면

$$6=4\cos\theta_1+3\cos(\theta_1+\theta_2)$$
$$2=4\sin\theta_1+3\sin(\theta_1+\theta_2)$$

를 얻는다. 다음 세션은 이 방정식들의 해를 구한다. 변수 th1과 th2는 θ_1과 θ_2를 나타낸다.

```
>> syms th1 th2
>> S = solve(4*cos(th1) + 3*cos(th1+th2) == 6, ...
   4*sin(th1) + 3*sin(th1 + th2) == 2)
S =
   다음 필드를 포함한 struct:
   th1: [2×1 sym]
   th2: [2×1 sym]
>> double(S.th1)*(180/pi) % 각도로 변환한다.
ans =
   40.1680
   -3.2981
>> double(S.th2)*(180/pi) % 각도로 변환한다.
ans =
   -51.3178
   51.3178
```

이와 같이 2개의 해가 존재한다. 첫 번째 해는 $\theta_1=40.168°$, $\theta_2=-51.3178°$이다. 이 해는 '엘보우 업' 해라고 불린다. 두 번째는 $\theta_1=-3.2981°$, $\theta_2=51.3178°$이다. 이 해는 '엘

보우 다운' 해라고 불리며, [그림 11.2-2]에 나타내었다. 이번 경우와 같이, 문제를 수치적으로 풀면, solve 함수는 기호 해를 제공하지 않는다. 그러나 (b)에서 solve 함수의 기호 해 능력을 이용할 수 있다.

(b) 먼저 변수 y에 대하여 모터 각에 대한 해를 구한다. 그런 다음 y의 수치 값에 대한 해를 계산하고, 결과 그래프를 그린다. 스크립트 파일은 아래에 보였다. 문제에서 3개의 기호 변수가 있으므로, solve 함수에 우리는 θ_1과 θ_2에 대해 풀기를 원한다고 반드시 말해야 한다.

```
syms y
S = solve(4*cos(th1) + 3*cos(th1+th2) == 6, ...
    4*sin(th1) + 3*sin(th1 + th2) == y, th1, th2)
yr = 1: 0.1: 3.6;
th1r = subs(S.th1, y, yr);
th2r = subs(S.th2, y, yr);
th1r = (180/pi)*double(th1r);
th2r = (180/pi)*double(th2r);
subplot(2,1,1)
plot(yr, th1r, 2, -3.2981, 'x', 2, 40.168, 'o'),...
    xlabel('y (feet)'), ylabel('Theta1 (degrees)')
subplot(2,1,2)
plot(yr, th2r, 2, -51.3178, 'o', 2, 51.3178, 'x') , ...
    xlabel('y (feet)'), ylabel('Theta2 (degrees)')
```

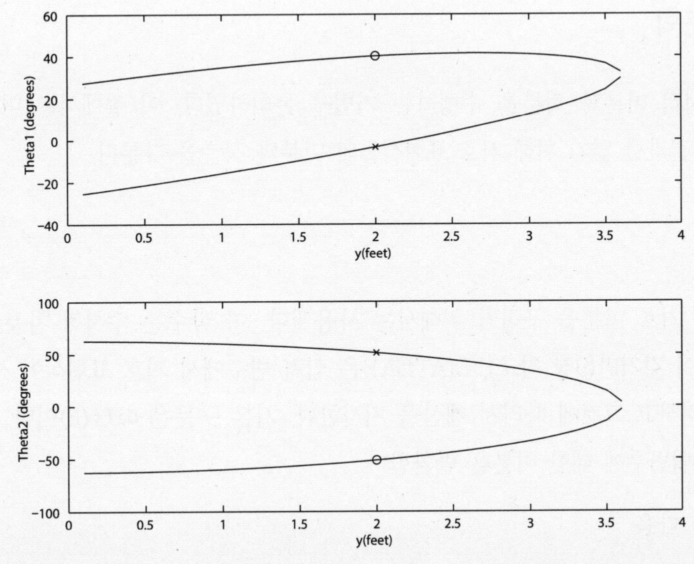

[그림 11.2-3] 수직선을 따라서 이동하는 로봇 손에 대한 모터 각도의 그래프

결과는 [그림 11.2-3]에 나와 있으며, 여기에서 기호 솔루션의 유효성을 확인하기 위하여 (a)의 해를 표시했다. 엘보우-업 해는 'o'로 표시하고 엘보우-다운 해는 'x'로 표시하였다. θ_1과 θ_2에 대한 해의 식을 y의 함수로 출력할 수 있었지만, 만일 원했던 것이 그래프라면 식이 번거롭고 불필요하다.

MATLAB은 손 좌표 (x, y)의 임의 값에 대하여 로봇 팔 방정식을 풀 수 있을 정도로 강력하다. 그러나 θ_1과 θ_2에 대한 결과 식은 복잡하다.

[표 11.2-1]은 solve 함수를 정리하였다.

[표 11.2-1] 대수와 초월 방정식을 풀기 위한 함수들

명령	설명
solve(E)	식 E로 표현되는 기호 표현식 또는 방정식을 푼다. E가 방정식을 나타내면, 방정식의 식에 반드시 등호 기호(==)가 포함되어야 한다. E가 식을 나타내는 경우, 얻은 해는 E의 근이 된다. 즉 방정식 E = 0의 해이다.
solve(E1, ..., En)	여러 개의 식이나 연립방정식을 해를 구한다.
S = solve(E)	해를 구조체 S에 저장한다.

11.3 미적분학

9장에서 수치적 미분과 적분을 수행하는 기법을 논의하였다. 이 절에서는 미분과 적분의 닫힌 형식의 결과를 얻기 위해 기호 표현식들의 미분과 적분을 다룬다.

미분

diff 함수는 기호 미분을 구하기 위해서는 사용된다. 이 함수는 수치적 차분을 계산하는 함수와 이름이 같지만(9장 참조), MATLAB은 입력 변수에서 기호 표현식이 사용되었는지 아닌지를 감지하고 그것에 따라서 계산을 지시한다. 기본 구문은 diff(E)이며, 이것은 식 E의 디폴트 독립변수에 대한 미분을 반환한다.

예를 들어, 다음

$$\frac{dx^n}{dx}=nx^{n-1}$$
$$\frac{d\ln x}{dx}=\frac{1}{x}$$
$$\frac{d\sin^2 x}{dx}=2\sin x\cos x$$
$$\frac{d\sin y}{dy}=\cos y$$
$$\frac{d[\sin(xy)]}{dx}=y\cos(xy)$$

과 같은 미분은 다음 세션으로 구할 수 있다.

```
>> syms n x y
>> diff(x^n)
ans =
   n*x^(n - 1)
>> diff(log(x))
ans =
   1/x
>> diff((sin(x))^2)
ans =
   2*cos(x)*sin(x)
>> diff(sin(y))
ans =
   cos(y)
```

식이 하나 이상의 변수를 포함하면, `diff` 함수는 특별히 이야기를 하지 않으면 변수 x나 또는 x에 가까운 변수에 작용한다. 하나 이상의 변수가 있으면, `diff` 함수는 편미분을 계산한다. 예를 들어,

$$f(x, y)=\sin(xy)$$

이면,

$$\frac{\partial f}{\partial x}=y\cos(xy)$$

이다. 이에 해당하는 세션은 다음과 같다.

```
>> syms x y
>> diff(sin(x*y))
ans =
   y*cos(x*y)
```

diff 함수는 3가지의 다른 형태가 있다. 함수 diff(E, v)는 식 E를 v에 관하여 미분한 것을 반환한다. 예를 들어,

$$\frac{\partial[x\sin(xy)]}{\partial y}=x^2\cos(xy)$$

는 다음과 같이 주어진다.

```
>> syms x y
>> diff(x*sin(x*y), y)
ans =
   x^2*cos(x*y)
```

함수 diff(E, n)은 식 E를 디폴트 독립 변수에 대하여 n번 미분을 반환한다. 예를 들어,

$$\frac{d^2(x^3)}{dx^2}=6x$$

는 다음과 같이 주어진다.

```
>> syms x
>> diff(x^3, 2)
ans =
   6*x
```

함수 diff(E, v, n)은 식 E를 변수 v에 대한 n번의 미분을 반환한다. 예를 들어,

$$\frac{\partial^2[x\sin(xy)]}{\partial y^2}=-x^3\sin(xy)$$

는 다음과 같이 주어진다.

```
>> syms x y
>> diff(x*sin(x*y), y, 2)
```

```
ans =
   -x^3*sin(x*y)
```

다음 [표 11.3-1]에는 미분 함수들을 정리하였다.

[표 11.3-1] 기호 미적분 함수들

명령	설명
diff(E)	디폴트 독립 변수에 대해 식 E의 미분을 반환한다.
diff(E, v)	변수 v에 대해 식 E의 미분을 반환한다.
diff(E, n)	디폴트 독립 변수에 대해 식 E의 n번째 미분을 반환한다.
diff(E, v, n)	변수 v에 대해 식 E의 n번째 미분을 반환한다.
int(E)	디폴트 독립 변수에 대해 식 E의 적분을 반환한다.
int(E, v)	변수 v에 대한 식 E의 적분 값을 반환한다.
int(E, a, b)	구간 [a, b]에서 디폴트 독립 변수에 대한 식 E의 적분을 반환하며, 여기에서 a 및 b는 숫자이다.
int(E, v, a, b)	구간 [a, b]에서 변수 v에 대한 식 E의 적분을 반환하며, 여기에서 a 및 b는 숫자이다.
int(E, m, n)	구간 [m, n]에서 디폴트 독립 변수에 대한 식 E의 적분을 반환하며, 여기에서 m 및 n은 기호 표현이다.
limit(E)	디폴트 독립 변수가 0으로 감에 따라 식 E의 극한을 반환한다.
limit(E, a)	디폴트 독립 변수가 a로 감에 따라 식 E의 극한을 반환한다.
limit(E, v, a)	변수 v가 a로 감에 따라 식 E의 극한을 반환한다.
limit(E, v, a, 'd')	변수 v가 d로 지정되는 방향에서 a로 감에 따라 식 E의 극한을 반환하며, d는 right 또는 left일 수 있다.
symsum(E)	식 E의 기호 합을 구한다.
taylor(f, x, a)	x = a 점에서 계산된 식 f로 정의된 함수의 5차 테일러 급수식을 준다. 만일 매개변수 a가 생략되면, 함수는 $x=0$ 에서 계산된 급수를 반환한다.

최대-최소 문제

미분은 연속함수 $f(x)$의 최대 또는 최소를 구간 $a \leq x \leq b$에서 구하는 데 사용될 수 있다. 로컬(local) 최대 또는 로컬 최소($x=a$ 또는 $x=b$의 경계 중 하나에서 발생하지 않는 것)는 $df/dx=0$ 또는 df/dx가 존재하지 않는 임계점(critical point)에서만 일어날 수 있다. 만일 $d^2f/dx^2>0$이면, 그 점은 상대적으로 최소가 되며, $d^2f/dx^2<0$이면, 그 점은 상대적으로 최대가 된다. $d^2f/dx^2=0$이면, 그 점은 최소도 최대도 아닌 변곡점이 된다. 만

일 여러 개의 최대 또는 최소 후보점들이 있다면, 글로벌(global) 최대와 최소를 결정하기 위해서는 각 점에서 함수를 계산해 보아야 한다.

예제 11. 3-1 Green Monster 넘기기

그린 몬스터(Green Monster)는 보스턴 펜웨이(Fenway) 파크(보스톤 레드삭스의 홈구장) 왼쪽 필드에 있는 37피트 높이의 벽이다. 이 벽은 홈베이스 레프트 필드선을 따라서 310피트 거리에 있다. 타자가 공을 지면으로부터 4피트 높이에서 쳤을 때, 공기저항을 무시하고, 그린 몬스터를 넘기기 위한 최소 속도를 결정하라. 또한 공을 치는 각도를 구하라([그림 11.3-1] 참조).

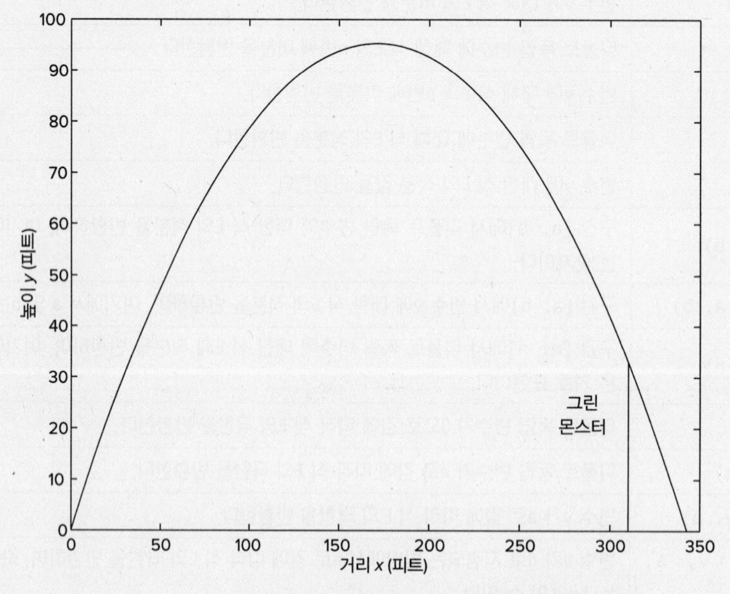

[그림 11.3-1] 그린 몬스터를 넘기기 위한 야구공의 궤적

풀이

수평면에 대하여 각도 θ와 v_0의 속도로 날아가는 포물체에 대한 운동방정식은

$$x(t) = (v_0 \cos\theta)t \qquad y(t) = -\frac{gt^2}{2} + (v_0 \sin\theta)t$$

와 같으며, 여기에서 $x=0$, $y=0$은 공을 칠 때 공의 위치이다. 이 문제에서 공의 비행시간은 관계가 없기 때문에 t를 소거하여 x에 관한 y의 방정식을 구한다. 이를 위해, x의 방정식을 t에 관하여 쉽게 풀고 이것을 y의 방정식에 대입하여 다음을 얻는다.

$$y(t) = -\frac{g}{2}\frac{x^2(t)}{v_0^2\cos^2\theta} + x(t)\tan\theta$$

(원하다면 MATLAB을 사용하여 이 대수 연산을 할 수 있다. 이후에 나오는 더 어려운 작업을 수행하기 위해서는 MATLAB을 사용한다.)

공을 지면 위 4피트 높이로 때렸기 때문에, 공이 벽을 넘기 위해서는 $37-4=33$ 피트를 올라가야 한다. h는 벽의 상대적 높이(33피트)를 나타내고, d는 벽까지의 거리(310피트)를 나타낸다. $g=32.2\ \text{ft/sec}^2$ 을 사용한다. $x=d$ 이면 $y=h$ 이다. 따라서 앞의 방정식은

$$h = -\frac{g}{2}\frac{d^2}{v_0^2\cos^2\theta} + d\tan\theta$$

와 같이 되며, 이 식은 v_0^2 에 대하여

$$v_0^2 = \frac{g}{2}\frac{d^2}{\cos^2\theta(d\tan\theta - h)}$$

과 같이 쉽게 풀 수 있다. $v_0 > 0$ 이므로 v_0^2 을 최소화하는 것은 v_0 를 최소화하는 것과 같다. $gd^2/2$ 는 v_0^2 에 대한 식에서 곱셈 인수임을 주목한다. 따라서 θ 값을 최소화하는 것은 g와는 상관이 없으며, 다음 함수

$$f = \frac{1}{\cos^2\theta(d\tan\theta - h)}$$

을 최소화하여 구할 수 있다. 이것을 수행하는 세션은 다음과 같다. 변수 th는 공의 속도 벡터가 수평면과 이루는 각 θ 를 나타낸다. 첫 번째 단계는 미분 $df/d\theta$ 를 계산하고, 방정식 $df/d\theta=0$ 을 θ 에 관해 푸는 것이다.

```
>> syms d g h th
>> f = (1/(((cos(th))^2)*(d*tan(th) - h)));
>> dfdth = diff(f, th);
>> thmin = solve(dfdth, th);
>> thmin = double(subs(thmin, {d,h}, {310,33}))
thmin =
   -0.7324 + 0.0000i
    2.4092 + 0.0000i
   -2.3032 + 0.0000i
    0.8384 + 0.0000i
```

명백하게, 해는 반드시 0과 $\pi/2$ 라디안 사이에 있어야 하므로, 해가 될 수 있는 후보는 $\theta=0.8384$rad 또는 약 48°이다. 이 각이 최소 해이며, 최대 또는 변곡점이 아니라는 것을 입증하기 위해 2차 미분 $d^2f/d\theta^2$을 검사한다. 이 미분이 0보다 크면, 이 해는 최소를 나타낸다. 이 해를 검사하고 필요한 속도를 구하기 위해 다음 세션을 계속 수행한다.

```
>> second = diff(f, 2, th); % 2차 미분
>> second = double(subs(second, {th, d, h}, ...
   {thmin(4), 310, 33}))
second =
   0.0321
>> v2 = (g*d^2/2)*f;
>> v2min = subs(v2, {d,h,g}, {310, 33, 32.2});
>> vmin =sqrt(v2min);
>> vmin = double(subs(vmin(1), {th, d, h, g},...
   {thmin(4), 310, 33, 32.2}))
vmin =
   105.3613
```

이와 같이, 2차 미분(second)이 양이기 때문에 해는 최소값을 나타낸다. 이와 같이, 필요한 최소 속도(vmin)는 105.3613 ft/sec 또는 약 72 mph이다. 이 속도로 쳐진 공은 약 48°의 각도로 맞았을 때만이 벽을 넘길 것이다.

이해력 테스트 문제

T11.3–1 $y=\sinh(3x)\cosh(5x)$라고 주어졌을 때, MATLAB을 사용하여 $x=0.2$에서 dy/dx를 구하라.
(답: 9.2288)

T11.3–2 $z=5\cos(2x)\ln(4y)$가 주어졌을 때, MATLAB을 사용하여 dz/dy를 구하라.
(답: $5\cos(2x)/y$)

적분

int(E) 함수는 기호 표현식 E를 적분하기 위해 사용된다. 이 함수는 diff(I) = E가 되는 기호 표현식 I를 찾고자 시도한다. 적분이 닫힌 형태(closed form)로 존재하지 않을 수 있으며, 존재할지라도 MATLAB이 적분을 구할 수 없을 수도 있다. 이런 경우에, 이 함수는 처리되지 않은 식을 반환한다.

함수 int(E)는 디폴트 독립변수에 대한 식 E의 적분을 반환한다. 예를 들어, 다음의 적분

$$\int x^n dx = \frac{x^{n+1}}{n+1} \quad n \neq -1\text{이면}$$
$$\int \frac{1}{x} dx = \ln x$$
$$\int \cos x \, dx = \sin x$$
$$\int \sin y \, dy = -\cos y$$

은 아래 보인 세션으로 구할 수 있다.

```
>> syms n x y
>> int(x^n)
ans =
   piecewise(n == -1, log(x), n ~= -1, x^(n + 1)/(n + 1))
>> int(1/x)
ans =
   log(x)
>> int(cos(x))
ans =
   sin(x)
>> int(sin(y))
ans =
   -cos(y)
```

int(E, v) 형식은 변수 v에 대한 식 E의 적분을 돌려준다. 예를 들어, 결과

$$\int x^n dn = \frac{x^n}{\ln x}$$

은 다음 세션으로 구할 수 있다.

```
>> syms n x
>>int(x^n, n)
ans =
   x^n/log(x)
```

int(E, a, b) 형식은 구간 [a, b]에서 디폴트 독립 변수에 대한 적분을 반환하며, 여기에서 a와 b는 수치 표현이다. 예를 들어, 결과

$$\int_2^5 x^2 dx = \frac{x^3}{3}\bigg|_2^5 = 39$$

는 다음과 같이 얻어진다,

```
>> syms x
>>int(x^2, 2, 5)
ans =
   39
```

int(E, v, a, b) 형식은 구간 [a, b]에 걸쳐서 변수 v에 대한 식 E의 적분을 반환하며, 여기에서 a와 b는 수치 값이다. 예를 들어, 결과

$$\int_0^5 xy^2 dy = x\frac{y^3}{3}\bigg|_0^5 = \frac{125}{3}x$$

는 다음으로부터 얻어진다.

```
>> syms x y
>> int(x*y^2, y, 0, 5)
ans =
   (125*x)/3
```

결과

$$\int_a^b x^2 dx = \frac{b^3}{3} - \frac{a^3}{3}$$

은 다음으로부터 얻을 수 있다.

```
>> syms a b x
>>int(x^2, a, b)
ans =
   b^3/3 - a^3/3
```

int(E, m, n)는 구간 $[m, n]$에 걸쳐서 디폴트 독립 변수에 대하여 식 E의 적분의 계산 결과를 반환하며, 여기에서 m과 n은 기호 표현이다. 예를 들어,

$$\int_1^t x\,dx = \frac{x^2}{2}\bigg|_1^t = \frac{1}{2}t^2 - \frac{1}{2}$$

$$\int_t^{e^t} \sin x\,dx = -\cos x|_t^{e^t} = -\cos(e^t) + \cos t$$

는 다음의 세션으로 주어진다.

```
>> syms t x
>> int(x, 1, t)
ans =
   t^2/2 - 1/2
>> int(sin(x), t, exp(t))
ans =
   cos(t) - cos(exp(t))
```

다음 세션은 적분을 구할 수 없는 예제를 보인다. 부정적분은 존재하지만, 만일 적분의 범위가 $x=1$에서의 특이점(singularity)을 포함하면, 정적분은 존재하지 않는다. 적분은 다음과 같다.

$$\int \frac{1}{x-1}dx = \ln|x-1|$$

세션은 다음과 같다.

```
>> syms x
>> int(1/(x-1))
ans =
   log(x - 1)
>> int(1/(x-1), 0, 2)
ans =
   NaN
```

NaN(Not a Number) 결과는 해가 구해질 수 없다는 것을 나타낸다(그 이유는 정의되지 않은 값 ln(−1)을 포함한다).

[표 11.3−1]에 적분 함수들을 정리하였다.

이해력 테스트 문제

T11.3-3 $y=x\sin(3x)$일 때, MATLAB을 사용하여 $\int ydx$를 구하라.
(답: $(\sin(3x)-3x\cos(3x))/9$)

T11.3-4 $z=6y^2\tan(8x)$일 때, MATLAB을 사용하여 $\int zdy$를 구하라.
(답: $2y^3\tan(8x)$)

T11.3-5 MATLAB을 사용하여 다음을 계산하라.

$$\int_{-2}^{5} x\sin(3x)dx$$

(답: 0.6672)

테일러 급수

테일러의 정리는 함수 $f(x)$는 $x=a$ 근방에서 다음의 전개

$$f(x)=f(a)+\left(\frac{df}{dx}\right)\bigg|_{x=a}(x-a)+\frac{1}{2}\left(\frac{d^2f}{dx^2}\right)\bigg|_{x=a}(x-a)^2+\cdots + \frac{1}{k!}\left(\frac{d^kf}{dx^k}\right)\bigg|_{x=a}(x-a)^k+\cdots+R_n \quad (11.3\text{-}1)$$

로 나타낼 수 있다고 한다. 항 R_n은 나머지 항으로

$$R_n=\frac{1}{n!}\left(\frac{d^nf}{dx^n}\right)\bigg|_{x=b}(x-a)^n \quad (11.3\text{-}2)$$

으로 주어지며, 여기에서 b는 a와 x 사이에 있다.

이런 결과는 만일 $f(x)$가 n차까지 연속해서 미분을 갖고 있으면 성립한다. 만일 큰 n에 대하여 R_n이 0으로 가까이 가면, 전개식은 $f(x)$의 $x=a$에 대한 테일러급수라고 불린다. 만일 $a=0$이면, 이 급수는 매클로린(Maclaurin) 급수라고 불린다.

테일러급수에 대한 몇 가지 예들은

$$\sin x=x-\frac{x^3}{3!}+\frac{x^5}{5!}-\frac{x^7}{7!}+\cdots, \quad -\infty<x<\infty$$
$$\cos x=1-\frac{x^2}{2!}+\frac{x^4}{4!}-\frac{x^6}{6!}+\cdots, \quad -\infty<x<\infty$$
$$e^x=1+x+\frac{x^2}{2!}+\frac{x^3}{3!}+\frac{x^4}{4!}+\cdots, \quad -\infty<x<\infty$$

이며, 세개의 예 모두에서 $a=0$ 이다.

함수 taylor(f, x)는 f의 $x=0$ 에 대한 5차의 테일러급수를 제공하며, 반면에 taylor(f, x, a)는 f의 $x=a$ 에 대한 5차 테일러급수를 제공한다. $x=0$ 에 대한 차수 $n-1$ 의 테일러급수를 계산하려면, 함수 taylor(f, x, 'order', n)을 이용한다. 몇몇 예제는 다음과 같다.

```
>> syms x
>> f = exp(x);
>> taylor(f, x)
ans =
   x^5/120 + x^4/24 + x^3/6 + x^2/2 + x + 1
```

답은

$$1+x+\frac{x^2}{2}+\frac{x^3}{6}+\frac{x^4}{24}+\frac{x^5}{120}$$

이다. 이 세션을 계속하면

```
>> simplify(taylor(f, x, 2))
ans =
   (exp(2)*(x^5 - 5*x^4 + 20*x^3 - 20*x^2 + 40*x + 8))/120
```

이 식은 다음과 같다.

$$\frac{e^2}{120}(x^5-5x^4+20x^3-20x^2+40x+8) \tag{11.3-3}$$

합

함수 symsum(E)는 식 E의 기호 합을 반환한다. 즉,

$$\sum_{x=0}^{x-1}E(x)=E(0)+E(1)+E(2)+\cdots+E(x-1)$$

함수 symsum(E, a, b)는 디폴트 기호 변수가 a에서 b까지 변함에 따라 식 E의 합을 반환한다. 즉, 만일 기호 변수가 x라면, S = symsum(E, a, b)는

$$\sum_{x=a}^{b} E(x)=E(a)+E(a+1)+E(a+2)+\cdots+E(b)$$

를 반환한다. 여기에 몇몇 예를 보인다. 합

$$\sum_{k=0}^{10} k=0+1+2+\cdots+9+10=55$$

$$\sum_{k=0}^{n-1} k=0+1+2+\cdots+n-1=\frac{1}{2}n^2-\frac{1}{2}n$$

$$\sum_{k=1}^{4} k^2=1+4+9+16=30$$

은

```
>> syms k n
>> symsum(k, 0, 10)
ans =
    55
>> symsum(k^2, 1, 4)
ans =
    30
>> symsum(k, 0, n-1)
ans =
    (n*(n - 1))/2
```

로 주어진다. 뒤의 식은 결과의 표준 형태이다.

극한

함수 limit(E, a)는 극한

$$\lim_{x \to a} E(x)$$

를 반환한다. 이 구문에는 몇 개의 변형이 있다. 기본 형태 limit(E)는 $x \to 0$에 따라 극한을 구한다. 예를 들어, 극한

$$\lim_{x \to 0} \frac{\sin(ax)}{x}=a$$

는

```
>> syms a x
>> limit(sin(a*x)/x)
ans =
   a
```

로 주어진다.

limit(E, v, a) 형식은 $v \to a$에 따라 극한을 구한다. 예를 들어,

$$\lim_{x \to 3} \frac{x-3}{x^2-9} = \frac{1}{6}$$
$$\lim_{h \to 0} \frac{\sin(x+h) - \sin(x)}{h} = \cos x$$

는

```
>> syms h x
>> limit((x-3)/(x^2 - 9), 3)
ans =
   1/6
>> limit((sin(x+h) - sin(x))/h, h, 0)
ans =
   cos(x)
```

limit(E, v, a, 'right')와 limit(E, v, a, 'left') 형태는 극한의 방향을 지정한다. 예를 들어,

$$\lim_{x \to 0-} \frac{1}{x} = -\infty$$
$$\lim_{x \to 0+} \frac{1}{x} = \infty$$

는

```
>> syms x
>> limit(1/x, x, 0, 'left')
ans =
   -Inf
>> limit(1/x, x, 0, 'right')
```

```
ans =
   Inf
```

로 주어진다. [표 11.3-1]에 급수와 극한 함수들을 정리하였다.

이해력 테스트 문제

T11.3-6 MATLAB을 사용하여 $\cos x$ 에 대한 테일러급수의 처음 세 개의 0이 아닌 항을 구하라.
(답: $1-x^2/2+x^4/24$)

T11.3-7 MATLAB을 사용하여 다음 합

$$\sum_{m=0}^{m-1} m^3$$

에 대한 공식을 구하라.
(답: $m^4/4-m^3/2+m^2/4$)

T11.3-8 MATLAB을 사용하여 다음

$$\sum_{n=0}^{7} \cos(\pi n)$$

을 계산하라.
(답: 0)

T11.3-9 MATLAB을 사용하여 다음

$$\lim_{x\to 5} \frac{2x-10}{x^3-125}$$

을 계산하라.
(답: 2/75)

11.4 미분방정식

1차 상미분 방정식(ode)은 다음의 형태

$$\frac{dy}{dt}=f(t,\ y)$$

로 쓸 수 있으며, 여기에서 t는 독립변수이고 y는 t의 함수이다. 이런 방정식에 대한 해는 함수 $y=g(t)$이며, 그래서 $dg/dt=f(t, g)$이며, 해는 임의의 상수 하나가 포함된다. 이 상수는 $t=t_1$일 때 해가 특정값 $y(t_1)$을 갖도록 요구함으로써 해의 추가 조건을 적용할 때 결정된다. 선택된 값 t_1은 종종 t의 최소값 또는 시작값이며, 그렇다면 이 조건을 초기조건(매우 자주 $t_1=0$)이라고 한다. 이런 요구사항에 대한 일반적인 용어는 경계 조건(boundary condition)이며, MATLAB은 초기 조건 이외의 조건들을 지정할 수 있도록 해준다. 예를 들어, $t=t_2$에서 종속 변수의 값을 지정할 수 있으며, 여기에서 $t_2 > t_1$이다.

미분 방정식에 대한 수치 해를 얻는 방법은 9장에서 다루었다. 그러나 가능하면 해석적 해를 얻는 것을 더 선호하며, 그 이유는 이것이 더 일반적이기 때문이다. 그래서 공학 장치 또는 공정 설계에 더 유용하다.

2차 ode는

$$\frac{d^2y}{dt^2}=f\left(t,\ y,\ \frac{dy}{dt}\right)$$

의 형태를 갖는다. 해는 2개의 임의의 상수를 가지며, 일단 2개의 추가적인 조건이 지정되면 결정될 수 있다. 이런 조건들은 종종 $t=0$에서 y와 dy/dt의 지정된 값들이다. 3차와 그 이상의 차원의 일반화도 쉽다.

때때로 일차 및 2차 미분에 대하여 다음의 약자를 사용한다.

$$\dot{y}=\frac{dy}{dt} \qquad \ddot{y}=\frac{d^2y}{dt^2}$$

MATLAB은 상미분 방정식을 풀기 위한 dsolve 함수를 제공한다. 이 함수의 다양한 형식은 단일 방정식인지 아니면 연립 방정식을 푸는 데 사용되는지 여부와, 경계 조건이 지정되는지 아닌지 여부 및 디폴트 독립 변수 t가 수용 가능한지에 따라 다르다. 다른 기호 함수에서와 같이 x가 아닌 t가 디폴트 독립 변수이다. 이것은 공학적인 응용에서 많은 ode 모델이 독립 변수로 시간 t를 갖기 때문이다.

단일 변수 미분방정식의 해법

단일 방정식을 풀기 위한 dsolve 함수의 구문은 dsolve(eqn)이다. 함수는 기호 표현식 eqn

에 의해 지정된 ode의 기호 해를 반환한다. 1차 미분을 나타내기 위해 대문자 D를 사용한다. 2차 미분을 나타내기 위하여 D2를 사용한다. 미분 연산자 바로 뒤에 오는 문자는 무엇이든 종속 변수로 간주한다. 따라서 Dw는 dw/dt를 나타낸다. 이 구문으로 인해, dsolve 함수를 사용할 때 대문자 D를 기호 변수로 사용할 수 없다.

해에서의 임의의 상수는 C1, C2 등으로 표시된다. 이런 상수의 숫자는 ode의 차수와 같다. 예를 들어, 방정식

$$\frac{dy}{dt}+2y=12$$

는 해

$$y(t)=6+C_1e^{-2t}$$

를 갖는다. 해는 다음의 세션으로 구할 수 있다.

```
>> syms y(t)
>> dsolve(diff(y, t) + 2*y == 12)
ans =
   C1*exp(-2*t) + 6
```

방정식에 기호 상수가 있을 수 있다. 예를 들어,

$$\frac{dy}{dt}=\sin(at)$$

는 해

$$y(t)=-\frac{\cos(at)}{a}+C_1$$

을 갖는다. 이것은 다음과 같이 구할 수 있다.

```
>> syms y(t) a
>> dsolve(diff(y, t) == sin(a*t))
ans =
   C1 - cos(a*t)/a
```

2차의 예도 있다.

$$\frac{d^2y}{dt^2}=c^2y$$

해 $y(t)=C_1e^{ct}+C_2e^{-ct}$는 다음과 같은 세션으로 구할 수 있다.

```
>> syms y(t) c
>> dsolve(diff(y, t, 2) == c^2*y)
ans =
   C1*exp(-c*t) + C2*exp(c*t)
```

연립미분방정식의 해법

연립미분방정식도 dsolve로 풀 수 있다. 적절한 구문은 dsolve(eqn1, eqn2, ...)이다. 이 함수는 기호 표현식 eqn1과 eqn2에 의하여 지정되는 연립방정식의 기호 해를 반환한다.

예를 들어, 연립방정식

$$\frac{dx}{dt}=3x+4y$$
$$\frac{dy}{dt}=-4x+3y$$

는 해

$$x(t)=C_1e^{3t}\cos 4t+C_2e^{3t}\sin 4t,\ \ y(t)=-C_1e^{3t}\sin 4t+C_2e^{3t}\cos 4t$$

를 갖는다. 세션은

```
>> syms x(t) y(t)
>> eqn1 = diff(x, t) == 3*x + 4*y;
>> eqn2 = diff(y, t) == -4*x + 3*y;
>> [x, y] = dsolve(eqn1, eqn2)
   x = C1*cos(4*t)*exp(3*t) + C2*sin(4*t)*exp(3*t)
   y = C2*cos(4*t)*exp(3*t) - C1*sin(4*t)*exp(3*t)
```

이다.

초기 및 경계 조건의 지정

독립 변수의 지정된 값들에서 해에 대한 조건들은 dsolve의 두 번째 입력변수로 지정된다. dsolve(eqn, cond1, cond2, ...) 형식은 기호 표현식 eqn에 의해 지정된 ode의 기호 해를 식 cond1, cond2 등에서 지정된 조건을 만족한다는 조건 하에서 반환한다. 만일 y가 종속 변수라면, Dy = diff(y, t), D2y = diff(y, t, 2) 등으로 한다. 이런 조건들은 다음과 같이 지정된다. cond = [y(a) = b, Dy(a) = c, D2y(a) = d] 등이다. 이것들은 $y(a)$, $\dot{y}(a)$, $\ddot{y}(a)$ 등에 해당한다. 만일 조건의 수가 방정식의 차수보다 작으면, 반환된 해는 임의의 상수 C1, C2 등을 포함한다.

예를 들어, 문제

$$\frac{dy}{dt} = \sin bt,\ \ y(0) = 0$$

는 해 $y(t) = (1 - \cos bt)/b$를 갖는다. 이것은 다음과 같이 구할 수 있다.

```
>> syms y(t) b
>> cond = y(0)==0;
>> eqn = diff(y, t) == sin(b*t);
>> dsolve(eqn, cond)
ans =
    1/b - cos(b*t)/b
```

문제

$$\frac{d^2y}{dt^2} = c^2 y,\ \ y(0) = 1,\ \ \dot{y}(0) = 0$$

은 해 $y(t) = (e^{ct} + e^{-ct})/2$를 갖는다. 세션은

```
>> syms y(t) c
>> eqn = diff(y, t, 2) == c^2*y;
>> Dy = diff(y, t);
>> cond = [y(0) == 1, Dy(0) == 0];
>> dsolve(eqn, cond)
ans =
    exp(c*t)/2 + exp(-c*t)/2
```

$y(0)=c$ 와 같은 임의의 경계 조건도 이용할 수 있다. 예를 들어, 문제

$$\frac{dy}{dt}+ay=b,\ \ y(0)=c$$

의 해는

$$y(t)=\frac{b}{a}+\left(c-\frac{b}{a}\right)e^{-at}$$

이다. 세션은

```
>> syms y(t) a b c
>> eqn = diff(y, t) + a*y == b;
>> cond = y(0) == c;
>> dsolve(eqn, cond)
ans =
    (b - exp(-a*t)*(b - a*c))/a
```

해의 그래프 그리기

fplot 함수는 C1과 같은 결정되지 않은 적분 상수가 없다는 조건하에, 다른 기호 표현식과 마찬가지로 해의 그래프를 그릴 때 사용할 수 있다. 예를 들어, 문제

$$\frac{dy}{dt}+10y=10+4\sin 4t, \quad y(0)=0$$

은 해

$$y(t)=1-\frac{4}{29}\cos 4t+\frac{10}{29}\sin 4t-\frac{25}{29}e^{-10t}$$

를 갖는다. 세션은

```
>> syms y(t)
>> Dy = diff(y, t);
>> eqn = Dy + 10*y == 10 + 4*sin(4*t);
>> cond = y(0) == 0;
>> y = dsolve(eqn, cond);
>> fplot(y), axis([0 5 0 2]), xlabel('t')
```

이 코드를 명령창에서 입력해도 되고 아니면 라이브 편집창에 입력할 수도 있으며, [그림 11.4-1]에 보인 그래프를 만든다.

때때로 fplot 함수는 독립변수의 값을 너무 적게 사용하며, 그래서 부드러운 그래프가 만들어지지 않는다. 대신, 독립변수를 값의 배열로 대체하기 위하여 subs 함수를 사용할 수 있으며, 그 다음 결과를 수치적으로 계산하기 위하여 plot 함수를 사용할 수 있다. 예를 들어, 다음과 같이 먼저의 세션을 다음과 같이 계속할 수 있다.

```
>> syms t
>> x = [0: 0.05: 5];
>> P = subs(y, t, x);
>> plot(x, P), axis([0 5 0 2]), xlabel('t')
```

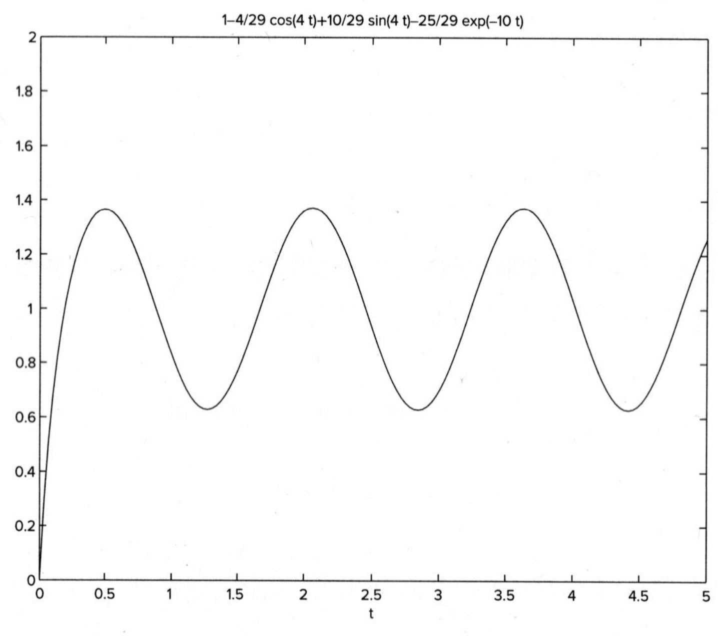

[그림 11.4-1] $\dot{y}+10y=10+4\sin 4t,\ y(0)=0$ 의 해의 그래프

경계 조건을 갖는 연립방정식

지정된 경계 조건을 갖는 연립방정식은 다음과 같이 풀 수 있다. 함수 dsolve (eqn1, eqn2, ..., cond1, cond2, ...)는 식 cond1, cond2 등에서 지정된 초기 조건을 만족하는 조건 하에서, 기호 표현식 eqn1, eqn2 등으로 지정된 연립방정식의 기호 해를 반환한다.

예를 들어, 문제

$$\frac{dx}{dt}=3x+4y, \quad x(0)=0$$
$$\frac{dy}{dt}=-4x+3y, \quad y(0)=1$$

은 해

$$x(t)=e^{3t}\sin 4t, \quad y(t)=e^{3t}\cos 4t$$

를 갖는다. 세션은

```
>> syms x(t) y(t)
>> Dx = diff(x, t);
>> Dy = diff(y, t);
>> eqn1 = Dx == 3*x + 4*y;
>> eqn2 = Dy == -4*x + 3*y;
>> cond1 = x(0) == 0;
>> cond2 = y(0) == 1;
>> S = dsolve(eqn1, cond1, eqn2, cond2)
S =
  다음 필드를 포함한 struct:
   y: [1×1 sym]
   x: [1×1 sym]
>> S.x
ans =
    sin(4*t)*exp(3*t)
>> S.y
ans =
    cos(4*t)*exp(3*t)
```

초기조건만 지정할 필요는 없다. 조건들은 다른 t 값에 대하여 지정될 수 있다. 예를 들어, 문제

$$\frac{d^2y}{dt^2}+9y=0, \quad y(0)=1, \quad \dot{y}(\pi)=2$$

를 풀기 위하여 세션은

```
>> syms y(t)
>> Dy = diff(y, t);
>> D2y = diff(Dy, t);
>> cond1 = y(0) == 1;
>> cond2 = Dy(pi) == 2;
>> eqn = D2y + 9*y == 0;
>> dsolve(eqn, cond1, cond2)
ans =
   cos(3*t) - (2*sin(3*t))/3
```

그래서 해는

$$y = \cos 3t - \frac{2}{3}\sin 3t$$

이다.

이해력 테스트 문제

T11.4-1 MATLAB을 사용하여 방정식

$$\frac{d^2y}{dt^2} + b^2 y = 0$$

을 풀어라. 손으로 풀거나 MATLAB을 사용하여 답을 확인해보아라.
(답: $y(t) = C_1 \sin(bt) + C_2 \cos(bt)$)

T11.4-2 MATLAB을 사용하여 방정식

$$\frac{d^2y}{dt^2} + b^2 y = 0, \quad y(0) = 1, \quad \dot{y}(0) = 0$$

을 풀어라. 손으로 풀거나 MATLAB을 사용하여 답을 확인해보아라.
(답: $y(t) = \cos(bt)$)

비선형 방정식의 풀이

MATLAB은 많은 비선형 1차 미분방정식도 풀 수 있다. 예로서, 문제

$$\frac{dy}{dt}=4+y^2 \quad y(0)=1 \tag{11.4-1}$$

은 다음 세션으로 풀 수 있다.

```
>> syms y(t)
>> Dy = diff(y, t);
>> eqn = Dy == 4 + y^2;
>> cond = y(0) == 1;
>> dsolve(eqn, cond)
ans =
   2*tan(2*t + atan(1/2))
```

이것은

$$y(t)=2\tan(2t+\phi), \quad \phi=\tan^{-1}(1/2)$$

과 같다.

모든 비선형 방정식을 닫힌 형태로 풀 수 있지는 않다. 예를 들어, 다음 방정식은 특정한 진자의 운동 방정식이다.

$$\frac{d^2y}{dt^2}+9\sin y=0, \quad y(0)=1, \quad \dot{y}(0)=0$$

만일 이 문제를 MATLAB으로 풀고자 시도하면, 해를 구할 수 없다는 메시지를 받게될 것이다. 사실상, 이런 해는 기본 함수로는 존재하지 않는다. 표로 만들어진 (수치적인) 해답이 발견되었고 이것을 타원 적분(elliptic integral)이라고 부른다.

[표 11.4-1]에는 미분방정식을 풀기 위한 함수들을 정리하였다.

[표 11.4-1] dsolve 함수

명령	설명
dsolve(eqn)	기호 표현식 eqn에 의해 지정되는 ode의 기호 해를 반환한다. 1차 미분, 2차 미분 등을 나타내기 위하여 약자 syms y(t), Dy = diff(y, t), D2y = diff(y, t, 2) 등을 사용할 수 있다.
dsolve(eqn1, eqn2, ...)	기호 표현식 eqn1과 eqn2로 지정된 연립 미분 방정식의 기호 해를 반환한다.

dsolve(eqn, cond1, cond2, ...)	식 cond1, cond2 등으로 지정된 조건에 따라 기호 표현식 eqn에 의해 지정된 ode의 기호 해를 반환한다. 만일 y가 종속변수라면, 이런 조건들은 y(a) = b, Dy(a) = c, D2y(a) = d 등으로 지정된다.
dsolve(eqn1, eqn2, ..., cond1, cond2, ...)	식 cond1, cond2 등으로 지정된 초기조건하에서, 기호 표현식 eqn1, eqn2 등으로 지정되는 연립방정식의 기호 해를 반환한다.

11.5 라플라스 변환

이 절에서는 MATLAB에서 라플라스 변환을 사용하는 방법을 보여준다. 라플라스 변환은 dsolve로는 풀 수 없는 몇 가지 유형의 미분 방정식을 풀 때 사용할 수 있다. 라플라스 변환의 응용은 선형 미분 방정식 문제를 대수 문제로 변환한다. 결과로 나오는 식을 적절히 대수 조작하면, 미분 방정식의 해는 시간 함수를 얻기 위한 변환 과정을 역으로 함으로써 순서에 맞추어 회복될 수 있다. 9장 9.3절과 9.4절에 요약된 미분 방정식의 기본 지식에 익숙하다고 가정한다.

라플라스 변환 함수 $y(t)$의 라플라스 변환 $L[y(t)]$는

$$\mathcal{L}[y(t)] = \int_0^\infty y(t)e^{-st}dt \tag{11.5-1}$$

와 같이 정의된다. 적분은 변수로서의 t를 소거하며, 그래서 변환은 라플라스 변수 s만의 함수이며, 이 변수는 복소수일 수 있다. 적분은 만일 s에 적절한 제약이 주어진다면, 일반적으로 만나는 함수들 대부분에 존재한다. 또 다른 표기는 대응되는 소문자 기호의 변환을 대문자를 이용하는 것이다. 즉,

$$Y(s) = \mathcal{L}[y(t)]$$

계단 함수 우리는 단방향 변환을 사용할 것이며, 이것은 변수 $y(t)$가 $t < 0$에 대해 0이라고 가정한다. 예를 들어, 계단 함수는 이런 함수 중의 하나이다. 이 이름은 그래프가 계단처럼 보인다는 사실로부터 왔다(그림 11.5-1 참조).

계단의 높이는 M이며, 크기라고 부른다. $u_s(t)$라고 나타내는 단위 계단 함수는 높이가

$M=1$이고 다음과 같이 정의된다.

$$u_s(t)=\begin{cases} 0 & t<0 \\ 1 & t>0 \\ \text{결정 안됨} & t=0 \end{cases}$$

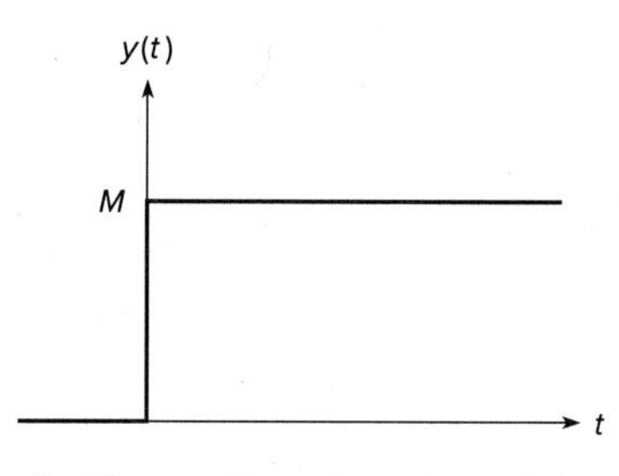

[그림 11.5-1] 크기 M의 계단 함수

공학 서적에서는 일반적으로 계단 함수라는 용어를 사용하는 반면, 수학 문헌에서는 헤비사이드(Heaviside) 함수라는 이름을 사용한다. Symbolic Math 툴박스에는 단위 계단 함수를 생성하는 `heaviside(t)` 함수가 포함되어 있다.

높이 M의 계단 함수는 $y(t)=Mu_s(t)$로 나타낼 수 있다. 이 함수의 변환은

$$\mathcal{L}[y(t)]=\int_0^{\infty} Mu_s(t)e^{-st}dt=M\int_0^{\infty} e^{-st}dt=M\frac{e^{st}}{s}\bigg|_0^{\infty}=\frac{M}{s}$$

여기에서 s의 실수부는 0보다 큰 것으로 가정하며, 그래서 e^{-st}의 극한이 $t \to \infty$임에 따라 존재한다. 적분의 수렴 영역에 대한 비슷한 고려 사항이 다른 시간의 함수에 적용된다. 그러나 여기에서는 이것에 대하여 염려할 필요는 없으며, 그 이유는 모든 일반적인 함수의 변환들은 계산되고 표로 작성되었기 때문이다. 이들은 Symbolic Math 툴박스를 갖는 MATLAB에서 `laplace(function)`을 입력하여 구할 수 있으며, `function`은 식 (11.5-1)의 함수 $y(t)$를 나타내는 기호 표현식이다. 디폴트 독립 변수는 `t`이고 디폴트 반환 값은 `s`의 함수이다. 옵션 형식은 `syms x y, laplace (function, x, y)`이며, 여기에서 `function`은 `x`의 함수이고, `y`는 라플라스 변수이다.

여기에 몇몇 예에 대한 세션이 있다. 함수들은 t^3, e^{-at}, $\sin bt$이다.

```
>> syms b t
>> laplace(t^3)
```

```
ans =
   6/s^4
>> laplace(exp(-b*t))
ans =
   1/(b + s)
>> laplace(sin(b*t))
ans =
   b/(b^2 + s^2)
```

변환은 적분이므로, 적분의 성질을 갖는다. 특히, 선형의 성질을 가지며, 이것은 a와 b가 t의 함수가 아니면,

$$\mathcal{L}[af_1(t)+bf_2(t)]=a\mathcal{L}[f_1(t)]+b\mathcal{L}[f_2(t)] \tag{11.5-2}$$

이다. 역 라플라스 변환 $\mathcal{L}^{-1}[Y(s)]$은 변환이 $Y(s)$가 되는 시간 함수 $y(t)$이다. 즉, $y(t)=\mathcal{L}^{-1}[Y(s)]$이다. 역 연산은 또한 선형이다. 예를 들면, $10/s+4/(s+3)$의 역 변환은 $10+4e^{-3t}$이다. 역변환은 `ilaplace` 함수를 이용하여 구할 수 있다. 예를 들어,

```
>> syms b s
>> ilaplace(1/s^4)
ans =
   t^3/6
>> ilaplace(1/(s+b))
ans =
   exp(-b*t)
>> ilaplace(b/(s^2+b^2))
ans =
   sin(b*t)
```

미분의 변환은 미분방정식을 풀기에 편리하다. 변환의 정의에 부분적분을 적용하면, 다음을 얻는다.

$$\begin{aligned}\mathcal{L}\left[\frac{dy}{dt}\right]&=\int_0^\infty \frac{dy}{dt}e^{-st}dt=y(t)e^{-st}\Big|_0^\infty+s\int_0^\infty y(t)e^{-st}dt\\&=s\mathcal{L}[y(t)]-y(0)=sY(s)-y(0)\end{aligned} \tag{11.5-3}$$

이 과정은 고차 미분으로 확장될 수 있다. 예를 들어, 2차 미분에 대한 결과는

$$\mathcal{L}\left[\frac{d^2y}{dt^2}\right]=s^2Y(s)-sy(0)-\dot{y}(0) \tag{11.5-4}$$

과 같다. 임의의 차수에 대한 미분의 결과는

$$\mathcal{L}\left[\frac{d^ny}{dt^n}\right]=s^nY(s)-\sum_{k=1}^{n}s^{n-k}g_{k-1} \tag{11.5-5}$$

와 같으며, 여기에서

$$g_{k-1}=\left.\frac{d^{k-1}y}{dt^{k-1}}\right|_{t=0} \tag{11.5-6}$$

이다. 만일 초기값이 모두 0이면,

$$\mathcal{L}\left[\frac{d^ny}{dt^n}\right]=s^nY(s)$$

가 된다.

미분방정식에의 응용

미분과 선형성은 미분방정식

$$a\dot{y}+y=bv(t) \tag{11.5-7}$$

를 푸는데 사용될 수 있다. 이 방정식의 양변에 e^{-st}를 곱하고 시간 $t=0$부터 $t=\infty$까지 적분하면,

$$\int_0^\infty (a\dot{y}+y)e^{-st}dt=\int_0^\infty bv(t)e^{-st}dt$$

또는

$$\mathcal{L}[a\dot{y}+y]=\mathcal{L}[bv(t)]$$

또는, 선형성을 이용하여

$$a\mathcal{L}[\dot{y}]+\mathcal{L}[y]=b\mathcal{L}[v(t)]$$

이다. 미분 성질과 대체 변환 표기를 이용하여 위의 식은

$$a[sY(s)-y(0)]+Y(s)=bV(s)$$

로 적을 수 있으며, 여기에서 $V(s)$는 v의 변환이다. 이 변환은 $V(s)$와 $y(0)$에 대한 $Y(s)$의 대수식이다. 이 식의 해는

$$Y(s)=\frac{ay(0)}{as+1}+\frac{b}{as+1}V(s) \tag{11.5-8}$$

이다. 식 (11.5-8)에 역변환을 하면

$$y(t)=\mathcal{L}^{-1}\left[\frac{ay(0)}{as+1}\right]+\mathcal{L}^{-1}\left[\frac{b}{as+1}V(s)\right] \tag{11.5-9}$$

를 준다. 이 식은 완전한 응답은 자유 응답과 강제 응답의 합이라는 것을 보여준다. 앞의 변환으로부터,

$$\mathcal{L}^{-1}\left[\frac{ay(0)}{as+1}\right]=\mathcal{L}^{-1}\left[\frac{y(0)}{s+1/a}\right]=y(0)e^{-t/a}$$

라는 것을 알 수 있으며, 이것은 자유 응답이다. 강제 응답은

$$\mathcal{L}^{-1}\left[\frac{b}{as+1}V(s)\right] \tag{11.5-10}$$

로 주어진다. 이 식은 $V(s)$가 지정되기 전까지는 계산할 수 없다. $v(t)$가 단위-계단 함수라고 가정한다. 그러면 $V(s)=1/s$이고 식 (11.5-10)은

$$\mathcal{L}^{-1}\left[\frac{b}{s(as+1)}\right]$$

역 변환을 구하려면, 다음을 입력한다.

```
>> syms a b s
>> ilaplace(b/(s*(a*s+1)))
```

```
ans =
   b - b*exp(-t/a)
```

이와 같이, 식 (11.5-7)의 단위 계단 입력에 대한 강제 응답은 $b(1-e^{-t/a})$이다.

계단 응답을 구하기 위하여 **dsolve** 함수와 함께 **heaviside** 함수를 사용할 수 있지만, 결과 식은 라플라스 변환 방법으로 얻은 것보다 더 복잡하다.

2차 모델

$$\ddot{x}+1.4\dot{x}+x=f(t) \tag{11.5-11}$$

를 고려한다. 이 식을 변환하면

$$\left[s^2X(s)-sx(0)-\dot{x}(0)\right]+1.4[sX(s)-x(0)]+X(s)=F(s)$$

를 얻는다. $X(s)$에 대하여 풀면

$$X(s)=\frac{x(0)s+\dot{x}(0)+1.4x(0)}{s^2+1.4s+1}+\frac{F(s)}{s^2+1.4s+1}$$

자유 응답은

$$x(t)=\mathcal{L}^{-1}\left[\frac{x(0)s+\dot{x}(0)+1.4x(0)}{s^2+1.4s+1}\right]$$

으로부터 구할 수 있다. 초기 조건이 $x(0)=2$, $\dot{x}(0)=-3$이라고 가정한다. 그러면 자유 응답은

$$x(t)=\mathcal{L}^{-1}\left[\frac{2s-0.2}{s^2+1.4s+1}\right] \tag{11.5-12}$$

으로부터 구할 수 있다. 이 답은

```
>> ilaplace((2*s - 0.2)/(s^2+1.4*s+1))
```

을 입력하여 구할 수 있다.

자유 응답은

$$x(t)=e^{-0.7t}\left[2\cos\left(\frac{\sqrt{51}}{10}t\right)-\frac{16\sqrt{51}}{51}\sin\left(\frac{\sqrt{51}}{10}t\right)\right]$$

이다.

강제 응답은

$$x(t)=\mathcal{L}^{-1}\left[\frac{F(s)}{s^2+1.4s+1}\right]$$

로부터 구할 수 있다. 만일 $f(t)$가 단위 계단 함수이면, $F(s)=1/s$ 이고 강제 응답은

$$x(t)=\mathcal{L}^{-1}\left[\frac{1}{s(s^2+1.4s+1)}\right]$$

이다. 강제 응답을 구하려면,

```
>> ilaplace(1/(s*(s^2+1.4*s+1)))
```

을 입력한다. 구해진 답은

$$x(t)=1-e^{-0.7t}\left[\cos\left(\frac{\sqrt{51}}{10}t\right)+\frac{7\sqrt{51}}{51}\sin\left(\frac{\sqrt{51}}{10}t\right)\right] \quad (11.5\text{-}13)$$

가 된다.

입력의 미분

두 개의 비슷한 기계 시스템을 [그림 11.5-2]에 보였다. 두 경우 모두 입력은 변위 $y(t)$이다. 이들의 운동 방정식은

$$m\ddot{x}+c\dot{x}+kx=ky \quad (11.5\text{-}14)$$

$$m\ddot{x}+c\dot{x}+kx=ky+c\dot{y} \quad (11.5\text{-}15)$$

이다. 이 시스템들 간의 유일한 차이는 [그림 11.5-2a]에 있는 시스템은 입력 함수 $y(t)$의 미분을 포함한 운동 방정식을 갖고 있다는 것이다. 두 시스템들은 좀 더 일반적인 미분방정식

$$m\ddot{x}+c\dot{x}+kx=dy+g\dot{y} \tag{11.5-16}$$

의 예들이다.

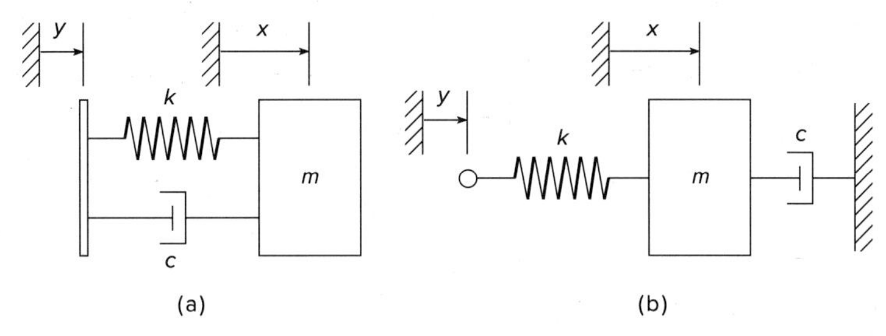

[그림 11.5-2] 2개의 기계 시스템. 모델 (a)는 입력 $y(t)$의 미분을 포함한다. (b)는 포함하지 않는다.

앞에서 언급했듯이, 입력의 미분을 포함하는 방정식의 계단 응답을 찾기 위하여 `dsolve` 함수와 함께 `heaviside` 함수를 사용할 수 있지만, 결과식은 라플라스 변환 방법으로 얻은 것보다 더 복잡하다.

이제 라플라스 변환을 이용하여 어떻게 입력의 미분을 포함한 방정식들의 계단 응답을 구할 수 있는지 증명한다. 초기조건은 0이라고 가정한다. 그러면 식 (11.5-16)을 변환하면

$$X(s)=\frac{d+gs}{ms^2+cs+k}Y(s) \tag{11.5-17}$$

를 얻는다.

두 가지 경우에 대하여 초기 조건을 0으로 하고, $m=1$, $c=1.4$, $k=1$ 값을 이용하여 식 (11.5-16)의 단위 계단 응답을 비교해본다. 두 경우는 $g=0$과 $g=5$이다.

$Y(s)=1/s$이므로, 식 (11.5-17)은

$$X(s)=\frac{1+gs}{s(s^2+1.4s+1)} \tag{11.5-18}$$

를 준다. $g=0$인 경우에 대한 응답은 미리 구했으며, 식 (11.5-13)으로 주어진다. $g=5$인 경우의 응답은

```
>> syms s
>> ilaplace((1+5*s)/(s*(s^2+1.4*s+1)))
```

을 입력하여 구해진다. 구해진 응답은

$$x(t)=1-e^{-0.7t}\left[\cos\left(\frac{\sqrt{51}}{10}t\right)-\frac{43\sqrt{51}}{51}\sin\left(\frac{\sqrt{51}}{10}t\right)\right] \tag{11.5-19}$$

이다. [그림 11.5-3]은 식 (11.5-13)과 (11.5-19)에 의하여 주어진 응답을 보인다. 입력을 미분한 결과는 응답의 첨두(peak)값의 증가로 나타난다.

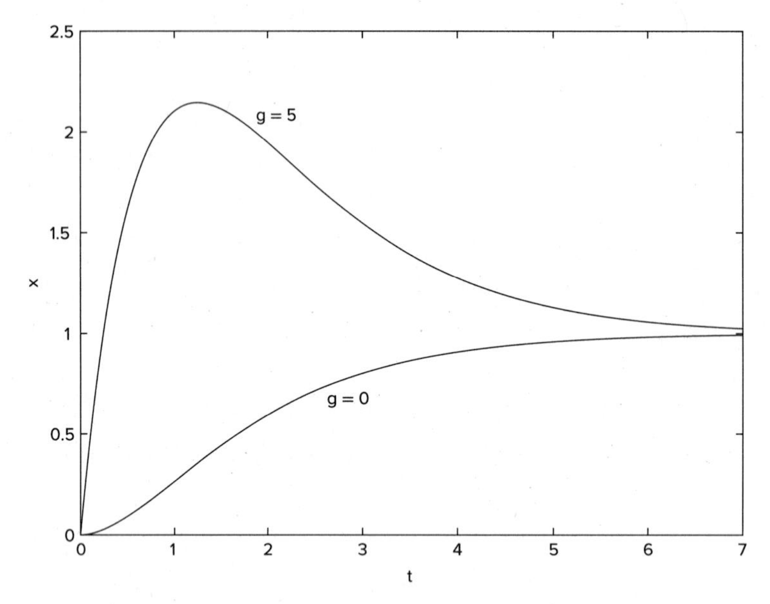

[그림 11.5-3] $g=0$과 $g=5$에 대하여 모델 $\ddot{x}+1.4\dot{x}+x=u+g\dot{u}$의 계단 응답

임펄스 응답

[그림 11.5-4a]에 표시된 펄스 함수의 곡선 아래 면적 A를 펄스 강도라고 한다. 면적 A를 일정하게 유지하면서 펄스 지속 시간 T를 0에 접근해 가면, [그림 11.5-4b]로 나타낸 강도 A의 임펄스 함수를 얻는다. 강도가 1이면 단위 임펄스를 갖는다. 임펄스는 계단 함수의 미분으로 생각할 수 있으며, 해머로 치는 것과 같이 갑자기 인가되거나 제거되는 입력 하에서의 시스템의 응답을 분석하기 위한 편의상의 수학적 추상화이다.

공학 문헌은 일반적으로 임펄스(impulse) 함수라는 용어를 사용하지만, 반면에 수학 문헌에서 디랔 델타(Dirac delta) 함수라는 이름을 사용한다. Symbolic Math 툴박스에는 단위 임펄스를 반환하는 `dirac(t)` 함수가 포함되어 있다. 입력 함수가 임펄스이면, `dsolve` 함수와 함께 dirac 함수를 사용할 수 있지만, 결과 식은 라플라스 변환에서 얻은 식보다 더 복잡하다.

강도 A의 임펄스의 변환은 단순히 A임을 알 수 있다. 그래서 예를 들어, $f(t)$가 강도 A인 임펄스이고 초기값이 0일 때, $\ddot{x}+1.4\dot{x}+x=f(t)$의 임펄스 응답을 찾으려면, 먼저 변환

$$X(s)=\frac{1}{s^2+1.4s+1}F(s)=\frac{A}{s^2+1.4s+1}$$

를 얻는다. 다음으로 다음

```
>> syms A s
>> ilaplace(A/(s^2 + 1.4*s + 1))
```

을 입력한다. 구해진 응답은 다음과 같다.

$$x(t)=\frac{10A\sqrt{51}}{51}e^{-0.7t}\sin\left(\frac{\sqrt{51}}{10}t\right)$$

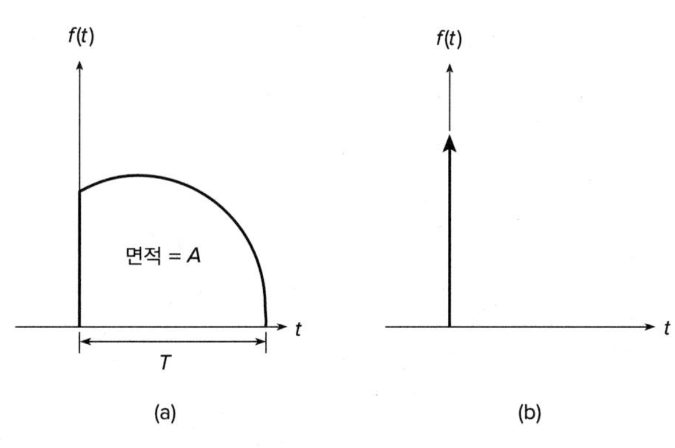

[그림 11.5-4] 펄스와 임펄스 함수

이해력 테스트 문제

T11.5-1 함수들 $1-e^{-at}$와 $\cos bt$의 라플라스 변환을 구하라. ilaplace 함수를 사용하여 답을 확인하라.

T11.5-2 라플라스 변환을 이용하여 문제 $5\ddot{y}+20\dot{y}+15y=30u-4\dot{u}$를 풀어라. 여기에서 $u(t)$는 단위 계단 함수이며, $y(0)=5$, $\dot{y}(0)=1$이다.
(답: $y(t)=-1.6e^{-3t}+4.6e^{-t}+2$)

[표 11.5-1]에 라플라스 변환 함수들을 정리하였다.

[표 11.5-1] 라플라스 변환 함수들

명령	설명
ilaplace(function)	function의 역 라플라스 변환을 반환한다.
laplace(function)	function의 라플라스 변환을 반환한다.
laplace(function, x, y)	x의 함수인 function의 라플라스 변환을 라플라스 변수 y에 대하여 반환한다.

11.6 기호 선형 대수

기호 행렬의 연산은 수치 행렬과 거의 같은 방식으로 수행할 수 있다. 여기서는 행렬의 곱, 역행렬, 고유값 및 행렬의 특성 다항식을 찾는 예제를 제공한다.

기호 행렬을 사용하면 이후 연산에서 수 값의 부정확성을 피할 수 있다는 것을 기억한다. 수치 행렬에서 기호 행렬을 만드는 것은 다음 세션에서와 같이, 여러 가지 방법으로 할 수 있다.

```
>>A = sym([3, 5; 2, 7]);
>>syms a b c d
>>B = [a, b; c, d];
>>C = [3, 5; 2, 7];
>>D = sym(C);
```

행렬 A는 가장 직접적인 방법을 나타낸다. 행렬 B는 변수 a, b, c 및 d에 대하여 추가적인 기호식 조작에 사용될 수 있다. 행렬 D는 행렬 C를 기호 행렬 형태로 보존하는 데 사용될 수 있다. 행렬 A, B와 D는 모두 기호 행렬이다. 행렬 C는 A와 D처럼 보이지만, double 클래스의 숫자이다.

함수로 구성된 기호 행렬도 만들 수 있다. 예를 들어, $(x_1,\ y_1)$ 좌표계에 대해 각도 a만큼 반시계 방향으로 회전한 좌표계의 좌표 $(x_2,\ y_2)$와

$$x_2 = x_1 \cos a + y_1 \sin a$$
$$y_2 = y_1 \cos a - x_1 \sin a$$

이 식은 다음

$$\begin{bmatrix} x_2 \\ y_2 \end{bmatrix} = \begin{bmatrix} \cos a & \sin a \\ -\sin a & \cos a \end{bmatrix} \begin{bmatrix} x_1 \\ y_1 \end{bmatrix} = \mathbf{R} \begin{bmatrix} x_1 \\ y_1 \end{bmatrix}$$

과 같이 행렬 형태로 나타낼 수 있으며, 여기에서 회전 행렬 $\mathbf{R}(a)$는

$$\mathbf{R}(a) = \begin{bmatrix} \cos a & \sin a \\ -\sin a & \cos a \end{bmatrix} \tag{11.6-1}$$

로 정의된다. 기호 행렬 $\mathbf{R}$은 MATLAB에서 다음과 같이 정의될 수 있다.

```
>> syms a
>> R = [cos(a), sin(a); -sin(a), cos(a)]
R =
   [  cos(a), sin(a)]
   [ -sin(a), cos(a)]
```

동일한 각도로 두 번 좌표계를 회전하여 세 번째 좌표계 $(x_3,\ y_3)$를 생성하면, 결과는 두배 각으로 단일 회전하는 것과 같다. MATLAB이 이 결과를 제공하는지 확인해본다. 벡터 행렬 방정식은 다음과 같다.

$$\begin{bmatrix} x_3 \\ y_3 \end{bmatrix} = \mathbf{R} \begin{bmatrix} x_2 \\ y_2 \end{bmatrix} = \mathbf{RR} \begin{bmatrix} x_1 \\ y_1 \end{bmatrix}$$

이와 같이 $\mathbf{R}(a)\mathbf{R}(a)$는 $\mathbf{R}(2a)$와 같아야 한다. 먼저의 세션을 계속하면

```
>> Q = R*R
Q =
   [ cos(a)^2 - sin(a)^2,      2*cos(a)*sin(a)]
   [     -2*cos(a)*sin(a), cos(a)^2 - sin(a)^2]
>> Q = simplify(Q)
Q =
   [  cos(2*a), sin(2*a)]
   [ -sin(2*a), cos(2*a)]
```

행렬 $\mathbf{Q}$는 예상했던 것과 같이 $\mathbf{R}(2a)$와 같다.

행렬을 수치적으로 계산하려면, subs와 double 함수를 사용한다. 예를 들어, $a=\pi/4$ 라디안(45도)의 회전은

```
>> R = double(subs(R, a, pi/4))
R =
   0.7071   0.7071
  -0.7071   0.7071
```

이 된다.

특성 다항식과 특성근

1차 미분 연립 방정식은

$$\dot{\mathbf{x}}=\mathbf{A}\mathbf{x}+\mathbf{B}\mathbf{f}(t)$$

와 같이 벡터-행렬 표기로 나타낼 수 있으며, 여기에서 $\dot{\mathbf{x}}$는 종속 변수 벡터이며, $\mathbf{f}(t)$는 강제 함수를 포함하는 벡터이다. 예를 들어, 연립방정식

$$\dot{x}_1=x_2$$
$$\dot{x}_2=-kx_1-2x_2+f(t)$$

는 용수철에 연결되어 점성 마찰이 있는 표면에서 미끄러져 움직이는 질량의 운동 방정식으로부터 온다. 항 $f(t)$는 질량에 작용하는 인가된 힘이다. 이 연립방정식에 대하여, 벡터 $\mathbf{x}$와 행렬 $\mathbf{A}$와 $\mathbf{B}$는

$$\mathbf{x}=\begin{bmatrix} x_1 \\ x_2 \end{bmatrix}$$
$$\mathbf{A}=\begin{bmatrix} 0 & 1 \\ -k & -2 \end{bmatrix} \quad \mathbf{B}=\begin{bmatrix} 0 \\ 1 \end{bmatrix}$$

이다.

방정식 $|s\mathbf{I}-\mathbf{A}|=0$은 모델의 특성 다항식이며, 여기에서 s는 모델의 특성근이다. 함수 charpoly(A)는 변수의 내림차순으로 특성 다항식의 계수들을 준다. 예를 들어,

```
>> syms k
>> A = [0 ,1; -k, -2];
>> charpoly(A)
```

```
ans =
    [ 1, 2, k]
```

이며, 이것은 다항식 x^2+2x+k에 해당된다.

명령 syms s, charpoly(A, s)는 기호 변수 s에 대하여 다항식을 구한다. 예를 들어, 특성 방정식을 구하고 용수철 상수 k에 대하여 근을 구하기 위하여 풀려면, 다음의 세션을 이용한다.

```
>> syms k s
>> A = [0 ,1; -k, -2];
>> charpoly(A, s)
ans =
    s^2 + 2*s + k
>> solve(ans)
ans =
    -(1 - k)^(1/2) - 1
    (1 - k)^(1/2) - 1
```

이와 같이, 다항식은 s^2+2s+k이고 근은 $-1\pm\sqrt{1-k}$이다.

함수 eig(A)를 이용하면 특성 방정식을 구하지 않고도 직접 근을 구할 수 있다('eig'는 'eigenvalue'를 나타내며, 이것은 '특성근(characteristic roots)'의 또 다른 용어이다). 예를 들어,

```
>> syms k
>> A = [0 ,1; -k, -2];
>> eig(A)
ans =
    - (1 - k)^(1/2) - 1
     (1 - k)^(1/2) - 1
```

inv(A)와 det(A)를 이용하여 행렬의 역과 행렬식을 기호 표현으로 구할 수 있다. 예를 들어, 먼저 세션과 같은 행렬 A를 사용하면,

```
>> inv(A)
ans =
    [ -2/k, -1/k]
    [    1,    0]
```

```
>> A*ans % 역이 정확한지 검증한다
ans =
   [ 1, 0]
   [ 0, 1]
>> det(A)
ans =
   k
```

와 같이 구해진다.

선형 대수 방정식의 풀이

MATLAB에서 행렬 방법을 이용하여 선형 대수 방정식을 기호 표현으로 풀 수 있다. 만일 행렬의 역이 존재하면, 역행렬 방법을 이용할 수 있고, 또는 좌측 나눗셈 방법을 이용할 수 있다(이 방법들에 대한 논의는 8장을 참조한다). 예를 들어, 연립방정식

$$2x-3y=3$$
$$5x+4y=19$$

를 풀기 위하여 2가지 방법을 다 사용하기 위한 세션은

```
>> A = sym([2, -3; 5, 4]);
>> b = sym([3; 19]);
>> x = inv(A)*b % 역행렬 방법
x =
    3
    1
>> x = A\b % 좌측 나눗셈 방법
x =
    3
    1
```

[표 11.6-1]에는 이 절에서 사용된 함수들을 정리하였다. 이 구문은 먼저 장에서 사용된 수치 버전과 동일하다는 점을 주목한다.

이해력 테스트 문제

T11.6-1 동일한 각 a로 좌표를 세 번 연속 회전하는 경우를 고려한다. 식 (11.6-1)로 주어진 회전 행렬 $\mathbf{R}(a)$의 곱 $\mathbf{RRR}$은 $\mathbf{R}(3a)$와 같음을 보여라.

T11.6-2 다음 행렬의 특성 다항식과 근을 구하라.

$$A = \begin{bmatrix} -2 & 1 \\ -3k & -5 \end{bmatrix}$$

(답: $s^2 + 7s + 10 + 3k$ 및 $s = (-7 \pm \sqrt{9 - 12k})/2$)

T11.6-3 역행렬과 좌측 나눗셈 방법을 이용하여 다음 연립 방정식을 풀어라.

$$\begin{aligned} -4x + 6y &= -2 \\ 7x - 4y &= 23 \end{aligned}$$

(답: $x = 5,\ y = 3$)

[표 11.6-1] 선형 대수 함수들

명령	설명
`det(A)`	행렬 A의 행렬식을 기호 형태로 반환한다.
`eig(A)`	행렬 A의 고유값(특성근)을 기호 형태로 반환한다.
`inv(A)`	행렬 A의 역을 기호 형태로 반환한다.
`charpoly(A, s)`	행렬 A의 특성 방정식을 변수 s에 대하여 기호 형태로 반환한다.

11.7 요약

이 장에서는 Symbolic Math 툴박스 기능의 일부를 다루었다. 특히,

- 기호 대수
- 대수 방정식과 초월 방정식을 풀기 위한 기호 방법
- 상미분 방정식을 풀기 위한 기호 방법
- 적분, 미분, 극한 및 급수를 포함하는 기호 미적분학
- 라플라스 변환
- 행렬식, 역행렬 및 고유값을 구하기 위한 기호 방법을 포함하는 선형 대수에서의 선택된 주제들

이 장을 마쳤으므로, MATLAB을 이용하여 다음을 할 수 있어야 한다.

- 기호 표현식을 생성하고 대수적으로 다룬다.
- 대수와 초월 방정식을 풀기 위한 기호 해를 구한다.
- 기호 미분과 적분을 수행한다.
- 극한과 급수를 기호 표현으로 계산한다.
- 상미분 방정식에 대한 기호 해를 구한다.
- 라플라스 변환을 구한다.
- 행렬식, 역행렬, 및 고유값(eigenvalue)을 구하는 식을 포함하여 기호 선형대수 연산을 수행한다.

[표 11.7-1]에는 이 장에서 소개된 함수들의 카테고리에 따른 가이드이다.

[표 11.7-1] 이 장에서 소개된 MATLAB 명령들에 대한 가이드

식의 생성과 계산	[표 11.1-1] 참조
식의 조작	[표 11.1-2] 참조
대수 방정식과 추월 방정식의 풀이	[표 11.2-1] 참조
기호 미적분 함수들	[표 11.3-1] 참조
미분 방정식의 풀이	[표 11.4-1] 참조
라플라스 변환	[표 11.5-1] 참조
선형 대수	[표 11.6-1] 참조
기타 함수들	
`dirac(t)`	디락 델타 함수($t = 0$ 에서의 단위 임펄스 함수)
`heaviside(t)`	헤비사이드 함수($t = 0$ 에서 0으로부터 1로 전환하는 단위 계단 함수)

주요용어

경계 조건(Boundary condition)
계단 함수(Step function)
기호 상수(Symbolic constant)
기호 표현식(Symbolic expression)
디폴트 변수(Default variable)
라플라스 변환(Laplace transform)
임펄스 함수(Impulse function)
초기 조건(Initial condition)
해 구조체(Solution structure)

| 연습문제 |

*로 표시된 문제에 대한 해답은 교재 뒷부분에 첨부하였다.

11.1 절

1. MATLAB을 사용하여 다음의 등식을 증명하라.

   (a) $\sin^2 x + \cos^2 x = 1$

   (b) $\sin(x+y) = \sin x \cos y + \cos x \sin y$

   (c) $\sin 2x = 2 \sin x \cos x$

   (d) $\cosh^2 x - \sinh^2 x = 1$

2. MATLAB을 사용하여 $\cos 7\theta$ 를 x의 함수로 나타내어라. 여기에서 $x = \cos\theta$ 이다.

3*. 변수 x의 두 다항식은 계수벡터 `p1 = [6, 2, 7, -3]`과 `p2 = [10, -5, 8]`에 의해 나타내진다.

   (a) MATLAB을 사용하여 이 두 다항식의 곱을 구하라. 곱을 가장 간단한 형태로 표시하라.

   (b) MATLAB을 사용하여 $x=2$ 일 때, 곱의 수치 값을 구하라.

4*. 중심이 $x=0$, $y=0$ 이고 반지름이 r인 원의 방정식은

$$x^2 + y^2 = r^2$$

과 같다. `subs`와 다른 MATLAB 함수를 이용하여, 중심이 $x=a$, $y=b$ 이고 반지름이 r인 원의 방정식을 구하라. 방정식을 $Ax^2 + Bx + Cxy + Dy + Ey^2 = F$ 의 형태로 재정리하고 계수에 대한 식을 a, b, r 에 관하여 구하라.

5. '렘니스케이트(lemniscate)'라고 불리는 곡선의 극좌표 (r, θ) 에서의 방정식은 다음과 같다.

$$r^2 = a^2 \cos(2\theta)$$

MATLAB을 사용하여 곡선의 방정식을 직교좌표 (x, y) 로 구하라. 여기에서 $x = r\cos\theta$ 및 $y = r\sin\theta$ 이다.

11.2 절

6*. 삼각형에 대한 코사인법칙은 $a^2=b^2+c^2-2bc\cos A$ 이며, 여기에서 a는 각 A와 마주보고 있는 변의 길이이며, b와 c는 다른 변들의 길이이다.

(a) MATLAB을 사용하여 b에 대하여 풀어라.

(b) $A=60°$, $a=5$ m, $c=2$ m 라고 가정한다. b를 구하라.

7. (a) MATLAB을 사용하여 다항식 방정식 $x^3+(3+a)x^2+(4+3a)x+12=0$ 의 해 x를 매개변수 a에 관하여 풀어라.

(b) $a=11$ 일 경우 해를 계산하라. MATLAB을 사용하여 해를 확인하라.

8*. 직교 좌표 (x, y) 의 원점에 중심을 가진 타원의 방정식은

$$\frac{x^2}{a^2}+\frac{y^2}{b^2}=1$$

이며, 여기에서 a와 b는 타원의 모양을 결정하는 상수이다.

(a) MATLAB을 사용하여

$$x^2+\frac{y^2}{b^2}=1$$

및

$$\frac{x^2}{100}+4y^2=1$$

로 나타내지는 두 타원의 교점을 매개변수 b에 대하여 구하라.

(b) $b=2$ 인 경우 (a)에서 구한 해를 계산하라.

9. 방정식

$$r=\frac{p}{1-\epsilon\cos\theta}$$

는 태양을 좌표 원점으로 하는 대한 궤도의 극좌표를 나타낸다. 만일 $\epsilon=0$ 이면, 궤도는 원이다. $0<\epsilon<1$ 이면, 궤도는 타원이 된다. 행성은 거의 원에 가까운 궤도를 가진다. 혜성은 ϵ 이 1에 더 가까우며, 매우 긴 궤도를 갖는다. 혜성 또는 소행성의 궤도가 행성의 궤도와 교차하는지 아닌지를 결정하는 것은 분명히 흥미롭다. 다음의 각각의 두 경우에 대하여, MATLAB을 사용하여 궤도 A와 B가 교차하는지 아닌지를 결정하라. 만일 교차한다면, 교

차점의 극좌표를 구하라. 거리의 단위는 AU이며, 여기에서 1AU는 태양으로부터 지구까지의 평균거리이다.

(a) 궤도 A: $p=1$, $\epsilon=0.02$. 궤도 B: $p=0.2$, $\epsilon=0.8$

(b) 궤도 A: $p=1$, $\epsilon=0.02$. 궤도 B: $p=1.5$, $\epsilon=0.6$

10. 11.2 절의 [그림 11.2-2]는 두 개의 조인트와 두 개의 링크를 갖는 로봇 팔을 보여준다. 조인트에서 모터의 회전 각도는 θ_1과 θ_2이다. 삼각법으로부터 손의 (x, y) 좌표에 대해 다음의 식을 유도할 수 있다.

$$x=L_1\cos\theta_1+L_2\cos(\theta_1+\theta_2)$$
$$y=L_1\sin\theta_1+L_2\sin(\theta_1+\theta_2)$$

링크 길이가 $L_1=3$ 피트 $L_2=2$ 피트라고 가정한다.

(a) $x=3$ 피트, $y=1$ 피트에 손을 위치시키기 위해 필요한 모터 각도를 계산하라. 엘보우-업 및 엘보우-다운 해를 확인하라.

(b) 손을 $y=1$에서 $2\le x\le 4$에 걸쳐 수평으로 직선을 따라 움직이고 싶다고 가정한다. x에 따른 필요한 모터 각도의 그래프를 그려라. 엘보우-업 및 엘보우-다운 해에 라벨을 붙여라.

11.3 절

11. MATLAB을 사용하여 $y=4^x-5x$ 그래프가 수평한 접선을 가지는 x의 모든 값을 구하라.

12. MATLAB을 사용하여 다음 함수

$$y=x^4-\frac{28}{3}x^3+9x^2-5$$

에서 $dy/dx=0$이 되는 모든 로컬 최대, 로컬 최소 및 변곡점들을 구하라.

13. 반지름 r인 구의 표면적은 $S=4\pi r^2$이다. 체적은 $V=4\pi r^3/3$이다.

(a) MATLAB을 사용하여 dS/dV에 대한 식을 구하라.

(b) 구 모양의 풍선은 공기를 주입하면 팽창한다. 풍선의 체적이 30 in^3일 때 체적에 따른 풍선의 표면적 증가율은 얼마인가?

14. MATLAB을 사용하여 $y=3-x/5$ 선 위에 있으며, 점 $x=-5,\ y=2$로부터 가장 가까운 점을 구하라.

15. 어떤 특정한 원의 중심이 원점에 있고 반지름이 10이다. MATLAB을 사용하여 점 $x=6,\ y=8$에서 이 원에 접하는 직선의 방정식을 구하라.

16. 배 A는 6mi/hr로 북쪽으로 이동하고, 배 B는 12mi/hr로 서쪽으로 이동한다. 배 A가 배 B의 바로 전방에 있을 때, 6mi 떨어져 있었다. MATLAB을 사용하여 배들이 서로 얼마나 가까워지는지를 구하라.

17. 길이 L의 철사를 가지고 있다고 가정한다. 길이를 x만큼 잘라 정사각형을 만들고, 나머지 길이 $L-x$를 사용하여 원을 만든다. MATLAB을 사용하여 정사각형과 원에 의해 둘러싸인 면적의 합을 최대로 하는 길이 x를 구하라.

18*. 어떤 구형 가로등이 모든 방향으로 빛을 비춘다. 가로등은 높이 h인 전주에 설치되어 있다 ([그림 P18] 참조). 보도의 P 지점에서의 밝기 B는 $\sin\theta$에 직접 비례하고, 광원으로부터 이 지점까지의 거리 d의 제곱에 반비례한다. 따라서

$$B=\frac{c}{d^2}\sin\theta$$

와 같이 되며, 여기에서 c는 상수이다. MATLAB을 사용하여 전주의 베이스로부터 30피트 떨어진 지점 P에서의 밝기를 최대화하려면 높이 h가 얼마이어야 하는지를 결정하라.

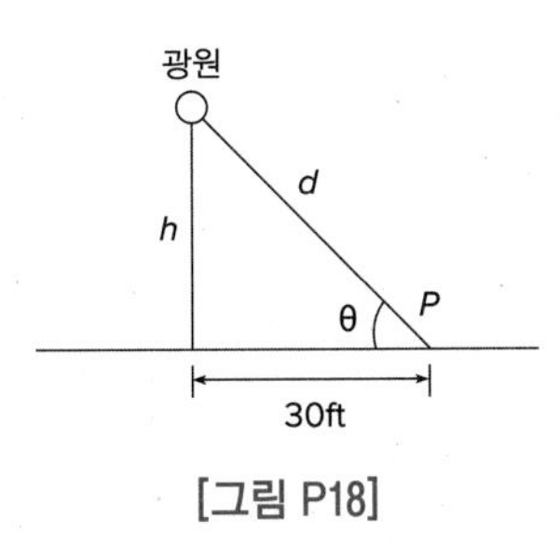

[그림 P18]

19*. 어떤 물체는 질량 $m=100\text{kg}$이고, $f(t)=500\,[2-e^{-t}\sin(5\pi t)]\,N$의 힘이 작용한다. 질량은 $t=0$에서 정지 상태에 있다. MATLAB을 사용하여 $t=5\text{s}$에서 물체의 속도 v를 계산하라. 운동방정식은 $m\dot{v}=f(t)$이다.

20. 로켓 질량은 연료가 소모됨에 따라 감소한다. 수직 방향으로 비행하는 로켓의 운동 방정식은 뉴톤의 법칙으로부터 다음 식

$$m(t)\frac{dv}{dt}=T-m(t)g$$

와 같이 구할 수 있으며, 여기에서 T는 로켓의 추진력이며, 시간의 함수인 질량은 $m(t)=m_0(1-rt/b)$로 주어진다. 로켓의 초기 질량은 m_0이며, 연소 시간은 b이고, r은 연료의 전체 질량에 대한 비율이다.

$T=48,000\text{N}$; $m_0=2,200\text{kg}$, $r=0.8$, $g=9.81\text{m/s}^2$, $b=40\text{s}$의 값을 이용한다.

(a) MATLAB을 사용하여 $t \leqq b$에 대하여 로켓의 속도를 시간의 함수로 계산하라.

(b) MATLAB을 사용하여 연료가 모두 소모되었을 때, 로켓의 속도를 계산하라.

21. 콘덴서에 걸리는 전압 $v(t)$의 식은 시간의 함수로서

$$v(t)=\frac{1}{C}\left[\int_0^t i(t)dt+Q_0\right]$$

와 같으며, 여기에서 $i(t)$는 인가 전류이고 Q_0는 초기 전하량이다. $C=10^{-7}$ F이고 $Q_0=0$이라고 가정한다. 인가 전류가 $i(t)=0.3+0.1e^{-5t}\sin(25\pi t)$라고 하면, MATLAB을 사용하여 $0 \leqq t \leqq 7s$에 대하여 전압 $v(t)$를 계산하고 그래프를 그려라.

22. 저항 R에서 열로써 방사되는 전력 P는 저항을 통해 흐르는 전류 $i(t)$의 함수로서 $P=i^2R$이다. 시간의 함수로서의 손실 에너지 $E(t)$는 전력의 시간 적분이다. 따라서

$$E(t)=\int_0^t P(t)dt=R\int_0^t i^2(t)dt$$

이다.

만일 전류가 암페어(ampere)로 측정된다면, 전력은 와트(watt)가 되고, 에너지는 주울(joule)(1W=1J/s)이 된다. 전류 $i(t)=0.3[1+\sin(3t)]$A가 저항에 인가된다고 가정한다.

(a) 방사된 에너지 $E(t)$를 시간의 함수로 구하라.

(b) $R=2,000\ \Omega$이라면 1분이 경과한 후의 방사된 에너지를 구하라.

23. [그림 P23]에 보인 RLC 회로는 협대역 필터로 사용될 수 있다. 만일 입력 전압 $v_i(t)$가 다른 주파수를 가지고 정현파로 변하는 전압의 합으로 구성된다면, 협대역 필터는 좁은 범위

안의 주파수를 가진 전압만을 통과시킬 것이다. 이 필터들은 AM 라디오에서 사용되는 것과 같이 동조 회로에 사용되며, 원하는 라디오 방송국의 캐리어 신호의 수신만을 허용한다. 회로의 증폭률 M은 입력 전압 $v_i(t)$의 진폭에 대한 출력 전압 $v_o(t)$의 진폭의 비이다. 이것은 입력 전압의 라디안(radian) 주파수 ω의 함수이다. M에 대한 공식은 기초 전기회로 과목에서 유도된다. 이 특별한 회로에 대한 M은

$$M = \frac{RC\omega}{\sqrt{(1-LC\omega^2)^2 + (RC\omega)^2}}$$

로 주어진다.

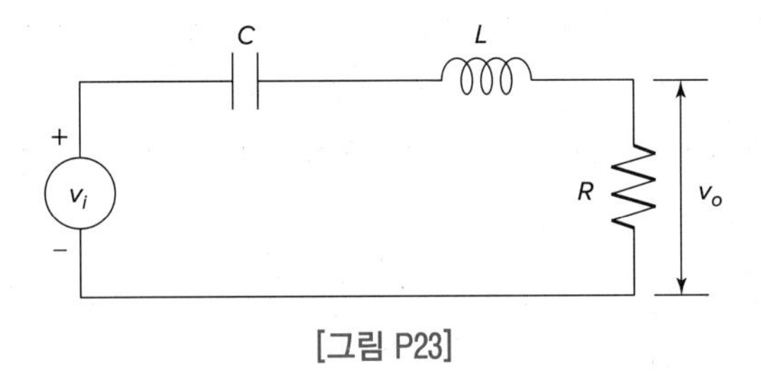

[그림 P23]

M이 최대가 되는 주파수는 원하는 반송파 신호의 주파수이다.

(a) 이 주파수를 R, L, C의 함수로 구하라.

(b) $C=10\times10^{-5}$ F와 $L=5\times10^{-3}$ H일 때 2가지 경우에 대하여 ω 대 M의 그래프를 그려라. 첫 번째의 경우는 $R=1{,}000\ \Omega$이다. 두 번째의 경우는 $R=10\ \Omega$이다. 각각의 경우에 대하여 필터링 능력에 대하여 설명하라.

24. 자체 무게 이외의 부하가 없이 걸린 케이블의 모양을 현수선(catenary)이라고 한다. 이 특별한 교량 케이블은 $0 \leq x \leq 55$에 대하여 현수선 $y(x) = 15\cosh((x-25)/15)$에 의하여 표현된다. 여기에서 x와 y는 수평과 수직 좌표이며, 피트(feet) 단위이다([그림 P24] 참조). 다리를 다시 칠하는 동안 통행인을 보호하기 위하여 케이블에 플라스틱 판자를 걸어놓는 것이 바람직하다. MATLAB을 사용하여 판자들이 몇 평방피트가 필요한지 결정하라. 판자들의 밑바닥 끝은 $y=0$에서 x축을 따라 배치된다.

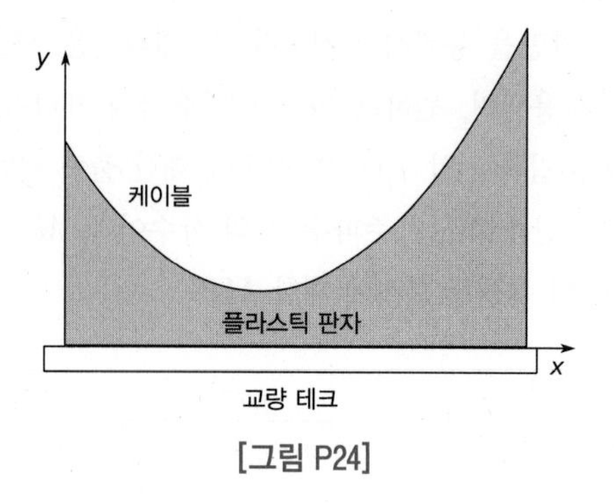

[그림 P24]

25. 자체 무게 이외의 부하가 없이 걸린 케이블의 모양은 현수선(catenary)이다. 이 특별한 교량 케이블은 $0 \leqq x \leqq 55$에 대하여 현수선 $y(x) = 15\cosh((x-25)/15)$에 의해 나타내진다. 여기서 x와 y는 수평과 수직 좌표이며, 단위는 피트이다.

$a \leqq x \leqq b$에 대하여 $y(x)$로 나타내지는 곡선의 길이 L은 다음 적분

$$L = \int_a^b \sqrt{1 + \left(\frac{dy}{dx}\right)^2}\, dx$$

으로 구할 수 있다. 케이블의 길이를 구하라.

26. $x=0$에 대한 e^{ix}, $\sin x$, $\cos x$의 테일러급수에서 처음 0이 아닌 다섯 개의 항을 이용하여 오일러 공식 $e^{ix} = \cos x + i\sin x$의 유효성을 증명하라.

27. $x=0$에 대한 $e^x \sin x$의 테일러급수를 두 가지 방법으로 구하라. (a) e^x에 대한 테일러급수와 $\sin x$에 대한 테일러급수를 곱하여 (b) $e^x \sin x$에 `taylor` 함수를 직접 사용하여라.

28. 닫힌 형태(closed form)로 구할 수 없는 적분은 때때로 급수로 표현하여 근사적으로 구할 수 있다. 예를 들어, 다음 적분은 몇몇 확률 계산을 위해 사용된다(7장, 7.2절을 참조할 것).

$$I = \int_0^1 e^{-x^2}\, dx$$

(a) e^{-x^2}의 테일러급수를 $x=0$에 대하여 구하고, 급수에서 처음 여섯 개의 0이 아닌 항을 적분하여 I를 구하라. 일곱 번째 항을 이용하여 오차를 예측하라.

(b) 구한 답을

$$erf(t) = \frac{2}{\sqrt{\pi}} \int_0^t e^{-x^2} dx$$

로 정의되는 MATLAB의 `erf(t)` 함수를 이용하여 얻은 답과 비교하라.

29*. MATLAB을 사용하여 다음 극한을 계산하라.

(a) $\lim_{x \to 1} \frac{x^2 - 1}{x^2 - x}$

(b) $\lim_{x \to -2} \frac{x^2 - 4}{x^2 + 4}$

(c) $\lim_{x \to 0} \frac{x^4 + 2x^2}{x^3 + x}$

30. MATLAB을 사용하여 다음 극한을 계산하라.

(a) $\lim_{x \to 0+} x^x$

(b) $\lim_{x \to 0+} (\cos x)^{1/\tan x}$

(c) $\lim_{x \to 0+} \left(\frac{1}{1-x}\right)^{-1/x^2}$

(d) $\lim_{x \to 0-} \frac{\sin x^2}{x^3}$

(e) $\lim_{x \to 5-} \frac{x^2 - 25}{x^2 - 10x + 25}$

(f) $\lim_{x \to 1+} \frac{x^2 - 1}{\sin(x-1)^2}$

31. MATLAB을 사용하여 다음 극한을 계산하라.

(a) $\lim_{x \to \infty} \frac{x+1}{x}$

(b) $\lim_{x \to -\infty} \frac{3x^3 - 2x}{2x^3 + 3}$

32. 다음 기하급수

$$\sum_{k=0}^{n-1} r^k$$

의 합에 대한 식을 구하라. 단 $r \neq 1$이다.

33. 어떤 특별한 고무공이 바닥에 떨어질 때 처음 높이의 반만큼 다시 튀어오른다.

(a) 공이 높이 h에서 처음 떨어지고 계속해서 튀도록 놓아둔다면, n번 튄 다음에 공이 움직인 전체 거리를 구하라.

(b) 만일 공이 처음에 높이 10피트에서 떨어진다면, 8번 튄 후에 공이 움직인 거리는 얼마인가?

11.4 절

34. RC 회로의 콘덴서(capacitor)에 걸리는 전압 y에 대한 방정식은

$$RC\frac{dy}{dt}+y=v(t)$$

이며, 여기에서 $v(t)$는 인가전압이다. $RC=0.3$ s 이고 콘덴서 초기 전압은 5V이라고 가정한다. 인가전압이 $t=0$ 에서 0으로부터 12V로 바뀔 때, MATLAB을 사용하여 $0 \leqq t \leqq 1$ s 에 대하여 전압 $y(t)$를 구하고 그래프를 그려라.

35. 다음 방정식은 온도 $T_b(t)$의 수조에 잠긴 어떤 물체의 온도 $T(t)$를 나타낸다.

$$10\frac{dT}{dt}+T=T_b$$

물체의 온도는 초기에 $T(0)=70$℉ 이고 수조의 온도는 170℉ 라고 가정한다. MATLAB을 사용하여 다음 질문에 답하라.

(a) $T(t)$를 구하라.

(b) 물체의 온도 T가 168℉ 에 도달하는 데는 얼마나 오래 걸리는가?

(c) 물체의 온도 $T(t)$의 그래프를 시간의 함수로 그려라.

36*. 다음 방정식은 스프링에 연결된 표면 점성 마찰을 가진 질량의 운동을 나타낸다.

$$m\ddot{y}+c\dot{y}+ky=f(t)$$

여기에서 $f(t)$는 가해지는 힘이다. $t=0$ 에서 질량의 위치와 속도는 x_0 와 v_0 로 표시된다. MATLAB을 사용하여 다음 질문에 답하라.

(a) $m=3$, $c=18$, $k=102$ 일 때, 자유 응답을 x_0 와 v_0 에 관하여 구하라.

(b) $m=3$, $c=39$, $k=120$ 일 때, 자유 응답을 x_0 와 v_0 에 관하여 구하라.

37. RC 회로의 콘덴서에 걸리는 전압 y에 대한 방정식은 다음과 같다.

$$RC\frac{dy}{dt}+y=v(t)$$

여기에서 $v(t)$는 인가전압이다. $RC=0.2$ s이고 콘덴서 초기 전압은 2V라 가정한다. 인가 전압이 $v(t)=10[2-e^{-t}\sin(5\pi t)]$라면, MATLAB을 사용하여 $0\leqq t\leqq 5\,s$에 대하여 전압 $y(t)$를 계산하고 그래프를 그려라.

38. 다음 방정식은 어떤 희석 과정을 나타낸다. 여기에서 $y(t)$는 순수한 물 탱크 안에 소금물이 더해졌을 때 소금의 농도이다.

$$\frac{dy}{dt}+\frac{2}{10+2t}y=10$$

$y(0)=0$이라 가정한다. MATLAB을 사용하여 $0\leqq t\leqq 20$에서 $y(t)$를 계산하고 그래프를 그려라.

39. 다음 방정식

$$3\ddot{y}+18\dot{y}+102y=f(t)$$

는 용수철에 연결된 표면 점성 마찰을 가진 어떤 질량의 운동을 나타내며, 여기에서 $f(t)$는 가해지는 힘이다. $t<0$에 대하여 $f(t)=0$이고 $t\geqq 0$에 대하여 $f(t)=10$이라고 가정한다.

(a) MATLAB을 사용하여 $y(0)=\dot{y}(0)=0$일 때, $y(t)$를 계산하고 그래프를 그려라.

(b) MATLAB을 사용하여 $y(0)=0$이고 $\dot{y}(0)=10$일 때, $y(t)$를 계산하고 그래프를 그려라.

40. 다음 방정식

$$3\ddot{y}+39\dot{y}+120y=f(t)$$

은 용수철에 연결된 표면 점성 마찰을 가진 어떤 질량의 운동을 나타내며, 여기에서 $f(t)$는 가해지는 힘이다. $t<0$에 대하여 $f(t)=0$이고 $t\geqq 0$에 대하여 $f(t)=10$이라고 가정한다.

(a) MATLAB을 사용하여 $y(0)=\dot{y}(0)=0$일 때, $y(t)$를 계산하고 그래프를 그려라.

(b) MATLAB을 사용하여 $y(0)=0$이고 $\dot{y}(0)=10$일 때, $y(t)$를 계산하고 그래프를 그려라.

41. 전기자 제어 dc 모터의 방정식은 다음과 같다. 모터의 전류는 i이고 회전 속도는 ω 이다.

$$L\frac{di}{dt} = -Ri - K_e\omega + v(t)$$
$$I\frac{d\omega}{dt} = K_T i - c\omega$$

여기에서 L, R, I는 모터의 인덕턴스, 저항 및 관성 K_T와 K_e는 토크 상수와 역기전력(back emf), 상수 c는 점성 제동(viscous damping) 상수, $v(t)$는 인가전압이다.

$R=0.8\ \Omega$, $L=0.003\ \text{H}$, $K_T=0.05\ \text{N}\circ\text{m/A}$, $K_e=0.05\ \text{V}\circ\text{s/rad}$, $c=0$, $I=8\times10^{-5}\text{N}\cdot\text{m}\cdot\text{s}^2$의 값을 이용한다.

인가전압을 20V라 가정한다. MATLAB을 사용하여 시간에 대한 모터의 속도와 전류를 계산하고 그래프를 그려라. 모터의 속도가 일정하게 되기에 충분히 큰 최종 시간을 선택한다.

11.5 절

42. 문제 23에 기술된 [그림 P23]과 같은 RLC 회로는 다음 미분방정식 모델을 갖는다.

$$LC\ddot{v}_o + RC\dot{v}_o + v_o = RC\dot{v}_i(t)$$

라플라스 변환 방법을 이용하여 초기 조건이 0일 때 $v_0(t)$의 단위 계단 응답을 구하라. 여기에서 $C=10\times10^{-5}\text{F}$, $L=5\times10^{-3}\text{H}$이다. 첫 번째 경우(광대역 필터), $R=1{,}000\ \Omega$이다. 두 번째 경우(협대역 필터), $R=10\ \Omega$이다. 두 경우에 대하여 계단 응답을 비교하라.

43. 자동차의 어떤 속도 제어 장치에 대한 미분방정식 모델이 다음과 같다.

$$\ddot{v} + (1+K_p)\dot{v} + K_I v = K_p\dot{v}_d + K_I v_d$$

여기에서 실제 속도는 v이고, 원하는 속도는 $v_d(t)$이며, K_P와 K_I는 '제어 이득(control gain)'이라는 상수이다. 라플라스 변환 방법을 이용하여 단위 계단 응답을 구하라(즉, $v_d(t)$가 단위 계단 함수이다). 초기 조건은 0이다. 세 경우에 대하여 응답을 비교하라.

(a) $K_p=9$, $K_I=50$

(b) $K_p=9$, $K_I=25$

(c) $K_p=54$, $K_I=250$

44. 금속 절단 공구의 어떤 위치 제어 시스템에 대한 미분방정식 모델은 다음과 같다.

$$\frac{d^3x}{dt^3}+(6+K_D)\frac{d^2x}{dt^2}+(11+K_p)\frac{dx}{dt}+(6+K_I)x$$
$$=K_D\frac{d^2x_d}{dt^2}+K_p\frac{dx_d}{dt}+K_Ix_d$$

여기에서 실제 공구의 위치는 x, 원하는 위치는 $x_d(t)$이다. K_p, K_I 및 K_D는 '제어 이득'이라는 상수이다. 라플라스 변환 방법을 사용하여 단위 계단 응답을 구하라 (즉, $x_d(t)$가 단위 계단 함수이다). 초기 조건은 0이다. 세 가지 경우에 대하여 응답을 비교하라.

(a) $K_p=30$, $K_I=K_D=0$

(b) $K_p=27$, $K_I=17.18$, $K_D=0$

(c) $K_p=36$, $K_I=38.1$, $K_D=8.52$

45. 어떤 속도제어 시스템에 필요한 모터 토크 $m(t)$에 대한 미분방정식 모델이 다음과 같다.

$$4\ddot{m}+4K\dot{m}+K^2m=K^2\dot{v}_d$$

여기에서 원하는 속도는 $v_d(t)$이고, K는 '제어 이득'이라고 하는 상수이다.

(a) 라플라스 변환 방법을 이용하여 단위 계단 응답을 구하라(즉, $v_d(t)$는 단위 계단함수이다). 초기 조건은 0이다.

(b) MATLAB에서 기호 처리를 사용하여 모터에 의하여 반드시 제공되어야 하는 첨두(peak) 토크값을 최소화하는 이득 K의 값을 구하라. 여기에 더하여 첨두 토크값을 계산하라.

11.6절

46. $\mathbf{R}^{-1}(a)\mathbf{R}(a)=\mathbf{I}$ 임을 증명하라. 여기에서 $\mathbf{I}$는 단위행렬 (identity matrix)이며, $\mathbf{R}(a)$는 식 (11.6-1)로 주어진 회전 행렬이다. 이 방정식은 역좌표 변환에 의해 원래 좌표 시스템으로 되돌아갈 수 있음을 보인다.

47. $\mathbf{R}^{-1}(a)=\mathbf{R}(-a)$ 임을 증명하라. 이 방정식이 음의 각도로 회전하는 것은 역변환과 같음을 보인다.

48.* 다음 행렬의 특성 다항식과 근을 구하라.

$$A=\begin{bmatrix} -6 & 2 \\ 3k & -7 \end{bmatrix}$$

49.* 역행렬과 좌측 나눗셈을 이용하여 다음 x와 y에 대한 연립방정식을 풀어라.

$$\begin{aligned} 4cx+5y&=43 \\ 3x-4y&=-22 \end{aligned}$$

50. [그림 P50]에서 보인 회로에서 모든 저항이 R이라면, 전류 i_1, i_2, i_3는 다음 연립방정식에 의해 나타내진다.

$$\begin{bmatrix} 2R & -R & 0 \\ -R & 3R & -R \\ 0 & R & -2R \end{bmatrix}\begin{bmatrix} i_1 \\ i_2 \\ i_3 \end{bmatrix}=\begin{bmatrix} v_1 \\ 0 \\ v_2 \end{bmatrix}$$

여기에서 v_1과 v_2는 인가되는 전압, 다른 두 전류는 $i_4=i_1-i_2$와 $i_5=i_2-i_3$에 의해 구해진다.

(a) 역행렬 방법과 행렬의 좌측 나눗셈을 모두 이용하여 저항 R과 전압 v_1, v_2에 대하여 전류를 구하라.

(b) $R=1{,}000\ \Omega$, $v_1=100\ \mathrm{V}$, $v_2=25\ \mathrm{V}$라면, 전류의 수치 값을 구하라.

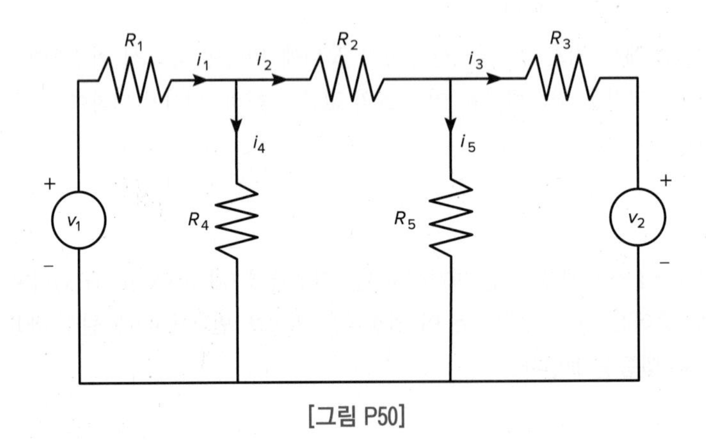

[그림 P50]

51. [그림 P51]에 보이는 전기자 제어 dc 모터에 대한 방정식은

$$L\frac{di}{dt} = -Ri - K_e\omega + v(t)$$
$$I\frac{d\omega}{dt} = K_T i - c\omega$$

와 같다. 모터의 전류는 i이고, 회전속도는 ω이며, 여기에서 L, R, I는 모터의 인덕턴스, 저항 및 관성, K_T와 K_e는 토크 상수와 역기전력 상수, c는 점성 제동 상수, $v(t)$는 인가된 전압이다.

(a) 특성다항식과 특성근을 구하라.

(b) $R = 0.8\ \Omega$, $L = 0.003$ H, $K_T = 0.05$ N·m/A, $K_e = 0.05$ V·s/rad, $I = 8 \times 10^{-5}$ N·m·s^{2}의 값을 이용한다. 제동 상수 c는 가끔 정확하게 결정하기 어렵다. 이 값들에 대하여 두 개의 특성근의 식을 c에 대하여 구하라.

(c) (b)에 있는 매개변수 값들을 사용하여, c(N·m·sec)의 다음 값들 $c = 0$, $c = 0.01$, $c = 0.1$ 및 $c = 0.2$에 대한 근을 구하라. 각 경우에 대하여, 근을 사용하여 모터의 속도가 일정하게 될 때까지 얼마나 걸리는지 계산하라. 또한 속도가 일정하게 되기 전에 진동을 하는지에 대하여 논의하라.

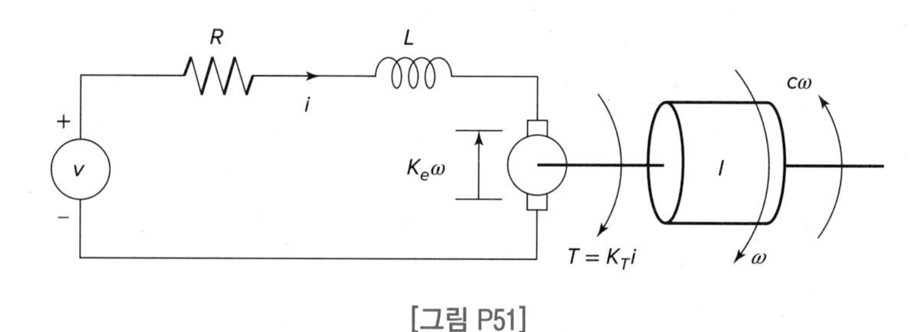

[그림 P51]

CHAPTER

MATLAB 프로젝트

12

어떤 강사는 각 장에서 제공하는 문제보다 더 고차원의 MATLAB에 대하여 경험하기를 원할 수 있다. 이 장은 프로젝트를 위한 몇 가지 제안과 지원을 제공하기 위해 설계되었다. 프로젝트의 주된 이점은 팀워크를 경험하는 것이다. 프로젝트의 한 가지 단점은 학생들에게 새로운 개념에 대한 소개 없이 과도한 양의 광범위한 코딩을 요구할 수 있다는 것이다. 적절한 프로젝트를 선택하는 것은 여러 가지 이유로 어렵다. 신입생은 아직 공학 과목을 이수하지 않았을 수 있으므로 너무 많은 전문 지식이 필요하지 않은 프로젝트를 선택해야 한다.

MATLAB Mobile은 프로젝트로의 좋은 후보로서 스마트폰과 같은 모바일 장치를 MathWorks Computing Cloud 또는 컴퓨터에서 실행하는 MATLAB 세션에 연결할 수 있는 MathWorks의 응용 프로그램이다. 엔지니어와 과학자들이 특히 관심을 갖는 것은 스마트폰을 사용하여 현장에서 데이터를 수집하는 기능이다. 이 장에서는 MATLAB Mobile을 소개하고 가속도 데이터를 수집하는 예를 이용해본다.

우리는 두 명의 인간 플레이어들 간이나 또는 인간 플레이어 대 컴퓨터가 하는 게임을 프로그래밍하는 것이 좋은 프로젝트가 될 수 있다는 것을 알았다. 게임 프로그램은 기말에 학생들의 프로그램으로 서로의 프로그램을 플레이하는 대회도 열 수 있어서 학생들의 열정을 높일 수 있다. 이 장에서는 성공적인 신입생 프로젝트가 다른 사람들에게 도움이 되기를 바라며 간략하게 설명한다.

앱 디자이너(App Designer)는 응용 프로그램('앱')의 그래픽 사용자 인터페이스('GUI') 레이아웃을 디자인하기 위하여 끌어서 놓는(drag-and-drop) 시각적 구성 요소를 사용하고 해당 동작을 프로그래밍하는 대화형 개발 환경이다. MATLAB 편집기 외에도 다양한 대화형 사용자 인터페이스 구성 요소가 포함되어 있다. 앱 디자이너는 이러한 인터페이스를 활용할 수 있는 프로젝트에 유용할 수 있다.

12.1 MATLAB Mobile

MATLAB Mobile은 스마트폰이나 태블릿과 같은 모바일 장치를 MathWorks Computing Cloud 또는 컴퓨터에서 실행되는 MATLAB 세션과 연결할 수 있게 해주는 MathWorks의 응용 프로그램이다. 이를 통해 스크립트를 실행하고 결과를 볼 수 있게 해준다. 엔지니어와 과학자들이 특히 관심을 갖는 것은 휴대전화를 사용하여 현장에서 데이터를 수집하고 이미지와 비디오를 캡처하는 기능이다. 강사는 MATLAB 예제를 수업 시간에 스마트폰이나 태블릿에서 시연할 수 있다. 학생은 모바일 장치에서 따라할 수도 있다.

내장된 센서로부터 데이터 수집

스마트폰에는 MATLAB Mobile이 액세스할 수 있는 여러 내장 센서가 있다. 데이터는 MathWorks Cloud로 직접 스트리밍하거나 나중에 분석할 수 있도록 파일로 저장할 수 있다. 모델에 따라 스마트폰에는 여러 유형의 센서가 있을 수 있으며, 그 중 일부만 MATLAB Mobile에서 액세스할 수 있는 데이터를 제공한다. MATLAB Mobile은 스마트폰 센서에 액세스하여 다음 유형의 데이터를 수집할 수 있다.

- x, y, z좌표의 가속도(단위: m/s^2). 장치를 테이블에 앞면이 위를 향하도록 놓으면 양의 x축이 장치의 오른쪽 밖으로 확장되고, 양의 y축이 위쪽으로 확장되며, 양의 z축이 앞면 위쪽으로 확장된다.
- x, y, z축으로의 각속도(단위: rad/s)
- x, y, z 좌표의 자기장 강도(단위: 마이크로테슬라(μT))
- x, y, z축에 대한 방향(단위: 도). 이들은 피치, 롤 및 요 각도에 해당한다.
- 위도, 경도, 속도, 방향, 고도 및 수평 정확도를 나타내는 위치 데이터. 이 데이터는 GPS, Wi-Fi 또는 셀룰러 네트워크 중 이용 가능한 것을 사용하여 얻는다. 측정값은 다음과 같다.
  - 적도를 기준으로 하는 위도(단위: 도)로서 양의 값은 적도 북쪽의 위도를 나타낸다.
  - 0 자오선을 기준으로 하는 경도(단위: 도)로 양의 값은 자오선 동쪽이다.

- 속도(m/s)
- 진북을 기준으로의 방향(단위: 도)
- 해발 고도(단위: 미터)
- 위도 및 경도 주위의 원으로 정의되는 수평 정확도(단위: 미터)

데이터는 가속도, 자기장, 방향과 각속도 센서에 대해 단일 순간 또는 지정된 샘플링 속도로 샘플링된 데이터로 수집될 수 있다.

센서 데이터를 수집하기 위한 함수들

MATLAB Mobile은 센서 데이터를 수집하기 위해 다음과 같은 기능을 제공한다.

명령	응용
`mobiledev`	모바일 장치 센서로부터 데이터를 수집하기 위해 `mobiledev` 객체를 만든다.
`disp`	`mobiledev` 객체의 속성을 표시한다.
`accellog`	모바일 장치 센서로부터 기록된 가속도 데이터를 보내준다.
`angvellog`	모바일 장치 센서로부터 기록된 각속도 데이터를 보내준다.
`magfieldlog`	모바일 장치 센서로부터 기록된 자기장 데이터를 보내준다.
`orientlog`	모바일 장치 센서로부터 기록된 방향 데이터를 보내준다.
`poslog`	모바일 장치 센서로부터 기록된 위치 데이터를 보내준다.
`discardlogs`	모바일 장치 센서로부터 기록된 모든 데이터를 소거한다.
`camera`	모바일 장치의 카메라에 연결한다.
`snapshot`	모바일 장치 카메라에서 하나의 이미지 프레임을 얻는다.

모바일 장치에 MATLAB Mobile을 이미 설치하고 설정을 마쳤으며, MathWorks Cloud에 로그인했다고 가정하고, MATLAB Mobile의 명령 화면에서 다음 `M = mobiledev`와 같이 `mobiledev` 함수를 사용하여 모바일 장치를 나타내는 객체를 생성한다. 표시된 출력에 `Connected: 1`이 디스플레이 되어 있어야 하며, 이것은 객체가 모바일 앱에 연결되었다는 것을 나타낸다. 가속도 데이터를 수집하려면 **센서** 화면에서 **가속도** 센서를 누른다. 개체 속성에는 `AccelerationSensorEnabled: 1`이 표시되어 있어야 한다. 여기서 1은 활성화됨을 나타내고 0은 비활성화됨을 나타낸다. 이 시점에서 장치와 MATLAB은 연결되었지만, 데이터는

아직 교환되지 않는다. 그런 다음 모바일 장치를 데이터를 가져오려는 위치에 놓는다.

M.Logging = 1을 입력하여 Logging 속성을 활성화하거나 또는 MATLAB Mobile에서 **시작** 버튼을 눌러 데이터 로깅을 시작한다. 그러면 선택한 모든 센서에서 데이터 전송이 시작된다. [a,t] = accellog(M)과 같이 accellog 함수를 호출한다. 여기서 M은 센서 데이터를 수집하는 객체의 이름이고, a는 가속도 데이터를 포함하는 $(n \times 3)$ 행렬, t는 $(n \times 1)$ 타임스탬프 벡터이다. M.Logging = 0; clear M을 입력하여 장치가 로깅을 중지하도록 명령한다. 세 축 모두에 대해 기록된 가속도 데이터는 다음과 같이 동일한 그래프에 표시할 수 있다.

```
plot(t, a), legend('x', 'y', 'z'), ...
xlabel('Time (s)'), ylabel('Acceleration (m/s^2)')
```

angvellog, magfieldlog, orientlog 및 poslog 함수의 구문은 유사하다. 그러나 poslog 함수의 출력에는 더 많은 변수가 있다. 이 함수는 다음과 같이 호출된다.

```
[lat, lon, timestamp, speed, course, alt, horizacc] = poslog(M)
```

출력 변수는 위도, 경도, 타임스탬프, 속도, 방향, 고도 및 수평 정확도를 나타낸다.

camera 및 snapshot 함수를 사용하면 모바일 장치의 카메라로부터 한 장의 이미지 프레임을 얻을 수 있다. 장치의 '후면' 카메라에 연결하기 위한 구문은 cam = camera(M,'back')이다. 수동 셔터 모드를 사용하는 경우, 장치에서 카메라 미리보기가 열린다. 미리보기에서 원하는 이미지를 캡처하기 위해 모바일 장치를 이동할 수 있다. 장치의 셔터 버튼을 눌러 이미지를 얻는다. [img, t] = snapshot(cam,'manual')을 입력하여 이미지 데이터를 꺼내온다. image(img)를 입력하여 MATLAB Mobile에서 얻은 이미지를 디스플레이한다.

disp(M)을 입력하면 특정 장치의 상태에 따라 다음과 유사한 내용을 볼 수 있다. 다음은 어떤 한 순간에 가져온 데이터의 출력 형식의 예이다.

```
mobiledev with properties:
                 Connected: 1
         Available Cameras: {'back' 'front'}
                   Logging: 1
          InitialTimestamp: '06-08-2020 13:45:56.529'

   AccelerationSensorEnabled: 1
```

```
  AngularVelocitySensorEnabled: 1
        MagneticSensorEnabled: 1
     OrientationSensorEnabled: 1
        PositionSensorEnabled: 1
Current Sensor Values:
                 Acceleration: [0.27 0.23 -10.19] (m/s^2)
              AngularVelocity: [-0.22 0.07 0.06] (rad/s)
                MagneticField: [3.56 1.56 -48.19] (microtesla)
                  Orientation: [85.91 -27.1 0.35] (degrees)
        Position Data:
                     Latitude: 41.29 (degrees)
                    Longitude: -72.35 (degrees)
                        Speed: 25 (m/s)
                       Course: 83.6 (degrees)
                     Altitude: 200.1 (m)
           HorizontalAccuracy: 9.0 (m)
```

1은 장치가 활성화되었음을 나타내고, 0은 비활성화되었음을 나타낸다.

가속도 데이터의 분석

MATLAB Mobile의 교육적 가치는 단순히 데이터 수집 방법을 배우는 것 이상이다. 어떤 실험의 설계와 마찬가지로 먼저 탐구하려는 과학적 질문을 결정해야 한다. 과학적 실험은 보통 궁금해 하는 것에 대하여 교육받은 추측이어야 하는 가설을 공식화하여 시작한다. 실험은 우리의 가설을 증명하거나 반증하도록 설계되어야 하므로, 가설은 테스트가 가능해야 한다. 중요한 변수, 제어되어야 할 변수, 측정되어야 하는 변수, 부차적으로 중요하다고 생각되는 변수들을 식별해야 한다.

가속도 센서를 잘 활용할 수 있는 실험에는 걷기, 달리기와 같은 활동과 대부분의 스포츠가 있다. 이런 활동에서 가속도를 측정하는 것이 중요하며, 그 이유는 단기적 영향(예: 뇌진탕)과 장기적 영향(예: 관절의 마모) 때문이다. 모바일 기기의 방향이 끊임없이 변화하기 때문에 이러한 실험에서 중요한 변수를 제어하는 것은 어렵다.

차량 진동이 사람에 미치는 영향

차량의 움직임과 기계의 진동은 가속도에 대한 이해가 중요한 또 다른 영역이다. 차량 진동이 사람에 미치는 영향에 대하여는 많은 연구가 수행되었지만, 영향을 정확하게 정량화하기 어려우며, 그 이유는 개인적인 차이일 수도 있으며, 경우에 따라 주관적인 반응일 수도 있기 때문이다. 이 문제에는 신체에 대한 즉각적인 기계적 손상, 장기적인 건강 영향 및 불편함과 같은 여러 측면이 있다. 최대 가속도 진폭은 편안함과 건강을 위해 가장 자주 지정되는 한계이며, 중력가속도 상수 g로 지정되는 경우가 많다. 최대 변위 진폭은 종종 사용 가능한 공간의 함수이며, 일반적으로 불편함과는 관련이 없다. 약 9Hz 이상의 주파수를 갖는 진동은 일반적으로 인간이 인지할 수 있는 임계값을 초과한다.

진동의 허용 오차는 가속도뿐만 아니라 주파수에도 의존하는 것으로 밝혀졌다. 예를 들어, 약 $2g$의 수직 진동의 영향에 대한 한 연구에서 피험자는 진동이 1~4Hz 범위일 때 호흡 곤란을 나타냈고, 3~9Hz 범위의 진동에 대해 가슴 통증 및/또는 복통이 있었다는 보고가 있었다.

신체의 다양한 부위의 공진 주파수를 식별하기 위해 실험과 컴퓨터 시뮬레이션 연구가 수행되었다. 예를 들어, 딱딱한 좌석에 앉는 사람의 경우 머리에서 머리로의 전달율은 최대 4.5Hz 근처에 있는 반면, 흉부/복부 시스템은 3에서 4Hz 범위의 공명 주파수를 갖는다. 진동의 지속 시간은 편안함과 건강에도 영향을 미친다.

대중교통 차량 승객의 진동에 대한 주관적인 반응에 대한 연구에서 다음과 같은 편안함의 수준이 확인되었다.

가속도	불편한 정도
0.03g에서 0.08g까지	어느 정도 불편함
0.08g에서 0.13g까지	불편함
0.13g에서 0.2g까지	매우 불편함
> 0.2g	극히 불편함

국제표준기구(ISO)는 사람과 구조물 모두에 대해 허용 가능한 진동 제한에 관한 자세한 권장사항을 개발했다. 예를 들어, 발행된 표준 ISO2631을 참조한다. 운동이 사람에 미치는 영향에 대한 실험을 자세히 설명하는 많은 문헌이 있다. 이런 실험을 계획하는 학생은 관련 실험의 설계에 관한 아이디어에 대해 이 문헌을 참조해야 한다.

많은 차량 애플리케이션은 탑승자가 경험할 수 있는 최대 허용 가속도를 지정한다. 일반적으로 사용되는 또 다른 사양은 a_{rms}로 표시되는 rms(제곱 평균 제곱근) 가속도이다. 이것은 다음

$$a_{\text{rms}} = \sqrt{\frac{1}{t_t}\int_0^{t_f} a^2(t)dt}$$

와 같이 정의되며, 여기에서 $0 \leq t \leq t_f$는 해당 시간 간격이다. 제곱 값 때문에 rms 평균은 가속도의 양수 및 음수 값에 동일한 가중치를 부여한다. 예를 들어, 사인파 신호 $A\sin\omega t$의 rms 평균은 $A/\sqrt{2}$ 이다.

다음 프로그램은 trapz 함수를 사용하여 세 개의 센서축에 대한 rms 가속도 값을 계산한다.

```
% rms_acceleration.m
% a : n x 3 가속도 데이터 행렬
% t : (1 x n) 시간 값의 배열
% 데이터 테스트 프로그램
t = [0, 0.1, 0.2, 0.3]; % 타임스탬프
dt = 0.1; % 심플링 간격
a = [10, 5, 8; 5, -7, 2; -6, 3, 4; 3, 6, 1];
n = 4; t_f = 0.3;
ax = a(:, 1);
ay = a(:, 2);
az = a(:, 3);
% 데이터 처리
% rms 값:
ax_rms = sqrt((1/t_f)*trapz(a(:,1).^2)*dt)
ay_rms = sqrt((1/t_f)*trapz(a(:,2).^2)*dt)
az_rms = sqrt((1/t_f)*trapz(a(:,3).^2)*dt)
% 중력 가속도 g: g = 9.81 m/s^2
g = 9.81;
gx_rms = ax_rms/g
gy_rms = ay_rms/g
gz_rms = az_rms/g
```

장치의 방향을 조절할 수 없는 실험을 수행할 때, 총 가속도 벡터의 크기와 방향을 계산하고 싶어할 수 있다. 이것은 걷기나 달리기를 포함하는 실험일 수 있다. 이를 수행하는 코드는 다음과 같다.

```
% 3-D rms 가속도 벡터 계산
accel_vector = [ax_rms,ay_rms,az_rms]
% rms 가속도의 크기
```

```
mag = norm(accel_vector)

% 각 축에 상대적인 벡터의 각도 계산 (단위 도)
angle_x = acosd((dot(accel_vector, [1,0,0])/mag))
angle_y = acosd((dot(accel_vector, [0,1,0])/mag))
angle_z = acosd((dot(accel_vector, [0,0,1])/mag))
```

일부 실험에서는 중력으로 인한 가속도와 같은 일정한 효과를 제거하기 위해 평균을 뺄 수 있다.

```
% 중력 보정
a_adj = a - mean(a);
plot(t, a_adj(:, 1), t, a_adj(:, 2), t, a_adj(:, 3))
```

다중 센서의 사용

다른 센서에 액세스하려면 적절한 mobiledev 속성을 사용하여 센서를 활성화한다. 예를 들어, 각속도 센서와 방향 센서를 활성화하려면 다음을 입력한다.

```
m.AngularVelocitySensorEnabled = 1;
m.OrientationSensorEnabled = 1;
```

센서를 활성화한 다음에는 MATLAB Mobile의 **센서** 화면에 센서에서 측정한 현재 데이터가 표시된다. Logging 속성인 M.Logging = 1을 사용하면 센서 데이터 전송을 시작할 수 있다. 이제 장치가 데이터를 전송한다. 둘 이상의 센서를 사용하는 경우 두 개의 다른 타임스탬프 변수가 생성된다. 따라서 각 센서에 다른 시간 변수를 할당한다. 예를 들어,

```
[angvel, t_angvel] = angvellog(M);
[ort, t_or] = orientlog(M);
```

y축 속도와 롤 방향을 추출하고 그래프를 그리려면 다음

```
y_angvel = angvel(:, 2);
roll = ort(:, 3);
plot(t_angvel, y_angvel, t_or, roll, ':')
```

을 입력한다.

12.2 MATLAB 게임 프로그래밍 프로젝트

게임 프로그래밍 프로젝트는 학생들의 팀워크 기술을 개발할 수 있는 훌륭한 기회를 제공한다. 이런 프로젝트의 작업은 각 팀 구성원이 하나의 서브프로그램을 작성할 책임을 갖도록 하여 쉽게 분담할 수 있다. 게임 프로그램은 최소한

1. 보드 디스플레이 또는 게임 상태 디스플레이를 생성하기 위한 서브프로그램
2. 인간 플레이어의 입력을 위한 서브프로그램
3. 전략 서브프로그램
4. 서브프로그램을 호출하거나 조정하는 메인 프로그램

을 필요로 한다.

커뮤니케이션 기술은 팀이 각 서브프로그램들이 호환되기 위해 반드시 따라야 하는 사양을 작성해야 할 때, 팀이 수업에서 프레젠테이션을 할 때, 팀이 최종 보고서를 작성할 때 개발된다. 이런 보고서는 주석, 의사 코드, 순서도 및 구조도와 같은 다양한 툴들을 사용하여 프로그램을 적절하게 문서화해야 한다. 팀 조정 기술은 완성된 프로그램을 통합하고 테스트하면서 개발한다. 발표자, 간사, 진행자, 계시원과 같은 팀 역할은 이러한 프로젝트에서 가르칠 수 있다.

다음의 예들은 성공적이었던 신입생 프로젝트의 예들이다. 필요한 코드는 상당히 길 수 있으므로 여기에서는 제공하지 않는다. 많은 예제들을 MathWorks File Exchange를 포함하여 온라인에서 찾을 수 있다. 그중의 하나인 Tic-Tac-Toe 게임은 주석을 포함하지 않고도 수백 줄로 구성된다.

Tic-Tac-Toe

게임 디스플레이 프로그래밍은 이 교재에서 소개된 일부 기능들의 고급 구문에 대한 지식을 필요로 한다. 학생들은 디스플레이 코드를 작성하거나 또는 디스플레이 코드를 받고 전략 프로그래밍에 집중할 수 있다. 후자를 선택하면 대회에 적합한 표준 인터페이스를 제공받는다.

여기서 우리는 간단한 프로그램으로 더 많은 탐색을 할 수 있는 방법을 제시한다. 간단한 게임 디스플레이 프로그래밍과 사용자 입력의 예로 화면에 Tic-Tac-Toe 보드를 그리고

입력을 받는 다음 스크립트를 고려해본다. 전략은 구현하지 않아서 게임은 할 수 없다.

```
% TicTacToeDisplay.m
hx1=[0, 3]; hy1=[1, 1]
hx2=[0, 3]; hy2=[2, 2]
vx1=[1, 1]; vy1=[0, 3]
vx2=[2, 2]; vy2=[0, 3]
clf
plot(hx1, hy1, 'r', hx2, hy2, 'r', vx1, vy1, 'r', vx2, vy2, 'r'), ...
   axis off, axis square,...
   title('커서를 원하는 셀에 놓은 다음 클릭하시오.')
hold
turn = 0
while turn < 9
   turn = turn + 1
   [x, y] = ginput(1)
   text(floor(x) + 0.5, floor(y) + 0.5,' x', 'fontsize', ...
      20, 'horizontalalignment', 'center')
end
hold
```

처음 네 줄에 정의된 벡터는 게임 격자선의 좌표이다. 디스플레이에 X를 표시하는데 `text` 함수가 사용된다. 이는 MATLAB 도움말의 `text` 함수 아래 자세히 설명되어 있는 `fontsize` 및 `horizontalalignment` 속성을 사용한다. X 대신 상자에 차례 번호를 입력하려면 `text` 명령을 다음과 같이 바꾼다.

```
text(floor(x) + 0.5, floor(y) + 0.5, num2str(turn), ...
```

`num2str` 함수는 변수 `turn`의 숫자를 필요한 문자열로 변환하며, 이 문자열은 `text` 함수를 필요로 한다.

어떤 한 프로젝트에서는 플레이어가 음성 명령을 사용하여 X의 위치를 선택할 수 있도록 마이크를 사용했다. 이를 위해서는 사운드 카드와 데이터 수집 소프트웨어가 필요하다(이를 위해 MATLAB Data Acquisition Toolbox가 사용되었다). 학생들은 평균, 표준편차와 같은 간단한 통계 개념을 기반으로 Tic-Tac-Toe 전략 코드와 음성 인식 프로그램을 작성하도록 했다.

Connect 4

게임 스토어에서 파는 이 게임은 6개의 가로 행과 7개의 세로 열이 있는 플라스틱 랙으로 구성된다. 각 플레이어는 '바둑알' 모양의 알을 여러 개 가지고 있다. 한 플레이어의 알은 빨간색이다. 다른 알은 검정색이다. 두 플레이어는 교대로 플레이하는 알을 선택한 수직 기둥에 놓는다. 조각은 바닥이나 다른 알에 닿을 때까지 중력에 의해 기둥 아래로 떨어진다. 이런 식으로 열이 채워지기 시작한다. 목표는 자신의 알 4개를 연결하는 첫 번째 플레이어가 되는 것이다. 4개의 알은 수평, 수직 또는 대각선으로 정렬할 수 있다. 둘 이상의 게임이 진행되면 플레이어는 번갈아 가며 시작하면서 진행한다.

컴퓨터 게임의 경우 6행 7열의 행렬이 화면에 표시되어야 한다. 인간 플레이어는 알을 놓을 기둥을 선택한다. 컴퓨터 프로그램은 알의 위치를 업데이트하는 역할을 한다. 게임 디스플레이를 프로그래밍하는 것은 시간이 많이 걸리지 않지만, 승리 전략을 프로그래밍하는 것은 어렵다. 최소한 학생들의 프로그램은 사용자 입력과 어떤 형태의 응답이 있는, 동작하는 게임 디스플레이가 있어야 한다. 컴퓨터의 움직임을 생성하는 완전한 AI 프로그램은 개발하기 어려울 수 있지만, 난수 생성기는 7개 열 중 하나를 선택하도록 프로그래밍할 수 있다. 전략이 많지는 않지만, 학생들은 완전한 작업 프로그램을 개발할 수 있다. 학생 성적의 일부는 프로그램된 전략의 효율성에 따라 달라진다.

만칼라

만칼라(Mancala)는 아프리카에서 시작된 고대 게임으로 현재 많은 국가에서 플레이되고 있다. 여러 이름으로 알려져 있고 여러 변형이 있다. 여기에는 하나의 형태가 있다. 보드는 [그림 12.2-1]에 보였다. 원래대로 플레이하면 각 플레이어가 지면에 일렬로 6개의 구멍(피트라고 함)을 파고 오른쪽으로 더 큰 구멍(홈 빈이라고 함)을 하나 판다. 플레이하는 구슬은 작은 돌이다. 그래서 게임은 누구에게나 부담이 없다! 간단한 게임의 경우 각 피트에 3개 또는 4개의 구슬을 놓는다. 숙련된 플레이어는 더 어려운 게임을 위해 6개 이상을 사용한다.

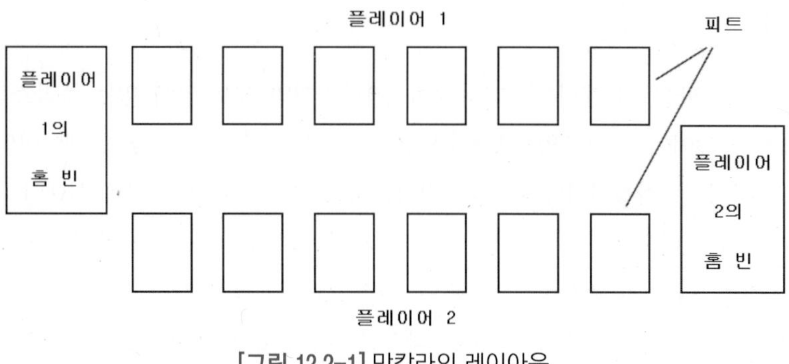

[그림 12.2-1] 만칼라의 레이아웃

각 플레이어에게 가까운 6개의 피트에 있는 구슬들은 그 플레이어가 이동시킬 것들이다. 플레이어의 오른쪽에 있는 홈 빈은 해당 플레이어가 점수를 합산하기 위해 돌을 모으는 곳이다. 목표는 상대의 홈 빈에 있는 것보다 자신의 홈 빈에 더 많은 돌을 모으는 것이다. 선공을 결정하기 위해 동전을 던진다. 첫 번째 플레이어는 보드의 자기 쪽에 있는 피트 아무 곳에서 모든 구슬을 줍는다. 그런 다음 오른쪽에 있는 다음 피트부터 시작하여 시계 반대 방향으로 이동하며 각 피트에 하나의 구슬을 놓는다(이를 구슬을 "뿌린다"고 한다). 구슬은 해당 플레이어의 홈 빈을 포함하여 각 피트에 하나씩만 뿌려진다. 플레이어에게 구슬이 남아 있으면 보드의 상대방 쪽의 각 피트에 하나씩 구슬을 뿌려야 한다. 그러나 상대방의 홈 빈에는 구슬을 뿌리지 않는다. 플레이어는 마지막으로 뿌린 돌이 플레이어의 홈 빈에 떨어지면 한 번의 추가 기회를 얻으며, 마지막 돌이 홈 빈에서 끝날 때까지 계속해서 추가 기회를 얻는다.

플레이어는 마지막으로 뿌린 돌이 자신의 빈 피트에 놓이면 잡기(Capture)에서 승리한다. 그러면 그 플레이어는 이전에 비어 있던 피트의 반대편 피트에 있는 상대의 모든 구슬을 가져온다. 이 구슬들은 움직이는 플레이어의 홈 빈에 넣는다. 구슬을 가져오면 해당 플레이어의 턴을 종료한다. 게임은 어느 한 플레이어가 여섯 개의 피트에서 모든 구슬을 치우면 끝난다. 그러나 상대방은 6개의 피트에 남아 있는 모든 구슬을 자신의 홈 빈에 넣는다. 따라서 먼저 게임에서 나가는 것이 항상 좋은 것은 아니다.

만칼라 전략에 대한 몇 가지 힌트는 다음과 같다. 어떤 플레이든 시작하기 전에 보드 양쪽의 추가 기회와 잡기 움직임을 확인한다. 보드의 상대편에 구슬을 뿌리면 상대의 추가 기회와 잡기 움직임을 제어할 수 있다. 하나 이상의 추가 기회 움직임을 얻기 위해 끊임없이 스톤을 정렬한다. 17번 연속의 추가 기회가 가능하다! 잡기의 위협으로 상대를 강제로 움직이게 할 수 있다. 만일 어떤 플레이어가 구덩이에 13개의 돌을 가지고 이동하면 시작한 곳에서 잡기로 끝난다. 게임 종료 전략은 매우 중요하다. 자기 쪽의 보드를 너무 일찍 비우는 것은 피해야 한다. 움직임을 멈추고 추가 기회 없이 움직이는 것이 때때로 필요하다!

만칼라 디스플레이 프로그래밍은 Tic-Tac-Toe 게임에서 설명한 명령을 사용하면 비교적 쉽다. 피트와 홈 빈은 원 대신 직사각형으로 나타낼 수 있다. 게임의 매커니즘을 프로그래밍하는 것은 더 어렵지만, 프로젝트에서 꼭 필요한 부분이다. 전략 코드는 이동을 시작하기 위하여 난수 생성기를 사용하여 비어 있지 않은 빈을 선택하는 것처럼 간단할 수 있다. 어떤 학생들은 매우 정교하며 길고 효과적인 전략 코드를 작성했다.

마스터마인드(Mastermind)

코드브레이커(Codebreaker)라고도 알려진 마스터마인드(Mastermind)는 2인용 게임이다. 보드 게임 버전에서 한 플레이어는 6가지 색의 핀 모음에서 4개의 핀을 선택하여 보드의 4개 구멍에 넣는다. 이 핀은 상대 플레이어가 보지 못하도록 하고, 상대 플레이어는 숨겨진 각 핀의 정확한 색과 위치를 결정해야 한다. 마스터마인드 게임을 하기 위해 MATLAB 프로그램을 작성할 때 색 대신 숫자를 사용할 수 있다. 그런 다음 상대방이 선택한 1에서 6까지 4개의 숫자의 정체와 위치를 결정해야 한다. 예를 들어, 상대방이 아래와 같이 A, B, C, D 위치에 숫자 2, 6, 3, 2를 배치했다고 가정한다.

A	B	C	D
2	6	3	2

각 상자에 어떤 숫자가 있는지 10번을 시도한다. 각 시도 후, 상대방은 (a) 당신이 올바르게 추측했지만 잘못된 위치에 있는 숫자와 (b) 당신이 추측한 숫자가 얼마나 정확한 위치에 있는지 알려줄 것이다. 예를 들어, 숫자 4, 6, 2, 5가 각각 위치 A, B, C, D에 있다고 추측했다면 (a) 하나의 숫자는 정확하지만 잘못된 위치(두 개의 2 중 하나)와 (b) 하나의 숫자 '6'만 정확한 위치에 있다. 그런 다음 이 정보를 사용하여 다음 시도의 추측을 향상시킨다. 점수는 4개의 숫자의 정확한 값과 위치를 얻기 위해 시도한 횟수가 된다. 그 다음에는 이쪽에서 상대방이 추측할 4개의 숫자를 선택하여 이 프로세스를 반복한다. 이것이 한 라운드이다. 그 라운드의 승자는 시도 횟수가 가장 적은 플레이어가 된다. 운이 좋게 걸리는 추측의 영향을 줄이기 위해 여러 라운드를 플레이할 수 있으며, 모든 라운드에서의 총 점수가 가장 낮은 플레이어가 승자가 된다.

이 게임을 프로그래밍할 때 소프트웨어는 4개의 숫자와 위치를 선택하는 코드메이커의 역할과 숫자를 추측해야 하는 코드 브레이커의 역할을 모두 수행해야 한다. 프로그램은 상대편의 인간이나 오퍼레이터가 상대로부터의 정보를 입력할 수 있도록 인터페이스를 제공해야 한다. 코드메이커 역할을 할 때 프로그램은 (a) (청중이 게임을 따라갈 수 있도록) 4개의 숫자와 그 위치를 선택하고 디스플레이해야 하거나, (b) 상대방의 추측을 키보드 입력으로 받고, (c) 정확한 응답(정확한 위치와 정확한 수의 개수)을 결정하여 표시하고, (d) 상대방이 답을 찾았을 때 또는 상대방이 10번째 시도 중 먼저 발생하는 시점에서 중지한다. 코드 브레이커 역할을 할 때, 프로그램은 반드시 (a) 인간 청중이 게임을 파악할 수 있도록 이전의 모든 추측을 포함하여 4개의 숫자와 위치를 선택하고 디스플레이해야 하고, (b) 추측의 정확성에 대하여 상대편 컴퓨터의 반응을 키보드로부터 입력받아야 한다. 그리고 (c) 추측이 정확하거나 10번째 시도하거나 둘 중 먼저 발생하는 것을 기준으로 게임을 종료한다.

마스터마인드 디스플레이를 프로그래밍하는 것은 Tic-Tac-Toe 게임에서 논의한 명령을 사용하면 비교적 쉽다. 추측과 응답은 사각형 안에 넣을 수 있는 숫자이다. 그러나 10번의 시도가 표시되면 화면에 많은 세부 정보가 포함되어야 하므로 프로그래밍이 개념적으로 어렵지는 않지만 지루할 수 있다. 모든 팀이 표준화된 디스플레이를 사용하도록 하는 것이 좋다. 랜덤한 추측을 사용하여 게임하는 것이 가능하지만, 이 접근 방법으로는 이기지는 못할 것이다. 효과적인 전략 코드를 작성한 학생들도 일부 있었다.

발사체 게임

부록 B에는 표적 사격과 관련된 게임을 만드는 데 사용할 수 있는 몇 가지 프로그램과 기능이 포함되어 있다(**발사체 운동의 애니메이션** 항목을 참조한다). 콘테스트는 지정된 범위의 목표물을 맞추기 위해 발사 속도와 각도를 선택하는 것을 포함한다. 그래픽과 폭발적인 음향 효과가 포함되면 흥미를 더할 수 있다.

기타 게임

체스, 체커, 바둑은 가능한 프로젝트로 떠올릴 수 있는 다른 게임들이다. 그러나 이러한 게임들은 위에서 언급한 게임보다 프로그래밍에 훨씬 더 많은 노력이 필요하며, 그 이유는 더 많은 결정을 내려야 하기 때문이다. 예를 들어, 체커에서 컴퓨터 상대는 이동할 말과 그 말을 이동할 위치를 선택할 수 있어야 한다. 가능성의 수는 매우 많아서 논리적 전략은 한 학기 프로젝트를 위해 프로그래밍하기가 매우 어려울 것이다. 대조적으로 만칼라의 컴퓨터 상대는 단순히 6개의 빈 중 이동할 조각을 선택하기만 하면 된다. 게임의 역학이 나머지 플레이를 지배한다. Connect 4에서는 컴퓨터 상대는 7개의 열 중 단 하나만 선택하면 된다. 마스터마인드에서 선택은 더 다양하지만, 그럼에도 프로젝트를 실행 가능하게 만들기에 충분히 한계가 있다.

12.3 MATLAB 앱 디자이너

앱 디자이너의 학습 곡선은 상대적으로 가팔라서 얼마나 자주 특정 작업을 수행해야 하느냐에 따라 유용할 수도 있고 그렇지 않을 수도 있다. 간단한 예로, 매개변수 a와 b의 다양한 값에 대해 다음 방정식

$$r = [1 + \sin(a\theta)]^{1/b}$$

의 극좌표 그래프를 자주 분석해야 한다고 가정한다. [그림 12.3-1]은 앱 디자이너로 생성된 앱을 보여준다. 일단 a와 b에 대한 값을 입력하고, 선의 색을 선택하면 그래프가 자동으로 새로 고쳐진다.

앱 디자이너를 이용하여 앱을 만드는 절차는 지면으로 설명하기 어려우며, 이를 배우는 가장 좋은 방법은 앱 디자이너 시작 페이지에 나타나는 튜토리얼을 실행하는 것이다. 여기서는 학생들이 더 공부해야 할 사항인지 아닌지를 결정할 수 있도록 개요를 충분히 제공할 것이다.

MATLAB 메인 페이지에서 앱 탭을 클릭한 다음 **앱 디자인**을 클릭하여 앱 디자이너를 시작한다. 디스플레이에는 중간에 빈 "캔버스", 왼쪽에 구성 요소 라이브러리, 오른쪽에 구성 요소 브라우저의 세 가지 영역이 있다. 구성 요소 라이브러리에서 구성 요소를 끌어와 캔버스에 앱을 만든다. [그림 12.3-2] 및 [그림 12.3-3]은 라이브러리를 보여준다. [그림 12.3-1]의 앱에는 공통 라이브러리의 5개 구성 요소가 포함되어 있다. 축, 드롭다운 구성 요소, 2개의 편집 필드(숫자) 구성 요소 및 방정식을 표시하는 이미지 구성 요소이다.

[그림 12.3-3]은 Figure 툴, 컨테이너 및 계측 구성 요소를 보여준다. 후자는 연속적으로 변화하는 출력을 디스플레이하고 연속적으로 변화하는 매개변수를 입력하는 데 유용하다.

구성 요소 브라우저는 콜백 함수를 선택하거나 입력하는 곳이다. 대부분의 사용자에게

이것은 디자이너의 가장 어려운 부분이다. 콜백 함수는 나중에 “콜백”하기 위해 다른 함수에 인수로서 전달되는 함수이다. 콜백 함수는 사용자가 응용 프로그램의 구성 요소와 상호작용할 때 실행된다. 대부분의 구성 요소에는 최소한 하나의 콜백이 있다. 라벨이나 램프와 같은 일부 구성 요소들은 정보만 표시하기 때문에 콜백이 없다.

구성 요소가 지원하는 콜백 목록을 보려면 구성 요소를 선택하고 캔버스로 끌어온 다음 구성 요소 브라우저에서 콜백 탭을 클릭한다.

앱 디자이너의 사용 방법을 배우는 가장 좋은 방법은 MathWorks 웹 사이트에서 제공하는 튜토리얼을 활용하는 것이다.

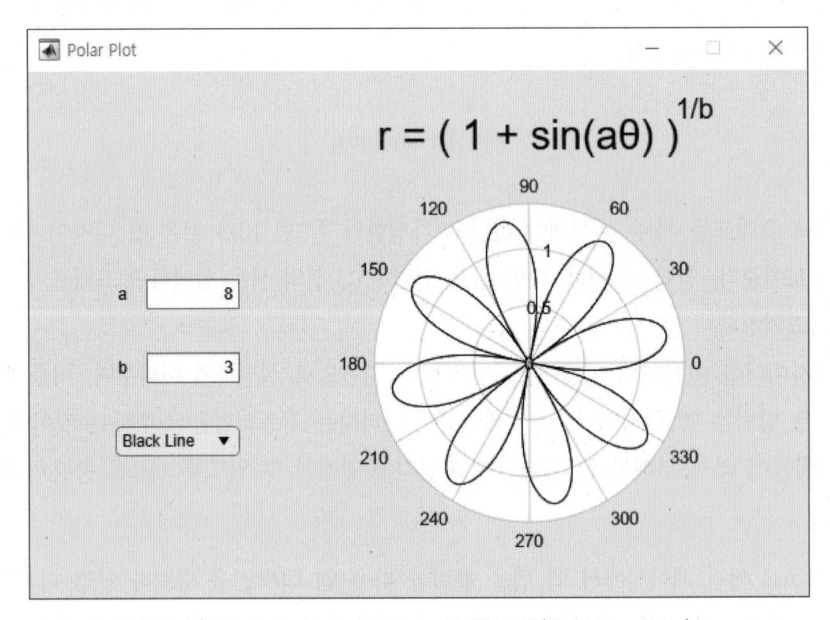

[그림 12.3-1] 앱 디자이너로 만든 앱의 예(출처: MATLAB)

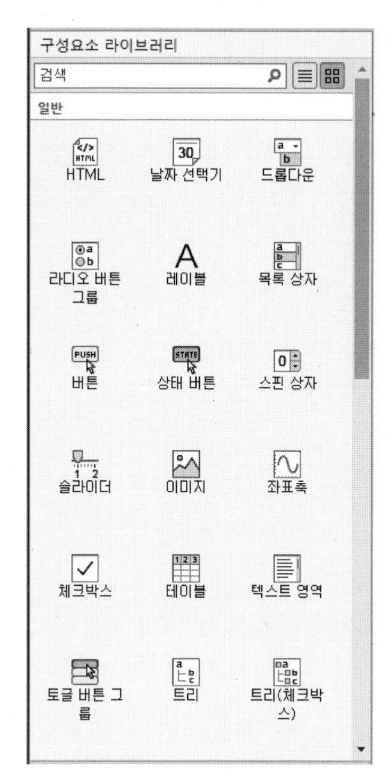

[그림 12.3-2] 구성 요소 라이브러리의 공통 구성 요소(출처: MATLAB)

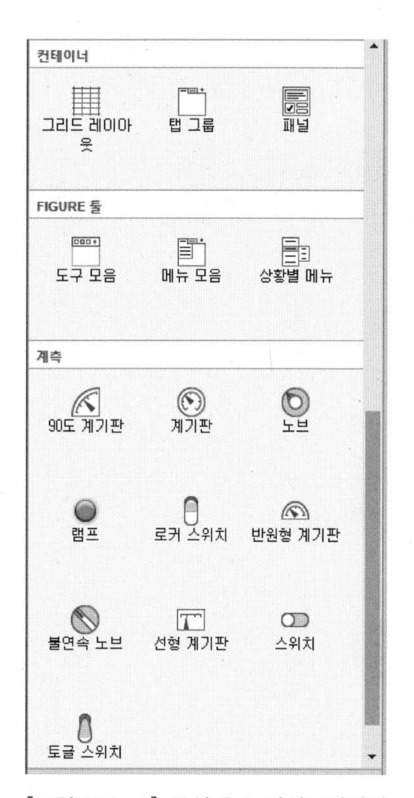

[그림 12.3-3] 구성 요소 라이브러리의 컨테이너, 그림 도구 및 계측(출처: MATLAB)

APPENDIX

부록

contents

명령어와 함수 가이드 부록 A

연산자와 특수문자

명령	설명
+	더하기: 덧셈 연산자
-	빼기: 뺄셈 연산자
*	스칼라 및 행렬 곱셈 연산자
.*	곱셈 배열 연산자
^	스칼라, 행렬의 지수 연산자
.^	지수 배열 연산자
\	좌측 나눗셈 연산자
/	우측 나눗셈 연산자
.\	좌측 나눗셈 배열 연산자
./	우측 나눗셈 배열 연산자
:	콜론: 규칙적인 간격의 원소를 생성하거나 행 또는 열 전체를 나타낸다.
( )	괄호: 함수 입력변수와 배열 인덱스를 묶음. 최우선으로 실행한다.
[ ]	대괄호: 배열 원소를 묶음
{ }	중괄호: 셀 원소를 묶는데 사용한다.
...	줄임표: 행-연속 연산자
,	콤마: 명령문과 배열의 행에서 원소를 구별한다.
;	세미콜론: 배열에서 열을 구분하고 결과가 화면에 나타나지 않도록 한다.
%	퍼센트 심볼: 주석문을 나타내고, 형식을 지정한다.
'	아포스트로피(단일 연산자), 전치 연산자
.'	공액 복소수가 아닌 배열의 전치
=	할당(치환) 연산자
@	함수 핸들을 생성한다.

논리 및 관계 연산자

명령	설명
==	관계 연산자: 같음
~=	관계 연산자: 같지 않음
<	관계 연산자: 작음
<=	관계 연산자: 작거나 같음
>	관계 연산자: 큼
>=	관계 연산자: 크거나 같음
&	논리 연산자: 논리곱(AND)
&&	단락 회로 AND
|	논리 연산자: 논리합(OR)
||	단락 회로 OR
~	논리 연산자: 부정(NOT)

특수 변수와 상수

명령	설명
ans	가장 최근의 답
eps	부동 소수점의 정확도
i, j	$\sqrt{-1}$ 을 의미. 허수단위
Inf	무한대(∞)
NaN	수가 아니란 것을 의미. 정의되지 않은 수(부정)
pi	원주율 π

세션을 관리하기 위한 명령

명령	설명
clc	명령창을 지운다.
clear	메모리로부터 모든 변수를 제거한다.
doc	문서를 출력한다.
exist	파일이나 변수의 존재를 확인한다.
global	변수들을 전역변수로 선언한다.
help	명령창에 MATLAB의 도움말을 출력한다.

lookfor	키워드에 대한 도움말 항목을 검색한다.
namelengthmax	이름에 사용할 수 있는 문자의 최대 개수를 출력한다.
quit	MATLAB을 종료한다.
who	현재 메모리에 있는 변수를 열거한다.
whos	작업공간의 변수를 크기 및 유형과 함께 나열한다.

시스템 및 파일 명령

명령	설명
addpath	검색 경로에 디렉토리를 추가한다.
cd	현재의 디렉토리를 변경한다.
date	현재 날짜를 표시한다.
dir	현재 디렉토리의 모든 파일 목록을 출력한다.
importdata	여러가지 다른 형태의 파일들을 가져온다.
load	파일로부터 작업공간으로 변수들을 가져온다.
path	탐색 경로를 보인다.
pwd	현재의 디렉토리를 표시한다.
readtable	파일로부터 표를 만든다.
rmpath	검색 경로에서 디렉토리를 제거한다.
save	작업공간의 변수들을 파일에 저장한다.
what	모든 MATLAB 파일 목록을 출력한다.
which	경로명을 출력한다.
xlsread	Excel 파일을 불러들인다.
xlswrite	Excel 파일에 배열을 쓴다.

입/출력 명령

명령	설명
disp	배열이나 문자열의 내용을 출력한다.
format	화면에 표시되는 형식을 제어한다.
fprintf	형식에 맞추어 화면이나 파일에 쓴다.
input	프롬프트를 디스플레이하고 입력을 기다린다.
;	화면으로 출력이 되지 않도록 한다.

숫자 표시 형식

명령	설명
format short	소수점 아래 4자리 표시(디폴트)
format long	소수점 아래 16자리 표시
format short e	5자리와 지수 표시
format long e	16자리와 지수 표시
format bank	소수점 아래 2자리
format +	양, 음 또는 0
format rat	유리수로 근사화
format compact	줄바꿈을 일부 억제한다.
format loose	덜 간결한 표시 모드로 돌아간다.

배열 함수

명령	설명
cat	배열을 연결한다.
find	0이 아닌 원소들의 인덱스를 찾는다.
length	원소의 수를 계산한다.
linspace	규칙적인 간격의 배열을 생성한다.
logspace	로그 간격의 배열을 생성한다.
max	가장 큰 원소를 반환한다.
min	가장 작은 원소를 반환한다.
ndims(A)	A의 차원을 반환한다.
norm(x)	x의 기하학적 길이를 계산한다.
numel(A)	배열 A의 총 원소 수를 반환한다.
openvar	변수 편집기를 오픈한다.
size	배열의 크기를 계산한다.
sort	각 열을 크기순으로 정렬한다.
sum	각 열을 더한다.

특수한 행렬

명령	설명
eye	단위 행렬을 생성한다.
ones	1의 배열을 생성한다.
zeros	0의 배열을 생성한다.

선형 방정식을 풀기 위한 행렬 함수

명령	설명
det	배열의 행렬식을 계산한다.
inv	행렬의 역을 계산한다.
pinv	행렬의 의사역(pseudo-inv)을 계산한다.
rank	계수(rank)를 계산한다.
rref	간소화된 행사다리꼴을 계산한다.

지수와 로그함수

명령	설명
exp(x)	지수함수; e^x
log(x)	자연 대수; $\ln x$
log10(x)	상용(베이스 10) 대수; $\log x = \log_{10} x$
sqrt(x)	제곱근; $\sqrt{x}$

복소수 함수

명령	설명
abs(x)	절대값
angle(x)	복소수 x의 각도
conj(x)	x의 켤레 복소수
imag(x)	복소수 x의 허수부
real(x)	복소수 x의 실수부

수치 함수

명령	설명
`ceil`	∞ 방향으로 가장 가까운 정수값으로 올린다.
`fix`	0의 방향으로 가장 가까운 정수값으로 내린다.
`floor`	$-\infty$ 방향으로 가장 가까운 정수값으로 내린다.
`round`	가장 가까운 정수값으로 반올림을 한다.
`sign`	부호 함수

라디안 값을 사용하는 삼각함수(도 값을 사용하는 함수는 `sind(x)`와 `asind(x)` 같이 d가 붙음)

명령	설명
`acos(x)`	코사인의 역함수; $\mathrm{arccos}\ x = \cos^{-1} x$
`acot(x)`	코탄젠트의 역함수; $\mathrm{arccot}\ x = \cos^{-1} x$
`acsc(x)`	코시칸트의 역함수; $\mathrm{arccsc}\ x = \csc^{-1} x$
`asec(x)`	시칸트의 역함수; $\mathrm{arcsec}\ x = \sec^{-1} x$
`asin(x)`	사인의 역함수; $\arcsin x = \sin^{-1} x$
`atan(x)`	탄젠트의 역함수; $\arctan x = \tan^{-1} x$
`atan2(y, x)`	4사분면 역 탄젠트를 구하는 함수
`cos(x)`	코사인 함수; $\cos x$
`cot(x)`	코탄젠트 함수; $\cot x$
`csc(x)`	코시칸트 함수; $\csc x$
`sec(x)`	시칸트 함수; $\sec x$
`sin(x)`	사인 함수; $\sin x$
`tan(x)`	탄젠트 함수; $\tan x$

하이퍼볼릭 함수

명령	설명
`acosh(x)`	하이퍼볼릭 코사인의 역함수; $\cosh^{-1} x$
`acoth(x)`	하이퍼볼릭 코탄젠트의 역함수; $\coth^{-1} x$
`acsch(x)`	하이퍼볼릭 코시칸트의 역함수; $\mathrm{csch}^{-1} x$

asech(x)	하이퍼볼릭 시칸트의 역함수; $\mathrm{sech}^{-1}x$
asinh(x)	하이퍼볼릭 사인의 역함수; $\sinh^{-1}x$
atanh(x)	하이퍼볼릭 탄젠트의 역함수; $\tanh^{-1}x$
cosh(x)	하이퍼볼릭 코사인; $\cosh x$
coth(x)	하이퍼볼릭 코탄젠트; $\cosh x / \sinh x$
csch(x)	하이퍼볼릭 코시칸트; $1/\sinh x$
sech(x)	하이퍼볼릭 시칸트; $1/\cosh x$
sinh(x)	하이퍼볼릭 사인; $\sinh x$
tanh(x)	하이퍼볼릭 탄젠트; $\sinh x / \cosh x$

다항식 함수

명령	설명
conv	두 다항식의 곱을 계산한다.
deconv	다항식의 비를 계산한다.
eig	행렬의 고유값을 계산한다.
poly	근으로부터 다항식을 계산한다.
polyfit	데이터에 맞는 다항식을 생성한다.
polyval	다항식의 값을 구한다.
roots	다항식의 근을 계산한다.

논리 함수

명령	설명
any	0이 아닌 원소가 존재하면 참
all	모든 원소가 0이 아니면 참
find	0이 아닌 원소들의 인덱스를 찾는다.
finite	원소들이 유한하면 참
ischar	원소가 문자 배열이면 참
isempty	빈 행렬이면 참
isinf	원소가 무한대이면 참
isnan	원소가 NaN이면 참
isnumeric	원소가 수치 값을 가지면 참
isreal	모든 원소가 실수라면 참

logical	수치 배열을 논리 배열로 바꾼다.
xor	배타적 OR

기타 수학 함수

명령	설명
cross	외적을 계산한다.
dot	내적을 계산한다.
function	사용자 정의 함수를 생성한다.
nargin	함수 입력 변수의 수
nargout	함수 출력 변수의 수

셀 및 구조체 함수

명령	설명
cell	셀 배열을 생성한다.
fieldnames	구조체 배열에서 필드명을 출력한다.
isfield	구조체 배열의 필드를 식별한다.
isstruct	구조체 배열을 식별한다.
rmfield	구조체 배열로부터 필드를 제거한다.
struct	구조체 배열을 생성한다.

기본 xy 그래프 명령

명령	설명
axis	축 범위와 다른 축 특성을 설정한다.
fplot	함수의 그래프를 인텔리전트하게 그린다.
ginput	커서 위치의 좌표를 읽는다.
grid	그리드 선을 표시한다.
gtext	마우스로 텍스트 위치의 설정을 가능하게 한다.
plot	xy 그래프를 생성한다.
print	그래프를 프린트하거나 파일로 저장한다.
title	그래프의 상부에 텍스트를 놓는다.

xlabel	x축에 텍스트 라벨을 더한다.
ylabel	y축에 텍스트 라벨을 더한다.

그래프를 개선하는 명령

명령	설명
colormap	현재 그림의 칼라 맵을 조정한다.
gtext	마우스로 라벨 위치의 설정을 가능하게 한다.
hold	현재 그래프를 고정시킨다.
legend	마우스로 범례를 위치시킨다.
subplot	서브윈도우에서 그림을 생성한다.
text	그래프에 문자열을 위치시킨다.

특수한 그래프 함수

명령	설명
bar	막대그래프를 생성한다.
errorbar	에러바 그래프를 그린다.
fimplicit	음함수의 그래프를 그린다.
loglog	로그-로그 그래프를 그린다.
polarplot	극좌표 그래프를 그린다.
publish	다양한 형태로 보고서를 생성한다.
semilogx	세미로그 그래프를 생성한다(가로 좌표가 로그스케일).
semilogy	세미로그 그래프를 생성한다(세로 좌표가 로그스케일).
stairs	계단 그래프를 생성한다.
stem	스템(막대사탕) 그래프를 생성한다.
yyaxis	좌우 두 축을 모두 이용하는 그래프를 생성한다.

함수 입력을 이용한 3차원 그래프 함수

명령	설명
fcontour(f)	등고선 그래프를 생성한다.
fimplicit3(f)	음함수의 3차원 그래프를 생성한다.
fmesh(f)	3차원 그물 그래프를 생성한다.

fplot3(fx, fy, fz)	3차원 선 그래프를 생성한다.
fsurf(f)	음영이 있는 3차원 표면 그래프를 생성한다.

배열 입력을 이용하는 3차원 그래프 함수

명령	설명
contour	등고선 그래프를 생성한다.
mesh	3차원 그물 표면 그래프를 생성한다.
meshc	mesh와 같으며, 아래쪽에 등고선 그래프를 갖는다.
meshgrid	직교좌표 그리드를 생성한다.
meshz	mesh와 같으며, 아래에 수직선을 그린다.
plot3	선과 점으로 3차원 그래프를 생성한다.
shading	음영의 형태를 지정한다.
surf	음영이 있는 3차원 표면 그래프를 생성한다.
surfc	surf와 같으며, 등고선 그래프를 갖는다.
view	그림을 보는 각도를 설정한다.
waterfall	한 방향의 그물 선을 가진 mesh와 같다.
zlabel	z축에 텍스트 라벨을 더한다.

프로그램 흐름 제어

명령	설명
break	루프의 실행을 종료한다.
case	switch 구조에서 다른 실행 경로를 제공한다.
continue	for 또는 while 루프에서 다음의 실행으로 넘긴다.
else	다른 문장 블록으로 보낸다.
elseif	조건에 따라 문장을 실행한다.
end	for, while 및 if 문을 종료한다.
for	지정된 수만큼 실행문을 반복한다.
if	조건에 따라 실행문을 실행한다.
otherwise	switch 구조에서 다른 제어를 선택하도록 한다.
switch	case 식과 입력을 비교하여 프로그램 실행을 지시한다.
while	문장을 정해지지 않은 수만큼 반복한다.

디버깅 명령

명령	설명
dbclear	중단점을 제거한다.
dbquit	디버깅 모드를 종료한다.
dbstep	하나 이상의 라인을 실행한다.
dbstop	중단점을 설정한다.
echo	프로그램 실행을 추적한다.

최적화와 근을 구하는 함수

명령	설명
fminbnd	한 변수의 함수의 최소값을 찾음
fminsearch	다변수 함수의 최소값을 찾음
fzero	함수의 0점을 찾음

히스토그램 함수

명령	설명
bar	막대차트를 생성한다.
histogram	히스토그램 그래프를 생성한다.

통계 함수

명령	설명
cumsum	누적 합계를 계산한다.
erf	에러 함수 $\mathrm{erf}(x)$ 를 계산한다.
mean	평균을 계산한다.
median	중앙 값(메디안)을 계산한다.
mode	최빈도 값을 계산한다.
movmean	이동 평균을 계산한다.
std	표준편차를 계산한다.

랜덤 숫자 함수

명령	설명
`rand`	0과 1 사이에 균등 분포된 랜덤 숫자를 생성한다.
`randi`	중복이 허용되는 랜덤한 정수를 생성한다.
`randn`	정규 분포된 랜덤 숫자를 생성한다.
`randperm`	정수의 랜덤 순열을 생성한다.
`rng`	랜덤 숫자 발생기를 초기화한다.

보간 함수

명령	설명
`interp1`	한 변수 함수의 선형과 3차-스플라인 보간을 한다.
`interp2`	두 변수 함수의 선형 보간을 한다.
`pchip`	Hermite(에르미트) 다항식을 이용해서 보간을 한다.
`spline`	3차-스플라인 보간을 한다.
`unmkpp`	3차-스플라인 다항식의 계수를 계산한다.

수치 적분 함수

명령	설명
`integral`	단일 적분을 수치적으로 한다.
`integral2`	이중 적분을 수치적으로 한다.
`integral3`	삼중 적분을 수치적으로 한다.
`polyint`	다항식을 적분한다.
`trapz`	사다리꼴 법칙으로 수치 적분을 한다.

수치 미분 함수

명령	설명
`del2`	데이터로부터 라플라시안을 계산한다.
`diff(x)`	벡터 x에서 인접한 원소 사이의 차이를 계산한다.
`gradient`	데이터로부터 그래디언트를 계산한다.
`polyder`	다항식, 다항식 곱 또는 다항식의 나눗셈을 미분한다.

ODE 솔버

명령	설명
ode45	비강성, 중간 차수 솔버
ode15s	강성, 가변 차수 솔버

LTI 객체 함수

명령	설명
ss	상태-공간 형태의 LTI 객체를 생성한다.
ssdata	LTI 객체로부터 상태 공간 행렬을 추출한다.
tf	전달함수 형태의 LTI 객체를 생성한다.
tfdata	LTI 객체로부터 방정식 계수를 추출한다.

LTI ODE 솔버

명령	설명
impulse	LTI 객체의 임펄스 응답을 계산하고 그래프를 그린다.
initial	LTI 객체의 자유 응답을 계산하고 그래프를 그린다.
linearSystemAnalyzer	LTI 시스템을 분석하기 위한 사용자 인터페이스를 보인다.
lsim	일반적인 입력에 대해 LTI 객체의 응답을 계산하고 그래프를 그린다.
step	LTI 객체의 계단 응답의 그래프를 그리고 계산한다.

내장 입력 함수

명령	설명
gensig	주기적 삼각함수, 사각, 펄스 입력을 생성한다.

기호(심볼릭) 표현식을 만들고 계산하기 위한 함수

명령	설명
class	기호 표현식의 클래스를 반환한다.
digits	가변 정밀도 연산을 위한 소수점 이하 자리수를 지정한다.
double	기호 표현식을 수치적 형태로 변환한다.
fplot	기호 표현식의 그래프를 그린다.

numden	기호 표현식의 분자와 분모를 반환한다.
sym	기호 변수를 생성한다.
syms	하나 이상의 기호 변수를 생성한다.
symvar	기호 표현식에서 기호 변수를 찾는다.
vpa	기호 표현식을 계산하기 위한 숫자의 자리수를 지정한다.

기호(심볼릭) 표현식을 다루기 위한 함수

명령	설명
collect	기호 표현식에서 같은 차수의 계수들을 모은다.
expand	기호 표현식을 차수에 따라 전개한다.
factor	기호 표현식을 인수분해한다.
poly2sym	다항식 계수 벡터를 기호 다항식으로 변환한다.
simplify	기호 표현식을 간략화한다.
subs	기호 변수나 식을 대체한다.
sym2poly	기호 표현식을 다항식 계수 벡터로 변환한다.

대수나 초월 방정식의 기호 해

명령	설명
solve	기호 방정식을 푼다.

기호 미적분 함수

명령	설명
diff	기호 표현식의 미분을 반환한다.
dirac	디락 델타 함수(단위 임펄스)
heaviside	헤비사이드 함수(단위 계단)
int	기호 표현식의 적분을 반환한다.
limit	기호 표현식의 극한을 반환한다.
symsum	기호 표현식의 기호 합을 반환한다.
taylor	함수의 테일러급수를 반환한다.

미분방정식의 기호 해

명령	설명
dsolve	미분방정식이나 연립방정식의 기호 해를 반환한다.

라플라스 변환 함수

명령	설명
ilaplace	역 라플라스 변환을 반환한다.
laplace	라플라스 변환을 반환한다.

기호 선형대수 함수

명령	설명
charpoly	행렬의 특성 다항식을 구한다.
det	행렬의 행렬식을 구한다.
eig	행렬의 고유값(특성근)을 구한다.
inv	역행렬을 반환한다.

애니메이션 함수

명령	설명
addpoints	애니메이션된 선에 점들을 추가한다.
animatedline	선 애니메이션 객체를 생성하고 현재 축에 더한다.
clearpoints	애니메이션된 선에서 점들을 지운다.
drawnow	즉시 그리기를 시작한다.
gca	현재 축의 속성을 반환한다.
get	객체의 모든 속성을 반환한다.
getframe	현재 그림을 캡처한다.
getpoints	애니메이션된 선에서 점들을 추출한다.
movie	녹화된 프레임을 상영한다.
pause	일시 정지한다.
set	핸들과 함께 사용하여 객체의 속성을 설정한다.
view	관찰 위치를 설정한다.

Sound 함수

명령	설명
audioplayer	WAVE 파일에 대한 핸들을 생성한다.
audioread	WAVE 파일을 읽어온다.
audiorecorder	소리를 기록한다.
audiowrite	WAVE 파일을 생성한다.
play	WAVE 파일을 핸들을 이용하여 재생한다.
recordblocking	레코딩이 끝날 때까지 제어를 유지한다.
sound	벡터를 소리로 재생한다.
soundsc	데이터의 크기를 조절하고 소리로 재생한다.

MATLAB 모바일 함수

명령	설명
mobiledev	모바일 장치의 센서로부터 데이터를 얻기 위해 mobiledev 객체를 생성한다.
disp	mobiledev 객체의 속성을 보여준다.
accellog	모바일 장치의 센서로부터 가속도 기록을 받는다.
angvellog	모바일 장치의 센서로부터 각 가속도 기록을 받는다.
magfieldlog	모바일 장치의 센서로부터 자기장 기록을 받는다.
orientlog	모바일 장치의 센서로부터 방향 기록을 받는다.
poslog	모바일 장치의 센서로부터 위치 기록을 받는다.
discardlogs	모바일 장치의 센서로부터의 기록 데이터를 모두 삭제한다.
camera	모바일 장치의 카메라에 연결한다.
snapshot	모바일 장치의 카메라로부터 한 프레임의 이미지를 획득한다.

MATLAB에서의 애니메이션과 소리

B.1 애니메이션

애니메이션을 이용하면 시간에 따른 물체의 움직임을 나타낼 수 있다. MATLAB의 몇몇 데모들은 애니메이션을 실행하는 M 파일들이다. 간단한 예제들이 있는 이 절을 마치면, 좀 더 심화된 데모 파일들을 공부할 수 있을 것이다. MATLAB에서는 두 가지 방법을 이용하여 애니메이션을 생성할 수 있다. 첫 번째 방법은 `movie` 함수를 사용한다. 두 번째 방법은 `drawnow` 명령을 사용한다.

MATLAB에서 무비(Movie) 생성

`getframe` 명령은 애니메이션에서 하나의 프레임(frame)을 만들기 위하여, 현재 그림을 캡처(capture)한다, 즉, 스냅 사진을 찍는다. `getframe` 함수는 애니메이션을 위한 프레임들을 배열로 모으기 위해 보통 `for` 루프 안에서 사용된다. `movie` 함수는 캡처된 프레임들을 재생한다.

무비를 생성하기 위하여 다음 형태의 스크립트 파일을 사용한다.

```
for k = 1: n
   그림을 그리는 명령들
   M(k) = getframe;   % 현재의 그림을 배열 M에 저장한다.
end
movie(M)
```

예를 들어, 다음 스크립트 파일은 $0 \le t \le 100$ 에서, $b=1$ 부터 $b=20$ 까지 파라미터 b의 20개의 각 값에 대하여 함수 $te^{-t/b}$ 의 프레임을 20개 생성한다.

```
% Program movie1.m
% 함수 t*exp(-t/b)의 애니메이션을 만든다.
clear;
t = 0: 0.05: 100;
for b = 1:20
   plot(t, t.*exp(-t/b)), axis([0 100 0 10]), xlabel('t');
   M(:, b) = getframe;
end
```

행 M(:, b) = getframe;은 현재 그림을 포착하여 행렬 M의 열(column)로 저장한다. 일단 이 파일이 실행되면, movie(M)을 입력하여 프레임들을 애니메이션으로 재생할 수 있다. 이 애니메이션은 함수 최고점의 위치와 높이가 파라미터 b가 증가함에 따라 어떻게 변하는지를 보인다.

3D 표면의 회전

다음 예는 관점을 변경하여 3차원 표면 그림을 회전시킨다. 데이터는 내장 함수인 peaks를 사용하여 생성된다.

```
% Program movie2.m
% 3D 표면을 회전시킨다.
[X, Y, Z] = peaks(50);          % 데이터를 생성한다.
surfl(X, Y, Z)                  % 표면의 그래프를 그린다.
axis([-3 3 -3 3 -5 5])          % 각 프레임을 같은 스케일로 유지한다.
axis vis3d off                  % 축을 3D로 지정하고 눈금 표시를 끈다.
shading interp                  % 보간을 이용하여 shading을 한다.
colormap(winter)                % 칼라맵을 지정한다.
for k = 1:60                    % 관찰 위치를 회전하고 각 프레임을 캡쳐한다.
   view(-37.5 + 0.5*(k-1), 30)
   M(k) = getframe;
end
cla                             % 축을 지운다.
movie(M)                        % 애니메이션을 재생한다.
```

colormap(map) 함수는 현재 그림의 색 도표(color map)를 map으로 설정한다. map을 선택하기 위한 여러 가지 색 도표를 보기 위해서는 help graph3d를 입력한다. winter를 선택하면 파랑과 녹색의 음영을 제공한다. view 함수는 3D 그래프의 관찰 위치를 지정한다. 구문 view(az, el)은 관찰자가 현재 3D 그래프를 보는 관찰 각을 설정하는데, 여기서 az는 방위각(azimuth) 또는 수평회전이고 el은 수직 앙각(elevation)이다(둘 다 각도(°)로 나타낸다). 방위각은 *z*축을 기준으로 관찰 위치를 반시계 방향 회전하는 것을 양의 값으로 나타낸다. 양의 앙각은 물체 위로 이동하는 것에 해당된다. 음수의 앙각은 물체 아래로 이동하는 것을 의미한다. az = -37.5, el = 30이 3D 관찰 위치의 디폴트값이다.

movie 함수의 확장 구문

함수 movie(M)은 배열 M에 있는 애니메이션을 한 번 재생하는데, 여기서 M은 애니메이션 프레임들의 배열이어야 한다(보통 getframe으로 얻는다). 함수 movie(M, n)은 애니메이션을 n번 재생한다. n이 음수이면, 각각 한 번은 앞으로, 한 번은 뒤로 재생된다. n이 벡터이면, 첫 번째 원소는 애니메이션을 재생하는 횟수이고, 나머지 원소들은 애니메이션에서 재생하는 프레임들의 목록이다. 예를 들어, 만일 M이 네 개의 프레임을 가지고 있다면, n=[10 4 4 2 1]은 애니메이션을 10번 재생하고, 애니메이션은 프레임 4와 다음에 다시 프레임 4, 다음에 프레임 2, 그리고 마지막으로 프레임 1로 구성된다.

함수 movie(M, n, fps)는 초당 fps 프레임으로 애니메이션을 재생한다. fps가 생략되면, 디폴트는 초당 12 프레임이다. 지정된 fps 속도를 달성할 수 없는 컴퓨터는 할 수 있는 한 빠르게 애니메이션을 재생한다. 함수 movie(h, ...)는 객체 h에 애니메이션을 재생하며, 여기서 h는 그림이나 축에 대한 핸들(handle)이다. 핸들은 다음 페이지에서 논의된다.

함수 movie(h, M, m, fps, loc)는 애니메이션을 시작할 위치를, 객체 h의 왼쪽 아래 구석에서부터 상대적인 픽셀 값으로 객체의 Units 속성과 상관없이 지정한다. 여기에서 loc = [x y unused unused]는 네 원소로 된 위치 벡터이고, 이 중 단지 x와 y 좌표만이 사용되지만, 네 원소가 모두 필요하다. 애니메이션은 녹화된 폭과 높이를 이용하여 재생된다.

movie 함수의 단점은 많은 프레임이나 복잡한 영상이 저장된다면, 너무 많은 메모리를 필요로 할 수 있다는 것이다.

drawnow 명령

drawnow 명령은 그래픽 관련 명령이 즉시 실행되도록 한다. drawnow 명령이 사용되지 않는다면, MATLAB은 그래픽 동작을 실행하기 전에 다른 모든 연산을 완료하므로, 단지 애니메이션의 마지막 프레임만을 보일 것이다.

애니메이션 속도는 사용되는 컴퓨터의 고유 속도와 무엇을 얼마나 많이 그리는가에 따라 달라진다. o, *, 또는 +와 같은 기호들을 그리면 선보다 더 오래 걸릴 것이다. 그려지는 점들의 수도 또한 애니메이션 속도에 영향을 미친다. 애니메이션은 pause(n)을 사용하여 늦출 수 있는데, 이것은 프로그램 실행을 n초 동안 정지시킨다.

animatedline 명령은 데이터가 없는 애니메이션된 선 객체를 생성하고 현재 축에 더한다. 루프 안에서 이 선에 점을 더하여 선 애니메이션을 만든다. addpoints, getpoints, clearpoints 명령을 사용하여 각각 점을 더하고, 점을 추출하고, 애니메이션된 선에서 점을 지울 수 있다. 다음 프로그램은 그 과정을 보여준다.

```
% animated_line_1.m
h = animatedline; axis([0,10,0,2]), xlabel('t'), ylabel('y')
t = linspace(0, 10, 500);
y = 1 + exp(-t/2).*sin(2*t);
for k = 1: length(t)
   addpoints(h, t(k), y(k));
   drawnow
end
```

그래픽 핸들

MATLAB은 레이어들의 조합으로 그래픽을 다룬다. 그래프를 사람이 손으로 그린다면 무엇을 하는지를 고려해보자. 먼저 종이 한 조각을 준비하고, 축척(scale)과 함께 축들을 종이에 그린 후, 예를 들어, 선이나 곡선의 그래프를 그린다. MATLAB에서 첫 레이어는 종이 한 조각처럼 그림 창(Figure window)이다. MATLAB은 두 번째 레이어에 축들을 그린 후, 세 번째 레이어에 그래프를 그린다. 이것이 plot 함수를 사용할 때 일어나는 일이다.

다음 형태의 식은

```
p = plot(...)
```

plot 함수의 결과를 변수 p에 할당하며, 이것은 그림 핸들(figure handle)이라고 하는 그림 식별자이다. 이것은 그림을 저장하여 향후에 사용될 수 있도록 한다. 유효한 어떤 변수 이름도 핸들에 할당할 수 있다. 그림 핸들은 객체 핸들의 특정한 형태이다. 핸들은 다른 형태의 객체에도 할당될 수 있다. 예를 들어, 나중에 축(axes)을 위한 핸들을 생성할 것이다.

set 함수는 핸들과 함께 사용하여 객체 속성을 변경할 수 있다. 이 함수는 다음의 일반적인 형식을 갖는다.

```
set(object handle, 'PropertyName', 'PropertyValue', ...)
```

만일 객체가 그림 전체라면, 그 핸들은 선 색깔과 형태, 마커(marker) 크기에 대한 속성들을 또한 포함한다. 그림의 속성 중 두 개는 그려질 데이터를 지정한다. 이 속성들의 이름은 XData와 YData이다. 뒤에 나오는 예에서 이 속성들을 어떻게 사용하는지 보일 것이다.

MATLAB의 그래프는 그래픽 핸들을 이용해서 수정할 수 있다. 핸들은 단순히 그래프와 같은 객체에 참조할 수 있도록 객체에 연결된 이름이다. 다음의 프로그램과 출력에서 보이듯이 그래프에 핸들을 지정할 수 있다.

```
>> x = 1: 10;
>> y = 5*x;
>> h = plot(x, y)
h =
  Line - 속성 있음:
              Color: [0 0.4470 0.7410]
          LineStyle: '-'
          LineWidth: 0.5000
             Marker: 'none'
         MarkerSize: 6
    MarkerFaceColor: 'none'
              XData: [1 2 3 4 5 6 7 8 9 10]
              YData: [5 10 15 20 25 30 35 40 45 50]
              ZData: [1×0 double]
```

이 그래프의 핸들은 h이다. 이 핸들은 그려진 선을 가리킨다. plot 함수 뒤에 세미콜론을 두지 않았기 때문에 MATLAB이 그래프의 속성들 중 일부를 보여준다. get(h)를 입력하면 속성들의 매우 긴 목록을 볼 수 있다.

선의 색은 RGB 삼중항(적색, 녹색, 청색)으로 나타나 있다. 삼중항 [0 0 0]은 검정색을 나타내고, [1 1 1]은 흰색을 나타내고, [0 0 1]은 푸른색을 나타내는 식이다. R2016b 버전 전에는 처음 그려진 선의 색은 푸른색이었다. 지금은 청록색 [0 0.4470 0.7410]이다. 그래프를 그리기 위한 데이터는 XData와 YData 배열에 주어져 있음에 주목한다.

그림 창에 대한 핸들을 얻기 위해서는 figure 함수를 사용한다. 이것이 첫 그래프라면, fig_handle = figure(1)을 입력하면 다음의 결과를 보게 된다.

```
  Number: 1
    Name: ' '
   Color: [0.9400 0.9400 0.9400]
Position: [440 378 560 420]
   Units: 'pixels'
```

그림의 배경화면을 위한 항목(Color)이 같은 값의 적색, 녹색, 청색 성분을 가지고 있어 거의 백색의 배경화면이 제공된다.

gca 명령은 현재 그림에서 축을 반환한다. 예를 들어, 다음과 같다.

```
>> axes_handle = gca
axes_handle =
  Axes - 속성 있음:
             XLim: [1 10]
             YLim: [5 50]
           XScale: 'linear'
           YScale: 'linear'
    GridLineStyle: '-'
         Position: [0.1300 0.1100 0.7750 0.8150]
            Units: 'normalized'
```

한편, get(axes_handle)을 입력하면 축의 속성에 대한 매우 방대한 목록을 볼 수 있다.

함수의 애니메이션

첫 번째 애니메이션 예제에서 사용한 함수 $te^{-t/b}$를 고려한다. 이 함수는 다음 프로그램에서와 같이 파라미터 b가 변화함에 따라 애니메이션될 수 있다.

```
% Program animate1.m
% 함수 t*exp(-t/b)를 애니메이션한다.
t = 0: 0.05: 100;
b = 1;
p = plot(t, t.*exp(-t/b)); axis([0 100 0 10]), xlabel('t');
for b = 2:20
   set(p, 'XData', t, 'YData', t.*exp(-t/b)), ...
   axis([0 100 0 10]), xlabel('t');
   drawnow
   pause(0.1)
end
```

이 프로그램에서 먼저 함수 $te^{-t/b}$를 $b=1$에 대하여 $0 \le t \le 100$ 범위에서 계산하고 그린다. 그림 핸들은 변수 p에 할당된다. 이것은 이후의 모든 연산에 대한 그래프의 형식, 예를 들어, 선의 형태, 색깔, 라벨(labeling)과 축척(scaling)을 설정한다. 이 후 for 루프에서 $b=2,\ 3,\ 4,\ \cdots$에 대하여 $0 \le t \le 100$ 범위에서 $te^{-t/b}$ 함수 값이 계산되고 그래프가 그려지며, 이전의 그래프는 삭제된다. for 루프에서는 set가 실행할 때마다 새로 만들어지는 점들로 그래프를 그린다.

발사체 운동의 애니메이션

다음 프로그램은 사용자-정의 함수와 서브-플롯(subplot)이 애니메이션에서 어떻게 사용되는지를 보인다. 다음은 수평선 위로 각 θ와 속도 s_0로 발사되는 발사체에 대한 운동방정식으로, 여기에서 x와 y는 수평과 수직 좌표이고, g는 중력에 의한 가속도이며, t는 시간이다.

$$x(t) = (s_0 \cos\theta)t \qquad y(t) = -\frac{gt^2}{2} + (s_0 \sin\theta)t$$

두 번째 식에서 $y=0$으로 놓고, t에 관하여 풀어 발사체가 비행하는 최대 시간, $t_{\max}$에 대한 다음 식을 얻을 수 있다.

$$t_{\max} = \frac{2s_0}{g}\sin\theta$$

$y(t)$에 대한 식을 미분하여 수직 속도에 대한 식을 얻을 수 있다.

$$v_{vert} = \frac{dy}{dt} = -gt + s_0 \sin\theta$$

최대 거리 $x_{\max}$는 $x(t_{\max})$로부터 계산할 수 있고, 최대 높이 $y_{\max}$는 $y(t_{\max}/2)$로부터 계산할 수 있으며, 최대 수직 속도는 $t=0$에서 발생한다.

다음 함수들은 위 식들에 기초하며, 여기서 s0는 발사 속도 s_0이고, th는 발사각 θ이다.

```
function x = xcoord(t, s0, th);
% 발사체의 수평 좌표를 계산.
x = s0*cos(th)*t;

function y = ycoord(t, s0, th, g);
% 발사체의 수직 좌표를 계산.
```

```
y = -g*t.^2/2 + s0*sin(th)*t;

function v = vertvel(t, s0, th, g);
%  발사체의 수직 속도를 계산.
v = -g*t + s0*sin(th);
```

다음 프로그램은 앞의 함수들을 사용하여 $\theta=45^\circ$, $s_0=105\text{ft}/\sec$ 및 $g=32.2\text{ft}/\sec^2$의 값에 대하여 애니메이션을 하는 프로그램으로, 첫 번째 서브플롯에서는 발사체의 움직임을 애니메이션하고, 두 번째 서브플롯에서는 수직 속도를 동시에 보여준다. 계산된 xmax, ymax 및 vmax의 값들이 축척을 설정하는 데 사용됨을 주목한다. 그림 핸들은 h1과 h2이다.

```
% Program animate2.m
% 발사체 운동을 애니메이션한다.
% xcoord, ycoord, vertvel 함수를 사용한다.
th = 45*(pi/180);
g = 32.2; s0 = 105;
%
tmax = 2*s0*sin(th)/g;
xmax = xcoord(tmax, s0, th);
ymax = ycoord(tmax/2, s0, th, g);
vmax = vertvel(0, s0, th, g);
w = linspace(0, tmax, 500);
%
subplot(2, 1, 1)
plot(xcoord(w, s0, th), ycoord(w, s0, th, g)), hold,
h1 = plot(xcoord(w, s0, th), ycoord(w, s0, th, g), 'o'),...
   axis([0 xmax 0 1.1*ymax]), xlabel('x'), ylabel('y')
subplot(2, 1, 2)
plot(xcoord(w, s0, th), vertvel(w, s0, th, g)), hold,
h2 = plot(xcoord(w, s0, th), vertvel(w, s0, th, g), 's');...
   axis([0 xmax -1.1*vmax 1.1*vmax]), xlabel('x'),...
   ylabel('수직 속도')
for t = 0: 0.01: tmax
   set(h1, 'XData', xcoord(t, s0, th), 'YData', ycoord(t, s0, th, g))
   set(h2, 'XData', xcoord(t, s0, th), 'YData', vertvel(t, s0, th, g))
   drawnow
   pause(0.005)
end
hold
```

pause 함수의 변수를 다른 값들로 바꾸어 가며 실험해 본다.

배열을 사용한 애니메이션

지금까지는 애니메이션되는 함수가 표현식 또는 함수를 사용하는 set 함수에서 어떻게 계산되어질 수 있는지를 보아 왔다. 세 번째 방법은 그려질 점들을 미리 계산하여 배열에 저장하는 것이다. 다음 프로그램은 발사체 응용을 이용하여 이를 어떻게 하는지를 보인다. 그려질 점들은 배열 x와 y에 저장된다.

```
%  Program animate3.m
%  배열을 이용하여 발사체 운동을 애니메이션한다.
th = 70*(pi/180);
g = 32.2; s0=100;
tmax = 2*s0*sin(th)/g;
xmax = xcoord(tmax, s0, th);
ymax = ycoord(tmax/2, s0, th, g);
%
w = linspace(0, tmax, 500);
x = xcoord(w, s0, th); y = ycoord(w, s0, th, g);
plot(x, y), hold,
h1 = plot(x, y, 'o');...
   axis([0 xmax 0 1.1*ymax]), xlabel('x'), ylabel('y')
%
kmax = length(w);
for k =1: kmax
   set(h1, 'XData', x(k), 'YData', y(k))
   drawnow
   pause(0.001)
end
hold
```

B.2 소리

MATLAB은 컴퓨터에서 소리를 생성하고, 기록하고, 재생하기 위한 여러 개의 함수들을 제공한다. 이 절은 이런 함수들을 간단히 소개한다.

소리 모델

소리는 시간 t의 함수로써 공기압의 변동이다. 소리가 단일 톤(tone)이라면, 압력 $p(t)$는 단일 주파수에서 정현파 진동을 한다. 즉,

$$p(t)=A\sin(2\pi ft+\phi)$$

여기에서 A는 공기압의 크기('소리의 세기')이고, f는 초당 사이클(Hz)로 음향 주파수이며, ϕ는 라디안으로 위상 천이이다. 음파의 주기는 $P=1/f$ 이다.

음향은 아날로그 변수(무한한 수의 값을 가지는 것)이기 때문에, 디지털 컴퓨터에 저장하고 사용하기 위해서는 유한한 집합의 수로 변환되어야 한다. 이 변환 과정은 수가 이진 형태로 표현될 수 있도록 소리 신호를 이산 값으로 샘플링(sampling)하고 양자화(quantizing)하는 것을 포함한다. 양자화는 실제 소리를 획득하기 위하여 마이크와 아날로그-디지털 변환기를 사용할 때의 문제로, 우리는 단지 소프트웨어로 모의(simulated) 소리만을 만들 것이기 때문에 여기서는 이것을 논의하지 않을 것이다.

MATLAB에서 함수를 그릴 때마다 샘플링과 유사한 과정을 사용한다. 함수의 그래프를 부드럽게 그리기 위해서는 충분한 점들에서 함수 값들을 계산해야 한다. 따라서 사인(sine) 파를 그리기 위해서는 그것을 한 주기 동안 여러 번 계산을, 즉 '샘플링'을 해야 한다. 이 계산의 빈도를 샘플링 주파수라 한다. 따라서 0.1초의 시간 단계(step)를 사용한다면, 샘플링 주파수는 10Hz이다. 사인파가 1s의 주기를 가진다면, 함수를 매 주기마다 10번씩 '샘플링' 한다. 그러므로 샘플링 주파수가 높으면 높을수록, 함수를 더 잘 나타낼 수 있음을 알 수 있다.

MATLAB에서 소리의 생성

MATLAB 함수 `sound(sound_vector, Fs)`는 샘플링 주파수 `Fs`로 생성된 벡터 `sound_vector`에 있는 신호를 컴퓨터 스피커에서 재생한다. MATLAB은 몇 가지 소리 파일을 포함하고 있다. 예를 들어, MAT-파일 `chirp.mat`를 로드(load)하여 다음과 같이 소리를 재생한다.

```
>>load chirp
>>sound(y, Fs)
```

소리 벡터는 벡터 y로 MAT-파일에 저장되고 샘플링 주파수는 스칼라 Fs로 저장됨을 주목한다. 또한, gong.mat 파일이나 헨델의 음악 메시아를 일부 발췌한 handel.mat 파일도 시험해 볼 수 있다.

sound 함수를 사용하는 방법을 다음의 사용자 정의 함수로 예시하였으며, 이것은 단일 음색(톤)을 재생한다.

```
function playtone(freq, Fs, amplitude, duration)
% 단일 톤의 소리를 낸다.
% freq = 톤의 주파수 ( 단위 Hz)
% Fs = 샘플링 주파수 (단위 Hz)
% amplitude = 소리의 진폭 (단위 없음)
% duration = 소리의 지속 시간 (단위 초)
t = 0: 1/Fs: duration;
sound_vector = amplitude*sin(2*pi*freq*t);
sound(sound_vector, Fs)
```

다음 값들: freq = 1000, Fs = 10000, amplitude = 1 및 duration = 10을 갖고 이 함수를 시험해본다. sound 함수는 범위 −1과 +1 밖에 있는 sound_vector의 값은 절단하거나 잘라버린다(clip). 소리의 세기에 대한 효과를 알아보기 위해 amplitude = 0.1과 amplitude = 5를 이용하여 시험해본다.

물론, 실제 소리는 하나 이상의 음색을 갖는다. 다른 주파수와 진폭을 가지는 사인 함수로부터 만들어진 두 벡터들을 더하여 두 개의 음색을 가진 소리를 생성할 수 있다. 다만 음색들은 같은 주파수로 샘플링되고, 샘플수가 같으며, 합이 −1에서 +1 범위에 놓여 있어야만 한다. 같은 샘플링 주파수를 가진다면 다른 두 개의 소리를 sound([sound_vector_1, sound_vector2], Fs)처럼 행벡터로 연결하여 차례로 재생할 수 있다. 두 개의 다른 소리를 sound([sound_vector_1', sound_vector2'], Fs)처럼 더하여 스트레오로 동시에 재생할 수 있다. 예를 들어, 메시아 다음에 지저귀는(chirp) 소리가 나오게 하기 위해서 다음의 스크립트를 사용한다. load 명령이 반환하는 y가 열벡터임을 주목한다.

```
% 프로그램 sounds.m
load handel
S = load('chirp.mat')
y1 = S.y;
Fs1 = S.Fs;
sound([y', y1'], Fs) % Fs = Fs1임을 주목한다.
```

관련된 함수는 soundsc(sound_vector, Fs)이다. 이 함수는 소리가 잘리지 않고 가능한 크게 재생되도록 sound_vector에 있는 신호를 −1과 +1 범위로 스케일링한다.

WAVE 파일의 읽기와 재생

MATLAB 함수 audiowrite와 audioread는 확장자 .wav를 가지고 있는 마이크로소프트 WAVE 파일을 생성하고 읽는다. handel.mat 파일로부터 wav 파일을 생성하기 위해서 다음을 입력한다.

```
>> load handel.mat
>> audiowrite('handel.wav', y, Fs);
>> [y1, Fs1] = audioread('handel.wav');
>> sound(y1, Fs1)
```

대부분의 컴퓨터들은 어떤 동작이 일어났을 때 신호를 보내기 위하여 벨소리, 비프 소리, 차임벨 소리 등을 재생하는 WAVE 파일들을 가지고 있다. 예를 들어, 어떤 PC 시스템의 C:\windows\media에 위치한 WAVE 파일 chimes.wav를 로드하고 재생하기 위해서는 다음을 입력한다.

```
>>[y, Fs] = audioread('C:\windows\media\chimes.wav');
>>sound(y, Fs)
```

또한 다음과 같이 sound 대신 audioplayer와 play 함수를 사용할 수 있다.

```
>>p = audioplayer(y, Fs);
>>play(p)
```

sound 함수는 주어진 샘플링 속도로만 재생할 수 있다. 하지만 audioplayer 함수는 재생을 일시정지/재개하거나 객체의 속성을 지정하는 등 더 많은 일들을 할 수 있다.

소리 파일의 녹음과 기록

MATLAB을 사용하여 소리를 녹음하고 소리 데이터를 WAVE 파일에 기록할 수 있다. audiorecorder 함수는 PC 기반 소리 입력 장치로부터 소리를 저장한다. audiorecorder 함수는 녹음이 완료될 때까지 제어권을 갖는다. 디폴트로 audiorecorder 함수는 8,000 Hz, 8비트, 단일 채널의 객체를 생성한다. 다음의 프로그램은 목소리를 5초간 녹음하는 방법을 보여준다. recordblocking 함수는 녹음이 완료될 때까지 제어권을 유지하면서 주어진 시간 동안 입력 장치로부터 음향을 녹음한다.

```
% 5초간 목소리를 녹음한다.
my_voice = audiorecorder;
disp('녹음 시작.')
recordblocking(my_voice, 5);
disp('녹음 종료.');
% 녹음을 재생한다.
play(my_voice);
```

확장된 구문인 audiorecorder(Fs, nBits, nChannels)는 샘플링 속도 Fs(Hz 단위), 샘플의 크기 nBits, 채널의 수 nChannels를 지정할 수 있다. 대부분의 사운드 카드에서 지원되는 일반적인 값들은 8,000, 11,025, 22,050, 44,100, 48,000, 96,000Hz이다. 예를 들어, 목소리를 채널 1을 사용하여 11,025Hz, 16비트로 녹음하려면, 위 프로그램의 두 번째 라인을 다음 두 라인으로 대체한다.

```
Fs = 11025;
my_voice = audiorecorder(Fs, 5*Fs, 1);
```

참고 문헌

[Brown, 1994] Brown, T. L.; H. E. LeMay, Jr.; and B. E. Bursten. *Chemistry: The Central Science*. 6th ed. Upper Saddle River, NJ: Prentice—Hall, 1994.

[Eide, 2008] Eide, A. R.; R. D. Jenison; L. L. Northup; and S. Mickelson. *Introduction to Engineering Problem Solving*. 5th ed. New York: McGraw—Hill, 2008.

[Felder, 1986] Felder, R. M., and R. W. Rousseau. *Elementary Principles of Chemical Processes*. New York: John Wiley & Sons, 1986.

[Garber, 1999] Garber, N. J., and L. A. Hoel. *Traffic and Highway Engineering*. 2nd ed. Pacific Grove, CA: PWS Publishing, 1999.

[Jayaraman, 1991] Jayaraman, S. *Computer—Aided Problem Solving for Scientists and Engineers*. New York: McGraw—Hill, 1991.

[Kreyzig, 2009] Kreyzig, E. *Advanced Engineering Mathematics*. 9th ed. New York: John Wiley & Sons, 1999.

[Kutz, 1999] Kutz, M., editor. *Mechanical Engineers' Handbook*. 2nd ed. New York: John Wiley & Sons, 1999.

[Palm, 2021] Palm, W. *System Dynamics*. 3rd ed. New York: McGraw—Hill, 2021.

[Rizzoni, 2007] Rizzoni, G. *Principles and Applications of Electrical Engineering*. 5th ed. New York: McGraw—Hill, 2007.

[Starfield, 1990] Starfield, A. M.; K. A. Smith; and A. L. Bleloch. *How to Model It: Problem Solving for the Computer Age*. New York: McGraw—Hill, 1990.

MATLAB에서 출력 형식 제어

disp와 format 명령은 화면으로의 출력을 제어하는 간단한 방법을 제공한다. 그러나 몇몇 사용자들은 화면으로의 출력을 더 제어하기를 요구한다. 어떤 사용자들은 원하는 형식의 출력을 데이터 파일로 원하기도 한다. fprintf 함수는 이러한 기능을 제공한다. 이것의 구문은 count = fprintf(fid, format, A, ...)와 같은 형식이며, 이 구문은 행렬 A의 실수부(입력 변수로 더해지는 임의의 행렬까지 포함)를 지정된 형식 문자열 format으로 나타내고, 데이터를 파일 식별자가 fid인 파일로 쓴다. 씌여진 바이트 수는 변수 count로 반환한다. 입력 변수 fid는 fopen으로부터 얻어진 정수 파일 식별자이다(1은 표준 출력인 화면이고, 2는 표준 오류이다. 자세한 정보는 fopen을 참조한다).

입력변수 목록에서 fid가 생략되면, 출력이 화면으로 나타나고, 이것은 표준 출력(fid

[표 D.1] fprintf 함수의 화면 출력 형식

구문		설명	
fprintf('format', A, ...)		문자열 'format'에 지정된 형식에 따라 배열 A의 원소와 임의의 추가적인 행렬 인수들을 디스플레이 한다.	
'format' 구조		%[-][number1.number2]C, 여기에서 number1은 최소 필드 폭, number2는 소수점 아래 자릿수를 지정한다. C는 제어코드와 형식코드를 포함한다. 대괄호 안의 항목들은 선택적이다. [-]의 왼쪽으로 정렬한다.	
제어 코드		**형식 코드**	
코드	**설명**	**코드**	**설명**
\n	새 줄에서 시작	%e	소문자 e로 지수 표시
\r	새 줄의 맨 처음	%E	대문자 E로 지수 표시
\b	한 칸 뒤로 감	%f	고정점 (실수) 표기
\t	탭(tab)	%g	%e 또는 %f중에서 짧은 것으로 나타냄
' '	단일인용부호(아포스트로피)	%s	문자열
\\	백슬래시(backslash)		

= 1)으로 쓰는 것과 같다. 문자열 format은 표기법, 정렬, 자리 수, 필드폭 및 그 밖의 출력 형식을 지정한다. 이것은 보통의 문자, 숫자 겸용의 기호와 함께 이스케이프 문자, 변환 지정자 등 다른 문자들을 포함할 수 있으며, 다음의 예제에서 정리해서 보여준다. [표 D.1]은 fprintf의 기본 구문을 요약한 것이다. 자세한 설명을 원한다면 MATLAB의 도움말을 참고한다.

변수 Speed가 63.2의 값을 가지고 있다고 가정한다. 이 값을 소수점 아래 한 자리를 포함하여 세 자리 수를 메시지와 함께 표현하기 위한 세션은

```
>> fprintf ('속도는 : %3.1f \n' , Speed)
속도는 : 63.2
```

와 같다. 여기에서 '필드 폭'은 3인데 그 이유는 63.2는 세 개의 자리가 필요하기 때문이다. 빈 공간이나 예상하지 못한 큰 숫자가 있을 것을 대비해서 충분히 넓은 폭을 확보하기를 원할 수 있다. % 기호는 MATLAB에게 다음 문장을 코드로 해석하라고 말해준다. \n 코드는 MATLAB이 숫자를 표시한 후에 새로운 줄에서 시작함을 말한다.

출력은 한 칸을 넘어갈 수도 있지만, 각 칸은 고유한 형식을 가진다. 예를 들면,

```
>> r = 2.25: 20: 42.25;
>> circum = 2*pi*r;
>> y = [r; circum];
>> fprintf('%5.2f %11.5g\n', y)
    2.25        14.137
   22.25        139.8
   42.25        265.46
```

fprintf 함수는 행렬 y의 전치행렬을 보여준다는 것에 주목한다.

형식코드(Format code)는 텍스트 내에 있을 수 있다. 예를 들어, 코드 %6.3f는 출력의 표시된 텍스트 끝에 쓸 수 있다.

```
>> fprintf('첫번째 원주는 %6.3f.\n', circum(1))
첫번째 원주는 14.137.
```

나타내어진 문장 안의 아포스트로피는 2개의 아포스트로피를 필요로 한다. 예를 들어,

```
≫ fprintf('두 번째 원의 반경(circle''s radius) %15.3e은 크다.\n', r(2))
두 번째 원의 반경(circle' radius) 2.225e+01은 크다.
```

출력된 텍스트에서 퍼센트 기호를 보이려면 2개의 퍼센트 기호를 필요로 한다. 그렇지 않으면 하나의 퍼센트 기호는 데이터의 자리 표시자로 해석된다. 예를 들어, 다음

```
fprintf('팽창률은 %3.2f %% 였다. \n', 3.15)
```

를 입력하면, 출력은

```
팽창률은 3.15 % 였다.
```

이다. 형식 코드 내의 마이너스 사인은 출력이 필드 내에 왼쪽으로 붙도록 해준다. 먼저의 예와 다음의 출력을 비교해본다.

```
>> fprintf('두번째 원의 반경 %-15.3e 은 크다.\n', r(2))
두번째 원의 반경 2.225e+01       은 크다.
```

제어 코드를 형식 문자열 안에 둘 수도 있다. 다음 예는 탭 코드(\t)의 사용 예를 보여준다.

```
>> fprintf('반경은: %4.2f \t %4.2f \t %4.2f\n', r)
반경은: 2.25    22.25  42.25
```

disp 함수는 때때로 필요 이상의 많은 자리수를 표시한다. 우리는 disp 기능을 사용하는 대신 fprintf 함수를 사용함으로써 디스플레이를 개선할 수 있다. 다음 프로그램을 본다.

```
p = 8.85; A = 20/100^2;
d = 4/1000; n = [2:5];
C = ((n-1).*p*A/d);
table(:, 1) = n';
table(:, 2) = C';
disp(table)
```

disp 함수는 format 명령으로 지정되는 자리수로 나타낸다(4는 디폴트 값이다).

만약에 disp(table) 줄을 다음의 세 줄

```
E = ' ';
fprintf('평판 갯수  정전용량(F) X e12 %s\n', E)
fprintf('%2.0f \t \t \t %4.2f\n', table')
```

로 바꾼다면, 출력

```
평판 갯수  정전용량(F) X e12
```

```
2          4.42
3          8.85
4          13.27
5          17.70
```

을 얻을 수 있다. 빈 행렬 E는 fprintf 명령의 구문이 변수를 지정하도록 요구하기 때문에 사용된다. 왜냐하면 처음 fprintf는 표 제목만 표시하는 것을 필요로 하기 때문에, 값이 표시되지 않을 변수를 제공하여 MATLAB을 속일 필요가 있다.

fprintf 명령은 결과를 반올림하는 대신에 버린다는 것에 주의해야 한다. 행렬 table을 적절히 나타내기 위하여 행과 열 사이를 전환하는 전치 기능을 사용해야 한다는 점도 주목한다.

오직 복소수의 실수 부분만이 fprintf 명령으로 디스플레이된다. 예를 들어,

```
>> z= -4 + 9i;
>> fprintf('복소수:  %2.2f \n', z)
복소수:  -4.00
```

대신에 복소수를 행벡터로 표시할 수 있다. 예를 들면, 만약에 $w = -4+9i$ 라면,

```
>> w = [-4, 9];
>> fprintf('실수부는 %2.0f. 허수부는 %2.0f. \n', w)
실수부는 -4. 허수부는  9.
```

MATLAB에는 또한 sprintf 함수가 있으며, 이 함수는 명령 창으로 보내는 대신 형식이 지정된 문자열에 이름을 지정한다. 구문은 fprintf의 구문과 유사하다. 이것은 정확한 텍스트를 미리 알지 못해도 그래프에 라벨을 붙이기 위해 text 함수와 함께 사용할 수 있다. 예를 들어, 스크립트 파일은 다음과 같다.

```
x = 1: 10; y = (x + 2.3).^2;
mean_y = mean(y);
label = sprintf('y의 평균은: %4.0f \n', mean_y);
plot(x, y), text(2, 100, label)
```

선택된 문제에 대한 해답

Chapter 1

2. (a) −13.3333; (b) 0.6; (c) 15; (d) 1.0323.

12. (a) $x+y=-3.0000\ -2.0000i$; (b) $xy=-13.0000-41.0000i$; (c) $x/y=-1.7200+0.0400i$.

25. $x=-15.685$ and $x=0.8425\pm3.4008i$.

Chapter 2

3. $A=\begin{bmatrix} 0 & 6 & 12 & 18 & 24 & 30 \\ -20 & -10 & 0 & 10 & 20 & 30 \end{bmatrix}$

7. (a) Length is 3. Absolute values = [2 4 7];

(b) Same as (a); (c) Length is 3. Absolute values = `[5.8310 5.0000 7.2801]`.

11. (b) The largest elements in the first, second, and third layers are 10, 9, and 10, respectively. The largest element in the entire array is 10.

15. (a)

$$\mathbf{A}+\mathbf{B}+\mathbf{C}=\begin{bmatrix} -6 & -3 \\ 23 & 15 \end{bmatrix}$$

(b) $\mathbf{A}+\mathbf{B}+\mathbf{C}=\begin{bmatrix} -14 & -7 \\ 1 & 19 \end{bmatrix}$

17. (a) `A.*B = [784, -128; 144, 32];`

(b) `A/B = [76, -168; -12, 32];`

(c) `B.^3 = [2744, -64; 216, -8].`

23. (a) `F.*D = [1200, 275, 525, 750, 3000]` **J**; (b) `sum(F.*D) = 5750` **J.**

36. (a) `A*B = [-47, -78; 39, 64];`

(b) `B*A = [-5, -3, 48, 22].`

39. 60 tons of copper, 67 tons of magnesium, 6 tons of manganese, 76 tons of silicon, and 101 tons of zinc.

44. M = 8675 N·m if **F** is in newtons and **r** is in meters.

56. `[q,r] = deconv ([14, -6,3,9], [5,7, -4]), q = [2.8, -5.12], r = [0, 0, 50.04, -11.48].` The quotient is $2.8x - 5.12$ with a remainder of $50.04x - 11.48$.

57. 2.0458.

Chapter 3

1. (a) 3, 3.1623, 3.6056;

(b) $1.7321i$, $0.2848 + 1.7553i$, $0.5503 + 1.8174i$;

(c) $5 + 21i$, $22 + 16i$, $29 + 11i$;

(d) $-0.4 - 0.2i$, $-0.4667 - 0.0667i$, $-0.5333 + 0.0667i$.

2. (a) $|xy| = 105$, $\angle xy = -2.6$ rad.

(b) $|x/y| = 0.84$, $\angle x/y = -1.67$ rad.

3. (a) 1.01 rad (58°); (b) 2.13 rad (122°)

(c) −1.01 rad (−58°); (d) −2.13 rad (−122°).

7. $F_1 = 197.5217$ N.

10. 2.7324 sec while ascending; 7.4612 sec while descending.

Chapter 4

4. (a) `z = 1`; (b) `z = 0`; (c) `z = 1`; (d) `z = 1`.

5. (a) `z = 0`; (b) `z = 1`; (c) `z = 0`; (d) `z = 4`; (e) `z = 1`; (f) `z = 5`; (g) `z = 1`; (h) `z = 0`.

6. (a) `z = [0, 1, 0, 1, 1]`;
   (b) `z = [0, 0, 0, 1, 1]`;
   (c) `z = [0, 0, 0, 1, 0]`;
   (d) `z = [1, 1, 1, 0, 1]`.

11. (a) `z = [1, 1, 1, 0, 0, 0]`;
   (b) `z = [1, 0, 0, 1, 1, 1]`;
   (c) `z = [1, 1, 0, 1, 1, 1]`;
   (d) `z = [0, 1, 0, 0, 0, 0]`.

13. (a) $7300; (b) $5600; (c) 1200 shares; (d) $15,800.

32. Best location: $x = 9$, $y = 16$. Minimum cost: $294.51. There is only one solution.

39. After 33 years, the amount will be $1,041,800.

41. $W = 300$ and $T =$ [428.5714, 471.4286, 266.6667, 233.3333, 200, 100]

54. Weekly inventory for cases (a) and (b):

Week	1	2	3	4	5
Inventory (*a*)	50	50	45	40	30
Inventory (*b*)	30	25	20	20	10
Week	6	7	8	9	10
Inventory (*a*)	30	30	25	20	10
Inventory (*b*)	10	5	0	0	(<0)

Chapter 5

3. Production is profitable for $Q \geq 10^8$ gal/yr. The profit increases linearly with Q, so there is no upper limit on the profit.

5. $x = -0.4795$, 1.1346, and 3.8318.

7. 37.622 m above the left-hand point, and 100.6766 m above the right-hand point.

12. 0.54 rad (31°).

16. The steady-state value of y is $y = 1$. $y = 0.98$ at $t = 3.912/b$.

19. (a) The ball will rise 3.64 m and will travel 31.2 m horizontally before striking the ground after 1.72 s.

Chapter 6

2. (a) $y = 53.5x - 1354.5$;
   (b) $y = 3582.1x^{-0.9764}$;
   (c) $y = 2.0622 \times 10^5(10)^{-0.0067x}$

4. (a) $b = 1.2603 \times 10^{-4}$; (b) 836 years. (c) Between 760 and 928 years ago.

8. If unconstrained to pass through the origin, $f = 0.4021x - 0.0641$. If constrained to pass through the origin, $f = 0.3982x$.

10. $d = 0.0509x^2 + 1.1054\nu + 2.3571$; $J = 10.1786$; $S = 57.550$; $r^2 = 0.9998$.

11. $y = 40 + 9.6x_1 - 6.75x_2$. Maximum percent error is 7.125 percent.

Chapter 7

9. (a) 96%; (b) 68%.

13. (a) Mean pallet weight is 3000 lb. Standard deviation is 10.95 lb; (b) 8.55

percent.

20. Mean yearly profit is \$64,609. Minimum expected profit is \$51,340. Maximum expected profit is \$79,440. Standard deviation of yearly profit is \$5967.

26. The estimated temperatures at 5 p.m. and 9 p.m. are 22.5° and 16.5°.

Chapter 8

2. (a) $\mathbf{C} = \mathbf{B}^{-1}(\mathbf{A}^{-1}\mathbf{B} - \mathbf{A})$.

(b) `C = [-0.8536, -1.6058; 1.5357, 1.3372]`.

5. (a) $x = 3c$, $y = -2c$, $z = c$

(b) The plot consists of three straight lines that intersect at (0,0).

8. $T_1 = 19.7596$°C, $T_2 = -7.0214$°C, $T_3 = -9.7462$°C. Heat loss in watts is 66.785.

13. Infinite number of solutions: $x = 1.3846z + 4.9231$, $y = 0.0769z - 1.3846$.

18. Unique solution: $x = 8$ and $y = 2$.

20. Least−squares solution; $x = 6.0928$ and $y = 2.2577$.

Chapter 9

1. 2360 m.

7. 13.65 ft.

10. 1363 m/s.

27. 150 m/s.

Chapter 11

3. (a) $60x^5 - 10x^4 + 108x^3 - 49x^2 + 71x - 24$;

(b) 2546.

4. $A = 1$, $B = -2a$, $C = 0$, $D = -2b$, $E = 1$, and $F = r^2 - a^2 - b^2$.

6. (a) $b = c \cos A \pm\sqrt{a^2 - c^2 \sin^2 A}$;

(b) $b = 5.6904$.

8. (a) $x = \pm 10\sqrt{(4b^2 - 1)/(400b^2 - 1)}$, $y = \pm\sqrt{99/(400b^2 - 1)}$;

(b) $x = \pm 0.9685$, $y = \pm 0.4976$.

18. $h = 21.2$ ft $\theta = 0.6155$ rad (35.26°).

19. 49.6808 m/s.

29. (a) 2; (b) 0; (c) 0.

36. (a) $(3x_0/5 + v_0/5)e^{-3t} \sin 5t + x_0 e^{-3t} \cos 5t$;

(b) $e^{-5t}(8x_0/3 + v_0/3) + (-5x_0/3 - v_0/3)e^{-8t}$.

48. $s^2 + 13s + 42 - 6k$, $s = (-13 \pm\sqrt{1 - 24k}/2$.

49.

$$x = \frac{62}{16c + 15} \quad y = \frac{129 + 88c}{16c + 15}$$

찾아보기

ㄴ

ㄷ

ㄹ

ㅁ

ㅂ

ㅅ

ㅇ

ㅋ

ㅌ

ㅍ

ㅎ

A

B

C

D

E

F

G

M

N

O

P

Q

R

S

Z

기타